DIE PATHOGENEN PROTOZOEN
UND DIE DURCH SIE VERURSACHTEN KRANKHEITEN

ZUGLEICH EINE EINFÜHRUNG IN DIE

ALLGEMEINE PROTOZOENKUNDE

EIN LEHRBUCH FÜR MEDIZINER UND ZOOLOGEN

VON

PROF. DR. MAX HARTMANN UND **PROF. DR. CLAUS SCHILLING**

MITGLIED DES KAISER-WILHELM-INSTITUTS FÜR BIOLOGIE, BERLIN-DAHLEM

MITGLIED DES KGL. INSTITUTS FÜR INFEKTIONSKRANKHEITEN „ROBERT KOCH", BERLIN

MIT 337 TEXTABBILDUNGEN

BERLIN

VERLAG VON JULIUS SPRINGER

1917

ISBN-13: 978-3-642-89437-4   e-ISBN-13: 978-3-642-91293-1
DOI: 10.1007/978-3-642-91293-1

DEM ANDENKEN AN

FRITZ SCHAUDINN UND S. VON PROWAZEK

GEWIDMET.

Vorwort.

Das vorliegende Buch ist hervorgegangen aus Vorlesungen und Kursen, die die Verfasser seit mehr als zehn Jahren teils gemeinsam im Institut „Robert Koch", teils gesondert an der Universität abgehalten haben. Trotz der großen Bedeutung, die die Protozoen in neuerer Zeit als Erreger schwerer Infektionskrankheiten, besonders in den Tropen, gewonnen haben, fehlte in der Literatur ein nicht zu umfangreiches Lehrbuch, das zur Einführung in dieses theoretisch interessante und praktisch wichtige Gebiet geeignet war und dabei zugleich den Ansprüchen und Bedürfnissen der Mediziner nach eingehender Schilderung der Morphologie und Biologie der pathogenen Formen und der durch sie verursachten Erkrankungen, sowie deren Heilung und Bekämpfung entsprach. Diese Lücke soll das Buch ausfüllen. Dabei durfte aber die allgemeine Protozoenkunde nicht zu kurz kommen. Denn gerade beim Studium der Protozoen, und das gilt auch für die rein medizinisch wichtigen Fragen und Formen, können die Ergebnisse und Theorien der allgemeinen vergleichenden Morphologie und Biologie der Protozoen gar nicht entbehrt werden und ihr Fehlen und Nichtbeachten macht sich in der Literatur vielfach zum Schaden des wissenschaftlichen Fortschrittes bemerkbar. Durch die gleichzeitige Behandlung der allgemeinen Protozoenkunde und der speziell pathogenen Formen glauben die Verfasser somit den Bedürfnissen der Mediziner und Zoologen in gleicher Weise Rechnung getragen zu haben.

Die erstrebte Kürze des Buches wurde möglich einmal durch die Beschränkung auf die pathogenen resp. wichtigsten parasitischen Formen im Speziellen Teil und dann dadurch, daß viele Fragen der allgemeinen Protozoenkunde wie der Lehre von den pathogenen Formen sich unserer Meinung nach weitgehend geklärt haben, so daß eine kürzere und dabei schärfere Fassung möglich wurde. Auch in manchen noch strittigen Fragen haben wir es für besser gehalten, die uns richtiger erscheinende Auffassung unbedenklich in den Vordergrund zu stellen und die dagegen sprechenden Argumente nur kurz zu erwähnen.

Im Allgemeinen Teil wurde die Morphologie und die Physiologie der Protozoen nicht in der bisher üblichen Weise getrennt behandelt, sondern zu einer einheitlichen Darstellung verwebt und auf diese Weise die Form, wie die Funktion aus ihren gegenseitigen Beziehungen und Abhängigkeiten dem Verständnis zu erschließen versucht. Diese Darstellungsweise, die neuerdings R. Hesse in seinem Buche „Tierbau und Tierleben" mit so großem Erfolg in der biologischen Literatur wieder zu Ehren gebracht hat, scheint uns gerade zur Einführung in ein biologisches Gebiet besondere Vorzüge gegenüber der bisher gangbaren zu besitzen; zugleich machte sie viele Wiederholungen überflüssig und trug somit ebenfalls wesentlich dazu bei, den Umfang des Buches zu beschränken.

Der Spezielle Teil bringt nur Protozoen, also ausschließlich tierische Protisten. Da wir die Spirochäten für tierische Einzellige halten (ihre Bakteriennatur scheint uns durchaus unbewiesen), so sind sie mit zur Darstellung gelangt. Dagegen wurde von der Schilderung der sog. Chlamydozoen (v. Prowazek) und der Chlamydozoenkrankheiten (Trachom, Variola etc.) Abstand genommen. Die Zugehörigkeit dieser Mikroorganismen zu den Protozoen ist unsicher, ja höchst unwahrscheinlich; wird doch selbst ihre organismische Natur vielfach in Zweifel gezogen.

Über die Verteilung des Stoffes unter den beiden Verfassern gibt die Inhaltsübersicht Auskunft.

Der größte Teil des Buches, darunter fast alle von Schilling bearbeiteten Abschnitte war bereits vor dem Kriege abgesetzt. Durch die Einberufung meines Freundes und Mitbearbeiters Professor Schilling sowie infolge der Kriegsverhältnisse blieb der Druck und die Bearbeitung dann liegen. Erst im Winter 1915/16 wurde die Arbeit wieder aufgenommen und fertiggestellt. Die Korrektur und Drucklegung zog sich aber fast ein Jahr hin. Einige während des Krieges erschienene Angaben konnten daher noch nachträglich eingefügt werden. Die Literatur ist somit, soweit dies jetzt möglich war, bis Frühjahr 1916 berücksichtigt. Bei der schweren Erreichbarkeit der ausländischen Literatur wird dabei manches unberücksichtigt sein.

Ein großer Teil der Abbildungen sind Originale, die meist nach eigenen Präparaten oder solchen unserer Mitarbeiter und Schüler hergestellt wurden. Eine Anzahl weiterer Präparate verdanken wir verschiedenen Fachgenossen, denen hiermit unser bester Dank ausgesprochen sei. Die Abbildungen in den von Schilling bearbeiteten Teilen hat der wissenschaftliche Zeichner, Herr Helbig, in dankenswerter Sorgfalt angefertigt. Die Abbildungen in den von mir bearbeiteten Teilen verdanke ich meiner Frau.

Beim Lesen der Korrekturen hat mich Herr Dr. Nöller unterstützt, der mir auch verschiedene neue Angaben aus der Literatur sowie nach eigenen unveröffentlichten Arbeiten mitteilte. Auch hat er die Literatur zu den Schillingschen Teilen zusammengestellt. Ihm gebührt daher unser ganz besonderer Dank. Meinem Assistenten, Herrn Radt, möchte ich auch an dieser Stelle noch danken für seine Unterstützung bei der Herstellung des Registers, und nicht zuletzt der Verlagsbuchhandlung für ihr stets bereites Entgegenkommen und die vorzügliche Ausstattung des Buches.

Dahlem b. Berlin, Dezember 1916.

Max Hartmann.

Inhaltsübersicht.

I. Allgemeiner Teil.

II. Spezieller Teil.

Druckfehlerverzeichnis.

S. 127, Abb. 123, Erklärung: statt Cytop muß es heißen Cytostom.
„ 128, 6. Zeile von unten: statt Radfaden muß es heißen Randfaden.
„ 133, 3. „ „ „ statt 7—9 muß es heißen 8—10.
„ 182 in Abb. 182 sind die Buchstabenhinweise der Teilfigur b vertauscht;
    b soll an Stelle von n, n an Stelle von p, p an Stelle von b stehen.

I. Allgemeiner Teil.

A. Allgemeine Morphologie und Physiologie.

I. Einleitung.

Die Protozoen oder Urtiere sind einzellige Organismen. Wohl gibt es viele Formen, die einen erstaunlich komplizierten Bau aufweisen mit Ausbildung mannigfaltiger Einrichtungen für besondere physiologische Leistungen, wie Mund und After, Vorrichtungen für Bewegung, Stützfibrillen etc.; andere wieder durchlaufen eine höchst komplizierte Entwickelung mit verwickelter Vielfach-Teilung und Ausbildung männlicher und weiblicher Geschlechtsgeneration; allen Individuen kommt jedoch nur der Formwert einer einzigen Zelle zu.

Sie bestehen wie alle Zellen aus einem Protoplasmaleib mit einem oder mehreren eingelagerten Kernen. Zwar kann eine Protozoenzelle mehrere gleichartige, ja selbst verschiedenwertige, für verschiedene physiologische Leistungen differenzierte Kerne aufweisen, ferner können mehrere gleichartige Protozoenzellen sich auch zu kolonialen Verbänden vereinigen resp. durch unvollständige Trennungen bei der Teilung Kolonien bilden; niemals finden sich aber bei Protozoen Verbände, bei denen ganze Zellgruppen für verschiedene Funktionen einseitig zu Geweben und Organen umgestaltet sind, wie das bei den höheren vielzelligen Tieren (Metazoen) der Fall ist. Dadurch lassen sich die Protozoen ziemlich leicht und scharf von den Metazoen abtrennen. Die Protozoen besitzen keine aus Zellen bestehenden Gewebe und Organe. Wo wir bei ihnen für besondere physiologische Leistungen extrem differenzierte Elemente (Mechanismen) finden, handelt es sich nur um Differenzierungen einer einzigen Zelle. Im Gegensatz zu den Organen der Metazoen nennt man diese Bildungen Organellen.

Obwohl alle Protozoen einzellige Organismen sind, können die einzelnen Typen doch nicht alle als gleichwertige homologe Elemente im Sinne der Zellenlehre aufgefaßt werden. Wie schon erwähnt, gibt es nicht nur einkernige, sondern auch vielkernige Urtiere, die fast während des ganzen vegetativen Lebens mehrere bis viele Kerne aufweisen und dann bei ihrer Fortpflanzung mit einem Schlage in so viele Tochtertiere zerfallen, als Kerne vorhanden sind. Ein derartiges vielkerniges Protozoon entspricht mithin einem Mehrfachen (entsprechend der Kernzahl) eines einkernigen Protozoon, da jeder Kern gewissermaßen schon die Anlage eines vollwertigen Individuums enthält. Es ist vorteilhaft, im Anschluß an Sachs diese vielkernigen und vielwertigen Formen als „polyenergide", den einkernigen, einwertigen „monoenergiden" Protozoen gegenüberzustellen.

Als Energide bezeichnet man mit Sachs jeden Kern in einer vielkernigen Zelle mit der ihn umgebenden und, nach theoretischer Annahme, unter seinem Einfluß stehenden Plasmapartie. Gegen eine solche physiologische Fassung des Begriffes

1*

wurden schwerwiegende Einwände erhoben und Hartmann faßt daher den Begriff Energide nur morphologisch resp. entwickelungsphysiologisch, indem damit ausgesagt werden soll, daß in einer vielkernigen Zelle der Kernzahl entsprechend viele individualisierte Anlagen (Energiden) sind, die nach Zerfall des Ganzen mit einer beliebigen Portion Plasma wieder ein Ganzes zu bilden vermögen. Weiteres über Energiden s. Kap. Kern S. 10 u. f.

Die Verschiedenwertigkeit von polyenergiden und monoenergiden Protozoen kann morphologisch und physiologisch noch schärfer zum Ausdruck kommen dadurch, daß einzelne Kerne zu besonderen physiologischen Leistungen differenziert oder direkt analog den Körperzellen der Metazoen zu Organellen umgewandelt sein können, wie wir das später besonders (s. Kapitel Kerne und Dynamik) kennen lernen werden. Am auffallendsten tritt diese Ähnlichkeit mit höheren Tieren bei Myxosporidien und Actinomyxidien zutage. Hier entstehen innerhalb einer polyenergiden Zelle bei der Fortpflanzung Sporen, die aus verschieden differenzierten Kernen, ja direkt abgegrenzten Zellen aufgebaut sind, indem außer den eigentlichen Keimzellen besondere Hüllzellen, Schalenzellen und Polkapselzellen sich finden (Abb. 1). In Anbetracht dieser hohen Organisationsstufe sind manche Autoren dafür eingetreten, diese Gruppen als Übergangsformen zu vielzelligen Tieren, speziell Mesozoen[1]), zu betrachten. Von letzteren unterscheiden sie sich jedoch ihrer ganzen Organisation nach dadurch, daß bei erwachsenen vegetativen Tieren potentiell jeder Kern noch vollkommen dem anderen gleichwertig ist und die Differenzierung nur in einem, nämlich dem Fortpflanzungsstadium, an den Sporen auftritt. Diese Art der Differenzierung polyenergider Formen hat offenbar phylogenetisch nur in eine Sackgasse geführt, da die echten vielzelligen Tiere fraglos ihre Entwickelung von Kolonien ziemlich einfacher einwertiger Protozoen (Flagellaten) genommen haben. In Hinblick auf die Verhältnisse, wie sie sich bei Myxosporidien und anderen polyenergiden Formen finden, könnte man die Protozoen statt als Einzellige, auch als Nichtzellige den vielzelligen Metazoen gegenüber bezeichnen (Dobell).

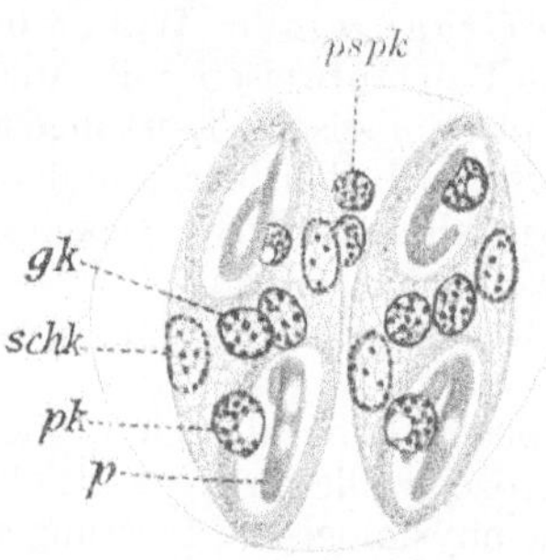

Abb. 1. Pansporocyste von *Sphaeromyxa sabrazesi* mit den beiden Sporenanlagen: gk Gametenkerne, p Polkapsel, pk Polkapselkerne, pspk Pansporocystenkerne, schk Schalen (Sporen)-Kerne. Vergr. c. 1500. Nach Schröder 1907.

Viel weniger leicht (als den vielzelligen Tieren gegenüber) lassen sich die Protozoen gegen die einzelligen Pflanzen abgrenzen. In verschiedenen Gruppen, speziell bei Flagellaten, niedren Rhizopoden und Haplosporidien, gehen pflanzliche und tierische Charaktere so ineinander über, daß eine Grenze und mithin eine scharfe Charakterisierung von Tier und Pflanze nicht möglich ist. So wird die Gruppe der Flagellaten in zoologischen wie botanischen Lehrbüchern in gleicher Weise behandelt. Denn da führen einerseits die chlorophyllhaltigen grünen Formen in lückenloser Reihe zu den Algen über, andererseits kann weder der Charakter der festen Zellmembran, noch das Vorhandensein oder Fehlen von Chlorophyll, noch der Zeitpunkt der Reduktion direkt nach oder zwischen zwei Befruchtungsvorgängen für die pflanzliche oder tierische Auffassung maßgebend sein. In die Gruppe derjenigen Protisten, deren tierische

---

[1]) Mesozoen sind vielzellige heteroplastide Tiere, die außer den Keimzellen nur eine Lage somatischer Zellen, nicht die 2 resp. 3 Zellagen (Ectoderm, Entoderm und Mesoderm) der typischen Metazoen besitzen.

Natur vielfach bezweifelt wird, gehören auch die medizinisch so wichtigen Spirochäten; sie haben wie tierische Protisten im Gegensatz zu den Bakterien keine feste Zellmembran, doch teilen sie mit den Bakterien die Eigenschaft, daß kein distinkter Kern nachweisbar ist.

II. Die Grundsubstanz der Protozoenzelle.

Protoplasma und Kern.

Wie alle Zellen bestehen auch die Protozoen aus den zwei wichtigen Bestandteilen Protoplasma und Kern. An diesen beiden Teilen und den von ihnen gebildeten Organzellen spielt sich das gesamte Leben der Protozoen ab. Da die physiologischen Vorgänge bei den Protozoen meist nur im Zusammenhang mit den morphologischen Strukturen und deren Genese, andererseits manche Strukturen nur teleologisch in Rücksicht auf ihre physiologische Bedeutung verstanden werden können, erscheint eine gleichzeitige Besprechung der Morphologie und Physiologie der Protozoenzelle nach physiologischen Gesichtspunkten am zweckmäßigsten. Zuvor ist aber eine allgemeine Schilderung der Grundsubstanz des Protoplasmas und des Aufbaues der Kerne am Platze.

A. Protoplasma.

Das Protoplasma ist ein kompliziertes Gemisch von kolloidalen Flüssigkeiten, worunter Eiweißverbindungen (Proteine) als die für das Leben wichtigsten gelten. Daneben wird neuerdings vielfach noch den sogenannten Lipoiden eine große vitale Rolle zugeschrieben. Eine chemische und mikrochemische Analyse der die Protistenzelle aufbauenden Substanzen ist bisher nur im allergeringsten Maße durchführbar gewesen und hat noch nicht zu Resultaten von allgemeiner Bedeutung geführt. Die mikrochemischen Methoden sind meist noch außerordentlich unsicher, und zur chemischen Analyse bedarf es solcher Unmassen von Protozoen-Individuen, wie sie rein nur selten zu beschaffen sind. So sind bisher nur wenige Formen, wie das Myxomycet *Aethalium septicum*, einige in großen Mengen auftretende Meeresprotozoen (*Noctiluca*) sowie ein in der Schwimmblase eines Fisches (*Gadus*) in ungeheuren Massen vorkommendes Coccid, *Eimeria gadi*, einer chemischen Analyse zugängig gewesen.

Außer der Grundsubstanz finden sich im Protoplasma die mannigfaltigsten Stoffwechselprodukte meist in Form von Bläschen, Tröpfchen und Vakuolen; auf sie soll erst im Kapitel über den Stoffwechsel näher eingegangen werden.

Das Protoplasma besitzt als ein Gemisch verschiedener Kolloide einen flüssigen oder zähflüssigen Aggregatzustand. Gerade das Studium der Protozoenzellen, speziell der nackten Amöben, hat die besten Beweise für den flüssigen Aggregatzustand des Plasmas im allgemeinen erbracht. Die nackten Protozoenzellen folgen nämlich den Gesetzen, die für die Flüssigkeiten gelten. Die wichtigsten derselben sind die Erscheinungen der Oberflächenspannung, der Satz von der Konstanz der Randwinkel und der Steige der Flüssigkeiten in Kapillaren. So nimmt eine nackte Amöbenzelle, wie jeder Flüssigkeitstropfen, im Ruhezustande die Form eines kugeligen Tropfens an, und abgetrennte Protoplasmateile von Amöben etc. kugeln sich wiederum ab. Auch die flüssigen Inhaltsbestandteile, wie die Vakuolen, weisen Tropfengestalt auf und nehmen bei Zerteilung gleichfalls wieder Tropfenform an. Ferner sind die Vakuolen, Granula etc. in dem Innern des Zelleibes in so hohem Maße verschiebbar, wie dies nur bei einer flüssigen Konsistenz des Mediums denkbar ist. Die schlagendsten Beweise für die flüssige Natur liefern die Bewegungserscheinungen, und zwar sowohl die Gestalt- und Ortsveränderungen der ganzen Tiere bei nackten Protozoen (Amöben etc.), die wir im Kapitel Dynamik genauer kennen lernen werden, wie auch die inneren Protoplasmaströmungen bei Protozoen mit fester Oberfläche (Infusorien).

Das Protoplasma ist somit eine Flüssigkeit, aber als ein Gemisch von Kolloiden doch eine Flüssigkeit mit besonderen Eigenschaften. So sind Protoplasmateile oder ganze Leiber derselben Protozoenart nur höchst selten zum Zusammenfließen zu bringen, wie dies bei reinen Flüssigkeitstropfen der Fall sein müßte. Auch sonst finden sich geringfügige Abweichungen von dem zu erwartenden gesetzmäßigen Verhalten. Diese Inkongruenzen finden ihre Erklärung darin, daß die Oberfläche der Plasmatropfen nicht völlig „nackt“ ist, sondern daß stets ein (physikalisch-chemisch anders sich verhaltendes) Oberflächenhäutchen, eine sog. Haptogenmembran, vorhanden ist. Dieselbe ist bei vielen sog. „nackten“ Protozoen zwar nicht optisch sichtbar, ihr Vorhandensein kann aber experimentell erwiesen werden. In anderen Fällen ist eine Haptogenmembran auch optisch wahrnehmbar und vielfach wird sie zu einer deutlich doppelt konturierten, festen Membran, einer sog. Pellicula oder einem Periplast, erhärtet. Beim Durchschneiden einer Protozoenzelle bildet sich bei Berühren des inneren, rein flüssigen „nackten“ Plasmas mit dem Außenmedium sofort eine neue Haptogenmembran resp. Pellicula. Es tritt hier eine Eigentümlichkeit des Protoplasmas zutage, die in seiner Kolloidnatur begründet ist.

Denn den Kolloiden kommt ja ganz allgemein die Fähigkeit zu, unter bestimmten Bedingungen aus dem flüssigen oder Solzustand in einen mehr halbfesten, gallertigen, den Gelzustand überzugehen. So wirkt hier die Berührung mit dem Außenmedium als gelbildender Faktor oder als Faktor zur Bildung einer Niederschlagsmembran an der Berührungsfläche. Auch die Erscheinung, daß das Protoplasma vieler Protozoen, speziell der nackten Amöben (aber auch der meisten Infusorien), in zwei verschiedene Schichten differenziert ist, eine äußere zähflüssigere, das Ectoplasma, und eine innere leichtflüssigere, das Entoplasma (Abb. 2), ist in weitem Maße durch die Einwirkung des Außenmediums bedingt. Denn auch hier wird das Entoplasma, das bei der Bewegung (s. Kap. Dynamik S. 25) oder nach Durchschneiden der Zelle frei an die Oberfläche gelangt, unter der Einwirkung des Außenmediums sofort in Ectoplasma umgewandelt. Ecto- und Entoplasma sind mithin auch keine zwei verschiedenen Plasmaarten, sondern nur verschiedene Zustandsphasen ein und derselben Substanz. Bei den Ciliaten wird die Ectoplasmaschicht meist als Cortikalplasma bezeichnet; daselbst gibt es auch Formen, deren Entoplasma wiederum in zwei Schichten differenziert ist, wovon die eine mit Nahrungsvakuolen und Stoffwechselprodukten erfüllt ist, während die andere den Kern enthält und frei von Nahrungsvakuolen ist. Das Ectoplasma der Amöben ist meist ganz homogen oder von feinkörniger Struktur, das Ento-

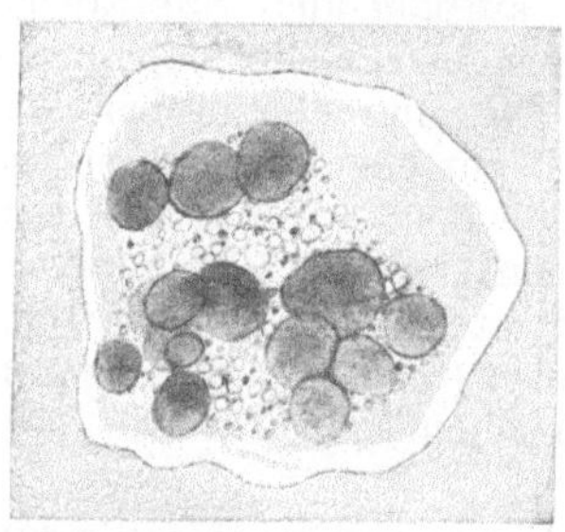

Abb. 2. *Entamoeba histolytica* Schaudinn. Menschliche Dysenterieamöbe mit deutlicher Sonderung in Ecto- und Entoplasma. Vergr. c. 1300. Nach Hartmann 1911.

plasma dagegen zeigt in der Regel die für die meisten Protozoenzellen charakteristische Bütschlische Waben- oder Schaumstruktur.

Bei den Kolloidgemischen des Protozoenplasmas sind nämlich in der Regel zwei Substanzen oder Substanzgemische nach Art eines Schaumes durchmischt, in dem die leicht flüssige Substanz in Form von kleinen, meist gegeneinander abgeplatteten Tröpfchen von der zähflüssigeren allseitig umschlossen ist. Im Mikroskop erscheint diese Struktur meist als ein Netz- oder Gerüstwerk. Wie aber Bütschli überzeugend gezeigt hat, handelt es sich nur um den optischen Durchschnitt von Wabenwänden, wovón man sich bei vielen Protozoen auch direkt durch die Beobachtung überzeugen kann. Entsprechend dem physikalischen Postulat stoßen hierbei stets nur drei Flüssigkeitslamellen in einer Kante zusammen. An den Oberflächen, und zwar den äußeren wie den inneren, an größeren Flüssigkeitsvakuolen im Innern des Plasmas, stellen sich die Wabenwände gleichfalls, den Oberflächengesetzen folgend, senkrecht zur Oberfläche und bilden dadurch sog. Alveolarsäume (Abb. 3).

Man hat früher angenommen, dem Protoplasma müsse eine einheitliche elementare Struktur zukommen. Da die älteren Auffassungen von einem netzförmigen Bau des Protoplasmas, wie Bütschli zuerst gezeigt hat, physikalisch unmöglich sind, so erblickte man in dem Wabenbau die Elementarstruktur. Das Vorkommen von optisch homogenem Plasma und Plasmateilen oder von feinkörnigem Protoplasma hat man dabei durch die Annahme gleicher Lichtbrechung von Wabenwand und Wabeninhalt zu erklären gesucht. Die

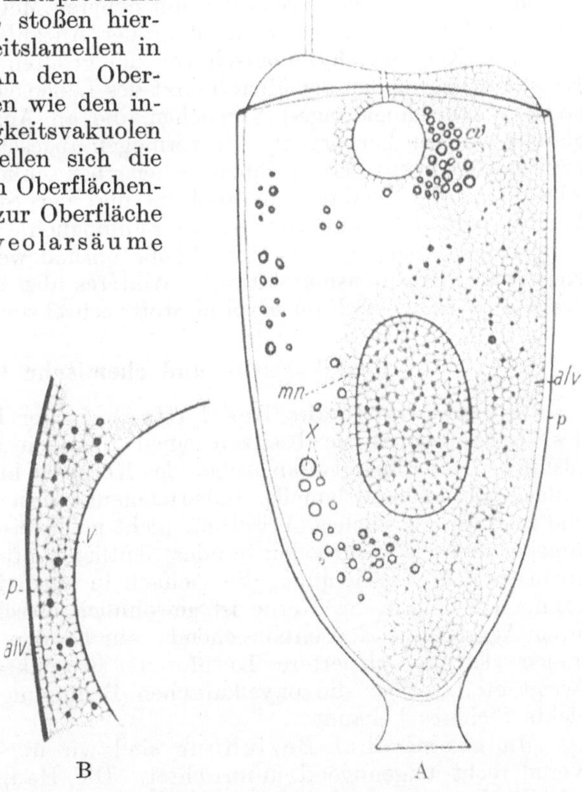

Abb. 3. Schaumstruktur des Protoplasmas. A Acinete, Wabenstruktur nur im Kern (mn) und einem Teil des Protoplasmas eingezeichnet, B Teil einer Vorticellide; alv Alveolarsaum, p Pellicula, v Vakuole. Nach Bütschli 1892.

neuere Kolloidforschung hat jedoch gelehrt, daß verschiedene Strukturen, homogene, granuläre, netzig angeordnete Granula und echte Waben bei ein und derselben kolloidalen Substanz als Zustandsänderungen (Phasen) auftreten können. „Die Heranziehung der Ergebnisse der Kolloidforschung zeigt uns, wie belanglos eigentlich die an die Erforschung der Struktur des Plasmas geknüpften Theorien sind und von welch geringer Bedeutung die ganze Angelegenheit ist."

„Das Plasma nimmt als ein seinem Phasenzustand nach labiles Kolloid bald die eine, bald die andere Struktur an, ohne daß man irgend einer von demselben einen ganz besonderen Wert für die Lebenseigenschaften des Plasmas wird beimessen können" (Gurwitsch 1912).

Doch sei nochmals betont, daß das Plasma zu denjenigen Kolloiden gehört, die fast ausschließlich einen Wabenbau aufweisen.

B. Kern und Kernteilung.

Der zweite unerläßliche Bestandteil jedes Protozoon ist der Kern; derselbe ist entweder in der Einzahl vorhanden oder in der Mehrzahl. Im ersteren Falle nennt man die Zelle monoenergid, im letzteren polyenergid. Die frühere Anschauung vom Vorkommen kernloser Urtiere (Moneren Haeckels) besteht nicht zu Recht. Bei allen mit neueren Methoden untersuchten sog. Moneren sind Kerne, meist sogar in großer Anzahl nachgewiesen worden.

Der Kern ist **physiologisch** von der größten Bedeutung für das Zelleben. Er ist gewissermaßen der Mittelpunkt des Lebensvorganges; wie aus den Merotomie- (Zerschneidungs-) Versuchen, die an Amöben und Infusorien durchgeführt wurden, hervorgeht. So vermögen abgeschnittene, kernlose Plasmateile zwar noch längere Zeit zu leben, gehen aber schließlich zugrunde. Solange sie leben, sind die Bewegungen anormal und der Stoffwechsel herabgesetzt; die Verdauung und Assimilierung ist sogar unmöglich. Dagegen leben abgeschnittene kernhaltige Stücke von gleicher Größe normal weiter und verkleinern nur ihr Kernvolum (Kernplasmarelation). Weiteres über die physiologische Bedeutung des Kernes findet sich im Kapitel Stoffwechsel sowie im Kapitel Fortpflanzung.

1. Physikalische und chemische Beschaffenheit.

Die physikalische Beschaffenheit der Kerne ist die gleiche wie die des Protoplasmas; sie besitzen einen flüssigen oder zähflüssigen Aggregatzustand. Das Flüssigkeitsbläschen des Kerns ist in vielen Fällen nur durch eine einfache Flüssigkeitslamelle (Oberflächenhäutchen) vom Plasma abgegrenzt und ist dann als solches optisch oft nicht nachweisbar. Meist tritt diese Grenzlamelle aber als mehr oder minder deutliche, oft doppelt konturierte Kernmembran in Erscheinung, die vielfach in einen festen Gelzustand übergehen kann. Die Form der Kerne ist gewöhnlich bläschenförmig, kugelig oder oval ihrem Aggregatzustand entsprechend; nur bei den Macronucleen der Infusorien finden sich kompliziertere Kernformen (rosenkranzförmig, geweihartig verzweigt etc.). Über die physikalischen Bedingungen dieser Formen ist leider nichts Sicheres bekannt.

In chemischer Beziehung sind wir über die Zusammensetzung der Kerne recht ungenügend unterrichtet. Die Hauptmasse besteht wohl auch bei den Protozoenkernen aus Nucleoproteiden, Eiweißverbindungen, die durch ihren Gehalt an Nukleinsäure ausgezeichnet sind und die nach allgemeiner Annahme in der stark färbbaren Substanz der Kerne, dem Chromatin, lokalisiert sind, vielfach mit ihm identifiziert werden. Doch sind merkwürdigerweise bei dem Coccid, *Eimeria gadi*, einem der wenigen Protozoen, die chemisch analysiert werden konnten, überhaupt keine Nucleoproteide nachgewiesen worden (Fiebiger).

2. Morphologie und Morphogenese.

Da eine chemische Charakterisierung der einzelnen Kernsubstanzen noch aussteht, sind wir zurzeit allein auf morphologische Kriterien bei der

Analyse der Kerne angewiesen, und zwar ist es vor allen Dingen das Verhalten der einzelnen Kernelemente bei dem Kernteilungsvorgang, das uns die sichersten Unterlagen für die begriffliche Erfassung der oft sehr komplizierten Verhältnisse bietet. Unterstützt wird die Erkennung und Verfolgung bestimmter Kernelemente während der Entwickelung durch das verschiedene Verhalten einzelner Bestandteile gegenüber gewissen **Farbstoffen.** Danach unterscheidet man außer der schon erwähnten **Kernmembran** und dem **Kernsaft** zwei resp. drei Substanzen: 1. das **Chromatin,** 2. das **Linin** oder **Achromatin** und 3. das **Plastin** oder die **Nucleolarsubstanz.**

Das Chromatin ist ausgezeichnet durch seine starke Färbbarkeit mit gewissen basischen Farbstoffen und wird oft mit Nuklein identifiziert. Im Kern ist das Chromatin meist in Form von Fäden, kleineren oder größeren Körnern, oder größeren Kugeln angeordnet.

Das Linin- oder Kerngerüst entspricht etwa den Wabenwänden des Protoplasmas. Bei den einfacheren Protozoenkernen kann es vollständig fehlen. Es ist also kein wesentlicher Bestandteil, sondern wie das wabig strukturierte Protoplasma ist auch das Kerngerüst nur eine Zustandsphase des kolloidalen Kernsaftes.

Das Plastin ist eine Substanz, die vorwiegend sauren Farbstoffen gegenüber eine besondere Affinität aufweist. Es findet sich im Kern in Form von einem oder mehreren kugeligen Ansammlungen, sog. **Nucleolen,** die häufig gleichzeitig auch noch Chromatin enthalten, sog. **Amphinucleolen.**

Es sei hier mit Nachdruck darauf hingewiesen, daß diesen Färbungsunterschieden verschiedener Kernsubstanzen kein so großer Wert beigelegt werden darf, und daß keine Berechtigung vorliegt, Elemente in einer Zelle, die sich bei gewissen Färbungen (z. B. bei Giemsafärbung, s. S. 133) entweder gleich oder verschieden färben, daraufhin nun für homolog oder verschieden zu halten. Denn das verschiedene Verhalten gegenüber Farbstoffen kann angesichts der Tatsache, daß wir über die Ursachen der Färbung (ob chemisch oder physikalisch oder beides zusammen) zurzeit nichts Genaueres wissen, zum großen Teil auf rein physikalischen Verschiedenheiten (Dichtigkeitsunterschieden etc.) beruhen und ist vielleicht in chemischer Hinsicht nur auf das Vorhandensein und Fehlen einer Säure (Nukleinsäure) zurückzuführen, von der wir aber nicht wissen, ob sie in biologischer Hinsicht von so großer Bedeutung ist, wie man meist annimmt. So kann man z. B. bei Trypanosomen im selben Präparat bei Giemsafärbung bei einem Teil der Individuen den Binnenkörper des Hauptkernes (s. u.) im roten Farbton, den des Geißelkernes in blauem, bei anderen Individuen umgekehrt und bei wieder anderen in gleichem Farbton erhalten. Und andererseits bekommt man auch bei verschiedener Art der Färbung (Dauer der Färbung oder geringe verschiedene Zusammensetzung des Farbgemisches) verschiedene Resultate, Erfahrungen, die alle mehr für einen vorwiegend physikalischen Charakter des Färbprozesses sprechen. Noch auffallender zeigt ein zweites Beispiel die Unsicherheit der Färbmethoden: bei dem koloniebildenden Radiolar, *Collozoum,* nehmen die Kerne in gewissen Entwickelungsstadien überhaupt keine Farbe an, während das Protoplasma sich stark chromatisch färbt. Trotzdem kann man in dem ungefärbten Kern mit aller Deutlichkeit Chromosomen und Spindeln mit Zentren bei der Kernteilung beobachten, also die Elemente, die wir nach allen biologischen Erfahrungen für die wichtigsten Elemente der Kerne halten müssen.

Ein tieferer Einblick in die Konstitution der Kerne kann, wie schon erwähnt, durch die **morphogenetische Analyse** der Kerne, d. h. durch die Verfolgung der einzelnen Kernbestandteile während der verschiedenen Entwickelungsprozesse, und zwar vor allem während der Kernteilung gewonnen werden, und um dieses Ziel zu erreichen, sind die Färbemethoden das wertvollste Hilfsmittel für den Protozoenforscher. Trotz der außerordentlichen, früher geradezu kaleidoskopisch erscheinenden Mannigfaltigkeit des Baues und der Teilung der Kerne, läßt sich auf Grund sorgfältiger Analyse der Kernteilungsvorgänge sowie sonstiger morphogenetischer Prozesse ein gesetzmäßiges Bild der Kernverhältnisse entwerfen. Es lassen sich nämlich bei jedem Protistenkern stets zwei Komponenten nachweisen, eine lokomotorische Komponente und eine generative Komponente, die sowohl bei der Teilung, vor allem aber auch im Ruhekern sehr mannigfaltig angeordnet sein können. Es sei jedoch darauf hingewiesen, daß der im folgenden vorgetragenen einheitlichen Auffassung teilweise nicht zugestimmt wird; vor allem wird die lokomotorische Komponente vielfach als eine hypothetische Verallgemeinerung bezeichnet. Demgegenüber sei betont, daß selbstverständlich die allgemeine Annahme einer besonderen lokomotorischen Komponente teilweise hypothetischen Charakter besitzt, der aber vielen alteingebürgerten biologischen Begriffen wie beispielsweise gerade den Begriffen Chromatin und Plastin in dem gleichen Maße anhaftet, ohne daß sie den Vorteil bieten, die Grundlagen für eine einheitliche Auffassung vom Aufbau der Kerne liefern zu können. Der einzige Vorzug, der diesen Begriffen zukommt, ist der, daß sie alteingebürgert sind, wodurch ihre hypothetische Natur teilweise in Vergessenheit geraten ist.

Auf Grund morphogenetischer Analyse können wir nun bei den Protozoen einwertige, monoenergide und vielwertige, polyenergide Kerne unterscheiden und teilen erstere wiederum in vollwertige, holoenergide und teilwertige, meroenergide, Kerne.

a. Monoenergide Kerne.

1. **Holoenergide, vollwertige Kerne.** Die meisten Protozoen besitzen bläschenförmige Kerne, bei denen im einfachsten Falle alles Chromatin und Plastin in einem einheitlichen, stark färbbaren Körper, dem Caryosom oder Binnenkörper, vereinigt ist, welcher vom Protoplasma nur durch eine helle, strukturlose Kernsaftzone getrennt ist (Caryosomkerne). An diesem Caryosom spielen sich im Laufe des Lebens komplizierte zyklische Veränderungen ab, die morphologisch in periodischer Abgabe und Wiederaufspeicherung seiner

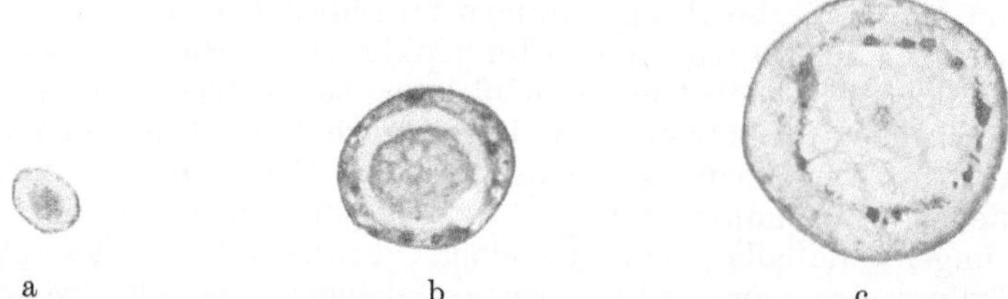

a   b   c

Abb. 4. Kerne von *Entamoeba blattae* in verschiedenen Entwicklungs-(Wachstumsstadien) der Amöbe, die Umwandlung von einem einfachen Caryosomkern (a) durch zyklischen Abbau des Caryosoms (b) in einen alveolär gebauten Kern (c) zeigend. Vergr. c. 1950. Nach Hartmann 1913.

Komponenten zutage treten. Im einfachsten Falle dokumentieren sich diese zyklischen Veränderungen nur in einem periodischen Größer- und Kleinerwerden des Caryosoms. In anderen Fällen lösen sich färbbare Substanzen vom Caryosom ab und treten in die Kernsaftzone über. Durch Ausfällung eines Liningerüstes entstehen auf diese Weise Ruhekerne mit einem sog. Außenkern (Kerngerüst mit Chromatineinlagerungen, Abb. 4b). Bei komplizierteren Kernformen geht der zyklische Abbau des Caryosoms schließlich soweit, daß nur noch ein zentrales Körnchen, das Centriol, übrig bleibt. (Abb. 4c, 5b). Das ganze Kernbläschen ist dann schließlich von einem mehr oder minder gleichmäßigen Kerngerüst erfüllt, in dem entweder gleichmäßig in den Knotenpunkten des letzteren das Chromatin verteilt ist (sog. massige Kerne, Abb. 6), oder aber in mehr oder minder unregelmäßiger Verteilung, oft auch in Form von großen Amphinucleolen sich findet, während die Centren als solche von den Chromatinkörnern meist nicht mehr zu unterscheiden sind. Bei manchen Formen mit ausgesprochener Entwicklung und starkem Wachstum vollzieht sich der eben geschilderte zyklische Abbau des Caryosoms mit

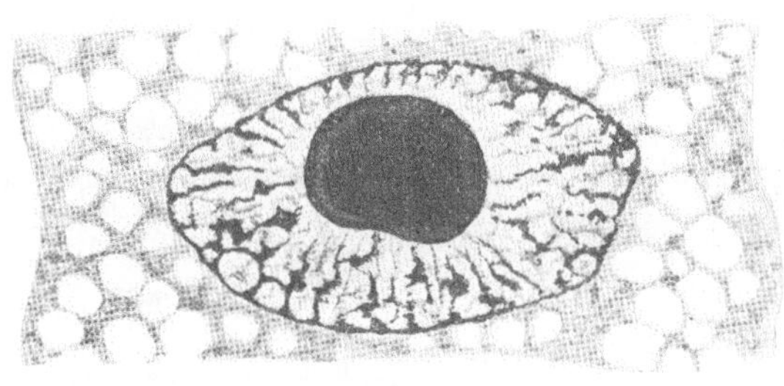
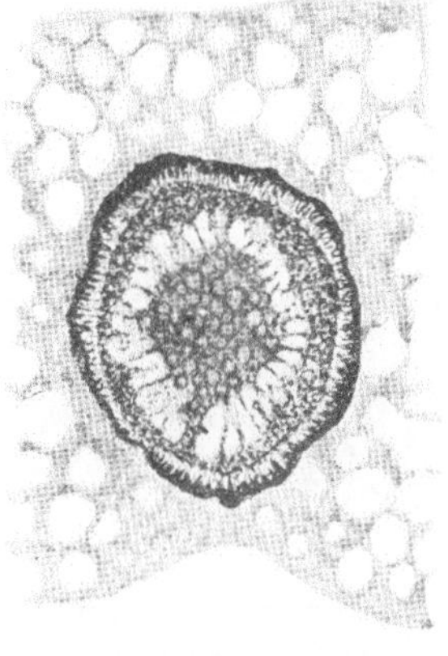

a   b

Abb. 5. Zyklischer Abbau des Caryosoms bei dem Coccid *Caryotropha mesnili*. Vergr. c. 1900. Nach Siedlecki 1905.

dem Wachstum der Zelle Hand in Hand so z. B. bei *Entamoeba blattae* (Abb. 4); meistens ist aber eine Etappe als Dauerzustand fixiert, der nur innerhalb geringer Grenzen Schwankungen (zyklische Veränderungen) aufweist. So kommen die verschiedenartigen Bilder der Ruhekerne der Protozoenarten zustande.

Entsprechend der verschiedenen Beschaffenheit der Kerne im Ruhezustand sind auch die Teilungsvorgänge auf den ersten Blick äußerlich sehr verschieden, wozu noch die weitere Komplikation hinzukommt, daß bei demselben Organismus, je nach dem Grade des sich vorfindenden inneren Zustandes oder verschiedener Außenbedingungen, das Kernteilungsbild ein verschiedenes Aussehen aufweisen kann. Aus der erdrückenden Fülle der Erscheinungen hat sich jedoch in fast allen genauer untersuchten Fällen eine Gesetzmäßigkeit feststellen lassen, derart, daß mehr oder minder deutlich die beiden schon erwähnten Komponenten sich nachweisen lassen: die generative Kernkomponente, bestehend aus den Chromosomen einer Äquatorialplatte oder eines Äquivalentes derselben, die die Erbmasse darstellen, und die lokomotorische Kernkomponente, die die Spindelfigur liefert und die ganze Teilung inauguriert und mechanisch durchführt.

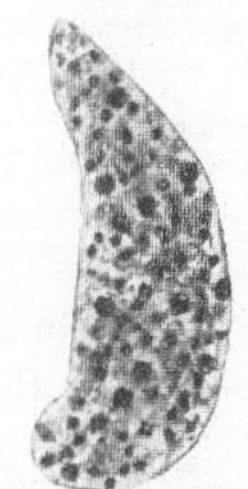

Abb. 6. Sog. massiger Kern von *Entodinium spec.*

Vergr. c. 1950. Orig.

Im einfachsten Falle (manche Amöben und Flagellaten, Abb. 7 II). wird die lokomotorische und generative Komponente vom Caryosom geliefert. Hierbei wird die ganze Teilung eingeleitet durch die Teilung des Centriols, dessen Teilprodukte einen festen Gelfaden, eine Centrodesmose, zwischen sich ausspannen. Darauf bildet sich durch Streckung des Caryosoms innerhalb der Kernmembran eine Centralspindel mit oder ohne breite chromatische Polkappen und ein Teil des Chromatins differenziert sich zu der meist aus undeutlichen chromosomenartigen Körnern bestehenden generativen Äqua-

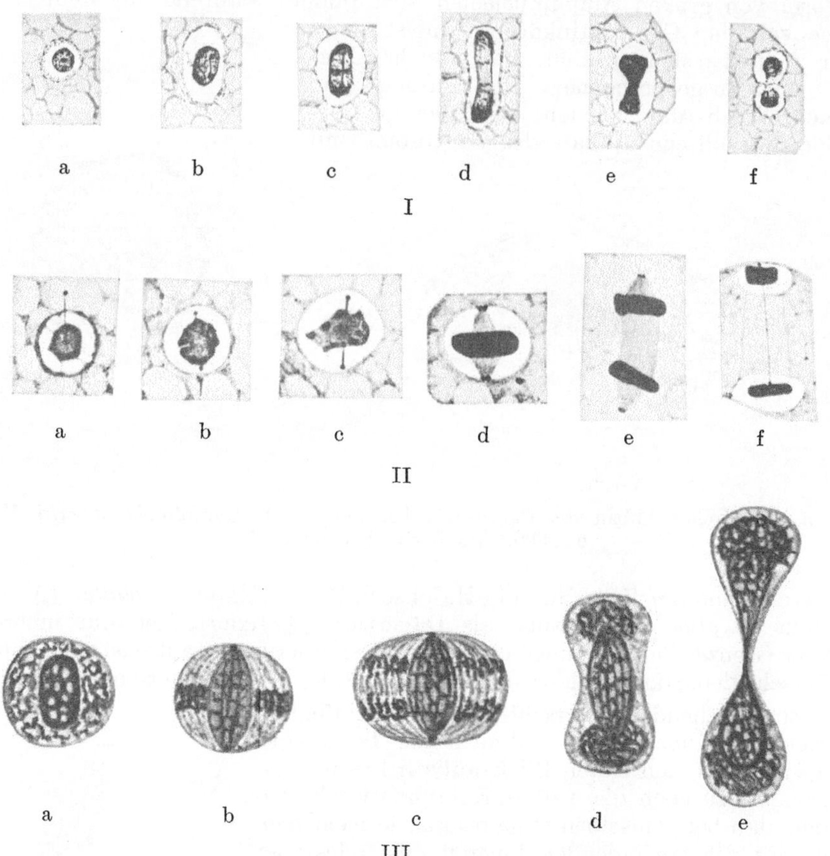

Abb. 7. Centronuclei mit caryosomalen Centren (Caryosomkerne) und ihre Teilung.
I. *Amoeba lacertae* Hartm., II. *Spongomonas uvella* Stein, III. *Chlamydophrys stercorea* Cienk.
I. Vergr. c. 2600 nach Nägler 1909. II. Vergr. c. 3700 nach Hartmann und Chagas 1910. III. Vergr. c. 1950 nach Schaudinn 1911. Aus Hartmann 1911.

torialplatte, die sich hierauf in zwei Tochterplatten spaltet. Nach weiterer Streckung der wohl vorwiegend im Gelzustand befindlichen Spindel folgt dann die Kerndurchschnürung und die Rekonstruktion der Tochterkerne. Bei Beschleunigung des Teilungsvorganges (experimentell durch Temperaturerhöhung möglich) kann diese als Promitose bezeichnete Art der Kernteilung infolge undeutlicher Trennung der einzelnen Komponenten in eine scheinbar amitotische übergehen (Abb. 7 Ie, f).

Die Lokalisation der beiden Komponenten im Ruhekern kann nun bei den verschiedenen Formen außerordentlich wechselnd sein. So wird vielfach die

generative Komponente nur vom Außenkern geliefert, die ganze Centralspindel dagegen vom Caryosom, das ist der Fall bei manchen Thecamöben,
den Euglenoideen und manchen Coccidien (Abb. 7 III, 8 I, ferner Abb. 8 I).
In anderen Fällen ist die generative Komponente im Ruhekern nicht gesondert,
sondern auf Caryosom und Außenkern unregelmäßig verteilt. Nicht immer
ist die generative Komponente als eine sich spaltende Äquatorialplatte aus-

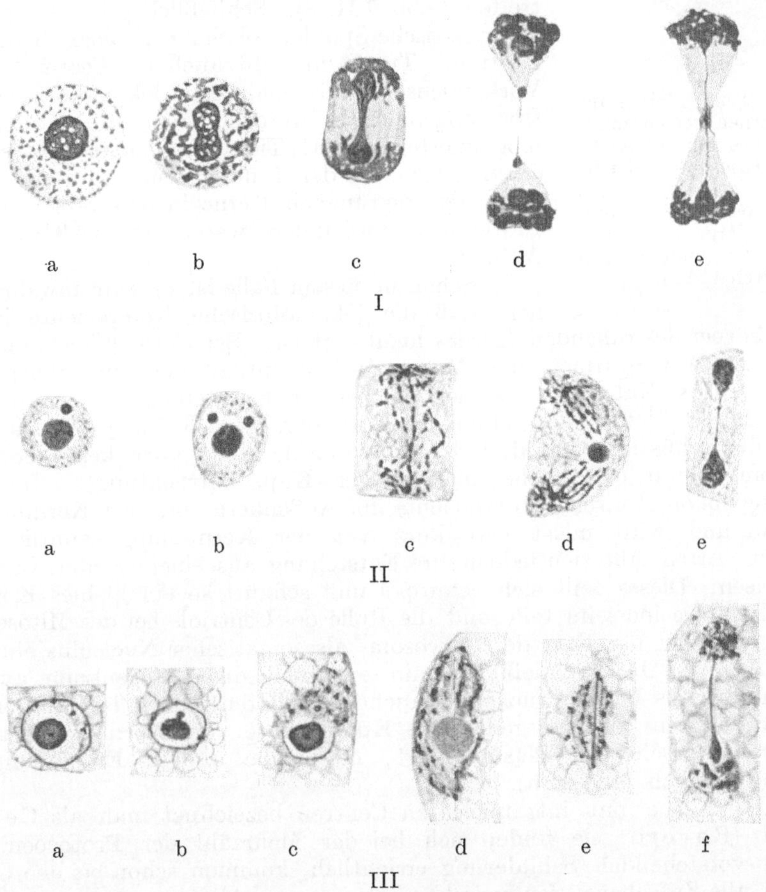

Abb. 8. Centronuclei von Coccidien mit teilweise extracaryosomalen Centren (Pseudoca-
ryosomkerne) und ihre Teilung.
I. *Eimeria schubergi* Schaud. Caryosom als lokomotorische Komponente. II. *Adelea
zonula* Moroff, Lokomotorische Komponente neben dem Binnenkörper im Außenkern;
III. *Haemogregarina lutzi* Hartmann und Chagas Auswandern des Teilungscentrums
aus dem Caryosom.
I. Vergr. c. 2250 nach Schaudinn 1900. II. Vergr. c. 1500 nach Moroff 1906.
III. Vergr. c. 1950 nach Hartmann und Chagas 1910. Aus Hartmann 1911.

gebildet, sondern tritt in Form von unregelmäßig über die Spindel ver-
teilten Körnerreihen zutage (Abb. 8 u. 14), andererseits kann sie sogar deutlich differenzierte Chromosomen in konstanter Zahl aufweisen, die sich spalten
und dann gleichmäßig auf die Tochterkerne verteilt werden (Abb. 7 III,
ferner 39 S. 33). Ebenso mannigfaltig ist die Ausbildung der lokomotori-

schen Kernkomponente, die sogar bei derselben Art unter verschiedenen Bedingungen ein verschiedenes Aussehen zeigen kann. Das abweichende Aussehen ist wohl vorwiegend durch den wechselnden Gehalt an nicht generativer,

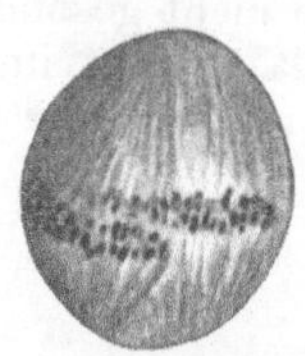

Abb. 9. Teilung eines aus zwei Kernen verschmolzenen Kernes von *Chlamydophrys schaudinni* Schüßler mit achromatischen, aber doppelt poligen Spindeln. Vergr. c. 1950. Unpubl. Originalabb. von Schüßler.

sondern trophischer chromatischer Substanz bedingt, die sich in Form von Kappen am Pole ansammelt oder vollkommen fehlen kann, so daß wir Spindeln ausschließlich mit Centriolen an den Polen antreffen (Abb. 7 II, 8). Schließlich gibt es sogar rein achromatische Spindeln ohne morphologisch sichtbare Centren. Trotzdem muß auch in diesem Fall das Vorhandensein individualisierter lokomotorischer Centren angenommen werden, denn die Kerne plasmogamierter (s. S. 84) Tiere von *Chlamydophrys schaudinni* zeigen bei der Teilung genau so viele Spindelpole, als ursprünglich Kerne in den verschmolzenen Individuen vorhanden waren (Schüßler uned. Abb. 9).

Schon in diesem Falle ist es sehr unwahrscheinlich, daß die lokomotorische Komponente in dem Binnenkörper des ruhenden Kernes lokalisiert ist. Bei vielen Flagellaten, Coccidien, sowie Gregarinen und Myxosporidien enthält der Binnenkörper rein trophisches Material, das vielfach bei der Kernteilung überhaupt keine Verwendung findet, sondern eliminiert wird (sog. Pseudocaryosomkerne). Es ist überschüssiges trophisches Kernmaterial, stellt aber keine besondere Kernkomponente dar (siehe hierzu auch Kap. Befruchtung). Hier liegt dann die lokomotorische Komponente im Außenkern, oft der Kernmembran dicht an und wird meist erst kurz vor der Kernteilung kenntlich. Bei manchen Arten läßt sich jedoch ihre Entstehung aus einem echten Caryosom nachweisen. Dieses teilt sich heteropol und schnürt so ein kleines Korn ab, das sich nun seinerseits teilt und die Rolle des Centriols bei der Mitose übernimmt, während der Rest des Caryosoms als somatischer Nucleolus eliminiert wird (Abb. 8 III). Schließlich kann eventuell das Cytocentrum aus dem Kern heraus ins Plasma rücken (manche Flagellaten); doch ist für derartige Fälle, bei denen nur die generative Komponente vom Kern geliefert wird, die lokomotorische im Plasma liegt, noch eine andere Entstehung und Deutung möglich (s. unten).

Alle Kerne mit intranucleären Centren bezeichnet man als Centronuclei (Boveri); sie finden sich bei der Mehrzahl der Protozoen. Wie aus der vorstehenden Schilderung ersichtlich, kommen schon bei den Centronucleen alle Zwischenstufen zwischen scheinbaren Amitosen bis zu typischen Mitosen mit Centrenspindeln und zählbaren Chromosomen vor. Alle Teilungsarten, bei denen die lokomotorische und generative Kernkomponente nicht nach Art einer typischen Mitose ausgebildet sind, bezeichnen wir als Promitosen. Eine weitere Einteilung und Namengebung für verschiedene Typen der Promitosen, wie sie von manchen Autoren vorgeschlagen wurde, erscheint uns unzweckmäßig und überflüssig in Anbetracht des Umstandes, daß die einzelnen Ausprägungen selbst bei einer Species ineinander übergehen.

2. **Meroenergide, teilwertige Kerne.** Bei einer Anzahl von Heliozoen (Acanthocystiden) findet sich neben dem eigentlichen Kern, der einen abgeleiteten Caryosomkern mit schwammig vergrößertem Caryosom darstellt, ein zentral gelegenes kernartiges Gebilde, das sog. Centralkorn, von dem während der vegetativen Periode die Achsenfäden der Pseudopodien ausgehen und

das seine Kernnatur durch reichen Chromatingehalt und scharf ausgeprägte zyklische Veränderungen dokumentiert. Bei der Kernteilung bildet entweder das Centralkorn eine Centralspindel, wozu der Hauptkern die generative Komponente liefert (*Acanthocystis*, Abb. 10 a, b), so daß beide vorher gesonderte Kerne

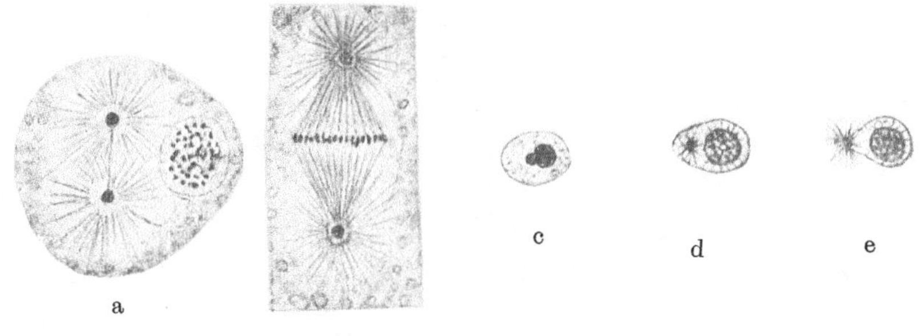

Abb. 10. Kernteilung (a u. b) und Entstehung des Centralkornes aus dem Caryosom (c—e) bei der Heliozoe *Acanthocystis aculeata* Hertwig et Lesser. Nach Schaudinn 1896 (a, b) und Keyßelitz 1908 (c—e).

zusammen eine Mitose ganz nach Metazoenart liefern, oder der Hauptkern und das Centralkorn teilen sich selbständig (der Kern dabei promitotisch), die zuvor geteilten Centralkörper treten aber an die Kernpole (*Wagnerella* Abb. 11). Daß auch im ersteren Falle der Hauptkern noch eine selbständige lokomotorische Komponente besitzt, ergibt sich daraus, daß er bei der Knos-

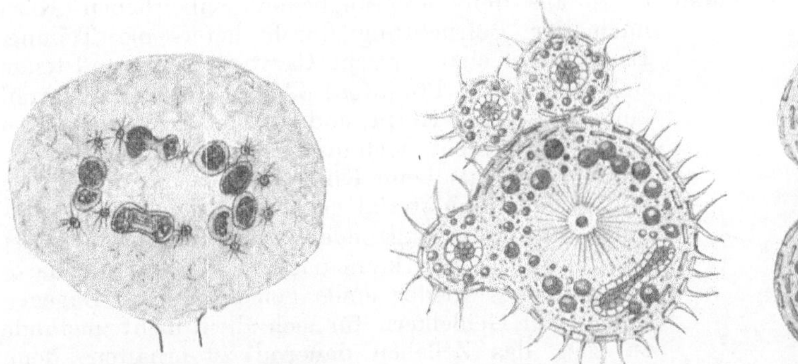

Abb. 11. Teilung der Heliozoe *Wagnerella borealis*. Centralkorn und Kern teilen sich unabhängig, doch treten die geteilten Centralkörner an die Pole der sich teilenden Kerne. Nach Zülzer 1909.

Abb. 12. *Acanthocystis aculeata* Hertwig und Lesser. a Knospung, b, c Entstehung des neuen Centralkornes in der Knospe. Nach Schaudinn 1896 aus Doflein.

pung der Tiere sich selbständig teilt, während das Centralkorn zugrunde geht (Abb. 12 a). Die hierbei entstehenden einkernigen Knospen bilden durch intranucleäre **heteropole Caryosomteilungen** ein neues Centralkorn, das nachträglich aus dem Hauptkern herausrückt (Abb. 12, b, c und 10, c—e). Das Centralkorn ist somit ein **teilwertiger, meroenergider** Kern.

Das Centralkorn wird von manchen Autoren nicht als zweiter rückgebildeter Kern (ohne generative Komponente), sondern einfach als die aus dem

Kern ausgetretene lokomotorische Komponente angesprochen (siehe oben). Da aber der Hauptkern seine besondere lokomotorische Komponente bei der Knospung zeigt, erscheint die erste Auffassung wahrscheinlicher. Auch die Kernnatur des sog. Blepharoplasten oder Kinetonucleus der Binucleaten

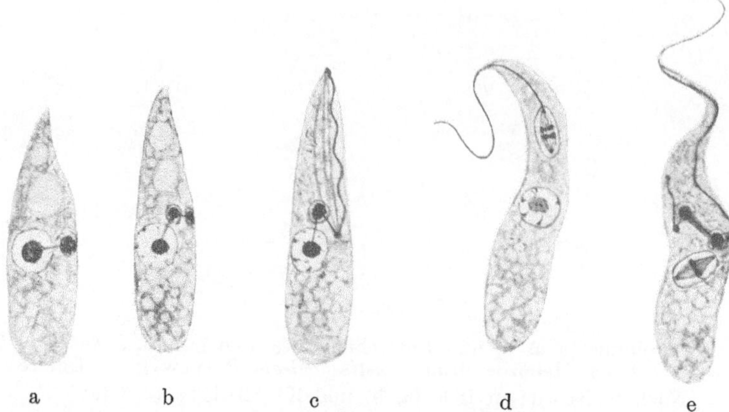

a   b   c   d   e

Abb. 13. Bildung des Geißelkernes und der Geißel von *Haemoproteus noctuae*. a Bildung des Kinetonucleus, b u. c Bildung des Basalkornes und der Geißel, d u. e Teilung von Kinetonucleus und Hauptkern. a—c nach Schaudinn, d u. e nach Rosenbusch und Hartmann. Aus Hartmann 1911.

(der Trypanosomen und Verwandten), der mit dem Geißelapparat in Verbindung steht, ist unserer Ansicht nach sicher gestellt. Nach Schaudinn und Prowazek entsteht er aus dem ursprünglichen einheitlichen Kern nach der Befruchtung durch heteropole Teilung. Beide Kerne sind typische Caryosomkerne und teilen sich durch eine Promitose (Abb. 13 d u. e). Obwohl beide vollwertige Kerne sind, die beide Komponenten enthalten, besteht doch insofern ein Unterschied zwischen ihnen, als beim Kinetonucleus das trophische und generative Material gegenüber dem lokomotorischen teilweise rückgebildet ist Der Hauptkern ist omnipotent und kann nach Verlust des Blepharoplasten stets wieder einen neuen bilden. Dagegen scheint der Geißelkern für sich allein nicht imstande zu sein, das Zelleben dauernd zu erhalten; denn hauptkernlose Formen, die bei manchen Trypanosomenarten häufig beobachtet werden und die man, wie v. Prowazek in einem interessanten Versuch gezeigt hat, auch experimentell durch Zufügen von Spuren von Säuren erzeugen kann, leben zwar noch eine Zeitlang, ja sie vermögen sich sogar noch zu teilen, nach einer oder zwei Teilungen sterben sie jedoch regelmäßig ab.

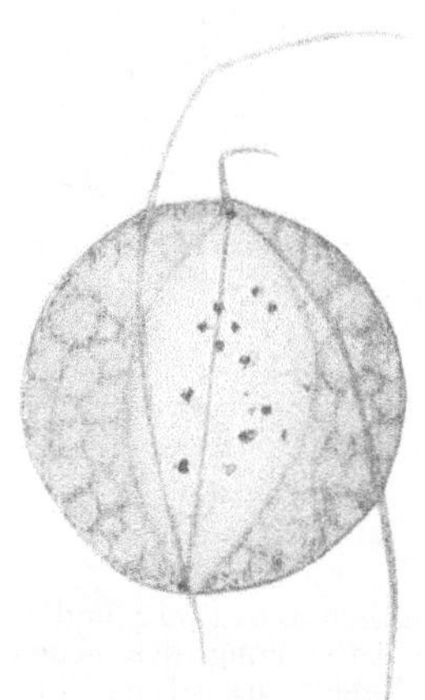

Abb. 14. Teilung von *Cercobodo* spec. Centriole sind zugleich Basalkörper der Geißeln. Vergr. c. 3700. Orig.

Auch die Basalkörper der Flagellaten kann man als sekundäre lokomotorische Komponenten eines Kernes auffassen, denn sie entstehen, wie in dem Kapitel Dynamik (S. 31 u. f.) des genaueren gezeigt wird, durch heteropole Teilung der lokomotorischen Komponente des Kernes. Auch hier gibt es dann Fälle wie bei den Heliozoen, wo dieser teilwertige reduzierte Kern die Funktion des Teilungsorganelles (Centrosoms) ganz oder teilweise für den Hauptkern übernimmt, bei dem seinerseits die lokomotorische Komponente im latenten oder reduzierten Zustande sich befindet (Beispiele: *Trichomonas, Cercobodo*, Abb. 14).

Im Anschluß an diese doppelkernigen Zellen mit teilwertigen Kernen sei hier auch die bekanntere aber anders geartete Doppelkernigkeit der Infusorien in Form somatischer Kerne (Macronuclei) und Geschlechtskerne (Micronuclei), erwähnt, die der Differenzierung ganzer Metazoenzellen in Soma- und Keimzellen entspricht. Über diese Art Doppelkernigkeit und analoge Verhältnisse bei andern Protozoen ist in dem Kapitel über die Befruchtung weiteres zu finden.

b. Polyenergide Kerne.

Den bisher besprochenen einwertigen, monoenergiden Kernen (Monocarien), die sich nur durch polare Zweiteilung vermehren, stehen nun die polyenergiden, mehrwertigen Polycarien gegenüber, die die prospektive Potenz zu einer größeren Anzahl von vollwertigen Kernen (Individuen) enthalten und sich durch multiple Zerfallsteilung fortpflanzen. Polycaryen finden sich

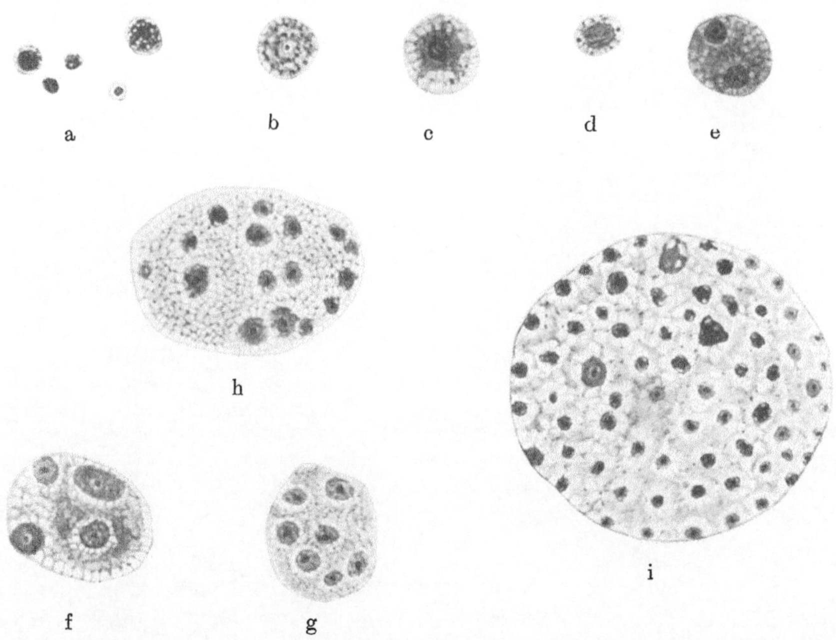

Abb. 15. Polyenergide Kerne und deren Bildung von *Wagnerella borealis*. a junge Monocaryen aus dem Zerfall des Polycaryons hervorgegangen, b. u. c. ältere Monocaryen. d u. e erste Teilung innerhalb des Primärkernes, f–i weitere Teilungen der Sekundärkerne (Caryosome) und Entstehung großer Polycaryen (h u. i). Vergr. ca. 1300. Nach Zülzer 1909.

hauptsächlich bei Radiolarien, Foraminiferen und Trichonymphiden, kommen aber auch bei Coccidien und der Heliozoe *Wagnerella* vor. Bei letzterer (Abb. 15) teilt sich im Innern des Primärkernes das mit einem deutlichen Centriol ausgestattete Caryosom fortgesetzt durch Zweiteilung innerhalb der Kernmembran. Die

Sekundärcaryosome können infolge ungleichen Wachstums verschiedene Größe
aufweisen. Bei der Fortpflanzung zerfällt das ganze Polycaryon entweder simul-

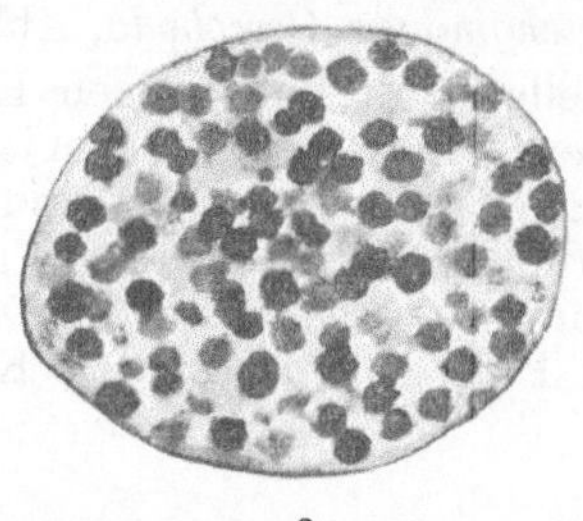 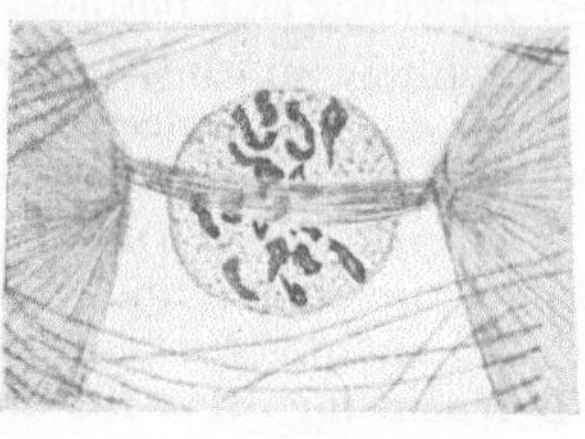

a   b

Abb. 16. Polyenergider Kern von *Trichonympha agilis* Leidy mit vielen Sekundärkernen (Caryosomen) (a) und dessen Teilung, wobei die Sekundärkerne als Chromosomen
erscheinen (b).   a nach Hartmann 1911, b nach Foâ 1904. Aus Hartmann 1911.

tan in seine Einzelelemente, oder es treten nur einzelne Sekundärkerne durch
Knospung aus ihm heraus, was den Eindruck von Chromidienbildung (s. folgende
Seite) erweckt.

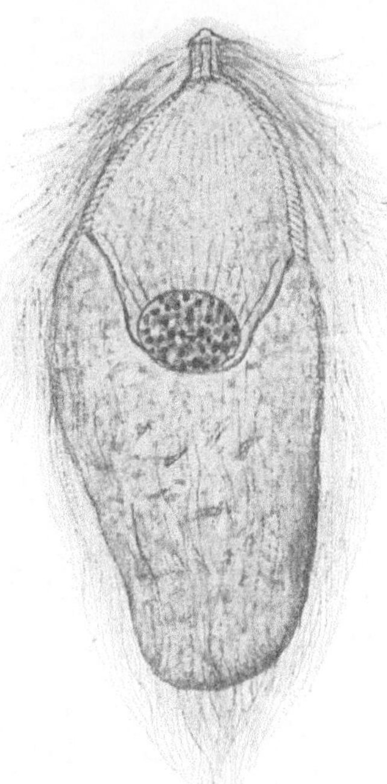 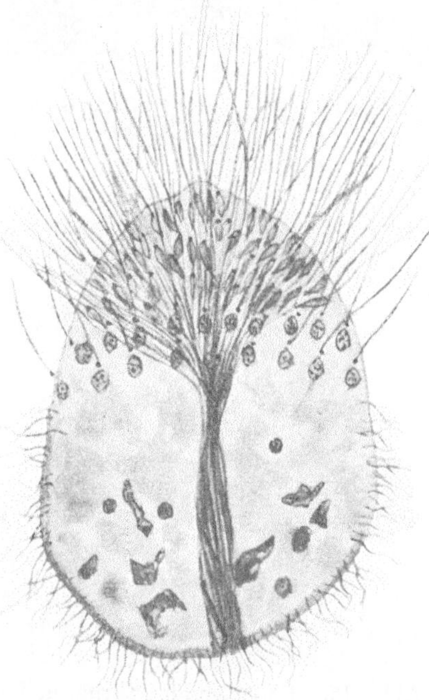

a   b

Abb. 17.   Polyenergide Trichonymphiden a *Trichonympha agilis* Leidy mit einem
Polycaryon, b *Callonympha grassii* Foâ mit vielen Monocaryen.
a Original, b nach Foâ 1905.

Polyenergide Kerne können auch Zweiteilungen unter dem Bilde einer
Mitose aufweisen, die dann aber als die gleichzeitige parallele Teilung von in
Form von Chromosomen auftretenden Sekundärkernen aufzufassen ist (*Aul-*

acantha und Trichonymphiden, Abb. 16 b). Die polyenergide Natur des Kernes von *Trichonympha* ergibt sich neben der Genese und Fortpflanzung auch durch den Vergleich mit der nahe verwandten Form *Callonympha*, die bei sonst gleicher Organisation entsprechend viele einwertige, monoenergide Kerne aufweist (Abb. 17 b).

Als besonderer Kernvermehrungsmodus wurde auch eine Kernbildung aus **Chromidien** angegeben. Als Chromidien werden mit Rich. Hertwig chromatische Substanzen bezeichnet, die aus dem Kern ins Protoplasma übergetreten sind, in dem sie sich weiterhin vermehren können und in Form von Strängen, Körnchen, Brocken, Netzen sich vorfinden (Abb. 18). Aus diesen Chromidien können dann einerseits Reservestoffe (Glykogen etc.) gebildet werden (vegetative oder trophische Chromidien), andererseits sollen daraus Kerne entstehen können (generative Chromidien). In den wenigen Fällen, wo eine derartige Kernbildung wirklich erwiesen scheint (Foraminiferen), ist die vorausgehende sog. Chromidienbildung wohl eher als die Aufteilung eines polyenergiden Kernes zu betrachten. (Vergl. oben S. 18 bei *Wagnerella*.)

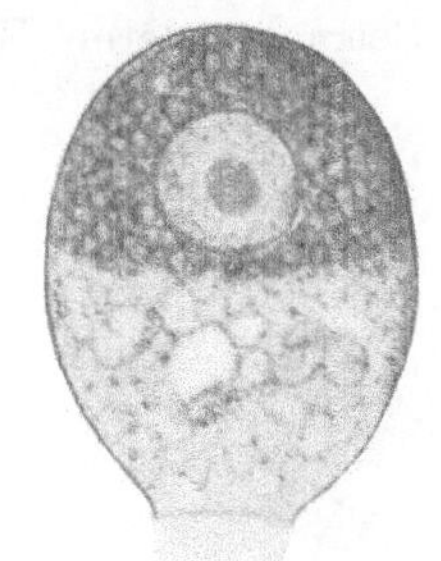

Abb. 18. *Chlamydophrys schaudinni* Schüßler, Thecamöbe mit Chromidialnetz (Reservestoff). Vergr. ca. 1300. Orig.

III. Statik und Dynamik.

A. Statik.

Eine „nackte" Protozoenzelle, wie die meisten Amöben und andere Rhizopoden, muß entsprechend dem flüssigen Aggregatzustand einerseits im Ruhezustande stets Kugelgestalt aufweisen und andererseits eine geradezu unbegrenzte Formveränderlichkeit gestatten. Das trifft in der Tat für die meisten Rhizopoden sowie eine Reihe von Flagellaten zu. Doch gibt es schon bei den wechselgestaltigen Amöben Formen, deren Oberfläche mehr oder minder weitgehend verfestigt ist, eine im Gelzustand befindliche Pellicula besitzt, die der amöboiden Beweglichkeit, wie der Abkugelung eine gewisse Hemmung entgegensetzt. Da jedoch die Pellicula der Amöben keine dauernde Plasmadifferenzierung, sondern ein sog. euplasmatisches Organell ist, das leicht in gewöhnliches flüssiges Protoplasma rückverwandelt werden kann (reversibel ist), so tritt die Abkugelung wie die amöboide Veränderung bei gegebenen Bedingungen doch ein, nur erfolgt sie langsamer.

Bei der weitaus größten Mehrzahl der Protozoen, speziell den Flagellaten und den Infusorien sowie den Gregarinen und Coccidien, treffen wir dagegen von der Kugelform abweichende Gestalten, die entweder vollkommen konstant sind oder doch nur innerhalb geringer Grenzen eine Formveränderung zulassen. Da das Protoplasma auch hier flüssig ist — es sei z. B. nur an die inneren Plasmaströmungen in den Infusorienzellen erinnert — so müssen in diesen Fällen, wie besonders Koltzoff mit Nachdruck betont hat, irgendwelche feste Elemente, Skelette oder Hüllen vorhanden sein, die dem flüssigen Plasmatropfen die konstante spezifische Gestalt aufzwängen. Derartige feste Elemente sind entweder als äußere oder als innere statische Organellen ausgebildet.

1. Äußere statische Organellen.

Als äußere statische Organellen kommen vor allem die **Pellicula**bildungen in Betracht, deren Wesen wir schon bei den Amöben kennen gelernt haben.

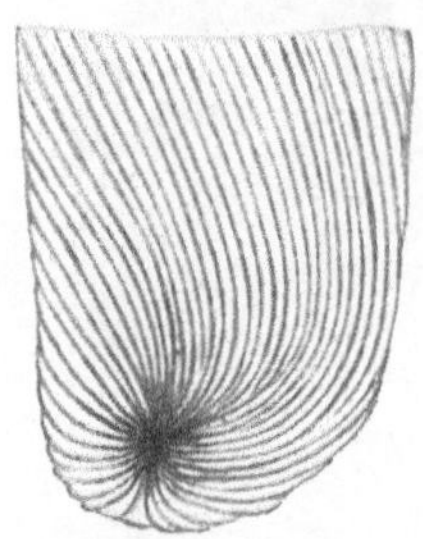

Abb. 19. Verlauf der Periplastfibrillen am Hinterende von *Euglena ehrenbergi*. Nach H a m - b u r g e r. 1911 aus L ü h e - L a n g.

Die Gelatinierung der Oberfläche, also die Pelliculabildung ist bei verschiedenen Formen verschieden stark. So gibt es Formen mit verhältnismäßig weicher Pellicula, die den Strömungen im Innern der Zelle mehr oder minder nachgibt, sodaß die Gestalt dieser Tiere innerhalb gewisser Grenzen veränderlich ist. Man nennt solche Formen metabol. Die weiche Pellicula ist bei manchen metabolen Flagellaten durch eingelagerte feste elastische Spiralfäden noch versteift, wodurch die Gestaltsänderung (Metabolie) nur in bestimmt gerichteter Weise möglich ist (*Euglena*, Abb. 19). Bei anderen Formen (spez. Infusorien, aber auch manchen Flagellaten) kann die Pellicula eine panzerartige Festigkeit aufweisen. Solche Formen sind ametabol. Zwischen ametabolen und metabolen Formen gibt es alle Übergänge. Bei Formen mit spezifischer, konstanter Eigenform ist die Pellicula unter gewöhnlichen Lebensbedingungen meist nicht reversibel. Doch kann durch abnorme äußere Bedingungen, wie z. B. nach Zufügen gewisser Chemikalien zur Kulturflüssigkeit, einerseits die Pellicula erweicht, ja ganz verflüssigt werden (Chinin bei *Colpidium*) andererseits noch mehr verfestigt und verdickt werden (Atropin bei *Colpidium*) (v. P r o w a z e k). Hierher gehört auch die Erscheinung, daß Infusorien mit fester, konstanter Form bei Kultur auf festen Nährböden amöboide Veränderlichkeit aufweisen. Auch bei der Teilung, Encystierung und Befruchtung werden in der Regel die Pelliculabildungen wenigstens teilweise eingeschmolzen und später wieder neugebildet.

Wenn auch die Pellicula ein spezifisches Produkt des besonderen Plasmas der einzelnen Arten ist, so geht aus den eben mitgeteilten Angaben hervor, daß doch auch das Außenmedium für die Pelliculabildung eine nicht unwesentliche Rolle spielt. Die spezifische Eigenform vieler Flagellaten, spez. der einfachen elliptischen, eiförmigen, schraubig tordierten, auf der Unterseite abgeflachten Arten, läßt sich so ohne weiteres physikalisch aus der Gelbildung der Oberfläche während des Bewegungszustandes vollkommen verstehen. Wir brauchen uns z. B. nur vorzustellen, daß ein Tropfen mit einpoliger Vorwärtsbewegung (wie dies ja bei Flagellaten der Fall ist) in einem anderen flüssigen Medium hierbei eine irgendwie längliche Gestalt annimmt, die

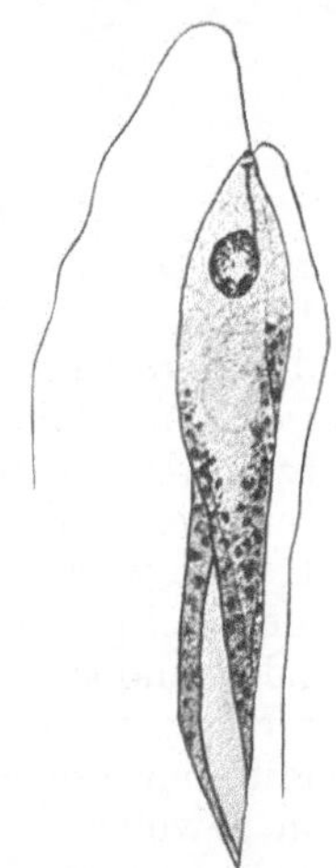

Abb. 20. *Bodo lacertae*, Flagellat mit konstanter länglicher, leicht tordierter Gestalt, die durch Erhärtung der Pellicula bedingt ist. Vergr. ca. 1300. Nach v. P r o w a z e k 1904.

natürlich bei eintretender Gelatinierung der Oberfläche zur Dauerform des betreffenden Organismus fixiert wird (Abb. 20).

Schwierig und geradezu unmöglich wird allerdings ein physikalisches Verständnis der Form bei so kompliziert gestalteten Organismen, wie es die meisten Infusorien sind (Abb. 21). Hier tritt uns so recht deutlich zum Bewußtsein, daß die Organismen nicht gegenwärtig ablesbare physikalisch-chemische Systeme sind, sondern Systeme, die eine lange Geschichte mit sich tragen, wobei frühere physikalisch-chemische Bedingungen, die wir heute an ihnen nicht mehr ausfindig machen können, ihre Zeichen hinterlassen haben.

Eine besondere Erwähnung gebührt den ökologisch als **Haftorganellen** dienenden Pelliculabildungen mancher parasitischer Protozoen, speziell Gre-

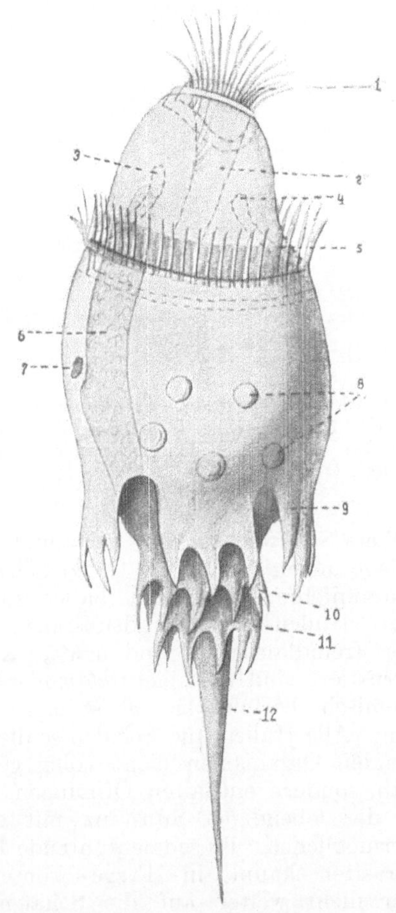

Abb. 21. *Ophryoscolex caudatus* E b e r l. Kompliziert gebautes Infusor aus dem Wiederkäuermagen. Dorsalansicht. Vergr. ca. 500. Nach E b e r l e i n 1895, aus Lang.

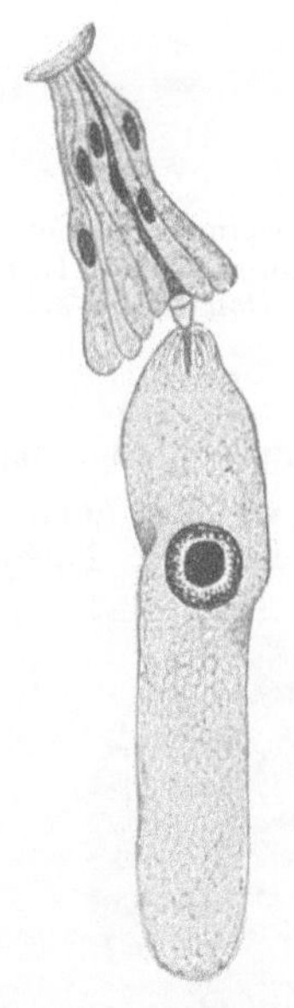

Abb. 22. *Lankesteria ascidiae*, Darmgregarine mit ihrem Tastpseudopod oberflächlich am Darmepithel des Wirtes angeheftet; die befallene Epithelzelle ist atrophiert. Nach S i e d l e c k i 1901 aus D o f l e i n.

garinen, mittels deren sie am Darmepithel festgeheftet sind. Sie können als durch Berührungsreize (Thigmotaxis) hervorgerufene ectoplasmatische Pseudopodien (s. Kap. Dynamik) aufgefaßt werden, die bei oder nach ihrer Bildung erstarrt sind. Bei den monocystiden Gregarinen finden sie sich verhältnismäßig selten, z. B. als sog. Tastpseudopodien bei *Lankesteria ascidiae* (Abb. 22); bei den polycystiden Gregarinen sind sie allgemein vorhanden und stellen außerordentlich mannigfaltig gestaltete, als E p i m e r i t e bezeichnete Pelliculabildungen dar (Abb. 23).

Eine zweite Gruppe von äußeren statischen Organellen sind die **Hüllen, Zellwände** und **Schalen.** Im Gegensatz zur Pellicula sind sie nicht reversibel; es sind nichtlebende Plasmaprodukte (Abscheidungsprodukte) und gehören somit zu den alloplasmatischen Organellen. Die Hüllen sind besonders

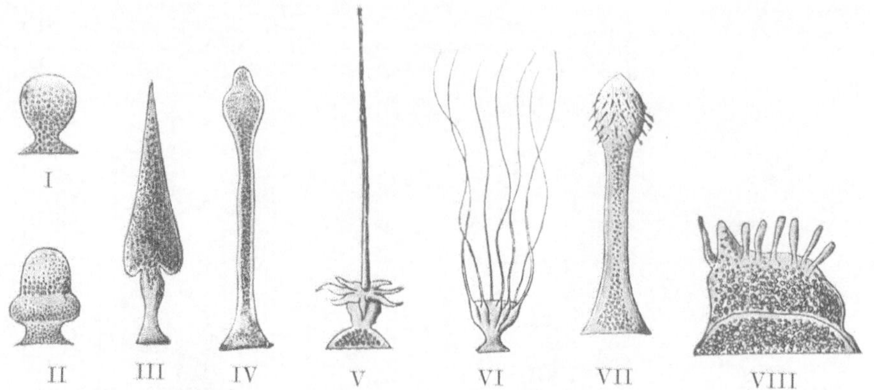

Abb. 23. Epimeritformen verschiedener polycystider Gregarinen. I. *Gregarina longa,* II. *Sycia inopinata,* III. *Pileocephalus heeri,* IV. *Stylorhynchus longicollis,* V. *Beloides firmus,* VI. *Cometoides crinitus,* VII. *Geniorhynchus monnieri,* VIII. *Echinomera hispida.* Nach Léger 1892 aus Doflein.

bei den höheren Flagellaten mit pflanzlichem Stoffwechsel sehr verbreitet und enthalten vielfach noch anorganische Einlagerungen. Auch die festen Schalen, die spez. bei den Thecamöben und Foraminiferen sich finden, haben solche

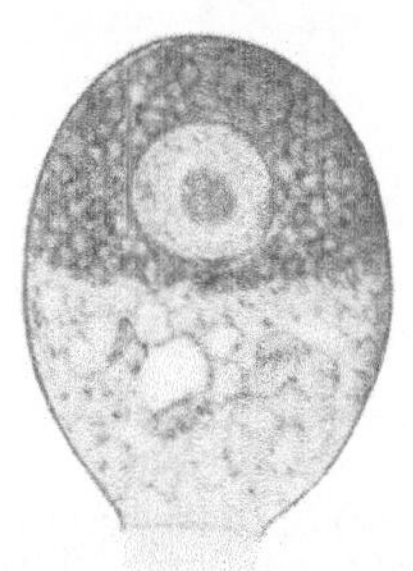

Abb. 24. Rhizopod mit pseudochitiniger Schale, *Chlamydophrys schaudinni* Schüßl. Vergr. ca. 1300. Orig.

alloplasmatischen Hüllen als Grundsubstanz, die dann meist mit Fremdkörpern (Sand usw.), Kalk, Kieselsäure inkrustiert sind (Beispiel *Chlamydophrys* Abb. 24). Chemisch besteht sie meist aus sog. Pseudochitin. Alle Hüllen und Schalen schließen die sie umhüllenden Organismen nicht völlig gegen die Außenwelt ab, sondern enthalten Öffnungen, die einen Kontakt der lebendigen Substanz mit dem Außenmedium ermöglichen. Da schalenführende Protozoen als Parasiten kaum in Frage kommen, wollen wir hier nicht weiter auf die Schalenbildungen eingehen.

An dieser Stelle seien auch die nur temporär auftretenden **Schutz-** oder **Dauercysten** vieler freilebender und parasitischer Protozoen erwähnt, die bei letzteren meist Sporen genannt werden (Abb. 25). Sie gehören nach Bau, Genese und chemischer Beschaffenheit zu den eben besprochenen Hüllen und Schalen, wenn sie auch ökologisch vorwiegend dem Schutz gegen Austrocknung oder der Übertragung auf neue Wirte dienen, also keine eigentlichen statischen Organellen sind. Im Gegensatz zu den Hüllen und Schalen der vegetativen Tiere umschließen sie die Zelle vollkommen und unterbinden den Kontakt mit der Außenwelt.

2. Innere statische Organellen.

Viele Protozoen besitzen eine nackte Oberfläche, wie ihr Verhalten zur Außenwelt (Bewegung und Nahrungsaufnahme) beweist, und zeigen trotzdem eine

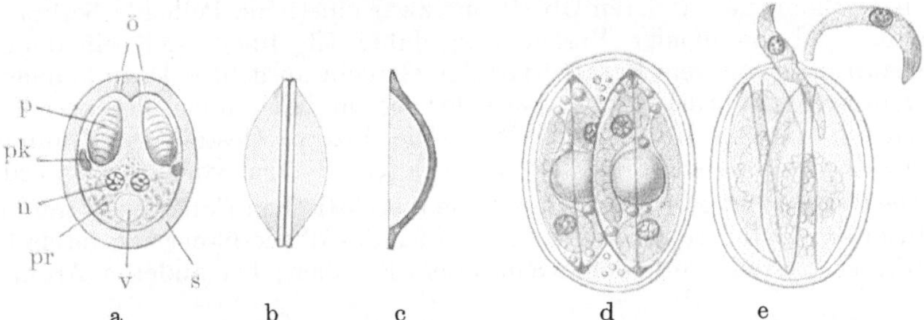

Abb. 25. Beispiele von Sporen (Cysten) a—c von *Myxobolus* spez. a Flächenansicht, n Kerne, ö Öffnung der Schale zum Austritt der Polfäden, p Polkapsel mit Polfäden, pk Polkapselkerne, Pr Plasma (Amöboidkeim), s Schale, v jodophile Vakuole; b Kantenansicht der zweiklappigen Schale, c optischer Längsschnitt durch eine Schalenhälfte. Nach Schröder 1911 aus Lang-Lühe. d u. e von dem Coccid *Cyclospora caryolytica*. Vergr. ca. 1600. Nach Schaudinn 1902.

von der Kugel abweichende Form auf. In fast all diesen Fällen haben sich neuerdings entsprechend dem Koltzoffschen Postulat innere feste Elemente in Form von Gelfibrillen nachweisen lassen, die nach Art Plateauscher Drahtfiguren den plasmatischen Flüssigkeitstropfen ihre spezifische Gestalt verleihen. So zieht bei *Cercomonas* (Abb. 26 a, c) vom Kern aus eine einfache Fibrille durch den hier völlig nackten, amöboid veränderlichen Zelleib und zieht ihn hinten zu einer Spitze aus. Hier kann man sich auch von der festen elastischen

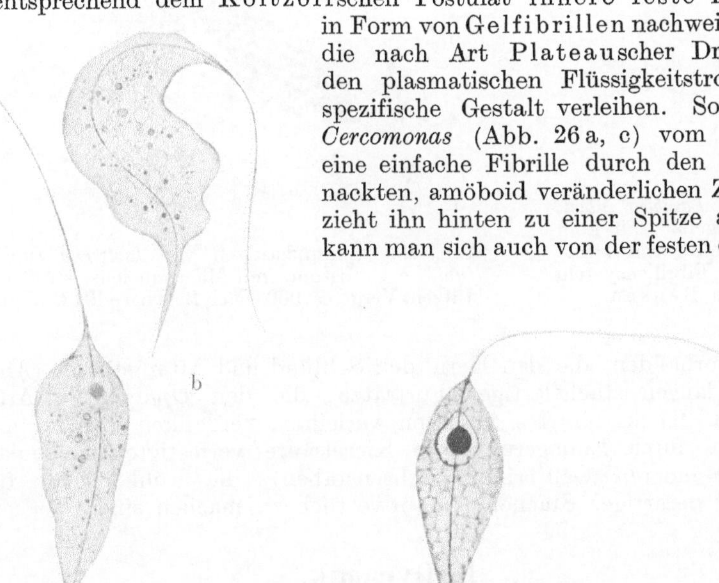

Abb. 26. *Cercomonas parva*, Flagellat mit festem elastischem Achsenstab (oder Schleppgeißel), der bei den amöboiden Bewegungen des Tieres nur seitlich verbogen werden kann. a u. b dasselbe Tier im Leben in zwei aufeinanderfolgenden Bewegungsstadien, c Individuum nach fixiertem und gefärbtem Präparat. Vergr. ca. 2800. Nach Hartmann u. Chagas 1910.

(nicht kontraktilen) Natur dieses Achsenstabes überzeugen, da bei noch so starker amöboider Veränderung eines solchen Individuums der Achsenstab zwar stark verbogen werden kann, aber stets die gleiche Länge aufweist (Abb. 26a, b). Bei den Trichomonaden, deren Oberfläche zwar eine feine Pellicula besitzt, aber gleichfalls noch amöboider Veränderung fähig ist, findet sich ein doppelter Achsenstab, der von dem Basalkörper der Geißeln ausgeht. Dazu können hier noch weitere Stützfibrillen an der Basis der sog. undulierenden Membran hinzukommen (s. darüber Kap. Dynamik). Die bizarre Gestalt des Dünndarmflagellats *Lamblia* (Abb. 27) ist durch ein ganzes System von Fibrillen bedingt.

Die kompliziertesten Fibrillensysteme mit statischen Funktionen treffen wir bei Infusorien. So findet sich bei den Infusorien des Wiederkäuermagens ein kaum entwirrbares System von sich kreuzenden Fibrillen; bei anderen Arten sind

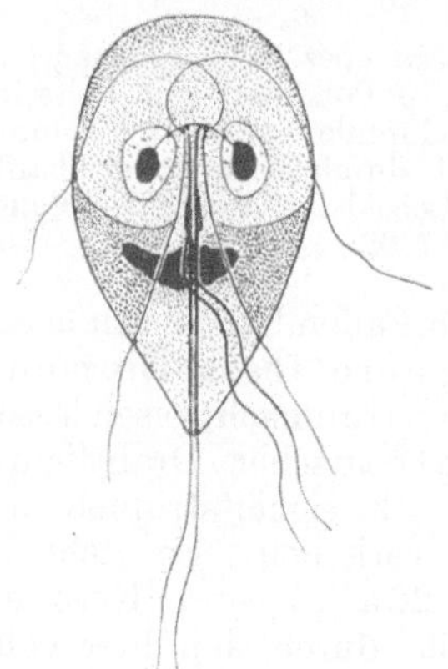

Abb. 27. *Lamblia intestinalis.* Flagellat mit kompliziertem, formbestimmendem Fibrillensystem. Nach Bensen.

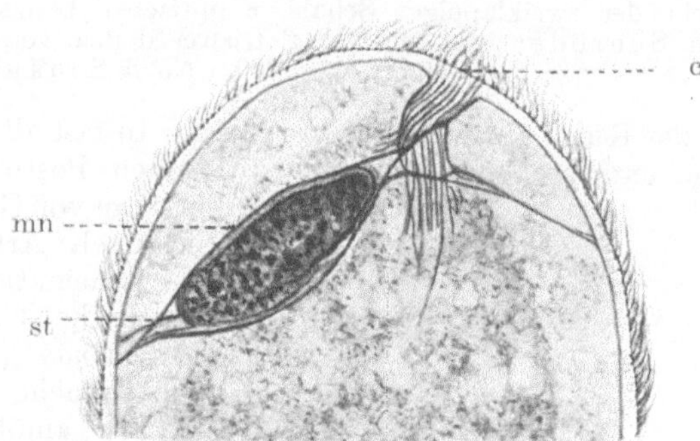

Abb. 28. Schlundstützen von *Isotricha rumimantium.* c Cytostom, mn Macronucleus, st. Schlundstützen. Vergr. ca. 900. Nach Braune 1913, verändert.

Fibrillen vorhanden, die den Kern, den Schlund und After stützen (Abb. 28). Auch die langen stachelartigen Fortsätze, die den *Ophryoscolex*-Arten (s. Abb. 21, S. 21) ihr bizarres Aussehen verleihen, verdanken ihre Form neben der derben durch Einlagerung von Kieselsäure verfestigten Pellicula auch besonderen inneren Gelfibrillen (Achsenstäben), die wohl primär für die Entstehung derartiger Stacheln verantwortlich zu machen sind.

B. Dynamik.

Die Bewegungsvorgänge der Protozoen und die in ihren Diensten stehenden Mechanismen (Organellen) sind außerordentlich mannigfaltig, da im Prinzip die Hauptarten von Bewegungsvorgängen, die überhaupt bei Zellen vorkommen, hier schon, meist sogar in einer größeren Anzahl von Modifikationen, angetroffen werden. Es lassen sich 4 Gruppen von Bewegungsvorgängen unterscheiden, nämlich: 1. Bewegung durch Pseudopodien (allgemeine Protoplasmabewegung), 2. Bewegung durch Undulipodien (Flimmerbewegung), 3. Myomenkontraktion und 4. die gleitende Bewegung der Gregarinen. Wir wollen im folgenden die 4 Gruppen gesondert behandeln.

1. Bewegung durch Pseudopodien.

(Protoplasmabewegung).

Alle nackten Protozoen, also fast alle Rhizopoden, viele Myxosporidien und ein Teil der Flagellaten, aber auch die übrigen mit Pellicula versehenen Amöben bewerkstelligen ihre Ortsbewegung, falls sie auf einer Unterlage aufliegen, durch Pseudopodien. Auch viele frei schwimmende Rhizopoden bilden Pseudopodien, die dann allerdings weniger der Ortsveränderung dienen, sondern das Schweben durch Vergrößern der Oberfläche unterstützen und vor allem die Nahrungsaufnahme besorgen. Die Pseudopodien sind nach Form und Größe sehr variable, nicht dauernde Plasmafortsätze, die an jeder Stelle der Oberfläche (soweit sie nicht, wie bei Thecamöben z. B. *Chlamydophrys*, durch eine Schale vom Außenmedium abgeschlossen ist) spontan hervorfließen können, resp. unter gewissen Bedingungen hervorfließen müssen, und die eine dauernde Bewegung und innere Verschiebbarkeit der Teilchen aufweisen, welche in der Regel auf den ganzen Protoplasmaleib sich erstreckt.

Die **Art der Pseudopodien** (resp. Protoplasmabewegung) ist für die einzelnen Gruppen sowie für die einzelnen Arten meist außerordentlich cha-

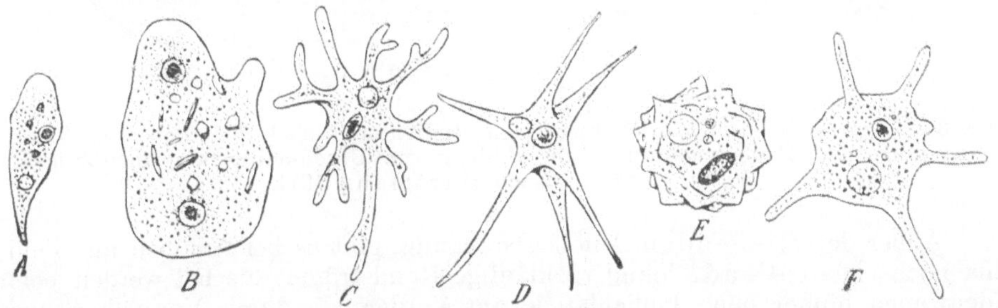

Abb. 29. Verschiedene Pseudopodienarten von Amöben. A Form der *Amoeba limax*, B Form der *Amoeba binucleata*. C Form der *Amoeba proteus*. D Form der *Amoeba radiosa*. E Form der *Amoeba verrucosa*. F Form der *Amoeba polypodia*. Aus D o f l e i n.

rakteristisch, so daß sich hieraus wichtige Gesichtspunkte für das System ergeben. Man kann 3 bis 4 Typen von Pseudopodien unterscheiden:

a) Lobopodien, das sind mehr oder weniger breite lappen- oder fingerförmige Fortsätze mit abgerundetem distalem Ende. Im einfachsten Falle bildet die ganze Amöbe ein einziges breites Pseudopodium (Limaxform), meist werden jedoch mehrere nach verschiedenen Richtungen ausgesandt und wieder eingezogen (Abb. 29). Kleine Lobopodien bestehen nur aus Ectoplasma, größere weisen im Innern auch Entoplasma auf. Betrachten wir eine Amöbe während der Bewegung, z. B. eine Limax-Form mit einem einzigen Lobopodium am Vorderende, so sehen wir, daß in der Mitte ein breiter Plasmastrom vorfließt (sog. Expansionsphase), wobei ständig das dünnflüssige Entoplasma in zähflüssigeres homogenes Ectoplasma sich umwandelt (Ento-Ectoplasmaprozeß Rhumblers). Am Vorderende angelangt zerteilt sich die Strömung und läuft in seitlichen schwer sichtbaren Randströmungen langsam zurück. Hierbei findet vorwiegend am Hinterende eine entgegengesetzter Prozeß statt nämlich eine zentripetale wieder auf die Abkugelung hinwirkende Strömung, die sog. Kontraktionsphase, bei der Ecto- in Entoplasma sich umwandelt. Außerordentlich deutlich kann der Ecto-Entoplasmaprozeß bei der Bildung sogenannter Bruchsackpseudopodien beobachtet werden, wobei die Haptogen-

membran (Oberflächenhaut) an einer Stelle reißt und dann das darunterliegende
Ecto- samt Entoplasma hervorströmt und sich über das alte Ectoplasma
ausbreitet, welches dann nachträglich in Entoplasma umgewandelt wird (Abb. 30).
Nach Jensen bezeichnet man die zentrifugale Strömung (Ento-Ectoplasmaprozeß) als zylindrogene, die zentripetale (Ecto-Entoplasmaprozeß) als sphärogene Bewegung. Bei gleichzeitigem Vorhandensein mehrerer Lobopodien trifft
man meist solche in zylindrogener und sphärogener Bewegung nebeneinander,
ja oft kann ein Lobopodium gleichzeitig beide Bewegungsarten aufweisen.

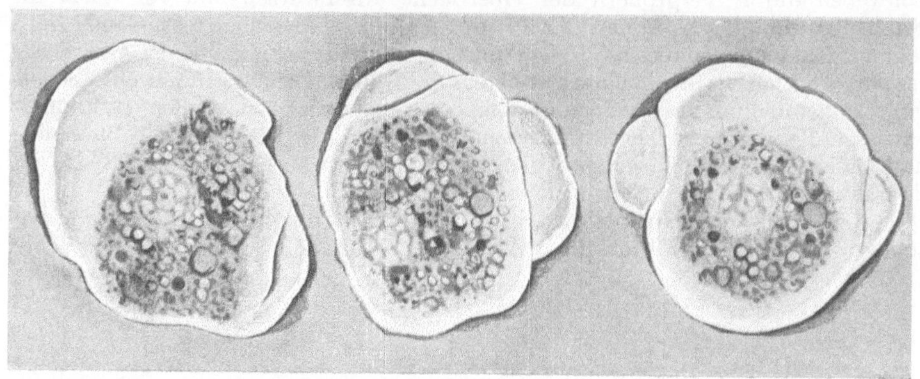

Abb. 30. *Entamoeba histolytica* Schaudinn, Individuum nach dem Leben in 3 aufeinanderfolgenden Bewegungsstadien, die Bildung von Bruchsackspeudopodien zeigend.
Vergr. c. 1300. Nach Hartmann 1911.

Außer der fließenden Amöbenbewegung, gibt es bei Amöben mit Pellicula noch eine rollende ohne rückläufige Randströme; hierbei werden beim
Vorströmen immer neue Pelliculateile am Vorderende durch Vorwölben über
die Auflagekante zum Umkippen und in Berührung mit der Unterlage gebracht,
während am Hinterende das Plasma sich
entsprechend von der Unterlage abhebt.

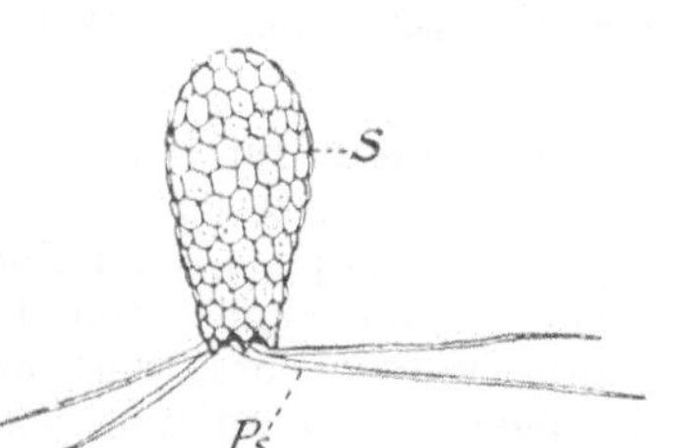

Abb. 31. *Euglypha alveolata*, Thecamöbe mit filosen Pseudopodien. S.
Schale, Ps Pseudopodien. Aus Doflein.

b) Der zweite Typus, die Filopodien, ist durch verschiedene Übergänge
mit den Lobopodien verbunden. Es sind
das sehr feine zugespitzte Pseudopodien,
die in der Regel nur aus Ectoplasma
bestehen (Abb. 31, vergl. auch Abb. 29 D).
Häufig entspringen sie in Büscheln und
verzweigen sich, bilden aber in der Regel
keine Anastomosen untereinander, auch
finden sich keine Körnchenströmungen
in ihnen.

c) Der dritte Typ, die Rhizo-
podien, sind charakterisiert durch ihre außerordentliche Neigung, sich
wurzelartig zu verästeln und durch Anastomosen sich gegenseitig zu verbinden.
Auch dieser Typ ist durch Übergangsformen (z. B. *Chlamydophrys*, Abb. 32)
mit dem vorigen verbunden. Sie können außerordentlich komplizierte Netz-
werke von feinen Fäden und Strängen bilden. Die Rhizopodien weisen stets
ein körnchenreiches Plasma auf, an dem sich oft sehr deutlich die sogenannte
Körnchenströmung beobachten läßt (Abb. 33). Während bei Lobopodien
und Filopodien die Oberfläche aus zäherem Plasma besteht, ist hier die axiale

Partie der Pseudopodien von festerer Konsistenz und die oberflächlichen körnchenführenden Schichten sind dünnflüssiger.

d) Die meist nur fein zugespitzten, selten sich verzweigenden Rhizopodien der Heliozoen besitzen vielfach eine feste im Gelzustand befindliche axiale Differenzierung (Achsenfäden) und werden dann als Axopodien bezeichnet (Abb. 34). Die Axopodien bilden einen Übergang zu statischen Organellen, den oben erwähnten Achsenstäben.

e) Schließlich muß noch die Protoplasmabewegung ohne Pseudopodienbildung im Innern von Zellen besonders erwähnt werden, die vor allem bei Formen mit fester Pellicula (Infusorien) deutlich zu beobachten ist.

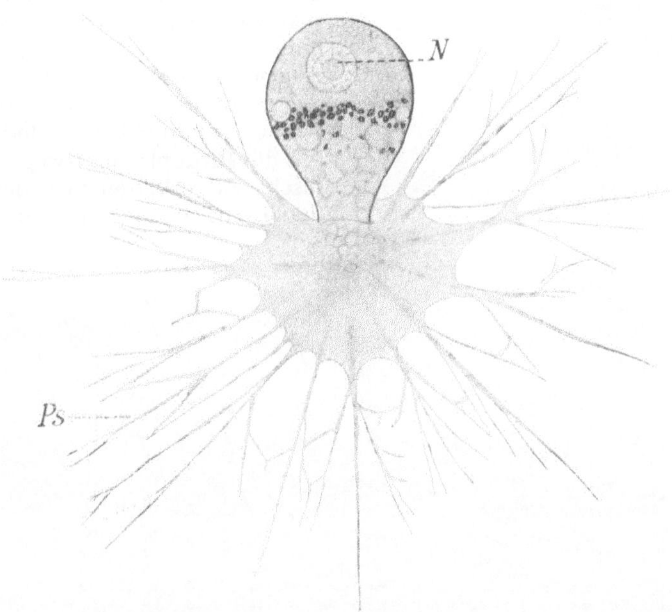

Abb. 32. *Chlamydophrys stercorea* Cienk, Thecamöbe mit anastomisierenden filosen Pseudopodien. Nach Schaudinn 1911.

Die **Pseudopodienbewegungen** sind in sehr hohem Maße, was Geschwindigkeit und Form (Größe) anlangt, von äußeren und inneren Bedingungen abhängig. So wirken Temperaturerhöhungen bis zu bestimmten Optimen fördernd auf die Pseudopodienbildung, desgleichen bestimmte Nahrungskörper. Eine Veränderung in der chemischen Beschaffenheit des Außenmediums kann auf die Form der Pseudopodien von Einfluß sein. So bildet eine Limax-Amöbe nach Verworn bei Zufügen von Kalilauge zum Wasser statt breitlappiger, zugespitzte Pseudopodien vom Typ der *A. radiosa* (Abb. 35). Daß das Außenmedium einen Einfluß hat, geht aus dem schon erwähnten Umstand hervor, daß das leichtflüssige Entoplasma bei Berührung mit Wasser (z. B. beim Zerschneiden) in zähflüssiges Ectoplasma umgewandelt wird.

Starke äußere mechanische und chemische Reize wirken auf die sphärogene Bewegung des ganzen Systems und führen zur völligen Abkugelung. Wirken gewisse chemische und andere Reize lokal von einer Seite ein, so unterstützen sie auf dieser Seite die sphärogene Bewegung, verhindern die Pseudopodienbildung, während sie auf der entgegengesetzten Seite sich ungestört entwickeln kann; die Folge ist, daß die Amöben von dem Reiz sich fortbewegen, und man spricht daher von negativer Chemotaxis, Thermotaxis usw. Dagegen wirken Nahrungsstoffe, aber auch andere Substanzen auf die zylindrogene Bewegung und die Organismen bewegen sich auf sie zu, eine Erscheinung, die dann als positive Tropho-Chemotaxis etc. bezeichnet wird.

Theorie der Pseudopodienbewegung. Die Erscheinungen der Pseudopodienbewegung (Protoplasmabewegung) demonstrieren wohl in überzeugendster Weise den flüssigen Aggregatzustand des Protoplasmas (samt Pseudopodien). Jede Theorie, die die Protoplasmabewegung mechanisch zu erklären versucht, muß daher in erster Linie dem Aggre-

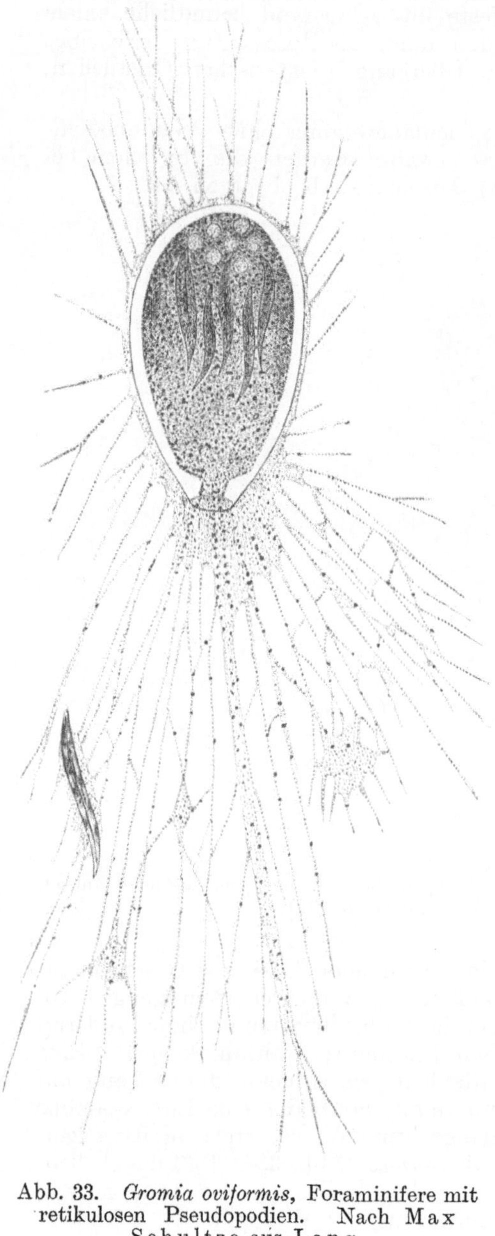

Abb. 33. *Gromia oviformis*, Foraminifere mit retikulosen Pseudopodien. Nach Max Schultze aus Lang.

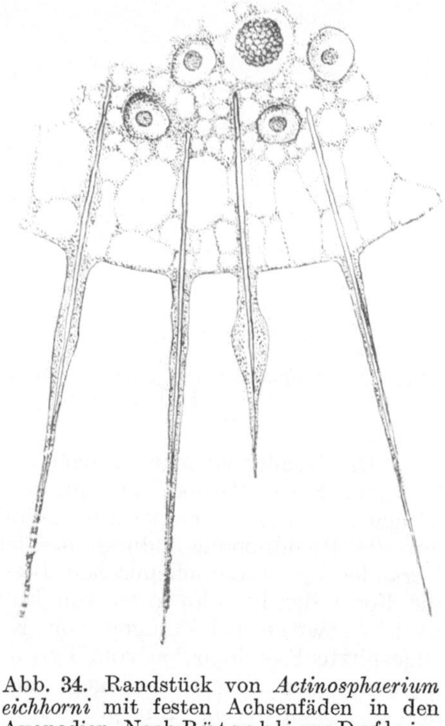

Abb. 34. Randstück von *Actinosphaerium eichhorni* mit festen Achsenfäden in den Axopodien. Nach Bütschli aus Doflein.

gatzustand gerecht werden. Dieser zwingt aber direkt zu der Annahme, daß die Gesetze der Hydromechanik hierbei in Kraft treten und mithin die Oberflächenenergien, die an der Grenzfläche zweier nicht mischbarer Flüssigkeiten auftreten, auch bei der Pseudopodienbildung wirksam sind. Als solche kommen in Betracht der Binnendruck, der die Oberfläche zu vergrößern strebt, und die Oberflächenspannung, die sich aus senkrecht nach dem Flüssigkeitsinnern und tangential zur Krümmung wirkenden Komponenten zusammensetzt. Wenn die Oberflächenspannung an einer begrenzten Stelle des Plasmatropfens verringert wird, dann muß an dieser Stelle ein Pseudopodium hervorfließen, deren Form und Größe von der Druckverminderung abhängig ist. Hört die Spannungserniedrigung auf oder wird die Spannung größer, dann wird das Pseudopodium wieder eingezogen.

Über die Geltung dieses Prinzips der Pseudopodienbewegung, das hauptsächlich von Bütschli, Quinke zuerst vertreten wurde, herrscht wohl allgemeine Übereinstimmung. Die Bewegung der mit Pellicula versehenen Amöben (rollende Bewegung), die früher gegen die Oberflächentheorie ins Feld

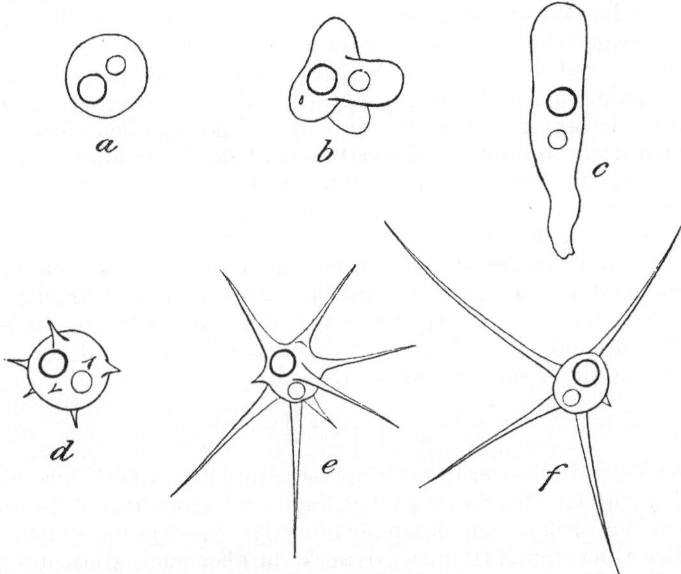

Abb. 35. Limaxamoeba, bei Einwirkung von Kalilauge in die Radiosaform übergehend. Nach Verworn 1897.

geführt wurde, konnte von Rhumbler unter Berücksichtigung der Gelbildung und des Phasenwechsels ebenfalls mechanisch erklärt werden (Gelatinierungsdruck, lokale Aufquellungsvorgänge), worauf hier jedoch nicht genauer eingegangen werden soll. In hohem Grade spricht für die Richtigkeit dieser Theorie auch der Umstand, daß sich an anorganismischen Flüssigkeiten die Erscheinungen der Pseudopodienbildung in ganz analoger Weise nachahmen lassen, wie besonders Bütschli und Rhumbler gezeigt haben.

Die Frage nach den Ursachen der lokalen Verminderung und Erhöhung des Oberflächendruckes ist dagegen völlig ungeklärt und wird durch sehr verschiedene Hypothesen zu beantworten versucht. Von diesen sei hier nur die von Jensen erwähnt, die bisher die beste Vorstellungsmöglichkeit für sich hat und die auch die Erscheinungen weitgehend zu erklären vermag. Danach soll die Expansion, also die Verminderung der Spannung dort eintreten, wo die Assimilierung am stärksten ist, die sphärogene Bewegung dagegen dort, wo die Dissimilierung überwiegt oder die Assimilierung geringer ist. Bei der Assimilierung findet nun, wie allgemein angenommen wird, eine Vereinigung mehrerer einfacherer Moleküle zu komplizierteren Molekülen statt, also eine Verminderung der Molekülzahl. Da aber die Oberflächenspannung unter sonst gleichen Bedingungen dem Quadrat der Anzahl der zusammenwirkenden Moleküle proportional anzunehmen sein wird, so muß auch die Verminderung der Molekülzahl bei der Assimilierung eine Verminderung der Oberflächenspannung mit sich bringen. Für die Dissimilierung gilt dann das Umgekehrte (Zerfall der Moleküle, Erhöhung der Molekülzahl, Erhöhung der Oberflächenspannung).

2. Bewegung durch Undulipodien.
(Flimmerbewegung).

Nebst der Pseudopodienbewegung kommt der Bewegung durch Undulipodien die größte Verbreitung bei den Protozoen zu. Undulipodien finden sich bei allen Flagellaten und Ciliaten sowie bei vielen Fortpflanzungsstadien von Rhizopoden und Sporozoen. Während die Pseudopodienbildung jeder nackten Zelle zukommt und einen ganz ungeordneten, apolaren, vorübergehenden Charakter aufweist, sind die Undulipodien formbeständige, dauernde, auch nach Anordnung (Insertion) und Zahl bestimmte, dünne fadenartige Plasmafortsätze, die eine geordnete Bewegung aufweisen. Der allgemeine Charakter der Bewegung kann, kurz ausgedrückt, als ein abwechselndes Beugen und Strecken bei gleichbleibender Länge des Organells bezeichnet werden. Man unterscheidet die Undulipodien als Geißeln oder Flagellen, wenn sie lang und nur in geringer Anzahl vorhanden sind (meist 1—8), als Wimpern oder Cilien, wenn es sich um feinere und kürzere, meist in sehr großer Anzahl vorhandene Undulipodien handelt. Erstere sind für die Flagellaten, letztere für die Ciliaten charakteristisch.

a. Geißeln.

Die Geißeln sind in der Regel körperlang und länger und meist gleich dick; doch gibt es auch Geißeln, die vorn verjüngt sind (sog. Peitschengeißeln). Andere zeigen am Ende eine knöpfchenförmige Verdickung (viele Trypanosomiden). Der Querschnitt ist meist oval, kann aber auch kreisrund oder ganz abgeplattet (Bandgeißeln) sein. In der Regel entspringen alle Geißeln am Vorderende und werden bei der Bewegung nach vorn gerichtet, doch können viele Flagellaten auch mit dem geißellosen Ende, dem Hinterende nach vorn schwimmen und bei einigen wenigen Arten ist das sogar die Regel. Die Zahl der Geißeln ist meist sehr gering (1—8), nur bei Hypermastiginen kommen viele gleichlange Geißeln vor. Die Geißeln mehrgeißliger Formen sind entweder morphologisch und physiologisch völlig gleich, oder sie differieren untereinander in spezifischer konstanter Weise. Stehen neben einer langen Geißel eine oder mehrere kleine Geißeln, so spricht man von Haupt- und Nebengeißeln (Abb. 36b); Schleppgeißeln nennt man meist lange, nach rückwärts gerichtete Geißeln, die nur geringe Bewegungen ausführen und vorwiegend als Steuerruder funktionieren (Abb. 36a). Dadurch daß eine Schleppgeißel mit dem nackten Zelleib teilweise verklebt oder teilweise unter der Haptogenmembran verläuft, entstehen undulierende Membranen, die sich nur bei parasitischen Formen finden (Trypanoplasmen und Trichomonaden). Meist wird dabei noch eine Protoplasmalamelle aus dem Zelleib herausgezogen, an deren Kante dann die Geißel verläuft (s. Abb. 36, c). Die undulierende Membran der eingeißligen Trypanosomen kommt in etwas anderer Weise zustande (näheres s. S. 33 u. 34).

Von großer Bedeutung in systematischer Hinsicht wie für das Verständnis der Statik und Dynamik ist die **Insertion** und **Genese** der Geißeln. Nach Schaudinn, Prowazek und Hartmann stammen die Geißeln genetisch vom Kern, bezw. Centriol ab, und es lassen sich nach letzterem auf Grund der Genese und Insertion 4 Typen aufstellen.

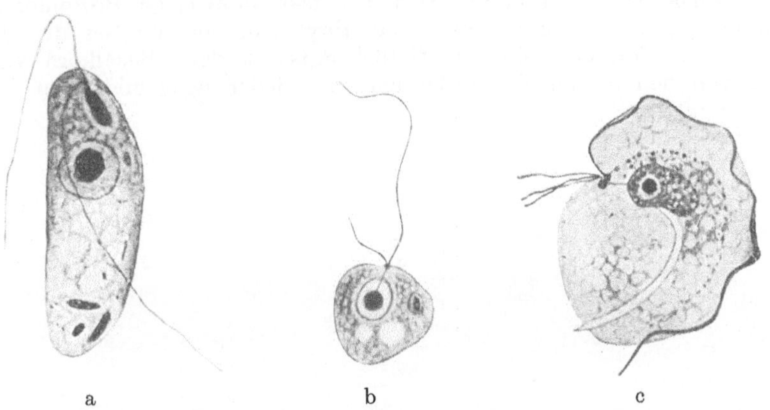

a   b   c

Abb. 36. a Schleppgeißel von *Prowazekia asiatica*, Vergr. c. 2600, nach Whitmore 1911, b. *Monas* spec. mit Haupt- und Nebengeißel, Vergr. c. 3700, nach Hartmann u. Chagas 1910, c *Trichomonas muris* mit undulierender Membran, Vergr. c. 1500, nach Hartmann 1911.

1. Der erste einfachste Typus ist der, daß die Geißel direkt vom Kern (Centriol) ausgeht. In diesem Fall kann die Genese einfach als eine heteropole Teilung des Centriols aufgefaßt werden, wobei die Centrodesmose des auseinanderrückenden Tochtercentriols direkt zur Geißel wird (Abb. 37 I a u. b). Das Centriol liegt hierbei entweder im Caryosom (I a) oder an der Kern-

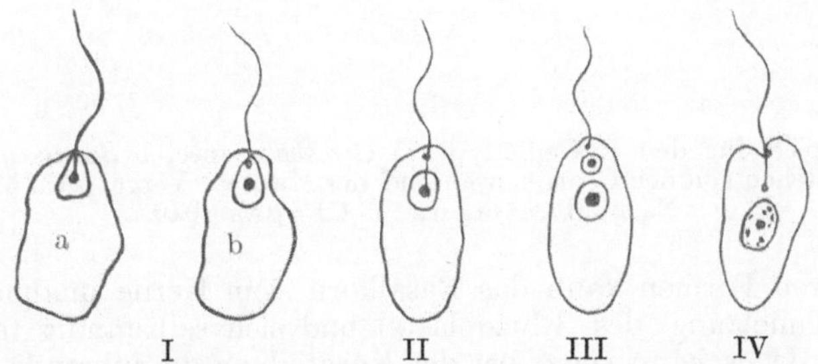

I   II   III   IV

Abb. 37. Schema der Geißelinsertion bei den Flagellaten.
I. Geißel geht direkt vom intranucleären Cytocentrum aus a Centrum im Caryosom, b an der zu einer Spitze ausgezogenen Kernmembran, II. Geißel entspringt von einem Basalkorn, III. Geißel entspringt von einem Basalkorn, das von einem besonderen Geißelkern gebildet wird, IV. Geißel steht mit zwei hintereinanderliegenden Basalkörpern in Verbindung.

membran (I b). Dieser Typus kommt hauptsächlich bei den Rhizomastiginen vor, ist aber auch gelegentlich bei Protomonadinen (*Spongomonas*) beobachtet worden, wo die Geißeln direkt von den Centriolen während der Mitose auswachsen (Abb. 38). Vergl. auch Abb. 14 S. 16.

2. Bei dem zweiten Typus der Geißelinsertion entsteht durch die heteropole Teilung des Caryosoms zunächst ein Basalkorn, das häufig durch eine Centrodesmose (in diesem Falle Rhizoplast genannt) noch mit dem Kern verbunden ist. Durch eine nochmalige Teilung des Basalkornes entsteht dann die Geißel (Abb. 37 II). Der Rhizoplast kann später oder früher ganz oder teilweise wieder eingeschmolzen werden. Dieser zweite Typus der Geißelinsertion ist der am weitesten verbreitete. Er findet sich bei fast sämtlichen Protomonadinen, Polymastiginen, Chromomonadinen und Phytomonadinen. Bei der Teilung der einfachsten Formen geht die Geißel mitsamt dem Basalkorn verloren, um dann von den beiden Tochterkernen aus wieder neugebildet zu werden.

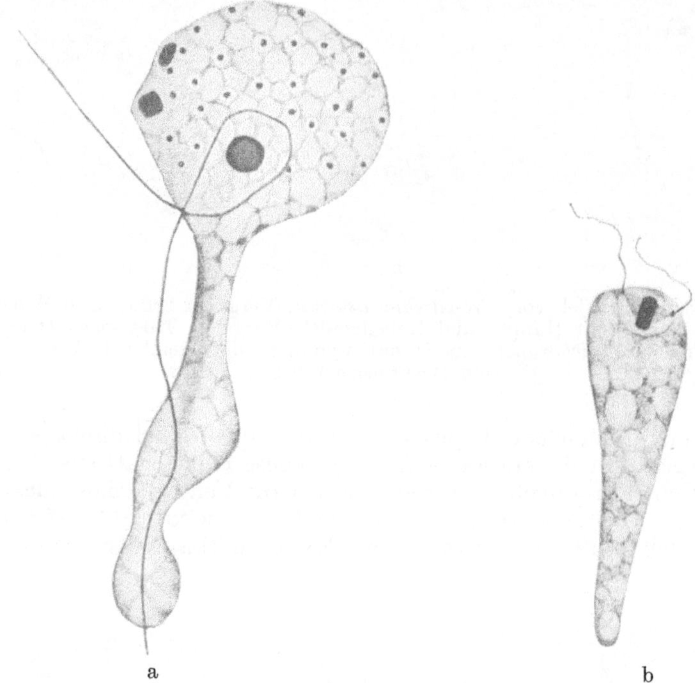

a   b

Abb. 38.   Beispiele für den 1. Geißeltypus a *Cercobodo* spec. b *Spongomonas splendida*, die Geißeln entstehen von den Centren während der Mitose.   Vergr. a ca. 3700, b ca. 2900. Nach Hartmann u. Chagas 1910.

Bei den höheren Formen kann das Basalkorn vom Kerne unabhängig werden (durch Einschmelzung des Rhizoplasts) und sich selbständig teilen (*Cyathomonas* usw.). Ja es kann sogar bei der Kernteilung die führende Rolle spielen und als Centriol der Kernspindel funktionieren, wie die Teilung von *Trichomonas* (s. Abb. 39) zeigt. Die alten Geißeln werden hierbei von dem einen Tochtertier übernommen (ev. auf beide unregelmäßig verteilt) und in dem anderen vom Basalkorn wieder neugebildet.

3. Von besonderem Interesse ist der dritte Typus des Geißelbaues der Flagellaten, der sich nur bei den Binucleaten (Trypanosomen und Verwandten) findet. Hier entspringt wie beim zweiten Typus die Geißel von einem Basalkorn, das seinerseits häufig durch einen Rhizoplasten mit dem Caryosom eines Kernes in Verbindung steht. Dieser Kern ist aber nicht wie im ersten Falle der einzige Hauptkern, der dem ursprünglichen Kern der Flagellaten entspricht, sondern

ein besonderer vom Hauptkern unabhängiger Geißelkern (Kinetonucleus
oder Blepharoplast) (Abb. 37 III u. 40). Wie Schaudinn gezeigt hat,
entsteht nach der Befruchtung aus dem einen Kern durch heteropole Mitose
an dem größeren Pole der Hauptkern, am kleineren der zweite lokomotorische
Kern. Die Bildung dieses Geißelkernes geschieht somit durch die erste heteropole
Mitose, bei der jedoch beide Abkömmlinge dauernd ihren Kerncharakter bewahren,
während beim zweiten Typus das eine Teilprodukt bis auf das Centriol (Basal-

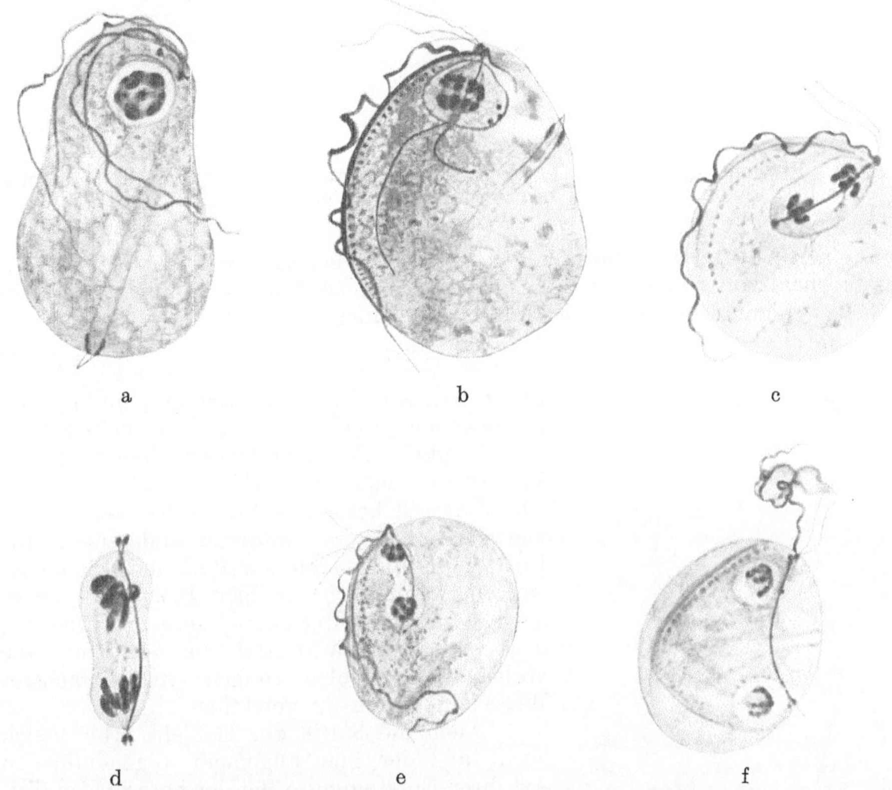

Abb. 39. *Trichomonas muris* Hartm. Basalkorn fungiert als Teilungscentrum bei der
Kernteilung. Vergr. ca. 1950. Nach Kuczynski 1914.

korn) reduziert ist. Von dem Geißelkern aus wird dann in derselben Weise wie
beim zweiten Typus vom ursprünglichen Kerne aus die Geißel durch zwei heteropole Mitosen mit reduzierten Zentren gebildet, so daß in diesem Falle die Geißel
erst das Produkt der dritten Teilung darstellt. Bei der Teilung teilt sich der
Geißelkern und der Hauptkern gesondert durch Mitose, die alte Geißel wird
von dem einen Tochtertier übernommen, während in dem anderen vom Kinetonucleus eine neue gebildet wird. (Vergl. hierzu Abb. 13, S. 16.)

4. Auch der vierte Typus der Geißelbildung ist wohl auf eine dreifache
Teilung des lokomotorischen Zentrums zurückzuführen, jedoch mit dem Unterschiede, daß schon die erste Teilung nur einen reduzierten Kern, ein Basalkorn
liefert (Abb. 37 IV). Die Genese dieses Typus ist jedoch noch nicht klar gelegt.
Die Geißel geht in diesem Falle wie im zweiten und dritten von einem Basalkorn
aus, das durch eine Fibrille (Centrodesmose) mit einem tief im Plasma liegenden

zweiten Basalkorn verbunden ist. Der ganze Geißelapparat ist wie beim dritten
Typ vollkommen vom Kerne unabhängig und wird bei der Fortpflanzung von

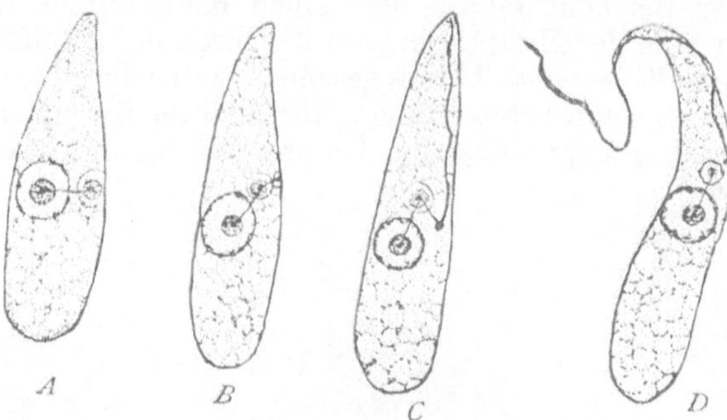

Abb. 40. Entstehung der Geißel bei *Haemoproteus noctuae*, a Bildung des Geißelkernes,
b—d Bildung von Basalkorn und Geißel. Nach Schaudinn 1914.

dem einen Tochtertier übernommen, während das andere nach Teilung des
Basalkörpers von diesem aus sich einen neuen Geißelapparat bildet. Dieser
Geißeltyp kommt bei den Euglenoideen ev. auch bei *Chilomonas* vor.

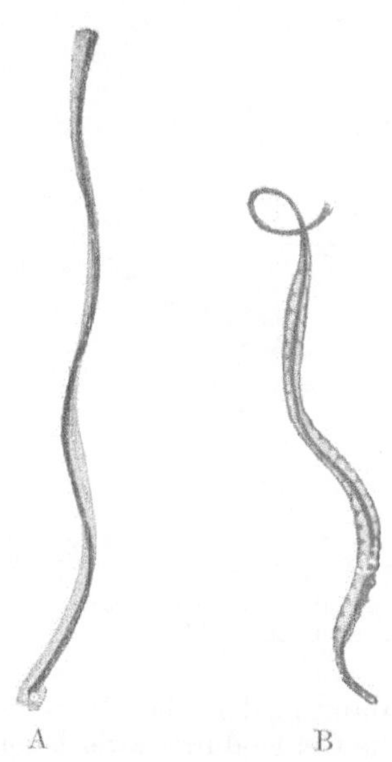

Abb. 41. Feinerer Bau der Geis-
seln. A Geißel von *Trachelo-
monas* mit deutlicher Achsen-
fibrille und seitlichem Plasma-
saum, a Querschnitt; b dasselbe
von *Euglena*. A nach Plenge,
B nach Bütschli 1910.

Die hier vorgetragenen Auffassungen von
der Genese des Geißelapparates der Flagellaten
ist noch nicht allgemein anerkannt und es muß
zugestanden werden, daß bei der großen
Schwierigkeit der Aufklärung dieser kleinen
Verhältnisse manches noch nicht sicher erwiesen
ist. Das gilt besonders für die Entstehung des
vierten Geißeltypus, während andererseits die
Entstehung des ersten, zweiten und dritten an
einigen, wenn auch wenigen Beispielen sicher
nachgewiesen ist. Der Vorteil unserer Auffassung
liegt vor allem darin, daß sie gestattet, alle
vorliegenden Beobachtungen in einfachster
Weise einheitlich zu verstehen.

Auch die **Statik** der Geißeln erklärt sich
leicht aus der hier allgemein angenommenen
Art ihrer Entstehung. Bei der heteropolen Teilung des Centriols entsteht eine Centrodesmose,
ein langer elastischer Faden (Gelfaden), der gegen
die Zelloberfläche wächst und diese in einen
dünnen Überzug ausstülpt. Soweit dieser Gelfaden im Innern des Flagellatenkörpers verläuft,
wirkt er als festes formgebendes Element wie
die Achsenstäbe, die nichts anderes sind, als
nicht freiwerdende ganz im Innern der Zelle
verlaufende Centrodesmen. Wird die Fibrille
jedoch länger, so daß sie die Oberfläche zu
einem dünnen Überzug mit auszieht, so wird
sie zur Geißel, der Bewegungsorganelle. Letztere
besteht also aus einer festen elastischen Fibrille und einem dünnen Überzug
von flüssigem Protoplasma (das vermutlich nach außen noch durch eine feine,
wenn auch nicht nachweisbare Haptogenmembran abgegrenzt ist). Ein

solcher Bau ist für einige größere Geißeln von Bütschli, Prowazek u. a. nachgewiesen (Abb. 41). In überzeugendster Weise hat vor allem Koltzoff für die Geißeln der tierischen Spermien, die genetisch ebenfalls vom Centrosom gebildet werden, wie hier schon lange erkannt ist, durch sehr sinnreiche Versuche diesen Bau sichergestellt.

Diese Zusammensetzung der Geißeln aus einem axialen, festen, plasmatischen Gelfaden und einem Überzug aus flüssigem Plasma ermöglicht es auch, dasselbe **Prinzip**, das die Protoplasmabewegung bedingt, auch auf die Flimmerbewegung zu übertragen. Das nackte flüssige Geißelplasma liefert wie bei der Amöbenbewegung durch Änderung der Oberflächenspannung die Bewegungsenergie, es ist das aktive kontraktile Element. Dadurch, daß dasselbe jedoch mit einer in Gelphase befindlichen Achse durch Kohäsion innig verbunden ist, wird die sonst ungeordnete Pseudopodienbewegung in eine bestimmte Bahn in der Richtung des Achsenfadens gelenkt. Die Folge ist eine seitliche oder schraubige Verbiegung der Geißel, der nun die Elastizitätskräfte der aus seiner Gleichgewichtslage verbogenen Axialfibrille als Antagonist entgegen wirken. So resultiert aus dem Zusammenwirken der beiden Geißelkomponenten ein komplizierterer Mechanismus, die schwingende, geordnete Bewegung der Geißel. Wir wollen uns hier mit dieser allgemeinen Fassung der Theorie begnügen.

Man hat auch die Vermutung ausgesprochen, daß die Centren und Basalkörner, dynamische Organellen, Kraftzentren für die Geißelbewegung darstellten. Dagegen spricht schon die Beobachtung, daß abgerissene Geißeln (ohne Basalkörner) noch Schwingungen ausführen können. Funktionell dienen diese Bildungen wohl vorwiegend der Verankerung der Geißeln in der Zelle und genetisch sind sie eben die Bildner der Gelfäden, also der spezifischen statischen und mechanischen Elemente der Geißeln. Immerhin mögen den Basalkörnern und Zentren, die ja auch Mittelpunkt reger Stoffwechselumsätze sind (zyklische Veränderungen, Auftreten von Flüssigkeitsvakuolen in der Nähe der Basalkörner), im Sinne der oben erwähnten Jensenschen Hypothese eine Bedeutung für die Lokalisation von Stoffwechselumsätzen an der Geißelbasis und damit als lokale Energiequelle der Bewegung zukommen.

Auch den **Bewegungserscheinungen** wird bisher nur diese Theorie gerecht, denn trotz des geordneten rhythmischen Verlaufes der Geißeltätigkeit ist dieselbe nicht nur bei verschiedenen Arten im einzelnen sehr mannigfaltig, sondern auch ein und dieselbe Geißel kann die verschiedenartigsten Bewegungen (Pendel, Kegel, Spirale usw.) ausführen.

Nach den neueren Untersuchungen von Ulehla umschwingt die Geißel gewöhnlich einen sog. Lichtraum, der selten eine Rotationsfigur darstellt, sondern meist sehr komplizierte Form aufweist (so häufig einen schmal elliptischen Durchschnitt mit gekrümmter Achse), die sich noch bei der Bewegung ändern kann.

Der mechanische Effekt der Geißeltätigkeit besteht nach Ulehla in einer Ruderwirkung durch Summation der Wirkung seitlicher Kontraktionen, nicht in einer vorderen Schraubenwirkung wie früher angenommen wurde. Die Schwimmbewegung bei den Flagellaten erfolgt meistens in einer gestreckten Spiralbahn.

b. Cilien.

Die Cilien oder Wimpern unterscheiden sich von den Geißeln durch ihre Feinheit und geringere Länge, sowie durch ihre große Anzahl. Sie sind mittelst Basalkörpern unterhalb der Pellicula im Ectoplasma inseriert (Abb. 42). Über die Genese der Basalkörper bei den Ciliaten ist leider wenig Sicheres bekannt. Nur bei den Tintinnoiden hat G. Entz jun. beobachtet, daß bei der Teilung die Basalkörper der Mundmembranellen vom Kern aus gebildet werden

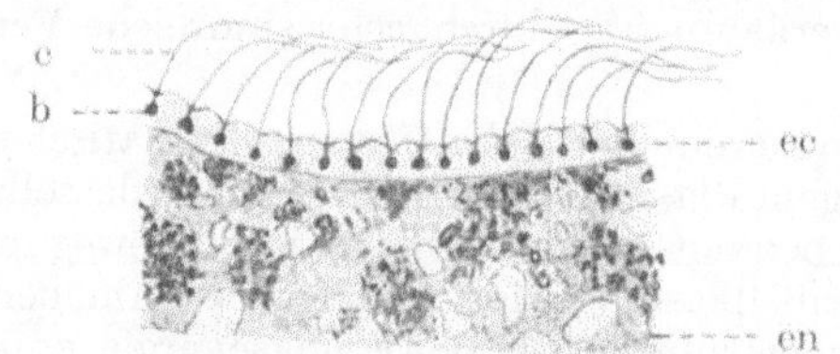

und daß dann der ganze Cilien-apparat noch im Entoplasma inner-halb einer Vakuole angelegt wird (Abb. 43).

Wie die Geißeln so scheinen auch die Wimpern aus einem festen axialen Faden und einem ihn über-ziehenden Flüssigkeitsmantel zu be-stehen, wie vor allem Schuberg wahrscheinlich gemacht hat. Der-selbe konnte durch gewisse Färbun-gen an den Cilien ein schwächer färbbares Endstück nachweisen, das

Abb. 42. Die Insertion der Cilien durch Basal-körner bei dem Infusor *Nyctotherus cordi-formis* Ehrb. Querschnitt durch die Cilien-reihen, b Basalkörner, c Cilien, ec Ectoplasma, en Entoplasma. Nach N. Maier 1903.

als das nackt hervorragende Ende eines elastischen Achsenfadens gedeutet wurde (Abb. 44). Entsprechend diesem Bau hat die oben erwähnte Theorie der Geißel-Bewegung auch für die Cilien ihre Gültigkeit.

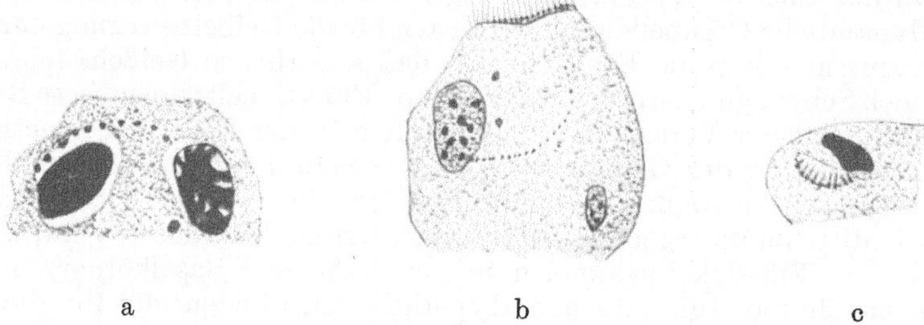

a   b   c

Abb. 43. Entstehung der Basalkörper u. Cilien der adoralen Membranelle bei *Tintin-nopsis campanula* Ehr. a u. b Bildung der Basalkörner vom Kern aus, c Bildung der Membranellen von den Basalkörpern innerhalb einer Entoplasmavakuole. Vergr. ca. 1300. Nach G. Entz jun. 1909.

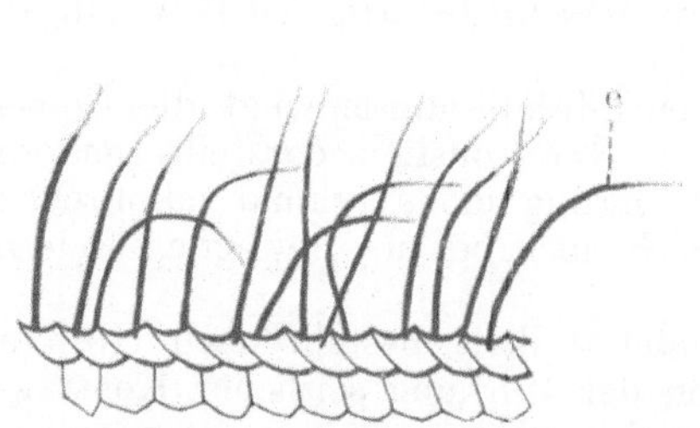

Abb. 44. Cilien von *Paramaecium* mit deut-lich ˜abgesetztem Endstück (Achsenfaden). Nach Khainsky 1911.

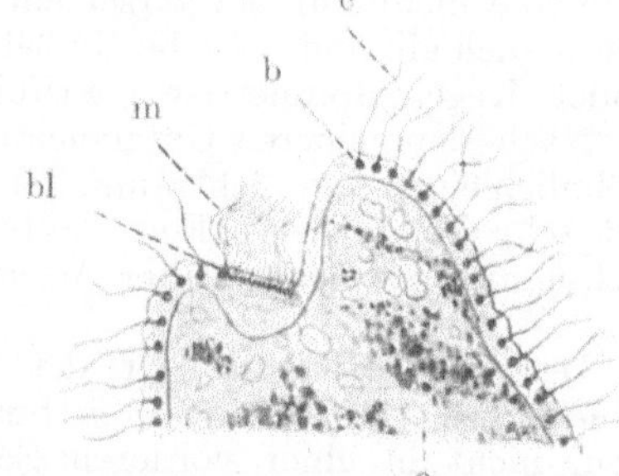

Abb. 45. Membranelle (m) mit Basalla-melle, Basalkörperchenreihe (bl) von *Nyc-totherus cordiformis* Ehr., b Basalkörper, c Cilien, e Entoplasma. Nach Maier 1903.

Die Anordnung der Cilien ist für die Infusorien-Systematik von der größten Bedeutung. Bei den einfacheren Ciliaten bedecken die Wimpern gleichmäßig die ganze Oberfläche, und zwar sind sie in parallelen, meist leicht spiral von vorn nach hinten verlaufenden, manchmal auch meridionalen Reihen angeordnet. Bei den höheren Ciliaten findet sich einerseits eine Rückbildung des Wimperkleides, andererseits kompliziertere Bewegungsapparate, die auf Verklebung mehrerer Cilien zurückzuführen sind und vielfach im Dienste der Nahrungsaufnahme stehen. Solche Bildungen sind die Membranellen, die in der Mundgegend in einer spiral gekrümmten Reihe, der sog. adoralen Zone angeordnet sind (Abb. 45). Es sind Wimperblättchen, die aus vielen Wimpern verschmolzen sind und von doppelten Basalkörnern (Diplosomen) entspringen, welche infolge ihrer gedrängten Lagerung einen sog. Basalsaum bilden. Ähnliche Bildungen sind die sog. undulierenden Membranen der Infusorien, die mithin etwas ganz anderes darstellen als das gleichbenannte Organell der Flagellaten. Eine dritte aus Verschmelzung der Cilien entstehende Art von Organellen sind die Cirren, kräftige kegelförmige Gebilde, die wie Extremitäten benützt werden (Abb. 46).

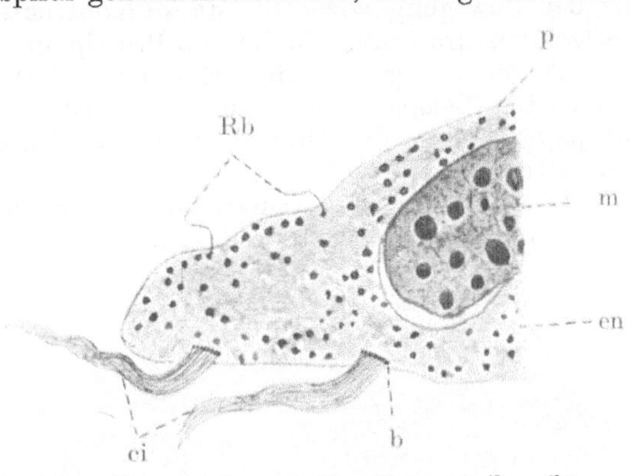

Abb. 46. Cirren (ci) mit Basalkörperreihe (b) von *Stylonychia histris* O. F. M. c Cilien, m Macronucleusborste, Rb Rückenborste. Nach N. Maier 1903.

Die Bewegung der Wimpern besteht in einem Schlagen nach rückwärts und langsamen Wiederaufrichten. Sie beginnt am Vorderende gleichzeitig bei allen Wimpern einer Querreihe und pflanzt sich in regelmäßiger Folge auf die weiteren Wimperreihen fort, wodurch von der Längsreihe gesehen das Bild eines wogenden Ährenfeldes hervorgerufen wird (Abb. 47).

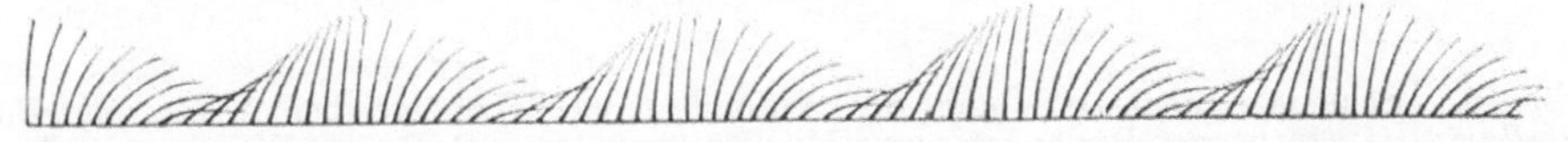

Abb. 47. Schema der fortschreitenden Cilienbewegung eines Infusors. Nach Verworn.

In welcher Weise diese Übertragung auf die benachbarten Wimperreihen bewirkt wird, ist unbekannt. Die Wimperbewegung veranlaßt ein rasches, gleichmäßiges Gleiten der Tiere. Die Schwimmbahn hat meist die Form einer langgestreckten Schraubenlinie bei gleichzeitiger Drehung der Tiere um die Längsachse.

3. Bewegung durch Myoneme.

Bei vielen Ciliaten und Gregarinen finden sich im Ectoplasma Fibrillen, die oft zu einem komplizierten System angeordnet sind. Man bezeichnet sie als Myoneme und schreibt ihnen in der Regel eine aktive Kontraktilität zu nach Art der Muskelfibrillen der Metazoen. Bei Ciliaten finden sie sich meist im Ectoplasma als gleichmäßig angeordnete Längsfasern, bei Gregarinen als Ringfaserschicht zwischen Ecto- und Entoplasma, wobei die einzelnen Ringfasern häufig durch Anastomosen verbunden sind (Abb. 48). Wie bei allen übrigen fibrillären Strukturen, die wir bei Protozoen finden (Spindelfasern, innere statische Skelette und Achsenfäden der Geißeln) handelt es sich aber auch hierbei (wenigstens bei den Myonemen der Ciliaten) offenbar nicht um selbstkontraktile Gebilde, sondern um feste elastische Strukturelemente, die nur insofern Bewegungsorganellen darstellen, als sie die allgemeine Protoplasmakontraktilität in bestimmte Bahnen lenken. Die besonders energische Art der Bewegung sowie die starke Kontraktilität des Körpers der myonemebesitzenden Infusorien findet im Prinzip in derselben Weise wie die Geißelkontraktion ihre genügende Erklärung. Koltzoff gelang es, an einem der typischsten Beispiele, dem sog. Stielmuskel der Vorticelliden, morphologisch wie physiologisch die Gültigkeit dieses Prinzips in einleuchtender Weise zu demonstrieren.

Der Stielmuskel der marinen Vorticellide *Zoothamnium alternans* durchzieht in einer leichten Spirale das Lumen einer pseudochitinischen, festen Röhre,

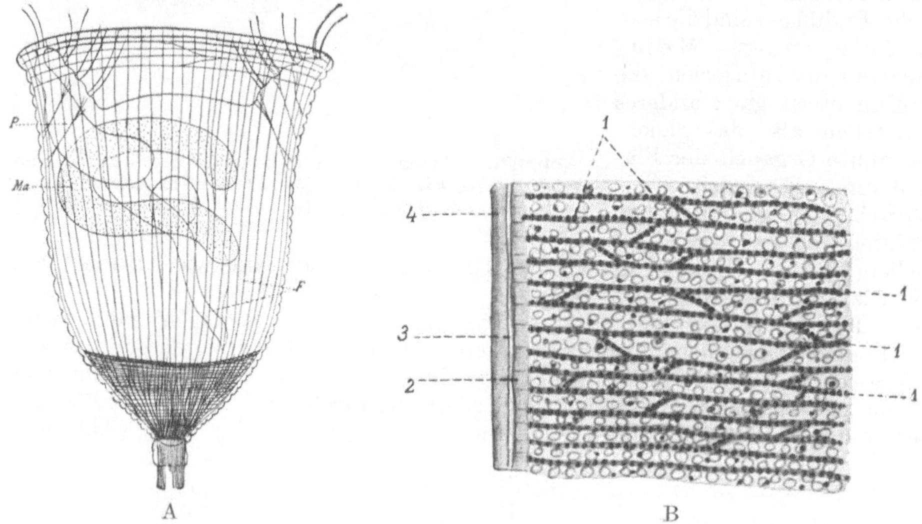

Abb. 48. Schematische Darstellung des Verlaufes der Myoneme bei A *Campanella umbellaria* L. (Infusor), F Längsfasern, Ma Macronuclear, P Peristomfasern; B *Gregarina munieri* Schneid. 1 Myoneme, 2 sog. Sarcocyt, 3 Gallertschicht, 4 Cuticula. A Nach Schröder 1906 aus Doflein, B Vergr. ca. 1500 nach Schewiakoff 1894 aus Lang.

die mit Seewasser gefüllt ist (Abb. 49, äußere Hülle). Er besteht aus 1. einer feinen, aber festen Pellicula (Abb. 49, innere Hülle), 2. einer äußeren körnigen flüssigen Plasmaschicht (Thecoplasma, Abb. 49 B th), 3. einer inneren, homogenen, gleichfalls flüssigen Plasmasäule (Kinoplasma, Abb. 49 B k) und 4. einer Schicht von festen, im Gelzustand befindlichen Längsfasern an der Grenze der beiden Plasmapartien, die etwas länger sind als der ganze Stiel und daher leicht tordiert sind. Äußere und innere Hülle, sowie die Längsfibrillen sind feste, elastische, nichtkontraktile Elemente, wie Koltzoff durch osmotische und andere Versuche bewiesen hat; sie haben statische Funktion, wirken der Kontraktion entgegen und bringen nach einer Kontraktion des Stieles, denselben durch ihre Elastizitätskräfte zur Streckung. Die Energie für die Kontraktion wird dagegen durch die Veränderung (Erhöhung) der Oberflächenspannung an der Grenze von Theco- und Kinoplasma geliefert, die nach Koltzoff durch chemische Einwirkungen stark beeinflußt werden kann. Adsorption von Ca und Mg an der

Oberfläche des Kinoplasma vermindert, die Extraktion dieser Salze (Kationen) von der Oberfläche des Kinoplasmas und chemische Verbindung derselben mit dem Thecoplasma erhöht die Oberflächenspannung. Die Empfindlichkeit des Systems auf den verschiedenen Ionengehalt des umgebenden Mediums ist so fein, daß es geradezu als Indikator für den Gehalt einer Flüssigkeit an verschiedenen Salzen benutzt werden konnte. Die Theorie der Oberflächenenergie

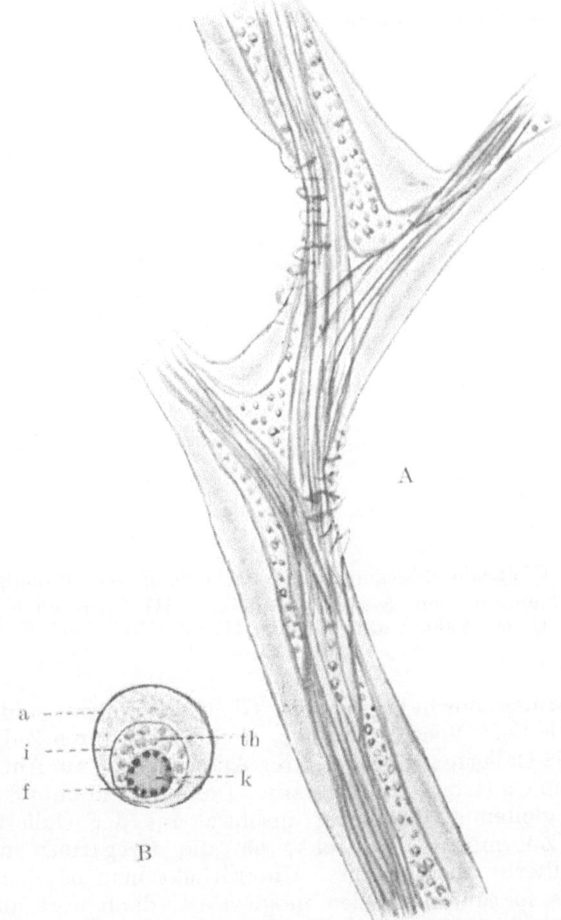

Abb. 49. Sog. Stielmuskel von *Zoothamnium alternans*, B Querschnitt. a äußere Hülle, i innere Hülle (Pellicula), f Fibrillen, k Kinoplasma, th Thecoplasma. Nach Koltzoff 1911.

genügt daher auch in weitgehendster Weise den komplizierten Myonembewegungen.

4. Gleitende Bewegung.

Bei den Gregarinen und den agamen Fortpflanzungsstadien von Coccidien und Plasmodiden findet sich, neben peristaltischen Kontraktionen dieser Tiere, eine Vorwärtsbewegung, die in langsamem und stetigen Vorwärtsgleiten ohne Körperbewegungen und ohne Tätigkeit von motorischen Organellen besteht.

Dabei bleibt am Hinterende eine Gallertspur zurück (Abb. 50). Schwewiakoff suchte diese Bewegung so zu erklären, daß die Gallerte an der Unterlage festklebe und der bei andauernder Ausscheidung sich verlängernde Gallertstiel die Tiere passiv vorwärtsschiebe. Nach Crawley und anderen soll dagegen nicht die Gallertausscheidung die Gleitbewegung verursachen, vielmehr solle die letztere auf leichten Myonemkontraktionen bei gleichzeitigem Stemmen gegen die Unterlage beruhen. Neue Versuche von Sokolow haben nun gezeigt, daß beide Erklärungen nicht zutreffen; denn einerseits kann man durch Zufügen von alkalischen Lösungen die Kontraktionen völlig ausschalten und trotzdem voll-

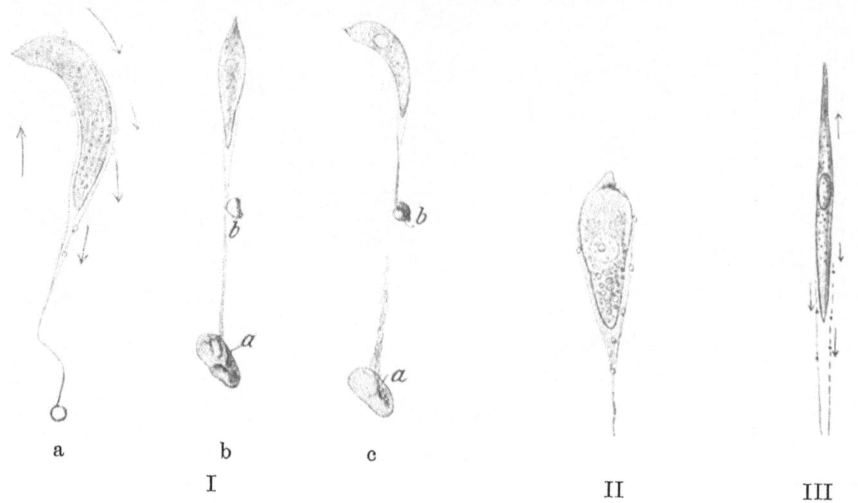

Abb. 50.   Gleitende Bewegung mit Ausscheidung einer Gallertspur.
I Sporozoiten, II Merozoit von *Eimeria schubergi*.   III Sporozoit von *Plasmodium vivax*.   Verg. I a u. II ca. 1500, I b, c ca. 1000, III ca. 2250.   Nach Schaudinn 1900 u. 1902.

führen die Gregarinen normale, passive Gleitbewegungen, andererseits geht aber auch das Gleiten ungestört weiter, wenn man durch Zufügen von 1% Kochsalzlösung die Gallerte sofort bei ihrer Ausscheidung zur Auflösung bringt, so daß sich gar kein Gallertstiel bilden kann. Immerhin konnte Sokolow feststellen, daß die gleitende Bewegung insofern mit der Gallertausscheidung in ursächlichem Zusammenhang steht, als die Gregarinen nur so lange gleiten, als sie Gallerte ausscheiden. Unterdrückt man nämlich die Gallertausscheidung, was in sauren Medien möglich ist, dann hört auch sofort das Gleiten auf. Durch diese Versuche ist die Gleitbewegung nicht aufgeklärt, sie zeigen nur einen Zusammenhang von Gleiten und Gallertausscheidung. Sokolow gibt eine Erklärung durch die Hypothese, daß die Ursache der fortschreitenden Bewegung der Gregarinen in der Reaktionskraft zu suchen sei, welche sich bei der Abscheidung der Gallertmassen entfaltet (Turbinenwirkung).

IV. Stoffwechsel.

Bekanntlich trennt man die Organismen nach ihrem Stoffwechsel in pflanzliche und tierische Formen. Bei pflanzlicher Assimilierung werden mit Hilfe der Chromatophoren, besonderer Plasmapartien, die einen grünen Farbstoff, das Chorophyll, enthalten, Kohlensäure und anorganische Salze unter Einwirkung des Sonnenlichtes (Photosynthese) zu organischen Substanzen aufgebaut (autotrophe holophytische Ernährung). Tierische Organismen sind dagegen direkt auf organische Nahrung, sei es in Form von anderen Organismen oder deren Zerfallsprodukten, angewiesen (heterotrophe oder holozoische Ernährung). Unter den Protozoen finden wir nun sowohl autotrophe wie heterotrophe Ernährung meist innerhalb derselben Gruppen (verschiedene Flagellatenordnungen). Ja beiderlei Ernährungsweisen können bei ein und derselben Art nebeneinander vorkommen (z. B. gewisse Chrysomonaden und Euglenoideen). Andererseits gibt es pflanzliche Flagellaten mit Chromatophoren, die rein autotroph nicht gedeihen und nur in organischen Nährlösungen kultiviert werden können. Tierische und pflanzliche Assimilierung geht eben bei Protozoen ganz ineinander über. Da für die Zwecke dieses Lehrbuches pflanzliche Ernährung nicht in Betracht gezogen zu werden braucht, so beschränken wir uns auf die Darstellung des tierischen Stoffwechsels.

A. Nahrungsaufnahme.

Die meisten freilebenden und eine Reihe von parasitischen Protozoen (Amöben, manche Flagellaten und Infusorien) nehmen die Nahrung in Form fester Partikel, seien es ganze Organismen oder Teile und Zerfallsprodukte von solchen, in den Zelleib auf, um sie innerhalb desselben meist in Nahrungsvakuolen zu verdauen. Das ist bei Formen mit nackter Oberfläche (Rhizopoden und manche Flagellaten) an jeder Stelle möglich. Wenn jedoch die Oberfläche durch eine festere Pelliculabildung gegen das Außenmedium abgegrenzt ist, werden besonders lokalisierte Mundstellen ausgebildet, die ziemliche Komplikationen erfahren können. Betrachten wir zunächst die Nahrungsaufnahme der Formen mit nackter Oberfläche, speziell der Amöben!

1. Nahrungsaufnahme der Amöben.

Die Art der Nahrungsaufnahme bei den Amöben ist von den gleichen Bedingungen abhängig und mithin von denselben Gesetzen beherrscht wie die Bewegung. Nach Rhumbler kann man 4 Arten unterscheiden:

1. Nahrungsaufnahme durch Umfließen, wobei einfach der benetzbare Nahrungskörper von der Amöbe umflossen wird, nachdem durch Adhäsion an der Berührungsstelle die Oberflächenspannung herabgesetzt wurde.

2. Nahrungsaufnahme durch Import vollzieht sich in der Weise, daß Fremdkörper z. B. Algenfäden nach Berührung mit der Oberfläche der Amöbe in sie hineingezogen werden, ohne daß die Amöbe selbst starke aktive Bewegungen vollführt (Abb. 51). Es kommt dies zustande, wenn die berührte Oberflächenstelle der Amöbe eine größere Adhäsion zu dem Fremdkörper besitzt als das sie umgebende Wasser.

3. Nahrungsaufnahme durch Zircumvallation macht auf den ersten Anblick ganz den Eindruck einer zweckmäßigen Handlung. Ohne direkt mit dem Körper in Berührung zu kommen, umschließt die Amöbe durch Aussenden von Pseudopodien nach verschiedenen Seiten und nachträgliche Verschmelzung derselben den Fremdkörper und fängt ihn auf diese Weise ein. Rhumbler vermochte aber auch diesen Vorgang physikalisch zu erklären und an an-

organismischen Tropfen nachzuahmen. Als Hauptmoment kommt hierbei durch
Reizwirkung von der Beute her eine Verflüssigung der festen Oberflächen-
schicht in Betracht, welche ein pseudopodiales Vordringen der verflüssigten

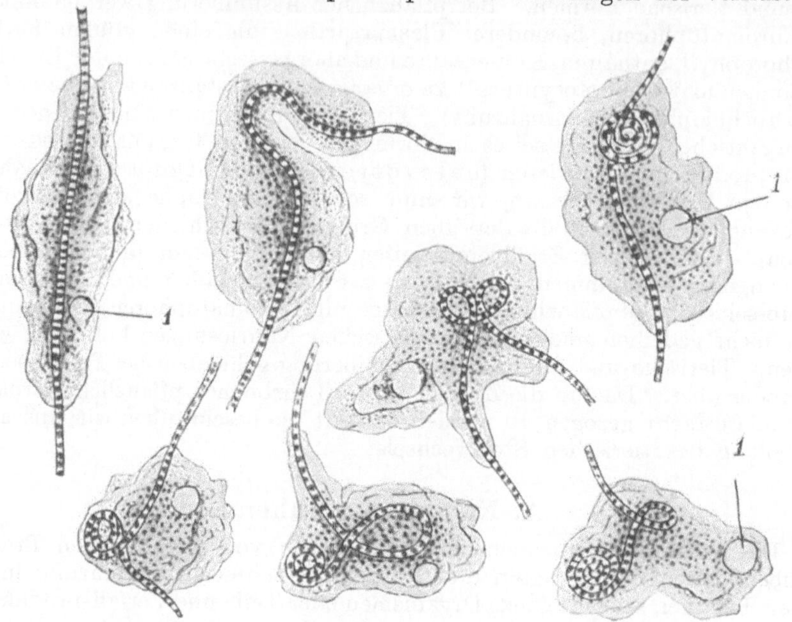

Abb. 51. Nahrungsaufnahme durch Import bei *Amoeba verrucosa* Ehrb. Nach
Rhumbler 1898 aus Lang.

Plasmapartien nach der Beute hin zur Folge hat. „Bei dem Vordringen gegen
die Beute steigert sich aber infolge der mit der Annäherung zunehmenden

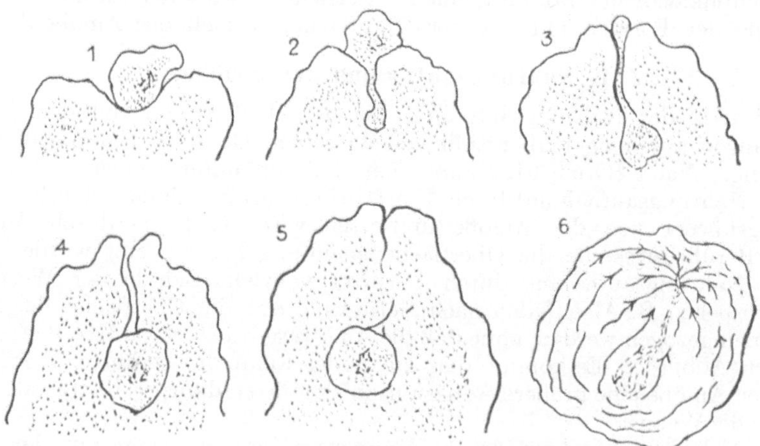

Abb. 52. Nahrungsaufnahme durch Invagination bei *Amoeba terricola*. Nach Große-
Allermann 1909 aus Doflein.

Verflüssigung die Oberflächenspannung der der Beute am meisten genäherten
Oberflächenteile und infolge hiervon muß die vorfließende Masse sich im Kreis-
bogen in einiger Entfernung von der Beute um letztere herumschlagen.“

4. Nahrungsaufnahme durch Invagination findet sich bei Amöben mit Pellicula (Abb. 52). Hier wird bei Berührung mit dem Fremdkörper die Oberfläche nicht sofort verflüssigt, sondern sie wird nur nachgiebiger und der Nahrungskörper senkt sich ein und wird mit einem Sack von Pellicula ins Innere eingestülpt. Nachträglich wird das miteingestülpte Ectoplasma eingeschmolzen und in Entoplasma umgewandelt.

2. Nahrungsaufnahme der Flagellaten und Infusorien.

Bei allen Infusorien und den meisten Flagellaten ist die Oberfläche von einer dauernden Pellicula bedeckt, die allseitige, beliebige Nahrungsaufnahme nach Art der Amöben mithin unmöglich. Primitive Flagellaten nehmen die feste Nahrung an besonders lokalisierten Mundstellen, nicht gelatinierten, nackten Oberflächenpartien, meist am Grunde der Geißeln auf. Wenn durch die Tätigkeit der Geißeln ein Nahrungskörper an die Mundstelle herangestrudelt wird, so bildet sich sofort eine sog. Empfangsvakuole, die aber von Biedermann wohl mit Recht als hyalines Pseudopodium gedeutet wird, und nimmt ihn auf. Bei den höheren Flagellaten. sowie Infusorien

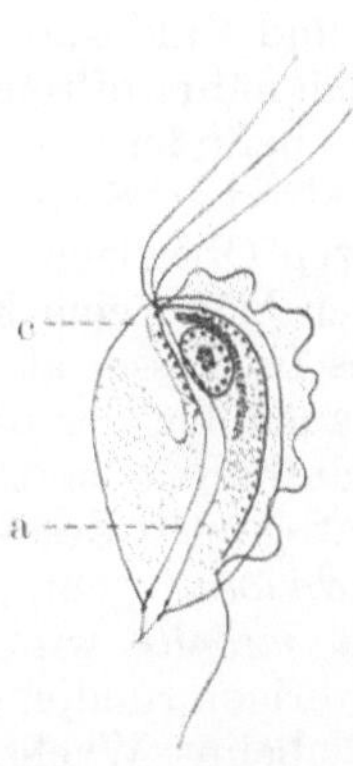

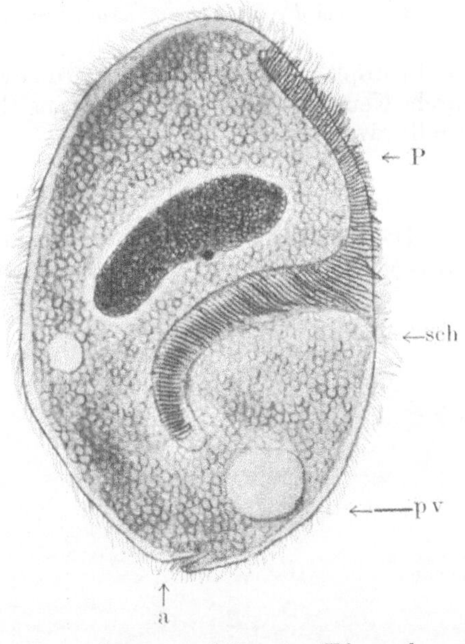

Abb. 53. *Trichomonas caviae* mit deutlichem Cytostom (c); a Achsenstab. Nach Kuczynski 1914.

Abb. 54. *Nyctotherus cordiformis* (Ehrenberg). P Peristom, sch Schlund, pv pulsierende Vakuole, a Afterröhre. Nach gefärbtem Präparat. Vergr. ca. 430. Nach Hartmann 1911.

sind jedoch zum Zwecke der Nahrungsaufnahme besondere pelliculare Bildungen, ein sog. Zellmund, Cytostom, oft auch ein Zellschlund, Cytopharynx, vorhanden. Im einfachsten Falle handelt es sich um eine pelliculare Einstülpung, ähnlich der Nahrungsaufnahme durch Invagination bei Amöben, nur mit dem Unterschied, daß die Pelliculaeinstülpung eine dauernde, an bestimmter Stelle (Vorderende in der Nähe der Geißel) lokalisierte ist (Beispiel *Trichomonas*, Abb. 53). Das Cytostom der Infusorien setzt sich oft in einen tief ins Zellinnere führenden Schlund fort (Beispiel *Nyctotherus*, Abb. 54). Die Nahrung wird durch die Tätigkeit der Geißeln oder Cilien in den Schlund hineingestrudelt und trifft am Grunde desselben auf das nackte Entoplasma, das sich nach Berührung einbuchtet und die Nahrung zugleich mit aufgenommenem Wasser in eine Nahrungsvakuole einschließt. Durch die Zug- resp. Druckwirkung des in Strömung begriffenen Protoplasmas wird die Nahrungsvakuole zunächst in eine Spitze ausgezogen (Abb. 55, 2), dann an der Schlundmündung vorerst noch in Spindelform vom Schlunde abgeschnürt (Abb. 55, 3—5), worauf sie sich bald abkugelt (Abb. 55, 6). Koltzoff hat nachgewiesen, daß freie H-Ionen im Medium die Fremdkörperaufnahme in Nahrungsvakuolen bei Infusorien (*Carchesium*) verhindern, vermutlich dadurch, daß die Oberfläche

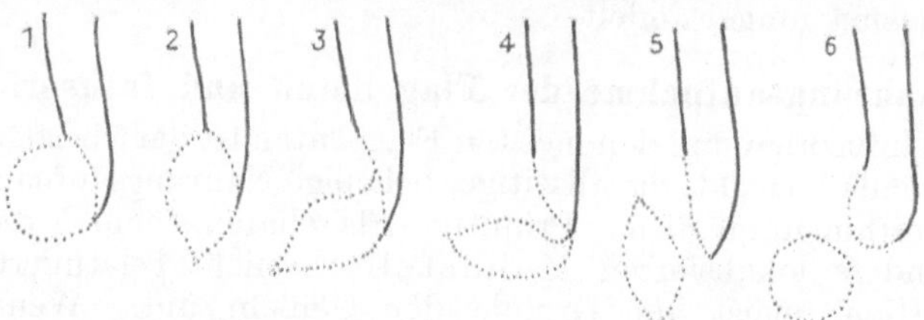

Abb. 55. Bildung der Nahrungsvakuole (1 u. 6) und deren Ablösung vom Cytopharynx (2—5) bei *Paramaecium caudatum*. Nach Nirenstein 1905 aus Doflein.

des Protoplasmas verändert wird ev. direkt eine Kolloidfällung statthat. Durch Neutralisation des Mediums kann die Vakuolenbildung wieder hergestellt werden.

3. Aufnahme gelöster Nahrung durch Osmose.

Die Nahrungsaufnahme der parasitischen Sporozoen und Cnidosporiden, aber auch die vieler parasitischen Flagellaten, die sich in einem nährstoffreichen, flüssigen Medium befinden, erfolgt durch Osmose gelöster Substanzen von der ganzen Oberfläche aus. Unter den Coccidien bietet eine Form insofern besonderes Interesse, als hier eine Lokalisation auch bei der osmotischen Nahrungsaufnahme statthat. Die in den Spermatogonien des Wurmes, *Polymnia nebulosa*, schmarotzende *Caryotropha mesnili* wird im Gegensatz zu den übrigen runden oder ovalen Coccidien beim Wachstum nierenförmig und legt sich mit der konkaven Seite an den Kern der Wirtszelle (Abb. 56 A). Zwischen dem Kern des Parasiten und dem Wirtskern bildet sich ein dichter plasmatischer Strang, der den Eindruck einer Strömung zwischen den beiden Kernen erweckt. In den weiblichen Formen treten hier zuerst die als Reservestoffe aufzufassenden Fettkörnchen auf. Beim weiteren Wachstum der ungeschlechtlichen Formen entsteht schließlich ein feiner spaltförmiger Kanal, der vom Wirtskern zum Parasitenkern zieht (Abb. 56 B). In beiden

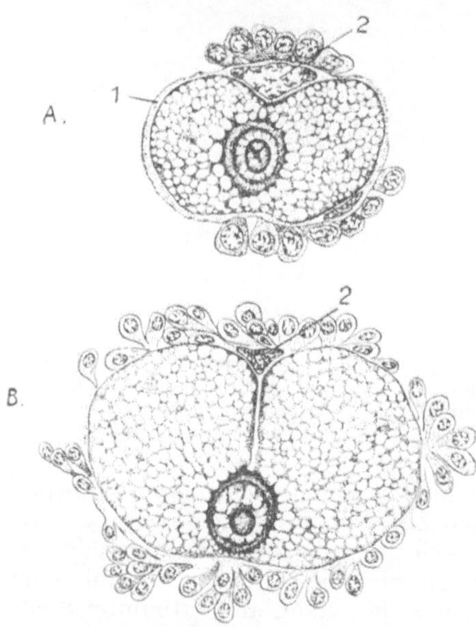

Abb. 56. *Caryotropha mesnili* [Siedl.] A. junges, B. erwachsenes Coccid. 1 Plasma, 2 Kern der Wirtzelle, von dem ein Kanal zum Parasitenkern zieht. Vergr. ca. 500. Nach Siedlecki 1907 aus Lang-Lühe.

Fällen wird die Arbeit des Wirtskernes in morphologisch erkennbarer Weise direkt vom Parasitenkern bei der Nahrungsaufnahme ausgenützt.

B. Stoffverarbeitung.

Die in den Zellkörper aufgenommenen Nahrungsstoffe werden durch die Vorgänge der Verdauung verarbeitet und zum Aufbau weiterer Körpersubstanz, resp. zur Bildung von Reservestoffen oder zum Betriebe des Energieumsatzes verwandt (Bau- und Betriebsstoffwechsel). Alle chlorophyllfreien Protozoen bedürfen hierzu eiweißhaltiger Stoffe, die aber zunächst selbst beim aufbauenden Stoffwechsel der Assimilierung, entweder innerhalb der Zelle, intracellulär oder wenigstens teilweise schon außerhalb derselben, extracellulär in einfachere chemische Körper zerlegt werden. Die intracelluläre Verdauung findet sich bei allen Formen, die ihre Nahrung in festem Zustande ins Zellinnere aufnehmen, während bei osmotischer Ernährungsweise ein großer Teil der Verdauung außerhalb der Zelle vor sich geht.

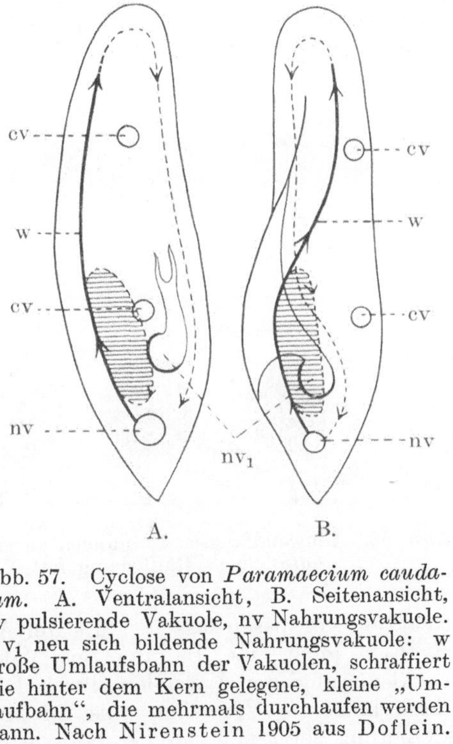

Über die **Verdauungsvorgänge** bei Protozoen mit osmotischer Ernährung ist fast nichts Näheres bekannt. Sicher ist wohl, daß lytische Substanzen von den Parasiten ausgeschieden werden. Dafür sprechen die bei intra- und intercellulären Parasiten vielfach zu beobachtenden Wirkungen derselben auf ihre Wirtszellen, die als Vakuolenbildungen, Verflüssigungen usw. zutage treten. In dem oben geschilderten Beispiel von *Caryothropha mesnili* ist auch die Bedeutung des Kernes für die Verdauungsvorgänge morphologisch erkennbar. Wie Siedlecki zeigte, gehen mit den Strömungen zwischen Wirtskern und Parasitenkern auch auffallende zyklische Veränderungen am Caryosom wie am ganzen Kern Hand in Hand, die für seine direkte Beteiligung bei der Verdauung sprechen (siehe Abb. 5, S. 11). Die Malariaparasiten ernähren sich von den befallenen Blutkörperchen und ver-

Abb. 57. Cyclose von *Paramaecium caudatum*. A. Ventralansicht, B. Seitenansicht, cv pulsierende Vakuole, nv Nahrungsvakuole. n v₁ neu sich bildende Nahrungsvakuole: w große Umlaufsbahn der Vakuolen, schraffiert die hinter dem Kern gelegene, kleine „Umlaufbahn", die mehrmals durchlaufen werden kann. Nach Nirenstein 1905 aus Doflein.

wandeln hierbei das aufgenommene Hämoglobin nach Ausnutzung der für sie verwertbaren Bestandteile in kristallinisches Malariapigment. Vielfach entsteht neben dem Kern im jungen Plasmodium eine große, wohl mit Nahrungsflüssigkeit gefüllte Vakuole (sog. Ringformen).

Die intracellulären Verdauungsvorgänge an den in Nahrungsvakuolen eingeschlossenen Nahrungskörpern sind bisher nur bei Amöben und einigen Infusorien, spez. *Paramaecium* einigermaßen untersucht, und auch hier ist ein tieferes Eindringen in die eigentlichen chemischen Umsetzungen bisher nicht möglich gewesen. Die Verdauungsvorgänge der Infusorien sind wenigstens morphologisch noch am besten bekannt, weshalb sie hier näher geschildert seien.

Die als Cyclose bezeichnete, durch die allgemeine Protoplasmaströmung bewirkte Wanderung der Nahrungsvakuolen im Entoplasma der Infusorien erfolgt nicht unregelmäßig wie bei den Amöben, sondern in ziemlich bestimmter Bahn, die am besten aus der Abb. 57 ersichtlich ist. Die Geschwindigkeit beim Durchlaufen dieser Bahn ist nicht gleichmäßig, indem in der Gegend hinter dem Kern die Wanderung beträchtlich verlangsamt wird. Während der Cyclose erfolgt die eigentliche Verdauung, wobei sich eine Reihe von Veränderungen an den Vakuolen abspielen. Zunächst erfolgt nach Nirenstein und Khainsky die Abscheidung einer Mineralsäure, was daraus hervorgeht, daß bei Vitalfärbung mit neutralisierter, farbloser Neutralrotlösung die Vakuolenflüssigkeit, sowie die zunächst blaugefärbten als Nahrung aufgenommenen Bakterien (Abb. 57a) von der Peripherie der Vakuole nach innen fortschreitend einen roten Farbton annehmen. Auch bei anderen Protozoen ist, spez. von Mouton an einer Amöbe, ebenfalls zunächst eine auf Ausscheidung einer Mineralsäure beruhende saure Reaktion der Nahrungsvakuolen nachgewiesen, während andere Vertreter von Amöben, Heliozoen, Flagellaten und Ciliaten die saure

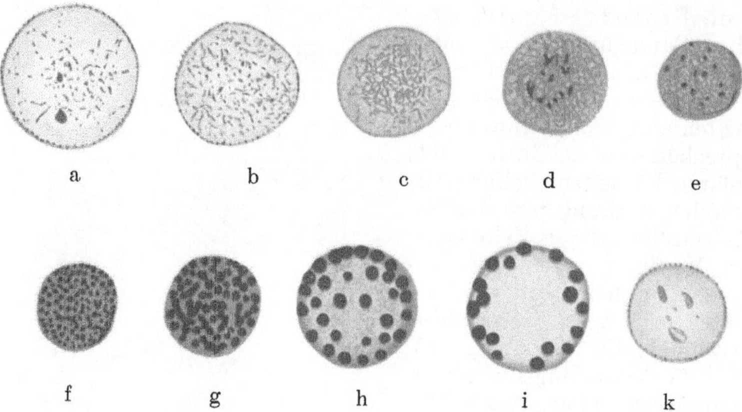

Abb. 58. Umwandlungserscheinungen an einer Nahrungsvakuole von *Paramaecium caudatum* bei Vitalfärbung mit Neutralrot. Nach Khainsky 1911.

Reaktion vermissen lassen. Mit der Ausscheidung der Säure beginnt bei *Paramaecium* auch eine Ballung des Vakuoleninhaltes und eine fortschreitende Verkleinerung der Vakuolen durch Diffusion von Flüssigkeit (Abb. 58b—e). Nach längerem Verweilen (bis 16 Minuten) auf dem Zustand größter Verkleinerung setzt eine zweite Periode ein, wobei die Vakuole sich wieder vergrößert (Abb. 58 g—i) und die Reaktion nach Nirenstein alkalisch wird, welch letztere Angabe aber Khainsky nicht bestätigt. Wie neuerdings Metalnikow angibt, soll die alkalische oder saure Reaktion (auch letztere kann nach Metalnikow bei Ernährung mit gewissen Bakterien, wie *B. coli* fehlen) von der Art der Nahrung abhängen. Mit der Wiedervergrößerung erfolgt eine Auflösung des Inhaltes und es bilden sich Tröpfchen, die sich an der Peripherie ansammeln und ins Plasma übertreten, wo sie resorbiert werden (Abb. 58, f—i).

Auch von Infusorien liegen Beobachtungen vor, die für eine Beteiligung des Kernes, und zwar hier nur des Macronucleus bei der Verdauung sprechen. So werden, wie schon oben mitgeteilt, die Nahrungsvakuolen in der Gegend des Kernes länger zurückgehalten. Vor allem aber hat Enriques gezeigt, daß bei *Stylonychia* (und anderen Formen) ein direkter Zusammenhang zwischen Ernährung und Struktur des Macronucleus besteht, indem hungernde Tiere Kerne mit großen, achromatischen Vakuolen und mit kompaktem Chromatin aufweisen (Abb. 59, A), während bei gut gefütterten und

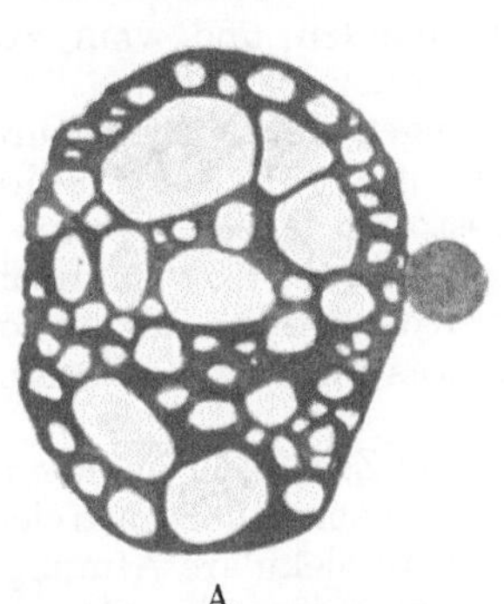

A.   B.

Abb. 59. Kerne von *Stylonichia pustulata*. A. Hungerzustand, B. bei reicher Fütterung. Vergr. ca. 300. Nach Enriques 1912.

gut verdauenden Tieren Macronuclei auftreten mit körneligem Chromatin, das auf feinem Netzwerk dicht gelagert ist (Abb. 59, B). Es spricht viel dafür, daß die Körnchen gelöst werden und als verdauende Säfte ins Plasma, resp. in die in der Nähe liegenden Nahrungsvakuolen übergehen.

Infusorien und Amöben haben sowohl Stärke- wie Eiweißverdauung und Mesnil und Mouton haben bei einer Amöbe und dem Infusor *Paramaecium*, Glaeßner bei dem parasitischen Infusor *Balantidium coli* ein eiweißverdauendes, proteolytisches Ferment isoliert. Eine Fettverdauung konnte bisher bei Protozoen noch nicht mit Sicherheit nachgewiesen werden.

Als **Assimilate** und **Reservestoffe** sind bei den heterotrophen Protozoen Fette, Eiweißkörper, Glykogen und Paraglykogen weit verbreitet. Letzteres findet sich bei Amöben, vielen Flagellaten und besonders Gregarinen. Manche Flagellaten zeigen glykogenartige Stoffe in Form von kernartigen Bildungen, die sich auch mit Kernfarbstoffen färben und vielfach als Nebenkerne, Chromidialkörper etc. bezeichnet werden. Ihr mikrochemisches Verhalten, das auf eine Ähnlichkeit mit Glykogenstoffen hinweist, sowie die Inkonstanz ihres Vorkommens sprechen für ihre Deutung als glykogenartige Reservestoffe (Abb. 60).

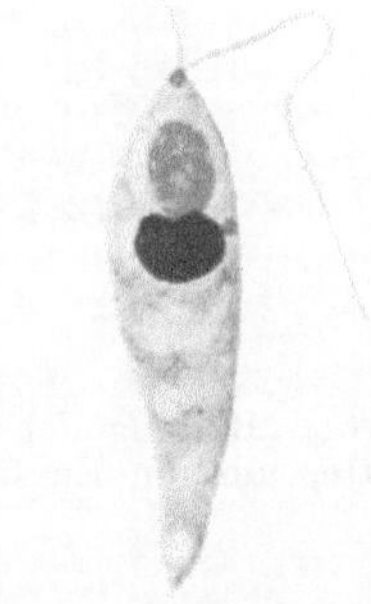

Abb. 60. *Bodo lacertae* Grassi mit Chromidialkörper (glykogenartiger Reserverstoffkörper) bei Glykogenfärbung nach Lubosch. Vergr. ca. 1300. Nach Whitmore 1911.

Reservestoffe stellen auch vermutlich die in der Nähe der Basalkörner mancher Flagellaten (Hypermastiginen und Trichomonaden) sich findenden Körper dar, die Janicki als Parabasalapparat bezeichnet hat. Auch die vegetativen oder trophischen Chromidien, sowie die Mitochondrien, kleine, spezifisch färbbare Plasmakörnchen, die von manchen Forschern als konstante, elementare Zellbestandteile betrachtet werden, sind wohl zum Teil nur Stoffwechselprodukte der Zelle. So lassen sich die Chromidien mancher Thecamöben unter bestimmten Kulturbedingungen wegzüchten. Überdies sind teilweise Glykogenstoffe in ihnen nachgewiesen und auch die Mitochondrien sind bei Protozoen durchaus nicht immer vorhanden und vom Stoffwechsel abhängig.

Um eiweißartige Reservestoffe, Verbindungen der Nucleinsäure, handelt es sich nach A. Mayer bei den als Volutin oder metachromatische Körner bezeichneten Gebilden, die sich mit Kernfarbstoffen färben. Unter Protozoen finden sie sich hauptsächlich bei den Flagellaten. Reichenow hat nachgewiesen, daß bei *Hämatococcus* die Volutinkörner verschwinden, falls phosphorfreie Nährmedien zur Kultur verwendet werden, was zugunsten der Ansicht von A. Mayer spricht.

Über die **Atmung** der Protozoen liegen zur Zeit noch keine eingehenden exakten Versuche vor. Da viele Parasiten in einem sauerstofffreien Medium leben, ist anzunehmen, daß dort besondere intramolekulare Atmungsvorgänge stattfinden, wobei der Sauerstoff durch Spaltung komplizierter organischer Verbindungen von ihnen selbst geliefert wird.

C. Stoffausscheidung.

Die **Defäkation,** die Ausscheidung der unverdauten Nahrungsreste, vollzieht sich bei Amöben gerade in umgekehrter Weise wie die oben geschilderte Aufnahme. Bei Flagellaten und Infusorien erfolgt die Defäkation meist an bestimmten Körperstellen. Diese Afterstellen, Zellafter oder Cytopyge genannt, befinden sich meist am Hinterende, seltener nach vorn verschoben,

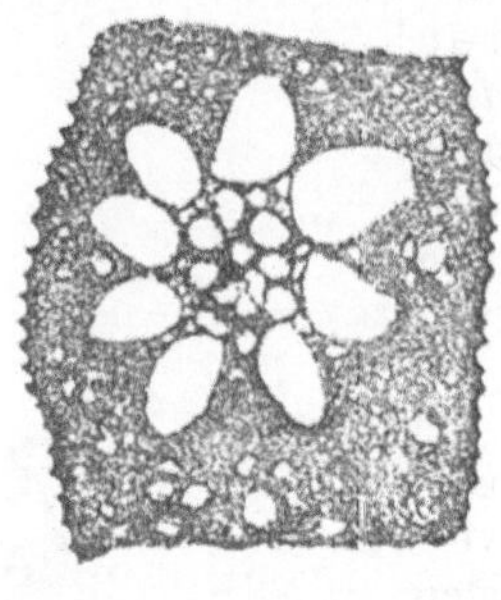 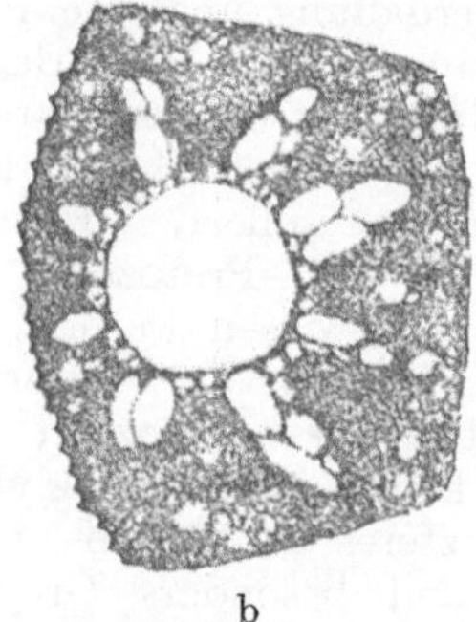

a   b

Abb. 61. Bildung der pulsierenden Vakuole von *Paramaecium caudatum.* Tangentialschnitte, um die Entstehung der „Bildungsvakuolen" (zuführenden Kanäle) zu zeigen. Nach Khainsky 1911.

oder im Schlund, und sind in der Regel äußerlich nicht als solche erkenntlich, sondern treten nur im Moment der Entleerung als rundliche oder spaltförmige Pelliculaöffnungen zutage, die sich danach sofort wieder schließen. Nur bei einigen Infusorien, z. B. *Nyctotherus* (Abb. 53) findet sich ein dauernder Zellafter als eine röhrenförmige Einstülpung der Pellicula. Die Afterröhre von *Isotricha* (S. Abb. 69, S. 54) ist sogar durch besondere Fibrillen im Plasma verankert. Häufig vollzieht sich die Entleerung ruckweise oder explosionsartig.

Als im Dienste der Stoffausscheidung und zwar der **Exkretion** stehend werden für gewöhnlich die unter Protozoen weitverbreiteten pulsierenden oder kontraktilen Vakuolen betrachtet. Es sind das Flüssigkeitstropfen, die, in der Regel an bestimmten Körperstellen gelegen, in regelmäßigen Intervallen anschwellen, um dann plötzlich ihren Inhalt durch Platzen nach außen zu entleeren. Sie finden sich bei fast allen Süßwasserprotozoen, fehlen dagegen den meisten marinen und fast allen parasitischen Formen. Unter den letzteren machen nur die Infusorien eine Ausnahme. Die Zahl der pulsierenden Vakuolen ist meist für die einzelnen Arten charakteristisch, doch weisen gewisse Arten auch individuelle Schwankungen auf. Ihre Entstehung vollzieht sich gewöhnlich in der Weise, daß noch vor Entleerung der eigentlich pulsierenden Vakuole um sie herum kleinere Flüssigkeitströpfchen, sog. Bildungsvakuolen, auftreten, die nach Platzen der ersteren zu einer neuen zusammenfließen. Bei Paramäcien (und anderen Infusorien) sind die Bildungsvakuolen sehr regelmäßig angeordnet (Abb. 61) und entstehen ihrerseits wieder durch Zusammenfließen kleinerer Vakuolen. Wie aus diesen Angaben hervorgeht, besitzen die pulsieren-

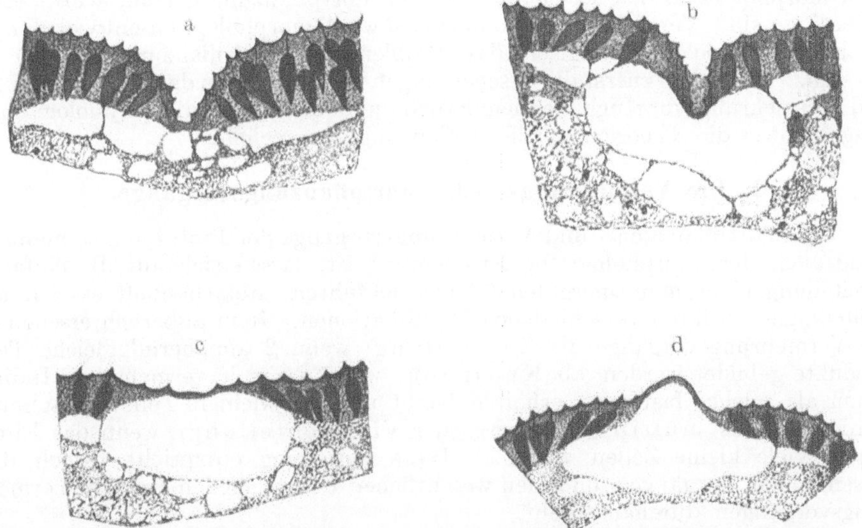

Abb. 62. Querschnitte senkrecht zur Oberfläche durch die pulsierenden Vakuolen von *Paramaecium caudatum.* a kurz nach der Entleerung, c, d vor der Entleerung. Nach Khainsky 1911.

den Vakuolen keine besondere dauernde kontraktile Wand (die Bezeichnung kontraktile Vakuole ist daher falsch und irreleitend und wird besser vermieden), es sind vielmehr einfache Tropfenbildungen im flüssigen Plasma. Auch fehlt ihnen mit einigen Ausnahmen ein besonderer Exkretionsporus in der Pellicula. Letztere ist nach Khainsky bei *Paramaecium* an der Entleerungsstelle verdünnt (Abb. 62 c, d). Zur Entleerung wird die verdünnte Stelle vorgewölbt und platzt; nach derselben sinkt sie infolge des verminderten Druckes trichterförmig ein und täuscht auf diese Weise leicht einen besonderen Exkretionsporus vor (Abb. 62a).

Über die physiologische Bedeutung der pulsierenden Vakuole ist zur Zeit noch nichts Sicheres bekannt. Gewöhnlich wird angenommen, daß es sich um ein Exkretionsorganell handelt. Neuerdings schreiben ihr jedoch einige Forscher die Funktion der osmotischen Regulierung der Zelle zu.

V. Formwechsel.

A. Fortpflanzung.

Die Stoffwechselumsätze (Assimilation) geben sich nach außen in einem Wachstum der Zelle sowie in Formbildungs- oder Entwickelungsprozessen kund. Hält man jedoch eine Protozoenzelle unter optimalen Lebensbedingungen, so finden wir stets, daß dem Wachstum eine gewisse Grenze gesetzt ist. Dieselbe läßt sich zwar experimentell hinausschieben, unter normalen Bedingungen schwankt sie jedoch nur innerhalb geringer Weite. Sowie diese Grenze erreicht ist, tritt der Vorgang der Fortpflanzung ein, ein Vorgang ganz anderer Art wie Wachstum und Assimilation, der biologisch von der größten Bedeutung ist. Man hat früher oft die Fortpflanzung mit der Phrase umschrieben, sie sei ein Wachstum über das Individuum hinaus, eine Phrase, die weder physiologisch noch morphologisch den Erscheinungen der Fortpflanzung gerecht wird. Erst neuerdings sind Versuche unternommen, sowohl morphologisch-entwickelungsgeschichtlich wie physiologisch das Problem der Fortpflanzung schärfer zu erfassen. Wir wollen zuerst die Erscheinungen und das Wesen der Fortpflanzungs- und Vermehrungsvorgänge kennen lernen, und dann erst die physiologischen Fragen sowie die Theorien der Fortpflanzung besprechen.

I. Die Vermehrungs- oder Fortpflanzungsvorgänge.

Alle Fortpflanzungs- und Vermehrungsvorgänge der Protozoen, so mannigfaltig auch ihre morphologische Erscheinung ist, lassen sich auf die einfache Zweiteilung einer monoenergiden Zelle zurückführen; stets handelt es sich um Zellteilungen in ihren verschiedenen Modifikationen. Rein äußerlich erscheinen die Vermehrungsvorgänge als Zweiteilung, wenn 2 annähernd gleiche Teilprodukte gebildet werden, als Knospung, wenn das sich vermehrende Individuum als solches fast ganz erhalten bleibt und nur kleinere Teile abgeschnürt werden und als multiple Teilung oder Vielfachteilung, wenn das Eltertier in viele kleine Zellen zerfällt. Diese Einteilung entspricht jedoch den wesentlichen Vorgängen und den wesentlichen Unterschieden bei den Vermehrungsvorgängen durchaus nicht.

Wir haben ja schon früher kennen gelernt, daß die Zellen der Protozoen untereinander nicht gleichwertig, homolog sind; dementsprechend können auch die Teilungsprodukte einer Protozoenzelle nicht ohne weiteres als gleichwertig homolog betrachtet werden, da bei der Zweiteilung wie Knospung und Vielfachteilung nicht nur monoenergide, sondern auch polyenergide Teilprodukte gebildet werden können. Der Schwerpunkt des Vorganges verschiebt sich auch hier von der Zelle auf den Kern (Energide).

Alle Fortpflanzungsvorgänge werden durch Kernteilungen eingeleitet, ohne Kernteilung gibt es keine Fortpflanzung. Eine Abtrennung von kernlosen Protoplasmateilen, wie das z. B. in Amöbenkulturen vielfach beobachtet werden kann, ist keine Fortpflanzung; die kernlosen Plasmateile gehen stets zugrunde. Da die Kernteilung schon in dem Kern-Kapitel genauer besprochen wurde, brauchen wir hier nur auf die Zellteilung und ihre Beziehungen zur Kernteilung näher einzugehen.

Alle Fortpflanzungsvorgänge nun, bei denen die Vermehrungsprodukte monoenergid sind oder wenigstens nur einen generativen Vollkern besitzen, bezeichnen wir als cytogene Fortpflanzung oder Cytogonie, gleichgültig ob die Teilprodukte ohne weiteres wachsen und sich weiterentwickeln, Agameten oder für eine Befruchtung eingerichtet, Gameten sind. Sind die Fortpflanzungszellen jedoch polyenergid, dann handelt es sich um eine vegetative Propagation, hier treffend Plasmotomie genannt (Doflein).

1. Cytogene Fortpflanzung (Cytogonie).

a) **Zweiteilung.** Das Grundschema und die Wurzel der Fortpflanzung ist die Zweiteilung einer monoenergiden Zelle. Gewöhnlich folgt hier die Zellteilung der Kernteilung direkt nach, ja sie kann sogar schon vor vollendeter Kernteilung beginnen. Bei nackten Protozoen, wie Amöben, erfolgt die Zellteilung, falls die Kernteilung noch nicht völlig abgelaufen ist, einfach quer zur Achse der Kernspindel (Abb. 63), und zwar manchmal noch während der letzten

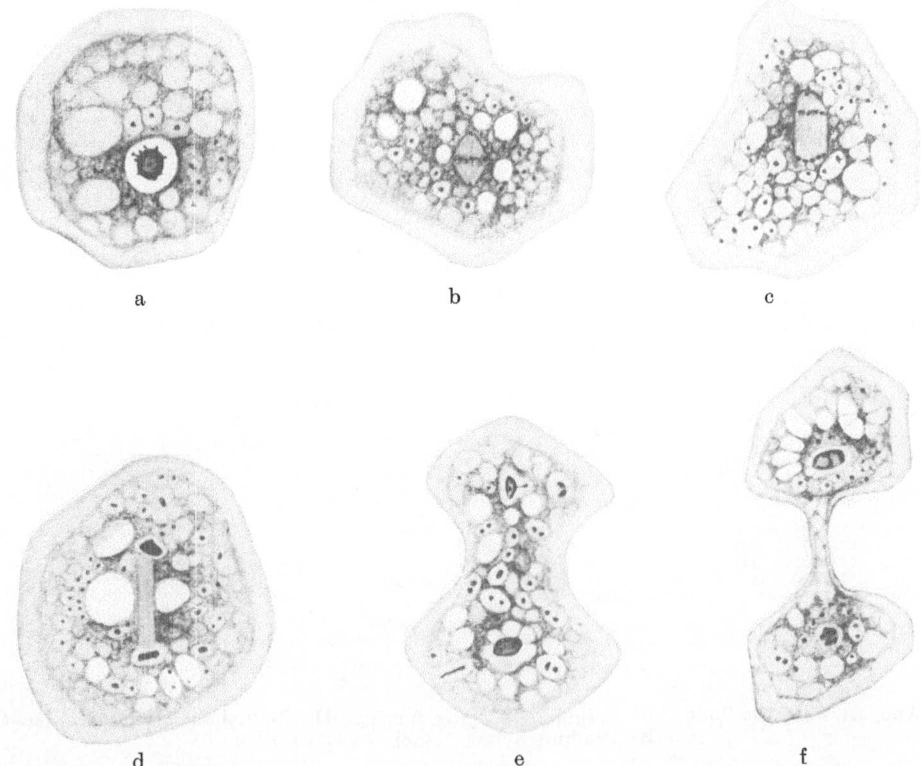

Abb. 63. Zweiteilung von *Amoeba hyalina* Dang. Die Zellteilung erfolgt senkrecht zur Kernteilungsachse. Vergr. ca. 1600. Nach Hartmann und Chagas 1910.

Stadien der Kernteilung, so daß die Zellteilung in unmittelbarer Beziehung zur Kernteilung steht. In anderen Fällen fehlt diese direkte Beziehung von Kernteilung und Fortpflanzung; die geteilten Kerne können durch Strömungen im Plasma verschoben werden, und die Zelldurchschnürung scheint dann an jeder beliebigen Stelle zwischen den beiden Tochterkernen durchgeführt zu werden. Ist eine pulsierende Vakuole vorhanden, so bekommt sie das eine Tochtertier, und in dem zweiten wird eine solche neu gebildet.

Protozoen von bestimmter monaxoner Form und komplizierten Organellen (heterologen Energiden) teilen sich meist in ganz bestimmter Weise. So vollzieht sich die Zweiteilung bei fast allen Flagellaten durch Längsteilung, bei den Ciliaten durch Querteilung.

Die Längsteilung der Flagellaten scheint teilweise durch die in der Längsachse stehenden Geißeln und deren Neubildung bedingt zu sein. Die Kernteilungsfigur steht in vielen Fällen quer zur Längsachse (Abb. 64), doch nimmt sie auch häufig, besonders bei schmalen Formen (vielleicht aus Raummangel) eine schiefe, ja eine Längsstellung ein, also parallel zur Teilungsebene (Abb. 65, 66). In letzterem Fall, z. B. Trypanosomen, werden die Kerne nachträglich während der Zellteilung in entgegengesetzter Richtung quer resp. schief zur Längsachse verschoben und den beiden Tochtertieren

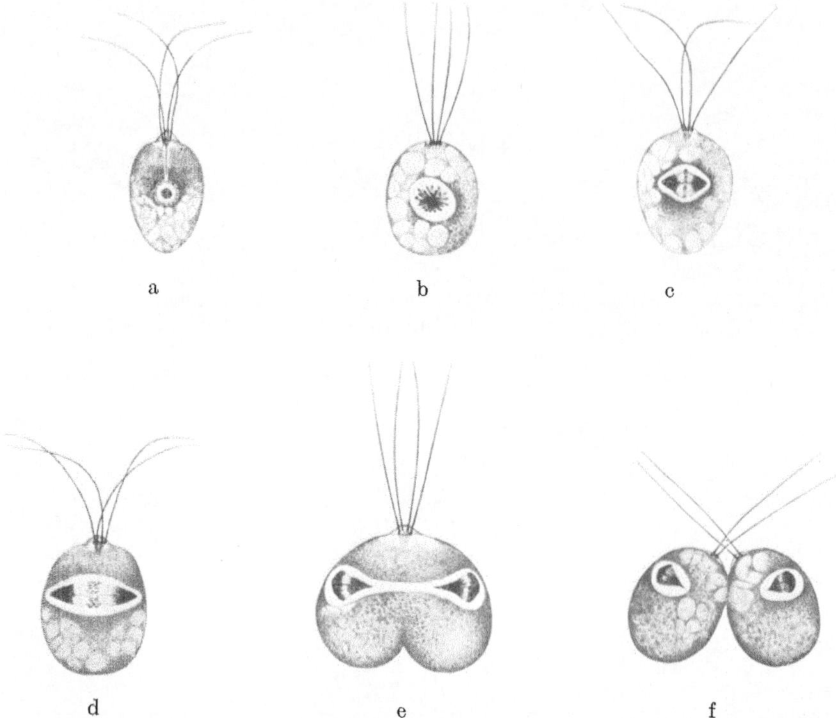

Abb. 64. Längsteilung von *Polytomella agilis* Arag. Die Zellteilung erfolgt senkrecht zur Kernteilungsachse. Nach Aragao 1909.

zugeteilt (Abb. 67), im ersteren setzt die Zellteilung von vornherein senkrecht zur Kernspindel ein (Abb. 64); also auch hier besteht, ähnlich wie bei Rhizopoden, teils eine feste Beziehung von Kern- und Zellteilungsachse, teils eine geringere oder größere Unabhängigkeit zwischen beiden Vorgängen. Die wichtigsten Organellen der Flagellaten, die Geißeln werden bei den primitiven Formen vielfach abgeworfen, oft auch die Basalkörperchen eingeschmolzen und von den Centren wieder neu gebildet. In den weitaus meisten Fällen teilen sich jedoch die Basalkörper selbständig, ja sie leiten die ganzen Teilungsvorgänge ein; die alten Geißeln werden von einem Tochtertier übernommen oder auf beide regelmäßig oder unregelmäßig verteilt und die fehlenden neu gebildet. Bei den Binucleaten teilen sich beide Kerne und das Basalkorn scheint die Rolle des Teilungszentrums für den Geißelkern zu übernehmen. Die alte Geißel bleibt in Zusammenhang mit dem einen Tochterbasalkorn und Geißelkern, vom zweiten aus wird, parallel zur alten Geißel durch Desmose des Basalkorns eine neue gebildet (Abb. 66 und 67). Eine Spaltung der alten Geißel, wie sie von

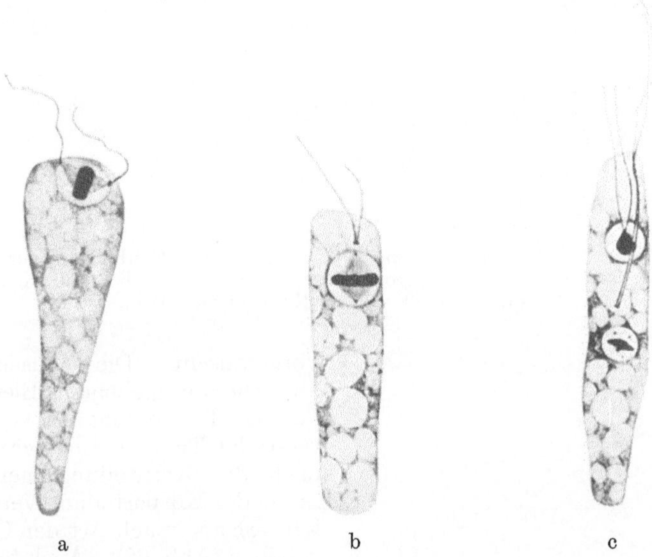

Abb. 65. Längsteilung von *Spongomonas splendida* Stein. Kernteilungsachse steht schief (a) oder parallel (b) zur Zellteilungsachse. Vergr. ca. 2800. Nach Hartmann und Chagas 1910.

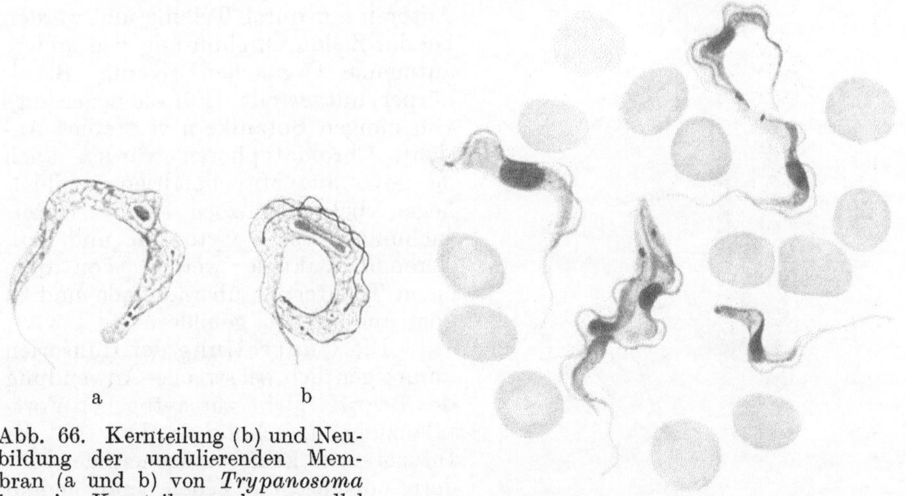

Abb. 66. Kernteilung (b) und Neubildung der undulierenden Membran (a und b) von *Trypanosoma brucei*. Kernteilungsachse parallel zur Zellteilung. Vergr. ca. 2600. Nach Rosenbusch 1909.

Abb. 67. *Trypanosoma brucei* Plimm u. Bradf. Längsteilung. Vergr. ca. 1300. Orig.

manchen Forschern angegeben wird, ist nirgends sicher erwiesen, vielmehr durch die Überlagerung der nicht genau parallel auswachsenden neuen Geißel

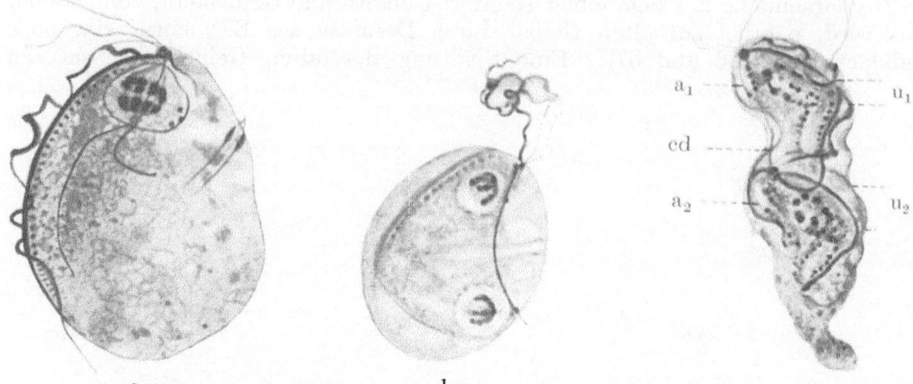

a b c

Abb. 68. Teilung von *Trichomonas muris* Hartmann. Neubildung der Achsenstäbe.
a_1 u. a_2 Achsenstab 1 u. 2, cd Centrodesmose, u_1 u. u_2 undulierende Membran 1 u. 2.
Vergr. ca. 1950. Nach Kuczynsky 1914.

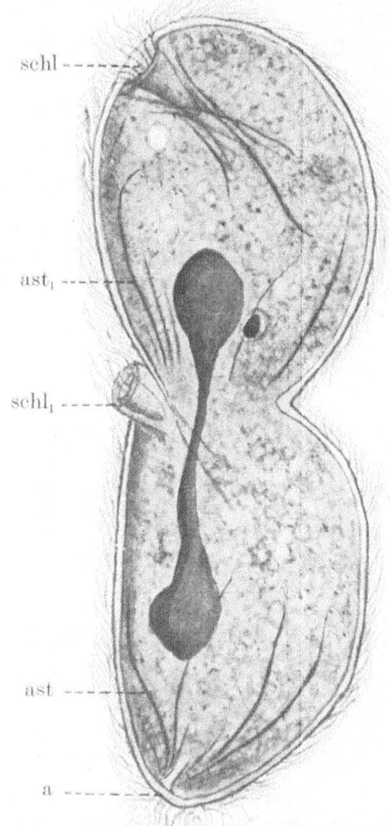

Abb. 69. Querteilung von *Isotricha ruminantium*. a Zellafter, ast. Afterstützen,
ast[1] neue Afterstützen, schl Schlund, $schl_1$ neuer Schlund. Vergr. ca. 1100. Orig. nach
Präparat von Braune.

vorgetäuscht. Die Achsenstäbe und ähnliche formgebenden Elemente werden bei Trichomonaden vor oder während der Teilung eingeschmolzen und nach der Kernteilung meist vor einsetzender Körperteilung von den Basalkörpern aus, nach Art der Geißeln, neu gebildet (Abb. 68). Auch für *Octomitus* und die Hypermastiginen scheint das zu gelten. Die Chromatophoren vermehren sich dagegen nach den meisten Autoren nur durch Teilung und werden bei der Zelldurchschnürung wie andere autonome Organellen (Kerne, Basalkörper) mitverteilt. Für die neuerdings von einigen Botanikern vertretene Ansicht, Chromatophoren würden auch de novo aus Mitochondrien gebildet, liegen bei Protozoen keine Untersuchungen vor. Cytostom und pulsierende Vakuole werden von dem einen Tochtertier übernommen und in dem andern neu gebildet.

Die Querteilung der Infusorien kann eigentlich bei strenger Anwendung des Begriffs nicht zur cytogenen Fortpflanzung gerechnet werden, da die Infusorien ja keine monoenergide, sondern polyenergide Zellen sind, indem sie mindestens zwei Kerne, einen somatischen Macronucleus und einen generativen Micronucleus besitzen. Hier ist aber selbst bei vielkernigen Formen der zweite Akt der Fortpflanzung, die Zellteilung, so gleichmäßig in der ganzen

Klasse ausgebildet, daß sie als der beherrschende Zug bei der Vermehrung der Infusorien und als gleichwertiger, homologer Vorgang erscheint. Da ferner die Mehrzahl der Formen infolge der Arbeitsteilung in einen somatischen Macronucleus und generativen Micronucleus nur eine vollwertige Zelle vorstellt, so empfiehlt es sich doch, sie an dieser Stelle im Zusammenhang mit der cytogenen Fortpflanzung zu betrachten. Entsprechend der hohen Komplikation der Infusorienzelle sind bei der Vermehrung derselben mancherlei Einschmelzungs- und Neubildungsvorgänge notwendig. Die Organellen des Vorderendes müssen von dem hinteren Teilsprößling neugebildet werden, die des Hinterendes von dem vorderen (Abb. 69). Die Teilung wird meist durch die Kernteilungen eingeleitet, doch kann sie auch mit den Einschmelzungs- und Neubildungsvorgängen am Plasma beginnen.

Die **Knospungsteilung** der Thecamöben erinnert in ihren Anfangsstadien an eine richtige Knospung, wird aber im weiteren Verlauf zu einer gleichen Zweiteilung. Sie ist bedingt durch die monaxone Schale dieser Protozoen. Der Vorgang ist an dem abgebildeten Beispiel leicht verständlich (Abb. 70).

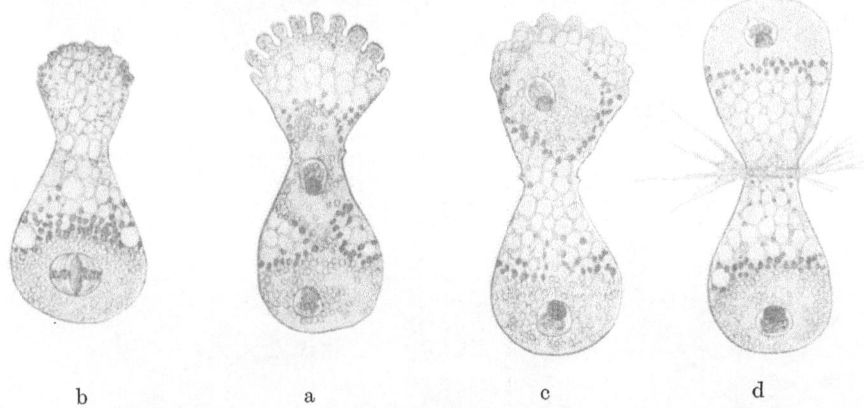

b   a   c   d

Abb. 70. Knospungsteilung von *Chlamydophrys stercorea*. Cienk.
Nach F. Schaudinn 1911.

Er wird eingeleitet durch eine Kernteilung im Eltertier, das seine Pseudopodien einzieht und eine Plasmaknospe an der Schalenmündung hervorquellen läßt, die die Form des alten Tieres nur in entgegengesetzter Orientierung annimmt. Diese Knospe wächst zur Größe des alten Tieres heran, es treten schalenbildende Körner, die schon im alten Tier vorgebildet waren, über, desgleichen der eine Tochterkern und nach Ausbildung einer neuen Schale und Differenzierung des Protoplasmas trennen sich die beiden Tochtertiere unter Pseudopodienbildung.

Auch die echte **Knospung** mancher Infusorien ist nur eine Modifikation einer einfachen Zweiteilung (Abb. 71). Sie unterscheidet sich, abgesehen von der Kleinheit des einen Teilungsproduktes, meist durch das fast vollständige Fehlen der komplizierten ectoplasmatischen Organellen, die in der Regel erst nach Ablösen der Knospe neu gebildet werden.

b) **Multiple Teilung.** Wenn Zweiteilung bei einem Protozoon sich mehrmals wiederholt ohne dazwischen erfolgendes Wachstum der Zelle, dann kommt es zu einer **Vielfachteilung durch fortgesetzte Zweiteilung**, die sich besonders innerhalb von Cysten findet. Es handelt sich dabei um eine zeitliche

Zusammenschiebung verschiedener Fortpflanzungsakte. Noch eine andere Form der Vielfachteilung ist bei Protozoen sehr verbreitet, die mit der Ausbildung polyenergider Formen zusammenhängt, die Zerfallteilung. Hierbei haben die zwei Akte der Fortpflanzung, die Kernteilung und Zellteilung, eine noch größere Unabhängigkeit voneinander gewonnen, als wir es bei manchen Zweiteilungen von Amöben und Flagellaten oben gesehen haben; es entstehen

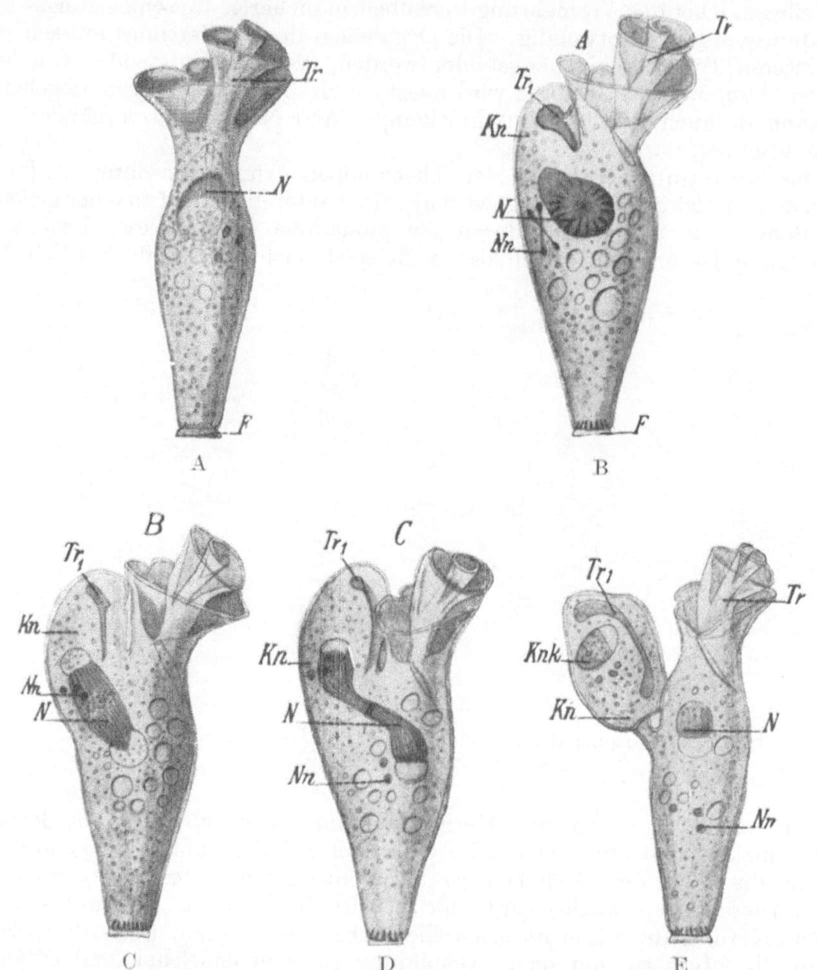

Abb. 71. Knospung bei *Spirochona gummipara* St. A ruhendes Tier, B—F Knospung. Kn Knospe, N Macronucleus, Nn Micronucleus, Tr Trichter, Tr₁ Trichter der Knospe, Knk Macronucleus der Knospe, F Haftschreibe. Nach R. Hertwig 1877 aus Doflein.

durch fortgesetzte Kernteilungen und gleichzeitiges Wachstum polyenergide Stadien, die am Ende des Wachstums meist mit einem Schlage in so viele Fortpflanzungszellen zerfallen, als Kerne vorhanden waren. Diese Art der Fortpflanzung findet sich ganz allgemein bei den Coccidien (s. Abb. 97, S. 82) und Hämosporidien (Abb. 72). In ihren ersten Anfängen tritt sie uns entgegen bei Amöben und manchen Flagellaten, speziell Trypanosomen. Bei Limaxamöben unterbleibt bei Kultur in höherer Temperatur die Zellteilung nach der

Kernteilung und wird erst nach einer Anzahl Kernteilungen durchgeführt; der einfache oder vielfache Modus der Fortpflanzung hängt also hier von den Außenbedingungen ab; sie ist eine fakultative. Bei Trypanosomen, z. B.

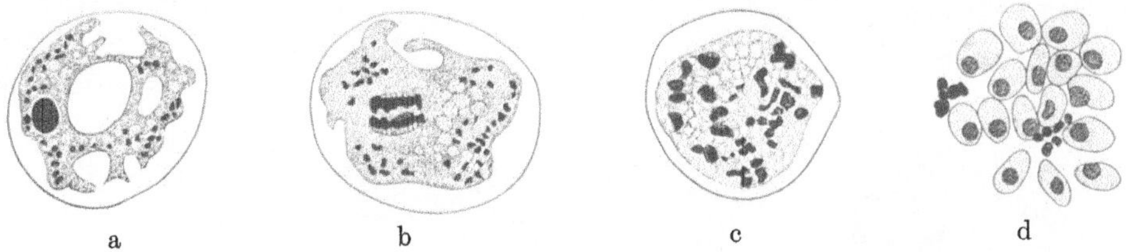

a   b   c   d

Abb. 72. Zerfallsteilung (Schizogonie) von *Plasmodium vivax*. Vergr. ca. 2250. Nach F. Schaudinn 1902.

Tryp. lewisi, vollzieht sich oft zu Beginn der Infektion die Vermehrung durch multiple Teilung statt der gewöhnlichen Längsteilung (Abb. 73).

Wie die Zellteilungen bei der Vielfachteilung durch fortgesetzte Zweiteilung zeitlich auf einen Punkt zusammengeschoben sein können, so können auch die Kernteilungen bei einer Zerfallsteilung nicht mit dem starken Wachstum der

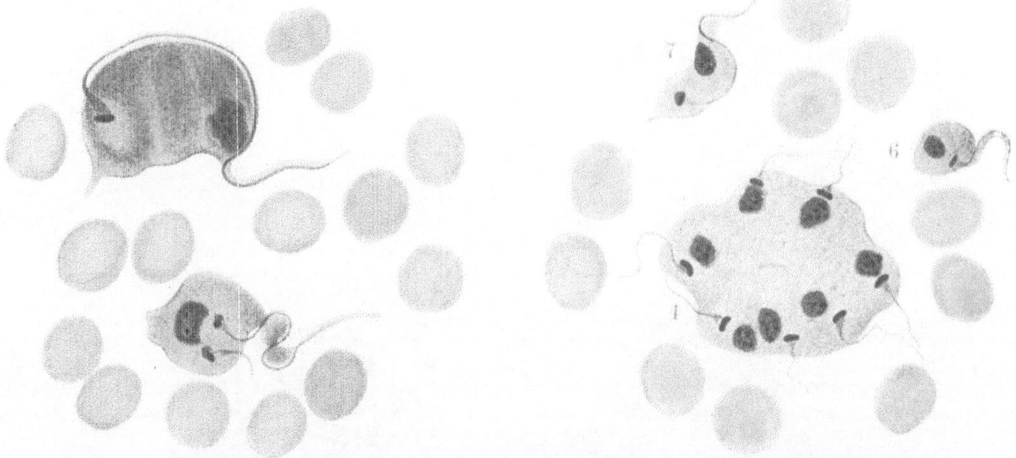

Abb. 73. Verschiedene Stadien (3—7) der multiplen Teilung von *Trypanosoma lewisi* Kent. Vergr. ca. 1300. Orig.

Zelle Hand in Hand gehen, sondern am Ende des Wachstums auf einen Punkt zusammengezogen sein. Ganz auffallend ist das bei der Gametenbildung der Gregarinen sowie der geschlechtlichen und ungeschlechtlichen Vermehrung der Aggregaten (Abb. 74). Hier entsteht mit dem starken Wachstum der großen Zellen ein riesiger Kern, aus dem erst kurz vor der Fortpflanzung durch rasche Kernteilungen ohne Ruhestadien eine große Anzahl von Tochterkernen sich bildet, wobei zur ersten Kernspindel nur ein kleiner Teil des Kernmaterials Verwendung findet, der größere als somatisches, überflüssiges trophisches Material zugrunde geht (Abb. 74 b).

Wieder anders liegen die Verhältnisse bei den Formen mit multipler Kernteilung, also mit polyenergiden Kernen (s. S. 17), die äußerlich den eben

geschilderten gleichen, indem auch hier die Kernteilung erst vor der multiplen
Zerfallteilung einsetzt. Hier sind nämlich nur scheinbar die Kernteilungen
noch nicht durchgeführt, in Wirklichkeit haben sie ja schon innerhalb des Poly-

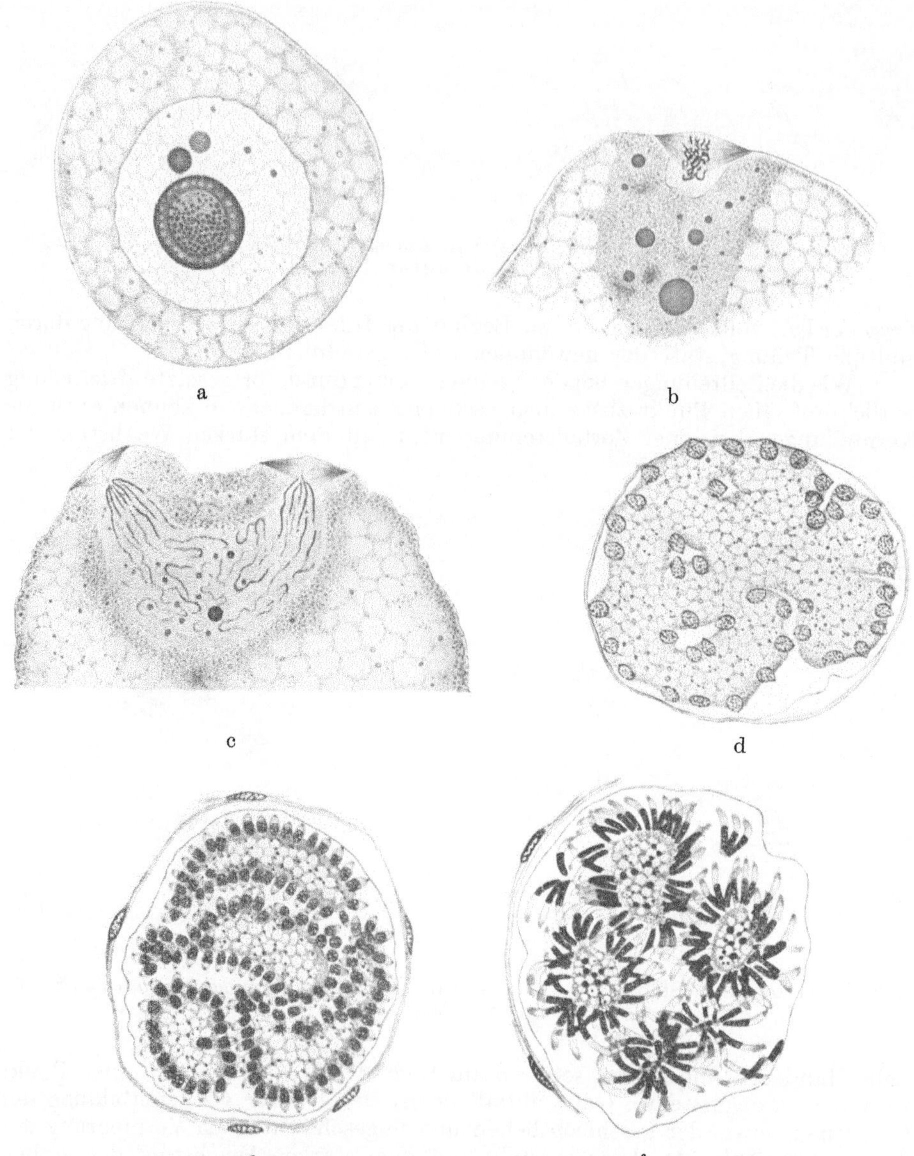

Abb. 74. Zerfallsteilung (Schizogonie) von *Aggregata eberthi*. Labbé. a ruhender Kern,
b 1. Kernteilung, c 2. Kernteilung, d—f Zerfallsteilung. Vergr. ca. a—c 1000, d—f
850. Nach Léger und Dubosq 1908.

caryons stattgefunden. Meist sind aber bei den betreffenden Formen (so
Radiolarien) die multiplen Kernteilungen von raschen fortgesetzten Mitosen in
der Art der Gregarinen gefolgt.

Die aus einer multiplen Vermehrung hervorgehenden Teilprodukte bezeichnet man, falls es sich nicht um eine geschlechtliche Fortpflanzung (s. unten) handelt, ganz allgemein als Agameten. Bei Coccidien, Gregarinen usw. wird diejenige Art der agamen Zerfallsteilung, die der Befruchtung oder geschlechtlichen Fortpflanzung vorausgeht und sich meist mehrfach wiederholt, als Schizogonie (ihre Produkte als Merozoiten) von der nach der Befruchtung meist in einer Cyste in besonderer Weise sich abspielenden einmaligen Sporogonie (Teilprodukte Sporozoiten) unterschieden.

Eine besondere Erwähnung verdienen noch die sog. **endogenen Zellbildungen**, eine Fortpflanzungsweise polyenergider Protozoen, die sich nur

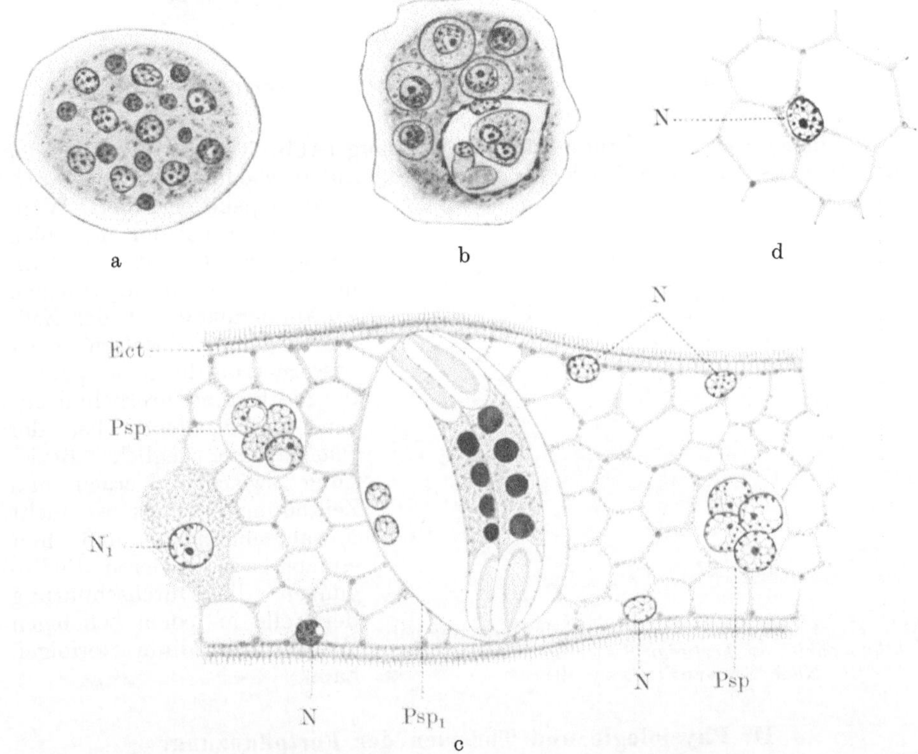

Abb. 75.   Endogene Zellbildung.   a und b bei *Sphaerospora caudata* Parisi, c und d bei *Sphaeromyxa sabrazesi* Laveran et Mesnil.   Ect Ectoplasma, N Kerne, N_1 Kern in einer Plasmaverdichtung (endogene Zelle), Psp junger Pansporoblast, Psp_1 Pansporoblast mit fertigen Sporen.   a und b nach Parisi 1913; c und d Vergr. ca. 1500, nach Schröder 1907.

bei Myxosporidien findet.   Hier zerfällt nämlich nicht die große polyenergide Zelle bei der Fortpflanzung, sondern die Fortpflanzungszellen, Gameten, entstehen im Innern des elterlichen Plasmaleibes durch Verdichtung von Plasmazonen um einzelne Kerne (Abb. 75 b).   Ja, hier spielt sich selbst die Befruchtung und die sich daran anschließende Sporenbildung (Sporogonie) noch im Innern des alten Plasmakörpers ab (Abb. 75).

Schließlich wäre noch als besonderer Fall einer multiplen Vermehrung die multiple Knospung mancher Infusorien zu erwähnen, die sich bei Suktorien findet und bei der auch die Kerne sich multipel teilen. Fraglos handelt es sich hier um ausgesprochen polyenergide Ciliaten.

2. Plasmotomie.

Die weitgehendste, ja vollständige Unabhängigkeit von Kernteilung und Zellteilung weisen nun jene Fortpflanzungsvorgänge polyenergider Protozoen

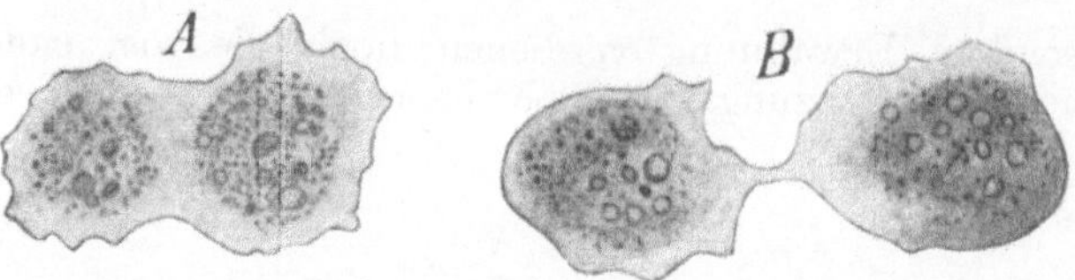

Abb. 76. Plasmotomie durch Zweiteilung bei *Chloromyxum leydigi*. Nach Doflein 1898.

auf, bei denen die Vermehrung durch Zweiteilung (Abb. 76) oder einfache oder multiple Knospung (Abb. 77) keine einkernige, sondern wieder vielkernige Fortpflanzungskörper liefert. Während auch bei der multiplen Cytogonie stets die vorhandenen Kerne in deutlichem Zusammenhang mit der Zellteilung stehen, insofern sie gewissermaßen die Mittelpunkte für die Plasmadurchschnürungen bilden, fehlt bei der Plasmatomie jegliche Beziehung zwischen Kernen und Zellteilung und es ist nicht unwahrscheinlich, daß hier einfach aus äußeren Bedingungen die Durchschnürung der Zelle in jedem beliebigen Wachstumsstadium erfolgen kann.

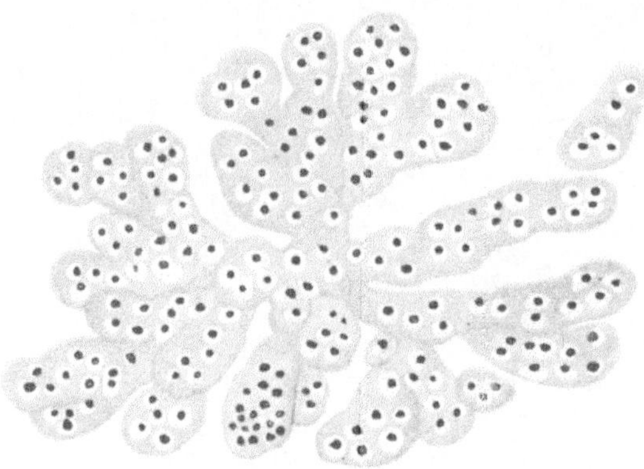

Abb. 77. Plasmotomie durch multiple Knospung bei *Ichthyosporidium hertwigi* Swarcz. Vergr. c. 125. Nach Swarczewsky 1914.

II. Physiologie und Theorien der Fortpflanzung.

Experimentelle Versuche und theoretische Vorstellungen, das Wesen und die Ursachen der Fortpflanzung zu ergründen, also die inneren physiologischen Bedingungen, dieses Höhepunktes im physischen Leben eines Organismus, zu eruieren, sind bisher nur bei Protozoen unternommen worden und sie tragen bei der Schwierigkeit des Problemes und der geringen Kenntnis der damit in Zusammenhang stehenden anderen physiologischen Erscheinungen selbstverständlich nur den Charakter von tastenden Hypothesen. Immerhin sind dieselben von großer Bedeutung, da nur auf diesem Wege Klarheit über die hier vorliegenden Probleme und Gesichtspunkte zu ihrer experimentellen Prüfung gewonnen werden können.

Die im vorstehenden Kapitel gegebene Schilderung der Erscheinungen der Fortpflanzung war bemüht, die einzelnen Teilfragen und ihre Zusammenhänge herauszuschälen, und sie hat gezeigt, daß es sich hierbei schon bei den

Protozoen durchaus nicht um einfache gleichmäßige, sondern zum Teil um sehr verwickelte Zusammenhänge mit anderen Entwickelungsvorgängen handelt. Die erste Aufgabe muß es daher sein, die ursprünglich allen Fortpflanzungsvorgängen primär zukommenden Erscheinungen herauszufinden. Eine vergleichende Betrachtung der Vorgänge bei den Protozoen läßt nun fraglos die Kernteilung als das Allgemeine und Primäre jeder Fortpflanzung erscheinen.

Jede homopolare Teilung eines Kernes ist schon der wichtigste Schritt zur Fortpflanzung, und es ist, allgemein theoretisch gesprochen, gerade in Hinsicht auf das Vorkommen monoenergider und polyenergider Formen in der gleichen Gruppe, ja bei derselben Art, ein Vorgang von sekundärer Bedeutung, wenn die Zellteilung erst nachträglich nach einer mehrfachen Vermehrung der Kerne (Energiden) einsetzt. Damit in Einklang steht auch die Möglichkeit, experimentell monoenergide Formen mit normaler Zweiteilung in polyenergide mit multipler Vermehrung überzuführen. Allerdings muß hier gleich als Einschränkung des eben Gesagten bemerkt werden, daß natürlich für die Mehrzahl der Arten es nichts Nebensächliches ist, wenn polyenergide Zellen zur Ausbildung kommen und die Zellteilung (Fortpflanzung) erst nachträglich zustande kommt; es ist das vielmehr in der Regel eine genotypische Eigentümlichkeit der betreffenden Arten, die auch physiologisch nicht ohne Bedeutung sein kann.

Unter diesen Gesichtspunkten ist daher auch die Frage nach den Ursachen der Fortpflanzung bei polyenergiden Formen die sekundäre und muß in die Frage umgekehrt werden: wie kommt es, daß eine Kernteilung nicht direkt der Fortpflanzung dient, sondern der Entwickelung oder gar, wie bei somatischen Kernen heteroplastider Organismen, ihrer ursprünglichen Bestimmung, der Vermehrung, ganz verlustig geht. Diese Fragen gehen somit über das Fortpflanzungsproblem als solches hinaus; es sind eigentlich Fragen der Entwickelungsphysiologie.

Am ehesten wird man daher zu allgemein gültigen Vorstellungen über die Ursachen der Fortpflanzung gelangen können, wenn man die einfachen Zweiteilungen monoenergider Zellen einer Analyse zugrunde legt. Bei solchen Formen wie Amöben und Infusorien zeigte es sich nun, daß zur Fortpflanzung eine bestimmte Zellgröße erforderlich ist, die für die einzelnen Arten innerhalb gewisser Grenzen erblich fixiert ist. R. Hertwig wurde nun vor allem auf Grund von Untersuchungen an Infusorien dazu geführt, das innerhalb gewisser Grenzen konstante Massenverhältnis zwischen Kern und Plasma, die sog. Kernplasmarelation, dafür verantwortlich zu machen. Nach einer Teilung wächst der Kern langsam im Verhältnis zum Plasma, die Kernplasmarelation wird verschoben und gerät in ein Mißverhältnis, es wird eine Kernplasmaspannung erzeugt. Dadurch wird der Kern nun zu einem plötzlichen raschen Wachstum (Teilungswachstum) veranlaßt, was dann zur Teilung der Kerne und der Zelle führt.

Fraglos besteht eine solche Kernplasmarelation für viele Protozoen, speziell Infusorien, und sie ist sicher der Ausdruck wichtiger zellphysiologischer Beziehungen zwischen Wachstum und Teilung. Bei sehr vielen Protozoen lassen sich aber für eine solche rein quantitative Beziehung von Kern und Plasma für das Verhältnis von Wachstum und Fortpflanzung keine Anhaltspunkte gewinnen; auch ist wohl von vornherein anzunehmen, daß hierfür noch mehr qualitativ wirkende innere Faktoren eine Rolle spielen.

v. Prowazek und der Verfasser vertreten nun Anschauungen, die im engen Zusammenhang mit der in Kapitel Kern und Kernteilung geschilderten Konstitution der Kerne stehen und die den Schwerpunkt der Fortpflanzung noch mehr auf die Kernteilung verlegen. Die lokomotorischen

Komponenten (Centren) finden sich nämlich nach neueren Untersuchungen fast immer geteilt und daher a priori für die Teilung befähigt. „Durch das übrige Assimilationsgetriebe der Zelle kann aber das Teilungswachstum dieser Produzenten der Teilungsapparate nicht effektiv werden und wird so lange niedergehalten, bis das Funktionswachstum der anderen Funktionsträger nachläßt" (v. Prowazek).

Als diese anderen Funktionsträger wären die trophisch-generativen Kernkomponenten anzusehen. Dieses Verhältnis zwischen lokomotorischer Komponente resp. Teilungsfaktor (Jollos) und trophisch-generativer Komponente resp. Wachstumsfaktor ist für manche Protozoen mehr oder minder streng festgelegt. Solche Formen zeigen dann die Kernplasmarelation in typischer Weise. Für andere Formen (viele Flagellaten und Amöben) läßt es sich aber weitgehend verschieben, wie aus Beobachtungen und Experimenten hervorgeht. So erscheint nach den Untersuchungen von Nöller das Froschtrypanosom im Zwischenwirt (Egel) sowie in Kaulquappen als kleines Trypanosom, das sich lebhaft teilt. Mit dem Heranwachsen des jungen Frosches wird aber der Wachstumsfaktor gesteigert und der Teilungsfaktor bleibt gehemmt; es entstehen große einkernige Trypanosomenformen, die sich in der Regel nicht teilen (siehe Abb. 102, S. 91). Nur unter besonderen, bisher unbekannten Bedingungen kann die Hemmung des Teilungsfaktors aufgehoben werden und eine nun multiple Vermehrung einsetzen. Diese Verhältnisse spielen für das Zustandekommen labiler Infektionen und Recidive bei pathogenen Blutprotozoen eine große Rolle (siehe unten Kap. Öcologie). Bei den Phytoflagellaten *Stephanosphaera* und *Gonium* konnte Verfasser experimentell den Wachstumsfaktor weitersteigern und erheblich größere Individuen züchten und Jollos hat bei Infusorien genauere Angaben von relativer Unabhängigkeit von Teilungsfaktor und Wachstumsfaktor und ihre experimentelle Beeinflussung durch Außenbedingungen gegeben (s. auch S. 97).

In anderen Fällen, so bei *Amoeba diploidea* läßt sich zwar auch nach Rh. Erdmann das Zellwachstum durch Temperaturerhöhung steigern, aber hierbei vollziehen sich Kernteilungen und es entstehen polyenergide Formen. Hier ist es also nur das Verhältnis von Wachstum zu dem zweiten, minder wichtigen Akt der Fortpflanzung, der Zellteilung, verschoben. Die normale Kernplasmarelation könnte in diesen Fällen ganz gewahrt bleiben, das Kernplasmasystem nur entsprechend der Kernzahl vervielfacht sein. Gewisse Beobachtungen — exakte Versuche darüber liegen noch nicht vor — machen es wahrscheinlich, daß die Zellteilung (Zerfallsteilung), mithin das Verhältnis von Wachstum und Zellteilung auch normal bei polyenergiden Formen wie Coccidien, Plasmodien etc. vorwiegend von den Außenbedingungen abhängig ist. So sinkt bei vielen Coccidien mit fortschreitender Infektion die Größe der Schizonten und die Schizogonie erfolgt bei den späteren Schizonten auf früheren wenigkernigen Wachstumsstadien.

Für eine Anzahl pflanzlicher Protisten (Algen und Pilze) hat Klebs die äußeren Bedingungen für die verschiedenen Arten der Fortpflanzung (Teilung, Zoosporenbildung, Gametenbildung), also die Bedingungen für die verschiedenen Modifikationen des zweiten Aktes der Fortpflanzung, der Zellteilung, experimentell erforscht und ihre Abhängigkeit von äußeren Lebensbedingungen wie Licht etc. nachgewiesen.

Von diesen Erfahrungen aus ist zu erwarten, daß es künftiger experimenteller Erforschung gelingen wird, das Grundproblem der Fortpflanzungsphysiologie, das Verhältnis von Zellwachstum zur Kernteilung (Wachstumsfaktor zu Teilungsfaktor) noch weiter klarzulegen und somit die hier entwickelte Hypothese weiter auszubauen.

B. Befruchtung.

Mit Wachstum, Entwickelung und Fortpflanzung des Individuums sind die Lebensvorgänge der Protozoen durchaus noch nicht erschöpft; es finden sich vielmehr, wie gerade die Untersuchungen der letzten zwei Jahrzehnte gezeigt haben, bei fast allen Gruppen zwischen einer Reihe von Vermehrungsvorgängen manchmal periodisch, manchmal sporadisch und äußerst selten, Befruchtungsakte eingeschoben, Vorgänge, die zwar vielfach mit Fortpflanzung aufs engste verknüpft sind, aber, wie gerade die Verhältnisse bei den Protozoen zeigen, doch als Lebenserscheinungen von ganz anderer Art und anderer Bedeutung wie die der Vermehrung aufgefaßt werden müssen. Wie Kernteilung und Fortpflanzung tritt uns auch dieser Vorgang bei den Protozoen in einer außerordentlichen Mannigfaltigkeit der Ausbildung entgegen. Auch hier bietet aber die anfangs verwirrende Mannigfaltigkeit der Erscheinungen den Vorteil, aus den nebensächlichen, sekundär mit Befruchtung vereinigten Erscheinungen die wesentlichen Züge herausschälen zu können. Dazu kommt noch, daß man hier die verschiedenen Bedingungen der Befruchtung experimentell prüfen, die Wirkung der Befruchtung unter normalen wie experimentell veränderten Bedingungen direkt beobachten und mit Individuen der gleichen Rasse und Herkunft ohne Befruchtung vergleichen kann, Umstände, die die Protozoen zu den bestgeeigneten Objekten für das Studium der Physiologie der Befruchtung machen. Aber nicht nur für die Theorie der Befruchtung ist die Kenntnis dieser Vorgänge bei den Protozoen wichtig. Sie spielen in der Entwickelung der pathogenen Protozoen durch Verknüpfung mit wichtigen Erscheinungen der Pathogenese (Immunität, Auslösen von Recidiven etc.) eine solche Rolle, daß auch praktisch ihre eingehende Kenntnis notwendig ist.

I. Die Erscheinungen und das Wesen der Befruchtung.

Man kann bei den Protozoen drei Hauptgruppen von Befruchtungsvorgängen unterscheiden: 1. Copulation, 2. Autogamie, 3. Conjugation.

1. Copulation.

Die Copulation schließt sich ganz den von den Metazoen her bekannten Verhältnissen an, resp. die Befruchtung der Metazoen ist von der Copulation der Protozoen abzuleiten. Sie besteht in der dauernden und vollkommenen Verschmelzung zweier monoenergider Zellindividuen. Die verschmelzenden Zellen, deren Kerne die einfache generative Komponente, die haploide Chromosomenzahl besitzen, werden Gameten genannt, das Verschmelzungsprodukt Zygote und der aus der Vereinigung der beiden Kerne (Caryogamie) hervorgegangene neue Kern mit diploider Chromosomenzahl, doppelter generativer Komponente Syncaryon. Im einfachsten Fall sind die copulierenden Gameten gewöhnliche vegetative Zellindividuen. Man spricht dann von Hologamie, und zwar, wenn beide Gameten morphologisch gleich erscheinen (eine physiologische Verschiedenheit muß immerhin dabei angenommen werden), von Isogamie und Isogameten, wenn sie sexuell verschieden sind, von Anisogamie und Anisogameten.

a) **Hologamie.** Es sei zunächst eine isogame Hologamie an einem schematischen Beispiel dargestellt (Abb. 78). Zwei gewöhnliche monoenergide Zellen, die sich vorher vielmals durch einfache Zweiteilung vermehrt haben (a—d), verschmelzen miteinander unter gleichzeitiger Verschmelzung der mit haploider Chromosomenzahl ausgestatteten Kerne zu einem diploiden Syncaryon (e—g). Als Folge der Caryogamie finden nun sofort in der Zygote zwei rasch aufeinander folgende Kernteilungen statt (h—k), von denen eine insofern von allen sonstigen Mitosen abweicht, als nicht die Chromosomen halbiert, sondern ganze ungeteilte Chromosomen auf die Tochterkerne verteilt werden (h, i). Das Ergebnis sind vier Tochterkerne (k), von denen jeder wieder die haploide, sog. reduzierte Chromosomenzahl aufweist (einfache, generative Komponente). Die zwei Kernteilungen werden Reduktions- oder Reifeteilungen genannt; sie gehören mit zum Wesen der Befruchtung und sind die unmittelbare Folge der Caryogamie, resp. des letzten Aktes derselben, der paarweisen Vereinigung der Chromosomen. Drei von den vier haploiden Kernen gehen nun in der Regel zugrunde, werden resorbiert (l), und das jetzt wieder mit einem

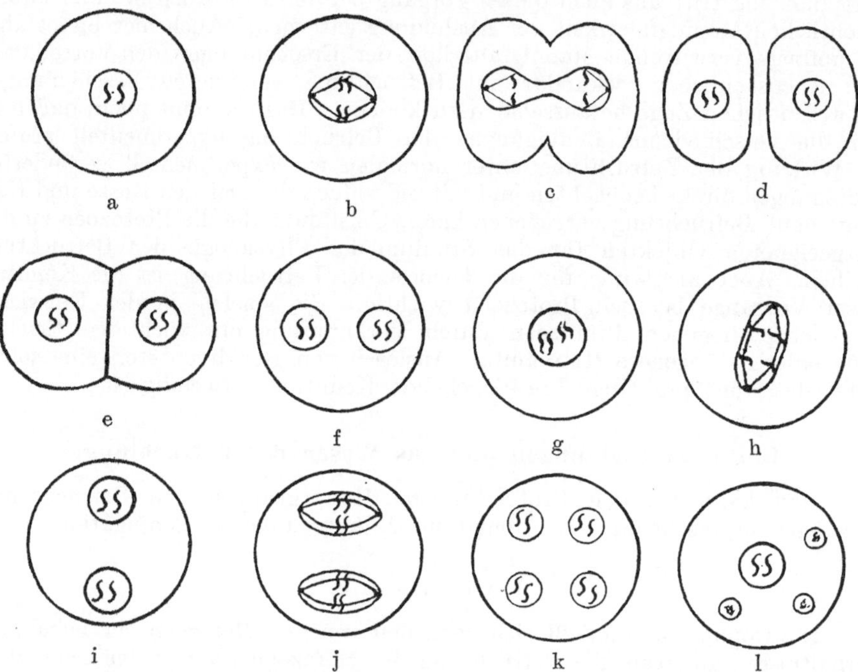

Abb. 78. Schema einer hologamen Befruchtung mit Reduktionsteilung in der Zygote. Vegetative Zellen alle haploid. a—d Zellteilung der haploiden Zelle (2 Chromosomen), e, f Zellverschmelzung der Hologameten, g Caryogamie (diploider Kern, 4 Chromosomen), h, i 1. Reduktionsteilung, Bildung von 2 haploiden Kernen (2 Chromosomen), j, k 2. Reifeteilung, l Zugrundegehen von 3 Reduktionskernen.

haploiden Kern ausgestattete Zellindividuum teilt sich nun genau in derselben Weise wie vor der Befruchtung. Das Wesen einer hologamen Befruchtung, sowie jeder Befruchtung überhaupt, besteht also in der Verschmelzung zweier Zellen, resp. ihrer Kerne mit darauffolgender Kernreduktion.

Der hier geschilderte schematische Fall kommt nun bei Protozoen in dieser Weise nicht vor (bei pflanzlichen Protisten, konjugaten Algen ist er verwirklicht), da hier die Reduktion nicht direkt der Gametencopulation folgt, sondern bis vor eine zweite Befruchtung verschoben ist. Ein bei einer Amöbe, *Am. diploidea*, vorkommender Fall zeigt uns, wie trotzdem, unserer Definition entsprechend, die Reduktion als Folge der Befruchtung aufzufassen ist (Abb. 79).

Hier findet bei der Gametenverschmelzung und Entwicklung (Keimung) der
Zygote noch keine Caryogamie statt, sondern die beiden Gametenkerne teilen
sich nach Keimung der Zygote durch sog. konjugierte Teilungen (i, a—c). Alle
vegetativen Individuen, die sich nur durch Zweiteilung fortpflanzen, sind also
im Gegensatz zu obigem Beispiel (Algen) diploid, was durch die doppelten
gekuppelten Kerne auch morphologisch klar zutage tritt. Der letzte Akt der
Befruchtung, die Caryogamie und die darauffolgende Reduktion findet erst

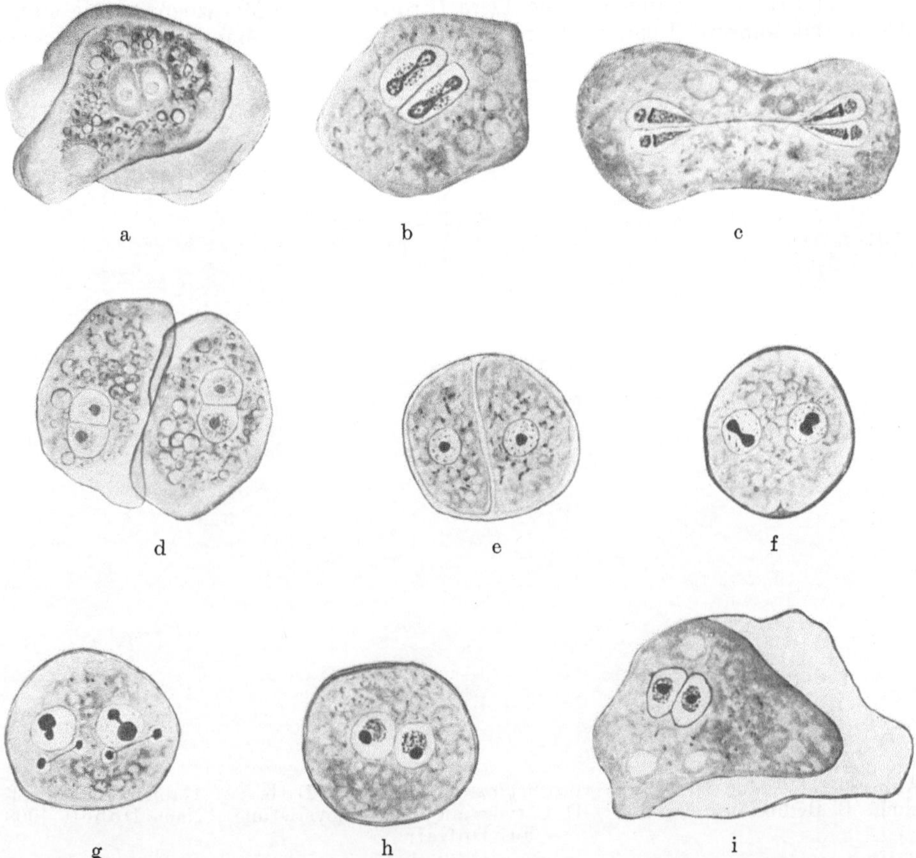

Abb. 79. Isogame Hologamie von *Amoeba diploidea* Hartm. u. Nägl. a—c Zweiteilung,
d, e Zellverschmelzung, Encystierung und Caryogamie, f 1., g 2. Reduktionsteilung, h Aneinanderlegen der Gametenkerne, i Ausschlüpfen der jungen Amöbe aus der Copulationscyste.

bei Eintritt einer neuen Befruchtung statt. Diese vollzieht sich bei Kultur
auf Agarplatten ungefähr nach 14 Tagen. Zwei diploide Amöben (Gametocyten) legen sich aneinander und encystieren sich gemeinsam (d, e). Jetzt
erst copulieren die Abkömmlinge der Gametenkerne von der vorausgegangenen
Befruchtung (e) und auf die Caryogamie erfolgt in jedem Copulanten sofort
wie in obigem Beispiel eine zweimalige Kernteilung (f, g), die wir als Reduktionsteilung ansprechen dürfen, wenn auch eine Zahlenreduktion der Chromosomen mangels Ausbildung zählbarer Chromosomen nicht feststellbar ist. Dafür

ist aber der diploide Zustand durch die zwei gekuppelten Kerne, der haploide durch einen Kern genügend gekennzeichnet. Drei von den vier reduzierten Kernen gehen nun zugrunde, werden resorbiert und die beiden haploiden Gametenkerne rücken im Plasma der inzwischen verschmolzenen Gameten aufeinander zu und legen sich aneinander ohne zu verschmelzen (h). Sämtliche vegetativen Zellen bei dieser Amöbe sind diploid und nur eine, die Gamete, ist haploid (also umgekehrt wie bei manchen Algen). Die endgültige Caryogamie und die Reduktion sind verschoben bis zu einer neuen Befruchtung.

Im Prinzip gilt dies für alle Tiere (Protozoen wie Metazoen), sowie einige Algen (Diatomeen, Fucus); denn in all diesen Fällen handelt es sich, auch

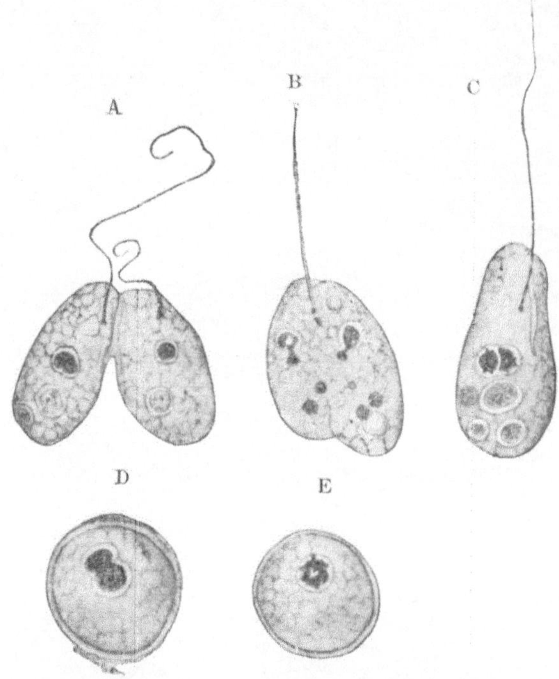

Abb. 80. Isogame Hologamie von *Scytomonas subtilis* Dob. A. Gametenverschmelzung, B Reduktionsteilung, C—D Caryogamie und Encystierung. Nach Dobell 1908 aus Doflein.

wenn die Caryogamie scheinbar sofort in der Zygote stattfindet, offenbar nur um eine scheinbare Verschmelzung der Erbmasse, in Wirklichkeit bleiben, wie gerade der doppelte Chromosomenbestand lehrt, die generativen Teile der Gametenkerne, die Chromosomen, auch in der gemeinsamen Kernhöhle gesondert.

Eine isogame Hologamie findet sich nur bei primitiven Protozoen; außer der *Amoeba diploidea* kommt sie noch der Heliozoe *Actinophrys sol* sowie manchen Flagellaten, wie *Chlamydomonas*-Arten, *Monas termo* und der Euglenoidee *Scytomonas* zu. Bei letzterer verschmelzen zwei bewegliche Individuen, die Kerne bilden je zwei der Resorption anheimfallende Reduktionskerne und während der Caryogamie encystiert sich die Zygote (Abb. 80).

Trotz morphologischer Gleichheit der Gameten muß auch bei Isogamie eine physiologische, sexuelle Differenzierung angenommen werden. Schon bei vielen hologamen Befruchtungen findet sich jedoch ein mehr oder minder deutlicher morphologischer Unterschied zwischen den copulierenden Gameten, die

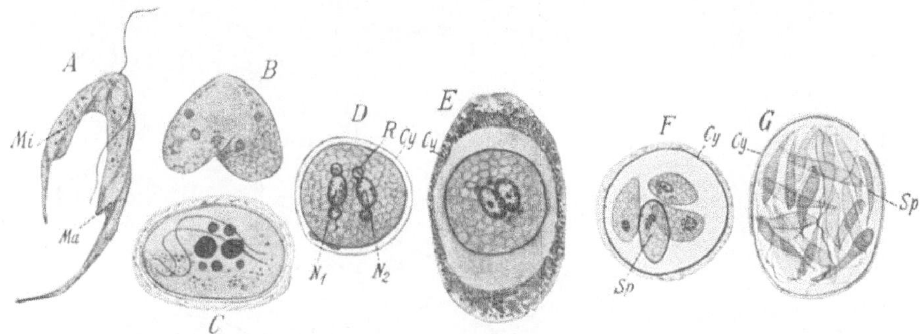

Abb. 81. Anisogame Hologamie von *Bodo lacertae* Gr. A und B Gametenverschmelzung, C—D Cystenbildung und Reduktionsteilungen, E Zygote mit Syncaryon, F und G Fortpflanzung nach der Befruchtung innerhalb der Befruchtungscyste. Vergr. ca. 1000. Nach Prowazek 1904 aus Doflein.

mithin Anisogameten sind. Der meist größere reservestoffreiche Gamet wird als weiblicher betrachtet und meist Macrogamet genannt, der kleinere, vielfach stärker bewegliche, durch stärkere Ausbildung der lokomotorischen

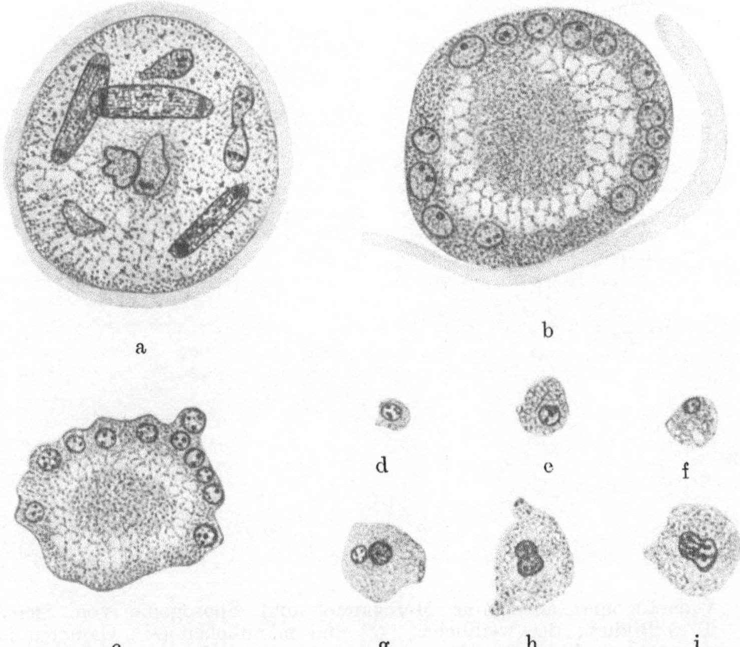

Abb. 82. Isogame (?) Merogamie von *Entamoeba blattae*. a—c Gametenbildung, d—f einzelne Gameten, g—i Copulation und Caryogamie. Vergr. ca. 1200. Nach Mercier 1910.

Kernkomponente und ihrer Abkömmlinge (Geißeln) ausgestattete, als männlicher oder Microgamet. Richtiger wären die Ausdrücke Gynogamet für weiblich und Androgamet für männlich, da nicht der Größenunterschied das Wesentliche ist, sondern das Überwiegen der lokomotorischen Funktion in der männlichen und der trophischen in der weiblichen Zelle, und wir direkt Formen kennen, bei denen der männliche Gamet größer ist als der weibliche.

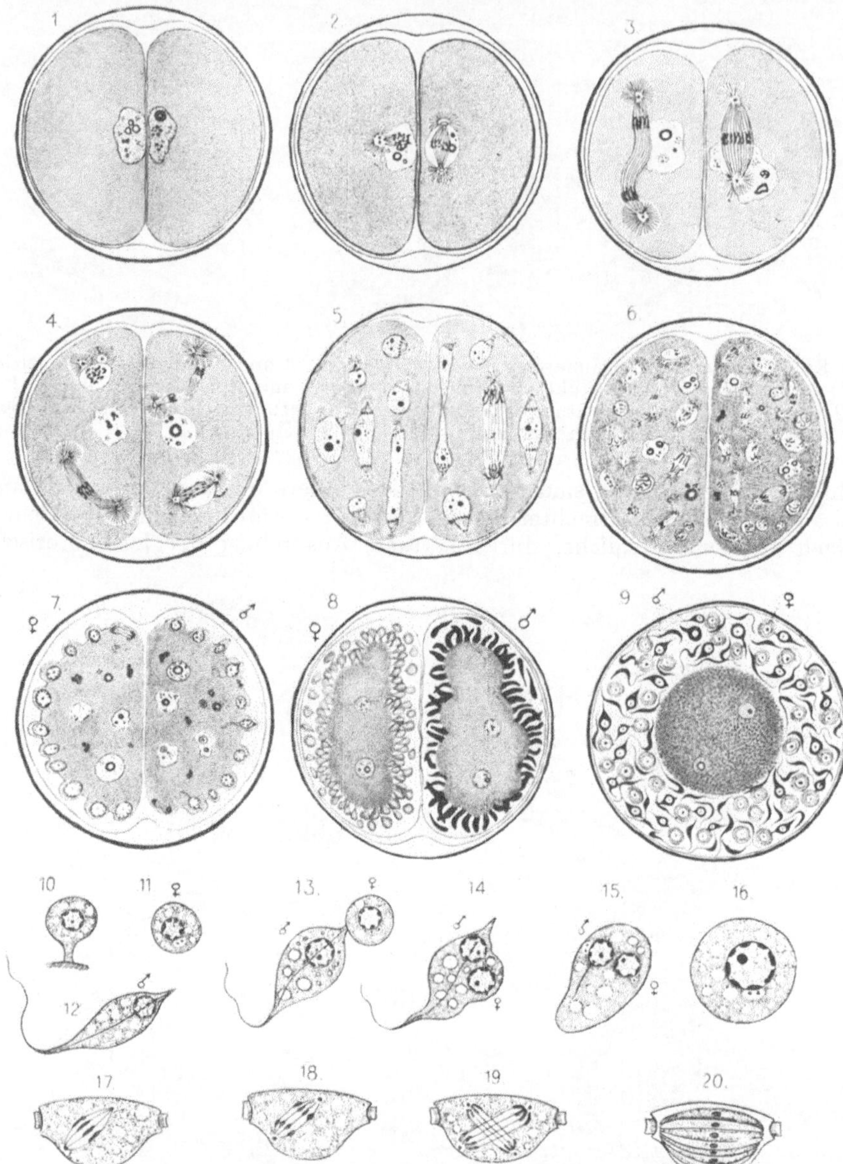

Abb. 83. Gametogonie (anisogame Merogamie) und Sporogonie von *Stylorrynchus longicollis*. 1—8 Bildung der weiblichen (♀) und männlichen (♂) Gameten innerhalb der gemeinsamen Cyste, 9 Fertige Gameten, in der Mitte Restkörper mit vegetativen Kernen, 10—12 Gameten, 13—16 deren Copulation, 17—20 Sporogonie in der Zygote (Sporocyste). Nach Léger 1904 etwas schematisiert, aus Tönniges.

Anisogame Hologamie ist bisher nur bei Flagellaten bekannt geworden, speziell bei den Chlamydomonaden, sowie bei der parasitischen *Bodo lacertae*, die hier abgebildet ist (Abb. 81). Der Vorgang stimmt im übrigen vollkommen mit der oben geschilderten Hologamie von *Amoeba diploidea* und *Scytomonas* überein, nur findet im Anschluß an die Befruchtung in der Cystozygote eine Vielfachteilung durch fortgesetzte Zweiteilung statt (s. agame Vermehrung).

b) **Merogamie.** Weitaus am häufigsten vollziehen sich die Copulation und die Befruchtungsvorgänge überhaupt bei den Protozoen in der Weise, daß nicht gewöhnliche vegetative Individuen copulieren, sondern kleinere, direkt aus einer Vielfachteilung, sei es fortgesetzte Zweiteilung oder Zerfallteilung, hervorgegangene, wobei diese Vielfachteilung häufig in anderer Weise verläuft, als die gewöhnliche Art der Fortpflanzung bei den betreffenden Formen. Nur in diesem Fall, den man als Merogamie bezeichnet, kann man von einer geschlechtlichen Fortpflanzung, einer Gametogonie, reden, und man nennt dann vielfach die gametenbildenden Elterzellen Gamonten. Die Merogamie, die Copulation zwischen kleineren, direkt aus einer Vielfachteilung hervorgegangenen Gameten, findet sich schon bei Amöben und ist allgemein verbreitet bei den höheren Rhizipoden, vielen höheren Flagellaten und allen Sporozoen. *Entamoeba blattae* (Abb. 82), die sich durch Zweiteilung vermehrt, encystiert sich

a   b   c

Abb. 84. Chromosomenreduktion bei *Monocystis rostrata* Muls. a frühere Kernteilung mit 8 Chromosomen, b Progametenkern, ruhend mit 8 Chromosomen, c Reduktionsteilung mit Verteilung ganzer Chromosomen (4). Vergr. a ca. 1750. b u. c ca. 3000. Nach K. Mulsow 1911.

bei der Gametenbildung, und durch fortgesetzte Kernteilung, die schon vorher begonnen hat, entsteht eine größere Anzahl Tochterkerne. Nach Neuinfektion platzen die Cysten und zerfallen, entsprechend der Kernzahl in kleine Zellen, Gameten, die paarweise copulieren, und zwar scheinen, ähnlich wie Schaudinn für *Trichosphärium* und Foraminiferen nachgewiesen, nur von verschiedenen Eltertieren (Gamonten) abstammende Gameten copulieren zu können, ein Beweis, daß trotz morphologischer Isogamie eine physiologische Anisogamie besteht.

In der Gruppe der Sporozoen (Coccidien-Gregarinen) treten uns alle Übergangsformen entgegen, von scheinbarer Isogamie bis zu ausgesprochener Oogamie, die der Eibefruchtung der höheren Tiere durchaus entspricht. Bei Eugregarinen (Abb. 83) encystieren sich zwei stark herangewachsene Individuen (Gamonten) gemeinsam und aus dem stark hypertrophischen Kern entsteht eine kleine Spindel, während der Rest als somatisches Kernmaterial zugrunde geht (Chromatindiminution). Durch fortgesetzte Teilungen des kleinen gene-

rativen Kernes entsteht eine große Zahl von Tochterkernen, und die beiden
letzten Kernteilungen sind mit einer Zahlenreduktion verbunden, die hier durch
Mulsow bei *Monocystis* sicher nachgewiesen ist (Abb. 84). Während in den
vorhergehenden Gametenteilungen acht Chromosomen sich finden (a), enthält
die letzte deren nur vier (b, c). Im Gegensatz zu allen Protozoen mit hologamer
Befruchtung finden also bei den Gregarinen — und das gilt wohl für fast alle
merogamen Befruchtungsvorgänge — die vier haploiden Kerne der Reduktionsteilungen Verwendung als Gametenkerne. Die Kerne rücken an die Oberfläche des Plasmas, unter teilweiser Zerklüftung desselben und es schnürt
sich dann, entsprechend der Kernzahl, eine große Anzahl Gameten ab, die

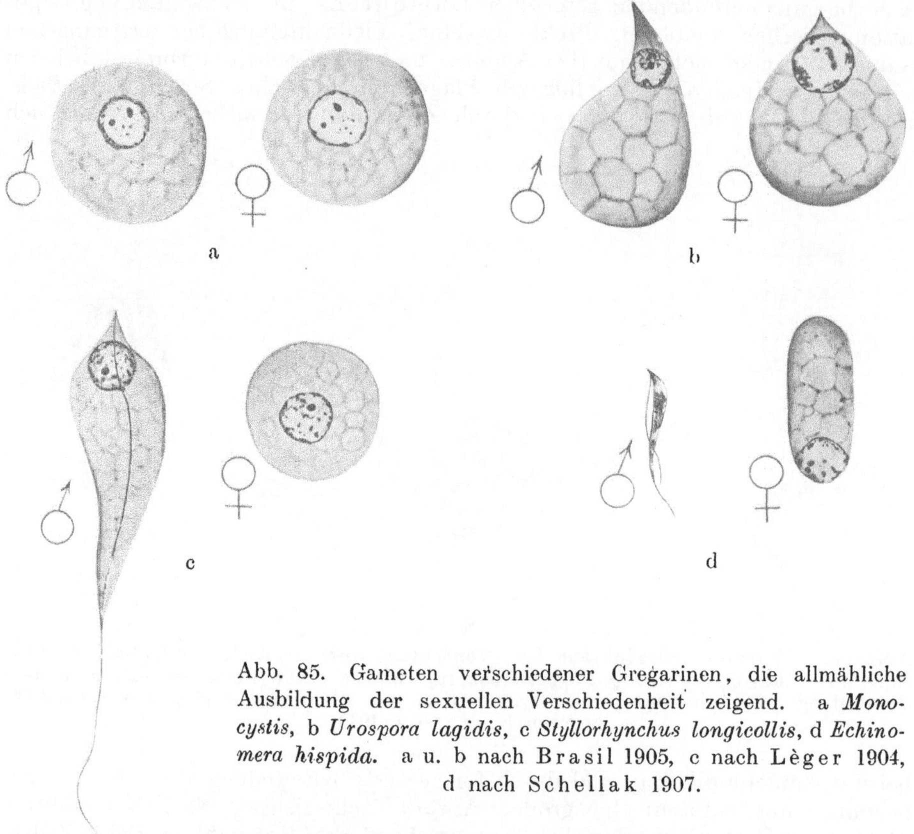

Abb. 85. Gameten verschiedener Gregarinen, die allmähliche
Ausbildung der sexuellen Verschiedenheit zeigend. a *Monocystis*, b *Urospora lagidis*, c *Styllorhynchus longicollis*, d *Echinomera hispida*. a u. b nach Brasil 1905, c nach Lèger 1904,
d nach Schellak 1907.

paarweise copulieren und eine Cystozygote bilden, jedoch so, daß auch bei
Isogamie nur von verschiedenen Gamonten stammende Gameten verschmelzen
(Abb. 83). In der Zygote (Sporocyste) vollzieht sich dann eine agame Vermehrung, die hier Sporogonie genannt wird (Abb. 83, 17—20).
    Es finden sich nun, wie schon erwähnt, alle Übergänge von scheinbarer
Isogamie bis zu ausgesprochener sog. Oogamie. Im einfachsten Falle (*Monocystis*-
Arten, Abb. 85a) sind beide Gameten gleich groß, nur scheint bei der einen Sorte
der Kern etwas größer zu sein; deutlicher tritt die Verschiedenheit bei *Urospora*
zutage (b), wo, bei annähernd gleicher Größe, die Androgamete durch eine
stärkere Ausbildung der lokomotorischen Komponente in Form eines längeren

achromatischen Fortsatzes ausgezeichnet ist. Bei *Stylorhynchus* (c) ist die Androgamete sogar größer als die Gynogamete, aber wie ein tierisches Spermatozoon

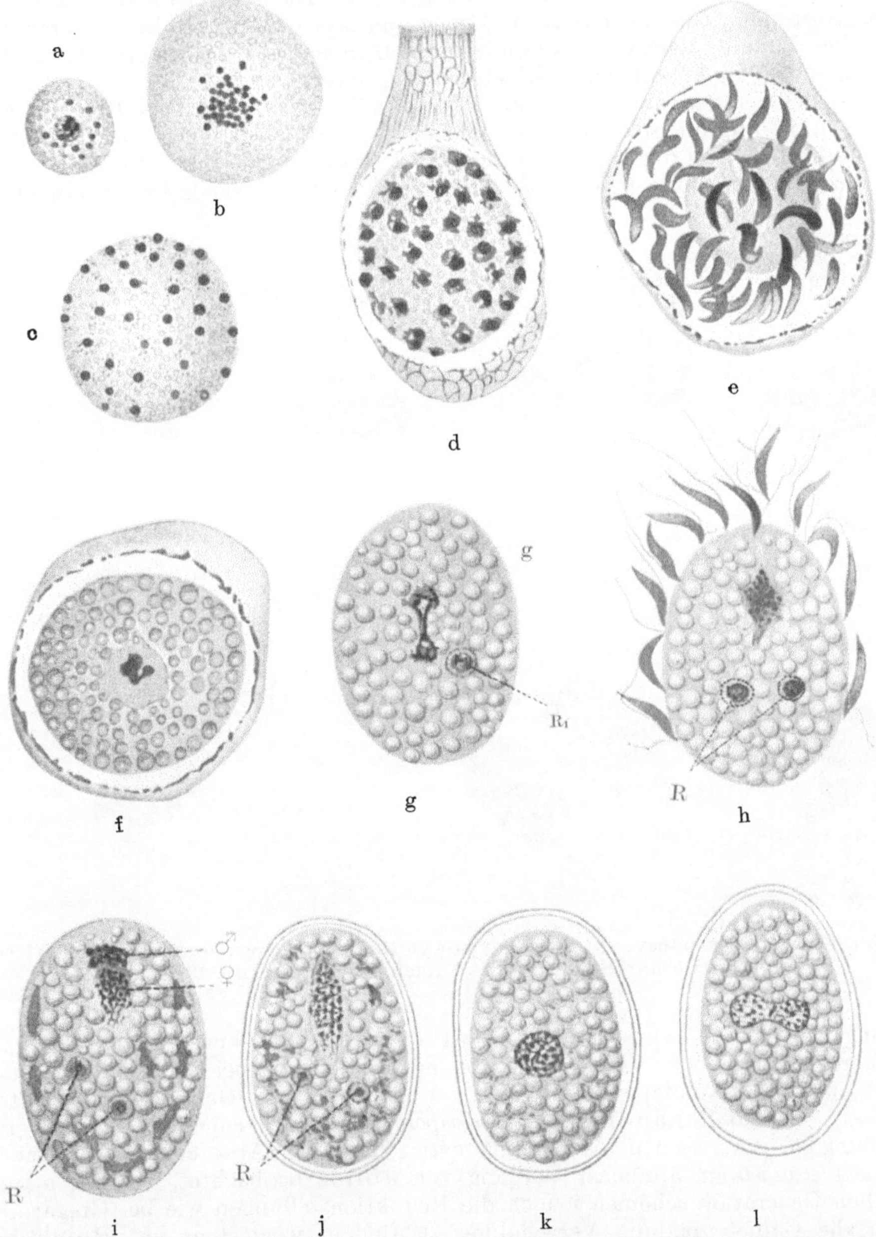

Abb. 86. Oogame Befruchtung von *Cyclospora caryolytica*. a—e Microgametenbildung
f erwachsener Macrogametocyt, g Reduktionsteilungen (R_1 1. Reduktionskern, in der
Mitte 2. Reduktionsteilung des Kernes), h—j Befruchtung und Caryogamie, h Eindringen
mehrerer Microgameten (Polyspermie), von denen jedoch nur einer zur Befruchtung gelangt (i), h Caryogamie in Form einer sog. Befruchtungsspindel. Vergr. ca. 2000.
Nach F. Schaudinn 1902.

mit einem geißelartigen Schwanz ausgestattet. Mit auffallendem Größen-unterschied verbunden, tritt uns die spermienartige Ausbildung des männlichen Gameten bei *Echinomera hispida* entgegen (d). Die Androgamete besteht wie ein Spermium, fast nur aus Kern, Centrosom und Geißel und dringt durch eine vorbezeichnete Stelle, die Mikropyle, in die Gynogamete, das Ei, ein. Hier kann man schon direkt von einer Eibefruchtung sprechen.

Bei den verwandten Coccidien (Abb. 86), die eine ähnliche Oogamie auf-weisen, ist nun offenbar in der weiblichen Generation die Kern- und Zellteilung unterblieben, und das gesamte Plasma und Nährmaterial findet für eine einzige Gamete Verwendung (f, g), während im männlichen Geschlecht die Fortpflan-

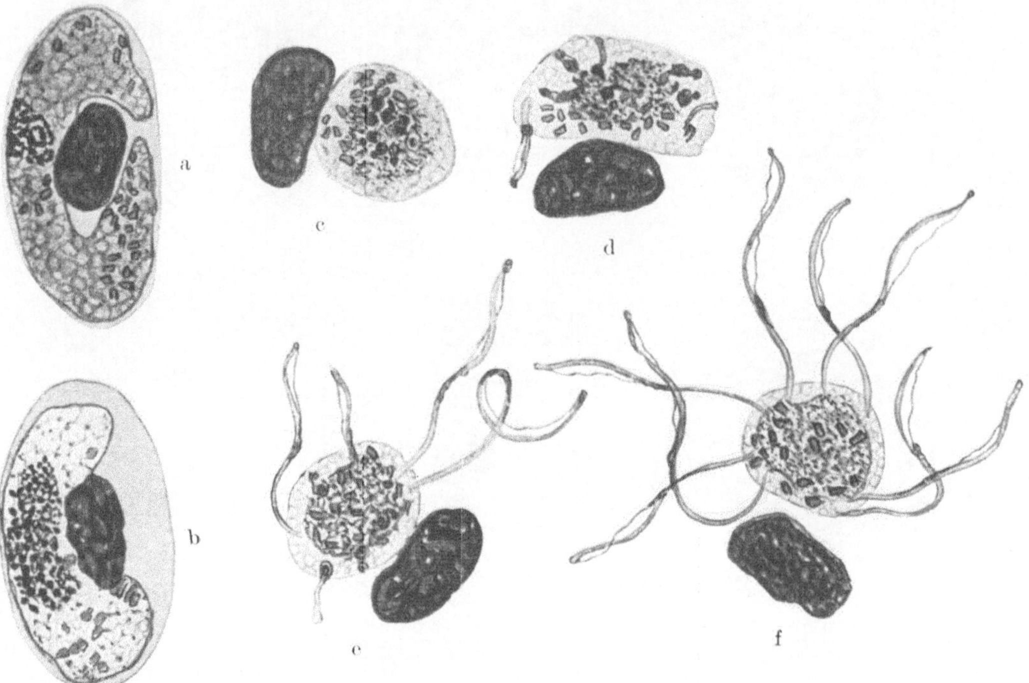

Abb. 87. Macrogametocyt (a), Microgametocyt (b) und Microgametenbildung (c—f) von *Haemoproteus noctuae*. Nach F. Schaudinn 1911.

zung beibehalten wird (a—e). Selbst die Reduktionskerne finden hier im Macrogamonten keine Verwendung, sondern werden, wie bei der Hologamie (hier jedoch sicher sekundär) abortiv, und nur einer bleibt als Gametenkern erhalten (g—i). So hat Schaudinn bei *Cyclospora caryolytica* eine zweimalige Kern-teilung im erwachsenen Macrogametocyten gefunden (Abb. 86 g, h) und auch bei *Adelea* ist ein ähnlicher Vorgang von Jollos beobachtet. In der männ-lichen Generation scheinen jedoch die Reduktionsteilungen wie bei Gregarinen für die Gametenbildung Verwendung zu finden, wenigstens hat Reich be-obachtet, daß die letzten Kernteilungen im Microgametocyten von *Eimeria stiedae*, dem Kaninchencoccid, durch besonderen mitotischen Charakter vor den vorausgehenden multiplen Kernknospungen ausgezeichnet sind, was sehr für ihre Natur als Reduktionsteilung spricht. Der Microgametocyt der Gat-tung *Adelea* bildet nur vier Microgameten, von denen drei zugrunde gehen.

Ganz in derselben Weise, wie bei den Coccidien vollzieht sich auch die Oogamie bei den Haemosporidien (Malariaparasiten usw.), die unserer Meinung nach zu den binucleaten Flagellaten gehören, sowie bei *Eudorina* und *Volvox* unter den Phytoflagellaten. Die Oogamie hat sich eben in verschiedenen Protistengruppen selbständig in ähnlicher Weise ausgebildet.

An dem Beispiel von *Haemoproteus noctuae*, einem Blutparasiten der Eule, sei die Oogamie der nach dem Zweck dieses Buches besonders interessierenden Haemosporidien noch etwas genauer geschildert. Der in den roten

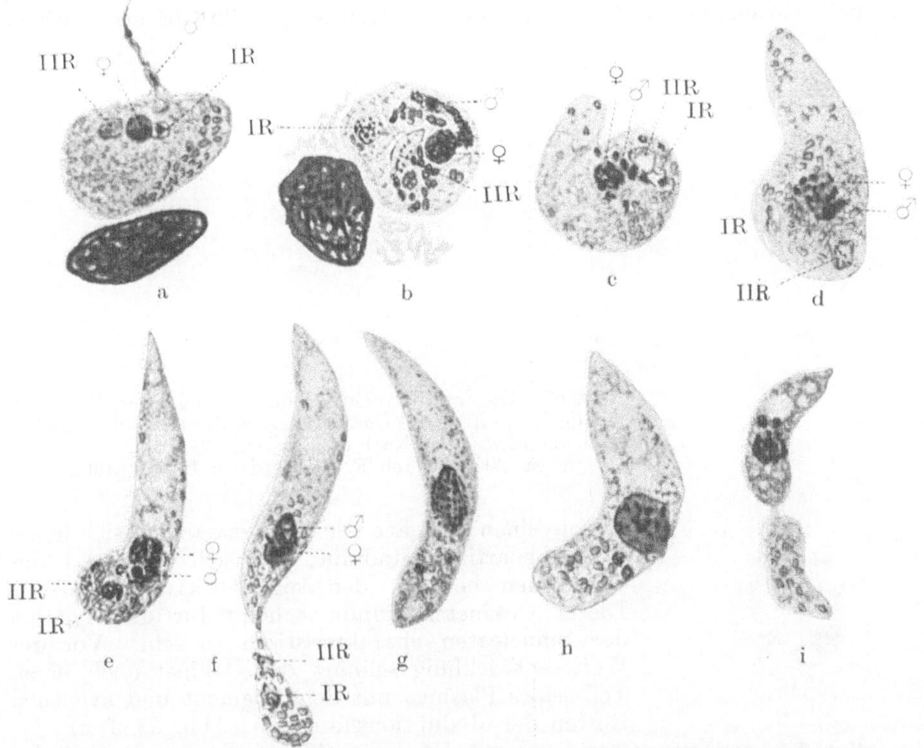

Abb. 88. Oogame Befruchtung und Ookinetenbildung von *Haemoproteus noctuae*. ♀ weiblicher, ♂ männlicher Vorkern, IR 1. Reduktionskern, IIR 2. Reduktionskern. Nach F. Schaudinn 1911.

Blutkörperchen liegende, infolge seines reichen Gehaltes an Reservestoffen stark färbbare Macrogametocyt hat einen verhältnismäßig kleinen Kern (Abb. 87, a), der schwach färbbare Microgametocyt einen außerordentlich großen, was sich aber nach Schaudinn dadurch erklärt, daß er bereits in 8 Doppelkerne (Hauptkern und Geißelkern) geteilt ist (b). Bei der Reifung, die normalerweise nur im Magen einer Stechmücke sich vollzieht, kugeln beiderlei Gametocyten sich ab und sprengen dabei den als dünne Hülle sie umgebenden Erythrocyten, dessen Reste dann daneben liegen (Abb. 87 c—f und 88 a u. b). Die 8 Doppelkerne des Microgametocyten werden nun deutlicher (c) und rücken an die Oberfläche; dabei bilden die Geißelkerne in der früher schon genauer geschilderten Weise eine undulierende Membran (d, e) unter gleichzeitiger Vorwölbung von 8 Protoplasmaausstülpungen, und so entstehen 4—8 (nicht alle gelangen zur vollständigen Entwicklung) äußerst schlanke Microgameten (Spermien), die sich unter Zurücklassen eines großen Restkörpers loslösen. Sie haben den Bau eines schlanken Trypanosoms mit langgestreckten Kernen und bestehen fast nur aus Kern und Geißelapparat. Die Kerne der Macrogametocyten führen zwei Reduktionsteilungen durch, wodurch zwei der allmählichen Resorption anheimfallende Reduktionskerne und ein weiblicher reifer Gametenkern entstehen (Abb. 88 a—c). Die ausgebildeten Microgameten umschwärmen nun die reifen Macrogameten, je einer der letzteren dringt in einen Macrogameten ein, wobei der Randfaden der undulierenden Membran körnig zerfällt (Abb. 88a), und die beiden Kerne verschmelzen unter dem Bilde einer sog. Befruchtungsspindel (Abb. 88, b—g). Gleichzeitig wölbt die erst kugelige

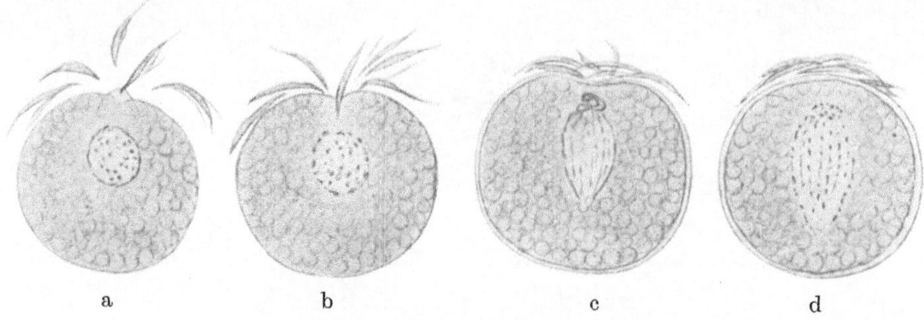

a   b   c   d

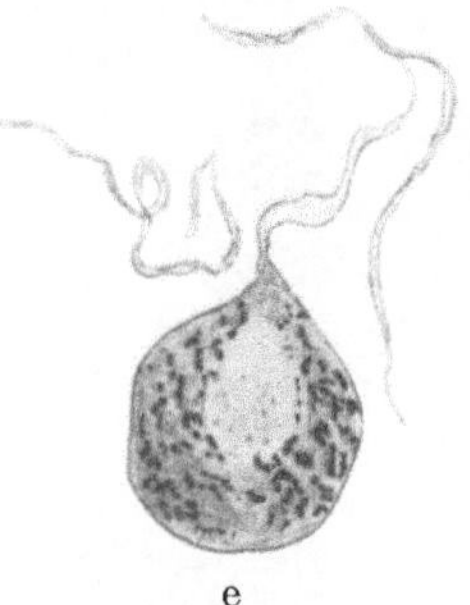

Abb. 89. Oogame Befruchtung mit Bildung eines Empfängnishügels von *Eimeria (Coccidium) schubergi* (a—d) und *Plasmodium vivax* (e). Nach dem Leben. Vergr. a—d ca. 1000, e ca. 2000. Nach F. Schaudinn 1900 u. 1902.

Zygote einen Fortsatz vor und verwandelt sich in ein würmchenartiges Stadium, das sich nach Art der Gregarinen bewegt, den sog. Ookineten (c—e). Dieses Ookinetenstadium scheint für die Zygoten der Binucleaten charakteristisch zu sein. Vor der Weiterentwicklung schnürt der Ookinet noch einen Teil seines Plasmas mit dem Pigment und eventuell Resten der Reduktionskerne ab (Abb. 88, f, i).

Bei den oogamen Coccidien und Haemosporidien dringen wie bei der Metazoenbefruchtung die Microgameten nach Verlust der Geißeln (die Microgameten der Coccidien besitzen deren zwei) ganz in die Macrogameten ein (Abb. 89a—c), welch letztere meist einen sog. Empfängnishügel dem zuerst herankommenden Microgameten entgegenwölben (Abb. 89, a und e). In der Regel vermag nur ein Microgamet einzudringen; bei den meisten Coccidien wird sofort nach Eindringen eines Microgameten eine Cystenmembran ausgeschieden, die die anderen Microgameten von der Befruchtung ausschließt (Abb. 88, c, d). Nur bei *Cyclospora caryolytica* kommt normalerweise ein gleichzeitiges Eindringen mehrerer Microgameten vor (s. Abb. 86, h); dieselben werden aber bis auf einen, der sich zuerst an den Macrogametenkern anlegt, im Plasma resorbiert.

2. Conjugation.

Die bekannteste Art der Befruchtung bei den Protozoen ist die nur bei Infusorien sich findende, hier ganz allgemein verbreitete Conjugation, die nach Lühe u. a. als eine abgeleitete, rückgebildete Merogamie aufzufassen ist. Sie findet sich in zwei Modifikationen, einer isogamen und einer anisogamen.

a) **Isogame Conjugation.** Bei isogamer Conjugation (Abb. 90) verschmelzen zwei erwachsene Infusorien zeitweilig unvollständig miteinander an der Mundöffnung (a—f). Dabei werden meist die hier befindlichen besonderen Organellen rückgebildet, eingeschmolzen; in einigen Fällen scheint aber der Zellmund

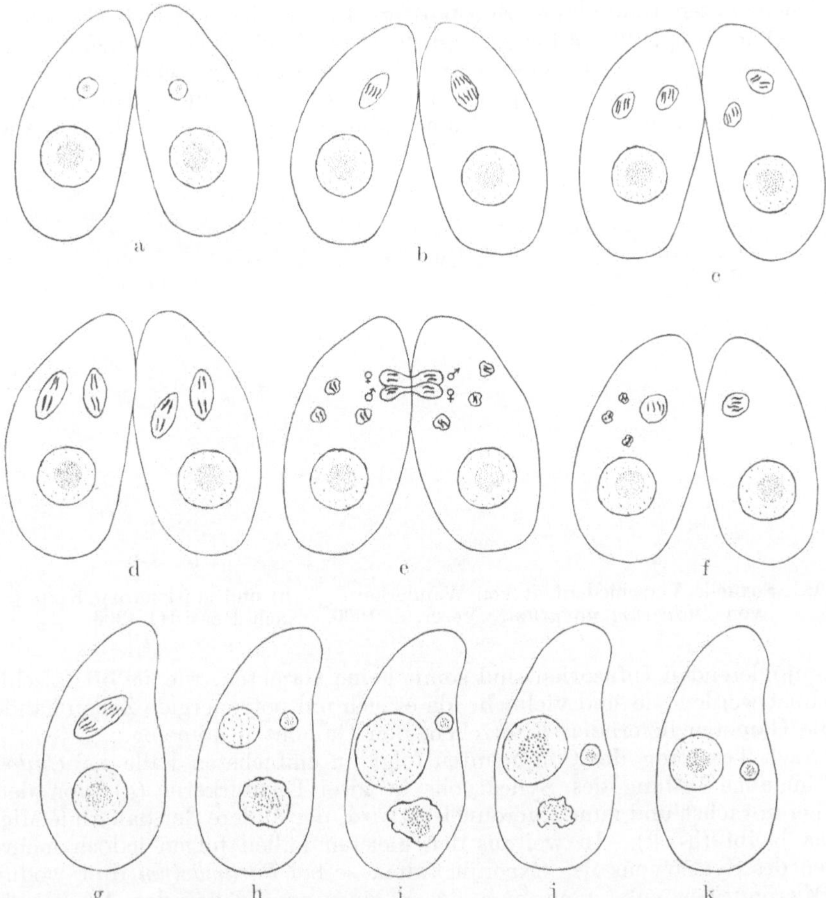

Abb. 90. Schema der isogamen Conjugation der Infusorien. Dem Schema sind die Verhältnisse von *Chilodon uncinatus* nach den Untersuchungen Enriques 1907 zugrunde gelegt. Die 2. Reifeteilung ist die Reduktionsteilung (d). Weitere Erklärung im Text.

erhalten zu bleiben. Der Micronucleus eines jeden Conjuganten führt nun zwei rasch folgende Teilungen aus (b—d), die, wie zuerst Prandtl bei *Didinium*, später Enriques bei *Chilodon*, Popoff bei *Carchesium*, gezeigt haben, mit einer Zahlenreduktion der Chromosomen verbunden ist. Drei von den vier haploiden Kernen gehen zugrunde, werden resorbiert und auch der alte Macronucleus zerfällt und wird allmählich aufgelöst. Der allein übrig bleibende haploide Kern teilt sich nun in jedem Conjuganten ein drittes Mal (e).

Diese dritte Teilung ist als eine sexuell differente Teilung eines gewissermaßen hermaphroditen Kernes aufzufassen und die Teilungsfigur ist, wie Prandtl zuerst für *Didinium* gefunden hat, durch Verschiedenheit der Pole ausgezeichnet, da an dem der Verbindungsstelle zunächst liegenden Pole die lokomotorische Komponente stärker ausgebildet ist (Abb. 91). Der an diesem Pol abgeschnürte Kern tritt als **Wanderkern** (männlicher Kern) je in das andere Individuum über und verschmilzt dort mit dem zurückgebliebenen **stationären** (weiblichen) Kern zu einem Syncaryon (Abb. 90, e, f). Nach der gegenseitigen Kernverschmelzung trennen sich dann wiederum die beiden jetzt befruchteten Individuen (Zygoten) (g—k). Es handelt sich also um eine Doppelbefruchtung, die dadurch möglich ist, daß die Zelleiber nicht dauernd verschmelzen, sondern je ihren männlichen Kern austauschen. Diese Verhältnisse sind offenbar, wie schon eingangs erwähnt, durch Unterdrückung einer ursprünglichen merogamen Gametenbildung phylogenetisch entstanden.

a   b

Abb. 91. Sexuelle Verschiedenheit von Wanderkern ♂ (b) und stationärem Kern ♀ (a von *Didinium nasutum*. Vergr. c. 1000. Nach Prandtl 1906.

Die konjugierenden Infusorien sind somit keine Gameten, wie sie oft fälschlich bezeichnet werden, sie sind vielmehr, da es sich um polyenergide Zellen handelt, den die Gameten liefernden Elterzellen, den Gamonten homolog.

Nach Trennung der Conjuganten folgt im einfachsten Falle bei *Chilodon* eine einmalige Teilung des Syncaryons in zwei Tochterkerne (g), von denen einer heranwächst und zum Macronucleus wird, der andere der dauernde Micronucleus bleibt (h—k). In weitaus den meisten Fällen folgen jedoch mehrere Mitosen des Syncaryons des Exconjuganten, so bei *Paramäcium* drei, wodurch acht Micronucleen entstehen, von denen einer zum dauernden Micronucleus wird, drei zugrunde gehen und die vier übrigen zu Macronucleen heranwachsen, die durch die zwei folgenden Zellteilungen auf vier Tochterindividuen verteilt werden. Es gibt noch verschiedene andere Variationen der Wiederherstellung der normalen Kernverhältnisse nach der Conjugation, wahrscheinlich viel mehr, als bisher bekannt sind. Diese Vorgänge haben an sich nichts mit der Befruchtung zu tun und es ist vor allem verfehlt, sie wegen der meist vorkommenden abortiven Kerne mit den Reifevorgängen in Zusammenhang zu bringen. Es handelt sich offenbar nur um besondere Entwicklungen, phylogenetische Reminiszenzen einer früheren multiplen Vermehrung, die durch die eigentümliche Organisation (sekundär vereinfachte polyenergide Formen) und die eigentümliche Art der Befruchtung der Infusorien bedingt ist.

b) **Anisogame Conjugation.** Die anisogame Conjugation macht äußerlich ganz den Eindruck einer extrem anisogamen Copulation, ist aber nur eine sekundäre Umbildung einer typischen Conjugation. Am bekanntesten ist sie bei den festsitzenden Vorticelliden (Abb. 92). Durch zwei Teilungen gewöhnlicher Individuen entstehen hier vier kleinere Zellen, die sich loslösen und ausschwärmen; sie legen sich als Microconjuganten an gewöhnliche größere festsitzende Individuen (Macroconjuganten) seitlich an, und der gesamte Plasmainhalt samt Kernen dringt unter Zurücklassung ectoplasmatischer Bildungen vollkommen in den Macroconjuganten ein. Die Kernvorgänge sind jedoch in beiden Conjuganten die gleichen, wie bei einer gewöhnlichen Conjugation, d. h. es vollziehen sich erst zwei Reduktionsteilungen, dann eine dritte sexuelle Teilung in Wanderkern und stationären Kern. Doch verschmilzt hier nur der Wanderkern des Microconjuganten mit dem sta-

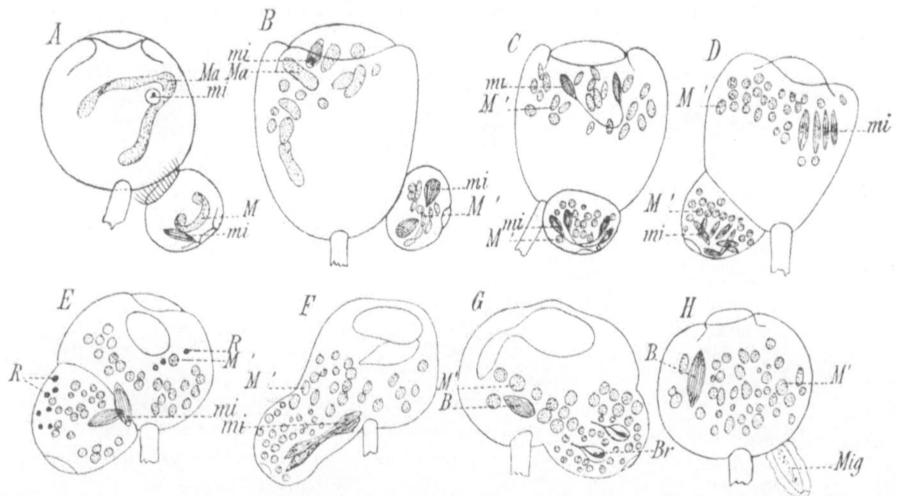

Abb. 92. Anisogame Conjugation von *Vorticella nebulifera*. A Anheftung des Microconjuganten an den Microconjuganten, B—D 1.—3. Reifeteilung der Micronuclei, E u. F Bildung von stationärem und Wanderkern (mi), G—H Befruchtung (Caryogamie). B Befruchtungsspindel, Br zugrundegehender Gametenkern im Microconjuganten, M′ Zerfall des Macronucleus, Ma Macronucleus, mi Micronucleus und dessen Spindeln, Mig Rest des Microconjuganten, R Reduktionskerne. Nach Maupas schematisiert aus Doflein.

tionären des Macroconjuganten. Stationärer Kern des Microconjuganten und Wanderkern des Macroconjuganten vereinigen sich dagegen nicht, sondern gehen zugrunde. Im Gegensatz zu den übrigen Infusorien entsteht mithin nur eine Zygote, und zwar infolge der sexuellen Differenzierung der ursprünglich hermaphroditen Conjuganten. Auch bei Vorticelliden handelt es sich durchaus nicht um eine Copulation von Gameten, trotzdem die Befruchtung äußerlich so erscheint, sondern gewissermaßen um eine Begattung zweier sexuell differenzierter Geschlechtsindividuen, bei denen aber alle Gameten (Gametenkerne) bis auf einen zugrunde gehen.

3. Autogamie, Paedogamie und Parthenogenese.

Bei einigen Protozoen findet sich eine, auf den ersten Anblick sehr merkwürdig erscheinende Art der Befruchtung, die sich an einem einzigen Individuum

meist innerhalb einer Cyste abspielt, eine extreme Selbstbefruchtung oder
Autogamie. Am klarsten ist wohl das Beispiel des parasitischen Flagellats
Trichomastix lacertae, das Prowazek beschrieben hat (Abb. 93). Das Flagellat,
das sich zuvor nur durch Längsteilung vermehrt, encystiert sich unter Ausbildung eines großen Reservestoffkörpers. Der Kern teilt sich nun in zwei
Kerne, die auf die entgegengesetzte Seite rücken (a, b), und nun folgt die Ausstoßung je zweier Reduktionskerne (c, d); die jetzt reduzierten Gametenkerne
rücken dann wieder aufeinander zu (e), verschmelzen zu einem Syncaryon (f)
und nach Ausbildung der Geißel kann nun wieder ein einziges Individuum aus
der Cyste ausschlüpfen.

Durch Vergleich mit sogenannten pädogamen Befruchtungsvorgängen,
bei denen die copulierenden Gameten Geschwisterzellen ersten, zweiten oder
sonst niederen Grades sind, verliert die extreme Autogamie ihren isolierten
Charakter und läßt sich einfach, durch Unterdrückung der Zellteilung, von einer
normalen Copulation ableiten. Besonders bei Cnidosporidien kommen die

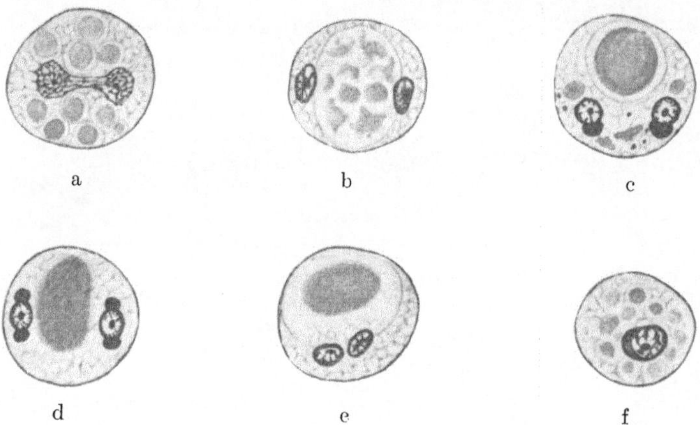

Abb. 93. Autogamie von *Trichomastix lacertae*. a Teilung der Gametocytenkerne,
b—d Bildung von je 2 Reduktionskernen, e, f Caryogamie. Vergr. a u. b ca. 1300,
b—e ca. 2250. Nach Prowazek 1904.

verschiedensten Übergänge von pädogamer Copulation zu extremer Autogamie vor.

Die Actinomyxidie *Sphaeroactinomyxon stolci* bildet innerhalb einer Cyste
nach 4 Kernteilungen 16 Gameten (8 Macro- und 8 Microgameten) (Fig. 94a),
die paarweise copulieren (b—e). Hier handelt es sich also um eine Paedogamie, und zwar 4. Grades; die Gameten stammen durch 4 Teilungen von
einer Elterzelle ab. Die verwandten Myxoporidien zeigen ähnliche Verhältnisse, die jedoch häufig durch Unterdrückung der Zellteilungen von der
Caryogamie zur Autogamie überleiten (s. spez. Teil Kap. Myxosporidien).

Sehr schön geht der Übergang von Paedogamie zur Autogamie aus
zwei Fällen hervor, die Swarczewski kürzlich innerhalb einer Haplosporidien-
gattung beschrieben hat (Abb. 95). Bei *Ichthyosporidium hertwigi* (Abb. 95 I) zerfällt der vielkernige Gamont wie bei einer gewöhnlichen Gametenbildung in
einkernige Gameten, die hierauf paarweise copulieren (I, a—d). Von Interesse
ist die Beobachtung, daß hier die Caryogamie nicht ganz durchgeführt wird,
sondern die zwei Gametencyarosome, wenn auch gemeinsam in einer Kernsaftzone eingeschlossen, getrennt bleiben, einen sog. Dicaryon bilden, und sich

bei den folgenden Teilungen durch sog. conjugierte Mitosen teilen (Abb. 95 I, e).
Bei *Ichthyosporidium giganteum* (Abb. 95 II) dagegen unterbleibt die Plasmateilung in den Gamonten und zwei Gametenkerne verschmelzen paarweise innerhalb der gleichen Elternzelle zu einem sog. Dicaryon, das wie bei der
verwandten Form getrennte Caryosome behält und durch conjugierte Mitosen
sich weiter teilt. Erst nach einigen Teilungen sondern sich dann um die Ab-

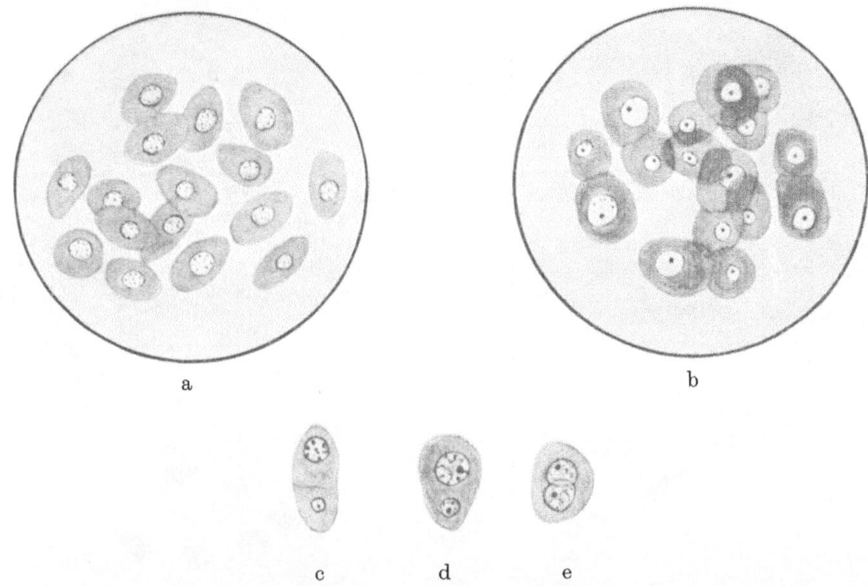

Abb. 94. Paedogame Anisogamie von *Sphaeractinomyxon stolci* Caull. et Mesn. a Gametenbildung, b Beginn der Copulation, c—e Copulation. Vergr. ca. 1150.
Nach Caullery und Mesnil 1905.

kömmlinge der Dicarien Zellen ab, die zu Sporen werden. Die Pädogamie
ist hier also zu einer extremen Autogamie geworden und doch vollziehen
sich die Vorgänge genau so wie bei der verwandten pädogamen Form.

Eine andere Art rückgebildeter merogamer Befruchtung ist die **Parthenogenese**, die sich in manchen Fällen mit einem autogamen Ersatz der normalen
Befruchtung kombinieren kann. Als Parthenogenese bezeichnet man bekanntlich
eine Entwicklung von weiblichen Gameten, Macrogameten (Eiern) ohne vorausgegangene Befruchtung. Dieselbe ist unter Protozoen bei einigen Gregarinen
und den Malariaparasiten beobachtet, bei welch letzteren sie eine wichtige
biologische Rolle spielt. Denn nach den Untersuchungen von Schaudinn
beruht die Entstehung der Recidive auf einer parthenogenetischen Entwicklung
der nach einer akuten Malariaerkrankung allein im menschlichen Körper zurückbleibenden Macrogametocyten (Abb. 96). Dabei führt der Kern eine Reduktionsteilung durch (b), einer der Teilkerne teilt sich hierauf wie bei einer
normalen agamen Vermehrung (Schizogonie, c—e), und die Zelle zerfällt wie ein
Schizont in Merozoiten, während der zweite Kern mit dem Pigment und einem
großen Restkörper zurückbleibt (f). Nach späteren Angaben von Schaudinn
soll auch bei Malariaparasiten keine einfache Parthenogenese vorliegen, sondern
durch Verschmelzung eines Reduktionskernes mit dem reifen Macrogametenkern
ein automyctischer Ersatz der normalen Befruchtung erfolgen, ein Vorgang, den

wir als **Parthenogamie**, als autogame Befruchtung einer prädestinierten weiblichen Zelle bezeichnen können.

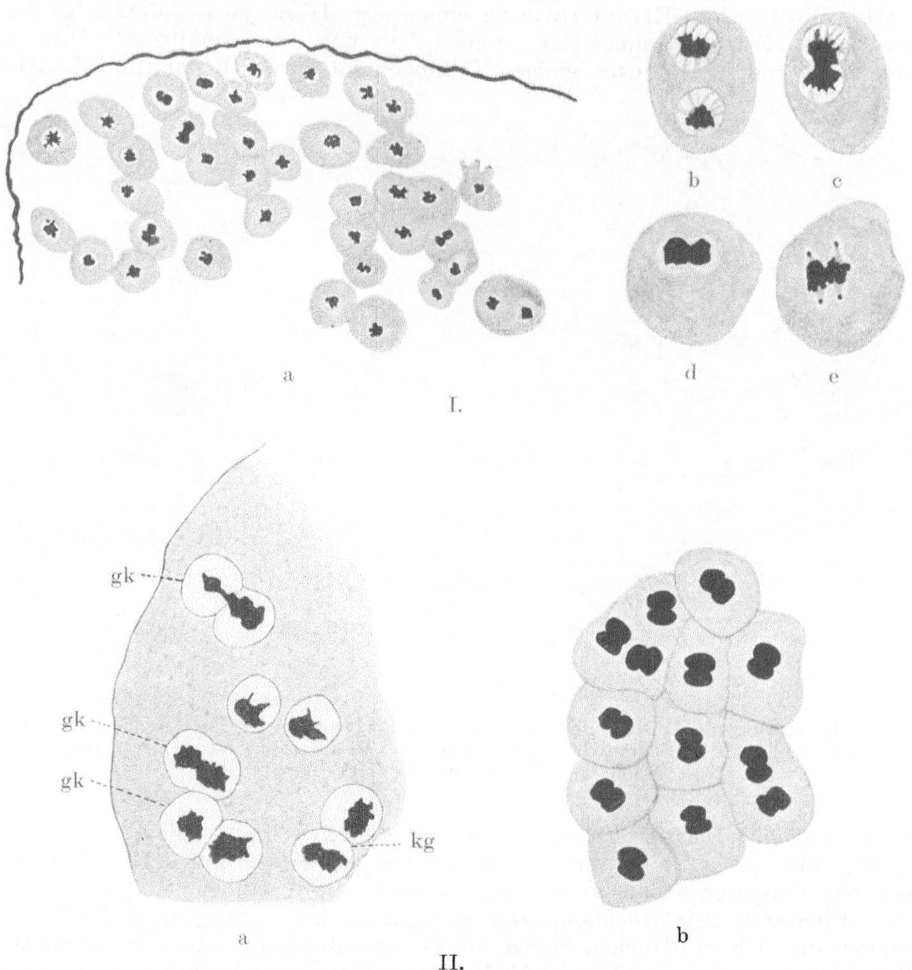

Abb. 95. I. Pädogame Merogamie von *Ichthyosporidium hertwigi*. a Bildung und Copulation der Gameten, b—d teilweise Caryogamie, Bildung des Dicaryon, e 1. Teilung des gonomeren Syncaryons (Dicaryons). II. Autogamie von *Ichthyosporidium giganteum*. a Verschmelzung der Gametenkerne (gk), b Sporenbildung um die Dicarien. Vergr. I a ca. 1000, b—e ca. 2400, II a u. b ca. 1800. Nach Swarczewsky 1914.

4. Allgemeines.

Wenn man die im vorstehenden mitgeteilten Erscheinungen der Befruchtungsvorgänge zusammenhängend überblickt, so treten bei allen Befruchtungsvorgängen stets zwei Erscheinungen als wesentliche hervor: einmal die Verschmelzung zweier Gameten resp. Gametenkerne und dann die darauffolgende Reduktion der diploiden Kerne durch zweimalige Kernteilung.

1. Die **Gameten** sind als solche bei hologamer Befruchtung äußerlich in nichts von gewöhnlichen vegetativen Individuen verschieden; nur ihr Schicksal

ist ein anderes. Die vegetativen Individuen teilen sich, die sexuellen verschmelzen paarweise. Hier tritt deutlich ohne weiteres zutage, daß Befruchtung und Fortpflanzung ursprünglich getrennte, biologische Prozesse sind und das gleiche ergibt sich auch aus der Betrachtung der Autogamie und der Conjugation. Denn bei Hologamie ist die Befruchtung ja nicht mit einer Vermehrung, sondern im Gegenteil mit einer Verminderung, einer Halbierung der Individuenzahl verknüpft, während bei Autogamie und Conjugation die Individuenzahl vor und nach der Befruchtung die gleiche ist. Die Art der Fortpflanzung ist bei hologamer, autogamer und conjugativer Befruchtung vor und nach derselben die gleiche, und man kann nur von einer agamen Fortpflanzung und einer zwischen eine Anzahl von Fortpflanzungsvorgängen eingeschalteten Befruchtung reden. Von einer geschlechtlichen Fortpflanzung kann nur die Rede sein bei einer Merogamie, wenn eben die Gameten durch eine besondere Art der Fortpflanzung gebildet werden.

Auch bei merogamer Befruchtung können zunächst die Merogameten morphologisch agamen, multiplen Fortpflanzungskörpern völlig gleich sein, ja

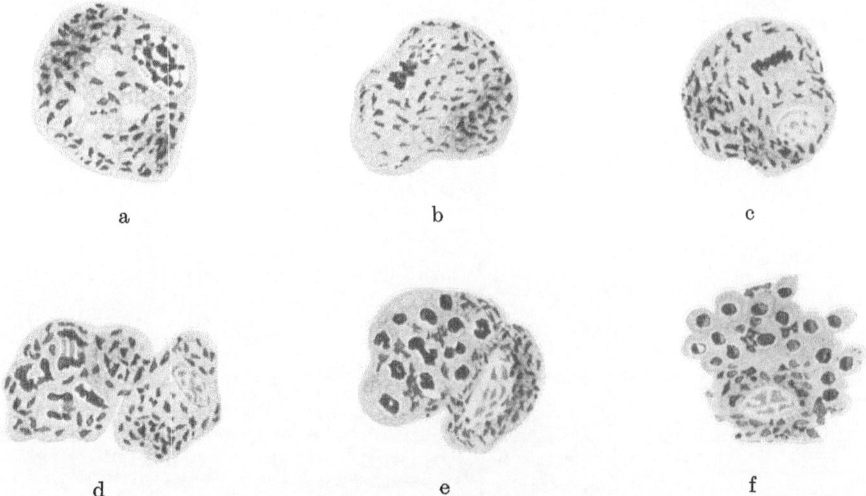

Abb. 96. Parthenogenese von *Plasmodium vivax*. Erklärung im Text. Vergr. ca. 2250.
Nach Schaudinn 1902.

sie vermögen sich auch vielfach, wie bei manchen Algen, ohne Befruchtung parthenogenetisch zu entwickeln. In den meisten Fällen sind jedoch die Gameten gegenüber den Agameten auch morphologisch besonders ausgebildet, ja diese besondere morphologische Fixierung kann sich auch auf die gametenbildenden Zellen, die Gamonten, erstrecken, die dadurch auch morphologisch als besondere Geschlechtsgeneration gegenüber den ungeschlechtlichen Generationen erscheinen.

Zu der Verschiedenheit gegenüber vegetativen Individuen und Agameten kommt nun noch bei hologamer wie merogamer Befruchtung eine auffallende und interessante Erscheinung hinzu, die sexuelle Differenzierung der Gameten untereinander, die sich schon bei Hologamie findet, jedoch am ausgeprägtesten in allen Stufen bei Merogamie hervortritt. Die herrschende Auffassung geht nun dahin, daß die Gameten ursprünglich alle gleich, isogam waren und somit die sexuelle Differenzierung als sekundäre Erscheinung bei der

Befruchtung aufzufassen sei. Demgegenüber sei jedoch betont, daß die
vorliegenden Beobachtungen und Experimente, wenn wir zunächst von den
autogamen Befruchtungsvorgängen absehen, dazu führen, bei allen Protozoen
zum mindesten physiologisch eine sexuelle Differenzierung anzunehmen. So
copulieren z. B. bei Foraminiferen und Gregarinen, wahrscheinlich auch bei
Entamöben nur Isogameten, die von verschiedenen Eltertieren abstammen.
Bei Gregarinen sind zudem in fast allen genauer untersuchten Fällen von Isogamie Unterschiede in den Kernen der copulierenden Gameten beobachtet worden
(vgl. Abb. 85a und b, S. 70). Andererseits hat sich gerade bei dieser Gruppe
auch vielfach eine sexuelle Verschiedenheit der Gametenbildner, der Gamonten,

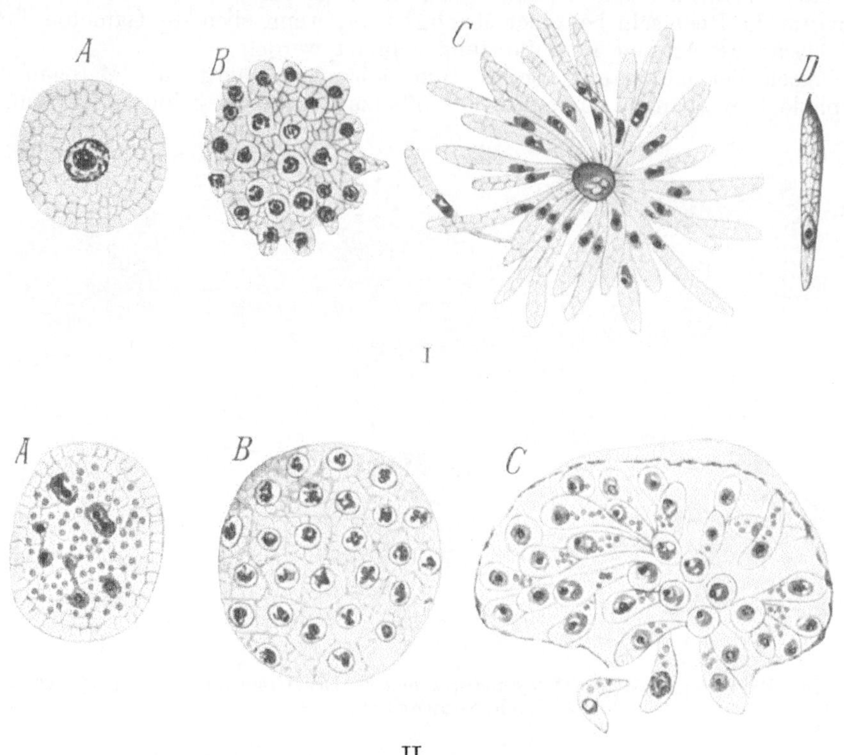

Abb. 97. I Männliche Schizogonie, II Weibliche Schizogonie von *Cyclospora caryolytica*. Vergr. ca. 2000. Nach F. Schaudinn 1902.

nachweisen lassen, sogar bei scheinbar völliger Gleichheit der Gameten selbst.
So unterscheiden sich nach Léger und Dubosq die Gamonten mancher isogamen Gregarinen schon in frühen Wachstumsstadien durch besondere Reservestoffkörner und differente Färbung. Es liegt mithin eine sexuelle Differenzierung zweiten Grades hier vor, sekundäre Geschlechtscharaktere. Ja
bei dem Coccid *Cyclospora caryolytica* hat Schaudinn auch bei allen agamen
Schizogonien eine sexuelle Differenzierung beobachtet, indem die weiblichen
Schizonten durch das Zurückbleiben eines Restkörpers, die männlichen durch
besondere Granula und beide durch verschiedene Form der Merozoiten aus-

gezeichnet sind (Abb. 97). Es geht also die sexuelle Differenzierung durch die ganze Periode der agamen Vermehrung hindurch.

Wenn wir nun fragen, worin das Wesentliche der sexuellen Differenzierung der Gameten besteht, so ist es sehr schwer, darauf eine scharfe Antwort zu geben. Am meisten in die Augen stechend ist der Größenunterschied der Gameten, und man nennt daher auch meist allgemein die weiblichen Macrogameten, die männlichen Microgameten. Daß damit jedoch nicht das Wesentliche getroffen ist, zeigen Fälle, bei denen die Gameten, die wir unbedingt nach ihren sonstigen Eigenschaften als die männlichen ansprechen müssen, sogar größer sind als die weiblichen, wie wir das oben bei *Stylorrhynchus* kennen gelernt haben. Weit wichtiger erscheint daher das Überwiegen der lokomotorischen Funktionen und Organellen bei den männlichen, das der trophischen bei den weiblichen Gameten, was wir bei den gleichgroßen Gameten mancher Gregarinen schon wahrnehmen und gerade in der Gruppe der Gregarinen stufenweise bis zur extremen Oogamie von *Echinomera* und der Coccidien verfolgen können (vgl. Abb. 85, S. 70). Sehr schön zeigen das auch die Verhältnisse bei den scheinbar isogamen Infusorien, die nach den oben mitgeteilten Befunden von Prandtl und Calkins bei der dritten Teilung der Micronucleen Wanderkerne ($\male$) mit besonders starker Ausbildung der lokomotorischen Kernkomponente bilden. Man könnte demnach die männliche Zelle durch das Überwiegen der lokomotorischen Komponente, mithin des Teilungsfaktors, die weibliche durch das Überwiegen der trophischen Komponenten, des Wachstumsfaktors, charakterisieren.

Aber auch hier erheben sich Schwierigkeiten, die heute noch nicht ganz behoben werden können. Denn bei Trypanosomen, so besonders deutlich bei dem *Trypanosoma rotatorium*, können durch Hemmung des Teilungsfaktors und Überwiegen des Wachstumfaktors große Riesenformen entstehen (s. Abb. 102, S. 91), denen zwar biologisch für das Zustandekommen von Immunität, Latenz und Recidiven (s. Kap. Ökol.) dieselbe Bedeutung zukommt, wie den Macrogametocyten der Plasmodiden (Malaria), die wir aber mangels sicherer Beobachtungen von sexuellen Prozessen bisher nicht als weibliche Formen ansprechen können. Ferner fehlen bei sicherem Nachweis physiologischer, sexueller Unterschiede bei manchen Isogameten jegliche morphologischen Anhaltspunkte in der gekennzeichneten Richtung. Obwohl diese negativen Beobachtungen nicht viel zu sagen haben, müssen wir doch zugestehen, daß das eigentlichste Wesen der sexuellen Differenzierung bisher noch nicht genügend erschlossen ist. Nur soviel scheint sicher, und das ergibt sich aus den später zu besprechenden physiologischen Beobachtungen, daß auch die sexuelle Differenzierung mit zum Wesen der Befruchtungsvorgänge gehört.

2. Die zweite wesentliche Erscheinung aller Befruchtungsvorgänge ist die **Zahlenreduktion** durch zweimalige Kernteilung. Wir haben nun gesehen, daß die Reduktion die Folge der Caryogamie und somit allein hieraus zu verstehen ist, auch wenn sie bis vor eine neue Befruchtung verschoben ist. Nur die Teilung eines diploiden Kernes in haploide Kerne kann als Reduktions- oder Reifevorgang angesprochen werden. Die 4 reduzierten Kerne können entweder alle bei der Gametenbildung Verwendung finden, wie bei der Merogamie oder bis auf einen zugrunde gehen, wie bei der Hologamie. Die Reduktion kann ferner wie bei den Infusorien um einen Teilungsschritt nach vorn verlegt werden, ja bei *Opalina* hat sie nach den Untersuchungen von Metcalf eine noch weitere Verschiebung um ca. 5—6 Teilungsschritte vor die Gametenbildung erfahren. Das allein Wesentliche ist, daß Reduktion stets auf Befruchtung folgt und in einer Zahlenreduktion der Chromosomen resp. Halbierung der generativen Kernkomponente besteht.

Vielfach sind nun bei der Gametenbildung Ausstoßungen von chromatischen Kernelementen in mannigfacher Form oder Zugrundegehen von größeren oder kleineren Kernteilen beobachtet worden, die von manchen Autoren als Reifeerscheinungen betrachtet werden. Solche Chromatindiminutionen haben jedoch durchaus nichts mit Reduktionsvorgängen zu tun. Es sind Erscheinungen zellphysiologischer Art, die hauptsächlich bei stark herangewachsenen Kernen sich finden und wohl irgendwie mit der **Kernplasmarelation** in Zusammenhang stehen. Das erhellt schon daraus, daß solche Vorgänge auch bei agamen Teilungen sich finden, wie z. B. bei der Schizogonie der Aggregaten (siehe Abb. 74 S. 58).

Das Wesen der Befruchtungsvorgänge besteht demnach in der Verschmelzung zweier vermutlich sexuell differenzierter Gametenkerne mit nachfolgender Reduktion des Syncaryons (Copulationskernes) durch Kernteilung.

Nach dieser Auffassuug und Definition hat auch die sog. **Plasmogamie** die sich besonders bei Rhizopoden findet, nichts mit Befruchtung zu tun. Als Plasmogamie bezeichnet man zeitweilige Verschmelzungen von meist mehr als 2 Individuen (3—10 und noch mehr), die auch mit Kernfusionen verbunden sein können (Abb. 98) und neben der typischen Art der Befruchtung der betreffenden Formen unter schlechten Lebensbedingungen, in degenerierenden Kulturen usw. auftreten. Schon die ganz unregelmäßige, äußerst mannigfache Art der Verschmelzung (wechselnde Zahl

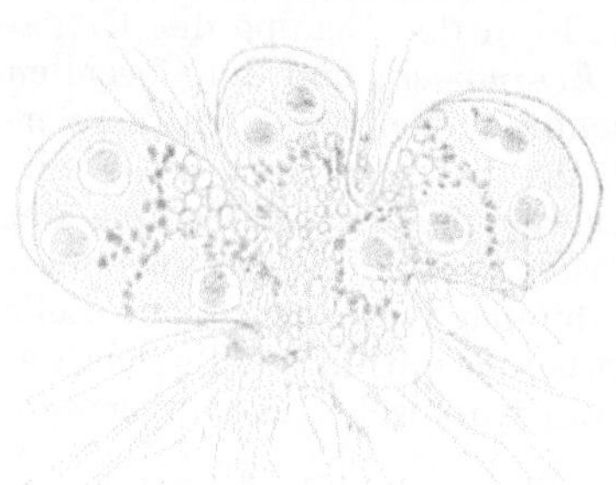

Abb. 98. *Clamydophrys stercorea* Cienk. Plasmogamie von mindestens 10 Individuen. Nach F. Schaudinn 1911.

usw.), die oft allerhand Monstrositäten liefert und somit deutlich die Zeichen des Pathologischen aufweist, scheidet sie scharf von dem strengen, geradezu gesetzmäßigen Verlauf echter Befruchtungsvorgänge.

II. Physiologie und Theorien der Befruchtung.

Über die Physiologie der Befruchtungsvorgänge ist nur wenig Sicheres bekannt und erst neuerdings sind planmäßige Versuche unternommen worden, diesen Fragen näherzukommen und sie einer kausalmechanischen Erforschung zugänglich zu machen. Im wesentlichen beherrschen drei Gruppen von Theorien die Vorstellungen der auf diesem Gebiete arbeitenden Forscher: 1. die Amphimixis, die Keimplasmamischung Weismanns, 2. die Verjüngungs- und Regulationshypothesen und 3. die Sexualitäthypothesen.

1. Amphimixis.

Daß der Amphimixis, der Vereinigung zweier Individuen zu einer neuen Einheit und damit der Verbindung verschiedener Qualitäten zu neuen Qualitäten für die Fragen der Vererbung und Artbildung auch der Protozoen dieselbe große Bedeutung zukommt, wie im ganzen übrigen Tier- und Pflanzenreich, scheint durch einige neuere Arbeiten (Infusorien) erwiesen. Damit ist aber die Bedeutung der Befruchtung durchaus nicht erschöpft, denn die durch die Amphimixis bewirkte Qualitätenmischung und Neukombination ist nur eine Folge eines Teiles der Befruchtungsvorgänge. Über die eigentliche physiologische Ursache der Befruchtung sagt die Amphimixistheorie nichts aus. Daß dem so ist, zeigt allein schon das doch so gar nicht seltene Vorkommen von autogamen und pädogamen Befruchtungsvorgängen, bei denen eine Qualitätenmischung fehlt. Die große Bedeutung der Amphimixis für die Biologie liegt nur in der durch sie bewirkten Rolle für die Vererbung. Daß in der durch die Befruchtung erfolgenden Amphimixis aber nicht die Ursache der Befruchtung zu suchen ist, hat der Begründer der Keimplasmalehre selbst stets anerkannt.

2. Verjüngungshypothesen.

Wenn wir nach der tieferen biologischen Bedeutung der Befruchtung und ihrer kausalen Entstehung suchen, so drängt sich vor allen Dingen die Frage auf: Ist die Befruchtung eine physiologische Notwendigkeit? Die große, ja durch die Untersuchung der letzten Jahrzehnte fast allgemein nachgewiesene Verbreitung der Befruchtungsvorgänge bei den Protozoen legt zunächst den Gedanken nahe, sie seien eine physiologische Notwendigkeit, wenn auch nicht im Leben des Individuums, so doch in dem der Art. Kulturversuche, die zuerst Maupas angestellt hat, später von vielen Forschern, speziell Hertwig und seinen Schülern, Calkins und anderen ausgeführt wurden, schienen in der Tat dafür zu sprechen. Es traten Degenerationserscheinungen auf (senile Degeneration), die, wenn keine Befruchtung stattfand, schließlich zum Aussterben der Kulturen führten. Wie das Individuum altere und sterbe, so solle auch die Art schließlich altern und die Befruchtung sei der Jungbrunnen, der sie wieder auffrische. Diese ältere Fassung der Verjüngungshypothesen kann jedoch nicht zutreffen, denn Richard Hertwig hatte schon früher gezeigt, daß Infusorien, die man bei Beginn einer Befruchtung künstlich trennte und weiterzüchtete, gegen die Erwartung kräftiger wuchsen und sogar schneller sich vermehrten als die Individuen, welche die Conjugation normal durchgemacht hatten.

Richard Hertwig hatte nun später an Stelle der Verjüngungs- eine Regulationsbedürftigkeit angenommen und durch Verbindung mit seiner Theorie der Kernplasmarelation (s. oben S. 61) die Befruchtungsbedürftigkeit zellphysiologisch zu begründen versucht. Er sah, daß bei fortgesetzter Kultur die Protozoen (Infusorien) in einen sogenannten Depressionszustand geraten, wobei der Kern enorm vergrößert ist auf Kosten des Protoplasmas. Gelingt es der Zelle, einen Teil des Kernmaterials abzustoßen, die Kernplasmarelation wieder herzustellen, so wird die Depression überwunden. Doch folgen bei fortgesetzter Kultur in immer kürzeren Intervallen die Depressionen und schließlich sterben die Kulturen aus, wenn nicht die Möglichkeit der Befruchtung gegeben wird. Richard Hertwig sieht demnach in der Befruchtung eine „Reorganisation der lebenden Substanz", die wirksamste Einrichtung, um den physiologischen Tod zu verhüten.

Aber auch dieser geistreichen und vertieften Fassung der Verjüngungshypothesen wird durch neuere Befunde der Boden entzogen. Denn die Depressionen sind nach den älteren experimentellen Untersuchungen von Klebs an Algen und Pilzen, den neueren von Woodruff und Enriques an Infusorien, Erdmann an *Amoeba diploidea* und dem Verfasser an Chlamydomonaden und Volvocineen keine physiologischen sondern pathologische Zustände; sie können nämlich bei künstlicher Kultur ausgeschaltet werden. So hat Woodruff jetzt von einer Paramäcienrasse über 4000 Generationen asexuell gezüchtet. Ferner hat Jennings gezeigt, daß Infusorien derselben Rasse und Herkunft, die die Conjugation normal durchgeführt haben, gegenüber solchen, die sofort bei ihrer Vereinigung getrennt wurden, sogar eine größere Mortalität und geringere Teilfähigkeit aufwiesen. Von einer verjüngenden Wirkung der Conjugation kann demnach ebensowenig die Rede sein wie von einer Depression oder Regulationsbedürftigkeit der zur Conjugation bereiten, aber an ihrer Durchführung verhinderten Paramäcien.

Andererseits haben Enriques und Zweibaum für Infusorien, schon weit früher Klebs für Algen und Pilze gezeigt, daß der Eintritt der Befruchtung von ganz bestimmten, für die einzelnen Formen verschiedenen physikalisch-chemischen Bedingungen (Salzgehalt, Licht, Temperatur usw.) abhängig ist und daß gar keine längeren Generationsreihen notwendig sind, sondern eben nur diese äußeren Bedingungen. Bei einigen Formen müssen allerdings auch noch besondere innere Bedingungen hinzukommen. Enriques hat auch beobachtet, daß eben aus der Conjugation hervorgegangene Individuen sofort wieder conjugieren können und Klebs sowie der Verfasser haben das gleiche Resultat experimentell bei Algen und Phytoflagellaten erzielt.

All diese Beobachtungen und Experimente zeigen somit, daß die Befruchtung keine physiologische Notwendigkeit ist. Trotzdem kann ihr aber unbehindert der Wert einer elementaren Lebenserscheinung zukommen, nur nicht als Notwendigkeit, sondern als eine allem Leben zukommende Möglichkeit bei gegebenen äußeren und inneren Bedingungen.

3. Sexualitätshypothese.

Die einzige Hypothese, die mit den vorliegenden Tatsachen in Einklang steht und der Befruchtung als elementarer Lebenserscheinung gerecht wird, ist die schon vor 25 Jahren von Bütschli zuerst geäußerte Sexualitätshypothese, die später unabhängig von ihm Schaudinn aufgestellt und cytologisch gestützt hat. Danach ist gewissermaßen jede Protozoen- und Geschlechtszelle hermaphrodit. Durch das Überwiegen des einen oder andern Partners wird eine Zelle männlich oder weiblich in bezug auf eine andere Zelle, bei der der entgegengesetzte Partner überwiegt. Als männlicher Zellpartner kann die lokomotorische Kernkomponente und die von ihr gebildeten heterologen Energiden, anders ausgedrückt der Teilungsfaktor, angesprochen werden, als weiblicher entsprechend dem Reichtum der weiblichen Geschlechtszellen an Reservestoffen und Assimilationsprodukten das trophische Kernmaterial, der Wachstumsfaktor. Eine solche sexuelle Verschiebung der beiden Zellfaktoren kann ohne vorhergehende Alterserscheinungen, potentiell jederzeit eintreten, z. B. durch eine Kernteilung oder durch verschiedenartige äußere Einwirkungen auf zwei getrennte Kerne oder verschiedene Zellteile. Damit wären auch die Fälle von autogamer Befruchtung ohne weiteres erklärbar. Die weiblichen und männlichen Sexualzellen sind jedoch nicht rein, absolut männlich oder weiblich, sondern nur relativ, besitzen also doch noch ihren hermaphroditen Charakter, nur in gestörtem Verhältnis. In der entgegengesetzten Verschiebung zweier Zellen kann nun zugleich die Ursache erblickt werden, die die extrem differenzierten Zellen zur Vereinigung und zum Ausgleich der Kerndifferenz bringt.

Gegen diese Hypothese, nach der die sexuelle Differenzierung mit zum Wesen der Befruchtung gehört, hat man die weite Verbreitung isogamer Befruchtungsvorgänge bei Protisten ins Feld geführt. Wir haben jedoch oben schon gesehen, daß eine morphologische sexuelle Differenzierung viel weiter verbreitet ist als früher angenommen wurde und daß selbst bei Fehlen morphologischer sexueller Unterschiede eine Reihe von Beobachtungen doch zur Annahme einer physiologischen, sexuellen Verschiedenheit zwingt. Hier sei nur noch auf die wichtigen experimentellen Untersuchungen von Blackeslee bei Schimmelpilzen hingewiesen. Bei Mucorineen, die eine morphologisch vollkommene Isogamie aufweisen, findet nach diesen Untersuchungen Copulation nur statt, wenn auf einer Agarplatte Sporen von verschiedener Konstitution, verschiedener sexueller Beschaffenheit ausgesät werden (sog. + und — Sporen). An den Stellen, an denen die scheinbar gleichen + und — Mycelien beim Wachstum auf der Platte sich treffen, bilden sich Isogameten und nach deren Copulation Zygoten. Bei *Mucor* sind schon die Zygoten extrem sexuell differenziert (+ oder —), während bei *Phycomyces* die erste agame Generation noch indifferent hermaphrodit ist und erst bei der ersten Zoosporenbildung eine sexuelle Differenzierung in + und — Sporen stattfindet.

Die gesamten vorliegenden Erfahrungen, speziell die physiologischen zwingen somit schon heute auch bei morphologischer Isogamie zur Annahme einer sexuellen Verschiedenheit der Gameten, die mithin mit zum Wesen der Befruchtungsvorgänge gehört. Ob allerdings die Sexualität allgemein nur in der verschiedenen Ausbildung der Kernkomponenten begründet ist, muß weiterer Forschung vorbehalten bleiben. Es wird sich empfehlen, auf diese morphologische Auffassung der Sexualität weniger Gewicht zu legen, und statt dessen die allgemeineren physiologischen Begriffe „Teilungsfaktor" und „Wachstumsfaktor" (Jollos) mehr hervorzukehren. Abgesehen von einer größeren Mannigfaltigkeit experimenteller Prüfungsmöglichkeiten bietet diese physiologische Fassung der Sexualitätshypothese auch den Vorteil, Befruchtung und Fortpflanzung, die trotz ihrer Wesensverschiedenheit so innig korrelativ verknüpft sind, auf die Wechselwirkung der beiden gleichen zellphysiologischen Grundfaktoren zurückzuführen.

C. Entwicklung, Polymorphismus und Generationswechsel.

Die moderne Forschung hat gezeigt, daß die Protozoen, in ihrer Weise höchst mannigfaltige Erscheinungsmöglichkeiten in sich bergen, die teils in gesetzmäßiger Weise aufeinanderfolgen, teils nur unter besonderen Außenbedingungen auftreten. Die verschiedenen Formbildungen resp. Formveränderungen, die bei einer Protozoenart, von der jungen eben aus der Fortpflanzung hervorgegangenen Zelle bis zum erwachsenen Individuum zutage treten, können wie bei den Metazoen als o n t o g e n e t i s c h e oder I n d i v i d u a l e n t w i c k l u n g bezeichnet werden. Außerdem können aber auch die erwachsenen Formen von ein und derselben Species in ganz verschiedener Form auftreten. Hierbei sind zwei Erscheinungskomplexe auseinanderzuhalten, die jedoch andererseits aufs innigste wiederum zusammenhängen: einmal der P o l y m o r p h i s m u s, die Erscheinung, daß unter anderen Außenbedingungen oder auch erblich fixiert aus inneren Bedingungen viele Protozoen andere Formen annehmen, und zweitens der G e n e r a t i o n s w e c h s e l, jene Erscheinung, daß eine geschlechtliche sich fortpflanzende Form mit einer oder mehreren ungeschlechtlich sich vermehrenden Formen abwechselt.

1. Ontogenetische Entwicklung.

Bei den einfach gebauten Protozoen mit gewöhnlicher Zweiteilung, wie Amöben und primitiven Flagellaten, sind die ontogenetischen Entwicklungsvorgänge wenig oder kaum auffallend. Die eben aus einer Zweiteilung hervorgegangene Amöbe unterscheidet sich außer durch geringere Größe oft in nichts von dem Eltertier. Bei Süßwasseramöben muß nur in dem einen der beiden Tochtertiere eine neue pulsierende Vakuole, bei Flagellaten zudem in beiden oder in einem neue Geißeln gebildet werden, Vorgänge, die auch ohne Fortpflanzung bei einfacher Regeneration auftreten. Je komplizierter der Bau eines Protozoons ist, desto mehr derartige regenerationsähnliche Entwicklungsvorgänge müssen sich bei der Zweiteilung und Knospung vollziehen, was besonders an den Infusorien schön zu beobachten ist (siehe Abb. 69, S. 54).

Auffallender und mit den Verhältnissen der Metazoen ähnlicher werden jedoch die Entwicklungsvorgänge bei Protozoen mit multipler Vermehrung. Hier sind nicht nur die jungen Sprößlinge (Agameten wie Gameten), um ein Vielfaches kleiner als die Eltertiere, sondern sie entbehren auch bei den meisten Formen, die irgend eine morphologische über ·die einfachste, nur negativ charakterisierte Amöbenorganisation hinausgehende, Gestaltung aufweisen, in der Regel aller für die betreffenden Arten charakteristischer Organisationsmerkmale und weisen höchstens Merkmale höherer Gruppen, Klassenmerkmale auf. So treten die multiplen Fortpflanzungskörper (Agameten und Gameten) fast aller Protozoen nur in 3—4 verschiedenen Formzuständen auf, die kaum als Klassencharaktere genügen, nämlich als: 1. Amöben, 2. Flagellaten, 3. gregarinenartige Würmchen (rückgebildete Flagellaten), und 4. coccidienartige unbewegliche Kugeln. Nur wenn sie mit Cysten-

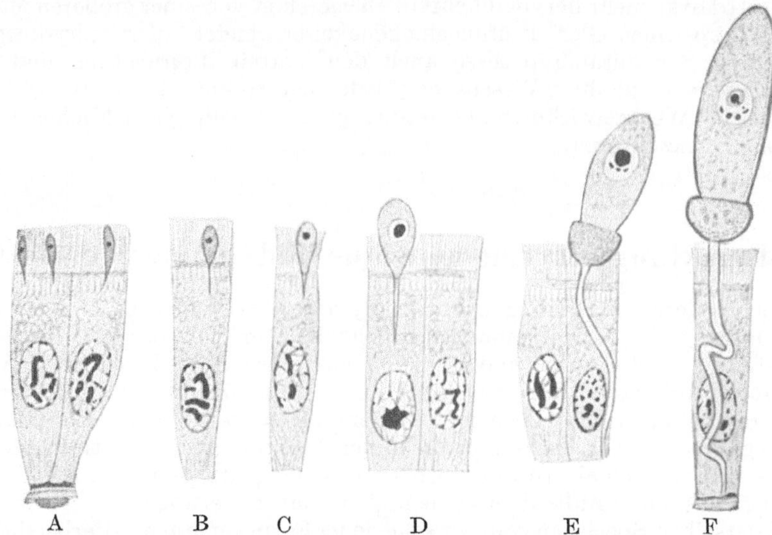

A   B C   D   E   F

Abb. 99. *Pixinia möbuszi* Lég. u. Dub. Entwicklung der Gregarine aus dem an die Wirtszelle angehefteten Sporozoiten (A). B—D Bildung des Epimerits, E und F des Protomerits. Man beachte die Veränderung im Plasma und Kernbau. Vergr. ca. 1000. Nach Léger und Dubosq 1902 aus Lühe.

hüllen ausgestattet sind, können diese sekundären Formgebilde besondere Art und Gattungsmerkmale aufweisen (speziell bei den Sporozoen und Cnidosporidien). Die multiplen Fortpflanzungskörper sind meist höchst einfach gebaute Zellen und müssen, um die charakteristische Organisation der Art zu erlangen, deren spezifischen Kern- und Plasmabau, Bewegungsorganellen, Stoffwechselorganellen und Reservestoffe etc. erst entwickeln (Abb. 99).

Doch kommt auch der umgekehrte Fall vor, daß Fortpflanzungskörper einen höheren oder wenigstens anderen Grad von Organisation aufweisen, wie die typische erwachsene Form. So besitzen die Gameten und gelegentlich auch die Agameten der verhältnismäßig sehr einfach organisierten Zellschmarotzer, der Coccidien und Plasmodiden, vielfach Flagellatenorganisation, ebenso Gameten und Agameten vieler Rhizopoden (vgl. Abb. 86 u. 87 S. 71 u. 72) und die Knospen der cilienlosen Suctorien haben wie die Ciliaten ein Wimperkleid. Viele beschalte, mit Cystenhüllen umgebene Keime parasitischer Protozoen weisen bei diesen Hüllbildungen oft eine erstaunlich komplizierte Form gegenüber dem Eltertier auf; bei den Myxosporidien besitzt die Spore ja geradezu eine mehrzellige Organisation (vgl. Abb. 1, S. 4). Allerdings ist dabei zu bemerken, daß es sich in diesen Fällen vielfach nicht eigentlich um Bildungen der Keime, sondern der Eltertiere handelt so bei den Sporocysten der Gregarinen und Coccidien), also keine Jugend-, sondern Abschlußstadien vorliegen.

Es erhebt sich nun die Frage, ob es möglich und angängig ist, das sog. biogenetische Grundgesetz auch auf die Entwicklungsvorgänge der Protozoen anzuwenden, mit anderen Worten, ob das Auftreten anders organisierter Jugendstadien bei Protozoen phylogenetisch verwertet werden kann. Vielfach wird diese Frage verneint und die Ansicht vertreten, daß die andersartigen Jugendstadien, die die Organisation anderer Protozoengruppen aufweisen, wie Amöboidkeime, Geißelschwärmer etc. durch „Anpassung an ähnliche Lebensbedingungen" entstanden seien (Doflein). Es ist nun fraglos, daß das Auftreten einzelner Stadien und Formen bei Protozoen, wie das in früheren Abschnitten mehrfach hervorgehoben wurde (vgl. besonders Kap. über Pseudopodien, Fortpflanzung und Befruchtung) und wie auch die folgenden Bemerkungen über Polymorphismus und Vererbung noch zeigen werden, in weitgehendem Maße von äußeren Bedingungen physiko-chemisch abhängig ist. Ebenso sicher ist aber auch, daß diese äußeren Bedingungen nur das an dem Organismus zu bewirken vermögen, was in dem Rahmen seiner erblichen Konstitution liegt. Alle Organismen, auch die Protozoen, sind eben nicht „reine" physikalisch-chemische Systeme, sondern enthalten zugleich in ihrer „inneren Konstitution" einen gewichtigen zeitlichen Faktor, das Erbteil ihrer langen Geschichte, und diese innere Konstitution mit ihrem zeitlichen Faktor wird zweifellos auch in der ontogenetischen Entwicklung in Form phylogenetischer Reminiszenzen bei zutreffenden äußeren Bedingungen in Erscheinung treten. Allerdings wird wohl eine phylogenetische Verwertung einer amöboiden Jugendform meist äußerst schwierig, ja unmöglich sein, da die Amöboidorganisation ja rein negativ charakterisiert ist und selbst die verschiedenartige Ausbildung der Pseudopodien der Rhizopoden in weitem Maße von physikalisch-chemischen Bedingungen, speziell der Oberflächen abhängig ist, so daß ihre systematische Bedeutung gering ist. Dagegen wird man der Art und Weise, in der ein Flagellatenstadium bei einem Rhizopoden oder Sporozoon ausgebildet ist (Anzahl, Anordnung, Insertion der Geißeln) in Anbetracht der spezifischen Art der Ausbildung der Flagellatenorganisation und der großen systematischen Bedeutung dieser Organellen für die Flagellaten selbst, unbedingt phylogenetische Bedeutung zuschreiben müssen. So sind die Gameten der Coccidien zweigeißlich nach Protomonadinen-Art (vgl. Abb. 86, S. 71), die Microgameten und teilweise Agameten der sog. Hämosporidien eingeißlich nach Trypanosomenart (vgl. Abb. 87, S. 72), die Schwärmer von *Noctiluca* zweigeißlich nach *Gymnodinium*-Art, die von *Paramoeba* zweigeißlich nach Cryptomonadenart. Mit der Erklärung „Anpassung an ähnliche Lebensbedingungen" ist hier gar nichts erklärt. Die ganz spezifische Art der Ausbildung der Schwärmer zwingt vielmehr zur Annahme, daß hier die innere vererbte Konstitution unter den ein Flagellatenstadium überhaupt ermöglichenden äußeren Bedingungen die phylogenetische Ausgangsform zur Entwicklung bringt. Der Hinweis, daß auch Geißelschwärmer bei Algen weitverbreitet sind, ist kein Grund gegen deren phylogenetische Verwertung (Doflein), sondern gerade für dieselbe; denn auch die neuere Systematik der Hauptgruppen der Algen ist von den Botanikern mit großem Erfolg und in voller Übereinstimmung mit den übrigen charakteristischen Merkmalen in Bau und Entwicklung in erster Linie auf die Organisation der Schwärmer basiert worden.

2. Polymorphismus.

Ein einfacher Polymorphismus, das Auftreten ein und derselben erwachsenen Art in zwei oder mehr verschiedenen Formen, liegt vor, wenn z. B. ein auf Agarkulturen als Amöbe erscheinendes Protozoon in flüssigen Kultur-

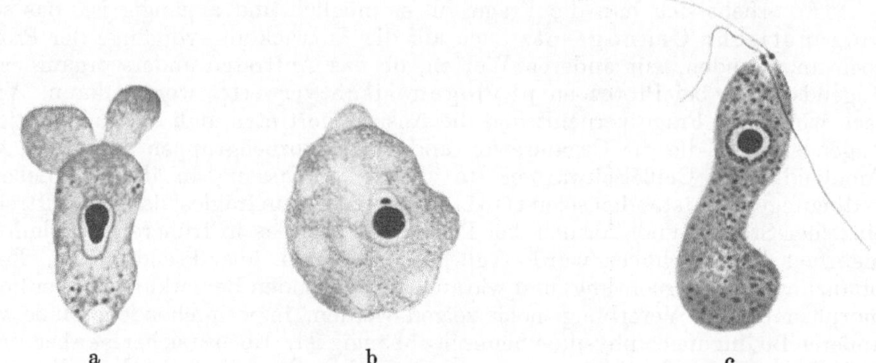

Abb. 100. *Trimastigamoeba phillipensis* Whitm. a, b Amöbenform, c Flagellatenform.
Vergr. ca. 2600. Nach Whitmore 1911.

medien als zweigeißliches Flagellat auftritt (von Wasielewski und Hirschfeld). Withmore und Nägler (uned.) haben derartige Formen gezüchtet, die mit drei Geißeln ausgestattet sind, wobei die Näglersche Form nur bei

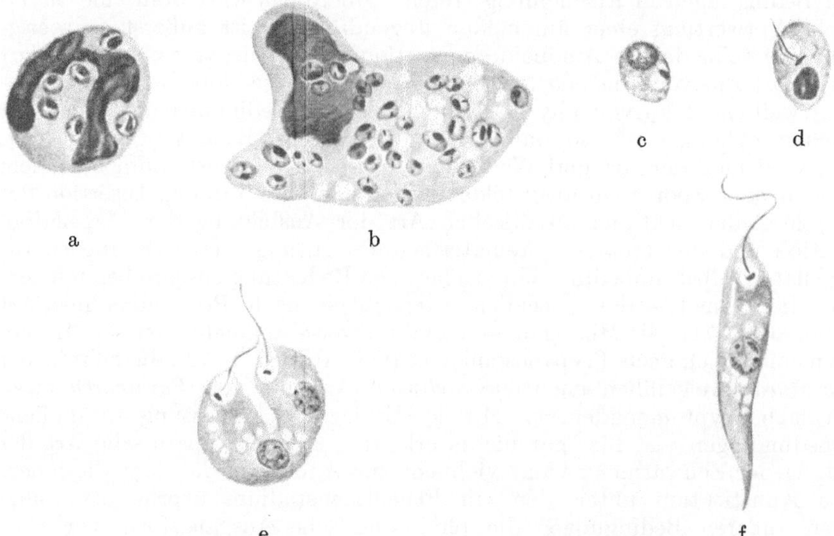

Abb. 101. *Leihsmania donovani*. a und b intracelluläre, geißellose Form aus der Milz, c—f Flagellatenform aus Kultur. Vergr. ca. 2600 Orig.

einer Temperatur über 28⁰ in den Flagellatenzustand übergeht (Abb. 100). Es ist nicht angängig und bedeutet absolut keine Erklärung, den Flagellatenzustand einfach als Anpassung an das flüssige Medium zu bezeichnen, wie das vielfach geschieht. Flüssiges Medium und höhere Temperatur sind nur die

Außenbedingungen, unter denen der betreffende Organismus die in seiner Erb-
anlage bedingte Flagellatenform annimmt. Die Flagellatenform ist hier sogar
auch morphologisch die höher organisiertere, die weitaus charakteristischere
und spezifischere, wie das Vorkommen zwei- und dreigeißlicher Arten bei den
sonst so schwer unterscheidbaren sog. Limaxamöben zeigt. So erscheinen
auch die Leishmanien im Tierkörper als kleine geißellose, birnenförmige
Körperchen, in der Kultur dagegen als typische trypanosomenartige Flagellaten (Abb. 101); und Trypanosomen haben im Wirbeltierblut eine den ganzen
Körper entlang ziehende undulierende Membran (Trypanosomenform), in Kultur
und im Überträger eine freie Geißel oder nur kurze Membran (*Leptomonas*
oder *Chrithidiaform*) (Abb. 102 a u. b). Ein sehr interessantes Verhalten hat
Nöller aufgedeckt beim Froschtrypanosom. Dasselbe wird durch Blutegel

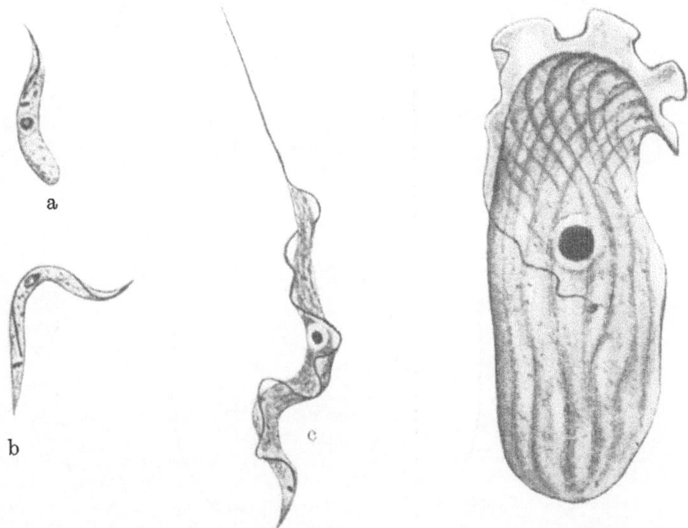

Abb. 102. *Trypanosoma rotatorium.* a u. b Chrithidiaformen aus dem Magen junger
Egel. c kleine Trypanosomenform aus Kaulquappe, d große Trypanosomenform ohne
freie Geißel aus dem erwachsenen Frosch. Vergr. ca. 2000. Nach Nöller 1913 verändert und auf die gleiche Vergrößerung gebracht.

auf Kaulquappen übertragen und erscheint hier in der Form wie die typischen
pathogenen Trypanosomen (Abb. 102 c). Mit dem Heranwachsen der Kaulquappen zum jungen Frosch entsteht daraus das große, wesentlich anders gebaute Froschtrypanosoma (Abb. 102) und durch Infektion bei der Grasfrosch-
kaulquappe hat Nöller eine noch größere Riesenform erhalten, die der von
anderer Seite als besonderes *Trypanosoma mega* beschriebenen Form gleicht.

3. Generationswechsel.

Ganz analoge Erscheinungen, wie die des Polymorphismus, die Verschiedenheit erwachsener Individuen unter verschiedenen äußeren Lebensbedingungen
(oder erblich fixiert aus inneren Ursachen), finden sich nun auch bei der
Fortpflanzung. Wie wir oben gesehen haben, kann auch der Fortpflanzungsmodus einer Art durch äußere Bedingungen verändert werden, oder ein verschiedener Fortpflanzungsmodus, meist vor oder nach der Befruchtung erblich

fixiert werden. Mit der Fixierung einer multiplen Fortpflanzung vor der Befruchtung, also der Ausbildung einer Gametogonie, ist ohne weiteres die Möglichkeit eines Generationswechsels gegeben, der zunächst vollkommen fakultativ sein kann. Die sich verschieden fortpflanzenden Generationen sind entweder morphologisch gleich oder mit einem Polymorphismus verknüpft. Bei der Besprechung der Befruchtung haben wir nun schon gesehen, daß einerseits

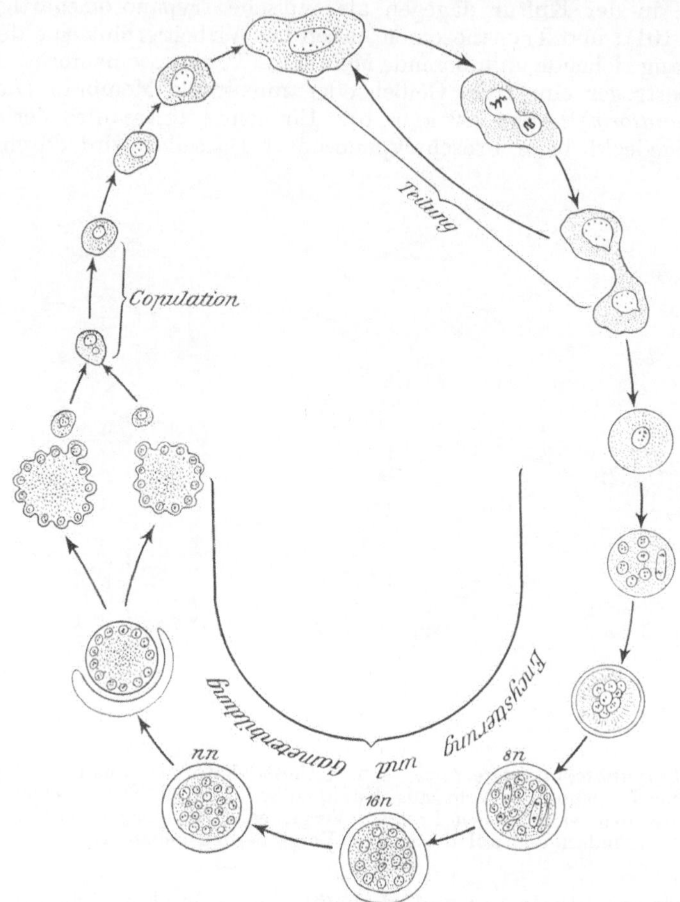

Abb. 103. Schema des Zeugungskreises von *Entamoeba blattae*. Nach Mercier 1910.

das Auftreten von Befruchtungsvorgängen überhaupt von äußeren Bedingungen abhängig und bei Ausschaltung dieser Bedingungen unterdrückt werden kann, und ebenso umgekehrt die ungeschlechtliche Generation. Das gleiche gilt auch für die einer merogamen Befruchtung vorausgehende besondere Fortpflanzung, also für die geschlechtliche Generation und den Generationswechsel in manchen Fällen (z. B. bei Phytoflagellaten). Bei Foraminiferen und Sporozoen erscheint dagegen der Generationswechsel im wesentlichen festgelegt, er ist nicht mehr fakultativ sondern normalerweise obligatorisch und außerdem mit mehr oder minder weitgehenden morphologischen Änderungen der Individuen, wie ihrer Fortpflanzung (Polymorphismus) verbunden. Einige Beispiele mögen das erläutern.

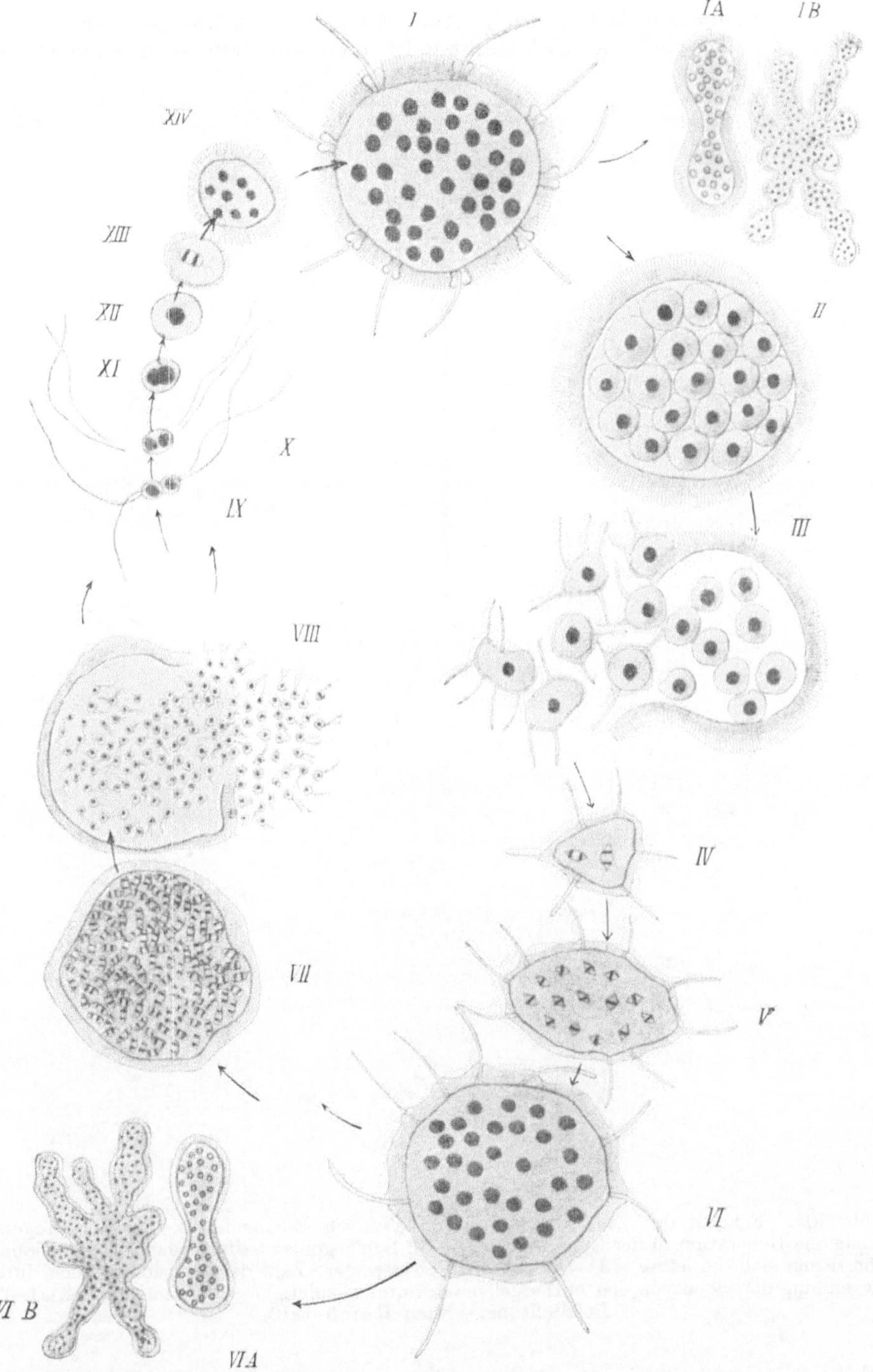

Abb. 104. Schema des Zeugungskreises von *Trichosphaerium sieboldi* Schn. I—III Agametenbildung, IV—VI Entwicklung der Geschlechtsform (Gamont), VI—VIII Gametenbildung, IX—XII Copulation und Zygotenbildung, XII—XIV Entwicklung der ungeschlechtlichen Form (Agamont). I A und I B Plasmotomie des Agamonten, VI A und VI B dido des Gamonten. Nach Schaudinn 1899 aus Lang.

Bei *Entamoeba blattae* (siehe Abb. 103), *Chlamydophrys stercorea* und *Stephanosphaera* sind die Geschlechtsindividuen von den agamen nicht ver-

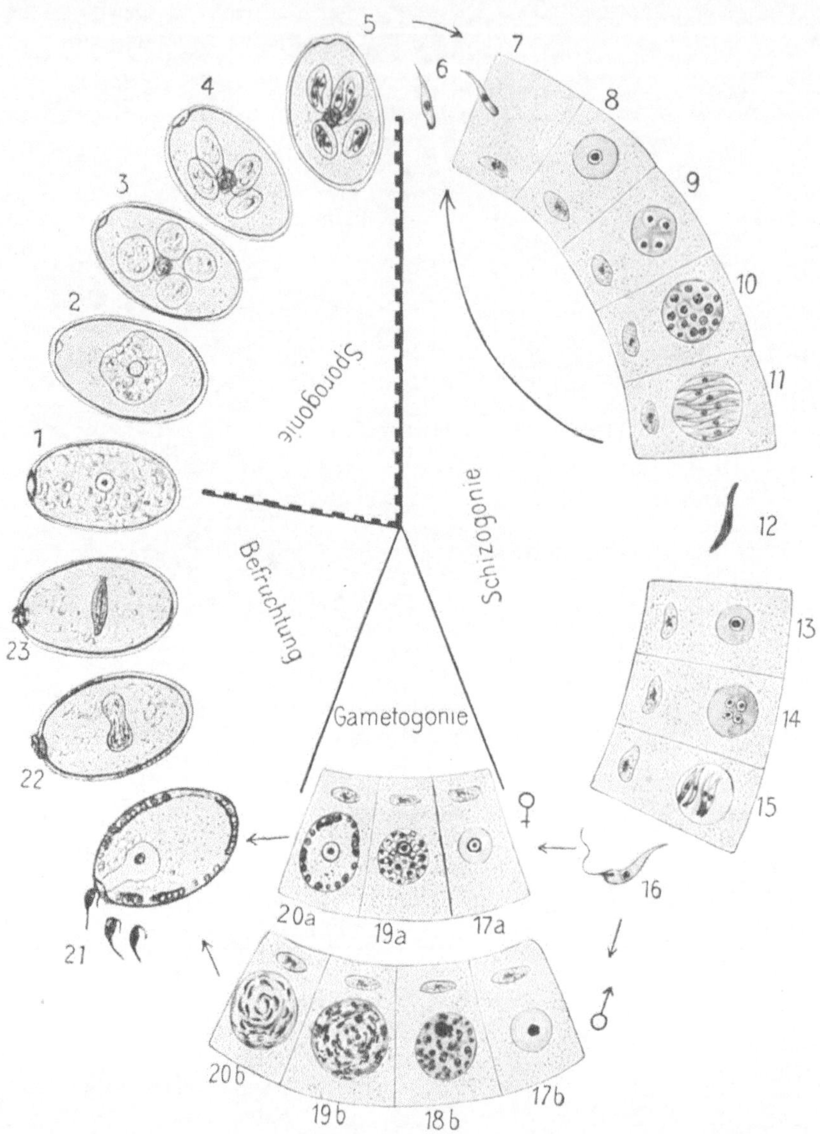

Abb. 105. Schema des Zeugungskreises von *Eimeria stiedae* Lind. 1—5 Sporogonie (1. agame Generation in der Cystozygote), 6—16 Schizogonie (weitere agame Generationen, von denen sich die letzte (13—16) außer durch geringere Zahl der Merozoiten noch durch Begeißlung derselben von den vorhergehenden unterscheidet, 17—20, Gametogonie, 21—23 Befruchtung. Nach Reich 1912.

schieden, es ist einfach eine Generation mit geschlechtlicher Fortpflanzung zwischen eine unbestimmte Zahl von agamen Generationen eingeschoben, was wenigstens in letztgenanntem Falle ganz von Außenbedingungen abhängig ist.

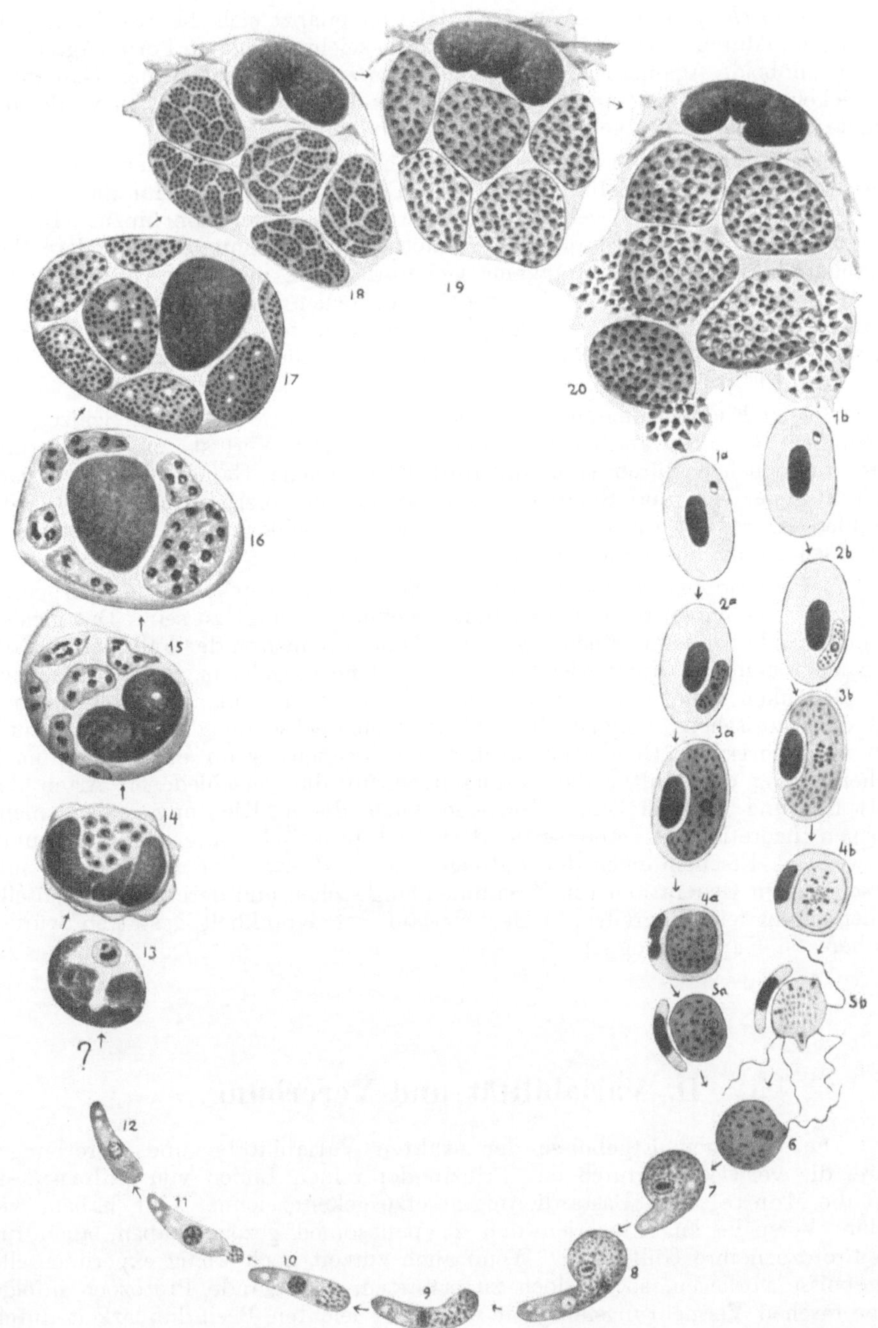

Abb. 106. Schema des Zeugungskreises von *Haemoproteus columbae*. 1—5 Geschlechts-generation (Gametogonie), a weiblich, b männlich, Microgametenbildung, 6—12 Befruchtung und Ookinetenbildung, 13—20 agame Generation (Schizogonie) in Endothelzellen der Lunge. Nach Aragao 1908.

Bei *Trichosphaerium* (Abb. 104) dagegen pflanzt sich die aus der Zygote entstehende durch einen Stäbchenbesatz ausgezeichnete agame Form (Agamont) durch amöboide Agameten fort, die sich stets zu gametenliefernden Gamonten entwickeln. Durch die Copulation geißeltragender Gameten entsteht wieder die Zygote, worauf der festgelegte Kreislauf von neuem beginnt.

Streng obligatorisch ist nun der Generationswechsel der Sporozoen. Bei den Coccidien (Abb. 105) und in gleicher Weise bei den Malariaparasiten kommt dabei noch eine weitere besondere agame Generation hinzu. In der Cystozygote vollzieht sich nämlich zunächst, in Anpassung an besondere ökologische Bedingungen eine 1. agame Generation, die meist Sporogonie genannt wird, dann folgt nach Infektion eines neuen Wirtes eine unbestimmte Anzahl von weiteren agamen multiplen Teilungen von ganz anderer morphologischer Ausbildung, die Schizogonien, und schließlich entwickelt sich die Geschlechtsgeneration.

Bei den Eugregarinen finden sich nur zwei Generationen, da die Schizogonie gegenüber den verwandten Coccidien fehlt. Der Verlust an Vermehrung wird ausgeglichen durch eine außerordentlich reiche Gametenbildung. Geschlechtsgeneration und Sporogonie sind außerdem innerhalb einer Cyste eingeschlossen, so daß die geschlechtliche und ungeschlechtliche Fortpflanzung auf einen Punkt zusammengezogen wird. (Vgl. Abb. 83, S. 68.)

Bei *Haemoproteus columbae* (Abb. 106) scheint umgekehrt die Sporogonie in Ausfall gekommen resp. nicht zur Entwicklung gelangt zu sein. Das gleiche ist im Grunde bei der Parthenogenese der Malariaparasiten der Fall, bei der aus dem Macrogameten direkt wieder ein Schizont hervorgeht (s. S. 79). Das legt den Gedanken nahe, daß es auch bei den Sporozoen und anderen Protozoen mit obligatorischem, polymorphem Generationswechsel möglich sein könnte, den obligatorischen Generationswechsel zu brechen, wenn es gelänge, nach Beherrschung der Kultur die Bedingungen für die verschiedenen Arten der Fortpflanzung festzustellen. Versuche nach dieser Richtung wären nicht nur von theoretischem Interesse, sondern auch praktisch von großer Bedeutung, da wichtige Erscheinungen der Pathogenese (z. B. Recidive bei Malaria) mit verschiedenen Generationen in Zusammenhang stehen und deren experimentelle Beherrschung ein Eingreifen in den Verlauf der Krankheit gestatten würde. (Näheres s. Kap. Ökologie.)

D. Variabilität und Vererbung.

Die wichtigen Ergebnisse der exakten Variabilitäts- und Vererbungslehre, die vorwiegend durch das Prinzip der reinen Linien von Johannsen und die Mendelschen Bastardierungsgesetze gekennzeichnet sind, haben, wie neuere Versuche an Infusorien und Trypanosomen gezeigt haben, auch für die Protozoen ihre Gültigkeit. Wenn auch zurzeit noch wenig experimentelle Ergebnisse vorliegen, so ist doch zu erwarten, daß gerade Protozoen infolge ihrer raschen Vermehrungsfähigkeit und ihrer leichten Beeinflußbarkeit durch äußere Bedingungen äußerst günstige Objekte für derartige Versuche abgeben werden. Abgesehen von ihrer theoretischen Bedeutung kommt solchen Versuchen bei pathogenen Protozoen auch eine hohe praktische Wichtigkeit für diagnostische, therapeutische und Immunitätsfragen etc. zu. (Näheres s. Kap. Ökologie.)

Das Verhalten vieler Protozoenarten, wie mancher Foraminiferen und Peridineen an verschiedenen Lokalitäten und zu verschiedenen Jahreszeiten zeigt auffallende Arten von Variabilität. Jede Verwertung solcher Beobachtungen, so interessant sie auch an sich sein mögen, in vererbungstheoretischer Hinsicht ist aber zunächst völlig wertlos, da nur planmäßig und exakt durchgeführte Zuchtversuche eine richtige Beurteilung erlauben. Wir begnügen uns daher hier mit der Schilderung der wenigen exakten Versuche an Ciliaten, um kurz die hier geltenden Prinzipien darzulegen.

Reine Linien. Wenn man das Infusor, *Paramaecium caudatum*, aus der freien Natur züchtet, zeigt sich, daß beispielsweise das Merkmal Länge innerhalb weiter Grenzen von etwa 45—350 μ variiert. Statistisch aufgenommen und in Form einer Kurve dargestellt gibt dieses Merkmal eine regelmäßige, eingipflige sog. Galtonkurve mit bestimmtem Mittelwert. Legt man nun Einzellkulturen durch Isolierung größter, kleinster etc. Individuen aus einer solchen Rohkultur oder Population an, so zeigt sich, daß diese Infusorienart in ihren erblichen Eigenschaften nicht einheitlich ist, sondern aus einer Anzahl konstanter Rassen

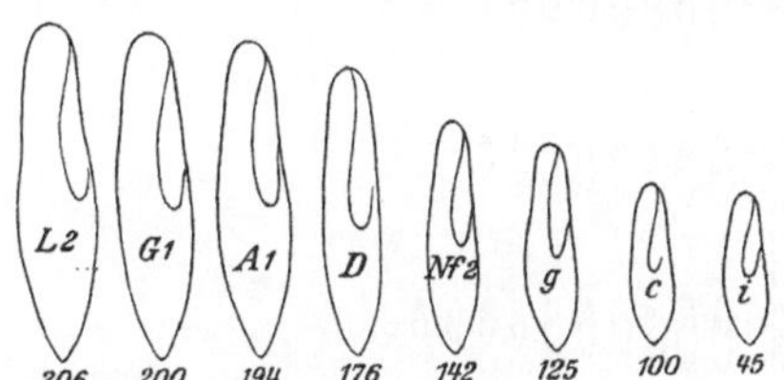

Abb. 107. Umrisse der Mittelwerte 8 reiner Linien von *Paramaecium caudatum*. Vergr. ca 170. Nach Jennings 1909.

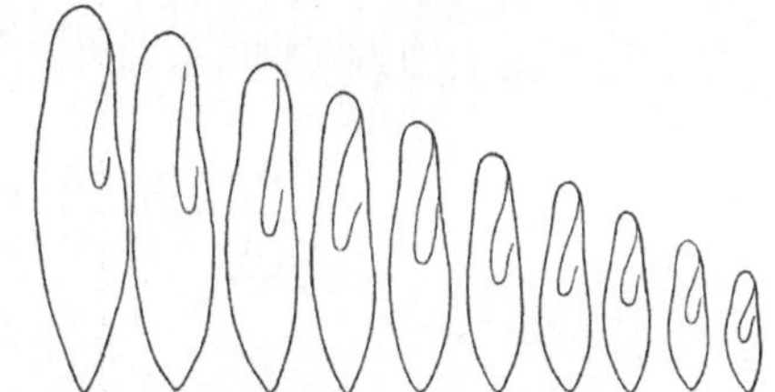

Abb. 108. Variation bei der Linie D (Abb. 107 und 109), deren Individuen in der Länge zwischen 80 μ und 250 μ variieren. Vergr. ca. 170. Nach Jennings 1909.

von geringerer Variationsbreite besteht. Jennings hat bei *Paramaecium* acht solcher „reinen Linien" oder „Klone" (Individuallinien) gezüchtet, die sich nicht nur in ihrer Größe, sondern auch in anderen Eigenschaften, wie Teilungsrate, Conjugationsfähigkeit, Verhalten gegen Wärme und Gifte, unterscheiden (Abb. 107). Die Variationsbreite der einzelnen Individuallinien greift derart übereinander, daß ein Gemisch der einzelnen Rassen, wie jede Rohkultur oder Population ein solches darstellt, eine einheitliche Kurve ergibt, und ihre Zusammensetzung aus verschiedenen Rassen nur mit Hilfe der Einzellkultur möglich ist (s. Abb. 108 und 109). Durch Selektion gelingt es, aus einer Population einzelne besondere Rassen mit abweichender Kurve (andere Mittelwerte) zu isolieren, eine Selektion innerhalb einer reinen Linie ist aber völlig vergeblich; man erhält unter gleichen Außenbedingungen immer denselben Mittelwert.

Modifikationen. Durch Veränderungen der äußeren Lebensbedingungen ist es dagegen möglich, eine Verschiebung der Mittelwerte der Population, wie der einzelnen „reinen Linien" zu erzielen. So kann man nach Jollos durch chemische Einwirkung und Temperaturerniedrigung die Teilungsfähigkeit vermindern und Riesenindividuen resp. umgekehrt Zwergformen züchten, zugleich ein experimenteller Beweis für die Unabhängigkeit resp. das Vorhandensein eines gesonderten „Teilungs- und Wachstumsfaktors" in der Protozoenzelle (s. Kap. Fortpflanzung). Äußerlich kann auf solche Weise z. B. die kleine Rasse (Individuallinie) i der sonst größten L₂ gleichgemacht werden. In ihrer inneren Konstitution bleibt sie aber doch dauernd von der letzteren verschieden und bei Zurückbringen der Rasse unter die alten, gleichen Ausgangsbedingungen, wird

sie auch äußerlich wieder verschieden. Die durch die Außenbedingungen erzielten Veränderungen (Variabilität) einer Rasse (reinen Linie) sind somit nicht
erblich, und diese nicht erblichen Variationen nennt man Modifikationen.
    Mutationen. Neben diesen nichterblichen Modifikationen kommen nun
auch erbliche Veränderungen bei vorher auf ihre Reinheit geprüften Linien
vor, die dauernd auch nach Zurückführen der Kultur in die Ausgangsbedingungen erhalten bleiben, bei denen also die innere erbliche Konstitution
eine Änderung erfahren hat, sog. Mutationen. Die Mutanten entstehen
aus unbekannten Gründen, nicht wie die Modifikationen in direkter funktionaler

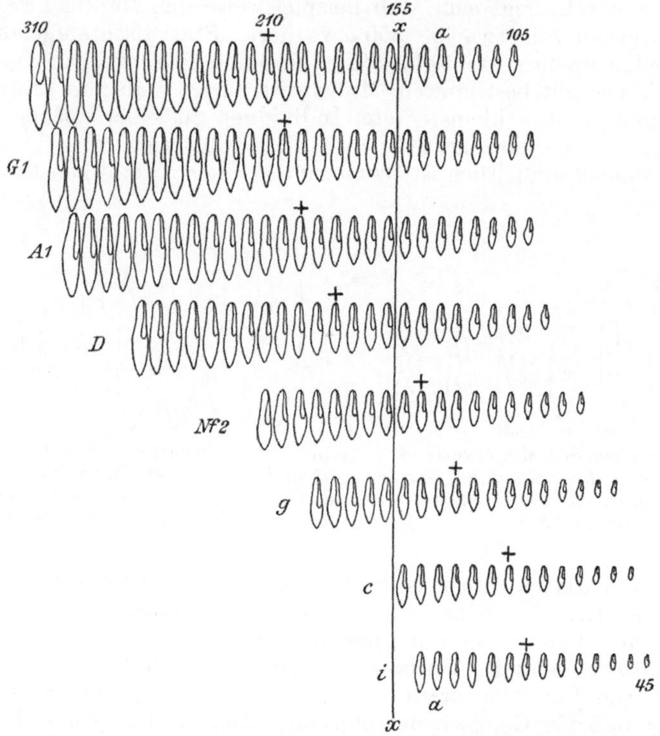

Abb. 109. Die Variationsbreite von 8 reinen Linien einer Population von *Paramaecium
caudatum*. Die Linie xx gibt den Mittelwert der ganzen Population an, + die Mittelwerte der einzelnen Linien. Nach Jennings 1909.

Abhängigkeit von Milieuveränderungen, so vielfach bei völlig gleichbleibenden
äußeren Bedingungen, oder bei verändertem Milieu oft zugleich nach entgegengesetzter Richtung auftretend; von der Ausgangsrasse unterscheiden sie sich
oft nur ganz geringfügig und können dann von kleinen Modifikationen äußerlich nicht ohne weiteres unterschieden werden; die Hauptsache ist die
dauernde, erbliche Veränderung auch unter alten Ausgangsbedingungen
und nach Befruchtung, und das kann nur durch streng durchgeführte Zuchtversuche richtig erkannt werden. Die meisten Mutationen werden wohl so
geringfügig sein, daß sie der Beobachtung entgehen.
    Den einzigen exakt nachgewiesenen Fall einer Mutation bei Protozoen
hat Jollos bei Wärmeversuchen mit einer reinen Linie von *Paramaecium*
festgestellt. Er beobachtete nach neunwöchentlicher Kultur bei 31° normal
große und auffallend kleinere Individuen. Variationsstatistisch aufgenommen

zeigte die Kultur eine typische zweigipfelige Kurve, während neue von den isolierten größten und kleinsten Individuen angelegte Kulturen wesentlich voneinander verschiedene eingipfelige Kurven ergaben. Dabei war die der großen Tiere mit der Ausgangsrasse identisch, die der kleineren aber völlig neu. Außer der geringen Größe — er war die kleinste aller von Jollos gezüchteten Linien — unterschied sie sich auch in physiologischen Eigenschaften, wie Verhalten gegen Wärme, Gifte etc. von der Ausgangsrasse und behielt diese neuen Eigenschaften nicht nur in monatelanger Kultur, sondern auch vor allem nach einer Conjugation.

Dauermodifikation. Bei Protozoen, und zwar bisher nur bei diesen, ist nun noch eine dritte Art von Variabilität nachgewiesen, die zwar zweifellos den Modifikationen zuzurechnen ist, aber andererseits auch gewisse Merkmale der Mutationen aufweist, weshalb sie vielfach fälschlicherweise als solche angesprochen wurde. Es sind das die sog. Dauermodifikationen, deren Wesen Jollos bei *Paramaecium* klargelegt hat. Es gelang ihm, reine Linien von *Paramaecium* — und dasselbe ist früher schon für nicht auf ihre Reinheit geprüfte Rassen von Trypanosomen von Ehrlich gefunden worden — in weitgehendem Maße an die vielfach tödliche Dosis von Giften (Arsenikalien) zu gewöhnen, giftfest zu machen. Diese Giftfestigkeit bleibt nun im Gegensatz zu gewöhnlichen Modifikationen hunderte von Generationen hindurch erhalten, auch wenn die Organismen wieder in normale Bedingungen zurückgebracht werden. Giftfeste Trypanosomen sind sogar viele Jahre hindurch unbehandelt weitergeimpft worden, ohne die Giftfestigkeit zu verlieren. Bei Infusorien klingt die Giftfestigkeit nach zahlreichen Generationen (in einem Falle über 600 nachgewiesen) langsam ab; findet aber vorher eine Conjugationsepidemie statt, dann verschwindet sie mit einem Schlage. In analoger Weise hat Gonder für *Trypanosoma lewisi* gezeigt, daß diese erworbene und Tausenden von Generationen „vererbte" Eigenschaft nach einer Passage durch den Zwischenwirt, die Rattenlaus *Haematopinus spinulosus*, in der eventuell ein Sexualakt stattfindet, verloren geht. Es handelt sich mithin nicht um eine Mutation, eine Veränderung der inneren Konstitution der genotypischen Grundlage, sondern um eine Modifikation von außerordentlich langer Nachwirkung, die aber sofort schwindet, wenn die Gene die Zelle gewissermaßen reorganisieren, wie das bei der Befruchtung der Fall ist.

B. Ökologie.

Beziehungen zwischen Parasit und Wirtsorganismus; allgemeine Pathogenese.

I. Einleitung.

Je nach ihrer Lebensweise unterscheiden wir freilebende und parasitische Protozoen, d. h. solche, welche mehr oder weniger auf einen anderen lebenden Organismus, den „Wirt" (Tier oder Pflanze) angewiesen sind. Wir behandeln, dem Zwecke dieses Buches entsprechend, nur die Parasiten unter den Protozoen und im einzelnen nur diejenigen, welche den Wirt schädigen, die pathogenen Protozoen. —

Die meisten parasitischen Protozoen sind von ihrem Wirt bzw. ihren Wirten in weitgehender Weise abhängig. Manche, und zwar hauptsächlich die Parasiten der Haut, des Darmes und seiner Anhänge, bilden zwar vor einem Wirtswechsel Dauerformen, können sich in dieser Form (Cysten u. ä.) sehr lange in der Außenwelt halten und nach langer Zeit die Infektion eines neuen Wirtes verursachen. Andere Formen aber, z. B. die Parasiten der menschlichen Malaria, haben völlig die Fähigkeit verloren, außerhalb ihrer Wirte zu vegetieren. Wohl kann man sie eine Zeitlang außerhalb des menschlichen Körpers am Leben erhalten, ja sie beenden unter günstigen Bedingungen den angefangenen Entwicklungsabschnitt, dann aber sterben sie ab (Baßsche Plasmodidenkulturen). Nur ganz wenige Formen lassen sich außerhalb des Körpers in geeigneten Nährlösungen serienweise in echten „Kulturen", wie Bakterien, züchten (*Trypanosoma lewisi* der Hausratte s. S. 195, *Leishmania* s. S. 243).

In bezug auf die Wechselbeziehungen zwischen Parasit und Wirt können wir folgende Stufenleiter aufstellen:

1. Lebt ein Parasit an der Körperoberfläche in den Sekreten oder Exkreten oder im Darm seines Wirtes, nimmt er ihm keine Nährstoffe vorweg, entzieht er seinem Körper keine zu dessen Aufbau wesentlichen Substanzen, so bezeichnen wir ihn als Kommensalen; ein Beispiel stellen die Ciliaten und Flagellaten im Enddarm vieler Wirbeltiere dar.

2. Manche Parasiten genießen einerseits den Schutz, den der Aufenthalt an oder in dem Wirte verleiht, andererseits nützen sie selbst wiederum dem Wirte: Symbioten, z. B. die sog. grünen und gelben Zellen (pflanzlich lebende Flagellaten, s. Syst. Übers.) mancher Protozoen und niederer Metazoen.

3. Parasiten im engeren Sinne sind solche Schmarotzer, welche dem Wirte in irgend einer Weise schädlich sind.

Ectoparasiten schmarotzen auf den äußeren Bedeckungen des Körpers; Entoparasiten im Körperinneren.

Betrachten wir zuerst, wie die Organisation der Protozoen durch die Beschaffenheit seiner Umgebung, durch das „Milieu" beeinflußt wird.

Manche Formen (z. B. die Trypanosomen der Warmblüter) leben im Blutplasma, das der Träger des Stoffwechsels zwischen der resorbierenden Darmschleimhaut bzw. dem Chylus und den Geweben ist. Diese Parasiten zeichnen sich, entsprechend dem flüssigen Nährmedium, durch eine sehr große Beweglichkeit und ihre schlanke Form aus. Andere leben dauernd auf den Epithelien festsitzend, wie der Flagellat *Lamblia* mittels eines Peristoms im Dünndarm und *Costia* mit der Geißel in den Schleim eingebohrt auf der Fischhaut: epicelluläre Parasiten. Viele Myxosporidien und Jugendstadien von Gregarinen leben zwischen den Gewebszellen eingekeilt, intercellulär. Andere dringen durch die Epithelien in den Körper ein und entfalten dann ihre schädliche Wirkung im Bindegewebe z. B. des Darmes. Es ist kein Zweifel, daß die pathogenen Amöben sich, vermöge ihres zähen Ectoplasmas zwischen die Epithelzellen des Darmes einschieben und in den feinsten Lymphspalten, diese ausdehnend, weiter wandern können.

Endlich gibt es Parasiten, die vermöge einer ziemlich festen Pellicula und einer wurmartigen Beweglichkeit die Außenmembran der Körperzellen zu durchbohren und in diesen sich anzusiedeln vermögen, z. B. die Coccidien und Plasmodiden. Ja es gibt Formen wie *Cyclospora caryolytica*, die direkt in den Kern der befallenen Zelle sich einbohren (Abb. 110).

Die endoparasitische, spez. intrazelluläre Lebensweise bedingt vielfach allerhand Rückbildungen von Organellen, z. B. bei *Schizotrypanum cruzi* und *Leishmania* völligen Schwund der Geißel (s. Abb. 101, S. 90). Solchen regressiven Vorgängen stehen aber auch progressive gegenüber. So bilden die Gregarinen oft ganz komplizierte Haftorgane (Epimerite) aus, um sich in den Epithelzellen des Darmes zu verankern (Abb. 111, s. auch Abb. 23, S. 22).

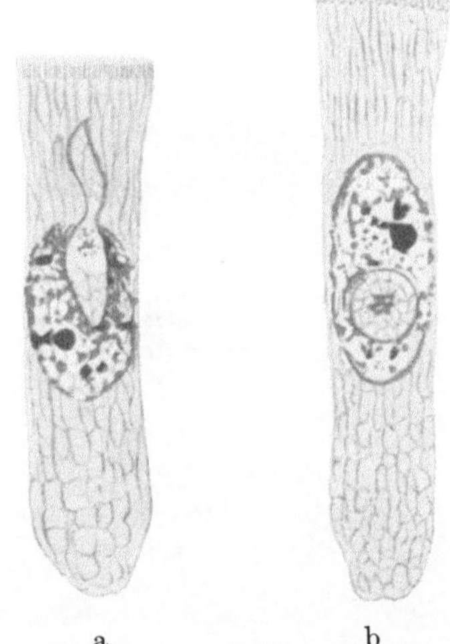

a b

Abb. 110. *Cyclospora caryolitica* Schaud. a Merozoit in den Kern einer Darmepithelzelle des Maulwurfs eindringend. b junger kugeliger Schizont im Kern der Wirtszelle, Vergr. ca. 2000. Nach Schaudinn 1902.

Man kann die endoparasitischen Protozoen dementsprechend auch einteilen in Parasiten der Körperhöhlen und der darin zirkulierenden Flüssigkeiten, in intercelluläre und intracelluläre Parasiten. Doch sind die Grenzen bei solcher Einteilung schwankende, da manche Parasiten zeitweise im Darm, später zwischen Zellen, in anderen Stadien wieder in Zellen schmarotzen, z. B. die Coccidien. Bei vielen dieser Parasiten kommt zu dem Wechsel der Lokalisation noch ein Generationswechsel hinzu, der fast stets mit einem Wirtswechsel verbunden ist.

Diese verschiedenen Modifikationen der Umgebung haben nun aber auch den parasitierenden Protozoen ihren Stempel aufgedrückt. Nehmen wir als Beispiel die Malariaparasiten des Menschen: sie sind fähig, sich sowohl im Menschen, als auch in der Anophelesmücke zu entwickeln, unter Bedingungen also, wie sie kaum verschiedener gedacht werden können. Andererseits sind diese Plasmodiden auf kein anderes Wirbeltier zu übertragen, sind also diesem Wirt aufs engste angepaßt; ferner können sie sich nur in ganz bestimmten *Anopheles*-Arten weiter entwickeln: also auch hier eine sehr feine Einstellung auf die umgebenden physikalischen und chemischen Bedingungen. So stellt der Parasitismus eines Protozoon eine Resultante aus seiner Variabilität (Modifizierbarkeit) einer-, seinem Angewiesensein auf gewisse unerläßliche Bedingungen andererseits dar.

Der wechselnden selektiven Lokalisation der parasitischen Protozoen entsprechend ist auch die Art der Wirkung auf den von ihnen befallenen Organismus eine ganz verschiedene.. Auf rein mechanischem Wege kann ein in eine Zelle eingedrungener Parasit diese zersprengen, erdrücken (Coccidien); andere, wie manche Binucleaten (*Haemoproteus columbae* und *Schizotrypanum cruzi*) und besonders manche Microsporidien (s. Spec. Teil) bewirken zunächst ein stark hypertrophisches Wachstum der Wirtszelle ev. mit amitotischer Kernvermehrung; große Anhäufungen von Parasiten im Gewebe zerstören es rein mechanisch (Sarkosporidien); ein Zellparasit kann ferner die Zelle (Plasmodiden) in manchen Fällen auch nur den Zellkern (*Caryolysus*) zu seinem eigenen Stoffaufbau verbrauchen, aufsaugen. Andere Parasiten wirken indirekt deletär, indem sie Produkte erzeugen, die den Gesamt-Stoffwechsel (Trypanosomen) oder bestimmte Zellarten des Wirtes (Schlafkrankheit) schädigen.

Von Bedeutung ist ferner der Weg, auf welchem der Parasit in den Körper eindringt. Gewöhnlich sind die Parasiten auf eine ganz bestimmte Art der Übertragung scharf eingestellt, so daß nur eine Eintrittspforte offen steht.

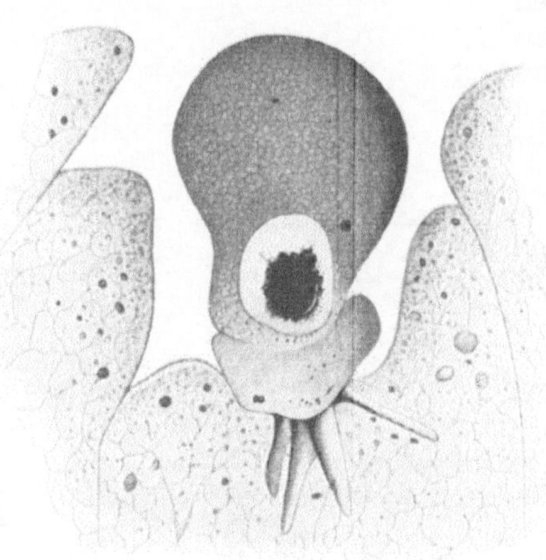

Abb. 111. *Echinomera hispida* A. Schneid. Gregarine mit dem Epimerit auf dem Darmepithel festgeheftet. Vergr. ca. 2000. Nach Schellack 1907.

Von ausschlaggebender Bedeutung aber ist für die Ansiedelung des Parasiten im Körper die Reaktion des Wirtsorganismus selbst. Das Eindringen von Amöben ins Gewebe z. B. beantwortet der Wirt sofort mit der Anhäufung von Leukozyten und dem Versuch, die Eindringlinge durch Eiterung wieder auszustoßen (Amöben-Dysenterie, Abszeßbildung); Myxo- und Microsporidisn werden durch Einkapselung in bindegewebige „Cysten" unschädlich zu machen gesucht, Blutparasiten sucht er durch die sich bildenden Antikörper unschädlich zu machen.

Aber auch den Parasiten stehen Anpassungseinrichtungen zu Gebote, die ihnen gestatten, auf die Abwehrmaßregeln des Körpers ihrerseits zu antworten. So entsteht auf dem Gebiete der pathogenen Protozoen ein Kampf zwischen Wirt und Parasit, dessen einzelne Phasen zum interessantesten gehören, was die Biologie uns bieten kann.

II. Lokalisierte und mechanische Wirkung der Parasiten.

Parasiten der Haut. Die Ectokommensalen, welche auf der Haut oder dem diese bedeckenden Schleim und Schmutz leben, sind zwar dem Wirte im allgemeinen nicht weiter schädlich; gelegentlich aber nimmt die Zahl dieser an sich harmlosen Parasiten derart zu, daß sie die Funktion der Haut schwer beeinträchtigen. Hierher gehören gewisse Ciliaten (*Ichtiophthirius, Cyklochäta*) und Flagellaten (*Costia*), welche auf der Haut von Fischen leben und gelegentlich durch ihr massenhaftes Vorkommen die Fischbrut töten. Wir müssen uns vorstellen, daß schon allein durch die Bedeckung eines großen Teiles der Körperoberfläche mindestens eine schwere Schädigung bedingt sein kann. Die Haut der Fische reagiert mit Vermehrung des Schleimes, auch hierdurch wird ihre Funktion gestört; wenn nun noch dazu die Parasiten (*Costia*) die Oberfläche der Kiemen überdecken, so gehen die Tiere an Erstickung ein. Infolge des durch die Parasiteninvasion gesetzten Reizes wuchern dann auch die Epithelien, Störungen der Hautfunktionen veranlassend.

Parasiten des Darmes. Der Darm mit seinen Anhängen, den Harn- und den Geschlechtswegen, stellen, wenn man will, einen Teil der Körperoberfläche dar. Auch auf diesen „Einstülpungen der Körperoberfläche" leben bei den verschiedensten Tierklassen zahlreiche Kommensalen (Entokommensalen), z. B. Amöben, Flagellaten und Ciliaten, Gregarinen: sie schädigen für gewöhnlich den Darm gar nicht oder doch nicht soweit, daß man von Erkrankungen des Tieres sprechen könnte. Aber auch im Darm usw. können durch eine abnorme Vermehrung dieser anscheinend harmlosen Parasiten die Epithelzellen zum Absterben gebracht werden. Gerade in diesen sich lösenden Zellmassen nun gedeihen die Parasiten sehr gut, so daß ein Circulus vitiosus entsteht; die resorbierende Fläche des Darmes wird verkleinert, dadurch die Ernährung des Organes selbst wie auch des ganzen Körpers geschädigt, es entstehen Verluste der Schleimhaut, Bakterien dringen in die Submukosa ein und verursachen Zerstörungen und septische Prozesse, die den Tod des Wirtes veranlassen können. Die Vermehrung der Parasiten wird häufig dadurch veranlaßt, daß der Darm, von irgend einer anderen Noxe getroffen, erkrankt und daß sich in dem veränderten, diarrhoischen Darminhalt die Parasiten stark vermehren und nun ihrerseits zur Erschwerung des Krankheitsprozesses in der oben geschilderten Weise beitragen. Beim Menschen entstehen wohl auf diese Weise die sog. Flagellaten-(*Lamblia*-) und Ciliaten-(*Balantidium*-) Dysenterien. Interessant ist es auch, daß ein sonst harmloses Saprozoon des menschlichen Darmes, die *Chlamydophrys stercorea*, gelegentlich bei kachektischen Zuständen (Karzinom) aus dem Darm in die Bauchhöhle einwandern und dort sich halten und vermehren kann, wo sie zuerst als besondere Art unter dem Namen *Leydenia gemmipara* von Schaudinn beschrieben wurde, bis er später den Zusammenhang erkannte. Wir sehen also, daß eine scharfe Grenze zwischen Kommensalen und Parasiten nicht gezogen werden kann.

Das Charakteristikum für den echten Parasitismus ist, daß der Schmarotzer in das Zellgefüge des Wirts hineingelangt und sich entweder in einer bestimmten Zellgattung (Darmepithel, rote Blutkörperchen) oder in Zellen, die über den ganzen Körper verteilt sind (Parasiten der weißen Blutkörperchen, *Leishmania donovani*) oder in einem bestimmten Gewebe (Gehirn, Bindegewebe) festsetzt; oder er vegetiert in den diese Gewebe durchspülenden Flüssigkeiten (Blutplasma, Trypanosomen). Diese elektive Fähigkeit der pathogenen Protozoen ist mehr oder weniger scharf entwickelt; so vermag das *Treponema pallidum*, der Erreger der Syphilis, so ziemlich in allen Geweben festen

Fuß zu fassen, während z. B. *Nosema lophii*, eine Microsporidie des sog. Angler-fisches, sich ausschließlich in den Ganglienzellen festsetzt (s. Spec. Teil, Abb. 294, S. 375). Hier besteht also eine extreme Abhängigkeit der Parasiten von gewissen physikalisch-chemischen Verhältnissen in den Geweben.

Echte **Zellparasiten** können, wie erwähnt, die Wirtszelle rein mechanisch schädigen, z. B. pressen die in der Darmepithelzelle heranwachsenden Coccidien den Kern zur Seite, der allmählich verkümmert. Bei den meisten Zellparasiten tritt aber bereits die chemische Wirkung in den Vordergrund, wenn diese ihren Körper aus den Leibessubstanzen der Wirtszelle, sowohl des Plasmas als auch des Kernes, aufbauen (s. den Abschnitt über den Stoffwechsel). Die ersten vorbereitenden Stadien dieser Beeinflussung der Wirtszelle lassen sich manchmal sogar mikrochemisch nachweisen: in den von *Plasmodium vivax* befallenen roten Blutscheibchen des Menschen tritt eine charakteristische Tüpfelung auf (Schüffnersche Tüpfelung). Daraus muß man schließen, daß der Parasit nicht nur Material aus der Wirtszelle aufnimmt, sondern auch die Abbaupro-dukte seines eigenen Metabolismus in die Wirtszelle hinein ausscheidet, die dann in ihr jene Veränderungen erzeugen. Ein sinnfälliges Beispiel hierfür können wir in dem Verhalten des Kernes der roten Blutkörperchen bei der Infektion mit *Proteosoma praecox* (s. Spec. Teil, S. 335) erblicken, wo der Kern verschoben und schließlich aus dem Blutkörperchen ausgestoßen wird, ohne daß er mit dem Parasiten in direkte Berührung gekommen wäre.

Gewebsparasiten. Bei diesen äußert sich die Toxinwirkung sehr ver-schieden, je nach der Art des Parasiten und je nach der Art des in Mitleiden-schaft gezogenen Gewebes.

Die pathogenen Amöben des menschlichen Darmes sind imstande, aktiv in den Drüsenschläuchen hinauf und auch zwischen den Epithelzellen hindurch in die Submukosa einzuwandern. Die mit ihnen in Berührung kommenden Zellen des Wirtes verfallen nun einer Art von Koagulationsnekrose und werden gänz-lich aufgelöst. Die dabei sich bildenden Substanzen besitzen auch chemo-taktische Wirkungen, durch welche Leukozyten angelockt und die Gewebszellen zur Proliferation angeregt werden. Durch den Zerfall des umgebenden Gewebes entstehen die charakteristischen Abszesse, die nach dem Darmlumen hin durch-brechen, und die Amöben-Abszesse in der Leber und im Gehirn.

Einen anderen, aber nahe verwandten Typus der Herderkrankungen stellt die Infektion mit *Treponema schaudinni* (das phagedänische Geschwür) und mit *Leishmania tropica* (Orientbeule) dar. Durch einen kleinen Epithel-defekt dringen die Krankheitserreger in die Kutis und von da in die Subkutis ein, sie erzeugen, ähnlich wie die Amöben in der Darmwandung, Nekrose und proliferierende Entzündung des umgebenden Gewebes. Im allgemeinen aber gelingt es dem Körper, einem weiteren Vordringen der Parasiten Einhalt zu tun, so daß die Parasiten höchstens wie in dem Wernerschen Falle bis zu den benachbarten Lymphdrüsen gelangen. Daß aber auch hier Stoffwechselprodukte der Parasiten in die Blutbahn übertreten, geht aus den Fiebererscheinungen hervor, die mit dem ersten Auftreten der Orientbeule verknüpft sind (Marzi-nowsky).

Die Syphilis und die Frambösie stellen ein Zwillingspaar von Krankheiten dar. Auch hier das Eindringen durch einen Substanzverlust, auch hier lokale Reaktion (Primäraffekt). Während aber bei Ulcus tropicum und der Orient-beule der Prozeß nicht weiter im Körper sich verbreitet, dringen die Erreger der Syphilis und der Frambösie von dem primären Herd aus weiter vor, sie geraten in die Lymphdrüsen, in die Lymphgefäße und von da ins Blut und werden im Körper verteilt. Nun treten die sekundären Erscheinungen auf, die sich namentlich in der Haut, aber auch auf den Schleimhäuten, und bei der Syphilis in sehr mannigfacher Form zeigen. Hier handelt es sich um Lokalisation in Kapillaren der Haut, der Schleimhäute usw., gefolgt von spezifischen Reaktionen der umgebenden Gewebe teils destruktiver, teils proliferativer Natur. Und endlich folgt bei diesen beiden Krankheitstypen in vielen Fällen das sog. tertiäre Stadium, gekennzeichnet durch sehr mannigfaltige pathologisch-anatomische Prozesse. Welche Rolle dabei das Treponema spielt, ist zurzeit noch nicht klar; daß es auch in diesem Stadium im erkrankten Gewebe (Gehirn) noch vorhanden ist, kann nach den neuesten Befunden Noguchis nicht mehr bezweifelt werden.

III. Erkrankungen des Gesamtorganismus.

Diese Betrachtungen leiteten uns bereits hinüber zu jenen pathogenen Protozoen, deren Bedeutung weniger in ihrer unmittelbar schädigenden Wirkung auf bestimmte Zellen oder Zellarten, als vielmehr in der indirekten Wirkung auf Zellen oder Organe, mit denen sie gar nicht in Berührung kommen, und auf den gesamten Stoffwechsel beruht. Hierzu gehören die Parasiten des Blutes, die Plasmodiden (Malaria), die Piroplasmen, die Trypanosomen und die im Blute schmarotzenden Spirosomen. Wir waren schon im vorausgehenden Abschnitte gezwungen, mehrfach neben der rein mechanischen Wirkung der Parasiten auch eine Giftwirkung anzunehmen, welche sich indirekt auf die dem Sitz des Parasiten benachbarten Zellen erstreckt. Bei den Erkrankungen aber, bei denen eine mechanische Wirkung der Parasiten ganz ausgeschaltet werden muß, sind wir ausschließlich auf die Annahme angewiesen, daß hier gelöste Gifte im Körper zirkulieren.

Wohl fällt auch bei den endoglobulären Plasmodiden ihre direkt schädigende Wirkung auf die Erythrozyten mit in die Wagschale. Die Malariaplasmodien des Menschen rufen, wie bereits erwähnt, in den befallenen Blutkörperchen gewisse chemische Änderungen hervor (Ausfällungserscheinungen, Tüpfelung) und die Parasiten verbrauchen direkt die Substanz der Wirtszelle.

Daß aber auch bei einer primär so scharf lokalisierten Erkrankung, wie bei der Amöben-Dysenterie, Toxine, welche auf den Gesamtorganismus, speziell auf die Wärmeregulierung wirken, abgeschieden werden, geht aus dem Auftreten von Fieber bei Dysenteriekranken hervor. Solche Toxine werden von den Amöben entweder nur dann, wenn sie bereits in das Gewebe des Wirtes eingedrungen sind, oder aber auch von dem frei im Darmlumen befindlichen Amöben ausgeschieden, wo sie jedoch ohne Wirkung bleiben.

a) Stoffwechsel des Parasiten (Toxine).

Ich gebrauche die Bezeichnung Toxine mit dem Vorbehalt, daß damit nicht etwa eine Übereinstimmung mit den Bakteriengiften ausgedrückt sein soll; im Gegenteil sind die von den Protozoen produzierten Gifte sehr verschieden von jenen der Bakterien.

Über die Art der Bildung dieser Protozoen-Toxine wissen wir nur sehr wenig. Denn es ist nur bei ganz wenigen parasitischen Protozoen möglich, sich solche Mengen der Erreger zu verschaffen, daß man mit diesen oder mit den von ihnen erzeugten Stoffwechsel-Produkten chemische Analysen anstellen könnte.

Sehr intensiv wirksame Toxine sind von Pfeiffer, Laveran und Mesnil sowie Teichmann und Braun in den Sarcosporidien-Cysten nachgewiesen worden. Sie wirken selbst in sehr kleinen Mengen tödlich auf Kaninchen, allerdings auch nur auf diese. Es ist ein Eiweißkörper, der den Enzymen nahezustehen scheint; bisher das einzige schärfer charakterisierte Protozoentoxin.

Leber konnte zeigen, daß abgetötete Trypanosomen, deren Leiber er unter die Konjunktiva des Kaninchen-Auges brachte, dort eine parenchymatöse Entzündung der Kornea hervorriefen. Die Toxine sind also bei den Trypanosomen in den Parasitenleibern enthalten. In ähnlicher Weise hat Schilling Pferden große Mengen von Trypanosomen gleichzeitig mit einem diese Parasiten energisch auflösenden Arzneimittel (Brechweinstein) eingespritzt und kurz darnach eine heftige Temperatur- und Allgemeinreaktion eintreten sehen, die nur auf die sich im Blutstrom lösenden Parasiten zurückgeführt werden kann.

Neben diesen, als „Endotoxine" zu bezeichnenden Giftstoffen sind wir aber genötigt, noch solche Toxine anzunehmen, welche von den Parasiten ausgeschieden werden, also Stoffwechselprodukte der Parasiten darstellen. Bei den intracellulären Parasiten passieren sie die Wirtszelle unverändert; so treten bei den Piroplasmen nur die gelösten Stoffwechselprodukte in Aktion, welche durch die Substanz des Blutkörperchens hindurch ins Blutplasma gelangen. Am schärfsten tritt uns die Wirkung der von diesen Parasiten produzierten Giftstoffe bei der Malaria entgegen. Mitten im besten Wohlsein, kaum durch leichte Prodromalerscheinungen gewarnt, wird der Infizierte von Fieber überfallen, die Temperatur steigt in einer bis zwei Stunden um mehrere Grade und schwere subjektive und objektive Symptome treten auf. Hier wird also offenbar ein sehr wirksames Gift in beträchtlicher Menge ins Blut geworfen und aus diesem mit großer Energie von Zellen der wärmeregulierenden Organe aufgenommen.

In diesem Falle besteht ein sehr enger Zusammenhang zwischen Giftproduktion und dem Vermehrungsprozeß der Parasiten: diese paroxysmalen Toxine werden von Parasiten nur zur Zeit der Teilung, wenn die Merozoiten auseinanderfallen, und in der kurzen Phase, wenn die Teilprodukte frei im Blut zirkulieren, gebildet. Ob wir in dem Restkörper, der bei Schizogonie der Parasiten übrig bleibt, das geformte Substrat dieses Toxins zu erblicken haben, scheint mir zweifelhaft. Auch ist es nicht gelungen, die Toxine im Versuche zu demonstrieren oder gar zu isolieren, wohl hauptsächlich deshalb, weil die Malaria nicht auf Tiere zu übertragen ist. Die älteren Versuche von Mannaberg und Celli, wie die neueren von Rosenau sind nicht beweisend.

Eigenartig ist es, daß der Malaria-Anfall erst dann eintritt, wenn ein gewisser Schwellenwert in der Toxinbildung erreicht ist, aber nicht vorher, obwohl doch 48 Stunden vor dem ersten Anfall schon zahlreiche Schizogonien eintreten. Beachtenswert ist ferner, daß bei unbehandelter Malaria sich die Anfälle drei Wochen lang, vielleicht noch länger wiederholen können, ohne daß eine nennenswerte Abschwächung der Anfälle eintritt; erst allmählich nimmt die Stärke der Anfälle ab, die Temperaturzacken werden weniger hoch, der Anfall klingt langsam aus. Eine rasche Immunisierung des Körpers unter der Einwirkung dieser paroxysmalen Toxine tritt also nicht ein, es sind keine „Antigene" d. h. sie rufen im Körper keine Bildung von Schutzstoffen (Antikörpern) hervor.

Die übrigen Blutprotozoen vermehren sich nicht in einem so exakten Rhythmus wie die Malariaparasiten, sondern meist kontinuierlich durch Zweiteilung. Daher kommt es, daß der Anfall sich unter kontinuierlichem Fieber über zwei und mehr Tage erstreckt (Piroplasmen, Trypanosomen usw.), doch fällt auch bei diesen Infektionen die Zeit starker Vermehrung der Parasiten mit dem akuten Anfall, bzw. dem Rezidiv zusammen.

b) Reaktionen des Wirtsorganismus (Antigene und Antikörper).

Die Reaktion des Körpers auf die paroxysmalen Toxine zeigt sich in erster Linie in dem Auftreten von Fieber. Bei keiner der Protozoen-Infektionen fehlt dieses Merkmal. Sehr lehrreich ist der Fieberverlauf bei der Malaria. Da die so plötzlich ansteigende Körperwärme nur durch eine gesteigerte Oxydation der Bausteine des Organismus zu erklären ist, so muß die Wirkung der Toxine eben in einer Vermehrung der Oxydierbarkeit des Eiweißes und Fettes bestehen. Wie das allerdings vor sich geht, darüber sind wir noch nicht im klaren. — Wir müssen ferner annehmen, daß die fiebererregenden Stoffe sofort an Zellen (des hypothetischen Wärmezentrums) verankert werden; denn man kann mit Blutserum eines Malariakranken, das auf der Höhe des Anfalles entnommen und einem Gesunden eingespritzt wird, kein Fieber hervorrufen (die Versuche von Rosenau und seinen Mitarbeitern sind nicht eindeutig). Mit dieser Fixierung des Toxins ist aber bei der Malaria auch gleichzeitig eine Aufhebung seiner Wirkung verbunden; schon wenige Stunden nach Beginn des Fiebers sinkt die Körperwärme ebenso so jäh, wie sie angestiegen, wieder ab. Mit dem Aufhören der Toxinbildung tritt also ein kritischer Abfall ein. Auch bei Rekurrens tritt der Temperaturanstieg sehr jäh ein, wie auch die Krisis sich in einigen Stunden abspielen kann. Ein mehr gestreckter Verlauf der Kurve, z. B. bei der Piroplasmose (Hämoglobinurie) der Rinder, ist bedingt durch die sich ständig wiederholenden Teilungen der Parasiten einerseits, der lytische Verlauf wahrscheinlich durch die erst allmählich eintretende Bildung von Antikörpern. Fischer hat solchen paroxysmalen Verlauf auch bei der Amöbendysenterie beobachtet; hierbei dürfte aber wohl auch das Eindringen von Bakterien aus dem Darm durch die Geschwürsflächen mit fiebererzeugend wirken. —

Eine zweite für die pathogenen Protozoen charakteristische Erscheinung ist die Anämie. Sie ist nicht allein aus dem Zugrundegehen zahlreicher Blutkörperchen infolge der Parasiteninvasion zu erklären. Pöch hat berechnet, daß im Anfall vielleicht 10 000 Blutkörperchen pro Kubikmillimeter von Parasiten befallen sind und zugrunde gehen, daß er selbst aber in drei Tagen ca. 1 Million Blutkörperchen pro Kubikmillimeter verloren hatte. Wir müssen also außer der Zerstörung von Erythrocyten durch die Plasmodien eine direkte Schädigung der Blutkörperchen durch die paroxysmalen Toxine annehmen. Bei der Piroplasmose der Rinder und Hunde ist die Auflösung der Blutkörperchen so intensiv, daß die Leber nicht mehr imstande ist, das Hämoglobin in Gallenfarbstoff umzuarbeiten, daß also Blutfarbstoff im Harn erscheint. Sehr wahrscheinlich beruht die fortschreitende Anämie z. B. bei der chronischen Trypanose mancher Tiere auf einer Störung der Regeneration der Erythrocyten im hämopoetischen System.

In der Milz tritt unter dem Einfluß der Toxine eine vermehrte Füllung der Blutsinus ein, verbunden mit Proliferation sämtlicher Zellarten (Milztumor). Im weiteren Verlauf, der Malaria z. B., überwiegt dann die Vermehrung des Stützgewebes und es entstehen die harten „Fieberkuchen".

In den übrigen Organen werden ganz besonders die Endothelien der Kapillaren in Mitleidenschaft gezogen. Bei der Malaria tritt dies ganz besonders dadurch hervor, daß die Zellen der Kapillarwände das von den Parasiten erzeugte Pigment in großen Mengen aufnehmen. Bei vielen Protozoenkrankheiten gehören kleinste Blutaustritte zu den charakteristischen Erscheinungen; sie sind durch eine abnorme Durchlässigkeit der Gefäßwände bedingt.

Die meisten Protozoeninfektionen sind ferner durch eine manchmal extreme Abmagerung gekennzeichnet, sie gehen also mit einer starken Einschmelzung hauptsächlich von Muskeleiweiß einher. Bei Hunden, welche an Trypanosomiasis verendet waren, fiel es mir wiederholt auf, daß die Kadaver noch ziemlich fett waren, daß dagegen die Muskeln bis auf ein Minimum geschwunden waren. Es liegt also auch die Regeneration des verbrauchten Muskeleiweißes darnieder, während das Fett relativ wenig angegriffen wird. —

Für die weiteren Vorgänge im Verlaufe einer Protozoeninfektion wählen wir als Beispiel die Infektion der Hühner mit dem *Spirosoma gallinarum*. Diese Parasiten vermehren sich während der ersten 2—3 Tage nach der Injektion des Virus im Blute sehr stark, so daß dieses schließlich von Parasiten wimmelt.

Nun ist aber anzunehmen (wenn auch begreiflicherweise nicht zahlenmäßig zu beweisen), daß schon während der lebhaftesten Vermehrungsperiode der Spirosomen einige von diesen zugrunde gehen und sich im Blutstrome auflösen. In diesen Parasitenleibern sind nun gewisse Stoffe vorhanden, die man ganz allgemein als Antigene bezeichnet: sie wirken auf die Zellen des Tierkörpers als spezifischer Reiz, als „ictus immunisatorius" (Ehrlich) und lösen die Bildung von — allgemein ausgedrückt — Antikörpern, d. h. Reaktionsprodukten ebenso spezifischer Natur aus. Mit den paroxysmalen Toxinen haben sie nichts zu tun. Daß dies in der Tat richtig ist, daß Antigene in den Spirosomenleibern enthalten sind, läßt sich zeigen, indem man abgetötete Spirosomen (*Spirosoma gallinarum*) den Hühnern einspritzt, die dadurch gegen die lebenden Krankheitserreger immun werden.

Über die chemische Natur dieser Antigene und Antikörper aus Protozoen ist noch nichts Näheres bekannt.

Der erste Typus nun von Antikörpern, dem wir z. B. im Verlaufe der Rekurrensinfektion im Rattenserum begegnen, sind agglomerierende Substanzen: unter ihrem Einflusse legen sich die Spirosomen zu dicken Knäueln zusammen. Auch bei Trypanosomeninfektionen finden sich solche agglomerierende Antikörper im Blut, welche die Trypanosomen offenbar klebrig machen, so daß sie kleine Gruppen bis zu großen Klumpen bilden.

Wenige Stunden nach dem ersten Auftreten der Knäuelbildung kann man ein rapides Verschwinden der Spirosomen aus dem kreisenden Blute wahrnehmen. Beim kranken Menschen sinkt zur selben Zeit das Fieber, es tritt die Krisis ein. Diesen Vorgang müssen wir uns so erklären, daß sich unter dem Einflusse der Antigene (gelösten Spirosomenleiber) ein zweiter Typus, nämlich parasitolytische Antikörper entstanden sind. Je mehr sie zunehmen, um so mehr Parasiten lösen sich auf, um so lebhafter wirkt der Antigenreiz, um so schneller bilden sich nun Antikörper und lösen sich neue Spirosomen auf. Dieses lawinenartige Anwachsen der Antikörperbildung ist bei den Spirosomeninfektionen des Menschen (Rekurrens, in Ratten) und der Hühner schrittweise zu verfolgen. Gewinnt man nämlich von einem solchen Tiere, das die akute Krankheit überstanden hat, das Blutserum und spritzt es zusammen mit voll virulentem Spirosomenmaterial Mäusen in die Bauchhöhle ein, so geht die Infektion nicht an; Auch bei Trypanosomen treten parasiticide Antikörper im Blute auf, allerdings gewöhnlich erst im späteren Verlauf der Infektion. Sehr klar lassen sie sich ferner bei der Piroplasmose der Hunde nachweisen; bei der Malaria des Menschen dagegen entziehen sie sich, mangels geeigneter Versuchstiere, dem experimentellen Nachweis.

Noch andere Typen von Antikörpern sind speziell bei den Trypanosen gefunden worden: so konnte Mayer im Serum von mit dem *Trypanosoma brucei* infizierten Hunden Präzipitine (niederschlagbildende Antikörper) nachweisen. Lange konnte in einer Suspension von abgetöteten Trypanosomen eine Verklumpung (Agglutination) der Parasitenleiber mit Seris kranker Tiere erzielen. Ferner haben zuerst Landsteiner und Pötzl mit Hilfe der sog. Komplementbindung (nach Bordet-Gengou) spezifische Antikörper gegen eine Trypanosomenaufschwemmung nachgewiesen.

Ehrlich veranschaulicht diese Verhältnisse folgendermaßen: der Parasit besitzt eine Anzahl von „Fangarmen", Rezeptoren, mit denen er aus den ihn umgebenden Flüssigkeiten die seiner Ernährung dienlichen Substanzen entnimmt: Nutrizeptoren. Die Antikörper besetzen diese Rezeptoren und machen sie unwirksam, so daß die Parasitenzelle zugrunde gehen, gleichsam verhungern muß.

c) Recidive und labile Infektion.

Der akute Anfall einer Protozoeninfektion endet entweder mit dem Tode des Tieres — der Körper vermochte nicht die nötige Menge von Antikörpern rechtzeitig zu entwickeln — oder mit der wirklichen oder scheinbaren Heilung. Bei vielen Infektionen — der Malaria, dem Rückfallfieber, den Trypanosen — hört zwar der erste Anfall nach einem oder einigen Tagen auf, der Kranke oder das kranke Tier scheint die Infektion überwunden zu haben. Plötzlich aber tritt, unter denselben Erscheinungen wie beim ersten Anfall, ein Recidiv ein. Recidive kommen bei Protozoen auf zwei verschiedenen Wegen zustande. Der erste ist der, daß bei der Krisis von denjenigen Formen, welche den Anfall bedingten, einige wenige übrig bleiben, deren Abkömmlinge dann das Recidiv verursachen (bei Rückfallfieber, den Trypanosen und Piroplasmosen). Die zweite Möglichkeit beruht darauf, daß wahrscheinlich unter dem Einflusse der Antikörper des Serums neue Formen, „Residualformen" auftreten, welche gegen diese unempfindlich sind. Dies ist z. B. bei der menschlichen Malaria der Fall, wobei aber noch die Komplikation hinzu kommt, daß die Residualform gleichzeitig sexuell differenziert, ein Macrogametocyt ist (s. S. 79). Unabhängig aber von der Geschlechtsfunktion kann unter Einflüssen, die wir noch nicht kennen, bei den Macrogametocyten eine Kernreduktion und an diese anschließend eine Schizogonie stattfinden; machen viele der Residualformen zu gleicher Zeit einen solchen Restitutionsprozeß durch, so werden zahlreiche Merozoiten ausschwärmen, und durch deren Schizogonien tritt dann das Recidiv ein.

Sehr klare und interessante Verhältnisse hat neuerdings Nöller beim *Trypanosoma rotatorium* des Frosches beschrieben. Dieses Trypanosoma wird durch einen Blutegel (*Hemiclepsis*) auf die Jugendformen des Frosches, die Kaulquappen, übertragen und erscheint in dem Blute als langes, schlankes Trypanosoma. Wächst der Frosch heran, so wandelt sich dieses Trypanosoma entweder in ein flaches, langgeißeliges, oder in ein plumpes, geißelloses *Tryp. rotatorium* um, das für gewöhnlich sich nicht mehr vermehrt (Residualform) (s. Abb. 102, S. 91). Es liegt nahe anzunehmen, daß das Auftreten jener Residualformen bedingt wird durch die Entwickelung von Antikörpern. Erwachsene Blutegel, die an ausgewachsenen Fröschen saugen, werden nicht infektiös; diese „Residual"formen des Blutes können sich also im Blutegel nicht weiter entwickeln, wohl aber in künstlicher Kultur, wo sie auf der kleinen teilungsfähigen Form verharren. Bringt man aber einen mit diesen Residualformen infizierten Frosch in die Wärme, so vermehren sich die „Residualformen" durch multiple Teilung (Machado) unter Bildung kleiner Crithidaformen beträchtlich.

Diejenigen Parasitenformen, welche aus den Residualformen hervorgegangen sind und das Recidiv veranlaßt haben, unterscheiden sich zwar vielfach nicht morphologisch, wohl aber physiologisch sehr wesentlich von den Parasiten des ersten Anfalles, dem „Ausgangsstamm".

Setzt man nämlich den oben erwähnten Tierversuch (Serum eines von einer Rekurrens-Infektion geheilten Tieres, einer Maus eingespritzt, kurz darauf das virulente Material) doppelt, und zwar so an, daß man zusammen mit dem Immunserum, nach dem ersten Anfall entnommen, das eine Mal die virulenten Erreger aus dem ersten Anfall (die ja inzwischen in anderen, frischen Tieren weiter gezüchtigt werden konnten, Ausgangsstamm) einer Maus injiziert, das andere Mal die Parasiten, welche während des Recidivs auftraten (Recidivstamm) einspritzt, so erhält man zwei verschiedene Resultate: im ersten Fall (Immunserum + Ausgangsstamm) geht die Infektion nicht an, im zweiten Fall dagegen wird die Infektion durch das Immunserum nicht beeinflußt, sondern geht wie bei den Kontrolltieren an. Der Recidivstamm ist serumfest. Man muß sich vorstellen, daß unter der Einwirkung der im ersten Anfall gebildeten Antikörper die Parasiten abgestorben sind bis auf einige wenige Individuen, welche imstande waren, noch ehe sie zugrunde gingen, neue Nutrizeptoren II zu bilden, die diesen Parasiten gestatteten, auszudauern und sich zu vermehren, also das Rezidiv zu verursachen. Wenn der Körper imstande ist, gegen diesen Nutrizeptor II seinerseits neuerdings Antikörper II zu bilden, so wiederholt sich derselbe Vorgang nochmals. Es wird nun davon abhängen, welcher von den beiden Kämpfern früher in der Bildung neuer Nutrizeptoren bzw. Antikörper erlahmt. Gewisse Parasiten z. B. das Spirosoma des Rückfallfiebers, vermögen nur eine beschränkte Zahl von Recidivformen zu bilden; wenn der Körper des Menschen Widerstandskraft genug besaß, um die Erkrankung zu überstehen, so heilt nach dem letzten Recidiv die Infektion vollständig aus, die Parasiten verschwinden für immer, es ist eine sterile Heilung eingetreten. Bei der Malaria, den Trypanosen und der Syphilis aber erscheint die Zahl der Möglichkeiten, Recidivformen zu bilden, nicht so eng begrenzt, ja vielleicht unbegrenzt zu sein; deshalb sind diese Erkrankungen so ausgesprochen chronisch, durch Rückfälle nach langen Latenzperioden charakterisiert.

Die Bildung serumfester Stämme ist ein Ausdruck für die weitgehende Modifizierbarkeit mancher pathogener Protozoen; denn bei diesen kommt es zu keiner vollkommenen Heilung, zu keiner Sterilisation des Körpers, sondern es bildet sich die paradoxe Erscheinung aus, daß im Blute eines Tieres, dessen Serum schützend gegen die betreffenden Parasiten wirkt, Parasiten dieser selben Art vorhanden sind, die an ihrer Virulenz nicht das geringste eingebüßt haben. Zwischen den Zustand der Sterilisatio magna, der völligen Heilung, und dem Recidiv mit ausgesprochenen Krankheitserscheinungen schiebt sich bei den Protozoen eine Phase der Infektion ein, welche ich die labile Infektion nennen möchte. In typischer Weise bei den Piroplasmosen, aber auch bei der Malaria, bei den Trypanosen, verschwinden die Erscheinungen des Anfalls und damit auch die Parasiten aus dem Blute soweit, daß sie mikroskopisch nicht mehr nachweisbar sind. Verimpft man aber eine größere Menge Blutes, z. B. 20 ccm, auf ein empfängliches Tier, so geht die Infektion doch noch an, es sind also noch Parasiten im Blute vorhanden; trotzdem ist das Tier äußerlich vollkommen gesund. Kommt nun aber eine geringfügige Gelegenheitsursache (Erkältung, Überanstrengung, interkurrente Erkrankung) dazwischen, so tritt ganz unerwartet ein neuer Anfall der scheinbar schon längst überwundenen Krankheit ein, welcher der infizierte Organismus sogar erliegen kann. Es hatte sich also zwischen Parasiten und Wirt ein Gleichgewichtszustand herausgebildet, der einerseits dem Parasiten nur eine ganz geringfügige Vermehrung gestattete, gerade soviel, daß er nicht ausstirbt, auf der anderen Seite aber auch dem Wirt keine völlige Immunität verlieh. Diese Erscheinung der labilen Infektion, der gegenseitigen Einstellung des Gleichgewichts zwischen Parasit und Wirt, ist für die pathogenen Protozoen ganz besonders charakteristisch.

Gerade in dem Zustande der labilen Infektion tritt nun ein Phänomen auf, das gleichfalls für Protozoeninfektionen sehr bezeichnend ist: die Immunität gegen Superinfektionen. Wenn neugeborene Kälber auf die Weide kommen, auf denen Zecken vorhanden sind, die mit dem *Piroplasma bigeminum* (Texasfieber der Rinder) infiziert sind, so erkranken sie, von den Zecken gestochen und infiziert, gewöhnlich leicht und erwerben eine labile Infektion; ihr Blut bleibt infektiös und kann für frische Zecken, die sich an ihnen festsaugen, zum Ausgangspunkt einer neuen Infektion werden. Aber diese Tiere, welche später noch unzählige Male von infektiösen Zecken gestochen werden, erkranken im Anschluß an diese Superinfektionen nicht wieder an Texasfieber: sie besitzen eine vollständige Immunität gegen Superinfektionen. Ähnlich muß es sich auch bei der Malaria verhalten; wäre es sonst denkbar, daß Farbige in schweren Malariagegenden leben könnten, wo sie immer und immer wieder von infizierten Anopheles gestochen werden? Wären sie gegen Superinfektionen nicht immun, sie müßten ja doch ständig an Neuinfektionen und den sich immer mehr häufenden Rückfällen leiden. Daß auch bei Trypanosen eine solche Immunität besteht, konnte Verfasser (Sch.) neuerdings zeigen; daß sie tatsächlich vorhanden sein muß, konnten wir schon daraus schließen, daß in Gegenden, wo jedes frisch eingeführte Pferd in kurzer Zeit an Trypanose zugrunde geht, Wild in großen Mengen vorkommt und gut gedeiht. Und im Blut von Antilopen usw. aus solchen Gegenden sind vielfach virulente Trypanosomen gefunden worden. Solche Tiere, obwohl der ständigen Infektionen durch Tsetsefliegen ausgesetzt, sind anscheinend vollkommen gesund, aber Parasitenträger.

Die Tatsache, daß Individuen, welche eine der genannten Infektionen überstanden haben, eine teilweise oder volle Immunität gegen Superinfektionen besitzen, ist praktisch von sehr großer Bedeutung, wie z. B. bei der Besprechung des Texasfiebers noch näher auseinander gesetzt werden soll.

Theoretisch läßt sich nach Hartmann[1] das Zustandekommen labiler Infektionen und Recidive noch in anderer Weise erklären. Cytologische Beobachtungen, experimentelle Erfahrungen und theoretische Vorstellungen sprechen, wie in den Kap. Fortpflanzung und Befruchtung des näheren ausgeführt wurde, dafür, in der Protozoenzelle zwei Faktoren anzunehmen, einen „Teilungsfaktor“ und einen „Wachstumsfaktor“. Die dauernde Hemmung des ersteren bei Fortwirken des nutritiven Faktors wird bei einem parasitischen Protozoen ohne weiteres eine labile Infektion bewirken. Die Stoffe, die die Hemmung des Teilungsfaktors hervorrufen, brauchen dabei nicht immer Antikörper zu sein, sondern können nach den Erfahrungen an freilebenden Protozoen auch von den Protozoen selbst geliefert werden resp. bei deren Absterben frei werden. In anderen Fällen, so fraglos bei dem oben geschilderten Beispiel vom Froschtrypanosom, sind es aber vom Wirt ausgeschiedene Stoffe, sog. Antikörper. Beim Froschtrypanosom wird nun das Weiterfunktionieren des nutritiven Faktors bei der Residualform morphologisch besonders dadurch deutlich, daß sie ein gesteigertes Wachstum aufweist, zum großen *Tryp. rotatorium* wird, das sich für gewöhnlich nicht vermehrt. Bei Malariaparasiten

---

[1] Die hier geschilderte Auffassung ist eine Weiterentwicklung und Erweiterung von Anschauungen, die Hartmann früher schon vertreten hatte, und in dieser erweiterten Form hier zuerst mitgeteilt. Die gleiche Auffassung vertritt auch Jollos. Früher war die Fassung insofern zu eng, als die Residualform mit weiblicher Geschlechtsform idendifiziert, die Hemmung des Teilungsfaktors also in zu enger Weise nur mit sexuell weiblicher Differenzierung verknüpft wurde. Die jetzige Fassung ist veranlaßt und begründet durch die inzwischen erfolgte Arbeit Nöllers, die oben mitgeteilten experimentellen Ergebnisse von Jollos an Infosorien, sowie den Ausbau der theoretischen Vorstellungen über Fortpflanzung und Befruchtung, wie sie in den früheren Kapiteln entwickelt sind.

findet sich ebenfalls das gesteigerte Wachstum der Residualform, hier jedoch noch verknüpft mit sexueller Differenzierung (Macrogametocyt). Letzteres, sowie ein gesteigertes Wachstum überhaupt, braucht aber mit einer Hemmung des Teilungsfaktors nicht verbunden zu sein, und so tritt bei anderen pathogenen Protozoen die Residualform morphologisch nicht in Erscheinung.

Bei dem Auftreten serumfester Recidivstämme sowie arzneifester Stämme (s. unten) handelt es sich vermutlich um Dauermodifikationen, wie sie Jollos bei Versuchen an Infusorien festgestellt hat (s. Kap. Vererbung S. 99); jedenfalls stimmt die Art ihres Zustandekommens ganz mit den Erfahrungen an Infusorien überein.

Bei dieser Auffassung ist sowohl die labile Infektion und die mit ihr verknüpfte Immunität gegen Superinfektion erklärlich, als auch das Auftreten von Recidiven. Die Ursachen für die Überwindung der Hemmung des Teilungsfaktors können dabei ganz verschiedene sein, werden aber in der Regel in den äußeren Bedingungen gesucht werden müssen. So treten bei Malaria und Piroplasmosen bekanntlich Recidive bei Erkältungen, Überanstrengungen, interkurrenten Erkrankungen auf, also bei Veränderungen im Wirtsorganismus (Nachlassen der Antikörperbildung); das Trypanosom des erwachsenen Frosches entwickelt sich nicht im Egel, wohl aber in künstlicher Kultur; die Macrogametocyten der Malariaparasiten entwickeln sich entweder nach der Befruchtung (Aufhebung der Hemmung des Teilungsfaktors durch innere Bedingungen) oder im Menschen ohne Befruchtung durch Parthenogenese, die, wie Versuche von Hartmann an *Hämoproteus* zeigten, durch äußere Bedingungen ausgelöst werden kann. Die Erkennung dieser Bedingungen und ihre experimentelle Beherrschung würde zugleich ein willkürliches Eingreifen in den Verlauf der Krankheit bedeuten.

d) Sterilisierende Heilung.

Endlich gibt es zwei Protozoenkrankheiten, welche insofern Ausnahmen darstellen, als bei ihnen der akute Anfall entweder zum Tode oder zur dauernden Heilung führt; diese Krankheiten sind das Küstenfieber der Rinder und die Spirosomose der Hühner und Gänse (s. Spec. Teil). Hier tritt der Fall ein, daß mit dem Abklingen des ersten Paroxysmus die Erreger für immer vernichtet sind und vollkommen aus dem Körper verschwinden, der dann auch nicht mehr den Überträgern (Zecken) als Infektionsquelle dienen kann. Beim Küstenfieber sind von Koch Schutzstoffe im Serum der „gesalzenen" Rinder angegeben werden, was Theiler aber nicht bestätigen konnte. Um so energischer ist die Antikörperbildung bei der Hühnerspirosomose, dem klassischen Versuchsobjekt für Studien auf diesem Gebiete.

Und endlich ist mit dem Überstehen dieser Krankheiten eine völlige Immunität gegen Reinfektionen verknüpft. Vereinzelte Ausnahmen hievon (Theiler) können diese Regeln nicht umstoßen.

Wir finden also bei den pathogenen Protozoen folgende Abstufungen in bezug auf den Ausgang einer Infektion:

1. Tod im akuten Anfall.
2. Überstehen des akuten Anfalls; Bildung von Antikörpern I; Entwickelung eines serumfesten Recidivstammes II; Bildung von Antikörpern II usw. bis zur sterilen Heilung oder zum Untergang des Wirtes. Beispiele: Recurrens.
3. Nach dem akuten Anfall bleiben einige Parasiten erhalten, ohne sich akut zu vermehren; Antikörper nur so weit gebildet, als zur Nieder-

haltung der Parasiten nötig: labile Infektion.   Aus Gelegenheitsursachen Recidiv.   Beispiel: Texasfieber.
4. Überstehen des akuten Anfalls; Heilung mit Sterilisierung des Körpers; aktive, langdauernde Immunität.   Beispiel: Küstenfieber der Rinder.

Die Tatsache, daß in den Leibern pathogener Trypanosomen Antigene enthalten sind, haben Teichmann und Braun und zur selben Zeit auch Schilling auf den Gedanken gebracht, diese Antigene zur künstlichen Immunisierung, speziell gegen Trypanosomen zu benutzen; Näheres ist in dem Kapitel „Nagana" enthalten.   Teichmann und Braun haben sich dann sehr eingehend mit den antigenen Eigenschaften den einzelnen Trypanosomenstämme beschäftigt.   Das bemerkenswerteste Resultat ist, daß ein Antigen, das aus einem serumfesten Stamm (s. o.) gewonnen ist, nur gegen diesen Stamm schützt, nicht aber gegen den Ausgangsstamm, von welchem der serumfeste Stamm abgezweigt wurde.   Im Komplementbindungsversuch ließen sich dagegen keine Unterschiede zwischen Antigen aus Ausgangs- und serumfestem Stamm feststellen.

IV. Die Beziehungen zwischen Parasit und Wirt unter dem Einflusse chemischer Substanzen: Chemotherapie.

Die Chemotherapie der Protozoeninfektionen beginnt mit der Einführung des Chinins, neben dem Quecksilber das erste Spezifikum, das die Ärzte gegen Infektionskrankheiten anwandten.   Binz hat die theoretische Basis für Anwendung des Alkaloids geschaffen, indem er seine spezifische Wirkung auf frei lebende Protozoen nachwies.   Der Aufschwung der modernen Chemotherapie ist aufs engste an den Namen Ehrlichs und seine Schule geknüpft.   1905 zeigte er mit Shiga, daß es gelingt, Trypanosomeninfektionen durch die Wirkung von Farbstoffen zu beeinflussen.   Während Ehrlich früher die Auffassung vertreten hatte, daß die Einwirkung chemischer Substanzen auf Zellen von der der Toxine usw. grundsätzlich verschieden sei, hat er später die Anschauung dahin geändert, daß es auch in diesem Falle spezifische Rezeptoren (Fangarme, Affinitäten) seien, die die chemische Substanz an die Zelle verankern.   Wenn diese Rezeptoren gelöste chemische Körper erfassen, welche der Ernährung der Zelle dienen können, so bezeichnet er sie als Nutrizeptoren (s. o.), für die übrigen Substanzen stehen der Zelle Chemozeptoren zur Verfügung.   Diese müssen genau auf die chemische Substanz, die sie ergreifen, eingestellt, sie müssen spezifisch sein.   Solcher Chemozeptoren kann eine einzige Zelle eine große Zahl besitzen.   Zu dieser Auffassung gelangte Ehrlich hauptsächlich durch das Studium der arzneifesten Stämme.   Nachdem er nämlich hatte zeigen können, daß Farbstoffe, Arsen-, Antimon- und andere Verbindungen imstande sind, Protozoen — er arbeitete fast ausschließlich mit den sehr handlichen Trypanosomen, später auch mit Rekurrens- und Hühner-Spirosomen — im Tierkörper abzutöten, beobachtete er, daß Trypanosomen, welche nach ungenügender Behandlung wieder im Blute eines Tieres auftraten, eine gewisse Festigkeit gegen die Wirkung des Arzneimittels erworben hatten; durch immer wiederholte, zur Abtötung nicht völlig genügende Behandlung lassen sich Trypanosomenstämme erzielen, welche ganz oder fast ganz unempfänglich z. B. gegen paraoxyphenylarsinsaures Natron (Atoxyl, besser Arsanil) geworden waren (Arsenstamm I).   Ein solcher Stamm wurde nun aber immer noch von Arsazetin

(Azetat des Arsanils) beeinflußt. Daraus geht für Ehrlich hervor, daß der Arsenozeptor nur zum Teil verschwunden ist, daß das Arsazetin diesen „Rezeptorenstummel" noch zu fassen vermag. Aber durch lange fortgesetzte Behandlung mit Arsazetin ließ sich ein Arsenstamm II züchten, der nun auch gegen Arsazetin fest war. Arsenophenylglyzin, eine Arsen-Doppelverbindung, beeinflußte auch diesen Stamm noch, ein arsenophenylglyzinfester Stamm (III) ließ sich auf dieselbe Weise erzielen, der jetzt nur mehr von arseniger Säure beeinflußbar geworden war. So wurde die Affinität des Arsenozeptors Stufe um Stufe abgestumpft, bis auf einen kleinen Stummel, der eben noch der arsenigen Säure genügend Angriffsfläche bot. Ähnliches läßt sich mit Brechweinstein und Farbstoffen erzielen. Wichtig ist, daß diese Arzneifestigkeit, einmal erworben, sich in zahlreichen Passagen des Stammes unverändert hielt, daß hier also eine erworbene Eigenschaft lange Zeit vererbt wird (Dauermodifikation, s. Kapitel Vererbung S. 98).

Um so bemerkenswerter sind die Versuche Gonders aus Ehrlichs Institut, der zeigen konnte, daß ein arsenophenylglyzinfester Stamm von *Tryp. lewisi* der Ratte diese Eigenschaften wieder verlor, nachdem er einmal durch den natürlichen Überträger, die Rattenlaus, *Haematopinus spinulosus*, übertragen worden war; die sexuellen Vorgänge, welche sich vermutlich in diesem Überträger abspielen, verändern offenbar die biologischen Eigenschaften der Trypanosomen von Grund aus. Ferner ist die Spezifität des Rezeptorenapparates keine so strenge, daß z. B. der Arsenozeptor nicht auch von Antimon angegriffen würde. Aber immerhin ist eine Gruppenspezifität insofern vorhanden, als man 1. gegen Farbstoffe der Benzopurpurinreihe (Trypanrot), 2. gegen Triphenylmethanfarbstoffe und 3. gegen Arsenikalien (inkl. Antimonverbindungen) feste Stämme erzeugen kann, die nur gegen Glieder dieser Gruppe, nicht aber gegen Glieder einer der anderen Gruppen fest sind.

Die Bildung der arzneifesten Stämme erfolgt im allgemeinen nur ganz allmählich, bei gewissen Substanzen tritt aber schon nach einer einmaligen Einwirkung ein beträchtlicher Grad von Festigkeit ein. Es nähert sich also in diesen Fällen der Vorgang der Bildung eines arzneifesten Stammes demjenigen bei der Entstehung einer serumfesten Rasse.

Manche Arzneistoffe werden von den Zellen sehr fest verankert, wie man dies bei manchen Farbstoffen beobachten kann; andere passieren den Organismus schnell, sie werden auch von den Parasiten nur ganz vorübergehend festgehalten. Die ersteren werden leichter imstande sein, Veränderungen im Stoffwechsel der Parasitenzelle, z. B. Arzneifestigkeit, zu erzeugen, als die letztgenannten.

Die Verankerung des Arzneistoffes erfolgt nicht immer nur an einem Rezeptor, sondern es können mehrere Affinitäten einer Substanz gleichzeitig von der Zelle angefaßt werden; es ist auch denkbar, daß das Molekül z. B. einer Arsenverbindung gar nicht mit der das As enthaltenen Seitenkette, sondern mit irgend einer anderen an die Parasitenzelle verankert wird, so daß diese Affinität gleichsam die Brücke darstellt, auf welcher das As in den Körper der Parasiten hineinrückt.

Während des Kreislaufes eines Arzneimittels im Körper werden nicht nur die Parasitenzellen, sondern auch die Organzellen des Wirtes Moleküle der Substanz an sich ziehen, verankern; es wird sich darum handeln, welche von den beiden, gleichsam konkurrierenden Zellarten am stärksten auf dies gebundene Mittel reagiert. Sind die Körperzellen die empfindlicheren, so wird der Organismus das Mittel binden, eventuell daran zugrunde gehen, ohne daß die Parasiten beeinflußt werden (Organotropie); im anderen Falle tritt die Beeinflussung der Krankheitserreger in den Vordergrund (Parasitotropie). Nur die letztgenannten Arzneimittel sind für praktische Zwecke verwendbar.

Es ist eigentlich von vornherein wahrscheinlich, daß die Arzneimittel gar nicht in der chemischen Form, in welcher sie dem Körper einverleibt werden, an die Parasiten herantreten, daß sie vielmehr im Körper erst Umlagerungen und Veränderungen erleiden, ehe sie auf die fremden Organismen wirken. Es braucht also nicht weiter wunderzunehmen, wenn ein Stoff, wie das Arsanil (Atoxyl), das im Tierkörper sehr energisch wirkt, die Parasiten, wenn man sie im Reagenzglase mit einer Atoxyllösung zusammenbringt, von dieser gar nicht geschädigt werden. Die Versuche von Ehrlich und Röhl lassen es als das wahrscheinlichste erscheinen, daß das dreiwertige Arsen (im Atoxyl) im Körper erst in fünfwertiges umgelagert wird und nur als solches auf die Parasiten wirken kann.

Es ist ferner sehr wahrscheinlich, daß die direkte Wirkung des Arzneimittels auf die Parasitenzelle sehr wesentlich unterstützt werden kann durch eine indirekte, die in der Steigerung der Antikörperbildung (s. o.) seitens der Körperzellen besteht. Uhlenhuth schreibt diesen unter der Einwirkung des Heilmittels gebildeten Schutzstoffen sogar die Hauptrolle zu.

Daß ein Heilmittel nicht notwendig auf die ganze Parasitenzelle zu wirken braucht, sondern manchmal nur einen Teil davon angreift, geht aus der Beobachtung von Ehrlich hervor, daß man durch Einwirkung gewisser Substanzen (orthochinoider Verbindungen, Pyronin u. a.) auf den Geißelkern der Trypanosomen diesen bis auf ein Minimum reduzieren kann, ohne daß der Hauptkern und das ganze Trypanosoma darunter leidet; es lassen sich durch geeignete Behandlung „blepharoplastlose Stämme" erzielen.

Für die praktische Therapie ergeben sich aus diesen Betrachtungen und Tatsachen einige wichtige Regeln: es handelt sich in erster Linie darum, das Auftreten arzneifester Stämme zu vermeiden. Dies kann nur geschehen, wenn die erste Einwirkung des Arzneimittels eine so starke ist, daß alle vorhandenen Parasiten abgetötet werden. Man wird also schon bei der ersten Behandlung möglichst hohe Dosen anwenden. Dies scheitert häufig einfach an der Giftigkeit des Mittels. Es läßt sich aber auch noch eine Steigerung der Wirkung eines Heilmittels erzielen dadurch, daß man es mit einem anderen, chemisch möglichst differenten Mittel kombiniert, so daß die Parasitenzelle an zwei oder mehr Rezeptoren gleichzeitig angegriffen wird. Eine solche Kombinationstherapie ist sehr empfehlenswert. Man wird ferner bestrebt sein, Mittel zu wählen, welche den Körper rasch wieder verlassen. Ist ein arzneifester Stamm bereits vorhanden, so wird man Arzneimittel aus einer anderen Gruppe (s. o.) verwenden müssen.

C. Systematische Übersicht.

Bis vor etwa 10 Jahren hat man allgemein die Protozoen in folgende 4 Klassen eingeteilt: 1. Rhizopoden oder Sarcodinen, 2. Flagellaten oder Mastigophoren, 3. Sporozoen, 4. Infusorien. In der Folgezeit wurden meist die 3 ersten Klassen im Anschluß an Doflein als Unterstamm der Plasmodromata zusammengefaßt und der 4. Klasse, der Ciliophora, gegenübergestellt. Nach den heutigen Kenntnissen ist jedoch die frühere große Kluft zwischen den Infusorien und den übrigen Protozoenklassen wesentlich überbrückt, indem Organisationsverhältnisse (wie Bewegungsorganellen und Doppelkernigkeit) und Entwickelungsvorgänge, die früher ausschließlich für die Infusorien charakteristisch zu sein schienen, auch in anderen Klassen aufgefunden wurden, und umgekehrt Cytologie und Befruchtungsvorgänge der letzteren auch bei Infusorien. Die Trennung in zwei Unterstämme erscheint daher nicht mehr ganz zweckmäßig. Dagegen hat die neuere Forschung gezeigt, daß die Klasse der Sporozoen 2 sehr heterogene Gruppen enthält, die nur die parasitische Lebensweise und in den meisten Fällen eine multiple Vermehrung durch Sporenbildung gemein haben. Mit Hartmann, Léger und anderen trennt man daher die frühere Klasse der Sporozoen in 2 besondere Klassen, indem man den Namen Sporozoen bloß noch für die Gruppe der Coccidien-Gregarinen beibehält und die frühere Unterklasse der Neosporidien als besondere Klasse unter dem Namen Cnidosporidien oder besser Amöbosporidien[1]) bezeichnet.

In der folgenden systematischen Übersicht, die einen Überblick über den außerordentlichen Formenreichtum und die verschiedenartige Organisation der Protozoen und einen Einblick in die Verwandtschaftsbeziehungen zueinander geben soll, sind genauer nur die Ordnungen behandelt, die wichtige parasitische und pathogene Formen aufweisen.

I. Klasse **Sarcodina.** Hertwig und Lesser.

Nackte Protozoen, welche während der Hauptperiode ihres vegetativen Daseins besonderer Bewegungs- und Ernährungsorganellen entbehren und dementsprechend den Ortswechsel und die Nahrungsaufnahme durch Pseudopodienbildung vollziehen, wobei der Körper mannigfaltigen Gestaltsveränderungen

---

[1]) Der Name Neosporidia Schaud. wurde aufgegeben, weil die frühere Annahme, diese Parasiten würden weiter wachsen, wenn sie schon mit der Sporenbildung begonnen haben meist nicht zutrifft. Aber auch die Bezeichnung Cnidosporidia erweckt Bedenken, da nur 3 Ordnungen der Klasse Cnidosporen besitzen. Daher schlage ich den Namen Amöbosporidia vor, da alle Gruppen der Klasse amöboide Jugendformen aufweisen.

unterworfen ist. Fortpflanzungs- und Befruchtungsvorgänge sehr verschieden-
artig.

I. Unterklasse **Rhizopoda.** O. Siebold.

Nackte oder beschalte Sarcodinen mit verschiedenartigen Pseudopodien
ohne Achsenfäden. Keine Zentralkapsel, Kerne sehr verschieden, desgl. Fortpflanzung und Befruchtung. Bei den höheren Formen Generationswechsel.

I. Ordnung **Amoebina.** Ehrenberg.

Nackte Rhizopoden, meist mit Lobopodien, ohne Schalen; häufig Dif-
ferenzierung in Ecto- und Entoplasma. Kerne — echte oder nur wenig abge-
leitete Caryosomkerne. Vermehrung durch Zweiteilung, seltener durch multiple
Teilung. Befruchtung in Form von Hologamie, Merogamie und Autogamie.
Süßwasser, marin und parasitisch; Beispiele: *Vahlkampfia* mit primitivem
Caryosomkern, überall verbreitet. *Entamöba* parasitisch bei Wirbellosen und
Wirbeltieren (s. Abb. 2. S. 6 Spez. T.).

2. Ordnung **Testacea.** M. Schultze, syn. **Thecamoebina.**

Rhizopoden mit einem monoenergiden Kern (seltener mehreren); Plasma
häufig zonale Gliederung aufweisend, in monaxonen Schalen, mit einer, seltener
zwei oder mehreren Öffnungen, wodurch die lobosen, filosen, manchmal leicht
retikulosen Pseudopodien ausgestreckt werden. Vermehrung vorwiegend durch
Knospungsteilung:
Clamydophrys (s. Abb. 24 S. 22 und 32 S. 27) mit feiner häutiger Schale,
auf Fäzes von Tieren und Menschen gelegentlich auch fakultativ parasitisch
beim Menschen (s. auch Spez. T. S. 161).

3. Ordnung **Foraminifera.** d'Orbigny.

Rhizopoden mit durchweg retikulosen Pseudopodien und mit Schalen
von verschiedener Beschaffenheit, ohne zonale Gliederung des Protoplasmaleibes, polyenergid; Fortpflanzung ausschließlich multipel, Befruchtung merogam, Generationswechsel. Marin,

II. Unterklasse **Heliozoa.** Häckel.

Sarcodinen von kugeligem Körper mit allseitig ausstrahlenden, fädig
zugespitzten, meist ziemlich starren Pseudopodien mit Achsenfäden (Axopodien). Oft mit Kieselskeletten. Ein- oder mehrkernig. Vermehrung durch
Teilung, Knospung, innere Knospung und Zerfallsteilung. Befruchtung in Form
von Autogamie, Hologamie und Merogamie. Koloniebildung verbreitet. Süßwasser und marin. (S. Abb. 10, 11 und 12, S. 15.)

III. Unterklasse **Radiolaria.** Joh. Müller.

Heliozoenartige Sarcodinen mit schwach anastomosierenden Rhizopodien
und Zentralkapsel, die den Plasmaleib in zwei Zonen trennt. Meist mit Kieselskeletten. Vorwiegend polyenergid; Vermehrung meist multiple Teilung. Befruchtung merogam. Generationswechsel. Ausschließlich marin.

II. Klasse **Mastigophora.** Diesing.

Flagellaten im weiteren Sinne.

Die Flagellaten sind einzellebende oder koloniebildende, meist sehr kleine, monoenergide Protozoen mit einer oder wenigen Geißeln (Ausnahme Hypermastiginen), die der Bewegung oder Nahrungsaufnahme dienen und nur bei wenigen Formen zeitweise, selten dauernd (einige parasitische und pflanzliche Formen) rückgebildet sein können.

I. Unterklasse **Euflagellata.** Claus.

Körperoberfläche nackt oder feine Pellicula oder feste Membran. Kerne meist bläschenförmige Centronuclei, selten vielkernig. Einzellebend oder koloniebildend. Fortpflanzung in der Regel Längsteilung im Geißelzustand (seltener in Cysten oder im Ruhezustand) oder fortgesetzte Längsteilung; bei den wenigen polyenergiden Formen multiple Teilung. Befruchtung in Form von Copulation (hologam oder oogam) und Autogamie. Süßwasser, marin und parasitisch.

1. Ordnung **Rhizomastigina.** Bütschli.

Flagellaten mit 1, 2 oder 3 Geißeln, die meist direkt vom Centriol des Kernes entspringen. Mit nackter Oberfläche und daher Fähigkeit zur Pseudopodienbildung. Bewegung mittelst Geißeln schwimmend oder mit Pseudopodien kriechend. Nahrungsaufnahme durch Pseudopodien. Süßwasser.

Mastigamöba eingeißelig.

Cercobodo zweigeißelig (Abb. 112, s. auch Spez. T. S. 164).

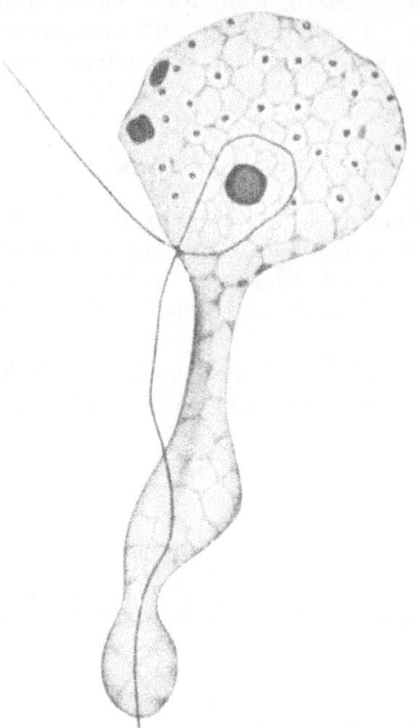

Abb. 112. *Cercobodo* spec. Vergr. ca. 3700. Nach Hartmann.

2. Ordnung **Protomonadina.** Blochmann em. Hartmann et Chagas.

Ein- bis mehrgeißelige Flagellaten. Geißeln von Basalkörpern entspringend. Meist einfache Caryosomkerne, seltener kompliziertere Pseudocaryosomkerne. Zarte Pellicula, oft noch amöboid. Nahrungsaufnahme meist an besonderen Mundstellen. Eine Gruppe durch doppelte Ausbildung sämtlicher Organellen ausgezeichnet (Diplozoa). Die drei- und mehrgeißeligen Formen, die in der Regel Pseudocaryosomkerne aufweisen, werden von manchen Autoren als besondere Ordnung unter dem Namen Polymastigina abgetrennt. Von Senn und anderen auch die diplozoen Formen als Distomatina. Doch hängen alle diese Formen aufs innigste zusammen. Da diese Ordnung eine Reihe von parasitischen Formen enthält, sei hier die systematische Einteilung in Familien gegeben, die sich hauptsächlich auf Zahl und Anordnung der Geißeln gründet und aus beigegebenem Schema (Abb. 113) klar ersichtlich ist.

a) monozoa.

1. Familie: Cercomonadidae [Kent em. Bütschli.] Eingeißelige Flagellaten mit zarter Pellicula und Achsenstab und Fähigkeit der Pseudopodienbildung.

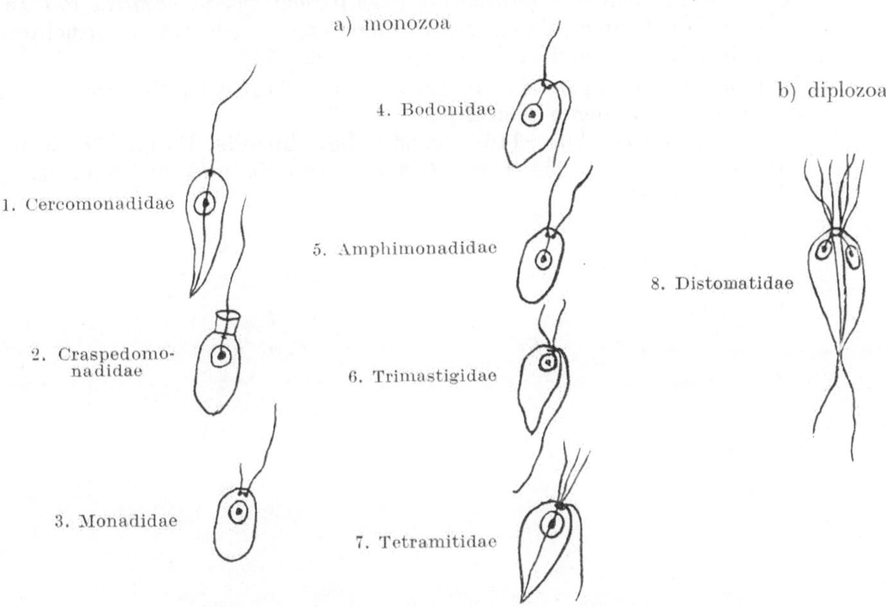

Abb. 113.   Schema der Familien der Protomonadinen.

Cercomonas parva aus menschlichen Fäzes gezüchtet mit Achsen-stab (s. Abb. 26, S. 23; Näheres s. auch Spez. T. S. 164).

2. Familie: Craspedomonadidae [Stein.] Eingeißelige Protomonadinen mit Kragen, freilebend (Abb. 114).

Abb. 114. *Monosiga ovata* Kent. Vergr. ca. 3700. Nach Hartmann und Chagas 1910.

Abb. 115. *Monas* spec. Vergr. ca. 3700. Nach Hartmann und Chagas 1910.

3. Familie: Monadidae [Stein em. Senn.] Einzellebende oder koloniale Protomonadinen mit 1 Haupt- oder 1 oder 2 Nebengeißeln. Frei-lebend (Abb. 115).

4. Familie: **Bodonidae** [Bütschli.] Zweigeißelige Formen mit einer Schwimm- und einer langen Schleppgeißel.

Bodo lacertae, parasitische Form aus der Kloake der Eidechse (s. Abb. 20, S. 20 und 81, S. 67). In diese Familie oder in deren Nähe gehört wohl auch der gefürchtete Fischparasit *Costia negatrix* mit zwei verschieden langen, beim Schwimmen nach rückwärts gerichteten Geißeln (Näheres und Abb. s. Spez. T. S. 171).

5. Familie: **Amphimonadidae** [Kent em. Bütschli.] Protomonadinen mit zwei gleichlangen Geißeln.

Spongomonas (Abb. 116), gehäusebewohnende Form, die außerhalb des Gehäuses meist die Geißeln abwirft und amöboid ist (s. Abb. 38, S. 32).

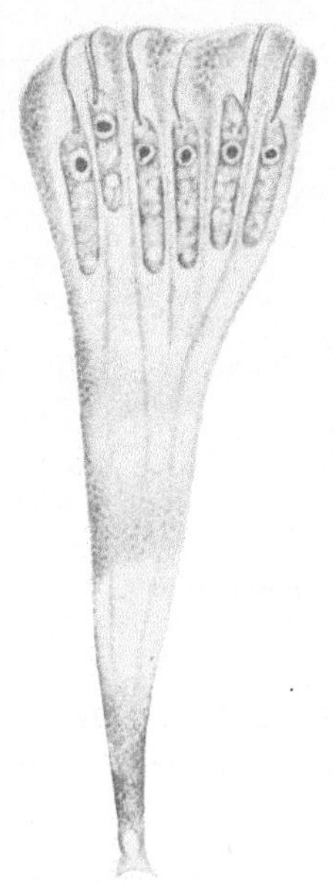

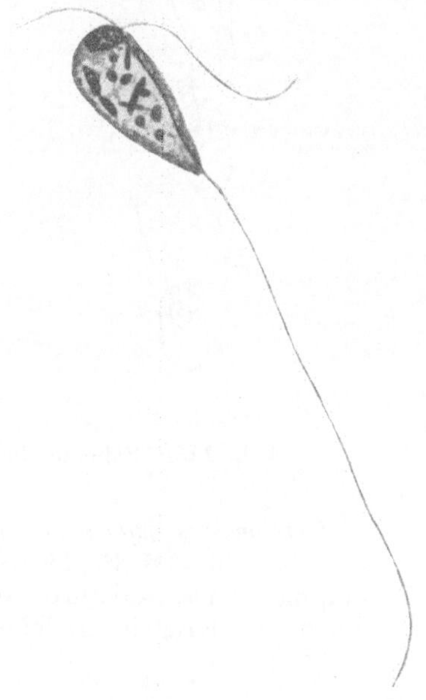

Abb. 116. *Spongomonas splendida* Stein. Vergr. ca. 1000. Nach Hartmann und Chagas 1910.

Abb. 117. *Trimitus motellae* Alex. Nach Alexeieff.

6. Familie: **Trimastigidae** [Senn.] Protomonadinen mit drei am Vorderende entspringenden Geißeln.

Trimitus motellae. Parasitisch im Darm eines Fisches (Abb. 117).

7. Familie: **Tetramitidae**. [Kent.] Vorwiegend parasitische Protomonadinen mit vier vorderständigen Geißeln, wovon eine als Schleppgeißel oder undulierende Membran ausgebildet sein kann. Mit Achsenstäben. Metabol. Befruchtung in Form von Autogamie bei *Trichomastix* (s. Abb. 93, S. 78).

Trichomonas, sehr verbreitete Darmparasiten auch bei Säugetieren und Menschen (s. Abb. 36 u. 39). Näheres und weitere Abb. Spez. T. S. 165.

b) **diplozoa**.

8. Familie: **Distomatidae** [Klebs.] Freilebende oder parasitische Formen mit 2—8 Geißeln, die durch das paarig symmetrische Vor-

handensein aller Zellorganellen (Geißeln, Zellmund und Kerne) ausgezeichnet sind.

Octomitus, achtgeißelige parasitische Gattung im Darm Wirbelloser und Wirbeltiere (Abb. 118).

Lamblia, Dünndarmparasit des Menschen (s. Abb. 27, S. 24; Näheres s. Spez. T. S. 168).

3. Ordnung **Binucleata.** Hartmann.

Flagellaten mit feiner Pellicula (manche entoparasitische Formen amöboid) mit Hauptkern und besonderem Geißelkern (Kinetonucleus), mit einer, seltener zwei Geißeln mit Basalkörpern. Geißelapparat bei intracellulären Parasiten

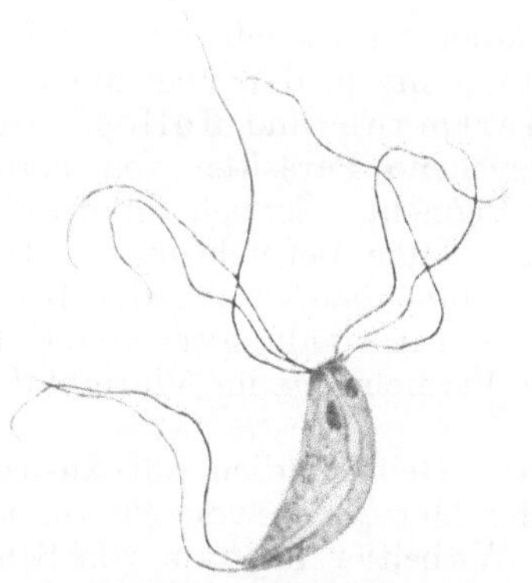

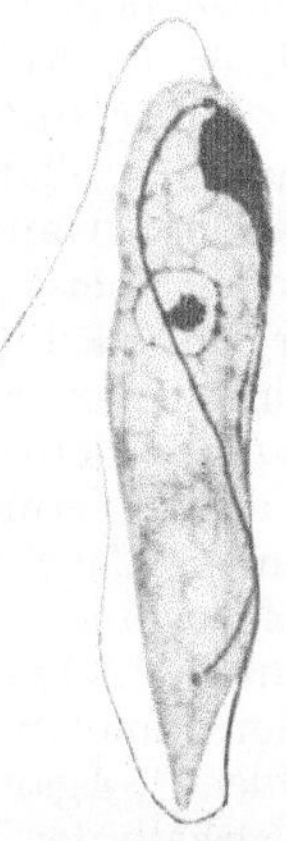

Abb. 118. *Octomitus muris* Hartm. Vergr. ca. 2600. Nach Hartmann 1911.

Abb. 119. *Trypanoplasma helicis.* Vergr. ca. 2600. Nach Jollos 1910.

ganz oder teilweise rückgebildet. Parasiten im Darm von Insekten oder im Blute von Wirbeltieren, nur eine Gattung freilebend holozoisch.

1. Familie: Trypanoplasmidae [Hartmann und Jollos.] Zweigeißelige Binucleaten mit einer Schleppgeißel, die als undulierende Membran mit dem Körper teilweise verschmelzen kann.

   Prowazekia, einzige freilebende Binucleatengattung, gelegentlich im Darm des Menschen vorkommend (Näheres und Abb. s. Spez. T. S. 170). *Trypanoplasma* vorwiegend Fischparasiten mit undulierender Membran (Abb. 119).

2. Familie: Trypanosomidae [Doflein.][1]) Eingeißelige Binucleaten, Geißel gelegentlich (bei einer Gattung im Wirbeltierkörper dauernd) zurückgebildet. Blutparasiten warmblütiger Tiere, vielfach aber auch Darmparasiten niederer Tiere. Bei Blutparasiten Wirtswechsel.

   Leptomonas mit vorderständiger freier Geißel, parasitisch in Wirbellosen und Pflanzen. *Crithidia*, parasitisch in Wirbellosen, mit kurzer undulierender Membran. *Trypanosoma*, Blutparasiten mit undulierender Membran (s. Abb. 66 u. 67, S. 53); *Leishmania*, intracellulärer Parasit beim Menschen, ohne Geißel (s. Abb. 101, S. 90).

---

[1]) Genaueres über das System und die Phylogenie dieser und der folgenden Familien der Binucleaten nebst Abbildungen s. Spez. T. S. 173 u. f.

3. Familie: **Piroplasmidae** [**Franca.**] Geißellose, jedoch meist mit Kinetonucleus versehene Parasiten der roten Blutkörperchen, ausschließlich bei Säugetieren, ohne Pigment; Übertragung durch Zecken.

Piroplasma, Erreger der Haemoglobinurie der Rinder, der Hundepiroplasmose usw., *Theileria*, Küstenfieberparasit.

4. Familie: **Halteridiidae** [**Hartmann und Jollos.**] Geißellose, jedoch meist mit Geißelkern versehene Blutprotozoen von Vögeln; sexuell differenzierte Geschlechtsgeneration in den roten Blutkörperchen mit Pigmentbildung. Reifung und oogame Befruchtung im Darm blutsaugender Insekten. Microgameten von Trypanosomencharakter. Nach der Befruchtung bei der Gattung *Halteridium* Ausbildung trypanosomenartiger Flagellaten und deren Vermehrung durch Längsteilung. Agame Vermehrung im Vogelkörper (Lunge), in Form einer großen Schizogonie in Endothelien nur bei der Gattung *Hämoproteus* erwiesen (s. Abb. 106, S. 95).

Halteridium, mit Flagellatenstadien im Zwischenwirt. *Hämoproteus* ohne Flagellatenstadium mit Schizogonie in der Vogellunge.

5. Familie: **Leucocytozoidae** [**Hartmann und Jollos.**] Geißellose, jedoch meist mit Geißelkern versehene Parasiten von kernhaltigen Erythroblasten bei Vögeln, ohne Pigment. Sexuell differenzierte Geschlechtsgeneration. Reifung und oogame Befruchtung im Darm von *Culex*. Microgameten von Trypanosomenbau. Nach der Befruchtung multiple Vermehrung (Sporogonie) und Ausbildung sehr feiner trypanosomenartiger Flagellaten. Agame Vermehrung im Warmblüter durch Schizogonie.

6. Familie: **Plasmodiidae** [**Mesnil.**] Geißelstadien mit Ausnahme der Microgameten (und gelegentlich der Merozoiten von *Proteosoma*) ganz fehlend. Agame Entwicklung im Wirbeltier in Form von Schizogonie innerhalb der Erythrocyten mit Pigment. Ausbildung der Geschlechtsgeneration im Blut, deren Copulation im Darm des Überträgers (*Culex* und *Anopheles*). Agame Vermehrung im Überträger durch Sporogonie.

Proteosoma, Erreger der Vogelmalaria; *Plasmodium*, Erreger der menschlichen Malaria.

4. Ordnung **Hypermastigina.** Grassi.

Vielgestaltige Gruppe meist großer parasitischer Formen aus dem Darm wirbelloser Tiere (Termiten), die in ihren einfachsten Formen sich an Trichomonaden anschließen, meißt mit einem Geißelbündel, selten nur vier Geißeln oder total begeißelt. Einkernig (*Lophomonas*) oder vielkernig (*Callonympha*) oder mit polyenergidem Kern (*Trichonympha*); Längsteilung und multiple Teilung (Abb. 16 u. 17, S. 18).

5. Ordnung **Chromomonadina.** Klebs.

Ein- und zweigeißelige Flagellaten, Geißelinsertion nach Art der Protomonadinen; mit Chromatophoren von vorwiegend brauner, manchmal roter, gelber oder blaugrüner Farbe, die bei manchen Arten zeitweise oder dauernd reduziert sind. Niedere Formen amöboid beweglich, höhere mit fester Pellicula. Durch Verlust der Geißeln und Bildung kolonialer Verbände leiten diese Flagellaten zu der Gruppe der Braunalgen über. Süßwasser und marin.

Chrysamöba (Abb. 120), *Cryptomonas* (Abb. 121) von Interesse durch ihre Symbiose mit Foraminiferen, Radiolarien und niederen Metazoen im geißellosen Palmellazustand.

6. Ordnung **Chloromonadina.** Klebs.

Wenig untersuchte, nur einige Formen aufweisende Gruppe von Flagellaten mit zwei ungleich großen Geißeln, großem Kern und vielen scheibenförmigen grünen Chromatophoren; Süßwasser. *Vacuolaria.*

7. Ordnung **Euglenoidina.** Bütschli em. Klebs.

Hochentwickelte, ein- oder zweigeißelige Flagellaten, die durch eine feste oft gestreifte oder skulpturierte Pellicula, ein kompliziertes, aus Haupt- und Nebenvakuolen bestehendes Vakuolensystem und das Vorkommen von Paramylum charakterisiert sind. Kern mit gut entwickeltem Außenkern, Ernährung pflanzlich, saprophytisch oder parasitisch.

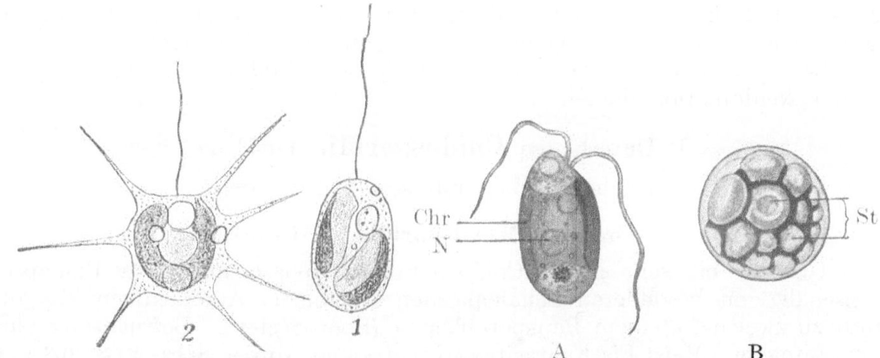

Abb. 120. *Chrysamoeba radians.* 1. Amöboidform, 2. Schwimmform. Nach Klebs aus Doflein.

Abb. 121. *Cryptomonas schaudinni* Winter. A Schwärmer, B als Zooxanthelle aus *Peneroplis pertusus*. Chr Chromatophor, N Kern, St Stärke. Vergr. ca. 2250. Nach Winter 1907 aus Doflein.

Euglena, bekannte Süßwasserform (s. Abb. 18, S. 20), *Astasia* auch parasitisch in Wirbellosen.

8. Ordnung. **Phytomonadina.** Bütschli.

Sowohl einzellebende wie koloniebildende, mit wenigen Ansnahmen holophytische Flagellaten mit 2, seltener 4 oder 8 gleichen, nach Protomonadinenart inserierten Geißeln, Cellulosemembran und einem großen, grünen, becherförmigen Chromatophor. Befruchtung allgemein vorhanden, isogam bis oogam. Die Ordnung leitet zu den Grünalgen über und wird von den Botanikern denselben direkt als Volvocales zugerechnet.

Chlamydomonas, einzellebend; *Pandorina* kolonienbildend, *Volvox* vielzellig mit somatischen Zellen.

II. Unterklasse **Dinoflagellata.** Bütschli.

Hochentwickelte, meist holophitische Gruppe mit zwei ungleichen, besonders angeordneten Geißeln (Längs- und Quergeißel) und meist besonders ausgebildeter Oberfläche (Furchenstruktur und Zellulosepanzer) mit großem massigem Kern. Vorwiegend Planktonformen im Meer- und Süßwasser; einige interessante parasitische Formen in Wirbellosen.

1. Ordnung. **Peridinea.** Schütt.

Typische Dinoflagellaten. *Gymnodinium*, bekannte freilebende Form; *Apodinium*, Parasit in marinen Crustaceen.

2. Ordnung. **Cystoflagellata.** Häckel.

Nur die Jugendformen von *Gymnodinium*bau. Erwachsen Formen mit Tentakel; durch reichliche Gallerteinlagerung in die von einer derben Pellicula umhüllte Zelle von einer für Flagellaten enormen Größe. Nur 3 Arten, marin.

III. Klasse **Amoebosporidia** nom. nov.

Entoparasitische meist vielkernige Protozoen, teils amöboid in Hohlorganen, teils intra- und intercellulär in Geweben. Jugendformen amöboid. Agame Vermehrung durch Teilung, Schizogonie und Plasmotomie. Befruchtung pädogam und autogam mit darauffolgender Bildung beschalter Sporen, die der Neuinfektion dienen.

I. Unterklasse _Cnidosporidia Doflein.

Amöbosporidien mit sog. Cnidosporen.

1. Ordnung **Myxosporidia.** Bütschli.

Größere bis sehr große Cnidosporidien, Sporen mit 2—4 Polkapseln, zweischalig mit besonderen Schalenkernen und einem Amöboidkeim (Zygote). Meist zu zweien in einem Pansporoblasten (Sporocysten). Befruchtung pädo- resp. autogam. Meist Fischparasiten (Näheres und Abb. s. Spez. T. S. 363 u. f.).

1. Familie: Ceratomyxidae [Doflein.] Kleine amöboide Myxosporidien mit 2 (ausnahmsweise 1) Cnidosporen. *Ceratomyxa, Leptotheca* in der Gallenblase von Meeresfischen.
2. Familie: Myxidiidae·[Gurley.] Kleine und große amöboide Myxosporidien aus Gallen- und Harnblase von Fischen mit meist mehreren bis vielen Sporocysten (Pansporoblasten), seltener mit nur 2 oder gar 1 Cnidosporen. Letztere stets mit 2 Polkapseln. *Myxidium, Sphaeromyxa* (s. Abb. 75, S. 59).
3. Familie: Chloromyxidae [Doflein.]. Wie vorige Familie, jedoch Cnidosporen mit 4 Polkapseln. *Chloromyxum* (s. Abb. 76, S. 60.)
4. Familie: Myxobolidae [Gurley]. Vorwiegend Organparasiten. Mit zahlreichen Sporocysten. Cnidosporen mit 2 oder 1 Polkapsel und jodophiler Vakuole. *Myxobolus pfeifferi*, Erreger der Barbenseuche (Näh. u. Abb. s. Spec. T. S. 369), *Hoferellus cyprini*, in den Nierenkanälchen von Karpfen.

2. Ordnung **Actinomyxidia.** Stolč.

Komplizierte Cnidosporidien mit dreiklappiger aus 3 Zellen bestehender Schale, 3 Polkapseln und 8 oder mehr Amöboidkeimen. Stets 8 in einem Pansporoblasten. Befruchtung pädogam (Abb. 122 s. auch Abb. 94, S. 79).

3. Ordnung **Microsporidia.** Balbiani.

Cnidosporidien mit einer Polkapsel. Vermehrung: Zweiteilung oder multiple Teilung; Sporenbildung verbunden mit pädogamer oder autogamer Befruchtung. (Näheres und Abb. s. Spec. T. S. 372 u. f.)

Glugea lophii bildet große tumorartige Cysten im Gehirn und Rückenmark von *Lophius piscatorius* (Fisch), *Nosema bombycis*, Erreger der Pebrinekrankheit der Seidenraupen (Näheres und Abb. s. Spez. T. S. 376).

II. Unterklasse. **Acnidosporidia.** Cépède.

Amöbosporidien ohne sog. Cnidosporen.

4. Ordnung **Sarcosporidia.** Bütschli.

Sporen sichelförmig mit vermutlich rückgebildeten schleimigen Polfäden. Muskelparasiten in vom Wirtsgewebe gebildeten Cysten. Die Zugehörigkeit zu

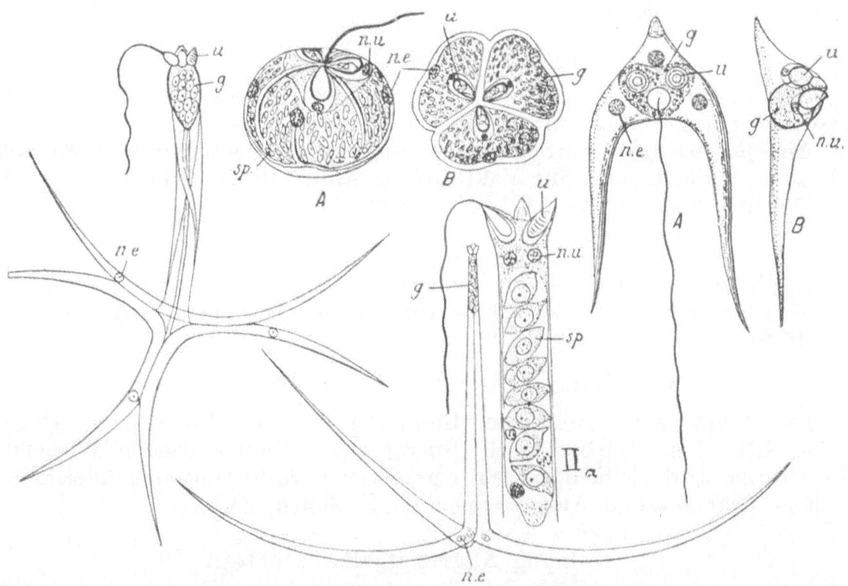

Abb. 122. Sporen verschiedener Actinomyxidien. I. *Hexactinomyxon psammoryctis*. Vergr. 450. II. *Triactinomyxon ignotum*. Vergr. 250. IIa. oberer Teil mit Amöboidkeimen stärker vergrößert. Vergr. 900. III. *Synactinomyxon tubificis*. A. Ansicht vom Polkapselfeld, B. Profilansicht. Vergr. 900. IV. *Sphaeractinomyxon stolci*. Vergr. 900. A. Seitenansicht, B. Ansicht vom Polkapselfeld. g Keimmasse, sp Amöboidkeime, ne Schalenkern, nu Polkapselkern, u Polkapseln, teilweise mit ausgeschleudertem Faden. Aus Caullerry und Mesnil 1905.

den Amöbosporidien wird vielfach bestritten. *Sarcocystis* (Näheres und Abb. s. Spez. T. S. 385).

5. Ordnung **Haplosporidia.** Caullery et Mesnil.

Sehr mannigfaltige Entoparasiten mit multipler Fortpflanzung. Zusammengehörigkeit und systematische Stellung einer Anzahl hierher gestellter Formen noch unklar (teilweise niedere Pilze).

Ichthyosporidium, Fischparasit (s. Abb. 77, S. 60 u. Abb. 95, S. 80). *Rhinosporidium*, Parasit in der Nase von Mensch und Pferd. (Näheres und Abb. s. Spez. T. S. 382).

IV. Klasse **Sporozoa.** Leukart em. Léger.

Ausschließlich entoparasitische, einkernige Protozoen ohne Bewegungsorganellen im erwachsenen Zustand. Ernährung osmotisch ohne pulsierende Vakuole. Vermehrung durch multiple Teilung (Schizogonie, Sporogonie und Gametogonie). Cystenbildung mit besonderer multipler Vermehrung. Befruchtung und Generationswechsel allgemein. Gameten mit Geißeln.

1. Ordnung **Coccidia.** Bütschli.

Unbewegliche Zellparasiten, nur Microgameten und Fortpflanzungsstadien beweglich. Mit ausgeprägtem Generationswechsel. Schizogonie, Oogamie und Sporogonie.

1. Tribus. Eimeridea [Léger].

Kugelige oder ovale Epithelzellschmarotzer. Microgametocyt bildet zahlreiche zweigeißelige Microgameten.

Eimeria, wichtige pathogene Gattung bei Wirbeltieren und Menschen. *Cyclospora,* Kernparasit beim Maulwurf (s. Abb. 110, S. 101).

(Näheres und weitere Abb. s. Spez. T. S. 389 u. f.).

2. Tribus. Adeliidea [Léger].

Epithelzellparasiten, Microgametocyten heften sich an die Macrogametocyten und liefern nur 4 geißellose Macrogameten, von denen 3 zugrunde gehen. *Adelea.*

3. Tribus. Haemogregarinidea [Léger].

Parasiten in weißen und roten Blutkörperchen von Wirbeltieren. Oogamie wie bei Adeleiden. Wirtswechsel. Sporogonie in blutsaugenden Wirbellosen. Diese Gruppe wird vielfach mit einer gewissen Berechtigung den Adeleiden zugerechnet (Näheres und Abb. s. Spez. T. S. 393 u. f.).

2. Ordnung **Aggregataria.** Doflein.

Kugelige Sporozoen ohne Eigenbewegung im erwachsenen Zustand. Mit Generations- und Wirtswechsel. Schizogonie in dekapoden Krebsen. Gametogonie (unsicher ob nach Art der Coccidien oder Gregarinen) in Tintenfischen. *Aggregata* (s. Abb. 74, S. 58).

3. Ordnung **Gregarinida.** Lankester.

Sporozoen von langgestreckter wurmförmiger Gestalt mit Eigenbewegung, jedoch ohne Geißeln oder Pseudopodien. Parasiten in Darm und Leibeshöhle. Nur Jugendstadien intracellulär. Gametogonie nach gemeinsamer Encystierung innerhalb der Cyste mit nachfolgender Sporogonie.

1. Unterordnung: Schizogregarinida [Léger].

   Außer Gametogonie und Sporogonie wie bei Coccidien noch eine Schizogonie. *Ophryocystis, Selennicoccidium.*

2. Unterordnung: Eugregarinida [Doflein].

Ohne Schizogonie, nur Gametogonie und Sporogonie.

1. Tribus. Monocystidea. Häckel.

Körper ohne Epimerit. Leibeshöhlenparasiten. *Monocystis* (s. Abb. 22, S. 21).

2. Tribus. Polycystidea. Häckel.

Gregarinen mit Epi-, Proto- und Deutomerit (s. Abb. 99, S. 88 u. Abb. 23, S. 22).
Gregarina, *Stylorhynchus* (s. Abb. 83, S. 68).

V. Klasse **Infusoria**. O. F. Müller.

Protozoen mit zahlreichen Cilien als Bewegungsorganellen und meist mit einem oder mehreren somatischen Macronucleen und generativen Micronucleen. Befruchtung durch Conjugation (Ausnahme *Opalina*). Fortpflanzung: Querteilung oder Knospung.

I. Unterklasse **Ciliata**. Perty.

Typische Infusorien ohne Saugröhren.

1. Ordnung **Holotricha**. Stein.

Körperoberfläche gleichmäßig mit Cilien bedeckt, nur in der Mundgegend stärkere Wimpern.

1. Unterordnung: Gymnostomata [Bütschli].

Zellmund nur während der Nahrungsaufnahme geöffnet, teils räuberisch, teils parasitisch. Teilweise vielkernige Formen, bei denen der Kerndimorphismus nur vor der Conjugation auftritt.

Opalina, vielkernig, Darmparasit von Anuren. *Ichthyophtirius*, gefährlicher Hautparasit bei Fischen (Näheres und Abb. s. Spez. T. S. 413).

2. Unterordnung: Hymenostomata [Hickson].

Zellmund dauernd offen, mit undulierenden Membranen.

Colpoda, *Paramäcium* (Abb. 123).

2. Ordnung **Heterotricha**. Stein.

Meist allseitig gleichmäßig bewimpert, jedoch mit adoraler aus Membranellen zusammengesetzter Zone.

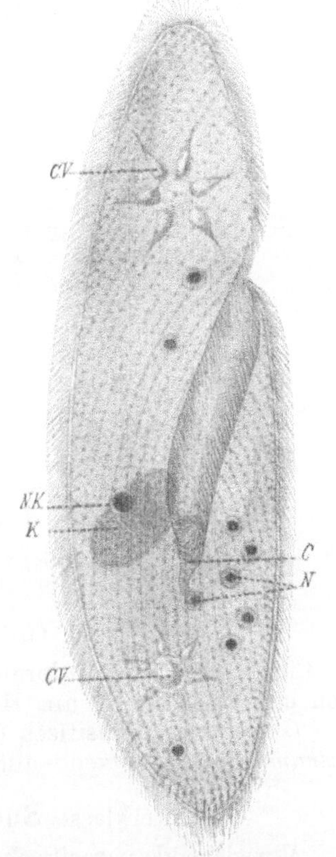

Abb. 123. *Paramaecium caudatum*. C Cytop, CV pulsierende Vakuole, K Macronucleus, NK Micronucleus. Nach Doflein.

1. Tribus. Heterotricha.

Körperbewimperung gut ausgebildet.
Balantidium und *Nycthotherus*, Darmparasiten auch beim Menschen (s. Abb. 54, S. 43). (Näheres und weitere Abb. s. Spez. T. S. 409 u. f.).

2. Tribus. Tintinnoidea.

Planktonische Ciliaten innerhalb von Gehäusen.

3. Tribus. Oligotricha. [Bütschli.]

Bewimperung teilweise oder ganz rückgebildet. Cilien oft zu Membranen verschmolzen.

Ophryoscolex, *Entodinium*, Parasiten im Wiederkäuermagen (s. Abb. 21, S. 21 und Abb. 69, S. 54).

3. Ordnung **Hypotricha.** Stein.

Dorsoventral abgeplattete Infusorien ohne Wimpern auf der gewölbten Rückenfläche, auf der abgeflachten Bauchfläche links gewundene adorale Membranellenzone und verschieden differenzierte, zum Laufen dienende Cirren.

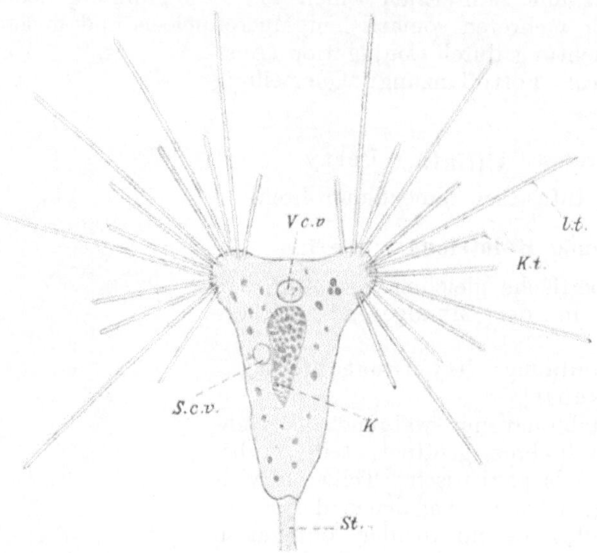

Abb. 124. *Tocophrya quadripartita* Cl. u. L. K Kern. Kt u. lt Saug-Tentakel, Scv u. Vcv pulsierende Vakuolen. Nach Filipjev 1911.

4. Ordnung **Peritricha.** Stein.

Ciliaten nur mit adoralar Wimperzone, bei wenigen Formen außerdem noch ein Wimperring am Hinterende.

Cyclochäta, parasitisch (Näheres und Abb. s. Spez. T. S. 415); *Vorticella*, *Zoothamnium*, festsitzend auf Stielen (s. Abb. 49, S. 39).

II. Unterklasse **Suctoria.** Claparède und Lachmann.

Vorwiegend parasitische festsitzende Infusorien ohne Wimpern. im erwachsenen Zustand, mit einem oder mehreren Saugtentakeln. Fortpflanzung meist durch Bildung bewimperter Knospen.

Acineta, *Tocophrya* (Abb. 124).

Anhang.
Spirochaetoidea.

Äußerst schlanke, flagellatenartige Protisten mit undulierendem Radfaden ohne distinkten Kern; meist Parasiten. Zusammengehörigkeit der Gruppe unsicher; Zugehörigkeit zu den Protozoen umstritten.

Spirochaeta plicatilis freilebend; *Cristispira* große Muschelparasiten; *Spirosoma* Recurrenserreger; *Treponema pallidum* Syphiliserreger (Näheres und Abb. s. Spez. Z. S. 335 u. folg.).

D. Allgemeine Technik der Protozoenuntersuchung.

Bei allen Protozoenuntersuchungen ist die Beobachtung am lebenden Objekt von der größten Wichtigkeit. Unentbehrlich für das Verständnis mancher Vorgänge (z. B. Bewegung und Ernährung) und für die Aufklärung von Wesen und Folge vieler Entwicklungsstadien, dient sie ferner auch als sicherste Kontrolle für die Richtigkeit und Deutung der an gefärbten Präparaten gewonnenen Bilder. Bei einiger Übung und ausgiebigem Gebrauch der Blenden und des Beleuchtungsapparates des Mikroskopes lassen sich nämlich bei den Protozoen selbst feinste Strukturen häufig im Leben beobachten.

Die Lebenduntersuchung soll, wenn möglich, in dem natürlichen Medium erfolgen. Nur wenn die zur Verfügung stehende Flüssigkeitsmenge zu gering ist (wie z. B. bei Darmparasiten kleiner Insekten), setzt man etwas physiologische Kochsalzlösung hinzu. — Ein Tropfen des zu prüfenden Materials wird auf einen Objektträger gebracht und ein Deckgläschen darübergetan, oder man bringt den Tropfen auf die Unterseite eines Deckglases, das man auf einen hohlgeschliffenen Objektträger legt („hängender Tropfen"). Um rasches Verdunsten der Flüssigkeit zu verhindern, ist im ersten Falle das Präparat für längere Beobachtungen mit Vaselin zu umranden, im letzteren bestreicht man vorher die Umgebung der Höhlung auf dem Objektträger dünn mit Vaseline und drückt dann das aufgelegte Deckglas leicht an.

Handelt es sich um lebhaft bewegliche Protozoen (z. B. Infusorien), so kann man das Medium durch Zusatz von etwas Gelatine oder noch besser von in Drogenhandlungen käuflichem sogenannten „Alga-Carrageen" (getrocknete Meeresalgen, die im Wasser schleimig aufquellen) zähflüssiger machen und auf diese Weise die Bewegungen verlangsamen.

Vor Benutzung der Ölimmersion orientiere man sich stets mit schwacher oder mittelstarker Vergrößerung über das Präparat. Da die meisten Protozoen im Verhältnis zu den Bakterien ansehnliche Größe aufweisen, so kann man sie schon bei diesen Vergrößerungen gut erkennen und im Präparat auffinden.

Die Beobachtung am lebenden Objekt wird häufig durch sog. Vitalfärbung erleichtert. Am besten eignet sich hierzu das Neutralrot in sehr verdünnter Lösung (1 : 800—1 : 10000), von der man einen Tropfen am Rande des Deckglases hinzusetzt.

Von großem Vorteil erweist sich in vielen Fällen, so bei den Spirochäten, die Lebenduntersuchung im Dunkelfeld. Die Organismen erscheinen dabei helleuchtend auf dunklem Untergrund.

Zu rein diagnostischen Zwecken leistet zur Untersuchung von Gewebsflüssigkeiten auf Spirochäten als einfachste Präparationsmethode die Burrische Tuschemethode sehr gute Dienste: gute, flüssige, chinesische Tusche (z. B. von Günther und Wagner) wird mit neun Teilen destilliertem Wasser verdünnt, gekocht und dann stehen gelassen, so daß alle gröberen Partikelchen sich absetzen. Ein Tropfen der oben stehenden Flüssigkeit wird entnommen und mit einem Tropfen der zu untersuchenden Gewebsflüssigkeit auf dem Objektträger innig gemischt, ausgebreitet und trocknen lassen. Dann bringt man das Immersionsöl direkt auf die Tuscheschicht, taucht die Frontlinse ein und untersucht mit starker Vergrößerung (über 800fach). Die fein geschlängelten Spirochäten erscheinen gleichsam als Negativ, als helle Schlangenlinien auf dunklem Grunde.

Ebenfalls zu rein diagnostischen Zwecken, und zwar für Blutprotozoen dient die einfache Methode der „dicken Tropfen". Bei spärlichem Vorhandensein der Parasiten ist sie unentbehrlich. Auf einen sorgfältig mit absolutem Alkohol gereinigten Objektträger läßt man 4—5 Blutstropfen, die einem tiefen Hautstich entquellen, fallen, breitet sie rasch mit einer Nadel auf einer Fläche von etwa Markstückgröße aus und läßt gut antrocknen. Nun stellt man das Präparat in gewöhnliches Wasser, wodurch sich das Hämoglobin aus den Blutkörperchen löst und in bräunlichen Wolken zu Boden sinkt. Ist

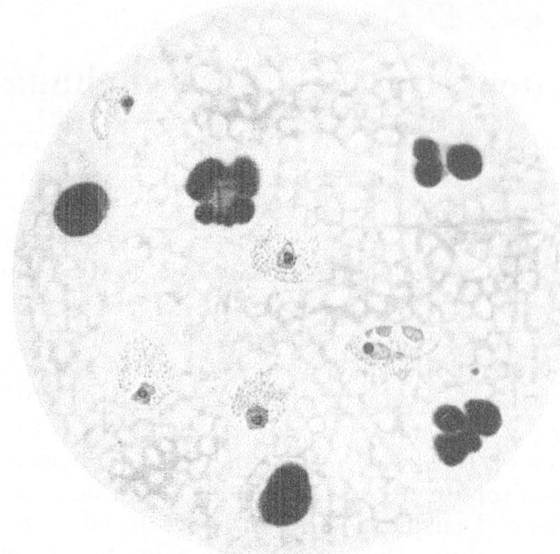

Abb. 125.   Tertiane Malaria.   „Dicker Tropfen" nach Romanowsky gefärbt.   Protoplasma der Tertianparasiten blau, Kerne rot, Schüffnersche Tüpfelung rot.   Orig.

das Präparat ganz farblos geworden, so nimmt man es vorsichtig heraus und fixiert zweckmäßigerweise die Blutschicht in absolutem Alkohol für 10 Minuten. Darnach trocknet man und färbt zweimal nach Giemsa oder Schilling (siehe unten). Die ausgelaugten Blutkörperchen nehmen die Farbe nur schwach an, so daß sich die Kerne der weißen Blutkörperchen tief violettrot abheben. Malariaparasiten zeigen ein lichtblaues Protoplasma und hellroten Kern (Abb. 125). Trypanosomen und Spirochäten sind kräftig violettrot gefärbt.

Zum genaueren Studium feinerer Strukturverhältnisse besonders des Kernes, meist auch zur Sicherung der Diagnose, sind fixierte und gefärbte Präparate herzustellen, und zwar vor allem Ausstriche, daneben mitunter auch Schnitte.

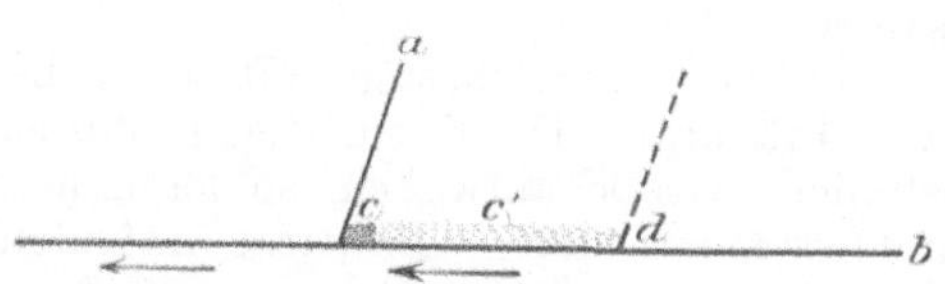

Abb. 126.   a Erster Objektträger, b zweiter Objektträger, c Blutstreifen auf der hinteren Fläche des ersten Objektträgers, c_1 bereits ausgestrichene Blutschicht, d Stelle, auf der der Objektträger aufgesetzt wurde. Nach Ruge.

Organstücke werden direkt mit Hilfe einer Pinzette auf einem Deckglas hingestrichen; von Darminhalt, Fäces u. dgl. nimmt man mit einer vorher geglühten Platinöse etwas auf und verstreicht es gleichfalls. Bei koagulierbaren Flüssigkeiten, so vor allem bei Blutuntersuchungen, wird ein Tropfen auf einen Objektträger bzw. Deckglas in der Nähe des Randes gebracht und ein zweites Deckglas oder noch besser ein geschliffener Objektträger in schiefem Winkel darauf gesetzt, so daß sich das Blut an seinem Rande ausbreiten und dann rasch in gleichmäßiger Schicht über das Glas gezogen werden kann. [Es ist darauf zu achten, daß das Blut nicht von dem Objektträger bzw. Deckglas geschoben, sondern von ihm gezogen wird (Abb. 126).]

In allen Fällen sind die Ausstriche möglichst rasch herzustellen, da sie keinen Augenblick antrocknen dürfen! (Über Blut-Trockenpräparate siehe unten.)

Sie müssen vor dem Antrocknen feucht fixiert und stets feucht weiterbehandelt werden. Die bestrichenen Deckgläschen oder Objektträger läßt man sofort mit der Schichtseite nach unten auf die betreffende Fixierungsflüssigkeit fallen, taucht sie später ein und kehrt sie um.

Zur Fixierung von Protozoen benutzt man am besten Sublimatalkohol nach Schaudinn und Flemmingsche oder Hermannsche Flüssigkeit, sowie Osmiumdämpfe.

Fixierungsflüssigkeiten.

Sublimatalkohol nach Schaudinn: zwei Teile konzentrierte wässerige Sublimatlösung (7 g in 100 ccm kochendem distillierten Wasser gelöst) und ein Teil absoluter Alkohol. Sehr empfehlenswert ist ein Zusatz von Essigsäure.

Osmiumsäure $2^0/_0$ (in rotem Glas mit weitem, eingeschliffenem Glasstopfen aufzubewahren).

Platinchloridosmiumessigsäure (Hermannsche Flüssigkeit): Platinchlorid $1^0/_0$ 75 ccm, Osmiumsäure $2^0/_0$ 4 ccm, Eisessig 1 ccm.

Chromosmiumessigsäure (Flemmingsche Flüssigkeit): $1^0/_0$ Chromsäure 15 Teile, $2^0/_0$ Osmiumsäure 4, Eisessig 1 Maßteil.

Für Ausstrichpräparate genügen einige Minuten schon zum Fixieren, besonders wenn man die Fixierungsflüssigkeit heiß (ca. 50^0) anwendet, was sich für viele Objekte empfiehlt. Gewebsstücke müssen $1/_2$ Stunde und länger darin bleiben. Nach Sublimatalkohol wäscht man die Ausstriche in 60^0 Alkohol mit Jodzusatz etwa $1/_4$—$1/_2$ Stunde, nach Flemmingscher und Hermannscher Lösung in destilliertem Wasser etwa 10 Minuten. (Gewebsstücke dagegen müssen länger, 6—12 Stunden gewaschen werden.) Nach dem Waschen führt man die Präparate in 60^0, dann in 70^0 Alkohol.

In $70^0/_0$ Alkohol können die fixierten Präparate längere Zeit aufbewahrt werden. Will man gleich färben, so bringt man sie nach wenigen Minuten in destilliertes Wasser zurück.

Bezüglich der Herstellung von Schnitten sei auf die bekannten speziellen technischen Lehrbücher verwiesen (s. Literaturverzeichnis).

Zur Färbung kommen für Protozoen hauptsächlich folgende Methoden in Betracht:

1. Delafieldsches oder Grenachersches Hämatoxylin. Man färbt in stark verdünnter (ca. 10fach) Lösung $1/_2$ bis mehrere Stunden, eventuell über Nacht, je nach der Verdünnung. Hierauf spült man in Brunnenwasser gut ab und prüft ein Präparat unterm Mikroskop. Ist es überfärbt, so differenziert man mit salzsaurem Alkohol (0,1 ccm Salzsäure auf 100 ccm $70^0/_0$ Alkohol) und kontrolliert unterm Mikroskop, bis die richtige Färbung erreicht ist. Dies ist dann der Fall, wenn die Kerne scharf zu erkennen sind. Hierauf abermaliges Abspülen mit Brunnenwasser, Überführen durch $70^0/_0$, $94^0/_0$, $100^0/_0$ Alkohol, Xylol + Alkohol in Xylol (je 1 Minute) und Einschließen in Cedernholzöl oder Kanadabalsam.

2. Harnalaun nach P. Mayer. Alaun 50,0, Natriumjodat 0,2, Hämatoxylin 1,0, Aq. dest. 1000,0. Sofort zum Gebrauch bereit. Gibt in der Regel reine Kernfärbung nach ganz kurzer Einwirkung; bei Überfärbung Auswaschen mit 1—2 % wässeriger Alaunlösung. Abspülen mit Leitungswasser und Überführen wie bei 1.

3. Boraxkarmin oder Pikrokarmin nach Weigert. Färbung etwa $^1/_2$ Stunde. Hierauf Differenzierung mit salzsaurem Alkohol, bis sich keine Farbstoffwolken mehr bilden. Dann durch die Alkoholstufen und Xylol in Cedernholzöl.

Die Färbungen 1 und 2 dienen hauptsächlich zur Kontrolle beim Studium der Chromidien etc.

4. Eisenhämatoxylin nach Heidenhain.

    a) Beiz- und Differenzierungsflüssigkeit: Eisenoxydammoniumsulfat 3,5 g, destilliertes Wasser 100 ccm.

    b) Farblösung: Hämatoxylin 1 g, Alkohol 10 ccm, destilliertes Wasser 90 ccm (in roter Flasche aufzubewahren und am besten 4 Wochen vor Gebrauch herzustellen).

Durch diese Färbung werden die am stärksten differenzierten Färbungen erzielt. Die Ausstriche kommen aus dem destillierten Wasser für 4—12 Stunden (eventuell über Nacht) in die Eisenalaunbeize; dann spült man gut mit destilliertem Wasser ab und bringt sie auf 6—12 Stunden in die Farblösung, wo sie ganz schwarz werden. Hierauf wieder mit Wasser auswaschen und dann in der Eisenbeize die überflüssige Farbe auszuziehen, was sehr rasch vor sich geht. Der richtige Zeitpunkt der Differenzierung muß unter dem Mikroskop festgestellt werden. Man legt den Deckglasausstrich auf einen großen Tropfen der Beizlösung auf den Objektträger und beobachtet im Mikroskop, bis die Kerne scharf differenziert sind. Das Chromatin der Kerne muß tief schwarzblau erscheinen, das Protoplasma schwach grau. Dann tüchtig abspülen in Leitungswasser und nach den Alkoholstufen und Xylol in Kanadabalsam oder Cedernöl einbetten.

5. Eisenhämatoxylin nach Breinl-Rosenbusch.

    a) Beizflüssigkeit wie bei Heidenhain.

    b) Alkoholische Hämatoxylinlösung: 1 g Hämatoxylin auf 100 ccm Alkohol 94 %.

    c) Lithioncarbonat, konzentrierte wässerige Lösung in Tropfflasche.

Die Präparate kommen aus destilliertem Wasser für 1—6 Stunden in $3^1/_2$ % Eisenbeize, dann spült man ab und bringt sie für höchstens 5 Minuten in 1 % alkoholische Hämatoxylinlösung, der man vor dem Gebrauch tropfenweise so viel konzentrierte Lithioncarbonatlösung zugegeben hat, bis sie Rotweinfarbe annahm. Hierauf differenziert man wie bei der Heidenhain-Methode, doch benutzt man sehr verdünnte Eisenbeize, da die Differenzierung äußerst rasch geht. Abspülen in Leitungswasser etc., wie bei 3. Diese Methode dient vorwiegend für Blutparasiten.

6. Eisenchlorid-Hämatoxylin nach Weigert.

    a) Eisenchlorid off. 4 Teile, Salzsäure off. 1 Teil, Wasser 100 Teile.

    b) Alkoholische Hämatoxylinlösung.

Man bringt die Präparate aus dem Wasser auf 10—20 Minuten in eine Mischung von gleichen Teilen von a) Eisenchlorid-Salzsäurelösung und b) alkoholischer Hämatoxylinlösung, die aber 20 Minuten vor Gebrauch herzustellen ist. (Die Mischung kann dann mehrere Tage verwendet werden.) Hierauf Abspülen in Brunnenwasser und durch Alkoholstufen und Xylol in Cedernöl.

Diese sehr bequeme Methode liefert ohne Beizung und Differenzierung oft ähnliche Resultate wie die Heidenhainsche Eisenhämatoxylinfärbung, versagt aber leider bei vielen Objekten.

7. Safranin - Lichtgrün, das sehr schöne Farbenunterschiede bei den einzelnen Komponenten der Kernteilung gibt (nur nach Fixierung mit Flemmingscher Flüssigkeit). Man bringt die Präparate aus Alkohol auf 1—24 Stunden in konzentrierte alkoholische Safraninlösung (Safranin 0 von Grübler und Hollborn) am besten in der Wärme 37°, wäscht in Alkohol aus, führt durch Alkoholstufen und färbt einige Sekunden in alkoholischer Lichtgrünlösung nach. Die Äquatorialplatte einer Promitose wird dabei grün, die Polkappen und Zentren rot.

8. Romanowsky-Färbung nach Giemsa, feucht. Nach Sublimatfixierung kurz abwaschen in Wasser und 5—10 Minuten in eine Lösung von Jodkali 2 g, destilliertes Wasser 100 ccm, Lugolsche Lösung 3 ccm. (Bisweilen vorsichtig umschwenken.) Unmittelbar darauf kurz abwaschen in Wasser und 10 Minuten lang in eine 0,5% wässerige Lösung von Natriumthiosulfat, wodurch das durch Jod gelblich gewordene Präparat vollkommen abblaßt (bisweilen umschwenken). Dann 5 Minuten in fließendes Wasser und Färben mit frisch verdünnter Giemsa-Lösung (1 Tropfen auf 1 ccm destilliertes Wasser, bei längerer Färbedauer auf 2 ccm und mehr) 1—12 Stunden und länger. Dann Abspülen mit Wasser, Hindurchführen durch folgende Reihe: a) Aceton 95 ccm, Xylol 5 ccm, b) Aceton 70 ccm, Xylol 30 ccm, c) Aceton 50 ccm, Xylol 50 ccm, d) Xylol pur. und Einbetten in Cedernöl. Die Länge des Verweilens in a, b und c richtet sich nach dem gewünschten Differenzierungsgrade.

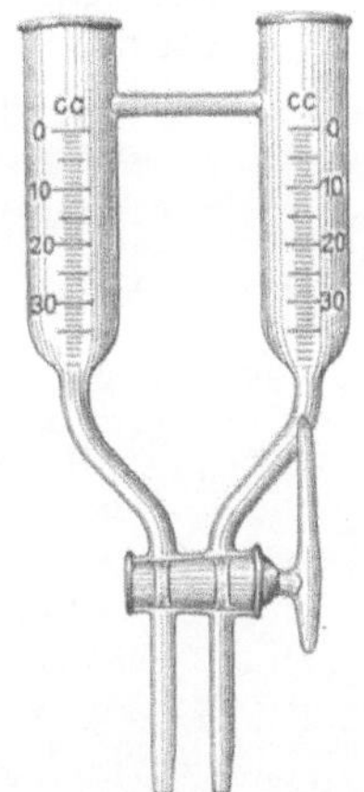

Abb. 127. Färbeapparat für die Romanowsky-Färbung nach Schilling.

9. Romanowsky-Färbung nach Giemsa, trocken. Die lufttrockenen Ausstriche fixiert man 10 Minuten in absolutem Alkohol. Dann färbt man in verdünnter Giemsa-Lösung (1 Tropfen auf 1 ccm destilliertes Wasser, nicht mehr) 15—20 Minuten, eventuell länger. Hierauf spült man mit starkem Wasserstrahl ab, trocknet und bettet in Cedernöl ein.

10. Romanowsky-Färbung nach Schilling.
    Lösung a: Methylenblau medicinale Höchst 0,4 g,
             Borax 0,5 g,
             Wasser 1000 g.
    Lösung b: Eosin B A Extra Höchst 0,2 g,
             Wasser 1000 g.

Lösung a und b werden zu gleichen Teilen gemischt. Es handelt sich darum, das Gemenge im Moment der Mischung auf die Blutschicht zu bringen, was am besten durch den hier abgebildeten Apparat von Schilling mit doppelt durchbohrtem Hahn geschieht (Abb. 127). Nach etwa 10 Minuten sind die Präparate gut gefärbt. Um sehr intensive Färbung zu erzielen, spült man nach 2 Minuten ab und färbt ein zweites Mal 5 Minuten mit frischer Mischung.

Die Romanowsky-Färbungen 7—9 dienen hauptsächlich zur Färbung von Blutprotozoen, doch hat die Feuchtmethode auch für andere, doch nur kleinere Protozoenformen sich bewährt. Bei gelungener Färbung wird das

Plasma der Parasiten kräftig blau, die Kerne tiefrot, die Blutkörperchen bei der Giemsa-Methode rosa, bei der Schilling-Methode blaßblau.

11. Glykogenfärbung nach Best: Man färbt 1. mit Delafieldschem Hämatoxylin (intensive Färbung wünschenswert) vor, und dann 2. 1 Stunde in frisch hergestellter Mischung von Bestschem Karmin 2 Teile (die Lösung wird kurz vor Herstellung der Mischung filtriert), Liq. ammonii caust. 3 Teile, Methylalkohol 6 Teile. Die Mischung, die nicht filtriert werden darf, ist immer frisch herzustellen. 3. Entfärben in mehrfach zu erneuernder Mischung von Methylalkohol 2 Teile, Alk. absol. 4 Teile, Aq. dest. 5 Teile. Die Entfärbung dauert 10—20 Minuten. 4. Abspülen mit 80% Alkohol. Entwässern und Einbetten. Die Kerne sind blau, das Glykogen rot.

Karmin nach Best zur Glykogenfärbung.

Lösung: Karmin 1,0 g, Amm. chlorat. 2,0 g, Lith. carbon. 0,5 g wird mit Aq. dest. 50,0 1mal aufgekocht, nach Erkalten Liqu. Amm. caust. zugesetzt. Lösung im Dunkeln aufbewahren. Brauchbar vom dritten Tage an einige Wochen.

II. Spezieller Teil.

I. Die Entamöben.

1. Allgemeines.

Die Amöben sind gegenüber anderen Protozoengruppen nur negativ durch das Fehlen jeglicher spezifischer innerer Organisation des Protoplasmaleibes, wie äußerer Hüllen, Schalen usw. charakterisiert. Diese negativen Kennzeichen genügen an sich noch nicht, um ein derart beschaffenes Protozoon ohne weiteres als Amöbe zu bezeichnen. Denn es ist bekannt, daß Jugend- und Fortpflanzungsstadien anderer Protozoen (ja sogar Körperzellen vielzelliger Tiere) im Amöbenzustand auftreten, sowie daß auch ausgewachsene Protisten (Flagellaten) durch Verlüst einzelner Organellen, wie z. B. von Geißeln, als Amöben erscheinen können. Man kann bei diesem Mangel an positiven Merkmalen gewärtig sein, daß manche „Amöbe" sich eines Tages als Organismus von anderer Organisation entpuppen wird. Als eines der bekanntesten Beispiele sei an die zunächst als Amöben betrachteten Malariaparasiten erinnert, die erst nach Kenntnis ihrer Entwicklung ihre richtige Beurteilung fanden. Daher kann eine Form nur dann als echte Amöbe gelten, wenn wir den ganzen oder doch einen großen Teil ihres Lebenskreislaufes kennen.

Die Konsistenz des Plasmas ist bei den einzelnen Formen sehr mannigfaltig; es gibt dünn- und zähflüssige Formen, solche mit und ohne Differenzierung in Ecto- und Entoplasma etc. Die darauf sich gründenden Formen der Pseudopodien, sowie die Verhältnisse von Ecto- und Entoplasma geben mit wertvolle Kriterien ab bei der Unterscheidung der einzelnen Arten. Da jedoch andererseits die Konsistenz des Protoplasmas, wie die Art der Bewegung in ziemlich weitgehendem Maße durch äußere Bedingungen modifiziert werden können, so sind zur Charakterisierung dieser Verhältnisse stets das Medium und die Lebenszustände, Ernährung etc. der Zelle mit zu berücksichtigen.

Die meisten Amöben besitzen einen einzigen Kern, einige wenige (*Amoeba diploidea* und *binucleata*) stets zwei, andere Formen mehrere. Die Kerne gehören alle dem Typus der Caryosomkerne an oder lassen sich leicht von demselben ableiten. Bei den kleineren und mittelgroßen Arten ist in der Regel ein stark entwickeltes Caryosom und wenig Außenchromatin vorhanden, mit Zunahme der Körpergröße herrscht die Tendenz, das Caryosom zyklisch abzubauen, womit die starke Ausbildung eines Außenkernes Hand in Hand geht (Abb. 128). Alle diese Kerne teilen sich durch eine vereinfachte oder typische Mitose, die sich stets vollkommen am Kerne abspielt. Dabei lassen sich stets intranulceäre Teilungszentren, meist in Form von Centriolen oder sogenannten Nucleocentrosomen (Caryosome = herangewachsene Centriole, bei der Teilung vielfach als Polkappen bezeichnet) nachweisen (Vahlkampf, Hartmann, Nägler, Chatton, Mercier u. a.). Selbst die neueren Autoren, die sich gegen die Centrenlehre ausgesprochen haben, wie Alexeieff (1912) und Gläser (1912), haben intranucleäre Teilungsapparate beschrieben.

Die Bewegung sowie die Nahrungsaufnahme der Amöben geschieht ausschließlich durch Pseudopodienbildung, die schon im allgemeinen Teil eingehend geschildert worden ist (s. S. 25 u. 41). Auch die parasitischen Arten sind auf Aufnahme fester Nahrung angewiesen.

Die Vermehrung der Amöben erfolgt bei den einkernigen Formen durch einfache Zweiteilung. Dieselbe kann entweder der Kernteilung direkt folgen, ja sogar noch vor vollendeter Kernteilung beginnen (s. Abb. 63, S. 51), oder aber sie folgt erst, nachdem in der Zelle bereits zwei Kerne im Ruhestadium sich wieder finden. Auch multiple Fortpflanzung, zu der der letztere Modus der Zweiteilung schon überleitet, kommt vor (Beispiel *Entam. coli*) (Abb. 138d). Man kann sogar experimentell (höhere Temperatur) Formen mit typischer Zweiteilung zu einer multiplen Vermehrung überführen. Die Vermehrungsvorgänge spielen sich entweder an der vollkommen nackten vegetativen Amöbe ab oder aber auch in Cysten. Bei multiplen Teilungen zeigen

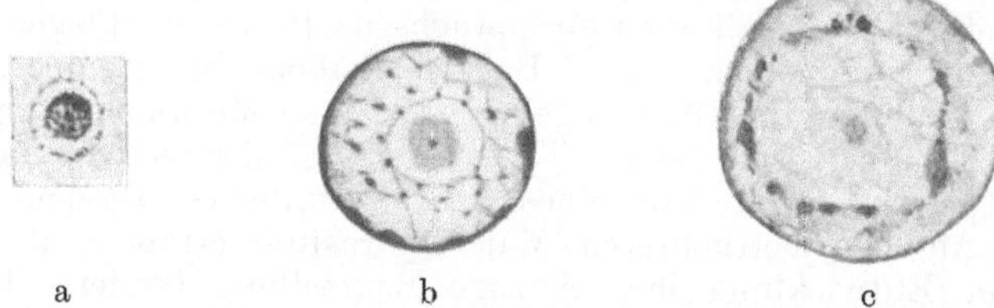

a   b   c

Abb. 128. Kerne von verschiedenen Amöben, den Abbau des Caryosoms zeigend. a *Vahlkampfia whitmori*, b *Entamoeba tetragena*, c *Entamoeba blattae*. Vergr. ca. 1950. Nach Hartmann 1913.

die jungen Formen sowohl im Plasma wie im Kern häufig andere Charaktere als die erwachsenen; die Kerne sind hier meist primitivere Caryosomkerne (Beispiel *Entamoeba blattae*).

Befruchtungsvorgänge sind bisher nur für ganz wenige Arten von Amöben mit Sicherheit erwiesen. Der erste, der einen Befruchtungsvorgang bei Amöben beschr eben hatte, war Schaudinn, der für die harmlose Darmamöbe des Menschen, die *Entamoeba coli*, eine sehr merkwürdige Autogamie angegeben hatte, die später für die *E. muris* von Wenyon (1907), in etwas abweichender Form von Hartmann (1908) für *E. tetragena* bestätigt wurde. Wie wir im speziellen Teile sehen werden, ist die Deutung der komplizierten Vorgänge in der Cyste der Entamöben als Autogamie später von Hartmann aufgegeben worden; sie ist nicht bewiesen, scheint vielmehr nach den neueren Untersuchungen unwahrscheinlich. Eine sehr primitive Befruchtung, eine Hologamie, haben Hartmann und Nägler bei der interessanten zweikernigen *Amoeba diploidea* nachgewiesen, die im Allg. Teil (s. Abb. 79, S. 65) genau geschildert wurde. Ferner hat neuerdings Mercier bei der *Entamoeba blattae* eine Merogamie beobachtet. Die Amöbe encystiert sich im Darm, nachdem der erst in der Einzahl vorhandene Kern sich fortgesetzt durch Zweiteilung vermehrt hat. Diese Kernvermehrung geht auch noch innerhalb der Cyste weiter (Gamogonie, s. Abb. 129a). Nach einer Neuinfektion platzen die Cysten und es schlüpfen so viele kleine Amöben aus, als vorher Kerne gebildet waren (b, c). Diese kleinen Amöben sind Gameten, die paarweise copulieren und hierauf wieder zu großen erwachsenen Formen heranwachsen (d—h). Es ist nicht unwahrscheinlich, daß diese Art der geschlechtlichen Vermehrung für alle Entamöben zutrifft (s. bei *Entamoeba coli* var. *williamsi* s. S. 157). Ein ganz

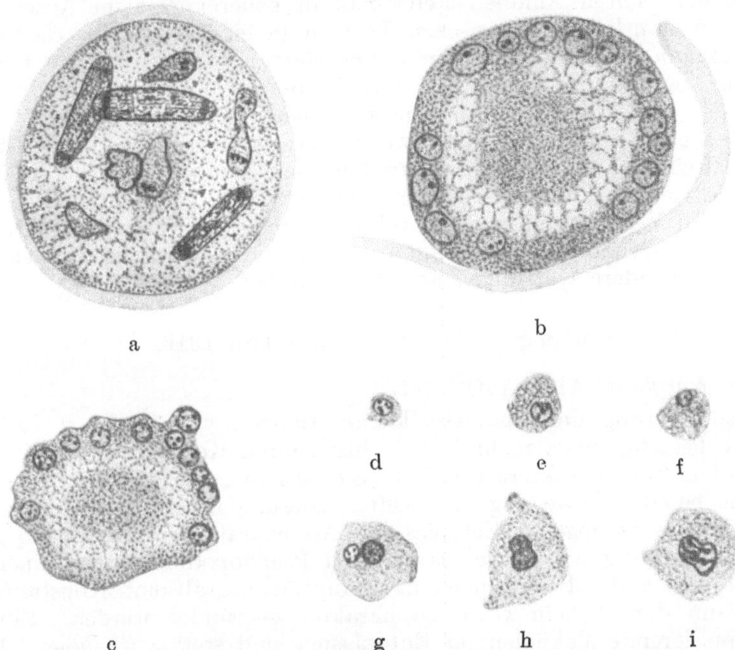

Abb. 129. Befruchtung von *Entamoeba blattae* Bütschli. a—c Gametenbildung, a Cyste mit Gametenkernen in Teilung, b Cyste mit geplatzter Membran in neuem Wirt, c Ablösung der Gameten, d—f freie einzelne Gameten, g—i Copulation mit Caryogamie. Vergr. ca. 1200. Nach Mercier 1910.

entsprechender Vorgang wurde neuerdings auch für eine frei lebende Amöbe, *Amoeba minuta*, von Popoff beschrieben.

Bis in die neueste Zeit hat man wenigstens die einkernigen Amöben alle in die eine Gattung *Amoeba* eingereiht, nachdem die früheren Versuche, auf Grund der verschiedenartigen Pseudopodien diese Gruppe in einzelne Gattungen aufzuteilen, sich als verfehlt erwiesen hatten. Erst seit durch die cytologischen und entwicklungsgeschichtlichen Untersuchungen von Schaudinn und seinen Nachfolgern ein reicheres morphologisches Tatsachenmaterial zutage gefördert war, konnte man daran denken, mit mehr Aussicht auf Erfolg, die amöbenartigen Organismen in Gruppen von natürlicher Verwandtschaft aufzuteilen. Möglich ist ein derartiges Unternehmen, streng genommen, nur bei der vollkommenen Kenntnis des gesamten Entwicklungskreises der einzelnen Arten, ein Ziel, das leider erst für ganz spärliche Formen erreicht ist. Solange nicht von einem amöbenartigen Organismus wenigstens größere Teile der Entwicklung sowie die Cytologie der Kernteilung aufgedeckt ist, kann nicht einmal seine Zugehörigkeit zur Ordnung der Amöben mit Sicherheit behauptet werden, da es sich oft nur um amöboide Zustände anderer Protisten, speziell von Flagellaten handelt. In all den Fällen, in denen in Amöbenkulturen z. B. Flagellatenstadien unter bestimmten äußeren Bedingungen auftreten, (s. Allg.

Teil S. 90), müssen diese Organismen, selbst wenn sie in der Regel sich uns als Amöben darbieten, zu den Flagellaten gezählt werden. Denn die Flagellatenorganisation ist die kompliziertere und höhere.

Von den echten Amöben stellt man in neuerer Zeit im Anschluß an Schaudinn sämtliche parasitischen Formen in eine besondere Gattung, die Gattung *Entamoeba*. Die Vertreter dieser Gattung werden uns in folgendem vor allem beschäftigen. Von den freilebenden Amöben haben die großen Formen, für die der Typus der ursprünglichen Gattung *Amoeba* zunächst reserviert bleiben muß, für die Zwecke dieses Lehrbuches kein Interesse. Dagegen ist eine andere Gruppe von freilebenden Amöben für uns von Wichtigkeit, da sie vielfach aus menschlichen und tierischen Fäces gezüchtet wurden und häufig zu Verwechselungen mit echten parasitären Formen geführt haben. Es sind die sogenannten *Limax*amöben, für die neuerdings Chatton und Alexeieff besondere Gattungen abgegrenzt haben.

Gattung: **Vahlkampfia** Chatton 1912.

Syn. *Naegleria* Alexeieff 1912.

Diese Gattung umfaßt meist kleine Amöben von 5—30 μ Größe, die durch ihre Pseudopodien, mehr jedoch durch ihren Kernbau, Kernteilung und Cystenbildung gut charakterisiert sind. Sie besitzen, wie die meisten Amöben, wenigstens bei der Bewegung eine Differenzierung in ein grobwabiges Entoplasma und ein homogenes Ectoplasma. Als charakteristisch für sie gilt die Art ihrer Bewegung mittelst eines einzigen Pseudopodiums nach einer Richtung. Da jedoch die Bewegungen überhaupt nichts absolut Konstantes darstellen, kann darauf kein Gattungscharakter gegründet werden. Eine oder mehrere pulsierende Vakuolen im Entoplasma sind stets vorhanden. Typisch für die Gattung ist der Kern, der sich als echter Caryosomkern darstellt mit großem Caryosom und meist schwach, seltener stärker entwickeltem Außenkern (Abb. 130). Im Caryosom ist oft auch im Ruhezustand ein Centriol zu ' sehen. Die Kernteilung ist eine Promitose mit starken chromatischen Polklappen und einer körnchenartigen Äquatorialplatte, die vom Außenkern gebildet wird (s. Abb. 7, S. 12). Bei derselben Art (Einzellenkultur Whitmore 1911) können auch typische Mitosen nur mit Centriolen an den Polen vorkommen, was wohl von dem physiologischen Zustande des Caryosoms vor der Teilung abhängt.

Die Vermehrung geschieht durch Zweiteilung, selten kommen auch mehrkernige Individuen vor (exp. bei höherer Temperatur). Sämtliche Arten encystieren sich leicht und bilden einkernige, seltener zweikernige Ruhecysten mit doppelter Membran, deren Bau und Aussehen für die einzelnen Arten meist sehr charakteristisch ist (Abb. 130 c).

Von dieser Gattung gibt es eine große Anzahl von Arten, die überall weit verbreitet sind. Sie wachsen leicht auf künstlichen Nährböden zusammen mit lebenden Bakterien und sind häufig aus menschlichen und tierischen Fäces ja sogar aus Leberabszeßeiter gezüchtet worden. In der Regel handelt es sich wohl um Süßwasserformen, deren Cysten mit der Nahrung in den Darm eines Wirbeltieres gelangt sind. Da jedoch Hartmann und Dobell eine Form in der Kloake der Eidechsen, Chatton eine andere ectoparasitisch auf der Haut von Fischen (*V. mucicola*), ferner Chatton und Lalung-Bonnaire auch in frisch entleerten menschlichen Fäces derartige Formen lebend beobachtet haben, so muß man wohl annehmen, daß Vertreter dieser Gattung auch ein halbparasitisches oder parasitisches Dasein führen können. Von den echten parasitären Formen, den Angehörigen der Gattung *Entamoeba*, unterscheiden sie sich jedoch durch ihre Kern- und Cystenverhältnisse ohne weiteres, und die vielfache Identifizierung derartig gezüchteter Amöben mit *Entamoeba coli* und *histolytica* resp. sonstiger Entamöben (Muscrave und Clegg, Lesage, Noc u. a.) war nur möglich auf Grund ungenügender Berücksichtigung der Cytologie und Entwicklung. Denn auch gewisse Vahlkampfien nach den Calkins u. Williams bei Kultur in höherer Temperatur stärker entwickelte

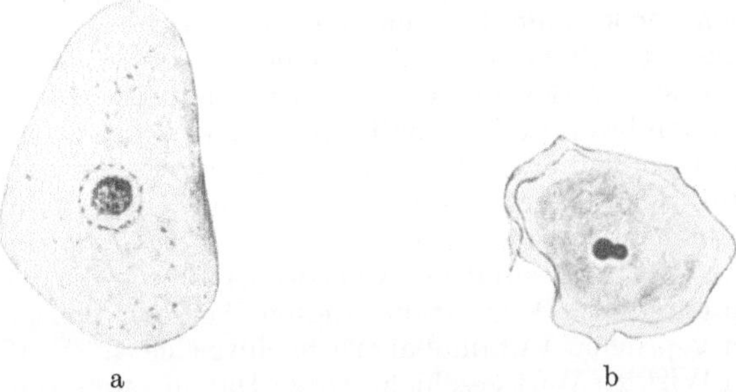

a   b

Abb. 130. *Vahlkampfia whitmorei* Hartmann. a vegetative Form, b Cyste. Vergr. ca. 1950. Nach Whitmore 1911.

Außenkerne, sowie durch Bildung vielkerniger Cysten eine weitere Annäherung an Entamöben aufweisen, so ist doch eine Unterscheidung von den Entamöben trotz der gegenteiligen Annahme dieser Autoren sehr gut möglich, wie ihre eigenen Abbildungen zeigen.

Gattung: Entamoeba Leidy em. Schaudinn.

Syn. *Loeschia* Chatton, syn. *Proctamoeba* Alexeieff.

In die Gattung *Entamoeba* stellen wir sämtliche bekannten echten parasitären Formen. Soweit sich aus den bisherigen Beobachtungen ein Schluß ziehen läßt — viele Arten sind nur ganz oberflächlich bekannt — scheint es, daß die Berechtigung dieser Gattung nicht nur in Gründen der Zweckmäßigkeit liegt, sondern daß es sich in der Tat um eine ziemlich einheitliche systematische Gruppe handelt. Denn ein Vergleich der großen *Entamoeba blattae* aus der Küchenschabe mit den menschlichen Entamöben, der nach manchen Forschern gegen eine nähere verwandtschaftliche Beziehung dieser verschiedenen Amöben sprechen sollte, scheint nach der neuesten Wendung, die das Studium der Entamöben-Entwickelung genommen hat, direkt zugunsten einer derartigen Beziehung zu sprechen. Daher sehen wir hier von einer Aufteilung der Gattung *Entamoeba*, wie sie Chatton (1912) sowie unabhängig von ihm Alexeieff (1912) vorgeschlagen haben, ab. Die Gattung *Entamoeba* ist von Leidy für die große Amöbe aus der Küchenschabe, deren Cytologie und Entwicklung neuerdings durch v. Janicki und Mercier aufgedeckt worden ist, aufgestellt worden. Die Entwicklung dieser Amöbe erscheint mir besonders durch die Untersuchungen von Mercier gegenwärtig als die am genauesten erforschte. Wenn auch der Kern der erwachsenen vegetativen Formen sich von denen der übrigen kleineren Entamöben auf den ersten Blick wesentlich zu unterscheiden scheint, so zeigt die Entwicklung, daß hier nur ein weiterer zyklischer Abbau des Caryosoms vorliegt (Abb. 4, S. 10 u. Abb. 128 c).

Die Aufstellung besonderer Gattungen für die übrigen Entamöben, wie *Loeschia* (Chatton) syn. *Proctamoeba* (Alexeieff) oder gar eine noch weitere Aufteilung in Gattungen, wie *Viereckia* (Chatton) für *E. tetragena, Poneramoeba* (Lühe) für *E. histolytica* ist mindestens verfrüht.

Die Gattung *Entamoeba* umfaßt Amöben von 20—100 μ Größe. Eine Differenzierung in Ecto- und Entoplasma ist während der Ruhe nicht bei allen vorhanden, die Bewegung geschieht in der Regel durch lappige Pseudopodien (Bruchsackpseudopodien). Pulsierende Vakuolen fehlen. Die vegetativen Formen enthalten in der Regel einen Kern. Bei manchen Arten (*Entamoeba coli*) können auch vielkernige Formen und im Anschluß daran eine multiple Teilung (Schizogonie) auftreten. Äußerst charakteristisch gegenüber der Gattung *Vahlkampfia* ist der Bau des Kernes. Er hat meist eine deutlich doppelt konturierte Kernmembran und enthält ein kleines Caryosom und einen sehr stark entwickelten Außenkern. An dem Caryosom spielen sich zyklische Umsätze ab, die auf den ganzen Kern übergreifen. Diese zyklischen Umsätze können bei einzelnen größeren Formen — *Entamoeba testudinis* und *blattae* — zu einer vollständigen Auflösung des Caryosoms führen, so daß scheinbar ein anderer Kerntyp entsteht. Doch ist bei diesen Amöben ontogenetisch die Ableitung von dem typischen Entamöbakern nachweislich (s. S. 10, Abb. 4). Die Verbreitung von Wirt zu Wirt geschieht durch Dauercysten, die alle mehrkernig sind. Mit der Kernvermehrung hängt vermutlich eine geschlechtliche Vermehrung zusammen, wie dies für die *Entamoeba blattae* nachgewiesen ist (s. oben S. 138).

Die meisten Entamöben sind Darmparasiten von Wirbeltieren oder seltener Wirbellosen, nur wenige Arten finden sich in anderen Organen, so die *Entamoeba histolytica* außer dem Darme noch in der Leber und im Gehirn, die *Ent. buccalis* und *kartulisi* in der Mundhöhle. Alle leben von fester organisierter Nahrung, saprophytischen Bakterien und anderen Protisten, die pathogenen von Körperzellen. Eine Züchtung ist noch bei keiner Art gelungen; alle Angaben darüber sind falsch und beziehen sich nur auf freilebende Limaxamöben, deren Cysten zufällig in den Tierkörper geraten sind.

2. Entamoeba histolytica (Schaudinn); die Amöbendysenterie.

Syn. *Entam. tetragena* Viereck.

Geschichtliches. Der erste, der Amöben als Erreger einer Dysenterie angesprochen hat, war Lösch (1875), der in St. Petersburg bei einem Ruhrkranken Amöben in den blutig-eiterigen Entleerungen gefunden hatte, die er *Amoeba coli* nannte. R. Koch hat 1883 in Ägypten im Darmgewebe von an Ruhr gestorbenen Personen als erster Amöben nachgewiesen und daraufhin mit größerem Recht denselben eine pathogene Rolle zugeschrieben, und Kartulis und andere sind ihm darin gefolgt. Aber trotz der gelungenen Übertragungsversuche sowie des Nachweises charakteristischer pathologisch-anatomischer Veränderungen im Darm der infizierten Tiere von Kruse und Pasquale (1893), Kartulis u. a., konnte lange Zeit die ätiologische Rolle der Amöben mit Recht immer wieder in Zweifel gezogen werden, weil im menschlichen Darm auch harmlose Amöben vorkommen, deren Nichtpathogenität Grassi, sowie Casagrandi und Barbagallo und Schuberg durch Beobachtungen und Infektionsversuche an Menschen nachgewiesen hatten, die jedoch nicht von der pathogenen Form unterschieden werden konnten. Erst Schaudinn hatte 1903 durch entwicklungsgeschichtliche Untersuchungen Klarheit geschaffen, indem er zeigte, daß im menschlichen Darm zwei in Bau und Entwicklung verschiedene Arten vorkommen, von denen die eine harmlos ist, die andere nur in Fällen von ulzeröser Dysenterie gefunden wird. Für die erstere behielt er den Löschschen Namen *Entam. coli* bei, die letztere Form nannte er *Entamoeba histolytica*. Leider hatte Schaudinn zunächst nur solche Fälle von Dysenterie beobachtet, bei denen die Amöben nicht die normale Entwicklung durchmachen, so daß er aberrante Stadien und Degenerationsformen zunächst für die normalen Entwicklungsstadien der *E. histolytica* beschrieb. So kam es, daß über die Frage zunächst noch länger Unklarheit herrschte. Er selbst hatte zwar schon die normalen vierkernigen Cysten gesehen, aber für eine zweite pathogene Art gehalten, die nach seinem Tode sein Schüler Viereck (1906) als *Entamoeba tetragena* beschrieb; die vegetativen Formen konnte letzterer

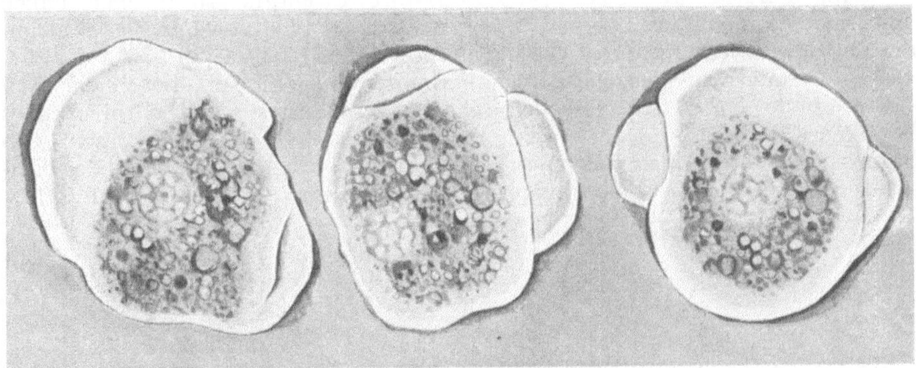

a

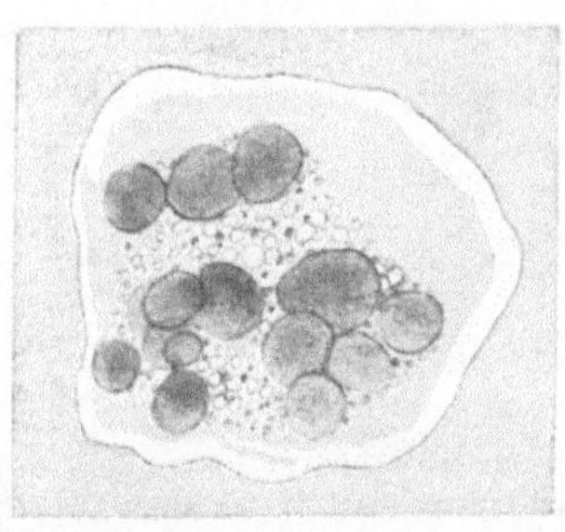

b

Abb. 131. *Entamoeba histolytica* Schaudinn. a Individuum nach dem Leben in drei aufeinanderfolgenden Stadien der Bewegung; b Individuum nach dem Leben mit vielen gefressenen Blutzellen. Vergr. ca. 1300. Nach Hartmann 1911.

nicht von der harmlosen *E. coli* unterscheiden. Fast gleichzeitig beschrieb Hartmann (1907 und 1908) die letzteren genauer und hielt sie zunächst für eine neue (dritte pathogene) Art, *E. africana*, konnte aber bald nach Auffindung der Cysten ihre Identität mit der Art Vierecks feststellen. Die weiteren Untersuchungen von Hartmann und seinen Mitarbeitern Whitmore und Ornstein führten jedoch zu dem Resultat, daß bei allen neu untersuchten Dysenteriefällen nur *E. tetragena* vorhanden ist und die von Schaudinn beschriebenen Stadien der Entwicklung von *E. histolytica* auch als Degenerationsformen von *E. tetragena* vorkommen. Die von Hartmann (1911), Walker (1911) und Chatton (1912) vermutete Identität von *E. tetragena* und *E. histolytica* wurde dann durch die Infektionsversuche und Beobachtungen von Darling in Panama, Kuenen und Swellengregel in Sumatra und Walker in Manila völlig erwiesen, so daß also jetzt nur eine einzige pathogene Art bekannt ist, die nun wieder *Ent. histolytica* heißen muß.

Verbreitung. Die Amöbenruhr ist über die ganzen tropischen und subtropischen Gebiete verbreitet (Südamerika, Centralamerika, Afrika, spez. Ägypten, Vorder- und Hinterindien, Sumatra, Java, Philippinen, China, Formosa, aber auch in den östlichen Mittelmeerländern). Auch aus Ländern von gemäßigtem Klima, wie Deutschland, England und Frankreich sind einige dort erworbene sporadische Infektionen bekannt geworden, die sich aber teilweise auf eine Kontaktinfektion durch aus den Tropen eingeschleppte Fälle zurückführen ließen (Dopter, Hartmann).

Der Parasit. a) **Vegetative typische Formen.** In frischen Fällen von Amöbenruhr finden sich im erkrankten Darmgewebe, sowie in den Schleimflocken der Entleerungen vorwiegend große Formen von ca. 20—50 μ Größe. Der Hauptunterschied gegenüber der harmlosen *E. coli* ist im Leben der, daß sie auch in der Ruhe in der Regel ein scharf abgesondertes, stark lichtbrechendes homogenes Ectoplasma aufweisen. Es ist zähflüssig-glasig, und diesem verhältnismäßig festen Ectoplasma schreibt Schaudinn die Fähigkeit des Eindringens der Amöbe in das Darmepithel zu (Abb. 131 a). Immerhin kann, offen-

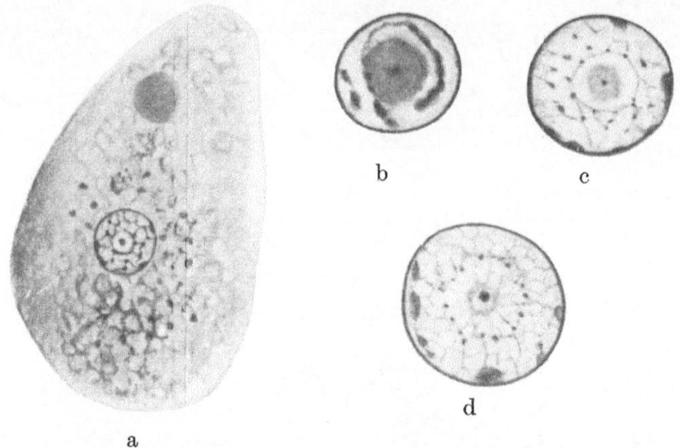

Abb. 132. *Entamoeba histolytica* Schaudinn. a vegetative Form, in der Mitte der Kern, oben ein gefressenes rotes Blutkörperchen; b—d drei Kerne, das Centriol im Caryosom und die zyklischen Umsätze am Caryosom zeigend. Nach fixiertem und gefärbtem Präparat. Vergr. a ca. 1300, b—d ca. 2600. Nach Hartmann 1908 u. 1911.

bar unter dem Einfluß veränderter Außenbedingungen (Ernährung, Heilmittel) die Sonderung in Ectoplasma und Entoplasma auch gelegentlich fehlen und man darf sich daher zur Diagnose auf diesen Charakter nicht allein verlassen, sondern muß auch noch die Kernverhältnisse, Fortpflanzung etc. berücksichtigen.

Das gilt auch von der im allgemeinen sehr charakteristischen Art der Bewegung durch sog. Bruchsackpseudopodien, die im Allg. Teil S. 25 u. 26 schon genauer geschildert wurde (Abb. 131).

Das Entoplasma ist mit Körnchen, Flüssigkeits- und Nahrungsvakuolen reichlich angefüllt. Die Nahrung besteht vorwiegend aus roten Blutkörperchen und anderen Körperzellen; manchmal ist das Entoplasma mit Blutzellen geradezu vollgepfropft (Abb. 131 b).

Der Kern tritt schon im Leben deutlich hervor, falls nicht allzu viele Nahrungselemente im Entoplasma vorhanden sind. Er ist kugelig und durch eine derbe, doppelt konturierte Membran gegen das Plasma abgegrenzt (Abb. 132a). Ein Außenkern ist meist gut entwickelt und enthält reichlich Chromatin, das in mannigfaltiger Weise in Form von Brocken oder Körnern auf einem Liningerüst angeordnet ist. Im Zentrum liegt stets ein größeres oder kleineres Caryosom, in dem man bei geeigneter Differenzierung ein Centriol wahrnehmen kann (Abb. 132 b—d). Um das Caryosom findet sich stets eine helle Zone, die oft durch eine deutliche Körnchenzone gegen den Außenkern abgegrenzt ist (Abb. 132 a, c, d). Manchmal sind zwei derartige Körnchenzonen ineinandergeschachtelt (Abb. 132d). Sie sind der morphologische Ausdruck der zyklischen

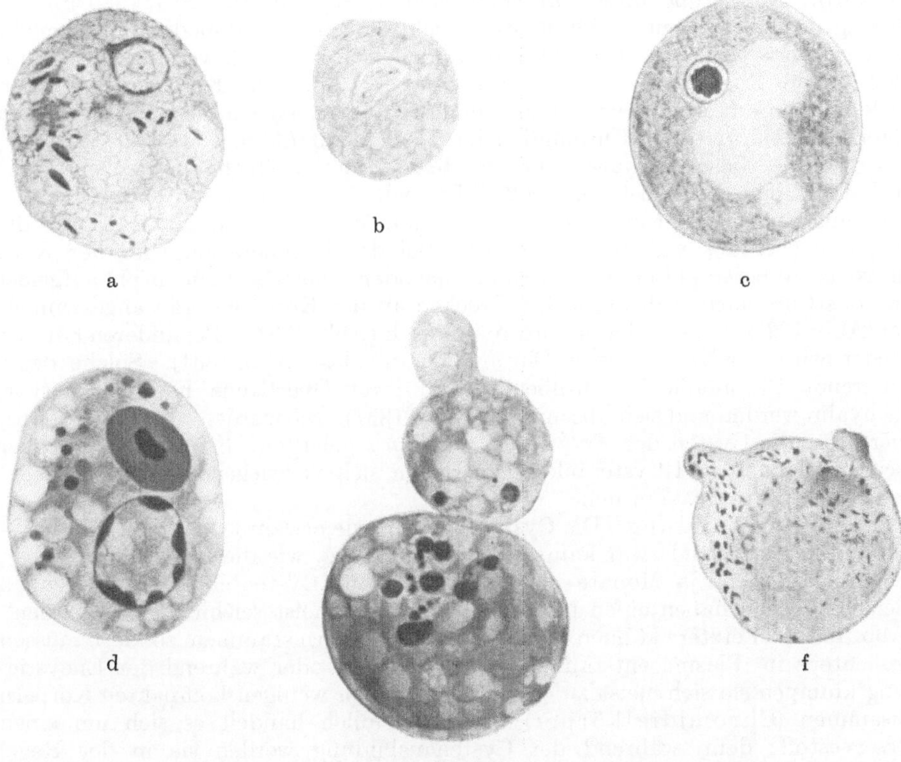

Abb. 133. *Entamoeba histolytica* Schaudinn. „Minuta“- und Degenerationsformen. a kleine Form mit Chromidien, Beginn der Kernteilung (Centriol geteilt); b dasselbe mit Kernteilung nach dem Leben; c Degenerationsform mit pyknotischem Kern, d dasselbe mit hypertrophischem Kern; e dergleichen mit Kernzerfall, Abschnürung von Knospen; f kernloses degenerierendes Chromidialtier mit Knospen. Vergr. ca. 1950. d und e nach Ornstein 1913, die übrigen nach Hartmann 1911.

Umsätze am Caryosom und in der hier vorliegenden Deutlichkeit sehr charakteristisch für *E. histolytica*. Sie kommen zwar auch bei den anderen Entamöben vor, aber nicht so klar, so daß sie für den Kenner mit das beste Unterscheidungsmerkmal abgeben.

Die Vermehrung geschieht nur durch Zweiteilung, wobei sich der Kern primitiv mitotisch teilt (Abb. 133 b), was allerdings sehr selten zu beobachten ist. Gewöhnlich kommen nur zweikernige vegetative Amöben zu Gesicht. Eine multiple Vermehrung ist noch nicht beobachtet worden.

b) **Minuta- und Degenerationsformen.** Schon bei akuten Fällen neben den typischen Formen, vorwiegend aber mit dem Zurückgehen der akuten dysenterischen Erscheinungen, wenn die Fäces anfangen wieder fester zu werden, treten abweichende kleinere Formen auf, aus denen einerseits ein Teil sich zu Cysten weiter entwickeln kann (Hartmann), während ein anderer Teil als latente Dauerform lange Zeit im Darm saprozoisch wochen- und monatelang weiterlebt und sich dabei von Speiseresten und Darmbakterien ernährt (Kuenen und Swellengrebel). Auch können diese „*Minuta*“-Formen sich unter unbekannten Bedingungen wieder in typische vegetative Formen („*Tetragena*“-Form) umwandeln und Recidive erzeugen (Kuenen und Swellengrebel). Die Größe dieser Latenzformen beträgt nur 12—20 μ, die Differenzierung des Ectoplasmas fehlt häufig, auch sind die Pseudopodien nicht mehr so charakteristisch. Im Protoplasma finden sich nur noch vereinzelt Erythrocyten, in der Regel Bakterien und Stärkekörner. Auch der Kern dieser Formen ist kleiner, die Kernmembran feiner und die zyklischen Umsätze am Caryosom hören auf. Dafür treten Chromidien im Plasma auf (Abb. 133a).

Gerade diese „Minuta“-Formen neigen nun vielfach zu Degeneration; doch trifft man auch bei den großen Formen, besonders wenn energische Behandlung eingeleitet wird, viel Degenerationsformen, deren Kenntnis für die Diagnose ebenfalls von Bedeutung ist. Bei der Degeneration wird der Kern entweder hypertrophisch und zerfällt, nachdem das Caryosom sich aufgelöst und das Chromatin sich in großen Brocken an der Kernmembran angesammelt hat (Abb. 133b, d u. e), oder er wird pyknotisch (Abb. 133c). Bei anderen Formen wieder wird der Kern ganz in Chromidien aufgelöst (Abb. 133f). Solche degenerierende Chromidialtiere wölben oft an ihrer Oberfläche Knospen hervor, die hyalin werden und sich abschnüren (Abb. 133f). Sie wurden von Schaudinn zuerst für die Cysten der *Entamoeba histolytica* gehalten. Seine Angaben über die Entwicklung und Cystenbildung beziehen sich vorwiegend auf solche degenerierende „Minuta“-Formen.

c) **Cystenbildung.** Die Cysten werden, wie erwähnt, von den „Minuta“-Formen gebildet, und zwar kann die Cystenbildung, wie die Minutaform selbst, mehrere Wochen, ja Monate andauern. Die zur Cystenbildung schreitenden kleinen Formen haben einen typischen Kern und meist reichlich „Chromidien“ (Abb. 133a). Letztere können nicht alle aus dem Kern stammen, sondern müssen großenteils im Plasma entstanden sein. Kurz vor oder während der Encystierung klumpen sie sich meist zu einem oder einigen wenigen kompakten Körpern zusammen (Chromidialkörper). Wahrscheinlich handelt es sich um einen Reservestoff; denn während der Cystenausbildung werden sie in der Regel ganz aufgebraucht (Abb. 134).

Nach Entledigung der Nahrungsreste kugeln sich die Amöben ab und scheiden eine feine, einfache Membran ab (die *Ent. coli*-Cyste hat dagegen eine doppelte Membran). Die Größe der Cysten beträgt 11—14 μ (*Ent. coli*-Cyste 16—25 μ). Auf dem einkernigen Stadium findet sich häufig eine große Vakuole, die Jodreaktion aufweist und später verschwindet. Durch zwei aufeinanderfolgende, mitotische Kernteilungen (Abb. 134b) entstehen zwei, dann vier Kerne. Nur ganz ausnahmsweise sind achtkernige Cysten beobachtet worden. Durch die Vierzahl der Kerne, die großen Chromidialkörper und die geringere Größe lassen sich die Cysten der Dysenterieamöbe ziemlich leicht von denen der *Ent. coli* unterscheiden. Eine Differentialdiagnose ist beim Vorhandensein von Cysten um so leichter, als sie zusammen mit „Minuta“-Formen meist in großer Zahl sich finden.

Ätiologie und Pathogenese. Die lang umstrittene Frage der ätiologischen Rolle der Amöben bei der sog. Tropen-Dysenterie kann heute als gelöst betrachtet werden. Sie stützt sich auf folgende Punkte:

1. Bei Ruhrkranken findet sich die wohl charakterisierte *Entamoeba histolytica.*
2. Diejenigen Ruhrfälle, bei denen *Entamoeba histolytica* gefunden wird, sind klinisch, pathologisch-anatomisch und epidemiologisch scharf charakterisiert.
3. Die Amöben dringen aktiv in die unverletzte Schleimhaut ein.
4. Mit den vegetativen Amöben kann man durch Injektion per rectum, mit den Cysten per os das typische Bild einer ulzerösen Enteritis bei Versuchstieren und Menschen hervorrufen.

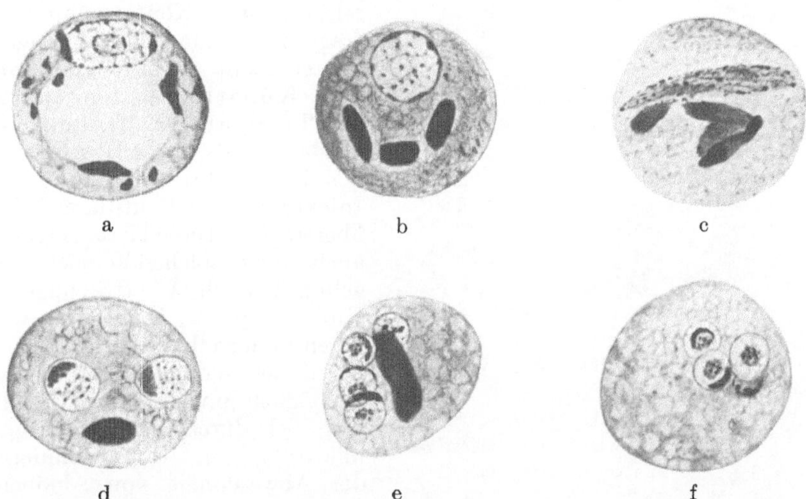

a   b   c

d   e   f

Abb. 134. Cystenbildung von *Entamoeba histolytica* Schaudinn. a einkernige Cyste mit großer jodophiler Vakuole (Glykogen) und vielen Chromidialbrocken; b einkernige Cyste mit drei Chromidialkörpern; c 1. Mitose; d zweikernige Cyste kurz nach der Kernteilung; e vierkernige Cyste mit, f desgleichen ohne Chromidialkörper. Vergr. ca. 1950. Nach Hartmann 1908 u. 1911.

Die Amöbendysenterie ist zunächst eine lokale Erkrankung des Dickdarmes. Wie Jürgens zuerst gezeigt hat, dringen die typischen vegetativen Formen aktiv durch die unverletzte Schleimhaut des Dickdarmes in und zwischen den Lieberkühnschen Drüsen ein (Abb. 135). Schaudinn schreibt diese Fähigkeit ihrem zähen Ectoplasma zu. Vermutlich rufen die Amöben zunächst rein mechanisch die Follikelbildung und die Erkrankung des Darmes hervor. Erst später treten Fiebererscheinungen auf, wahrscheinlich nach Einwanderung von Bakterien in den durch die Geschwürsbildung der Amöben verletzten Darm. Von großer Wichtigkeit ist nun der Umstand, daß, wenn auch nach einiger Zeit die Krankheitserscheinungen, sei es spontan oder durch die Behandlung, verschwinden, die Amöben in der Regel in der sog. „Minuta"-Form im Darme zurückbleiben und als Latenzformen ein saprophytisches Dasein führen. Diese Dauerformen sind eine ständige Gefahr; denn sie vermögen einerseits bei ihrem Träger jederzeit unter unbekannten Bedingungen nach Übergang in die typische Form Recidive auszulösen, andererseits sind sie die

10*

Hauptquelle der Ansteckung für die Umgebung, da die Minutaformen die der Übertragung dienenden Cysten liefern. Mit der Neigung der *Entamoeba histolytica*, Latenzformen auszubilden, hängt es wohl auch zusammen, daß, wie neuere Übertragungsversuche beim Menschen gezeigt haben, infizierte Individuen zu Dauerträgern werden, ohne ernstliche Krankheitserscheinungen zu zeigen.

Übertragung. Die natürliche Übertragung geschieht wohl ausschließlich durch die vierkernigen Cysten. Dieselben bleiben zwar in faulenden Fäces nur einige Tage am Leben, erhalten sich aber, in reinem Wasser ausgespült, wochenlang; daher dürfte die Übertragung durch Trinkwasser die am meisten gegebene sein (Kuenen u. Swellengrebel). Auch eine Infektion durch Kontakt mit Cystenträgern ist möglich, solange die Cysten nicht ausgetrocknet sind.

Künstliche Übertragung auf Tiere und Menschen. Kartulis hat als erster Dysenterieamöben im vegetativen Stadium durch Injektion in das Rektum auf Katzen übertragen. Diese Tierart eignet sich am besten zu solchen Versuchen, doch gelingen auch Übertragungen auf Hunde (Lösch, Harris u. a.) und Affen in derselben Weise. Man geht bei diesen Versuchen so vor, daß womöglich jungen Katzen, bei denen man sich durch mehrmalige genaue mikroskopische Untersuchung von der Abwesenheit von Amöben im Stuhl überzeugt hat, $^1/_2$—1 ccm von amöbenhaltigen Schleimflocken eines frisch entleerten dysenterischen Stuhles in das Rektum einführt. Am besten narkotisiert man vorher die Tiere durch eine Morphiumeinspritzung (0,01—0,03 g) und spritzt durch einen Katheter das amöbenhaltige Material ein. Die Infektion gelingt

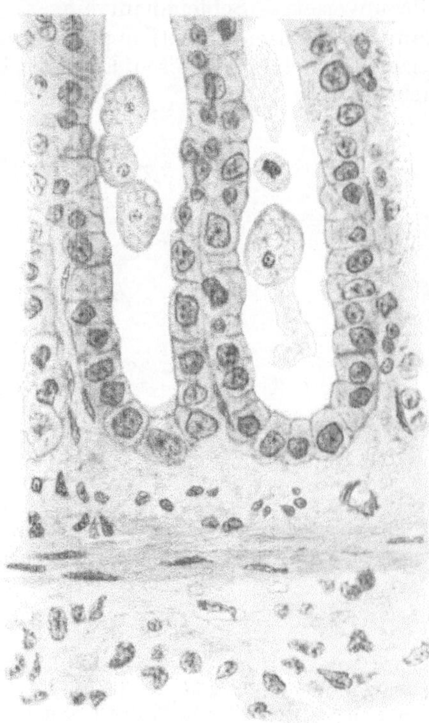

Abb. 135. Teil eines Querschnittes durch einen infizierten Katzendarm mit Amöben am Grunde zweier Lieberkühnschen Drüsen. Vergr. ca. 750. Orig.

auch, wenn man einen mit Schleim bestrichenen Glasstab tief ins Rektum einführt. Die Amöben erscheinen in der Regel nach zwei bis drei Tagen im Stuhl. Eine Infektion mit vegetativen Formen per os gelingt nicht. Dagegen ist dies möglich mittelst der Dauercysten. Bemerkenswert ist noch, daß Huber auch Kaninchen auf diese Weise, nicht jedoch per rectum infizieren konnte. Die Tiere zeigten aber keine typischen Krankheitserscheinungen und die Infektion konnte erst nach dem Tode an dem allerdings stark abweichenden pathologisch-anatomischen Befunde mit Amöben festgestellt werden.

Neuerdings wurden von Walker in Manila auch Übertragungsversuche beim Menschen, eingeborenen Sträflingen, ausgeführt. Dabei wurden von 20 Personen 18 infiziert (darunter 3 von 4, die nur vegetative Formen aufgenommen hatten, allerdings bei gleichzeitiger Neutralisierung der Magensäure).

Die Inkubationszeit schwankte erheblich, betrug aber im Durchschnitt nicht ganz sechs Tage. Von den 18 erfolgreich infizierten Versuchspersonen erkrankten nur vier an Dysenterie, während die anderen dauernd gesund, aber während langer Zeit Dysenterieamöbenausscheider blieben. Worauf der überraschend große, aber anscheinend auch mit den Verhältnissen unter natürlichen Bedingungen übereinstimmende Prozentsatz an latenten Infektionen beruht, ist unklar. Auf jeden Fall bedeuten aber, wie auch Darling sowie Kuenen und Swellengrebel u. a. hervorheben, gerade diese gesund bleibenden Dauerausscheider im gleichen Maße wie die von dysenterischer Erkrankung wiederhergestellten, eine große Gefahr für ihre Umgebung, da sie vor allem die Verbreitung der Infektion vermitteln.

Interessant ist in diesem Zusammenhange die Beobachtung Walkers, daß ein von einem früher an Dysenterie Erkrankten gewonnener Dysenterie-

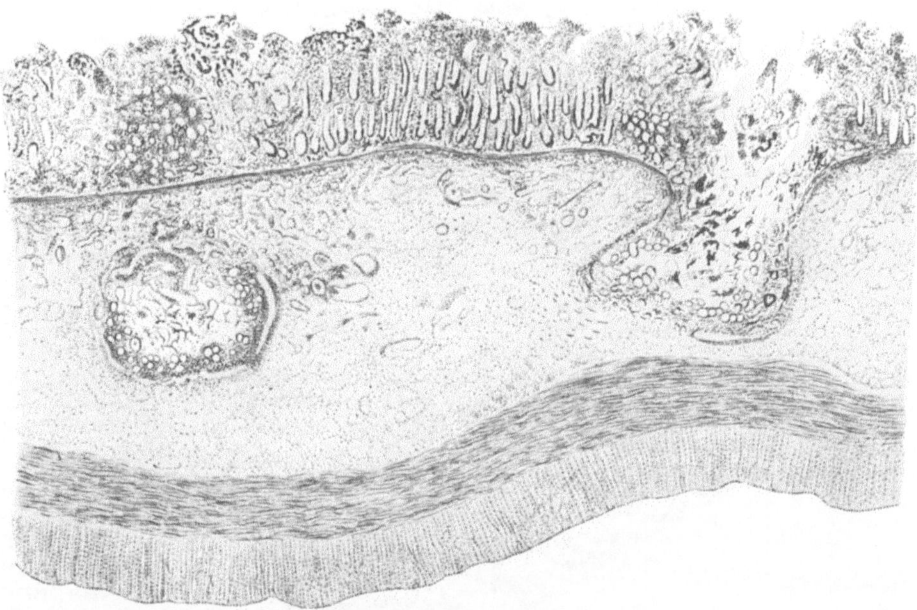

Abb. 136. Schnitt durch einen mit Dysenterieamöben infizierten Katzendarm. Rechts ein Follikelgeschwür, links ein Follikularabszeß. Nach Jürgens 1900.

amöbenstamm zunächst durch zwei Versuchspersonen ging, die gesund blieben, aber Dauerausscheider wurden; bei der dritten Passage aber kam es zu einer dysenterischen Erkrankung, ein Beweis, daß die Amöben ihre Pathogenität durchaus bewahrt hatten. — (Auch bei Katzenpassagen bleibt die Pathogenität und Lebensfähigkeit der Dysenterieamöben, wie Wenyon im Gegensatz zu Angaben früherer Untersucher mitteilt, vollständig erhalten, so daß es z. B. noch auf einer späteren Katzenpassage zur Ausbildung eines Leberabszesses kam.)

Pathologische Anatomie. Die Amöben siedeln sich in erster Linie dicht unterhalb der Bauhinschen Klappe und im Rektum und im S-Romanum an; in sehr schweren Fällen ist aber das ganze Colon mit Geschwüren durchsetzt, ja der Prozeß kann über die Klappe hinaus auf den untersten Abschnitt des Dünndarms auch auf die Schleimhaut des Wurmfortsatzes übergreifen.

Die Amöben, bezw. ihre Stoffwechselprodukte üben sowohl auf das ganze von ihnen befallene Gewebe, wie auch auf die einzelnen Zellen einen heftigen Reiz aus. Die Belagzellen der Drüsenschläuche werden nekrotisch (s. d. Abb. 136); sind die Amöben bis in die Submucosa vorgedrungen, so rufen sie eine Erweiterung der Blutgefäße, starke Exsudation und (durch Schädigung der Kapillar-Endothelien) Hämorrhagien hervor. Dann wird die Umgebung des Amöbenherdes nekrotisch, zerfällt und es bildet sich eine Öffnung in der Richtung nach dem Darmlumen, ein Geschwür (s. Abb. 136 u. 137). Inzwischen sind die Amöben in

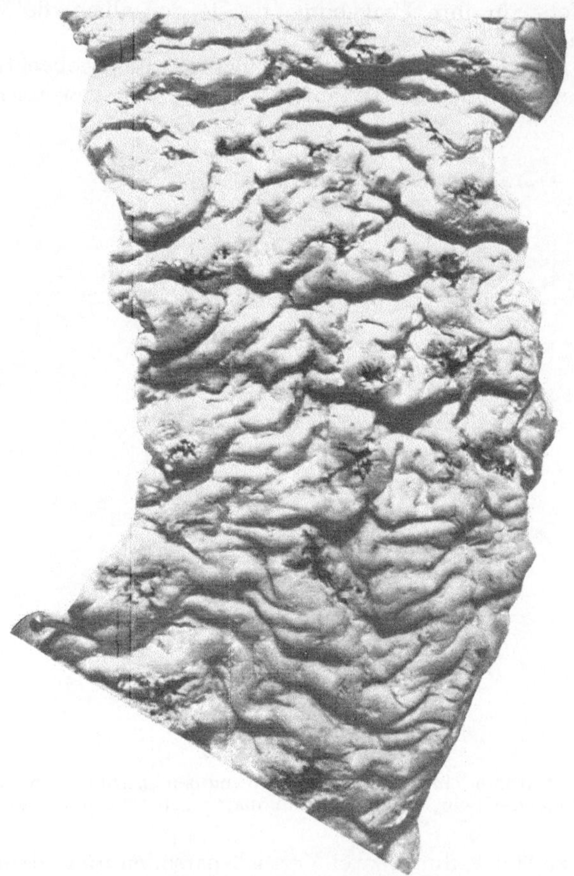

Abb. 137. Menschlicher Darm mit Amöbengeschwüren. Orig.

dem Drüsenstützgewebe und in der aufgelockerten Submucosa weitergewandert, und haben ihre Zerstörung nach den Seiten ausgedehnt; die Folge ist ein Fortschreiten des Prozesses unter der injizierten und ödematösen Drüsenschicht, wodurch die charakteristischen unterminierten und verdickten Geschwürsränder entstehen. Wenn die Nekrose etwas langsamer verläuft, so entsteht an der nekrotisierten Stelle ein moorfarbener grünlichgrauer Schorf. Die gleiche Verfärbung zeigt auch die bloßgelegte Submucosa bezw. Muscularis am Grunde der Geschwüre. Je nach der Zahl der Ulcera und ihrer Tendenz, sich auszudehnen, untereinander zu verschmelzen, findet man bald nur vereinzelte Geschwüre mit geringer Neigung zur Ausbreitung, bald ist die ganze Schleimhaut mit kleinen bis mittelgroßen Ulcera durchsetzt; in schwersten Fällen ist die gequollene, von Blutungen durchsetzte Schleimhaut nur mehr in Form von schmalen Inseln übrig geblieben und die Submucosa liegt auf weite Strecken bloß. Perforation.

Im mikroskopischen Schnittpräparat sind die Amöben, oft in Reihen, auf ihrer Wanderung zu verfolgen, das Gewebe zeigt Verbreiterung der Spalten und Blutungen, die Zellen trübe Schwellung und alle Stadien der Nekrose. Eine Infiltration mit Lymphzellen ist zwar vorhanden, bleibt aber in mäßigen Grenzen.

Die Heilung des Prozesses geht von den Bindegewebszellen der Submucosa und des Zwischendrüsengewebes aus; diese Elemente vermehren sich und bilden eine Art Narbengewebe, in dem sich neugebildete Drüsenschläuche entwickeln können. In welcher Weise die Amöben zugrunde gehen, scheint noch nicht näher untersucht worden zu sein. Durch die Wucherung des Bindegewebes wird die Darmwand bis zum Doppelten des Normalen verdickt und schwielenartig verhärtet.

Dehnt sich der Prozeß bis unter die Serosa aus, so treten auf dieser peritonitische Erscheinungen auf, die zu Verwachsungen führen können. Daß sich in den nekrotischen Schorfen und im Geschwürsgrund auch Bakterien ansiedeln, ist selbstverständlich, doch nur sekundär.

Der Leberabszeß entsteht durch Embolie von Amöben aus den Kapillaren der Darmgeschwüre. Die jüngsten Abszesse sind nekrotische Herde mit lebenden Amöben. Ältere Abszesse zeigen bereits die Anfänge einer Kapselbildung, der Eiter enthält nicht immer Bakterien, stets aber Amöben oder deren Reste. Die Abszesse können einfach oder multipel sein.

Klinik. Entsprechend der Pathogenese der Dysenterie setzt sich auch das Krankheitsbild zusammen aus den Erscheinungen, welche lediglich durch die lokale Erkrankung des Darmes bedingt sind, und aus einer zweiten Symptomengruppe, welche durch Toxine ausgelöst wird, wobei es noch unentschieden bleiben muß, ob diese Giftstoffe durch die Amöben oder durch die Darmbakterien, welche sich sekundär in den Geschwüren ansiedeln, produziert werden.

Die Erkrankung setzt gewöhnlich ohne Prodrome ein; die Inkubationszeit wird auf 1—3 Tage angegeben. Es ist keineswegs notwendig, daß irgend eine Reizung des Darmes vorhergehe und dem Eindringen der Amöben vorarbeite. Haben die Erreger aber erst den Schutzwall des Epithels durchbrochen, so üben sie einen intensiven Reiz auf die Darmwandung aus: Leibschmerzen, Druckempfindlichkeit des Bauches, Tenesmus und Hypersekretion der Darmdrüsen sind die Folge. Der Stuhl wird flüssig, verliert sehr schnell seine fäkulente Beschaffenheit und wird schleimig-glasig. Frühe tritt Blut im Stuhl auf, das meist in feinen Streifchen dem Schleime beigemengt ist. Der Kranke wird durch die Schmerzen, den dauernden Stuhldrang und die dadurch bedingte Unruhe sehr gequält — 20 und mehr Stühle pro Tag sind nichts Seltenes — und macht einen schwer kranken Eindruck. Während der ersten 2—3 Tage pflegt kein Fieber vorhanden zu sein, erst wenn die schwer geschädigte Schleimhaut auf größere Strecken hin für Bakterien und deren Gifte durchlässig geworden ist, steigt die Temperatur an. Schreitet der Zerstörungsprozeß noch weiter fort, so lösen sich Fetzen der nekrotischen Schleimhaut ab und werden im fleischwasserähnlichen Darmsaft entleert; profuse Blutungen sind selten. Der Kranke kommt sehr herunter, sowohl wegen der mangelhaften Nahrungsaufnahme, als auch wegen der Diarrhöen und der dadurch herabgesetzten Resorption. Schließlich kann der Tod unter den Erscheinungen einer völligen Erschöpfung eintreten.

Kompliziert wird die Amöbendysenterie nicht selten, nach Kartulis in 28% der Fälle, durch eine sekundäre Erkrankung der Leber. Wie schon aus der Farblosigkeit der Stühle hervorgeht, stockt die Gallenabsonderung in den Darm teilweise oder gänzlich. Das Organ ist fast immer vergrößert und druckempfindlich, doch geht die Schwellung mit fortschreitender Heilung der Darmerkrankung gewöhnlich wieder zurück. Häufig aber entwickelt sich an irgend einer Stelle im Leberparenchym ein oder mehrere Abszesse, so daß das ganze Organ mit Eiterherden bis zu Nuß- und Hühnereigröße durchsetzt ist oder einen bis zu kindskopfgroßen Abszeß enthält. Die subjektiven Erscheinungen sind Schmerzen und Druckgefühl in der Lebergegend, die von da nach allen Richtungen, namentlich nach der rechten Schulter hin, ausstrahlen. Durchbruch eines Abszesses ins Colon, nach dem Peritoneum oder durch das Zwerchfell nach der rechten Pleurahöhle kommt vor.

Nur sehr selten kommt es auch zu Abszeßbildungen in Lunge und Gehirn. Nicht immer kommt das oben geschilderte Krankheitsbild voll zur Entwicklung, vielmehr sind leichte Fälle sehr häufig und werden von wenig achtsamen Kranken gar oft völlig vernachlässigt.

Ganz besonders zeichnet sich die Amöbendysenterie aber durch ihre Neigung zum Übergang in chronische Enteritis mit akuten Rückfällen aus. Der Kranke entleert 3—4 Stühle mit Schleimbeimengungen; die Recidive verlaufen häufig abortiv, gehen in wenigen Tagen selbst ohne ärztliche Behandlung wieder vorüber, so daß der Kranke gar nicht an einen Rückfall denkt. Doch kann jeder, auch ein anfänglich ganz harmlos erscheinender Rückfall sich plötzlich zu den schwersten Erscheinungen entwickeln. Sache des Arztes ist es, den Kranken hierüber aufzuklären und darauf zu dringen, daß jede, selbst die leichteste Darmstörung, sachgemäß behandelt werde.

Diagnose. In Anbetracht der Neigung der Amöbendysenterie zu chronischem Verlauf und der damit verbundenen drohenden Gefahr einer Metastasierung in Leber, seltener Lunge und Gehirn ist eine Frühdiagnose von größter Bedeutung. Dieselbe kann bei dem wechselvollen klinischen Bilde der Krankheit nur auf ätiologischer Basis durch den Nachweis der *Entamoeba histolytica* erfolgen. Die früher vielfach, jetzt noch von Kruse vertretene Ansicht und Forderung, daß die ätiologische Rolle der *Entamoeba histolytica* und damit natürlich auch die Diagnose nur durch den positiven Ausfall des Tierversuchs zu erweisen sei, ist theoretisch nicht zutreffend und praktisch nicht durchführbar wegen der oben berichteten unsicheren Resultate der Infektionsversuche (Parasitenträger). Zudem ist jetzt nach der genauen Kenntnis der Darmamöben und ihrer Entwicklung eine mikroskopische Diagnose verhältnismäßig leicht, und in kurzer Zeit durchführbar. Man hat bei der Diagnose darauf zu achten, ob 1. akute dysenterische Erscheinungen mit blutig-schleimigen Entleerungen vorliegen oder 2. chronische, larvierte oder in Heilung begriffene Fälle mit normalen oder fast normalen Stühlen, die keine oder nur geringe Beimengungen von Schleim und Blut enthalten.

Im ersteren Fall trifft man fast immer typische vegetative Amöben, häufig mit gefressenen Blutkörperchen, die bei sofortiger Lebenduntersuchung an ihrer starken Lichtbrechung, dem Ectoplasma und der Bewegung leicht von Körperzellen und *Entamoeba coli* zu unterscheiden sind. Kuenen und Swellengrebel empfehlen Aufschwemmung des amöbenhaltigen Materials in 1%-iger Eosinlösung zur Erleichterung der Auffindung. Die Amöben sind dann schon bei schwacher Vergrößerung als helle Blasen auf rosarotem Untergrunde zu sehen. Falls eine sofortige Lebenduntersuchung nicht möglich ist, sowie bei unbeweglichen Formen zur Sicherung der Diagnose fertigt man in Sublimatalkohol feucht fixierte Ausstriche an, die man mit Delafield- oder Eisenhämatoxylin färbt.

Bei chronischen oder in Heilung befindlichen Fällen kann die Diagnose schwieriger werden, weil eine Verwechslung mit *Entamoeba coli* leichter ist. Falls auch hier nur vegetative Formen vorhanden, sind es meist *Minuta*-Stadien. Doch wird man gelegentlich auch noch große typische Formen, sowie Zwischenstadien antreffen. Letztere sind am ehesten mit *Entamoeba coli* zu verwechseln. Die *Minuta*-Formen sind an den oben genauer beschriebenen Kennzeichen speziell den meist reichlich vorkommenden Chromidien von den durchschnittlich größeren Coliamöben zu unterscheiden. Erleichtert wird die Diagnose in solchen Fällen andrerseits dadurch, daß sich häufig Cysten finden (bei *E. coli*-Infektionen Cystenbefund Regel). Die Entamöbencysten unterscheiden sich leicht schon bei Lebenduntersuchung (auch dünne Aufschwemmungen mit Lugol oder Formol empfohlen) von den kleineren ovalen *Lambliacysten* (Beschreibung u. Abb. s. S. 168, 169) und den sog. *Trichomonas*cysten (Pilze), die meist kleiner sind und vor allem an ihrem großen glykogenartigen Reservestoffkörper (mit Lugollösung braun) und der schmalen Plasmarinde kenntlich sind. Auch die Unterscheidung der *histolytica* und *coli*-Cysten macht keine Schwierigkeiten. Letztere haben eine doppelte Membran, 8 Kerne und sind durchschnittlich größer (15—30 μ), erstere nur eine einfache Cystenhülle, 4 Kerne und sind kleiner (10—20 μ). Der Umstand, daß ausnahmsweise *histolytica*-Cysten 8-kernig werden können, spielt praktisch für die Diagnose keine Rolle. Sollte ja einmal ein Zweifel auftreten, so wird eine statistische Aufnahme und graphische Darstellung der Cystengröße und Zahl der Kerne (4 oder 8) leicht Aufschluß gewähren.

Die ideale **Behandlung** der Amöbendysenterie würde in der Abtötung der Amöben innerhalb der Darmwandung zu erblicken sein. Daß das Emetin eine derartige Wirkung ausübt, ist experimentell noch nicht genügend geprüft, jedoch sehr unwahrscheinlich. Emetin ist ein Alkaloid aus der Ipecacuanhawurzel, das von zahlreichen Autoren als ein Spezifikum gegen Amöbendysenterie sehr gelobt wird. Es wird in subkutaner Injektion von 0,025 g des Merkschen E. hydrochloricum bis zu 0,1 pro die 2—3 Tage lang verabreicht; dann pflegt der Stuhl wieder breiig zu werden, die Amöben sind fast stets verschwunden. Doch sind Recidive beobachtet worden. Nach K u e n e n und S w e l l e n g r e b e l sind die Minuta-Stadien resistent gegen Emetin und sind als die Ursache der Recidive zu betrachten.

Durch Einführung des reinen Emetins wird die alte Ipecacuanha-Therapie (z. B. Infus. rad. Ipec. 4,0 : 160,0 aq., in zwei Dosen pro Tag zu verbrauchen; hierzu Tinct. opii) verdrängt.

Die lokale Behandlung der Amöbendysenterie wird von den verschiedenen Klinikern sehr verschieden gehandhabt. Manche Autoren, z. B. P l e h n, geben während der ersten drei Tage Abführmittel (12 mal 0,03 g Calomel in stündlichen Abständen, Vorsicht wegen Stomatitis!), von da ab Bismutum subnitr. 0,5 g stündlich bis zu 6 g pro die, und dies so lange, bis die Stühle keinen Schleim mehr enthalten.

K a r t u l i s hingegen, der gleichfalls über eine große Erfahrung verfügt, empfiehlt die Ruhigstellung des Darmes durch Opiate und die lokale Behandlung der Schleimhaut durch hohe Darmeinläufe (Enteroklysmen) mit erwärmter 0,5%iger Tanninlösung ($^1/_2$—1 Liter). Durch Knie-Ellenbogenlage kann man bewirken, daß die Flüssigkeit auch mit dem Colon descendens und transversum in Berührung kommt. Die Einläufe sind etwa dreimal am Tage zu wiederholen, das Zurückhalten der Tanninlösung kann durch vorherige Gabe von Opium erleichtert werden.

Ein Leberabszeß ist, nachdem durch Punktionen der Sitz des Eiters festgestellt ist, operativ zu eröffnen und zu drainieren.

Von größter Bedeutung ist die Regelung der Diät: Eine reizlose Kost, die möglichst wenig Rückstände ergibt, also Schleimsuppe, verdünnte Milch, Reis- und Grießbrei, Eigelb, Fleischsaft, Somatose oder Plasmon, als Getränke dünner Tee, Reiswasser von lauwarmer Temperatur, müssen so lange gegeben werden, bis der Stuhl wieder breiig wird. Die Analgegend ist stets mit Reispuder oder Borsalbe vor dem Wundwerden zu bewahren. Auch im Anschluß an einen überstandenen Anfall muß reizlose Diät noch lange fortgeführt werden.

3. Entamoeba coli (Lösch emend. Schaudinn).

Geschichtliches. Die Kenntnis dieser harmlosen Darmamöbe des Menschen, die lange Zeit nicht von der Dysenterieamöbe unterschieden werden konnte, ist für die richtige Diagnose der Amöbenruhr unbedingt notwendig. Wie oben mitgeteilt, hatte Schaudinn zuerst diese Amöbe mit Sicherheit von der gleichfalls im menschlichen Darm vorkommenden Dysenterieamöbe unterschieden und ihre Entwicklung genauer geschildert. Die Cysten hatte Grassi zuerst entdeckt, und dessen Schüler Casagrandi und Barbagallo hatten auch schon große Teile der Entwicklung richtig erkannt und ihre Harmlosigkeit durch Infektionsversuche nachgewiesen. Hartmann und Withmore haben dann neuerdings die cytologischen Vorgänge bei der Entwicklung genauer untersucht und die Deutungen Schaudinns teilweise berichtigt.

Verbreitung. Die *Entamoeba coli* scheint über die ganze Erde verbreitet. Die Häufigkeit ihres Vorkommens ist je nach den verschiedenen Gegenden etc. außerordentlich verschieden; so traf sie z. B. Schaudinn (1903) in Ostpreußen bei 50⁰, in Berlin bei 20⁰, in Istrien bei 66⁰; Hartmann 1911 in Berlin nur bei 2⁰. Nach den Untersuchungen von Schuberg, Grassi, Casagrandi, und Barbagallo, Schaudinn, Hartmann und Withmore, Walker u. a. m. ist sie als harmloser Parasit des menschlichen Darmes zu betrachten. Sie kommt im vegetativen Zustande normalerweise nur im oberen und mittleren alkalisch reagierenden Abschnitt des Colon vor, kann aber durch Darreichung gelinder Abführmittel (Karlsbader Salz) zutage gebracht werden.

Der Parasit. Die durchschnittliche Größe der *Entam. coli* beträgt 20—40 μ, doch sind auch kleine Individuen von 5—10 μ beobachtet worden. Von der Dysenterieamöbe unterscheidet sie sich im Leben dadurch, daß in der Ruhe eine Sonderung in Ecto- und Entoplasma nicht vorhanden ist. Dieselbe tritt nur bei der Bewegung zutage, doch ist das ectoplasmatische Pseudopodium auch dann nur schwach lichtbrechend und macht einen leichtflüssigen Eindruck. Die Nahrungsvakuolen enthalten vorwiegend Bakterien, die man bei den Dysenterieamöben kaum findet, dagegen fehlen die bei letzteren so häufigen Blutzellen als Nahrungskörper (Abb. 138a).

Der Kern ist wie bei den meisten Entamöben bläschenförmig, mit stark ausgebildetem Außenkern und verhältnismäßig kleinem Caryosom. Die cyklischen Veränderungen an letzteren sind nicht so stark ausgebildet wie bei *Entamoeba histolytica*. Außerdem findet sich bei 30—70⁰ der Individuen das Caryosom in Hantelform (Abb. 138a).

Die Vermehrung der vegetativen Formen ist eine zweifache, einmal eine einfache Zweiteilung mit einer Caryosommitose, dann eine Zerfallteilung oder Schizogonie in meist acht Teilstücke, nachdem die Kernteilung sich mehrmals wiederholt hatte (Abb. 138d). Beide können nebeneinander vorkommen, doch ist die letztere seltener.

Bei der Eindickung der Fäces sterben die meisten Amöben ab, nur ein
Teil ist imstande Cysten zu bilden. Innerhalb der Cyste findet eine Kern-

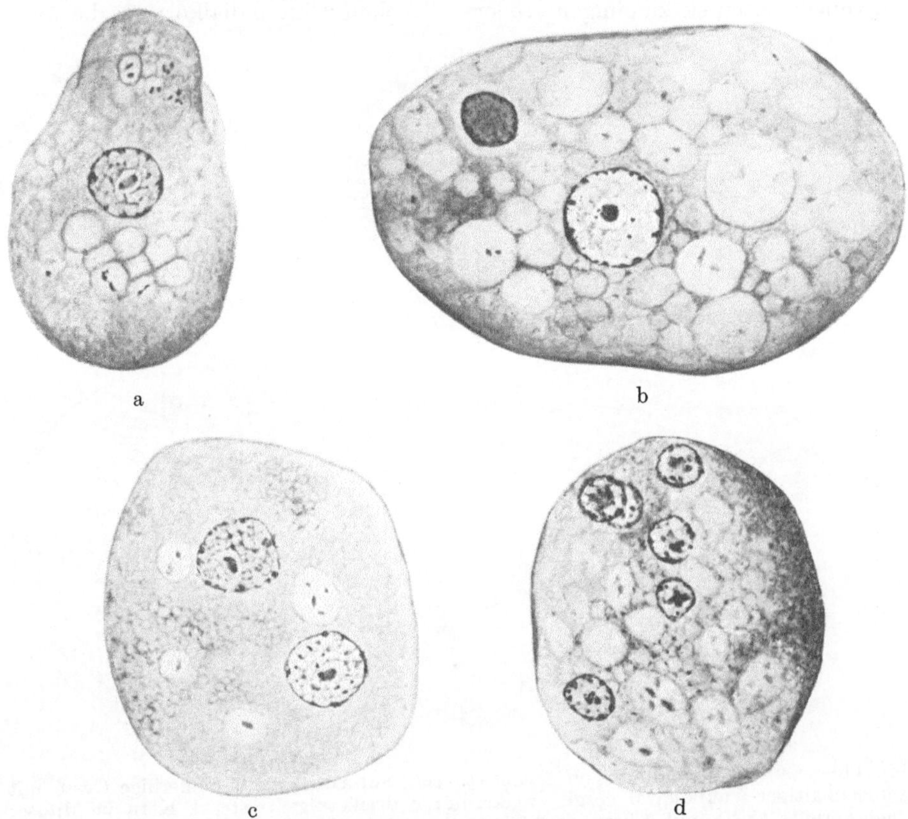

Abb. 138. *Entamoeba coli* Schaudinn. a und b vegetative Individuen, c zweikernige
Form, d sechskernige vegetative Form (Schizogonie). Vergr. a ca. 1300, b und c ca. 1950.
Nach Hartmann und Whitmore 1911.

vermehrung statt, in der Regel bis auf acht
Kerne. Die Zelle rundet sich zunächst ab, ent-
ledigt sich aber aller Fremdkörper, worauf im
Leben die einzelnen Strukturen (Kern etc.) un-
gemein deutlich zutage treten, und umgibt sich
vorerst mit einer Schleimhülle (Abb. 139).
Später wird eine deutlich doppelwandige Cystenmembran ausgeschieden. Hierauf teilt sich der
Kern durch eine Mitose in zwei Tochterkerne,
die auseinanderrücken. Dazwischen entsteht
eine große Lücke (Vakuole), so daß fast zwei
vollständig geteilte Zellen vorliegen (Abb. 140b).
Die Vakuole kann aber auch schon auf dem einkernigen Stadium auftreten (Abb. 140a). Die
Vakuole enthält gelöstes Glykogen. Die Kerne

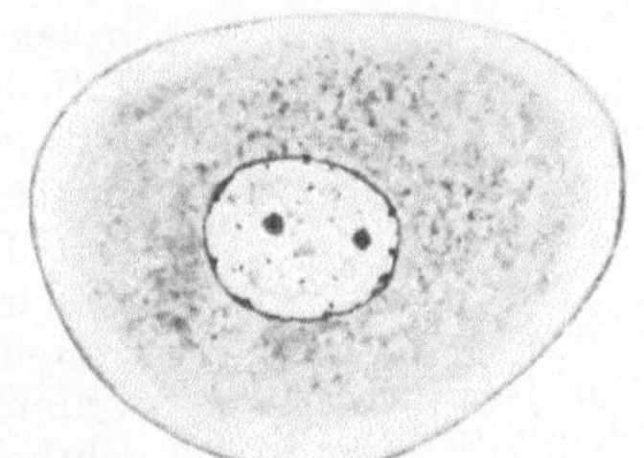

Abb. 139. *Entamoeba coli* Schaudinn. Amöbe im Beginn der
Encystierung. Vergr ca. 1950.
Nach Hartmann und Whit-
more 1911.

geben hierauf einen Teil ihrer chromatischen Substanz in Form von Chromidien an das Protoplasma ab. Die Chromidien stellen somatische Chromi-

dien dar und vermehren sich häufig noch im Plasma; sie verklumpen und
werden dann entweder ausgestoßen oder innerhalb der Cyste resorbiert. Manchmal verschmelzen sie zu einigen größeren Brocken (Chromidialkörper), die wahr-

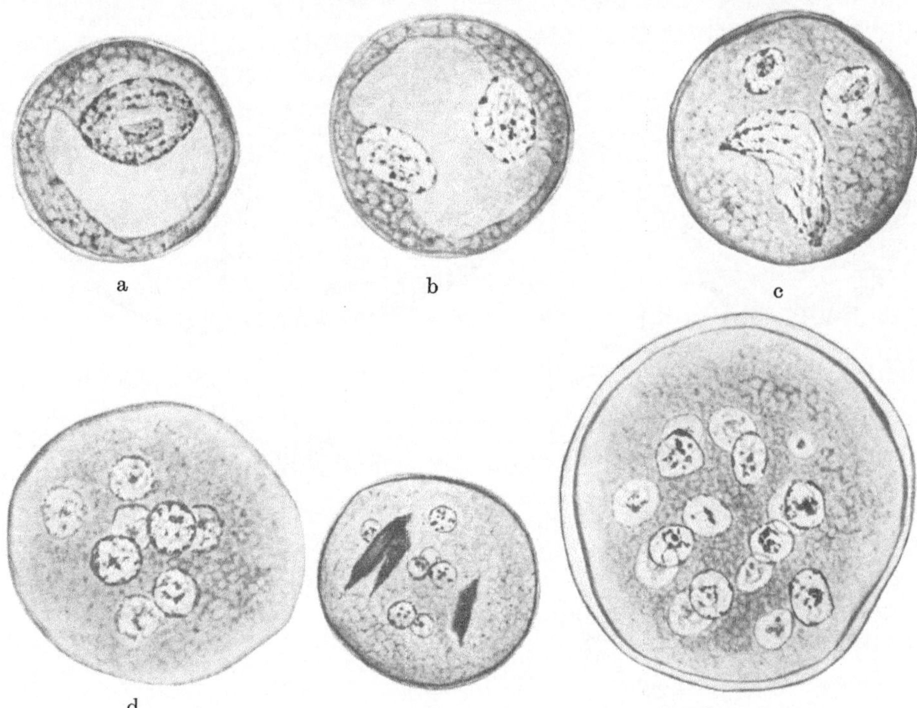

Abb. 140. Cystenentwicklung von *Entamoeba coli* Schaudinn. a einkernige Cyste mit
glykogenhaltiger Vakuole; b desgl. zweikernig; c dreikernige Cyste, 1 Kern in Mitose;
d achtkernige Cyste mit Chromidialkörpern: f dergl. ohne; g sechszehnkernige Cyste.
Vergr. ca. 1950. Nach Hartmann und Whitmore 1911.

scheinlich eine Reservesubstanz von unbekannter Natur darstellen. Chromidien und Chromidialkörper sind hier jedoch viel seltener und nie in der
großen Ausbildung wie bei der Dysenterieamöbe anzu-
treffen. Nun verschwindet die Vakuole im Protoplasma
und jeder der beiden Kerne teilt sich wiederum mitotisch.

Dieser Vorgang wiederholt sich, bis acht Kerne
gebildet sind. Ausnahmsweise kann bei besonders großen
Cysten noch ein weiterer Kernteilungsschritt erfolgen,
wodurch dann sechzehnkernige Cysten entstehen. Die
achtkernigen Cysten, die sich im abgesetzten Stuhl befinden, sind für unsere Art charakteristisch und kommen
bei keinem anderen menschlichen Darmparasiten vor.
Sie dienen der Neuinfektion; man kann sowohl Menschen
als auch Katzen damit per os infizieren. Im Anfangs-

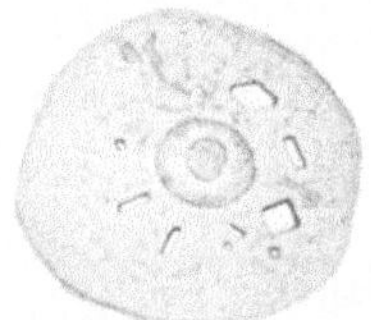

Abb. 141. *Entamoeba
coli var. williamsi* Pro-
wazek.   Vegetative
Form nach dem Leben.
Nach v. Prowazek
1911.

teil des Dickdarmes eines neuen Wirtes platzt die Cyste und der Cysteninhalt
zerfällt in acht junge Amöben. Wahrscheinlich findet zwischen je zwei kleinen
derartigen Amöben eine Copulation statt (Merogamie), wie das für die *Entamoeba blattae* nachgewiesen ist.

v. Prowazek hat noch eine Varietät der harmlosen Darmamöba (*v. williamsi*) aus Samoa beschrieben, die sich von der gewöhnlichen Form durch ihre Bewegung mittelst Bruchsackpseudopodien und kristalloide Einschlüsse im Plasma (Abb. 141) unterscheiden soll. Auch hat er Beobachtungen gemacht, die für eine Copulation nach Art der von *Ent. blattae* sprechen.

4. Andere parasitische Entamöben.

Beim Menschen und bei Tieren kommt noch eine Anzahl weiterer parasitischer Amöben vor, von denen ev. einige auch pathogen sind. Vieles von dem, was in der Literatur als Amöben, spez. beim Menschen, beschrieben worden ist, hat allerdings nichts mit solchen zu tun. Häufig handelt es sich nur um veränderte Körperzellen, spez. Epithelien und Leukocyten, so bei der *Amoeba miurai* Jjima, *Amoeba pulmonalis* Artault, *Amoeba parasitica* v. Lendenfeld u. a. In anderen Fällen wieder liegen Verwechslungen mit anderen Protozoen vor; so kann wohl die *Entamoeba undulans* Castellani (1904) mit Sicherheit als geißellose *Trichomonas* angesprochen werden und zu dem gleichen Darmflagellat gehören wohl auch die Flagellatenstadien der *Paramoeba hominis* von Craig, deren Amöbenstadien wohl nichts anderes als Coli-Amöben sind. Die Natur des von Th. Smith unter dem Namen *Amoeba meleagridis* beim Truthahn beschriebenen, offenbar pathogenen Protisten, der schwere pathologische Veränderungen in Leber und Darm dieser Tiere hervorruft, ist noch ganz ungeklärt. Nach Präparaten, die mir Herr Prof. Smith zeigte, habe ich den Eindruck gewonnen, daß es sich nicht um eine Amöbe handelt — eine echte Entamöbe (*E. lagopidis* Fantham) kommt im Darm von Hühnervögeln (Moorhuhn und Haushuhn) vor — noch viel weniger allerdings um ein Coccid, wie Hadley irrtümlicherweise annimmt (s. auch bei Coccidien S. 404). Im folgenden seien einige der wichtigeren echten Entamöben noch kurz beschrieben.

Entamoeba kartulisi Doflein.

Syn. *Entamoeba maxillaris* Kartulis.

Diese 30—40 μ große Amöbe wurde zuerst von Kartulis in Alexandrien und fast gleichzeitig von Flexner in Amerika bei Abszessen des Unterkiefers

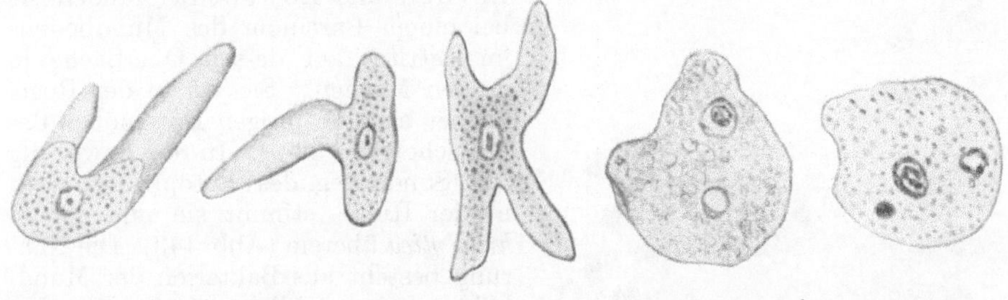

a   b

Abb. 142. *Entamoeba kartulisi* Doflein. a lebend, b fixiert und gefärbt. Nach Kartulis.

gefunden, später von Dudar und Leroy auch in Frankreich. Kartulis fand diese Amöben bis jetzt in sieben Fällen von Kieferabszessen. Die Amöben gleichen im Leben sehr der *Entamoeba histolytica* infolge der lichtbrechenden ectoplasmatischen Pseudopodien; doch ist die Sonderung in Ento- und Ectoplasma während der Ruhe nicht deutlich. Auffallend sind auch die teilweise vorkommenden langen zugespitzten Pseudopodien (Abb. 142a). Das Entoplasma enthält, wie das der Dysenterieamöben, rote Blutkörperchen. Der Kern ist, soweit nach den alten Präparaten festgestellt werden konnte, ein typischer Entamöbenkern und zeigt große Ähnlichkeit mit dem der *E. histolytica*, ist dagegen deutlich verschieden von dem der folgenden Art, *Entamoeba buccalis*. Die Vermutung, die *E. kartulisi* sei ev. identisch mit der harmlosen Mundamöbe, der *E. buccalis*, und sei erst sekundär in den schon vorher gebildeten Abszeß eingewandert, trifft daher nicht zu. Ob die Form ev. mit der *E. histolytica* identifiziert werden kann, ist vorderhand vollkommen unklar.

Entamoeba buccalis v. Prowazek.

Diese Amöbe ist beim Menschen außerordentlich verbreitet. Bei häufigem Suchen kann sie in der Mundhöhle der meisten Menschen gefunden werden,

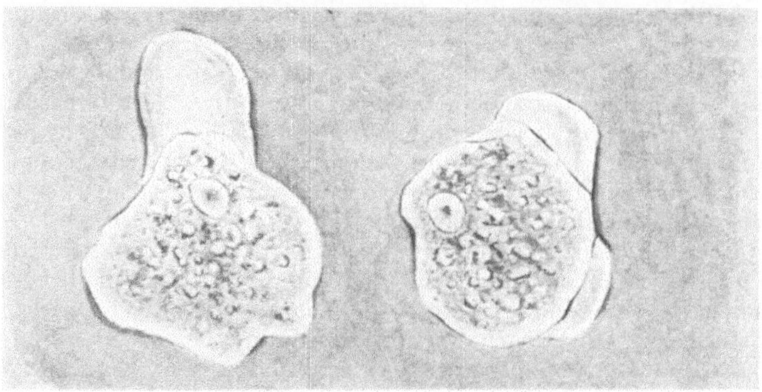

Abb. 143. *Entamoeba buccalis* v. Prowazek. Ein Individuum in zwei aufeinanderfolgenden Bewegungsstadien. Vergr. ca. 1300. Nach Hartmann.

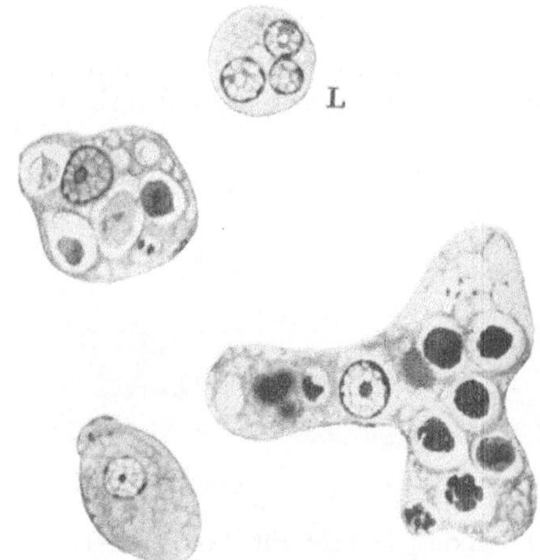

Abb. 144. *Entamoeba buccalis* v. Prowazek. Gruppe von drei Individuen und einem Leukocyten (L). Vergr. ca. 1300. Nach Hartmann.

allerdings meist nur in sehr geringer Anzahl. Sie lebt im Zahnbelag, besonders in kariösen Zähnen, wo sie gelegentlich massenhaft angetroffen wird. Leyden und Löwenthal fanden sie bei einem Carcinom des Mundbodens im Detritus auf dessen Oberfläche in großen Mengen. Sie ist in der Regel kleiner als die übrigen Entamöben des Menschen (6—32 μ). In der Bewegung und Sonderung des Ectoplasma, auch in der Ruhe, stimmt sie mit der *E. histolytica* überein (Abb. 143). Die Nahrung besteht aus Bakterien der Mundhöhle, hauptsächlich aber aus Leukocyten und Leukocytenresten (Speichelkörperchen). Der Kern zeigt die typische Struktur der Entamöbenkerne, enthält jedoch im Gegensatz zu dem der Darmamöben und der *E. kartulisi* wenig Chromatin im Außenkern (Abb. 144). Die Kernteilung ist nach Prowazek eine Promitose, die sich am Caryosom abspielt. Die Vermehrung erfolgt durch einfache Zweiteilung. Prowazek sowie Leyden und Löwenthal haben auch Auftreten von Chromidien beobachtet, doch ist über das Schicksal der betreffenden Formen nichts Genaueres bekannt.

Entamoeba urogenitalis Baelz.

Baelz beschrieb als erster Amöben aus dem blutigen Schleim oder Urin des Urogenitalapparates. Die Befunde wurden später von Kartulis, Posner und Jürgens bestätigt. Die Größe wird auf 25—50 μ angegeben. Das Plasma enthielt auch rote Blutzellen. Genauere morphologische und cytologische Beobachtungen über die Form fehlen, so daß es nicht möglich ist, anzugeben, ob sie nicht ev. mit einer der Darmamöben identisch ist, und ob es überhaupt eine echte Entamöbe ist.

Entamoeba polecki v. Prowazek.

In den Fäces von Schweinen (einmal auch im Stuhl eines Kindes) hat v. Prowazek auf Saipan (Marianen) diese kleine, etwa 10—12 μ große Amöbe

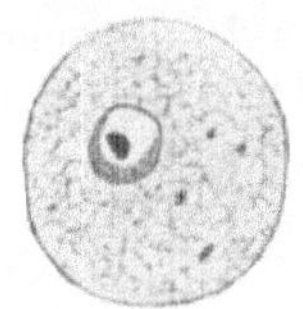
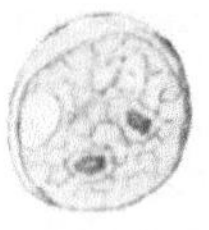

a   b

Abb. 145. *Entamoeba polecki* v. Prowazek. a vegetative Form, b Copulationscyste. Nach v. Prowazek 1912.

beobachtet. Sie bewegte sich nur träge, das Entoplasma enthielt meist Kokken und Sarcinen als Nahrung. Der Kern ist ein typischer Entamöbenkern, der zyklische Veränderungen aufwies (Abb. 145a). In älteren Fäces wurden auch kleine, etwa 5 μ große Amöben gefunden, die miteinander kopulierten und sich mit einer Cystenmembran umgaben (Abb. 145b).

Entamoeba suis Hartmann.

Zwischen den Darmdrüsen und in der Submucosa von Schweinen, die mit Schweinecholera infiziert waren, fand Th. Smith in Nordamerika eine Entamöbe, die in der Größe mit der vorigen übereinstimmt und ev. mit ihr

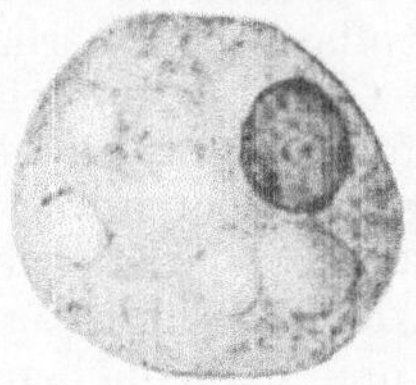
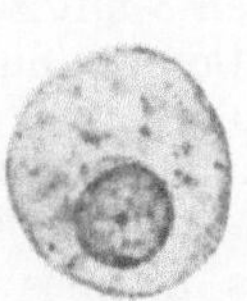

a   b

Abb. 146. *Entamoeba suis* Hartmann. a vegetative Form, b einkernige Cyste. Vergr. ca. 1950. Nach Hartmann 1913.

identisch ist (Abb. 146a). Wie schon Smith hervorgehoben hat, ist sie verschieden von der von Walker aus dem Schweinedarm gezüchteten *Vahlkampfia*

(*nec Entamoeba*) *intestinalis*. In einem Schnittpräparat von Herrn Prof. Smith
habe ich eine einkernige Cyste gefunden (Abb. 146b) ähnlich denen, die Smith
aus älteren Fäces von Schweinen beschrieben hat.

Entamoeba bovis Liebetanz.

Liebetanz hat aus dem Magen von Rindern eine kleine Amöbe von
ca. 20 μ Durchmesser beschrieben, jedoch keine genaueren Angaben darüber

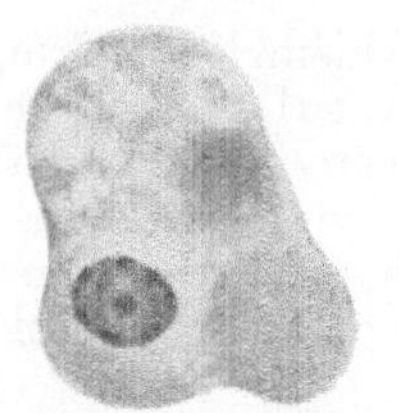

gemacht. Nach Braune handelt es sich um eine echte
Entamöbe, die sowohl in Größe, wie vor allem im Bau
des Kernes der *Entamoeba buccalis* gleicht (Abb. 147).
Die Vermehrung geschieht durch Zweiteilung. Weiter ist
nichts bekannt.

Abb.147. *Entamoeba
bovis* Liebetanz.
Vergr. ca. 1950.
Nach Braune 1913.

Außerdem sind noch unvollständig beschriebene Entamöben aus dem Darm von Affen (von Castellani in
Colombo auch einmal in einem Leberabszeß eines Affen),
Darm von Moorhuhn und Haushuhn bekannt. Auch im
Darm der Maus findet sich häufig eine harmlose Entamöbe, deren Bau und Entwicklung genauer ermittelt ist
und die, abgesehen von geringerer Größe, mit der *E. coli*

übereinstimmt. Ferner sind Entamöben aus dem Darm des Frosches, des Pferde-
egels, der Küchenschabe sowie anderer wirbelloser Tiere genauer beschrieben.

Anhang.

Chlamydophris stercorea Cienk.

Im Anschluß an die Entamöben sei hier noch eine zu den beschalten
Thecamöben oder Testaceen gehörige Form kurz beschrieben, die vielfach in
Fäces von Tieren und Menschen auftritt und unter Umständen im nackten
Amöbenzustand im Darm selbst kurze Zeit zu leben vermag.

Chlamydophris (Abb. 148) besitzt eine ei- oder becherförmige glashelle
strukturlose Schale, aus deren leicht halsförmig ausgezogener Öffnung das
Protoplasma hervorragt und feine, oft verästelte Pseudopodien aussendet.
Innerhalb der Schale ist der Körper in eine grob-vakuolisierte vordere und eine
feinwabige, den Kern und das sog. Chromidium einschließende hintere Zone
geteilt. An der Grenze der beiden liegen 1—3 pulsierende Vakuolen und eine
Schicht lichtbrechender Körner. Die Vermehrung durch Knospungteilung wurde
schon im allgemeinen Teil näher geschildert (s. S. 70, Abb. 55). Schon von
früheren Untersuchern sind einfache Dauercysten beobachtet worden. Außerdem gibt Schaudinn eine geschlechtliche Fortpflanzung innerhalb von Cysten
an, aus denen 8 mit zwei Geißeln ausgestattete Gameten entstehen. Dieselben
bilden nach Copulation eine dicke höckerige Cystenmembran und entwickeln sich
nach Schaudinn nur nach Passieren des Darmes von Tieren weiter. Die daraus
hervorgehenden zunächst nackten Amöben bilden später in den Fäces ihre typische Schale. Die amöboiden Formen können jedoch bei krankhaft verändertem
Zustand des Darmes daselbst zurückbleiben und als Amöben in atypischer
Weise sich durch Teilung und Knospung vermehren. Nach kurzer Zeit gehen
sie jedoch unter Degenerationserscheinungen zugrunde.

Für solche anormale Stadien von *Chlamydophris* hält Schaudinn die
früher von ihm unter dem Namen *Leydenia gemmipara* Schaudinn 1896,
beschriebenen, aus der durch Punktion gewonnenen Ascitesflüssigkeit zweier
Carcinomkranker von Leyden gefundenen, amöboiden Protozoenzellen. Diese

in allen Größen von 3—36 μ auftretenden Gebilde besaßen ein stark lichtbrechendes mit gelben glänzenden Körnern durchsetztes Protoplasma und bewegten sich mit fächerartigem hyalinem Pseudopodium, das von körnigen Plasmazügen

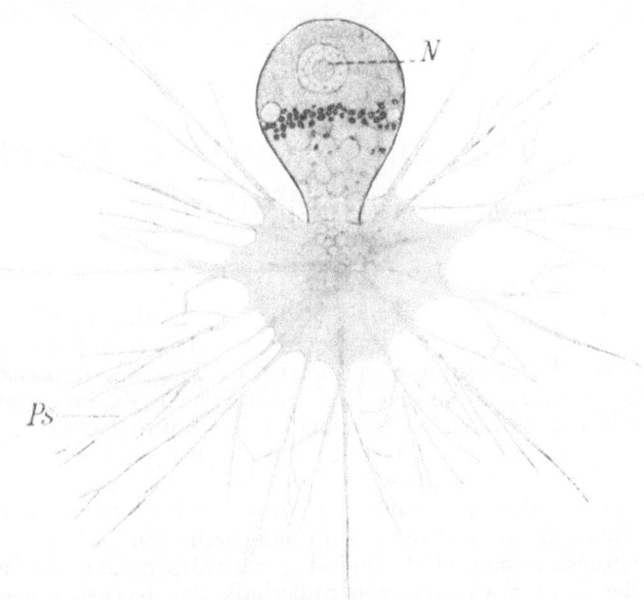

Abb. 148. *Chlamydophris stercorea* Cienk. N Kern, Ps Pseudopodien. Nach Schaudinn 1911.

durchsetzt war, die außen als lange fädige körnige Pseudopodien ausstrahlten (Abb. 149 a). Die Art dieser Pseudopodien wie das Aussehen von Plasma und Kern erinnert in der Tat sehr an die Verhältnisse von *Chlamydophris*. Neben Nahrungs-

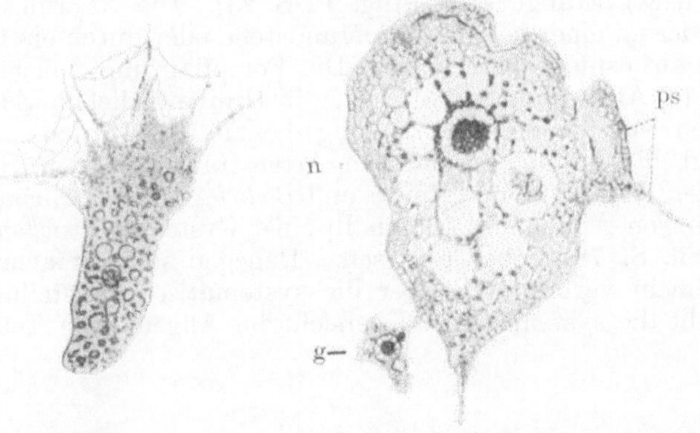

Abb. 149. *Leydenia*-Form von *Chlamydophris*. a lebend, b fixiert; Knospung. n Kern. g Knospe, ps Pseudopodien. Nach Schaudinn 1896.

vakuolen, die auch rote Blutkörperchen enthielten, wurde auch eine pulsierende Vakuole beobachtet. Die Vermehrung erfolgte durch Teilung und Knospung nach scheinbar direkter Teilung resp. Knospung des Kernes. Durch weitere Teilung der Knospen entstanden die kleinsten Individuen von 3 μ.

II. Parasitische und pathogene Flagellaten.
(Protomonadinen.)

1. Allgemeines.

Abgesehen von den Blutflagellaten, die als wichtigste pathogene Gruppe in einem besonderen Kapitel ihre Besprechung finden, weisen fast nur die Protomonadinen, die Hauptordnung der tierischen Flagellaten parasitische Vertreter auf. Es ist das zunächst eine Reihe von Formen, die im Darm von Tieren und Menschen leben. Für keine derselben ist bisher mit Sicherheit eine pathogene Wirkung nachgewiesen, kann allerdings für einige auch nicht unbedingt verneint werden. Dies und ihr häufiges Vorkommen erheischen eine kurze Besprechung. In der Gattung *Costia* weisen ferner die Protomonadinen noch einen gefährlichen Hautparasiten unserer Süßwasserfische auf.

Die Protomonadinen sind typische, verhältnismäßig einfach gebaute Flagellaten, deren 1—8 Geißeln von außerhalb des Kernes gelegenen Basalkörnern entspringen, die ihrerseits durch einen Rhizoplasten mit dem Kerncaryosom verbunden sein können (2. Geißeltypus) (s. Allg. T. S. 22). Die Kerne sind meist einfache Centronuclei, die sich promitotisch, vielfach auch ganz mitotisch teilen (s. Allg. T. Abb. 38 u. 39, S. 32 u. 33). Die Protomonadinen sind teilweise noch amöboid, besitzen jedoch meist eine bestimmte Gestalt, die entweder nur durch eine Pellicula, oder durch innere Skelette (Achsenstäbe usw.) bedingt ist (s. Allg. T. S. 23). Die Nahrungsaufnahme geschieht entweder an einer bestimmten Mundstelle oder durch ein Cytostom, nur äußerst selten auf osmotischem Wege. Die Fortpflanzung vollzieht sich durch Längsteilung (s. Allg. Teil, S. 52), meist im freibeweglichen Zustand, nur in wenigen Fällen ist eine multiple Teilung bekannt geworden. Befruchtungsvorgänge sind bisher nur bei einigen Arten in Form von Hologamie mit darauffolgender Cystenbildung (*Monas* und *Bodo lacertae*, s. Allgem. Teil, S. 69), sowie in Form von Autogamie innerhalb einer Cyste bei *Trichomastix lacertae* (s. Allgem. Teil, S. 78) sicher erwiesen. Dagegen sind einfache Dauercysten ziemlich allgemein verbreitet. Über die systematische Einteilung der Protomonadinen gibt die systematische Übersicht im Allgemeinen Teil S. 118—120 Aufschluß.

2. Die Darmflagellaten des Menschen.

In den Entleerungen des Menschen werden häufig besonders bei dysenterischen Erkrankungen verschiedene Flagellaten gefunden, die zu den Familien der Cercomonadiden (*Cercomonas*), Tetramitiden (*Trichomonas* und *Chilomastix*) und Distomatiden (*Lamblia*) gehören. Eine der als *Cercomonas* beschriebenen Formen muß in die Gattung *Cercobodo* gestellt werden und gehört somit nicht nur nicht zur Familie der Cercomonadiden, sondern überhaupt nicht zu den Protomonadinen sondern den Rhizomastigenen. Trotzdem sei sie aus praktischen Gründen in Zusammenhang mit den Protomonadinen an dieser Stelle abgehandelt. Dasselbe soll auch mit der wegen Besitz eines Geißelkernes zu der Ordnung der Binucleaten gehörigen Gattung *Prowazekia* geschehen, die gelegentlich in menschlichen Entleerungen gefunden wurde.

Gattung **Cercomonas** Duj. em., Hartmann und Chagas und **Cercobodo** Krassilstschick.

Besonders früher sind in der medizinischen Literatur zahlreiche Fälle von Vorkommen eingeißeliger Cercomonaden beim Menschen beschrieben. Bei den meisten dieser Angaben dürfte es sich wohl um Verwechslung mit *Trichomonas* und *Lamblia* handeln. Nur in einigen Fällen, so vor allem bei dem des ersten Beobachters Davaine 1854 haben *Cercomonas*- oder *Cercomonas*-ähnliche Formen mit einer langen vorderständigen Geißel vorgelegen. Die, vorwiegend freilebende Formen enthaltende, Gattung *Cercomonas* (Dujardin), die zunächst als eingeißelig betrachtet wurde, ist später von Senn aufgehoben worden, weil die typischen freilebenden Formen noch eine zweite, früher übersehene Schleppgeißel besitzen. Mit Recht hat er die betreffenden Arten der Gattung *Cercobodo* (Krassiltschik) zugeteilt. Hartmann und Chagas (1910) haben den Gattungsnamen *Cercomonas* wiederhergestellt für ein aus den menschlichen Fäces gezüchtetes eingeißeliges Flagellat und auch Moroff gab schon neben zweigeißeligen auch sicher eingeißelige Formen an. Von Wenyon 1910 ist nun auch eine zweigeißelige Form aus dem menschlichen Darm als *Cercomonas*-Art beschrieben worden, die aber zur Gattung *Cercobodo* gestellt werden muß, auch nach ihrer sonstigen Organisation gehört sie wie die typische *Cercobodo* nicht zu den Protomonadinen, sondern zur Ordnung der Rhizomastiginen. Bei allen älteren Ausgaben ist natürlich eine Identifizierung nicht mehr möglich.

Cercomonas parva Hartmann und Chagas.

Dieses Flagellat ist von Hartmann und Chagas 1910 aus Agarkulturen von menschlichen Fäces in Rio de Janeiro beschrieben worden. Ob es auch als freies Flagellat im Darm vorkommt, oder ob nur die Cysten den Darm passiert haben, konnte nachträglich nicht mehr festgestellt werden. Der nackte, amöboid veränderliche Körper ist meist spindelförmig mit einem zu einer Spitze ausgezogenen Hinterende (Abb. 150). Die Länge beträgt etwa 6—20 μ. Am Vorderende findet sich eine gut körperlange Geißel, die von einem Basalkorn entspringt, das durch einen Rhizoplasten mit dem Kerncaryosom verbunden ist. Vom Basalkorn (nicht wie Hartmann und Chagas ursprünglich angegeben hatten vom Caryosom) geht zugleich ein langer Achsenstab aus, der über den Kern hinwegzieht und das langausgezogene spitze Hinterende bedingt. Die Annahme Wenyons, der Achsenstab sei auch hier wie bei der von ihm beschriebenen Form nur eine verklebte Schleppgeißel, konnte bei neuerlicher Untersuchung nicht bestätigt werden. Vielmehr ließ sich auch bei abgekugelten und amöboiden Individuen mit fehlendem eingeschmolzenem Achsenstab stets nur eine Geißel und nur bei Teilungsstadien zwei Geißeln feststellen. Da die Art auch bezüglich der Geißelinsertion (zweiter Geißeltyp) und der Kernteilung, welche sich ganz unabhängig vom Basalkorn durch Caryosomteilung vollzieht, von der Wenyons sehr verschieden verhält, so scheint die Selbständigkeit der Gattung erwiesen.

11*

Die Fortpflanzung geschieht durch Zweiteilung in abgekugeltem Zustand. Die alte Geißel geht häufig verloren, kann aber auch erhalten bleiben. In den

a   b

Abb. 150. *Cercomonas parva* Hartmann und Chagas, a vegetative Form, b Cyste. Vergr. ca. 2800. Nach Hartmann und Chagas 1910.

Kulturen traten nach einiger Zeit kugelige Cysten von ca. 5—6 μ auf, die mit doppelter Membran versehen waren (Abb. 150b).

Cercobodo hominis (?) Davaine.

Syn. Cercomonas longicauda (?) Wenyon 1910.

Diese Art (Abb. 151) ist von Wenyon 1910 aus dem Stuhl eines Kranken im Hospital der Londoner Schule für Tropenmedizin gefunden worden und ließ sich gleichfalls leicht züchten. Vielleicht ist sie mit der Davaineschen Cercomonasform identisch. Sie hat stets zwei Geißeln, die von einem, an der zu

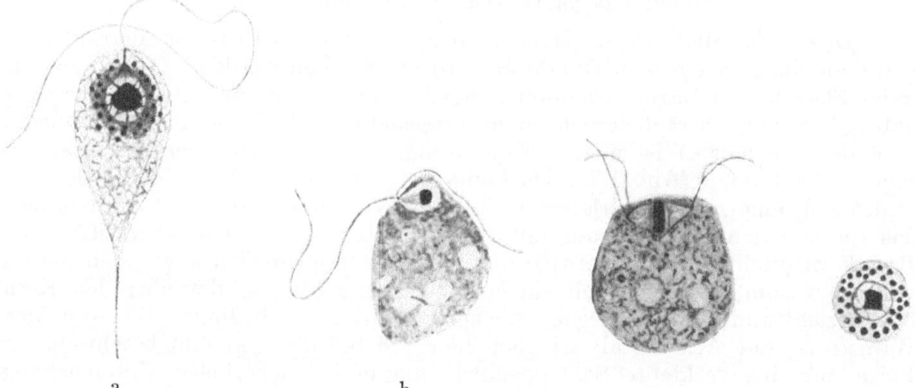

a   b   c   d

Abb. 151. *Cercobodo hominis* (?) Davaine. a u. b vegetative Formen, c Teilung, d Cyste. Nach Wenyon 1910 u. 1914.

einer Spitze ausgezogenen Kernmembran gelegenen Basalkorn ausgehen und von denen die kürzere dem Körper meist dicht anliegt, so daß ein Achsenstab vorgetäuscht werden kann (Abb. 151a). Die Kernteilung erfolgt durch Mitose, wobei die geteilten Basalkörner als Centriole fungieren (Abb. 151c). Geißelinsertion wie Kernteilung stimmen somit mit den Verhältnissen der Rhizo-mastiginen und speziell mit denen der freilebenden Formen der Gattung *Cercobodo* vollkommen überein (siehe Allg. Teil, Abb. 14, S. 16 u. Abb. 38a, S. 32). Auch hier treten Cysten in den Kulturen auf, die denen der vorigen Art sehr ähnlich sind, jedoch reichlich Körner (wahrscheinlich Reservestoffe) enthalten; sie vermitteln vermutlich die Übertragung (Abb. 151 d).

Gattung **Trichomonas** Leukart und **Chilomastix** Alexeieff.

In den Entleerungen kranker wie gesunder Menschen werden häufig vier-geißelige, zur Familie der Tetramitiden gehörige, Flagellaten beobachtet, die früher alle als *Trichomonas intestinalis* (R. Leuk.) bezeichnet wurden, neuer-dings sich aber als unter sich verschieden herausgestellt haben, so daß drei, ja vier neue Gattungen errichtet wurden, deren Unterschiede sich aus folgender Übersicht ergeben.

Trichomonas (Leukart 1879): drei Vordergeißeln, eine lange Schlepp-geißel als undulierende Membran mit Basalleiste, Achsenstab, schmales Cytostom.

Chilomastix (Alexeieff 1911): drei Vordergeißeln, eine kurze Schlepp-geißel als undulierende Lippe in dem großen Cytostom, ohne Achsenstab.

Fanapepea (v. Prowazek 1911): wie vorige, jedoch nur zwei Vorder-geißeln.

Difämus (Gäbel 1914): wie *Chilomastix*, jedoch ohne undulierende Lippe.

Cyathomastix (v. Prowazek 1914, beschr. von Rodenwald 1911): wie *Chilomastix*, jedoch mit Achsenstab.

Wie unten genauer begründet werden wird, erscheint uns die Aufstellung der drei letzten dieser Gattungen nicht geboten, zum mindesten verfrüht und wir betrachten alle diese Formen mit großem Cytostom als einer Art angehörig, die *Chilomastix mesnili* (Wenyon) heißen muß.

Trichomonas intestinalis Leukart.

Das Flagellat (Abb. 152) ist birnförmig, 5—15 μ lang und 2—5 μ breit. Die 3 Vordergeißeln sind verhältnismäßig kurz und entspringen von einem größeren Basalkörper, der wohl nur 3 verbackene Einzelkörner darstellt, während die als undulierende Membran ausgebildete Schleppgeißel, die meist den Körper als freie Geißel noch überragt, von einem zweiten kleineren Basalkorn ausgeht. Von diesem aus verläuft auch die die undulierende Membran stützende Basal-leiste. Die hinten zugespitzte Form des Tieres ist durch einen doppelten vom großen Basalkörper an dem Kern vorbei nach hinten ziehenden Achsenstab bedingt. Der in der Nähe des Vorderendes liegende Kern ist kugelig oder oval und enthält meist einen Binnenkörper, seltener nur Chromatinkörner und Brocken. Vor und bei der Teilung sind 8 deutliche Chromosomen erkennbar (Kuczynski).

Die Fortpflanzung geschieht durch Längsteilung in beweglichem Zustand. Die feineren Vorgänge sind für die menschliche Form nicht bekannt, dürften wohl aber in derselben Weise verlaufen, wie sie neuerdings für eine Reihe von andern *Trichomonas*-Arten übereinstimmend festgestellt wurden.

Die Basalkörper teilen sich, legen sich, durch eine Centrodesmose verbunden, über den sich (wohl selbständig) mitotisch teilenden Kern an dessen Pole (s. Abb. 39, S. 33). Die Geißeln werden verteilt und die fehlenden neugebildet.

Die alte Basalleiste und der Achsenstab lösen sich auf und werden von den geteilten Basalkörpern aus neu gebildet. Die neuerdings wieder von Kofoid vertretene Ansicht über die Neubildung der Achsenstäbe durch Teilung des ursprünglichen scheint uns durch seine Abbildungen nicht genügend gesichert.

Neben Zweiteilung sind auch Dreiteilungen und kürzlich von Kofoid bei tierischen Trichomonasarten sogar Vielfachteilungen beobachtet.

Die Cysten von *Trichomonas intestinalis* sind noch nicht bekannt. Die früher als Autogamie-Cysten dieser Art zugeschriebenen Gebilde werden neuerdings ziemlich allgemein als Pilze erklärt (*Blastocystis*, Alexeieff, Brumpt). Dagegen sind von Dobell für *Trichomonas batrachorum*, Bensen für *Trichomonas vaginalis*, und neuerdings von M. Mayer (uned.) für *Trichomonas muris* einfache Ruhecysten nachgewiesen (s. unten).

Trichomonas intestinalis lebt gewöhnlich im Dünndarm, ist aber auch in der Mundhöhle, spez. in kariösen Zähnen nicht selten. Von hier können sie auch in die Lunge gelangen und sich dort gelegentlich ansiedeln. Wenn der Mageninhalt nicht mehr sauer reagiert, also bei Magenerkrankungen spez. Carcinom, tritt es auch hier auf und manche Autoren, vor allem Cohnheim, sprechen dem Vorkommen eine diagnostische Bedeutung für maligne Tumoren zu. „Da die gleichen Parasiten zweifellos aber auch bei gutartiger Achylia gastrica beobachtet worden sind, so hat ihr Nachweis im Magen kaum eine andere diagnostische Bedeutung als die der Anazidität, die doch mindestens ebenso leicht festzustellen ist" (Jollos).

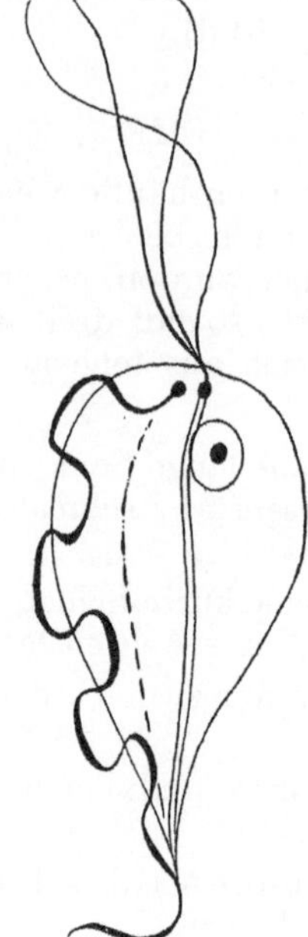

Abb. 152. *Trichomonas intestinalis* Leuck. Schema der Organisation des Flagellats. Nach Rodenwaldt 1911.

Infolge des oft reichlichen Vorkommens der *Trichomonas intestinalis* bei Darmerkrankungen im Stuhl, ist besonders von früheren Autoren dem Flagellat eine pathogene Bedeutung zugeschrieben worden. Der Umstand, daß es aber auch bei völlig Gesunden nach Eingabe von Abführmitteln im Stuhl auftritt, spricht für seine harmlose Natur. Es erscheint sogar recht fraglich, ob ihr reichliches Vorhandensein bei anders verursachten Dysenterien verschlimmernd einzuwirken vermag, da es bisher nie in Darmgeschwüren beobachtet wurde und seine ganze Lebensweise (Ernährung durch Darmbakterien) auf einen harmlosen Kommensalen hindeutet.

Trichomonas vaginalis Donné.

Hier sei noch eine *Trichomonas*art eingeschaltet, die früher vielfach mit der vorigen identifiziert wurde, deren Selbständigkeit jedoch jetzt festzustehen scheint. Sie findet sich in sauer reagierendem Vaginalschleim bei Frauen jeglichen Alters, selbst Kindern. Auch in die Urethra und Harnblase können sie vordringen. Neuerdings ist sie auch in der Harnblase von Männern gefunden worden.

Von *Trichomonas intestinalis* unterscheidet sie sich besonders durch ihre bedeutendere Größe (12—30 μ lang und 8—18 μ breit) und das starkkörnige Plasma. Von Bensen ist die Bildung einfacher Dauercysten beschrieben worden (Abb. 153).

Chilomastix mesnili Wenyon.

Wie erwähnt, rechnen wir die verschiedenen neuerdings beschriebenen Trichomonaden mit großem Cytostom vorläufig alle zu dieser einen Art. Die Größe der Tiere schwankt zwischen 3 und 14 μ Länge und 3 bis 6 μ Breite. Trotz des meist lang zugespitzten Hinterendes geben alle Untersucher bis auf Rodenwald das Fehlen eines Achsenstabes an. Daraufhin diese Form als besondere Gattung abzutrennen, erscheint uns aber verfrüht. Vielleicht wird der Achsenstab

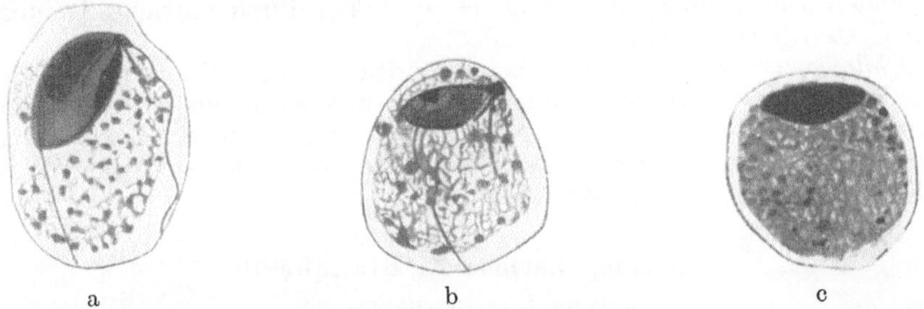

a　　　　　　　b　　　　　　　c

Abb. 153. *Trichomonas vaginalis* Donné. Encystierung. Vergr. ca. 2600. Nach Bensen 1910 aus Jollos.

wie bei *Cercomonas parva* leicht eingeschmolzen[1]). Auch das häufige Fehlen einer Geißel bei der von Prowazek als *Fanapepea* beschriebenen Form, ist wohl nur ein zufälliger Charakter, da auch sonst bei Trichomonasarten Geißeln

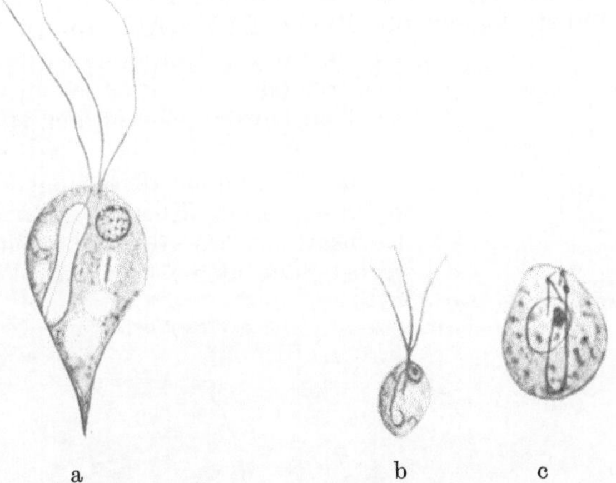

a　　　　　　　b　　　c

Abb. 154. *Chilomastix mesnili* Wenyon. a gewöhnliche vegetative Form, b kleine Form. c Cyste. a nach Wenyon 1910, b u. c, Vergr. ca. 2000. Nach v. Prowazek 1914.

leicht in Verlust geraten. Allen beschriebenen Formen gemeinsam ist das Vorhandensein eines geräumigen Cytostoms, das von einer starken Peristomfibrille umfaßt wird (Abb. 154a). Die in dem Cytostom verlaufende undulierende Membran ist von manchen Beobachtern nicht abgebildet (Nattan-Larrier) oder ihr Vorhandensein wird direkt in Abrede gestellt und darauf das besondere

---

[1]) Herr Dr. Jollos hat in uns von Herrn Dr. Gäbel freundlichst zur Verfügung gestellten Präparaten von dem sog. *Difaemus*, der keinen Achsenstab besitzen soll, an einigen Individuen doch einen solchen beobachten können.

Genus *Difaemus* gegründet (Gäbel). Da v. Prowazek angab, daß die undulierende Lippe nicht immer deutlich sichtbar ist, so scheint uns auch in diesem Punkte eine Zurückhaltung gegenüber der Neuaufstellung einer Gattung geboten. Die Vermehrung geschieht durch Teilung und ist in ihren Details noch nicht genauer verfolgt. Von verschiedenen Untersuchern sind Cysten beschrieben worden, die durch das Vorhandensein des großen Cytostoms ihre Zugehörigkeit erweisen (Abb. 154 c).

Prowazek vermutet, daß die vielfach bei dieser Art zur Beobachtung gelangenden sehr kleinen Individuen (Abb. 154 b) durch multiple Teilung aus diesen Cysten hervorgehen.

Chilomastix ist bisher nur bei Enteritiden oder direkt dysenterischen Erkrankungen des Darmes gefunden worden und wird von manchen Autoren (Brumpt, Gäbel u. a.) als Erreger der Krankheit betrachtet. Bei den wenigen bisher beschriebenen Fällen läßt sich über die eventuelle pathogene Wirkung des Flagellats noch kein Urteil gewinnen.

Gattung **Lamblia** R. Blanchard.

Lamblia intestinalis Lambl.

Syn. *Megastoma entericum* Grassi.

Die *Lamblia intestinalis* gehört zur Familie der Distomatinen, also den diplozoen Protomonadinen, die durch das doppelte Vorhandensein aller Zellorganellen in bilateral symetrischer Anordnung ausgezeichnet sind; es sind gewissermaßen 2 an der Längsseite fest verbundene Trichomonaden. Die Gestalt der 10—25 μ großen und 6—15 μ breiten Tiere ist birnförmig mit abgeflachter Bauch- und stark gewölbter Rückenfläche (Abb. 155a). Die Bauchseite ist am breiten Vorderende napfartig vertieft, wodurch ein sog. Peristom entsteht, mit dem die Tiere gewöhnlich auf dem Dünndarmepithel fest aufsitzen. In der Peristomgegend liegen die beiden symmetrisch angeordneten Kerne; sie besitzen eine Kernmembran und eine große Kernsaftzone, in der meist ein feines Liningerüst und kleine Chromatinkörperchen sich

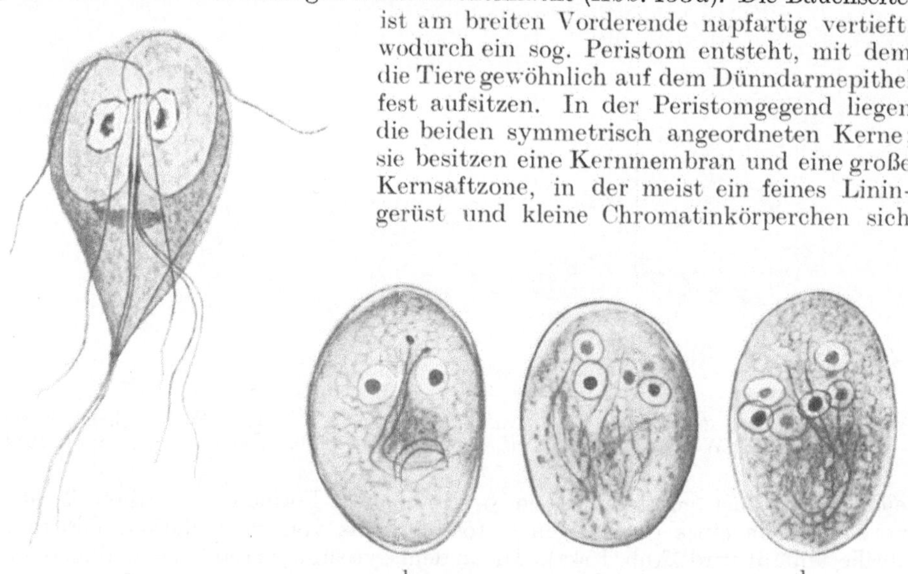

a   b   c   d

Abb. 155. *Lamblia intestinalis* Lambl. a vegetative Form, b—d Cysten. Vergr. ca. 2600. Orig.

finden. Der Hauptteil der chromatischen Substanz ist entweder in einem einheitlichen Caryosom angeordnet, oder es haben sich von demselben größere chromatische Brocken abgetrennt. Zwischen den beiden Kernen, mit ihnen durch Rhizoplasten verbunden, liegen zwei Paare von Basalkörnern, von denen die 4 Paar Geißeln ausgehen, die teilweise als Stützfibrillen mit dem Körper verbunden sind und dessen komplizierte Gestalt bedingen. Von dem äußeren Paar entspringen die beiden Vordergeißeln, die nach dem Vorderrande des Tieres ziehen, sich überkreuzen, um dann als freie vordere Seitengeißeln zu endigen. Das gleiche Paar gibt auch den hinteren Seitengeißeln den Ursprung, die zunächst auf der Bauchseite mit dem Körper fest verklebt, als stützende Seitenrippen schräg nach rückwärts verlaufen, um etwa am hinteren Körperdrittel frei zu werden. Ferner gehen von hier aus die das Peristom umziehende Peristomfibrille und zwar von dem der einen Seite beginnend, eine kurze Strecke mit der Seitenrippe zusammen verlaufend und auf der andern Seite in derselben Weise zu dem entsprechenden Basalkorn zurückkehrend. Von den mittleren Basalkörpern aus verlaufen auf der Bauchseite zwei Fibrillen als Achsenstäbe, die am Hinterende mit Basal-Körnern endigen, an denen die beiden Schwanzgeißeln inseriert sind. Auf diesem Achsenstab befindet sich etwa in der Körpermitte ein drittes Basalkörperpaar, von dem aus die am stärksten ausgebildeten Bauchgeißeln sofort frei entspringen. Kurz hinter der Ursprungsstelle dieser letzteren findet sich dorsalwärts vom Achsenstab meist (nur bei jüngeren Individuen fehlt er) ein sich stark chromatisch färbender, manchmal aus einzelnen Balken zusammengesetzter Körper (Chromidialkörper), der vermutlich einen unbekannten Reservestoff darstellt.

Die Vermehrung der Lamblien im Flagellatenzustand war bisher noch nicht beobachtet worden. Doch berichtet soeben Kofoid in einer vorläufigen Mitteilung Längsteilungen gefunden zu haben. In den Entleerungen finden sich sehr häufig Cysten (Abb. 155 b). Dieselben sind ovoid 10—14 μ lang und 7—9 μ breit. Im Innern beobachtet man zwei oder mehr Kerne, Reste des Geißel- und Fibrillenapparates, sowie des Chromidialkörpers. Gewöhnlich findet nur eine einmalige Vermehrung der Kerne auf 4 statt; doch sind auch bis zu 8 Kernen festgestellt (Abb: 155 c und d). Für einen eventuellen Befruchtungsvorgang in der Cyste liegen keine sicheren Anhaltspunkte vor; sie können bisher nur als einfache Vermehrungscysten angesprochen werden.

Lamblia intestinalis ist ein ausgesprochener Parasit des Dünndarms und wird vorwiegend in den Entleerungen von an Darmerkrankungen leidenden Menschen (vielfach bei Amöbendysenterie) gefunden, ist aber auch bei völlig gesunden Personen viel verbreitet. Immerhin dürfte wohl dem Flagellat unter gewissen Umständen eine pathogene Bedeutung zukommen. Denn einmal mehren sich in der Literatur die Angaben über Vorkommen von dysenterieähnlichen Darmerkrankungen mit reichlichem Lambliabefunde ohne irgendwelche andere pathogene Mikroorganismen. Andererseits läßt auch die Lebensweise des Flagellats, das mit seinem Peristom fest auf dem Dünndarmepithel angeheftet sitzt und bei reichem Vorkommen weite Flächen bedeckt und für die Ernährung ausschaltet, eine pathogene Wirkung wenigstens bei reichem Vorkommen verständlich erscheinen. Dafür sprechen auch Befunde bei mit *Lamblia muris* infizierten jungen Mäusen, die manchmal unter schweren Dysenterien zugrunde gehen. Bei der Sektion findet sich das Dünndarmepithel auf weiten Flächen abgelöst.

Die Frage nach der Pathogenität dieses Flagellaten bedarf jedoch noch weiterer Aufklärung; vor allem wäre dabei auch die Frage zu untersuchen, welche Bedingungen das bei beschränkter Vermehrung sicher harmlose Flagellat zu so enormer Vermehrung und damit ev. pathogener Wirkung gelangen lassen.

Außer beim Menschen finden sich Lamblien auch bei einer Reihe von Tieren (Maus, Ratte, Kaninchen, Katze usw.) Dieselben wurden früher mit der *Lamblia intestinalis* identifiziert, werden aber jetzt für verschiedene Arten gehalten, da sie vor allem in Bau und Anordnung des Fibrillensystems konstante, wenn auch geringe Unterschiede aufweisen (Bensen).

Lamblia sanguinis Gonder.

Diese Art sei wegen der eigentümlichen Art ihres Vorkommens hier besonders erwähnt. Sie ist nämlich von Gonder im Herzblut eines Falken in Südafrika gefunden worden. Die beigefügte Abbildung 156 zeigt deutlich die Unterschiede im Bau (Kleinheit des Peristoms, Lage der Kerne seitlich am Peristom usw.) von der *Lamblia intestinalis*.

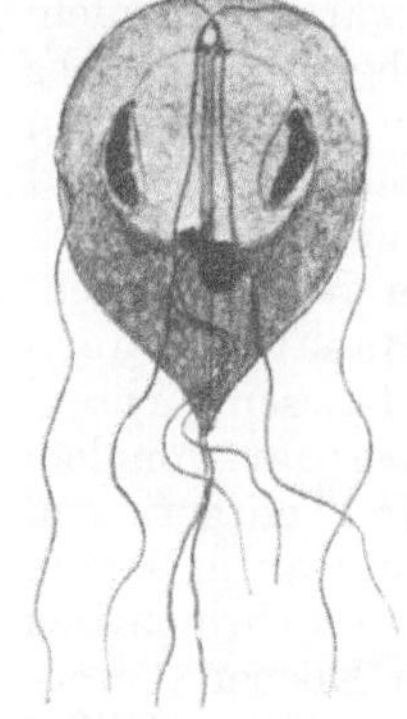

Abb. 156. *Lamblia sanguinis* Gonder. Nach Gonder 1911.

Gattung **Prowazekia** Hartmann und Chagas.

Die Gattung *Prowazekia* gehört wegen des Besitzes eines Geißelkernes oder Kinetonucleus zu den Binucleaten (s. folg. Kapitel) und zwar in die durch das Vorhandensein von 2 Geißeln, 1 Vorder- und 1 längere Schleppgeißel gekennzeichnete Familie der Trypanoplasmen. Von der sonst sehr ähnlichen Protomonadinen-Gattung *Bodo* unterscheidet sie sich eben durch den Besitz eines besonderen Geißelkernes. Die Gattung enthält die einzigen freilebenden Formen unter den Binucleaten; einige Vertreter kommen zeitweilig als Darmparasiten beim Menschen vor.

Prowazekia asiatica Castellani und Chalmers.

Castellani und Chalmers fanden dieses Flagellat in flüssigen Stühlen von Ankylostomiasis-Kranken auf Ceylon und beschrieben es zunächst als *Bodo*-Art; Whitmore hat es dann genauer untersucht und als *Prowazekia*-Art

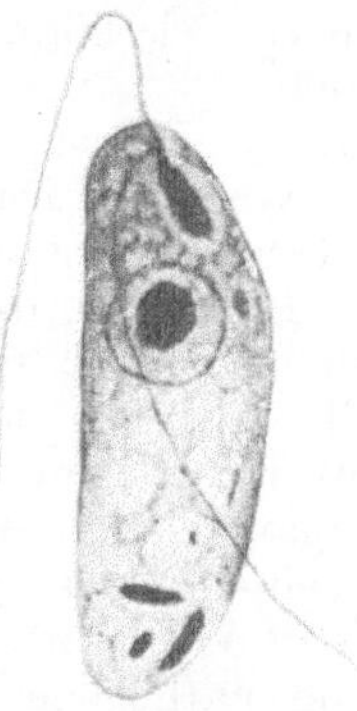

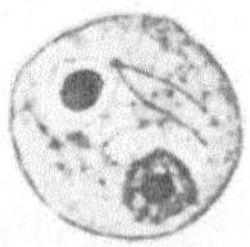

Abb. 157.   Abb. 158.

Abb. 157 u. 158. *Prowazekia asiatica* Castellani und Chalmers. Abb. 157 vegetative Form, Abb. 158 Cyste. Vergr. ca. 2600. Nach Whitmore 1911.

erkannt. Es läßt sich sowohl im flüssigen wie auf festen Nährböden leicht mit Bakterien zusammen, die als Nahrung vorhanden sein müssen, züchten.

Die Gestalt (Abb. 157) ist in flüssigen Nährböden langgestreckt (Länge 10—16 μ, Breite 5—8 μ), meist auf einer Seite etwas abgeflacht, auf festen dagegen gedrungener, fast kugelig (8—10 μ Durchmesser). Der im 1. Körperdrittel gelegene kugelige Hauptkern hat eine deutliche Kernmembran, einen Außenkern und einen großen Binnenkörper; aus letzterem geht bei der Teilung die Äquatorialplatte (generative Komponente) hervor. Vor dem Hauptkern, dem Seitenrande genähert, liegt der Geißelkern, dessen Gestalt verschieden sein kann (meist birnförmig). Ihm liegen vorn 2 Basalkörper an, von denen die beiden Geißeln ausgehen.

Die Vermehrung geschieht durch Längsteilung im beweglichen Zustand. Auf Agarkulturen treten nach 6—7 Tagen kugelige Cysten auf, in denen Geißelkern und Geißeln erhalten bleiben (Abb. 158).

Prowazekia cruzi Hartmann und Chagas.

Diese Art wurde auf Agarkulturen von an Ankylostomiasis Erkrankten von Hartmann und Chagas in Rio de Janeiro gefunden. Vermutlich handelt es sich um eine halbparasitische, meist freilebende Art. Sie ist kleiner wie die vorige (8—12 μ lang und 5—6 μ breit) und mehr oval; ferner liegt der Hauptkern mehr in der Mitte (Abb. 159). Vermehrung und Cysten wie bei der vorigen Art.

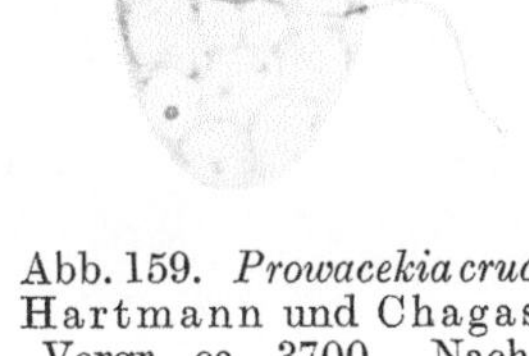

Abb. 159. *Prowacekia cruci* Hartmann und Chagas. Vergr. ca. 3700. Nach Hartmann u. Chagas 1910.

Ähnliche Formen sind ferner von Martini aus Tsingtau (in Entleerungen des Menschen, wie im Süßwasser), sowie von Mathis und Léger aus Tonkin, letztere unter dem Namen *Prowazekia weinbergi* beschrieben. Ob sie mit der *Prowazekia asiatica* identisch sind, läßt sich nach den zu wenig genauen Angaben nicht feststellen, scheint aber wahrscheinlich.

Auch die von verschiedenen Autoren aus dem menschlichen Harn beschriebenen 2geißeligen Flagellaten (meist als *Bodo urinarius* Harr. bezeichnet) gehören nach neueren Untersuchungen zur Gattung *Prowazekia* (Sinton, Schüßler). Nach Barrois, Sinton und Schüßler (uned.) lebt das Flagellat jedoch nicht parasitisch im Darmapparat, sondern entwickelt sich erst nachträglich im abgesetzten Harn.

3. Costia necatrix (Henneguy). Hauttrübung der Fische.

Syn. *Tetramitus nitschei* Weltner.

Costia necatrix wurde zuerst von Henneguy 1883 in Aquarien in Paris beobachtet, wo sie auf Fischbrut epidemisch auftrat. Später hat sich dann die weite Verbreitung des Parasiten und der durch ihn verursachten Erkrankung der Fische (Hauttrübung) herausgestellt. Für das Flagellat waren von seinem Entdecker 3 Geißeln angegeben worden, während später allgemein 4 angenommen wurden (Weltner, Moroff), wonach es in die Familie der *Tetramitiden* gehören würde. Nach unveröffentlichten Untersuchungen von G. Entz jun. besitzt es jedoch nur 2 Geißeln, eine längere und eine kürzere. Seine systematische Stellung ist demnach in der Familie der *Bodoniden* (s. Syst. Übers.).

Der Parasit (Abb. 160) ist 10—20 μ lang und 5—10 μ breit. Die Gestalt ist etwa oval mit leichter konkaver Ausbuchtung der linken Seite, nach vorn dorsoventral stark abgeplattet, fast keilförmig (Abb. 160). Auf der Bauchseite liegt am rechten Vorderende eine große, tiefe Grube, die zusammengefaltet werden kann und mit zur Befestigung der Tiere auf der Fischhaut dient. Nach hinten setzt sich die Mulde in die Mundbucht fort, aus deren Grunde die beiden langen jedoch deutlich verschiedenen Geißeln von 2 Basalkörnern entspringen (die Furche und die 2 verschieden langen Geißeln erinnern in ihrer Organisation an den Bau der Cryptomonaden, also pflanzlicher Flagellaten). Die früheren falschen Angaben über die Geißelzahl sind auf in Teilung befindliche Individuen zurückzuführen, die außer den beiden großen 2 kurze neue Geißeln aufweisen. Neben den Basalkörpern der Geißeln liegt der bläschenförmige Kern mit deutlichem Caryosom, der sich mitotisch teilt. Außerdem enthält das Plasma 2 vor dem Kern gelegene pulsierende Vakuolen. Die Vermehrung erfolgt durch Längsteilung. Unter unbekannten Bedingungen werden auf der Fischhaut wie im Wasser Dauercysten von 7—10 μ Größe gebildet.

Der Parasit sitzt mit seinen Geißeln in den Schleim eingebohrt auf der Haut und den Kiemen verschiedener Süßwasserfische (Cyprinoiden wie Salmoniden) fest und ernährt sich hier von zerfallenen Epithelzellen (Abb. 161).

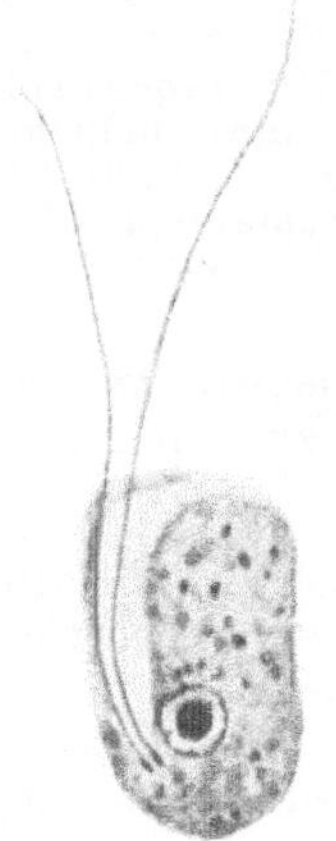

Abb. 160.   *Costia negatrix* Henneguy. Vergr. ca. 2600. Nach unveröff. Zeichnung von G. Entz jun.

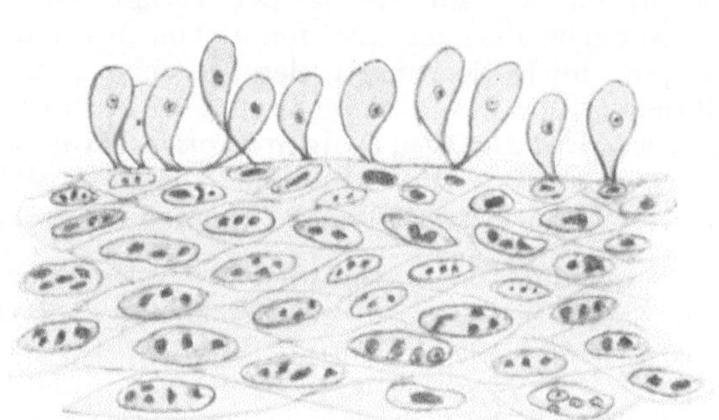

Abb. 161. Schnitt durch die Haut einer jungen Seeforelle mit aufsitzenden Costien. Nach Moroff 1904.

Losgelöst schwimmt er mit dem Hinterende voran, stirbt aber im freien Wasser nach $^1/_2$—1 Stunde ab; er ist also an das Leben auf der Epidermis resp. im Hautschleim extrem angepaßt.

Die Costien treten besonders in Aquarien und Zuchtanstalten oft massenhaft auf und verursachen ein großes Fischsterben. Das charakteristische Merkmal der Erkrankung besteht darin, daß sich die Oberhaut der Fische in unregelmäßigen weißen Flecken trübt. Schließlich kann die Trübung, die durch starke Schleimabsonderung und massenhaftes Absterben der Epithelzellen bedingt ist, die ganze Haut überziehen. Bei Jungfischen tritt der Tod meist schon nach wenigen Tagen ein, Erwachsene können aber wochenlang widerstehen.

Eine Heilung kann durch halbstündiges Baden der Fische in 2—2,5 %iger Kochsalzlösung (Hofer) oder 0,025%iger Formalinlösung (Léger) erzielt werden. Da durch die Kochsalzlösung zwar die Flagellaten selbst rasch absterben nicht aber die Cysten, sind dieselben alle 2—3 Tage etwa 3—4mal zu wiederholen, um die aus den Cysten neu ausgeschlüpften Formen zu vernichten.

III. Die pathogenen Binucleaten und die durch sie verursachten Krankheiten.

A. Allgemeine Morphologie und Entwicklung der Binucleaten.

Als Binucleaten, eine besondere Ordnung der Flagellaten, werden alle im Blute schmarotzenden Protozoen mit Ausnahme der Hämogregarinen zusammengefaßt. Dazu stellt man noch eine Anzahl Darmflagellaten wirbelloser Tiere, speziell Insekten und eine freilebende Gattung. Diese Formen besitzen eine, seltener (1 Familie) zwei Geißeln, sind aber in erster Linie charakterisiert durch den Besitz zweier differenter Kerne, des Hauptkernes, Trophonucleus und des Geißelkernes, Kinetonucleus oder Blepharoplast. Die Genese der Geißel, die den dritten Geißeltyp darstellt, wurde im Allgemeinen Teil S. 32 schon geschildert, desgleichen das Verhalten der Geißel und der Kerne bei der Teilung.

Außer typischen Flagellaten enthalten die Binucleaten jedoch noch eine Reihe von intracellulären Parasiten, bei denen infolge der intracellulären Lebensweise die Geißel, oft auch der Geißelkern, bei den meisten oder fast allen Entwicklungsstadien rückgebildet ist und deren äußerer Entwicklungsverlauf (Generationswechsel) ganz dem der Sporozoen, speziell der Coccidien gleicht. F. Schaudinn, der als erster die ähnliche Entwicklung der Coccidien und Hämosporidien richtig erkannt hatte und daraufhin zunächst für deren nahe Verwandtschaft eingetreten war, hatte aber auch als erster bei seinen späteren Halteridien-Untersuchungen die Trypanosomenorganisation der Hämosporidien entdeckt, und die Auffindung weiterer Zwischenformen zwischen den typischen Flagellaten und den extremen Hämosporidien (Malariaparasiten) hatte die Aufstellung einer ganzen phylogenetischen Reihe und somit ihre systematische Vereinigung ermöglicht. Nur eine Gruppe, die endoglobulären Hämogregarinen, haben sich durch die Untersuchungen von Reichenow, Hartmann und Chagas, Robertson u. a. als echte Coccidien erwiesen. Dies hat manche Autoren dazu geführt, nun auch die übrigen intracellulären Blutprotozoen (Hämosporidien) wieder den Coccidien anzuschließen; doch konnten sie dies nur tun unter Nichtbeachtung oder Leugnung der bei diesen entdeckten Flagellatenstadien und durch Umdeutung typischer Trypanosomenorganisationsmerkmale (Geißelkern). Die entwicklungsgeschichtlichen Gründe und cytologischen Deutungen für ihre Auffassung sind aber in keiner Weise überzeugend für die Hämogregarinennatur der betreffenden Formen, vielmehr kann deren Binucleatennatur bei dem gegenwärtigen Stande der Frage immer noch als die besserbegründete gelten.

Sämtliche Binucleaten — mit alleiniger Ausnahme der freilebenden Gattung *Prowazekia* (s. oben S. 170) — sind extreme Parasiten mit osmotischer Ernährung. Der Parasitismus hat zu allerhand Anpassungserscheinungen geführt, die ihren Abschluß darin erreichen, daß bei den am meisten abgeänderten Formen, den intracellulären Parasiten, ein teilweiser oder ganzer Verlust der Geißelorganisation eintritt. Diese Rückbildung des Geißelapparates läßt sich stufenweise bei den einzelnen Gattungen und Familien verfolgen. Er geht meist mit der Ausbildung multipler Vermehrung Hand in Hand, die sich in ihren Anfängen jedoch schon bei den typischen Flagellatenformen neben der einfachen Zweiteilung findet. Bei den primitiven Familien sind einfache Befruchtungsvorgänge in Form gering ausgebildeter Anisogamie (hologamer oder schwach merogamer) beschrieben, aber noch nicht ganz sichergestellt; bei den Endgliedern, den Halteridien und Plasmodiden, findet sich eine extreme Oogamie (s. S. 73), verbunden mit ausgeprägtem Generations- und Wirtswechsel. Diese verschiedenen Entwicklungstendenzen, Rückbildung des Geißelapparates, multiple Vermehrung progam als Schizogonie im Blut und metagam als Sporogonie

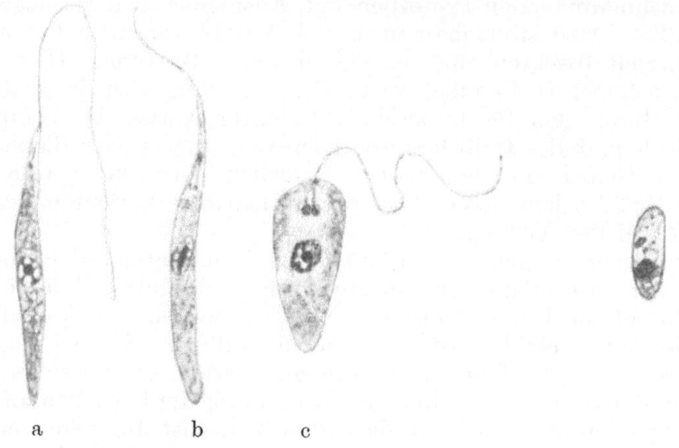

Abb. 162.   *Leptomonas jaculum* Léger. a eingeißlige vegetative Form, b u. c vorzeitige Bildung der zweiten Geißel, d Cyste. Vergr. ca. 2600. Nach Berliner 1909.

im Zwischenwirt, sowie die Ausbildung der Oogamie machen sich in der ganzen Binucleatenreihe geltend und kombinieren sich in der verschiedensten Weise, wodurch Schritt für Schritt verschiedenartige Übergänge von einfachen Leptomonasformen mit einfacher Zweiteilung bis zu dem komplizierten dreifachen Generationswechsel der hierin an Coccidien erinnernden Plasmodiden entstehen.

Aus diesen Gründen erscheint eine vergleichende Betrachtung der einzelnen Familien und Gattungen nicht nur zum richtigen Verständnis der Organisation und Entwicklung der verschiedenen pathogenen Binucleatenarten, sondern der verschiedenen Entwicklungsmöglichkeiten der parasitischen Protozoen überhaupt von Wichtigkeit; sie wird uns zugleich eines der schönsten Beispiele phylogenetischer Entwicklung kennen lehren.

Die **Familie der Trypanosomiden** enthält als einfachste Glieder Formen mit einer vorderständigen Geißel, Angehörige der Gattung *Leptomonas* (Abb. 162), die im Darm von Insekten und anderen wirbellosen Tieren, eine Art sogar in Pflanzen (Euphorbien), parasitieren. Durch Verlagerung des Geißelkernes nach rückwärts, der hierbei die Geißel mitführt, können nun bei denselben Arten der Gattung *Leptomonas* verschiedene Formzustände auftreten, die sonst charakteristisch für andere Gattungen sind. Rückt der Geißelkern seitlich unter der Pellicula entlang nach rückwärts, jedoch nicht über den Hauptkern, dann entstehen sog. *Crithidia*-Formen mit kurzer undulierender Membran, wandert er aber über den Hauptkern hinaus ins Hinterende, dann kommt es zur Bildung von *Trypanosoma*formen mit vom Hinterende ausgehender, den Körper entlang ziehender Saumgeißel oder undulierender Membran. Andererseits kann unter anderen Bedingungen auch der Geißelapparat teilweise bis auf einen intracellulären Stummel oder ganz rückgebildet werden, was meist mit einer Verkleinerung und Verkürzung der sonst langgestreckten Formen verbunden ist. Die geißellosen, birnförmigen, gregarinenartigen Formen der Leptomonaden sitzen meist auf dem Epithel fest (Abb. 163). Diese verschiedenen

Abb. 163. *Leptomonas campanulatum* Léger, geißellose Formen auf dem Darmepithel einer Chironomuslarve festsitzend. Nach Léger 1903.

Formtypen können, wie erwähnt, bei ein und derselben *Leptomonas*-Art unter verschiedenen äußeren Bedingungen auftreten; es sind also echte Modifikationen (s. Kapitel Vererbung, S. 97). Andere Gattungen der Familie der Trypanosomiden unterscheiden sich nun von der Gattung *Leptomonas* morphologisch nur durch die geringere Anzahl der sonst gleichen Modifikationsmöglichkeiten, sowie dadurch, daß eine andere Modifikation als die *Leptomonas*-Form die herrschende, normale ist. Zudem sind die ökologischen Bedingungen verschieden. Diese Umstände haben es mit sich gebracht, daß eine ziemliche Verwirrung in der Benennung der Gattungen der Trypanosomiden in der Literatur entstanden ist. Die Verhältnisse sind jedoch ohne weiteres verständlich und durchsichtig, wenn man die Prinzipien der modernen Variabilitäts- und Artlehre (s. S. 96 u. f.) berücksichtigt. Trotz der ineinander übergreifenden Variabilität der Gattungsmerkmale können verschiedene Arten doch als wohlbegrenzte Gattungen unterschieden und abgetrennt werden. Die Kennzeichen und die richtige Benennung der betreffenden Gattungen ergibt sich am besten aus nebenstehendem Schema (Abb. 164).

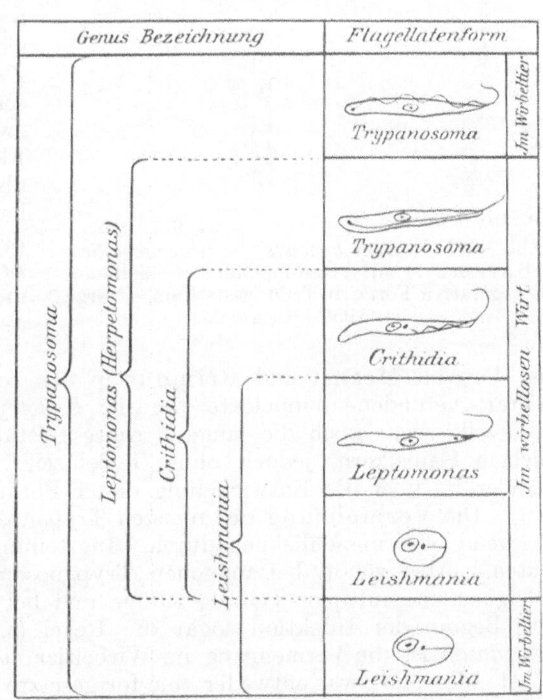

Abb. 164. Schema der Formtypen und Genusbenennung der Trypanosomiden. Nach Wenyon (1913) teilweise geändert.

Außer den in dem Schema aufgeführten Modifikationen und Gattungen kommt noch eine weitere Modifikation vor, die manche Verwirrung verursacht hat. Sie hängt mit der Teilung zusammen und besteht darin, daß bei manchen *Leptomonas*-Arten die Geißel sehr frühzeitig verdoppelt wird, oft schon bei oder gleich nach der vorausgegangenen Teilung, so daß ein großer Teil, manchmal fast alle vegetativen Individuen, zwei Geißelfibrillen aufweisen, die durch eine Plasmalamelle verbunden sind, während sich teilende Individuen vielfach vier Geißeln besitzen. Diese Formen sind als *Herpetomonas*-Arten bezeichnet worden (Prowazek); als bekannteste Art sei die Leptomonade aus der Stubenfliege, *Leptomonas* (*Herpetomonas*) *muscae-domesticae* angeführt (Abb. 165). Ob die Fähigkeit zu frühzeitiger Neubildung der Geißeln für manche Arten so weit spezifisch ist, daß sie als Gattungsmerkmal gelten kann, ist nach dem bisher vorliegenden Untersuchungen noch nicht endgültig zu entscheiden aber sehr wahrscheinlich.

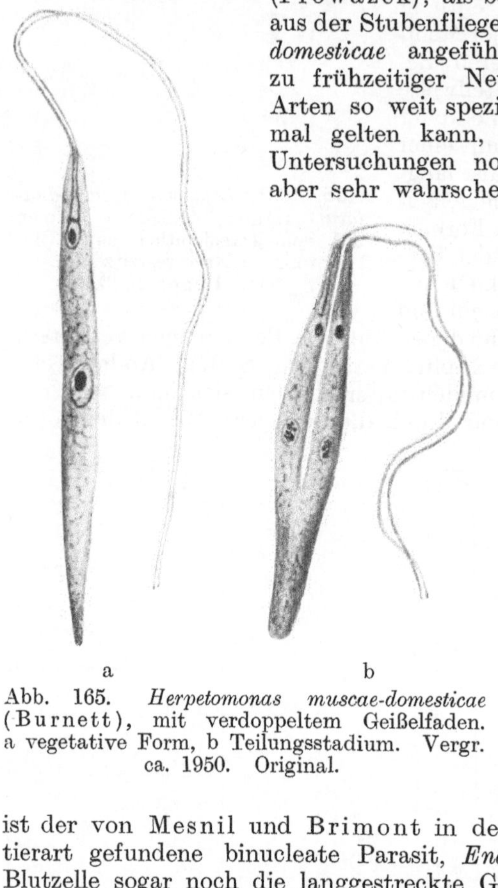

Wie schon erwähnt, kommen schon bei der Gattung *Leptomonas* gelegentlich Formzustände mit rückgebildeter Geißel, verbunden mit beträchtlicher Verkürzung der Gestalt vor und die Gattung *Leishmania* tritt im Wirbeltierkörper nur noch in diesem Zustande auf (s. S. 242, Abb. 204). Die Gattung *Schizotrypanum* erscheint in dieser Beziehung gewissermaßen als ein Zwischenglied zwischen *Trypanosoma* und *Leishmania*, indem sie zwar im Blutserum als typisches Flagellat auftritt, die Vermehrung aber in geißellosem Zustand innerhalb von Endothel- und anderen Zellen meist in ähnlicher Weise wie *Leishmania* vor sich geht (Abb. 166, und auch S. 236 u. 237, Abb. 200 u. 201).

Abb. 165. *Herpetomonas muscae-domesticae* (Burnett), mit verdoppeltem Geißelfaden. a vegetative Form, b Teilungsstadium. Vergr. ca. 1950. Original.

Eine weitere Zwischenform ist der von Mesnil und Brimont in den roten Blutkörperchen einer Faultierart gefundene binucleate Parasit, *Endotrypanum schaudinni*, der in der Blutzelle sogar noch die langgestreckte Gestalt eines Trypanosoma mit deutlichem Geißelkern, jedoch ohne Geißel zeigt. (S. auch S. 254, Abb. 209.) Leider ist über die Entwickelung dieser Form nichts weiter bekannt.

Die Vermehrung der meisten Trypanosomiden vollzieht sich noch vorwiegend oder ausschließlich durch Längsteilung wie bei den typischen Flagellaten. Aber schon bei manchen Trypanosoma-Arten tritt gelegentlich eine Neigung zu multipler Teilung zutage und bei *Trypanosoma lewisi* ist letztere bei Beginn der Infektion sogar die Regel (s. Abb. 73, S. 57). Bei *Schizotrypanum* ist die Vermehrung im Wirbeltier stets eine vielfache in geißellosem Zustande, und zwar entweder eine fortgesetzte Längsteilung (Abb. 201, S. 237) oder eine multiple Zerfallsteilung (Abb. 166 b—d), also in dieser Beziehung teilweise schon ganz nach Art der sog. Sporozoen. Bei der multiplen Zerfallsteilung (Schizogonie) kommen neben Formen mit Geißelkernen (wie bei der

Schizogonie von *Tryp. lewisi*) auch solche o h n e Geißelkerne vor (Abb. 166 d). Bei der in bezug auf Geißelrückbildung dagegen noch weiter abgeänderten Gattung *Leishmania* scheint die Längsteilung bei den intracellulären Formen noch ganz beibehalten zu sein.

Die Ü b e r t r a g u n g der echten *Leptomonas-* und *Crithidia*-Arten auf einen neuen Wirt geschieht durch kleine längliche Cysten (Abb. 162 c), selten ist

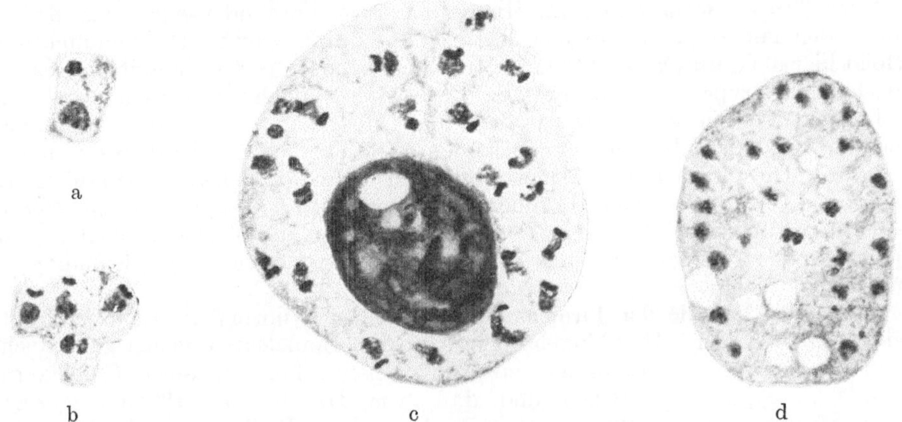

Abb. 166. *Schizotrypanum cruzi* C h a g a s. Multiple Teilungen aus den Lungenkapillaren eines Meerschweinchens. teilweise in Endothelzellen. a, b u. c Formen mit, d solche ohne Geißelkern. Vergr. ca. 1950. Original.

auch eine Weiterverbreitung durch germinale Infektion beobachtet. Beobachtungen von B e r l i n e r an den Cysten von *Leptomonas jaculum* lassen an die Möglichkeit denken, daß in den Cysten eine autogame Befruchtung statthat. Bei den im Blute lebenden Trypanosomiden sind bisher Befruchtungs-

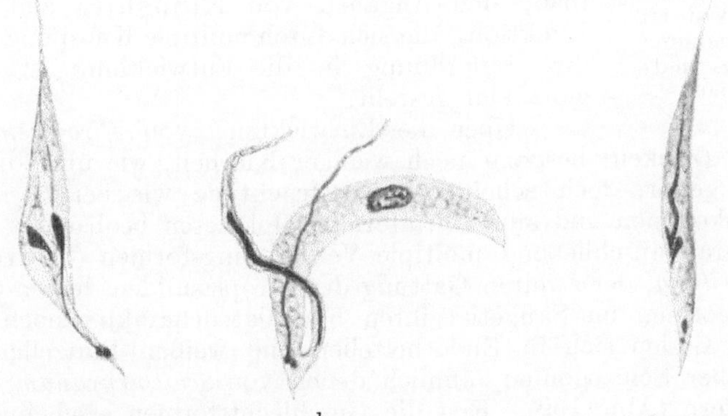

Abb. 167. *Trypanosoma lewisi* K e n t. a sog. männliche Form, b u. c Copulationsstadien (?). Nach v. P r o w a z e k 1905.

vorgänge noch nicht mit Sicherheit erwiesen, wenn auch manche Beobachtungen für ihr Vorkommen sprechen. So treten vor allem im Überträger große plumpe Formen mit den Kennzeichen weiblicher Zellen (reservestoffhaltiges Plasma) und sehr schlanke, mit denen männlicher Zellen (starker Geißelapparat, wenig und klares Plasma) auf. Auch haben P r o w a z e k und später **Baldrey** vereinzelte Verschmelzungsstadien solcher Formen bei *Tryp. lewisi* in der Rattenlaus gefunden (Abb. 167), deren Deutung als Copulationsstadien allerdings wegen der Seltenheit in Zweifel gezogen wird. Vielfach hat man auch aus dem Umstande, daß die Überträger der Trypanosomen, wenn sie an einem infizierten Tiere gesogen haben, zunächst eine nichtinfektiöse Periode durchmachen, geschlossen, daß während dieser Zeit im Überträger eine besondere geschlechtliche Entwicklung stattfinde. **Nöller** wies aber nach, daß das *Trypanosoma lewisi* im Hundefloh trotz Vorhandenseins einer nichtinfektiösen Periode keine sexuelle Entwicklung durch macht. Die Neuinfektion erfolgt hier nicht durch den Stich des Insektes, sondern durch die mit den Fäces abgehenden Trypanosomen, die von der Ratte aufgeleckt werden; und die nichtinfektiöse Periode kommt daher, daß die Zeit zwischen der Aufnahme und der Wiederabgabe der Trypanosomen 4—5 Tage beträgt (Näheres s. unten S. 176). Die gleichen Verhältnisse scheinen bei *Schizotrypanum* vorzuliegen; dagegen geschieht die Übertragung von *Trypanosoma brucei* und *gambiense* durch den Stich der infizierten Glossinen, bei denen die Trypanosomen in die Speicheldrüsen eindringen nach vorausgegangener Entwicklung (Sexualität ?) im Darm.

Bei der **Familie der Piroplasmiden** finden sich normalerweise überhaupt keine Geißelformen. Ihre Zugehörigkeit zu den Binucleaten zeigen sie jedoch dadurch, daß die meisten Formen einen Geißelkern besitzen und daß, wie **Breinl** und **Hindle** gezeigt haben, sogar unter besonderen Bedingungen *Leptomonas*-artige Flagellatenstadien auftreten können (Abb. 168). Die Gattung *Piroplasma* parasitiert und vermehrt sich im Säugetier ausschließlich in resp. auf Erythrocyten und erscheint vorwiegend in birnförmiger Gestalt, die etwa geißellosen Leptomonaden oder Leishmanien gleicht, und sich auch noch vorwiegend nach Art dieser Flagellaten durch Längsteilung vermehrt. Daneben kommen auch noch amöboide, runde, ringförmige Stadien vor (nach den Angaben von **Kinoshita** zu Beginn der Infektion), die sich durch multiple Knospung vermehren; ihre Einordnung in die Entwicklung ist noch nicht ganz klar gestellt.

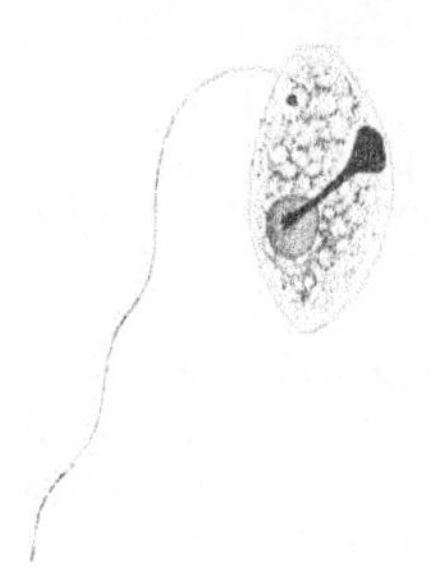

Abb. 168. *Piroplasma canis* Galli Valerio. Flagellatenstadium. Nach Breinl und Hindle 1908.

Über die Entwicklung von *Piroplasma* in dem Zwischenwirt (Zecken) herrscht noch weniger Klarheit, wie über die Entwicklung im Säugetier, doch scheint eine Befruchtung wie bei *Theileria* (siehe unten) vorzukommen und sind wurmförmige Ookineten beobachtet (Abb. 170); außerdem daran anschließend multiple Vermehrungsformen (Sporogonie).

Bei *Theileria*, der zweiten Gattung der Piroplasmiden, haben die agamen Vermehrungsformen im Säugetier ihren Flagellatencharakter noch mehr eingebüßt. Sie finden sich in Endothelzellen und weißen Blutzellen der Milz, in Form großer Schizogonien, ähnlich denen von *Schizotrypanum*, doch stets ohne Geißelkern (Abb. 169). Erst die Geschlechtsformen erscheinen im Blut. Sie besitzen einen Geißelkern wie *Piroplasma*. Aus dem Zwischenwirt ist die Copulation der gering anisogamen birnförmigen Gameten mit anschließender Ookinetenbildung von **Gonder** beschrieben (Abb. 170).

Die **Familie der Halteridiidae** stellen wieder in anderer Weise ein Bindeglied zwischen Trypanosomen und Plasmodiden, den beiden Extremen der Binucleatenreihe dar. Nach **Schaudinns** stark angezweifelten, aber in ihren wichtigsten Punkten bestätigten Untersuchungen kommen im Leben dieser Parasiten freie Trypanosomenstadien und unbewegliche endoglobuläre Stadien vor, die aber meist noch einen Geißelkern besitzen. Letztere sind die charakteristischen, extrem sexuell differenzierten Geschlechtsformen im Vogelblut, die

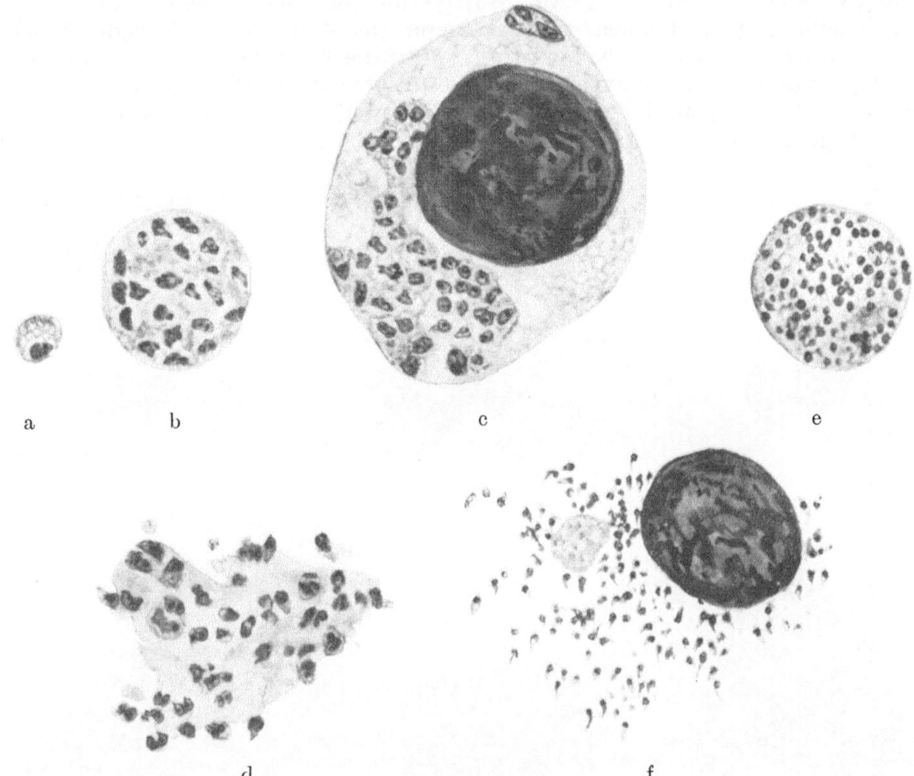

Abb. 169. *Theileria parva* Franca. a—d Schizogonie, a junger einkerniger Schizont, b freier kugeliger Schizont, c desgl. innerhalb einer Endothelzelle, d Schizogonie, e u. f letzte Schizogonie mit kleinen kompakten Kernen, die die Gametocyten liefern. Vergr. ca. 2600. Nach G o n d e r 1911.

durch ihre Hantelform den Parasiten ihren Namen gegeben haben. Sie bilden wie die Malariaparasiten Pigment. Im Überträger findet die Reifung der Macrogametocyten, die Bildung der Microgameten und die Befruchtung mit an-

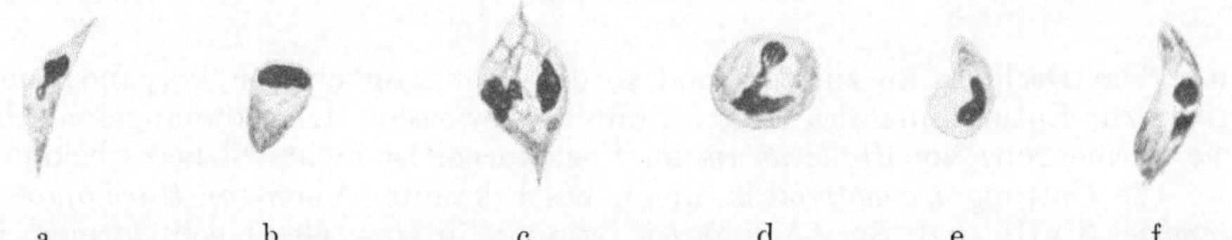

Abb. 170. Gameten und Copulation von *Theileria parva*. a Microgametocyt, b Macrogametocyt, c, d Copulation, e kugelige Zygote, f Bildung des Ookineten. Vergr. ca. 2600. Nach G o n d e r 1911.

schließender Ookinetenbildung statt (s. S. 73, Abb. 87 u. 88). Die Microgameten besitzen den Bau von feinen Trypanosomen mit langgestrecktem Haupt- und Geißelkern und Saumgeißel.

Bei der Gattung *Halteridium* wandeln sich nun die Ookineten, wie Schaudinn im lebenden Präparat beobachtet hat, in trypanosomenartige Flagellaten um (Näheres s. S. 16 u. 33, Abb. 13), vermehren sich in dieser Form durch Längsteilung und können nach längerer nichtinfektiöser Periode frische Vögel infizieren. Mayer hat bei *Halt. syrini* die Umwandlung der Halteridien in Trypanosomenformen experimentell bestätigt, indem es ihm gelang, aus ganz geringen Blutmengen, die er vorher mikroskopisch auf das Fehlen von Trypanosomen genau geprüft hatte, Flagellaten sowohl auf Blutagar als auch direkt

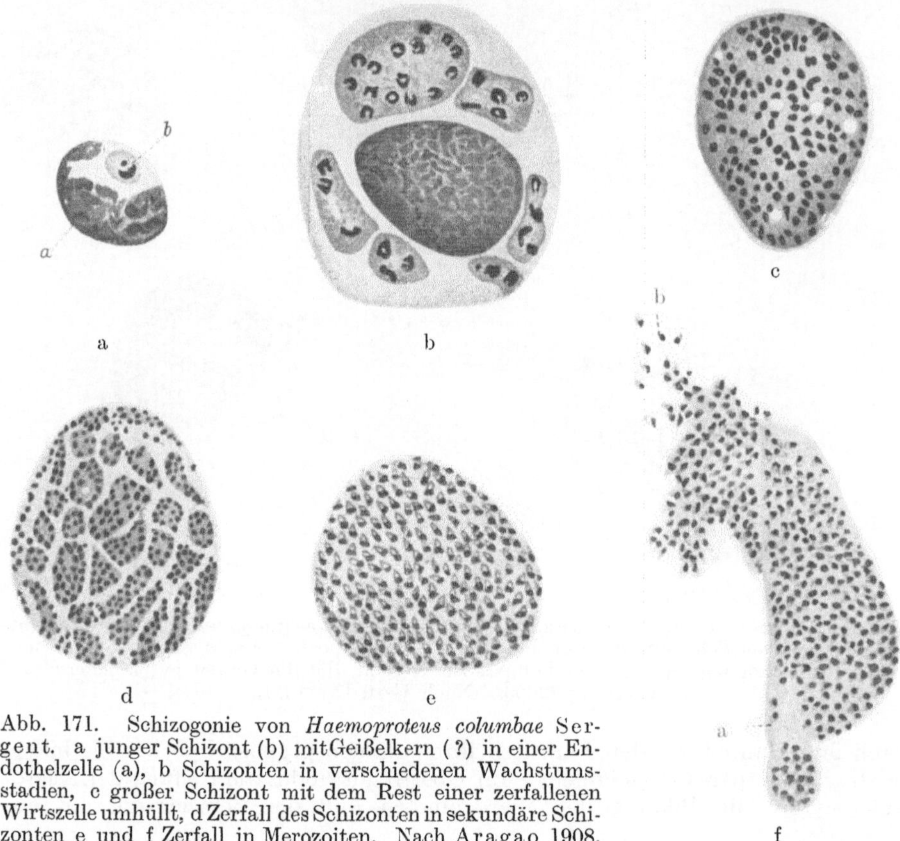

Abb. 171.   Schizogonie von *Haemoproteus columbae* Sergent. a junger Schizont (b) mit Geißelkern (?) in einer Endothelzelle (a), b Schizonten in verschiedenen Wachstumsstadien, c großer Schizont mit dem Rest einer zerfallenen Wirtszelle umhüllt, d Zerfall des Schizonten in sekundäre Schizonten e und f Zerfall in Merozoiten. Nach Aragao 1908.

unter dem Deckglas zu züchten und so die Zugehörigkeit der Trypanosomenformen zur Entwicklung des Halteridiums zu beweisen. Über die ungeschlechtliche Vermehrung von *Halteridium* im Vogelkörper ist nichts Sicheres bekannt.

Die Gattung *Haemoproteus*, deren bestbekannter Vertreter *Haemoproteus columbae* (Celli und Sanfelice) ist, stimmt in den Geschlechtsformen im Taubenblut und deren Befruchtung in der Diptere *Lynchia* ganz mit der Gattung *Halteridium* überein. Mit der Ookinetenbildung soll jedoch die Entwicklung im Überträger abgeschlossen sein und der Ookinet nach Abstoßung des Pigments direkt durch den Stich der *Lynchia* in die Blutbahn junger Tauben gelangen[1]).

---

[1]) Adie hat in einer erst während des Druckes bekannt gewordenen Arbeit echte Sporogonie nach Art der Plasmodiden für *Haemoproteus* nachgewiesen.

Etwa 14 Tage nach dem Stich kommt es in mononucleären Leukocyten (oder Endothelien) an der Wand von Lungengefäßen zu Schizogonien, die in den stark hypertrophischen Wirtszellen bis 60 μ große Cysten mit Merozoiten ergeben (Abb. 171). Durch Platzen der Cysten findet dann eine Überschwemmung des Blutes mit diesen kleinen Formen statt, die sich in Erythrocyten festsetzen und dort wieder zu Gameten heranwachsen. Diese Schizogonien gleichen ganz denen von *Theileria* und *Schizotrypanum* (vgl. auch Abb. 106, S. 95).

Die **Familie der Leukocytozoidae** (wie die vorige Vogelparasiten), bei der nach Schaudinn gleichfalls ein Wechsel zwischen Trypanosomen- und sog. Sporozoenformen vorkommt, ist zunächst durch ihre Geschlechtsgeneration gekennzeichnet, die kein Pigment enthält und sich nicht in Erythrocyten, sondern in kernhaltigen Erythroblasten findet, die meist eine merkwürdige spindelförmige Gestalt aufweisen.

Organisation der Geschlechtsformen und die Befruchtung (mit Ausnahme der größeren Zahl (16) von Microgameten) stimmt im übrigen mit der der Halteridien überein (Abb. 172). Im Gegensatz zu letzteren wandelt sich aber der Ookinet im Überträger (bei *L. ziemanni Culex*-Arten) nicht direkt in ein Flagellatenstadium, sondern wächst unter starker Kernvermehrung zu einem vielfach gewundenen Schlauch heran und bildet unter Zurücklassung eines großen Restkörpers zahlreiche kleine, sehr schlanke Trypanosomen (Abb. 173). Hier kommt es also wie bei

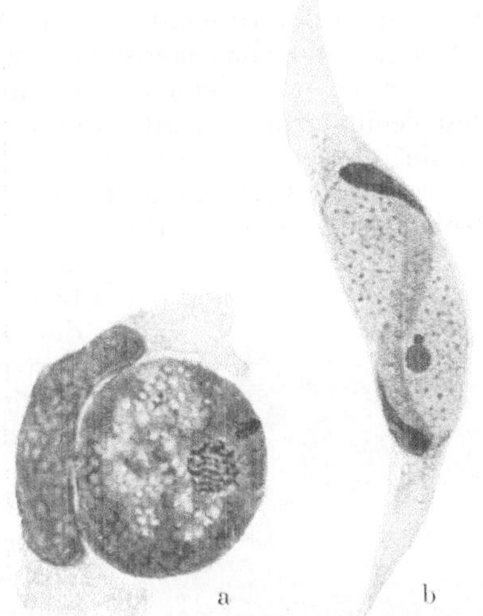

Abb. 172. *Leukocytozoon ziemanni* Schaudinn. a Macrogametocyt, b Microgametocyt. Original aus dem Nachlaß von F. Schaudinn.

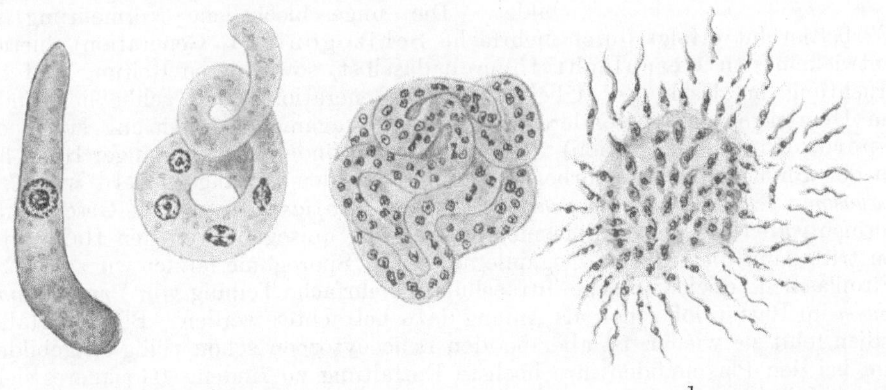

Abb. 173. Sporogonie von *Leucocytozoon ziemanni* Schaudinn. Nach Schaudinn 1904.

den Piroplasmen zu einer metagamen multiplen Vermehrung, einer Sporogonie. Nach Durchbohrung der Darmwand gelangen die kleinen Flagellaten beim Stechakt wieder ins Vogelblut. Schaudinns Annahme über den Wechsel von Trypanosomenformen und endoglobulären im Blut besteht wohl nicht zu Recht, desgleichen seine Angaben über die Vermehrung im Vogelkörper. Letztere vollzieht sich nach neueren Angaben (Fantham) in Form von Schizogonie.

Auch die angeführten Beobachtungen Schaudinns über die Entwicklung in der Mücke sind bisher nicht bestätigt. Es wurde zwar eine Züchtung von Flagellaten aus Leucocytozoonblut mehrfach beobachtet, aber die Versuche sind insofern nicht ganz beweisend, als in diesen Fällen eine Mischinfektion mit echten Vogeltrypanosomen nicht mit genügender Sicherheit ausgeschlossen war. Auch das vielfach bestätigte Vorkommen eines Kinetonucleus bei den Geschlechtsformen wird neuerdings von Reichenow und Woodcook in Zweifel gezogen, indem sie die betreffenden Gebilde nur für aus dem Kern ausgestoßene Caryosome halten, eine Ansicht, für die jedoch keine sichere Beobachtung angeführt werden kann, während sehr triftige Gründe für die echte Kinetonucleusnatur sprechen, am eindringlichsten seine Beteiligung bei der Geißelbildung der Microgameten. Die von denselben Autoren vertretene Hämogregarinennatur der Leucocytozoen scheint uns daher zurzeit immer noch weniger begründet als die Binucleatennatur.

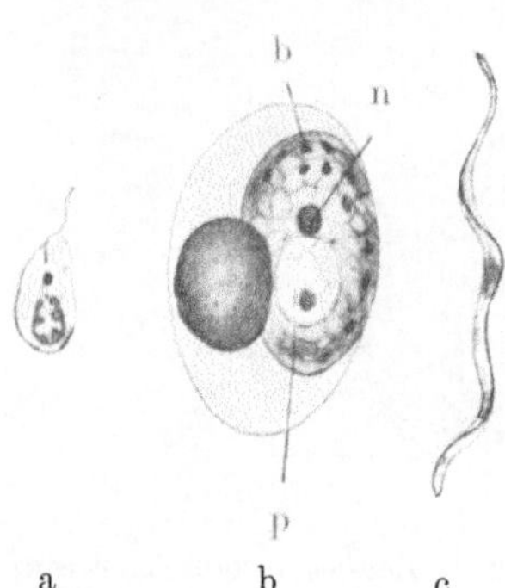

Abb. 174. *Proteosoma praecox.* a Merozoit mit Geißel; b Macrogametocyt mit Geißelkern (b Geißelkern, n Kern, p Pigment); c Microgamet mit Kinetonucleus und undulierender Membran. Vergr. ca. 2600. Nach Hartmann 1907.

Die **Familie der Plasmodiden** bilden die letzte Stufe in der geschilderten Entwicklungsreihe der Binucleaten. Bei ihnen kommen in der Regel mit Ausnahme der Microgameten keine Flagellatenstadien mehr vor. Nur konnten gelegentlich bei den Merozoiten von *Proteosoma* unter abnormen Verhältnissen, ähnlich wie bei *Piroplasma*, Crithidiaformen beobachtet werden (Abb. 174). Bei der Gattung *Proteosoma* ist auch meist noch der Geißelkern vorhanden, während er sich bei der Gattung *Plasmodium* nur vereinzelt findet. Der dreifache, mit Wirtswechsel verbundene Generationswechsel, also die sog. Sporozoenentwicklung, ist dagegen bei ihnen am augenfälligsten ausgebildet. Die ungeschlechtliche Vermehrung im Wirbeltierblut erfolgt durch mehrfache Schizogonie (1. Generation), hierauf entwickeln sich Geschlechtsformen daselbst, sowie deren Reifung und Befruchtung im Darm des Überträgers (2. Generation), und schließlich findet im Überträger eine besondere Art multipler agamer Vermehrung statt, die Sporogonie (3. Generation). Die Schizogonie finden wir von langer Hand her in der Binucleatenreihe vorbereitet, schon bei den Anfangsgliedern wie *Trypanosoma lewisi*, dann bei *Schizotrypanum*, *Piroplasma* usw. Die Geschlechtsformen waren bei den Piroplasmen noch gering anisogam, von den Halteridien an tritt dann die extreme Oogamie auf. Die Sporogonie fanden wir zuerst bei Piroplasmen; doch kann die intracelluläre mehrfache Teilung von *Trypanosoma lewisi* im Rattenfloh schon als Anfang dazu betrachtet werden. Bei den Halteridien fehlt sie wieder, ist aber bei den Leucocytozoen schon völlig ausgebildet, um bei den Plasmodiden ihre höchste Entfaltung zu finden. (Genaueres siehe Kap. Malaria.)

B. Die pathogenen Trypanosomen und die Trypanosen.

1. Allgemeines.

Im Jahre 1841 hat Valentin (Bern) im Blute der Forelle einen lebhaft beweglichen Organismus beobachtet und beschrieben. Zwei Jahre später gab Gruby einem ähnlichen Parasiten im Froschblute den Namen „*Trypanosoma*" (*τὸ τρύπανον* der Bohrer). Erst im Jahre 1880 wurde von Evans in Indien ein Trypanosoma, das nach seinem Entdecker benannt wurde, als Erreger der „Surra"-Krankheit erkannt. Lewis fand im Blut der Hausratte 1884 das nicht pathogene *Tryp. lewisi*, ferner Bruce 1894 den Erreger der Nagana, *Tryp. brucei*. Darauf folgte Rouget mit der Entdeckung des Erregers der Dourine, *Tryp. equiperdum*, 1901 Elmassian mit der des *Tryp. equinum*, welches das sog. Mal de cadéras in Südamerika verursacht. Im gleichen Jahre fand Dutton im Blut eines am Gambiaflusse (Westafrika) erkrankten Europäers ein Trypanosoma, das deshalb *Tryp. gambiense* genannt wurde. Die neueste Entdeckung ist die von Chagas, der 1908 einen den Trypanosomen nahe verwandten Flagellaten als den Erreger einer fieberhaften Krankheit in Brasilien erkannte und ihm als *Schizotrypanum cruzi* eine Sonderstellung im System anwies. Bruce hat schon in seiner ersten Arbeit 1895 die ätiologische Rolle der „Tsetsefliege", *Glossina morsitans*, bei der Übertragung des *Tryp. brucei* dargetan. Die Entwickelungsformen in der *Glossina (palpalis)* wurden zuerst von Koch als solche erkannt, ihre ätiologische Bedeutung experimentell zu beweisen blieb Kleine (1909) vorbehalten.

Die pathogenen Trypanosomen sind eine formenarme Gruppe der Protozoën; wir kennen nur Flagellatenstadien von ihnen. Im Blute des Wirtstieres sind nur Formen eines Typus zu beobachten, wie er schematisch in Abb. 175 wiedergegeben ist. Der Körper eines Trypanosoma besteht aus einem ungefähr spindelförmigen Plasmateil, der bei den meisten Formen etwas abgeplattet ist. In ihm liegt der Hauptkern (Trophonucleus) annähernd zentral; er ist ein bläschenförmiges Gebilde mit großem Caryosom; das Außenchromatin ist nicht immer stark entwickelt. Der Blepharoplast ist nahe dem einen Ende gelegen; von ihm geht ein kräftiger Faden aus, der die Hüllschicht des Körpers (Periplast) zu einer faltigen Lamelle ausgezogen hat, die wie eine Flosse an einer Seite des Körpers entlangläuft. Von einem feinen Plasmastreifen begleitet, überragt dieser „Randfaden" das zugespitzte andere Ende der Körperspindel oft um ein beträchtliches. Dieses Ende wird als das vordere bezeichnet. Eine sexuelle Differenzierung ist mit Sicherheit nicht zu erkennen. Auch fehlt uns noch der unzweideutige Nachweis der Befruchtung, da die von Prowazek beschriebenen Copulationsstadien noch lückenhaft sind und nur an fixierten Präparaten beobachtet wurden. Sexuelle Differenzen scheinen an den Trypanosomen erst dann aufzutreten, wenn diese in den Darmkanal der zur Übertragung geeigneten Insekten gelangen. Doch fehlt auch hier noch der exakte Nachweis einer Copulation, welche erst die sexuelle Natur jener morphologischen Differenzierungen beweisen könnte. Näheres hierüber soll beim Abschnitt „Schlafkrankheit" beschrieben werden.

Salvin-Moore und Breinl haben das Schicksal der Trypanosomen während der Perioden verfolgt, wo sie im Laufe der Infektion aus dem Blute verschwinden. Sie sahen, daß auf der Höhe der Blutinfektion sich ein Chromatinband herausdifferenziert, das vom Blepharoplast zum Hauptkern hinzieht und später in Körnchen zerfällt. Die Autoren nehmen an, daß Blepharoplast und Hauptkern geschlechtlich verschiedene Kern-Individuen seien(?), und daß die Bildung des Verbindungsbandes einem sexuellen Akt gleichzusetzen sei (?).

Wenn die Blutformen der Trypanosomen abnehmen, so soll in der Nähe des Trophonucleus eine Vakuole entstehen, die, wenn dann der Rest des Körpers zerfällt, zusammen mit dem Kern plus einem geringen Plasmarest, in der Milz, den Lungen und dem Knochenmark erhalten bleibt — „latent bodies". Man finde sie dort so lange, bis das Blut wieder Flagellaten aufweist. Dann teile sich das Caryosom des „latent body", ein Teilstück rücke aus dem Kern hinaus, das Protoplasma wachse an und aus dem neugebildeten Blepharoplast entstehe ein neues Flagellum. Fantham hat gerade diese letztere Phase bei *Tryp. gambiense* am lebenden Objekt beobachtet. Hindle betrachtet die „latent bodies" als Degenerationsformen und Verf. schließt sich dieser Auffassung an. Die Frage, ob im Körper des infizierten Tieres gleichfalls ein Entwickelungscyklus stattfinde, ist jedenfalls durch diese Beobachtungen noch nicht geklärt.

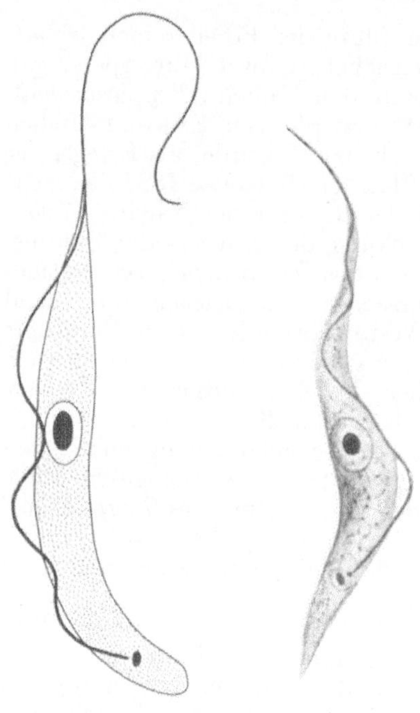

Abb. 175. a Schema eines *Trypanosoma*, b *Trypanosoma lewisi*, nach Heidenhain-Rosenbusch gefärbt. Vergr. ca. 2600. Orig.

Die Trypanosomen sind Blutplasmaparasiten. Ihre Wirkung auf das Wirbeltier muß also eine indirekte, durch gelöste Substanzen, die sie an das Plasma abgeben, vermittelte, sein. Bei den Trypanosomenerkrankungen treten zwei verschiedene Formen auf: eine akute, die in wenigen Tagen zum Tode führt (wir sehen sie hauptsächlich bei künstlicher Übertragung bei unseren Laboratoriumsstämmen) und eine subchronische bzw. chronische, wie sie meist bei Spontaninfektionen vorkommt. Dementsprechend müssen wir im ersten Falle eine sehr intensive Toxinbildung annehmen; im zweiten Falle dagegen treten nur geringe Mengen von Toxinen allmählich ins Blut über.

Die Trypanosomeninfektionen bei den größeren Tieren verlaufen in periodisch wiederkehrenden Anfällen. Hierbei entstehen einerseits Antikörper im Blut der Wirte, die, wie dies Mesnil, Ehrlich u. a. gezeigt haben, die Parasiten abtöten; andererseits werden die Parasiten gegen die Antikörper „fest", und nach je einem Anfalle entwickelt sich ein neuer Rezidivstamm. Da die Zahl der Möglichkeiten, solche Rezidivstämme zu bilden, bei den pathogenen Trypanosomen eine unbeschränkte zu sein scheint, so resultiert eine chronische Infektion, der der Körper schließlich erliegt.

Im **pathologisch-anatomischen** Befunde spricht sich dieser Charakter der chronischen Trypanosomeninfektion als einer allgemeinen Stoffwechselkrankheit dadurch aus, daß, abgesehen von Milztumor, keine konstante Erkrankung eines bestimmten Organs besonders hervortritt. Nur die allgemeine Anämie und Abmagerung ist stets zu finden.

Die akute Infektion verläuft so rasch, daß sich nur ein hochgradiger Milztumor, aber keine makroskopisch wahrnehmbaren Veränderungen ausbilden können.

Mikroskopisch findet sich bei allen Trypanosen eine Infiltration der perivaskulären Lymphscheiden mit Lymphocyten, und zwar in sämtlichen Organen (**Pettit**).

Eine Spontanheilung ist bei einer Infektion mit pathogenen Trypanosomen nur ganz ausnahmsweise beobachtet worden, vielleicht gehören die Versuche von **Laveran** und **Mesnil** mit Ziegen und Nagana etc. hierher. Möglicherweise versiegt die chronische Infektion beim freilebenden Wild (Nagana) gelegentlich gänzlich. Beim Rinde konnte jedoch **Koch** noch sechs Jahre nach der Infektion des anscheinend ganz gesunden Tieres Trypanosomen finden.

Die Unterscheidung der einzelnen Trypanosomenarten ist ein ebenso schwieriges wie praktisch wichtiges Problem. Durch die zahlreichen Neubenennungen, wie sie namentlich bei den französischen Autoren beliebt sind, ist eine heillose Verwirrung in die ganze Frage hineingekommen.

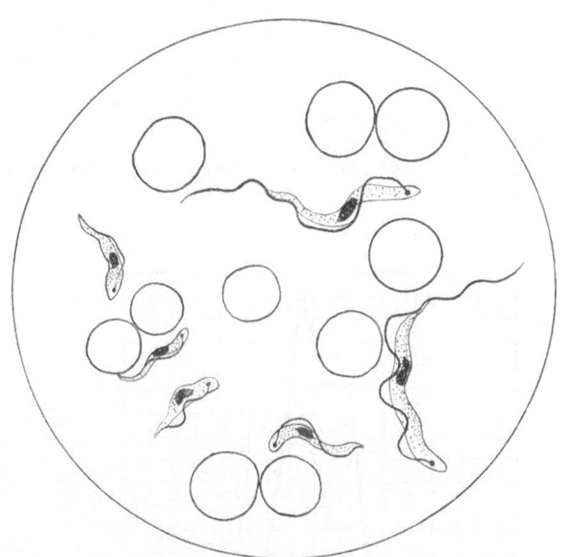

Abb. 176. Trypanosomen des Stammes „Togohengst" von **Martini**. Orig.

Als Unterscheidungsmerkmale können dienen:

1. Die **Morphologie** (Größe, Form, Länge der Geißel, Breite und Form der undulierenden Membran, Lage der Kerne usw.).

Eine für praktische Zwecke genügend genaue Methode der Messung ist die von **Bruce** angegebene: Blutausstriche werden nach einheitlicher Technik von spontan infizierten Tieren angefertigt, die Trypanosomen mit stets der gleichen Vergrößerung mit dem Zeichenapparat gezeichnet und ihre Längsachse wird mit dem Zirkel abgemessen. Durch Eintragen der Längenmaße und der Prozentzahlen dieser Maße unter den gezählten Exemplaren in ein Quadratnetz erhält man eine Kurve, die für die einzelnen Arten in der Tat recht charakteristisch zu sein scheint. Doch muß bemerkt werden, daß zur Zählung nur spontan infizierte Tiere verwendet werden sollen. Denn jeder, der mit pathogenen Trypanosomen viel gearbeitet hat wird beobachtet haben, daß die äußere Form der Parasiten aus unerklärten Gründen nicht selten in ziemlich beträchtlichen Grenzen schwankt.

Auf Grund solcher Messungen kann man feststellen, daß es monomorphe und polymorphe Trypanosomenarten gibt; zu den ersten gehören

Tryp. vivax (s. Abb. 176) und *Tryp. nanum* (s. Abb. 177); zu den letztgenannten *Tryp. brucei* (s. Abb. 178).

Sehr weitgehende Unterschiede hat Martini bei einem Nagana-Stamme am Togo ausgeprägt gefunden. Und Breinl konstatiert, daß von dem Stamm des von Dutton und Todd beschriebenen *Tryp. dimorphon* im Liverpoler Laboratorium im Laufe der Jahre nur die kurzen Formen mit kurzer Geißel

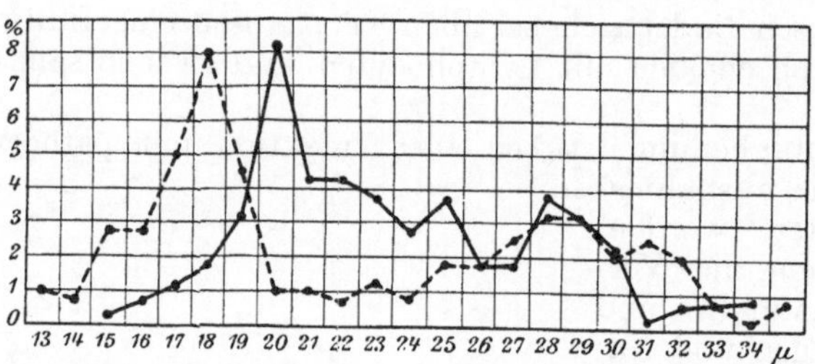

Abb. 177.   - - - - *Tryp. brucci* aus Zululand, Bruce 1894.
—— ,,   ,,   ,, Uganda,   ,,   1909.

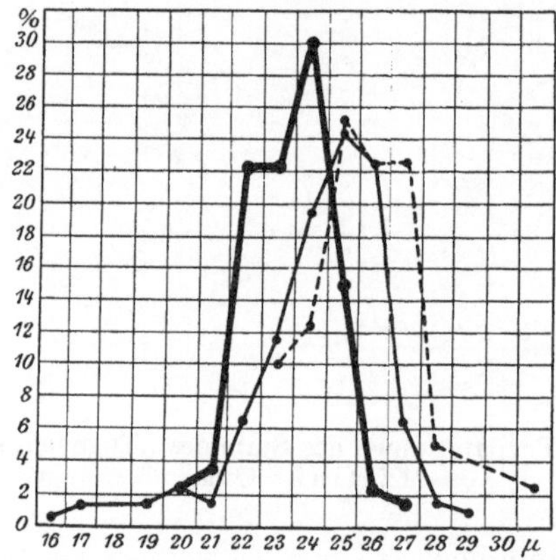

Abb. 178.   ━━━ *Tryp. vivax* Uganda 1903.
——   ,,   ,,   ,,   1909.
- - - -   ,,   ,, Kamerun 1903.

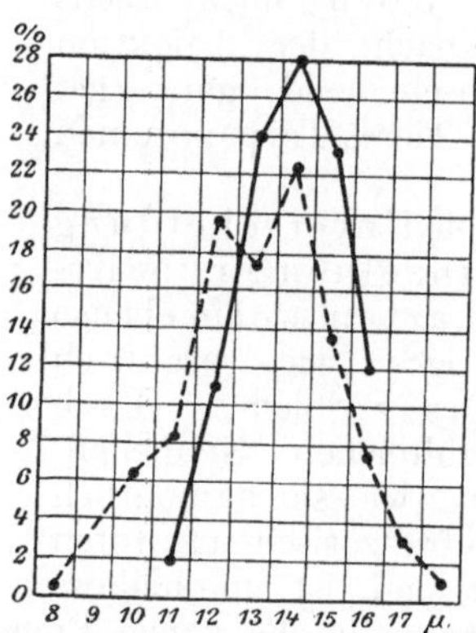

Abb. 179.   - - - - *Tryp. pecorum*
——   ,, *nanum*

Abb. 177—179. Kurven der Längsmaße verschiedener Trypanosomaarten.

übrig geblieben seien. Verfasser konnte solche Veränderungen bei einem Naganastamm von einem Tage zum andern beobachten.

Auch die Lage des Hauptkerns und des Blepharoplasten zueinander und innerhalb des Körpers sind nicht konstant: die sog. ,,*Rhodesiense*"-Formen, bei denen der Blepharoplast neben, ja geißelwärts vom Hauptkern liegt, kommen auch bei unzweifelhaften Nagana-Stämmen vor.

Die Gestalt etc. eines Trypanosomas kann also nur dann zur Abgrenzung einer Art verwendet werden, wenn die Maße eine unzweifelhafte Konstanz erkennen lassen.

Zu welch verhängnisvollen Irrtümern es führen kann, wenn man die Maaß-Methode allein zur Bestimmung von Trypanosomen-Stämmen bzw -Arten benutzt, werden wir noch auf S. 213 u. 214 sehen.

2. Ob eine ganz besonders große Beweglichkeit allein genügt, um darauf einen Art-Unterschied zu gründen, möchte ich bezweifeln. Solche Unterschiede habe ich z. B. bei ein und demselben Material in Togo beobachtet, je nachdem ich es auf Schafe und Kälber oder auf Ratten verimpfte.

3. Die Übertragbarkeit und Pathogenität für Tiere kann nur dann zur Charakterisierung einer Art herangezogen werden, wenn die Verimpfung unmittelbar von einem spontan infizierten Tiere aus erfolgt ist. Schon wenige Passagen durch andere Tierarten genügen, um die Pathogenität eines Trypanosomen-Stammes für eine bestimmte Tierart wesentlich zu ändern. So fand Bruce in Uganda beim Rinde ein Trypanosoma, das er *Tryp. pecorum* nannte und das sich vom Rinde aus nicht auf Meerschweinchen übertragen ließ; nachdem er aber dieses Trypanosoma durch den Organismus des Affen, der Ratte, des Rindes und der Ratte geschickt hatte, ging eine Impfung beim Meerschweinchen an. Verfasser hatte neuerdings Gelegenheit, einen alten Laboratoriumsstamm von *Tryp. brucei* durch *Glossina morsitans* hindurchzuschicken: die Virulenz dieses Stammes hat dadurch ganz wesentlich abgenommen. Den besten Beweis für den entscheidenden Einfluß der Tierpassagen hat Bruce beim *Tryp. simiae* geliefert: durch *Glossina morsitans* auf Affen übertragen, tötet dieses Trypanosoma die Tiere in durchschnittlich 10 Tagen; eine einzige Passage durch eine Ziege aber genügt, um diese Parasiten fast ganz ihrer Virulenz für Affen zu berauben. Stämme also, welche bereits lange wahllos im Laboratorium in kleinen Tieren fortgezüchtet werden, sind für die Beurteilung der Pathogenität nicht zu brauchen. Vielfach fehlen Angaben, ob dieser Einwand bei der Prüfung der Pathogenität richtig gewürdigt worden ist.

4. Immunitätsreaktionen hat Laveran in erster Linie zur Unterscheidung der Arten herangezogen. Er impfte Tiere (vor allem Ziegen), die von der Infektion mit einer bestimmten Trypanosomenart „geheilt" waren und auf Reinfektionen (wohl besser „Superinfektionen") nicht mehr reagierten, mit der zu prüfenden Trypanosomenart: erkrankte das Tier neuerdings, so war die Art eine neue; andernfalls war sie identisch mit der zur Immunisierung verwendeten Rasse. — Diese Methode ist nicht einwandfrei, u. a. deshalb, weil Laveran bisher versäumt hat, durch genügende Kontrollimpfungen (Knochenmark!) nachzuweisen, daß diese Tiere wirklich geheilt seien. Laveran hat seine Impfungen in Paris stets mit Trypanosomenrassen angestellt, die schon lange in Laboratoriumstieren fortgepflanzt und dadurch in weitgehender Weise in ihrer Pathogenität beeinflußt, vielleicht zu Rezidivstämmen geworden waren, die dann auf den gegen den Ausgangsstamm immunen Tieren angehen. Ich kann derartigen Versuchen keine Beweiskraft zuerkennen.

5. Auch die Immunität, welche nach Heilung einer Trypanosomeninfektion auf medikamentösem Wege auftritt, ist nicht so exakt spezifisch, daß sie eine Unterscheidung der Arten ermöglichte. Das gleiche gilt von anderen serologischen Methoden. Es wäre z. B. sehr wichtig, zu erfahren, ob *Tryp. gambiense*, direkt vom kranken Menschen abgeimpft, von normalem Menschenserum abgetötet wird, wie dies z. B. bei *Tryp. brucei* der Fall ist. Man müßte hierbei auf die Möglichkeit, daß ein Recidivstamm (s. S. 109 u. f.) vorliegt, Rücksicht nehmen.

6. Gewisse Trypanosomen kommen spontan nur bei ganz bestimmten Tierarten vor, z. B. *Tryp. gambiense* beim Menschen. Aber schon die Frage, ob ein beim Wild gefundenes Trypanosoma *Tryp. gambiense* sei, ist meines

Erachtens zurzeit mit absoluter Sicherheit nur durch den Versuch am Menschen bezw. mit Menschenserum zu entscheiden. Wenn man nämlich zu frischem Serum eines normalen Menschen (0,5 ccm) 2—3 Tropfen einer Aufschwemmung von *Tryp. brucei* zusetzt und einer Maus in die Bauchhöhle injiziert, so geht die Infektion nicht oder nur sehr verspätet an; *Tryp. gambiense* aber wird nicht in dieser Weise beeinflusst.

7. Gewisse Trypanosomen kommen in geographisch abgegrenzten Gebieten vor, bei Pferden z. B. ist in Südamerika bisher nur *Tryp. equinum*, in Europa nur *Tryp. equiperdum* beobachtet worden; aber das letztere existiert z. B. auch in Nordafrika und Kanada.

8. Eine ziemlich scharfe Abgrenzung ermöglicht die Feststellung, wie die Übertragung einer Trypanosomenart für gewöhnlich erfolgt. Das *Trypanosoma equiperdum* wird durch den Deckakt übertragen. Für *Tryp. evansi*, das im übrigen mit *Tryp. brucei* weitgehendste Ähnlichkeiten aufweist, kommen Glossinen als Überträger nicht in Betracht, da solche in Indien fehlen. Aber *Tryp. gambiense* z. B. wird sowohl durch *Glossina palpalis* als durch *Gl. morsitans* übertragen.

Es scheint, als ob verschiedene Trypanosomenarten sich auch in verschiedenen Teilen des Leibes der Glossinen entwickeln. Darnach sind, je nach den aufeinanderfolgenden Lokalisationen, folgende Gruppen zu trennen:

1. Entwickelung im Darm — (? Cölom) — Speicheldrüse: *Tryp. gambiense* und *brucei*;
2. Entwickelung im Darm — Röhre des Labiums — Hypopharynx: (nicht in der Speicheldrüse): *Tryp. nanum* (= *congolense* u. *pecorum*) und *simiae*;
3. Entwickelung nur im Labium — Hypopharynx (*Crithidia*-Stadien): *Tryp. vivax* (= *cazalboui*).

Nach meiner Auffassung ist es also bisher noch nicht gelungen, für eine ganze Anzahl von Trypanosomenformen sicher unterscheidende Merkmale zu finden. Im folgenden sollen zuerst die sicher zu trennenden Arten ausgeschieden werden.

1. Nicht pathogene Arten:
   a) bei kleinen Tieren (hier nicht von Bedeutung);
   b) bei Rindern: *Tryp. theileri* (Bruce) (hierzu *Tryp. americanum* und *franki* und wahrscheinlich *Tryp. ingens* [Bruce, Uganda]).
2. Pathogene Arten:
   a) *Tryp. evansi* (Steel 1885.) Erreger der Surra in Indien. Evans 1880; Überträger nicht bekannt. Pathogen für fast alle Säugetiere.
   b) *Tryp. brucei* (Plimmer und Bradford 1899): Erreger der Nagana im Zululand, Bruce 1895. Für alle Säugetiere pathogen. Wird durch Glossinen *(morsitans)* übertragen. Wird durch menschliches Normalserum seiner Infektiosität beraubt, was bei den übrigen Trypanosomen nicht der Fall ist. Diesem sehr nahe verwandt und nur ungenügend von ihm zu differenzieren sind:

   Tryp. pecaudi, Tryp. dimorphon, Tryp. congolense, Tryp. uniforme.

   Diese Typen sind meines Erachtens Modifikationen einer Art, durch Überträger, Wirtstiere und lokale Einflüsse abgeändert.

c) *Tryp. nanum*, (Laveran 1905) das nur 12—16μ lang ist (identisch mit *Tryp. pecorum* und ? *congolense*), bei Rindern in Ostafrika; angeblich nicht auf kleine Versuchstiere zu übertragen; natürlich arsenfeste Stämme scheinen häufig vorzukommen.

d) *Tryp. equinum* (Voges 1901), kommt nur bei Pferden in Südamerika vor; hat einen sehr schwach entwickelten Blepharoplast.

e) *Tryp. equiperdum* (Doflein 1901) nur bei Pferden; wird durch den Deckakt übertragen.

f) *Tryp. gambiense* (Dutton 1902), bisher spontan nur beim Menschen gefunden; die Unterscheidung von anderen Tier-Trypanosomen ist sehr schwierig. Übertragung durch *Glossina palpalis* (und *morsitans*).
   Tryp. rhodesiense, (Stephens und Fantham 1910), bisher nur in Rhodesia und Nyassaland beim Menschen gefunden. Charakteristisch durch die Lage der Blepharoplasten nahe oder selbst hinter dem Hauptkern und durch hohe Virulenz für Tiere. Wird durch *Glossina morsitans* übertragen.

g) *Tryp. vivax* (Ziemann 1905) = *cazalboui*, bei Pferden und Rindern; auf kleine Versuchstiere, Affen und Hunde angeblich nicht übertragbar. Entwickelung in *Glossina palpalis* nur auf den Stechrüssel beschränkt.

Als **Überträger** der Trypanosomen Zentralafrikas kommen in erster Linie Angehörige der Gattung *Glossina* in Betracht. Ihr Verbreitungsgebiet reicht von Natal im S.-O. bis nach Senegambien im N.-W. und am Nil etwa bis zum 7.° n. Br. hinauf; doch ist natürlich das Vorkommen der einzelnen Arten innerhalb dieses Gebietes sehr ungleich.

Die Gattung *Glossina* gehört zur Familie der Musciden (Ordnung: Dipteren). Sie enthält 15 Arten, deren Erkennung durch folgenden Schlüssel erleichtert wird:

I. Tarsen (5 Endglieder) der Hinterbeine schwarzbraun: 1. *Glossina-palpalis*-Gruppe.

II. Letzte zwei Glieder der Hintertarsen dunkel, die drei ersten Glieder hell.

   A. Abdomen deutlich gebändert: 2. *Glossina-morsitans*-Gruppe.

   B. Abdomen mit verwaschener Zeichnung:

   a) Flügel dunkel geädert, Palpen lang und schlank: 3. *Glossina fusca*-Gruppe.

   b) Flügel hell, Palpen kurz: 4. *Glossina-brevipalpis*-Gruppe.

   I. *Glossina palpalis*-Gruppe:
   Gl. palpalis
   Gl. fuscipes (nur 1 Exemplar bekannt, von der Nil-Provinz Uganda),
   Gl. caliginea (nur in Süd-Nigeria),
   Gl. pallicera (nur in Westafrika; 3. Glied der Antenne dunkel, stark behaart),
   Gl. tachinoides (sehr klein, Zeichnung der Bänder des Abdomens sehr scharf).
   II. *Glossina morsitans*-Gruppe:
   Gl. morsitans (helle Streifen auf den Abdominalsegmenten breit),
   Gl. pallidipes (helle Streifen auf den Hinterleibsringen schmal, Tarsen des vordersten Beinpaares hell),
   Gl. longipalpis (wie *pallidipes*, nur sind die 5. und 6. Tarsenglieder des vorderen und mittleren Beinpaares dunkelbraun.

III. *Glossina fusca*-Gruppe. Große, dunkel gefärbte Fliegen, Spannweite der Flügel bis 26 mm.

Hierzu: *Gl. fusca* (über ganz Zentralafrika), *nigrofusca* (Westafrika, sehr selten), *tabaniformis* (vielleicht mit *fusca* identisch), *fuscipleuris* (1 Exemplar vom Kongo).

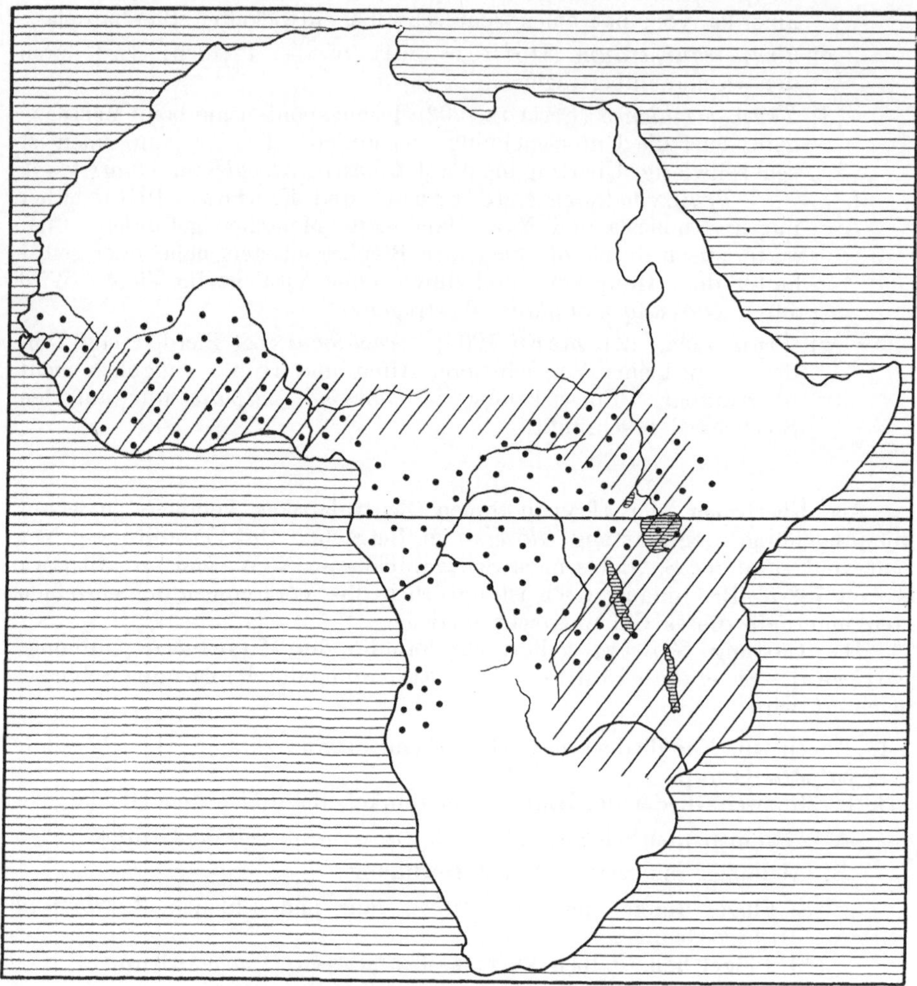

Abb. 180. Verbreitungsgebiete der Glossinen.

IV. *Glossina brevipalpis*-Gruppe, große, hellgelbe Fliegen.
Gl. longipennis (vier dunkle Flecke auf dem Rücken),
Gl. brevipalpis (Süd- und Ostafrika),
Gl. medicorum (Westsudan).

Die äußere Gestalt der kleineren Glossinenarten ist im ganzen der einer Stubenfliege sehr ähnlich. Der Stechrüssel, an den sich die Palpen anlegen, ist gerade nach vorne gerichtet. Die Antennen sind gefiedert wie bei einem Maikäfer. Die Augen schließen die sog. Stirn ein, auf deren Oberseite (Scheitel) 3 sog. Ocellen sitzen. Der 'Rücken trägt eine fleckige Zeichnung, die bei den einzelnen Individuen der gleichen Art beträchtlich schwanken kann. Das Männchen zeigt am 7. Segment

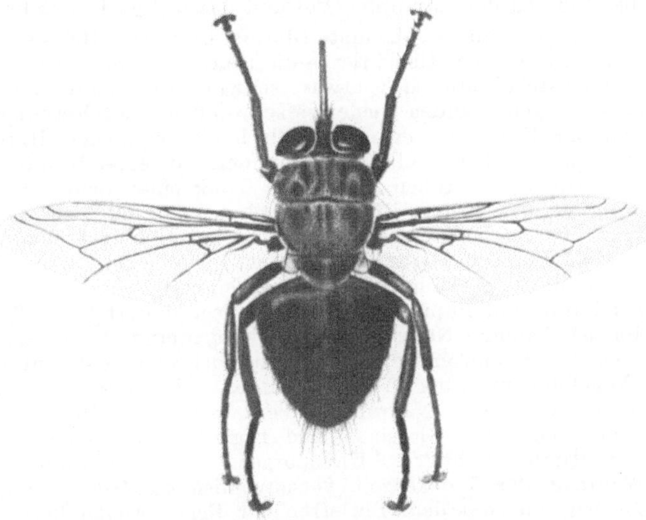

Abb. 181. *Glossina palpalis.* Nach Dönitz.

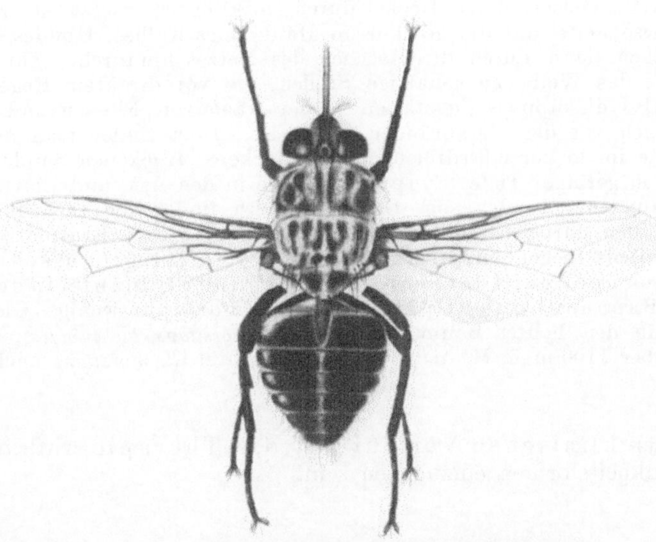

Abb. 182. *Glossina morsitans.* Nach Dönitz.

ein deutliches Hypopygium mit vulvaähnlicher Längsspalte, in der der Penis verborgen ist. Die weibliche Vulva ist ein sichelförmiger, quergestellter Spalt am letzten Segment.

Die Glossinen gehören zu den lebendgebärenden Fliegen; sie legen je eine ca. 6,5×3,5 mm große eiförmige Puppe von hellgelber Farbe ab, die am einen Pol zwei schwarzbraune Warzen trägt. Sofort nach der Ablage kriecht die Puppe wie eine Made umher und sucht ein Versteck, etwa unter trockenen Blättern, oder gräbt sich bis zu 8 cm tief in den Sand ein. Schon nach ³/₄ Stunden hat sie eine braunschwarze Farbe angenommen. Sie bedarf eines lockeren und fast trockenen Lagers, um in 17—72 Tagen, je nach der herrschenden Temperatur, zur Reife zu kommen. Dann platzt die Haut an dem stumpfen Pol und das fertige Insekt kriecht hervor.

Schon am 2. Tage nimmt sie die erste Blutmahlzeit auf. Hat sie ein geeignetes Tier gefunden, so bohrt sie den Rüssel tief in die Haut. Der Stich ist kaum schmerzhaft, aber die Stichstelle rötet sich etwas, schwillt aber kaum an, der leichte Schmerz ist nach einigen Stunden wieder verschwunden. Nach wenigen Sekunden erkennt man an der Unterseite des zuerst flach eingesunkenen Hinterleibes das in den Magen tretende Blut als hellroten Schimmer. In einer Minute vermag sich der Hinterleib so voll Blut zu füllen, daß er die Größe einer kleinen Erbse erreicht; eine *Glossina fusca* vermag 0,25 g Blut aufzunehmen. Dann zieht sie schnell den Rüssel heraus und ist im Nu verschwunden. In der Gefangenschaft braucht die Fliege jeden zweiten Tag eine Blutmahlzeit, sonst geht sie zugrunde. Die Befruchtung seitens des Männchens erfolgt offenbar nur einmal im Leben des Weibchens. Die Reifung der Larve und Puppe im Leib der Fliege dauert 9—22 Tage (Stuhlmann, Roubaud). Andere Nahrung als Tierblut nimmt die Glossina nicht an. Sie saugt an allen Warm- und vielen Kaltblütern, doch scheint sie unter natürlichen Bedingungen Vogelblut nur ungern aufzunehmen. Ihr durch Abschießen oder Vertreiben des Großwilds ihre Nahrungsquelle rauben zu wollen, dürfte ein vergebliches Beginnen sein. Die Glossinen sind Tagtiere: sie erscheinen erst, wenn die Sonne hell am Himmel steht (ca. 7 Uhr morgens) und verschwinden mit Sonnenuntergang. Während der Trockenzeit verschwinden die Glossinen (*palpalis* und *tachinoides*) gänzlich, um mit dem Einsetzen der Regen wieder hervorzukommen. In Gefangenschaft ist die Mortalität in den trockenen Monaten viel höher als in den regenreichen. Will man Glossinen in Gefangenschaft halten, so bringt man sie einzeln in weite Gläser, deren Deckel durch Moskitogaze ersetzt ist; zum Füttern legt man diese Seite auf die geschorene Haut eines Kalbes, Hundes o. ä. auf, die Fliegen stechen dann durch die Maschen des Netzes hindurch. Zur Ablage der Puppe sucht das Weibchen schattige Stellen, die vor direktem Regen geschützt sind, auf, also die üppige Vegetation in der Nähe von Flüssen und Bächen, wo ihre Brut auch vor den Grasbränden sicher ist. Dort findet man am Fuße der Baumstämme im lockeren Erdreich oder im lockeren trockenen Sande am Seeufer die Puppen in geringer Tiefe. Zupitza hat sie in den Ast- und Blattachseln von Bäumen gefunden. In den sog. Galleriewäldern finden die Tsetsefliegen sowohl Nahrung an den dort lebenden Tieren als auch geeignete Brutplätze. Deshalb kommen die Tsetsefliegen, hauptsächlich *Glossina palpalis* sogar ausschließlich im Ufergebüsch und Schilf der Seen, der Bach- und Flußläufe, in den dichten, feuchten Bananen- und Ölpalmenhainen vor; nur wenige Glossinenarten leben auch in den lichten Baumsavanne (*Gloss. morsitans, tachinoides*), *Glossina palpalis* wird über 1100 m ü. M. nicht mehr beobachtet, *Gl. morsitans* noch in 1600 m.

Auf den klinischen Verlauf und die Therapie wird bei den einzelnen Krankheitsformen einzugehen sein.

2. Trypanosoma lewisi (Kent).

Zum Verständnis der pathogenen Trypanosomen ist es nötig, auch das *Tryp. lewisi* der Hausratte kurz zu erwähnen. Außerdem ist es ein sehr leicht zu beschaffendes Material, an dem man alle für Trypanosomen charakteristischen Einzelheiten gut studieren kann.

Die Infektion ist sehr weit verbreitet und kommt in allen Weltteilen vor. Bis zu 90°/₀ der gefangenen Ratten können infiziert sein. Nur *Mus decumanus*, die gewöhnliche Wanderratte, und *Mus rufescens* sind die natürlichen Wirte dieses Flagellaten.

Über das Aussehen des Parasiten in nach Romanowsky gefärbten Trocken-Präparaten geben die Abbildungen Auskunft. Man erkennt an der Grenze zwischen vorderem und mittlerem Drittel des Körpers den Hauptkern (bei den übrigen Trypanosomen liegt er mehr nach der Mitte zu). Das hintere Ende ist spitz ausgezogen. Der Blepharoplast ist in Trockenpräparaten meist stäbchenförmig, häufig quer zur Längsachse gestellt und ragt manchmal über die seitliche Kontur des Plasmakörpers heraus. Von einem neben oder vor ihm liegenden Basalkorn ent-

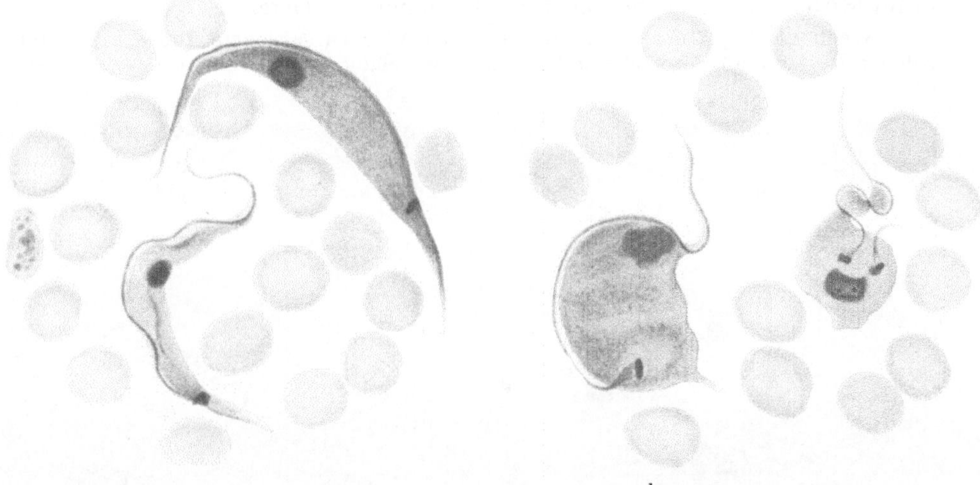

a   b

Abb. 183. *Tryp. lewisi* Kent; a Formen aus Rattenblut; die größere Form ist das Vorstadium zur Teilung; b Teilung. 1. und 2. Stadium. Vergr. ca. 1300. Orig.

springt der Randfaden; doch ist meist zunächst dem Blepharoplast eine schwach gefärbte Lücke zu erkennen. Degenerationsformen sind durch das Auftreten von Chromatinkörnchen im Plasma, die aus dem sich auflösenden Kern und Blepharoplasten stammen, charakterisiert. Die Färbung mit Eisen-Hämatoxylin (s. S. 132) zeigt die fein wabige Struktur des Protoplasmas (Abb. 175 b). Der Kern stellt hier ein helles Bläschen mit sehr wenig Außenchromatin dar; im Innern liegt das runde bis ovale Caryosom, dessen dichtes Gefüge nur in seltenen Fällen ein Centriol erkennen läßt. Der Blepharoplast ist rund bis eliptisch, sehr dicht.

In dem anämischen Blute eilt das Trypanosomen ziemlich geradlinig, schnell durch das Gesichtsfeld, und zwar mit dem Geißelende voran. Man bezeichnet dieses deshalb als das Vorderende.

Das *Tryp. lewisi* ist nicht eigentlich pathogen, nur in Ausnahmefällen scheint es den Tod der Ratten zu verursachen.

Es wird hier hauptsächlich wegen folgender spezieller Eigenschaften erwähnt:

Längsteilung ist bei *Tryp. lewisi* selten zu sehen, während sie bei den übrigen Trypanosomen meist den einzigen Teilungsmodus vorstellt; dagegen sind im Blut frisch infizierter Ratten zahlreiche, als „multiple" bezeichnete Teilungsformen (Abb. 184 a) vorhanden, die wir ausschließlich bei diesem Trypanosoma finden.

Der Körper des Trypanosoma schwillt an, der Blepharoplast rückt auf den Hauptkern zu, beide teilen sich, und nun wandert der Blepharoplast für ganz kurze Zeit sogar in den Hauptkern hinein (Autogamie?), tritt aber sofort wieder aus ihm heraus. Jetzt beginnt eine sehr lebhafte promitotische Teilung beider Kerne, so daß innerhalb des noch ungeteilten Plasmakörpers zahlreiche (bis 16) Doppelkerne entstehen. Jeder neugebildete Blepharoplast bildet eine kleine Geißel, das Plasma spaltet sich in so viel Teile, als Doppelkerne entstanden sind, und die kleinen, jetzt crithidiaähnlichen Gebilde trennen sich. Der zuerst runde Körper streckt sich, der Blepharoplast rückt, den Geißelfaden mit sich ziehend, am Hauptkern vorbei nach hinten, und schließlich ist ein kleines Trypanosoma gebildet, das zu der großen Ausgangsform heranwächst.

Die zweite Eigentümlichkeit des *Tryp. lewisi* ist die Entwickelung einer vollkommenen Immunität, begleitet von der Bildung wirksamer parasiticider Substanzen im Serum der aktiv immunen Tiere.

Wenn die Trypanosomen, oft erst nach Wochen, aus dem Blute infizierter zahmer Ratten einmal verschwunden waren, so gelang es bisher nicht mehr, sie dort

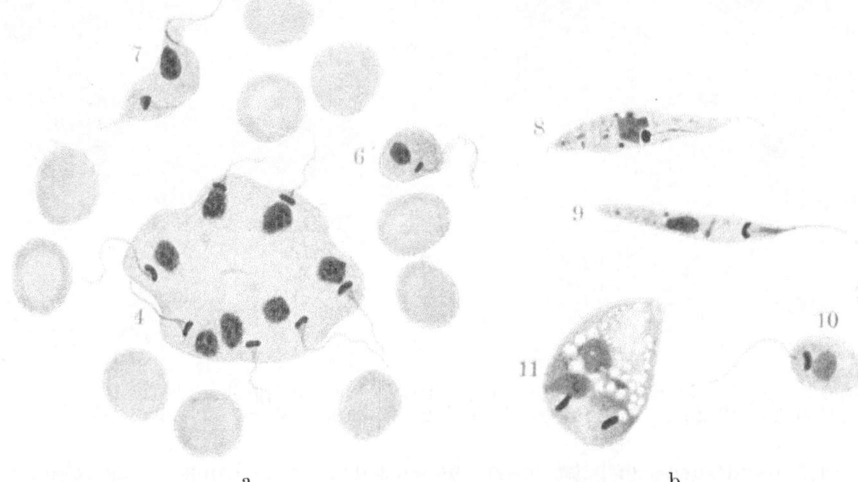

a   b

Abb. 184.   *Tryp. lewisi* Kent. a „multiple" Teilung, danach Umwandlung in Trypanosomen; b Kulturformen. Vergr. ca. 1300. Orig.

neuerdings nachzuweisen. Werden solche Tiere wiederholt mit parasitenreichem Blute infiziert, so geht nur ganz ausnahmsweise eine solche Reinfektion an (2 unter 30 Versuchstieren Laverans). Es scheint, als ob auch hier die Immunität an das Vorhandensein ganz vereinzelter Parasiten gebunden sei, da sie nach 3 Monaten schon wieder erloschen ist (Rabinowitsch-Kempner). In die Peritonealhöhle solcher immuner Ratten gebracht, werden die noch lebhaft beweglichen Trypanosomen von Leukocyten phagocytiert (Laveran).

Das Serum solcher immuner Ratten hat parasiticide Eigenschaften gewonnen, die durch wiederholte Injektionen von Trypanosomen noch wesentlich gesteigert werden können. Solches hochwirksames Serum vermag noch in Mengen von 0,25 ccm, mit trypanosomenhaltigem Blute gemischt und intraperitoneal injiziert, die Infektion zu verhindern. Selbst 24 Stunden vor und 24 Stunden nach der Infektion eingespritzt, unterdrückt es die Entwickelung der Parasiten. Dagegen hat es der bereits entwickelten Infektion des Blutes gegenüber keine Wirkung mehr. Solches Serum wirkt auch intensiv agglomerierend, indem es die Trypanosomen zu großen, in zitternder Bewegung schwingenden Klumpen zusammenballt. Eine Injektion von Serum plus Trypanosomen erzeugt bei etwa der Hälfte der so behandelten Tiere eine aktive Immunität.

Die dritte Eigenschaft des *Tryp. lewisi*, welche sie für uns besonders wichtig erscheinen läßt, besteht darin, daß es leicht gelingt, sie in Kulturen zu züchten.

Novy und Mac Neal gaben folgenden Nährboden an: gewöhnlicher Agar wird verflüssigt, dann auf 50—55° abgekühlt, dann wird ihm das 1—3fache seines Volums Kaninchenblut zugesetzt, das man entweder vorher defibriniert hatte oder direkt frisch aus der Carotis in den Agar fließen läßt. Die Röhrchen werden zum Erstarren schräg gelegt, mit gut schließenden Gummikappen verschlossen, 24 Stunden im Brutschrank (37°) auf Keimfreiheit geprüft und dann im Eisschrank aufbewahrt. Mit 2—3 Tropfen sterilen Rattenblutes mit vielen Trypanosomen impft man das Kondenswasser dieses Blutagars; bakterielle Verunreinigungen töten die Kulturen rasch ab, ebenso Temperaturen über 37°.

Die Abb. 184 b zeigt solche Kulturformen. Über die Kernteilungsverhältnisse berichtet Rosenbusch ausführlich. Mit diesen Kulturformen kann man Ratten wieder infizieren.

Weiter sei noch folgende Eigentümlichkeit, die bisher nur bei *Tryp. lewisi* genauer verfolgt wurde, hervorgehoben: der Parasit wird durch die Rattenlaus,

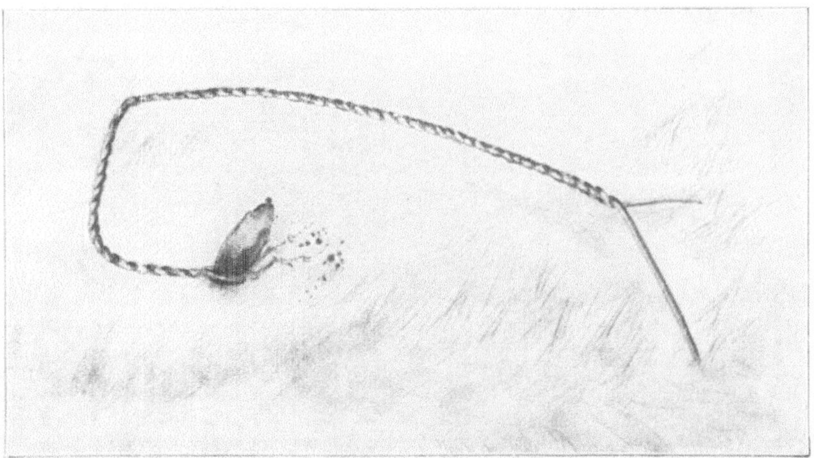

Abb. 185. Ein Rattenfloh, an Silberdraht gefesselt, saugt an der Haut einer Maus; man erkennt nahe dem Hinterleib die entleerten Kottröpfchen. Nach Nöller 1912.

Haematopinus spinulosus, von Ratte zu Ratte übertragen. Diese Übertragung gelingt nun im Experiment keineswegs zu jeder Zeit, sondern sie ist deutlich von der Jahreszeit abhängig. In dem Organismus der Laus tritt nach Prowazek und Baldrey eine geschlechtliche Differenzierung und Copulation der Trypanosomen ein; die Übereinstimmung mit den Plasmodiden (Malaria) und dem *Tryp. gambiense* ist also sehr weitgehend.

Außerdem aber interessiert uns *Tryp. lewisi* deshalb, weil es auch durch Flöhe übertragen wird: Minchin und Thomson hatte bereits beobachtet, daß auch im Rattenfloh eine Entwickelung des *Tryp. lewisi* stattfinde. Nöller hat für den gewöhnlichen Hundefloh (*Ctenocephalus canis = serraticeps*) diese Beobachtungen mit Hilfe einer sehr originellen Technik ergänzt. Er hat die Flöhe, wie man dies im „Flohzirkus" sieht, an feinste Silberdrähte gefaßt (siehe die Abb. 185) und sie so an stark infizierten Ratten angesetzt. Der Stich der Mundwerkzeuge des Flohes, der dann an normale Ratten angesetzt wurde, vermochte niemals eine Infektion zu erzielen; dagegen war das Ansetzen von Erfolg, wenn die Ratte nach dem

13*

Stich Gelegenheit hatte, die Stichstelle (und damit auch die kleinsten schwarzen Tröpfchen, welche der Floh bei der Blutmahlzeit aus dem After hervorspritzt) abzulecken. Ebenso gelang die Infektion, wenn Nöller die Fäces von den Haaren der einen normalen Ratte abnahm und einer anderen auf die Maulschleimhaut brachte und dort vorsichtig verstrich. Bis mit dem Kote infektiöse Parasiten ausgeschieden werden, dauert es 4—5 Tage. Während dieser Zeit dringen die Trypanosomen in Zellen der Magenwandung ein und vermehren sich darin beträchtlich. Aus der der Auflösung verfallenen Zelle gelangen die Flagellaten in die Magenhöhle zurück und vermehren sich neuerdings so massenhaft, daß oft der ganze Darm mit einer Schicht kleiner Flagellaten ausgekleidet ist Diese sind ächte Trypanosomen mit einer gut erkennbaren undulierenden Membran, während ein gelegentlich vorkommender Parasit des Hundeflohdarmes, *Leptomonas*

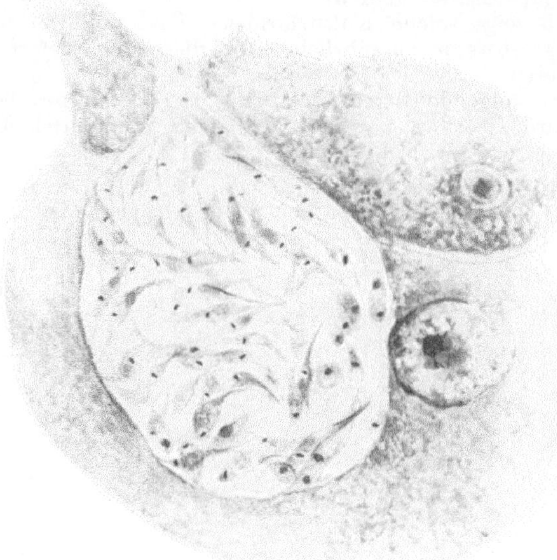

Abb. 186.   Vermehrung von *Trypanosoma lewisi*, Kent., in einer Epithelzelle des Mitteldarmes des Rattenflohes.   Vergr. ca. 2700.   Nach Nöller 1912.

ctenocephali, oval ist und keine undulierende Membran aufweist.   Jene kleinen Trypanosomen werden mit den Fäces ausgeschieden und vermitteln, wie erwähnt, die Infektion.

Wir haben hier einen Übertragungsmodus vor uns, wie er wohl auch bei anderen Protozoen vorkommen kann, sodaß die Verhältnisse bei *Tryp. lewisi* im Hundefloh vielleicht auch für andere pathogene Protozoen vorbildlich werden können.   Für *Schizotrypanum cruzi* ist er bereits von Brumpt nachgewiesen.

Das *Tryp. lewisi* hat, wie erwähnt, die Eigentümlichkeit, in die Zellen des Ventrikulus einzudringen und dort ein intracelluläres Stadium durchzumachen (Minchin, Nöller), in dem es seine Gestalt nicht wesentlich ändert.   Wahrscheinlich spielen sich auch bei anderen Trypanosomen ähnliche Vorgänge in Zellen des Wirtes (Insekt) ab.

Spontan kommt *Tryp. lewisi* nur bei der Ratte (und beim Hamster) vor. Es läßt sich aber auch auf Mäuse übertragen (Roudsky).

3. Trypanosoma gambiense (Dutton); Trypanose des Menschen, Schlafkrankheit.

Historisches. Die Schlafkrankheit wurde zum ersten Male 1803 von dem englischen Arzte Winterbottom beschrieben. Guerin sah 148 Fälle auf Martinique (Westindien) unter den aus Afrika dorthin importierten Sklaven.

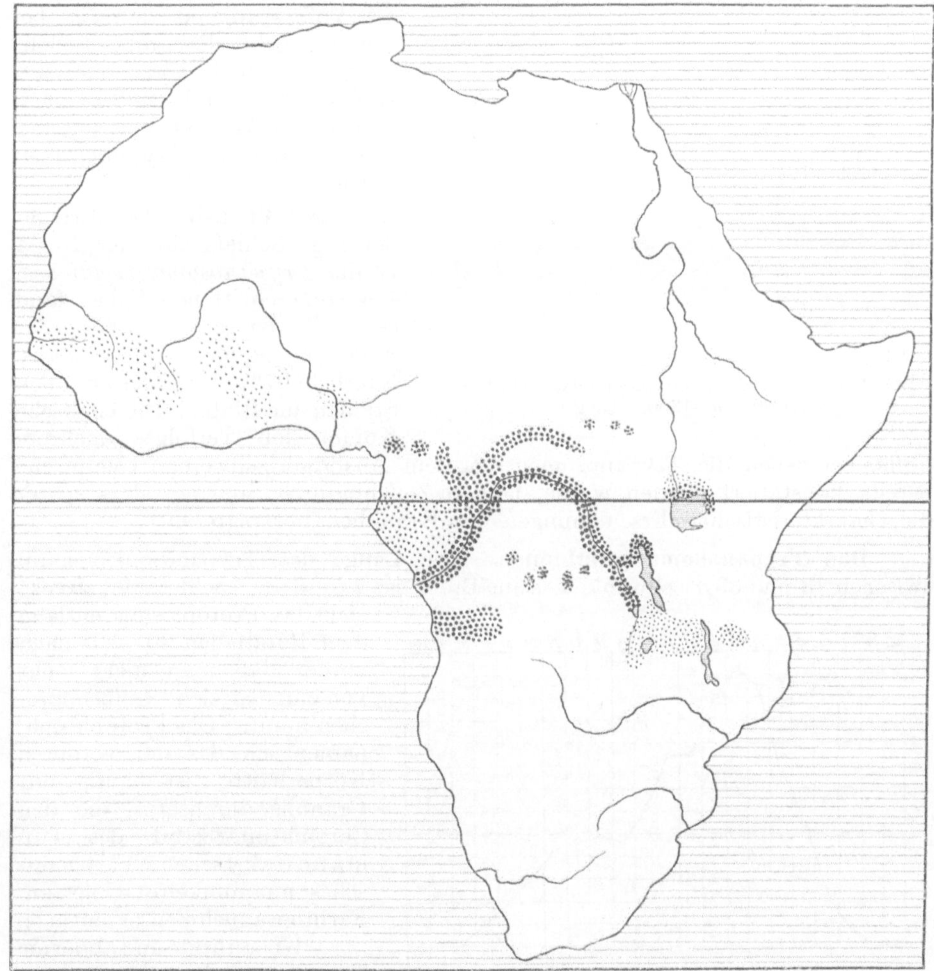

Abb. 187. Verbreitung der Schlafkrankheit.

Forde fand 1901 zum ersten Male Trypanosomen im Blute eines Kranken und Dutton beschrieb und benannte sie noch im gleichen Jahre: *Trypanosoma gambiense*. Castellani berichtete 1903 über ähnliche Befunde aus Uganda (Ost-Afrika).

Über die **Verbreitung** dieser Trypanose des Menschen gibt die beigefügte Karte Auskunft.

Die Häufigkeit der Fälle in den verseuchten Gebieten ist keineswegs eine gleichmäßige: Am Ufer des Victoria-Nyanza (Shirati) ist eine Morbidität von 20%, am Morifluß, also etwas weiter landeinwärts, eine solche von ca. 70% der Bevölkerung konstatiert worden (Marschall). Im West-Sudan, z. B. in Togo, hat die Schlafkrankheit als Volkskrankheit zurzeit bei weitem nicht die große Bedeutung, wie in Uganda oder am Kongo. Am Gambiafluß ist nach Todd und Wolbach 0,8% der Bevölkerung mit Trypanosomen infiziert.

Der Parasit. Der Erreger der sog. Schlafsucht der Neger ist das *Trypanosoma gambiense*. Bei vorgeschrittenen Fällen fand es z. B. Bruce in 100% der Fälle im Liquor cerebrospinalis, Koch in 97% der Fälle aus allen Stadien im Blute. Die englische Kommission verfolgte mehrere Fälle, bei denen die Trypanosomen vor dem Ausbruch schwererer Symptome bereits konstatiert worden waren, längere Zeit hindurch, und sah stets später die charakteristischen Erscheinungen der Krankheit hervortreten.

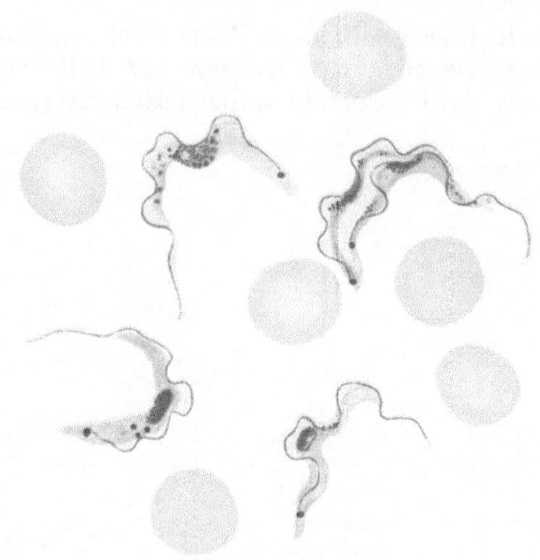

Abb. 188.   *Trypanosoma gambiense* Dutton.
Vergr. ca. 1300. Orig.

Das Trypanosoma gambiense. Die Länge des Trypanosomen kann zwischen 13 und 33 μ schwanken, seine Breite ist 2,5—3 μ. Nicht selten streckt sich das Protoplasma entlang dem Randfaden so weit nach vorne, daß man nicht mehr von einer „freien" Geißel sprechen kann. Das Protoplasma, namentlich das der vorderen Körperhälfte, ist häufig mit Granulis durchsetzt, die den Chromatinfarbstoff des Romanowskyschen Farbgemisches mit dunkelrot-violettem Farbton annehmen (Volutin?).

Überstürzte und abnorme Teilungen mit 6—8 Kernen und 3—4 Geißeln sind nicht selten.

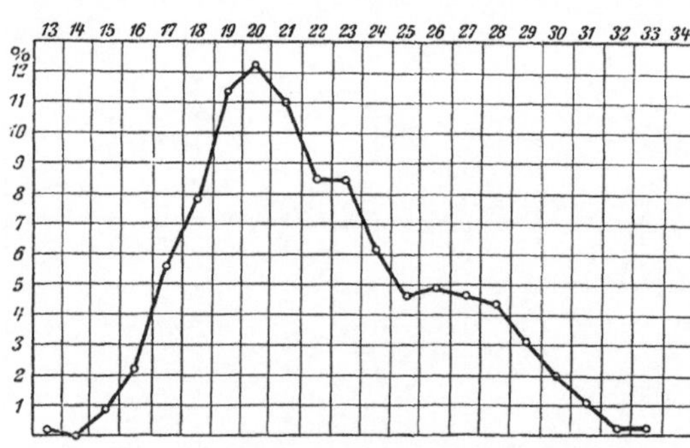

Abb. 189. *Tryp. gambiense*, nach Bruce.

Trypanosoma rhodesiense. Im Jahre 1910 haben Stephens und Fantham bei einem Fall von menschlicher Trypanosomiasis eigentümlich gestaltete Trypanosomen gefunden; es waren lange schlanke und kurze plumpe Formen vorhanden. Bei diesen lag der Blepharoplast nahe, neben, ja sogar geißelwärts vom Hauptkern, was bei *Tryp. gambiense* nicht vorzukommen scheint. Die Prozentzahl der „Typus *rhodesiense*"-Formen wechselt von Tag zu Tag und von Passage zu Passage.

Auffallend ist ferner die hohe Virulenz für den Menschen. Stohr sah von 11 Kranken 10 in weniger als 6 Monaten der Krankheit erliegen.

Ganz besonders hervorstechend ist die Tierpathogenität: Mäuse gehen in 5 (3—20), Ratten in 9 (6—45) Tagen zugrunde, Affen (*Mac. rhesus*) sterben in weniger als 14 Tagen an der Impfung; mit *Tryp. gambiense* aus Uganda oder vom Kongo sind die betreffenden Zahlen für Affen zum mindesten doppelt so hoch. — Ein gegen *Tryp. gambiense* von Mesnil und Ringenbach immunisierter *Macacus rhesus* zeigte eine ziemlich hochgradige Immunität auch gegen *Tryp. rhodesiense*. Die beiden Formen sind also jedenfalls sehr nahe verwandt. Laveran und Mesnil konstatierten die hochgradige Virulenz des *Tryp. rhodesiense* für Schafe und Ziegen (Lebensdauer im Mittel 44 Tage). Diese Autoren versuchten auch durch „kreuzweise Immunitätsprüfung" Unterschiede festzustellen, die sich aber als nicht konstant erwiesen.

Ein dritter Unterschied endlich besteht in der Art der Übertragung: im Zambesibecken gibt es keine *Glossina palpalis*. Es muß also die dort herrschende Trypanose des Menschen durch andere Arten — *Gloss. morsitans* bzw. *brevipalpis* — übertragen werden. Kinghorn und Yorke haben denn auch neuerdings nachgewiesen, daß *Glossina morsitans* diese Rolle spielt.

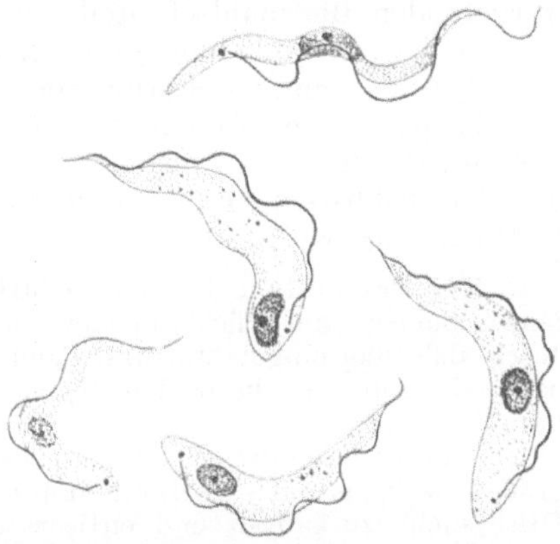

Abb. 190. *Tryp. gambiense*, variet. *rhodesiense*. Nach Stephens u. Fantham.

Man kann also *Tryp. rhodesiense* ohne Zwang als eine gut abgegrenzte Varietät von *Tryp. gambiense* betrachten. Auch bei *Tryp. rhodesiense* will Fantham die Bildung von „latent bodies" und ihre Rückverwandlung in Trypanosomen beobachtet haben (s. S. 184).

Das *Tryp. rhodesiense* ist bisher nur im Osten Afrikas gefunden worden, noch nicht dagegen im Sudan.

Über die Befunde von Kinghorn und Yorke und von Bruce und Mitarb. von Trypanosomen vom *Rhodesiense*-Typ bei Antilopen, deren Beziehung zum *Tryp. brucei* und die Beurteilung dieser Beobachtungen s. S. 213.

Die Überträger. Die Übertragung des *Tryp. gambiense* erfolgt durch *Glossina palpalis*. Ihr Verbreitungsgebiet ist auf der Karte, S. 190, angegeben. Sie läßt sich ohne weiteres durch ihre dunkle Gesamtfärbung erkennen (Abb. 180, S. 190).

Daß nun *Glossina palpalis* in der Tat die wichtigste Überträgerin des *Tryp. gambiense* sei, ist durch geistvoll angelegte Versuche Kleine's erwiesen.

Er verwendete dazu nur Fliegen, die aus der Puppe gezüchtet waren, von denen durch andere Versuche nachgewiesen war, daß sie niemals eine Infektion mit Trypanosomen von der Mutter her erben. Er ließ solche Tiere zuerst vier Tage lang an Affen saugen, die *Tryp. gambiense* im Blute beherbergten; dann setzte er sie jeden 2. bis 4. Tag an je einen frischen, gesunden Affen an. Vom 20. Tag ab wurden die Fliegen infektiös; so lange dauert es also, bis infektionsfähige Entwickelungsformen mit dem Stich eingeimpft werden.

Zur Untersuchung werden die Fliegen getötet, der Hinterleib an der „Taille" abgeschnitten, sein Inhalt auf einem Objektträger ausgepreßt, ausgestrichen und gefärbt.

Bruce hat Kleines Versuche nachgeprüft und bestätigt. Nur etwa 5—10% der Fliegen werden infektiös. Die „Inkubationszeit" in der Fliege kann 27 bis 53 Tage betragen. Eine Fliege kann bis zu 96 Tagen (und vielleicht noch länger) infektiös bleiben. Der Prozentsatz der Fliegen, die infektiös werden, ist sehr von der Lufttemperatur und -feuchtigkeit abhängig.

Auf die Entwickelung der Flagellaten in der Fliege mag auch die Art des Warmblüters (Mensch bzw. Rind, Antilope u. a.), aus dessen Blut die Parasiten stammen, von wesentlichem Einflusse sein; so sind z. B. Schafe weniger geeignet als Affen; ferner die Ernährung der Fliege in der Zeit zwischen der infizierenden Blutmahlzeit und der Reifung der Flagellaten: gewisse Blutarten werden der Entwickelung günstig, andere hinderlich sein.

Bruce konnte weiterhin zeigen, daß in den Speicheldrüsen der Glossinen sich Trypanosomen finden, die den kurzgeißeligen Blutformen völlig gleichen. Die Infektiosität der Fliegen setzt erst mit dem Erscheinen dieser Formen in den Speicheldrüsen ein, während die Darmformen nicht zu infizieren vermögen (Kleine und Eckard).

Zur Präparation der Speicheldrüsen werden Flügel und Beine und mit einer feinen Scheere die Rückenmuskeln des Thorax abgeschnitten, der Körper in viel Kochsalzlösung eingebettet und dann am Kopf sehr vorsichtig gezogen; Ösophagus usw. reißen ab, nur die beiden, bis zu 12 mm langen Speicheldrüsen lassen sich ganz herausziehen.

Um zu erkennen, ob der Speichel einer Fliege infektiös ist, legt Bruce ein großes Deckglas auf die Hand und stülpt darauf das Reagensglas mit der Fliege. Diese sucht zu saugen und entleert dabei Speichel auf das Gläschen; dieser wird getrocknet, fixiert und gefärbt.

Koch hat in den Glossinen 4 verschiedene Typen von Flagellaten gefunden; Kleine und Taute, sowie M. Robertson haben diese Befunde ergänzt und berichtigt.

In welcher Weise nun die verschiedenen Formen der Flagellaten aus dem Glossinen-Darm in den Entwickelungszyklus des *Tryp. gambiense* einzureihen sind, kann zurzeit noch nicht entschieden werden. Aufschluß werden wahrscheinlich Präparate geben, die exakter fixiert und gefärbt sind als es die Trockenfixation und Romanowskyfärbung gestattet. Aus den Abbildungen aber geht hervor, daß wir es wahrscheinlich mit 3 verschiedenen Stadien (Typus II, III, und IV Kochs) zu tun haben, und daß in all diesen Stadien männliche, schlanke und weibliche, breite Formen zu unterscheiden sind. Copulation ist bisher nicht beobachtet worden.

Sicher nicht zu *Tryp. gambiense* gehört das von Minchin und Novy genau beschriebene *Tryp. grayi* (Kochs Typus I), von dem Kleine nachwies, daß es ein Entwickelungsstadium eines Trypanosoma aus dem Blute des Krokodils ist (Abb. 191 l).

Eine zweite Form, die von Minchin am Viktoria-See in *Glossina palpalis* gefunden wurde, ist von ihm als eigene Art beschrieben und als *Tryp. tullochi* bezeichnet worden. Er hält es für einen harmlosen Kommensalen der Fliege. Kleine hingegen hält daran fest, daß die Form mit einem hinter dem Hauptkern gelegenen Blepharoplasten (Abb. 191 k) ein Entwickelungsstadium des *Tryp. gambiense* sei.

Das *Tryp. gambiense* macht also nach diesen Untersuchungen im Körper der *Glossina palpalis* einen Entwickelungsgang (Gametogonie?) durch, der erst nach mindestens 20 Tagen beendet ist und in einer Infektion der Speicheldrüsen ausläuft.

Daß nun *Gl. palpalis* nicht die einzige Überträgerin menschenpathogener Trypanosomen sein könne, wurde schon oben erwähnt. Auf Anregung Kleines hin hat Taute mit *Glossina morsitans* experimentiert und gezeigt, daß auch in dieser Fliege eine Entwickelung des *Tryp. gambiense* stattfinde, daß also auch sie zur Übertragung geeignet sei. 21 bis 63 Tage nach dem Saugen an

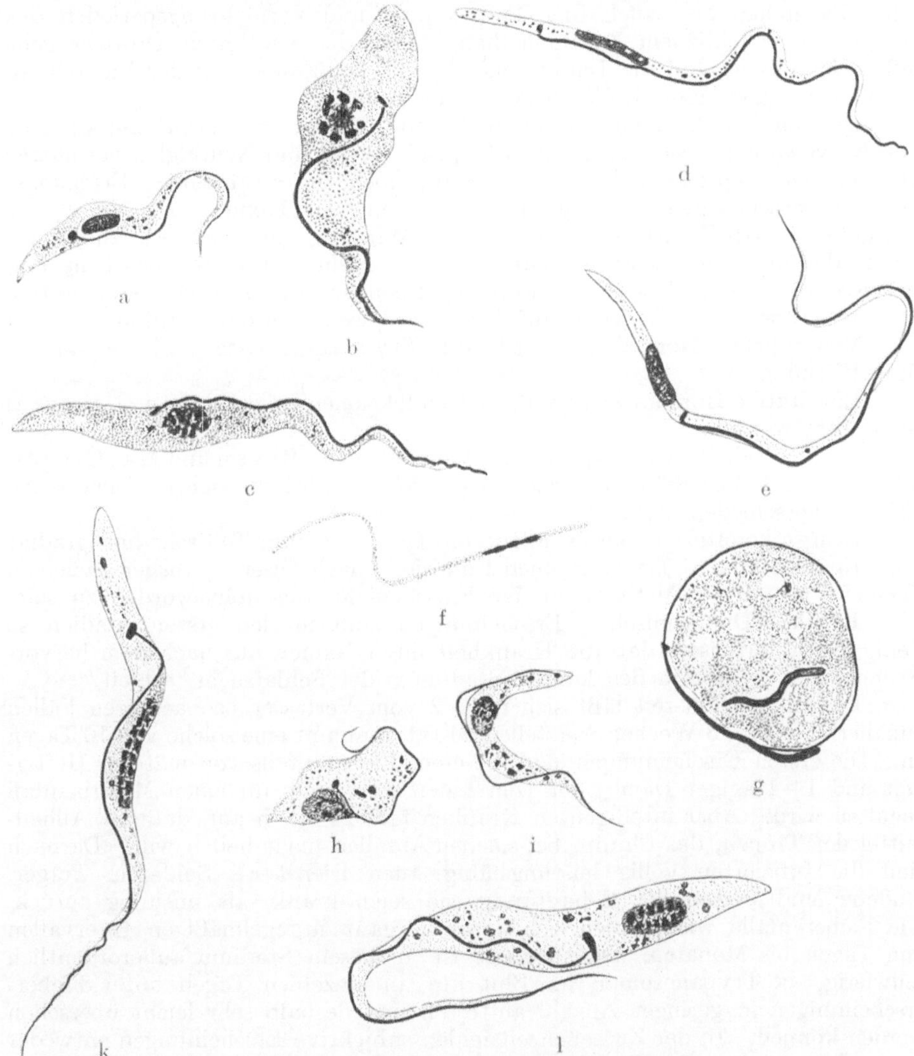

Abb. 191. Trypanosomen aus *Glossina palpalis.*

a) aus dem Darme vor der infektiösen
  Periode entnommen.
b) weibliche Trypanosomen
c)   „   „
d) Übergang zu männlichen Trypanosomen
e) männliches Trypanosoma

f) männliches Trypanosoma
g) Ruhestadium
h)   „   „
i) Trypanosoma aus der Proboscis
k) aus der Proboscis *(Tryp. tullochi)*
l) *Tryp. grayi.*

Nach Kleine und Taute 1911.

infizierten Affen wurden die Fliegen infektiös. In 7,8 %/₀ der verwendeten Fliegen fanden sich Entwickelungsformen des Parasiten; es handelt sich also nicht um Ausnahmefälle. Interessant ist, daß ähnliche Versuche am Viktoriasee und in Katanga nicht glückten. Welche Umstände hierbei maßgebend sind, ob klimatische Faktoren, ob die Jahreszeit o. ä., läßt sich zurzeit nur vermuten.

Pathogenese. Die Erreger sind niemals in größerer Zahl im Blute vorhanden, und nur in den Zeiten, wenn die Kranken fiebern, vermehren sie sich. Es stehen also auch hier Paroxysmus und Vermehrungsperioden des Erregers in ursächlichem Zusammenhang. Aus der erwähnten Tatsache geht außerdem hervor, daß die Endotoxine der Trypanosomen bei der Entstehung der Fieberanfälle keine Rolle spielen können.

Die von den Parasiten erzeugten Giftstoffe haben eine spezifische Affinität zum Nervensystem; sie verursachen Kopfschmerzen und Neuralgien peripherer Nerven. Die typische Schlafsucht wie die noch zu erwähnenden Erregungszustände sprechen gleichfalls für die Neurotropie der Toxine. Die Menge der gebildeten Giftstoffe ist eine geringe, die Wirkung eine ganz allmählich zunehmende, aber schließlich absolut tödliche. Bisher ist wenigstens kein Fall von Spontanheilung bekannt geworden. Ebensowenig natürlich eine aktive Immunisierung. Die Wirkung auf Tiere wird weiter unten erwähnt.

Menschliches Normalserum ist auf *Tryp. gambiense* und *rhodesiense* ohne Wirkung.

Eine aktive Immunität gegenüber Reinfektionen ist bei Ratten (Laveran) beobachtet worden.

Aus der Tabelle S. 205, speziell aus Versuchen von Bevan und Mac Gregor, geht hervor, daß es Stämme des *Tryp. gambiense* gibt, die sich im Tierversuch als sehr verschieden virulent erweisen.

Lange konnte mit Serum infizierter Tiere eine zum Teil sehr hochgradige Agglutination einer Trypanosomen-Emulsion nachweisen. Bisher scheinen Versuche mit dieser Methode in der Praxis nicht angestellt worden zu sein.

Klinik. Die klinischen Erscheinungen sind in den ersten Stadien so wenig charakteristisch, daß die Krankheit ihren Namen nur nach dem hervorstechendsten Symptom des letzten Stadiums, der Schlafsucht, erhielt.

Die Inkubationszeit läßt sich nach 2 vom Verfasser beobachteten Fällen annähernd auf 2—3 Wochen feststellen, Martin nimmt eine solche von 10 Tagen an. Die ersten Erscheinungen sind die eines Fieberanfalls von mäßiger Heftigkeit und 1—4 tägiger Dauer, der vom Laien wohl stets für einen Malariaanfall gehalten wird. Aber intelligenten Kranken fällt es schon auf, daß das Allheilmittel der Tropen, das Chinin, bei solchen Anfällen nicht helfen will. Darnach sind die Infizierten völlig leistungsfähig, tuen Dienst als Soldaten, Träger, Ruderer und weisen die Behauptung, sie seien krank, als unsinnig zurück. Die Fieberanfälle wiederholen sich dann in ganz unregelmäßigen Intervallen von Tagen bis Monaten. Die Diagnose ist in diesem Stadium außerordentlich schwierig, da Trypanosomen im Blut nur an einzelnen Tagen unter Fiebererscheinungen in geringer Anzahl auftreten und deshalb sehr leicht übersehen werden können. In der Zwischenzeit fehlen subjektive Erscheinungen entweder ganz oder es wird über Kopf- und Brustschmerzen geklagt. Ein sehr frühes Symptom, die Kerandelsche Hyperästhesie der tiefer gelegenen Muskelgruppen, tritt am deutlichsten hervor, wenn der Patient sich an irgend einem Gegenstande stößt; die Schmerzen sollen dann in keinem Verhältnis zum Insult stehen. L. Martin und Darre bestätigen die große Häufigkeit dieses Symptoms. Das erste objektive Zeichen ist eine Schwellung der Lymphdrüsen, in erster Linie der Drüsengruppen des Halses und Nackens, namentlich entlang dem Rande des Cucullaris. Die Drüsengruppen der Extremitäten sind bei den Negern häufig vergrößert, zur Diagnose also nicht zu benutzen. Auch beobachtet man flüchtige Ödeme des Gesichtes und der Fußknöchel. In der Mehrzahl der Fälle läßt sich ferner eine Beschleunigung des Pulses konstatieren; bei der Wertung dieses Symptoms sei man aber vorsichtig, da die Farbigen auch durch geringe Erregungen oft Herzklopfen bekommen. Im übrigen ergibt die objektive Untersuchung der Organe nichts abnormes. Man bezeichnet dieses 1. Stadium als auch „Trypanosomenfieber“. Nach Kopke ist in diesem Stadium das Zentralnervensystem, speziell der Liquor cerebrospinalis, noch frei von Trypanosomen. Das 2. Stadium ist durch stärkere Beteiligung der nervösen Zentren charakterisiert. Tremor der Zunge, der ausgestreckten Hände, Zuckungen im Gesicht, Schwanken bei geschlossenen Augen, Unsicherheit im Gehen auf einer Linie treten auf. Vorübergehende Lähmungen, z. B. des Facialis, sind nicht selten. An den Reflexen konnten wir, soweit die Kranken dazu geeignet waren, nichts abnormes finden. Die Sprache wird unklar, lallend. Subjektiv mehren sich die Klagen über Kopf- und Gliederschmerzen, über Unsicherheit im Gang, über Schwere und Schleppen der Beine. Die Temperatur schwankt in völlig unregelmäßiger Weise und erreicht manchmal 39° und darüber. Während dieser Fieberanfälle pflegen dann die Trypanosomen im Blute etwas zahlreicher zu erscheinen. Nicht selten treten epileptiforme Anfälle und psychische Störungen paranoischer oder maniakalischer Natur auf: Unruhe, Schreien, aggressives Wesen, Lachen und Kreischen, Zänkereien bis zu richtigem Toben sind zu beobachten. Die Intelligenz läßt nach. Bei Männern tritt Impotenz, bei Weibern Dysmenorrhöe und Amenorrhöe ein. Mit unmerklichen Übergängen schließt sich hieran das 3. Stadium der Depression und des körperlichen Verfalles. Die Kranken magern hochgradig ab, sie klagen über heftige Kopf- und Gliederschmerzen, auch oft im Kreuz, sie sind nicht mehr zu gehen imstande, schwanken und brechen zusammen. Und nun tritt in sehr vielen Fällen die eigentliche „Schlafsucht“ hervor, die Unfähigkeit, sich wach zu erhalten, so daß die Kranken tatsächlich mit dem Bissen im Munde einschlafen. Decubitus, sekundäre Infektionen von Druck- und Kratzeffekten aus, hypostatische und Schluckpneumonien kommen jetzt hinzu und gewöhnlich erliegen dann die Kranken einer solchen interkurrenten Infektion, speziell der Meningen. Bei Europäern treten in vielen Fällen und in fast allen Stadien flüchtige Erytheme der Haut von 2—5 Markstückgröße an den verschiedensten Körperstellen auf, die rasch wieder verschwinden. Bei Negern können sie begreiflicherweise nicht wahrgenommen werden. Beck beschreibt eigentümliche Ödeme der Lider, Günther und Weber solche an den Unterschenkeln.

Spontane Heilungen sind bisher nicht beobachtet, auch halten die Eingeborenen jeden, der an dieser Krankheit leidet, für sicher verloren. Doch sei ausdrücklich daran erinnert, daß auch bei unbehandelten Kranken lange Perioden völligen Wohlbefindens vorkommen; so beschreibt Nattan-Larrier 3 Fälle, in denen die unbehandelten Patienten $1\frac{1}{2}$—3 Jahre ohne Erscheinungen blieben, um dann später zu rezidivieren, Für die Beurteilung der Erfolge der Behandlung ist diese Tatsache von großer Wichtigkeit.

Der pathologisch anatomische Befund ist bei Schlafkrankheit ganz außerordentlich gering. Die Milz ist nicht vergrößert, die Lymphdrüsen etwas vergrößert und durchfeuchtet. Die Meningen und das Zentralnervensystem können makroskopisch völlig intakt sein, häufig ist allerdings eine (wohl sekundäre) eiterige Basilar-Meningoencephalitis. Im Gehirn ist eine Rundzellenanhäufung um die Kapillaren und Degeneration der Ganglienzellen von Mott und Spielmeyer beschrieben worden.

Diagnose. Die Schwellung der Lymphdrüsen, speziell des Nackens, gestattet zwar, sich zur raschen Orientierung ein annäherndes Bild der Verbreitung der Schlafkrankheit zu verschaffen. Aber es wäre zu weit gegangen, wollte man allein auf Grund dieser Prüfung Maßnahmen, wie Absperrung, Quarantäne u. ä., aufbauen. Denn einerseits sind infolge von vorausgegangener Lymphadenitis infolge von Verletzungen die Lymphdrüsen, speziell der Schenkelbeuge, häufig vergrößert und induriert; andererseits sind, wie namentlich Koch nachwies, bei manchen Trypanosomen-Kranken auch des 3. Stadiums die Lymphdrüsen nicht vergrößert oder durch Induration schon wieder geschrumpft. Die Drüsenpalpation kann also nur die mikroskopische Diagnose unterstützen.

Die Trypanosomen finden sich im Blute des Erkrankten gewöhnlich nur äußerst spärlich, ja sie werden sogar in den späteren Stadien der Krankheit eher noch seltener. Es ist deshalb nicht zu empfehlen, zu diagnostischen Zwecken die üblichen Ausstriche anzufertigen, sondern in allererster Lniie sich der Methode der „dicken Tropfen“ zu bedienen (s. S. 130).

In den bei fast allen Kranken geschwollenen Lymphdrüsen, namentlich des Halses, sind die Trypanosomen meist zahlreicher vorhanden als im peripheren Blut. Greig und Gray gaben eine Technik für die Punktion dieser Drüsen an.

Man faßt eine Drüse (selbst erbsengroße lassen sich bei mageren Personen noch punktieren) fest zwischen zwei Finger der linken Hand und sticht senkrecht durch die Haut die Kanüle einer Pravazspritze bis in die Drüse hinein. Daß man tatsächlich in der Drüse ist, erkennt man daran, daß bei kleinen seitlichen Bewegungen der Spritze die Drüse mitgeht. Nun zieht ein Gehilfe den vorher niedergestoßenen Stempel der Spritze auf; man bewegt die Spitze der Nadel in der Drüse hin und her, nimmt dann die Spritze von der Kanüle ab und zieht diese aus der Drüse heraus. Der in der Hohlnadel enthaltene Tropfen weißlichen Safts wird auf einen Objektträger ausgespritzt und entweder frisch oder gefärbt untersucht. Nach Todd und Wolbach ist die Drüsenpunktion bei weitem die zuverlässigste Methode.

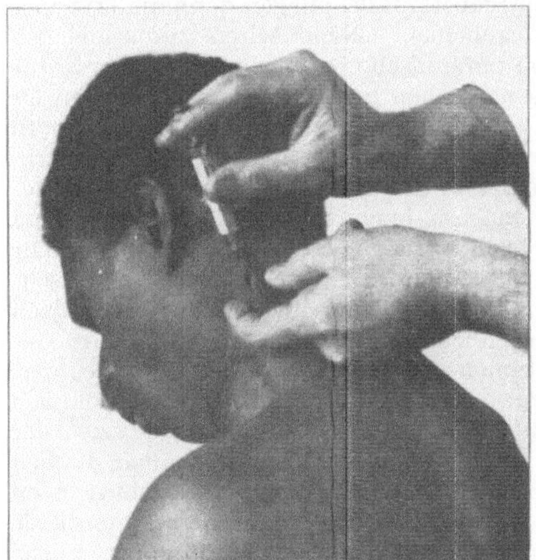

Abb. 192.　Punktion der Halslymphdrüsen.

Diese Methoden haben sich so gut zu diagnostischen Zwecken bewährt, daß die Lumbalpunktion wohl nur mehr in ganz seltenen Fällen wird gemacht werden müssen. Broden und Rodhain haben die Zahl der in der Lumbalflüssigkeit enthaltenen Leukocyten zur Diagnose herangezogen: normalerweise enthält 1 cbmm etwa 5 weiße Blutkörperchen (kleine Lymphocyten). Wesentlich höhere Zahlen (Br. u. R. fanden bis zu 297 Lymphocyten im cbmm außerdem eigentümlich vakuolisierte Formen) fanden sie nur bei latent Infizierten. Dieser Methode wird von den Autoren, namentlich in prognostischer Hinsicht, große Bedeutung beigelegt.

Immerhin sind alle diese Methoden noch nicht ideal. So haben Martin und Leboeuf durch Untersuchung von 400 infizierten Personen mittels Punktion aller erreichbaren oberflächlichen Drüsengruppen nur bei 84,9% der Schwerkranken, bei 90,9% der Kranken des 2. Stadiums und bei 91,4% der Kranken im 1. Stadium Trypanosomen im Drüsensaft nachweisen können. Beck gibt nur an, daß die deutsche Expedition in fast allen Fällen mit Hilfe der sog. „dicken Tropfen-Methode“ die Trypanosomen gefunden habe, allerdings oft nach sehr langem Suchen. Immerhin werden einzelne Parasitenträger namentlich im ersten Stadium diesen Untersuchungsmethoden entgehen.

Das Blut trypanosomeninfizierter Menschen oder Tiere zeigt, auf einem Objektträger ausgebreitet, eine Bildung von dicken roten Flocken in hellem Serum: die roten Blutscheibchen verkleben zu dichten Klümpchen. Diese Autoagglutination wird den Verdacht des Untersuchenden besonders erwecken.

Das Verfahren, Blut von Krankheitsverdächtigen auf Affen zu verimpfen, ist nur dann einigermaßen zuverlässig, wenn man *Macacus rhesus* oder *Cercopithecus sabaeus* zur Verfügung hat. *Tryp. gambiense* läßt sich auf sehr viele Wirbeltiere übertragen; doch ist bei fast allen die Infektion eine leichte, die Trypanosomen im Blute selten, und bei manchen tritt sogar Heilung (Toleranz?) ein. Die folgende Tabelle gibt einige Versuche an Tieren, welche mit Material, das direkt vom Menschen stammte, infiziert worden waren.

Tier	Inkubationszeit (in Tagen)	Dauer der Krankheit (in Tagen)	Ausgang	
Affen:				
Cynocephalen . .	refraktär			
Makaken *M. rhesus*	7,30	62—205	Tod	
Chimpanse . . .	18	nach 60 Tagen an den Folgen der Gefangenschaft gestorben		
Cercop. sabäus . .	11—37	107—261	Tod	
Cercop. fuliginosus .	refraktär			
Hund		Tod meist infolge von Ankylostomiasis		z. T. refraktär
Kaninchen		20—24		
Meerschweinchen . .	21	ca. 38	teils Tod teils Heilung	sind z. T. refraktär
Ratten, weiße . . .	6—36	27—90	teils Tod teils Heilung	,,
Mäuse	ca. 7 Tage			,,
Esel	—	—	—	,,
Rind	—	—	—	,,
Ziege	13	blieb gesund		Eine zweite Ziege war refraktär
Schaf	13	62		z. T. refraktär

Die erkrankten Affen zeigen eine unregelmäßige Fieberkurve und gegen das Ende der Erkrankung hin Hypothermie und Schlafsucht; doch treten bei Affen gerade diese Erscheinungen auch bei anderen Infektionen auf. Wichtig ist, bei Affen, die mit dem Blute Verdächtiger gespritzt worden sind, 4 Wochen nach der Injektion das Knochenmark zu untersuchen; hier finden sich manchmal Trypanosomen, während sie im Blute fehlen.

Therapie. Der Erfolg der Behandlung der Trypanosomeninfektionen wird von einigen Umständen sehr wesentlich beeinflußt.

Auf Seiten des Kranken beobachtet man große Schwankungen in der Empfindlichkeit gegenüber einem Medikament, ohne daß exakte Gründe dafür angegeben werden könnten. Speziell ist dies bei den Augenstörungen bei Atoxylbehandlung hervorgetreten. Im Tierversuch ist das gleichfalls sehr deutlich: Kaninchen vertragen hohe Arsenikdosen, Pferde und Rinder relativ nur kleine Mengen. Aber auch die Trypanosomen sind nicht gleichmäßig für Chemikalien empfänglich. Kopke beschreibt einen Fall von Trypanosomiasis, bei dem Atoxyl von Anfang an fast unwirksam war. So ist zwischen den Erfolgen mit Arsenophenylglyzin in

Ostafrika und in Togo ein deutlicher Unterschied zu konstatieren. Im Tierexperiment gehen diese Differenzen so weit, daß Ehrlich geradezu verschiedene Stämme „tenax“ und „debilis“ unterscheiden konnte.

Endlich kommt in der Praxis noch die wichtige Frage der Reinfektionen hinzu. Bei Ratten und Mäusen läßt sich nach Einspritzung einer heilenden Arsenik-dosis eine oft monatelang anhaltende Immunität gegen Reinfektionen nachweisen; wie aber diese Verhältnisse beim Menschen liegen, läßt sich nur außerordentlich schwer bestimmen. Rückfälle lassen sich, namentlich im ersten Stadium, nicht von Neuinfektionen unterscheiden. Deshalb ist der Wert einer Therapie nur an solchen Fällen wirklich ganz rein zu beobachten, die außerhalb des Schlafkrankheitsherdes weiter behandelt und beobachtet werden können.

Von größter Wichtigkeit in der Behandlung der Trypanosomen-Infektionen haben sich die Verbindungen des Arsenik erwiesen. Lingard und Bruce haben es (1895) zuerst, mit geringem Erfolg, bei Surra und Nagana angewendet. Thomas machte 1905 auf das Atoxyl aufmerksam, das bis jetzt am meisten Anwendung gefunden hat. Plimmer und Thomson zeigten die starke Wirkung der Antimonsalze auf Trypanosomen. Ehrlichs chemo-therapeutische Versuche haben nicht bloß neue Ausblicke auf theoretische Gebiete gebracht, sondern auch der Praxis mehr als ein wertvolles Präparat in die Hände gegeben.

Die einfachste Verbindung, arsenige Säure As_2O_5 und deren Natron-salz, von Gray und Tulloch beim Menschen in intramuskulären Injektionen (bis 8 mg) und per os (bis 20 mg) versucht, brachte die Trypanosomen zwar in einigen Fällen zum Verschwinden, bei anderen Kranken dagegen zeigte sich nur ein vorübergehender Erfolg. Die Methode von Löffler und Rühs (arsenige Säure plus Atoxyl) hat in Brodens Händen keine besseren Resultate ergeben, als Atoxyl allein.

Das Trisulfid, As_2S_3 (Auripigment) ist von Laveran in die Therapie ein-geführt worden. Das Medikament wird nach Thiroux verordnet: Arsenici trisulfurati präcipitati 20 g, Extract. opii 0,4 g, Gummi arab., Pulv. liquir. q. s. ut fiant pillul. No. CC. Es hat den Vorteil, daß es per os gegeben werden kann. Mit Atoxyl vereinigt und dann per os von 0,15 g pro die bis zu 1,0, 1,5 und selbst 2 g steigend, gegeben, hatte es günstig gewirkt, ohne störende Nebenerscheinungen zu veranlassen.

Das arsanilsaure Natron, Arsanil hat die Formel:

$$\begin{array}{c} OH \\ | \\ O = As - ONa \\ \end{array}$$

NH$_2$

und wird von den Vereinigten Chemischen Werken in Charlottenburg unter dem Namen „Atoxyl“ in den Handel gebracht. Es ist leicht in Wasser löslich, doch ist die Lösung nicht haltbar, so daß sie zur Injektion frisch mit sterilem Wasser ($10^0/_0$) bereitet werden muß. Soamin, das englische Präparat, ist mit Atoxyl identisch, enthält nur 1 Molekül Kristallwasser mehr. Van Soemeren gibt an, daß dies Präparat zuverlässiger als Atoxyl sei, und die gefährlichen Nebenwirkungen des Atoxyls nicht zeige.

Der größte Teil des Atoxyls verläßt den Körper innerhalb 3 Tagen wieder, und zwar nur zum geringen Teil zersetzt; dieser Bruchteil ist offenbar der aktive. Gehirn und Rückenmark nehmen sehr wenig von dem Arsenikale auf.

Die Dosierung des Arsanils wird verschieden gehandhabt. Selbst 1,0 g subkutan, eine Dosis, die bei kräftigen Personen Schwindel, Schmerzen in der Magengegend und Erbrechen erzeugen kann, ist nicht immer imstande, die Trypanosomen auf die Dauer zum Verschwinden zu bringen. Deshalb hat die von Koch empfohlene Doppelinjektion von je 0,5 g an 2 aufeinanderfolgenden Tagen, in Abständen von 10—14 Tagen wiederholt, große Verbreitung gefunden. Manson empfiehlt, jeden 2. oder 3. Tag bis 0,2 g subkutan einzuspritzen (mit Antimon per os kombiniert). Martin gibt 0,5 g in 5—6 tägigen Intervallen. Aber bei all diesen Variationen sind Rezidive beobachtet worden. Aus Kochs Berichten geht hervor, daß unter der Wirkung der fortgesetzten Atoxylbehandlung die Trypanosomen aus den Drüsen früher oder später gänzlich verschwinden, daß sie aber im Blute wieder auftreten können. Zur Beurteilung der Dauerwirkung des Atoxyls ist also die Blutuntersuchung ausschlaggebend.

Das Atoxyl hat die Eigenschaft, bei trypanosomeninfizierten Menschen Schädigungen der Sehnerven hervorzurufen, die von leichter Trübung des Visus bis zur völligen Erblindung gehen. Koch sah 22 seiner Patienten, Kopke 6 unter 29 Kranken völlig erblinden. Dabei ist, wie Kopke hervorhebt, die Dosis des Arsanils nicht ausschlaggebend, vielmehr muß eine persönliche Disposition dafür verantwortlich gemacht werden.

Wie weit die Entwicklung atoxylfester Trypanosomenstämme (s. S. 113) in der Praxis störend hervortritt, läßt sich zurzeit nicht überblicken. Doch muß sie bei der Behandlung der Recidive berücksichtigt werden.

Die meisten Autoren aber stimmen darin überein, daß das Arsanil lange Zeit (nach Koch mindestens 4 Monate, nach Martin 6 Monate, nach Manson 2 Jahre) fort gegeben werden muß. Dann kann eine Pause von ein bis mehreren Monaten eintreten; je nach dem Zustande des Patienten und dem Parasitenbefund muß die Behandlung nach kürzerer oder längerer Pause wiederholt werden.

Das essigsaure Arsanil, Arsacetin, besitzt in der Praxis keine wesentlichen Vorteile vor dem Atoxyl, auch sind einige Fälle von Erblindung danach beobachtet worden.

Ein weiteres Präparat Ehrlichs, von großem Wert für Therapie und Bekämpfung, ist das Arsenophenylglycin

$$\mathrm{CO_2Na-CH_2-NH} \diagup \diagdown -\mathrm{As}$$
$$\mathrm{CO_2Na-CH_2-NH} \diagup \diagdown -\mathrm{As}$$

Es ist eine 3wertige Arsenverbindung, ist sehr leicht zersetzlich und muß in luftleer gemachten Röhrchen aufbewahrt werden. Die Resultate mit diesem Präparat lauten sehr widersprechend. von Raven gibt je 25—27,5 mgr pro Kilo subkutan an 2 aufeinanderfolgenden Tagen (wohl besser intravenös, in mehr als 200 g physikalischer Kochsalzlösung). Aubert und Heckenroth ziehen die intravenöse Injektion vor und konnten bis zu 3,0 g ohne besondere Nebenwirkung geben. In Ostafrika (van Soemeren, Hailstone, Eckardt u. a.) sind die Resultate wesentlich weniger gute als in Togo. Eckardt u. a. haben recht ungünstige Nebenwirkungen gesehen (Ikterus, papulöse Exantheme, selbst Vergiftungen). v. Raven berichtet, daß von 75 Kranken nach einem Jahr und länger 56 sich in gutem Zustand befanden, 13 gestorben und im ganzen 22 rezidiviert waren. Erblindung scheint nicht vorzukommen. Martin und Ringenbachs Resultate sind weniger günstig, sie haben nur Fälle im 2. und 3. Stadium behandelt. 3 g, unter die Bauchhaut gespritzt, wurden, abgesehen von etwas Schmerzhaftigkeit, gut vertragen. Das Präparat scheint speziell dazu geeignet, Blut und Lymphdrüsen von Parasiten frei zu machen, ist also für Fälle im ersten Stadium indiziert.

Die Antimon-Salze, speziell Brechweinstein, wirken beim Menschen (0,1 g intravenös, die subkutane Injektion ist sehr schmerzhaft und verursacht Entzündung der Impfstelle) bereits in 5—10 Minuten auf die Trypanosomen des Blutes, doch war diese Menge, 8—10 Tage lang täglich injiziert, in 4 von 7 Fällen nicht genügend, um Rezidive zu verhüten (Broden). Ebenso hat Anilin-Antimonyl-Tartrat, von Laveran eingeführt, nicht wesentlich mehr geleistet. Dem gegenüber stehen 2 sehr gut beobachtete Fälle, bei denen die Behandlung mit Kaliumantimonil-Tartrat (0,1 bzw. 0,01 intravenös) anscheinend zur definitiven Heilung führte. Wird wiederholt injiziert, so tritt nach einer Reihe von Spritzen Überempfindlichkeit (Brechreiz, Leibschmerzen und Fieber) auf. Es scheinen aber schon die ersten Dosen ausschlaggebend zu sein. Jedenfalls wäre es wichtig, Antimon noch weiter auszuprobieren.

Das Antimon-Trioxyd (Trixidin nach Kolle) hat sich in der Praxis nicht bewährt.

Die ersten therapeutischen Versuche Ehrlichs hatten Farbstoffe, und zwar das sog. Trypanrot, einen Benzidinfarbstoff, zum Ausgangspunkt. Allein diesen haften verschiedene Nachteile an: entweder färben sie Haut und Schleimhäute, oder sie rufen, subkutan injiziert, Entzündung hervor, oder sie werden per os gegeben, in Mengen, die die Trypanosomen beeinflussen können, nicht vertragen. Allein das Tryparosan, ein Farbstoff der Triphenylmethanreihe, scheint neben Arsenophenylglyzin in 3 Fällen die Arsenbehandlung unterstützt zu haben, wenn es auch für sich allein nur in hohen Dosen und nicht nachhaltig wirkt. Das Tryposafrol, von Brieger empfohlen, ist in der Praxis unbrauchbar.

Wenn wir uns die Ehrlichsche Auffassung, daß eine Trypanosomen-zelle verschiedene Chemoceptoren besitzt, von denen ein Teil das Arsenik, andere das Antimon-Molekül, eine dritte Gruppe die Farbstoffe bindet und ver-ankert, zu eigen machen, so muß eine Therapie, die mehrere dieser Rezeptoren-gruppen gleichzeitig fesselt, am wirksamsten sein. Ehrlich ist selbst stets aufs energischste für eine solche kombinierte Therapie eingetreten, die uns die Mög-lichkeit gibt, mit jedem der Medikamente etwas unter der Dosis maxima tolerata zu bleiben. Solche Kombinationen sind denn auch von mehreren Seiten praktisch erprobt worden. Meist wurde Atoxyl bzw. Soamin mit einer anderen Droge vereint angewendet.

Atoxyl mit Quecksilber-Präparaten, die von Moore, Nirenstein und Todd an Tieren mit gutem Erfolg geprüft worden waren, haben in der Praxis nicht wesentlich besser gewirkt als Atoxyl allein; ja das Quecksilber wurde von den deutschen Ärzten wegen der unvermeidlichen Stomatitis wieder ver-lassen.

L. Martin behandelte mehrere Kranke mit Atoxyl 0,5 plus Arsen-trisulfit in Pillen per os. Die Resultate sind nicht besser als mit Atoxyl allein.

Manson hat eine Patientin mit Atoxyl, je 0,2 jeden 3. Tag und gleichzeitig mit Tartarus stibiatus 0,12 in Wasser per os ca. 9 Monate lang behandelt; wie ich mich selbst überzeugen konnte, hatte die Kranke nach $1\frac{1}{2}$ Jahren ein Rezidiv.

Martin, Leboeuf und Ringenbach haben mit Injektionen von Atoxyl und von Tartarus stibiatus (bei Personen über 60 Kilo: 0,5, 1,0 und 1,5 Atoxyl (!) in 5tägigen Abständen, dann in 5—10tägigen Abständen, 10 Injek-tionen à 0,05—0,1 g Brechweinstein in 1%iger Lösung in die Vene) 20 Kranke im 2. und 3. Stadium behandelt. Zehn sind davon gestorben, bei 7 von den über-lebenden wurden nach der Behandlung Trypanosomen im Rückenmarkskanal nachgewiesen. Bei vorgeschrittenen Fällen ist also diese Kombination dem

Atoxyl allein kaum überlegen. Neosalvarsan hat keine besonders guten Ergebnisse gehabt. Von Tryparosan können bis zu 4 g per os pro die vertragen werden, doch dürfte es sich empfehlen, die Dose nicht so hoch zu wählen, um sie länger fortgeben zu können.

Was die Beurteilung der Erfolge der Behandlung anlangt, so ist eine Beobachtung von mindestens 2 Jahren erforderlich, die sich auf tägliche Beobachtung der Körpertemperatur und auf Blutuntersuchung bei jeder, auch der geringfügigsten Störung des körperlichen Zustandes erstrecken muß. Nur in ganz besonderen Ausnahmefällen, das ist wohl klar, kann eine solche Kontrolle durchgeführt werden. Aber auch nach zwei Jahren und später sind, soweit unsere Kenntnisse reichen, Rückfälle nicht vollkommen auszuschließen. Dies sei zur Beurteilung der Resultate der Behandlung vorausgeschickt.

Die Aussichten auf Heilung hängen ganz davon ab, in welchem Stadium der Patient in Behandlung kommt: im allerersten Stadium sind die Aussichten entschieden günstige; je weiter aber die Erkrankung fortgeschritten ist, desto schlechter die Prognose. Durch Versuche von Schilling und Naumann ist gezeigt worden, daß das Zentralnervensystem so gut wie gar kein Arsen aufspeichert, also auch keines an das Blut wieder abgeben und so die Wirkung verlängern kann. Trypanosomen, die in den Liquor cerebrospinalis eingedrungen sind, können dort von Medikamenten nicht mehr getroffen werden. Deshalb hat eine Behandlung nur dann Aussicht auf Erfolg, wenn dieses Refugium noch nicht von den Trypanosomen erreicht worden ist.

Über die Erfolge der Behandlung ein genaues Bild zu gewinnen, ist deshalb sehr schwierig, weil man es in Afrika mit einer sehr beweglichen, jeder Beeinflussung seitens des Europäers abholden Bevölkerung zu tun hat. So figurieren im Bericht der englischen Kommission über das Jahr 1908/09 von 4975 im Lager Aufgenommenen 1182 als „absent". Leider sind diese Ausreißer in der Statistik nicht berücksichtigt. Doch seien hier einige Tabellen des Berichtes für 1908/09 angeführt. Sie umfassen die Zeit vom 1. Dezember 1906 bis 30. November 1910 und geben das Stadium an, in dem die Patienten aufgenommen wurden.

Aufgenommen Dezember 1906 bis November 1907.

Es waren bei der Aufnahme		Davon im Lager am 30. Nov. 1909	am 30. Nov. 1910
im I. Stadium	140 = 11,8 %	15	3
„ II. „	517	45	19
„ III. „	528	44	27
Entlaufen		210	224
Gestorben		871 = 73,5 %	912 = 98,8 %
Summe	1185	1185	1185

Aufgenommen Dezember 1907 bis November 1908.

Es waren bei der Aufnahme		Davon im Lager am 30. XI. 1909
Im I. Stadium	300 = 12,2 %	22
„ II. „	1350	138
„ III. „	793	123
Seitdem sind entlaufen ...		525
„ „ tot		1635 = 66,9 %
Summe	2443	2443

Aufgenommen Dezember 1908 bis November 1909.

Es waren bei der Aufnahme		Davon im Lager am 30. XI. 1909
Im I. Stadium	89 = 6,6 %	39
„ II. „	575	186
„ III. „	683	143
Seitdem sind entlaufen . . .		447
„ „ gestorben . . .		532 = 39,4 %
Summe	1347	1347

Diese Tabellen zeigen, daß nur bei einer ganz geringen Zahl der Fälle im I. Stadium (1—2 %) ein Erhalten des Zustandes zu erwarten ist.

Die folgende Tabelle zeigt, daß in früheren Jahren, als mehr Leichtkranke zur Behandlung kamen, auch vielfach der Zustand gebessert wurde, daß aber später, wo die Schwerkranken überwiegen, die augenblicklichen Erfolge der Behandlung ab-, die Todesfälle zunehmen.

		Am 30. Nov. 1907	Am 30. Nov. 1908	Am 30. Nov. 1909
Aufgenommen Dezbr. 1906 bis Novbr. 1907	gebessert	43,6 %	7,4 %	1,2 %
	gestorben	18,5 „	61,9 „	73,5 „
Aufgenommen Dezbr. 1907 bis Novbr. 1908	gebessert	—	14,9 „	0,9 „
	gestorben	—	32,9 „	66,9 „
Aufgenommen Dezbr. 1908 bis Novbr. 1909	gebessert	—	—	2,8 „
	gestorben	—	—	39,4 „

Der Gang der Epidemie im Uganda-Protektorat läßt sich nach Hodges aus Ziffern, die ziemlich zuverlässig sein sollen, ersehen. Es starben dort

1905	8 003
1906	6 522
1907	4 170
1908	3 662
1909	1 782
1910	1 546
	25 685

Darnach ist es gerechtfertigt, anzunehmen, daß die Epidemie in der Tat abnimmt, daß erst jetzt ältere Fälle zum Vorschein und zur Behandlung kommen, daß bei diesen jetzt aber auch die anfängliche Besserung, die früher so häufig und unzweideutig hervortrat, nur mehr seltener beobachtet wird und nicht lange anhält.

Die verschiedenen Behandlungsmethoden hatten in Händen der englischen Ärzte Erfolge, die aus folgender Tabelle hervorgehen.

Lager	Am 30. Novbr. 1909	Atoxyl, Soamin		Soamin + Quecksilber		Atoxyl, Soamin u. Auripigment	
		I. u. II. Stad.	III. Stad.	I. u. II. Stad.	III. Stad.	I. u. II. Stad.	III. Stad.
Busiro . {	gebessert %	1,0	39,6	1,8	3,4	27,2	8,7
	gestorben „	83,3	90,1	65,3	80,6	31,8	65,2
Chagwe . {	gebessert „	—	—	9,6	1,4	10,0	5,6
	gestorben „	—	—	40,8	75,0	45,7	60,5
Busu . . {	gebessert „	0,4	0,0	0,0	0,0	—	0,0
	gestorben „	40,0	63,0	68,0	88,0	—	89,0

Aus dieser Tabelle scheint mir hervorzugehen, daß die individuelle Beurteilung dessen, was „gebessert‟ heißt, eine wesentliche Rolle bei ihrer Aufstellung spielte.

Von 72 Kranken, die seit Mai 1907 genau verfolgt werden konnten, sind zwischen 1908 und November 1909 43 gestorben, 13 entlaufen. Fünf sind dauernd bei guter Gesundheit, 3 anscheinend geheilt; von den 21 im III. Stadium Aufgenommenen hatten 18 Rückfälle.

Es ist nach diesen Berichten begreiflich, wenn die englische Kommission die Behandlung auf die sich selbst meldenden Leichtkranken im I. und II. Stadium beschränkt und den Hauptwert auf die Dislokation der Eingeborenen (s. u.) legt.

Im Bericht der deutschen Schlafkrankheitsexpedition teilt Beck folgende Zahlen mit: Es wurden vom August 1906 bis Ende September 1907 im ganzen 1633 mit Atoxyl behandelt, und zwar 1259 Leichtkranke (II. Stadium) und 374 Schwerkranke (III. Stadium). Von den Leichtkranken starben während dieser 13 Monate 53 = 4,2%, von den Schwerkranken 20,9%; doch wird bemerkt, daß sich viele der Behandlung entzogen haben. Man wird also wohl berechtigt sein, die Mortalität höher anzusetzen. Immerhin bleibt die Mortalität auch der Schwerkranken weit zurück hinter derjenigen der Missionshospitäler in Bumangi und Kisuti, wo die Mortalität vor Einführung des Atoxyls 100% betrug.

Was die Leichterkranken anlangt, so können nach Beck sicherlich viele geheilt werden, wenn sie sich lange genug der Behandlung unterziehen.

von Raven berichtet, daß er in dem Lager bei Misahöhe (Togo) eine Mortalität von 2,1% bei einer Durchschnittszahl von 122 Patienten hatte.

Die portugiesische Expedition auf Isle de Prince hatte nur Erfolge mit Doppelinjektionen von 0,5—0,6 g Atoxyl, in 10—15 tägigen Abständen wiederholt. Von 32 behandelten Patienten waren bei der Mehrzahl die Trypanosomen auf 7—8 Monate aus dem Blute verschwunden. Die Mortalität an Schlafkrankheit sank infolge der Behandlung von 25% auf 3,7% der Gesamtsterblichkeit.

Kopke hat 52 Patienten mit Atoxyl oder in Kombination mit Quecksilber, Antimon u. a. behandelt. Von diesen sind 34 gestorben, 4 wieder in die Heimat zurückgekehrt. Nur 2, bei denen die Behandlung einsetzte, als noch keine Trypanosomen in der Zerebrospinalflüssigkeit vorhanden waren, sind mehrere Jahre frei von jeder Erscheinung. Nur solche Fälle gewähren Aussicht auf Erfolg. Kopke empfiehlt, mit kräftigen Atoxyldosen (bis 1,5 g) zu beginnen und dann kleinere Dosen auf mehrere Monate zu verteilen.

Broden und Rodhain berichten, daß sie bei Kranken im ersten Stadium mit Atoxyl (0,5—1,0 in verschiedener zeitlicher Verteilung) gute Resultate sahen; unter 26 Kranken 22 wahrscheinlich geheilt. Dagegen sind die Aussichten im 2. und 3. Stadium sehr viel ungünstiger.

Martin und Darré haben in $5^{1}/_{2}$ Jahren 24 Trypanosomiasis-Kranke im Institut Pasteur behandelt, und zwar mit Atoxyl allein und in Kombination mit Auripigment und Tartarus stibiatus. Acht starben, doch hatte die Behandlung zum mindesten ihr Leben verlängert. Zwei von den noch lebenden 16 hatten trotz der Behandlung noch schwere nervöse Symptome, bei einem war ein atoxylfester Stamm vorhanden. Zehn weitere Fälle sind noch nicht lange genug beobachtet, doch sind 6 von ihnen anscheinend ganz gesund.

Breuer faßt das praktische Ergebnis der medikamentösen Bekämpfung im Shiratidistrikt dahin zusammen, daß von den Patienten, welche seit $2^{3}/_{4}$ Jahren zur Behandlung kamen, ca. $70^{0}/_{0}$ gestorben seien. Von 332 Zugängen können $24 = 7{,}2^{0}/_{0}$ als geheilt betrachtet werden.

Epidemiologie. 1. Der noch bis vor kurzem giltige Satz, die Krankheit beschränke sich auf das Verbreitungsgebiet der *Glossina palpalis*, muß eine Einschränkung erfahren: neuerdings sind aus Nordwest-Rhodesia, Nyassaland und Deutsch-Ostafrika (am Rovuma-Fluß) zahlreiche Infektionen bekannt geworden, welche weit entfernt von der Palpalisgrenze in Morsitans-Gebieten stattgefunden haben.

In diesen Morsitans-Distrikten kommt *Gl. palpalis* sicher nicht vor. Inzwischen hat, wie oben erwähnt, Kinghorn festgestellt, daß *Tryp. rhodesiense* durch *Gl. morsitans* übertragen wird. Der Leitsatz wird also lauten: Wo keine *Glossina* (*palpalis* und *morsitans*), da keine endemische Schlafkrankheit. Nun ist aber, wie aus der Karte, Seite 190, hervorgeht, das Verbreitungsgebiet der *Gl. morsitans* wesentlich größer als das der menschlichen Trypanosomiasis. Deshalb ist die Möglichkeit, ja sogar die Wahrscheinlichkeit gegeben, daß die Krankheit auch in diejenigen Teile des Morsitansgebietes vordringen wird, in denen sie bisher noch fehlte, und in der Tat ist ein solches Vordringen im Congo francais bereits beobachtet worden. Es ist also mit einer noch viel weiteren Ausdehnung, namentlich nach Südafrika, wenigstens zu rechnen.

Sehr einleuchtend ist auch das Beispiel der Verschleppung trypanosomeninfizierter Sklaven nach Westindien: eine Weiterverbreitung der Seuche hat dort nicht stattgefunden, weil die Überträgerin fehlte. Nur die bereits in der Heimat infiziert Gewesenen starben allmählich aus.

Interessant ist ferner der Beweis für die Rolle des *Gl. palpalis*, den die nach den Inseln St. Thomas und Isle de Prince entsandte portugiesische Expedition erbracht hat: nach beiden Inseln wurden seit Jahrhunderten Farbige aus Angola als „Arbeiter" eingeführt. Auf St. Thomas nun war kein einziger Fall von Trypanosomiasis bei Menschen oder Haustieren zu finden; aber auch keine *Glossina palpalis*. Auf Isle de Prince dagegen waren $12—64\%$ der Einwohner und der Haustiere mit Trypanosomen infiziert und *Glossina palpalis* kommt in Mengen dort vor; die übrigen blutsaugenden Insekten sind beiden Inseln gemeinsam.

2. Die Verbreitung der Krankheit erfolgt durch den kranken Menschen, der, scheinbar völlig gesund und leistungsfähig, in seinem Blute die Krankheitserreger mit sich trägt.

Der wichtigste alte Herd der Krankheit war von jeher das Mündungsgebiet des Kongo und die angrenzenden Küstengebiete. Mit dem zunehmenden Verkehr auf weite Strecken hin, den Kongo und seine Nebenflüsse hinauf, griff dann die Seuche, vielleicht durch die in Uganda angesiedelten Soldaten Emin Paschas und ihren Troß eingeschleppt, auf die Ufer des Viktoria-Nyansa-Sees hinüber und hat dort geradezu entsetzlich gewütet.

Es ist eine beachtenswerte Tatsache, daß in Uganda die Krankheit, frisch eingeschleppt, eine ganz ungeheure Verbreitung gewann; im westlichen Sudan dagegen, in Togo und Ashanti, ist sie seit mehreren Menschenaltern endemisch, aber von einem auffallenden Sterben oder einer Epidemie ist nichts bekannt geworden.

Zwei Erklärungen sind möglich: es hat sich in Westafrika eine gewisse Immunität gebildet (weshalb erkranken dann dort immer wieder einige Personen?), oder die Glossinen *(palpalis* und *morsitans)* bieten dort den Trypanosomen nicht so günstige Bedingungen zur Entwickelung (ich habe zahlreiche *Gl. palpalis* in Togo außerhalb des Schlafkrankheits-, aber innerhalb eines Nagana-Gebietes untersucht, aber niemals Flagellaten in deren Darm gefunden). Die Frage bedarf noch genauer Untersuchungen.

Bruce und seine Mitarbeiter haben *Tryp. gambiense* durch den Stich infizierter Fliegen auf 2 Rinder übertragen; frisch gefangene Fliegen brachten bei 3 Rindern eine Infektion mit einem Trypanosoma zustande, das morphologisch von *Tryp. gambiense* nicht zu unterscheiden war; auch gelang es, von diesen Rindern aus Fliegen zu infizieren, die dann wieder 2 von 5 Rindern zu infizieren vermochten. Ferner fand Bruce auch in Rindern und Hunden, die aus Schlafkrankheitsgebiet stammten, Trypanosomen, die sich in nichts von *Tryp. gambiense* unterschieden und durch *Glossina palpalis* auf Affen übertragen werden konnten.

Ferner haben Bruce und seine Mitarbeiter neuerdings zeigen können, daß Antilopen für *Tryp. gambiense* empfänglich seien. Allerdings haben Kleine und Fischer bei $30\,^0/_0$ der Antilopen am Tanganjikasee Trypanosomen verschiedener Art gefunden; Bruce's Prüfungen, ob seine Antilopen nicht bereits vorher infiziert waren, sind dem gegenüber nicht absolut beweisend. Immerhin muß mit der Möglichkeit, daß trotzdem diese Beobachtungen richtig seien, gerechnet werden. Inzwischen hat Duke festgestellt, daß noch $4^1/_2$ Jahre, nachdem die Küstenlinie von Chagwe (Viktoriasee) von Menschen völlig geräumt worden war, $0{,}014\,^0/_0$ der dort gefangenen Fliegen eine Infektion mit Trypanosomen, die Duke für *Tryp. gambiense* hält, erzeugen konnten. Diese Fliegen müssen also sich aus einem noch vorhandenen Reservoir neu infiziert haben.

Duke hat ferner bei 2 Antilopen, die auf der Damba-Insel geschossen waren, durch Überimpfung von Blut auf Affen Trypanosomen vom Typus *gambiense* nachweisen können. Diese wildlebenden Tiere können also nach der Auffassung der englischen Forscher dem Virus als Reservoir dienen, was epidemiologisch von großer Bedeutung wäre.

Bruce, Kinghorn und Yorke sind neuerdings noch viel weiter gegangen. Sie fanden nämlich bei $8\!-\!16\,^0/_0$ des von ihnen in Britisch-Nyassa-Land und Nordrhodesia untersuchten Wildes (namentlich beim Riedbock, Wasserbock und Buschbock, aber auch bei vielen anderen Antilopen, beim Büffel, der Hyäne und dem Warzenschwein) Trypanosomen vom Typus „*rhodesiense*". Um diese mit dem Original-*Trypanosoma brucei* aus Natal zu vergleichen, verschafften Bruce und seine Mitarbeiter sich einen Stamm von dort. Zu ihrer Überraschung stellte sich bei der Nachuntersuchung heraus, daß auch dieser Originalstamm einen ebenso hohen Prozentsatz von „Rhodesiense"-Formen aufwies, als der Typ-Rhodesiense-Stamm und als die aus Wild gewonnenen Stämme. Die Kurven, welche nach der auf S. 185 beschriebenen Methode von beiden Stämmen gewonnen wurden, deckten sich fast vollkommen. Bruce schloß daraus, daß *Trypanosoma brucei* und *Tryp. rhodesiense* identisch seien. Ob sie Versuche mit menschlichem Serum angestellt haben, ist nicht erwähnt. Auf die epidemiologischen Folgerungen, die Bruce und Yorke und Kinghorn für die praktische Bekämpfung daraus zogen, werden wir weiter unten noch zurückkommen.

Taute hat nun aber diese Anschauungen der englischen Forscher in klarer Weise durch zwei Selbstversuche widerlegt. Auch er hatte am Nyassasee diese Trypanosomen vom Typus rhodesiense wiederholt, z. B. in Haushunden, gefunden. Er ließ nun *Glossina morsitans* an solchen Tieren saugen. Nachdem sie an verschiedenen Versuchstieren ihre Infektiosität erwiesen hatten, setzte er sie sich selbst in zwei Serien an 5 aufeinanderfolgenden Tagen an — ohne zu erkranken! Damit war der Beweis geliefert, daß diese tierpathogenen Trypanosomen, deren Maßkurven völlig mit *Tryp. rhodesiense* aus dem Menschen übereinstimmten, nicht menschenpathogen waren, also auch nicht *Tryp. rhodesiense* sein konnten.

In Zukunft wird man ein solches heroisches Experiment durch den Tierversuch mit menschlichem Serum ersetzen können.

Allgemein können wir aus Tautes Versuch schließen: aus dem Umstand, daß zwei Trypanosomenarten morphologisch in weitgehendster Weise übereinstimmen, darf keinesfalls auf deren Identität geschlossen werden. —

Koch hat zuerst Fälle von Schlafkrankheit bei Frauen beschrieben, die selbst niemals in einem Seuchengebiet gewesen, deren Männer aber infiziert waren. Hier kann die Infektion also nur durch den Geschlechtsverkehr vermittelt worden sein, denn die Kinder aus diesen Familien waren gesund. Kudike hat noch weitere 22 Fälle mit ähnlicher Ätiologie hinzugefügt. Ob diese Art der Übertragung in der Praxis eine nennenswerte Bedeutung hat, läßt sich an der Hand des vorliegenden Materials nicht erkennen.

Daß *Tryp. gambiense* durch die unverletzte Schleimhaut des Maules und der Vagina einer Ratte hindurchgehen könne, ja selbst die Haut einer Ratte durchdringen könne, hat Hindle bewiesen.

Es ist bisher noch kein Fall bekannt geworden, der mit Sicherheit die beiden erwähnten Infektionswege ausschließen ließe und etwa auf den Stich eines anderen blutsaugenden Insekts zurückgeführt werden könnte.

Die **Bekämpfung** der Schlafkrankheit ist auf verschiedenen Wegen versucht worden. Jeder, der afrikanische Verhältisse auch nur einigermaßen kennt, wird begreifen, daß z. B. die Aufgabe, die Schlafkrankheit im Kongobecken, das sie völlig überzogen hat, zu bekämpfen, über Menschenkraft hinausgeht. Aber an einigen Punkten, in Uganda, Deutschostafrika und Togo sind doch bereits beachtenswerte Erfolge erzielt worden.

Der nächstliegende Gedanke war der, daß ein mit Trypanosomen Infizierter, aus dessen Blut wir auf medikamentösem Wege die Erreger entfernen konnten, nicht länger den Glossinen Infektionsmaterial liefern könne. Voraussetzungen für diese Art der Unterdrückung der Seuche waren, daß wir erstens ein auf längere Zeit hin wirksames Mittel besitzen, um das periphere Blut der Kranken parasitenfrei zu machen und zu erhalten, und zweitens: daß wir möglichst viele, wenn möglich alle Parasitenträger zur Behandlung bekommen.

Der ersten Bedingung konnte, wenn auch nicht in völlig idealer Weise, entsprochen werden. Eine Doppelinjektion von je 0,5 g Atoxyl ist, wie u. a. Koch gezeigt hat, imstande, das periphere Blut auf mindestens 10 Tage, meist aber auf viel längere Zeit (30 Tage und mehr) hin trypanosomenfrei zu machen. Wenn es gelänge, etwa alle 3 Wochen sämtliche Kranke und die scheinbar gesunden Parasitenträger zu injizieren, so wäre damit dem hygienischen Zwecke der Behandlung in den meisten Fällen Genüge getan.

Die zweite Bedingung jedoch, daß die eingeborenen Kranken, vor allem aber auch die scheinbar gesunden Parasitenträger alle oder doch zum größten Teil zur Behandlung kommen müßten, hat sich in praxi nur selten erfüllen lassen. Wohl kamen die Kranken zu hunderten ins Lager der deutschen Expedition auf den Sesse-Inseln, aber sie wollten nicht bleiben, und namentlich die Leichtkranken waren nicht zu halten oder wieder heranzuholen. Auch versuchte man, Farbige im Palpieren der Nackendrüsen auszubilden und dann von Ort zu Ort zu schicken, um Verdächtige aufzufinden und zum Arzt zur mikroskopischen Untersuchung zu schicken: diese Leute benutzten ihren Auftrag zu Erpressungen u. ä., so daß diese Einrichtung wieder aufgegeben werden mußte. So kommt es, daß jetzt z. B. am Viktoriasee nur mehr ein größeres Lager aufrecht erhalten wird, während z. B. am Tanganjika der Betrieb fast ausschließlich auf die ambulante Behandlung eingerichtet ist. Auch in Togo hat sich das Lagersystem, verbunden mit Bereisung des ziemlich eng umschriebenen Seuchengebiets durch einen Arzt und Aufsuchen der Kranken gut bewährt. Es ist sehr nützlich, die Kranken nicht allzulange festzuhalten, damit sie sich nicht der Wiederholung der Behandlung widersetzen. Das System der ambulatorischen Behandlung setzt kleine Krankheitsherde, in deren Zentrum ein Arzt stationiert wird, voraus, anderenfalls macht es ein großes Ärztepersonal nötig.

Wichtig ist die Frage, in welcher Weise von bisher nicht verseuchten Palpalis-Gebieten die Einschleppung der Krankheit ferngehalten werden kann. Es wird zwar niemals möglich sein, alle Parasitenträger aus den scheinbar gesunden Trägern, Händlern und ihrem Troß herauszufinden; denn auch ein so einfaches Mittel wie die Drüsenpalpation läßt hier im Stich. Immerhin ist der Vorschlag Todds, an den wichtigen Verkehrswegen Drüsenfühler zu stationieren und Reisenden mit vergrößerten Nackendrüsen den Eintritt in das seuchenfreie Gebiet zu verbieten, von praktischem Wert. In so wichtigen Fällen, wie z. B. bei dem bisher noch freien Minengebiet Katanga, scheint mir sogar eine strenge Absperrung gegen den verseuchten Kongo und ausschließlich Anwerbung von Arbeitern aus Südrhodesia gerechtfertigt. Sollte es sich allerdings bestätigen, daß auch die Haustiere und wild lebende Tiere, wie Antilopen, Büffel, Hyänen etc. dem *Tryp. gambiense* als Reservoirs dienen, so würde die Notwendigkeit, auch diese Quellen der Infektion zum Versiegen zu bringen, gleichbedeutend sein mit der Unmöglichkeit der Seuchenbekämpfung auf diesem Wege.

Die z w e i t e Möglichkeit, die Seuche einzudämmen, besteht darin, die *Gloss. palpalis* zu vertreiben. Gerade dieses Verfahren wird jetzt in unserem Schutzgebiet, und zwar namentlich am Tanganjikasee, am intensivsten durchgeführt. Da die *Gloss. palpalis* sich ausschließlich im Ufergebüsche der Seen und Flüsse, und zwar höchstens bis zu 50 m vom Ufer, aufhält, so müßte es genügen, die Büsche (Mangroven, sog. Ambatschbüsche) und Bäume ca. 50 m weit vom Ufer, außerdem Schilf und Bambus im Wasser niederzulegen, um die Fliegen zu vertreiben. Schwierigkeiten bei der Bevölkerung entstehen höchstens bei der Niederlegung von Bananen- und Ölpalmenhainen. K o c h s erster Versuch auf einer kleinen Insel in Viktoria Nyansa-See zeigte die Richtigkeit dieser Annahme. Seitdem wurden vor allem die Anlegestellen der Boote, die Flußübergänge der wichtigsten Verkehrswege, die Wasserstellen, die Märkte am Fluß- und Seeufer in der Nähe der Ansiedelungen 50 m landeinwärts von Buschwerk gereinigt und auch das im Wasser stehende Schilf und Papyrus ausgerissen oder doch abgeschnitten. Das dürre Holz etc. muß verbrannt werden. Am besten werden solche Arbeiten in der Trockenzeit ausgeführt, da dann der Wasserstand am tiefsten ist und sumpfige Stellen austrocknen. Bei gutem Boden kann das gerodete Terrain sofort als Ackerland für niedrig wachsende Pflanzen (Bohnen, Erdnüsse) benützt werden. Wenn solche Arbeiten nur in mäßigem Umfang notwendig sind und als Steuerleistung gerechnet werden, so sind sie auch nicht besonders kostspielig. Doch müssen sie nach jeder Regenzeit wiederholt werden, da aus den alten Wurzeln ständig neue Sprößlinge nachschießen; indessen ist diese Arbeit natürlich viel leichter als das erste Roden. An solchen gereinigten Stellen sind dann keine Fliegen mehr zu finden.

Wenn sie durch solche Maßregeln auch nur verscheucht, nicht vernichtet werden, so ist doch die Verringerung der Infektionsgelegenheit ein beträchtlicher Gewinn. Die Anpflanzung von sog. Citronella-Gras (*Anthropogon citrodora*) ist als Mittel zur Verscheuchung der Glossinen empfohlen worden: in Westafrika hat es nichts genützt.

Natürliche Feinde der Glossinen und ihrer Brut sind fliegenfressende Vögel, Erdwespen und Ameisen. Doch ist über deren wirklichen Einfluß noch sehr wenig bekannt. Fraser und Marshall fanden die Mehrzahl von 100 Puppen zerstört, wahrscheinlich durch ein Insekt; dieses Schicksal scheint also sehr häufig zu sein.

Die dritte, hauptsächlich von den Engländern in Uganda eingeführte Methode ist die, den kranken wie den gesunden Menschen von dem Verbreitungsgebiet der *Gloss. palpalis* fernzuhalten. Sie haben die Bevölkerung der Inseln und der Küste des Viktoria Nyanza-Sees veranlaßt, ihre alten Wohnstätten zu verlassen und ihnen Niederlassungen in Gegenden angewiesen, wo *Gloss. palpalis* nicht vorhanden ist, also auf erhöhtem Grund in lichter Busch- und Baumsteppe. In Uganda sind bis Ende 1909 etwa 24 000 Menschen aus Palpalis-Gebiet entfernt und in fliegenfreier Gegend angesiedelt worden. Neuerdings soll dies Verfahren auch auf Nord-Unyoro (am Nil) und Westunyoro (am Albert-See) ausgedehnt werden. Es ist klar, daß eine solche Maßregel nur da denkbar ist, wo eine europäische Verwaltung so starken Einfluß auf die eingeborenen Könige und Häuptlinge und ihre schwarzen Untertanen gewonnen hat, daß sie eine Verordnung, die in die Gewohnheiten und das Empfinden des Negers so tief eingreift, nötigenfalls mit Zwang durchzuführen vermag. Für jede zerstörte Hütte wurde eine kleine Entschädigung bezahlt. Für den belgischen Kongo z. B. bliebe eine solche Verordnung einfach ein Wisch Papier.

Die englische Kommission hat experimentell erwiesen, daß noch $4\frac{1}{2}$ Jahre, nachdem die letzten (?) Schlafkranken einen bestimmten Küstenplatz am Viktoria-See verlassen hatten, dort infektiöse Fliegen zu finden sind. Mindestens 5 Jahre, wahrscheinlich aber noch länger, müssen also neue Ansiedelungen an solchen Plätzen verhindert werden. Ob man durch Verordnungen einer Fischerbevölkerung das Fischen und den Bootsverkehr wird abgewöhnen können, scheint mir zweifelhaft.

Auf Grund ihrer Trypanosomenbefunde beim Wild (s. S. 213) hat Bruce und Mitarbeiter es für nötig erklärt, daß in den bedrohten Gegenden ein Feldzug gegen das Wild eröffnet werde. Wegen der großen Schwierigkeiten und Kosten schlug er vorerst einen Versuch in kleinerem Maßstabe vor. Inzwischen sind durch den Tauteschen Selbstversuch solche Maßregeln als unnötig gekennzeichnet worden.

Eine **Prophylaxe** ist nicht unmöglich. In erster Linie wird der Europäer, falls möglich, die Palpalis-Gebiete zu vermeiden suchen; bei gebundener Marschroute ist man den Stichen von Glossinen unvermeidlich ausgesetzt. Glücklicherweise ist es eine vielfach erprobte Tatsache, daß die Glossinen vor den weißen Kleidern der Europäer eine gewisse Scheu haben, während sie sich auf dunkle Kleiderstoffe oder die braune Haut des Negers gerne niederlassen.

Eine medikamentöse Prophylaxe scheint auf Grund der Tierversuche sehr wohl möglich zu sein.

Eisenbahnen, Dampfschiffe und Wohnräume können unschwer mit Drahtgaze gegen das Eindringen von Glossinen geschützt werden. Das Tragen von Nackenschleiern und Handschuhen ist zu empfehlen.

Europäern, die in Schlafkrankheitsgebiet zu leben gezwungen sind, ist aufs dringendste zu empfehlen, ihr Blut von Zeit zu Zeit, jedenfalls bei Fieberanfällen, auf Trypanosomen untersuchen zu lassen.

Citronellaöl sowie Eukalyptusöl verhindern, auf die Haut aufgestrichen, die Glossinen am Stechen; dieser Erfolg läßt nach ca. 1 Stunde wieder nach. Beide Ölsorten rufen ziemlich heftige Reizung der Haut hervor. Auch widersprechen sich die Experimentatoren untereinander.

4. Trypanosoma brucei (Plimm. et Bratf.); Nagana (Tsetsekrankheit).

Historisches und Verbreitung. Die ersten Beschreibungen der Nagana stammen aus dem Zululand (Natal), wo ihr Livingstone schon 1857 begegnete. Im Jahre 1895 hat dann Bruce die Krankheit dort näher studiert und in einer vorzüglichen Monographie den Erreger (*Trypanosoma brucei*) und die übertragende Fliege *(Glossina morsitans)* beschrieben. Dieselbe Krankheit wurde dann in Ostafrika von Koch, in Togo (Westafrika) von Ziemann und Schilling beschrieben. Sie ist offenbar, wenn wir uns auf den Seite 188 eingenommenen Standpunkt stellen, über das ganze tropische Afrika verbreitet, soweit das Vorkommen der *Glosina morsitans* reicht.

Der Parasit, *Trypanosoma brucei,* schwankt, wie schon aus den ersten Abbildungen, die Bruce seiner Monographie beigab, ersichtlich ist, in Gestalt und Größe des Parasiten innerhalb beträchtlichen Grenzen. Für gewöhnlich findet man im peripheren Blut die schlanken, 26—33 μ langen Formen mit freier Geißel und stark gefalteter undulierender Membran; dazwischen im wechselnden Prozentverhältnis kurze plumpe Formen mit sehr kurzer oder ohne freie Geißel. Das abgestumpfte Ende ist manchmal völlig rund, bei anderen Exemplaren scharf abgeschnitten oder spitz. Ja neuerdings hat Bruce eine echte Nagana Stamm aus Natal nachgeprüft und zahlreiche Formen vom Typus „rhodesiense" (s. S. 198) gefunden. Auf Grund der Morphologie ist also *Tryp. brucei* und *Tryp. rhodesiense* nicht zu unterscheiden. In bezug auf die Bewegung und die verschiedenen Stadien der Längsteilung kann auf den allgemeinen Teil verwiesen werden. — Ottolenghi will zu Beginn der Infektion verschiedene Entwickelungsstadien (Macro- und Microgameten) sowie Conjugation gesehen haben (?). Über die „latent bodies" von Moore und Breinl s. S. 184.

Außerhalb des Tierkörpers halten sich die Trypanosomen nur unter günstigen Verhältnissen etwa 1—3 Tage. Kulturen sind Novy nur ausnahmsweise (4 unter 50 Versuchen) gelungen. Die Formen in der Kultur sind denen von *Tryp. lewisi* sehr ähnlich. Sie ließen sich bis zur 8. Passage, in besonders günstigen Fällen noch weiter fortzüchten, von der dritten Passage ab war ihre Virulenz aber erloschen. 0,9%ige Kochsalzlösung tötet sie in ein bis zwei Stunden ab, in Bouillon halten sie sich länger, am besten in normalem Serum (Pferd).

Übertragung und Entwickelung. Daß *Gloss. morsitans* die Krankheit übertrage, hat Bruce schon bei seinen ersten Versuchen klar erwiesen: solche Fliegen, aus einem sogenannten „Fliegengürtel" nach einem hochgelegenen, fliegenfreien Orte gebracht, infizierten dort durch ihre Stiche einen Hund und ein Pferd. Daß auch *Gloss. palpalis* die Tsetse-Krankheit überträgt, hat Kleine gezeigt: Glossinen wurden 3 Tage lang an tsetsekranken Tieren (Schaf und Maultier) gefüttert und dann jeden Tag an ein frisches Schaf bzw. Rind angesetzt: erst vom 18. Tag nach der letzten Blutmahlzeit am kranken Tier wurden die Fliegen infektiös und blieben es bis zum 44. Tage (wahrscheinlich noch länger). Daraus geht hervor, daß *Tryp. brucei* in *Gloss. palpalis* einen Entwickelungsgang durchmacht.

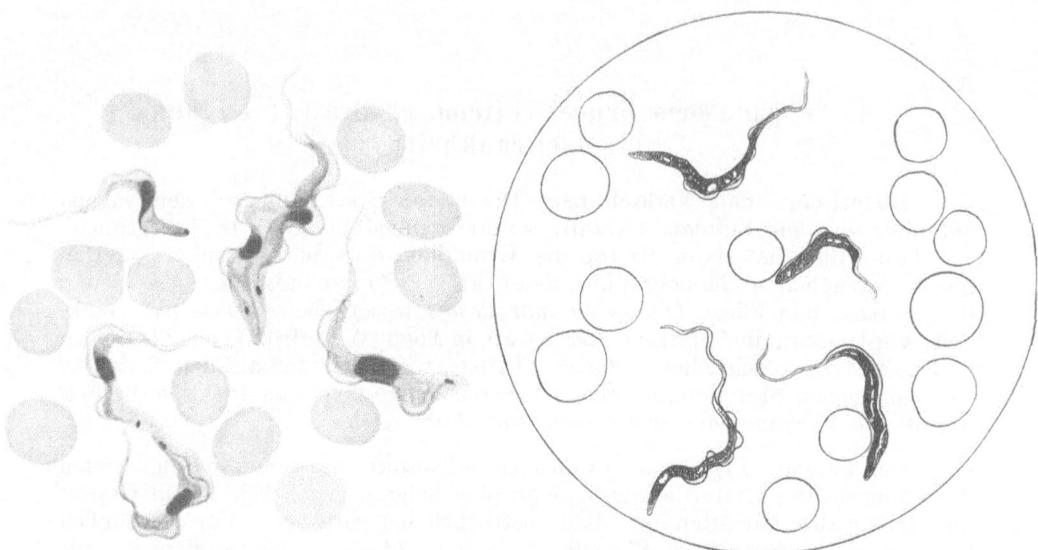

Abb. 193. *Trypanosoma brucei* Plimmer u. Bradford. Vergr. ca. 1300. Orig.

Abb. 194. Kopie von Zeichnungen aus Bruce's Bericht über Nagana 1895.

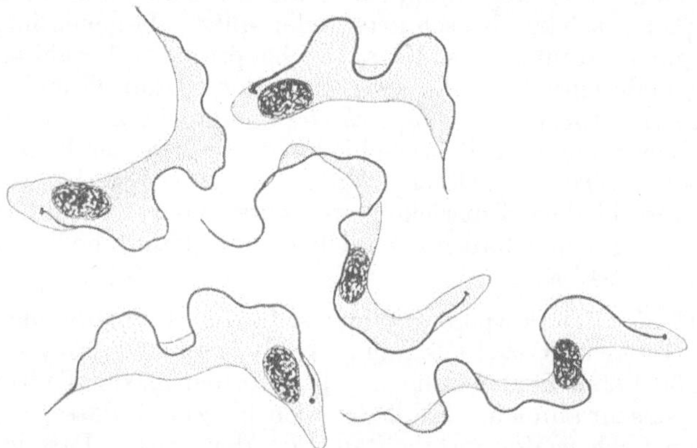

Abb. 195. „*Rhodesiense*" — Formen von *Tryp. brucei*.

Über die Entwickelung von *Tryp. brucei* in Glossinen hat Koch Versuche angestellt. Bezeichnend ist, daß es ihm nicht gelingen wollte, Glossinen dadurch zu infizieren, daß er sie an Rinder ansetzte, in deren Blut massenhaft Trypanosomen vorhanden waren; anders, wenn er dazu Rinder oder Maultiere verwendete, die sich im Latenzstadium der Krankheit befanden, also nur wenige Trypanosomen im peripheren Blute aufwiesen. Der Grund dürfte wahrscheinlich darin liegen, daß nur zu dieser Zeit diejenigen Formen im Blute kreisen, welche für die Weiterentwickelung in der Fliege geeignet sind (Gameten?). Beachtenswert ist ferner, daß Koch nur je einmal bei *Glossina morsitans* und *pallidipes* Entwickelungsformen fand, während *Glossina fusca* 58 mal die Trypanosomen beherbergte.

Im Magen der *Gloss. fusca* vermehren sich die Blutformen durch Längsteilung und schwellen zu großen Formen heran. Nun tritt eine deutliche Differenzierung ein. Man sieht einerseits große, dicke und plumpe Formen mit dicht gefügtem Protoplasma und einem lockeren Haufen von Chromatinkörnern (Hauptkern); sie werden von Koch in Analogie mit anderen Protozoen als weibliche Parasiten bezeichnet. Im Gegensatz dazu zeichnen sich die als männlich angesprochenen Formen durch ihre schlanke schmale Gestalt, sehr wenig Protoplasma und einen dichtgefügten, intensiv färbbaren langen Chromatinkörper aus. Copulationsvorgänge dieser Formen sind bisher nicht beobachtet worden. Als das der Copulation folgende Stadium faßt Koch solche Gebilde auf, die anscheinend aus den weiblichen Formen hervorgingen und einen Blepharoplasten, aber 2, 4, ja 8 Kerne enthalten. Diese zerfallen nach Kochs Annahme in kleine runde, einkernige Gebilde, in denen ein neuer Blepharoplast gebildet wird. Aus diesem wächst die neue Geißel hervor, wobei der Blepharoplast vor (geißelwärts) dem Kerne liegt. Alle diese Flagellaten finden sich auch in der im Rüssel enthaltenen klaren Flüssigkeit, zusammen mit solchen Formen, die ganz den Blutformen gleichen. Für 2 weitere Typen — sehr zarte, dünne Formen, die oft zu Büscheln vereinigt sind, und lange bandförmige Arten mit Blepharoblast vor dem Hauptkern — gibt Koch noch keine nähere Erklärung.

Im großen und ganzen sind diese Beobachtungen Kochs auch von Stuhlmann bestätigt worden. Dieser Autor beschreibt noch amöboide Formen mit 1—2—16 Kernen, ohne Geißel und bezeichnet sie als Ruhestadien, bzw. abnorme Entwickelungsstadien. Er konnte Fliegen, die aus der Puppe gezüchtet waren, zu 80—90% experimentell infizieren, wenn er sie sofort nach dem Ausschlüpfen an kranken Tieren saugen ließ. Die Trypanosomen fanden sich dann zuerst im Hinterdarm, und von da breiteten sie sich nach vorne bis zum Proventrikulus aus. Der Rüssel blieb bei solchen Fliegen stets frei. Durch Überimpfung der Trypanosomen aus dem Darm von Fliegen auf empfängliche Tiere ließ sich in keinem Falle eine Infektion erzeugen.

Es wird weiterer Studien bedürfen, um in diese Fülle von Formen Ordnung zu bringen.

Die Übereinstimmung dieser Formen mit den von Gray und Greig, Koch, Kleine und Minchin in *Gloss. palpalis* gefundenen ist eine sehr weitgehende und es kann daher auf die Abbildungen S. 201 verwiesen werden.

Die Biologie der *Gloss. morsitans* deckt sich nahezu völlig mit der der *Gloss. palpalis*. Nur ist jene besser an das Steppenklima angepaßt; während der Trockenzeit verschwindet sie aber auch dort so gut wie gänzlich, um in der Regenzeit wieder in großen Mengen zu schwärmen.

Nach den oben mitgeteilten Befunden Kochs bei *Gloss. fusca* ist an der Rolle auch dieser Fliege als Überträgerin nicht zu zweifeln. Auf die Rolle des Wildes als „Reservoir" für das *Trypanosoma brucei* hat schon Bruce hingewiesen und gezeigt, daß im Büffel, Wildebeest, Kudu, Buschbock und Hyäne mit *Tryp. brucei* infiziert sein können.

Daß gelegentlich auch durch andere Stechfliegen (*Stomoxys calcitrans*) das Trypanosoma rein mechanisch übertragen werden kann, haben Schuberg und Kuhn experimentell nachgewiesen. Selbstverständlich ist eine Übertragung auch möglich durch direkten Kontakt, wenn Blut aus einer Wunde direkt oder mittelbar durch gewöhnliche Fliegen auf einen Substanzverlust der Haut eingeimpft wird. Solche Übertragungen habe ich z.B. bei meinen Versuchshunden, die stark unter Räude litten und sich immer blutig kratzten, beobachtet. Auch bei Mäusen und Ratten, die in Gläsern gehalten werden und von denen durch Abschneiden eines Stückchen vom Schwanz Blut entnommen wird, kommt eine Übertragung durch diese blutenden Wunden vor. Man darf deshalb niemals infizierte mit uninfizierten Tieren zusammenhalten.

Pathogenese. Bei der Nagana sind wir etwas besser unterrichtet über diejenigen Substanzen, welche die Wirkung des Erregers auf den Wirtsorganismus vermitteln: die Endotoxine, welche sich in dem Leberschen Versuch an der Kaninchen-Kornea nachweisen lassen (s. S. 106); und die von den Trypanosomen ausgeschiedenen Toxine, welche die Paroxysmen verursachen. Diese stehen in Zusammenhang mit den Vermehrungsperioden der Trypanosomen, wie die weiter unten gegebene Kurve deutlich erkennen läßt. Auf der Wirkung der ersteren, der Endotoxine, beruhen die Immunisierungsvorgänge bei der Nagana.

Die künstliche Immunisierung von Pferden und Rindern ist von Koch und nach ihm von Schilling und Martini versucht worden. Der Ausgangspunkt dieser Versuche liegt in der Beobachtung Kochs, daß die Virulenz der Trypanosomen durch Passagen durch gewisse Tierarten (Ratten, Hunde) für die Ausgangstierart abgeschwächt werden kann. Er schickte einen Trypanosomenstamm, der Rinder in ca. 6 Wochen tötete, durch mehrere Hunde und Ratten und verimpfte ihn dann auf 2 Rinder. Diese erkrankten nicht, zeigten nur ganz vorübergehend Trypanosomen im Blute und widerstanden 5 Monate später auch der Injektion von virulentem Blute. Eines der Tiere war noch 6 Jahre später vollkommen gesund, in seinem Blute waren noch (durch Überimpfung auf Hund) Trypanosomen nachweisbar. Verfasser hatte in Nordtogo Rinder mit einem Naganastamm infiziert, welcher durch 14—17 Hundepassagen gegangen waren. Diese Tiere mußten, nachdem die erste Reaktion abgelaufen war, auf einem Transport von etwa 3 Wochen Dauer zahlreiche Naganaherde passieren, von ihnen gingen $52\,^0/_0$ an nicht näher bestimmter Krankheit, vielleicht an Nagana, zugrunde, während die übrigen sich gut an der Küste hielten. Kontrollimpfungen zeigten, daß nach 3 Jahren unter 10 Tieren nur mehr eines Trypanosomen im Blute beherbergte. Als dann aber die so vorbehandelten Rinder nach einem von jeher berüchtigten Tsetseherd (Tokpli) geschickt wurden, gingen sie sämtlich zugrunde: es liegt dies wahrscheinlich daran, daß bei diesen 9 Tieren zwar Heilung eingetreten war, daß damit aber auch die Widerstandsfähigkeit gegen Reinfektionen auf Null vermindert war; bei dem einen Tier waren die Abwehrkräfte offenbar gleichfalls schon vermindert.

Koch hat hervorgehoben, daß Rinder, die mit abgeschwächten Trypanosomen vorbehandelt wurden, sehr lange (6 Jahre und mehr) Parasitenträger bleiben, also den Ausgangspunkt für neue Infektionen bilden können. Dem ist entgegenzuhalten, daß in Tsetsegebieten, wo zahllose freilebende Tiere (Antilopen etc.) Parasitenträger sind, die wenigen für den Bedarf des Menschen nötigen Nutztiere gar nicht in die Wagschale fallen.

Neuerdings haben Teichmann und Braun und kurz darauf auch Schilling Verfahren zur Immunisierung gegen Trypanosomeninfektionen ausgearbeitet. Teichmann und Braun entbluten eine stark infizierte Ratte in 8 ccm Kochsalzlösung, die $2{,}5\,^0/_0$ Natr. citricum enthält, und setzen 0,1 ccm eines Kaninchenserums zu, das die Rattenblutkörperchen stark agglomeriert. Die Blutkörperchen setzen sich in kurzer Zeit zu Boden, die obenstehende Flüssigkeit wird abpipettiert und 20 Minuten zentrifugiert, die Trypanosomen sammeln sich in einer weißen Schicht über den roten Blutkörperchen an. Diese Schicht wird abpipettiert, in Kochsalzlösung aufgeschwemmt, nochmals zentrifugiert und schließlich im Luftstrom bei Zimmertemperatur getrocknet. Das Pulver wird vor der Injektion in Kochsalzlösung, der etwa $1\,^0/_0$ Toluol zugesetzt wurde.

1 Stunde geschüttelt, aufgeschwemmt und das Toluol später unterm Luftstrom verdunstet. Je 0,02 g des Pulvers, 5mal in 5tägigen Abständen intraperitoneal injiziert, konnten Mäuse sicher gegen die nachfolgende Infektion (Dourine) schützen. Bei Ratten sind $5 \times 0,04$ g notwendig, um ca. $70^0/_0$ der Tiere zu schützen. Bei Meerschweinchen genügt $4 \times 0,04$ g. Für Kaninchen sind 3 Injektionen von 0,05 g Vaccin nötig. Drei Rinder erwiesen sich nach 4 Infektionen von je 1 g Trockenvaccin als nicht immun. Die Immunität dauerte bei $78^0/_0$ der Mäuse länger als 3—4 Wochen, nach 3 Monaten waren noch ca. $32^0/_0$ immun; die betreffenden Tiere waren auch noch nach 5 Monaten unempfänglich.

Von den Schlußsätzen Teichmanns und Brauns sind noch folgende interessant: Mittels des Vaccins lassen sich Kaninchen-Immunsera gewinnen, die in der Maus serumfeste Stämme erzeugen können. Werden diese serumfesten Trypanosomen zu Antigenen (Vaccin) verarbeitet, so sind die damit behandelten Mäuse nur gegen den serumfesten, nicht aber gegen den Ausgangsstamm geschützt. Im Komplementbindungsversuch aber wirken die Antigene aus verschiedenen Stämmen gleich. Die Trypanosomen von Dourine, Nagana und Mal de Caderas besitzen weitgehende gemeinsame immunisatorische Eigenschaften.

Schillings Versuche beruhen auf der Tatsache, daß die vorsichtige Abtötung der Trypanosomen im Organismus durch chemische Agentien die in den Trypanosomen enthaltenen Antigene nicht zerstört. Verschiedene Chemikalien sind hiezu geeignet, z. B. Brechweinstein 1:800, Galaktose 20:100 u. a. Ratten werden in Nähr-Bouillon, die $2^0/_0$ Natr. citricum enthält, entblutet, die Blutkörperchen durch leichtes und kurzes Zentrifugieren abgesondert. Die obenstehende Flüssigkeit wird abgegossen, ihr wird soviel Brechweinsteinlösung zugesetzt, daß eine Verdünnung 1:800 entsteht. Nach 2stündigem Stehen sterben die Trypanosomen ab, sind aber in ihrer Form völlig intakt; nun wird scharf zentrifugiert, bis sich ein Bodensatz von fast reinen Trypanosomen gebildet hat, der dann, in Kochsalzlösung aufgeschwemmt, als Impfstoff dient. Mäuse vertragen davon 0,2—0,3 ccm intraperitoneal, und ein beträchtlicher Prozentsatz davon sind nach einmaliger Impfung immun. Doch muß hinzugesetzt werden, daß nicht alle Trypanosomenstämme gleichmäßig hiezu geeignet sind und daß manche, z. B. Stamm Ferox Ehrlichs nur ein minderwertiges Antigen liefern. Genuine Stämme, d. h. solche, die vor kurzem aus spontan infizierten Tieren herausgezüchtet worden sind, liefern überhaupt kein Antigen. Die subkutane Impfung führt bei manchen Tieren zur Bildung von Abszessen, die aber nach Spaltung leicht heilen. Weitere Versuche über diese Methode sind im Gange, aber noch nicht abgeschlossen.

Über die Vorgänge, wie sie sich bei der natürlichen aktiven Immunisierung des Wildes, das in Tsetsegebiet lebt, zeigen, wird es noch weiterer eingehender Studien bedürfen. Soviel können wir schon jetzt annehmen, daß die Zebras, Büffel, Antilopen und andere Verwandte unserer Nutztiere in frühester Jugend die Infektion mit *Tryp. brucei* eingeimpft erhalten, daß ein Teil von ihnen daran zugrunde geht, ein bedeutend größerer Teil aber eine labile Infektion (s. S. 109) erwirbt und nun gegen Superinfektion immun ist. Dies scheint der Weg zu sein, auf dem wir auch zu einer künstlichen Immunisierung unserer Nutztiere werden gelangen können.

Die Wirkung der paroxysmalen Toxine erstreckt sich, abgesehen von den Fieberreaktionen, auf den Gesamtstoffwechsel; die Folgen sind hochgradige Abmagerung und Verarmung des Blutes an den Sauerstoffträgern,

den Erythrocyten. Der Tod erfolgt bei den spontan infizierten Tieren stets
unter den Erscheinungen einer extremen Kachexie.

Menschliches Serum wirkt in Mengen von 0,1—0,5 ccm in vivo abtötend
auf die Trypanosomen, doch treten nach solcher Behandlung häufig Recidive
ein. Laveran konnte bei zahlreichen Versuchen nur 4 Mäuse endgültig
heilen.

Bei *Tryp. brucei* tritt das Phänomen der Agglomeration weniger
stark in die Erscheinung als bei *Tryp. lewisi*. Am stärksten wirkt Pferdeserum.

Klinik. Die spontane Infektion ist bisher bei Pferden, Eseln, Maultieren, Rindern, Zebras, verschiedenen Antilopenarten, Schweinen, Ziegen und
Schafen und bei Hunden beobachtet worden.

Im Verlauf der Nagana beim Pferde sind die wichtigsten Symptome
Fieber (siehe die Kurve), Abmagerung, allgemeine Körperschwäche bei erhaltenem

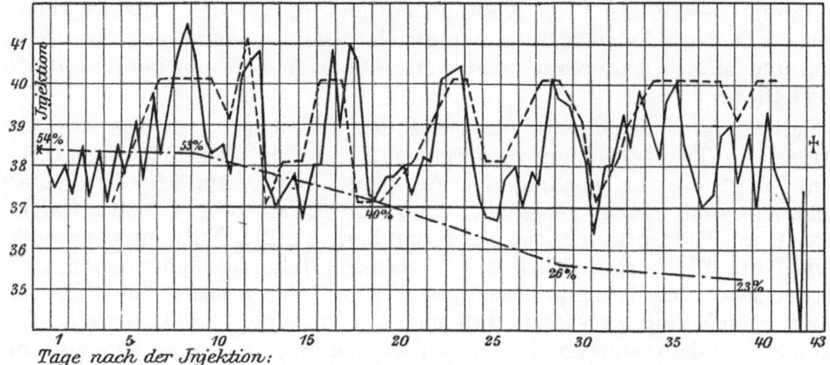

Abb. 196. Kurve eines mit *Tryp. brucei* infizierten Pferdes.

——— Temperatur
- - - - - Zahl der Parasiten im peripheren Blut
—·—· Hämoglobingehalt des Blutes.

Appetit, Anämie. Dazu kommen noch einige charakteristische Erscheinungen:
an der tiefsten Stelle des Bauches bildet sich schon sehr früh eine zirkum-
skripte Schwellung aus, die den Eindruck macht, als hätte man irgend einen
schmalen und langen Gegenstand unter die Haut geschoben. Die Schwellung
dehnt sich allmählich auch nach der Brust zu aus, bei Hengsten verdickt sich
das Präputium und Scrotum; an den Fesseln entstehen weiche diffuse Schwellungen. Diese Ödeme sind nur flüchtiger Natur: wenn man das Pferd eine halbe
Stunde energisch bewegt, so verschwinden sie gänzlich. Nach einiger Zeit
bemerkt man an dem Tier, das jetzt dauernd einen deutlich kranken Eindruck
macht, Zeichen von Abmagerung, welche rapide fortschreitet und im Laufe
weniger Wochen die allerhöchsten Grade erreicht. Dabei pflegt die Freßlust
der Pferde gewöhnlich erhalten zu sein, gelegentlich beobachtet man Durchfall,
der aber offenbar nicht notwendig zum Krankheitsbilde gehört. Ich habe
mehrmals heftige Konjunktivitis, Keratitis parenchymatosa und vollständige
Erblindung gesehen. Nicht selten beobachtet man eine eigentümliche Ataxie
der Hinterhand. Die Tiere schwanken beim Gehen derart hin und her, daß sie
fast zusammenstürzen, auch knicken sie in den Fesselgelenken nach vorne um
und übertreten die Hinterhufe. Die Kurve zeigt, daß die Zahlen der Trypanosomen im Blute annähernd parallel mit der Temperatur verlaufen; doch ist

diese Übereinstimmung nicht in allen Fällen vorhanden. Sicher beobachtete Spontanheilungen sind noch nicht bekannt geworden, die Krankheit scheint für Pferde absolut tödlich zu sein.

Außer der chronischen Form (Dauer 1—2 Monate) wurde von Sander eine akute, in wenigen Tagen zum Tode führende Erkrankung beschrieben. Ich selbst habe eine solche nie zu Gesicht bekommen.

Der **pathologisch-anatomische Befund** wird beherrscht durch die Zeichen hochgradiger Anämie: Das Blut ist hell und wässerig, alle Organe, besonders die Muskeln, sind von einer fahlen, graurötlichen Farbe, Ödeme des Unterhautzellgewebes, hochgradiger Schwund des Fettes und der Muskeln, in der Bauchhöhle wenig klare Flüssigkeit; unter der Serosa der Därme punktförmige bis fingernagelgroße, verwaschene Blutaustritte; die Milz groß, aber schlaff, mit scharfen Rändern und dicker Kapsel. Auf dem Schnitt tritt das Bindegewebsgerüste deutlich hervor, die Pulpa sinkt zurück, Parasiten darin spärlich. Leber und Nieren ohne besonderen Befund, in der Schleimhaut der Blase

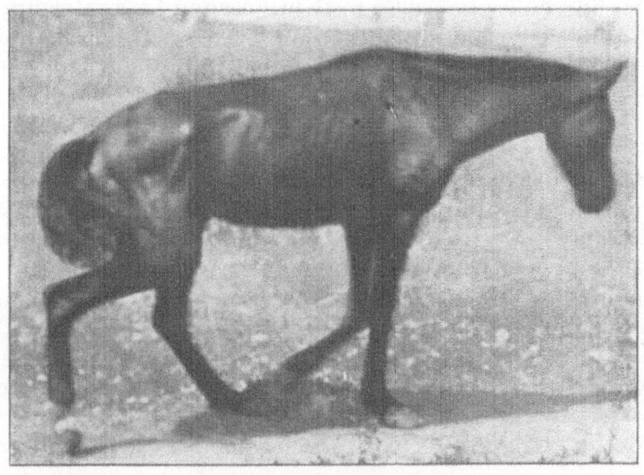

Abb. 197. Naganakrankes Pferd, extrem abgemagert, mit Paresen der Hinterhand.

treten auf dem weißen Untergrund kleinste Blutungen besonders scharf hervor. Im Herzbeutel mäßige Mengen klarer, dunkelgelber Flüssigkeit, Herzmuskel schlaff, grau-braunrot, unter dem Peri- und Endokard manchmal sehr ausgedehnte Blutungen. Lungen blutarm, petechiale Blutungen unter der Pleura. Am Rückenmark ist gewöhnlich makroskopisch, abgesehen von Blutungen unter der Pia, nichts Pathologisches wahrzunehmen; im Liquor cerebrospinalis Vermehrung der weißen Blutkörperchen; doch finden sich auch in manchen Fällen Erweichungsherde bis zu mehreren Centimetern Länge. Im Knochenmark finden sich stets die Parasiten in großer Zahl, auch wenn sie im Blute spärlich vorhanden waren.

Beim **Maultier** verläuft die Erkrankung ähnlich wie beim Pferde. Bei **Eseln** kann sich die Erkrankung über viele Monate erstrecken. Gleichfalls exquisit chronisch verläuft die Infektion beim **Rinde**, hier ist das Fieber völlig unregelmäßig, Ödeme habe ich nie gesehen, die einzigen Erscheinungen sind fortschreitende Abmagerung und Anämie. In dieser Weise kann die Erkrankung sich über viele Monate, selbst ein Jahr hinziehen. Doch habe ich in Togo auch Fälle beobachtet, welche innerhalb von 9 bis 20 Tagen unter akuter Abmagerung heftigem, unregelmäßigem Fieber und rasch zunehmender Anämie zum Tode führten. Während bei den chronisch kranken Rindern die Trypanosomen sehr spärlich zu finden sind, waren sie in jenen akuten Fällen stets im Blute und manchmal in beträchtlicher Zahl zu sehen.

Die Nagana der Ziegen und Schafe ist gleichfalls exquisit chronisch. Sehr empfänglich für Nagana ist der Hund. Bei experimenteller Übertragung treten die Trypanosomen schon nach 3—5 Tagen im Blute auf, die Fieberkurve ist zuerst eine remittierende, später eine unregelmäßige. Die Tiere magern sehr rasch ab und gehen in einigen Wochen, je nach der Virulenz des Ausgangsmaterials, zugrunde. Bei der Sektion akut verlaufender Fälle findet man außer den Zeichen der Anämie Erscheinungen der hämorrhagischen parenchymatösen Nephritis, in der Milz kleine Hämorrhagien, Hypertrophie der Follikel und Infiltration der Pulpa mit polynukleären Leukocyten. Die Lymphdrüsen sind hypertrophisch, zum Teil mit Hämorrhagien durchsetzt.

Mäuse werden in 8—25 Tagen unter enormer Vermehrung der Trypanosomen getötet. Durch sukzessive Passagen läßt sich die Virulenz so sehr steigern. daß z. B. der Stamm Ferox (Ehrlich) jetzt in unserem Laboratorium Mäuse sicher in 2—3 Tagen tötet. Bei so akutem Verlauf ist ausschließlich eine Vergrößerung der Milz zu konstatieren. Auffallend ist dabei, daß die Tiere, obwohl sie ungeheuere Mengen von Trypanosomen im Blute beherbergen, doch ganz munter erscheinen; plötzlich fallen sie zur Seite, bekommen Krämpfe und gehen innerhalb $^1/_2$ Stunde ein.

Ratten gehen in 6—26 Tagen zugrunde.

Bei Meerschweinchen ist der Verlauf ein mehr chronischer, die Tiere verenden, nachdem sie wechselnde Mengen von Trypanosomen im Blute gezeigt hatten und stark abmagerten nach einem bis zu zwei Monaten.

Bei Kaninchen ist ein chronischer Verlauf (bis zu 50 Tagen) die Regel. Die Erscheinungen sind unregelmäßiges Fieber, zunehmende Abmagerung. Haarausfall, Conjunctivitis, Coryza, Ödeme des Kopfes, des Anus und der Genitalien, die Tiere gehen schließlich in einem kläglichen Zustande von Marasmus zugrunde. Trotz dieser schweren Krankheitserscheinungen sind die Trypanosomen im Blute fast immer äußerst spärlich, oft mikroskopisch überhaupt nicht nachzuweisen.

Affen sind sehr empfänglich.

Von Vögeln ließen sich Gänse und Hühner mit Erfolg infizieren.

Zur diagnostischen Blutimpfung sind Hunde am besten geeignet.

Therapie. Die Behandlung der Nagana ist meist in unseren heimischen Laboratorien an kleinen Versuchstieren erprobt worden. Daher kam es, daß Mittel, welche bei diesen Experimenten sehr gute Resultate geliefert haben, in der Praxis, wo es sich um die großen und offenbar sehr empfindlichen Haustiere handelt, mehr oder weniger versagt haben. So hat z. B. das Atoxyl allein oder in Verbindung mit arseniger Säure (nach Löffler und Rühs) oder Auripigment (nach Laveran) nur ungleichmäßige Wirkungen bei den großen Haustieren erzielt.

Auch das Arsenophenylglyzin, das in Dosen von 3—4 mg Mäuse, von 12 mg mittelgroße Ratten mit Sicherheit und dauernd zu heilen vermag, hat sich bei Pferden stark toxisch erwiesen: Mengen von 0,075 g pro kg Tier wirkten in den meisten Fällen akut tödlich, während kleinere Dosen zwar die Trypanosomen zum Verschwinden brachten, aber Rezidive nicht verhindern konnten.

Die besten Resultate hatte ich bisher mit Brechweinstein (7 mg pro Kilo Tier) 3 mal in 3 tägigen Abständen intravenös. Vorsicht wegen der stark reizenden Eigenschaften! Weitere Versuche sind abzuwarten.

Die **Epidemiologie** läßt sich in wenigen Worten fassen: wo bisher die *Glossina morsitans* gefunden wurde, da sind auch Fälle von Nagana beobachtet worden. Das Wild des afrikanischen Busches ist der Grund, weshalb die Krankheit in diesen Gebieten nicht ausstirbt. Dort, wo man das Wild vergrämt hat, hat auch die Tsetsekrankheit zum mindesten abgenommen; daß sie durch Abschuß des Wildes aber ganz auszurotten sei, ist kaum zu erwarten.

Prophylaxe. Immerhin wird man durch Zurückdrängen des Wildes z. B. in große, geeignet ausgewählte Reservate an manchen der wichtigsten Verkehrsstraßen Afrikas die Tsetsegefahr vermindern, vielleicht manche Gebiete für die Viehzucht gewinnen können.

Eine individuelle Prophylaxe für einzelne Zug- und Reittiere hat bis jetzt keine Erfolge gehabt; auch nicht die „Fliegenleim"-Methode. Das Reisen bei Nacht mag beim Passieren schmaler Fliegengürtel von Nutzen sein, da die Fliegen nachts nicht besonders stechlustig zu sein scheinen.

5. Trypanosoma evansi (Steel); Surra.

Historisches und Verbreitung. Mit dem hindustanischen Wort „Surra" bezeichnen die Inder eine Erkrankung der Equiden, der Kamele, der Rinder, Elephanten und Hunde, die, wie im Jahre 1880 Evans nachwies, durch das nach ihm benannte *Trypanosoma* hervorgerufen wird.

Die Krankheit ist anscheinend über den ganzen Süden des asiatischen Kontinents verbreitet und greift auch auf Niederländisch-Indien und die Philippinen über. Nach Mauritius wurde die Krankheit 1902 offenbar von Indien aus eingeschleppt und richtete dort große Verheerungen an. In einem Jahre sollen ihr dort etwa 4000 Pferde und Maultiere und ca. 5000 Rinder zum Opfer gefallen sein. Auch nach Nordamerika und Australien ist sie eingeschleppt worden.

Nach Anschauung der französischen Autoren ist eine Erkrankung der Dromedare im West-Sudan, von den Eingeborenen Mbori genannt, ätiologisch mit der indischen Surra identisch.

Der Parasit. Das *Tryp. evansi* ist morphologisch dem *Tryp. brucei* sehr ähnlich, wenn auch die von Bruce ausgearbeiteten Kurven gewisse Unterschiede aufweisen. Bei *Tryp. evansi* sind Formen vom *Rhodesiense*-Typ bisher noch nicht gefunden worden,

Wie die **Übertragung.** der Surra zustande kommt, wissen wir noch nicht. Daß eine rein mechanische Übertragung durch den Stechrüssel irgend eines blutsaugenden Insekts z. B. einer Stomoxys-, Tabanus- oder Hippobosca-Art, möglich ist, ist ohne weiteres begreiflich, wenn sich die Trypanosomen an oder in dem Stechrüssel der Fliege hinreichend lang lebend erhalten können. Rogers u. a. haben denn auch immer nur diese Art der Übertragung experimentell erzielt. Nach Analogie mit der Nagana aber findet wohl in irgend einer Fliegenart, oder vielleicht in Läusen oder Flöhen eine Entwickelung der Parasiten statt. Baldrey glaubt auch Formen, die zu einem solchen sexuellen Zyklus gehören, in *Stomoxys* gesehen zu haben.

Die **Epidemiologie** ist, da wir die Art der Übertragung nicht kennen, noch unklar.

Klinik und **Pathogenese.** Beim Pferd verläuft die Krankheit sehr ähnlich der Naganainfektion. Die Inkubationszeit beträgt 4—13 Tage. Die Erscheinungen bestehen in periodischen Fieberanfällen, Anämie, Abmagerung. Häufig beobachtet man einen Urticaria-ähnlichen Ausschlag, der oft nur wenige Stunden anhält, um dann wieder spurlos zu verschwinden; ein Zusammenhang zwischen Fieberbewegung und Hautexanthem scheint nicht zu bestehen. Nach 2—4 Monaten tritt unter den Erscheinungen äußerster Schwäche und Anämie der Tod ein. Dabei soll die Freßlust der Tiere bis in die Agone hinein erhalten bleiben. Schon im ersten Anfalle sind die Trypanosomen im Blute zu finden, später sind sie gewöhnlich recht spärlich vorhanden, am zahlreichsten noch zur Zeit der Fieberanfälle.

Bei der Sektion tritt die Anämie am deutlichsten hervor. Die Milz ist nicht in allen Fällen vergrößert. Im übrigen gleicht der Befund ganz dem bei der Nagana.

Die Erkrankung der Rinder verläuft nicht in allen Fällen gleich. Lingard bezeichnet die Erkrankung in Indien als exquisit chronisch; am 4.—10. Tag nach der Infektion setzt eine Temperatursteigerung ein, doch sind die Rinder anscheinend wenig krank. Während dieser Zeit sind auch Trypanosomen im Blute leicht nachzuweisen. Später kommen höchstens vorübergehend kurze Temperatursteigerungen mit Parasitenbefund vor, die einzigen Symptome scheinen Abmagerung und Anämie zu sein. Die indische Surra heilt beim Rinde manchmal spontan aus; zwischen dem 103. und 234. Tag erlischt die Infektiosität des Blutes. Die indischen Büffel sind etwas empfindlicher als die Rinder, die Versuchstiere Lingards fielen zwischen dem 51. und 125. Tage unter den Erscheinungen der Anämie und hochgradiger Abmagerung. Auf Mauritius betrug die Mortalität 25—30% der erkrankten Rinder; wurden aber solche kranken Tiere zur Arbeit verwendet, so wurde dadurch die Mortalität bis auf 80% gesteigert.

Schat beschreibt eine sehr schwere Erkrankung der Rinder auf Java: der Kot war mit Blut gemischt, es trat pustulöses Exanthem auf, einige Tiere gingen schon nach 24 Stunden zugrunde. Es scheint mir fraglich, ob diese Erscheinungen allein auf Surra zu beziehen sind.

Die Surra der Kamele verläuft gleichfalls chronisch und dauert bis zu 3 Jahren. Auch hier sind die hervortretenden Erscheinungen unregelmäßiges Fieber, Abmagerung, Blutarmut und fortschreitende Herszchwäche, die sich durch das Auftreten von Ödemen charakterisiert. Die Krankheit scheint manchmal monatelang still zu stehen, um dann neuerdings rascher fortzuschreiten. Es sollen spontane Heilungen vorkommen, sind aber jedenfalls sehr selten.

Auch die Hunde, besonders eingeführte hochgezüchtete Tiere, erkranken spontan an Surra. Hier werden besonders Ödeme des Kopfes und Keratitis erwähnt. Bei künstlicher Infektion durch Blutübertragung kann die Dauer 14 bis 97 Tage betragen; im Mittel 28 Tage. Der Trypanosomenbefund im peripheren Blute ist sehr schwankend, ein Parallelismus zwischen Fieber und Parasitenzahl besteht nicht.

Wirtschaftlich sehr schädlich wirkt ein Ausbruch der Surra unter den wertvollen Arbeitselefanten Indiens.

Experimentell läßt sich die Krankheit so ziemlich bei allen Wirbeltieren erzeugen. Mäuse erkranken nach einer Inkubationszeit von ca. 4—5 Tagen und sterben ca. 11 Tage nach der Injektion. Bei Ratten beträgt die Inkubationszeit 5—6 Tage, der Tod tritt nach 11 Tagen ein. Bei Affen dauert die Krankheit im Durchschnitt 2 Monate. Bei Kaninchen wird Abmagerung, Haarausfall an verschiedenen Körperstellen, Anschwellung des Kopfes und der Ohren, Ödeme an den Genitalien, Konjunktivitis purulenta und Keratitis beschrieben; die Tiere gehen im Durchschnitt nach etwa 1 Monat unter den Zeichen äußerster Erschöpfung zu grunde. Die Trypanosomen sind im Blute der Kaninchen stets sehr spärlich zu finden. Meerschweinchen sind weniger empfänglich und widerstehen der Krankheit oft mehrere Monate, gehen aber schließlich unter den Erscheinungen der Abmagerung und allgemeiner Kachexie zugrunde.

Die indische Surra, auf Ziegen überimpft, ruft bei diesen nur ganz geringe Krankheitserscheinungen hervor, die in vorübergehender Temperatursteigerung bestehen. Während dieser Fieberperioden sind Trypanosomen im Blut vorhanden, verschwinden aber später und sind auch noch einige Wochen lang durch Überimpfung auf empfängliche Tiere nachweisbar. Später gelingt dann dieser Nachweis nicht mehr, so daß hier Spontanheilung vorzukommen scheint. Edington aber konnte mit Surra (aus Mauritius) 5 Ziegen in 33—96 Tagen töten. Die Erscheinungen bestanden in hochgradiger Abmagerung und Keratitis. Bei diesen Tieren waren mikroskopisch niemals Trypanosomen im Blut nachweisbar. Schafe sind für die indische Surra empfänglicher als Ziegen.

Eine aktive Immunität ist bisher nur bei Rindern und Ziegen, die ja an sich wenig empfindlich sind, mit einiger Sicherheit nachgewiesen worden.

Die **Therapie** hat bisher noch keine zuverlässigen Erfolge aufzuweisen. Thiroux und Teppaz haben in einer Kombination von Auripigment (As_2S_3, 25—40 g innerlich) und Tartarus stibiatus intravenös (Dosis?) einen bis zu 5 Monaten beobachteten guten Erfolg bei Pferden gesehen. Holmes hat Kamelen Atoxyl subcutan (Dosis maxima tolerata unter 10 g für 500 engl. Pfund) und arsenige Säure per os in Bolusform (unter 2—5 g) gegeben und gute Erfolge gesehen, wenn er am ersten Tag Atoxyl, am zweiten arsenige Säure gab und diese Therapie am 5. und 6. und 10. und 11. Tag wiederholte. Bei der Beurteilung solcher Erfolge ist zu bedenken, daß die Surra, wie erwähnt, bei Kamelen exquisit chronisch verläuft, und daß die Parasiten auch spontan zu verschwinden pflegen. Strong und Teague haben auf den Philippinen das Arsenophenylglyzin bei Pferden versucht, die tödliche Dosis liegt hier bei 0,05 g pro Kilo Tier, Heilungen sind nur dann zu erwarten, wenn man mit dieser Behandlung nahe an die tödliche Dosis herangeht. Es ist damit, da die Krankheit ja an sich bei Pferden tödlich verläuft, kein größeres Risiko verbunden. Bei kleinen Versuchstieren wirken diese Medikamente zum Teil sehr prompt, so konnte Mesnil und Brimont die Surra bei Mäusen mit Brechweinstein in vielen Fällen prompt heilen.

Eine künstliche Immunisierungsmethode ist bisher nicht gefunden.

Prophylaxe. Auf Java konnte die Erkrankung im Keime erstickt werden, da sie rechtzeitig durch den mikroskopischen Befund erkannt worden war: Es wurden kurzerhand alle infizierten Tiere getötet.

6. Trypanosoma equiperdum (Doflein); Dourine.

Historisches, Verbreitung. Diese Krankheit ist in Europa als Beschälseuche oder Zuchtlähme schon sehr lange bekannt. Genauer beschrieben wurde sie schon 1796 gelegentlich eines Ausbruchs im Gestüte von Trakehnen. Bereits 1840 sind in Deutschland gesetzliche Maßregeln gegen die Seuche getroffen worden und sie kommt deshalb bei uns sehr selten und nur infolge von Einschleppung z. B. aus Rußland vor. Sie herrscht z. Z. noch in Südfrankreich, in Ungarn und in den Mittelmeerländern, in Nord-Amerika, in Chile und auf Java. Überall zeigt sich eine weitgehende Übereinstimmung in den Krankheitserscheinungen, so daß man es wohl mit einer einheitlichen Krankheitsform zu tun haben dürfte.

Der Parasit. Das *Tryp. equiperdum* wurde zuerst von Rouget 1894 gesehen und beschrieben, später von Bouffard und Schneider und speziell von Nocard genauer untersucht. Die Beschreibung, welche für *Tryp. brucei* gegeben wurde, trifft voll und ganz auch für das Dourine-Trypanosoma zu.

Übertragung. Die natürliche Übertragungsweise ist ohne Zweifel der Beschälakt. $^2/_3$ bis $^3/_4$ der besprungenen Stuten werden infiziert. Die Infektion geht sowohl vom Hengst auf die Stute wie umgekehrt vor sich. Experimentell wurde die Übertragung durch den Koitus bei Kaninchen und Hunden festgestellt. Ob auch noch andere Übertragungsmöglichkeiten, etwa durch stechende Insekten bestehen, ist z. Z. noch nicht erwiesen.

Pathogenese. Bei der Dourine tritt am meisten unter allen Trypanosen die Neigung zu herdförmiger Lokalisation hervor; in der Haut, im Rückenmark, in den Schleimhäuten der Genitalien, in der Kornea, den Lymphdrüsen entstehen umschriebene Infiltrate, Erweichungsherde u. ä.

Neben dieser lokalen Wirkung, die vielleicht auch auf Thrombosierung von Kapillaren beruht, geht die generalisierte Giftwirkung der Stoffwechselprodukte der Erreger einher, die sich in Anämie und Abmagerung kund gibt.

Das *Tryp. equiperdum* ruft nicht unter allen Umständen tödliche Infektionen hervor; bei Hunden z. B. sind Spontanheilungen sicher beobachtet.

Nocard konnte nachweisen, daß 2 Hunde, welche an Dourine erkrankt, aber geheilt waren, an einer nachträglichen Infektion mit Nagana zugrunde gingen. Den gleichen Versuch machte Lignières mit 2 Hunden und dem *Tryp. equinum*. Endlich spricht für die Abgrenzung der Dourine von den übrigen Trypanosen der charakteristische Befund der Erweichungsherde im Rückenmark; die übrigen Erscheinungen, wie z. B. das urtikariaähnliche Exanthem der Haut kommen, allerdings seltener, auch bei Nagana vor.

Menschliches Blutserum wirkt im Tierversuch stark trypanozid (Rabinowitsch und Kempner). Merkwürdigerweise wirkt auch das Immunserum von Ratten, die eine Infektion mit *Tryp. lewisi* überstanden haben, sowohl präventiv als heilend bei der Dourine der Ratten (Uhlenhuth). Die Beobachtung, daß das Serum von kranken Hunden oder Kaninchen im Tierversuch (Mäuse), sowohl in Mischung wie auch getrennt injiziert, präventiv wirke, stimmt mit analogen Befunden bei der Nagana überein.

Hunde, welche spontan eine Dourineinfektion überstanden haben, vertragen hohe Dosen von trypanosomenhaltigem Blute ohne Schaden. Doch ist bisher noch nicht nachgewiesen, ob es sich hier um eine echte Immunitas sterilisans oder um eine Toleranz (siehe Allg. T. Kap. Ökologie) handele.

Klinik. Die Beschälseuche befällt spontan nur Equiden und ausschließlich nach der Kopulation mit einem infizierten Tiere. Auf kleinere Wirbeltiere kann sie ohne Schwierigkeiten übertragen werden.

Beim Pferde begegnet man am häufigsten der chronischen Form. Etwa 11—20 Tage nach dem infektiösen Sprung zeigt sich beim Hengst ein Ödem des Schlauches, das sich langsam auf das Skrotum und die Bauchhaut ausbreitet. Bei der Stute schwillt die Vulva etwas an, gefolgt von einem serös-eitrigen Katarrh der Vagina mit Bläscheneruptionen und Ulzerationen. Dabei besteht etwas Fieber. Diese Erscheinungen gehen manchmal spontan bis auf geringe Spuren zurück, bis nach 5—8 Wochen die zweite Periode, die der Exantheme, beginnt. Auf der Haut zeigen sich flache Erhebungen oder Plaques. Sie sehen gerade so aus, als hätte man ein Geldstück unter die Haut geschoben, die Haare über diesen Effloreszenzen sind gesträubt; charakteristisch für diese Exantheme ist der außerordentlich flüchtige Charakter: schon wenige Stunden nach dem Auftreten sind sie spurlos verschwunden, können allerdings auch mehrere

Tage bestehen. Sie sind am häufigsten an den Seiten und über der Kruppe. Jetzt treten auch die Erscheinungen der Abmagerung deutlicher hervor, die Schleimhäute sind blaß, die Leistendrüsen schwellen an und es kommt sogar zu Abszessen in ihnen. Tragende Stuten abortieren häufig. Man bemerkt beim Reiten eine Schwäche der Hinterhand, das Pferd knickt in den Fesseln der Hinterbeine ein; diese Symptome können sich bis zur völligen Lähmung der Hinterhand steigern, so daß das Pferd, zum Gehen gezwungen, die Hinterbeine nachschleppt und in den Fesseln nach vorne umkippt. Die Konjunktiven sind entzündet, die Hornhaut trübt sich, sodaß die Tiere manchmal völlig erblinden. So entwickelt sich langsam die dritte Periode der Kachexie; der Appetit, welcher bisher gut geblieben war, schwindet, die Hinterhand ist vollkommen gelähmt, auf der Hornhaut bilden sich Geschwüre; bei Versuchen sich zu erheben, entstehen manchmal Frakturen und schließlich tritt unter äußerster Erschöpfung der Tod ein.

Schneider und Bouffard wollen in 2 Fällen Spontanheilung beobachtet haben.

Es wird auch eine akute Dourine beschrieben, wenige Tage nach dem ersten Auftreten der Plaques tritt plötzlich Lähmung der Hinterhand ein, das Tier taumelt, als ob es schwindelig wäre, und schon nach wenigen Tagen tritt plötzlich der Tod ein. Die Temperaturkurve ist eine unregelmäßig remittierende ganz ähnlich der der Nagana.

Der Nachweis der Trypanosomen ist allerdings häufig außerordentlich schwierig. Im peripheren Blute sind sie nur in Ausnahmsfällen nachweisbar. Am ehesten wird man sie noch im Blut, das man durch Einstich in eine Quaddel (Plaque) gewinnt, auffinden können. Die zuverlässigste Methode ist die der Überimpfung von Blut, und zwar mindestens 20 ccm, auf einen Hund. Aber auch bei diesen sind die Trypanosomen mit Sicherheit nur zur Zeit des ersten Fieberanfalles zu finden.

Die Erscheinungen der Dourine beim Esel entwickeln sich noch langsamer als beim Pferde, die ersten Symptome, Schwellung der Vorhaut und ·Plaques, können so geringfügig auftreten, daß sie lange übersehen werden, was natürlich eine große Gefahr für die Weiterverbreitung der Krankheit bedeutet. Der weitere Verlauf gestaltet sich analog dem beim Pferde.

Bei künstlicher Übertragung erkranken Pferde nach einer Inkubationszeit von 7—20 Tagen mit akutem Fieber, der Verlauf entspricht ganz dem der natürlichen Infektion. Die Dauer beträgt 4 Wochen bis 4 Monate.

Das geeignetste Versuchstier ist der Hund. Die Inkubationszeit beträgt etwa 6—8 Tage. Das Tier erkrankt mit Fieber, nachdem sich an der Impfstelle ein geringgradiges Ödem entwickelt hatte. In erster Linie schwellen die Genitalien ödematös auf, beim Rüden entwickelt sich eiterige Balanitis, bei der Hündin Vulvovaginitis; bald tritt auch eine eigentümliche Veränderung im Gang des Tieres auf; es geht mit gekrümmtem Rücken und das Setzen der Hinterbeine bereitet ihm offenbar beträchtliche Schmerzen. Mit zunehmender Abmagerung steigert sich die Parese der Hinterbeine, die Haut wird rauh, Konjunktivitis und Keratitis stellen sich ein und unter Erscheinungen totaler Paralyse verendet das Tier nach etwa vierwöchentlicher Krankheit. Bei leichter Erkrankung wollen Bouffard und Schneider Spontanheilung beobachtet haben.

Bei Kaninchen entsprechen die Krankheitserscheinungen völlig den bei der Surra beschriebenen. Besonders charakteristisch sind die Ödeme der Ohren und die Hautgeschwüre mit Haarausfall.

Über die Empfänglichkeit der Ratten und Mäuse widersprechen sich die Angaben. Wahrscheinlich handelte es sich auch um verschiedene „Stämme" von Dourine.

Beim Rind sah Uhlenhuth nach künstlicher Übertragung eine kurzdauernde Erkrankung, dann trat völlige Immunität ein. Meerschweinchen sind sehr widerstandsfähig und gehen erst nach Monaten ein. Yakimoff und Kohl konnten Dourine auch auf Hühner übertragen. Ziegen und Schafe scheinen refraktär zu sein.

Der **pathologisch-anatomische Befund** entspricht im allgemeinen dem bei der Nagana (Ödeme der Subkutis, Transsudate ins Perikard und Peritoneum, Abmagerung, Anämie, Petechien). Im Rückenmark und zwar in der Lenden- und Sakralregion finden sich 6—8 cm lange Erweichungsherde, in denen die Substanz in eine rote zerfließliche Masse verwandelt ist. An den peripheren Nerven der hinteren Extremität sind Degenerationen (Polyneuritis) beobachtet worden. Claude und Renaud beobachteten Degenerationen in den Epithelzellen der Niere und Leber.

Therapie. Auch für die Dourine gilt der Satz, daß Heilmittel, welche sich bei kleinen Versuchstieren im Laboratorium gut bewährt haben, bei den großen Haustieren mehr oder weniger versagen. So konnte Uhlenhuth Hunde, welche allerdings gegen Atoxyl sehr empfindlich sind und unter der Einwirkung dieses Präparates gelegentlich erblinden, durch wiederholte Injektion von Atoxyl heilen. Bei Kaninchen ist die Wirkung dieses Mittels sogar ganz vorzüglich. 0,1 g pro Kilo Tier rettet selbst schwerkranke Tiere mit großer Sicherheit. Ratten und Mäuse werden durch 5 bzw. 4 mg pro 20 g Tier durch einmalige Injektion in vielen Fällen geheilt. Leider mußte Uhlenhuth feststellen, daß das Pferd, das in der Praxis ja in erster Linie in Frage kommt, gegen das Atoxyl höchst empfindlich ist, und daß Dosen, welche zu einer Sterilisierung notwendig wären, oberhalb der Dosis letalis minima liegen. Auch hier dürfte eine wesentliche Verbesserung von einer kombinierten Therapie z. B. von Arsenikalien und Farbstoffen oder Arsenikalien und Brechweinstein zu erwarten sein.

Prophylaxe. Die Verhütung der Dourine ist eine außerordentlich schwierige Aufgabe, da die Erscheinungen sich leise und fast unmerklich einschleichen. In Gestüten, die der Einschleppungsgefahr ausgesetzt sind — für Deutschland kommen in dieser Beziehung Rußland, Ungarn, Südfrankreich und die Mittelmeerländer in Betracht — bedarf es sorgfältigster Überwachung der eingeführten Zuchttiere. Ist die Krankheit erst einmal ausgebrochen, so wird man wohl am sichersten die infizierten Tiere töten und die krankheitsverdächtigen isolieren.

7. Trypanosoma equinum (Voges); Mal de Caderas.

Historisches, Verbreitung. In Südamerika (Argentinien, Paraguay, Brasilien und Bolivia) herrscht eine Krankheit unter den Pferden und Maultieren, welche dort als Mal de Caderas (Hüftenkrankheit) bezeichnet wird. 1901 fand Elmassian den Erreger, das *Trypanosoma equinum* (Voges). Die Krankheit kommt nur bei Equiden vor, doch will es Elmassian auch bei Hunden das Trypanosoma gefunden haben.

Der Parasit. Das *Trypanosoma equinum* ist in seiner ganzen Gestalt dem *Tryp. brucei* sehr ähnlich; die durchschnittliche Länge beträgt 22—24 μ, die Schwankungen in der äußeren Gestalt (Länge) sind also nur gering. Charakteristisch für dieses Trypanosoma ist, daß der Blepharoplast nur sehr klein ist und in der Verlängerung des Randfadens liegt, dadurch scheint es an nach Romanowsky gefärbten Präparaten, als ob ein Blepharoplast überhaupt nicht vorhanden sei; mit Eisenhämatoxylin (nach Heidenhain-Rosenbusch) läßt er sich aber deutlich darstellen. Ferner finden sich auch bei ganz normalen Parasiten in deren Plasma fast stets feine oder gröbere, nach Romanowsky blauviolett gefärbte Granula. Bisher sind nur die Blutformen bekannt, eine Kultur ist Laveran nicht gelungen.

Übertragung. Die Art der Übertragung ist nicht mit Sicherheit festgestellt, wahrscheinlich ist auch hier ein blutsaugendes Insekt der Überträger. Der Geschlechtsakt scheint nicht in Frage zu kommen.

Klinik. Die Erscheinungen bei den kranken Tieren sind sehr ähnlich denen bei der Nagana: Abmagerung, Anämie und Kräfteverfall; unregelmäßiges Fieber, gelegentlich Ödeme. Keratitis und Iritis sind häufig, dagegen fehlen die für Dourine so charakteristischen Quaddeln. Was aber bei Nagana nur ausnahmsweise auftritt, ist hier die Regel: die Tiere zeigen eine auffallende Schwäche der Hinterhand, sie schleppen die Hinterbeine nach, knicken in den Fesseln ein und schwanken, zum Gehen gezwungen, hin und her. Dieses Schwanken steigert sich, bis die Tiere hinfallen, sich nicht mehr erheben können und nach einigen Tagen elend zugrunde gehen. Die Dauer der spontanen Erkrankung beträgt 1—3 Monate, manche Fälle verlaufen noch langsamer. Die Trypanosomen sind während dieser Zeit gewöhnlich nur sehr spärlich im Blute zu finden.

Die künstliche Übertragung führt bei Mäusen in $3\,^1/_2$—8, bei Ratten in ca. 7 Tagen zum Tode. Affen sind sehr empfänglich (Inkubationszeit 5 Tage, Dauer $13\,^1/_2$ Tage). Beim Hund

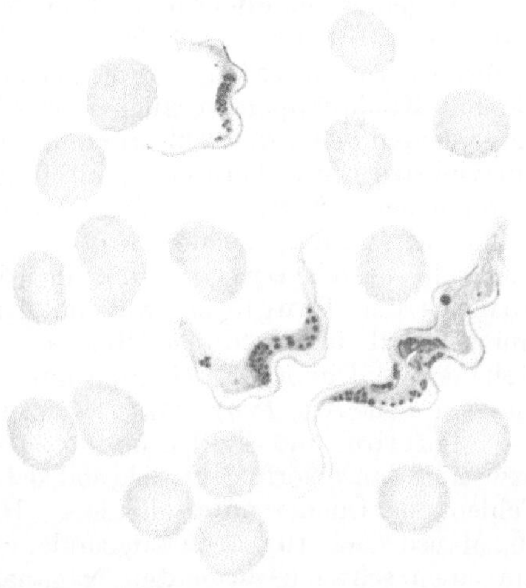

Abb. 198. *Trypanosoma equinum* Voges. Vergr. ca. 1300. Orig.

wird eine Inkubationszeit von 4—5 Tagen und während der im Mittel 36 Tage dauernden Krankheit neben ähnlichen Erscheinungen wie bei Nagana auch Lähmung der Hinterbeine beobachtet. Bei Kaninchen sind die Erscheinungen den bei Dourine beobachteten sehr ähnlich. Bei Rindern, Ziegen, Schafen und Schweinen ist der Verlauf ein chronischer, die Krankheit geht gewöhnlich in Heilung über, aber das Blut ist lange infektionsfähig. In diesem Stadium gelingt eine Reininfektion nicht mehr, die Tiere sind immun. Von den in Südamerika lebenden Tieren ist das sogenannte Carpincho, das Wasserschwein *(Hydrochoerus capibara)* und das „Coati“, der Nasenbär *(Narica nasua)* empfänglich. Vielleicht dienen diese Tiere als Reservoirs für das Virus.

Die **pathologisch-anatomischen Befunde** decken sich im großen und ganzen mit den bei Nagana erhobenen.

Therapie. An dem *Trypanosoma equinum* haben Ehrlich und Shiga ihre grundlegenden Versuche über die Behandlung mit Farbstoffen und Arsenikalien angestellt. Das Trypanrot wirkt in Mengen von 0,3 ccm einer $1\,^0/_0$igen Lösung bei Mäusen in vielen Fällen heilend. Nach der Heilung besteht eine Immunität, die mindestens 1—7 Tage dauert, aber auch viel länger anhalten kann. Bei größeren Tieren, Kaninchen und Affen ist die Wirkung dieses Farbstoffes nicht mehr so sicher.

Prophylaxe. Die Verhütung dürfte wohl am zweckmäßigsten in der Vernichtung der erkrankten Pferde bestehen.

8. Andere tierpathogene Trypanosomen.

Die folgenden Krankheits- und Parasitenformen sollen der Vollständigkeit wegen hier kurz beschrieben werden, doch sei nochmals auf das Seite 188 Gesagte hingewiesen, daß ich nämlich die meisten afrikanischen Trypanosomeninfektionen der Tiere als Varietäten einer Krankheit, der Nagana auffasse.

Trypanosoma dimorphon (Laveran u. Mesnil), von Dutton und Todd 1903 zuerst beschrieben. 3 Typen: schlanke Formen, 26—30 μ Länge, mit langer Geißel, die von einem feinen Protoplasmasaum begleitet wird; breite dicke Formen, die mit Kaulquappen verglichen werden; endlich, wahrscheinlich zu den vorhergehenden gehörig, dicke kurze Formen. Die beiden kurzen Typen konnten nur von den Entdeckern bei spontan infizierten Tieren gefunden werden, spätere Untersucher der Stämme, die inzwischen in verschiedenen Tieren, besonders Kaninchen, weiter gezüchtet worden waren, fanden nur mehr die kurzen Formen. Vielleicht hatten Dutton und Todd eine Mischinfektion vor sich. Montgomery und Kinghorn wollen allerdings einen ganz analogen Stamm bei einem Pferd in Nordwest-Rhodesia wiedergefunden haben. Diese Autoren stellen eine Dimorphon-Gruppe auf, zu der *Tryp. congolense*, *Tryp. pecaudi* und eine neue Art, *Tryp. confusum*, endlich das echte *Tryp. dimorphon* zählen.

Dutton und Todd konnten bei Pferden die spontane Erkrankung 1 bzw. 2 $^1/_2$ Jahre verfolgen. Sie soll sich von der Nagana hauptsächlich durch das Fehlen der Ödeme unterscheiden. Hunde gingen nach 29, Ratten erst nach 36, Mäuse nach 16 Tagen zugrunde. Es handelt sich nach meiner Auffassung um einen schwach virulenten Naganastamm.

Hindle hat bei dem Laveran-Mesnil'schen Stamm von *Trypan. dimorphon* männliche und weibliche Formen und Cysten (?) aus dem Blut und der Milz infizierter Tiere beschrieben.

Der Überträger ist nach den Versuchen von Bouet und Roubaud und von Bruce und seinen Mitarbeitern *Gloss. palpalis.*

Trypanosoma pecaudi (Laveran). Im Nigerbogen herrscht eine Trypanose unter den Rindern und Pferden, welche von den Eingeborenen „Baleri" genannt wird (Pecaud). Das *Tryp. pecaudi* ist deutlich dimorph, d. h. es kommen lange schlanke (25—35 μ) und kurze (14—20 μ), sehr breite (3—4 μ) Formen vor. Die Abgrenzung gegen *Tryp. dimorphon* wurde von Laveran auf Grund einer „Kreuz-Immunisierung" bei einer Ziege vorgenommen (s. hiezu S. 187). Bei Ratten und Mäusen verläuft die Erkrankung in 12—39 bzw. 17—34 Tagen tödlich. Der wichtigste Überträger ist *Gloss. longipalpis*, außerdem auch *Gloss. tachinoides* und *palpalis*. Die Übertragungsversuche von Bouet und Roubaud kranken daran, daß dazu Glossinen verwendet wurden, die im Freien gefangen worden waren. In allen Teilen des Verdauungskanales fanden sich Flagellaten.

Trypanosoma congolense (Broden), bei Schafen und einem Esel von Broden gefunden, sehr kurze Form ohne freie Geißel, die sich aber durch Affenund Meerschweinchenpassage in lange Formen mit freier Geißel umzüchten läßt. Für Ratten und Mäuse schwach, dagegen für Meerschweinchen stark virulent. Überträger: *Gloss. morsitans.*

Trypanosoma nanum (Laveran), das kleinste bisher beschriebene Trypanosoma; am Nil und in Ostafrika gefunden, für Rinder pathogen, nicht aber für Affen, Hunde und kleine Versuchstiere.

Trypanosoma cazalboui (Laveran) unterscheidet sich von dem *Tryp. dimorphon* dadurch, daß es nur in einer Form auftritt (21 × 1,5 μ), ferner dadurch, daß es nicht gelang, die kleineren Versuchsiere damit zu infizieren, während Pferde, Rinder, Ziegen, Schafe und Antilopen unschwer zu infizieren sind. Bruce hält dieses Typanosoma für identisch mit *Tryp. vivax.* Nach Bouet und Roubaud & Bouffard sollen *Gloss. palpalis, tachinoides, morsitans* und *longipalpis* die Überträger sein, und zwar soll sich die Entwickelung der Trypanosomen allein innerhalb der Proboscis und im Hypopharynx im Laufe von 6—7 Tagen abspielen.

Die Krankheit kommt im westlichen Sudan bei Pferden und Rindern vor, sie wird dort „Souma" genannt (Cazalbou).

Trypanosoma vivax (Ziemann). 1905 fand Ziemann in Kamerun bei Schafen ein Trypanosoma, das sich durch seine eigentümliche Beweglichkeit — schnelles Hingleiten durch das Gesichtsfeld — auszeichnet. Es ist kleiner als *Tryp. brucei* (s. S. 186). Ziemann konnte es nicht auf kleine Laboratoriumstiere übertragen. Schilling fand in Togo bei einem Schaf ein ähnlich kleines Trypanosoma, das sich aber auf Ratten übertragen ließ und dann ganz dieselbe Bewegungsart zeigte wie ein gewöhnliches Nagana-Trypanosoma. Bruce und seine Mitarbeiter ermittelten *Gloss. palpalis* als die Überträgerin und bestätigten, was Roubaud für *Tryp. cazalboui* schon angegeben hatte, daß nämlich die Entwickelung in diesen Fliegen sich auf den Stechrüssel beschränke.

Trypanosoma uniforme (Bruce). Bruce stellt diese Form auf, weil die Parasiten zwar dem *Tryp. vivax* in sehr vielen Beziehungen gleichen, aber kleiner sind als diese. Von Fraser und Duke auch bei Antilopen gefunden.

Trypanosoma togolense und **soudanense** wurden von Laveran auf Grund seiner „Kreuzweisen Immunisierung" von Nagana abgetrennt.

Trypanosoma bovis, von Kleine und Taute am Tanganyika gefunden, nur bei Rindern beobachtet und nur auf diese übertragbar.

Trypanosoma suis von Ochmann beim Schwein in Ostafrika beobachtet. Ähnlich *Tryp. congolense.*

Trypanosoma des Mbori und El Debab. Diese beiden Krankheiten werden im Sudan bzw. in Algier bei Kamelen beobachtet. Es handelt sich um einen dem Tryp. Evansi sehr nahestehenden Parasiten.

9. Trypanosoma theileri (Bruce).

Im Anhang an die pathogenen Trypanosomen mag das *Trypanosoma theileri* des Rindes besprochen werden, weil es zu manchen Erkrankungen dieser Tiere in einem gewissen Zusammenhange zu stehen scheint, und weil es zu allerlei Irrtümern Anlaß gegeben hat.

Trypanosoma theileri fällt durch seine Größe auf, es erreicht Längen bis zu 70 μ; die kleinsten Formen sind 30 μ lang. Die ganze Form erinnert sehr an *Tryp. lewisi*; eine gewisse Übereinstimmung liegt auch darin, daß vor der Teilung der Blepharoplast in die Nähe des Hauptkerns rückt, und daß die kleinsten Teilprodukte Leptomonaden sind. Das Zwischenstadium der multiplen Teilung ist noch nicht beobachtet. Laveran hat diese Formen als eine eigene Art, *Tryp. transvaaliense,* beschrieben.

Tryp. theileri kommt anscheinend über die ganze Erde verbreitet vor. In Deutschland wurde es zum ersten Male von Frank 1909 bei einem an rauschbrandverdächtigen Erscheinungen verendeten Rinde gefunden. In Transvaal kommt es sehr häufig bei Tieren zur Beobachtung, die an Piroplasmose, Rinderpest, Anaplasmose u. ä. leiden; es liegt nahe, anzunehmen, daß diese interkurrenten Krankheiten das Gleichgewicht der labilen Infektion gestört und eine Vermehrung der Parasiten veranlaßt haben.

Die Übereinstimmung mit *Tryp. lewisi* geht noch weiter: wenn man Blut einiger in Deutschland gezogener erwachsener Rinder (3—4 ccm) zu 10 ccm gewöhnlicher alkalischer Nährbouillon zusetzt, so kann man in 15—70 % der Fälle nach 6 Tagen Flagellaten vom Typus *Crithidia* auf der Oberfläche der Blutschicht finden. Die schlanken spindelförmigen Parasiten vermehren sich durch Längsteilung. In dem ausgesäten Blute aber sind die Trypanosomen meist so spärlich, daß sie sich dem mikroskopischen Nachweis entziehen.

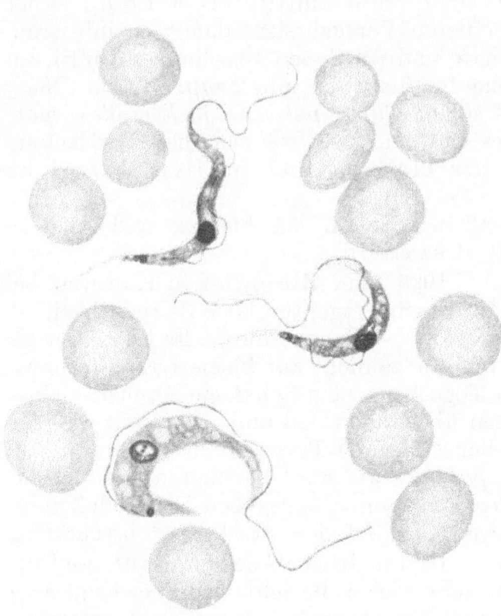

Abb. 199.   *Tryp. theileri* Laveran, nach einem Präparate Theilers. Vergr. ca. 1300. Orig.

Die Übertragung geschieht offenbar durch *Tabanus glaucopis* Meig., aus deren Magen Nöller (uned.) die typischen Kulturformen von *Tryp. franki* gezüchtet hat. Die Formen im Magen des Überträgers sind schon früher als *Crithidia subulata* Léger beschrieben worden.

Das *Trypanosoma theileri* ist nicht pathogen.

Tryp. hymalajanum, indicum und *muktesari* (Lingard., Indien), ferner *Tryp. ingens* (Bruce, Uganda) gehören wohl alle zu *Tr. theileri*.

C. Schizotrypanum cruzi (Chagas); Chagas'sche Krankheit.

Historisches, Verbreitung. Chagas war 1907 gelegentlich einer Studienreise nach Minas Geraes im Innern Brasiliens von den Eingeborenen auf ein blutsaugendes Insekt aufmerksam gemacht worden, das von ihnen „Barbeiro" genannt wurde und das vorwiegend nachts von den in den Häusern Schlafenden Blut saugt. Er untersuchte diese großen Wanzen *(Conorhinus megistus = Triatoma megista)* und fand in ihrem Hinterdarm Flagellaten vom Crithidia-Typus. Durch Ansetzen der Wanzen an Seidenäffchen *(Callithrix penicillata)* konnte bei diesen eine Trypanose erzeugt werden. Später stellte dann Chagas im Blute eines Kindes, das in Minas Geraes geboren und schwerkrank war,

Trypanosomen von demselben Typus, wie er sie im Affenblut beobachtet hatte, fest. Der Gang der Entdeckung war also ein umgekehrter wie der, welchen z. B. die Malariaforschung eingeschlagen hatte: erst die Entdeckung im blutsaugenden Insekt, dem Überträger, dann im Menschen.

Die Krankheit scheint auf Brasilien beschränkt zu sein.

Der Parasit. Trotz der sehr sorgfältigen Arbeiten namentlich von Chagas ist der Entwickelungsgang von *Schizotrypanum cruzi* noch keineswegs völlig geklärt. Er soll daher hier nur soweit geschildert werden, als er wirklich feststeht.

Beginnen wir mit den Formen, welche im Menschen bzw. Versuchstier durch den Stich des *Conorhinus* eingeimpft werden, so sind dies wahrscheinlich kleine Trypanosomen, wie sie sich in den Speicheldrüsen dieser Wanzen nachweisen lassen. Die Veränderungen der Parasiten, welche hier anzuschließen scheinen, spielen sich in den Lungenkapillaren ab: sie verlieren die Geißel, legen sich hufeisenförmig zusammen und verschmelzen zu einem eiförmigen Gebilde. Wichtig ist das Verhalten des Blepharoplasten: entweder wird er ausgestoßen, oder er rückt an den Hauptkern heran. Nun teilt sich der Kern bzw. der Hauptkern und der Blepharoplast innerhalb des Plasmas, und um die acht Teilungsprodukte gruppiert sich das Protoplasma derart, daß acht keulen- oder birnenförmige Merozoiten entstehen (Schizogonie). Der Periplast der Mutterzelle umgibt die Teilprodukte nach Art einer Cystenmembran. Der eine Typus der Merozoiten ist klein, besitzt nur einen Kern mit feiner Membran, deutlicher Kernsaftzone und kleinem Caryosom; diese faßt Chagas als weibliche Merozoiten auf (Abb. 200 b). Beim anderen Typus ist der Kern etwas größer, das Caryosom stärker entwickelt, häufig aus zwei Lappen bestehend, eine Kernmembran fehlt; stets ist ein zweiter kleiner Kern (Blepharoplast) vorhanden, der bald dem Hauptkern dicht anliegt, bald in der Spitze des kommaförmigen Körperchens liegt und dann häufig noch einen Verbindungsfaden zwischen den beiden Kernen (Centrodesmose) erkennen läßt (Abb. 200, 7 a). Diese jungen Merozoiten werden frei und dringen in rote Blutkörperchen ein; so erscheinen sie nun im zirkulierenden Blut (Abb. 200, 1).

Diese Auffassung von Chagas ist neuerdings wieder angezweifelt worden; ein Teil dieser Stadien (nämlich die ohne Blepharoplast) gehört nicht zu *Schizotrypanum*, sondern zu einem anderen Parasiten (*Pneumocystis*) des Meerschweinchens. Die kleinen Schizogonieformen mit Geißelkern jedoch hat Nöller (uned.) bei Infektionsversuchen meist aufgefunden; ihre Zugehörigkeit zu *Schizotrypanum* scheint daher doch richtig.

Die Merozoiten scheinen innerhalb der roten Blutkörperchen heranzuwachsen (!). Dann erscheinen Formen innerhalb der Erythrocyten, die einem zusammengeklappten Trypanosoma entsprechen (Abb. 200, 2), sich zu einem voll ausgebildeten Trypanosoma entwickeln und aus dem Blutkörperchen ins Plasma übertreten. Chagas unterscheidet auch hier wieder zwei Formen: einerseits lange schlanke Formen mit spitzem Hinterende, das den Blepharoplast beträchtlich überragt (Abb. 200, 3a). Der Hauptkern ist ein typischer Caryosomkern mit scharf ausgeprägter Kernmembran; diese Formen betrachtet Chagas als männliche. Die weiblichen Formen (Abb. 200, 3 b) andererseits zeichnen sich aus durch die geringere Entwickelung des Blepharoplasten (kleines Caryosom, Außenchromatin), und durch die Kleinheit des Caryosoms des Hauptkerns, der sich oft in den ersten Stadien einer mitotischen Teilung befindet; endlich durch die größere Masse des Plasmas, überhaupt durch die plumpere Form des ganzen Körpers. In Trockenpräparaten nach Romanowsky - Giemsa gefärbt, zeigt sich dieser Dualismus gleichfalls: man sieht breite, plumpe Formen mit ovalem, lockerem Kern (weiblich), und schlanke, lange Formen mit stabförmigem, dichtgefügtem Kerne und großen Blepharoplasten (männlich) (Abb. 200, 3). Der sexuelle Charakter dieser Formen wird neuerdings bezweifelt; sie werden einfach als verschiedene Wachstumsformen angesprochen, die durch Übergänge verbunden sind (Brumpt, Nägler). Auch diese beiden Formen können zur Schizogonie in den Lungenkapillaren schreiten (?); es wiederholt sich an ihnen der zu Anfang geschilderte Prozeß, genau wie bei den durch den Stich der Wanzen eingeimpften Trypanosomen aus dem Sekret der Speicheldrüsen. (Abb. 200, 4, 5 u. 6.)

Neben und parallel dieser Art der Vermehrung, die ich als „Oktoschizogonie“ bezeichnen möchte, findet sich aber noch ein zweiter Typus der agamen Fortpflanzung, eine intracelluläre wiederholte Zwei- oder multiple Teilung, die zur Bildung großer Haufen von kleinen Parasitenformen führt (Abb. 201, s. auch Abb. 166, S. 177). Sie wurden zuerst von Hartmann beim Meerschweinchen, dann auch von Chagas und Vianna beim Menschen gesehen. Die Parasiten haben eine sehr große Ähnlichkeit mit *Leishmania* u. *Theileria parva:* es sind rundliche oder ovale Gebilde mit rundem Hauptkern und stäbchenförmigem Blepharoplasten. Die Haufen der kleinen Zellen werden begrenzt von einer mehr oder weniger deutlich ausgeprägten Membran. In diesen cystenähnlichen Hohlräumen verwandeln sich die Parasiten in Trypanosomen. Es ist

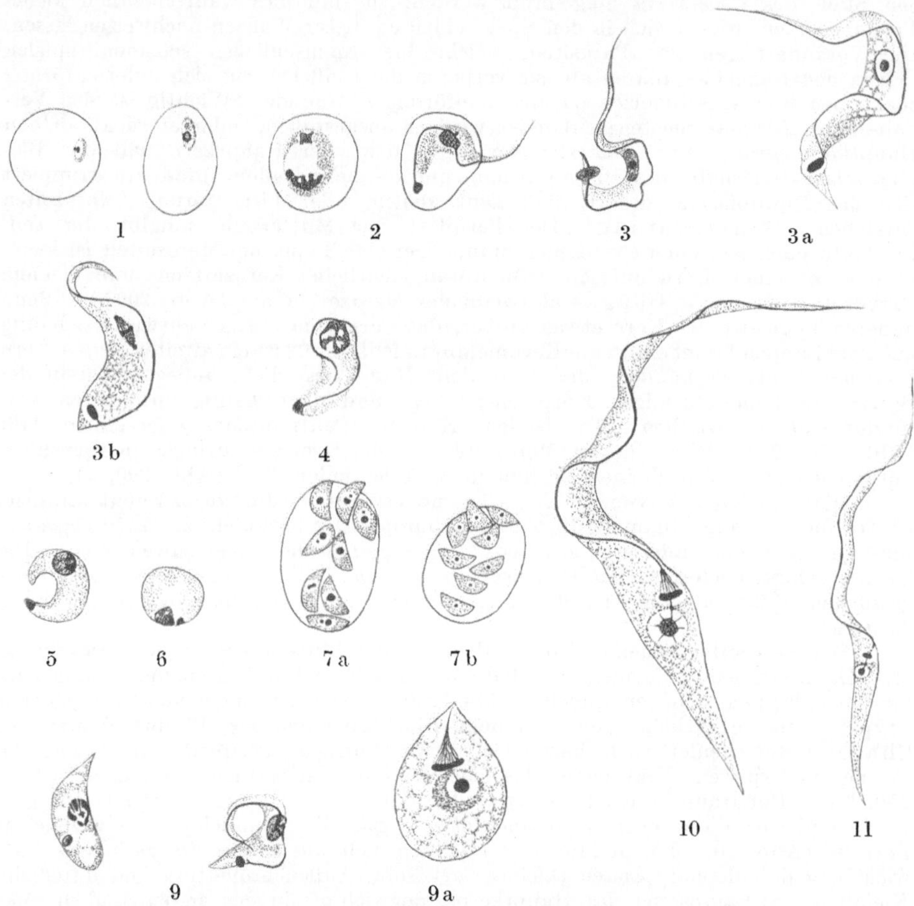

Abb. 200. Entwicklungsformen des *Schizotrypanum cruzi* Chagas.

1. Merozoiten in den roten Blutkörperchen.
2. Umwandlung in ein Trypanosoma.
3. Trypanosomen aus dem Blute von Kranken und von Versuchstieren (siehe auch die farbige Abbildung 202).
3a und 3b nach Heidenhain-Färbung. a männliche (?), b weibliche (?) Form.
4, 5 und 6. Vorstadien der Schizogonie.
7. Schizogonien der Lunge. a männliche (?), b weibliche (?) (*Pneumocystis*).
9. Erste Stadien der Entwickelung im Mitteldarm von *Conorhinus*. (Abb. 9a nach Heidenhain gefärbt).
10 und 11. Flagellaten aus dem Enddarm von *Conorhinus*.

Nach Chagas 1909.

sehr wahrscheinlich, daß dies die Ausgangsformen für die indifferenten Trypanosomen sind, welche z. B. bei infizierten Meerschweinchen oft in großer Zahl im peripheren Blute auftreten, aber zugrunde gehen, wenn sie in den Darmkanal des *Conorhinus* übergehen.

Die Entwickelung im Überträger ist in den Hauptzügen folgende: Im spindelförmigen Abschnitt des Mitteldarmes (Magen) nehmen die sämtlichen verschiedenen Typen der Trypanosomen eine plumpe, keulenförmige Gestalt an (Abb. 200, 9), der Blepharoplast rückt näher zum Kern hin, der Randfaden verschwindet, es entstehen eiförmige Gebilde. Der Hauptkern ist ein sehr klar gebauter Caryosomkern, im Caryosom ist das Centriol oft sehr deutlich zu erkennen; breite Kern-saftzone, reichliches Außenchromatin, oft in kleinen Klümpchen angeordnet. Es ist ferner nicht unwahrscheinlich, daß zwischen diesem und dem vorausgehenden Stadium sich ein Befruchtungsstadium einschiebt, dessen Phasen aber noch nicht bekannt sind. Aus dem Blepharoplast dieser Formen entwickelt sich dann eine Geißel (Abb. 200, 9a), indem sich an der einen Seite des Kinetonucleus ein faserig gebauter Kegel vorschiebt, dessen Spitze ein sehr kleines Körnchen bildet. Von diesem Basal-körnchen aus sprießt dann die fadenförmige Geißel vor, die manchmal das Protoplasma zu einer Spitze vortreibt. Häufig beobachtet man auch Mitosen am Kern und Blepharoplasten. Während im spindelförmigen Teil des Darmes (Chylus-Magen) das Blut sich 5 Tage lang flüssig hält und nur langsam zersetzt, wird es im zylindrischen Teil des Mittel-darmes (unterhalb der Einmündung des Malpighi-schen Drüsen) rasch in eine schwärzlich-krümlige Masse verwandelt. In diesem Darmabschnitt strecken sich die birnförmigen Körper, die Geißel schiebt sich dem Körper entlang vor, die geißeltragende Hälfte des Körpers flacht sich ab und legt sich in Falten, kurz es entsteht eine typische Crithidiaform, bei der der Kinetonucleus aber stets geißelwärts vom Hauptkern bleibt (Abb. 200, 10). Breite, aber auch ganz schlanke, schmale Formen (Abb. 200, 11) entstehen; eine rapide Vermehrung setzt ein. Nach Romanowsky lassen sich in diesen Formen zahlreiche Granula färben (Volutin).

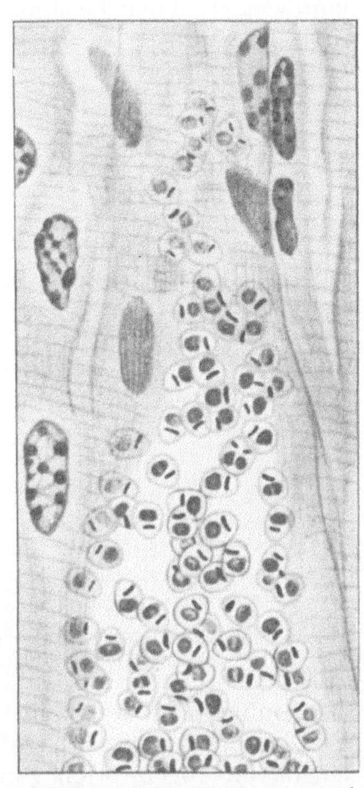

Abb. 201. *Schizotrypanum cruzi*, leihsmaniaartige Formen aus der Herzmuskulatur eines Rindes. Vergr. ca. 1360. Nach Vianna 1911.

Neben diesen Formen fand Chagas noch andere, deren Cytologie aber an den Trockenpräparaten nicht genügend studiert werden konnte, und die deshalb hier nicht weiter erwähnt zu werden brauchen. Man gewinnt den Eindruck, daß es sich um ganz andere Organismen (Hefen o. ä.) handeln könne. Chagas reiht sie aber in eine Schizogonie ein.

Die an die Crithidien anschließenden Formen wurden von Chagas in zwei Fällen in der Leibeshöhle von *Conorhinus* gefunden; es handelte sich um typische Trypanosomen, die wahrscheinlich aus den im Enddarm sich massenhaft vermehrenden Crithidiaformen hervorgingen. In den Speicheldrüsen fand Chagas in drei Fällen typische kleine, sehr lebhaft bewegliche Trypanosomen, bei denen er bereits Unterschiede, die auf geschlechtliche Differenzierung hindeuten, fand. Manche Zwischenformen sind hier absichtlich nicht erwähnt, da ihre Deutung noch nicht feststeht oder eine eingehendere Beschreibung das Bild verwirren würde.

Das *Schizotrypanum cruzi* ist eines der interessantesten Trypanosomen, einerseits wegen der Klarheit, mit welcher die morphologischen Einzelheiten namentlich an den Kernen studiert werden können; andererseits wegen der

Vielgestaltigkeit der Formen und der Entwickelungs-Möglichkeiten (2 verschiedene Arten asexueller Schizogonien im Warmblüter, geschlechtliche Differenzierung der Gameten, endoglobuläre Trypanosomen). Ganz besonders wichtig ist diese Form aber wegen der zahlreichen Beziehungen zu nahe verwandten wie zu fernstehenden Protozoen: auf der einen Seite zu den übrigen Trypanosomen (äußere Form, Übertragung durch ein blutsaugendes Insekt, Kultivierbarkeit), auf der anderen Seite zu *Endotrypanum* (endoglobuläre Flagellaten), dann wieder zu den Leishmanien (multiple Teilung innerhalb von Zellen, typische zweikernige Formen), endlich, wenn auch nur äußerlich, zu den Sarkoporidien (Parasitismus in Muskel- und andere Zellen).

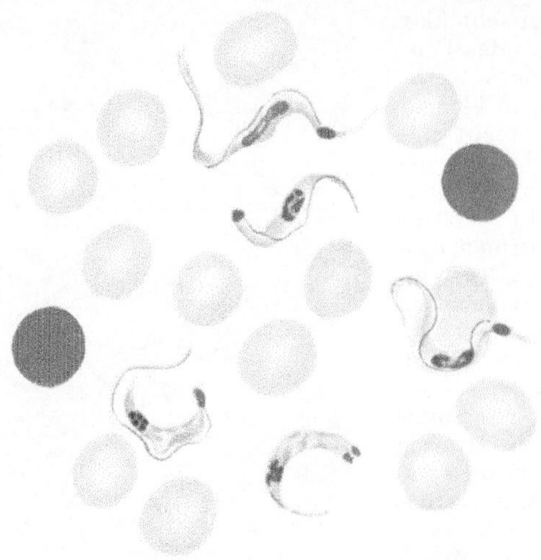

Abb. 202.   *Schizotrypanum cruzi* Chagas.
Vergr. ca. 1300.   Orig.

Die Infektion von Larven von *Conorhinus* gelingt ohne Schwierigkeit, wenn man sie an Pinseläffchen saugen läßt, die mit Blut eines chronisch Kranken infiziert wurden. Diese Larven übertragen dann nach dem 8. Tage auf Meerschweinchen eine rasch tödlich verlaufende Krankheit (5—8 Tage), bei der nur ganz wenige Trypanosomen im Blute, dagegen reichlich Schizogonieformen in der Lunge gefunden werden. Von Meerschweinchen aus aber, deren Blut reichlich Trypanosomen enthält, wollte Chagas niemals eine Infektion des *Conorhinus* gelingen. Es muß angenommen werden, daß die Formen, welche zur Weiterentwickelung in den Wanzen bestimmt sind, nur bei den chronisch infizierten Kranken bzw. bei den davon abgeimpften Pinseläffchen vorhanden seien, daß aber die im Meerschweinchenblut vorhandenen Formen indifferenten Charakters sind und sich im Überträger nicht weiter zu entwickeln vermögen. Nach Brumpt geschieht die Infektion des Säugetieres durch *Conorhinus* nicht durch den Stich, sondern durch die Fäces (also wie bei *Tryp. lewisi* s. S. 195). Auch vermögen andere blutsaugende Insekten, wie *Cimex*-Arten, *Ornithodorus moubata* nach Brumpt die Parasiten zu übertragen. Blut mit *Schizotrypanum*, in Kondenswasser des Novy-Mac Neal-Agars gebracht, ergibt eine reichhaltige Kultur: innerhalb der ersten 6 Stunden rückt der Blepharoplast auf den Hauptkern zu; nach 20 Stunden etwa erscheinen runde oder ovale Formen mit Haupt- und Nebenkern, später treibt der Blepharoplast eine Geißel vor, und es entstehen die gleichen Crithidienformen, wie im Enddarm des *Conorhinus*. Auch multiple Teilungen großer Protoplasmaklumpen scheinen vorzukommen.

Der Überträger. *Conorhinus megistus* ist über ganz Brasilien verbreitet. Er lebt in den Ritzen und Spalten der Lehmwände der Häuser und Hütten, kommt nachts zum Vorschein und überfällt die Schlafenden, gewöhnlich sticht er diese im Gesicht (daher sein Name „barbeiro"), doch ist der Stich nicht besonders schmerzhaft; das Saugen dauert 8 Minuten und länger.

53 Tage nach der ersten Blutmahlzeit, die sich in mehrtägigen Abständen wiederholt, beginnt das Weibchen die Eier (Abb. 203 a, b) zu legen; die Eiablage geschieht in einzelnen Häufchen von ca. 8—12, bis zu 45 Stück und kann 36 mal wiederholt

werden. Die Eier sind zuerst weißgelblich, dann nehmen sie einen rosa Farbton an, nach 20—40 Tagen, je nach der Jahreszeit, schlüpfen die Larven (Abb. 203 b) daraus hervor. Die zuerst rosafarbenen Larven werden nach einigen Stunden dunkelbraun, am 5.—8. Tage suchen sie die erste Blutmahlzeit und wiederholen diese alle 15—20 Tage. Nach 45 Tagen findet die erste Häutung statt, dieser folgen noch drei weitere, bis die mit den äußeren Geschlechtsmerkmalen versehene Nymphe erscheint (bis hierher 90 Tage). Nach mindestens 42 Tagen tritt die 5. und letzte Häutung zur Imago ein. Das Geschlechtstier ist zuerst schön rosigrot, wird aber schon nach wenigen Stunden schwarzbraun. Die Männchen haben ein abgerundetes Hinterende, die Weibchen einen kegelförmigen Fortsatz. Neiva berechnet, daß die Ent-
wickelung vom Ei zum Ei beim Weibchen mindestens 324 Tage, beim Männchen vom Ei zur Imago 260 Tage
dauere; ein *Conorhinus* kann mindestens
386 Tage infektiös bleiben (von der Larve
bis zum Tode). Männchen und Weibchen saugen Blut, die Männchen sterben gewöhnlich früher als die Weibchen. Die Tiere können sehr lange
Zeit hungern.

Klinik und Pathogenese. Chagas unterscheidet akute und chronische Fälle; diese gehen aus jenen
hervor.

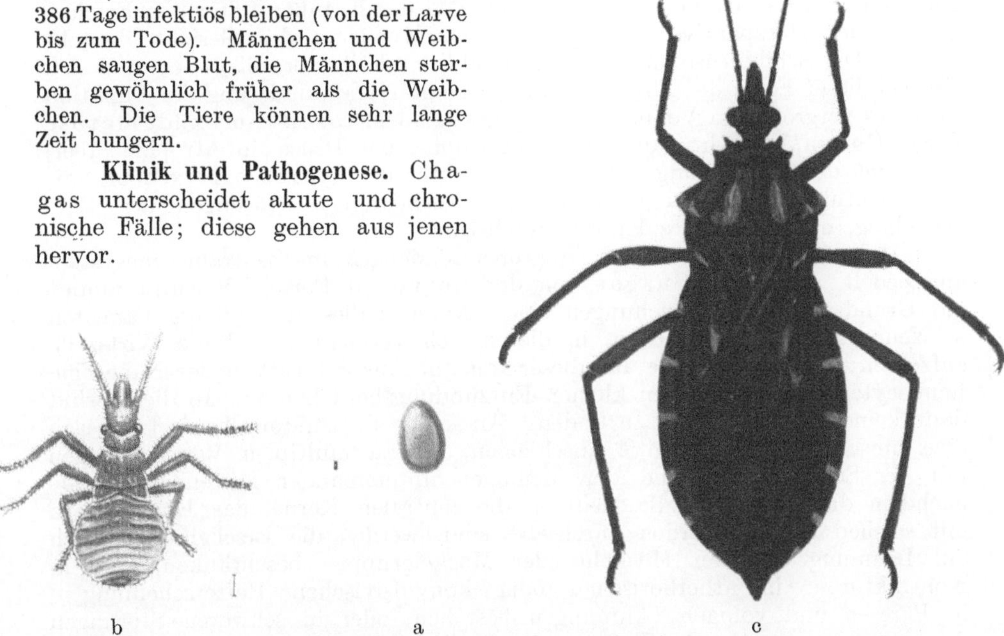

b   a   c

Abb. 203. a Ei, ca. 11 mal vergr., b Larve, ca. 17 mal vergr., c Imago ♀ von *Cono-rhinus megistus (Triatoma megista)*.

Die Krankheit beginnt mit einem akuten Paroxysums von 10—30 Tagen Dauer, konstant ist dabei kontinuierliches Fieber mit geringen Remissionen. Sämtliche drüsigen Organe des Körpers schwellen an, relativ wenig die Leber, stärker die Milz, auch die Lymphdrüsen und die Schilddrüse. Mit der Schwellung der Glandula thyreoidea bringt Chagas auch die eigentümlichen Schwellungen des Gesichts in Zusammenhang. Beim Druck auf die Gesichtshaut hat man ein eigentümliches Gefühl von Crepitation, und es entsteht keine Delle; Er-scheinungen, welche denen des Myxödems gleichen; es handelt sich, falls die Pathogenese bei beiden Krankheiten wirklich die gleiche ist (Hypothyreoidismus) um eine ganz akute Veränderung der Funktion der Schilddrüse. Auffallend ist, daß Chagas und Vianna bei den Sektionsbefunden des akuten Falles eines nach 16 tägiger Erkrankung gestorbenen Kindes nichts von einer be-sonders starken Lokalisation der Parasiten in der Schilddrüse erwähnen, sondern nur von einer Sklerose der Schilddrüse sprechen. — Bei den schwersten Fällen treten die Erscheinungen der Encephalomeningitis auf, oder es treten Ergüsse in die serösen Höhlen ein, wahrscheinlich durch Insuffizienz des Herzens bedingt, die dann den Tod des Kranken bedingen können.

An diese akuten Formen schließt dann das chronische Stadium an. Die Erscheinungen dieser Krankheitsperiode sind wesentlich bedingt durch die Lokalisation der Parasiten in den Organen des Kranken in Lungen, Herzmuskeln, willkürlichen Muskeln, Hirn, Rückenmark oder Nebenniere. Je nachdem das eine oder andere Organ stärker befallen ist, werden sich, neben den Erscheinungen auf Rechnung der übrigen Krankheitsherde, ganz besonders die Symptome an dem am stärksten befallenen Organen in den Vordergrund drängen.

Die akuten Fiebererscheinungen nehmen in günstig verlaufenden Fällen nach etwa 30 Tagen ab, aber es treten offenbar Rezidive auf, die manchmal nur leichter Art sind, manchmal aber den Tod der Kranken unter den Erscheinungen der Herzparalyse verursachen; das Myxödem des Gesichts besteht weiter. Die Schilddrüse ist in der Mehrzahl der Fälle vergrößert, es muß sich also bei dieser Form des Thyreoidismus um eine Herabminderung der Funktion trotz des vergrößerten Volums des Organes handeln (pseudomyxödematöse Form, Chagas). Geht dann die Hypertrophie der Drüse in Atrophie über, so nimmt die Erkrankung ganz den Charakter des typischen Myxödems mit Pergamenthaut, Schuppung, allmähliger Verblödung, Störungen der Entwickelung, namentlich des Knochenwachstums, an.

Haben die Parasiten sich in größeren Mengen im Zentralnervensystem angesiedelt, so spricht Chagas von der nervösen Form. Vianna nimmt auf Grund seiner Untersuchungen eines akuten Falles an, daß die Parasiten in Neurogliazellen einwandern, in diesen sich vermehren und die Wirtszelle aufzehren; dann werden sie aus dieser frei, ihr Austritt ruft in der Nähe eine Leukocytenanhäufung, einen kleinen Entzündungsherd hervor. In diesen sind dann keine Parasiten mehr zu finden. An solche Entzündungsherde kann sich eine umschriebene Meningitis anschließen, die zu multiplen Verwachsungen mit der Schädelkapsel und der Meningen untereinander führen kann. Je nachdem die Hirnrinde, die Medulla, die zentralen Kerne, das Rückenmark mit solchen kleinen Herden durchsetzt sind, werden die Erscheinungen sich auf Lähmung. einzelner Muskeln oder Muskelgruppen beschränken, oder in Kontrakturen, in athethotischen oder konvulsivischen Reizerscheinungen, in Paresen und völligen Lähmungen bestehen, oder in schweren Störungen der Sprache bzw. des Intellekts sich äußern. Hemiplegien sind sehr selten, wenn sie überhaupt vorkommen, dagegen sind Lähmungen der Augenmuskeln ziemlich häufig.

Prädilektionsstellen für Ansiedlung der Parasiten sind die Herzmuskelfasern. Sie siedeln sich in der Nähe des Kernes der Muskelzellen an und vermehren sich zu dichten Haufen, unter deren Einwirkung der Zellinhalt verschwindet, so daß cystische, mit Parasiten gefüllte Gebilde entstehen, die Parasiten sind die oben geschilderten ovalen Körperchen mit Hauptkern und Blepharoplast. Die Cysten können platzen und ihren Inhalt in die Spalträume zwischen die Muskelzellen entleeren; in diesem Falle finden sich dort auch manchmal Parasiten, bei welchen schon eine neue Geißel zur Entwickelung gelangt ist. In der Umgebung solcher geplatzter Cysten beginnt sehr häufig, wenn auch nicht immer, eine entzündliche Reaktion, Anhäufung von Rundzellen, einzutreten. Die Erscheinungen, welche von dieser Zerstörung der kontraktilen Fasern und von den entzündlichen Herden im Herzmuskel ausgehen, bestehen erstlich in Beschleunigung und Unregelmäßigkeit des Pulses, im Auftreten von Extrasystolen (nach einer normalen Systole eine, zwei oder drei Systolen eingeschoben) namentlich bei den Erwachsenen, von Jugularvenenpuls, von Verlangsamung der Herzschläge und schließlich von „Herzblock" (akute Asystolie). Maßgebend ist nicht der Radialispuls, sondern die Auskultation des Herzens.

Im Verlaufe der chronischen Fälle treten nicht selten Rückfälle auf, die mit Fieber, besonders unter den Erscheinungen der akuten Insuffizienz des Herzen verlaufen und häufig den Tod herbeiführen.

Folgezustände der Schizotrypanose sind Bestehenbleiben der Struma unter leidlicher Erhaltung des Gesamtbefindens, also wahrscheinlich Heilung der Infektion, oder aber Kretinismus in verschiedensten Stadien und Formen, Idiotie, Imbezillität.

Die Diagnose kann in akuten Fällen unschwer durch Blutuntersuchung im Deckglas ausgeführt werden; die Trypanosomen verraten sich durch ihre Beweglichkeit. Sehr spärliche Flagellaten können durch Untersuchung im dicken Tropfen aufgefunden werden. Und wenn diese Prüfung versagt, so kann man einige Kubikzentimeter auf ein Meerschweinchen oder einen Affen verimpfen oder noch besser eine Bettwanze saugen lassen, in der sich die Parasiten rasch entwickeln.

Epidemiologie. In den verseuchten Gegenden von Minas Geraes sind nur wenige Häuser frei von den Wanzen (Conorhinus), die weniger bemittelte Bevölkerung ist offenbar an diese Landplage gewöhnt. Deshalb ist auch die Krankheit fast eine pandemische. Sie wird schon im frühesten Kindesalter erworben, und deshalb hat Chagas die ersten Stadien auch nur bei Kindern im ersten oder zweiten Lebensjahr beobachtet.

Über die **Therapie** der Krankheit geben die brasilianischen Autoren nichts an.

Die **Prophylaxe** wird darin bestehen müssen, daß man sich vor den Bissen der Conorhinus schützt und daß man diese Überträger vernichtet. Also auch hier mehr eine sozialhygienische Aufgabe.

D. Die Leishmanien und die Leishmaniosen.

1. Leishmania donovani (Laveran u. Mesnil) und Leishmania infantum (Nicolle); Splenomegalien.

Historisches; Verbreitung. In den achtziger Jahren des vorigen Jahrhunderts wurde die englische Regierung in Indien darauf aufmerksam, daß in der Provinz Assam eine Krankheit, welche in manchen Beziehungen von Malaria und anderen dort heimischen Infektionen abwich, an Verbreitung gewann. Sie wurde als Kala-azar („schwarze Krankheit") oder als „Dumdum-Fieber" bezeichnet. Die Krankheit, die von den dorthin entsandten Ärzten als eine besonders schwere chronische Form epidemischer Malaria bezeichnet wurde, wälzte sich den Verkehrswegen entlang langsam fort, ergriff neue Orte, richtete in diesen einige Jahre lang furchtbare Verheerungen an, um dann allmählich wieder zu versiegen und einzelne endemische Herde zurückzulassen. Die Verschleppung erfolgte offenbar durch Kranke; wo diese sich niederließen, entstanden kleine Hausepidemien, von diesen breitete sich die Krankheit weiter aus. Die Mortalität war eine hohe (1897 in Assam ca. 18000 Menschen).

Genauere Studien über das Wesen der Krankheit wurden erst möglich, nachdem Leishman im Jahre 1900 die charakteristischen Parasiten entdeckt und seine Beobachtungen 1903 veröffentlicht hatte. Jetzt wurde die Krankheit auch in Madras, Bengalen, später auch auf Ceylon festgestellt; das übrige Indien scheint frei zu sein. Das Vorkommen der *Leishmania* in Niederländisch-Indien wird von Neeb und Elders behauptet, von Schüffner vorläufig bestritten. Aus China liegen eine Reihe von positiven Befunden vor (Marchand und Ledingham), ebenso neuerdings aus den Kaukasusländern und Armenien. Ein zweiter großer Herd umfaßt anscheinend sämtliche Küsten und Inseln des Mittelländischen Meeres südlich etwa vom 42. Breitegrad. Pianese war der erste, der in Neapel in Fällen von Splenomegalie die charakteristischen Parasiten fand, Fulci und Basile in Rom. Die beiden großen Herde scheinen durch Zwischenstationen in Arabien, Oberägypten, im ägyptischen Sudan und in

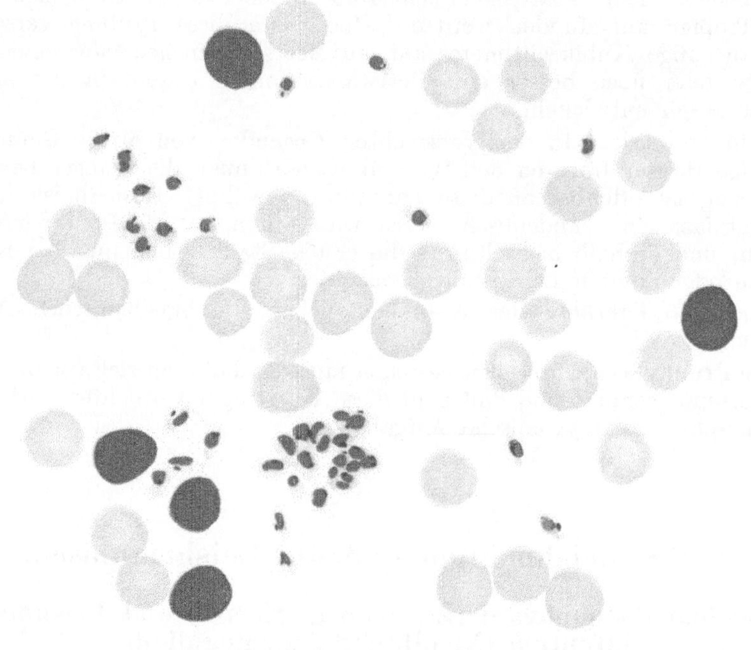

Abb. 204. *Leishmania donovani* im Milzausstrich.
Vergr. ca. 1300. Orig.

Turkestan verbunden zu sein. Auch aus Madagaskar liegt bereits ein Fall vor, die Verbreitung bis nach Süd-Afrika (Basset-Smith) ist noch nicht zweifelsfrei festgestellt. Weiße wie Farbige sind gleich empfänglich.

Der Parasit. Die bisher für die Trennung der beiden Arten *Leishmania donovani* (Laveran u. Mesnil) und *infantum* (Nicolle) angeführten Gründe — *L. donovani* auf Novy-Mac-Neal-Nicolle-Agar bisher nicht gezüchtet, auf Hunde bisher nicht übertragen — waren m. E. nicht ausreichend, sind auch neuerdings weggefallen. Deshalb ist im folgenden diese Trennung nicht streng durchgeführt; doch halten manche Forscher z. B. Patton daran fest.

Aus den Organen des Menschen und der Tiere ist bisher nur eine einzige Form des Parasiten bekannt geworden. Es sind dies ovale oder birnförmige

Körperchen von 3—4 μ Länge und 1—1^1/$_2$ μ Breite; im frischen Präparat zeigen sie keine Bewegung (Abb. 204). Das Protoplasma, das, nach Romanowsky gefärbt, gewöhnlich einen mehr rötlichen Farbton annimmt, ist sehr locker gefügt, an der Peripherie dichter und offenbar sehr leicht zum Zerfall geneigt. Sehr charakteristisch sind die beiden Kerne: ein runder oder schwach ovaler, dicht gefügter Hauptkern, in dem ein rundes Caryosom liegt, und neben ihm, oft ganz dicht an ihn angepresst, ein stäbchenförmiger Blepharoplast; von diesem geht manchmal ein rötlich gefärbter Streifen aus (Rhizoplast).

Die Teilung ist eine einfache Durchschnürung des Kernes und des Blepharoplasten, der dann eine Spaltung in der Längsrichtung des Parasiten folgt. Durch gehäufte Längsteilungen sind Bilder zu erklären, die an Schizogonien erinnern.

Die Leishmanien sind in erster Linie Schmarotzer der großen mononukleären Leukocyten, der Makrophagen, überhaupt der Zellen endothelialen Ursprungs. In diesen weißen Blutzellen finden sie sich in seltenen Fällen im peripheren Blut, in großen Mengen aber in der Milz, im Knochenmark und in der Leber. Nur ganz ausnahmsweise enthält ein polymorphkerniger Leukocyt oder eine Übergangsform einen Parasiten. Überall da, wo sich diese weißen Blutzellen in größerer Menge ansammeln, finden sich auch die Parasiten, oft in ungeheuren Mengen, so in den Geschwüren des Darmes, der Haut und der Schleimhäute. Durch Zerfall oder Zertrümmerung der sie umschließenden Zellen bei der Präparation werden die Parasiten nicht selten frei

Kultivierung. Rogers fand, daß Leishmanien, welche er durch Milzpunktion gewonnen hatte und die er in einer Kochsalzlösung, der 10 ^{0}/$_0$ zitronensaures Natron zugesetzt waren, aufbewahrte, schon nach 48 Stunden sich in Flagellaten verwandelt hatten. Die kleinen Körperchen schwellen an, das Protoplasma wird dichter, sie teilen sich, strecken sich in die Länge, und vom Blepharoplasten bzw. dem von ihm ausgehenden Rhizoplasten schiebt sich eine Geißel vor, die die Oberfläche des Körpers überragt, ohne aber eine undulierende Membran auszuziehen (*Leptomonas*-Form, Abb. 205). Das Protoplasma nimmt stark alveoläre Struktur an. Das Optimum für die Entwickelung liegt bei 22^0. Es entstehen dann einerseits schmale, schlanke Formen, andererseits ovale oder birnförmige Gebilde, beide von charakteristischem Leptomonas-Typus. Durch rege Teilungen entstehen Klumpen

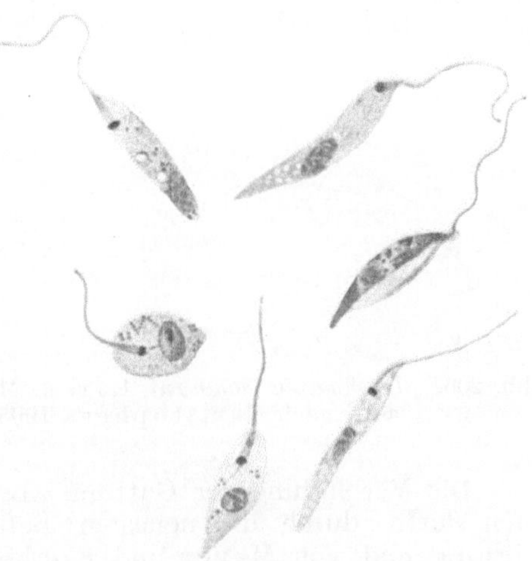

Abb. 205. *Leishmania donovani*; Kulturformen. Vergr. ca. 1300. Orig.

von Parasiten, in denen die Geißeln nach innen gerichtet und oft eng verfilzt sind. Nach etwa 8 Tagen beginnen Degenerationsformen aufzutreten, runde geißellose, von vielen Vakuolen durchsetzte Gebilde. Die Kulturen in Subkulturen fortzupflanzen, scheint ziemlich schwierig zu sein. Das Kondenswasser von Novy-Mac-Neal-Nicolle-Agar ist für *Leishmania donovani* wenig geeignet, doch sind Row neuerdings auch hierin Kulturen gelungen. Damit fällt ein wesentlicher Unterschied zwischen *Leishmania donovani* und *infantum* weg, welch letzteres sich ohne weiteres im Kondenswasser von N.-N.-N.-Agar in Flagellaten umwandelt.

Überträger. Entwickelung im Wanzendarm. Es ist von vornherein sehr wahrscheinlich, daß auch dieses Protozoon durch ein blutsaugendes Insekt übertragen

werde. Patton entdeckte im Darmkanal von *Cimex rotundatus* (Wanzen), welche an
Kranken Blut gesogen hatten, Entwickelungsformen der *Leishmania donovani*; sie
verläuft ganz ähnlich der Entwickelung in der Kultur; auf eine Vergrößerung des
Parasitenleibes und Teilung des Kernes und Plasmas folgt die Entwickelung der Geißel
und die Streckung des Körpers zur Leptomonasform (Abb. 206). Während Donovan
diese Formen nicht erzielen konnte, hat Patton neuerdings auch den Rest der
Entwickelung in *Cimex lectularis* und *rotundatus* aufgefunden. Da die experimentelle
Übertragung durch blutsaugende Insekten aber bisher noch nicht ausgeführt werden
konnte, so ist die Möglichkeit noch offen, daß z. B. mit den Fäces Parasiten aus den
Darmgeschwüren nach außen gelangen; nach allen Analogien ist dies nicht wahrscheinlich, muß aber z. B. bei der Prophylaxe vorläufig noch berücksichtigt werden.

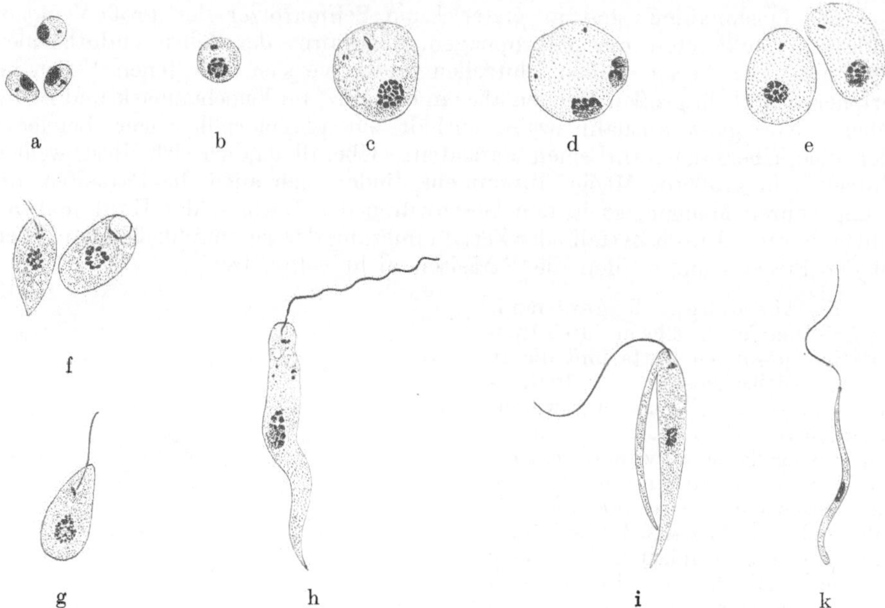

Abb. 206.   *Leishmania donovani* Lav. u. Mesn.; Entwickelungsformen aus Kulturen.
a—e nach Christophers 1905, f—k nach Leishman 1906.

Die Verbindung der Gattung „Leishmania“ mit den übrigen Blutflagellaten dürfte durch die neuesten Befunde von Hartmann und Chagas,
Vianna und von Mayer und Rocha Lima gegeben sein, die bei *Schizotrypanum* in dem Körper der Versuchstiere Stadien dieses Trypanosomas
fanden, die von *Leishmania* nicht zu unterscheiden sind. Hier wie dort
gelingt die Kultivierung in künstlichen Nährböden ohne weiteres; bei *Leishmania* entstehen *Leptomonas*, bei *Schizotrypanum Crithidia*formen.

Die **Pathogenese** der Leishmaniosen ist noch recht unklar. Will man
sich nicht auf das Gebiet der reinen Hypothese verirren, so muß man sich
darauf beschränken zu sagen, daß einerseits eine fiebererregende Wirkung
vorhanden ist, daß aber andererseits die Wirkung auf den Gesamtstoffwechsel
eine außerordentlich langsame ist. Am meisten tritt die Hyperplasie der Milz
und der Leber hervor, von deren Zellen die Parasiten-Toxine offenbar einen Reiz
ausüben. Die dunkle Pigmentierung der Haut, welche der Krankheit den
indischen Namen gab, ist nicht in allen Fällen vorhanden. Die Kachexie

und Anämie sind uns als den Protozoën-Krankheiten im allgemeinen zukommende Erscheinungen bekannt.

Leishmania bei Tieren; Übertragbarkeit. Patton konnte neuerdings die indische *Leishmania* auf Affen, Hunde, Schakal und Ratten, Mackie auch auf eine Maus überimpfen.

Als charakteristisches Merkmal der von ihm von *Leishmania donovani* abgetrennten *Leishmania infantum* gibt Nicolle an, daß dieser Parasit leicht auf Hunde übertragen werden könne. Diese Tatsache ist seitdem vielfach bestätigt worden. Die Hunde verhalten sich sehr verschieden der Infektion mit Organsaft von Kranken gegenüber: einige gehen unter hochgradiger Abmagerung, Anämie, Lähmungen der Hinterbeine schon nach einigen Wochen ein, andere wiederum erst nach $1-1^{1}/_{2}$ Jahren, es kann aber auch zu spontanen Heilungen kommen. Selbst bei reichlicher Infektion und fortgeschrittener Kachexie ist der Sektionsbefund ein auffallend geringer, selbst der Milztumor kann sich in sehr geringen Grenzen halten; das Knochenmark ist stets tief dunkelrot gefärbt. Die Verimpfung von Hund zu Hund durch Milzbrei intraperitoneal gelingt ohne Schwierigkeit.

Auch Affen (Makaken) sind empfänglich. Bei ihnen ist die Milz stets stark geschwollen, unregelmäßiges Fieber begleitet die Infektion. Bei anderen Versuchen erwiesen sie sich aber auch wieder wenig empfänglich. Bei einem unter die Haut geimpften Affen entwickelte sich eine Schwellung, die zwei Monate anhielt und deren Punktionssaft massenhaft Leishmanien enthielt, aber nicht ulzerierte. Auf Grund dieses Versuches ist die *Leishmania donovani* von dem Erreger der Orientbeule scharf zu trennen.

Auch mit Kulturformen läßt sich, wenn auch schwer, eine Infektion bei Hunden erzielen (Novy). Meerschweinchen sind durch intravenöse Injektion von Milzpulpa oder auch von Kulturen (!) zu infizieren (Francklin). Bei Affen und Hunden schließt sich an die Heilung (? labile Infektion) eine deutliche Immunität an. Überstehen der Infektion mit *Leishmania tropica* (Orientbeule) verleiht gleichfalls Immunität, was für die nahe Verwandtschaft beider Mikroorganismen spricht. —

Spontane Infektion bei Hunden. Nicolle und seinen Mitarbeitern gelang es zuerst, bei Hunden in Tunis eine Spontaninfektion mit *Leishmania* nachzuweisen. Die Parasiten sind von *L. donovani* nicht zu unterscheiden. auch in der Kultur und im Tierversuch verhalten sie sich ebenso. Besonders zahlreich fand Basile die Infektionen bei Hunden, die mit Kranken zusammen in einem Hause lebten (Bordonaro bei Messina). In Tunis fand Nicolle etwa $2^{0}/_{0}$ der Hunde infiziert, in Rom Basile etwa $26^{0}/_{0}$, Cardamatis in Athen $8^{0}/_{0}$, Alvarez in Lissabon $26^{0}/_{0}$, Basile in Bordonaro dagegen $85^{0}/_{0}$; Yakimoff und Schokhor in Turkestan $24^{0}/_{0}$; auch in Marseille fand Prignault einige infizierte Hunde.

Auch bei einer Katze aus Algier haben Sergent, Lombard und Quilichini Leishmania in der Milz gefunden. Es ist demnach sehr wohl denkbar, daß solche Tiere die Reservoirs des Virus bilden und daß von ihnen die Infektion ganz besonders der Kinder ausgeht. Gabbi allerdings will die Identität beider Infektionen noch nicht gelten lassen.

Übertragung durch Flöhe. Interessante Experimente stellten Basile und Visentini an: aus Häusern mit Kranken und von Hunden in Bordonaro wurden Flöhe (*Ctenocephalus serraticeps* und *irritans*) gefangen, nach Rom geschickt und dort Hunden angesetzt, bei denen durch Trepanation und Untersuchung von Knochenmark vorher das Fehlen der Infektion nachgewiesen worden war. 7 von diesen Tieren erkrankten und 6 verendeten nach dreimonatlicher Krankheit. Der Darminhalt von Flöhen, die an infiziertem Milzsaft gesogen hatten, vermochte, Hunden subkutan eingespritzt, diese zu infizieren (Basile). Es schien also erwiesen, daß diese Floharten *Leishmania* der Hunde übertragen; ob die von ihnen übertragene *Leishmania* aber auch die menschliche (*L. infantum*) und nicht vielleicht ein neuer Parasit der Hunde ist, ist allerdings noch nicht bewiesen, doch wäre die erstere Auffassung die wahrscheinlichere. Bisher sind aber sämtliche Nachprüfungen dieser Versuche negativ ausgefallen.

Ferner sind in Pulexarten von verschiedenen Autoren z. B. Balfour, Nöller u. a. Flagellaten gefunden worden, sowohl außerhalb des (bisher angenommenen) Leishmania-Gebietes als innerhalb desselben. Franchini und Gabbi, sowie Pareira da Silva konnten keine Entwickelung in *Ctenocephalus serraticeps* finden. Es wird also weiterer Forschungen bedürfen, um die spontanen Flohparasiten von Entwickelungsstadien der Leishmania mit Sicherheit zu trennen.

Klinik. Die Inkubationszeit beträgt im kürzesten Fall 3 Wochen, meistens aber mehrere Monate. Die Erkrankung setzt mit Fieber ein, das sich ohne einen charakteristischen Typus bald deutlich remittierend, bald mehr kontinuierlich über 2—6 Wochen erstrecken kann. Die Krankheitserscheinungen sind sehr vager Natur, es besteht Anämie wechselnden Grades, geringer Katarrh des Magens und Darmes, der sich aber bis zu dysenterieähnlichen Erscheinungen steigern kann. Die Milz schwillt deutlich an, auch die Leber kann vergrößert und schmerzhaft sein. Gewöhnlich folgt der ersten Fieberperiode eine solche normaler Temperatur, doch pflegt nach einigen Wochen ein Rückfall aufzutreten, in dessen Verlauf sich die Erscheinungen des ersten Anfalls steigern. Das Fieber wird kontinuierlich, der Kranke magert ab, der Bauch wird durch den gewaltigen Milztumor aufgetrieben, die Haut ist trocken, von matter Farbe. Die dunkle Färbung, welcher der Krankheit den Namen gegeben hat, ist in manchen Fällen vorhanden, in anderen wieder fehlt sie gänzlich. Papulöse Exantheme treten auf, es bilden sich Geschwüre, die bei dem schlechten Zustand des Kranken bedeutenden Umfang annehmen können. Charakteristisch ist eine Neigung zu Blutungen z. B. aus der Nase, dem Zahnfleisch, in die Haut und die Schleimhäute, sie treten bald in Form feinster Petechien, bald als große Ekchymosen auf. Blutungen in den Darm können so heftig werden, daß sie den Tod herbeiführen. Sehr häufig, in Indien fast konstant, sind nekrotische Prozesse an der Schleimhaut des Mundes (Cancrum oris, Noma), die zu Gangrän der Wangen und Lippen und zum Zerfall des Unterkiefers führen können. Carini sah sie auch in Brasilien, Lignos in Griechenland, Leishman betrachtet sie als Komplikationen. Die schwere Enteritis mit schleimigen und blutigen Ausleerungen ist keine Sekundärinfektion, sondern hängt mit der Ansiedelung des Krankheitserregers in der Darmwandung zusammen. In der letzten Periode der Krankheit ist das Fieber kontinuierlich, wenn auch häufig nicht sehr hoch. Die Kranken magern hochgradig ab und sind äußerst anämisch; Ödeme der Beine oder des Gesichtes und Ascites treten namentlich bei Kindern hinzu. Die Untersuchung des Blutes ergibt Verminderung der roten Blutzellen und des Hämoglobingehalts und deutliche Leukopenie wechselnden Grades (Abnahme der polymorphkernigen, relative Zunahme der großen Mononukleären bis 1250 pro Kubikmillimeter). Kurz vor dem Tode fand Patton im peripheren Blute zahlreiche Parasiten in Leukcoyten eingeschlossen; während der Krankheit sind sie spärlich, aber immerhin nachweisbar.

Der rascheste Verlauf nimmt etwa drei Monate ein, doch kann sich die Krankheit auch bis zu 2 Jahren hinziehen. Da Erwachsene wie Kinder in den endemischen Herden erkranken, so kann von einer etwa in der Jugend erworbenen Immunität keine Rede sein. In Italien ist die Infektion hauptsächlich eine Erkrankung des Kindesalters. Als ernste Komplikationen kommen Malaria und Ankylostomiasis in Betracht.

Die Prognose wurde früher als nahezu absolut infaust betrachtet (70—96%), doch sind neuerdings zuverlässige Berichte zu verzeichnen von einigen Spontanheilungen (z. B. von Thomson und Marschall) oder Heilungen im Anschluß an Arsen- oder andere Therapie. Ein dauerndes Steigen der Leukocytenzahl wird von Rogers als günstig betrachtet. Mayer bespricht die Möglichkeit, daß auch bei Kala-azar die Erkrankung in der Jugend häufig vorkomme, daß daran manchmal Heilung sich anschließe, ähnlich wie dies bei der Malaria der Fall sei. Die Leishmaniose im Gebiete des Mittelmeers ist jedenfalls vorwiegend, wenn auch nicht ausschließlich eine Kinderkrankheit.

Diagnose. Die sicherste und einfachste diagnostische Methode ist die Punktion der Milz. Eine feine Kanüle wird schräg von unten nach oben (kopfwärts) in das vergrößerte Organ eingestochen, wobei der Kranke den Atem anhalten und jede Bewegung vermeiden muß, dann wird mit einer Spritze, den Bewegungen des Organs beim Atmen folgend, eine kleine Menge des Milzsaftes angesogen; die Spritze muß absolut trocken sein oder Citratkochsalzlösung enthalten. Nach der Punktion wird man zweckmäßig einen Eisbeutel auf die Punktionsstelle legen. Es sind nämlich im Anschluß an diagnostische Punktionen heftige Blutungen, sogar mit tödlichem Ausgang vorgekommen. Etwas weniger gefährlich scheint die Punktion der Leber zu sein.

Da die Parasiten, wenn sie überhaupt im peripheren Blute vorkommen, in Leukocyten eingeschlossen sind, so kann man diese nach der Technik von Wright in den Randpartien von Blutausstrichen auf Objektträger aufsuchen, oder man kann etwas Blut, das mit Citratkochsalzlösung versetzt wurde, in engen Glasröhrchen zentrifugieren, wobei sich die Leukocyten als weißliche Schicht an der Oberfläche des roten Blutkörperchensegmentes ansammeln. Auch die Kultur von Blut und anschließende Untersuchung auf Flagellaten kommt in Frage. Mayer und Werner ist sie, wenn auch erst nach 4 Wochen und sehr spärlich, gelungen.

Viel sicherer dürfte die unter Lokalanästhesie leicht auszuführende Bloßlegung einer Rippe, Trepanation des Knochens und Entnahme von Knochenmark mit einer Spritze mit gekrümmter Kanüle sein. Auch die Exstirpation einer oberflächlich gelegenen Lymphdrüse kann versucht werden (Cochrane).

Mackas und Papassotiriou haben gefunden, daß das Blutserum von Kranken, die an Ponos (der griechische Name für Leishmaniose) leiden, mit Wassermannschem Extrakt keine Komplementbindung ergibt, dagegen Hemmung eintritt, wenn man einen Extrakt aus der Milz eines an Ponos Gestorbenen verwendet. Da Syphilis und Malaria mit Wassermannschem Extrakt positive Reaktion gibt, Ponos aber nicht, so läßt sich vielleicht hierauf eine Diagnostik der Splenomegalie begründen.

Pathologische Anatomie. Bei Sektionen fällt neben den Zeichen hochgradiger Abmagerung und Verdünnung des Blutes vor allem der große Milztumor auf. Das Organ ist derb, sehr blutreich. Auf dem mikroskopischen Schnitt erweist sich das Stützgewebe als vermehrt, die Beträume sind hochgradig ausgedehnt, die von den Endothelien abstammenden Zellen sind vermehrt und angefüllt mit Parasiten. Die Follikel dagegen sind gewöhnlich frei von Parasiten. In der vergrößerten Leber verfallen die Parenchymzellen zum Teil der fettigen Degeneration und schließlich der Auflösung. Das Bindegewebe ist nicht selten vermehrt, im Verlauf der interlobulären Gefäße finden sich kleine Infiltrationsherde, in denen die Makrophagen überwiegen; diese wie die Endothelzellen der Kapillaren enthalten massenhaft

Parasiten. Ist die Sklerose fortgeschritten, so dehnt sie sich gleichmäßig über das Organ aus und dringt auch in die Läppchen ein, so daß Ober- und Schnittfläche des Organs glatt erscheinen.

Das Knochenmark ist dunkelrot, weich. Die Schleimhaut des Dünn- und Dickdarmes ist im ganzen verdickt und hart. In allen Darmabschnitten findet man entweder kleine und größere Granulationen oder Geschwüre, die bis zur Muskularis und selbst bis zur Serosa durchgreifen und perforieren können. Im mikroskopischen Präparat zeigt sich die Schleimhaut von einer diffusen oder mehr herdförmigen Infiltration durchsetzt, die stellenweise so dicht ist, daß das Epithel und die Krypten vollkommen verdrängt sind. Wenn Nekrose an diesen Stellen eintritt, so entsteht ein Geschwür, und der Zerfall der schwer geschädigten Schleimhaut kann von hier aus weit um sich greifen. Die Erosion größerer Gefäße führt zu mehr oder weniger schweren Blutungen.

Auch die Hämorrhagien in der Haut und den Schleimhäuten sind durch die Schädigung der Kapillar-Endothelien durch die Parasiten bedingt. In den Lungen finden sich pneumonische Herde (? sekundäre Pneumonien).

Behandlung: Atoxyl und Arsenophenylglyzin sind, bisher ohne sonderlichen Erfolg, versucht worden. Salvarsan eröffnet nach Archibald und Balfour und Nicolle einige Aussichten auf Erfolg; nach Christomanos ist es ohne Wirkung. Bassett-Smith hat eine Behandlung mit Vaccine aus den Parasiten versucht.

Epidemiologie. Wir wissen nicht, wie die Krankheit von einem Menschen zum anderen übergeht, daher ist die epidemiologische Betrachtung nur wenig fruchtbar. In Assam war ein deutliches langsames Wandern der Krankheit festzustellen; da nun stechende Insekten dort ziemlich gleichmäßig verbreitet sein dürften, die Kranken auch namentlich in den ersten Stadien noch sehr wohl weite Strecken zurücklegen können, so ist dieses langsame Vorwärtskriechen bei hoher lokaler Morbidität vorläufig nicht zu erklären.

Wenn Hunde tatsächlich Reservoirs des Virus sind, so ist ihnen eine große Bedeutung zuzuschreiben.

In den Mittelmeerländern ist in der, allerdings sehr kurzen Beobachtungszeit eine nennenswerte Ausbreitung der Seuche noch nicht beobachtet worden.

Die **Prophylaxe** muß sich, bei unserer geringen Kenntnis von der Art der Übertragung, auf die Tatsache gründen, daß Kranke als Reservoire des Virus dienen; diese müssen also isoliert und vor blutsaugenden Insekten behütet, auch ihre Dejektionen desinfiziert werden. Da die Hausinfektionen sehr häufig sind, müssen verseuchte Wohnungen evakuiert und wenn möglich verbrannt werden. Hunde sollten in Kalaazar-Gebieten nicht im Hause gehalten werden.

2. Leishmania tropica (Wright); Orientbeule.

Historisches. Diese Hautaffektion ist durch die Entdeckung des Parasiten durch Wright 1903 unter die Protozoenkrankheiten eingereiht worden. Schon 1885 hatte Cunningham die Parasiten gesehen und richtig beschrieben, aber ihre Natur nicht erkannt.

Das **Verbreitungsgebiet** in Südwest-Asien umfaßt etwa die Länder westlich des 100. Längen- und südlich des 50. Breitengrades. In Afrika ist die Nordküste, Oberägypten und wahrscheinlich auch der Westsudan (Nigerbogen) verseucht. Von Europa sind bisher vereinzelte Fälle von den Inseln des Mittelmeeres, aus Kalabrien und Sizilien und von der Halbinsel Krim beschrieben worden. Vom amerikanischen Kontinent liegen Nachrichten aus Brasilien, aus

Kolumbia und Panama vor. Auch in Neukaledonien sind Fälle beobachtet worden.

Der **Parasit**, *L. tropica*, ist, was seine Form und den Bau der Kerne anbelangt, vollkommen mit der *Leishmania donovani* identisch.

Die typische Form ist die ovale, doch kommen auch langgestreckte Keulenformen vor. Der Kinetonucleus liegt dem Trophonucleus oft so nahe an, daß er von diesem nicht abzugrenzen ist. Ein vom Blepharoplasten ausgehender stabförmiger Rhizoplast ist häufig zu sehen. Der Hauptkern ist ein typischer Caryosomkern. Die Parasiten befallen in erster Linie die großen mononukleären Leukocyten; wenn diese zerfallen, werden jene auch frei in der Gewebsflüssigkeit gefunden (Abb. 207). Die Kultur im Kondenswasser von Novy-Agar gelingt sehr leicht. Die Parasiten entwickeln sich in großen Mengen, sogar auf der Oberfläche des Agars. Im einzelnen stimmen sie vollständig mit den Kulturformen der *Leishm. donovani* überein. Ob die Unterscheidungen zwischen männlichen und weiblichen Formen, wie sie Marzinowsky beschreibt, und die Kopulation dieser Formen wirklich zu Recht besteht, müssen noch eingehendere Studien mit besseren Färbungsmethoden zeigen. Auch die Unterschiede, welche von Markham Carter und von Row beschrieben worden sind, erscheinen vorläufig zu gering, um eine Trennung von Unterarten notwendig zu machen.

Die Parasiten finden sich in großen Mengen in der Peripherie der Infiltrate; nicht immer sind sie in dem serösen Eiter der Geschwüre enthalten; dagegen können sie massenhaft in dem Sekret der Granulationen des Geschwürs gefunden werden. Noch niemals sind sie bei anderen, klinisch ähnlichen Hautkrankheiten gefunden worden.

Klinik. Im Orient sind es vorwiegend die Kinder, die befallen sind; sie werden eben schon in ihrer Jugend durchseucht.

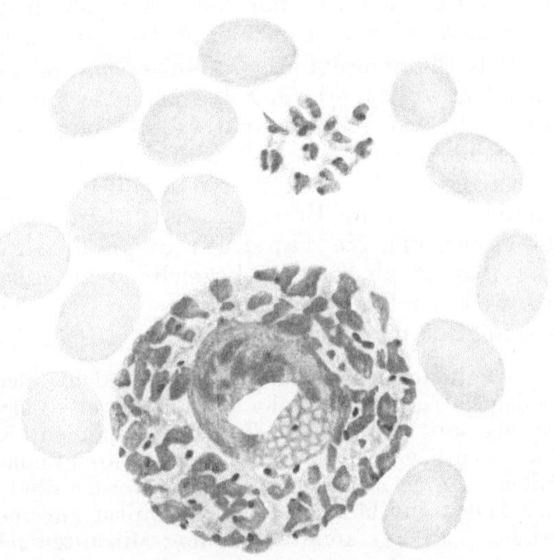

Abb. 207. *Leishmania tropica* W r i g h t. Vergr. ca. 1300. Orig.

Die Inkubationszeit ist eine sehr lange; Marzinowsky sah in seinem Selbstversuch die ersten Erscheinungen erst nach 70 Tagen auftreten, doch können sie auch bis zu 5 Monate auf sich warten lassen (im Durchschnitt 2 Monate). Ausnahmsweise soll die Inkubationszeit bis auf 2 Wochen verkürzt sein. In Bagdad erfolgen die meisten Infektionen im Sommer, der Ausbruch dann im September zur Zeit der Dattelernte (Dattel-Beule). Der primäre Affekt sitzt stets auf den unbedeckten Hautstellen, er ist ein Fleck, etwa wie ein Flohstich. Nach einigen Tagen bildet sich eine kleine Papel, die zu Linsen- bis Erbsengröße wachsen kann, und im Corium und in der Cutis sitzt. Ganz allmählich vergrößert sich der kaum schmerzhafte Knoten bis zu Haselnußgröße; darüber bildet die Haut eine schuppige Decke. Gewöhnlich ist nur ein Primäraffekt vorhanden, an ihn können sich durch Autoinokulation andere Beulen anschließen. In günstigen Fällen verkleinert sich dann der Knoten, ohne zu ulcerieren, langsam wieder und verschwindet gänzlich. In der Mehrzahl der Fälle wird auf der Höhe des Knotens die Haut (vielleicht rein mechanisch) geschädigt. . Die dort austretende Flüssigkeit trocknet zu Borken ein, unter diesen entsteht ein Geschwür, das mit scharfen Rändern senkrecht in eine nekrotische Masse hineinführt. Der Gewebsverlust kann einen Durchmesser von 10 cm erreichen. Sekundäre Infektionen schließen sich an, so daß die Umgebung gerötet, infiltriert erscheint und das Ganze das Aussehen eines Furunkels annimmt. Allmählich werden die nekrotischen Massen abgestoßen, gesunde Granulationen treten an ihre Stelle, vom Rande her wächst Epithel darüber und verwandelt das Geschwür in eine flache Narbe.

Der ganze Prozeß dauert gewöhnlich etwa ein Jahr (12—18 Monate), doch kommen natürlich sekundäre Infektionen vor, die die Dauer des Verlaufes wesentlich verlängern können. Zu Beginn der Knötchenbildung pflegt etwas Fieber aufzutreten, verbunden mit allgemeiner Abgeschlagenheit. Nach den Beobachtungen von Neumann treten solche Fiebererscheinungen auch noch später auf. Sie scheinen mit einer Ausschwemmung von Parasiten aus dem lokalen Herde in die Blutbahn zusammenzuhängen. Die Parasiten werden auch durch den Lymphstrom nach den benachbarten Lymphdrüsen, ja selbst über diese hinaus, verschleppt, wie aus einem Falle von Werner hervorgeht.

In Südamerika scheint eine etwas andersartige Leishmaniose vorzukommen: nachdem an irgend einer Körperstelle ein typisches Geschwür entstanden und abgeheilt war, setzen später, oft nach Jahren, geschwürartige Prozesse an den Schleimhäuten des Mundes, des Rachens und der Nase ein, die weitgehende Substanzverluste, ähnlich der Syphilis, erzeugen können. Diese Form der Leishmaniose wird in Brasilien als „Buba", in Peru als „Espundia" bezeichnet. Laveran und Nattan-Larrier glauben in solchen Fällen eine eigene Art von *Leishmania* als Erreger bezeichnen zu müssen, aus keinem anderen Grunde, als weil der Kern der Parasiten an der Peripherie gelegen ist und gleichsam abgeplattet dieser anliegt.

Pathologische Anatomie. Die nicht ulcerierten Knoten sitzen wie erwähnt, in dem Corium und in der Cutis. Sie setzen sich zusammen aus einem Granulationsgewebe mit sehr großen Zellen mit rundem Kern, in welchem große Mengen von Parasiten liegen. Auch die polynukleären Leukocyten werden von den Parasiten befallen. Durch Zerfall dieser Zellen werden die Parasiten frei, sie liegen dann zwischen den Zellen und können in den Lymphstrom und von diesem aus in die Blutbahn gelangen. James konnte bei einer Milzuntersuchung eines mit Delhibeulen Behafteten keine Parasiten finden, dagegen hat sie auch Patton neuerdings nicht selten im Blut gefunden. Er vermutet einen periodischen Übertritt ins Blut.

Pathogenese. Die Orientbeule ist eine lokalisierte Protozoeninfektion; aber es kommt doch offenbar gelegentlich zu einer Ausschwemmung von Parasiten in die benachbarten Lymphbahnen und sogar ins Blut. Vielleicht sind die multiplen Beulen nicht alle auf Autoinoculation zurückzuführen, sondern zum Teil doch auch echte Metastasen.

Die Parasiten erzeugen sicher auch allgemein wirksame Giftstoffe. Marzinowsky schildert bei seinem Selbstversuch eine deutliche Allgemeinreaktion mit Fieber und Abgeschlagenheit.

Vorkommen bei Tieren. Bisher hat nur Dschunkowsky bei einem Hunde, der an der Haut mehrere Geschwüre aufwies, in den inneren Organen zahlreiche Leishmania gefunden. Ob es sich hier um ein Analogon des Tropengeschwürs gehandelt hat, erscheint fraglich. Wenyon fand in Bagdad die Hunde nicht mit Leishmania infiziert; dagegen konnten Yakimoff und Schokhor Leishmanien in den Geschwüren eines Hundes in Turkestan beobachten.

Übertragung auf Tiere. Nicolle, Sicre und Manceaux konnten

die Leishmania auf Affen (*Makakus*) und Hunde übertragen; bei Affen beträgt die Inkubationszeit nach intrakutaner Impfung 24—101 Tage. Das Geschwür heilt nach 21 Tagen ohne Narbenbildung aus. Bei Hunden erscheinen nach etwa 37 Tagen Knötchen, welche ulcerieren, aber schon nach 20—36 Tagen wieder verschwinden. Auch Row konnte Affen mit dem indischen Virus mit Erfolg impfen, es war hierbei sowohl die Inkubationszeit als auch die Geschwürsbildung verlängert. Nicolle gelang es auch, die Parasiten von den Affen auf den Menschen zurückzuimpfen (2 Fälle); hier betrug die Inkubationszeit etwa 7 Monate. Passagen durch Affen oder Hunde scheinen nicht besonders schwierig zu sein. Bei diesen Tieren findet eine Generalisation nicht statt.

Auch die Kulturen rufen, auf Menschen, Affen oder Hunde intrakutan verimpft, Orientbeulen hervor. Inkubationszeit beträgt 1—6 Monate.

Sehr eigentümlich sind die Versuche von Gonder an Mäusen. Injektion von Kulturen von *L. tropica* in die Vene oder die Bauchhöhle riefen zuerst eine Allgemeininfektion hervor (Parasiten im Leberpunktat), erst 4 Monate später traten Ödeme der Füße auf, in deren Flüssigkeit massenhaft Leishmanien vorhanden waren; diese Stellen nekrotisierten und es entstanden Ulcera, auch am Ohr, dem Kiefer und dem Schwanz. Hier schlossen sich also an eine generalisierte Infektion lokale Prozesse in der Haut an. Nach den oben beschriebenen Selbstbeobachtungen von Marzinowsky (erst Allgemeinreaktion, dann Hauteruption) könnte man an einen gleichen Verlauf beim Menschen denken.

Leishmania donovani, von Hunden gewonnen und in Kulturen gezüchtet, erzeugen, Tieren intrakutan eingeimpft, keinerlei lokale Reaktion, so daß schon hierdurch erwiesen ist, daß beide Arten der Leishmania streng voneinander zu trennen sind.

Immunität. Während der ersten Wochen nach Auftreten des Primäraffektes existiert eine Immunität nicht, was schon daraus hervorgeht, daß bei ein und demselben Kranken sich hintereinander zahlreiche Knoten entwickeln können (bis zu 23 [Wenyon]). Wenn aber diese Beulen abgeheilt sind, so scheint eine lang dauernde Immunität eingetreten zu sein. Auf Grund dieser Tatsachen wird z. B. in Bagdad häufig die Inokulation Gesunder mit dem Sekret der Geschwüre ausgeführt. Flu will in Surinam wiederholte Infektion bei demselben Individuum beobachtet haben. Die Immunitäts-Verhältnisse bei Tieren sind noch völlig unklar. Ein Hund, den Nicolle subkutan mit dem schwachen Virus geimpft hatte, ließ sich später mit einem hochvirulenten Material nicht mehr infizieren. Doch sind auch Fälle beobachtet worden, wo eine 2. Impfung von Erfolg war. Das Überstehen einer Infektion mit *Leishmania infantum* bei einem Hund erzeugt Immunität gegen *Leishmania tropica*. Umgekehrt konnte ein Affe, bei welchem eine Orientbeule ausgeheilt war, mit *Leishmania infantum* nicht mehr infiziert werden.

Übertragung. Eine direkte Übertragung durch das Sekret der Geschwüre, und das Eindringen der Erreger durch kleine Substanzverluste der Haut ist bei der großen Unreinlichkeit der Orientalen sehr wohl möglich. Daß auch Fliegen rein mechanisch die Parasiten verschleppen können, ist ohne weiteres zuzugeben. Wenyon und Patton haben beobachtet, daß *Leishmania tropica*, wenn sie von Fliegen aufgesogen wurde, im Magen rasch zugrunde ging. Es lag nahe, auch bei der *Leishmania tropica* an die Übertragung durch ein blutsaugendes Insekt zu denken. Daß die Parasiten im Blute gelegentlich vorhanden sind, hat Patton beobachtet, Flu nimmt an, daß die Übertragung durch Zecken besorgt werden kann; Wenyon hat im Darm von *Stegomyia* Flagellaten gefunden, welche denen der Kultur von Leishmania völlig gleichen, ein Befund, den aber Patton nicht hat bestätigen können. Dagegen stimmen beide Autoren darin überein, daß man im Darm von Wanzen (*Cimex*), welche an Kranken gesogen haben, Flagellaten findet, die ganz dem Typus der Kulturformen von Leishmania entsprechen, die Patton aber bei ca. 2—3000 untersuchten *Cimex*, die nicht an Kranken gesogen hatten, niemals beobachtet hatte. Eine Entwickelung findet aber nur bei niederer Temperatur (22—25° C), wie sie in Indien während der Regenzeit herrscht, statt. Patton schließt daraus, daß die *Leishmania tropica* durch *Cimex rotundatus* übertragen werde. Doch ist bei einem Knötchen, das durch den Stich von infizierten *Cimex*nymphen entstand, der Nachweis von Leishmania nicht erbracht worden; auch konnte Patton die Flagellaten nur im Mitteldarm der Wanze finden, so daß die weiteren Stadien und die erfolgreiche Übertragung noch fehlen. Patton bringt ein Reihe epidemiologischer Fakta, die zugunsten seiner Auffassung sprechen.

Bei der algerischen Orientbeule (Clou de Biskra) soll nach den neusten Untersuchungen von E. Sergent und seinen Mitarbeitern der Gecko *Tarentola mauretanica*, aus dessen Blut Leishmanien gezüchtet wurden, die Rolle eines Reservoirs spielen, während als Überträger *Phlebotomus minutus* angegeben wird, aus dessen Darm die Flagellatenstadien schon von Mackie 1914 als *Herpetomonas phlebotomi* beschrieben wurden.

E. Die Piroplasmen und Piroplasmosen.

1. Allgemeines.

Historisches. Im Jahre 1889 fanden Smith und Kilborne im Blute von Rindern, welche an Texasfieber, einer mit Hämoglobinurie einhergehenden fieberhaften Erkrankung, litten, innerhalb der roten Blutkörperchen kleine rundliche oder birnförmige Parasiten, denen sie den Namen *Pyrosoma bigeminum* gaben[1]).

Babes hatte schon 1888 diese Blutparasiten offenbar gesehen, sie aber nicht richtig gedeutet.

Die pathogenen Piroplasmen sind: *Piroplasma bigeminum*, Erreger des Texasfiebers, Smith und Kilborne 1889; *Piroplasma* canis, Galli-Valterio 1895 (incl. *Piroplasma gibsoni* Patton 1909); *Piroplasma equi* Guglielmi 1899 (incl. *Piroplasma caballi* und *Nutallia equi* Nuttall 1910); *Piroplasma ovis* Bonome 1895; *Piroplasma mutans* Theiler 1905.

Auf Grund der neuesten Untersuchungen muß von den Piroplasmen die Gattung *Theileria* mit ihrem einzigen Repräsentanten *Theileria parva* Theiler 1905, abgetrennt werden. Dieser Parasit unterscheidet sich so wesentlich von den Piroplasmen, daß seine Abtrennung von diesen gerechtfertigt ist.

Als Anhang zu den Piroplasmenkrankheiten wird das sog. *Anaplasma marginale* Theiler 1907 beschrieben werden.

Parasiten. Der Grundtypus der Gattung *Piroplasma* tritt am reinsten hervor bei dem von Nicolle 1907 bei einem kleinen, in Tunis häufig vor-

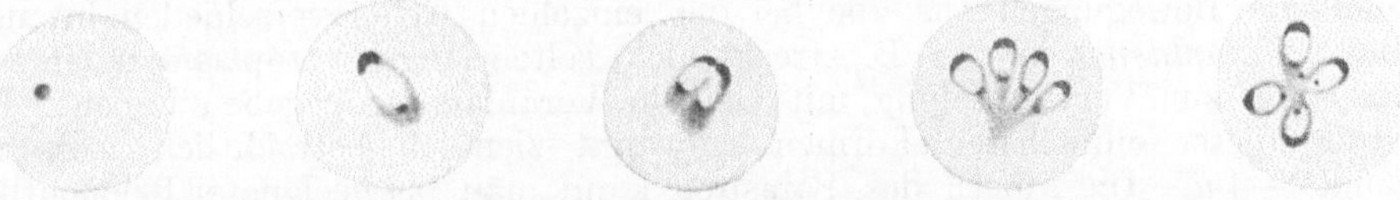

Abb. 208. *Piroplasma quadrigeminum*, aus dem Blut von *Ctenodactylus gundi*. Vergr. ca. 1600. Nach Nicolle 1907.

kommenden Nagetier, dem sog. Gundi *(Ctenodactylus gundi)* gefundenen *Piroplasma quadrigeminum* (Abb. 208). Dieser endoglobuläre Parasit zeigt einerseits alle Charakteristica der Piroplasmen und besitzt andererseits in allen Stadien die bisher davon bekannt sind, zwei deutlich getrennte Kerne, einen größeren, den Hauptkern, und einen sehr kompakten knopf- oder stäbchenförmigen kleineren Kern (Blepharoplasten, Kinetonucleus).

---

[1]) Das Wort *Pyrosoma* ist von „Birne", lateinisch: pirum, abgeleitet, das in manchen Wörterbüchern auch mit y geschrieben wird. Der Name „Pyrosoma" ist bereits für eine Salpe vergeben. Viele Autoren haben deshalb den Namen *Babesia* Starcowici 1893 akzeptiert. Wir behalten den am meisten eingebürgerten Namen „*Piroplasma*" bei.

Diesem Typus ist nahe verwandt das *Endotrypanum schaudinni*, ein von
Mesnil und Brimont beim Zweizehenfaultier entdeckter endoglobulärer
Parasit (Abb. 209). Er hat langgestreckte Birnform, das dünnere Ende ist zu
einer feinen Spitze ausgezogen; er besitzt zwei Kerne, einen runden Hauptkern und einen stäbchenförmigen Geisselkern (Blepharoplast). Eine Geißel
konnte nicht mit Bestimmtheit nachgewiesen werden. Wir haben hier offenbar
einen Organismus vor uns, der ein Bindeglied zwischen Piroplasmen und
Trypanosomen (resp. Leishmanien) darstellt.

Die Verbindung zwischen den Trypanosomen resp. diesen nichtpathogenen
Piroplasmen und denjenigen Arten, die wir hier näher zu besprechen haben,

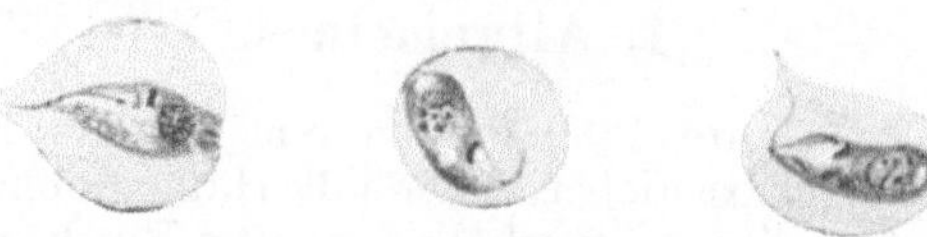

Abb. 209. *Endotrypanum schaudinni*, aus dem Blut des Dreizehenfaultiers. Vergr. ca.
1300. Orig. Nach Präparat von Mesnil und Brimont.

ist durch Schaudinn zuerst erkannt und namentlich durch die Untersuchungen von Breinl und Hindle sichergestellt worden. Sie fanden bei Untersuchungen des *Piroplasma canis* mit verbesserten Methoden drei verschiedene
Stadien dieses Parasiten im zirkulierenden Blut: 1. ein einkerniges Stadium,
2. ein zweikerniges Stadium mit Caryosomkern und Blepharoplast und 3. ein
Flagellatenstadium mit einem Hauptkern, neben dem in vielen Fällen ein bzw.
zwei deutliche Blepharoplaste zu sehen waren, von denen dann eine bzw. zwei
Geißeln ausgingen. Damit ist der Zusammenhang zwischen jenen Formen,
die dauernd zwei Kerne besitzen, einerseits und der Gruppe der Flagellaten
andererseits nachgewiesen. Auf Grund dieser Befunde stellte auch Hartmann
die Piroplasmen als eine eigene Familie in seine Unterklasse der Binucleaten.
(Vgl. hierzu auch S. 178.)

Der Parasit stellt, im frischen Präparate betrachtet, ein kleines Protoplasmaklümpchen dar, das auf oder zum Teil in dem roten Blutkörperchen
liegt. Es kann im allgemeinen als rundlich bezeichnet werden, führt aber
amöboide Bewegungen aus, die bei den einzelnen Arten verschieden intensiv
sind. *Piroplasma canis* z. B. streckt nicht selten lange Protoplasmafäden aus,
die schon zur Verwechselung mit Geißeln Veranlassung gegeben haben. Die
Größe dieser einfachsten Formen schwankt ziemlich beträchtlich, zwischen
1 und 3—4 *u*. Im Innern des Parasiten kann man bei geeigneter Beleuchtung
ein oder mehrere kleinste verschieden lichtbrechende Körnchen wahrnehmen,
die von den Autoren als Kern gedeutet werden.

Weitaus die meisten Untersuchungen sind an gefärbten Präparaten vorgenommen worden.

Auch an dieser Stelle sei wieder betont, daß die Trockenmethode mit nachfolgender Romanowsky- bezw. Giemsa-Färbung nicht so exakte Bilder gibt,
wie wir sie für das Studium so feiner Strukturen verlangen müssen; zum mindesten
muß dazu die feuchte Fixierung angewendet werden. Die schärfsten Bilder gibt
dann die unter „Technik" erwähnte Eisenalaun-Hämatoxylin-Methode (Modifikation nach Rosenbusch). So werden z. B. die sonst sehr eingehenden Untersuchungen von Kinoshita, der nur nach Giemsa färbte, bedeutend entwertet.

In Trockenpräparaten, die nach Romanowsky-Trockenmethode gefärbt sind, nimmt das Protoplasma den charakteristischen blauen, das Kernmaterial einen rotvioletten Farbton an. Durch die Trockenfixation zieht sich
das Protoplasma nach der Peripherie des Körpers zusammen, so daß im Zentrum

oft eine vollständig freie Lücke entsteht und der Parasit oft reine Ringform annimmt. Das Chromatin liegt dann entweder auf einem Haufen in oder an diesem Plasmaring, manchmal in einem Klümpchen vereinigt, das sich dann im Bogen der Kontur des Parasiten anschmiegt, häufig aber auch in mehreren Gruppen von unregelmäßiger Gestalt und Zusammensetzung. Manchmal gelingt es auch mit dieser ziemlich rohen Methode, zwei voneinander getrennte Kerne nachzuweisen.

Wie erwähnt, ist es **Breinl** und **Hindle** mit einer von ihnen etwas modifizierten **Heidenhain**-Färbung gelungen, die Entstehung eines Geißelkerns (Blepharoplasten) aus dem Hauptkern nachzuweisen. Im ersten Stadium der Blutinfektion liegt in den schaumig strukturierten Protoplasma eim heller Fleck ohne scharf gezogene Membran, in seinem Innern ein rundes, tief dunkel gefärbtes Caryosom. Im weiteren Verlauf der Infektion fanden die genannten Autoren Bilder, in denen sich aus dem Caryosom ein kleines, dunkles Körnchen herausschob, das nun ins Plasma übertrat, mit dem Caryosom aber nicht selten durch eine fadenförmige Linie in Verbindung blieb (Centrodesmose) (Abb. 211). Es entwickelt sich also hier der Blepharoplast aus dem Caryosom des Hauptkerns; ich brauche nur auf die analogen Befunde von **Schaudinn** bei *Haemoproteus noctuae* hinzuweisen.

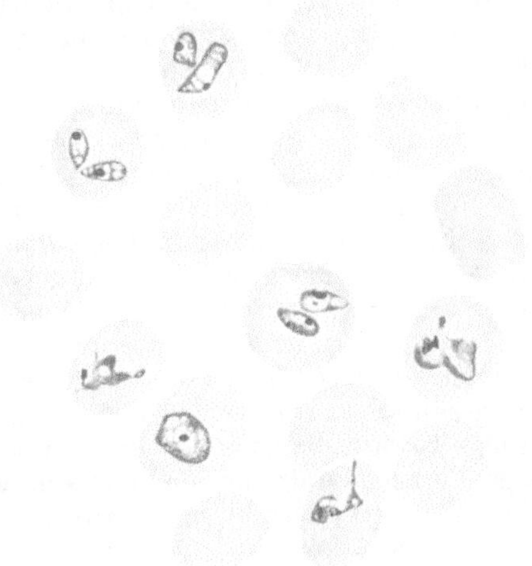

Abb. 210. *Piroplasma canis* Galli-Valerio. Vergr. ca. 1300. Orig.

Vermehrung der Parasiten. Wie wir später sehen werden, muß die Vermehrung des Parasiten in den ersten Tagen der Infektion eine rapide sein. Nach **Breinl** und **Hindle** verläuft die Teilung des einheit-

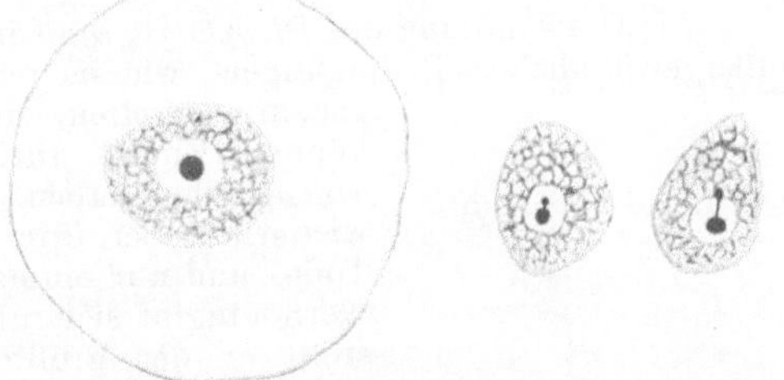

Abb. 211. Entwickelung des Blepharoplasten bei *Piroplasma canis*. Vergr. ca. 4000. Nach **Breinl** u. **Hindle** 1908.

lichen Kernes in der Form einer einfachen Amitose, der eine Durchschnürung des Protoplasmas folgt (Abb. 212). Hat sich der Blepharoplast schon entwickelt (s. o.), so spielt sich eine solche einfache Teilung an beiden Kernen gleichzeitig oder kurz hintereinander ab; wenn die Centro-

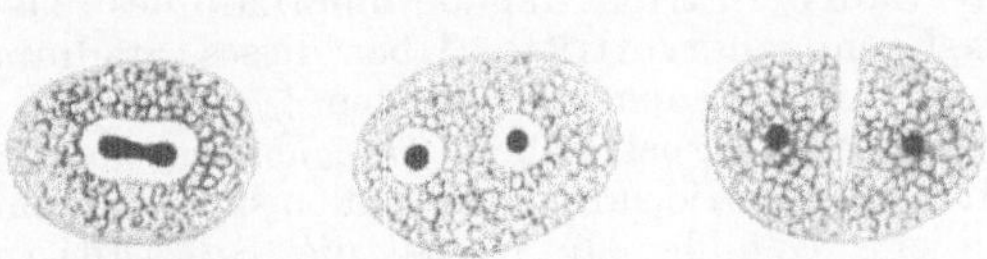

Abb. 212. Teilung von *Piroplasma canis*. Vergr. ca. 4000. Nach **Breinl** u. **Hindle** 1908.

Abb. 213. Teilung des Blepharoplasten und der Centrodesmose bei *Piroplasma canis*. Vergr. ca. 4000. Nach **Breinl** u. **Hindle** 1908.

desmose noch vorhanden ist, so spaltet sich auch diese in zwei Fäden
(Abb. 213). Greift die Schnürfurche zuerst an der Seite ein, wo der Hauptkern
liegt, so ist die Entstehung der Doppelformen, wie wir sie bei *Pirosoma
bigeminum* so häufig sehen, ohne weiteres begreiflich. Doch sind auch Bilder,
wo die Furche in umgekehrter Richtung fortschreitet, keine Seltenheit. Bei
Pirosoma quadrigeminum ist dieser Vorgang der Durchschnürung besonders
schön zu sehen (s. o.). Die so entstandenen Doppelbirnformen können sich
nun wieder durch Längsteilung in 4, 8, selbst 16 Individuen teilen.

Nuttall und Graham Smith haben die Vermehrung an lebenden
Piroplasmen verfolgt: sie sahen, wie sich an einem runden Protoplasmaklümpchen
zwei Fortsätze verwölbten, die sich auf Kosten des ersteren vergrößerten, so
daß sich allmählich der rundliche Parasit in zwei tröpfchenartige Gebilde um-
wandelte, die nunmehr durch eine feine Brücke miteinander zusammenhingen
(von Schuberg und Reichenow bestätigt). Der Kern, in den der ursprünglich stets vorhandene Blepharoplast hereingerückt ist, sendet in diese Proto-
plasmaknospen je einen Fortsatz hinein. In diese Fortsätze teilt sich allmählich
das gesamte Kernmaterial auf. Nuttall bildet recht charakteristische Y-
förmige Kernstadien aus der Mitte dieses Prozesses ab (seine Präparate sind allerdings Trockenausstriche, nach Giemsa gefärbt). Nuttall gibt an, daß dieser
Teilungsmodus sich nur bei *Piroplasma bigeminum, canis* und bei dem *Piroplasma* des Affen, *Pir. pitheci*, finde, während z. B. *Piroplasma equi* sich
nach einem anderen Schema teile.

Die großen birnförmigen Parasiten, die wir besonders bei *Piroplasma bigeminum* und *canis* finden, weichen so deutlich von den runden oder ovalen Typen
ab, daß eine Reihe von Autoren ihnen eine besondere Stellung zuschrieb und
sie als Gameten deutete. Eine solche Auffassung ist so lange verfrüht, als wir
die Weiterentwickelung der Piroplasmen in den Überträgern der Zecken nicht
in allen Stadien verfolgen können.

Die Umwandlung des *Piroplasma canis* in Flagellaten tritt offenbar nur unter
außergewöhnlichen Bedingungen, wie sie im infizierten Tierkörper nur sehr selten

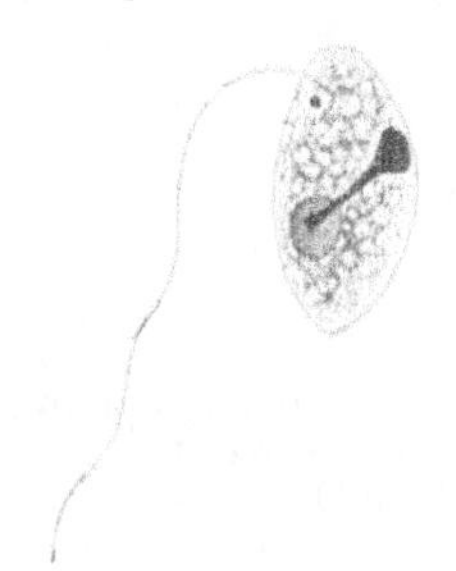

Abb. 214. Flagellaten-
stadien von *Piroplasma
canis* aus dem Blut.
Vergr. ca. 4000. Nach
Breinl und Hindle
1908.

zusammentreffen, ein; ich selbst habe sie nie beobachten
können. Zuerst dürfte sie wohl Fülleborn bei *Piroplasma
canis* gesehen haben. Breinl und Hindle fanden Flagellaten
wiederholt bei ihren Versuchshunden am Tage vor dem
Tode, und nur einmal in größerer Anzahl (Abb. 214). — Der
Kern umgibt sich mit einer deutlichen Kernmembran, dann
stößt er den größten Teil seines Chromatins ins Plasma
aus, wo sich dieses noch wesentlich zu vermehren scheint.
Schließlich bleibt vom Kern nur ein blaß gefärbtes Scheib-
chen übrig. Das Protoplasma hat sich unterdes bis auf
etwa dreiviertel Blutkörperchengröße vermehrt und einen
locker alveolären Bau angenommen. Die Teilung des Blepharoplasten konnte nicht verfolgt werden. Die Geißeln
entwickeln sich meist an den Polen des annähernd eiförmigen Körpers, können aber auch an anderen Stellen der
Oberfläche hervortreten. Ihr Zusammenhang mit Geißel-
wurzeln (Blepharoplasten) ist nicht immer scharf zu verfolgen, da der Verlauf der zarten Gebilde innerhalb des Plasmas nicht scharf genug hervortritt. Über dieses Stadium
hinaus ist bisher eine Weiterentwickelung nicht beobachtet worden.

Schaudinn greift in seiner bekannten Arbeit über *Trypanosoma noctuae*
auf einen Befund Webers bei Rinder-Hämoglobinurie zurück: es fanden sich in einem
solchen Falle kleine trypanosomenähnliche Gebilde im Blute, die Schaudinn
berechtigt zu sein glaubte in den Zeugungskreis der Piroplasmen einzureihen. Eine
breitere Bestätigung dieser Befunde ist seither nicht erfolgt; denn die von Knuth

und Behn im Blute des Rindes gefundenen Trypanosomen haben damit offenbar nichts zu tun.

Entwickelung in der Zecke. Die Weiterentwickelung der Piroplasmen erfolgt, wie unten näher ausgeführt werden soll, im Organismus verschiedener Zeckenarten, in deren Eiern und den daraus hervorgehenden Larven, bzw. Nymphen und Imagines. Die Untersuchungen von Koch, von Marzinowsky u. Bielitzer und von Christophers haben eine ganze Reihe von Formen kennen gelehrt, deren Zusammenhang aber noch keineswegs vollkommen klar ist.

Koch beschreibt folgende Formen des *Piroplasma bigeminum* in der Zecke:

1. Innerhalb der ersten 24 Stunden nach der Blutaufnahme treten die Piroplasmen aus dem Blutkörperchen heraus und strecken sich zu großen keulenförmigen Gebilden (Abb. 215 a u. b). Die beiden Kerne rücken nach den Enden dieser Körperchen, dann treten an dem dickeren Ende des Kolbens feine Plasmastrahlen nach allen Seiten hervor, die bis zur doppelten und dreifachen Länge des eigentlichen Körpers erreichen. Auch am spitzen Ende können kleinere derartige Stacheln entstehen. Gelegentlich findet man zwei solcher Gebilde mit den spitzen Enden verschmolzen:

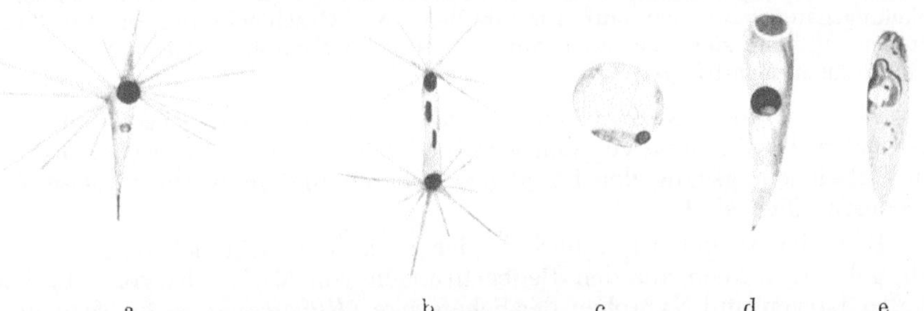

Abb. 215. Entwickelungsformen von *Piroplasma bigeminum* in der Zecke. Vergr. ca. 2000. Nach Koch 1906.

Koch glaubte, hier Copulationsstadien vor sich zu haben. Am 2. und 3. Tage verschwinden diese Stacheln wieder, der Parasit rundet sich ab. Die Pseudopodienformen sind wohl größtenteils der Degeneration verfallende agame Formen. Die gleichen Bildungen hat Hartmann an den Schizonten von *Protosoma* beobachtet, nachdem das entnommene Vogelblut stark mit Kochsalzlösung versetzt worden war. Die Strahlen- resp. Pseudopodienbildung ist nur der Ausdruck veränderter Oberflächenverhältnisse.

2. Am 2. oder 3. Tage fand Koch runde Gebilde, größer als ein Blutkörperchen, mit kräftig blau gefärbtem Protoplasma und 1—2 großen Chromatinkörnern (Abb. 215c). Diese blähen sich auf, das Chromatin verteilt sich an der Peripherie, während das Zentrum eine sehr charakteristische schaumige Beschaffenheit annimmt. Nun folgt eine Lücke in den Beobachtungen.

3. Zur selben Zeit findet man große Haufen (bis zu 100 und mehr) kleiner, hellblauer, eiförmiger Körperchen mit je einem scharf hervortretenden Chromatinkorn. Sie umschließen stets einen großen Kern. Koch nimmt an, daß diese Parasitenhaufen das Ergebnis einer Entwickelung seien, die sich in Zellen der Magenwandung des Wirtsorganismus abspielte; als Rest des verbrauchten Zelleibes sei der große zentrale Kern aufzufassen.

4. Runde Gebilde mit sehr dichtem, kräftig gefärbtem Protoplasma und einem großen Chromatinklumpen.

5. Sehr charakteristische, große Keulenformen, 4—5 mal so groß als ein Blutkörperchen, mit eigentümlich wabigem Protoplasma und großem Chromatinhaufen (Abb. 215 d u. e). Solche Gebilde fand Koch nun auch in den Eiern der Zecken. Marzinowsky und Bielitzer, die das *Piroplasma equi* auf seinem Entwickelungs-

gang in der Zecke verfolgten, haben gleichfalls ganz ähnliche Bilder, wenn auch nicht alle Stadien, gesehen. In den Eiern fanden sie keine Spuren des Parasiten, dagegen traten in den Larven wiederum die keulenförmigen großen Körper auf.

Christophers studierte die Entwickelung von *Piroplasma canis* in *Rhipicephalus sanguineus*. Die Kochschen Strahlenformen fand er niemals. Die Entwickelung beginnt mit einer Vergrößerung (4—5 μ Durchmesser), dann mit einer Abschnürung eines Teiles des Plasmas und Umwandlung in die charakteristischen großen Keulenformen. Gameten und Befruchtungsvorgänge hat Christophers nicht gesehen. Die Keulenformen tragen zum Teil am stumpfen Ende eine Art Scheibe mit 4—5 Zäpfchen, zum Teil sind sie rein keulenförmig und dann sehr lebhaft beweglich; sie dringen in alle Organe, auch die Ovarien und Eier ein. Zur Ruhe gekommen, verwandelt sich dieser „Ookinet" (?) in eine rundliche Zelle (bis zu 25 μ Durchmesser). Ihr Kern löst sich zu einem eigentümlich verzweigten Gebilde auf, dessen Teile dann die Kerne der Sporoblasten bilden. Die Zelle zerfällt um die rundlichen Teile in Sporoblasten, diese wiederum in Sporozoiten, die die Form und Größe einer Piroplasma-Blutform besitzen. Bei den verschiedenen Häutungen findet eine weitgehende Einschmelzung und ein Wiederaufbau der Gewebe der Larve bzw. Nymphe statt, wodurch die Sporoblasten auch in die Speicheldrüsen gelangen. Die Sporozoiten sollen dann die Neuinfektion vermitteln. Dieser Entwickelungsgang kann sich auf alle Stadien vom Geschlechtstier bis zur Nymphe verteilen; er kann sich aber auch auf die Zeit vom Nymphen- bis zum Geschlechtsstadium zusammendrängen.

Es wird noch weiterer eingehender Untersuchungen bedürfen, um zu entscheiden, ob alle diese von den verschiedenen Autoren beschriebenen Formen zum Entwickelungsgang der Pirosomen gehören und in welcher Weise sie aneinanderzureihen sind.

Daß aber in der Tat innerhalb der Zecke eine Entwickelung stattfinden muß, geht u. a. auch aus den Beobachtungen von Motas hervor. Er konnte mit den Larven und Nymphen der Schafzecke (*Rhipicephalus bursa*) keine Infektion erzielen, erst das geschlechtsreife Tier (Imago) war wieder imstande, die Krankheit zu übertragen. Es muß sich also während der Larven- und Nymphenentwickelung eine Evolution der Piroplasmen abgespielt haben.

Jede Piroplasmenart ist für eine Tiergattung spezifisch. So *Piroplasma bigeminum* für das Rind und den Büffel, *Piroplasma equi* für Pferd, Esel und Maultier usw.

Die Piroplasmen können sich unter günstigen Bedingungen auch außerhalb des Warmblüters ziemlich lange lebend erhalten. Im Eisschrank kann virulentes Blut bis zu 50 Tagen aufgehoben werden, ohne daß die Parasiten gänzlich absterben. Im Kadaver halten sie sich nur wenige Stunden virulent. Ziemann und Knuth u. Richters haben bei *Piroplasma canis* eine Vermehrung im Blut, dem etwas Dextrose zugesetzt war, erzielt. Aber es scheint mir nicht bewiesen, daß es sich um echte Kulturen, die man in Subkulturen beliebig lange weiterzüchten kann, handelt (s. u. Malaria).

Die Übertragung der Piroplasmen gelingt im Tierexperiment ohne Schwierigkeit, wenn man parasitenhaltiges Blut dem Körper in einer Weise einverleibt, daß die infizierten Blutkörperchen in den Säftestrom aufgenommen werden können; es genügt z. B. das Einreiben von Blut in Skarifikationen der Haut.

Die Überträger. Alle pathogenen Piroplasmen werden durch Zecken, Angehörige der Gattung *Ixodes* übertragen. Diese, zur Unterklasse der *Acariden* gehörig, sind dadurch charakterisiert, daß Kopf, Rumpf und Hinterleib ein nicht durch Einschnitte getrenntes Ganzes bilden; daß sie als geschlechtsreife Tiere 4 Beinpaare besitzen und daß ihre Mundteile zum Saugen eingerichtet sind. Ihre systematische Einteilung ist nach Dönitz folgende:

A. *Argasidae:* Die Kopfteile liegen auf der Bauchseite, sind also von oben nicht zu sehen.
   1. Genus: *Argas.*
   2. Genus: *Ornithodorus.*

B. *Ixodidae:* Kopfteile am Vorderende des Körpers.
  I. *Ixodidea:* Palpen lang; Analfurche umzieht den After von vorne her (Abb. 216).
     1. Genus: *Ixodes.*
  II. *Amblyommeae:* Palpen lang, Analfurche umzieht den After von hinten her.
     2. Genus: *Amblyomma.* (Abb. 218).
     3.   „   *Aponomma.*
     4.   „   *Hyalomma* (Abb. 219).
 III. *Rhipicephaleae:* Palpen kurz. Analfurche umzieht den After von hinten her.
     5. Genus: *Rhipicephalus* (Abb. 220).
     6.   „   *Boophilus* (Abb. 221 u. 224).
     7.   „   *Margaropus.*
     8.   „   *Dermacentor* (Abb. 222).
     9.   „   *Rhipicentor.*
    10.   „   *Hämaphysalis* (Abb. 223).

Die **Argasiden** werden wir auf S. 346 zu besprechen haben. Bei allen **Ixodiden** verläuft die Entwickelung in folgender Weise:

Die Eier werden in Häufchen zu 1000 und mehr Stück auf den Boden abgelegt. Sie sind gegen Feuchtigkeit sehr widerstandsfähig, werden aber durch Trockenheit und durch Schimmelbildung leicht abgetötet. Je nach der Außentemperatur kann sich die Eiablage, wie auch jedes andere Entwickelungsstadium bedeutend abkürzen bzw. auf Wochen verlängern. Aus dem Ei schlüpft nach einigen Tagen bis Wochen eine sechsbeinige Larve von 1—2 mm Länge hervor. Die kleinen Larven sind sofort bestrebt, sich an einen blutspendenden Warm- oder Kaltblüter anzuheften. Meist klettern sie an Grashalmen und Gebüschen in die Höhe und klammern sich mit dem langen vorderen Beinpaar an der Haut eines vorbeistreifen-

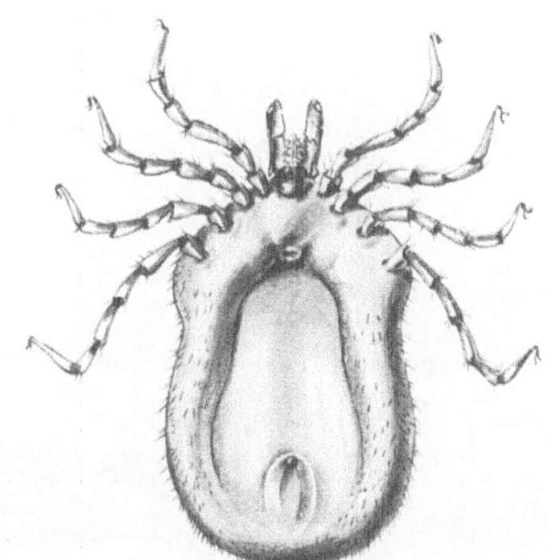

Abb. 216. *Ixodes ricinus,* nicht vollgesogenes Weibchen; im hinteren Körperviertel der Anus mit der v o r ne vorbeiziehenden Analfurche. Orig.

den Tieres fest. Sie klettern nach den zartesten Stellen der Haut, bohren dort den Stechapparat ein und saugen Blut oder Lymphe. Dann erfolgt die erste Häutung, die bei einigen Zeckenarten auf demselben Wirtstier sich abspielt, bei anderen aber erst erfolgt, wenn die kleine Larve ihren Stechrüssel aus der leicht entzündeten Haut zurückgezogen hat und sich hat zu Boden fallen lassen. Nach erfolgter Häutung besitzt die so entstandene Nymphe 8 Beine und Tracheen, aber keinen Geschlechtsapparat. Auch diese Nymphen suchen einen Blutspender; viele fallen nach dem Vollsaugen neuerdings ab. Dann erfolgt in derselben Weise wie nach dem Larvenstadium eine Häutung zum geschlechtsreifen Tier.

Die Männchen sind bei den Ixodiden stets kleiner als die Weibchen und saugen ebenfalls Blut. Sie sind stets daran zu erkennen, daß das sogenannte Rückenschild den ganzen Rücken bedeckt. Die Copulation erfolgt in der Weise, daß die Männchen sich an die Bauchseite des Weibchens festklammern und die Spermatozoen mit Hilfe des Rüssels in die Vulva des Weibchens einführen. Bei den Weibchen dagegen ist das Rückenschild viel kleiner als die Dorsalfläche. An seiner vorderen Kante sitzt ein ringförmiger Kragen, auf diesem an der Bauchseite in der Mittellinie der mit Hakenreihen versehene Stechrüssel (Rostrum). Dorsal von ihm ragen die beiden Mandibeln hervor, welche an ihrem Ende kleine bewegliche Haken tragen, die zum Festhaften seitwärts umgeklappt werden können. Seitwärts von diesen Mundteilen ragen die Palpen vor. Auf der Unterseite des Weibchens liegen vier Hüftenpaare, von denen die Beine ausgehen, zwischen ihnen in der Mittellinie die Geschlechtsöffnung. Seitlich von dieser ziehen zwei Furchen, die Genitalfurchen, nach hinten zu. Hinter der Mitte des Körpers liegt der After, der von der Analfurche umzogen wird. Am Seitenrande des Körpers, etwas oberhalb und hinter den vierten Hüften, liegen die Öffnungen des Atemsystems, die Stigmen, die mit charakteristischen Platten umgeben sind. Wenn Augen (Ocellen) überhaupt vorhanden sind, so liegen sie etwa in der Mitte des Seitenrandes des Rückenschildes.

Der Darm besteht aus drei Paaren von Blindsäcken. Unter ihm liegt der Geschlechtsapparat. Nach allen Richtungen schlängeln sich durch das Konvolut der inneren Organe die sog. Malpighischen Schläuche, eine Art Exkretionsorgan, und die fein geringelten Tracheen (Atemröhren). Die Speicheldrüsen sind ziemlich lange Drüsenschläuche, die seitlich vom Pharynx nach hinten ziehen.

Die Zecken nehmen beim Saugen ein vielfaches ihres Körpergewichtes an Blut auf.

In praktischer Beziehung ist folgende Einteilung von Wichtigkeit:

1. Arten, die ihre ganze Entwickelung (Larve bis Geschlechtstier) auf **einem** Tiere durchmachen. Wennn eine solche Zeckenart eine Krankheit überträgt, so muß die Infektion durch das Ei hindurchgehen. Hierzu gehören:

Boophilus annulatus
Boophilus decoloratus
Margaropus winthami.

2a) Arten, die in **jedem** Stadium das Wirtstier verlassen. Diese bedürfen also für ihren ganzen Entwickelungsgang dreier Wirte. Bei ihnen ist sowohl eine Infektion durch das Ei möglich, als auch können sich die Larven an einem kranken Tier infizieren und als Nymphen bzw. Imagines den Infek-

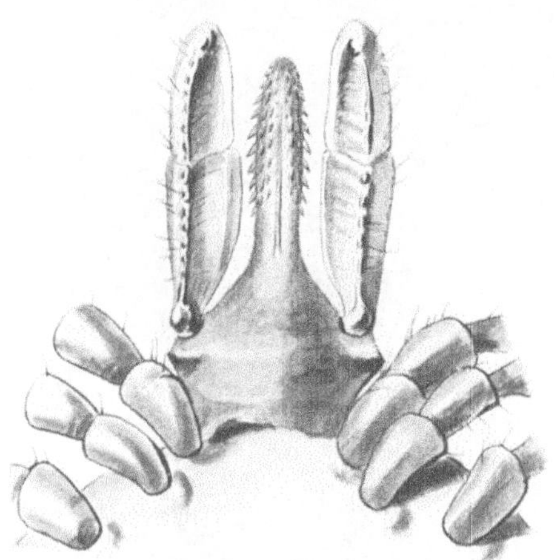

Abb. 217. Vorderende von *Ixodes ricinus.* Orig.

tionskeim weitergeben. Hierzu gehören:

Ixodes ricinus
Rhipicephalus appendiculatus
  ,,   *nitens*
  ,,   *simus*
  ,,   *capensis*
  ,,   *sanguineus*
Haemaphysalis leachi
Dermacentor reticulatus
Amblyomma hebraeum.

2b) Arten, die Larven- und Nymphenstadium auf einem Tier durchmachen und dann das Wirtstier verlassen, also zweier Wirte bedürfen. In diesem Fall ist die Aufnahme des Infektionskeimes als Geschlechtstier und im Larven Nymphenstadium möglich. Hierher gehören:

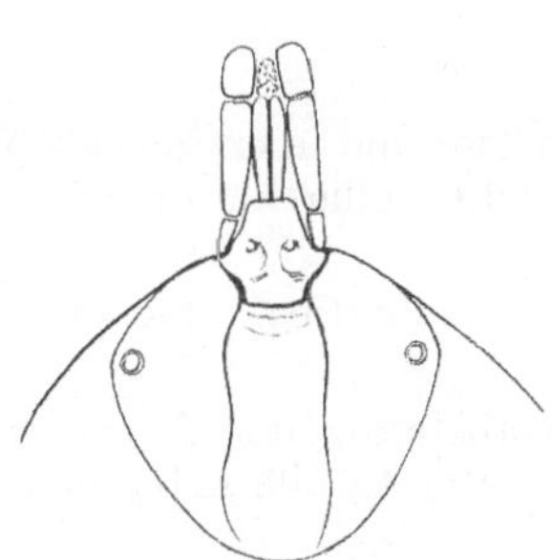

Abb. 218. *Amblyomma*. 2. Glied der Palpen beträchtlich länger, als das 1. und 3. Hat Augen (an beiden Seiten des Schildes; bei *Aponomma* fehlen diese, sonst wie *Amblyomma*).

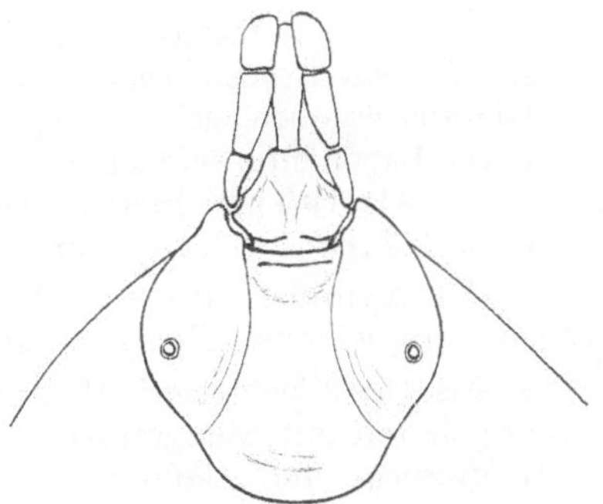

Abb. 219. *Hyalomma*. 2. Palpenglied nur wenig länger als das 1. und 3.

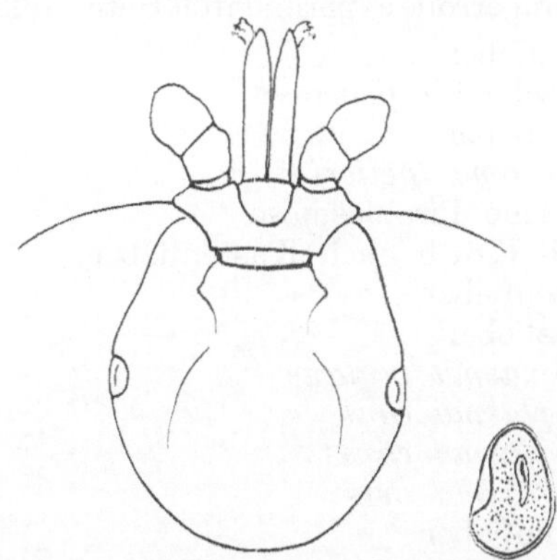

Abb. 220. *Rhipicephalus*. Palpen kurz und plump. Stigmenplatten (nach außen und unten von der 4. Hüfte) nierenförmig.

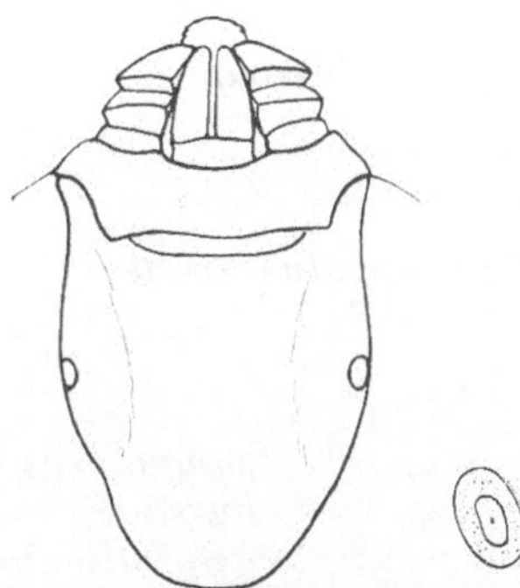

Abb. 221. *Boophilus*. Palpenglieder breiter als lang, dachziegelartig aufeinander gelegt. Stigmenplatte oval.

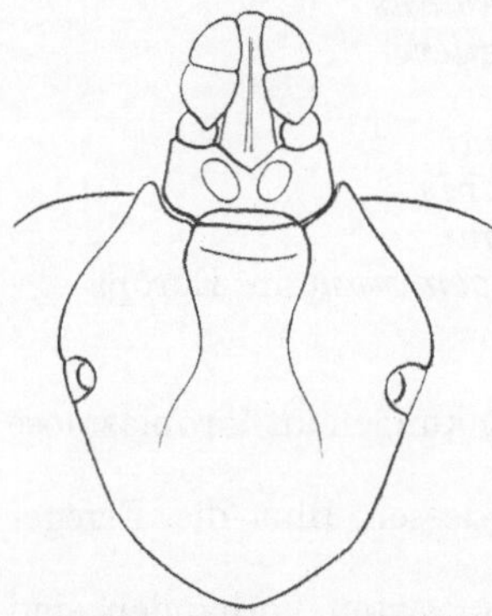

Abb. 222. *Dermacentor*. Kragen ein liegendes Rechteck, Palpen plump; beim ♂ ist die 4. Hüfte auffallend groß.

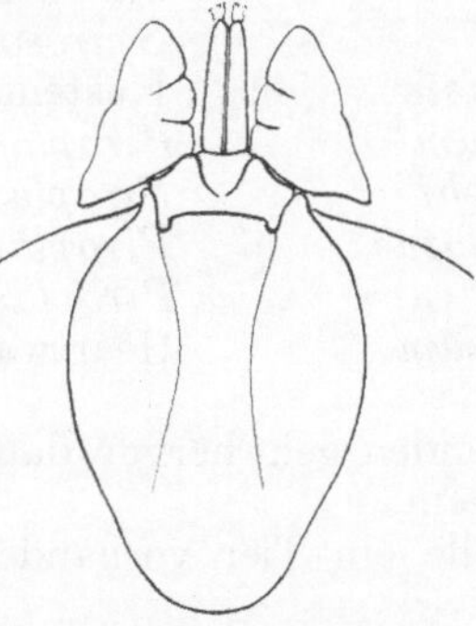

Abb. 223. *Haemaphysalis*. Palpen springen seitwärts weit über den Kragen vor.

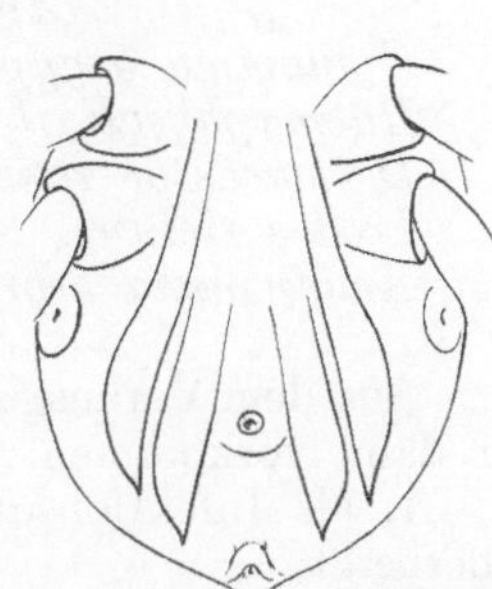

Abb. 224. Unterseite eines ♂ von *Boophilus* zu beiden Seiten des Anus je 2 lanzettförmige Analplatten.

Rhipicephalus evertsi
,,   *bursa*
Hyalomma aegyptium.
Hieraus ergeben sich folgende Varianten:

1. Die Larve infiziert sich an einem kranken Tier und überträgt als Nymphe das Virus. Als Beispiel hierfür liegt nur ein nicht völlig klarer Versuch von Kossel mit *Ixodes ricinus* vor.

2. Als Nymphe infiziert, als Geschlechtstier infektiös. Beispiel: *Rhipicephalus sanguineus (Piroplasma canis)*.

3. Als Geschlechtstier infiziert, die davon abstammende Larve infektiös. Hierher gehören mit wenigen Ausnahmen (siehe unter 4.) alle Arten von *Ixodes*, die *Ambliomeae* und *Rhipicephaleae*.

4. Als Geschlechtstier infiziert, die davon abstammende Larve nicht infektiös; erst als Nymphe infektiös: *Rhipicephalus sanguineus (Piroplasma canis)*.

5. Als Geschlechtstier infiziert, Larve und Nymphe nicht infektiös, Geschlechtstier zweiter Generation infektiös: *Rhipicephalus bursa (Piroplasma ovis)* und *Haemaphysalis leachi (Piroplasma canis)*.

Von folgenden Zeckenarten ist ihre Überträgerrolle experimentell festgestellt:

Boophilus annulatus	Texasfieber
	tropische Piroplasmose
,, *decoloratus*	Texasfieber
	Spirosoma theileri
	tropische Piroplasmose
	(nach Koch auch Küstenfieber)
Rhipicephalus evertsi	Küstenfieber
	Texasfieber
	Piroplasma mutans
	Piroplasma equi
,, *sanguineus*	*Piroplasma canis*
,, *bursa*	*Piroplasma ovis*
,, *appendiculatus*	Küstenfieber
	Texasfieber
	Piroplasma mutans
,, *nitens*	Küstenfieber
,, *simus*	Küstenfieber
	Piroplasma mutans
	Spirosoma theileri
,, *capensis*	Küstenfieber
Hyalomma aegyptium	*Piroplasma equi*
Haemaphysalis leachi	*Piroplasma canis*
Dermacentor reticulatus	*Piroplasma equi*
Ixodes ricinus	*Piroplasma bigeminum* in Europa
Amblyomma hebraeum	Heartwater.

Aus dem Vorausgehenden geht hervor, daß Erkrankungen an Piroplasmose nur dann vorkommen, wenn

1. als Infektionsquelle ein Tier vorhanden ist, dessen Blut die Erreger beherbergt,

2. die zur Übertragung geeignete Zeckenart bzw. -arten vorhanden sind

Ad.1. Es ist für die Piroplasmen charakteristisch, daß sie nach Ablauf der akuten Erscheinungen und vollständiger Restitutio ad integrum nicht aus dem Blute des Tieres verschwinden. Zwar ist es nur ausnahmsweise möglich, mit Hilfe des Mikroskops Parasiten in diesem Stadium zu finden, aber die Überimpfung von Blut eines solchen Tieres auf ein empfängliches Versuchstier zeigt, daß das Blut noch virulent ist, daß also die Parasiten noch darin vorhanden sein müssen. Eine erwachsene Zecke nun vermag etwa einen Kubikcentimeter Blut aufzunehmen. Wenn darin auch nur ganz spärliche Parasiten vorhanden waren, so kann doch eine Entwickelung dieser und eine starke Vermehrung in der Zecke eintreten. Solche — wenn wir den alten prägnanten Sprachgebrauch der Buren übernehmen wollen — „gesalzenen" Tiere sind also dauernd als Parasitenträger und Infektionsquellen zu betrachten.

Das gleiche gilt auch, wie wir später sehen werden, für alle aktiv mit lebendem Virus immunisierte Tiere. Die einzige Ausnahme bildet das Küstenfieber.

Beim Texasfieber ist nachgewiesen, daß diese Toleranz oder latente Infektion noch 12 Jahre nach der Erkrankung bestehen kann.

Ad 2. Das Texasfieber ist wahrscheinlich von England, Indien oder Südafrika aus nach Australien eingeschleppt worden. Es ist anzunehmen, daß dort bereits eine Zeckenart (*Boophilus annulatus*, var. *australis*) vorhanden war, welche nun die Rolle des Überträgers übernehmen konnte.

Pathogenese. Mit der massenhaften Entwickelung der Piroplasmen im peripheren Blute geht ein Schwund der Erythrocyten einher. Es ist anzunehmen, daß diejenigen Blutkörperchen zugrunde gehen, welche von den Schmarotzern befallen und wieder verlassen wurden. Die Folge ist der Übertritt von Hämoglobin ins Blut. Ob auch die Reste der Blutkörperchen irgend einen schädigenden Einfluß ausüben, ist noch nicht bekannt. Barrat und Yorke fanden bei der Piroplasmose der Hunde, daß wenn $0,5\,^0/_0$ der roten Blutkörperchen (nach dem Volumen berechnet) ihr Hämoglobin an das Plasma abgegeben hatten, ein Übertritt des gelösten Blutfarbstoffs in den Harn noch nicht eintritt; überschreitet aber die Hämolyse diese Grenze, so tritt Hämoglobinurie auf.

Sehr auffallend ist die von Barrat und Yorke ermittelte Tatsache, daß während das Blut z. B. nur etwa $3,5\,^0/_0$ Hämoglobin enthält, der Harn $12,6\,^0/_0$ enthalten kann. Dies ist nur so zu erklären, daß das Hämoglobin nicht einfach aus dem Plasma durch die Glomeruli abfiltriert wird, sondern daß es offenbar in den Nierenepithelien aufgespeichert und durch diese ausgeschieden wird. Damit stimmt überein, daß jene Autoren in den von ihnen untersuchten Fällen experimenteller und spontaner Hämoglobinurie stets Hämoglobin in Form feinster Körnchen und Tröpfchen in den Epithelien der gewundenen und geraden Harnkanälchen fanden, und zwar um so mehr, je weiter distalwärts die Epithelien lagen.

Daß aber auch bei den Piroplasmosen nicht bloß das Hämoglobin als Gift schädlich ist, sondern daß auch noch andere Substanzen wirksam sind, geht daraus hervor, daß z. B. im Verlauf der Piroplasmose der Hunde kräftig wirksame parasitenabtötende Antikörper gebildet werden. Die Antigene im Versuch nachzuweisen, ist bisher noch nicht gelungen. Ebensowenig haben sich Hämolysine im hämoglobinhaltigen Serum kranker Tiere nachweisen lassen; weder die eigenen, noch fremde Blutkörperchen werden von solchem Serum gelöst.

Mikroskopisch läßt sich an dem von Parasiten befallenen Blutkörperchen keine Veränderung nachweisen; höchstens sind sie eine Spur dunkler gefärbt als die normalen. Es sind Fälle beobachtet, wo innerhalb drei Tagen $^4/_5$ der zirkulierenden Erythrocyten zugrunde gingen.

Die Wirkung der spezifischen Gifte zeigt sich hauptsächlich an den Epithelien der Leber und der Nieren. Je nach der Dauer der Einwirkung finden sich alle Stadien von der trüben Schwellung bis zur fettigen Degeneration, zum Zerfall und Auflösung des Kernes. Ebenso sind die Herzmuskelzellen der Giftwirkung ausgesetzt. Auch sie erscheinen in fortgeschrittenen Fällen trübe und enthalten Fettkörnchen.

Eine Schädigung der Endothelien der Gefäße zeigt sich dadurch, daß in den Schleimhäuten und den serösen Häuten Blutungen bis zu beträchtlichem Umfange entstehen.

Fieber, Milztumor, Leberschwellung mit Ikterus sind bereits als für Protozoeninfektionen charakteristisch im allgemeinen Teil erwähnt.

An den übrigen Organen sind konstante Veränderungen, die uns Aufschlüsse über die Pathogenese geben könnten, nicht vorhanden.

Levaditi und Nattan-Larrier wendeten die Bordet-Gengousche Komplementbindung bei Hunde-Piroplasmose an, indem sie ein stark lipoidhaltiges Antigen (Extrakt aus syphilitischer Fötus-Leber) benutzten. In 4 von 13 Fällen trat eine solche Reaktion ein, entgegen der Auffassung der Autoren müssen wir aus diesem Zahlenverhältnis schließen, daß Substanzen, welche sich mit einem solchen Antigen binden, bei der Hunde-Piroplasmose keine entscheidende Rolle spielen können.

Immunität. Wie bereits im allgemeinen Teil ausgeführt worden ist, entwickelt sich auch bei den Piroplasmeninfektionen durch das Überstehen des akuten Stadiums keine sterilisierende ständige Immunität, sondern eine labile Infektion.

An der gleichen Stelle ist auch bereits die Entstehung wirksamer Schutzstoffe im Blute gesalzener Tiere behandelt worden. Auch in dieser Beziehung fügen sich die Piroplasmen dem Gesamtbilde der pathogenen Protozoen ein. Endlich sei noch daran erinnert, daß gerade die Piroplasmen ein charakteristisches Beispiel dafür abgeben, wie sich dieser Typus von Krankheitserregern dem Vorhandensein solcher Antikörper anpaßt, ohne dabei an Virulenz zu verlieren, wie also eine fortschreitende „Festigung" der Parasiten gegen jene Schutzstoffe des Körpers stattfindet.

2. Piroplasma bigeminum (Smith u. Kilborne); Hämoglobinurie der Rinder.

(Texasfieber, Rotnässe, Rotnetze, Weiderot, Blutharnen, Maiseuche, Redwater, Mal de brou.)

Verbreitung. Die Hämoglobinurie des Rindes kommt in allen Erdteilen vor. Ihr Verbreitungsgebiet reicht etwa vom 63. Grad nördl. Breite (Finnland) bis etwa zum 35. Grad südl. Breite (Südamerika). Ihre wichtigsten Zentren sind in Europa die norddeutsche Tiefebene, das finnische Seengebiet, die Donautiefländer und Mittelitalien. In Afrika ist sie im äquatorialen und südlichen Teile des Kontinents häufig. In Nordamerika ist die Krankheit bis etwa zum 40° n. Breite sehr häufig und von großer wirtschaftlicher Bedeutung, ebenso in den weit ausgedehnten viehzüchtenden Distrikten von Brasilien, Uruguai, Paraguai und Argentinien. Auch in Australien hat sie eine große Ausdehnung gewonnen.

Der Parasit. Das Aussehen des Parasiten im frischen Präparat deckt sich mit dem S. 254 Gesagten. In gefärbten Präparaten fallen ganz besonders die Doppelbirnformen auf, die dem Parasiten seinen Namen gegeben haben (Abb. 225 u. 226). Daneben finden sich Ringe und ungleichmäßig gestaltete Formen. Der Kern ist manchmal einheitlich, häufig aber in eine Anzahl von Bröckeln zerteilt, was von den meisten Autoren als Teilungsstadium gedeutet wurde.

Abb. 225. *Piroplasma bigeminum.* Vergr. ca. 1300. Orig.

Die von Koch 1897 beschriebenen Stäbchen- und Ringformen sind nicht als Jugendformen aufzufassen, sondern sie gehören offenbar dem *Piroplasma mutans* an. Ebenso sind die von Smith und

Kilborne und von Knuth beschriebenen „Coccus-like bodies“ keine Entwickelungsstadien, sondern gehören zu *Anaplasma marginale.*

Die Vermehrung verläuft, soweit sich dies aus Trockenpräparaten, die nach Romanowsky gefärbt sind, ersehen läßt als einfache Zerschnürung des Kernes und später des Protoplasmas (siehe S. 255). Auf die von Nuttall am lebenden Objekt beobachtete Knospung ist schon S. 256 hingewiesen worden.

Bezüglich der Entwickelungsformen des *Piroplasma bigeminum* in der Zecke s. S. 257.

Die Piroplasmen halten sich im defribinierten Blute bei kühler Temperatur 50 Tage und länger, im Kadaver 9 Tage lang; im Muskelfleisch geschlachteter d. h. entbluteter Tiere dagegen geht ihre Vernichtung schon in wenigen Stunden vor sich. Dies ist wegen ev. veterinärpolizeilicher Maßnahme gegen Gefrierfleisch wichtig.

Das *Piroplasma bigeminum* ist nur für das Rind und den Büffel pathogen, auf andere Tiere kann es nicht übertragen werden. Es erscheint deshalb wenig wahrscheinlich, daß wild lebende Tiere — außer den Boviden — als „Reservoirs“ für das Piroplasma betrachtet werden müssen.

Lühe hat die in Europa und Nordafrika vorkommende Art des *Piroplasma bigeminum* als *Pir. bovis* von der amerikanischen, australischen und südafrikanischen *Pir. bigeminum* getrennt auf Grund geringer Größenunterschiede und biologischer Verschiedenheiten.

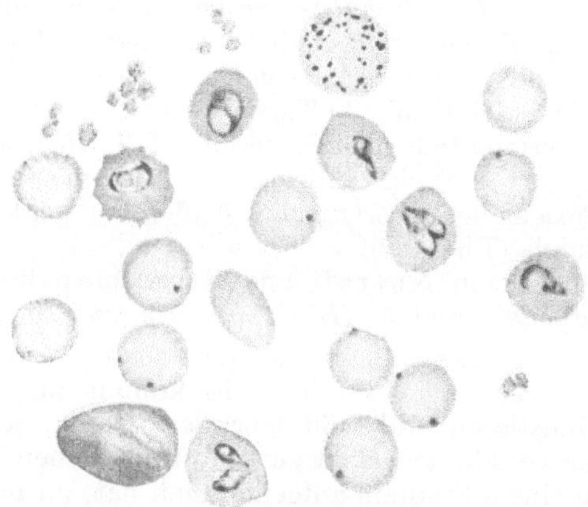

Abb. 226. *Piroplasma bigeminum.* Doppelinfektion mit *Anaplasma marginale.* Vergr. ca. 1300. Orig. nach Präp. von F. Meyer.

Wenn man nämlich Rinder mit den in England heimischen Parasiten der Hämoglobinurie impft und sie nach überstandener Krankheit nach Südafrika bringt, so können sie dort an typischer Hämoglobinurie neuerdings erkranken. Rinder aus den Südstaaten Nordamerikas dagegen oder aus Argentinien bleiben auch in Südafrika von der Krankheit verschont; auch die Piroplasmose der Rinder in Madagaskar und in Queensland ist nach Theiler mit der südafrikanischen identisch. Ich halte eine Trennung in zwei Arten von Piroplasma der Rinderhämoglobinurie für überflüssig. Es handelt sich hier offenbar um Rassen desselben Parasiten, die sich durch kleine morphologische und biologische Verschiedenheiten unterscheiden, aber sonst in allen Punkten vollständig übereinstimmen.

Als **Überträger** des *Piroplasma bigeminum* sind bisher festgestellt:

1. *Boophilus annulatus.* Er kommt auf Rindern, Pferden, Schafen, Hunden und auf wild lebenden Wiederkäuern vor. Er ist wie erwähnt, in den Tropen und Subtropen sehr weit verbreitet, in Europa nur in den südlichen Teilen bis nach Südfrankreich herauf. Die als Arten abgetrennten *Boophilus australis* und *argentinus* werden von Dönitz nur als Varietäten der erstgenannten Zeckenart betrachtet. Diese wird von Dönitz folgendermaßen charakterisiert: Palpen kurz, Analfurche umzieht den After von hinten her, Hypostom mit vier Längsreihen von Zähnen, erstes Palpenglied am Innenrand unterseits ohne Borste, Männchen mit bandförmigen, hinten abgestutzten Analplatten. Im günstigsten Falle nehmen alle Metamorphosen vom Ei bis zum Geschlechts-

tier 50 Tage in Anspruch, im Winter sind alle Entwickelungsstadien bedeutend verlängert. Wie erwähnt, macht *Boophilus annulatus* alle seine Häutungen auf demselben Tiere durch, die Infektion geht also durch die Eier; dies gilt auch für

2. *Boophilus decoloratus;* die „blaue Zecke" (blue tick) kommt nur im Süden und Osten Afrikas vor. Das Hypostom trägt nur drei Längsreihen von Zähnen, am ersten Palpenglied sitzt ein Fortsatz, der eine starke Borste trägt. Analplatten der Männchen am Hinterende lang zugespitzt. In der heißen Zeit dauert die Entwickelung vom Hinaufklettern der Larve auf ein Rind bis zum Abfallen des vollgesogenen Geschlechtstieres 3—4 Wochen.

3. *Ripicephalus evertsi* ist leicht an seinen roten Beinen zu erkennen. Diese Zecke ist in Afrika sehr weit verbreitet und kommt auf allen Haustieren vor. Sie macht Larven- und Nymphenstadium auf demselben Tiere durch, fällt nach 13 bis 20 Tagen ab und sucht einen zweiten Wirt auf. Theiler hat experimentell nachgewiesen, daß *Rhipicephalus evertsi*-Nymphen, die als Larven an ein infiziertes Rind angesetzt worden waren, als Imagines das Texasfieber übertrugen. Außerdem geht die Infektion auch durch das Ei hindurch (Theiler).

Nach Nuttall und Stockman kommen auch noch 4. *Rhipicephalus capensis* und 5. *Hämaphysalis punctata* als Überträger in Betracht.

6. *Ixodes ricinus* (syn: *reduvius*) ist im nördlichen Europa und in Nordamerika weit verbreitet. Er kommt außer auf dem Rind auch auf den meisten Haustieren und wild lebenden Tieren, selbst auf Vögeln und Eidechsen vor. Er verläßt jedesmal zur Häutung seinen Wirt, kann also die Infektion, die er in einem Stadium aufgenommen hat, im nächsten übertragen. Die Entwickelung vom Ei bis zum Abfallen des vollgesogenen Weibchens dauert mindestens 20 Wochen, also einen ganzen Sommer hindurch.

Es ist nicht möglich, hier die zahlreichen Experimente, die von Smith und Kilborne, von Kossel und seinen Mitarbeitern, von Lounsbury und vor allem von Theiler zur Feststellung der Rolle der Zecken als Überträger des *Piroplasma bigeminum* angestellt wurden, ausführlich zu besprechen. Es sollen nur die grundlegenden Versuche Erwähnung finden.

1. Von kranken Tieren wurden vollgesogene Weibchen abgesammelt, (*Ixodes ricinus* und *Boophilus annulatus*) und in Terrarien gebracht. Die aus den Eiern kriechenden Larven wurden gesunden Rindern angesetzt, die nach etwa drei Wochen erkrankten. In diesen Fällen war die Infektion durch das Ei hindurchgegangen.

2. *Boophilus annulatus* wurde in allen Stadien von kranken Tieren abgesammelt und auf Weiden ausgesät, auf denen bisher noch keine Erkrankungsfälle vorgekommen waren. Als frische, nicht immune Tiere auf solche Weiden gebracht wurden, erkrankten sie.

3. Infizierte Rinder, die mit *Boophilus annulatus* besetzt waren, wurden auf zeckenfreie Weiden gebracht, gleichzeitig mit ihnen auch empfängliche Rinder. Nach 6 Wochen kamen bei den letztgenannten die ersten Fälle von Texasfieber zur Beobachtung.

4. Von infizierten Rindern wurden mit großer Sorgfalt alle Zecken abgesammelt. Dann wurden sie mit gesunden Rindern zusammen auf zeckenfreie Weiden gebracht. Niemals trat bei diesen eine Erkrankung auf.

Beachtenswert ist ferner ein Versuch Kossels: er setzte Larven, die von einem sicher infizierten Weibchen abstammten, sofort nach dem Auskriechen aus dem Ei einem gesunden Rinde an. Dieses wurde nicht infiziert. 21 Tage später wiederholte er mit Larven aus demselben Gelege den Versuch, der jetzt erfolgreich war. Diese Zeit war also notwendig, um die Entwickelung der Piroplasmen in den Larven zum Abschluß zu bringen.

Die Infektiosität einer Zecke wird dadurch nicht beeinflußt, daß diese in irgend einem Stadium Blut von einem anderen Tier (Pferd, Schaf) saugt (Theiler).

Epidemiologie. Die Zecken bedürfen zu ihrer Entwickelung einer gewissen Feuchtigkeit. Daher kommt es, daß sie besonders häufig auf sumpfigen Talwiesen, am Waldrande oder auf Waldwiesen zu finden sind. Solche Weiden sind denn auch besonders als Krankheitsherde gefürchtet. Doch kommen auch Stallinfektionen vor, namentlich wenn Waldstreu und mit dieser infizierte Zecken in die Ställe gebracht werden.

Die Krankheit kann auch in bisher seuchefreie Gebiete eingeschleppt werden, sei es, daß ein krankes Tier auf eine Weide gebracht wird, auf der die zur Übertragung geeigneten Zecken bereits vorhanden sind, sei es, daß infizierte Zecken mit einem „gesalzenen" Rinde auf bisher zeckenfreie Weiden gelangen. Es sei daran erinnert, wie außerordentlich lange die Rinder das *Piroplasma* in ihrem Blute beherbergen, also als Infektionsquelle für die Zecken dienen können.

In Deutschland kommen die meisten Fälle im Frühjahr zur Beobachtung, wenn die in einer Art Erstarrung in Verstecken überwinterten Zecken durch die Wärme wieder hervorgelockt werden. In sehr heißen oder sehr kalten Sommern pflegen sich die Erkrankungen zu häufen.

Einheimische Tiere erkranken leichter und seltener als eingeführte. Es rührt dies offenbar daher, daß in einem solchen Gebiet bereits die jüngsten Kälber beim ersten Weidegang infiziert werden. Erfahrungsgemäß verläuft nun die Krankheit bei Kälbern viel leichter als bei älteren Tieren und das Stadium der latenten Infektion dauert das ganze Leben hindurch. Doch ist nach Analogie mit anderen Protozoenkrankheiten anzunehmen, daß, um die aktiv erworbene Toleranz dauernd aufrecht zu erhalten, auch ständig neue Infektionen notwendig sind.

Hochgezüchtete Rassen sind empfindlicher gegen die Erkrankung als die härteren Landrassen.

Klinische Erscheinungen. In Fällen spontaner Erkrankung dauert die Inkubationszeit etwa 14—18 Tage, bei Experimenten mit Zecken 8—30 Tage. Die ersten Erscheinungen treten öfters im Anschluß an jähe Witterungswechsel ein. Der Verlauf des Fiebers wird am besten durch die beigegebene Kurve illustriert, auf der auch die Parasitenbefunde eingetragen sind. Am 1. Tage der Fieberreaktion machen die Tiere einen matten Eindruck, fressen nicht, stehen mit gesenktem Kopfe da, der Gang wird schwerfällig, schließlich erheben sich die Tiere überhaupt nicht mehr. Sie magern rasch ab, auf Obstipation folgen Durchfälle mit Absonderung von Schleim, manchmal sogar von Blut. Am 2. oder 3. Tage entleert das Tier einen erst rötlichen, dann tiefbraunen Harn, der einen reichlichen zitronengelben bis braunen Schaum entwickelt. Die Schleimhäute werden auffallend blaß. Die Herztätigkeit ist beschleunigt, die Atmung fliegend. Im Harn sind mikroskopisch hyaline und gekörnte bräunliche Zylinder, jedoch keine Blutkörperchen vorhanden. Zwei bis drei Tage nach Beginn des Blutharnes tritt an den Schleimhäuten ein gelblicher Farbenton auf, der sehr lange andauern kann.

Das Blut wird wässerig, die Zahl der Erythrocyten kann z. B. in sechs Tagen von 7,8 Millionen auf 1,25 Millionen sinken. An den Blutkörperchen tritt Poikilocytose und basophile Körnung auf. Der Hämoglobingehalt sinkt auf ein Fünftel des Normalen.

Manchmal tritt schon am 3. bis 5. Tage unter zunehmender Erschöpfung unter Zeichen des Lungenödems und der Herzparalyse der Tod ein. Von Witt wird als Todesursache auch Milzruptur beschrieben. In günstig verlaufenden Fällen wird nach 2—3 Tagen der Harn wieder klarer, die Temperatur sinkt staffelförmig ab, aber auch jetzt noch kann der Tod infolge der tiefgreifenden Störung des Stoffwechsels und der Intoxikation eintreten. Auch bei günstig verlaufenden Fällen dauert es wochenlang, bis die Tiere wieder voll leistungsfähig werden und auch der Milchertrag wieder zur Norm zurückgekehrt ist.

Bei jungen Tieren können die Krankheitserscheinungen so gering sein, daß sie völlig übersehen werden.

Die Mortalität schwankt zwischen 5 und 60%, kann aber nach Smith bis zu 90% betragen. Die Verluste betrugen in Nordamerika noch vor wenigen Jahren mehrere Millionen Dollars jährlich.

Hier mag auch darauf hingewiesen werden, daß schon allein der Blutverlust, welchen die Besetzung mit vielen Tausenden von Zecken bei einem Rinde herbeiführen kann, eine hochgradige Schwächung des Tieres bedeutet. Dazu kommt die Beunruhigung der Tiere durch die zahllosen Bisse. Knuth erzählt,

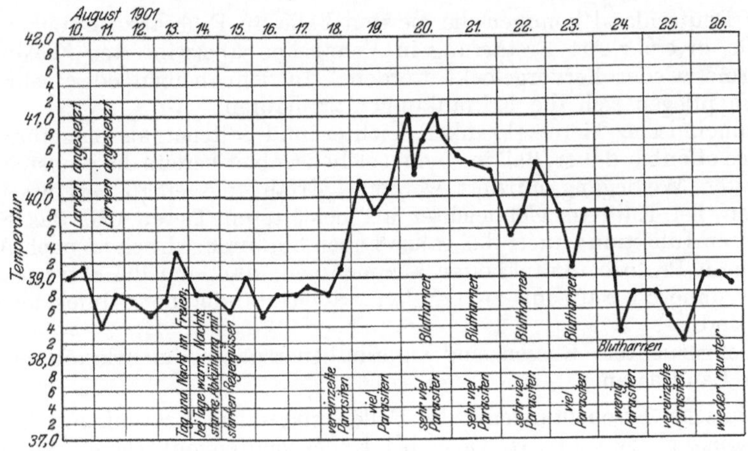

Abb. 227. Fieberkurve bei Hämoglobinurie des Rindes. Nach Kossel.

daß auf einer Estanzia in Uruguai in 8 Monaten von 14000 Haupt Vieh etwa 1000 allein der Zeckenplage zum Opfer fielen.

Sektionsbefund. In akutesten Fällen ist Lungenödem und Milztumor, auch gelegentlich Milzruptur zu finden. Hat die Krankheit mehrere Tage gedauert, so ist das subkutane Bindegewebe ödematös durchtränkt und ikterisch verfärbt. Die Körpermuskeln haben ein trübgraurotes Aussehen; in den serösen Überzügen der Organe punktförmige bis markstückgroße Blutaustritte; Vergrößerung der Milz bis zu 2,5 kg, Organ zerfließlich weich; Leber vergrößert, die Schnittfläche braun- oder graugelb gesprenkelt, die Zeichnung verwaschen; Leberzellen in trüber Schwellung und Verfettung. Im abgestrichenen Gewebssaft findet man nicht selten Y-förmige Ausgüsse der Gallenkapillaren. Die Galle ist dickflüssig, mit gekautem Gras zu vergleichen. Die Nieren sind geschwellt, die Kapsel gespannt, die Rinde verbreitert und quillt vor, ist von trübgrauroter Farbe und mit feinen braunen Streifchen radiär durchsetzt. Auch das Mark ist dunkelbraun verfärbt. Die Harnkanälchen enthalten feinkörnige, braun gefärbte Zylinder, die Epithelien sind geschwellt, getrübt, zum Teil verfettet, zum Teil von der Wandung abgelöst. Die Muskulatur des Herzens ist trocken, trübe, graubraunrot.

Diagnose. Ausschlaggebend wird stets der mikroskopische Nachweis der Parasiten sein. Diese werden bei sorgfältigem Durchsuchen namentlich dicker Tropfenpräparate niemals vermißt werden. Das Hämoglobin ist im Harn spektroskopisch oder durch die Hellersche Methode nachweisbar (Kochen mit Kalilauge, brauner Niederschlag).

Behandlung. Nuttall und Graham-Smith haben das von Mesnil in die Therapie eingeführte Trypanblau (hergestellt von den Farbenfabriken vorm. Bayer & Co. Elberfeld) bei Texasfieber angewendet. Es kann in $1,5\%$-iger wäßriger Lösung in Mengen bis zu 200 ccm intravenös eingespritzt werden. Dann verschwinden die Parasiten innerhalb einiger Stunden aus dem Blute, doch sind Rezidive nach 5—18 Tagen häufig. Stockman und Dodd berichten gleichfalls Günstiges.

Prophylaxe. Da wo es möglich ist, kann die Sperrung infizierter Weiden für sämtliche Haustiere die Krankheit wesentlich einschränken. Ist man gezwungen, Vieh aus verseuchten Distrikten in seuchefreie Gebiete einzuführen, so muß man bestrebt sein, sie von ihren Zecken zu befreien. Es geschieht dies am erfolgreichsten durch sogenannte Zeckenbäder, in die das Vieh hineingetrieben und völlig untergetaucht wird. Die Badeflüssigkeit (z. B. Coopers Dipp) enthält gewöhnlich Arsenik, Teer, Petroleum, wodurch die Zecken abgetötet werden.

Ein in Südafrika und Nordamerika erprobtes Verfahren, um Vieh von seinen Zecken zu befreien, ist folgendes:

Eingezäunte Weiden werden ein Jahr lang nicht benutzt, auch nicht von Pferden oder Schafen. Nach dieser Zeit werden mit Zecken behaftete Rinder dort hingebracht. Nach vier Wochen sind alle Zecken von ihnen abgefallen, aber die jungen Larven noch nicht ausgekrochen. Nun wird das Vieh wieder von der Weide entfernt und diese erst wieder nach mehr als acht Monaten bestockt. In dieser Zeit sind alle Larven zugrunde gegangen.

Die Erfahrung, daß Rinder, welche die Krankheit überstanden haben, nicht zum zweiten Male erkranken, hat eine Reihe von Forschern veranlaßt, Schutzimpfungsverfahren zu empfehlen.

Nach Kossel, Schütz, Mießner und Weber entnimmt man einem Kalb oder Jungrind, das die natürliche oder künstliche Infektion vor mindestens drei Monaten überstanden hatte, Blut, das defibriniert und im Eisschrank aufbewahrt wird. 3 ccm hiervon dem zu impfenden Rind unter die Haut gespritzt, rufen eine Fieberreaktion mit positivem Parasitenbefund und darauffolgender labiler Infektion hervor, die in den meisten Fällen genügt, um das Tier dauernd zu schützen. Wendet man die Vorsicht an, nur junge Tiere zu impfen, und diese nach der Impfung bei gutem Futter im Stalle zu halten, so sind die Impfverluste gering. Immerhin sind nachträgliche Erkrankungen beim Weidegang nicht ausgeschlossen, die aber gewöhnlich leicht verlaufen. Graffunder empfiehlt die Impfung nach der sechsten Lebenswoche vorzunehmen mit 5 ccm, dann nach 3 Monaten mit 10 ccm, nach weiteren 6 Monaten mit 15 ccm zu wiederholen. Erkrankt das Tier beim Weidegang nicht, so empfiehlt es sich, im nächsten Winter nochmals 20 ccm einzuspritzen.

3. Piroplasma canis (Piana u. Galli-Valerio); Piroplasmose der Hunde.

Verbreitung. Das *Piroplasma canis* (Piana und Galli-Valerio 1895) kommt in Europa, in Italien und Südfrankreich vor. In Südafrika ist es weit verbreitet, ebenso in Indien und Indo-China. In Deutschland ist es bisher nicht beobachtet, wenn auch hier eine „bösartige Gelbsucht der Hunde" nicht gerade selten ist. Holterbach steht vorläufig mit seiner Ansicht, daß viele Fälle von Hundestaupe als Piroplasmose aufzufassen seien, allein.

Patton beschreibt unter dem Namen *Piroplasma gibsoni* eine Piroplasmose der Jagdhunde und des Schakals in Madras (Indien). Die von ihm angeführten Unterschiede in der Größe des Parasiten und in der Immunitätsreaktion scheinen mir nicht genügend, um eine neue Art aufzustellen.

Der Parasit (s. Abb. 210—214, S. 255) ist dem des Texasfiebers in der Form sehr ähnlich, aber beträchtlich größer. Viele Parasiten treten im nativen Präparat aus dem Blutkörperchen aus. Kinoshita will dann Formen mit hellem und solche mit dunkel granuliertem Protoplasma und einem deutlichen Kernfleck unterschieden haben. Auf der Fieberhöhe findet man vorwiegend große Formen (bis zu 7 μ Länge), in der anschließenden Latenzperiode dagegen nur die kleinen runden Formen.

In nach Romanowsky gefärbten Trockenpräparaten schwankt bei den einzelnen Exemplaren das Mengenverhältnis zwischen Protoplasma und Chromatin sehr beträchtlich. Man findet stäbchen-, punkt-, halbring- und ringförmige Kerne. Häufig ist das Chromatin in mehreren Brocken angeordnet. Breinl und Hindle beschreiben auf Grund von Feuchtpräparaten zwei Typen des ruhenden Parasiten (s. S. 255): 1. eine solche mit nur einem Kern (kompaktes Caryosom und achromatische Kernsaftzone. Ohne eigentliche Kernmembran; wahrscheinlich liegt der Blepharoplast im Hauptkern, innig mit dem Caryosom verschmolzen). 2. Zweikernige Formen: ein Caryosomkern; mit dessen Centriol häufig durch eine Centrodesmose verbunden der Kinetonucleus. Über die Vermehrung der Piroplasmen ist das Wichtigste bereits auf S. 255 gesagt.

In einem von Kleine hergestellten Präparate aus der Lunge eines piroplasmakranken Hundes fanden sich rundliche, nach Romanowsky blau gefärbte Körper, etwas kleiner als ein rotes Blutkörperchen. In diesen lag ein tiefrotes Chromatinkorn und in diesem eingeschlossen ein sehr dunkel gefärbtes Körnchen. Ein zweiter Typus hatte ein viel helleres Protoplasma von kreisförmigem Umriß; in diesen Gebilden lag eine wechselnde Zahl von annähernd gleich großen (2—6) Chromatinkörnern. Man konnte an solchen Gebilden eine beginnende Zerschnürung wahrnehmen. Bisher konnten diese vereinzelten Beobachtungen nicht weiter verfolgt werden.

Auch die Umwandlung der Piroplasmen in Flagellaten ist bereits auf S. 256 beschrieben worden, ebenso auf S. 258 die von Christophers in *Rhipicephalus sanguineus* gefundenen Entwicklungsformen.

Kleine konnte, wenn er defibriniertes piroplasmenhaltiges Hundeblut mit Kochsalzlösung verdünnt aufbewahrte, schon nach 18 Stunden das Auswachsen der freigewordenen Piroplasmen zu keulenförmigen Körpern und das Hervortreten langer starrer Protoplasmastrahlen am dickeren Ende beobachten (s. Abb. 215 S. 257). In reich infiziertem Blute traten sie in großen Mengen auf. Eine weitere Entwickelung aber über dieses Stadium hinaus konnte Kleine nicht verfolgen. Diese Gebilde fallen so sehr aus dem Rahmen alles dessen, was wir bei Protozoen bisher zu sehen bekamen, heraus (in den Zecken hat sie Christophers niemals gefunden, ihr Übergang zu den von diesem Autor beschriebenen Formen fehlt also gänzlich), so daß ich mich nicht entschließen kann, sie für Entwickelungsstadien der Parasiten zu halten. Vielleicht sind es eben doch nur Degenerationsformen, die allerdings dann in dieser eigenartigen Form für die Piroplasmen spezifisch wären (vgl. auch S. 257).

Die Piroplasmen halten sich bis zu 25 Tagen im Eisschrank virulent. Durch Erwärmen auf 43 Grad werden sie schnell abgetötet.

Das *Piroplasma canis* ist ausschließlich auf Hunde übertragbar. Der Schakal wurde von Patton spontan infiziert gefunden, doch ist es Nuttall nicht gelungen, ihn künstlich zu infizieren.

Die Überträger. Nach Lounsbury wird in Südafrika die Piroplasmose der Hunde durch *Hämaphysalis leachi* übertragen. Diese Art fällt auf durch ein orangefarbenes Rückenschild. Sie ist über ganz Afrika, Südasien und Australien verbreitet und kommt auch an Raubtieren, am Igel, selbst an Vögeln, aber auch am Rinde und Pferde vor. Interessant ist, daß Larven und Nymphen, welche von infizierten Weibchen abstammen, die Krankheit nicht zu übertragen vermögen, sondern daß erst das Geschlechtstier infektiös wird. In diesem hält sich dann das Virus bis zu sieben Monaten. In Indien ist *Rhipicephalus sanguineus* der Überträger. Diese Zecke kommt auch in Südeuropa, in Afrika und Amerika vor. Larven, welche von infizierten Weibchen abstammten, konnten die Krankheit nicht übertragen, dagegen waren Nymphen und Imagines infektiös, doch konnte auch eine Nymphe, die am kranken Hunde gesogen hatte, als Imago die Krankheit hervorrufen.

Welche Zeckenart in Europa das *Piroplasma canis* übertrage, ist experimentell noch nicht ermittelt.

Experimentelle Studien. 1. Verschiedene Virulenz der Stämme. Nocard hatte einen Stamm zur Verfügung, von dem ein Tropfen parasitenhaltigen Blutes genügte, um junge Hunde in wenigen Tagen zu töten. Ein zweiter Stamm des gleichen Autors dagegen rief bei den Impflingen stets eine ausgesprochen chronische und spontan ausheilende Erkrankung hervor. Doch ist eine Virulenzabschwächung nicht bei allen Stämmen zu beobachten, wie dies namentlich Theiler nachgewiesen hat. Einen ursprünglich hoch virulenten Stamm, der durch langes Verweilen im Hundeorganismus seine Virulenz eingebüßt hat, kann man dadurch „hochtreiben", daß man ihn in mehreren Passagen durch ganz junge Hunde führt.

2. Alter des Tieres. Junge Hunde pflegen viel schwerer zu erkranken als alte. Will man einen Piroplasmenstamm im Laboratorium konservieren, so impft man ihn auf einige ältere Hunde, von denen einige die Krankheit überstehen werden und dann etwa ein Jahr lang stets neues Impfmaterial liefern können.

3. Immunität. Impft man einen Hund, der vor etwa 2—6 Monaten die akute Erkrankung überstanden hatte, mit virulentem Materiale nach, so kann bei diesem eine leichte Temperatursteigerung mit positivem Parasitenbefund eintreten. Lounsbury gibt an, daß diese Immunität nach zwei Jahren wieder erloschen sei.

4. Labile Infektion. Daß solche „gesalzene" Hunde die Parasiten noch in virulenter Form enthalten, läßt sich, wie Marchoux nachwies, dadurch zeigen, daß man auf irgend eine andere Weise bei diesen Hunden Fieber erzeugt. Dann tritt bei ihnen eine neue Vermehrung der Piroplasmen ein. Es handelt sich also in diesem Falle wiederum nicht um eine echte Immunitas sterilisans, sondern um eine labile Infektion oder Toleranz.

5. Übertragung der Immunität auf die Nachkommen. Kleine infizierte tragende Hündinnen vor dem Wurf mit Piroplasmose. Die Jungen waren kurz nach dem Wurf immun, doch konnten fünf von acht Tieren schon wenige Tage später mit Erfolg infiziert werden; die Immunität ist also in diesem Falle nur von kurzer Dauer. Solche immune Tiere werden, wenn sie sofort nach der Geburt der spontanen Infektion durch Zecken ausgesetzt sind, diese leicht überstehen und eine dauernde aktive Immunitas non sterilisans erwerben.

6. Serumversuche. Setzt man zu Serum eines gesalzenen Hundes etwas piroplasmenhaltiges Blut zu, und injiziert diese Mischung einem jungen Hunde intraperitoneal, so geht die Erkrankung nicht an. Spritzt man Blut und Serum getrennt an zwei verschiedenen Körperstellen ein, so muß man größere

Mengen Serums (z. B. 13,5 ccm) anwenden, um den Ausbruch der Krankheit zu
verhindern. Das Serum wirkt also parasiticid.

Diese Eigenschaft des Serums läßt sich durch wiederholte Impfung des
Hundes mit parasitenreichem Blute beträchtlich steigern. Solches hochwertiges
Serum wirkt auch präventiv für 24 Stunden. Spritzt man solches Serum einem
künstlich infizierten Hunde noch vor dem Erscheinen der Parasiten ein, so bricht
die Krankheit nicht aus, aber es erscheinen doch Parasiten im Blut.

Klinische Erscheinungen. Wir unterscheiden mit Nocard eine akute
von einer chronischen Form. Bei der erstgenannten beträgt die Inkubationszeit
in spontan entstandenen Fällen 7—10 Tage, bei den Zeckenversuchen
13—21 Tage; durch Infizieren ganz junger Hunde mit sehr virulentem Material
kann man sie bis auf 3—4 Tage abkürzen. Die Tiere werden matt, verweigern
die Nahrung, magern rasch ab, namentlich junge Hunde leiden häufig an Durchfällen. Die Temperatur steigt rasch bis über 40 Grad, hält sich dann mehrere
Tage hoch und fällt fast ebenso plötzlich auf oder unter die Norm ab. Beim
Gehen schwanken die Tiere auf der Hinterhand, die schließlich nahezu gelähmt
sein kann. Schon 18 Stunden nach Beginn der Krankheitserscheinungen
kann der Tod eintreten. Gewöhnlich aber dauert die Krankheit 4—10 Tage
und tötet das Tier unter dem Zeichen äußerster Erschöpfung und schwerer
Intoxikation. Ferner sind typisch: die hochgradige Anämie (2 Millionen Blutkörperchen pro cmm), Hämoglobinurie und daran anschließend Ikterus.
Der Harn enthält regelmäßig Eiweiß, auch dann, wenn kein Hämoglobin ausgeschieden wird. Diese Albuminurie tritt schon auf, wenn noch keine Parasiten
im Blute vorhanden sind.

Der Sektionsbefund deckt sich in den wesentlichen Punkten mit dem
beim Texasfieber des Rindes: Anämie, Ikterus, Milztumor, Schwellung der Leber,
Entzündung der Nieren und Ausscheidung von hämoglobinhaltigen Zylindern
in die Harnkanälchen.

Die chronische Form der Erkrankung unterscheidet sich von der akuten
dadurch, daß die Leber noch imstande ist, das durch die Zerstörung der roten
Blutkörperchen frei gewordene Hämoglobin zu verarbeiten, so daß dieses nicht
durch den Harn ausgeschieden wird. Dagegen treten bei dem längeren Verlaufe die Erscheinungen der Anämie unter schweren allgemeinen Störungen
noch schärfer hervor. Das Fieber ist in solchen Fällen ganz unregelmäßig
und kann auch gänzlich fehlen. Die Tiere magern bis zum Skelett ab, die
Schleimhäute nehmen einen blaßbläulichen Farbenton an. Die Zahl der Blutkörperchen kann bis nahe an 1 Million sinken, der Hämoglobingehalt der Blutkörperchen selbst ist gleichfalls verringert. Die Anämie nimmt auch dann noch
zu, wenn die Parasiten im peripheren Blut schon sehr spärlich geworden sind.
Solche Tiere gehen nach zwei und mehr Wochen an äußerster Erschöpfung zugrunde. Die Milz ist dann auf das Drei- bis Vierfache vergrößert, die Todesursache sind meist Lungenödem oder Bronchopneumonien. Der Herzmuskel
zeigt Trübungen und beginnende Verfettung. Nach Nocard sind alle Veränderungen von der äußersten Ausdehnung des Kapillarnetzes durch Massen von Blutkörperchen, von denen die meisten mit Parasiten vollgepfropft sind, abzuleiten.

Therapie. Eine deutlich parasitentötende Eigenschaft hat bisher nur das
Trypanblau gezeigt. Man spritzt es, da es die Gewebe etwas reizt, in gesättigter
wässeriger Lösung in eine Vene ein. Sechs Stunden nach der Injektion verschwinden die Piroplasmen aus dem Blute. Aber in allen acht Fällen, die Nuttal und
Hardwen behandelt haben, kehrten die Parasiten wenn auch in geringer
Zahl wieder zurück und zwei der Tiere starben an diesen Recidiven. Bumann
konnte durch Überimpfung von Blut noch am 116. Tage nach der Behandlung

mit Trypanblau voll virulente Piroplasmen nachweisen. Ein Versuchshund, am 56. Tage reinfiziert, erkrankte nicht. Es stellt diese Behandlung also offenbar nur eine Unterstützung des natürlichen Heilungsprozesses dar. Eine zweite therapeutische Dosis beeinflußt ein Recidiv nur in sehr geringem Grade. Es scheint sich also schon nach einmaliger Behandlung Arzneifestigkeit entwickelt zu haben.

Trypanblau, 24 Stunden vor oder nach dem virulenten Blute injiziert, verhindert den Ausbruch der Infektion.

Die von Nuttall subkutan verwendeten Dosen betrugen zwischen 5,6 und 13,0 ccm einer gesättigten Trypanblaulösung pro Kilo Tier. Jowett spritzte 0,5 ccm der gesättigten Lösung pro Kilo in die Vene mit gutem Erfolg. In British Ost-Afrika wurden mir die Resultate mit Trypanblau sehr gelobt.

Simons und Patton empfehlen Salvarsan (0,6 g).

4. Piroplasma equi (Laveran); Piroplasmose der Pferde.

Historisches; Verbreitung. Die erste Beschreibung des *Piroplasma equi* rührt von Guglielmi 1899 aus Italien her. Die wichtigsten Zentren des Verbreitungsgebietes dieser Krankheit sind Südafrika („bilious, biliary fever"), Indien und Südrußland. Ferner liegen Nachrichten vor aus Madagaskar (Thiroux), aus Venezuela und Kamerun (Ziemann). Aus Nord-Europa berichten nur Ziemann von einem Fall in Oldenburg, der aber seither nicht bestätigt worden ist. Nicht zu verwechseln ist die Krankheit mit der sogenannten Kreuzlähme der Pferde, wie sie nach Erkältungen, nach längerem Stehen usw. auftritt. In Südafrika kommt sie häufig im Anschluß an Pferdesterbe zum Ausbruch, was Edington irrtümlicherweise veranlaßte, eine malarische Form der Pferdesterbe anzunehmen.

Der Parasit. Die Parasiten sind meist ziemlich klein, in gefärbten Präparaten gewöhnlich rundlich, doch kommen auch kleinere und größere Birnformen und amöboide Formen vor. Doppelformen sind häufig; recht charakteristisch sind Kreuzformen, die aus zwei Doppelformen bestehen.

Koch erwähnt, daß nach seiner Anschauung neben der echten Piroplasmose der Pferde eine zweite Krankheit vorkomme, bei welcher die Parasiten ausnahmslos in Kreuzform angeordnet seien. An diese Angabe knüpfen Nuttall und Strickland an. Sie konnten bei *Piroplasma equi* den Teilungsmodus, der auf S. 256 beschrieben ist, nicht finden. Ein Versuch, mit russischer und afrikanischer Pferdepiroplasmose veranlaßt sie, zwei Formen zu unterscheiden und dem Vorschlage von Franca folgend ein neues Genus „*Nutallia*" aufzustellen. Ein solches Verfahren, auf Grund so geringer Unterschiede und eines einzigen Versuches ein neues Genus zu schaffen, mache ich nicht mit.

Marzinowsky und Bielitzer fanden im Magen, im Sekret der Speicheldrüsen und in den Zellen der Larven von *Dermacentor reticulatus* Entwickelungsformen des *Piroplasma equi*, die im wesentlichen mit denen des *Piroplasma bigeminum* und *canis* übereinstimmen.

Am ersten Tage fanden sie die Kochschen stern- oder stechapfelförmigen Keulen mit den charakteristischen Strahlen. Daran schließen sich kugelige Gebilde von etwa $^3/_4$ Blutkörperchengröße. Unter diesen sind zwei Typen zu unterscheiden: solche mit dunkelblauem, grobkörnigem Protoplasma und kleinem Kern und solche mit hellerem Plasma und noch kleinerem Nucleus. Zwischen diesen soll nach den russischen Autoren eine Copulation stattfinden. Ob die Haufen kleinerer Körperchen, die den Kochschen Parasitenhaufen sehr ähnlich sind, an diese Stelle des Cyklus gehören, möchte ich bezweifeln. Sehr genau stimmen mit Kochs Befunden die großen keulenförmigen Parasiten überein. Namentlich das haubenartig verdickte Ende dieser Ookineten (?) ist sehr deutlich. Die großen Kugelformen mit einer großen Zahl von Kernen scheinen mir eher Reste von Zellen der Zecke zu sein. In den Eiern fanden Marzinowsky und Bielitzer nichts Charakteristisches. Dagegen tauchten in den Larven in großen Mengen die großen Keulenformen auf. Aus diesen sollen große ovale, runde oder birnförmige Körper, deren Plasma die Farbe nur sehr schwach annimmt, hervorgehen. In ihnen sind Zeichen von Teilung des Chromatins zu erkennen. Diese Gebilde sollen nun in Sporen zerfallen. Es wird noch sehr eingehender cytologischer Studien bedürfen, um in dieses Gewirr von Formen Ordnung zu bringen.

Übertragung. Theiler bestimmte als die übertragende Zeckenart *Rhipicephalus evertsi*. Diese rotbeinige Zecke macht Larven- und Nymphenstadium auf demselben Tiere durch, fällt dann nach 13—20 Tagen ab, und sucht nach der Häutung zur Imago einen neuen Wirt (Pferd oder Rind) auf. Theiler konnte mit geschlechtsreifen Zecken, die als Larven und Nymphen an einem piroplasmenkranken Pferde gesogen hatten, die Krankheit wieder erzeugen. Ob die Infektion durch das Ei hindurch geht, ließ sich bisher nicht mit Sicherheit bestimmen. *Boophilus decoloratus* und andere Arten kommen nicht in Betracht. Nach Marzinowsky und Bielitzer überträgt in Rußland *Dermacentor reticulatus* das *Piroplasma equi*. Hier geht die Infektion durch das Ei hindurch und hält sich bis zum geschlechtsreifen Stadium zweiter Generation. Die Aufnahme von Kaninchenblut im Larven- und Nymphenstadium stört die Infektiosität nicht.

Durch Blutüberimpfung läßt sich die Krankheit leicht übertragen, wenn als Impflinge nicht Tiere, die im Lande geboren sind, verwendet werden. Die Inkubationszeit beträgt 6—10 Tage.

Immunität und Schutzimpfung. Auch hier finden wir als Resultat der akuten Erkrankung eine labile Infektion, die bis zwei Jahre und länger andauern kann.

Theiler hat die beachtenswerte Entdeckung gemacht, daß ein Piroplasmenstamm, der vom Pferde aus in mehreren Passagen durch den Esel geschickt wurde, seine Virulenz für Pferde so weit herabmindert, daß man damit diese ohne nennenswerte Impfverluste aktiv immunisieren kann. Von 138 geimpften ausländischen Pferden verlor er keines an Piroplasmose. Er empfiehlt deshalb, Pferde, Maultiere und Esel, die von auswärts ins Seuchengebiet eingeführt werden, mit je 1 ccm Eselblut vierter oder höherer Passage zu immunisieren. Die blutspendenden Tiere müssen im Stall gehalten werden, damit sie nicht eine Spontaninfektion durch Zecken akquirieren.

Klinische Erscheinungen. Theiler unterscheidet zwei Typen der Krankheit, einen akuten, fast stets tödlichen, und einen leichten, mehr chronischen. Die Inkubationszeit beträgt zwischen 11 und 21 Tagen, dann setzt Fieber ein und nun entwickelt sich ein ähnliches Bild wie das des Texasfiebers beim Rinde. Besonders tritt der Ikterus und zahlreiche punktförmige Blutungen in die Schleimhäute hervor. Hämoglobinurie ist selten.

In Italien wurde eine Mortalität von 6—12% der erkrankten Tiere beobachtet, in Rußland stieg sie bis auf 50%, ja 80%. Dabei war die Sterblichkeit unter den eingeborenen Pferden 10,5%, unter den eingeführten dagegen 89,5%. Die gleiche Beobachtung, daß die eingeführten Tiere ungleich schwerer leiden als die im Veld geborenen, wird in Südafrika regelmäßig gemacht. Schädliche Einflüsse wie jäher Witterungswechsel, Regenzeit, Überanstrengung, erhöhen die Zahl der Fälle und die Mortalität beträchtlich.

Der pathologisch-anatomische Befund deckt sich im ganzen mit dem der übrigen akuten Piroplasmosen. Die Milz kann bis zu 5 kg wiegen, die Pulpa in eine teerartige Masse verwandelt sein. In den Baumannschen Kapseln der Glomeruli befinden sich körnige Exsudatmassen. Die Schnittfläche der Leber ist bunt gefleckt.

Eine spezifische **Behandlung** ist bisher nicht bekannt geworden. Das Serum gesalzener Pferde wurde bisher zu therapeutischen Zwecken nicht verwendet.

Bei Versuchen zur Immunisierung gegen Pferdesterbe in Südafrika hat sich das *Piroplasma equi* als sehr störend erwiesen. Wenn man auch durch Konservieren des Sterbeblutes während drei Wochen oder durch Filtrieren durch Porzellanfilter die Piroplasmen entfernen kann, so sind doch so gut wie alle in Südafrika geborenen Tiere mit *Piroplasma equi* latent infiziert, und man muß damit rechnen, daß auf die Injektion von Pferdesterbeserum auch die Piroplasmen wieder aktiv werden und unter Umständen das Impftier töten.

Das *Piroplasma equi* kommt auch beim Esel und Maultier vor. Ziemann scheint in Kamerun bei sechs Fällen von Piroplasmeninfektion des Esels eine andere Form von Piroplasma vor sich gehabt zu haben. Er beschreibt diese als semmel-, ei-, ring- oder stäbchenförmig, mit einem Durchmesser von höchstens zwei Mikra.

5. Piroplasma ovis (Babes); Piroplasmose des Schafes.

Das *Piroplasma ovis* wurde von Babes 1889 in Rumänien bei einer „Carceag" genannten Schafseuche zuerst gesehen. Zur selben Zeit fand es Bonome in Italien, später in der Türkei Nicolle, in Südfrankreich Le Blanc, in Südafrika Hutcheon, in Transkaukasien Dschunkowsky und Luhs und in Tsingtau Eggebrecht, endlich in St. Thomas (Westindien) Ziemann vor.

Sonnenberg hat bei bradsotähnlichen Erkrankungen in Deutschland Piroplasmen im Blute der Schafe gesehen. Diese Angabe wird aber von Frosch, Nevermann und Mießner mit großer Reserve aufgenommen.

Der **Parasit** ist ein typisches Piroplasma, das im lebenden Zustande energische Bewegungen ausführt. Im gefärbten Präparat variiert seine Gestalt von der kleinsten Ringform bis zu ziemlich großen Doppelbirnformen.

Übertragung. Die Krankheit läßt sich leicht durch Überimpfung von Blut hervorrufen.

Motas konnte mit *Rhipicephalus bursa* die Krankheit übertragen. Bei dieser Zecke vollzieht sich die Häutung von der Larve zur Nymphe auf demselben Tier, während die zweite Häutung auf dem Erdboden erfolgt. Larven, welche von einem infizierten Weibchen abstammten, waren nicht infektiös. Erst die geschlechtsreifen Tiere konnten die Krankheit erzeugen. Die Entwickelung der Piroplasmen dauert also von einer geschlechtsreifen Generation bis zur nächsten.

Schafe, die die akute Krankheit überstanden haben, sind noch für mindestens ein Jahr Parasitenträger. Ihr Blut ist aber vom dritten Monat ab schwach, von sechstem Monat ab nicht mehr infektiös. Inchiostri spricht von nicht seltenen Rückfällen. Auch über die Immunität der jungen Tiere gehen die Auffassungen von Babes und Motas auseinander. Es wird dieses eben von dem Grade passiver Immunität abhängen, den die Lämmer durch das Säugen an gesalzenen Muttertieren erwerben.

Die **klinischen** Erscheinungen sind die einer schweren Infektionskrankheit. Das hervorstechendste Symptom ist der rapide Zerfall der Erythrocyten. Hämoglobinurie ist häufig, der Harn sieht oft wie Kaffeesatz aus. Die Darmentleerungen sind sehr häufig diarrhoisch, manchmal sogar mit Blut gemischt. Als Zeichen der geschwächten Herztätigkeit bilden sich an den Seiten des Halses

Ödeme aus. Der Tod kann schon nach 2—3 Tagen unter sinkender Körpertemperatur und Erscheinungen der Herzparalyse eintreten. Babes sah eine Mortalität von 50%. Die Rekonvaleszenz nach der 10—12tägigen Erkrankung dauert stets mehrere Wochen lang. Eine milde chronische Form soll bei Lämmern im Frühjahr und Herbst auftreten (Inchiostri). Bonome beobachtete, daß die Blutkörperchen kranker Tiere viel leichter ihr Hämoglobin abgaben, als die gesunder, so daß Kochsalzkonzentrationen bis zu 3% zur Herbeiführung der Isotonie notwendig waren.

Die pathologisch-anatomischen Erscheinungen unterscheiden sich kaum von denen der übrigen Piroplasmosen, nur tritt beim Schaf die Neigung zur katarrhalischen Entzündung des Magendarmkanals bis zur ulcerösen Enteritis stärker hervor. In der Leber und Niere wird kleinzellige Infiltration in der Umgebung der Gefäße erwähnt. Das Epithel der Glomeruli geht zugrunde, so daß Blut in den Kapselraum und die Harnkanälchen übertritt.

6. Piroplasma mutans (Theiler).

Historisches. Erst im Jahre 1909 ist es Theiler gelungen, den Schlußstein seiner Beweisführung einzufügen, daß neben dem Texasfieber und dem Küstenfieber bei den Rindern Südafrikas eine dritte Piroplasmoseninfektion vorkommt, die auf *Piroplasma mutans* zurückzuführen ist.

Im Jahre 1897 hatte Koch in Ostafrika bei Rindern, die er mit dem Blut texasfieberkranker Rinder infiziert hatte, sehr kleine punkt-, kommaoder stäbchenförmige Parasiten in großen Mengen in den roten Blutkörperchen gefunden. Die geimpften Tiere gingen an akuter Infektion zugrunde. Dieselben Parasiten fand er auch bei Rindern, die scheinbar völlig gesund waren. Wie wir jetzt wohl nachträglich schließen können, hatte er im ersten Falle Parasiten des Küstenfiebers (*Theileria parva*), im zweiten Falle aber *Piroplasma mutans* vor sich. Beide Formen, die in der Tat in den gewöhnlichen Trockenpräparaten nicht auseinander zu kennen sind, spielten auch bei der schweren Epizootie in Rhodesia 1903 eine Rolle.

Theiler gründete nun seine Auffassung, daß ein dem Küstenfieberparasiten zum Verwechseln ähnliches *Piroplasma* in Südafrika vorkomme, auf folgende Überlegungen: bei Rindern, welche am Texasfieber erkranken oder erkrankt aber sicher vom Küstenfieber frei waren, fanden sich diese kleinsten Piroplasmen neben *Piroplasma bigeminum* auch noch längere Zeit nach Überstehen der Erkrankung. Ferner ist es bekannt, daß man mit Blut eines an Küstenfieber leidenden Tieres durch Blutüberimpfung kein Küstenfieber erzeugen kann, wohl aber treten nach längerer Zeit, gewöhnlich nach 4 Wochen, im Blute eines so geimpften Tieres jene kleinsten Piroplasmen auf, die denen des Küstenfiebers so außerordentlich gleichen. Sie waren also mit dem Blute überimpft worden. Erst 1909 fand er bei einem Rind endlich auch eine reine Infektion mit *Piroplasma mutans*, die sich dann auch durch Blutüberimpfung in Passagen durch Rinder weiterführen ließ.

Verbreitung. Die Infektion mit *Piroplasma mutans* scheint weit verbreitet zu sein. Parasiten von der charakteristischen Form, aber ohne Erscheinungen des Küstenfiebers wurden von Dshunkowsky und Luhs in Transkaukasien, von Soulié und Roig in Algier, von Schein in Indo-China, von Mijayima in Japan, von Bouet an der Elfenbeinküste und von Ziemann und Springefeld in Kamerun gefunden.

Der **Parasit** (Abb. 228) stellt im frischen Präparat ein sehr kleines Protoplasmaklümpchen oder Stäbchen dar, das lebhafter beweglich ist als die sehr ähnliche *Theileria parva*. In gefärbten Präparaten sind die jüngsten Parasiten außerordentlich klein, rundlich oder eiförmig. Später nehmen sie die Form von Stäbchen, von Kommas (bis 3 μ lang), nicht selten auch die Ringform an. In ihnen liegt ein relativ großer Kern, der bis zu $^1/_3$ des Parasiten ausmachen kann.

Er zeigt in Präparaten, die nach feuchter Fixierung mit der neuen Giemsa-Methode gefärbt sind, einen locker alveolären Bau; in das Maschenwerk sind mehrere Chromatinkörner eingelagert. Das Protoplasma solcher Formen ist ziemlich locker und färbt sich deshalb nach Romanowsky hellblau. Diese Formen werden von Gonder als Microgametocyten gedeutet. In zweiter Linie kommen nach demselben Autor auch Macrogametocyten in den roten Blutkörperchen vor von der gleichen Größe wie die Microgametocyten, aber reicher an Plasma und relativ ärmer an Chromatin. Das weitere Schicksal dieser Geschlechtsformen, namentlich ihre Entwickelung in der Zecke, ist bisher noch nicht endgültig geklärt.

Nicht selten findet man 4 Parasiten in einem Blutkörperchen, die dann in Kreuzform angeordnet sind. Gonder hat beobachtet, daß diese durch eine doppelte, sehr primitive Mitose aus den Macrogametocyten entstehen.

Eine Schizogonie, wie sie bei den sog. Kochschen Plasmakugeln bei *Theileria parva* vorkommt, ist bei *Piroplasma mutans* niemals gesehen worden.

Die **Übertragung** geschieht durch *Rhipicephalus evertsi*.

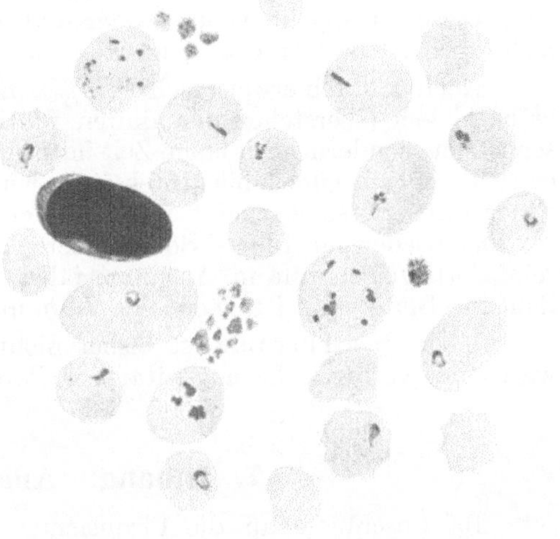

Abb. 228. *Piroplasma mutans* Theiler. Vergr. ca. 1300. Orig.

Theiler konnte Nymphen dieser Zecke dadurch infizieren, daß er sie an mit *Piroplasma mutans* infizierten Rindern saugen ließ; sie übertrugen nach der Häutung zu Imagines die Krankheit auf frische Tiere. Wahrscheinlich überträgt auch *Rhipicephalus appendiculatis* das *Piroplasma mutans*, wenigstens konnte Bruce in Uganda diese Zecken an Tieren finden, welche an „Amakebe" (Mischinfektion von Küstenfieber und *Piroplasma mutans*) erkrankt waren.

Von *Piroplasma bigeminum* läßt sich das *Piroplasma mutans* dadurch trennen, daß man *Boophilus decoloratus* an solchen mit beiden Infektionen behafteten Tieren saugen läßt. Diese Zecke überträgt nur *Piroplasma bigeminum*, nicht *mutans*.

Klinik. Die Inkubation betrug bei Blutimpfungen zwischen 13 und 42 Tagen, meist aber über 30 Tage. Die Infektion ist eine ausgesprochen chronische und die Krankheitserscheinungen beschränken sich so gut wie ausschließlich auf schwere Veränderungen im Blute. Es treten Aniso- und Poikilocyten auf, die Blutkörperchen nehmen polychromatische und metachromatische Färbungen an, auch tritt in ihnen basophile Körnung auf. Nach einigen Wochen, in denen das Tier schlaff und träge war und ziemlich beträchtlich abmagerte, hebt sich der Gesundheitszustand wieder, die Parasiten, die immer nur in mäßiger Anzahl vorhanden waren, nehmen ab und das Blutbild kehrt zur Norm zurück. Doch hat Lichtenheld auch tödlich verlaufende Fälle von *Mutans*infektion gesehen, die exquisit chronisch verliefen, hochgradige Anämie, unregelmäßiges Fieber und starke Abmagerung aufwiesen. Die Zahl der Parasiten verhielt sich zu der der Erythrocyten wie 1 : 50 bis 1 : 10.

Anders ist der Verlauf, wenn sich *Piroplasma bigeminum* und *mutans* vereinigen. Wenn man z. B. englische Rinder mit dem Blut südafrikanischer Rinder infiziert, so tritt nach etwa 8—14 Tagen eine akute Infektion mit *Piroplasma bigeminum* auf. Übersteht das Tier den Anfall, so pflegt 3 Wochen nach den ersten Krankheitserscheinungen ein neuer Anfall aufzutreten, der wiederum mit Fieber und großer Mattigkeit der Tiere einhergeht. Und nun findet man neben *Piroplasma bigeminum* (Rezidiv) auch die kleinen Formen des *Piroplasma mutans*. Beide Krankheiten kombinieren sich, wobei anzunehmen ist, daß der Rückfall des Texasfiebers durch das Auftreten des *Piroplasma mutans* veranlaßt ist. Dieser Doppelinfektion widersteht der geschwächte Organismus häufig nicht mehr, das Tier geht zugrunde.

Auch dadurch erweist sich *Piroplasma mutans* als echtes Piroplasma, daß es nach dem Überstehen der akuten Blutinfektion nicht sofort für immer verschwindet, sondern noch lange Zeit im Blute nachweisbar ist. Auch hier handelt es sich also um eine labile Infektion: wird ein solches Rind z. B. mit Heartwater infiziert, so erscheint während der akuten Krankheit auch *Piroplasma mutans* wieder im Blut. Solche Tiere, neuerdings mit mutanshaltigem Blut reinfiziert, zeigen nur in Ausnahmsfällen danach die Piroplasmen in größerer Zahl im Blute. Es ist eben eine Immunitas non sterilisans vorhanden.

Über eine **Therapie** ist bisher nichts veröffentlicht, wohl hauptsächlich wegen der geringen Pathogenität der Parasiten.

7. Anhang. Anaplasmosis.

Im Anschlusse an die Piroplasmen sei hier eine Form erwähnt, deren Parasitennatur von Theiler verteidigt, von anderen bestritten wird.

Historisches. In ihrer klassischen Abhandlung über das Texasfieber erwähnen Smith und Kilborne, daß im Herbst eine mildere Form dieser Krankheit auftrete, die ohne Hämoglobinurie verlaufe und durch ein anderes Entwickelungsstadium des *Piroplasma bigeminum*, nämlich durch kleine „coccus-like bodies“ bedingt sei. Diese kokkenähnlichen Formen sind auch von Kolle in Südwest-Afrika gesehen worden. Knuth hat sie in Uruguay, Dschunkowsky und Luhs im Kaukasus Bruce in Uganda, Lichtenheld in Ostafrika und Wenyon am oberen Nil gesehen. Die genauesten Studien darüber hat wiederum Theiler und seine Schule in Südafrika gemacht, wo das Krankheitsbild der Anaplasmosis bisher als „Galziekte“ bezeichnet worden war. In Europa sind diese kleinen Körperchen niemals beobachtet worden. Schon diese Tatsache mußte Zweifel erwecken daran, daß es sich um Entwickelungsstadien des *Piroplasma bigeminum* handeln könne. Allerdings kommt es da, wo Texasfieber herrscht, zusammen mit dem Erreger dieser Krankheit vor. Wenn man z. B. Rinder von England nach Transvaal einführte, so erkrankten sie dort zuerst an Texasfieber und etwa drei Wochen später traten diese „marginal points“ auf. Schon länger vertrat Theiler die Auffassung, daß es sich hier um einen Parasiten sui generis handele, aber erst neuerdings ist es ihm gelungen, Fälle von reiner Infektion mit diesen eigentümlichen Gebilden — bei einem Kalb aus der „Karuh“ (Kapkolonie) —

zu entdecken, die er von den verwandten Krankheiten der Rinder (*Piroplasma bigeminum*, *mutans*, Trypanose und Spirochäteninfektion der Rinder) trennt und als *Anaplasma marginale* bezeichnet.

Der sog. **Parasit** (s. Abb. 226, S. 265) besteht eigentlich nur aus einem Chromatin(?)pünktchen von 0,1—0,6 μ Durchmesser, Plasma ist an ihm nicht zu erkennen, wenn man sich auf Romanowsky-Trockenpräparate beschränkt. Neuerdings hat aber Sieber mit Hilfe der Giemsaschen Feuchtfärbung und der Löfflerschen Geißelfärbung eine Differenzierung herausgebracht: die Anaplasmen enthalten einen deutlichen Innenkörper (? Kern). Er stellt sie in die Nähe der Chlamydozoen, wohl kaum mit Recht.

Die Gebilde sind mäßig zahlreich, selbst bei schwerer Infektion 2—30, ja 50% der Erythrocyten können befallen sein.

Klinik. Bei künstlicher Übertragung durch Blut beträgt die Inkubationszeit rund 28 (16—40) Tage. Dies erklärt die Annahme von Smith und Kilborne, daß hier ein Recidiv des Texasfiebers (dessen Inkubationszeit ja aber wesentlich kürzer ist) vorliege. Die Tiere beginnen zu fiebern, werden anämisch, im Blut zeigen sich die schon mehrfach beschriebenen, für die Piroplasmenanämie charakteristischen Veränderungen an den Erythrocyten, namentlich Anisocytose; Hämoglobinurie aber wird niemals beobachtet. Im übrigen sind die Erscheinungen beider Infektionen sehr ähnlich. Theiler verlor 5 von 9 Tieren. Bei der Sektion seiner Fälle findet sich hochgradige Anämie, sulzige Durchtränkung der Subcutis und der lockeren Bindegewebsräume; die Milz ist geschwellt; sonst kein besonders charakteristischer Befund.

Auch das *Anaplasma marginale* hält sich lange im Tierkörper, auch wenn die Krankheit längst ins Stadium der Toleranz übergegangen ist; mikroskopisch sind sie schon vom 20.—30. Tage ab nicht mehr nachzuweisen.

Theiler trennt nun neuerdings von *Anaplasma marginale* ein *Anaplasma marginale* varietas *centrale* ab: die Parasiten liegen fast immer innerhalb des Blutscheibchens, und die durch sie hervorgerufene Erkrankung ist wesentlich leichter als die durch *Anaplasma marginale* erzeugte; das Überstehen der ersteren verleiht erhöhte Widerstandskraft gegen letztere. Theiler empfiehlt daher die prophylaktische Impfung mit *Anaplasma marginale* varietas *centrale*, zusammen mit der Impfung gegen Texasfieber, für Tiere, die aus Europa nach Süd- und Ostafrika eingeführt werden sollen.

Texasfieber und Anaplasmosis haben auch den **Überträger,** *Boophilus decoloratus*, gemeinsam. Nach den Erfahrungen in Nordamerika muß auch *Boophilus annulatus* die Krankheit übertragen können.

Über das Vorkommen von *Anaplasma* ist inzwischen von verschiedenen Orten (Rhodesia, römische Campagna, Formosa) und bei verschiedenen Tieren (Hund, Schaf) berichtet worden; ja auch bei anderen Krankheiten kommen sie vor. Schilling-Torgau leitet sie vom sog. Kapselkörper der roten Blutkörperchen ab und faßt sie als degenerativ veränderte Organellen des Erythrocyten auf. Auch Chatton erkennt das *Anaplasma marginale* nicht an. Die Parasiten- und die Protozoennatur des *Anaplasma* ist also bisher noch keineswegs sicher. Auch Verfasser schließt sich vorläufig noch den Zweiflern an und faßt sie mit F. K. Meyer als eine Folgeerscheinung einer vielleicht unbeobachteten abortiven Infektion mit *Piroplasma bigeminum* auf.

Die nicht parasitäre Natur der Anaplasmen ist durch Dias u. Aragâo soeben als sicher erwiesen worden. Diese Autoren haben die sog. Anaplasmen durch hämolytische Gifte verschiedenster Natur (Nitrobenzol, Pyrogallussäure, Trypanblau usw.) bei verschiedenen Säugetieren künstlich hervorrufen können, wodurch ihre Natur als Degenerationsprodukte feststeht.

8. Theileria parva (Theiler); Küstenfieber (East coast fever).

Historisches. Im November 1901 brach in Rhodesia unter dem Rindvieh eine schwere Epizootie aus, welche zwar im allgemeinen den Charakter der Hämoglobinurie oder des Texasfiebers (Redwater) trug, aber den englischen Tierärzten Gray und Robertson durch gewisse Besonderheiten auffiel. Die Mortalität betrug meist gegen $90^0/_0$ ($80-100^0/_0$) der Tiere. Nach den neuesten Ermittelungen von Theiler soll die Krankheit durch einige Rinder, die direkt von der Küste von Deutsch-Ostafrika nach Umtali eingeführt worden waren, hervorgerufen worden sein; Koch dagegen führte sie auf einen großen Transport australischen Viehs zurück, der zuerst an der Küste in Beira eine Zeitlang gestanden hatte, dann aber wegen einiger Erkrankungen per Bahn nach Umtali geschickt worden war.

Schon die beiden englischen Tierärzte hatten auf das häufige Vorkommen kleiner, von ihnen damals in Übereinstimmung mit Koch als Jugendformen des Texasfieberparasiten gedeuteter (s. o.) endoglobulärer Parasiten aufmerksam gemacht. Koch, der im Jahre 1903 nach Rhodesia gerufen wurde, konnte zwar diesen Befund bestätigen, stellte aber gleichzeitig fest, daß es sich hier nicht um eine besonders schwere Form von Redwater handle, sondern um ein eigenes Krankheitsbild, das er auf Grund von Blutuntersuchungen beim Küstenvieh (er fand bei solchen Tieren aus Beira und von der ganzen Ostküste jene kleinen Piroplasmen, die wir jetzt als *Piroplasma mutans* bezeichnen) als Küstenfieber bezeichnete.

Theileria parva, diagnostiziert durch Nachweis der „Kochschen Plasmakugeln", ist bisher gefunden in Shantung (China, Eggebrecht) und in Unterägypten (Bitter, Kleine).

Der **Parasit** ist von Bettencourt, Franca u. Borges in eine besondere Gattung *Theileria* gestellt worden.

In schweren Fällen des Küstenfiebers findet man in 50 bis $95^0/_0$ der roten Blutkörperchen kleinste punkt-, stäbchen-. komma- oder ringförmige Parasiten (Abb. 229). Mehrfache Infektion eines Blutkörperchens ist sehr häufig. Trotz der oft ungeheuren Zahl von Parasiten sinkt die Zahl der Erythrocyten relativ wenig, in den meisten Fällen nicht unter 4 Millionen und nur ausnahmsweise bis nahe an 2 Millionen p. cbmm herab. Deshalb ist auch die Anämie, welche für das Texasfieber so sehr charakteristisch ist, beim Küstenfieber nicht so stark hervortretend. Häufig ist die Infektion kombiniert mit einer solchen mit *Piroplasma bigeminum*. Der wichtigste Befund Kochs ist der von Vorstadien der endoglobulären Parasiten: er fand nämlich in der Leber, den Nieren, den Lymphdrüsen und in der Milz zu einer Zeit, wo das Blut noch von Parasiten frei war, eigentümliche kugelförmige Gebilde, wie sie bei keiner anderen Pirosomeninfektion vorkommen. Sie

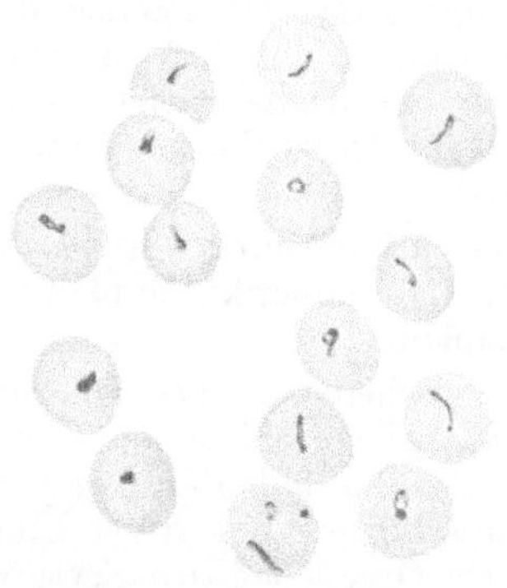

Abb. 229. *Theileria parva* Gametocyten aus mehreren Gesichtsfeldern kombiniert. Vergr. ca. 1300. Orig.

sind von Gonder einer eingehenden Untersuchung unterzogen worden.

Etwa 14 Tage nach dem Ansetzen infektiöser Zecken findet man im Saft der Lymphdrüsen oder der Milz kleine rundliche bis ovale Formen, die rasch heranwachsen. Sie liegen zum Teil frei in der Flüssigkeit, zum Teil sind sie in Lymphocyten eingeschlossen. Ihr Kern stellt ein unregelmäßig gestaltetes Chromatinbröckelchen dar, das nach feuchter Fixation den rot violetten Farbenton der Giemsa-Färbung nicht besonders intensiv annimmt (s. Abb. 169 a, S. 179). In dieser hellroten Masse liegt ein oder mehrere kleinste Chromatinstückchen von dunklerer Farbe. Dieser Kern teilt sich unter gleichzeitigem Wachstum des Protoplasmas wiederholt, so daß schließlich große Haufen von Parasiten entstehen können. Es handelt sich also um eine einfache Schizogonie (Abb. 230, s. auch Abb. 169, S. 179). Gonder bezeichnet diese Generation als die agame.

Unter den kleinsten Teilprodukten kann man solche beobachten, in denen der Kern statt des bisherigen lockeren Gefüges eine deutlich runde und viel kompaktere Gestalt und dunklere Färbung angenommen hat. Zwischen diesen beiden Formen stehen Gebilde, bei denen das Chromatin im Körper des Parasiten verteilt ist (Chromidien). Die Parasiten mit kompakten Kernen stellen Gamonten dar, die

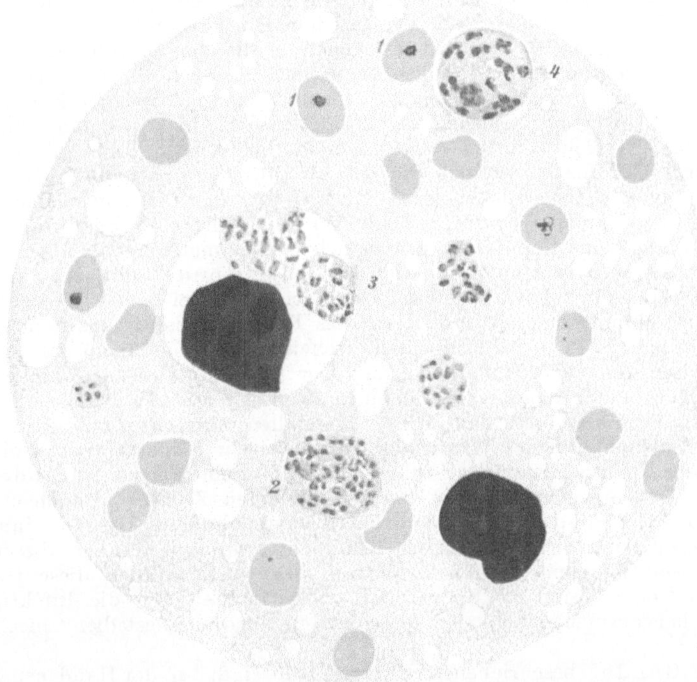

Abb. 230. *Theileria parva.* Schizogonieformen, sog. „Koch'sche Kugeln" bei Küstenfieber. Vergr. ca. 1300. Orig.

nun ihrerseits entweder frei im Plasma oder wieder in weißen Blutkörperchen heranwachsen, um schließlich in sehr kleine Formen zu zerfallen (Gametogonie, s. Abb. 169 e, f; S. 179). Durch Zerfall dieser werden die Gameten frei. Sie sind es nun, welche in die roten Blutkörperchen in Mengen eindringen (Abb. 229).

Eine Vermehrung dieser endoglobulären Gameten erfolgt nicht. Auch Nuttall konnte eine Vermehrung dieser Blutformen nicht mit Sicherheit beobachten. Wenn die Krankheit in Heilung ausgeht, so verschwinden allmählich diese für die Weiterentwickelung in der Zecke bestimmten Formen gänzlich und für immer aus dem Blute. Eine Parthenogenese, wie sie z. B. beim Malariaparasiten des Menschen vorkommt, tritt hier nicht ein. So erklärt sich, daß das Blut eines Rindes, das die akute Küstenfieberinfektion überstanden hat, nicht mehr infektiös ist, weder bei direkter Übertragung noch beim Übergang

in die Zecke. In diesem Punkte unterscheidet sich also der Küstenfieberparasit wesentlich von den echten Piroplasmen.

Die kleinen Komma- oder Stäbchenformen des Blutes wachsen nun nach
Gonder zu zwei verschiedenen Typen aus. Die Stäbchen- oder Kommaformen
nehmen an Länge zu (bis 3—4 μ) und knicken meist an irgend einer Stelle des
Körpers ab.

Dies sind die Microgameten. Der Kern hat an Volumen beträchtlich zuge-
nommen. Neben ihm liegt manchmal noch ein kleineres Chromatinkorn (Blepharoplast?). (Siehe Abb. 170a, S. 179.)

Von den kleinen Ringformen geht die Entwickelung der Macrogameten aus.
Sie sind, voll entwickelt, keulen- oder birnförmig, etwa 3—4 μ lang, besitzen
ein deutlich alveoläres Protoplasma, der Kern ist ziemlich locker gefügt, in ihm
erkennt man ein dunkles Caryosom (Abb. 170 b).

Gelangt nun so infiziertes Blut in den Magen der Zecke, so wandern bereits
innerhalb einer Stunde fast alle Parasiten aus dem Blutkörperchen aus. Viele von
ihnen gehen dort zugrunde, Gonder ist geneigt, die von Koch beschriebenen
Sternformen als Degenerationsprodukte anzusehen (s. oben S. 257). Die Microgameten strecken sich in die Länge und treiben nach einer Seite einen Fortsatz vor.
Sie sind ziemlich beweglich, kriechen umher oder führen knickende und schnellende
Bewegungen aus. Geißeln konnte Gonder niemals beobachten. Nun gibt der Kern
einen Teil seines Chromatins an das Plasma ab (nur Chromatindiminution, keine
Reduktionsteilung wie Gonder meint). Ebenso vergrößert sich der Macrogamet
unter Bildung einer kleinen Spitze. Auch bei ihm tritt eine Reduktionsteilung
(?) auf. Nun erfolgt eine Copulation, indem sich zwei Gameten aneinanderlegen und
mit ihren Plasmaleibern verschmelzen (Abb. 170c, d). Gonder gibt nicht an, ob er
dies im Leben beobachtet hat. Nach der Copulation soll bei beiden Kernen neuerdings eine Kernteilung eintreten und Kerne als Reduktionskerne aus dem Zelleibe
ausgestoßen werden (?). Diese Verhältnisse erscheinen aber noch nicht ganz geklärt.
Nun verschmelzen die beiden Gametenkerne. Der jetzt entstandene Ookinet rundet
sich ab und bildet dann manchmal noch einen zweiten Kern (Abb. 170d—f). 5—10
Tage, nachdem die Zecke von dem Rinde abgefallen, entsteht aus diesen Kugelformen ein gregarinenähnliches Würmchen, das sich sehr lange in dieser Form hält
und äußerst lebhafte Bewegungen ausführt. Hier folgt eine Lücke in Gonders Beobachtungen. In den Speicheldrüsen der ausgebildeten Zecke und auch in einem
Darmblindsack fand er dann wieder größere cystenähnliche Gebilde, innerhalb
deren das Protoplasma zu polygonalen Klumpen gruppiert war, in diesen eine
große Anzahl von Kernen. Durch Zerplatzen der Cyste werden diese Gruppen
von Theilerien frei, sie sind als Sporozoiten zu betrachten, die die Infektion des
neuen Wirtes hervorrufen; doch sind diese letzten „Sporogoniestadien" noch nicht
sichergestellt.

Die von Gonder beschriebenen Unterschiede sind, an der Hand seiner Abbildungen betrachtet, oft recht geringfügig. Es wird allerdings wohl kaum möglich
sein, an diesen winzig kleinen Gebilden noch weitere Details zu beobachten. Es ist
nicht immer leicht, Gonder in all seinen Schlüssen zu folgen.

Wichtig ist, daß die **Diagnose** schon zu einer Zeit gestellt werden kann,
wo noch keine Parasiten im Blute kreisen, und zwar durch die Punktion einer
Lymphdrüse, am besten der Bugdrüse oder der Milz.

Man faßt die geschwellte Bugdrüse, stößt eine starke Kanüle durch die Haut
in diese ein, aspiriert mit einer Spritze etwas von dem Drüsensaft, bläst diesen
auf einen Objektträger aus und färbt ihn nach Romanowsky-Giemsa. Die Kochschen Kugeln sind so charakteristisch, daß man sie mit nichts anderem verwechseln
kann. Die Punktion der Milz wird mit einer 10 cm langen Hohlnadel im 11. Inter-
kostalraum etwa handbreit nach links von den Dornfortsätzen vorgenommen. Man
muß die Spitze der Kanüle mit einem kurzen Ruck durch die elastische Milzkapsel
hindurchtreiben, am besten, indem man mit einem Hölzchen auf den herabgedrückten
Stempel der Spritze klopft. Die Entnahme des Milzsaftes erfolgt wie bei der Drüsenpunktion. Auf den Nachweis der kleinen Parasiten allein kann eine Diagnose nicht

begründet werden wegen der großen Ähnlichkeit zwischen *Theileria parva* und *Piroplasma mutans;* doch pflegt letzteres nie in so hohen Mengen aufzutreten wie ersteres.

Der wichtigste **Überträger** des Küstenfiebers ist *Rhipicephalus appendiculatus*. Übertragungen damit waren bis nahezu $100\,^0/_0$ erfolgreich. Er kommt nur in den etwas tiefer gelegenen Teilen von Südafrika vor, im sogenannten Highveldt fehlt er, da offenbar im Winter die Temperatur dort zu niedrig ist. Die sechsbeinigen Larven sind sehr widerstandsfähig, sie können monatelang ohne Nahrung bleiben. Wenn sie einen geeigneten Wirt — sie nehmen alle Haustiere an — gefunden haben, so saugen sie sich in 4—8 Tagen voll, fallen dann ab und häuten sich am Boden. Nach durchschnittlich 4 Wochen sucht die 8 beinige Nymphe einen zweiten Wirt, von dem sie nach einer Woche wieder abfällt, um sich bei einer neuen Häutung zum Geschlechtstier umzuwandeln. Diese Zecke braucht also drei verschiedene Wirte.

Theiler und Lounsbury haben nun in zahlreichen Versuchen ermittelt, daß die Infektion nicht durch das Ei hindurchgeht. Eine Larve, die sich an einem kranken Tier vollgesogen hatte, überträgt als Nymphe die Krankheit. Sehr wesentlich aber ist es, daß nach dieser Blutmahlzeit die Infektiosität der Nymphe vollkommen erlischt; die Zecke reinigt sich gänzlich von der Infektion. Diese Reinigung tritt auch ein, wenn die zweite Blutmahlzeit an einem „gesalzenen" Rinde genommen wird. Ebenso ist es, wenn eine Nymphe sich infiziert und als Imago die Krankheit übertragen hat: ein zweites, von der geschlechtsreifen Zecke angefallenes Rind wird nicht erkranken. Zwei Zecken genügen, um die Infektion hervorzurufen. Theiler machte den Versuch, geschlechtsreife Zecken die sicher infiziert waren, nach London zu schicken, sie erzeugten dort echtes Küstenfieber.

Rhipicephalus simus kann sich als Larve infizieren und überträgt dann sowohl als Nymphe wie als Imago (Lounsbury).

Rhipicephalus evertsi, nitens und *capensis* sind gleichfalls nach Lounsbury als Überträger zu betrachten, auch sie werden von einem Stadium zum anderen infektiös. Doch sind diese Zecken im Verhältnis zu *Rhipicephalus appendiculatus* selten.

Rhipicephalus decoloratus, die blaue Zecke, ist von Koch als Überträger bezeichnet worden. Dagegen behaupten Theiler und Lounsbury mit Bestimmtheit, daß diese Zecke nicht fähig sei, Küstenfieber zu übertragen.

Krankheitsverlauf. Nach einer Inkubationszeit von ca. 12 (10—20) Tagen setzt hohes Fieber ein, das sich während des ganzen Anfalls auf derselben Höhe hält. Trotzdem sind in den ersten Tagen die Tiere kaum merklich krank. Erst etwa 5 Tage nach Ausbruch des Fiebers erscheinen die ersten *Theileria* im Blute.

Die Krankheit dauert durchschnittlich 13 Tage vom Anstieg der Temperatur ab (8—20 Tage). Die äußeren Erscheinungen sind wenig typisch: gesträubtes Haar, Ausfluß aus der Nase und dem Maule, rasche Abmagerung, Schwellung der Lymphdrüsen, gegen das Ende zu Auftreten fötider Diarrhöen mit Blutbeimengung. Solche Tiere gehen manchmal ganz plötzlich an Lungenödem ein, indem ihnen schaumige Massen aus Maul und Nase hervorquellen, Blutungen aus Nase und Darm sind nicht selten. Auch wird besonders auf den unsicheren Gang der Tiere, namentlich der hinteren Extremitäten aufmerksam gemacht. Gegen das Ende der Krankheit werden die Tiere häufig unruhig und beginnen zu delirieren, selbst tobsüchtig zu werden. In solchen akutesten Fällen (4—5 Tage Dauer) kann der Parasitenbefund noch ein sehr spärlicher sein.

Eine sehr charakteristische anatomische Erscheinung, die das Küstenfieber von anderen Piroplasmosen zu trennen gestattet und nur selten fehlt, sind

Entzündungsherde in Leber, Niere und Lunge, hervorgerufen durch Embolien der Kapillaren mit Plasmakugeln. Sie stellen in den Nieren hellgraugelbe, oft keilförmige Knoten von Stecknadel- bis Haselnußgröße dar, die etwas über die Umgebung hervorragen und öfters durch Hämorrhagien rötlich verfärbt sind; in der Leber zeigen die runden Knoten häufig eine deutlich gelbe Färbung. Sie ähneln sehr den anämischen Infarkten, unterscheiden sich aber nach Colland und Meyer von diesen dadurch, daß die nekrotischen Partien dicht mit Rundzellen durchsetzt sind, was auf entzündliche Vorgänge hindeutet. Die Parenchymzellen der Leber, der Niere und die Herzmuskelfasern zeigen trübe Schwellung. Die Milz ist nicht regelmäßig vergrößert, kann aber auch bis zum Zehnfachen des Normalen (8—12 Pfund) anschwellen (Komplikation mit Texasfieber?). Alle Lymphdrüsen sind geschwellt und mit Hämorrhagien durchsetzt. Punktförmige Blutungen unter den serösen Häuten sind häufig zu finden. Der vierte Magen zeigt hochgradige Schwellung, Rötung und manchmal Geschwürsbildung der Schleimhaut, die etwas an Rinderpest erinnern kann. Lungenödem ist auf Insuffizienz der Herztätigkeit zurückzuführen, lokale ödematöse Stellen auf Embolien durch Plasmakugeln (Koch). Die Mortalität ist bei Epizootien eine sehr hohe, $80-100\%$; in Gegenden, wo Küstenfieber enzootisch herrscht, ist sie auf die Kälber beschränkt, beträgt aber unter diesen $60-90\%$.

Es mag hier daran erinnert werden, daß sich das Küstenfieber häufig mit Texasfieber kombiniert, sei es daß das Tier gleichzeitig mit beiden Parasitenarten infiziert wurde, sei es, daß ein Rind, das unter dem Einfluß der labilen Infektion mit *Piroplasma bigeminum* stand, nun mit Küstenfieber infiziert wurde, und daß bei dieser Gelegenheit ein Recidiv des Texasfiebers auftritt. Lichtenheld sah solche Mischinfektionen in 50% seiner Fälle. Auch darauf sei noch hingewiesen, daß das Küstenfieber in Südafrika bei solchen Rindern vorkommt, die fast ausnahmslos eine labile Infektion mit *Piroplasma mutans* beherbergen. Die Auffassung von Fülleborn, Ollwig und Mayer, daß die Überschwemmung des Blutes mit *Theileria parva* nur ein Recidiv von *Piroplasma mutans* sei, veranlaßt durch eine Infektion mit einem ultravisiblen Virus, dürfte wohl durch die neuesten Ergebnisse der Versuche von Theiler (reine *Mutans*-Infektion), von F. K. Meyer (Übertragung des Küstenfiebers) und von Gonder als hinfällig zu betrachten sein.

Theiler konnte mit Sicherheit nachweisen, daß bei gesalzenen Rindern die *Theileria parva* dauernd und vollständig aus dem Blute verschwindet, daß also eine vollkommene Sterilisation des Körpers erfolgt. Damit gleichzeitig entwickelt sich eine vollkommene Immunität gegen die Krankheit (s. u.). Als „Reservoir" dient das Rind nur während des akuten Ausfalles, später nicht mehr. Auch hierin unterscheidet sich also das Küstenfieber von den echten Piroplasmosen, bei denen das gesalzene Rind lange Zeit ein „Reservoir" des Virus bleibt.

Durch die Überimpfung von Blut, welches massenhaft Parasiten beherbergt, läßt sich die Krankheit in keinem Falle erzeugen. Die von Koch im Anschluß an eine zweite Impfung mit Küstenfieberblut beobachtete leichte Reaktion kann nach unseren jetzigen Kenntnissen ungezwungen durch eine Mischinfektion bzw. Recidiv einer bereits bestehenden labilen Infektion mit *Piroplasma mutans* erklärt werden. Dagegen ist es neuerdings Meyer gelungen, durch Überpflanzen ganzer Milzstücke in das Peritoneum von Rindern sowie durch Einspritzung zerriebener Milz oder Lymphdrüsen in die Blutbahn die Krankheit in ihrer tödlichen Form zu erzeugen. Es ist eben notwendig, daß die agame Generation, welche für gewöhnlich nur zu Anfang der Erkrankung und nur in den lymphatisch-hämopoetischen Organen parasitiert, mit übertragen wird, während die im Blute zirkulierenden Gameten zur Neuinfektion eines Rindes nicht unmittelbar geeignet sind.

Therapie. Bisher ist eine wirksame Behandlung des Küstenfiebers nicht bekannt. Doch ist zu erwarten, daß die mit Trypanblau begonnenen Versuche einer spezifischen Chemotherapie zum Ziele führen werden.

Immunisierung. $10-20\%$ der befallenen Tiere können die Erkrankung an epizootischem Küstenfieber überstehen und sind dann dauernd immun, können also unbedenklich ausgeführt werden. Kälber, welche in enzootischen Küstenfiebergebieten das erste Lebensjahr überleben, sind immun; während dieser Zeit sterben allerdings $60-90\%$ der Nachzucht!

Dies gilt nach Lichtenheld jedoch nur für Gegenden unter 1400 m ü. M. Jenseits dieser Grenze werden nicht alle neugeborenen Kälber sofort ohne Ausnahme infiziert, sondern die Durchseuchung verzettelt sich; es kommen auch unter den zwei- und mehrjährigen Tieren Fälle vor. Es hängt dies wohl mit der Entwickelung der Zecken zusammen, die in solchen Höhenlagen langsamer verläuft und zu einer weniger intensiven Zeckenplage führt. Hierauf hat auch die Jahreszeit Einfluß: in der Regenzeit sind die Erkrankungen häufiger als in der trockenen Periode.

Koch hat auf Grund seiner Beobachtungen, daß eine wiederholte Impfung mit Küstenfieberblut einen leichten Anfall erzeuge, Rinder mehrmals mit kleinen Mengen von parasitenhaltigem Blute behandelt; diese Tiere widerstanden dann zum größeren Teil der „Feldinfektion". In der Praxis hat sich dieses Verfahren aber nicht bewährt. Es ist auch nach den Versuchen von Theiler, F. K. Meyer und Gonder nicht recht begreiflich, in welcher Weise hierbei die Immunität zustande kommen soll.

Auch die Heilversuche Kochs mit Serum gesalzener Rinder, die wiederholt mit Küstenfieberblut behandelt worden waren, konnten von Theiler nicht bestätigt werden.

Meyer und Theiler hatten beobachtet, daß nach der künstlichen Übertragung durch Einspritzung von Milzbrei ein gewisser Prozentsatz zwar reagierte, aber genas. Theiler verfolgte nun weiter, ob durch eine solche abortive Erkrankung eine Immunität erreicht werde: dies tritt in der Tat in vielen Fällen ein. Er verwendet Milz- oder Lymphdrüsen von Rindern, die im letzten Stadium der Krankheit getötet wurden, zerkleinert sie in einer Fleischhackmaschine, schwemmt sie in einer Peptonlösung bis zu Sirupdicke auf und injiziert sie den Rindern in die Halsvene. Die Impfverluste sind bedeutend, z. B. in einer Serie 41%, nicht infolge der Injektion, trotz des groben Materials, das sicher zu vielen Embolien Anlaß gibt, sondern infolge der anschließenden Küstenfieberinfektion. Es läßt sich gar nicht voraussehen, wie das betr. Tier reagieren wird; alle Abstufungen kommen vor zwischen einem vollkommenen Fehlen jeder Reaktion und tödlicher Erkrankung. Werden die Tiere frühestens 14 Tage nach (? Ablauf) der Reaktion auf infizierte Weiden geführt, so erkrankt ein wechselnder Prozentsatz $(3-6\%)$ an Theileria-Infektion. Ein bestimmter Zusammenhang zwischen der Schwere der Impf-Reaktion und der dadurch bedingten Immunität läßt sich nicht nachweisen. Tiere, welche gar keine wahrnehmbare Reaktion gezeigt hatten, erweisen sich als immun, und andererseits solche, die sehr energisch reagiert hatten, erkranken neuerdings, ja 12 Fälle endeten tödlich.

Von 236 Rindern, die im Laboratorium beobachtet wurden, gingen 59 $= 25\%$ infolge der Impfung zugrunde; 58 reagierten auf die Impfung, genasen aber; von diesen gingen, als sie durch Zecken infiziert wurden, $3 = 5,1\%$ an Küstenfieber ein, 7 hatten einen zweiten Anfall, kamen aber durch und 48 $= 82\%$ erwiesen sich als immun; 114 hatten auf die Impfung hin keine Parasiten (Kochsche Kugeln) gezeigt; von diesen sind nach dem Stich der Zecken 47 eingegangen, 12 erkrankt, aber genesen und $55 = 48\%$ nicht erkrankt. Aus dem

Vergleich (82 gegen 48%) ergibt sich, daß das Auftreten von Plasmakugeln bzw. die Erkrankung immerhin einen höheren Grad von Resistenz verleiht, als wenn gar keine Reaktion erfolgt.

Theiler hat versucht, das Impfmaterial durch Zusatz von 0,6—0,7% Hydrochinin abzuschwächen; hiermit konnte er 60—75% der Tiere immunisieren. Die Methode ist ohne Zweifel auf einer richtigen Basis aufgebaut, aber für die Einführung in die allgemeine Praxis noch mit zu großen Verlusten verknüpft. Trotzdem sind im Transkei (nördlich des Kei-Flusses, also in Transvaal und Nordoranje) 133 833 Rinder prophylaktisch geimpft; von ihnen blieben dauernd in Beobachtung 948, davon am Leben 558 = 57%. Man wird also im Ernstfalle fragen müssen, ob die Gefahr so ernst ist, daß man die Opferung von 43% verantworten kann.

Deshalb wird in Afrika auch jetzt noch die **Prophylaxe** in erster Linie ausgebildet werden müssen.

Theiler und Lounsbury haben durch zahlreiche Versuche ermittelt, daß Zeckenarten, die sich an akut kranken Tieren leicht infizieren, nicht infektiös werden, wenn sie an Rindern saugen, welche die Krankheit bereits überstanden haben. Der Krankheitskeim ist also im Blute eines gesalzenen Rindes nicht mehr vorhanden. Eine zweite Tatsache ist die, daß Zecken, die zwar an kranken Rindern gesogen, dann aber keine Gelegenheit hatten, Rinderblut aufzunehmen, nach etwa 15 Monaten nicht mehr infektiös sind. Auch die Nachkommen solcher Zecken sind nicht infektiös. Weiden, auf denen solche Zecken vorhanden sind, können also nach 18 Monaten — in Ostafrika nach Lichtenheld sogar nach kürzerer Zeit (8—10 Monaten, je nach der Höhenlage) — als „rein" bezeichnet werden.

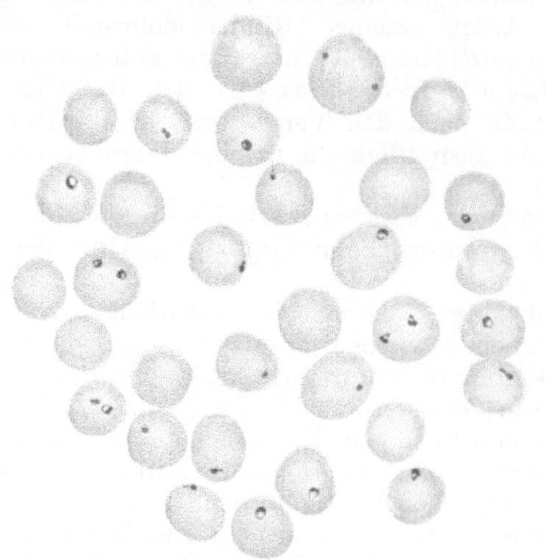

Abb. 231. *Piroplasma mutans?* Vergr. ca. 1300. Orig. nach Präp. von Ziemann.

Die gewöhnliche Inkubationszeit des Küstenfiebers beträgt 12 Tage, die Dauer der Krankheit durchschnittlich 13 Tage. Bis eine Larve sich in eine Nymphe verwandelt und einen neuen Wirt sucht, dauert es ca. 22 Tage. Darauf ist folgendes System aufgebaut: Durch eine sehr sorgfältige Überwachung, namentlich der Eingeborenenherden, kommt der Ausbruch von Küstenfieber gewöhnlich bald zur Kenntnis der Veterinärpolizei. Diese verfügt die Verschickung des noch gesunden Teiles der Herde von der infizierten Weide auf eine bisher seuchenfreie, während die deutlich kranken und alle bereits fiebernden Tiere zurückbleiben. Dort bleibt die gesunde Herde 24 Tage, bis einerseits alle schon vorher infizierten Tiere ermittelt und getötet werden konnten, andererseits alle von der infizierten Weide mitgebrachten Zecken abgefallen sind. Nach 24 Tagen wird die Herde neuerdings auf eine „reine" Weide gebracht. Die erste und zweite, jetzt infizierte Weide aber wird eingezäunt und während 18 Monaten nicht mehr beweidet. Bis dahin ist die Infektion in den Zecken erloschen. Auf diesem Wege ist in Transvaal die Epizootie zum Erlöschen gebracht worden.

Später ist man sogar dazu übergegangen, die Herden, in denen die Seuche ausbricht, einfach gänzlich zu vernichten und die Eigner auf Staatskosten zu entschädigen.

Dem enzootischen Küstenfieber gegenüber genügt es, diejenigen Tiere, welche auf verseuchten Weiden erkranken könnten, zu entfernen, nämlich die neugeborenen Kälber. Die in den nächsten 15 Monaten nach dem Ausbruch geworfenen Kälber werden am besten getötet; anderenfalls müssen sie streng im Stalle gehalten und dürfen erst nach 18 Monaten der Herde einverleibt werden. Inzwischen sind die infizierten Zecken ausgestorben, eine Gefahr also nicht mehr vorhanden. Gegen die Zecken werden auch in diesem Falle die Tauchbäder gute Dienste leisten. Selbst in bereits durchseuchten Herden muß diese Maßregel jeden 8. Tag angewendet werden.

Dshunkowsky und Luhs beschrieben eine Erkrankung der Rinder in Transkaukasien, welche sich in allen Beziehungen mit dem afrikanischen Küstenfieber deckt; es fehlt nur der Nachweis Kochscher Kugeln und der Befund von embolischen Herden in den Nieren. Die beiden russischen Autoren nannten den Parasiten *Piroplasma tropicum* (richtig: „*Theileria*"). Daneben kommt *Piroplasma mutans* vor, auf das sich wahrscheinlich die Mitteilungen von Tartakowsky beziehen.

F. Die Plasmodiden, Malaria.

1. Einleitung.

Die Plasmodiden bilden eine sehr artenarme Familie der Blutprotozoen; die wichtigsten davon sind die Erreger der Malaria des Menschen; als bequemes Studienobjekt dient das *Proteosoma praecox* der sperlingartigen Vögel. Ihr Verbreitungsgebiet umfaßt die ganze Erde mit Ausnahme der kalten Zone. Wegen ihrer großen Bedeutung in der menschlichen Pathologie ist ihre Morphologie und Biologie mit am besten unter allen Protozoen erforscht. Die Plasmodiden durchlaufen ähnlich wie die Coccidien einen komplizierten Entwickelungsgang. Während aber dieser bei den Coccidien sich bis auf die letzten Stadien der Sporogonie in dem gleichen Wirte abspielt, ist damit bei den Plasmodiden ein Wirtswechsel aufs engste verknüpft. — Der ganze Entwickelungscyklus wird am besten durch das beifolgende Schema erläutert (Abb. 232).

Die einzelnen Abschnitte des ganzen Cyklus reihen sich in folgender Weise aneinander:

1. Der erste agame Kreis im Warmblüter, die Schizogonie (1—6). Diese dient der vegetativen Vermehrung der Parasiten im Körper des Warmblüters und wiederholt sich vielmals.

2. Die Gamogonie, die Entstehung der Geschlechtsformen, der Macrogametocyten ($♀$ 7—9) und der Microgametocyten ($♂$ 12—14).

3. An die Entwickelung der Macrogametocyten kann sich eine Kernreduktion und die Rückverwandlung in Schizonten anschließen: Parthenogenese (10 u. 11).

4. Nachdem die Parasiten in den Mitteldarm einer Stechmücke gelangt sind, vollzieht sich die Reifung der Macrogametocyten, die Entwickelung der Microgameten, und die Befruchtung (Copulation) (15 u. 16).

5. Die zweite agame Generation, nach der Befruchtung, die Sporogonie, entstanden aus der Zygote (17), die sich in den Ookineten (18) verwandelt. Nach dem Durchwandern der Magenwandung kommt der Ookinet als Oocyste zur Ruhe und in dieser (19 u. 20) entwickeln sich durch lebhafte multiple Vermehrung die Sporozoiten (21 u. 22), welche die Neuinfektion vermitteln, indem sie nach dem Platzen der Cyste ins Cölom des Insekts und von da in die Speicheldrüsen einwandern (23) und mit deren Sekret überimpft werden. Bei dem *Proteosoma* der Vögel bilden sich in der Oocyste noch sekundäre Cysten (Sporoblasten) aus, in welchen sich dann die Sporozoiten entwickeln.

Während der Schizogonie und Gamogonie sind die Plasmodiden Parasiten der roten Blutkörperchen von Warmblütern (Mensch, Affe, sperlingsartige Vögel). Sie sind den beiden Wirten aufs exakteste angepaßt, so daß z. B. die Plasmodiden der menschlichen Malaria auf keine andere Tierart übertragen werden können.

Auch die Plasmodiden erweisen sich darin als echte Blutprotozoen, daß sie nach der ersten Überschwemmung des Körpers ihres Wirtes nicht sofort aus diesem verschwinden, sondern eine Art Gleichgewichtszustand mit diesem eingehen; Toleranz oder labile Infektion.

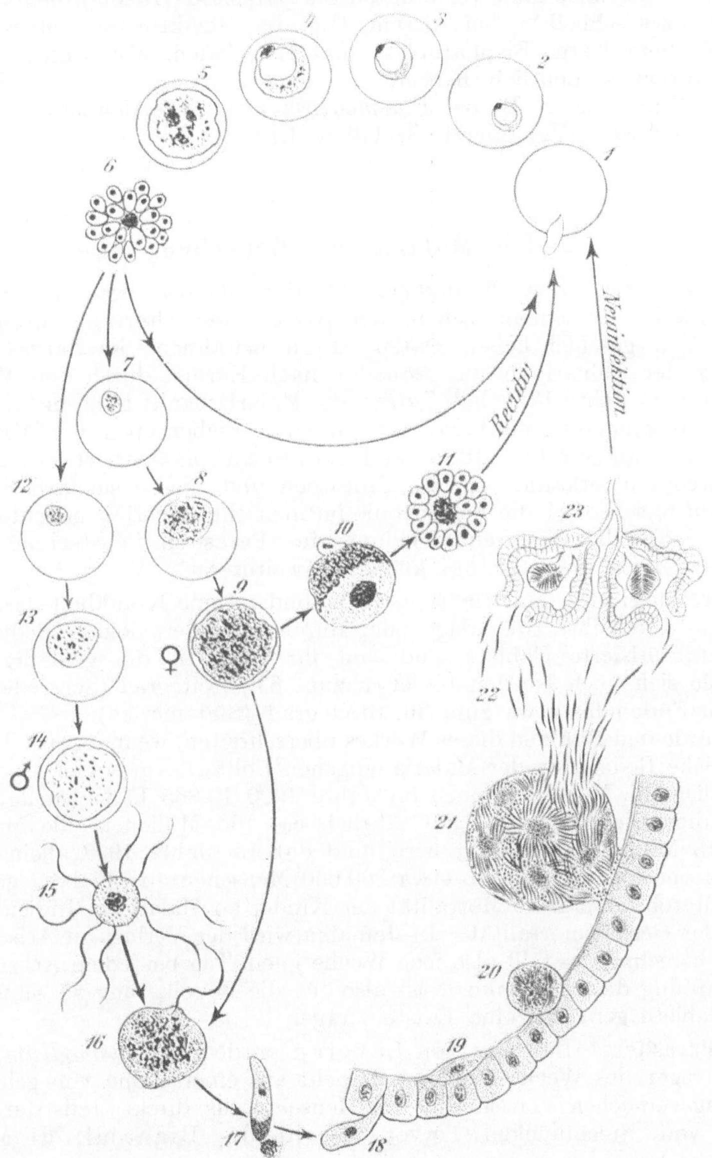

Abb. 232. Entwickelungsgang der Malariaplasmodien.

Wie in einem früheren Kapitel (s. S. 174 u. 182) näher ausgeführt wurde, stehen die Plasmodiden am Ende der Differenzierungsreihe, als die wir die Gruppe der Binucleaten auffassen: nur in einigen wenigen Stadien treten bei ihnen Geißelkerne selbständig auf. Bei *Proteosoma* hat Hartmann kleine crithidiaähnliche Stadien mit Haupt- und Geißelkern beobachtet (s. Abb. 174, S. 182). Diese Tatsache schlägt eine Verbindung auch dieser Gruppe zu den Flagellaten; als ein zweites Flagellatenstadium können wir die Microgameten auffassen. Daß diese Auffassung berechtigt ist, können wir aus Beobachtungen Schaudinns bei einem nahe verwandten Blutparasiten (*Haemoproteus noctuae*) des Steinkauzes schließen; bei diesem tritt die Struktur des Microgameten mit somatischem Kern, Blepharoplast und Randfaden, also ganz analog der der Trypanosomen, deutlich hervor, wie nach Hartmann auch bei *Proteosoma*, während sie z. B. bei *Plasmodium vivax* (Tertianparasit) nicht so klar erkennbar ist. (Vgl. hierzu S. 179 u. f.)

2. Die Malaria des Menschen.

Historisches. Das Krankheitsbild der Malaria war wegen seiner charakteristischen Merkmale schon den Ärzten des Altertums wohlbekannt gewesen. Von geschichtlichen Daten ist zu erwähnen: im Jahre 1640 die Einführung der Chinarinde aus Äquador nach Europa durch den Vizekönig del Cinchon; im Jahre 1721 hat Torti die Malaria exakt klinisch beschrieben und als Unterscheidungsmerkmal von anderen Fiebertypen den Erfolg der Chinintherapie aufgestellt. 1880 fand Laveran pigmentierte Parasiten in den Erythrocyten, erkannte sie als Protozoen und stellte sie färberisch dar. Kurz darauf hat Golgi die Schizogonie im menschlichen Blut gedeutet. 1897 entdeckte Roß die Weiterentwickelung des Parasiten in Stechmücken der Gattung *Anopheles* und Grassi klärte sie weiter auf.

Verbreitung. Die Malaria ist ganz besonders eine Krankheit der Tropen. Nur wenige, durch ihre Höhenlage oder durch besondere lokale Bedingungen scharf charakterisierte Gebiete sind von ihr frei. In die gemäßigte Zone erstreckt sie sich nach Norden bis etwa zum 63. Breitegrad (Schweden, Finnland), nach Süden bis etwa zum 36. Breitegrad (Südamerika).

Es würde den Rahmen dieses Werkes überschreiten, wenn ich auf die volkswirtschaftliche Bedeutung der Malaria eingehen wollte. Nur soviel sei erwähnt, daß in Italien die Mortalität noch im Jahre 1900 15 865 Fälle betrug; daß in Britisch-Indien die Morbidität auf jährlich ca. 100 Millionen, die Mortalität auf ca. 1,13 Millionen geschätzt wird, und daß im Jahre 1908 allein in zwei Monaten in der Provinz Punjab etwa 300 000 Menschen an „Fieber" gestorben sind. Die durchschnittliche Mortalität der Kinder an Malaria in Indien beträgt 55—65°/₀ der Gesamtmortalität. In Jamaika wird der Verlust an Arbeitstagen auf 16,9°/₀ berechnet, es fällt also jede Woche je ein Tag bei jedem Arbeiter aus! Die Bekämpfung dieser Krankheit ist also für die Bevölkerung so schwer verseuchter Gebiete geradezu eine Existenzfrage.

Die Parasiten. Daß das von Laveran entdeckte *Plasmodium* in der Tat der Erreger des Wechselfiebers sei, geht aus einer Reihe von gelungenen Übertragungsversuchen von Mensch zu Mensch, teils direkt, teils durch Vermittelung von Stechmücken hervor (Gerhardt, Bignami, di Mattei, Manson u. a.).

Von der überwiegenden Mehrzahl der Forscher werden jetzt drei Arten des Malariaparasiten angenommen:

Plasmodium vivax Grassi und Feletti, der Erreger des Tertianfiebers;

Plasmodium malariae Laveran, der Erreger des Quartanfiebers;

Plasmodium immaculatum Grassi und Feletti, der Erreger des tertianen Tropenfiebers (Tropika, Perniziosa, Ästivo-Autumnalfieber).

Es erscheint mir zweckmäßig, zuerst das allgemeine Schema der Entwickelung des Genus *Plasmodium* zu beschreiben, indem ich das *Plasmodium vivax*, das von Schaudinn sehr genau studiert ist, zugrunde lege.

1. Die Schizogonie. Die jüngsten Formen, denen wir im peripheren Blute eines an Wechselfieber frisch Erkrankten begegnen, stellen kleine Protoplasmaklümpchen dar, die $^{1}/_{8}$ — $^{1}/_{6}$ des Durchmessers eines Blutkörperchens haben. Im

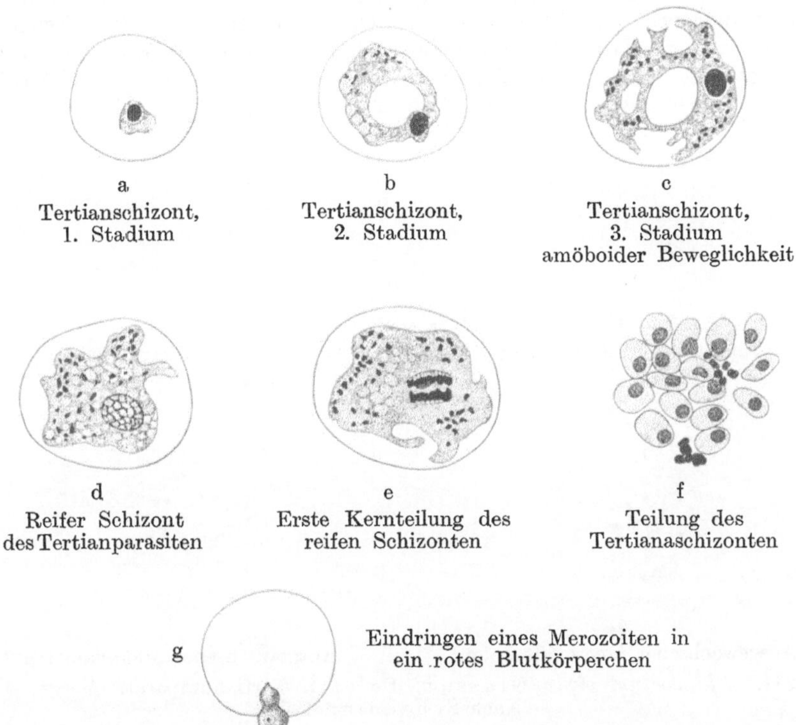

Abb. 233. *Plasmodium vivax* Grassi u. Feletti. Vergr. ca. 2250. Nach Schaudinn 1903.

nativen Präparat erscheinen sie als helle mattglänzende Lücken in dem blaßgelblichen, normal aussehenden Blutkörperchen. Bei starker Abblendung ist auch der Kern als feines Kügelchen zu erkennen. Die Parasiten zeigen eine geringe amöboide Beweglichkeit. Nach Romanowski gefärbt bestehen sie aus einem blauen Plasmaklümpchen von netzartiger Struktur, in das ein rotgefärbtes Körnchen eingeschlossen ist. Dieses Körnchen ist das Caryosom des Kernes, das von einer schmalen Kernsaftzone umgeben ist, die sich vom Plasma scharf abhebt. In wenigen Stunden wachsen die Parasiten heran und es entwickelt sich in ihnen Pigment, das zuerst nur als ein feiner dunkler Staub wahrzunehmen ist, später aber an Menge und Größe der einzelnen gelbbraunen bis schwarzen Körnchen beträchtlich zunimmt; es bricht das polarisierte Licht doppelt. Gefärbt zeigt der Parasit jetzt eine ringförmige Gestalt, die von einer zentralen Vakuole herrührt, welche den Kern nach der Peripherie, gewöhnlich an die dünnste Stelle des Protoplasmasaumes, drängt (Siegelring-Form, Abb. 233 b).

19*

Der Parasit zeigt nun eine zunehmende Beweglichkeit, indem er gröbere
oder feinere Lobopodien nach allen Seiten hin aussendet, in die das Pigment
in lebhaftem Strom hineinfließt (Abb. 233c). Allmählich wächst nun der Parasit
unter Zunahme von Plasma und Kern heran; auch die Vakuole dehnt sich,
eine zweite und dritte entsteht, so daß das Plasma ein sehr lockeres Gefüge
annimmt. Auch seine amöboide Beweglichkeit nimmt zu. Das Caryosom
lockert sich auf zu einem Haufen von Chromatinkörnern. Schließlich füllt der
Parasit das Blutkörperchen großenteils oder ganz aus, dabei verkleinert sich die
Vakuole ständig und verschwindet schließlich ganz. Der Kern hat sich beträchtlich, etwa ums Dreifache, vergrößert und stellt jetzt einen Haufen von
Chromatinkörnern dar (Abb. 233d). Diese rücken nach dem Zentrum zu
einer Art Äquatorialplatte zusammen, während sich der Kern senkrecht zu
dieser abflacht. Jetzt teilt sich die Äquatorialplatte in zwei Tochterplatten;
es tritt eine primitive Mitose ein (Abb. 233e). Die Teilprodukte treten sofort

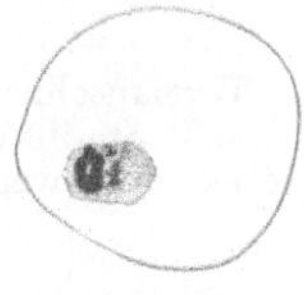

a

Jüngster Macrogametocyt.

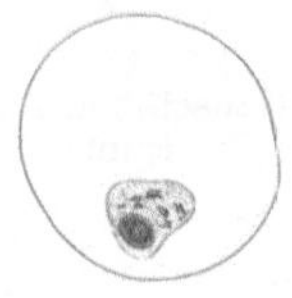

b

Jüngster Microgametocyt.

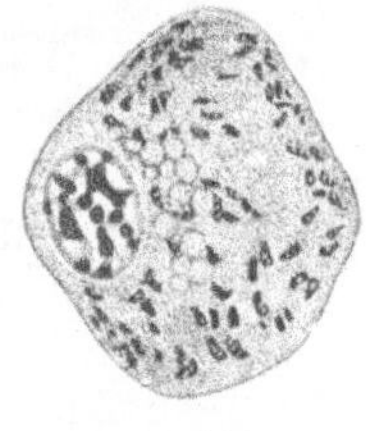

c

Ausgewachsener Macrogametocyt.

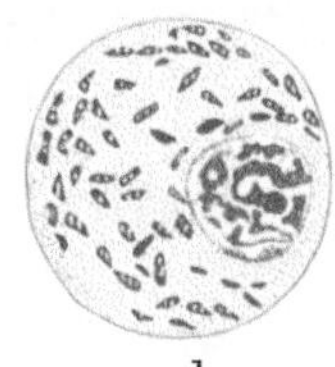

d

Ausgewachsener Microgametocyt.

Abb. 234. *Plasmodium vivax* Grassi u. Feletti, Tertianpräparat. Vergr. ca. 2250.
Nach Schaudinn 1903.

in eine neue Teilung ein, die aber schon nicht mehr so regelmäßig verläuft wie
die erste; in wiederholten Teilungen, in denen sich der regelmäßige Charakter der
Mitose immer mehr verwischt, entstehen zahlreiche kleine Kerne, die hauptsächlich aus einem kompakten Caryosom mit ganz geringer Kernsaftzone (Alveolarsaum) bestehen. Um diese Tochterkerne verdichtet sich jetzt das Protoplasma
in kleinen Haufen, von der Peripherie schneiden Einkerbungen ins Plasma ein, so
daß endlich ein Bild entsteht, das in seiner Regelmäßigkeit an ein Gänseblüm-
chen erinnert. Nun verschwindet der letzte Rest des Blutkörperchens, die Tei-
lungsform wird frei und die kleinen Merozoiten fallen auseinander (Abb. 233f).
Das Pigment, das sich an einer beliebigen Stelle des Körpers zusammengeballt
hatte, bleibt, von einer kleinen Menge Plasma zusammengehalten, als Restkörper
übrig. Die Merozoiten sind ebenso träge beweglich, wie die Sporozoiten (s. u.),
heften sich an rote Blutkörperchen an und dringen durch deren Hülle hindurch ins Innere ein (Schaudinn). Damit ist die Schizogonie beendet.

Der Kreislauf von einer Generation zur nächsten dauert bei Tertiana 48,
bei Tropika ebenfalls 48 Stunden, bei Quartana 72 Stunden.

2. Die Gamonten. Nach einer Reihe von Schizogonien — schon in der ersten Fieberperiode einer Neuinfektion kann dies vorkommen (Schaudinn) — treten Merozoiten auf, welche sich zwar nicht sofort nach der Teilung, aber doch schon nach wenigen Stunden des Wachstums von dem eben beschriebenen Typus dadurch unterscheiden, daß in ihnen keine Vakuole auftritt und reichliches Pigment in größeren Brocken vorhanden ist. Es sind dies die Gamonten. Sie wachsen viel langsamer heran als die Schizonten und sind so gut wie unbeweglich, nur das grobkörnige Pigment schwimmt in ihnen hin und her. In gut gefärbten Präparaten sind schon unter den halberwachsenen Parasiten zwei Typen erkennbar. Der eine Typus besitzt ein dichtgefügtes, den blauen

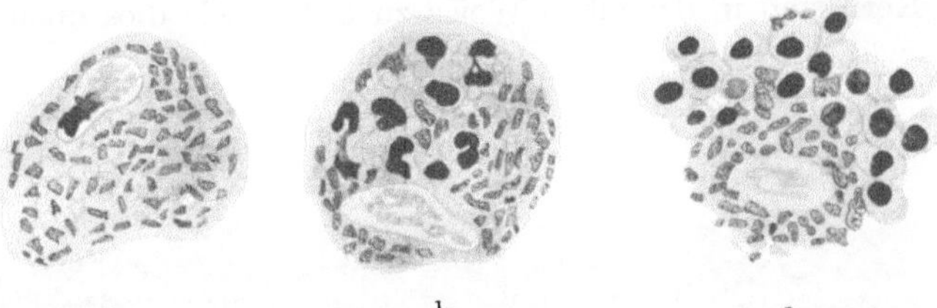

a   b   c

Abb. 235. Kernreduktion und Teilung (Parthenogenese) eines Macrogametocyten von *Plasmodium vivax*. Vergr. ca. 2250. Nach F. Schaudinn 1903.

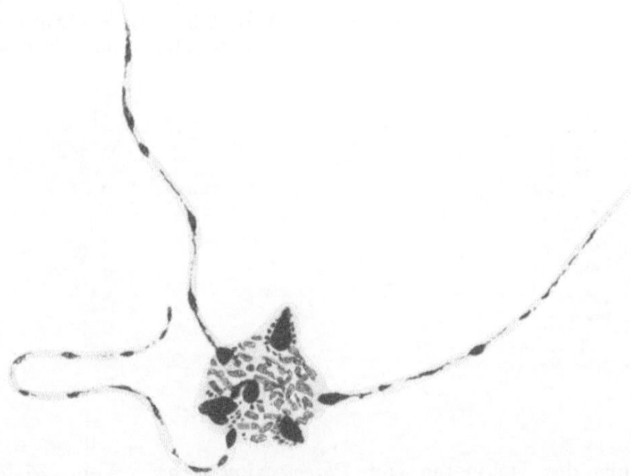

Abb. 236. Bildung der Microgameten von *Plasmodium vivax*. Vergr. ca. 2250. Nach Schaudinn 1903.

Farbstoff kräftig aufnehmendes Protoplasma, viel grobkörniges, oft stäbchenförmiges Pigment, während das Kernmaterial lockerer gefügt und in dem großen Kernbläschen (4—5 μ Durchm.) weiter verteilt ist: Macrogametocyt (Abb. 234, a u. c). Der zweite Typ dagegen fällt durch sein lichtblaues, helles Protoplasma, das locker alveolär gebaut und nur schwach tingierbar ist, durch die Größe des Kerns und durch die relativ starke Entwickelung des Chromatins auf, das in dicht gedrängten groben Körnern in dem achromatischen Netzwerk des Linins verteilt ist: Microgametocyten (Abb. 234, b u. d). Das Pigment der Gameten ist im Leben in tanzender Bewegung. Sie erreichen schließlich eine Größe, welche die der großen Schizonten nicht unerheblich übertrifft: das Wachstum der Geschlechtsformen ist ein viel langsameres als das der Schizonten, es dauert etwa doppelt so lange als dieses. Während die Microgametocyten im peripheren Blut meist in der fieberfreien Periode zugrunde gehen, sind die Macrogametocyten Dauerformen, aus denen wiederum Schizonten in folgender Weise hervorgehen können: der Kern eines Macrogametocyten scheidet sich in eine Hälfte, die die überwiegende Menge Chromatin erhält, und eine chromatinarme. Diese Teile trennen sich, um den nur schwach färbbaren Kernrest gruppiert sich dichtes Plasma und der größere Teil des Pigments, während der intensiv färbbare Kern in dem gröber alveolären Teil des Plasmas liegt. Zwischen diesen beiden Hälften schnürt sich nun der Parasit durch, und in dem heller gefärbten Abschnitt beginnt der Kern sich in derselben Weise zu teilen, wie dies oben für die Schi-

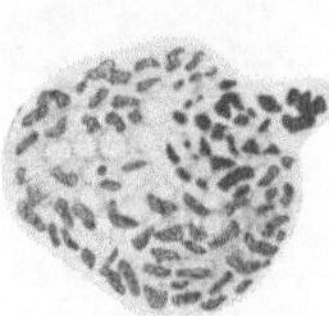

Abb. 237. Reduktionsteilung des Macrogametocyten von *Plasmodium vivax*.

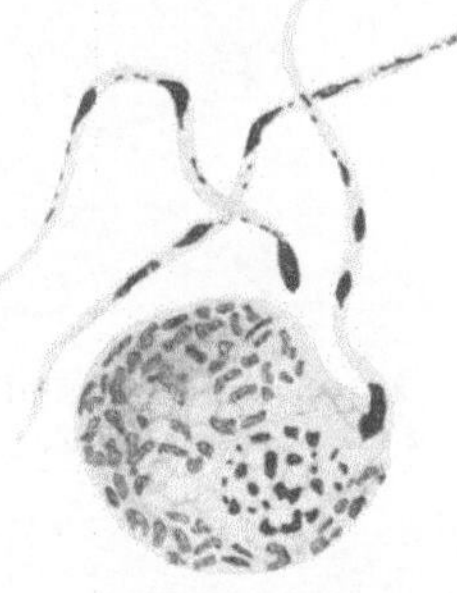

Abb. 238. Befruchtung des Macrogametocyten von *Plasmodium vivax*.

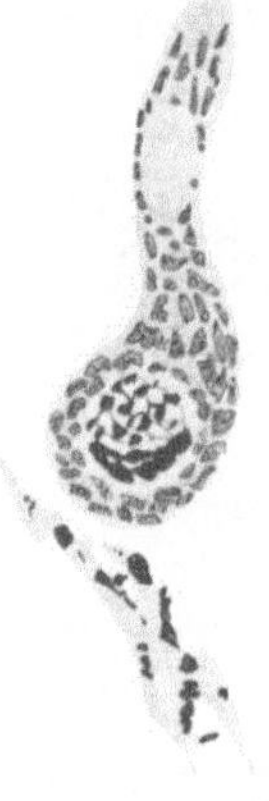

a   b

Abb. 239. Bildung des Ookineten von *Plasmodium vivax*. Abb. 237—239. Vergr. ca. 2250. Nach Schaudinn 1903.

zonten beschrieben wurde, während der andere Teil abgestoßen wird. Er geht offenbar zugrunde, während sich in jenem Abschnitt eine typische Schizogonie abspielt, die zur Produktion von Merozoiten führt und einen neuen Fieberanfall auslösen kann (Abb. 235). Durch diese Parthenogenese (s. All. S. 79) hat Schaudinn die Verbindung zwischen dem primären Anfall hergestellt und erklärt. Swellengrebel hat neuerdings diese Parthenogenese auch beim Tropicaparasiten beobachtet.

Im reifen Zustand stellen die Gametocyten große, runde Körper, früher als „Sphären" bezeichnet, dar. Sie sind zur Weiterentwickelung in der Mücke bestimmt.

3. **Die Befruchtung.** Wenn gewisse Stechmücken — bestimmte *Anopheles*arten — mit dem menschlichen Blut auch derartige Gametocyten auf-

nehmen, so tritt in dem Mitteldarm des Moskitos unter den neuen Außenbedingungen an beiden Formen eine Umwandlung ein. Bei den Macrogametocyten kommt innerhalb 5—10 Minuten das Pigment zur Ruhe, der Kern der Geschlechtszelle teilt sich, rückt nahe an die Oberfläche der Zelle und stößt nun einen Tochterkern nach außen ab; es findet also eine Reifungsteilung statt (Abb. 237). Durch diese hat sich die Zelle in einen Macrogameten verwandelt. Auch im Microgametocyten tritt nach wenigen Minuten lebhafte Plasmabewegung auf, das ganze Körperchen rundet sich ab und zieht sich zusammen. Der Kern löst sich in 6—8 Brocken und in zahlreiche feine Pünktchen auf, die an die Peripherie des Parasiten rücken. Nun schießen mit großer Schnelligkeit aus dem Microgametocyten 4—8 feine, lebhaft bewegliche Fäden oder Geißeln von 20—25 μ Länge hervor, in die das Chromatin hineinrückt (Abb. 236). Diese lösen sich, lebhaft umherschlagend, nach etwa 20 Minuten von dem Restkörper, der das Pigment enthält, los und schwimmen frei im Plasma zwischen den zusammengeballten Blutkörperchen umher. Inzwischen hat der Macrogamet sich etwas kontrahiert, sein Pigment ist zur Ruhe gekom-

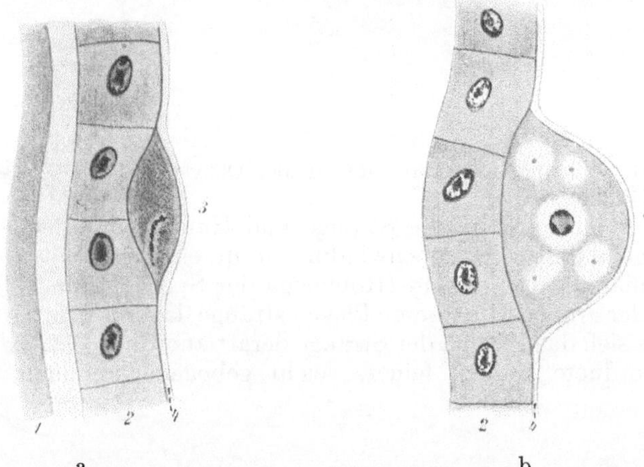

a   b

Abb. 240. Entwickelung der Oocyste von *Plasmodium*. Nach Grassi 1900.

men und an einer Stelle ein kleiner Höcker hervorgetreten, der Befruchtungshügel, unter dem der Kern liegt. Nähert sich ihm ein Microgamet, so klebt er an dieser Stelle fest und wird von dem Macrogameten in dessen Leib hineingezogen (Abb. 238). Die nicht zur Befruchtung gelangten Microgameten sterben ab. Beide Kerne haben sich dicht aneinander gelagert.

4. **Die Sporogonie.** Nach dieser Befruchtung kommt in der Zygote das Pigment in sehr lebhafte Bewegung, die einige Minuten anhält. Einige Stunden später wölbt sich neuerdings an dem runden Körperchen ein Fortsatz hervor. In diesen hinein ergießt sich das Protoplasma, so daß schließlich ein schlankes, etwa spindelförmiges Gebilde, der Ookinet, entsteht (Abb. 239). Grassi beschreibt in manchen dieser Ookineten 2 Kerne. Die Würmchen wandern, sich krümmend und knickend, in trägem Gleiten, das mit Hilfe eines Gallertstiels wie bei Gregarinen vor sich geht (s. d. Allgem. Teil S. 39 u. 40), in dem Blutbrei umher, bis sie an die Epithelschicht der Magenwandung gelangen. Diese Stadien spielen sich in den ersten 24 Stunden nach der Aufnahme des Blutes in den Magen ab. Erst jetzt erfolgt die vollkommene Verschmelzung der beiden Kerne. Der Ookinet zwängt sich, 18—24 μ lang, 3—5 μ breit, nun zwischen zwei der kubischen Epithelzellen hinein und lagert sich unterhalb der äußeren

Zellschicht des Magens. Hier rundet er sich ab, wölbt jene Schicht vor und bildet so kleine kugelförmige Anhänge (5 μ Durchmesser, an ihrem Pigment zu erkennen) an der Außenseite des Magens. Diese Oocysten (Abb. 240) wachsen allmählich zu großen Kugeln heran, die bis zu 40 μ Durchmesser erreichen können. Grassi sah bis zu 500 Cysten an einem Magen, gewöhnlich sind sie aber viel spärlicher vorhanden. Der ursprünglich einheitliche Kern teilt sich viele Male. Das Protoplasma der Oocyste gruppiert sich in eigentümlicher Weise: es scheidet

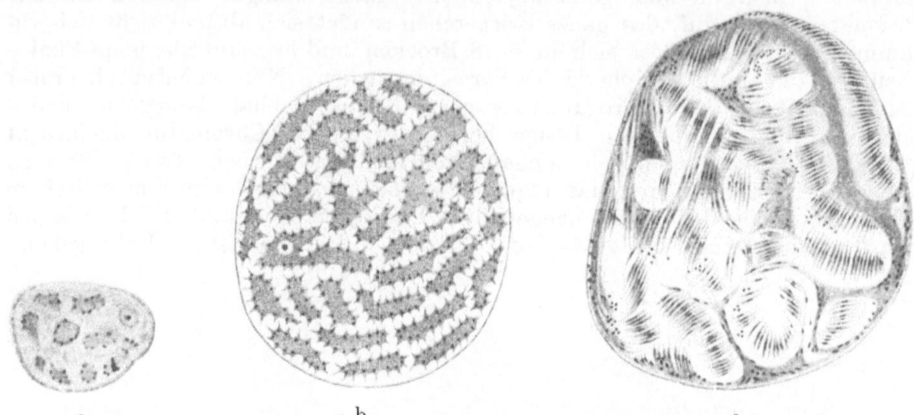

a   b   c

Abb. 241. Bildung der Sporozoiten in der Oocyste. Nach Grassi 1900.

sich in dichtere starkgranulierte Stränge und Haufen, die die Kerne enthalten, und in unregelmäßigen Gruppenwindungen in ein helleres, offenbar leichter flüssiges Plasma eingebettet sind (Homologa der Sporoblasten z. B. von *Proteosoma*). An der Außenseite dieser Plasmastränge lagern sich die vielen kleinen Kerne, um die sich das Plasma der Stränge derart anordnet, daß dichte annähernd parallel angeordnete Bündel feiner, leicht gebogener Spindeln mit je einem

Abb. 242. Sporozoiten in den Zecken einer Speicheldrüse (Schnitt). Nach Grassi 1900.

Abb. 243. Freie Sporozoiten. Nach Grassi 1900.

Kern entstehen (Abb. 241). Eine reife Cyste (Durchmesser 40—70 μ) enthält dichtgedrängt viele Tausende dieser Sporozoiten. Die Plasmastränge sind zu Restkörpern in Form von Balken oder Lamellen zusammengeschrumpft, das Pigment hat sich in der wachsenden Oocyste verteilt. Endlich platzt die Wandung der Cyste, in großen Mengen treten die kleinen Sporozoiten, oft noch in Bündeln vereinigt, in die Leibeshöhle (Lacunom) des Insektes aus und verteilen sich darin. Die Sporozoiten (Abb. 243) sind schlank spindelförmig, 10—20 μ lang,

1—2 μ breit; sie zeigen träge Knickbewegungen und peristaltische Kontraktionen des Plasmas (s. auch Abb. 50 III, S. 40). Der Kern, ein ovales Bläschen, liegt in der Mitte. Die Cystenwand schrumpft zusammen, in ihr liegt noch der zu einem Klumpen zusammengeballte Restkörper. Aber schon wenige Stunden später kann man erkennen, daß sich die kleinen Würmchen (ca. 14 μ lang, 1 μ breit) nach dem Kopfteile des Moskitos hinziehen. Im Halse und vordersten Thoraxabschnitt liegen die büschelförmigen Speicheldrüsen des Insektes. In diese dringen die Sporozoiten aktiv ein und lagern sich in den Zellen und in den Ausführungsgängen der Drüsenläppchen (Abb. 242). Bei Tertiana bevorzugen die Sporozoiten die bläschenförmigen Epithelzellen, bei Tropica sind sie auch in den granulierten Zellen zu finden. Wenn dann der Moskito den Rüssel in die Haut eines Menschen oder Tieres einbohrt, so wird durch den Muskeldruck gleichzeitig mit dem ätzenden Saft der Speicheldrüsen ein Teil der darin aufgeschwemmten Sporozoiten durch einen feinen Kanal im Hypopharynx hindurch in das angestochene Blutgefäß hineingepreßt. Durch diese Impfung ist der Kreislauf geschlossen, die kleinen Sporozoiten dringen in die roten Blutkörperchen ein, wie dies Schaudinn im Leben beobachten konnte, runden sich in diesen ab und beginnen den Kreislauf der Schizogonie von neuem. Die ganze Entwickelung im Moskito nimmt z. B. bei *Anopheles albimanus* nur 11 Tage in Anspruch.

Dieser ganze komplizierte Entwickelungsgang ist für das *Plasmodium vivax* durch die Arbeiten namentlich von Grassi und Schaudinn festgelegt. Bei *Plasmodium malariae* (Quartanparasit) ist diese Frage überhaupt noch nicht untersucht, bei *Plasmodium immaculatum* aber sind durch Neeb und Swellengrebel deutliche Unterschiede zwischen Schizonten-Schizogonie und Gameten-Schizogonie festgestellt worden, so daß auch hier das Zustandekommen der Recidive durch Rückverwandlung der Macrogameten befriedigend erklärt ist.

Nunmehr seien die Unterschiede zwischen den drei Parasitenarten im einzelnen besprochen:

1. *Plasmodium vivax* Grassi und Feletti, der Tertianparasit (Abb. 233, 244 u. 245). Die jüngsten Schizonten haben einen Durchmesser von 1 ½—3 μ, gleich etwa ¼ von dem eines roten Blutkörperchens. Im gefärbten Präparat ist gewöhnlich die eine Seite des Ringes etwas breiter als die gegenüberliegende, in dieser liegt gewöhnlich der eine Kern. Im Leben zeichnet sich diese Art durch die energischen Bewegungen, die das Plasmodium im Blutkörperchen ausführt, aus. In schnell fixierten Präparaten haben diese Parasiten deshalb oft äußerst bizarre Formen, manchmal erscheinen einzelne Fortsätze ganz von dem eigentlichen Parasitenkörper abgesprengt oder nur durch eine feine Linie mit ihm verbunden. Schon nach 24 Stunden füllen die Parasiten die Blutkörperchen bis zu etwa drei Viertel aus. Das Pigment ist ziemlich grobkörnig, dunkelbraun. Das von dem Parasiten befallene Blutkörperchen ist vergrößert und heller gefärbt als normal. Bei guter Färbung nach Romanowski tritt in diesen Blutkörperchen schon sehr früh eine feine, sehr gleichmäßig verteilte Tüpfelung mit annähernd gleich großen Körnchen von hellroter Farbe hervor (Schüffnersche Tüpfelung). Sie ist als eine Art von Entmischung oder Ausfällung spezifisch färbbarer Körnchen im Erythrocyten unter dem Einflusse der Stoffwechselprodukte des Parasiten aufzufassen. Schaudinn nimmt an, daß es sich um Stoffe handle, die vom Kerne des Erythrocyten herstammen. Die zur Teilung reifen Parasiten werden bis 1 ½ mal so groß als ein rotes Blutkörperchen (ca. 10 μ Durchmesser) und zerfallen bei der Teilung in 16—25 Teilstücke. Schon ziemlich lange vor der Teilung beginnt sich das Pigment zusammenzuballen und nach irgend einer Seite des Körpers hin, häufig bis ganz an die Peripherie, zu verschieben.

  Auch die Gameten erreichen mehr als Blutkörperchen-Größe (12—16 μ
Durchmesser). Sie sind dann von den vor der Teilung stehenden Schizonten

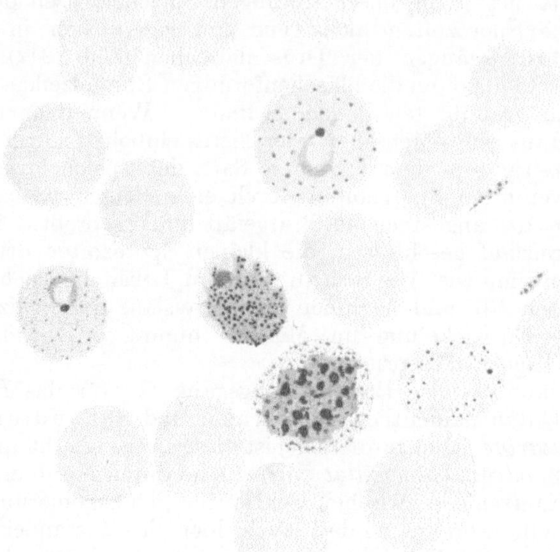

Abb. 244. Tertiana-Schizonten. Vergr. ca. 1300. Orig.

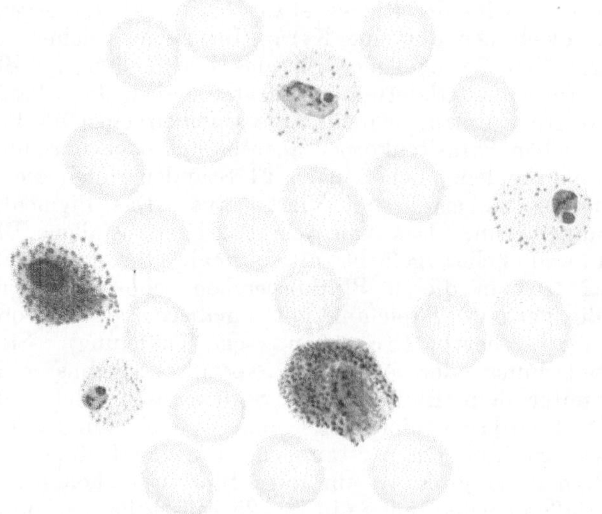

Abb. 245. Tertiana-Gameten. Vergr. ca. 1300. Orig.

durch ihre Größe, durch den Bau des Kerns (beim ♂ kompakt und chromatinreich, beim ♀ ärmer an färbbarer Substanz), durch die gleichmäßige Verteilung des reichlich vorhandenen gröberen Pigmentes und durch das beim ♀ ausgesprochen dichte, beim ♂ lockere Gefüge des Protoplasmas zu unterscheiden.

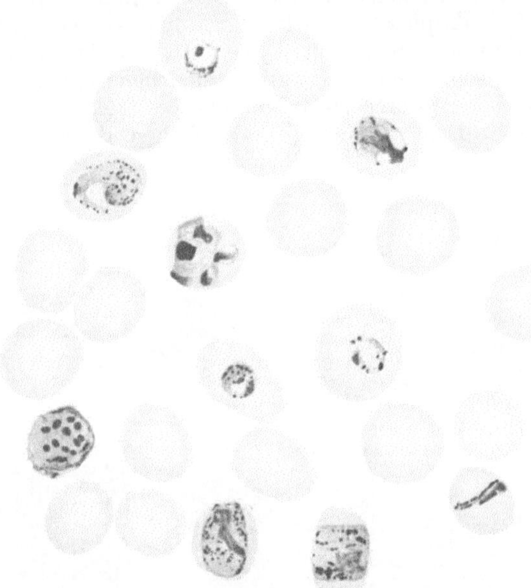

Abb. 246. Quartana-Schizonten. Vergr. ca. 1300. Orig.

2. *Plasmodium malariae* Laveran, der Quartanparasit (Abb. 246 u. 247), ist in den ersten 24 Stunden vom Tertianparasiten nicht zu unterscheiden. Seine Beweglichkeit ist geringer als die des *Plasmodium vivax*. In späteren Stadien dagegen tritt bei sehr vielen Quartanringen die Neigung hervor, sich in die Länge zu strekken, wobei dann die Vakuole verschwindet. Nicht selten sieht man dann feine Protoplasmastreifen, deren Pigment und Chromatin in Strichen angeordnet ist, quer über das Blutkörperchen hinwegziehen. Diese sog. „Band"formen verbreitern sich allmählich, so daß an ihren beiden Seiten nur mehr eine kleine Kalotte von Blutkörperchensubstanz übrig bleibt. Der Quartanparasit verändert das befallene Blutkörperchen nur sehr wenig, bringt es höchstens etwas zum Schrumpfen. Kurz vor der Teilung überschreitet der Quartanparasit kaum die Größe eines roten Blutkörperchens, er bildet gewöhnlich nur 8, ausnahmsweise 6

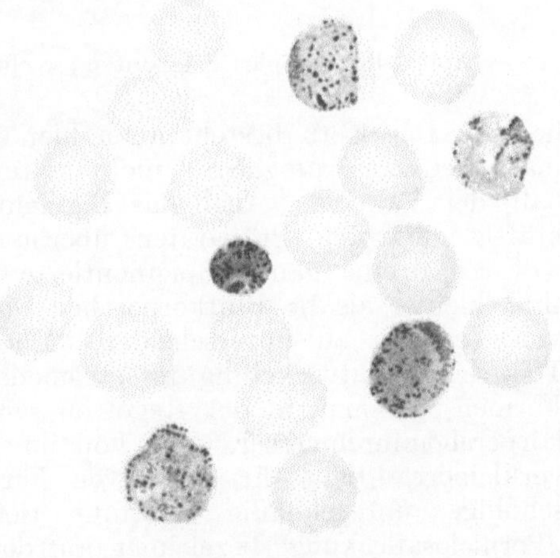

Abb. 247. Quartana-Gameten. Vergr. ca. 1300. Orig.

bis 14 Teilstücke. Auch die Gameten überschreiten nicht die Größe eines roten Blutkörperchens. Leider stehen uns bei *Plasmodium malariae* noch keine Beobachtungen über die feineren Vorgänge, z. B. Kernstrukturen usw. zur Verfügung.

3. *Plasmodium immaculatum* Grassi und Feletti, sive *praecox*, der Erreger des sog. „Tropica"-, „Ästivo-autumnal"-Fiebers (Abb. 248 u. 249). zeichnet sich schon in seinen jüngsten Stadien von den anderen Schizonten dadurch aus, daß es sehr klein und außerordentlich fein gezeichnet ist, also wenig Protoplasma, dagegen eine große Vakuole besitzt. Häufig enthält es zwei Chromatinkörner, die dann in dem sehr zierlichen Ring einander gegenüber

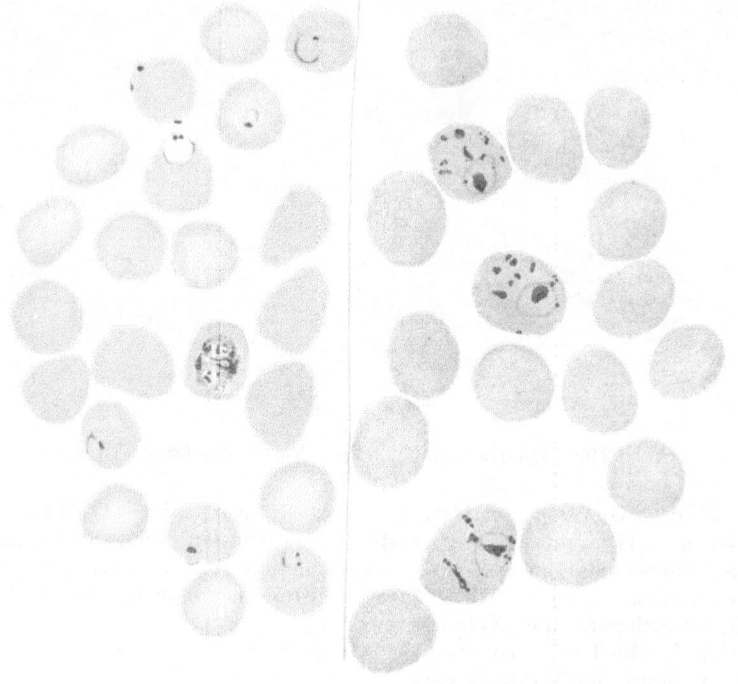

Abb. 248.   Tropica-Schizonten; rechts Tüpfelung.   Vergr. ca. 1300.   Orig.

liegen. Der Kern besteht auch hier aus einem Caryosom, von einer achromatischen Zone umgeben; nicht selten liegt das Chromatinkorn auch innerhalb der Vakuole. Auch das Pigment ist sehr gering entwickelt, häufig bei kräftig gefärbten Präparaten überhaupt nicht zu sehen, ja Mannaberg will sogar eine ganz unpigmentierte Art abtrennen. Die jüngsten Formen sind kleiner als ⅙ Blutkörperchen-Durchmesser und so ohne weiteres z. B. von Tertiana zu unterscheiden. Der Tropica-Parasit pflegt nur den ersten Teil seiner Entwickelung im strömenden Blute durchzumachen; die größten Formen, die man in der Regel zu sehen bekommt, haben etwa $1/2 - 3/4$ Blutkörperchendurchmesser. Die von ihnen befallenen Blutkörperchen sind eher verkleinert. Bei sehr intensiver Färbung nach Maurer treten in ihnen schollige, unregelmäßig geformte, tiefdunkelrote Flecke auf, die man als „Perniciosafleckung" bezeichnet (auf der Abb. 248 rechts). Sie ist für Tropica charakteristisch und von der gleichmäßigen „Schüffnerschen Tertianatüpfelung" ohne weiteres zu unterscheiden. Die weitere Umwandlung der

Ringe bis zur Teilung spielt sich beim *Plasmodium immaculatum* in den inneren Organen, namentlich im Knochenmark und in der Milz ab. Das Protoplasma eines ausgewachsenen Parasiten füllt ein Blutkörperchen nicht völlig aus. Es zerfällt bei der Schizogonie in 8—25 sehr kleine Teilstücke. Die Gameten zeichnen sich auch in ihren mittelgroßen Stadien durch ihren Reichtum an Pigment aus. — Nach Bignami und Bastianelli ist das Chromatin in Form von Stäbchen angeordnet. Die Gameten sind ursprünglich kugelig, strecken sich dann aber in die Länge und nehmen die Form einer Wurst an (sog. „Halbmonde"). Das Pigment liegt fast immer in der Mitte, mit dem Chromatin gemischt. Auch bei ihnen sind die Micro-gametocyten (helles Plasma, reich-liches Chromatin) von den Macro-gametocyten (dunkles Plasma, lok-kerer Kern) zu unterscheiden. Auch hier fehlt uns noch manches feinere cytologische Detail. Häufig kann man an der konkaven Seite noch den Rest des sie beherbergenden Blutkörperchens erkennen, der bei kräftiger Färbung oft einen leuch-tend roten Farbenton annimmt und wie ein zackiger Kranz den Gameten umgibt. Die Entwickelung der Zygote im *Anopheles* ist von Grassi, Bignami und Bastianelli und von Schüffner genauer studiert worden; sie verläuft nahezu iden-tisch mit der der Tertiana. Die Oocysten erreichen einen Durch-messer von 25—30 μ (Schüffner).

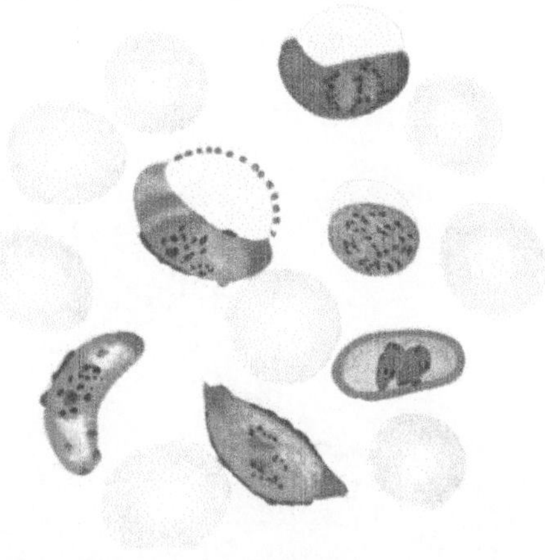

Abb. 249. Tropica-Gameten. Vergr. ca. 1300. Orig.

Die Entwickelung des Tropicaplas-modiums dauert 48 Stunden; der Parasitenbefund bei Erstlingsfiebern spricht dagegen, daß ein Teil der Parasiten etwa einen Zyklus von 24 oder 72 Stunden habe.

Die Unterschiede zwischen diesen Parasitenformen sind so deutlich, namentlich wenn man die ganzen Entwickelungskreise mit einander vergleicht, daß die Teilung in die drei eben beschriebenen Arten eine ganz ungezwungene ist. Trotzdem hält u. a. der Entdecker des Malariaparasiten Laveran noch immer daran fest, daß es nur einen Malariaparasiten gäbe.

Eine Reihe zum Teil namhafter Forscher haben außer diesen drei Typen noch andere beschrieben. Die Gründe hierfür scheinen mir aber nicht stichhaltig genug, um noch andere von diesen 3 Arten abzutrennen.

Kultivierung der Malariaplasmodien: Baß gelang es zu zeigen, daß die Schizonten der Tertiana und Tropica sich auch außerhalb des mensch-lichen Körpers weiterentwickeln können, nämlich dann, wenn defibriniertem Blut, das die Ringformen der Plasmodien enthielt, eine kleine Menge Dextrose zugesetzt und diese Mischung bei 40—41° gehalten wurde.

Die Technik ist folgende: Man entnimmt Blut mit steriler Spritze aus der Arm-vene, gibt je 10 ccm davon in sterile Reagenzröhren, in denen 0,1 ccm einer 50% igen sterilen Dextroselösung sich befindet; Defibrinieren mit einem Glasstab, abgießen, absetzen lassen. Die Entwickelung erfolgt an der oberen Grenze der Blutkörperchen-

schicht. — Will man weitere Subkulturen anlegen, so müssen die Leukocyten durch
Zentrifugieren entfernt werden: man bringt rote Blutkörperchen aus dem untersten
Teil des Zentrifugats in frische Serum-Dextrose-Röhrchen.

In solchen Blut-Dextrose-Gemischen tritt Wachstum bis zur Teilung
und zum Ausschwärmen der kleinen Merozoiten ein; das wird von allen, die
Baß' Methode nachprüften, bestätigt. Weiter aber geht die „Kultur" nicht:
wenigstens haben Rocha-Lima und Werner kein Wachstum der jungen
Merozoiten gesehen; sie erklären die Beobachtungen von Baß, Ziemann
und Thompson dahin, daß (wie diese Autoren selbst schon bemerkt hatten)
die Entwickelung der Ringformen zeitlich ungleichmäßig verläuft, und daß
verspätete große Plasmodien und Teilungen leicht den Eindruck neuer Tochter-
generationen hervorrufen können. Diese Auffassung erscheint mir die richtige;

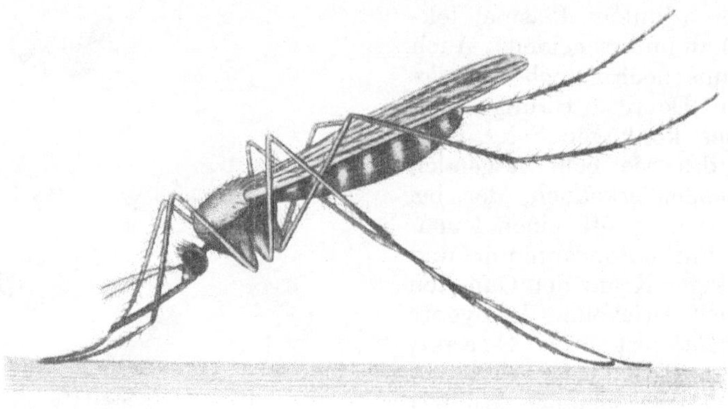

Abb. 250. *Anopheles maculipennis*, nach der Natur gezeichnet. Orig.

von einer echten „Kultur" im Sinne der Bakteriologie, die sich in Subkulturen
weiter fortpflanzen läßt, dürfen wir zurzeit noch nicht sprechen

Die **Überträger** der Malaria gehören zu den Culiciden, ihr Gesamthabitus wird durch die beigegebenen Abbildungen 250, 251 u. 256 erläutert.
Wir können unter diesen zwei große Gruppen ungezwungen unterscheiden, die
Culicinen und Anophelinen. Die wichtigsten, leicht feststellbaren Unterschiede sind folgende (s. Abb. 251):

Culex.	*Anopheles.*

Eier: keulenförmig, werden in „Schiffchen" abgelegt (Abb. 252).

Larven: mit Atemröhre am Hinterende, hängen schräg von der Wasserfläche nach abwärts (Abb. 251).

Imagines: Palpen der ♀ kurz, sitzen
„mit krummem Rücken" parallel zur
Unterlage. (Nur *Anoph. culicifacies*
ahmt diese Art zu sitzen nach.)

Eier: bootförmig, mit seitlichen Luftkammern, werden einzeln abgelegt
(Abb. 253).

Larven: ohne Atemröhre, schwimmen
flach an der Oberfläche des Wassers
(Abb. 254).

Imagines: Rüssel, Thorax und Abdomen bilden eine gerade Linie; sitzen
schräg zur Unterlage, wie ein schief
eingeschlagener Nagel. Palpen der
mindestens ebenso lang wie der Stechrüssel.

Ehe wir auf die Systematik etwas näher eingehen, erscheint es zweckmäßig,
einige Angaben über die Lebensweise der Culiciden zu machen.

Die Culiciden legen ihre Eier ausnahmslos auf die Oberfläche des Wassers ab, wo sie, manchmal zu kleinen Verbänden verklebt (*Culex*), treiben und sich zwischen den Wasserpflanzen festsetzen. Gewisse Arten besitzen lufthaltige Anhänge (Luft-

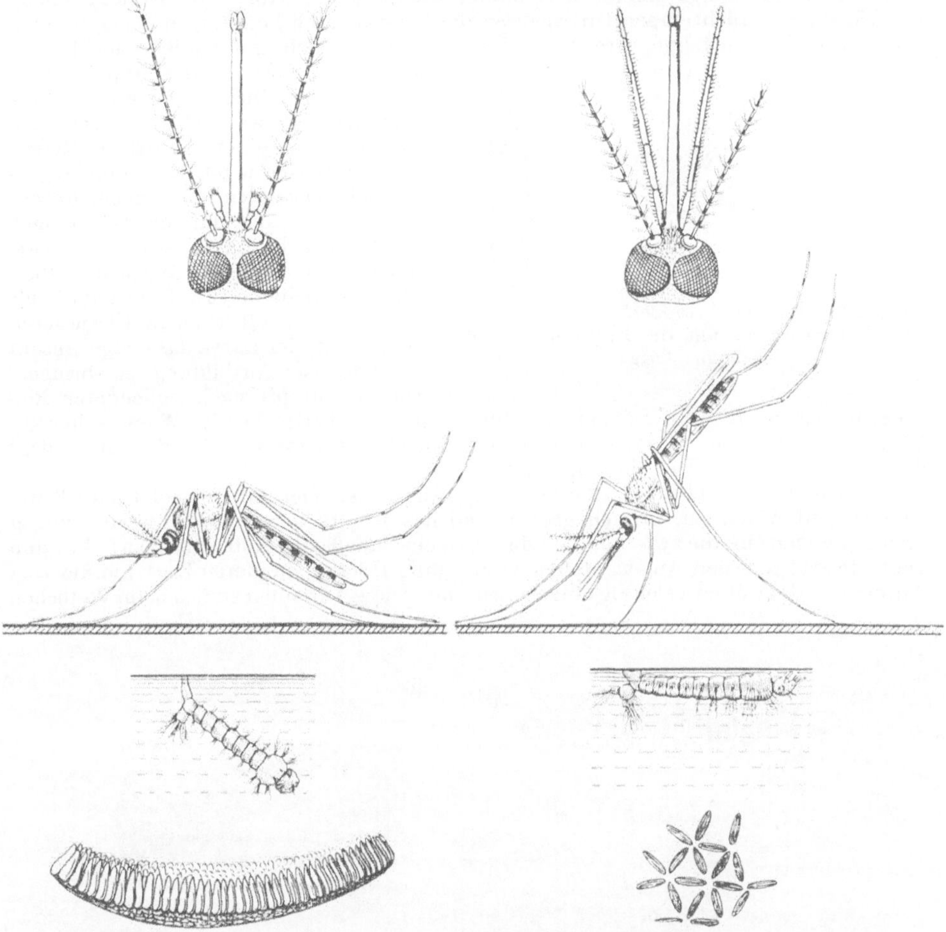

Abb. 251. Unterschiede zwischen *Culex* (links) und *Anopheles* (rechts). Orig.

kammern). Nach einigen Tagen (je nach der Außentemperatur 1¹/₂—3 und mehr Tage öffnet sich an einem Pol die Eihülle und eine kleine Larve gleitet daraus ins Wasser.

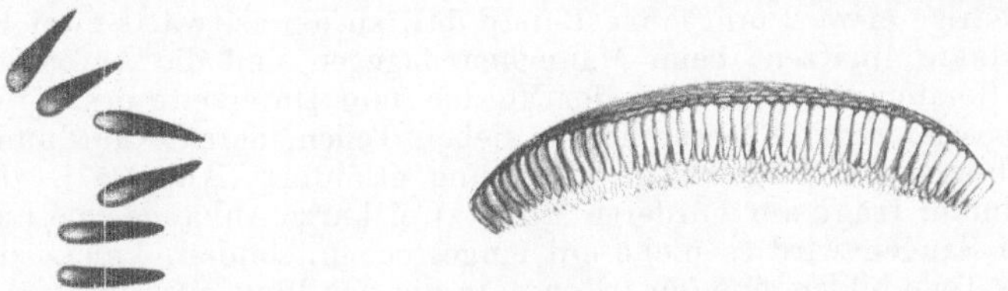

Abb. 252. Eier von *Culex*, links einzeln, rechts zu einem „Schiffchen" verklebt.

Am letzten Leibesring liegt an der Rückenseite das sog. Stigma, die Öffnung des Tracheen- (des Atmungs-)Systems. Bei den meisten Culexarten trägt das Hinterende noch einen Fortsatz, die Atmungsröhre. Mit der Stigmenöffnung heften sich die kleinen Larven, die zuerst eine Länge von etwa 1¹/₂ mm haben, an die Oberfläche des Wassers an, um dort zu atmen. Werden sie gestört, so bewegen sie sich mit eigentümlich zuckenden Bewegungen, von der Oberfläche nach der Tiefe des Wassers hin, treiben aber nach einiger Zeit immer wieder in die Höhe, um Luft zu holen. Bei günstiger Außentemperatur wachsen die Larven rasch heran, so daß sie, je nach der Art, 6—12 mm Länge erreichen. Dann häuten sie sich und werden nach 11—30

und mehr Tagen zur Puppe. Diese stellt ein rundliches, seitwärts abgeplattetes, schwärzliches Körperchen dar, das mit einem kräftigen Ruderschwanz ausgerüstet ist und mit eigentümlich zuckenden Bewegungen durchs Wasser eilt, aber immer wieder nach der Oberfläche treibt, wo es mit zwei fühlerartigen Kopfanhängen die Oberfläche erreicht und Luft einsaugt (Abb. 255). Wenige, oft schon zwei Tage genügen, um in der Larve das fertige Insekt (Imago) zur Ausbildung zu bringen.

Abb. 253. Eier von *Anopheles*; rechts (etwa 18 fach vergrößert, um die Luftkammern zu zeigen. Orig.

Dieses schlüpft nach vollendeter Reifung aus einem Riß am Rücken der Puppe an die Oberfläche des Wassers hervor. Wenn nach einigen Stunden die zarten Flügel fest geworden sind, dann fliegt das geschlechtsreife Tier davon.

Äußere Anatomie. An dem ausgewachsenen Tier unterscheidet man Kopf, Thorax und Abdomen. Einen großen Teil des Kopfes nehmen die nierenförmigen Fazettenaugen ein, die zwischen sich die Stirn einschließen (s. Abb. 251, oben). Vor und ventralwärts von den Augen stehen zwei runde Höcker, in deren Zentrum die sog. Antennen oder Fühler gelenkig eingelassen sind. Diese Antennen stellen beim Weibchen

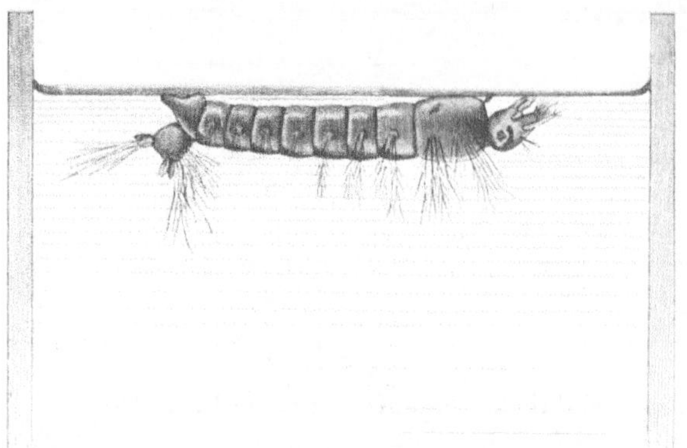

Abb. 254. Larve von *Anopheles maculipennis*. Orig.   Abb. 255. *Culex*-Puppe. Orig.

eine mehrgliedrige etwa 2 mm lange Borste dar, an der seitwärts zwei Reihen ziemlich langer Haare ansitzen; beim Männchen dagegen sind die Antennen federartig mit dichten Borsten besetzt. Von der Vorder- und Unterseite des Kopfes ragt der Rüssel (Proboscis) vor. Er besteht aus sieben Teilen, deren Anordnung im Querschnitt am besten die beigegebene Zeichnung erläutert (Abb. 257). Der stärkste Teil, das Labium, trägt am vorderen Ende zwei kurze Anhänge, die Labeolae oder Oliven; beim Saugen wird es nicht mit eingestochen, sondern knickt sich ab. Die übrigen sechs Teile bilden eine feine Röhre, in der das Blut aufsteigt, während gleichzeitig durch das feine Röhrchen im Hypoparynx das Sekret der Speicheldrüsen in die Wunde hinein gepreßt wird.

Zu beiden Seiten des Stechrüssels stehen auf kurzen Basalgliedern die Taster oder Palpen. Sie bestehen aus 5 Gliedern, die bei *Culex* ♀ sehr kurz, bei *Anopheles*

♀ dagegen etwa so lange wie der Rüssel sind und kurze, derbe Schuppen tragen. Bei den Männchen sind sie dagegen stark entwickelt, länger als die Proboscis und häufig wie ein Hockeyschläger nach oben aufgebogen. Das Hinterhaupt ist reich beschuppt. Am Thorax selbst sitzen nach unten je drei Hüften, die drei Beinpaare. Nach hinten und oben sitzen am Thorax die Flügel an. Sie sind glashell, von Adern durchzogen und zum Teil mit Schuppen bedeckt, die zur Unterscheidung der Arten Verwendung finden. Etwas unterhalb und hinter den Flügeln sitzen beiderseits die sog. Schwingkölbchen.

Mit dem Thorax steht durch eine dünne „Taille" das Abdomen in Verbindung, das aus neun Ringen besteht; am Hinterende liegt die Anal- und die Geschlechtsöffnung, beim Männchen eingefaßt von zangenartigen Haftorganen oder Klauen.

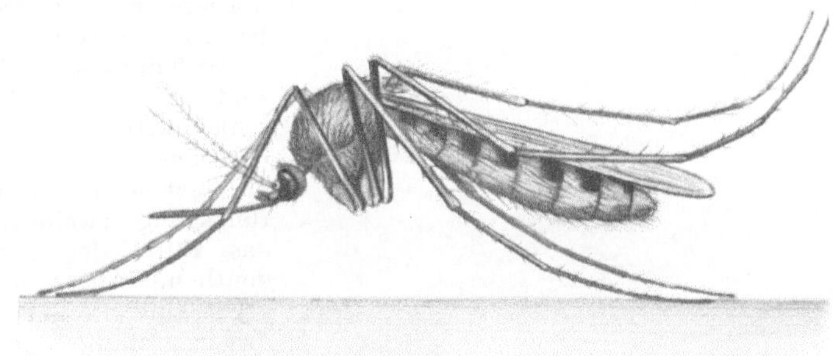

Abb. 256. *Culex*, sitzend. Orig.

Die Präparation eines Moskitos wird folgendermaßen ausgeführt: man schneidet Flügel und Beine nahe am Rumpf ab; dann wird mit einem scharfen, geballten Messer der Thorax mit wiegendem Schnitt in der Mitte quer durchschnitten. An der vorderen Hälfte reißt man, nachdem man sie in einem Tropfen $0,4\%$ige Kochsalzlösung auf den Objektträger brachte, mit zwei Präpariernadeln den Chitinpanzer bis zum Halse hin auf. Dann fixiert man mit einer Nadel den Rest des Thorax, mit der anderen, die man über dem Hals in den Kopf eingestochen hat, zieht man leise den Hals aus dem Thorax heraus. Gewöhnlich bleiben dann die Speicheldrüsen am Kopf und Hals hängen. Man schneidet dann den Kopf vom Hals ab und zerzupft vorsichtig das die hellglänzenden Drüsenlappen einschließende Gewebe. Die hintere Hälfte wird mit einer Nadel fixiert und in einen Tropfen Kochsalzlösung gelegt. Mit einer zweiten Nadel reißt man zwischen 6. und 7. Abdominal-Segment die Chitinhaut seitlich ein wenig ein. Setzt man jetzt die Nadelspitze in das letzte Segment ein und zieht vorsichtig nach rückwärts, so treten die Eingeweide bis zum Ösophagus aus der Öffnung des Abdomens hervor. Für die Anfertigung von Schnitten bringt man die frisch getöteten Mücken in Sublimatlösung (mit $0,9\%$iger Kochsalzlösung, heiß gesättigt) oder in 15% Formalin in 40%igem Alkohol (Schüffner); zweckmäßig ist es,

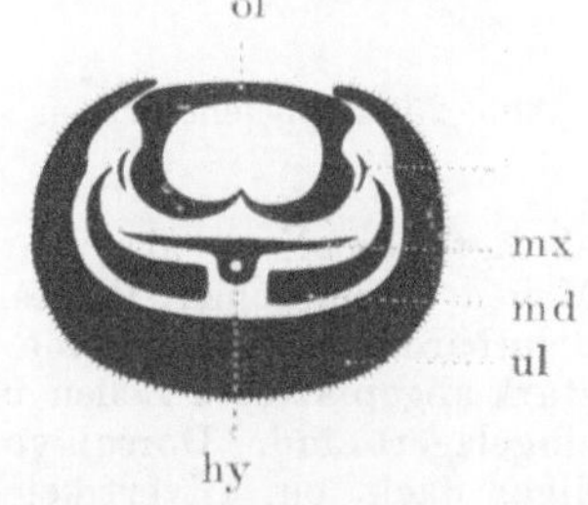

Abb. 257. Querschnitt durch den Stechrüssel eines *Anopheles*. hy Hypopharynx mit Speicheldrüsengang, md Mandibel, mx Maxille, ol Oberlippe, ul Unterlippe.

vorher Thorax und Abdomen mit Nadeln oder einem sehr scharfen Messer zu eröffnen, damit die Flüssigkeiten eindringen. Oder man fixiert die herauspräparierten Organe in einer dieser Lösungen. Einbetten in Paraffin, Färben mit Hämalaun o. ä.

Innere Organe. Die Halbröhre des Labiums setzt sich fort in den Pharynx, der mit seinen drei Chitinplatten und der starken Muskulatur als Pumporgan wirkt. Dicht unter diesem liegt der Ausführungsgang der Speicheldrüsen, in dessen Wandung ein spiralig aufgerolltes Chitinband eingeschlossen ist. Der Pharynx geht in den

Ösophagus über, einen sehr dünnwandigen Schlauch, der durch den Halsteil hindurchtritt. Ihn begleitet der Ausführungsgang der Speicheldrüse, der sich aber bald
gabelt und beiderseits sich in je drei Speicheldrüsenläppchen fortsetzt (Abb. 258). In
diesen liegen um den Ausführungsgang, der in diesem Abschnitt seine spiralige Struktur verloren hat, herum radiär die Drüsenzellen, die nach außen von einer sehr feinen
Membran zusammengehalten werden. Der Inhalt dieser Drüsenzellen ist teils fein
granuliert, stark lichtbrechend, teils besteht er aus größeren, homogenen, schwächer
lichtbrechenden Tropfen. Kern und Protoplasma sind an die Wand der Zellen gedrängt. Die Anordnung der Zellen und die Größe der einzelnen Lappen ist je nach
der Moskitoart verschieden. Bei *Anopheles* sind die beiden äußeren Lappen hellglänzend, die Zellen deutlich abgegrenzt und grob granuliert; der Mittellappen ist wesentlich dunkler, und die Zellen
sind, da sie in Blasen mit schleimartigem Inhalt verwandelt sind, nicht so leicht zu unterscheiden. Der Ausführungsgang erweitert sich gegen das Ende des Lappens hin
deutlich. Am Anfangsteil dagegen sind die Belagzellen niedriger, granuliert und enthalten kein Sekret. Der übrige Brustraum wird durch den Ösophagus, durch Muskeln, die die
Flügel und Beine bewegen, durch das Herz mit seinen
großen bräunlichen, mehrkernigen Herzzellen und durch ein
primitives Nervensystem, endlich durch Fettgewebe ausgefüllt. Durch den Schnürring zwischen Thorax und Abdomen
tritt der sehr dünnwandige Ösophagus hindurch und endet
dicht dahinter mit einem ringförmigen Muskelwulst, der
noch etwas in den Magen hin

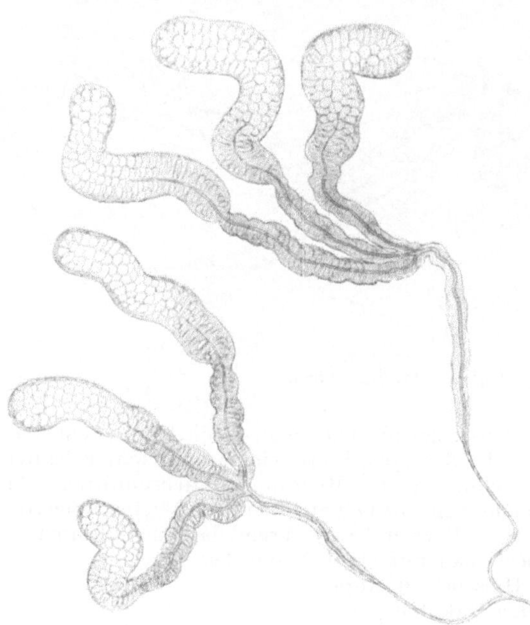

Abb. 258. Speicheldrüsen eines *Anopheles*. Orig.

einragt; er dient als Ventil und verhindert das Zurückströmen des bereits im
Magen befindlichen Blutes. Der Mitteldarm stellt einen spindelförmigen sehr
dehnbaren Sack dar; seine Wandung besteht aus kubischen, im gefüllten Zustand
stark abgeplatteten Zellen und einer äußeren Membran, in die kräftige Muskelfasern
eingelagert sind. Dorsal vom Ösophagus und Magen liegt noch ein sehr dünnwandiger Sack, ein Divertikel des ersteren, in dem gewöhnlich einige Luftblasen sich
befinden, der außerdem Hefe- und Bakterienzellen zu enthalten pflegt. Die Grenze
zwischen Magen und Darm ist markiert durch die Einmündung der fünf Malpighischen Gefäße, langer, vielfach gewundener Schläuche mit sehr charakteristischem Zellbelag, die offenbar als Exkretionsorgane dienen. Der Enddarm ist ein
mehrfach gewundener Schlauch mit kräftiger Muskulatur und flachem Epithelbelag. Das ganze Darmkonvolut ist umsponnen von einem reichen Tracheennetz.
Diese Atmungsröhren, die sich im ganzen Körper verzweigen, sind leicht an ihrer
spiraligen Struktur zu erkennen. Dicht vor der Afteröffnung erweitert sich der Darm
zu einer Rektalblase mit sechs „Papillen“. Weiter analwärts münden die Ausführungsgänge der Eierstöcke. Diese stellen zwei langgestreckte, etwa spindelförmige
Organe dar, die beim unbefruchteten Weibchen zahlreiche Eizellen enthalten. Nach
der Befruchtung, bei der die Spermatozoen in einer Spermateke aufgespeichert
werden, schwellen die Eizellen an, bis sie als spindel- oder keulenförmige, von
einer Chitinhaut umschlossene Gebilde abgelegt werden.

Nur die Weibchen saugen Blut, beide Geschlechter nehmen aber auch Pflanzensäfte auf. Die Befruchtung durch die Männchen erfolgt aber nur nach einer Blutmahlzeit, auch zur Entwickelung der Eier sind mehrere Blutmahlzeiten notwendig. Das Blut bleibt im Magen einige Zeit lang flüssig, es färbt sich dort schwarz und wird später etwas eingedickt, nach etwa 24 Stunden treten die schwärzlichen Krümel in den Darm über und werden als schwarze Fleckchen wieder ausgeschieden.

Im Darm verschiedener Anophelen sind Parasiten beobachtet worden: encystierte Trematoden in den Geweben, namentlich des Halses, Nematoden (Filarien?) in den Geweben des Thorax; wurstförmige Gebilde (?) manchmal in der Umgebung der Speicheldrüsen; Cysten mit acht Körperchen (Coccidien?); Distomenlarven. Im Enddarm finden sich Flagellaten.

Lebensgewohnheiten. Viele Anophelesarten kann man als Haustiere des Menschen bezeichnen; namentlich in unseren Breiten halten sie sich in Ställen und in menschlichen Wohnungen bis zur Eireife auf und entfernen sich nicht weit von denjenigen Orten, wo ihnen Warmblüter leicht zugänglich sind. In den Tropen dagegen gibt es auch Moskitoarten, darunter sehr gefährliche Wirte der Plasmodien der Malaria, die nur im Busch, in Wäldern und Dschungeln vorkommen. Ihre Eier legen alle Anophelen mit Vorliebe auf natürliche Wasseransammlungen (Gräben, Sümpfe, Altwässer, Reisfelder, verlassene Kanoes u. ä.), nur selten wird man Anophelesbrut in Regentonnen, alten Konservenbüchsen oder gar in Versitzgruben, wie sie von *Culex* und *Stegomyia* aufgesucht werden, finden. *Anopheles*-Larven leben an der Oberfläche, sind also auch mit sehr seichten Wasseransammlungen zufrieden. Um eine für die Eiablage geeignete Wasseransammlung zu erreichen, überfliegen die Anophelen oft ziemlich weite Strecken bis zu 1000 m und mehr. Häufig werden sie auch durch den Wind verschleppt. Gewisse Arten (z. B. *Pyretophorus chaudoyei*) gedeihen sehr gut in Salzwasser, das bis zu 3% Kochsalz enthalten kann. Manche Arten verschmähen auch die kleinste Wasseransammlung wie Blumenuntersätze u. ä. nicht, so sind z. B. in Brasilien die Larven der sog. Waldmoskitos (*Anopheles lutzi*) in den Blattachseln gewisser Pflanzen (Ananasarten, Bromeliaceen) gefunden worden. Selbst die kleinen Mengen von Regenwasser, die ins Innere des Bambusrohres durch kleine von Käfern gebohrte Löcher eindringen, genügen ihnen als Brutplätze. Stehen ihnen solche (während der Trockenzeit) nicht zur Verfügung, so erwarten die befruchteten Weibchen, deren Ovarien massenhaft reife Eier enthalten, in Schlupfwinkeln versteckt die ersten Regengüsse, um dann sofort mit der Eiablage zu beginnen.

Zur Vermehrung der Anophelen sind geeignete Brutplätze notwendig. In größeren Städten, z. B. in Rom, fehlen diese, weshalb auch Rom selbst malariafrei ist, während die umliegende Campagna schwer malariadurchseucht ist. Größere Erdarbeiten pflegen in Malariagegenden besonders gefürchtet zu sein, weil dadurch neue Brutstätten für die Anophelen geschaffen werden. Zu Zeiten hohen Grundwasserstandes entstehen zahlreiche Pfützen, deshalb ist auch die Regenzeit in den Tropen ganz besonders gefürchtet. In den neuentstandenen Brutstätten entwickeln sich die Anophelen in 2—3 Wochen, etwa weitere 2—3 Wochen später sind dann frisch infizierte Imagines vorhanden, die Inkubationszeit der Krankheit beträgt ca. 11 Tage, und in der Tat bemerkt der Tropenarzt häufig etwa 6 Wochen nach Einsetzen der Regenzeit ein Anschwellen der Malariamorbidität. In Indien steigt die Malariamorbidität im September, gegen das Ende der Regenzeit an und erreicht im November-Dezember den Höhepunkt; das ist auch die Zeit des Einsetzens des Nordostmonsuns, der häufig zu Erkältungen Anlaß gibt.

Die Anophelen legen die bootförmigen, mit seitlichen Luftkammern versehenen Eier einzeln ab (s. Abb. 253, S. 304); diese legen sich dann häufig zu zierlichen sternförmigen Figuren zusammen. Die Eier sind zuerst weißlich, werden aber schnell schwarz. Ein Weibchen kann in einem Gelege bis zu 150 Eier hervorbringen. Die kleinen Larven legen sich, da sie nur eine ganz kurze Atemröhre am vorletzten (8.) Segment besitzen, flach an die Oberfläche des Wassers an und schwimmen dann etwa wie Streichhölzer dicht unter der Wasserfläche (Abb. 254, S. 304). Die Puppen sind kaum von denen der Culiciden zu unterscheiden (Abb. 255, S. 304).

Die Entwickelung vom Ei bis zum Ausschlüpfen des geschlechtsreifen Tieres dauert je nach der Art und vor allem je nach der Außentemperatur sehr verschieden lange. In Daressalam erfordern diese Stadien im Minimum 8 Tage, in Nordholland dagegen 50 und mehr Tage. Nach Darling (Panama) dauert bei *Anoph. albimanus* bei 25—30° und 4stündiger täglicher Besonnung die Entwickelung im Ei durchschnittlich 36 Stunden, das Larvenstadium 12, das Puppenstadium 2 Tage. Schüffner gibt 12—20 Tage an. Der Winter unterbricht einfach die Entwickelung der Larven und Puppen, die dann beim Einsetzen der warmen Jahreszeit weitergeht; nur wenn eine Wasseransammlung durch die Eisdecke vollkommen von der Luft abgeschlossen ist, gehen die Larven und Puppen zugrunde. Bleibt der Winter aber warm und setzt dann die warme Jahreszeit ein, so geht auch die Entwickelung der Larven und die Vermehrung der Culiciden mit neuer Energie weiter. Auch die Eier können unter günstigen Verhältnissen überwintern. In unseren Breiten überwintern fast nur die Weibchen; sie suchen zu Beginn der kühleren Jahreszeit die Keller und namentlich Viehställe auf, begnügen sich aber auch mit Erdhöhlen oder mit Laubhaufen. Während der Kälte versinken sie in eine Art Erstarrung, aus der sie die warme Jahreszeit wieder erweckt. Sie suchen dann sofort Blut zu saugen, und die Entwickelung der Eier, die während des Winters pausierte, geht einfach weiter. Ausnahmsweise kommt eine Wiederholung der Ablage bei demselben Tiere vor. In bezug auf ihre Blutlieferanten sind die Anophelen wählerischer als Culex. Sie saugen vorzugsweise an Menschen und an Säugetieren, nur sehr ungern an Vögeln. Sie sind Nachttiere und kommen erst beim Herannahen der Dämmerung aus den Schlupfwinkeln hervor, suchen sie mit der Morgendämmerung wieder auf und bevorzugen bei deren Auswahl die dunkelsten Farben.

Auch in den Tropen werden sie nur ganz ausnahmsweise in Höhen über 1800 m gefunden. Sie können sich eben nur an Orten entwickeln, deren Tagestemperaturen sich längere Zeit über 20° C. halten.

Frei von *Anopheles* sind außerdem nur die Wüsten und einige kleine Inseln, auf denen sich bisher keine *Anopheles* einnisten konnten.

Die Anophelen passen sich in ihrer Entwickelung den äußeren Bedingungen weitgehend an. So haben in den schwer verseuchten Malariagegenden Südwestafrikas die Moskitos nur die kurze Zeit zur Verfügung, wo infolge der Regengüsse kleine Vertiefungen im Boden, z. B. die Spuren des Viehs, mit Wasser gefüllt sind. Während dieser Zeit vermehren sich denn auch die Moskitos in großen Massen, um dann als Imagines die Trockenzeit zu überdauern.

Eine Einschleppung der Malaria in bis dahin freie Gebiete durch infizierte Menschen setzt voraus, daß dort die für die Übertragung geeigneten Mückenarten vorhanden sind. Dies war z. B. 1868 auf der Insel Réunion der Fall.

Das **System** der Culiciden ist an sich einfach und namentlich für praktische Zwecke genügt es, daß sie sich von den anderen zur Unterabteilung *Nematocera* gehörigen Dipteren durch den geraden, langen Stechrüssel und durch die Beschuppung des Flügelgeäders auszeichnen (nur die Gattungen *Corethra* und *Mochlonyx* besitzen keine Stechrüssel, sie kommen für uns auch nicht in Betracht).

Was die Einteilung der *Anophelinen* anlangt, so würde es den Rahmen dieses Werkes entschieden überschreiten, wollte ich auf die Systematik näher eingehen, zumal da diese noch keineswegs von allen Forschern nach gleichen Regeln bearbeitet wird. Die Anophelinen stellen nach D ö n i t z eine einheitliche Gruppe dar; er unterscheidet die einzelnen Arten hauptsächlich nach der Zeichnung und Beschuppung der Flügel.

Theobald hat die Art *Anopheles* in zehn Unterarten aufgelöst. Das System ist sehr kompliziert, da es die Beschuppung des ganzen Körpers heranzieht. Da es

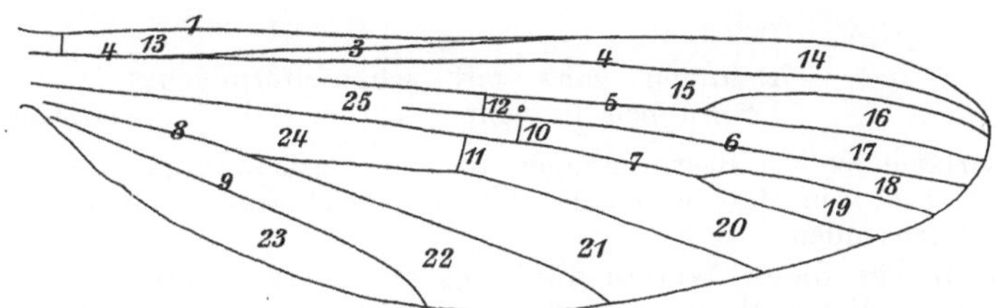

Abb. 259. Flügelgeäder eines Anopheles.

1. Vena costalis		7. Vena longitudinalis IV
2. „ nasalis transversa (auf der Zeich-		8. „ „ V
nung links oben)		9. „ „ VI
3. „ auxiliaris		10. „ transversa media
4. „ longitudinalis I		11. „ „ posterior
5. „ „ II		12. „ „ centralis
6. „ „ III		13—23 die zwischenliegenden „Zellen".

aber namentlich von den Engländern jetzt fast durchgängig angewandt wird, so sei hier wenigstens die allgemeine Einteilung gegeben.

Thorax und Abdomen mit haarähnlichen gekrümmten Schuppen	Prothorax glatt. Keine flachen Schuppen am Kopf	Flügelschuppen lanzettförmig	*Anopheles*
		Flügelschuppen meist lang und schmal	*Myzomyia*
		Flügelschuppen zum Teil breit, schaufelförmig .	*Cyklolepidopteron.*
	Am Prothorax beiderseits ein warzenartiger Fortsatz	Flügelschuppen lanzettförmig	*Aethomyia.*
Thorax mit stark gekrümmten (messerförmigen) Schuppen. Abdomen beborstet	Flügelschuppen klein, lanzettförmig oder schmal		*Pyretophorus.*
Thorax mit haarartigen, gebogenen Schuppen.	An der Vorderseite des Thorax einige, sehr scharf gebogene Schuppen. Am Bauch seitwärts Schuppenbüschel, Bauchseite beschuppt, aber keine Büschel		*Arribalzagia*
	Keine seitlichen Schuppenbüschel, dagegen an der Unterseite der Bauchringe deutliche Schuppenbüschel . .		*Myzorhynchus*

Sowohl Thorax als Abdomen mit richtigen Schuppen.
Abdomen mit seitlichen und dorsalen Schuppen - Büscheln. Thorax hat schmale, gekrümmte oder spindel-förmige Schuppen . . . . *Nyssorhynchus*

Abdomen fast ganz beschuppt mit ver-schiedenen Schuppen, seitlich Schup-penbüschel . . . . *Cellia*

Abdomen ganz mit schaufelförmigen Schuppen bedeckt (wie bei Culex) . *Aldrichia*

Für wirklich exakte Bestimmungen ist ein Spezialstudium nötig; der Prak-tiker wird gut tun, sein Material einem zoologischen Museum, z. B. in Berlin, Inva-lidenstraße, einzusenden.

Dem Zwecke dieses Werkes dürfte es am meisten entsprechen, wenn ich die auffallendsten Merkmale der wichtigsten Malariaüberträger beschreibe.

1. *Anopheles maculipennis* kommt nur in Europa und Nordamerika vor; von den übrigen Anophelesarten ist er leicht durch vier dicht mit schwarzen Schuppen bedeckte Flecken in der Mitte der Flügel zu unterscheiden.

2. *Anopheles bifurcatus*; Europa; alle Adern der Flügel sind mit schwarzen Schuppen besetzt, die entlang der Mitte der Costa (s. Abb. 259) mit gelben Schuppen untermischt sind. Beine ockerfarben, mit schwarzen Schuppen bedeckt.

3. *Anopheles nigripes*; Europa; Flügel ähnlich wie Nr. 2; Beine und Tarsen gleichmäßig schwarz, nur die Tibiae dunkelbraun.

4. *Anopheles superpictus*; Italien, West- und Zentralafrika, Indien. Die Costa der Flügel mit fünf schwarzen und vier gelben Abschnitten, die übrigen Venen schwarz gefleckt. Am Tibiotarsal- und den Tarsalgelenken weiße Bänder.

5. *Anopheles (Myzomyia) culicifacies*; Indien; leicht zu erkennen an der Art zu sitzen wie ein *Culex*, mit gekrümmtem Rücken. Flügelcosta schwarz mit vier kleinen strohgelben Flecken. Helle Flecke an den Quervenen und den Gabelungen der übrigen Venen. Tarsen gleichmäßig schwarz.

6. *Anopheles (Myzomyia) listoni*; Indien; Costa mit vier weißen Flecken, der größte nahe der Basis des Flügels; in der Mitte des Flügels geht ein weißer Streifen quer über das ganze Geäder.

7. *Anopheles stephensi*; Indien; Flügelcosta mit vier breiten hervortretenden, schwarzen Flecken, zwei kleinere an der Basis; der dritte, breiteste Fleck greift auch auf die erste Längsader über. Randschuppen dunkel mit Unterbrechungen. An der Spitze der Palpen zwei breite weiße Bänder, an der Basis ein schmales.

8. *Anopheles (Pyretophorus) jeyporensis*; Indien; Costa schwarz, zwei weiße breite Flecke im äußeren Abschnitt, zwei kleinere an der Basis, Rand gefleckt; Palpen schwarz mit drei weißen Bändern, von denen das breiteste an der Spitze.

9. *Anopheles (Myzomyia) funestus*; Zentralafrika. Costa trägt sechs weiße Flecke; der Fleck an der Basis hat eine helle Lücke; am Rand sind alle Enden der Hauptvenen hell, mit Ausnahme der sechsten; Palpenspitze weiß, nahe der Mitte ein weißer Ring, nahe der Spitze ein zweiter.

10. *Anopheles (Pyretophorus) costalis*; weit in Afrika verbreitet; auf der schwarzen Costa folgen, von der Basis beginnend, sechs weiße Flecke, von denen der dritte bis sechste auf die Hilfsvene übergreift. Diese weißen Flecke der Hilfsvene sind durch schwarze Fleckchen unterbrochen. Tibiae und Femora mit gelben Flecken, Palpen mit drei schmalen weißen Streifen.

11. *Anopheles merus*; Ost- und Südwestafrika. Am Vorderrande der Flügel vier große schwarze Flecke; Palpen an den Gelenken geringelt, Endglied ganz weiß. Die Hauptkralle des ersten Beinpaares trägt in der Mitte einen Nebenzahn, an der Basis noch eine zweite Kralle.

12. *Anopheles albimanus;* Westindien; Endglieder der Tarsen des ersten Beinpaares weiß. Die Abdominalsegmente tragen je einen dreieckigen grauen Fleck.

13. *Anopheles lutzii;* Brasilien; sehr klein, 4 mm lang, Costa mit drei kleinen, gelben Flecken. Rücken trägt fünf zum Teil geschwungene weiße Längslinien.

Als wichtigste Überträger kommen in Betracht:

für **Europa**:	*An. maculipennis,*
	An. (Nyssorh.) bifurcatus,
	An. (Pyrethoph.) superpictus,
	An. (Myzorh.) pseudopictus;
für **Afrika**:	*An. (Myzomyia). funestus,*
	An. (Pyrethoph.) costalis;
für **Westindien**:	*An. (Cellia) albimanus,*
	An. albipes,
	An. (Cellia) tarsimaculatus,
	An. pseudopunctipennis;
für **Südamerika**:	*An. (Myzomyia) lutzii;*
für **Ostasien**:	*An. jesoensis,*
	An. sinensis,
	An. rossi (Philippinen, Sundainseln);
für **Ostindien**:	*An. (Myzomyia) listoni,*
	An. (Myzomyia) culicifacies,
	An. (Nyssorhynchus) stephensi,
	An. (Nyssorhynchus) theobaldi,
	An. (Myzomyia) barbirostris.

Pathogenese. Der akute Anstieg der Körpertemperatur fällt zusammen mit der Ausbildung der kleinen Teilungsprodukte, mit dem Auseinanderweichen der Merozoiten unter Ausstoßung des das Pigment enthaltenden Restkörpers (siehe die Kurven). Wir müssen annehmen, daß bei diesem Vorgang Substanzen frei werden, welche die Körpertemperatur erhöhen und die oben geschilderten subjektiven Symptome veranlassen. Vielleicht sind sie gerade in dem Restkörper enthalten. Brown glaubt dem Pigment (Hämatin) eine wesentliche Rolle bei der Entstehung namentlich der Malariaanämie zuweisen zu müssen. Das Gesamtbild des akuten Anfalls weist darauf hin, daß die Wirkung dieser Giftstoffe in erster Linie eine zerebrale sei. Es ist bisher noch nicht gelungen, diese „Toxine", wie wir sie, ohne über ihre Natur damit Näheres sagen zu wollen, nennen wollen, zu demonstrieren. Ebensowenig konnten sie indirekt durch den Befund von Antikörpern im Serum nachgewiesen werden; wenigstens geben die Befunde de Blasis kein klares Bild. Die Wassermannsche Reaktion ist nicht konstant genug vorhanden, um irgend etwas zu beweisen. Während bei Tertiana und Tropika kurz nach vollendeter Teilung die Wirkung dieser Toxine beendet ist, scheint der Tropenfieberparasit nicht bloß im Teilungsstadium solche Toxine zu produzieren, sondern auch noch später in einer noch völlig unklaren Weise Fieber erzeugen zu können, wie dies aus den beigegebenen Kurven Abb. 260 u. 261 ersichtlich sein dürfte. Die positiven Versuche von Rosenau und seinen Mitarbeitern sind als anaphylaktische Reaktionen aufzufassen.

In zweiter Linie wirken die Malariaplasmodien bzw. ihre Stoffwechselprodukte auf die roten Blutkörperchen, und zwar werden nicht bloß diejenigen Erythrocyten zerstört, welche von Parasiten befallen sind, sondern Roß konnte durch sehr exakte Zählungen und Hämoglobinbestimmungen nachweisen, daß auf 1 Parasiten etwa 25 zerstörte Blutkörperchen treffen. Im weiteren Verlauf der Infektion kommen dann noch schädigende Wirkungen auf die Regeneration der Blutkörperchen hinzu.

Wir haben bereits die Wirkungen der Malariaparasiten auf die von ihnen befallenen roten Blutkörperchen erwähnt (Abblassen, Aufblähung und feine Tüpfelung bei Tertiana, Schrumpfung und grobe Fleckung bei Tropica). Aber auch in den nicht befallenen roten Blutkörperchen machen sich Veränderungen bemerkbar in Form von basophiler Körnung, Polychromatophilie, im Auftreten von Poikilocyten und kernhaltigen roten Blutkörperchen.

Unter den farblosen Zellen des Blutes werden die polymorphonukleären Leukocyten im akuten Anfall etwas vermehrt, später aber tritt eine relative Vermehrung der großen mononukleären Leukocyten ein, die nach Roß bis zu 80% aller weißen Blutkörperchen betragen können (normal $4—10\%$). Diese Vermehrung der großen Einkernigen läßt sich nach den Untersuchungen von Stephens und Christophers auch diagnostisch verwerten. Ganz besonders wichtig wäre es aber, wenn sich die Beobachtung von Justi bestätigen ließe, daß in den Perioden zwischen den Anfällen das Verhältnis von großen Mononukleären zu Polymorphkernigen sich der Norm wieder nähere, daß aber einige Zeit vor dem neuen Anfalle die Zahl der Mononukleären neuerdings zugunsten der Polymorphkernigen ansteige. Damit wäre ein wichtiges Hilfsmittel zur Vorhersage und Verhütung eines Rückfalles gegeben.

Die Malariaparasiten produzieren zwei Arten von Pigment, einerseits das schwarzbraune krümelige Melanin, das kein Eisen enthält (mit Ferrocyankalium und Salzsäure keine Berlinerblaufärbung); es ist doppelt polarisierend. Ein zweites Pigment ist das Hämosiderin, das eisenhaltig ist und in den Zellen der Leber, Niere, Milz und des Pankreas abgelagert wird. Ob auch diese Pigmente als Toxine wirken (allmähliche Lösung während des kachektischen Stadiums) oder nur mechanisch, ist noch nicht festgestellt.

In der Milz werden zahlreiche Parasiten aus dem dort verlangsamt fließenden Blutstrome abgelagert. Wahrscheinlich ist die starke Erweiterung der Blutsinus dieses Organs auf eine unmittelbare Toxinwirkung zurückzuführen. Sekundär entwickeln sich dann Hyperplasien des Bindegewebes, die die derben „Fieberkuchen" verursachen.

Die mit Parasiten behafteten roten Blutkörperchen pflegen in den Kapillaren sich ähnlich wie die weißen Blutkörperchen entlang der Gefäßwandungen fortzurollen. Die großen aus den Blutkörperchen frei gewordenen Parasiten haben offenbar die Eigenschaft, an den Endothelien der Gefäße festzukleben. Ganz besonders scheint diese Eigenschaft beim *Plasmodium immaculatum* vorhanden zu sein. Und andererseits scheinen die Gefäße des Gehirns für eine derartige Parasitenanhäufung ganz besonders prädisponiert zu sein. Unter der Einwirkung der Parasiten schwellen die Endothelien der Kapillaren an und nehmen das Pigment, wahrscheinlich auch die pigmenthaltigen Parasiten auf. Solche Anschoppung führt zur Verengerung und schließlichen Verstopfung der Kapillaren durch infizierte Blutkörperchen.

Bei der intensiven Einwirkung der Malariaparasiten auf die inneren Organe ist es leicht verständlich, daß der Parasitenbefund im peripheren Blute keinen Anhaltspunkt für die Schwere der Erkrankung bietet oder prognostisch verwendbar ist. Man begegnet Fällen schwersten Wechselfiebers, bei denen der Blutbefund äußerst gering ist.

Jedem, der Malaria in verschiedenen Erdteilen kennen gelernt hat, mußte es auffallen, daß die Erkrankungen der verschiedenen Malariagebiete recht beträchtliche Unterschiede namentlich in der Schwere der Erkrankungen zeigen. So sind z. B. die Infektionen im Stromgebiet des Amazonas ganz besonders heftige. Es liegt nahe, nach Analogie mit den übrigen Protozoenkrankheiten die Entwickelung verschiedener Stämme ein und desselben Parasitentypus anzunehmen. Eine wichtige Rolle bei der Entstehung solcher lokaler Verschiedenheiten dürften die Überträger spielen.

Auch die individuellen Schwankungen sind sehr hochgradige. Ganz leichte Fälle wechseln am selben Orte mit schwersten, manchmal tödlichen Erkrankungen ab.

So weit sich aus den bisherigen Beobachtungen folgern läßt, ist auch die Widerstandsfähigkeit gegen Chinin nicht bei allen „Stämmen" gleich. So konnte ich ebenso wie Nocht und Werner bei Kranken vom oberen Amazonas eine hochgradige Chininfestigkeit der Parasiten konstatieren. Es sei hier an die Beobachtungen spontan arsenfester Stämme bei Schlafkrankheit erinnert.

Wenn der menschliche Organismus in seinem Kampfe mit dem Virus ein Gleichgewicht zu erzielen vermag, so tritt ein Stadium der Toleranz ein: der Organismus beherbergt zwar noch Parasiten, allein diese werden durch die Abwehrkräfte des Organismus niedergehalten, und können höchstens unter dem Einfluß von Schädlichkeiten, die den Wirt treffen, jenes Gleichgewicht stören und einen Rückfall verursachen. Mit dieser Toleranz oder labilen Infektion ist aber keine absolute Immunität gegen Neuinfektionen verbunden, wie aus den erfolgreichen Impfungen Ziemanns bei Kamerunnegern hervorgeht. Immerhin besteht dann eine partielle aktive Immunität, welche sich an die frühzeitigen Infektionen, wie sie wohl bei allen Eingeborenen eines Malariagebietes im Kindesalter bereits erfolgen, anschließt, und dies genügt, um nach Überstehen des akuten Stadiums eine gute Entwickelung des heranwachsenden Eingeborenen zu gestatten. Charakteristisch ist es, daß hierbei der Milztumor oft vollständig zurückgeht. Um aber diese partielle Immunität auf ihrer Höhe zu erhalten, sind ständige Reinfektionen durch die Stiche infizierter Moskitos notwendig. An Orten, wo die Malaria nur zu bestimmten Jahreszeiten auftritt (Saison-Malaria nach Dempwolff), fehlen während der an Neuinfektionen armen Periode (z. B. in Italien während des Winters) solche Reinfektionen und es kommt deshalb nicht zur Ausbildung einer hochgradigen Unempfindlichkeit. Dem entsprechen auch die Befunde einerseits Kochs, der in den schwersten Malariadistrikten Neu-Guineas bei Kindern $100^0/_0$ Infizierte, bei den Erwachsenen dagegen $0^0/_0$ Infizierte fand. Andererseits konnte z. B Panse in Tanga unter den Eingeborenen über 20 Jahre $15,3^0/_0$, Plehn in Duala (Kamerun) sogar $50^0/_0$ Infizierte finden. Bei Europäern tritt eine solche Immunisierung natürlich nur in den allerseltensten Fällen ein, fast ausnahmslos erliegen diese vorher der Krankheit.

Ob die Entwickelung der Gameten als eine Art Reaktion auf Widerstandskräfte (Antikörper), die der Körper gegen die Eindringlinge mobil macht, aufzufassen ist, läßt sich zwar vermuten, aber nicht entscheiden, da wir weder die Toxine (Antigene) des Malariaparasiten nachweisen können, noch viel weniger deren Antikörper.

Klinik. Ich will zuerst ein allgemeines Bild des Malariaanfalls und des weiteren Verlaufes der Infektion geben und dann auf die einzelnen Fiebertypen und ihre Besonderheiten eingehen.

Der Verlauf einer unbeeinflußten Malariainfektion setzt sich zusammen aus der Inkubationszeit, dem akuten Anfall, den Latenzperioden zwischen den Anfällen und endlich der Nachperiode, die entweder zur labilen Infektion und zur partiellen Immunität oder zur Kachexie führt. Die Inkubationszeit beträgt bei der natürlichen Infektion durch Anophelesstiche für Tertiana 15—19 Tage; für Quartana 12—14 Tage (Schüffner); für Tropica 9—17 Tage. Bei Infektion durch Blutüberimpfung sind die Zeiten für Tertiana 10—11 Tage, für Quartana durchschnittlich 18 Tage, für Tropica nur $3—6^1/_2$ Tage.

Das charakteristischste Symptom des akuten Malariaanfalls ist das Fieber. Einer Neuinfektion gehen gewöhnlich schon 2—3 Tage, manchmal aber auch nur wenige Stunden lang unbestimmte Prodromalerscheinungen voraus, wie Mattigkeit, Kopfschmerz, Ziehen in den Gliedern. Plötzlich setzt bei Erstlingsfiebern wohl ausnahmslos ein Schüttelfrost ein, der sich von leichtem Schauern bis zu heftigem Zittern mit Angstgefühl steigern kann. Der Puls ist dabei klein und stark gespannt, auf 100—140 Schläge beschleunigt. Die Temperatur ist erhöht und steigt innerhalb weniger Stunden um $3^1/_2$—4^0 Celsius an. Während des Fieberanstiegs wechselt plötzlich das Krankheitsbild: der Kranke klagt über intensive Hitze, das zuerst blasse Gesicht wird nun heftig gerötet, die Haut des Körpers ist heiß und trocken, die Atmung beschleunigt und oberflächlich, der Puls wird groß und weich, 100—120 Schläge in der Minute. Der Kranke ist unruhig, klagt über heftige Kopf-, Rücken- und Gliederschmerzen, Durst, Übelkeit, nicht selten tritt Erbrechen, auch Durchfall und trockener Husten ein. Im Urin ist nicht selten Eiweiß vorhanden, namentlich bei Erkrankungen in den Tropen. Gewöhnlich klagt der Kranke auch über stechende Schmerzen in der Milzgegend. Dieses Organ ist im ersten Anfall noch kaum vergrößert, schwillt aber bei der Wiederholung der Attacken an. Nachdem die Krankheit je nach dem Typus des Fiebers 6—8 bzw. 24 Stunden gedauert hat, setzt gewöhnlich heftiger Schweißausbruch ein, die Temperatur sinkt, der Kranke erholt sich. Nun folgt eine Periode relativen Wohlbefindens, die je nach dem Krankheitstypus zwischen 30 und 50 Stunden bzw. 10—12 Stunden dauert. Dann setzt neuerdings das Fieber ev. mit Schüttelfrost ein, diesem folgt ein neues Stadium der Hitze, diesem wiederum das Stadium des Abfalls, gewöhnlich von Schweißausbruch begleitet. Wird ein solcher Anfall nicht behandelt, so wiederholt er sich in günstigen Fällen immer aufs Neue, oft 14 Tage bis 3 Wochen hindurch. Wenn dann keine Komplikationen eingetreten sind, so werden die Anfälle allmählich immer schwächer und hören schließlich von selbst ganz auf. In ungünstigen Fällen jedoch verliert die Kurve oft schon recht früh ihre Regelmäßigkeit, die Intermissionen werden immer kürzer und weniger tief, und schließlich kann der Kranke zugrunde gehen. Da solcher ungünstiger Ausgang am häufigsten beim sog. Tropenfieber vorkommt, soll er dort näher beschrieben werden.

Treten die Fieberparoxysmen je am 1., 3., 5., usw. Tage auf und ist dabei das *Plasmodium vivax* zu finden, so handelt es sich um *Febris tertiana*. Aber auch das *Plasmodium immaculatum* verursacht jeden 3. Tag einen Anfall (s. u.). Als *Febris quartana* endlich wird derjenige Typus bezeichnet, bei dem die Anfälle 72 Stunden auseinander liegen.

Auf den eigentlichen Malariaanfall pflegt nun ein Intervall zu folgen, in dem der Kranke kaum nennenswerte Folgen seiner vorausgehenden Erkrankung mehr fühlt. Die Milzschwellung geht zur Norm zurück, der Kranke scheint zu genesen. Gewöhnlich nach etwa 14 Tagen pflegt dann in unbehandelten Fällen das erste Recidiv aufzutreten. Die kürzeste Zeit zwischen 2 Anfällen ist 7, die längste 21 Tage. Hält man das Blut eines solchen ungenügend behandelten Kranken unter ständiger Aufsicht, so zeigen sich gegen Ende des Intervalls wieder einzelne Parasiten. Roß hat berechnet, daß einige Hundert Parasiten im Kubikmillimeter Blut vorhanden sein müssen, wenn Fieber auftreten soll; eine exakte Zahl ist natürlich nicht zu geben. Diese Schizonten stammen nach den Untersuchungen von Schaudinn, die von Roß nicht widerlegt worden sind, von Macrogameten ab, die sich durch Parthenogenese wieder in Schizonten zurückverwandelt haben. Nicht selten kann man für das Auftreten eines Recidivs eine Gelegenheitsursache verantwortlich machen. So prädisponiert z. B. eine starke Überanstrengung, eine Erkältung oder eine anderweitige Erkrankung zu einem Wiederaufflackern der latenten Infektion. Die einzelnen Fieberformen neigen in verschiedenem Grade zum Recidivieren. Am hartnäckigsten pflegt die Quartana zu sein, wogegen Tropica durch Chinin relativ leicht beeinflußt werden kann. Doch läßt sich keineswegs ein allgemeiner Grundsatz hierfür aufstellen, da das Wiederauftreten von Recidiven von sehr

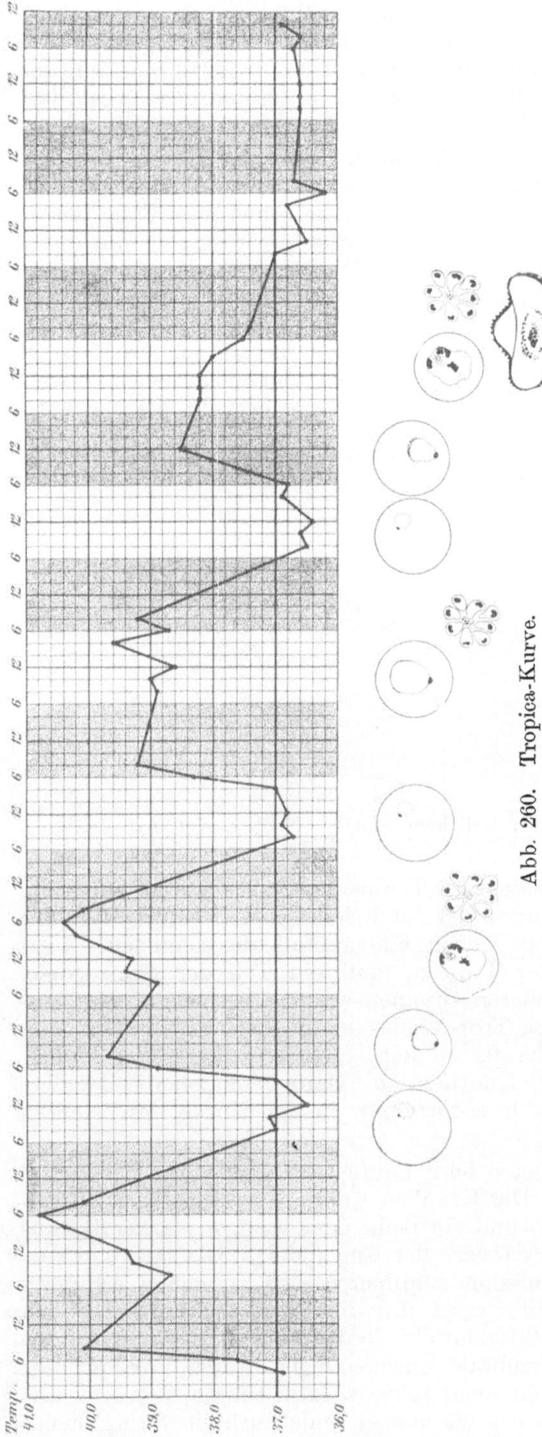

Abb. 260. Tropica-Kurve.

verschiedenen Momenten, vor allem davon abhängt, wie energisch der erste Anfall behandelt worden ist.

Es ist erstaunlich, wie lange die Dauerformen der Malariaparasiten im Körper verweilen können, ohne dessen Abwehrkräften zu erliegen. Ich habe ein Tertiana-Recidiv noch nach einem völlig fieberfreien Zeitraum von 2 Jahren auftreten sehen; Breinl sah noch nach 7 Jahren Recidive. Der Fiebertypus der Recidive gleicht zwar im allgemeinen dem des Erstlingsfiebers, allein es ist eine häufig beobachtete Erscheinung, daß sich der ursprünglich so exakte Charakter der Temperaturbewegung beim Recidivieren verwischt, so daß ganz unregelmäßige Kurven zustande kommen. Dementsprechend ist auch der Parasitenbefund häufig ein ganz unregelmäßiger, indem sich alle möglichen Stadien zu gleicher Zeit im peripheren Blute finden.

Die Malariainfektion beruht auf einer wechselseitigen Einwirkung des Wirtes und des Parasiten. Daß auch dieser von dem Organismus beeinflußt wird, geht ja aus dem Eintreten einer spontanen Heilung hervor; nach Monaten, vielleicht nach Jahren sterben eben die Parasiten in den inneren Organen aus. Dies ist der eine Weg, den die Erkrankung nehmen kann. Im anderen Falle aber ist der Organismus des Wirtes nicht imstande, die Parasiten zu vernichten. Die Folge sind immer wiederholte Anfälle, die schließlich einen ganz unregelmäßigen Charakter annehmen und zur sogenannten Malaria-Kachexie führen. Es ist auffallend und schwer zu erklären, daß man in den Tropen relativ selten dem Bilde der Malariakachexie be-

gegnet, während die Malaria z. B. in Italien sehr häufig diesen Ausgang
nimmt. Es hängt dies wahrscheinlich mit einer erhöhten Virulenz der tropischen Parasiten zusammen. Unter dem Einfluß der Malaria findet unter den
Eingeborenen schon im Kindesalter eine Auslese der widerstandsfähigsten
Individuen statt und eine allmähliche partielle aktive Immunisierung ist dort
die Regel. Umgekehrt liegen die Verhältnisse in den gemäßigten Breiten.

Die einzelnen Fiebertypen. **Tropica.** Die reichhaltigsten Abstufungen im Krankheitsverlaufe zeigt das sog. Tropenfieber, das die Italiener
„Aestivo autumnal-Fieber" nennen. Hier kommen die schwersten Fälle relativ
am häufigsten zur Beobachtung, und aus diesem Grunde wird gerade das durch
die halbmondbildenden Parasiten hervorgerufene Fieber von vielen Autoren als
das perniziöse bezeichnet. Schon der einzelne Anfall zeichnet sich dadurch
aus, daß er nicht wie bei der Tertiana nach etwa 8 Stunden beendet ist,
nach dieser Zeit sinkt das Fieber nicht bis zur Norm herab, sondern es zeigt
nur eine kurze Remission, die nach wenigen Stunden von einem neuen Anstieg
des Fiebers gefolgt wird, der nicht selten höhere Werte erreicht als der erste.

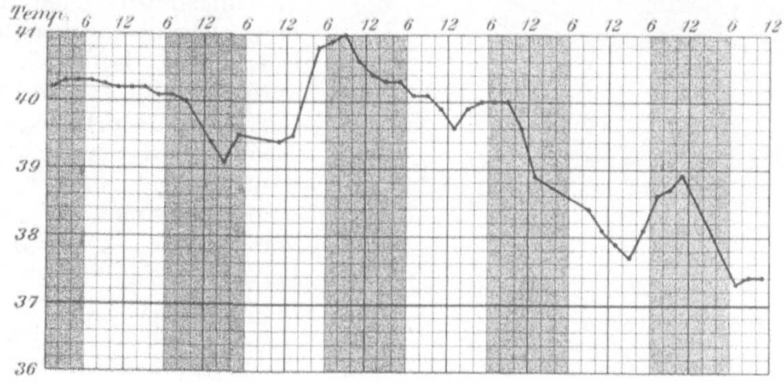

Abb. 261. Tropica, mit kontinuierlichem Fieber. Nach Ziemann.

Erst etwa 36 Stunden nach dem Anstieg der Temperatur fällt diese bis zur Norm
oder unter diese ab, aber diese kurze Frist der Erholung wird, wenn nicht mit
Chinin eingegriffen wird, durch einen neuen Fieberanfall abgeschnitten.

Auf die Eigentümlichkeit der Tropica, daß ein Teil der Schizogonie,
speziell die Teilung, sich in den inneren Organen abspielt, ist schon oben hingewiesen worden. Und gerade beim Tropenfieber scheinen Unregelmäßigkeiten
in dem Turnus der Schizogonien häufig zu sein. Deshalb nimmt der Fieberverlauf auch oft den Charakter einer Kontinua an. Ganz besonders die Recidive
weichen häufig von dem von Koch ermittelten, in der Kurve dargestellten
Typus erheblich ab.

Von den subjektiven Symptomen fehlt häufig der Schüttelfrost; dies soll
nach Ruge sogar die Regel sein. Die Kranken werden vielfach durch unstill-
bares Erbrechen gequält, Diarrhöen und ein mehr oder weniger starker Ikterus
sind häufige Erscheinungen („biliary fever" der Engländer). Das langdauernde
Fieber und die Kürze der Intermission summieren sich zu einem schweren
Krankheitsbild. Die Anämie schreitet rasch fort und in den schwersten Fällen
tritt ein akutes Erlahmen der Herztätigkeit ein, so daß die Kranken in Synkope
zugrunde gehen. Oder es treten zerebrale Erscheinungen in den Vordergrund:
der Kranke wird somnolent, ist nicht mehr fähig, sich zu rühren, sein Bewußtsein erlischt, die Reflexe sind herabgesetzt und es bildet sich ein Symptomen-

komplex aus, der an Meningitis erinnern kann (Nackensteifigkeit, Pupillen-
erweiterung, Trismus, Schlingkrämpfe). Mit dem allmählichen Absinken des
Fiebers können selbst so schwere Erscheinungen zurückgehen, in progredienten
Fällen aber tritt Cheyne - Stokessches Atmen auf und unter Erscheinungen
des Lungenödems und der Herzlähmung geht der Kranke zugrunde. Gerade
diese komatöse Form ist in den Tropen nicht allzu selten; in Indochina z. B.
16% der Tropenfieber.

Andere Fälle wiederum sind durch heftige Delirien ausgezeichnet, die sich
zu Wahnideen und Tobsucht steigern können. Die Mortalität ist hierbei eine
hohe. Solche zerebrale Erscheinungen (Krämpfe, Tetanie) sind ganz besonders
bei Kindern zu beobachten.

Ein eigentümliches Krankheitsbild ist das der sog. algiden Form, bei der
die Haut sich blaßlivide verfärbt und sich kalt wie Stein anfühlt. Dabei klagt

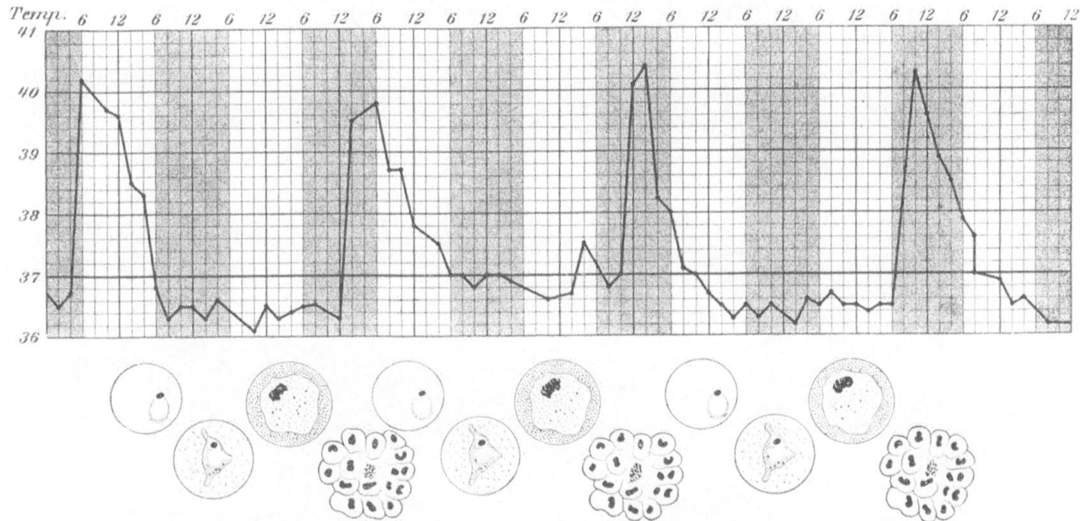

Abb. 262. Tertiana, leicht anteponierend. Orig.

der Kranke über heftiges Hitzegefühl und brennenden Durst. Eigentümlich
soll bei dieser Form der starre und ruhige Ausdruck des Gesichtes sein. Die
Mortalität steigt hierbei bis zu 86%.

Auf eine Lokalisation der Parasiten im Darm ist die choleriforme Malaria
zurückzuführen: es treten flüssige, sogar reiswasserähnliche Stühle auf.

Auf andere spezielle Lokalisationen größerer Parasitenmengen ist wahrscheinlich eine Reihe von Symptomen zurückzuführen, wie Hemiplegien,
Facialis- und Hypoglossuslähmung, Paraplegien der unteren Extremitäten,
Neuralgien und Neuritiden mit motorischen Störungen; in solchen Fällen können
die Parasiten im peripheren Blute ganz fehlen, während die Gehirnkapillaren
damit vollgepfropft sind. In den Lungen können sich (sekundäre?) Bronchopneumonien entwickeln. Auch das sog. Malariatyphoid sei hier erwähnt. Die
Nieren sind manchmal der Sitz einer akuten Nephritis. Abortus im Malaria-
anfall ist nicht selten. Nasenbluten, Netzhautblutungen und multiple Petechien
sind beschrieben worden.

Auf die Komplikationen mit Dysenterie, Typhus, Pneumonie u. a. kann
hier nicht eingegangen werden.

Die eben geschilderten schweren Erscheinungen sind nun aber keineswegs auf das Tropenfieber beschränkt, sie können auch bei Tertiana sowohl als bei Quartana zur Beobachtung kommen. Mit dem stetig zunehmenden Heranwachsen des Chiningebrauches werden sie natürlich immer seltener.

Tertiana. Im allgemeinen wird man sagen können, daß Tertiana weniger häufig zu besorgniserregenden Erscheinungen Anlaß gibt. Es rührt dies wohl daher, daß die fiebererzeugenden Toxine hier nur kurze Zeit wirken, das Heranwachsen der Parasiten aber keine Temperaturerhöhung verursacht. Der Kranke hat also Zeit, sich etwas zu erholen, bis der neue Anfall einsetzt. Anders, wenn zwei Generationen von *Plasmodium vivax* im Blute kreisen (*Tertiana duplex*, Abb. 263). Dann kann die Intermission vollständig ausfallen und ein quoti-

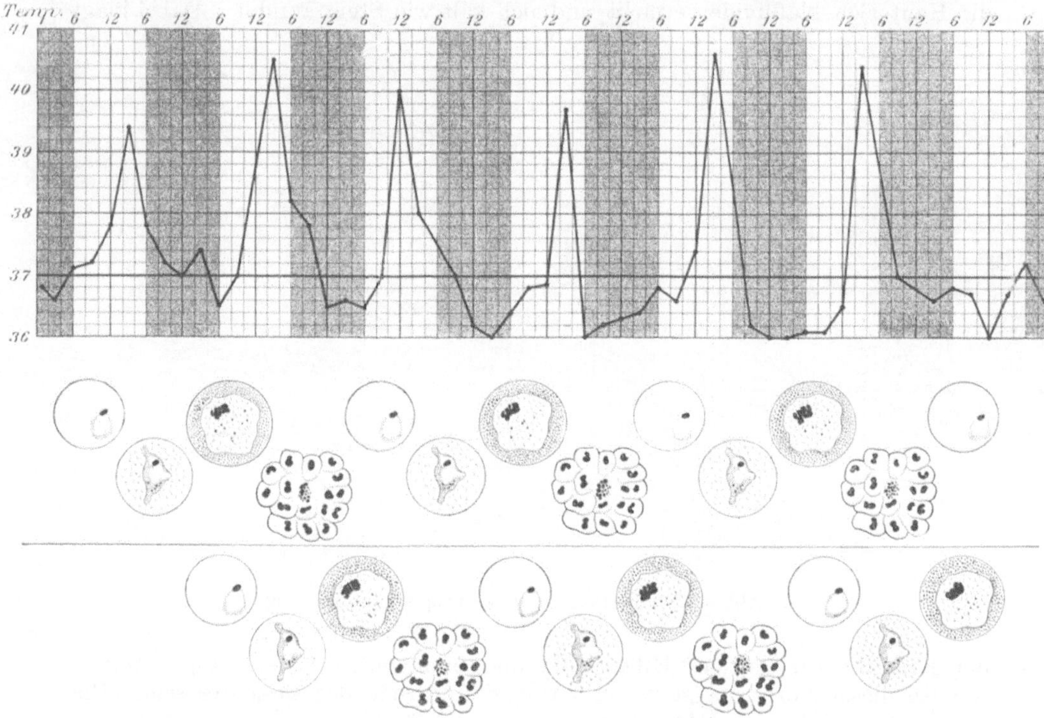

Abb. 263. Tertiana duplex. Orig.

dianer, ja kontinuierlicher Typus entstehen. Solche Fieber pflegen dann subjektiv wie objektiv schwerer zu verlaufen. Die Recidive sind nicht immer ebenso schwer als der primäre Anfall, ziehen sich aber oft sehr lange hin.

Eine weitere Unregelmäßigkeit besteht darin, daß die Entwickelung der überwiegenden Mehrzahl der Parasiten einer Generation nicht exakt in 48 Stunden bzw. 72 Stunden verläuft, sondern daß geringfügige Beschleunigungen oder Verzögerungen eintreten. Man spricht dann von anteponierendem bzw. postponierendem Fieber.

Bei **Quartana** verfließen 2 mal 24 Stunden bis zum neuen Fieberanstieg; die Überschwemmung mit Toxinen tritt also viel seltener ein als bei den dreitägigen Typen. Verdoppelt sich hierbei die Schizontengeneration, so kann eine Quartana duplex, ja triplex entstehen. Bei Quartana pflegt der Parasitenbefund ein reichhaltiger zu sein. Diese Form ist aber dafür um so zäher und recidiviert lange Zeit fort trotz ausgiebiger Chininbehandlung.

Unter sog. larvierter Malaria versteht man Fälle, in denen zwar kein typischer Anfall mit Frost, Hitze und Schweiß zustande kommt, bei denen aber in regelmäßigen z. B. tertianen Abständen ein bestimmtes Symptom auftritt, z. B. Trigeminus-Neuralgien. Der Parasitenbefund im Blut kann hierbei ganz negativ sein, auch wenn der Zusammenhang mit vorangegangener Malaria ein leicht nachweisbarer ist.

Im Bilde der Malariakachexie tritt die Anämie und ihre Folgeerscheinungen in den Vordergrund. Die Kranken haben eine eigentümlich wachsartige Gesichtsfarbe, die Schleimhäute sind blutlos, der Kranke ist matt und gleichgültig. Die geringsten Anstrengungen rufen schnelle Ermüdung, Herzklopfen und Dyspnoe hervor. Im Blute findet man die Erythrocyten bis auf eine Million pro Kubikmillimeter vermindert, Hämoglobinwerte von 20% kommen vor. Es entstehen Ödeme, häufig auch im Gesicht; das anämische Blut neigt zu Thrombenbildung in den Venen der Extremitäten und im Herzen, welch letztere dann plötzlichen Tod zur Folge hat. Die Milz ist manchmal enorm vergrößert

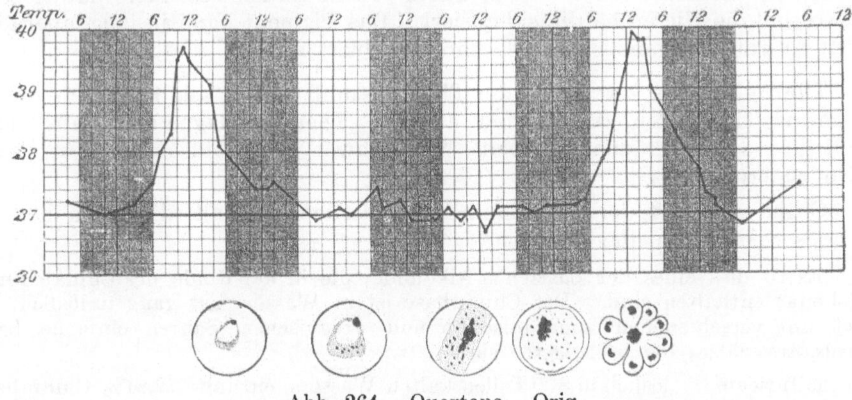

Abb. 264. Quartana. Orig.

und induriert und ruft rein mechanisch starke Beschwerden hervor. Die Leber ist meist vergrößert, später kommt es auch zu Cirrhose und amyloider Degeneration. Fieber kann gänzlich fehlen oder in unregelmäßigen Abständen auftreten. Der Tod ist häufig durch sekundäre Infektion (Tuberkulose, Pneumonie, Sepsis) verursacht.

Pathologische Anatomie. Tritt infolge eines akuten Anfalls der Tod ein, so können die Erscheinungen am Sektionstisch sehr geringe sein, da der Tod auf die Wirkung des Malariatoxins zurückzuführen ist. In solchen Fällen ist am auffallendsten die Vergrößerung der Milz. Sie kann bis über 900 g wiegen (normal ca. 160 g), die Kapsel ist stark gespannt, manchmal bereits schwartig verdickt, die Substanz schmutzig braun bis schwärzlich und gewöhnlich zerfließlich weich; die Follikel treten als hellere Punkte hervor. Mikroskopisch ist vor allem die Erweiterung der Blutsinus auffallend, in denen massenhaft infizierte Blutkörperchen und Pigmentschollen liegen, das Pulpagewebe besteht zum großen Teil aus großen mononukleären Leukocyten, die mit Pigment und Bruchstücken roter Blutkörperchen oft geradezu vollgepfropft sind. Hierzu kommen gelegentlich noch Hämorrhagien und Nekrosen. Die Leber ist gewöhnlich etwas vergrößert mit graubraunem Farbenton. Auch hier sind Blutungen und nekrotische Herde nicht selten. Die Kapillarendothelien enthalten das Melanin, die Leberzellen das gelbe Eisenpigment. Auch in den Nieren ist streifenförmige oder fleckige Pigmentierung zu sehen. Gefäßverstopfungen in den Kapillaren der Darmwandung rufen Nekrosen der Schleimhaut und Geschwürsbildung hervor. Das Knochenmark ist braunrot, zerfließlich. Ganz besonders sind es auch die Kapillaren des Gehirns, in denen sich die Plasmodien ansammeln und in deren Endothelien das Pigment abgelagert wird. Man erkennt auf dem Schnitt die Gefäße als feine graue Streifchen im weißen Mark. Punktförmige Hämorrhagien sind die Folge solcher Gefäßverengerungen oder -verstopfungen.

Bei den an Malariakachexie Verstorbenen fällt sofort hochgradige Abmagerung, stellenweise ödematöse Durchtränkung der Gewebe und extreme Anämie auf. Die Milz kann 2 ja 3 kg wiegen, die Kapsel ist gewöhnlich mit Schwielen bedeckt und mit der Umgebung verwachsen, auf dem Schnitt ist die zerfließliche Pulpa durch hyperplastisches Bindegewebe ersetzt, zwischen dem nur mehr geringe Reste von Pulpagewebe vorhanden sind: die Farbe wird von Mannaberg mit der des Muskelfleisches verglichen. Auch in der Leber hat sich eine Hyperplasie des Bindegewebes angeschlossen, die zu einer Verhärtung des Organs (Cirrhose) führt. Diese Form soll in Indien besonders häufig sein. Ebenso sind die Nieren häufig sklerosiert. Das Pigment kann in langdauernden Fällen so gut wie gänzlich gelöst und resorbiert sein.

Therapie. Der Zweck unserer Therapie muß es sein, alle Parasiten, die im Organismus sich finden, zu zerstören, also die „Therapia magna sterilisans" nach Ehrlich. Jeder Tropenarzt weiß, wie schwer dieses ideale Ziel in vielen Fällen zu erreichen ist.

Gegen eine Art der Malariaparasiten besitzen wir allerdings ein hervorragendes Spezifikum, das Chinin.

Es ist dies eines der basischen Alkoloide, die in der Rinde des Chinabaumes (Cinchona) enthalten sind. Die Chininbase ist in Wasser fast ganz unlöslich, sie bildet mit verschiedenen anorganischen und organischen Säuren einfache bzw. doppelsaure Salze; die wichtigsten sind

Chin. sulfuricum,   löslich in 800 Teilen kalten Wassers, enthält 72,81% Chininbase
Chin. hydrochloricum ,,   ,,   34   ,,   ,,   ,,   ,,   81%   ,,
Chin. tannicum, schwer in   3   ,,   ,,   ,,   ,,   74,32%   ,,

Als Ersatzmittel kommt in einigen Fällen das Euchinin (Kohlensäure-Äthyl-Ester) in Frage, das weniger bitter schmeckt, aber auch weniger wirksam und wesentlich teurer ist. Am häufigsten wird das Chinin hydrochloricum verwendet.

Das Chinin wirkt am intensivsten auf die Schizonten sofort nach der Teilung und auf die jungen Merozoiten. Bei diesen letzteren sah Schaudinn Verzerrungen der Form, und Schrumpfung des Caryosoms; bei älteren Individuen Zerreißung des Protoplasma und auch des Kernes. Dagegen vermißte Schaudinn irgend welche Einwirkung bei den ganz erwachsenen und sich zur Teilung vorbereitenden Formen (Schema 4 und 5). Auch die jungen bis fast erwachsenen Gameten zeigten dieselben Veränderungen wie die Schizonten, während die erwachsenen Geschlechtsformen vom Chinin nicht beeinflußt werden. Wir werden also bestrebt sein müssen, zu einer Zeit, wo vegetative Formen und jüngste Gameten im Blute kreisen, eine möglichst energisch wirksame Dosis ins Blut zu bringen. Die ideale Methode wäre wohl die intravenöse Injektion, sie ist auch von Baccelli in Dosen bis zu 1 g mit gutem Erfolg und angeblich ohne störende Nebenwirkungen angewendet worden. Da aber das Chinin auch vom Magen aus in genügender Weise aufgenommen wird, so wird sich jene Behandlungsmethode wohl kaum einbürgern.

Die subkutane oder intramuskuläre Injektion ist zweckmäßig in Fällen von heftigem Erbrechen und Durchfall. Giemsa empfiehlt folgende Lösung:

Chinin hydrochl.   10,0
Aqua dest.   18,0
Aethylurethan   5,0

Das Urethan befördert die Löslichkeit. Die Dosis ist 0,75—1,0 g. Schwellungen mit geringer Schmerzhaftigkeit sind danach nicht selten. Die Resorption ist bei dieser Einverleibung langsamer als bei der intrastomachalen.

In weitaus der Mehrzahl der Fälle wird man mit der Darreichung von 1—2 g Chininum hydrochloricum per os auskommen. In Panama mußten allerdings wesentlich höhere Dosen (4 × 0,9 pro die) gegeben werden. Die Resorption erfolgt im Magen und zum größeren Teil im Dünndarm. Schon 25—30 Minuten nach der Einnahme treten die ersten Spuren im Harn auf. Bis zu 77 % werden in der Leber zerstört (Plehn), nur etwa $^1/_4$ der aufgenommenen Menge erscheint unzersetzt im Harn wieder. Dort ist es durch Zusatz einer sauren Kaliumquecksilberjodidlösung in geringsten Spuren nachweisbar (Trübung, die sich beim Erwärmen löst, beim Erkalten wieder ausfällt).

Für die Therapie von größter Wichtigkeit ist die Tatsache, daß das Chinin auf die Gameten nur schwach wirkt. Es wird deshalb das Bestreben des Arztes sein müssen, so früh als möglich, am besten schon im ersten Anfall einzugreifen, um die Bildung von Gameten aus Schizonten wenn möglich ganz zu verhindern. Sind erst solche in den inneren Organen angesiedelt, so ist die Behandlung wesentlich erschwert.

Auf die Zellen des menschlichen Körpers wirkt das Chinin nur in sehr hohen Dosen (8 g und mehr). Es sind Fälle von Herzlähmung bei solchen Vergiftungen beobachtet worden.

Bei den meisten Personen tritt nach Chinin Ohrensausen, Schwerhörigkeit und Zittern der Hände ein. Bei sehr empfindlichen Personen empfiehlt es sich gleichzeitig Bromkalium mitzugeben, oder das Chinin spät abends nehmen zu lassen und etwa 2 Stunden vorher etwas Trional zu geben; dann verschläft der Patient die Chininwirkung.

Von einigermaßen kräftigen Personen kann das Chinin monatelang hindurch ohne Schaden genommen werden, doch beschreibt Plehn auch eine toxische Neurose des Herzens mit gesteigerter Pulsfrequenz ohne Vergrößerung des Organs.

Es ist wichtig, das Chinin in einer Form zu geben, die einer schnellen Resorption nicht hinderlich ist. Zweckmäßig sind die Zimmerschen Chininperlen, deren Hülle im Magensaft aufgeht. Die gepreßten Tabletten werden in den Tropen häufig so hart, daß sie unverdaut wieder abgehen. Das gleiche gilt von Gelatinekapseln. In der Kinderpraxis ist die Chininschokolade mit Chininum tannicum empfehlenswert, doch ist zu beachten, daß dieses wesentlich weniger Chininbase enthält als etwa das salzsaure Chinin.

Koch hat mit Recht betont, daß wir mit Hilfe des Mikroskops festzustellen haben, zu welcher Stunde der nächste Anfall zu erwarten sei, und dann etwa 5—6 Stunden vor diesem Zeitpunkt eine energische Dosis nicht unter 1 geben sollen. In der Tat kann es bei einem Fieber mit nur einer Generation von Parasiten im Blute sehr wohl gelingen, den Anfall glatt zu kupieren. Aber in der Praxis ist es nicht immer leicht, die Stunde des zu erwartenden Anfalls genau zu bestimmen. Nocht und Ufer haben deshalb geprüft, ob sich die Eingrammdose vielleicht auf längere Zeit verteilen ließe, und haben gefunden, daß es sehr zweckmäßig ist, unbekümmert um das Stadium, in dem sich der Kranke befindet, in zweistündigen Abständen je 0,2 g Chinin hydrochl. zu geben, bis die Gesamtdosis von 1—2 g erreicht ist. Dieses Verfahren hat einerseits den Vorteil, daß bei Verdacht auf evtl. eintretendes Schwarzwasserfieber der Urin ständig kontrolliert werden und beim Auftreten geringster Spuren von Eiweiß die Medikation sofort unterbrochen werden kann. Auch die subjektiven Symptome sind hierbei recht gering. Ebenso war das Ergebnis in bezug auf die Zahl der Recidive recht günstig. Deshalb hat sich diese Methode bei vielen Tropenärzten eingebürgert und gut bewährt.

Die Nachbehandlung eines Anfalls ist mindestens so wichtig wie die des Anfalls selbst, denn es gilt die Recidive zu verhüten. Theoretisch wäre es richtig, Fälle, bei denen bereits Macrogameten in den inneren Organen vorhanden sind, nur dann zu behandeln, wenn wiederum Schizonten im Blute auftreten. Aber einerseits haben Roß und Thompson nachgewiesen, daß auch zwischen den Recidiven häufig Schizonten in kleinen Mengen im Blute zum Vorschein kommen, andererseits wird es wohl nur ausnahmsweise möglich sein, das Blut eines Kranken so sorgfältig unter Kontrolle zu halten, daß die Vermehrung der Schizonten rechtzeitig erkannt und mit Chinin eingegriffen werden kann. Es bleibt also nichts weiter übrig, als auf längere Zeit hinaus die durch Parthenogenese neugebildeten Schizonten immer wieder durch Chinin zu zerstören. Hierzu empfiehlt sich das Nochtsche Schema: Während der ersten 8 Tage wird täglich eine volle Chinindosis gegeben, für Erwachsene 1 g, dann folgen 3 Tage Pause, dann 3 Chinintage (je 1 g); 4 Tage Pause; 3 Chinintage; 5 Tage Pause; 3 Chinintage; 6 Tage Pause usw. bis nach einer 10 tägigen Pause noch 3 Chinintage folgen. Die ganze Kur dauert so 84 Tage. In Malariagegenden wird man nach der 6 bzw. 7 tägigen Pause die gewöhnliche Chininprophylaxe anschließen. Nach Plehn kann man schon nach den 3 ersten Chinintagen die erste Pause eintreten lassen.

Bei relativ frischen Erkrankungen wird sich diese Nachbehandlung häufig als erfolgreich erweisen. Immerhin kommen Fälle vor, in denen auch nach wochenlangem Chiningebrauch ohne inzwischen erfolgte Neuinfektion ein Recidiv auftritt. Werner hat bei solchen Fällen Injektionen von Salvarsan mit der allgemein bekannten Technik (0,4—0,6 g Salvarsan, 0,6—0,9 Neusalvarsan) intravenös versucht und ermittelt, daß die Tertiana auf dieses Mittel prompt reagiert und Recidive selten vorkommen, daß dagegen Tropica und Quartana nur vorübergehend beeinflußt werden und in kurzer Zeit recidivieren. Schwarzwasserfieber hat er bis jetzt bei seinen Fällen nicht beobachtet. Salvarsan wirkt auch auf chininresistente Parasiten der Tertiana.

Befriedigende Dauerresultate habe ich auch mit Optochin (Äthylhydrocuprein) bei chininresistenten Fällen gesehen. Die Dosis muß 1,5 g betragen.

Das Methylenblau ist als Ersatzmittel des Chinins verwendet worden (0,1 bis 0,2 in Gelatinekapseln bis zu 1,0 g pro die). Es wirkt nur auf die jüngsten Merozoiten, reizt den Magen und Darm und die Harnröhre und kann auch Schwarzwasserfieber auslösen. Aristochin und Salochinin haben sich nicht bewährt (Mühlens).

Die einzelnen Symptome des Anfalls sind nach den allgemeinen Regeln zu behandeln; im Hitzestadium wirken kühle Umschläge und Abwaschungen sehr angenehm; heftige Unruhe oder Delirien machen manchmal eine Morphiuminjektion nötig. Bei bedrohlichem Verhalten des Pulses wird man zu Injektionen von Digalen greifen; das oft sehr lästige Erbrechen kann durch eine Schüttelmixtur von Chloroform 10,0, Gummiarab. 10,0, Zucker 20,0, im Mörser zerrieben, mit Wasser ad 200 zu versetzen, eßlöffelweise bekämpft werden. In hartnäckigsten Fällen ist eine Magenspülung zu empfehlen. In der Nachbehandlung des Malariaanfalls hat sich das Arsenik als Anregungsmittel für den Stoffwechsel sehr bewährt. Namentlich aber wird man bei der Therapie der chronischen Malaria auf den Ernährungszustand und die Darmtätigkeit Rücksicht nehmen müssen, also eine leichte und kräftige Diät, ferner frische Früchte und leichte Abführmittel verordnen. Das Aufsuchen eines Höhensanatoriums ist warm zu empfehlen.

Epidemiologie. Die Bedeutung der Malaria als Volksseuche ist eine sehr große; nicht nur die akuten Erkrankungen und Todesfälle müssen in Rechnung gesetzt werden; ebenso wichtig ist die Einbuße an Arbeitsleistung während der Latenzperioden. In Britisch-Indien sterben, wie erwähnt, jährlich an Malaria rund 1 Million Menschen; eine Mortalität von $1^0/_0$ angenommen, bedeutet dies eine Morbidität von 100 Millionen Fällen. In Kalifornien ist der jährliche Verlust von Malaria auf ca. 11 Millionen Mark berechnet worden, in Korsika auf 1 Million Arbeitstage jährlich. In Rußland sollen jährlich mehr als 3 Millionen Menschen an Malaria leiden. Diese wenigen Zahlen geben eine Vorstellung von der wirtschaftlichen Bedeutung der Krankheit.

Erwähnenswert ist, daß in den am schwersten verseuchten Teilen Indiens in dem auf das Epidemie-Jahr 1908 folgenden Jahre der Rückgang der Geburtsziffern ein ganz bedeutender war (? Ausbleiben der Konzeption, oder häufige Aborte).

Die großen Volksseuchen wie Tuberkulose, Cholera, bei denen die Übertragung hauptsächlich durch Ausscheidungen des Kranken von Mensch zu Mensch erfolgt, sind wahrhaft kosmopolitisch: sie können sich überall dahin verbreiten, wo Menschen leben. Nicht so die Malaria. Sie kommt in den subpolaren und polaren Gebieten nicht vor, die Wüsten und wasserärmsten Steppen sind von ihr verschont, und selbst in den am meisten verseuchten tropischen Ländern ragen wie Inseln die Hochländer über 1500 m hervor.

Diese eigenartige Beschränkung der Malariazonen findet darin ihre Erklärung, daß zur Ausbreitung der Seuche neben dem kranken Menschen noch ein zweiter Faktor: ein blutsaugendes Insekt notwendig vorhanden sein muß. Während der Parasit im Menschen, unbeeinflußt von Klima und Höhenlage, weitervegetiert — man denke an die zahlreichen Rückfälle von Malaria, die bei aus den Tropen zurückkehrenden Europäern vorkommen — ist einerseits der Überträger, die Anophelesmücke, selbst an ganz bestimmte Existenzbedingungen gefesselt, andererseits kann der Parasit die zweite Hälfte seines Entwickelungskreises in der Stechmücke gleichfalls nur unter ziemlich eng begrenzten Bedingungen vollenden.

Die Umstände, welche die Malaria auf gewisse Länder, in diesen wieder auf bestimmte Gebiete einschränken, häufig auch auf bestimmte Monate des Jahres („Saisonmalaria") und ihr dort ihren spezifischen Charakter aufdrücken sind sehr mannigfaltiger Art; die beiden wichtigsten Faktoren sind die Arten und Lebensgewohnheiten der Überträger und die Infektionsquellen für diese Überträger, die infizierten Menschen.

Aus dem gesamten Lebenslauf der Anophelen lassen sich ohne weiteres die Gründe ableiten, weshalb in manchen Gebieten Malaria vorkommt, in anderen nicht.

1. Nicht überall sind Anopheles vorhanden. In den Gebieten nördlich etwa des 64. Grades n. Br. und südlich des 35. Grades s. Br. ist die Zeit, während deren eine Entwicklung der Brut möglich wäre, zu kurz, als daß sie sich dort halten könnten. Ebenso liegen die Verhältnisse in manchen tropischen Hochländern; zwar können Anopheles (in Indien) unter günstigen Verhältnissen in Höhen von 2200 m vorkommen; im allgemeinen aber dürften wohl die kalten Nächte ihnen das Leben verleiden. Doch kommen fraglos auch noch andere, uns noch nicht bekannte Ursachen in Betracht, die bedingen, daß z. B. manche Inseln mitten in einem verseuchten Archipel frei von Anopheles geblieben sind.

Da die Anophelen ziemlich wählerisch im Aufsuchen von Brutplätzen sind, so fehlen sie z. B. im Innern größerer, in Malariagegenden gelegener Städte (Rom). In Steppengebieten und in Wüsten fehlen geeignete Brutplätze gänzlich. In anderen Gegenden sind Brutplätze nur während der Regenzeit vorhanden, z. B. in manchen Gegenden Deutsch-Südwestafrikas. Aber auch manche periodische Gewässer können deshalb für die Anophelen ungeeignet sein, weil sie, sobald die Überschwemmung eintritt, von Feinden der Mückenbrut (Fischen, Käfern) besiedelt werden (z. B. viele Reisfelder Indiens).

2. Nicht alle Anophelesarten, die in der Liste S. 310 u. 311 aufgeführt sind, sind zur Übertragung gleich geeignet. Bekannt ist das Beispiel des *Anopheles rossi*, der in Indien, wo er in schmutzigem Süßwasser brütet, nur ganz ausnahmsweise die aufgenommenen Parasiten zum Stadium der Sporozoiten heranreifen läßt. Bei Kalkutta, wo diese Art sehr häufig ist, fanden Stephens u. Christophers einen Malariaindex von $0-7\,^0/_0$, während er im Verbreitungsgebiet anderer Arten, in den sog. Duars, wo hauptsächlich *Anopheles listoni* vorkommt, bis $72\,^0/_0$ stieg. Derselbe *Anopheles rossi* nun, der in Indien fast refraktär ist, konnte von de Vogel in $50\,^0/_0$ der Fälle infiziert werden, wenn er aus einer Brut stammte, die in Salzwasser aufgezogen war. In Panama wurden von den gefangenen *Anopheles albimanus* $70,8\,^0/_0$, von *Anopheles pseudopunctipennis* nur $12,9\,^0/_0$ infiziert gefunden.

3. Aus dem oben gegebenen Schema ist es klar, daß nur die Geschlechtsformen zur Infektion des Moskitos dienen können. Sie sind bei chronischen Malariafällen wohl immer vorhanden, dagegen fehlen sie in den ersten Tagen einer Neuinfektion. Es dauert etwa $8-10$ Tage, bis sich die ersten Gameten im Blute zeigen. Auch später sind sie nur selten in großen Mengen vorhanden. Während der Latenzperioden findet man gewöhnlich nur ganz vereinzelte Exemplare, die aus den inneren Organen ins periphere Blut hinausgeschwemmt sind. Von großer Wichtigkeit ist die Feststellung von Roß u. Thompson, daß in einem beträchtlichen Prozentsatz der Fälle (z. B. in $26\,^0/_0$ bei Tropica) überhaupt keine Gameten im peripheren Blut erscheinen. Solche Kranke sind also, epidemiologisch betrachtet, ohne Bedeutung.

Aber auch wenn solche Formen in den Magen des Moskitos gelangen, werden keineswegs alle Macrogamten befruchtet und entwickeln sich weiter. Darling hat gefunden, daß von den in einer Blutmahlzeit enthaltenen Gameten nur etwa $3\,^0/_0$ zur Entwickelung gelangen. Der Rest wird im Blutbrei von Phagocyten, und zwar auffallenderweise von polymorphonucleären Leukocyten aufgenommen. Darling stellte ferner fest, daß etwa 12 Gameten im Kubikmillimeter vorhanden sein müssen, damit eine Infektion des Anopheles zustande kommt. Wichtig ist ferner, ob die bereits infizierten Anopheles ständig Gelegenheit haben, Blut zu saugen, oder ob sie gezwungen sind, von Pflanzensäften zu leben; in diesem Falle unterbleibt oft die Weiterentwickelung der Ookineten. Im Laboratoriumsversuch gelingt es nur immer einen gewissen Prozentsatz zu infizieren. Offenbar ist die Entwickelung vom Zygoten bis zum Sporozoiten von vielen Zufälligkeiten, besonders von der

4. Außentemperatur abhängig. Am raschesten verläuft sie bei konstanter Wärme über 25^0 C. Bei einer Temperatur zwischen 15 und 17^0 dauert sie 53 Tage. Dies ist überhaupt die unterste Grenze für eine Sporozoitenbildung. Für die Quartanparasiten sind hohe Temperaturen nicht günstig. Bei einem Anopheles, der zwei Tage nach dem Blutsaugen bei Temperaturen über 20^0 gehalten, dann aber vorübergehend und wiederholt bis auf 8^0 abgekühlt worden war, ging nach erneuter Erwärmung die Entwickelung ungestört weiter. Deshalb kann Malaria auch an Orten auftreten, wo die Nächte ziemlich kühl sind, wenn nur tagsüber hohe Temperatur herrscht (Janczo).

Während in den tropischen Tiefländern die dauernd hohe Temperatur während des ganzen Jahres die Entwickelung der Parasiten in den Anophelen ermöglicht, kommen hierfür in den gemäßigten Breiten nur die Sommermonate in Betracht. So steigt z. B. in Italien etwa Ende Mai das tägliche Temperaturmaximum auf oder über 27° C., 3 Wochen später etwa häufen sich die Neuinfektionen an Tertiana. In Deutschland fällt das Maximum der Neuerkrankungen in die Monate August und September, in denen die Durchschnittstemperatur dauernd ziemlich hoch ist.

5. Von größter Bedeutung für die Möglichkeit, daß sich Anopheles an einem Malariaort überhaupt infizieren können, also für die Wahrscheinlichkeit, daß ein Neuankömmling dort Malaria erwerben wird, ist die Zahl der vorhandenen Parasitenträger, die man als den Malariaindex eines Ortes bezeichnet hat (Roß). Zur Feststellung dieses Index ist die einfachste Methode die Palpation der Milz.

Man stellt sich hinter die zu untersuchende Person, läßt sie den Rumpf etwas vorbeugen und greift mit der linken Hand unter ihren linken Rippenbogen etwa in der vorderen Axillarlinie. Normalerweise ist dann der untere Milzrand höchstens bei tiefer Inspiration eben zu fühlen. In Malariagegenden aber sind Milztumoren, die den Nabel überschreiten, keine besondere Seltenheit. Zur genaueren Feststellung des Grades der Milzvergrößerung kann man sich, wie dies Roß tut, bestimmter Schemata bedienen, z. B. I. Milz eben unter dem Rippenbogen zu fühlen; II. Milz überragt den Rippenbogen bis zu drei Finger breit; III. Milzrand steht in der Nabelgegend oder tiefer.

Mit Hilfe dieser Methode läßt sich schnell eine größere Zahl von Personen durchuntersuchen. So fand Perry auf Ceylon bei 92258 Kindern unter 15 Jahren Milzvergrößerung I bei 17611, II bei 8888, III bei 4922, im ganzen bei 34,05 % der Kinder. Aber man muß sich immer gegenwärtig halten, daß dieser Methode auch beträchtliche Fehler anhaften. Mit eintretender aktiver Immunisierung verschwindet der Milztumor allmählich (s. d. Kurve Abb. 265). Auch vermehren sich jetzt die Nachrichten über Splenomegalie (Kala-azar) von den Küsten des Mittelmeeres und aus Indien. Auch Rückfallfieber, Typhus, Leukämie führen zu Milzvergrößerungen. In solchen Gegenden kann also die Milzpalpation allein beträchtliche Fehler ergeben. Außerdem ist zu berücksichtigen, daß auch bei akuter Malaria der Milztumor nicht selten fehlt, während er bei chronischer Malaria keineswegs immer zu konstatieren ist. Wenn es deshalb auf einige Genauigkeit ankommt, so wird man bei einer möglichst großen Zahl von untersuchten Individuen neben der Milzpalpation die mikroskopische Untersuchung des Blutes zu Hilfe nehmen, um so das prozentuale Verhältnis zwischen Parasitenbefund und Milztumor für die betreffende Lokalität zu ermitteln. Sehr instruktiv ist hierfür die beigegebene Tabelle nach Panse, die

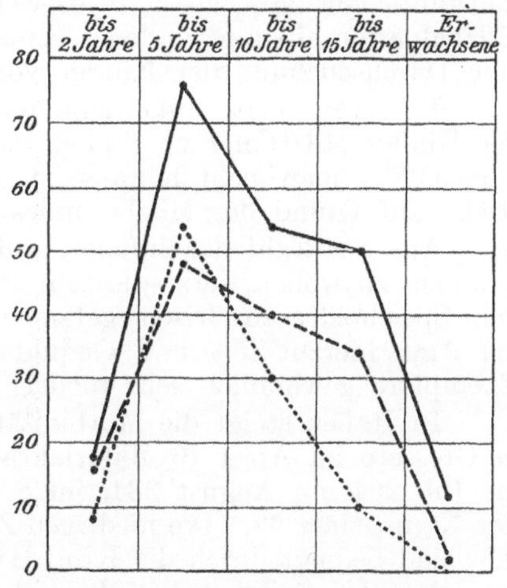

Abb. 265. Malariaindex in Anecho, Togo, West-Afrika.

Alter der Untersuchten	Milzschwellung				Milzvergrößerung vorhanden bei	
	bei positivem		bei negativem		positivem	negativem
	Blutbefund				Blutbefund	
	vorhanden	fehlend	vorhanden	fehlend		
unter 2 Jahren	6	1=14 %	1	4	6 = 86 %	1
2— 5 Jahre	37	15=28 ,,	10	12	37 = 81 ,,	10
6—10 ,,	16	16=51 ,,	15	49	15 = 50 ,,	15
11—15 ,,	1	4=80 ,,	5	20	1 = 16 ,,	5

zeigt, daß durch Milzpalpation allein dem Untersucher 37% der Parasitenträger entgangen wären, daß aber andererseits 27% derjenigen Personen, die keine Parasiten im Blute aufwiesen, Milzschwellung, wohl sicher auf Malaria beruhend, aufwiesen. Rechnet man die Spalte 3 zu Spalte 1 und 2 dazu (= 127 Malariainfizierte), so wurden durch Milzpalpation 91 = 70%, durch Blutuntersuchung (nicht im dicken Tropfen!) 96 = 76% der Infizierten ermittelt. Roß nimmt nach Untersuchungen in Griechenland eine Fehlerkonstante von 25% an, d. h. es werden 25% zu wenig Malariainfizierte durch Milzpalpation allein gefunden. Koch hat in verschiedenen Orten Neu Guineas eine Durchseuchung der Kinder von 100% gefunden.

Bentley zeigte außerdem, daß in einem Teile von Bombay bei 29,9% der Kinder Milztumor zu finden war; in einem anderen Teil dagegen nur bei 1,0—5,9%; man sieht hieraus, zu wie irreführenden Resultaten kleine Statistiken auf Grund des Milzbefundes allein Anlaß geben können.

Aus der Zahl der infiziert gefundenen *Anopheles* den Malariaindex bestimmen zu wollen, setzt die sehr mühevolle Präparation des Mitteldarms und der Speicheldrüsen frisch gefangener Anophelen voraus. Nur selten wird der Arzt hierzu Zeit und Geduld haben, zumal da die Zahl der infizierten Exemplare gewöhnlich sehr niedrig ist. —

In Italien steigt die Morbiditätskurve im Juli jäh an. Koch fand z. B. in Grosseto im April 46 Malariakranke im Hospital, im Mai 52, im Juni 53, im Juli 264, im August 384, im September 332, im darauffolgenden Februar nur 73, im März 68. Die niedrigen Ziffern in den Wintermonaten und im Frühjahr sind bedingt durch die Recidive der früher erworbenen Malaria. Gerade diese latent infizierten Kranken aber sind von größter epidemiologischer Bedeutung, da sie das Material liefern, an dem sich die nächste Moskitogeneration im Frühjahr zu infizieren vermag. Die Malaria überwintert hauptsächlich in diesen Parasitenträgern. Doch ist es erwiesen, daß auch Neuinfektionen im Winter vorkommen können. Sie sind verursacht durch infizierte Moskitos, die in Ställen, sogar in den Wohnräumen der armen Bevölkerung überwintern und gelegentlich stechen.

Die im Frühjahr neu ausgeschlüpften Anophelen infizieren sich also an den recidivierenden Kranken. Ein Teil der Neuinfektionen im Frühjahr ist aber auch veranlaßt durch infizierte Anophelen, die im Herbst die Malariaerreger aufgenommen hatten, in denen die Entwickelung dieser Parasiten aber durch die eintretende Winterkälte unterbrochen wurde; mit Eintritt der warmen Jahreszeit geht diese Gamogonie weiter, so daß schon in den ersten warmen Wochen infizierte Anophelen vorhanden sein können.

6. Wenn ein Mensch aus malariafreier Gegend in verseuchtes tropisches Gebiet kommt, so pflegt er nach kurzer Zeit zu erkranken. Auffallend ist im Gegensatz hierzu, wie wenig die Eingeborenen, speziell die Erwachsenen, an Fieberanfällen malarischer Ätiologie leiden.

In den schwer durchseuchten Malariagegenden sind es die kleinen Kinder, welche das größte Kontingent an Neuinfektionen stellen. Sie erkranken denn auch gewöhnlich ziemlich schwer. In Indien wird die Kindersterblichkeit an Malaria auf 55—65°/₀ der Gesamtsterblichkeit geschätzt. Wenn wir auch keine exakten Daten aus größerem Material über die Kindersterblichkeit an Malaria besitzen, so stimmen doch erfahrene Tropenärzte darin überein, daß die Malaria mit eine der wichtigsten Ursachen für die hohe Kindersterblichkeit unter den Farbigen des Tropengürtels darstellt.

7. Daß aber auch diejenigen Personen, welche in einem Malariagebiet aufgewachsen sind, nicht gegen Neuinfektionen immun sind, beweist u. a. das epidemische Auftreten der Malaria in solchen Gegenden. In Indien z. B. hat sich die Mortalität an Malaria, die schätzungsweise 1,13 Millionen pro Jahr beträgt, im Jahre 1908 auf etwa das Doppelte gesteigert; in ganz Indien betrug die Mortalität an Malaria etwa 10°/₀₀, in den United Provinces bis zu 40°/₀₀. Eine exakte Erklärung für ein solches Anschwellen der Morbidität und Mortalität fehlt uns zurzeit. Interessant sind in dieser Beziehung die Angaben von Christophers: er untersuchte, welchen Einfluß die Intensität der Infektion bei dem Blutspender auf die Infektion der dieses Blut aufnehmenden Moskitos hat und wie stark die von diesem übertragene Infektion eines neuen Wirtes wird. Er verwendete hierzu *Proteosoma praecox* des Sperlings und fand, daß die Infektion bei diesen Vögeln um so stärker ist, je größer die Zahl der Sporozoiten in den Speicheldrüsen der infizierenden Mücken ist; wird ein Sperling dagegen von vielen, aber schwach infizierten *Culex* gestochen, so verläuft die Infektion gewöhnlich milde. Es kommt also auf die Zahl der Gameten im Blute des Spenders und auf die günstigen Verhältnisse im Moskitos an. Die Fragen nach der Ursache der Epidemien werden also dahin lauten müssen: Durch welche Einflüsse wird die Zahl der Gameten beim Menschen vermehrt und durch welche äußere Umstände wird die Entwickelung der Gameten in den Moskitos begünstigt? Außerdem sind äußere Umstände, die die Widerstandskraft der Bevölkerung betreffen, wie Hungersnöte u. ä., von großer Bedeutung.

8. Es ist nicht unwahrscheinlich, daß infolge verschiedener Umstände, die wir nur vermuten können, sich die Virulenz der Malariaparasiten beträchtlich steigern kann. Ohne Zweifel spielen auch hierbei die Überträger eine wichtige Rolle; ist es uns doch von den Trypanosomen her bekannt, daß z. B. die Übertragung von *Trypanosoma lewisi* durch die Rattenlaus zu gewissen Jahreszeiten unschwer gelingt, während sie zu anderer Zeit völlig versagt. Auch die Versuche von Kleine und Taute bei *Glossina morsitans* und *Tryp. gambiense* sprechen dafür, daß dem Überträger eine wichtige Rolle zukommt.

9. Damit hängt es wohl auch zusammen, daß in den einzelnen Malariagegenden die Infektion keineswegs immer gleichmäßig verläuft. So soll z. B. in China nach Olpp die Malaria zwar vorhanden, aber relativ milde sein, nur 0,47°/₀ seiner poliklinischen Fälle bedurften der Hospitalbehandlung; unter diesen sah er keinen Todesfall, auch Schwarzwasserfieber fehlte. Umgekehrt ist die Malaria Zentralbrasiliens außerordentlich schwer. So wurde ein Transport europäischer Arbeiter am oberen Amazonenstrom in wenigen Wochen, allerdings bei ungenügender ärztlicher Behandlung, zur Hälfte durch Malaria vernichtet, und die Zurückgekehrten litten zum Teil an einer außerordentlich hartnäckigen Tertiana. Es bleibt wohl kaum eine andere Erklärungsmöglichkeit als die einer ungleichen Virulenz der Parasitenstämme, wie wir sie ihr ja auch z. B. bei den Trypanosomen in Afrika begegnen.

10. Von ganz besonderem Einflusse auf den endemischen Charakter der Malaria ist die gesamte Lebenshaltung der Bevölkerung. Je schlechter die Ernährung, die Wohnung, die Rasse der Eingeborenen ist, desto weniger Wider-

stand werden sie der Krankheit entgegensetzen, desto länger wird der aktive Immunisierungsprozeß dauern und desto seltener wird eine dauerhafte Toleranz erreicht werden.

Prophylaxe. Wir müssen unterscheiden zwischen der persönlichen Prophylaxe, und denjenigen Maßregeln, die zur Verhütung und Bekämpfung der Seuche unter der einheimischen Bevölkerung eines Malariagebietes unternommen werden.

Die persönliche Prophylaxe bezweckt, das Eindringen der Infektionserreger in den Körper zu verhindern. Man hat zu diesem Zwecke versucht, die unbedeckten Körperteile mit Stoffen einzureiben, welche die Moskitos vom Stechen abhalten sollen. Zahlreiche Mittel wurden versucht, allein entweder wirkten sie durch den Geruch lästig, oder sie verdunsteten zu rasch, oder endlich reizten sie die Haut.

Man kann ferner die Moskitos durch Schleier aus dünner Gaze und durch Handschuhe, sowie durch hoch über die Knöchel heaufragende Stiefel fernhalten. Zupitza hat diesen Schutz auch in den Tropen mit Erfolg durchgeführt, und auf den italienischen Bahnlinien werden die Beamten, welche Nachtdienst haben, mit solchen Masken usw. ausgestattet. Es gehört eine große Sorgfalt dazu, um diese Prophylaxe lückenlos durchzuführen.

Seit langem pflegen die besser situierten Personen in den Tropen in Malariagegenden nur unter Moskitonetzen zu schlafen. Diese müssen eine Maschenweite von nicht mehr als 1 $\frac{1}{2}$ mm haben, unten gut abschließen und mit einem Saum, der, aus einem dichteren Gewebe gefertigt, in der Höhe der Matratze herumzieht, versehen sein, damit die Moskitos nicht an einer Stelle, wo etwa die Hand oder der Fuß das Netz berühren, durch dieses hindurch stechen können.

Diesen Schutz durch Moskitogaze hat man vielfach auf einzelne Wohnräume, ja auf ganze Wohnungen ausgedehnt. Alle Öffnungen werden durch Rahmen, die mit Moskitodrahtgaze versehen sind, abgeschlossen. An den Türen werden kleine Vorbauten, an denen Doppeltüren mit automatischem Verschluß angebracht sind, aufgestellt. Diese Einrichtung hat den großen Vorteil, daß sie jede Art von Insekten fernhält. Sie muß allerdings ständig sehr sorgfältig auf ihre Dichtigkeit kontrolliert werden, die Metallgaze rostet leicht und wird brüchig; endlich ist die Durchlüftung solcher Wohnungen etwas behindert. Zweckmäßig hat sich erwiesen, einen farbigen Diener anzustellen, der morgens und abends alle etwa eingedrungenen Anophelen aufsucht und mit einem Schmetterlingsnetz wegfängt. Hierher gehört auch die mehr allgemeine Maßregel für den Europäer, seine Wohnung nicht in der Nähe der Eingeborenenhütten anzulegen. Stephens und Christophers geben unzweideutige Beispiele dafür, wie wichtig diese prophylaktische Maßregel ist.

Nur ganz ausnahmsweise aber wird irgend jemand in einer Malariagegend sich halten können, ohne durch irgend einen Zufall von infizierten Anopheles gestochen zu werden. Gegen die auf diese Weise eingeimpften Sporozoiten der Malaria richtet sich die Chininprophylaxe. Sie bezweckt, in bestimmten Abständen diejenigen Schizonten, welche aus Sporozoiten oder auch durch Parthenogenese aus bereits eingenisteten Macrogameten hervorgegangen sind. zu vernichten. Koch hat deshalb vorgeschlagen, jeden 8. und 9. Tag, also gegen Ende der Inkubationszeit, je 1 g Chinin zu nehmen und hat an dem schwer verseuchten Stephansort (Neu-Guinea) bewiesen, daß sich allein durch diese Maßregel die Morbidität auf ein Minimum reduzieren läßt. Zahlreiche Beweise liegen vor, daß dieses Prinzip für eine große Zahl von Fällen zutrifft; doch muß zugegeben werden, daß auch trotz sorgfältiger Prophylaxe Infektionen vorkommen können Einen interessanten Beitrag hierzu lieferte Neiva. Gelegentlich eines Eisenbahnbaues in Südbrasilien sah er, daß die Chinindosen, die anfänglich zur Prophylaxe (0,5 g jeden 3. Tag) ausgereicht hatten, später nicht mehr genügten. Und auch die therapeutischen Dosen mußten im weiteren Verlaufe erhöht werden. Da neben den Prophylaktikern auch Nichtprophylaktiker vorhanden waren, so wurden diese ersteren stets reinfiziert. Die eingeimpften Sporozoiten kamen in Blut, das bereits kleine Mengen Chinin enthielt. Diesem Milieu paßten sie sich an und waren schließlich nur durch tägliches Chininnehmen an der Vermehrung zu verhindern. Wurde das Chinin auch nur auf 2 Tage ausgesetzt, so erfolgte sofort ein Anfall. Hier sehen wir an einem sehr klaren Beispiel, daß die Chininprophylaxe nicht die Infektion verhindert, sondern nur die Vermehrung der Parasiten unterdrückt, noch ehe sie bis zu einer fiebererzeugenden Höhe gelangt ist. Für diese Fälle ist auch die Erklärung möglich, daß sich schon bei den ersten Teilungen der Schizonten während der Inkubationszeit einzelne Gameten gebildet haben, die dem Chinin entgingen, daß also die Anfälle bei einem solchen Prophylaktiker eigentlich als Recidive aufzufassen sind, die von Macrogameten ausgehen. Bei Prophylaktikern pflegen in der Regel die Anfälle leichter zu verlaufen als bei Nichtprophylaktikern. Die Tatsache, daß die Kochsche Prophylaxe nicht lückenlos genügt, hat Veranlassung gegeben, sie in verschiedener Weise zu modifizieren. So empfahl Plehn jeden 5. Tag $^1/_2$ g zu nehmen. Ziemann läßt jeden 4. Tag 1 g nehmen, stuft aber diese Prophylaxe je nach der Empfindlichkeit des einzelnen ab, indem er bei starker Reaktion 1 g Euchinin gibt und ev. auf $^1/_2$ g Chinin bzw. Euchinin heruntergeht.

An Orten mit ausgesprochener Saisonmalaria ist es nicht notwendig, das ganze Jahr hindurch die Chininprophylaxe durchzuführen; doch bedarf es in jedem einzelnen Falle sehr sorgfältiger Untersuchungen über die Häufigkeit der Moskitos namentlich in den Europäerwohnungen, und über die Zahl der mit Malariaparasiten infizierten Anopheles, ehe man allgemeine Vorschriften für die Unterbrechung und Wiederaufnahme der Chininprophylaxe wird aufstellen können.

Auf Grund meiner Erfahrung kann ich empfehlen, die Kochsche Prophylaxe derart zu modifizieren, daß jeden 6. und 7. Tag Chinin 1,0 gewonnen wird; dann sind immer dieselben Wochentage Chinintage; auf diese Weise ist immerhin ein Vergessen der Chinintage erschwert. Das Chinin kann auch in fraktionierter Dosis (5 × 0,2 g) genommen werden.

Das Chinin kann nun aber auch zur allgemeinen Prophylaxe der Bevölkerung eines Malariadistriktes herangezogen werden. In erster Linie muß es dazu dienen, die Parasitenträger unschädlich zu machen; man wird also versuchen, bei allen Kranken, die ja bei ungeeigneter Behandlung zu Parasitenträgern werden, eine zweckmäßige und ausreichende Therapie durchzuführen. Beispielsweise beherbergten unter den indischen Soldaten im Delhi-Fort $^1/_4$ der Mannschaft Gameten im peripheren Blute (Aido). Ein auf diesem Prinzip beruhender Versuch ist in den Jahren 1907—09 in Wilhelmshaven und Umgebung durchgeführt worden.

Mit Hilfe der praktischen Ärzte wurden alle Erkrankten der Behandlung zugeführt. Ausgedehnte Blutuntersuchungen brachten 1907 157 Kranke und Parasitenträger zum Vorschein. Schon im Laufe des ersten Jahres gelang es, 94 von ihnen durch intensivere Chininkur (3 × 0,3 Chinin täglich 6—7 Tage lang, dann jeden 7., 8. und 9. Tag, zwei Monate lang) parasitenfrei zu machen. Im Jahre 1908 wurde nur mehr ein Parasitenträger vom Jahre vorher ermittelt, hierzu kamen 16 Neuerkrankungen. Von diesen hatten nur 31,2 % trotz Chinin später noch Parasiten im Blute. Die Schokoladentabletten mit Chin. tannicum bewährten sich gut.

Auch unter der Eingeborenenbevölkerung einer tropischen Stadt ist eine Malariabekämpfung durch Chinin durchführbar. Dies beweist der Versuch von Daressalam (Ostafrika).

Hier wurden zuerst von Ollwig unter den Eingeborenen alle Infizierten durch Blutuntersuchung ermittelt und ihnen wöchentlich an zwei aufeinanderfolgenden Tagen drei Monate lang Chinin verabreicht (Erwachsene 1 g, Kinder entsprechend weniger). Im vierten Jahre dieser Campagne wurden in der Stadt noch 28% der Kinder infiziert gefunden; in den nicht behandelten Vorstädten dagegen betrug ihre Zahl 60%.

Wesentlich verschieden hiervon ist das Verfahren in Italien.

Unter der in Malariadistrikten ansässigen Bevölkerung kann natürlich von einer Auslese der Kranken keine Rede sein. Deshalb wird das Chinin dort täglich in Dosen von 0,2—0,6 g an alle Personen verteilt, die es wünschen. Während des monatelangen Gebrauchs sind bisher nennenswerte Schädlichkeiten nicht beobachtet worden. In der Armee, der Marine und auf vielen Gütern ist die Prophylaxe obligatorisch. Einen wesentlichen Aufschwung hat der Chininverbrauch dadurch genommen, daß das Medikament vom Staate hergestellt und auf allen Postämtern in zuverlässiger Qualität verabreicht wird. Jetzt ist auch das Chinintannat in Schokoladentabletten, namentlich zum Gebrauch für Kinder, eingeführt worden. In Casabianca war die Zahl der Parasitenträger im Mai 1912 = 43% der Bevölkerung. Im Juni Beginn der Chiningabe (täglich 0,2), Parasitenträger-Index im August 9%, im November 7%. 1908—09 wurden 23 635 kg Staatschinin verkauft. Die Malariamortalität ist von 1900—1909 von 15 865 auf 3463 gesunken. In der Armee ist die Morbidität von 4994 im Jahre 1901 auf 804 im Jahre 1908 zurückgegangen.

Gut beobachtet sind auch die Resultate im Agro romano bei Rom. Dort betrug die Zahl der Malariapatienten des Roten Kreuzes im Jahre 1900 31% der Bevölkerung, im Jahre 1908 nur 2,0%.

Daß das Chinin bei der Bekämpfung der Malaria auch in der eingeborenen Bevölkerung eines Tropenlandes eine beträchtliche Rolle zu spielen berufen ist, zeigt u. a. die Erfahrung der indischen Regierung, wo im Jahre 1909/10 allein durch die Postanstalten 7700 Pfund Chinin in Einzeldosen verkauft wurden. Die beiden staatlichen Chininfabriken in Nilgiri Hills und Sikkim lieferten in diesem Jahre nahezu 46000 Pfd. Chinin, die im Lande verbraucht wurden. In ganz Indien wurden 1909/10 166000 englische Pfund Chinin konsumiert. Der Staat liefert einwandfreies Chinin in kleinen Päckchen („pice packets") zu niedrigem Preis. Große Mengen Chinin werden auch gratis verteilt.

In der indischen Armee sind die Resultate der Chininprophylaxe nicht besonders gute gewesen, so z. B. waren im Delhi-Fort unter den europäischen Truppen die Chininprophylaxe (2,7 g pro Woche) eingeführt; 25,3% der Leute waren Parasitenträger. Man muß aber auch nach den Resultaten von Neiva (s. o.) damit rechnen, daß man mit chininfesten Stämmen zu tun hat. Ob ein sehr auffälliger Mißerfolg bei der Schutztruppe in Südwestafrika gleichfalls darauf zurückzuführen ist, ist noch nicht aufgeklärt.

Die oben gegebenen Zahlen beweisen einerseits den hohen Wert der Chininprophylaxe, die jedenfalls die geringsten Aufwendungen an Personal erfordert, andererseits aber zeigen sie deutlich die Grenzen der Wirksamkeit dieser Methode. Das Beispiel der italienischen Armee macht es klar, daß selbst unter so günstigen Umständen, wie in diesem Falle — nur gesunde kräftige Leute waren zu schützen und konnten zum Einnehmen des Medikamentes gezwungen werden, die Überwachung konnte eine sehr sorgfältige sein — durch die Chininprophylaxe allein nur ein gewisses Minimum erreicht werden kann. Deshalb wird es die Aufgabe der Ärzte und Hygieniker, vor allem aber auch der Verwaltungsbehörden sein, noch andere Mittel zur Be-

kämpfung des Wechselfiebers in der Bevölkerung heranzu-
ziehen.

Diese Mittel wenden sich gegen die Überträger und beruhen auf der
Tatsache, daß die Vermehrung der Moskitos ausschließlich im Wasser erfolgt.
Wenn es gelingt, alle Brutplätze dieser Insekten zu vernichten, ihnen unzu-
gänglich oder für die Entwickelung ungeeignet zu machen, so müßte es gelingen,
einen Ort malariafrei zu machen. In dieser Richtung hat vor allen Ronald
Roß bahnbrechend gewirkt.

Die Vernichtung aller Brutstätten wird stets in erster Linie eine Geldfrage
sein. Bei den Voranschlägen hierfür vergesse man nicht, daß halbe Maßregeln nutzlos
sind und die ganze Aktion in Mißkredit bringen.

Eine Aktion gegen die Stechmücken — man wird dabei nicht bloß die Anophelen berücksichtigen, sondern sämtliche Culiciden mit in den Bekämpfungsplan
aufnehmen — muß damit eingeleitet werden, daß in der Umgegend des zu sanie-
renden Ortes alle Brutplätze für Moskitos aufgesucht und wenn möglich auf einer
Karte eingetragen werden. Es ist dies sehr häufig schwierig, namentlich wenn die
Umgebung des Ortes mit dichtem Gebüsch oder Wald bestanden oder von Sümpfen
gebildet ist. Vielfach brüten z. B. Anopheles in den Blattachseln gewisser Pflanzen
(Palmen, ananasähnlicher Bromeliaceen), die auch als Schmarotzer auf anderen Bäumen gedeihen. Man beachte die regelmäßigen Windströmungen, welche die Stechmücken auf beträchtliche Entfernungen von und zu ihren Brutplätzen verschleppen
können. Auch in dem schmutzigen Wasser von Abzugsgräben und Kloaken können
Anopheles sich entwickeln und selbst. ein Salzgehalt bis zu $11^0/_0$ hindert gewisse
Arten in ihrer Entwickelung nicht.

Das Aufsuchen der Larven geschieht am besten mit einem flachen Sieb, dessen
Boden mit einem feinen Drahtnetz versehen und das an einer Stange befestigt
wird. Ohne an den Rand des Wassers heranzutreten, kann man damit eine Probe
entnehmen, etwa vorhandene Larven bleiben auf dem Sieb zurück.

Die kleinsten Wasseransammlungen, welche sich in fortgeworfenen Konservenbüchsen, Petroleumkannen, in Kokusnußschalen, in alten Kanoes finden, können
leicht vernichtet, besonders durch Vergraben beseitigt werden. Zysternen sind mit
einem gut schließenden Deckel und einer Pumpe zu versehen, in die zuführenden
Regenrinnen müssen Drahtsiebe eingeschaltet werden, die von Zeit zu Zeit zu rei-
nigen sind. Kleine Felsenlöcher werden zweckmäßig durch Zement ausgefüllt:
Tümpel werden am besten durch Abzugsgräben entleert; Gräben müssen nivelliert
werden, so daß das Wasser ständig fließt, ihre Ränder müssen sorgfältig vom Pflanzen-
wuchs gereinigt und rein gehalten werden. Wasserflächen, die auf diese Weise nicht
beseitigt werden können, werden mit Petroleum oder Saprol begossen. Dies gilt
auch namentlich für Versitzgruben. Das Begießen mit Petroleum hat aber verschiedene Nachteile: es muß sehr sorgfältig ausgeführt werden, damit die ölige Flüssigkeit sich auch auf die ganze Fläche ausdehnt. Das verdunstete Öl muß in regelmäßigen Abständen ersetzt werden, endlich vernichtet das Öl, das das Wasser von
der Luft abschließende Petroleum, auch alle in einem solchen Tümpel lebenden Wesen.
Eine andere, von den Amerikanern empfohlene Methode ist das Vergiften der
Larven und Puppen. Rohe Karbolsäure tötet Larven noch in einer Verdünnung
von 1 : 10 000 (1 Teelöffel auf 50 Liter Wasser). Gorgas' Vorschrift: 100 Liter
rohe Karbolsäure (ca. $15^0/_0$ Phenol) werden auf 100^0 erhitzt, fein pulverisiertes
Kolophonium 40 g zugesetzt, erhitzt bis zur völligen Lösung, dann noch 6 g Ätz-
natron, 10 Minuten weiter gekocht. Ausproben auf Wasserlöslichkeit! Dieses
Larvizid zu 8000 Teilen Wasser zugesetzt tötet Larven sicher in 30 Minuten.

Unter den kleinen Lebewesen, die in jeder ständigen Wasseransammlung sich
finden, sind besonders tüchtige Helfer im Kampf gegen die Moskitos. Kleine Fische
aus der Klasse der Karpfen (Cyprinoiden, *Girardinus*), speziell die in Südamerika
heimischen *Baricudos*, sind eifrige Larvenvertilger. In Indien sind *Haplochilus*arten
wichtig, kleine schlanke Fische von etwa 10 cm Länge. Dazu kommen Schwimm-
käfer (*Ditiscus*), Rückenschwimmer (*Notonecta*), Libellenlarven, Salamander u. a., die
den Moskitolarven eifrig nachstellen. Auch gewisse Pflanzen (*Utricularia*) besitzen

einen Reußenapparat, mit Hilfe dessen sie die Larven einfangen und verdauen. Der Schutz aller dieser Larvenfeinde und das Einsetzen solcher Tiere in Wasserbehälter, Bassins und Tümpel ist eine der wichtigsten Aufgaben bei der Stechmückenbekämpfung. — Die Beseitigung größerer Teiche und Sümpfe spielt ins Gebiet des Ingenieurwesens hinüber. Die in der Anlage kostspieligste, aber auf die Dauer wirksamste Entwässerung sumpfigen Bodens ist das Einlegen von Tonröhren, die einen natürlichen Strom erzeugen. Sie haben den Vorteil, daß sie später keine weitere Beaufsichtigung verlangen. Am Panamakanal wird in ausgiebiger Weise von ihnen Gebrauch gemacht.

Man kann auch daran denken, die Imagines der Anophelen zu vernichten, indem man ihre Schlupfwinkel, in den Tropen die Hütten der Eingeborenen, bei uns die Ställe, namentlich der Schweine, ausräuchert. Hierzu eignet sich ganz besonders das gewöhnliche Insektenpulver (Chrysanthemumblüten), das einen Rauch produziert, der die Moskitos betäubt und sogar tötet. Giemsa hat einen Spray-Apparat und eine Lösung angegeben (hauptsächlichste Bestandteile ein alkoholischer Auszug aus Pyrethrumpulver, als „Mückenfluid" im Handel), welche, mit Wasser verdünnt und über die an den Wänden im Winterschlaf sitzenden Mücken verstäubt, sie rasch tötet. Hier seien auch die sog. „trous-pièges" (Lochfallen) erwähnt, die von den Franzosen sehr empfohlen werden: es sind schräg in den Boden gegrabene Löcher, deren Öffnungen von der hauptsächlich herrschenden Windrichtung abgekehrt sind. Dort hinein sammeln sich die Stechmücken mit Vorliebe, und hier können sie durch eine eingesteckte brennende Fackel leicht getötet werden.

Ein Beispiel für den Wert dieser gegen die Moskitos gerichteten Maßnahmen lieferte die Stadt Ismailia am Suezkanal. Durch die eben beschriebenen Maßregeln ist es gelungen, die Stadt gänzlich von Moskitos zu befreien und dadurch die vorher recht heftige Malaria zu beseitigen (i. J. 1899 1545 Fälle; seit 1906 kein autochthoner Fall mehr).

In der Praxis wird es nun Aufgabe des Hygienikers sein, diejenigen Maßregeln hervorzuheben, welche entsprechend den örtlichen Verhältnissen am meisten Aussicht auf Erfolg besitzen. So z. B. wird man in Gegenden, die intensiven Reisbau betreiben, wo also weite Strecken während eines Teiles des Jahres überschwemmt sind, kaum etwas gegen die Moskitos ausrichten können. Hier wird man sich also auf eine möglichst ausgedehnte Chininprophylaxe beschränken müssen.

Welch treffliche Resultate durch eine Vereinigung aller zur Verfügung stehenden Methoden (Chininprophylaxe, Moskitoschutz der Häuser und Vernichtung der Brutplätze der Anophelen) erreicht werden kann, können wir an vielen Beispielen sehen. In der niederländisch-indischen Armee waren 1886 80% der Europäer und 71% der Eingeborenen an Malaria erkrankt. 1909 20 bzw. 17%. Besonders bedeutend, weil unter den schwierigsten Verhältnissen gewonnen, sind die Ergebnisse beim Bau des Panamakanals. Hier war es von allem Anfang an das Bestreben der Unternehmer, gleichzeitig mit der eigentlichen Bautätigkeit die Sanierung des ganzen Geländes zu sichern. Colonel Gorgas hat hier sein organisatorisches Genie aufs glänzendste bewährt.

Es galt, einen Streifen von 47 englischen Meilen mit 80 000 Bewohnern zu sanieren. Etwa 1000 Mann sind damit beschäftigt, den Boden durch Tonröhren oder zementierte Gräben zu drainagieren, die Umgebung der Dörfer auf 200 m von Busch und Gras frei zu halten, undrainierbare Teiche etc. mit Öl zu begießen oder mit Larvizid zu behandeln. An 21 Stellen ist Chinin umsonst zu erhalten; außerdem wird es durch eigene Leute gratis an die Arbeiter verteilt; im Jahre 1908 wurden 3200 englische Pfund Chinin verbraucht; etwa die Hälfte der Arbeiter nimmt täglich Chinin (Dosis?). Alle Gebäude der Regierung sind mit Drahtnetzen versehen. Sehr nützlich hat es sich erwiesen, in Zeltlagern, Baracken usw. einen Mann anzustellen, der in den Schlafräumen von morgens an die in der Nacht voll-

gesogenen Stechmücken wegfängt. Durch diese scheinbar ganz geringfügige Maßregel wurde die Morbidität wesentlich beeinflußt.

Die Todesfälle an Malaria unter den Angestellten gingen von 11,59 $^o/_{oo}$ im
November 1906 auf 1,23 $^o/_{oo}$ im Dezember 1909 herunter. Im Juli 1906 wurden
1263 $^o/_{oo}$ wegen Malaria ins Hospital aufgenommen; im Dez. 1909 nur noch 215 $^o/_{oo}$.
Die Gesamtmortalität der Bevölkerung von ca. 100000 Menschen ist von 67,7 $^o/_{oo}$
im Juli 1906 auf 21,5 $^o/_{oo}$ im Dezember 1909 gefallen. Welch ein glänzendes
Resultat!

3. Proteosoma praecox (Grassi u. Feletti); Vogelmalaria.

Im Anschluß an die Plasmodiden des Menschen sei auch das *Proteosoma
praecox* (Grassi u. Feletti) der sperlingartigen Vögel besprochen.

Die Schizonten liegen als helle Lücken in der gelblichen Substanz der roten
Blutkörperchen. In ihnen ist der Kern als ein schwächer lichtbrechendes Körperchen
bei geeigneter Beleuchtung wahrzunehmen. Die kleinsten Formen messen etwa
2—3 μ. In den etwas größeren Formen ist bereits Pigment wahrzunehmen.
Hat der Parasit etwa $^2/_3$ Blutkörperchen Durchmesser erreicht, so rückt der Kern
des befallenen Erythrocyten nach dessen einem Pol hin und stellt sich meist quer
zur Längsachse, auch wenn er mit dem Parasiten nicht direkt in Berührung kommt.
Innerhalb von 4—5 Tagen wächst das *Proteosoma* heran zu einer großen Kugel.
Die Romanowskyfärbung zeigt, daß es aus einem Maschenwerk von blaugefärbtem
Protoplasma und einem großen Chromatinbrocken besteht. Nähere Untersuchungen
über die Kernstruktur und den Teilungsmodus stehen noch aus. In einer Anzahl
von Formen dieses Stadiums konnte Hartmann neben dem großen Hauptkern
noch einen zweiten, kleineren Kern, ein Analogon des Blepharoplasten, nachweisen.
In anderen Exemplaren scheint er im Kern zu liegen. Wenn der Parasit das Blutkörperchen ganz ausfüllt, zerfällt er in 12—16 Merozoiten. Einige Male fand Hartmann diese Merozoiten mit einem Blepharoplasten und einer sehr kurzen Geißel
ausgerüstet (s. Abb. 174a, S. 182). Die Gameten weisen die nämlichen Charakteri-
stika auf, die wir bei *Plasmodium* kennen lernten: die Macrogametocyten besitzen
ein dichtes, dunkel färbbares Plasma und relativ kleineren Kern, die Microgametocyten ein helles Plasma und einen großen Kern. Bei diesen Geschlechtsformen ist der Blepharoplast meist deutlich erkennbar (Abb. 174b, S. 182). Auch
v. Wasielewsky bildet diesen Kerndimorphismus ab.

Die Entwickelung der Microgameten verläuft ganz ähnlich wie bei *Plasmodium*
des Menschen. Die Reifungsteilung der Macrogameten ist bei *Proteosoma* noch
nicht beobachtet.

Als Wirte für die Übertragung der Gamonten dienen verschiedene
Arten der Gattung *Culex* (in Italien *Culex nemorosus* (Koch), in Deutschland
Culex pipiens (Ruge), in Indien *Culex fatigans*). Auch in *Stegomyia calopus* (der
Gelbfiebermücke) hat Neumann die Entwicklung von *Proteosoma* erzielen können.

Die Befruchtung und die Bildung der Ookineten entspricht völlig diesen
Stadien bei *Plasmodium*. Der Ookinet läßt den größten Teil des Pigmentes mit
etwas Plasma als Restkörper zurück. In den Oocysten entwickeln sich zuerst
sekundäre Cysten (Sporoblasten), in diesen erst die Sporozoiten (Sichelkeime Kochs).
Am 9. und 10. Tage nach dem Blutsaugen sind alle Sporozoiten in die Speicheldrüsen, namentlich in den Mittellappen, eingedrungen. Ganz unklar ist die Bedeutung
der sog. Blackspores, die sich in den Cysten gleichzeitig mit den Sporoblasten bilden:
große dunkelgefärbte, rundliche oder verzweigte Körper, die in den entleerten
Cystenhüllen zurückbleiben.

Proteosoma läßt sich leicht auf Kanarienvögel übertragen und in diesen weiterzüchten. Die Infektion ist oft eine sehr intensive, so daß 60 und mehr Prozent
der Blutkörperchen infiziert sind. Die Vögel erkranken dann deutlich und gehen auch
zum Teil zugrunde. Bei der Sektion findet man beträchtliche Milz- und Leberver-
größerung. Diejenigen Tiere aber, welche die Krankheit überstehen, besitzen in den
meisten Fällen eine solide Immunität. Koch konnte nur zwei von zehn „geheilten"

Vögeln reinfizieren. Ob es sich aber hierbei nicht doch auch um eine latente Infektion gehandelt hat, ist mit Sicherheit noch nicht ermittelt. Unveröffentlichte Versuche aus Hartmanns Laboratorium machen es zum mindesten sehr wahrscheinlich, daß auch hier auf das akute Stadium ein solches labiler Infektion folgt. Moldovan hat dann nachgewiesen, daß dies in der Tat die Regel ist und daß man bei solchen Tieren durch Injektion artfremden Blutes innerhalb von ca. acht Tagen einen Rückfall der scheinbar ausgeheilten Infektion erzielen kann.

4. Die Plasmodiden bei Affen.

Während die menschlichen Malariaparasiten auf Affen nicht übertragbar sind, finden sich bei einer Reihe von Arten (*Cercopithecus fuliginosus, Macacus cynomolgus, Cynocephalus babuinus*) Plasmodiden im Blute.

Plasmodium kochi (Lav.) ist von Koch bei mehreren afrikanischen Affenarten entdeckt und von Kossel, Gonder und v. Beerenberg-Goßler beschrieben worden. Dieser Parasit lebt sowohl auf als in den roten Blutkörperchen. Die beiden letzterwähnten Autoren unterscheiden schon im Stadium der Merozoiten zwei Typen. einen mit einem größeren und einem kleineren Kern (Schizonten) und einen anderen mit zwei deutlichen Kernen (Gameten). In diesen Kernen sind die Caryosome stets sehr deutlich wahrzunehmen. Die Erythrocyten zeigen Schüffnersche Tüpfelung. Die Schizogonie findet in einer den übrigen Plasmodiden analogen Weise statt; auch die Gameten unterscheiden sich durch die bekannten Merkmale am Plasma und Kern. Kossel konnte die Microgametenbildung beobachten. Über die gamogene Fortpflanzung ist bisher nichts bekannt. Die Injektion parasitenhaltigen Blutes erzeugte zwar eine Blutinfektion, aber keine wahrnehmbaren Krankheitserscheinungen.

Gonder und v. Beerenberg-Goßler beschreiben ein zweites *Plasmodium brasilianum* von einem *Brachyurus calvus* vom Amazonenstrom. Hier konnten sie die Dauer einer Schizogonie auf 72 Stunden feststellen. Auch sonst ähnelt der Parasit dem der Quartana des Menschen. Ein Teil der Schizonten liefert nur Gameten, ein anderer nur wieder Schizonten.

Halberstädter und v. Prowazek fanden beim Orang-Utang das *Plasmodium pitheci*. Die Schizonten liegen intra-, die Gameten extracellulär. Auch hier tritt durch heteropole Teilung in einigen Stadien ein kleines Körnchen (Blepharoplast?) aus dem Hauptkern aus. Im ganzen ähnelt er sehr dem *Plasmodium kochi*. Die Geschlechtsformen besitzen in den Jugendstadien gleichfalls eine Vakuole.

Das von den gleichen Autoren beschriebene *Plasmodium inui* ist durch ein ausgesprochen gelbes, feinkörniges, aber reichlich vorhandenes Pigment und durch die geringe Färbbarkeit des Protoplasmas charakterisiert.

Bruce hat neuerdings einen endoglobulären Blutparasiten bei einer kleinen Antilope (Ducker) als *Plasmodium cephalophi* beschrieben.

IV. Spirochäten, Spirochätosen.

A. Allgemeines.

Stellung im System. Die Spirochätoideen sind Protisten, denen vorläufig eine Stellung neben den Protozoen und Protophyten (einzelligen Pflanzen) angewiesen werden muß, die aber den ersteren zum mindesten näher stehen als den letzteren. Die Gründe für diese Auffassung sind folgende.

Sämtliche Spirochätoideen sind flexibel, und zwar in ganz typischer Weise (s. u.). Die Spirillen (Protophyten) sind starre Gebilde, und nur einzelne von ihnen (*Bacillus flexilis* Dobell) haben einen biegsamen Körper. — Ihre Innenstruktur weicht, soweit sie dargestellt werden konnte, wesentlich von der der Bakterien und Spirillen ab (s. unten). — Sie besitzen nicht wie die Bakterien eine feste Hülle, eine Zellmembran, durch die hindurch die Osmose erfolgt, sondern eine zarte Haut (Pellicula oder Periplast). — Ihr Plasma ist nicht plasmolysierbar, d. h. es löst sich bei Überführung in hypertonische Lösungen nicht von dem Periplast ab, wie dies bei Pflanzenzellen (Spirillen nach Löwenthal und Hölling) der Fall ist. Die als „Geißeln" bezeichneten Anhänge sind in Wirklichkeit Fortsätze des Periplasts. Sie entspringen von diesem und nicht wie bei den Spirillen aus dem Entoplasma. — Die Spirochätoideen werden durch taurocholsaures Natron und saponinähnliche Substanzen gelöst wie andere tierische Zellen, was bei Pflanzenzellen nicht oder nur ganz ausnahmsweise (*Bac. pneumoniae*) eintritt. Dagegen löst ein Extrakt aus polynukleären Leukocyten die Protozoen und auch die Spirochätoideen nicht auf, während Vibrionen sich darin lösen.

Von einer Reihe namhafter Autoren ist bei diesen Formen Längsteilung — eine an einem Ende des Fadens beginnende Spaltung — mit Bestimmtheit im Leben fortlaufend beobachtet worden. Eine solche Vermehrungsart kommt bei Bakterien usw. nicht vor.

Auch die Querteilung verläuft wesentlich anders als bei pflanzlichen Zellen. Bei diesen bildet sich eine Scheidewand aus, die sich dann senkrecht zur Längsachse spaltet. Bei einigen Spirochätoideen aber ist klar zu erkennen, daß der stark verlängerte Körper sich in der Mitte wie im Glasrohr in der Flamme auszieht und dann an der dünnsten Stelle auseinanderreißt. Solche Bilder sind bei Bakterien bisher von niemand gesehen worden.

Hierzu kommen noch biologische Gründe: die Spirosomen werden durch blutsaugende Insekten übertragen, was von Bakterien noch nicht in diesem Sinne bekannt ist.

Arzneimittel beeinflussen Protozoen und Spirosomen in ganz analoger Weise.

Bisher wurde die ganze Gruppe als „Spirochäten" bezeichnet. Neuere Untersuchungen aber haben gezeigt, daß der Bau dieser Organismen so große Verschiedenheiten aufweist, daß eine Trennung in mehrere Familien nicht zu vermeiden ist. Unter Benützung der neuesten Arbeiten von Groß, Dobell, Zülzer und Hölling schlage ich folgende Einteilung vor, die auf der Morphologie beruht, aber auch den biologischen Verhältnissen in befriedigender Weise entspricht.

Ordnung: Spirochätoidea, Körper fadenartig, ohne feste Zellhaut,
flexibel, meist spiralig geformt, ohne Geißelbüschel.

1. Gattung: *Spirochaeta* Ehrenb., Typus: *Spir. plicatilis* Ehrenberg.

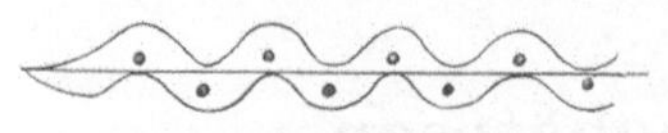

Abb. 266.   Schema des Baues
von *Spirochaeta plicatilis*.

Körper um einen Achsenstab angeordnet
(Zülzer). Kernmaterial in verschiedener Gruppierung im ganzen Körper verteilt (Abb. 266).
Leben in Süß- und Seewasser.

2. Gattung: *Cristispira* Groß. Typus
Cristisp. balbianii Certes. Entlang dem
Körper läuft eine Periplastverdickung (Leiste, Crista), in deren Rand eine
Fibrille eingebettet ist. Der Körper ist von einem fibrillär strukturierten
Periplast umhüllt. Das Protoplasma besteht aus einer Reihe cylindrischer
Waben, etwa wie ein Bambusrohr, in denen ein mit Kernfarbstoffen nicht
färbbarer Plasmateil eingeschlossen ist. Das Kernmaterial ist entweder diffus
verteilt (Chromidien) oder an den Knoten in Körnchen abgelagert (Abb. 267).
Hierzu gehören: *Cristispira anodontae* Keysselitz, *Cristispira pectinis* Groß,
Cristispira veneris Dobell u. a. Leben im Krystallstiel von Muscheln.

3. Gattung: *Spirosoma* nom. nov. Syn. *Spironema*[1]). Typus: *Spirosoma
recurrentis (obermeieri)*, Lebert. Ohne nachweisbare Innenstruktur, mit

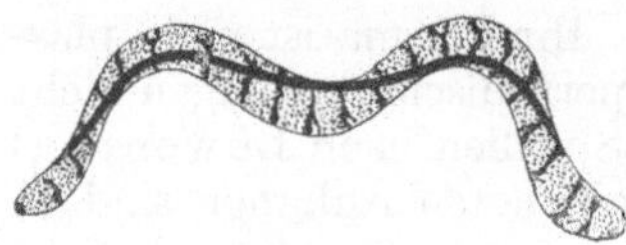

Abb. 267.   Schema des Baues
von *Cristispira*.

fibrillär gebautem Periplast und Randleiste. Bildung von Endfäden nach der Teilung. Hierzu
gehören: *Spirosoma duttoni*, *carteri*, *berbera*,
gallinarum, *anserina*.

Im Blute von Warmblütern, werden durch
blutsaugende Insekten übertragen.

4. *Treponema* Schaudinn. Typus: *Treponema pallidum* Schaudinn u. Hoffmann.
Mit nicht strukturiertem Periplast ohne Randleiste, mit fadenförmigen Fortsätzen an einem oder beiden Körperenden. Ohne erkennbare Innenstruktur.
Hierher gehören: *Treponema pertenue, balanitidis, buccale, dentium;* sie kommen
auf der Körperoberfläche oder im Munde des Menschen, überhaupt da vor,
wo Zersetzungen organischen Materials am oder im Körper stattfinden; von
da dringen einzelne Arten auch in die Gewebe ein.

In seiner groß angelegten Vorarbeit über die Blutparasiten des Steinkauzes
(*Athene noctuae*), hat Schaudinn das sog. *Leukocytozoon ziemanni* (s. Seite 181)
untersucht und im Anschluß an die Befruchtung im Magen der Mücke Ookineten
und von diesen gebildete Sporozoiten beobachtet, die anfänglich in ihrem Bau
den Trypanosomen gleichen, dann aber infolge zahlreicher wiederholter Längsteilungen immer mehr den Charakter von Spirochäten annehmen. Hierdurch gelangte
er zu der Auffassung, daß auch die „echten Spirochäten" (in unserem Sinne: Spirosomen), z. B. *Spir. anserina*, nur Stadien eines Entwickelungscyklus seien, deren
übrige Phasen namentlich innerhalb der Überträger noch festzustellen wären.

Der Tod hat den genialen Forscher, der mit diesen Untersuchungen die Lehre
von den Spirochäten auf eine völlig neue Basis stellen wollte, verhindert, uns eine ausführliche Arbeit über diese Fragen zu schenken. Was aber von anderen Untersuchern
in dieser Sache ermittelt wurde (Koch, Kleine), spricht nicht dafür, daß die von
mir als Spirosomen bezeichneten Mikroorganismen einen Generationswechsel im
Sinne Schaudinns im Überträger durchmachen. Die Ähnlichkeit der kleinen
Sporozoiten des Leukocytozoen mit Spirochäten ist eine rein äußerliche, im strengen

---

[1]) Da der Name *Spironema* schon für eine andere Protistengattung vorher vergeben war, kann er nicht für diese Spirochätengattung Verwendung finden.

Sinne sind es aber Trypanosomen. Damit ist aber noch nicht gesagt, daß nicht vielleicht ein wahrer Kern in Schaudinns Auffassung enthalten sei. Es wäre ganz wohl denkbar, daß solche spirochätenähnliche Trypanosomen, in das Blut eines neuen warmblütigen Wirtes gelangt, dort die fadenartige Gestalt dauernd beibehalten, ja selbst in einem neuen Zwischenwirt, einem blutsaugenden Insekt, als Spirochäten sich weiter vermehren, daß mit anderen Worten der Generationswechsel vollkommen verloren gegangen ist.

Die Versuche Schaudinns mit *Leukocytozoon* sind bisher noch nicht von anderer Seite nachgemacht, also auch keineswegs widerlegt. Aber es wäre dringend zu wünschen, daß sie von zuverlässiger Seite wieder aufgenommen würden; die Schwierigkeiten sind allerdings nicht geringe, da die Steinkäuze häufig mit mehreren Blutparasiten gleichzeitig infiziert sind und auch über die Parasiten der Culiciden noch keineswegs volle Klarheit herrscht.

B. Spirosomen und Spirosomosen.

1. Allgemeines.

In ihrem Gesamthabitus stimmen die pathogenen Spirosomen ziemlich genau überein. Der Körper stellt einen zylindrischen oder vielleicht seitlich etwas zusammengedrückten Protoplasmafaden von höchster Biegsamkeit dar. Die Maße der Spirosomen sind folgende: *Spirosoma recurrentis* (*obermeieri*) $19-20\,\mu$ lang, $0,29\,\mu$ breit, *Spirosoma duttoni* $24\,(-30\,\mu)$ lang, $0,45\,\mu$ breit. Aber auch bei ein und derselben Spirosomenart kommen Schwankungen namentlich in der Länge vor, die von der Art des Wirtes abhängig sind. Im allgemeinen ist die Form die eines Korkziehers. Man hat den Eindruck, daß es sich nicht um ein Gebilde handle etwa wie wenn man ein am Boden langliegendes Tau am einen Ende faßt und dann, mit der Hand Kreise beschreibend, das allseitig biegsame Tau in Spiralen schwingen läßt, sondern daß eine präformierte Spirale vorhanden sei. Daß die Windungen nicht in einer Ebene liegen, tritt ganz besonders schön bei der Betrachtung im Dunkelfeld hervor. Bei unbeschränkter Bewegung ziehen die Spirosomen um die Längsachse rotierend und unter schraubenförmigen Drehungen durch das Gesichtsfeld, ohne ihre Gestalt wesentlich zu verändern. Die Lokomotion kann nach beiden Richtungen der Längsachse erfolgen und ruckartig wechseln. Außerdem laufen an dem Faden auch feine Wellen entlang; ferner wackeln die beiden Enden etwas hin und her, es erfolgen also leichte Knickbewegungen. Häufig kann man auch eine leichte Streckung oder Zusammenziehung der Spirale beobachten. Ferner tritt noch eine zweite Art der Bewegung hinzu: die Spirosomen geben nämlich, namentlich wenn sie einem Hindernis begegnen oder mit einem Körperende an irgend einem Gegenstand festhaften, ihre Spiralform auf und schlängeln sich wie eine Peitschenschnur hin und her. Sterben die Spirosomen langsam ab, so behalten sie gewöhnlich die Spiralform bei. Auch hieraus entnehme ich, daß diese Körperform präformiert, durch gewisse Plasma- und Periplaststrukturen bedingt ist. Im frischen Präparate Geißeln zu beobachten, ist mir nie gelungen.

Die Form der Spirosomen im Trockenpräparate hängt davon ab, wie rasch die ausgestrichene Schicht angetrocknet ist. Bei schnellem Trocknen sind die Spirosomen gewöhnlich stark gewunden, während bei langsamen Antrocknen die Spiralform gut erhalten bleibt. Die Färbung der Spirosomen gelingt leicht mit allen Anilinfarben. Es ist bis jetzt noch nicht gelungen innerhalb der Spirosomen Strukturen nachzuweisen, nur manchmal erkennt man in dem gleichmäßig gefärbten Band eine hellere nicht besonders scharf abgegrenzte Lücke, deren Bedeutung aber noch nicht klar ist.

Das Kernchromatin ist offenbar mit den Plasma durchaus und innig gemischt.

Über den Teilungsmodus ist die rege Diskussion noch nicht geschlossen; daß Querteilungen vorkommen, wird wohl allgemein anerkannt; das Vorkommen von Längsteilungen wird noch bestritten, doch lauten die Angaben einiger Forscher (Prowazek, v. d. Borne) zu bestimmt, als daß man an dem Vorkommen von Längsteilung zweifeln könnte.

Bei der Querteilung, d. h. Ausziehen wie bei einem Glasstab in der Flamme wird die Verbindung schließlich außerordentlich fein, im Dunkelfeld aber noch erkennbar. Reißt sie durch, so trägt jedes der kleinen Spirosomen von 5—7 Windungen nun an einem Ende einen Fortsatz, der wohl hauptsächlich aus Periplast besteht. Die Windungen dieses Fortsatzes sind nicht so regelmäßig als die des Spirosomenkörpers; seine Länge beträgt manchmal bis zu $^2/_3$ des eigentlichen Körpers. Offenbar wird er mit dem Heranwachsen des *Spirosoma* zur vollen Länge in dieses eingezogen. Solche Bilder können auch als letztes Stadium einer Längsteilung gedeutet werden, wie wir dies von den Trypanosomen her kennen.

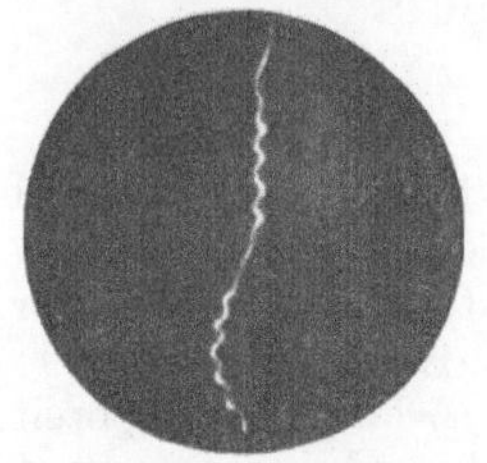

Abb. 268. Letztes Stadium der Querteilung eines *Spirosoma recurrentis* Leb. Orig.

Die Spirosomen besitzen einen Periplast mit eingelagerten Fibrillen. Zettnow konnte bei Spirosomen, die in Kochsalzlösung (!) abzentrifugiert waren, mit seiner Geißelfärbungsmethode Anhänge darstellen, die eine gewisse Ähnlichkeit mit den Geißelbüscheln der Bakterien haben. Aber Schellack konnte zeigen, daß bei den großen Muschelspirochäten (*Cristispira*), die sicher keine Geißeln haben, solche Auffaserungen des Periplasts bezw. der Crista künstlich erzeugt werden können. Das gleiche hat er dann auch bei *Spirosoma obermeieri* nachgewiesen. Die ganze Anordnung dieser bis 9 μ langen Fäden entspricht nicht dem Bilde der Bakteriengeißeln, sondern es sind fibrilläre Strukturelemente eines Periplasts.

Nach den Untersuchungen Kochs ist es wahrscheinlich, daß die Spirosomen innerhalb des übertragenden, blutsaugenden Insektes nur eine Vermehrung erfahren, aber keinen Entwickelungscyklus durchlaufen. Immerhin ist das Verhalten der Spirosomen innerhalb der Zeit, die die Zecke (z. B. *Ornithodorus moubata*) vom Larvenstadium bis zur infektionsfähigen Nymphe braucht, noch nicht untersucht. In den Geweben dieser Zecke, in den Ovarien, den Eiern, sogar in den jungen Larven, konnte Koch stets nur Spirosomen, einzeln oder zu dicken Knäueln verfilzt, finden. Dagegen glaubte Leishman beobachtet zu haben, daß in Zecken, die zuerst bei 34 Grad und dann bei Zimmertemperatur gehalten worden waren, die Spirosomen in den Magenblindschläuchen der Zecke zu kurzen Stäbchen und Körnchen zerfallen und in dieser Form die Neuinfektion vermitteln. Diese Anschauung ist aber inzwischen durch Marchoux und Convy widerlegt worden.

Diese Frage über eine Art Sporenstadium der Spirosomen ist von Balfour in Verbindung gebracht worden mit den von ihm beobachteten endoglobulären Stadien. Schon vor ihm hatte Prowazek beschrieben, daß die Spirosomen des Huhnes in die roten Blutkörperchen eindringen und sich dort zusammenknäueln können.

In welcher Form und wo im Körper die Spirosomen die Latenzperiode zwischen zwei Anfällen überdauern, ist noch nicht bekannt.

Sie finden sich nur im Blute, nicht in den Sekreten oder im Serum, z. B. von Erysipelblasen.

Die Reinzüchtung von Spirosomen in Kulturen ist zuerst Noguchi gelungen. Dazu sind notwendig erstens das Vorhandensein von Blut, zweitens tierisches Serum oder Aszitesflüssigkeit, drittens Substanzen, wie sie sich bei der sterilen Autolyse eines Gewebes ohne Luftzutritt entwickeln. Noguchi verfährt also folgendermaßen: er mischt einige Tropfen Herzblut von einer Ratte, die 2—3 Tage zuvor mit Recurrens infiziert worden war, mit 1,5%iger Citrat-Kochsalzlösung, gibt davon einige Tropfen in ein steriles Reagensglas, in dem ein Stückchen steriler Kaninchenniere liegt. Darüber werden etwa 15 ccm steriler Aszites- oder Hydrozelenflüssigkeit gegossen, an deren Stelle kann man nach Hata auch Pferdeserum, das mit 2 Teilen steriler Kochsalzlösung verdünnt und von 58° auf 71° erhitzt wurde, verwenden, man kann etwas steriles Paraffinöl überschichten. Bebrüten bei 37°. Innerhalb der ersten 7—9 Tage vermehren sich die Spirosomen stark; während dieser Periode müssen auch die Subkulturen angelegt werden, denen man ein paar Tropfen sterilen Ratten- oder Menschenblutes zufügen muß. In den Kulturen treten zuerst kurze (3—4 Windungen) Formen auf (aus den langen Blutformen durch Querteilung entstanden), die dann zu langen Formen auswachsen. Noguchi gibt an, daß die Teilung in der Regel der Länge nach erfolge. Vom 10. Tag ab degenerieren die Spirosomen sehr rasch. Nur bei dem Spirosoma des ostafrikanischen Rückfallfiebers (*Spirosoma kochi*) trat eine Abschwächung der Virulenz ein; *Spirosoma duttoni, obermeieri* und *novyi* (amerikanische Varietät) behielten ihre Virulenz bei.

Daß die Spirosomen durch Kieselgurfilter von 9—15 mm Dicke hindurchgehen, haben Novy und Knapp in einem von zehn Fällen beobachtet. Doch haben sie einen Druck von 50 englischen Pfund beim Filtrieren angewendet; auch sind bekanntlich solche Filter wegen der leicht eintretenden Undichtigkeit mit Vorsicht zu beurteilen. Immerhin erscheint es nicht ausgeschlossen, daß ein so schlanker und elastischer Organismus auch durch die Poren eines Filters sich hindurchzwängen könne.

Die natürliche **Übertragung** der Spirosomen erfolgt durch blutsaugende Insekten. Nachgewiesen ist diese Übertragung, bisher allerdings nur bei *Spirosoma duttoni* (durch die Zecke *Ornithodorus moubata*) und *Spirosoma gallinarum* (durch die Zecke *Argas reflexus*). Mackie und Sergent haben die Läuse als Überträger des Rückfallfiebers in Indien und Algier bezeichnet, und Manteufel hat für die Rattenlaus (*Haematopinus spinulosus*) experimentell nachgewiesen, daß sie die Infektion von einer Ratte zur anderen übertragen könne; Nicolle, Blaizot und Conseil haben für einen in Tunis gewonnenen Stamm festgestellt, daß dieser durch Läuse, und zwar sowohl durch *Pediculus vestimenti* als durch *Pediculus capitis* übertragen wird. Nachdem die Läuse an einem mit Rückfallfieber infizierten Tier (Affen) gesogen, verschwinden die Spirosomen innerhalb 24 Stunden aus dem Darm, und erst nach 8 Tagen treten wieder Spirosomen, und zwar in der Leibeshöhle auf, wo sie bis zum 19. Tage nachgewiesen werden können. Werden solche parasitenhaltige Läuse auf der unverletzten oder durch Kratzen leicht aufgelockerten Haut zerquetscht, so erfolgt die Infektion durch die Haut hindurch. In den Fäzes der Läuse sind keine Spirosomen zu finden. Durch das Saugen infizierter Läuse ließ sich niemals eine Infektion hervorrufen. Die Infektion wird von dem Elterntier auf die Nachkommenschaft vererbt. Nach diesen Versuchen ist es außerordentlich wahrscheinlich geworden, daß auch das *Spirosoma obermeieri* des europäischen Rückfallfiebers, ja wahrscheinlich alle Spirosomen außerhalb des Verbreitungsgebietes von *Ornithodorus*, durch die Läuse übertragen werden.

Gelegentlich kann auch eine Infektion durch Aufträufeln von Blut auf die unverletzte Haut oder auf Schleimhäute erfolgen, wie dies Manteufel bei Ratten nachgewiesen hat. Die anschließende Erkrankung ist eine sehr milde, manchmal so leicht, daß die Spirosomen bei der Blutuntersuchung zu fehlen scheinen und die Infektion nur durch die nachher konstatierte Immunität nachgewiesen wird.

Auch durch die Zellen der Placenta geht das Spirosoma hindurch (Breinl, Nattan-Larrier).

Pathogenese. Die Krankheitserscheinungen bei der Spirosomeninfektion sind verursacht durch eine Toxinämie. Dies geht daraus hervor, daß eine mechanische Wirkung etwa auf Erythrocyten noch nie beobachtet wurde, und daß die Zahl der im Blut des Kranken vorhandenen Spirosomen in keiner Beziehung steht zu der Schwere der Krankheitserscheinungen. Die klinischen Erscheinungen werden im speziellen Teile besprochen. Die Infektion mit Spirosomen werden vielfach als Septikämien bezeichnet, weil die Erreger manchmal in großen Mengen im Blute kreisen. Dieser aus der Bakteriologie entnommene Ausdruck paßt für einen obligaten Parasiten des Blutplasmas nur ungenau.

Schon während der Inkubationszeit gehen aller Wahrscheinlichkeit nach bereits Spirosomen im natürlichen Ablauf der Lebensfunktionen zugrunde, indem sie sich im Blutplasma auflösen. Hat diese Auflösung einen gewissen Grad erreicht, so reagiert der Körper mit subjektiven und objektiven Erscheinungen. Daß dem in der Tat so sei, geht aus Versuchen mit abgetöteten und aufgelösten Spirosomen hervor. Manteufel zweifelt an dem Vorhandensein von Endotoxinen: er hat aber mit einem nur sehr schwach virulenten Materiale gearbeitet. Indirekt haben Neufeld und Prowazek das Vorkommen von Antigenen nachgewiesen, da sie mit solchem Material die Versuchstiere (Hühner) gegen eine nachträgliche Infektion mit lebenden Krankheitserregern zu schützen vermochten. Ein weiterer Beweis für die Endotoxine ist die lebhafte Reaktion der Kranken auf die Einspritzung von Salvarsan.

Näheres über das Wesen dieser Antigene ist noch nicht bekannt. Dafür, daß diese toxischen Stoffe etwa bei der Teilung der Spirosomen in Freiheit gesetzt werden, etwa wie beim Malariaerreger, besitzen wir keine Anhaltspunkte.

Die Kurve der Parasitenzahl bei der Spirosomeninfektion zeigt die Eigentümlichkeit, daß nach einem allmählichen Ansteigen ein plötzliches Absinken erfolgt. Gabritschewsky hat bei der Spirosomose der Gänse und bei der menschlichen Recurrens nachgewiesen, daß zur Zeit der Krisis das Blutserum beträchtliche Mengen eines parasiticiden Antikörpers, der die Spirochäten in vitro immobilisiert, enthalte. Die gleichen Verhältnisse konnten dann später von Novy und Knapp für die Recurrensinfektion nachgewiesen werden. Manteufel hat den sog. Pfeifferschen Versuch für den Nachweis der Antikörper benutzt; 0,05 ccm eines Rekonvalescentenserums tötete die Spirosomen in der Bauchhöhle der Maus sicher ab. Die immobilisierten Spirosomen werden nach einiger Zeit völlig gelöst: es sind also in dem Serum auch Parasitolysine vorhanden. Die Phagocytose spielt hierbei nur insofern eine Rolle, als offenbar die abgetöteten Spirochäten durch die Freßzellen aufgenommen werden. Neben der parasiticiden und lytischen Eigenschaft des Serums treten auch agglomerierende Substanzen in diesem auf, doch ist die Bildung dieser nicht so energisch, wie die jener, und erst nach mehreren Recidiven treten Titer von 1:100 auf (Manteufel). Demnach löst die Infektion mit Spirosomen die Bildung dreier verschieden wirksamer Substanzen (Antikörper) aus; Manteufel kommt aber zu dem Schluß, daß diese Funktionen nicht an verschiedene Antikörper gebunden seien, sondern daß derselbe Rezeptor alle drei Wirkungen besitze.

Es ist nun sehr interessant, daß solches Serum ausschließlich gegen den eigenen Spirosomenstamm wirksam ist, dagegen bei Verwendung von Spirosomen anderen Ursprungs versagt. So kann nach Manteufel selbst die zehnfache Menge eines Rekonvalescentenserums nach amerikanischer Recurrens die Infektion mit russischer und afrikanischer Recurrens nicht verhindern. Dementsprechend ist auch ein immunisiertes Tier nur gegen den Stamm unempfindlich, der zur Immunisierung verwendet worden ist. Es ist auf diese Weise gelungen, eine ganze Reihe von

Stämmen zu isolieren, bei denen zwar die Morphologie der Spirosomen und der Krankheitsverlauf absolut keinen sicheren Anhalt für ʼeine Artentrennung der Erreger bietet, die sich aber in bezug auf diese Serumreaktionen als wesentlich verschieden trennen ließen.

Eine Übertragung der Immunität von dem kranken oder geheilten Muttertier auf die Jungen findet nicht statt (Kusunoki).

Bisher müssen wir auf Grund der Serumreaktionen voneinander trennen:

1. *Spir. recurrentis* (*obermeieri*), Erreger der europäischen und russischen Recurrens. Überträger wahrscheinlich Läuse (*Pediculus vestimenti* und *capitis*),

2. *Spir. duttoni*, Erreger der zentralafrikanischen Recurrens. (Überträger: *Ornithodorus*). (Fränkel schlägt noch eine Abtrennung der ostafrikanischen Varietät vor [*Spir. kochi*].)

3. *Spir. carteri*, asiatische Recurrens.

4. *Spir. novyi*, amerikanische Recurrens (Überträger unbekannt, s. o.).

5. *Spir. berberum*, nordafrikanische Recurrens (Überträger wahrscheinlich *Pediculus vestimenti*).

Darling hat in Panama gefunden, daß die Stämme von zwei Kranken, deren Infektion in derselben Landschaft, aber an zwei verschiedenen Orten erfolgt war, sich in bezug auf die Serumreaktion und die Immunität verschieden verhielten. Welche Faktoren auf solche Differenzierungen von Einfluß sind, läßt sich zurzeit nicht entscheiden.

Ein Virus, das in Zecken weitergezüchtet war, erzeugte keine Immunität gegen einen durch Rattenpassagen forterhaltenen Stamm. Umgekehrt aber konnte man mit diesem letzten die Ratten gegen die Infektion durch Zecken immunisieren.

Mit der Krisis und dem Verschwinden der Spirosomen aus dem Blute hat auch die Kurve der Antikörperbildung ihr Maximum erreicht. Beim Rückfallfieber folgt der Krisis eine Periode normaler Temperatur. Während dieser Zeit sinkt die Kurve der Antikörper allmählich bis nahe zur Norm ab. Dann tritt wiederum eine Vermehrung der Spirosomen ein. Über die Vorgänge, welche zur Entwickelung eines Recidivs führen, ist schon S. 79 u. 80 das Wichtigste gesagt. Gerade der recidivierende Charakter der Erkrankung hat diesem Fiebertypus den Namen Recurrens verschafft.

Hat der befallene Organismus das letzte Recidiv überstanden, so ist er dadurch immun geworden. Wir schließen dies allerdings in erster Linie aus Tierversuchen, aber auch die Beobachtungen beim Rückfallfieber des Menschen sprechen unzweideutig dafür, daß dieser Satz auch für die menschliche Recurrens zutrifft. Diese Immunität dürfte aber wohl nicht länger als 1 Jahr dauern (Gabritschewsky). Ja bei Affen hat Nicolle beobachtet, daß sie sich schon nach 2 Monaten reinfizieren ließen. Nach den Versuchen Kochs an Affen ist sie auch abhängig von der Intensität der immunisierenden Injektion. Affen, die nur ganz leicht erkrankt waren, wurden nicht immun.

2. Spirosoma recurrentis (Lebert); Rückfallfieber, febris recurrens.

Syn. *Spirosoma obermeieri* Cohn.

Die Unterschiede des Rückfallfiebers in den verschiedenen Ländern der Erde in bezug auf die Epidemiologie, den Krankheitsverlauf, den pathologisch-anatomischen Befund und die Therapie sind so geringe, daß ich hier diese Abschnitte des Themas gemeinsam besprechen kann.

Historisches. Die Lehre vom Rückfallfieber wurde auf eine exakte Grundlage gestellt, als Obermeier 1868 im Blut eines Kranken sehr charakteristische fadenförmige Gebilde entdeckte; nebenbei bemerkt die erste Entdeckung eines pathogenen Mikroorganismus beim Menschen. Münch konnte die Krankheit experimentell auf den Menschen übertragen, Koch zeigte ihre Verimpfbarkeit auf Affen, Mäuse und Ratten. Tictin machte die ersten Versuche, die Krankheit durch Insekten (Wanzen) auf Gesunde zu übertragen und Dutton und Todd wiesen nach, daß eine Zecke die afrikanische Recurrens verbreite.

Die Krankheit ist in Europa seit 1739 bekannt, wo sie in Irland, England und Schottland auftrat; in Deutschland spielte sich eine größere Epidemie in den Jahren 1868—72 ab, bei der man die Erfahrung machte, daß die Erkrankung nicht kontagiös sein könne. Italien, Frankreich und Spanien scheinen bisher davon verschont geblieben zu sein. Die Krankheit ist in ihren verschiedenen Varietäten über die ganze Erde verbreitet, wenn auch nicht so universell wie etwa die Malaria. Seit 1880 ist sie aus Deutschland gänzlich verschwunden, es kommen nur gelegentlich aus Rußland oder aus den Tropen eingeschleppte Fälle vor.

Der **Parasit.** Das *Spirosoma recurrentis* Lebert. (syn. *obermeieri* Cohn hat einen leicht abgeplatteten Querschnitt, es ist etwa 0,8 μ breit, die Länge schwankt in sehr bedeutenden Grenzen, von 10—40 μ, nach Schellack im Durchschnitt 17—20 μ. Die Bewegungen sind energisch und versetzen häufig

Abb. 269. *Spirosoma recurrentis.* Vergr. ca. 1300. Orig.

die Blutkörperchen in eine wackelnde Bewegung, wodurch die Erkennung der Spirosomen im frischen Blutpräparat sehr erleichtert wird.

Mit dem Einsetzen des Fiebers sind auch die Spirosomen bereits vorhanden. Ob sie schon vorher durch das Mikroskop nachgewiesen werden können, ist meines Wissens noch nicht untersucht, nach Tierversuchen (s. u.) ist dies wahrscheinlich. Sie können während des ganzen Anfalls außerordentlich spärlich vorhanden sein, so daß ihre Zahl im peripheren Blute im umgekehrten Verhältnis zur Schwere der Erkrankung steht. In großen Massen kann man sie im Blut von Versuchstieren finden. Während der Latenzperiode sind die Spirosomen nur ganz ausnahmsweise im Blute zu finden.

Im Tierversuch haben sich besonders die Affen und zwar besonders die schmalnasigen empfänglich erwiesen. Bei subkutaner oder besser intraperitonealer Injektion beträgt die Inkubationszeit 2—6 Tage. Es können im Blute schon Spirosomen nachweisbar sein, noch ehe die Temperatur ansteigt, wie bei Malaria. Das Fieber setzte in einem Falle von Dutton und Todd erst ein, als 4—14 Spirosomen pro Gesichtsfeld vorhanden waren. Hieran schließt sich ein Fieberanfall von $1^1/_2$—4 tägiger Dauer, der in den meisten Fällen in sofortige und definitive Heilung übergeht. Nur ausnahmsweise folgt bei Affen ein Recidiv. Nach dem Anfall ist die Immunität keine absolute, da spätere Impfungen einen, wenn auch viel schwächeren Erfolg haben können.

Vom Affen aus kann man nun Ratten und Mäuse infizieren. Uhlenhuth und Händel halten diese Affenpassage für notwendig. Fortgesetzte Passagen durch Ratten beeinflussen die Virulenz des Stammes für den Menschen nicht; wenigstens infizierte sich ein Laborationsdiener an einem Stamm, der seit $1^1/_2$ Jahren in Ratten weiter gezüchtet war, und hatte eine schwere Infektion mit 4 Rückfällen innerhalb von 24 Tagen durchzumachen. Dagegen ist die Virulenz dieses Stammes für Affen beträchtlich zurückgegangen. Der Verlauf der Infektion bei Ratten und Mäusen richtet sich vor allem danach, wieviel Spirosomen man einimpfte. Manteufel arbeitete mit Spirosomen, die nur für etwa 3 Tage im Blute der Ratten bzw. Mäuse erschienen, wonach dann gewöhnlich Heilung eintrat. Bei starker Infektion tötete mein Laboratoriumsstamm Mäuse und Ratten in 3—5 Tagen; die Spirosomen, intraperitoneal verimpft, sind schon nach einer Stunde im Blute nachweisbar, doch kommen stets auch bei stark infizierten Tieren ausnahmsweise Heilungen vor.

Ratten und Mäuse, welche eine Attacke von Rückfallfieber überstanden haben, sind in der überwiegenden Mehrzahl der Fälle auf lange Zeit hinaus immun. Wiederholte Reinfektionen steigern die Immunität beträchtlich, wie sich dies durch Serumversuche nachweisen läßt.

Auch eine passive Immunisierung ist mit solchem hochwertigen Serum möglich; bei Mäusen, die mit Rattenserum behandelt sind, hält diese etwa eine Woche vor. Endlich wirkt Rekonvaleszenten- oder Immun-Tierserum (Ratte, Affe) heilend auf die bereits manifeste Infektion der Mäuse. Die Spirosomen verschwinden wenige Stunden nach der intraperitonealen Injektion.

Serum von Recurrensrekonvalescenten gibt mit wässerigem Extrakt aus der Leber von Recurrenskranken die Bordet-Gengousche Komplementbindung, aber das gleiche Antigen wirkt auch mit Syphilisserum, und endlich tritt positive Reaktion ein, wenn man Recurrensserum mit dem zur Wassermannschen Reaktion verwendeten Antigen behandelt. Doch ist bei der Kombination: Syphilisserum plus Recurrens-Antigen etwa viermal soviel Serum notwendig als bei der Kombination: Recurrensserum plus Syphilis-Antigen. Daraus geht hervor, daß die Wassermannsche Reaktion nur bei Verwendung großer Dosen durch Recurrensserum vorgetäuscht werden kann.

Als **Überträger** kommen, darüber dürfte wohl kein Zweifel obwalten, blutsaugende Insekten in Betracht; welche, das ist für die europäische Recurrens noch nicht nachgewiesen. Nach den Versuchen von Nicolle, Blaizot u. Conseil sind mit höchster Wahrscheinlichkeit die Läuse *(Pediculus capitis* und *vestimenti)* als Überträger zu bezeichnen. Aber der Stich spirosomenhaltiger Läuse ist nicht infektiös, das haben mehrere Versuche zuverlässig erwiesen. Die Fäces der Läuse scheinen gleichfalls keine infektiösen Krankheitserreger zu enthalten (s. bei *Tryp. lewisi*). Es kommt also nur mehr die dritte Möglichkeit in Betracht, daß spirosomenhaltige Läuse auf der Haut zerquetscht werden und die Erreger aktiv durch die Cutis eindringen. Dieser Weg ist denn auch (s. S. 339) für die nordafrikanische Varietät experimentell als gangbar erwiesen worden; und wir werden kaum fehlgehen, wenn wir das Gleiche für die europäische, russische und amerikanische Varietät annehmen,

Klinischer Verlauf. Ich folge hauptsächlich der trefflichen Schilderung der Recurrensinfektion von Hödlmoser.

Nach einer Inkubationszeit von 5—8 Tagen setzt die Erkrankung ganz plötzlich ohne Prodrome mit heftigem Fieber ein, das ähnlich wie bei Malaria in. wenigen Stunden bis auf 41° und darüber steigen kann. Schüttelfrost ist nicht immer vorhanden. Die Kranken klagen über heftigen Kopfschmerz, Ziehen und Schmerzen im Kreuz, in den Schienbeinen, ihre Muskulatur ist hyperästhetisch, namentlich an den Waden, sie sind benommen und können delirieren. Der Puls erreicht 140 Schläge, die Zunge ist belegt, hat aber nicht die charakteristischen roten Ränder der Typhuszunge. Ein konstanter Befund ist Schwellung der Milz, die bis zum Dreifachen des Normalen vergrößert sein kann. Auch die Leber ist vergrößert und etwas druckempfindlich. Die Haut ist nicht so trocken, wie z. B. auf der Höhe eines Malariaanfalles, sondern stets etwas feucht. Dieser Zustand kann 5—7 (bis zu 15) Tage ziemlich unverändert andauern, es besteht vollkommene Appetitlosigkeit, schweres Krankheitsgefühl, manchmal kommt Erbrechen vor. In der zweiten Hälfte der Fieberperiode kann ein mehr oder weniger starker Ikterus zu beobachten sein. Die morgendlichen Remissionen sind nur gering. Nach 3—7 Tagen sinkt die Temperatur ebenso plötzlich, wie sie anstieg, wieder zur Norm und 1—2° unter diese ab, gewöhnlich begleitet von einem heftigen Schweißausbruch. Der Kranke wird wieder vollkommen klar, aber die Nachwehen des Anfalls — allgemeine Mattigkeit, Appetitlosigkeit — dauern mehrere Tage an. Jetzt nimmt auch der Milztumor wieder ab. Im ersten Anfall tritt nur ausnahmsweise der Tod infolge von Herzlähmung in zunehmendem Koma ein.

Schon nach 2—3 Tagen kann eine Rückfall auftreten; die durchschnittliche Dauer der ersten Apyrexie beträgt $5^{1}/_{4}$ Tage (bis 17). Dann folgt, von Schmerzen in der Tibiae angekündigt, unter den gleichen Erscheinungen wie beim ersten, unter erneuter Schwellung der Milz ein zweiter Anfall, der in günstig verlaufenden Fällen etwas kürzer ist als jener. Je kürzer das fieberfreie Intervall war, desto weniger konnte sich der Patient erholen, desto stürmischer sind deshalb auch häufig die Erscheinungen. Die Prostration ist eine schwere, der hochfrequente Puls wird klein und fadenförmig, der Kranke ist somnolent oder deliriert, es treten Erscheinungen des Lungenödems hinzu und er kann unter den Symptomen der Herzparalyse zugrunde gehen. Etwa 60% der Todesfälle erfolgen im zweiten Anfall. Bei der überwiegenden Mehrzahl der Kranken aber endet auch dieser Anfall kritisch unter schnellem Temperaturabfall. Bei mehr als 90% der Genesenden ist damit die Erkrankung beendet. Nur relativ selten erfolgt dann ein dritter Anfall von etwa dreitägiger Dauer. Ein gelegentlicher vierter, fünfter, ja sechster Anfall — bei afrikanischer Rekurrens bis zu 10 Anfällen — ist wesentlich kürzer und leichter. Es kommen auch nach dem letzten vom Kranken bemerkten Anfalle noch kurzdauernde, aber symptomlose Temperatursteigerungen, also abortive Anfälle vor. Immerhin ist die Erkrankung eine ernste und die Rekonvaleszenz häufig verzögert. Die Mortalität beträgt je nach dem Charakter der Epidemie 2—10%. Doch scheint die indische Rekurrens wesentlich häufiger tödlich zu enden (25% im Durchschnitt, bis zu 54%).

Pathologische Anatomie. Die Milz ist vergrößert, von derber Konsistenz und von schmutzigbraunroter Farbe. Der Schnitt zeigt Schwellung der Follikel. Nicht selten findet man Infarkte, die von Erbsengröße bis zu Walnußgröße schwanken. Die Leber ist vergrößert, im Knochenmark finden sich Erweichungsherde.

Therapie. Die Einführung des Dioxydiamidoarsenobenzols (Salvarsans bzw. Neosalvarsans) durch Ehrlich hat die Therapie der Recurrens mit einem Schlage auf eine neue Basis gestellt.

Wird dieses Mittel zu irgend einer Zeit im Anfall in Mengen von 0,3—0,5 g (8—10 mgr pro Kilo Körpergewicht, von Neosalvarsan 7—21 mgr pro Kilo Körpergewicht) in der bekannten Lösung intravenös eingespritzt, so setzt gewöhnlich $^1/_4$—$^1/_2$ Stunde nach der Injektion ein Schüttelfrost ein, der wahrscheinlich durch die plötzliche Auflösung massenhafter Spirosomen und die Überschwemmung des Körpers mit den freigewordenen Endotoxinen hervorgerufen wird. Die Temperatur steigt noch höher an, der Puls wird lebhaft beschleunigt. Aber nachdem diese Symptome, die unter Umständen einen Eingriff mit Digalen o. ä. notwendig machen, nur kurze Zeit angehalten, tritt heftiger Schweiß und ein schnelles Sinken der Temperatur ein, die in 7—14, höchstens in 20 Stunden die Norm erreicht oder unter diese heruntergeht. Während dieser Krisis verschwinden die Spirosomen. Die subjektive Besserung ist sehr prompt. In $92^0/_0$ der Fälle Iversen's trat kein Recidiv mehr auf; bei 4 von 52 Fällen aber kamen kurzdauernde Rückfälle, meist ohne Spirosomenbefund vor. Die Dosen, 0,3—0,4 g Salvarsan intramuskulär, waren vielleicht zu klein. 40 Tage nach einer intramuskulären Infektion trat eine Reinfektion ein, die Immunität, welche dieser Heilung folgt, ist also offenbar nur eine kurzdauernde.

Epidemiologie. In den Tropen tritt eine gewisse Einwirkung der Jahreszeit hervor. So ist in Bombay die Morbidität in der wärmsten Jahreszeit (Mai bis Oktober) am größten.

Epidemiologisch wichtig ist, daß die Krankheit durch einen einzigen Infizierten, der ja während der Inkubationszeit beträchtliche Strecken durchreisen kann (Trägerkarawanen), nach Orten verschleppt werden kann, wo sie bisher unbekannt war, vorausgesetzt, daß dort blutsaugende Insekten vorhanden sind, in denen die Spirosomen sich vermehren können. Die Rekurrens ist überall da, wo sie auftritt, eine Krankheit der ärmeren unsauberen Klassen bzw. der Eingeborenen, während z. B. in Afrika Europäer in der Regel nur dann befallen werden, wenn sie auf Reisen in Hütten übernachten müssen, in denen Eingeborene gehaust haben. Bei früheren Epidemien in Europa hat man denn auch bemerkt, daß Herbergen und Logierhäuser besondere Herde der Infektion sind und daß die Quartiere, in denen die ärmere Bevölkerung haust, besonders schwer heimgesucht sind. Nach Tictin ist Odessa durch einen Matrosen infiziert worden, der, aus Java kommend, in einer Herberge am Hafen wohnte.

3. Spirosoma duttoni (Novy und Knapp); afrikanische Recurrens.

Diese Krankheitsform wird hervorgerufen durch das *Spirosoma duttoni* Novy u. Knapp. Es ist im allgemeinen etwas länger und dicker als *Spir. obermeieri*, es kann 24 bzw. 0,45 μ erreichen. Es ist im Blute des Kranken gewöhnlich nur sehr spärlich zu finden. Seine Abtrennung von dem europäischen Spirosoma erfolgte auf Grund der Serumreaktionen (s. o.).

Übertragung. Das *Spirosoma duttoni* wird übertragen durch eine Zecke, *Ornithodorus moubata*, nach Brumpt auch durch *Ornithodorus savignyi*.

Diese Zecke gehört zu den Argasiden, die, zum Unterschied von den Ixodiden, den Kopf nicht am Vorderrande des Tieres, sondern an dessen Unterseite tragen, so daß er von oben her nicht sichtbar ist. Im vollgesogenen Zustand sind die Weibchen bis zu 12 mm lang. Die graubraune Rückenhaut zeigt dann eine feine Chagrinierung. Sie häuten sich wiederholt, und zwar nach jeder Blutmahlzeit. Nach dem letzten Saugen verkriecht sich die Zecke etwa 5—6 cm tief in den Boden oder in Ritzen und legt nach 14—60 Tagen mehrere Haufen brauner ovaler Eier (im ganzen 60—140). Der Boden muß absolut trocken sein. Nach etwa neun Tagen platzt die Eihaut, aber die darin befindliche Larve kriecht nicht sofort heraus, sondern bleibt noch etwa sieben Tage in der Eihülle liegen und häutet sich in ihr. Erst als ca. 1 mm lange achtbeinige Nymphe schlüpft das Tier gleichzeitig aus Eischale und Larvenhaut. Etwa drei bis vier Tage nach dem Ausschlüpfen sucht die Nymphe einen Warmblüter auf, um von ihm Blut zu saugen. Nach dreimaliger weiterer Häutung ist das Tier geschlechtsreif.

Bis jetzt sind elf Arten von *Ornithodorus* bekannt, davon sind für uns nur *Ornithodorus moubata* und *savignyi* wichtig; *Ornith. moubata* (Abb. 270) besitzt keine Augen, *Ornith. savignyi, pavimentosus* und *morbillosus*, die dem *Ornith. moubata* recht ähnlich sind und sämtlich in Afrika vorkommen, besitzen seitlich von den Ansätzen der Beine (Coxae) je vier Augen. Die übrigen Arten, *Ornith. coriaceus* (Nord- und Süd-Amerika), *turicata* (Mexiko), *talajae* (Nord- und Mittelamerika, Südafrika), *tholozani* (Persien) greifen gleichfalls den Menschen an, sind aber als Überträger noch „unbescholten". *Ornith. moubata* kommt nur in Afrika von Ägypten bis Kapland vor.

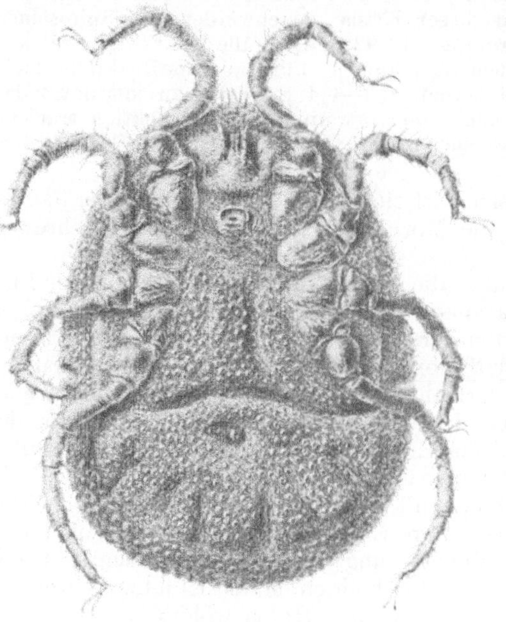

Die Zecken leben in den Häusern der Eingeborenen. Tags über verkriechen sie sich in die Ritzen des Bodens, der Wände oder des Daches und überfallen nachts die Schlafenden, auch die Haustiere. Der Stich soll schmerzhaft und von einer leichten Entzündung gefolgt sein. Eine Zecke braucht manchmal mehrere Stunden, bis sie ganz vollgesogen ist. Die Zecken können bis zu 12 Monaten ohne Blutnahrung leben, sie können durch Traglasten weithin verschleppt werden.

Die Entwickelung der Spirosomen in der Zecke geht nach Koch in der Weise vor sich, daß diese etwa vier Tage nach der Aufnahme aus dem Magen in das Lacunom auswandern, sich an der Oberfläche der Ovarien ansammeln und in die

Abb. 270. *Ornithodorus moubata*, von der Unterseite gesehen; ca. 8 mal vergr. Orig.

Eier eindringen. An einzelnen Stellen Ostafrikas fand Koch bis zu 50% der Zecken mit Spirosomen infiziert; von den Eiern enthielt etwa der vierte oder fünfte Teil Spirosomen. In den abgelegten Eiern konnte Koch eine beträchtliche Vermehrung und Knäuelbildung der Spirosomen bis zum 20. Tage verfolgen. Daß eine Weiterentwickelung zu morphologisch differenten Formen in den Larven und Nymphen stattfinde, ist nicht wahrscheinlich. Wittrock fand, daß der Leibesinhalt von Zecken, die an infizierten Affen gesogen hatten, dauernd infektiös sei. Seine Schlußfolgerung, daß es kein nichtinfektiöses Stadium in der Zecke gebe, ist nicht zwingend: es können sich wahrscheinlich die Blutformen als solche im Körper der Zecke sehr lange halten. Beim Saugen entleert die Zecke durch den Anus das Sekret der Malpihgischen Gefäße, oft in solcher Menge, daß sie geradezu darin eingebettet ist. Mit dieser Flüssigkeit konnte Leishmann Affen infizieren, und Todd konnte darin Spirosomen nachweisen. Solche Gebilde hat er nun auch in den Eiern infizierter Zecken wiedergefunden. Diese Flüssigkeit gelangt auch an den Stechrüssel und in die durch diesen gesetzte Hautwunde. Leishmann nimmt deshalb, und offenbar mit Recht, an, daß die Infektion nicht allein auf direktem Wege durch das keimhaltige Sekret der Speicheldrüsen erfolge, sondern indirekt von der Wunde aus stattfinden könne. Wenn er eine infizierte Zecke zwar den Rüssel einbohren ließ, sie aber, noch ehe sie jenes Sekret zu entleeren begann, wieder abnahm, so erfolgte keine Infektion. Die Zecken müssen, damit dieses Sekret infektiös wird, vorher einige Tage bei 37° gehalten werden. In einigen Eiern fand Leishman auch Spirosomen (siehe Koch).

Kleine und Eckardt sind zu dem Ergebnis gekommen, daß Zecken nur dann infektiös sind, wenn sich in ihrem Körper typische vollentwickelte Spirosomen nachweisen lassen. Die Entwickelung der Eier wird anscheinend durch die Parasiten nicht wesentlich gestört. Ob Zecken, die als Nymphen die Spirosomen aufgenommen haben, als Imagines übertragen, ist noch nicht bekannt. Nicht nur auf die nächstfolgende Zeckengeneration, sondern von dieser weiter bis zur 6. (Möllers) kann sich die Spirosomeninfektion vererben.

Auf die vollgesogenen Zecken fahnden Hühner, Enten, Ratten und vor allem die Ameisen. Auch eine Pilzkrankheit befällt sie.

Tierversuche. Am leichtesten gelingt die Übertragung auf Affen, was in zweifelhaften Fällen von diagnostischem Werte sein kann. Der Krankheitsverlauf bei diesem Tier ist häufig ein schwerer, nicht selten tödlicher. Die Spirosomen sind im Blute der Affen reichlicher als in dem des Blutspenders vorhanden. Die Fieberkurve ist ähnlich der des Menschen, wenn auch nicht so regelmäßig. Die Spirosomen sind schon drei Tage vor dem ersten Temperaturanstieg im Blute in zuerst geringer, dann in wachsender Zahl vorhanden. Wenn diese etwa 4—14 beträgt, so tritt Fieber auf. Krisis und Verschwinden der Spirosomen tritt wie beim Menschen ein. Die Spirosomen halten sich etwa drei Wochen im Blut.

Sie sind auch auf Mäuse und Ratten übertragbar und nehmen nach einer Reihe von Passagen eine hohe Virulenz für diese Tiere an, während sie gleichzeitig für Affen schwächer virulent werden. Die Spirosomen gehen auch auf den Fötus über.

Klinik. Die Inkubationszeit beträgt weniger als eine Woche. Der erste Anfall ist oft sehr heftig, dauert aber gewöhnlich nur 3, höchstens 4 Tage. Mehrfach wird Herpes dabei erwähnt. Die Erkrankung ist im allgemeinen ernster als in Europa, weil die Zahl der Rückfälle in der Regel 3—4 beträgt; doch sind bis zu 10 Recidive beobachtet worden. Auch während der Intervalle ist das Blut für Tiere infektiös. Die Mortalität ist im allgemeinen anscheinend gering; Harford sah aber im Hospital in Uganda unter den schweren Fällen bis 12% tödlich enden. Sind die Kranken aber, etwa auf Expeditionen, starken Anstrengungen ausgesetzt, so kann die Mortalität bis zu 50% steigen.

Die **Therapie** besteht in Injektion von Salvarsan (siehe oben).

Prophylaxe. Koch empfiehlt den reisenden Europäern, niemals in Eingeborenenhütten oder Rasthäusern zu schlafen. Ist man doch dazu gezwungen, so ist es empfehlenswert, die Füße des Feldbettes in Schalen mit Wasser zu stellen.

4. Andere Recurrensspirosomen.

Die klinischen Erscheinungen der Recurrens, wie sie in Asien und Amerika vorkommt, decken sich so vollständig mit der afrikanischen, daß ein näheres Eingehen hier überflüssig ist. In Kolumbien soll nach Robledo die Übertragung durch *Argas americanus* erfolgen. Über die Differenzierung des *Spirosoma carteri, novyi* und *berberum* ist schon oben gesprochen worden. Die Krankheit wird in allen diesen Gebieten wahrscheinlich durch Kopf- und Kleiderläuse übertragen, für *Spirosoma berberum* (Tunis) ist dies experimentell bewiesen.

In Persien kommt eine Infektion vor, die klinisch eine unzweideutige Ähnlichkeit mit Recurrens hat, aber vielleicht durch *Argas persicus* übertragen wird. Genauere Untersuchungen hierüber stehen noch aus.

5. Spirosoma gallinarum (Blanchard); Hühnerspirosomose.

Historisches; Verbreitung. Marchoux und Salimbeni hatten Gelegenheit, die Ursache eines schweren Sterbens unter den Zuchthühnern in Rio de Janeiro 1903 in einer Infektion mit einem *Spirosoma* von sehr charakteristischen Eigenschaften zu entdecken. Dieselbe oder eine sehr ähnliche Krankheit kommt in Cypern (Williamson), in St. Louis am Senegal (Neveux und Brumpt), in Asien (Bitter), in Chartum (Balfour), in Indien (Greig) und in Viktoria in Australien (Gilruth) vor.

Der Parasit. Das *Spirosoma gallinarum* ist wesentlich größer als das des Rückfallfiebers. Nach Prowazek ist der Körper seitlich so stark zusammengedrückt, daß er von diesem Autor als „bandförmig" bezeichnet wird.

Er gibt an, daß der eine meist nach oben gekehrte Rand des Bandes von einer stärkeren Linie, die sich durch höhere Lichtbrechung auszeichnet, umrissen sei; diese Linie entspreche einer undulierenden Membran. Durch Maceration konnte er sie auch färberisch darstellen. Ich habe mich von dem Vorhandensein eines solchen Organs bisher nicht überzeugen können. Auch innerhalb dieses relativ großen Spirosomas sind Strukturen nicht nachzuweisen, nur Prowazek sah bei Vitalfärbung mit Brillantkresylblau hellblaue Stellen im Körper der Spirosomen.

Diese Spirosomen lassen sich gleichfalls nach dem Noguchischen Verfahren züchten (s. S. 339).

Im Blute vermehren sich die Spirosomen bis zu der Höhe der Krankheit in großen Mengen. Hier ist namentlich die Agglomeration zu Beginn der Krise sehr schön zu sehen. Weitaus die Mehrzahl der Spirosomen wird mit dem kritischen Abfall der Temperatur aufgelöst, doch konnte Bouet in Westafrika noch 8 Tage nach dem Verschwinden der größeren Zahl der Spirosomen vereinzelte Exemplare im Blute finden.

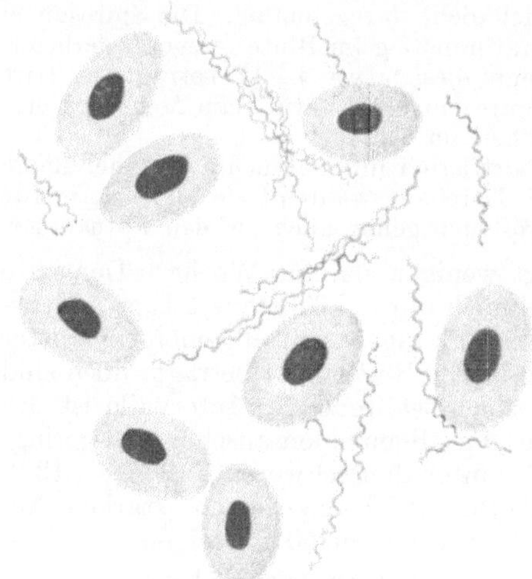

Abb. 271. *Spirosoma gallinarum.*
Vergr. ca. 1300. Orig.

Mit der Krisis tritt bei manchen Spirosomen ein Zusammenknäueln des Fadens und Verklebung der Windungen ein; Prowazek faßt diese Formen, die etwa wie das Zeichen ∞ aussehen, als Ruhestadien auf.

v. Prowazek und Balfour beschreiben das Eindringen von Spirosomen in die roten Blutkörperchen, in denen sie sich zuerst sehr lebhaft herumbewegen, dann aber zu einer der eben beschriebenen Ruhestadien zusammenrollen. Ferner fand v. Prowazek in der Milz und im Knochenmark phagocytierte, zusammengerollte Spirosomen.

Die Längsteilung dieser Spirosonem ist von Prowazek im Leben beobachtet worden. Dagegen soll nach Noguchi Längsteilung in Kulturen nicht vorkommen.

Übertragung. Der Überträger des Spirosomas des Huhnes ist eine Zeckenart: *Argas persicus* (= *miniatus*).

Diese Zeckenart ist leicht erkennbar an ihrer flachen Gestalt und dem scharfen Rande des Rückens. Dieser besteht aus einer Reihe rechteckiger Zellen, von denen jede ein kleines Grübchen umschließt. Die Kopfteile liegen auch hier auf der Bauchseite. *Argas persicus* lebt in dem sandigen Boden und in den Ritzen der Wände der Hühnerställe. Er heftet sich namentlich an den Beinen der Hühner an. Die Blutmahlzeiten nimmt er während der Nacht zu sich. Eine Zecke, einmal infiziert, bewahrt den Infektionsstoff etwa fünf Monate lang. Wenn man vollgesogene Argas bei 35⁰ hält und nach verschiedenen Zeiten präpariert, so findet man, daß die Spirosomen schon in den ersten Tagen zum größten Teil im Magen absterben und zerfallen. Aber ein Teil von ihnen dringt durch die Magenwandung hindurch in die Leibeshöhle der Zecke ein und vermehrt sich dort sehr stark. Borell und Marchoux haben auch in den Ausführungsgängen der Speicheldrüsen Spirosomen gefunden; diese können auch in bereits abgelegte Eier eindringen.

Nach einem Versuch von Schellack kann auch noch eine zweite Argasart, *Argas reflexus*, das Hühnerspirosoma übertragen.

Diese Art lebt in Taubenställen; sie ist in Deutschland sehr selten geworden, im übrigen Europa ist sie scheinbar gleichfalls nicht häufig. Sie unterscheidet sich von *Argas persicus* durch den fein gestrichelten Rand des Rückens.

Klinische Erscheinungen. Man kann bei dieser Krankheit zwei Formen unterscheiden: die akute Form setzt mit Durchfall ein, die Tiere sitzen mit gesträubten Federn geduckt da und verweigern die Nahrung, Kamm und Kopflappen sind blaß. Die Temperatur steigt auf 42 bis 43⁰ und hält sich etwa 4—5 Tage auf dieser Höhe. Gegen Ende der Krankheit sind die Tiere somnolent, richtet man sie auf, so taumeln sie hin und her und man erkennt, daß die Beine teilweise oder ganz gelähmt sind. So kann die Krankheit bis zum 7. Tage dauern, dann sinkt die Temperatur tief unter die Norm und der Tod erfolgt plötzlich mit einigen krampfartigen Zuckungen. Eine Anzahl von Tieren aber scheint sich nach 4—5 Tagen etwas zu erholen, dann setzt jedoch neuerdings eine Verschlimmerung mit ausgesprochenen Lähmungen der Beine und der Flügel ein. Die Tiere magern hochgradig ab, ihr Blut wird sehr hell und dünnflüssig, und sie gehen nach etwa 8—14 Tagen im Zustand äußerster Erschöpfung zugrunde. Heilungen sind sehr selten; Tiere, welche durchkommen, erholen sich sehr langsam, die zuerst subnormale Temperatur hebt sich erst allmählich, Rückfälle sind nicht beobachtet worden. Solche Tiere sind absolut immun.

Die experimentelle Erkrankung läßt sich leicht hervorrufen, indem man nur eine Spur des spirosomenhaltigen Blutes in den Brustmuskel injiziert. Bei sehr starker künstlicher Infektion kann die Inkubationszeit bis zum Erscheinen der Spirosomen im Blut auf wenige Stunden zusammenschrumpfen, gewöhnlich beträgt sie 2—3 Tage, der Verlauf ist ein sehr rapider (4—5 Tage) und ähnelt ganz der spontanen Erkrankung.

Bei der **Sektion** findet man die Milz aufs Dreifache vergrößert, schwarzbraun oder dunkelviolett gefärbt. Große einkernige Zellen phagocytieren hier die Spirosomen. Es finden sich auch nekrotische Herde. Auch die Leber ist vergrößert, die Zellen sind körnig getrübt und fettig degeneriert, manchmal finden sich auch hier kleine nekrotische Herde.

Die Spirosomen scheinen aber nicht in die Zellen einzudringen. Dagegen finden sie sich auch in den Eiern von etwa 2—3 mm Durchmesser.

Experimentelles. Die Krankheit läßt sich auch auf Gänse übertragen und ist für diese sehr virulent (Fülleborn). Auch Enten und sperlingsartige Vögel sind empfänglich, während Tauben refraktär sind.

Die Organe und das Blut eines geheilten Huhnes sind nicht mehr infektiös.

Das Virus zeigt eine ziemlich weitgehende Variabilität je nach der Tierart, die für die Passagen verwendet wird. Benutzt man dazu alte Hühner, so geht die Virulenz für diese beträchtlich herunter, wählt man dagegen junge Hühnchen, so kann man die Wirkung der Spirosomen beträchtlich steigern. Fülleborn konnte durch Passagen durch Kanarienvögel eine konstante Virulenz erzielen. Diese kann dadurch wieder erhöht werden, daß man den Stamm ein oder mehrere

Male durch *Argas* übertragen läßt. Das Passagevirus durch alte Hühner verleiht diesen keine absolute Immunität für einen hochvirulenten Stamm.

Nach Marchoux und Couvy ist von großer Bedeutung, wie viele Spirosomen man injiziert: 20 000, subkutan eingespritzt, infizieren, 1700 rufen keine Infektion mehr hervor, immunisieren aber, 700 werden ohne Reaktion vertragen. Nach Überstehen auch der künstlichen Erkrankung tritt eine vollkommene Immunität ein.

Auch hier ist die Trennung in einzelne Stämme auf Grund der Immunität durchführbar. So verleiht der Senegalstamm, mit dem Brumpt und Neveux arbeiteten, Immunität gegen den eigenen Stamm, nicht aber gegen einen solchen aus Oran (Nordafrika) oder aus Rio de Janeiro. Es handelt sich hier offenbar um lokale Varietäten (oder Recidivstämme).

Versetzt man das Serum eines geheilten Huhnes mit Spirosomen, so verkleben diese an einem Körperende miteinander, so daß strahlige Büschel und schließlich große Klumpen entstehen, in denen die Einzelindividuen aber ihre Beweglichkeit bewahren. Diese Agglomeration ist also wesentlich verschieden von der Agglutination der Bakterien. Die Agglomerine sind Ambozeptoren, da sie nur in Anwesenheit von Komplement wirken (Manteufel).

Injiziert man solches Material einem frischen Huhn, so erkrankt dies zwar nicht, aber es gewinnt Immunität. Die gleiche Abschwächung der Infektiosität ohne Vernichtung der immunisierenden Eigenschaften kann man durch fünf Minuten langes Erwärmen auf 55° erzielen; 20 Minuten erwärmt hat das Material diese Eigenschaften verloren. Löst man die Spirosomen in taurocholsaurem Natron auf, so kann man auch hiermit immunisieren.

Spritzt man einem Huhn 2 ccm Immunserum ein und infiziert 24—48 Stunden später, so geht die Infektion nicht an und das so behandelte Tier ist immun. Dagegen vermag das Serum nicht zu heilen. Aus all diesen Versuchen geht hervor, daß die Antigene in den Leibern der Spirosomen enthalten sind.

Levaditi hat angebrütete Hühnereier angebohrt und in die Embryonen Spirosomen injiziert. Die Embryonen sterben ab und mazerieren, nicht unähnlich syphilitischen Früchten. Bringt man Spirosomen in Hühnerserum suspendiert in Kollodiumsäckchen und versenkt diese in die Bauchhöhle von Kaninchen, so vermehren sich die Spirosomen darin stark. Aber sie verlieren ihre charakteristische Gestalt und zerfallen zu Vibrionen, die sich aber weiter fortzüchten lassen (Levaditi).

Behandlung. Auch bei der Spirosomeninfektion der Hühner wirkt das Salvarsan Ehrlichs in frappanter Weise.

Schon nach drei Stunden sind die Spirosomen abgetötet. Ein so behandeltes Tier besitzt aber keine dauernde Immunität. Auch das Atoxyl heilt die Infektion in Dosen von 0,05 g in 20—30 Stunden; in vitro ist das Atoxyl auch in einprozentiger Lösung auf die Spirosomen ohne Wirkung. Gleichzeitig mit den Spirosomen injiziert vermag das Atoxyl die Infektion zwar nicht gänzlich zu unterdrücken, doch werden die Tiere nicht krank und besitzen darnach deutliche Immunität. Es besteht in dieser Beziehung ein deutlicher Unterschied zwischen den einzelnen Arsenpräparaten.

Immunisierung. Durch Verwendung von abgetöteten Spirosomen lassen sich Hühner immunisieren. Ob dieses Verfahren in der Praxis Eingang gefunden hat, ist mir nicht bekannt.

6. Spirosoma anserinum (Sacharoff); Spirosomose der Gänse.

Sacharoff hat 1891 gelegentlich einer schweren Epizootie in Transkaukasien das *Spirosoma anserinum* der Gänse entdeckt. Die Infektion verläuft sehr ähnlich der der Hühner. Charakteristisch soll eine heftige Schmerzhaftigkeit der Fußgelenke sein. Die Krankheit dauert 8 Tage, in den letzten Tagen sinkt die anfänglich erhöhte Temperatur stufenweise unter die Norm und die Tiere gehen in Hypothermie zugrunde. Die Mortalität beträgt 80%.

Das *Spirosoma anserinum* ist nur 7—15 µ lang und 0,2 µ breit, und hat nur 2—7 Windungen, ist also wesentlich kleiner als die bisher beschriebenen Arten. Im übrigen ist es den anderen Spirosomen ähnlich gebaut und besitzt einen Protoplasmafortsatz an jedem Ende.

Die Krankheit läßt sich auf Gänse und junge Hühner leicht übertragen. Bei älteren Hühnern geht die Infektion meist in Heilung aus. Enten sind weniger empfänglich. Alle übrigen Tiere sind natürlich immun. Bei künstlicher Übertragung auf Gänse dauert das Inkubationsstadium nur 2—3 Tage und der Verlauf ist auf etwa 5 Tage abgekürzt.

Bei dieser Infektion ist nachgewiesen worden, daß die Vermehrung der Spirosomen zuerst in der Milz und im Knochenmark stattfindet und daß die Spirosomen schon im Blute vorhanden sind, noch ehe Krankheitserscheinungen auftreten.

Die Übertragung erfolgt wahrscheinlich durch *Argas persicus* (= *miniatus*).

Drei Tage nach der Aufnahme von Blut in den Magen der Zecke, fand v. Prowazek Spirosomen im Lakunom und nach 14 Tagen auch in den Speicheldrüsen.

Dieses Spirosoma ist von Noguchi nach der auf Seite 339 angegebenen Methode kultiviert worden.

An der Gänsespirosomose hat Gabritschewsky in schönen Versuchen die Entwickelung der Antikörper im Serum nachweisen können.

Er fand, daß im Verlauf der Infektion diese Schutzstoffe allmählich zunehmen, bis sie eine gewisse Höhe erreicht haben. Zuerst werden die Spirosomen verklumpt, dann beginnt das Sinken der Temperatur und gleichzeitig die Auflösung der Spirosomen. Die Heilung ist also auf diese Immunkörper zurückzuführen. Durch wiederholte Injektionen kann man das Serum dieser Tiere an Wirksamkeit steigern, so daß noch 0,01 ccm ein Tier zu schützen vermögen. Erst in Mengen von 5 ccm wirkt solches Serum auch heilend.

Auch mit abgetöteten Spirosomen ist eine Immunisierung durchführbar.

Behandlung. Salvarsan wirkt, im Anfangsstadium injiziert, in Dosen von 0,075 g; wenn die Spirosomen schon zahlreich im Blute sind, muß etwa das Vierfache gegeben werden. Atoxyl wirkt heilend in Dosen von 0,1 bis 0,15 pro Kilo. 12 Stunden vor der Infektion gegeben wirkt es auch präventiv.

7. Spirosoma theileri (Laveran).

Nach den Schilderungen, die Theiler, Laveran und Lingard von dieser „Spirochaeta" geben, gehört sie gleichfalls zu den Spirosomen.

1902 fand Theiler dieses *Spirosoma* in der Nähe von Pretoria bei Rindern, die an Piroplasmose erkrankt waren. Weitere Nachrichten über das Vorkommen dieses Parasiten liegen von Lingard aus Indien und von Ziemann aus Kamerun, von Koch aus Daressalam, von Schein aus Annam vor.

Das Spirosoma ist 20—30 µ lang, und 0,25—0,3 µ breit, also sehr fein. Es ist an beiden Enden fein zugespitzt, Endfäden sind bisher nicht beobachtet. Die Parasiten sind sehr lebhaft beweglich, bald spiralig, bald unregelmäßig gewellt oder zusammengerollt; auch kleinere Formen (ca. 8 µ lang) kommen vor. Ihre Zahl ist sehr wechselnd.

Die pathogene Wirkung dieser Spirosomen ist nicht festgestellt, da etwaige Krankheitserscheinungen durch die gleichzeitig vorhandene Piroplasmose verdeckt wurde. Deshalb sind auch die Anämie und die Gestaltsveränderungen der Erythrocyten nicht eindeutig. Die Sektion lieferte hochgradige Veränderungen, wie sie für Redwater charakteristisch sind.

Direkte Blutübertragungen auf Rinder waren von keinerlei Krankheitserscheinungen gefolgt. Dagegen ließen sich beim Schaf und Pferd nach Blutüberimpfung

Spirosomen nachweisen. Dodd hält deshalb die bei allen diesen Tieren vorkommenden Spirosomen für identisch.

Eine zweite Infektion ruft keine neue Vermehrung der Spirosomen hervor; wohl deshalb, weil die zuerst vorhandenen Spirosomen noch im Körper vorhanden sind (Superinfektion). Wie Theiler und Laveran feststellen konnten, wird dieses *Spirosoma* durch *Rhipicephalus decolor..tus* und *evertsi* übertragen (s. das Kapitel über Piroplasmen). Die Spirosomen sind nur vom 15.—19. Tag nach dem Ansetzen infizierter Zecken zu finden. Die Nachkommenschaft der infizierten Zecken ist gleichfalls infektiös.

8. Spirosoma ovinum (Blanchard).

Martoglio und Carpano haben dieses *Spirosoma* bei einem kranken Schaf in Erythräa gefunden. Es ist 10—20 μ lang, teilt sich der Quere, nach der Beschreibung aber auch wohl der Länge nach. Das Tier starb am 7. Tage des Fiebers, ob an Spirosomose ist nicht sicher zu ermitteln gewesen. Wahrscheinlich lag auch hier eine Mischinfektion (? mit Piroplasma) vor.

9. Spirosoma equi (Novy und Knapp).

Martin fand dieses *Spirosoma* bei einem Pferd in Französisch-Guinea, das schwer an Trypanosomen-Infektion litt. Seine Länge war im gefärbten Blutausstrich 12—15 μ (ungestreckt), die Breite ca. $^1/_4 \mu$. Die Windungen waren weit, 3—4 an Zahl, daneben fanden sich auch 8- und Uhrfederformen. Die Teilung scheint der Quere nach zu erfolgen. Einige Wochen später hatte sich das Pferd etwas erholt, die Spirosomen waren nicht mehr zu finden. —

Die drei Formen beim Rind, Pferd und Schaf sind stets nur dann gefunden worden, wenn das Tier noch durch eine andere Infektion schwer geschädigt war. Es liegt nahe anzunehmen, daß die Spirosomen harmlose Schmarotzer seien, denen nur durch die gleichzeitige schwere Erkrankung des Wirtes eine günstige Gelegenheit zu stärkerer Vermehrung geboten war.

C. Treponema.

Die Angehörigen dieser Gattung sind im allgemeinen Parasiten der Körperoberfläche oder der mit dieser in Verbindung stehenden Körperhöhlen. Auf die wichtigsten Ausnahmen (*Treponema pallidum* und *pertenue*) werde ich noch eingehen. Sie sind kleiner als z. B. die Spirosomen; eine Struktur in ihrem Innern ist bisher nicht nachgewiesen. Auf das Vorhandensein eines Periplasts schließen wir vornehmlich aus den beiden Endfäden, die bei mehreren Arten sicher vorhanden sind; auch durch Mazeration bzw. Quellung läßt er sich vom Körper des Treponema abheben und färberisch darstellen. Eine fibrilläre Struktur ist an ihm aber bisher noch nicht nachgewiesen; die sog. „Geißeln", welche wir bei *Spirosoma* besprachen und als Auffaserungen des fibrillär gebauten Periplasts deuteten, sind bei diesen Formen noch niemals nachgewiesen worden.

Eine Anzahl mikrochemischer Reaktion dieser Parasiten sprechen direkt gegen ihre Verwandtschaft mit den Bakterien: verdünnte Kalilauge und Salpetersäure lösen die Treponemen; Bakterien bleiben darin erhalten. Verdünntes unterchlorigsaures Kali (Eau de Javelle) und 10% Sodalösung läßt sie abblassen, während Bakterien sich erst in stärkeren Konzentrationen lösen. Also auch bei diesen kleinsten, den Spirillen äußerlich nicht unähnlichen Formen bestehen keine näheren Beziehungen zu letzteren.

1. Treponema pallidum (Schaudinn); Erreger der Syphilis.

Schaudinn hat den Erreger der Syphilis 1905 zuerst im Leben gesehen und mit Hoffmann beschrieben. Es dürfte wohl jetzt allgemein angenommen werden, daß diese „Spirochäte" die Ursache der luetischen Erkrankungen sei.

Technik: Ziemlich rein erhält man das Treponema, wenn man einen Primäraffekt oder eine der charakteristischen nässenden Papeln mit einem Tupfer kräftig abreibt; in dem Sekret, dessen Hervorquellen durch ein übergestülptes Saugröhrchen (nach Schuberg und Mulzer) gefördert werden kann, finden sich häufig die Treponomen fast rein. Die bequemste Art des mikroskopischen Nachweises ist die Durchsicht eines frischen Präparates im Dunkelfeld. Hier tritt die Form der Spirale in sehr charakteristischer Weise hervor. — Nahezu ebenso bequem ist die Burrische Tuschemethode. Man stellt sich mit Hilfe der besten Ausziehtusche (z. B. von Günther und Wagner) eine Verdünnung 1 : 9 mit Wasser her und verwendet nach längerem Stehenlassen nur den oberen Teil der Suspension. Hiervon mischt man auf dem Objektträger einen Tropfen innig mit einem gleichgroßen Tropfen der zu untersuchenden Flüssigkeit, streicht in dünner Schicht aus und läßt antrocknen. Alle körperlichen Elemente erscheinen, von den feinen Tuschekörnchen gleichsam „ausgespart", als helle Figuren auf dunklem Grunde.

Der Nachweis der Treponemen in den Geweben (der aber auch z. B. für Spirosomen anwendbar ist), gelingt mit der sog. Silbermethode nach Levaditi folgendermaßen: sehr dünne (2 mm) Stücke werden 24 Stunden lang in Formalin fixiert, kommen dann über Nacht in 95% Alkohol, dann in destilliertes Wasser, bis sie untersinken. Dann auf 2—3 Stunden in folgende Lösung: Argent. nitric. 1% wässerige Lösung, 90 Teile, plus 10 ccm reinsten Pyridins, in neue Lösung für fünf Stunden bei 50—53°. Waschen in Wasser. Weiter in folgende frisch zu bereitende Lösung: Pyrogallol 4% wässerige Lösung 90 Teile, reines Aceton 10 Teile, Pyridin 17,5 Teile; hierin über Nacht. Abspülen im Wasser. Dann Einbetten in Paraffin. Die Treponemen liegen als schwarze, scharf kontourierte Spiralen in hell. gelbem Gewebe. Nervenendfasern ebenfalls dunkel gefärbt, aber von den Parasiten leicht zu unterscheiden.

In seinen charakteristischen Eigenschaften stellt wohl die Giemsasche Methode das *Treponema* am besten dar.

Man stellt sich einen Ausstrich des Materials her wie bei den Bluttrockenpräparaten. Dann fixiert man durch vorsichtiges dreimaliges Hindurchziehen durch eine Gasflamme. Die Farblösung besteht aus einer Verdünnung des Giemsaschen Farbgemisches (zur „Spirochäten-färbung" von Grübler in Leipzig) von 1 Tropfen auf 1 ccm destillierten Wassers. Es ist wesentlich, daß dieses Wasser vollkommen frei von Säure sei. Man erkennt dies daran, daß einige Tropfen einer sehr verdünnten Lösung von Hämatoxylin in 96%igem Alkohol nach einigen Minuten eine ganz zart bläulich-violette Färbung ergibt. Die Farbverdünnung muß sofort über das Präparat gegossen und nun vorsichtig erwärmt werden, bis die Lösung dampft. Man läßt noch eine Viertelminute einwirken und gibt dann neue Farbe auf und wiederholt diese Prozedur viermal. Am Schluß läßt man die Farbflotte eine Minute lang stehen. Dann wäscht mit dem neutralisierten Wasser ab.

Durch diese Methode werden alle etwa vorhandenen spriochätenähnlichen Gebilde intensiv rotviolett gefärbt, während das *Treponema pallidum* sehr zart und als sehr feine Linie mit charakteristisch rotem Farbenton gefärbt ist.

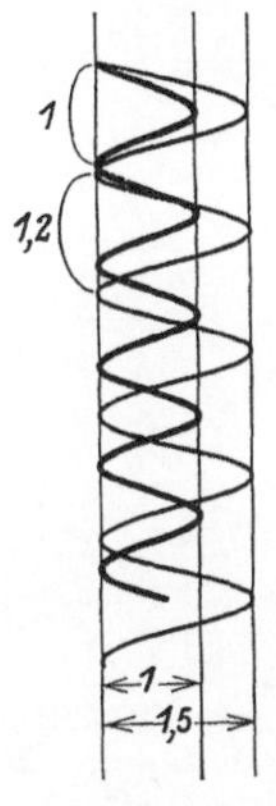

Abb. 272. Schema zur Darstellung der Windungen von *Treponema pallidum* (━) und *refringens* (—). Die Zahlen bedeuten Mikra.

Der Parasit. Das *Treponema pallidum* unterscheidet sich von verwandten Organismen im frischen Präparate durch seine geringe Lichtbrechung. Es ist sehr energisch beweglich, seine sehr zarte Spirale sieht „wie gedrechselt“ aus. Die Bewegungen gleichen im allgemeinen denen der Spirosomen. Das Treponema ist sehr ungleich lang, kleinste Formen von 6 μ wechseln mit solchen von 16—24 μ, der Durchschnitt beträgt etwa 12—14 μ, nur in seltenen Fällen hat es weniger als 10 Windungen, häufig bis zu 26. Diese Windungen sind eng und tief und meist völlig regelmäßig über das Spirosoma verteilt. Häufig tritt in der Bewegung eine momentane Ruhepause ein, und man erkennt dann, daß die Spirale sich auch während dieser Pausen unverändert erhält, was bei anderen verwandten Organismen nicht der Fall zu sein pflegt. Auch die absterbenden Treponemen behalten ihre Form bei. In Präparaten, die schnell

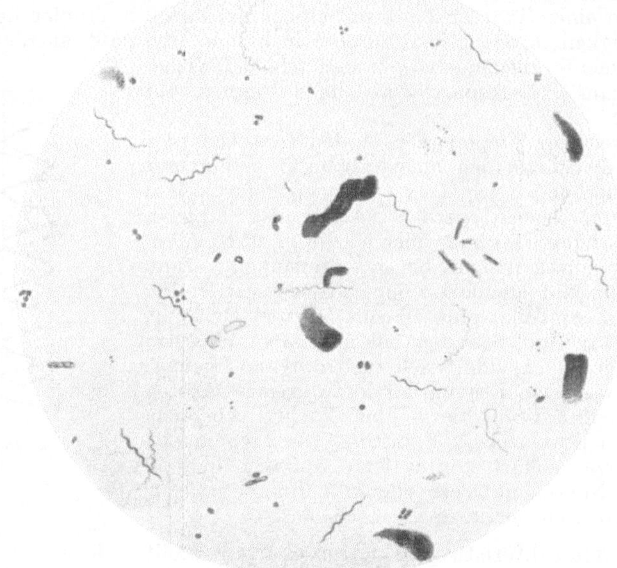

Abb. 273. Giemsa-Präparat vom Sekret einer nässenden Papel: *Treponema refringens* (die dicken Formen) und *pallidum* (die feinen Fäden). Nach Hoffmann.

angefertigt und durch Wachsumrandung sicher vor Luftzutritt abgeschlossen sind, halten sich die Treponemen bis zu 20 Tagen.

In gefärbten (Giemsa-) Präparaten erkennt man gleichfalls die scharfen engen Windungen des feinen Körpers. Die Windungen sind 1, 2 μ weit und 1—1,5 μ tief. Es muß allerdings zugegeben werden, daß dieses Charakteristikum nicht völlig ausnahmslos gilt, man findet auch gelegentlich *pallida*, an denen ein Teil des Körpers unregelmäßig gewellt ist. In gut hergestellten Präparaten aber sind sie entschieden eine Ausnahme. Schon mit der Giemsafärbung kann man erkennen, daß die Enden des Körpers fein zugespitzt sind. Verwendet man die Löfflersche Geißelfärbung, so lassen sich an vielen Exemplaren zwei Endfäden nachweisen, die ohne sehr scharfe Grenze in den Körper des Treponema übergehen und häufig denselben Typus der Windungen zeigen, wie der Treponemakörper selbst. Levaditi hat sie auch im Dunkelfeld im Leben beobachtet. Auch diese „Geißeln“ sind als das Endstadium der Teilung aufzufassen.

Diese ist in der Regel eine Querteilung, Schaudinn glaubte auch Längsteilung beobachtet zu haben, die sehr schnell verlief; namentlich die Bilder von Krysztalowisz und Siedlecki sind kaum anders zu deuten. Einen Periplast nachzuweisen ist bisher nicht gelungen. Wir müssen auf sein Vorhandensein aus der Analogie mit anderen verwandten Organismen und aus der Konfiguration des Ansatzes des Endfadens schließen. Auch eine undulierende Membran möchte ich nicht als sicher nachgewiesen bezeichnen.

Entwickelungsformen des *Treponema pallidum* sind bisher nicht bekannt. Die von Krysztalowisz und Siedlecki und neuerdings von Sezary beobachteten Ring- usw. Formen können ebensogut als Involutionsbildungen aufgefaßt werden.

Kultur. Nach langwierigen Bemühungen ist es zuerst Mühlens gelungen, aus einer Lymphdrüse das *Treponema pallidum* außerhalb des Körpers reinzuzüchten.

Er verwendete dazu eine Mischung von zwei Teilen neutralen Agars und einem Teil inaktivierten, sterilen, klaren Pferdeserums, das er bei 45° innig mischte. Er fand zuerst Wachstum nur in durch Verdünnung gewonnenen Schüttelkulturen, schließlich auch in Stichkulturen. Die Treponemen wachsen streng anaerob, in Stichkulturen also nur in der Tiefe des Impfstiches. Es ist ein großer Zufall, wenn eine solche Reinkultur gelingt; begünstigend für das Wachstum wirkt eine Verunreinigung des Nährbodens mit einem stäbchenförmigen Bazillus (Mühlens, „Zusatz III"), der streng aerob an der Oberfläche der Kulturröhrchen wächst, während in der Tiefe die Treponemen sich vermehren. Die Kulturen strömen einen penetranten Gestank aus.

Eine Kolonie stellt nach drei bis sieben Tagen eine rein weiße, punktförmige Trübung des Nährbodens an irgend einer tiefen Stelle des Impfstiches dar. Innerhalb von ein bis zwei Wochen wachsen dann die Treponemen von hier aus in den umgebenden Nährboden hinein und bilden eine wolkige, leicht strahlige runde Flocke.

Abb. 274. *Treponema pallidum*, im Sekret eines Ulcus durum nach Giemsa gefärbt. Vergr. ca. 1300. Orig.

In Mischkulturen hat Schereschewsky das *Treponema pallidum* ziemlich leicht züchten können, wenn er kleine Stückchen eines Primäraffektes oder Kondyloms in halberstarrtes Pferdeserum brachte. Untermengt mit zahlreichen anderen Bakterien wächst auch das Treponema in der ersten Kultur nur schwach, in den späteren aber ziemlich üppig. Mühlens war weniger glücklich (6 von 26 Versuchen). Das Pferdeserum wird an 3 aufeinanderfolgenden Tagen 1½ Stunden bei 58° gehalten, dann noch 3 Tage bei 37° (Mühlens). Auch diese Kulturen stinken sehr unangenehm.

Noguchi legt auf den Grund eines weiten Reagenzrohres ein etwa 1 cbcm großes Stück der Niere eines Kaninchens, gießt darüber 15 cm hoch den Nährboden, der zu ²/₃ aus einem 2%, leicht alkalischen Agar, zu ¹/₃ aus Hydrozelen — oder Ascitesflüssigkeit besteht, beides bei ca. 50° gemischt. Zum Luftabschluß dient eine etwa 3 cm hohe Schicht von sterilem Paraffinöl. Diese Röhrchen werden erst einige Tage durch Aufbewahren bei 37° auf ihre Sterilität geprüft. Dann wird ein kleines Stückchen des Gewebes, in dem reichlich Treponenem vorhanden sein müssen (nach der Entnahme nicht eintrocknen lassen!), mit einem Glasstab bis zum Boden des Reagenzrohres hinab geschoben und bei 37° bebrütet. Der Nährboden trübt sich: mit einer Kapillarpipette wird eine Stelle aufgesucht, wo sich massenhafte Pallida finden; dieses Material wird nun in ein zweites Röhrchen mit demselben Nährboden übergeführt. Von dem Stichkanal, der mit Bakterien verunreinigt ist, aus in den Agar hinein bildet sich eine wolkige Trübung, die aus Treponemen besteht. Wenn diese Trübung sich genügend ausgedehnt (zwei bis drei Wochen) hat, wird das Reagenzrohr in der Mitte entzwei gebrochen, ebenso die Agarsäule und von der Bruchfläche, entfernt vom Stichkanal, etwas von dem Nährboden mit einer Kapillarpipette entnommen und auf neuen Nährboden verimpft. Nach zwei, drei oder mehr Umimpfungen sind die Treponemen schließlich in Reinkultur vorhanden. Diesen fehlt nach Noguchi jeder Geruch!

Mit diesen Kulturen, die aus menschlichem Material stammten, konnte Nochugi auch bei Affen typische Indurationen mit positivem Pallidum-Befund und Auftreten der Wassermannschen Reaktion im Serum der Affen erzeugen; mit Kulturen aus Kaninchen-Material gelingt dies nicht.

Ätiologische Bedeutung. Das *Treponema pallidum* wird wohl heute von der weitaus überwiegenden Zahl aller Forscher als der Erreger der Syphilis angesehen. Mit der Vervollkommnung der Methoden des Nachweises ist es immer häufiger gelungen, diesen charakteristischen Parasiten in den verschiedenartigsten syphilitischen Krankheitsprodukten aufzufinden. Auch ist er bisher ausschließlich in solchen gefunden worden; anfängliche gegenteilige Behauptungen sind widerlegt worden und auch gänzlich verstummt. Auch bei der tertiären Lues sind vereinzelte Befunde zu verzeichnen, wenn auch diese Krankheitsformen offenbar nicht mehr allein auf die Wirkung des Treponema selbst zurückzuführen sein dürften.

Treponema pallidum ist wohl gleichfalls als ein Parasit der Körperoberfläche und speziell des Sekrets der Genitalschleimhäute zu betrachten. Doch wohnt ihm die Fähigkeit inne, auch in die Tiefe der Subkutis und Submukosa einzudringen, sich dort zu vermehren und den menschlichen Körper zu überschwemmen. Es weicht aber auch dann noch den Bezirken, in denen ein intensiver Sauerstoffumsatz stattfindet, also dem Blutstrom und den Kapillaren aus und bevorzugt die Lymphbahnen und das Zwischengewebe der Organe. In den abgestorbenen Organen hereditär syphilitischer Föten vermehrt es sich in großen Mengen. Auch außerhalb des Körpers gedeiht es nur unter streng anaeroben Bedingungen.

Pathogenese. Fast stets dürften kleine Epitheldefekte an den Genitalien die Eintrittspforte des Virus darstellen, durch die das Treponema in die darunterliegenden Schichten einzudringen vermag. Daß es auch das unverletzte Epithel durchwandert, ist nach den Beobachtungen von Manteufel bei *Spirosoma duttoni* kaum mehr zweifelhaft. Im subepithelialen Bindegewebe vermehren sich die Treponemen sofort und dringen aktiv vor. Dies kann man an Schnitten durch Primäraffekte daran erkennen, daß die Treponemen fast stets an der Peripherie des entzündlichen Herdes liegen. Ganz besonders scheinen die Lymphscheiden der Gefäße von ihnen bevorzugt zu werden. Durch den Lymphstrom unterstützt wandern sie den benachbarten Lymphdrüsen zu. Bekannt ist der Versuch Neißers, der durch Exzision der Impfstelle acht Stunden nach der Impfung die Verbreitung der Treponemen nicht cupieren konnte. Auch in den Papeln sind die Treponemen stets an der Peripherie der Infiltration am zahlreichsten. Die sekundären Exantheme werden durch den Weitertransport der Treponemen mit dem Blut veranlaßt, vielleicht durch kleine Embolien der Hautgefäße. Denn gerade in der Umgebung der Kapillaren sind sie häufig zu finden. Daß die Treponemen auch ins Blut eintreten und sich darin sogar monatelang halten können, ist durch eine positive Impfung durch Hoffmann bewiesen. Die spärlichen, aber immerhin positiven Befunde bei tertiärer Syphilis sind schon oben erwähnt. Besonders auffallend ist es, daß die sog. maligne Syphilis mit ihren foudroyanten und hartnäckigen Erscheinungen die geringsten Treponemabefunde ergab. Bei hereditärer Lues ist es ganz besonders die Leber, in der sich die Treponemen zuerst ansiedeln und ungeheuer vermehren; empfängt

doch dieses Organ unmittelbar das Blut aus der Nabelvene. Von dort aus verbreiten
sich dann die Parasiten in großen Mengen über den ganzen Körper. Auch hier zeigt
es sich, daß *Treponema pallidum* in erster Linie ein Parasit des Bindegewebes und
seiner von Lymphe durchströmten Spalten ist. Doch kann man hier gelegentlich
auch beobachten, daß die Parasiten in Zellen, z. B. der Leber, einwandern.

Tierversuche. Die ersten positiven Übertragungsversuche auf anthropoide
Affen sind Metschnikoff und Roux gelungen. Später zeigte es sich dann,
daß auch andere Affenarten (*Macacus, Cercopithecus*) dafür empfänglich sind.

Die Impfung wird gewöhnlich am Supraorbitalrand an den Augenbrauen vorgenommen, indem man mäßig tief skarifiziert und dann das Material kräftig einreibt.
Die Inkubationszeit beträgt im Minimum 11, im Maximum 75 Tage, im Durchschnitt etwa 30 Tage. Es entsteht an der anfänglich vollkommen verheilten Impfstelle ein kleiner, blaurot verfärbter Fleck, der ulzeriert und ein unregelmäßiges,
durch speckige, „gefirnißte" Ränder und Grund charakterisiertes Geschwür bildet.
In besonders schweren Fällen entstehen weitgreifende Geschwüre mit zum Teil
hämorrhagischem Charakter. Allmählich heilen dann die Ulcera spontan und ohne
Narbenbildung ab. Häufig entstehen aber glatte, unpigmentierte Narben. Nicht
selten macht sich auch eine Infiltration der regionären Lymphdrüsen bemerkbar. In etwa zwei Drittel der Fälle schließen sich bei anthropoiden Affen nach drei
bis acht Wochen sekundäre Eruptionen an: in der Mundschleimhaut bilden sich sog.
Plaques muqueuses, auf der Haut papulöse Effloreszenzen. Ob aber ein solches
papulöses Exanthem auf Lues zurückzuführen sei, muß jedesmal durch Weiter-
impfung festgestellt werden, da ähnliche Eruptionen auch bei nicht infizierten
Affen nicht selten vorkommen.

Bei den niederen Affen werden nach Impfung mit menschlicher Syphilis
sekundäre Erscheinungen niemals beobachtet. Dagegen haben Uhlenhuth und
Mulzer durch intravenöse Injektion von Kaninchen-Passagematerial ein papulo-ser-
piginöses bzw. circinäres Exanthem ohne Primäraffekt, also eine generalisierte
Syphilis erzeugen können. Die Papeln traten sieben Wochen nach der Einspritzung
an Kopf und Rumpf auf, die Lymphdrüsen waren geschwellt. Das Syphilid heilte
ohne Narbenbildung aus. Eine tertiäre Lues bei Schimpansen ist noch nicht beobachtet. Bei allen diesen Tieren tritt aber das Virus ins Blut und die inneren Organe,
namentlich die Milz, das Knochenmark und die Testikel über (Neißer).

Daß auch das Kaninchen für Syphilis empfänglich sei, ist von Bertarelli (vielleicht schon von Siegel ?) zuerst gezeigt worden.

Skarifiziert man die Hornhaut eines Kaninchens oder bringt man das Material
in die vordere Augenkammer, so entsteht nach sechs bis acht Wochen ein Geschwür
an der Impfstelle, das unter Bindegewebsneubildung abheilt. Die Hornhaut ist von
Treponemen durchsetzt. Material hiervon auf Affen zurückgeimpft ergab charakteristische Primäraffekte. Bertarelli hatte etwa 50% positive Erfolge

Truffi konnte durch Injektion von Saugserum in den Hoden auf der Skrotal-
haut nach zwei Monaten charakteristische Primäraffekte mit starker Infiltration
der Basis und Lymphdrüsenschwellung erzeugen. Durch Passagen durch das
Kaninchen ließ sich die Inkubationszeit bis auf elf Tage herunterdrücken. Auch
auf die Einbringung von kleinen Stückchen luetischen Gewebes unter die Skrotal-
haut reagiert das Kaninchen nach etwa drei Wochen mit Knotenbildung, über der
die Haut ulzeriert. In allen diesen Primäraffekten sind Treponemen oft in großer
Zahl durch Punktion nachweisbar. Sie heilen unter Hinterlassung von Narben ab.

Endlich konnte Uhlenhuth und Mulzer durch Injektion treponemahaltigen
Materials in die Testikel des Kaninchens Syphilome erzeugen. Nach 35 bis 51 Tagen
entstand im Hoden eine derbe, schmerzlose Schwellung, die bis zu Taubeneigröße
anwuchs. Mikroskopisch handelte es sich um eine Orchitis interstitialis mit myxo-
matöser Entartung. Die Punktion ergibt eine schleimige Masse, in der Treponemen
in Reinkultur vorhanden sind. Außerdem kommen auch ulzeröse und sklero-
sierende Prozesse nach intratestikulärer Infektion vor. Von diesen lokalen Herden
aus kann auch eine Allgemeininfektion erfolgen, indem auch der andere Hoden,
sowie die Leistendrüsen anschwellen; in ihnen finden sich dann auch Treponemen.

Auch das Meerschweinchen läßt sich zu solchen Versuchen verwenden. Wenn man ihm Kaninchenmaterial unter die Skortalhaut bringt, so entsteht nach etwa 14 Tagen ein Schanker, der nach etwa vier Wochen vollkommen abheilt.

Infolge zahlreicher Passagen durch das Kaninchen nimmt das Virus an Virulenz beträchtlich zu. Mit solchem Passagemateriale gelingt es auch bei jungen Tieren, durch intrakardiale oder intravenöse Injektionen eine generalisierte Erkrankung zu erzeugen. Sechs bis sieben Wochen nach der Impfung kommt eine oberflächliche ulzeröse Keratitis zum Ausbruch, oder es entstehen an der Nase oder der Schwanzwurzel bis haselnußgroße Tumoren, die völlig menschlichen Gummiknoten gleichen und in denen das *Treponema* nachweisbar ist. Die Tiere magern stark ab, das Fell wird struppig, die Tiere leiden an Schnupfen und in besonders schweren Fällen treten am ganzen Körper Papeln, die später ulcerieren, auf.

Auch mit Material von hereditärer Syphilis konnten am Kaninchenhoden typische Schanker erzeugt werden (Koch).

Die klinischen Erscheinungen der Syphilis beim Menschen können begreiflicherweise hier nicht besprochen werden.

Immunität. Neisser ist der Auffassung, daß bei Lues eine echte Immunität überhaupt nicht vorkomme. Während das Virus noch im Körper vorhanden ist, ist allerdings eine mehr oder weniger hochgradige Unempfindlichkeit gegenüber einer Superinfektion vorhanden (Anergie).

Bei Affen tritt frühestens fünf Tage nach dem Auftreten des Primäraffektes eine gewisse Immunität ein, die sich darin zeigt, daß bei einer Superinfektion der Primäraffekt sehr klein bleibt und die Inkubationszeit bis zu dessen Auftreten verkürzt wird (Finger und Landsteiner). Auch nach dem Abheilen der primären Erscheinungen stellt sich keine absolute Immunität ein. Neißer konnte von 135 Tieren neun reinfizieren. Also auch die Immunität der Haut ist keine absolute, wie dies Tomaczewski bei Kaninchen hat nachweisen können. Injiziert man einem Kaninchen Extrakte aus einer Leber eines hereditärsyphilitischen Fötus, so tritt keine Immunität ein.

In den Fällen aber, wo bei Affen eine Reinfektion nicht gelang, handelte es sich nur um eine Organimmunität der Haut. Im Blute und in den Organen solcher Tiere konnten virulente Treponemen nachgewiesen werden. Nakano hat mit negativem Erfolge versucht, Kaninchen mit abgetöteten Pallida-Kulturen zu immunisieren. Auch beim Menschen ist im primären und sekundären Stadium eine Anergie vorhanden, die eben wahrscheinlich daher rührt, daß noch aktive Treponemen im Körper vorhanden sind; die Infektion geht von den Schleimhäuten und der Haut aus nicht an, während Reinfektionen „von innen heraus", also Recidive, ja recht häufig sind. Hier liegen also in bezug auf die Immunität Verhältnisse vor, die zu den kompliziertesten Problem der Immunitätsforschung zu rechnen sind. Im tertiären Stadium ist diese Anergie abgeschwächt. Wird eine solche Person neuerdings infiziert, so entsteht meist kein typischer Primäraffekt, sondern es treten unmittelbar tertiäre Erscheinungen auf.

Die maligne Syphilis ist bei der Tierimpfung nicht virulenter als die gewöhnliche Form.

Die **Therapie,** die durch Ehrlichs Entdeckung der Wirkung des Dioxydiamidoarsenobenzols wieder in den Vordergrund des Interesses gerückt wurde, kann hier nicht besprochen werden.

Salvarsan wirkt nach Levaditi in der Weise, daß die Treponemen zuerst ihre Virulenz verlieren, dann unbeweglich werden und schließlich sich in Granula auflösen.

2. Treponema pertenue (Castellani); Frambösie.

Kurz nachdem Schaudinn seine große Entdeckung veröffentlicht hatte, kam aus Ceylon von Castellani die Mitteilung, daß er bei der sog. Frambösie (englisch: yaws) Spirochäten gefunden habe, die denen der Syphilis sehr ähnlich seien. Schaudinn selbst bestätigte die weitgehende Übereinstimmung der beiden Formen, die morphologisch nicht zu trennen seien. Bestätigungen dieses Befundes sind inzwischen aus allen tropischen Weltteilen eingetroffen.

Die Frambösie (engl. „yaws", franz. „pian") zeigt im ganzen Krankheitsbilde wie in der Pathogenese eine weitgehende Ähnlichkeit mit der Syphilis, wenn auch namentlich die tertiären Erscheinungen wesentlich mildere sind; doch sind beide Erkrankungen, wie die Immunitätsreaktion ergibt, scharf von einander zu trennen.

Die Inkubationszeit währt zwei bis vier Wochen; dann bildet sich an der Impfstelle — häufig sind es Kratzeffekte, wund geriebene Stellen u. ä. — eine Papel, die oberflächlich ulceriert und sich mit einer Kruste bedeckt. Darunter entsteht ein scharfrandiges Geschwür mit granulierendem Grunde. Dieses heilt innerhalb der nächsten Wochen unter Bildung einer pigmentfreien Narbe aus. Von diesem Ulcus geht eine allgemeine Infektion des Körpers aus. Vier bis acht Wochen nach dem Auftreten des Primäraffektes entwickelt sich gleichzeitig an vielen Stellen der Körperoberfläche, auch an den Fußsohlen und in der Handflächen, ein generalisierter Ausschlag, begleitet von allgemeinem Unbehagen, Kopf- und Gliederschmerzen und unregelmäßigem Fieber. Zuerst als kleine rote Knötchen auftretend, verwandeln sich die Effloreszenzen bald in warzige, stark secernierende, gelblich weiße Wucherungen bis zur Größe einer Nuß. die mit einer dicken gelben Kruste bedeckt sind; in diesem Zustand bleiben sie monatelang, um allmählich einzutrocknen und unter Hinterlassung von dunklen Narben zu verschwinden. Der Ausschlag an sich ist nicht schmerzhaft; aber an den Fußsohlen, wo die Granulome langsam die Epidermis durchbohren, quälen sie die Kranken sehr. Im sekundären Stadium fehlt das Fieber oder andere Organerkrankungen. Nicht selten entwickelt sich, namentlich an den Fingern, eine Periostitis, die dicke Auftreibungen der Knochen verursachen kann.

Mit der Abheilung der Granulome ist häufig die Erkrankung zu Ende. In anderen Fällen geht das sekundäre in das tertiäre Stadium über, das durch die Bildung gummiähnlicher Knoten und die daraus sich entwickelnden Geschwüre charakterisiert ist. Nicht bloß in und unter der Haut, sondern auch an den Knochen entstehen solche Knoten. Auch diese Läsionen heilen unter Bildung manchmal tiefgreifender Narben aus. Die inneren Organe bleiben frei, auch das Zentralnervensystem wird niemals in Mitleidenschaft gezogen. Lurz beschreibt Infiltrate mit Pigmentschwund in der Hohlhand und an den Vorderarmen als tertiäre Frambösie. — Die Krankheit ist an sich nicht tödlich. Die Frambösie ist über den ganzen Tropengürtel verbreitet.

Das *Treponema pertenue* ist in der Tat äußerst zart, wenn auch nach v. Prowazek etwas dicker als *Treponema pallidum*. Es ist bald nur wenige Mikra, bald 18—20 μ lang, hat 6—20 Windungen, färbt sich, ähnlich wie *Treponema pallidum*, nur sehr zart nach Giemsa. Die Enden sind häufig zugespitzt, manchmal aber auch stumpf. Über das Vorhandensein von Endfäden drückt sich Castellani nicht ganz sicher aus. Einrollung eines Endes und Unregelmäßigkeit der Windungen sind häufig. Längsteilungen sind nach v. Prowazek und v. d. Borne häufig zu finden.

Treponema pertenue ist zu finden im Sekret der Papeln, aber auch in den noch nicht ulcerierten sekundären Knötchen, in der Milz, den Lymphdrüsen und im Knochenmark. Im Blut ist es durch das Tierexperiment nachgewiesen; in den tertiären Krankheitsprodukten dagegen ist es nur selten zu finden. In den ulcerierten Knoten kann es mit mehreren anderen Spirochätoideen (*Treponema refringens, obtusum, acuminatum*) vergesellschaftet sein.

Übertragung. Auf den Menschen geht das Treponema durch direkten Kontakt über, wie verschiedene Versuche gezeigt haben (Paulet, Charlouis). Syphilitiker können sich mit Frambösie infizieren, und ebenso sind Personen mit florider oder abgeheilter Frambösie für Lues empfänglich.

Pathogenese. Affen, auch die niedrigeren Arten, sind für Frambösie empfänglich (Neißer, Halberstädter und Prowazek). Die Inkubationszeit schwankt in weiten Grenzen (16—92 Tage). Der Primäraffekt ähnelt dem beim Menschen. Wenn aber auch die Eruption auf die Impfstelle beschränkt bleibt, so läßt sich doch durch Tierversuche nachweisen, daß das Virus auch in die Organe übergegangen ist, genau wie dies bei der Syphilis der Fall ist.

Wenn Affen die Frambösie überstanden haben, so sind sie gegen eine Reinfektion (bzw. Superinfektion) immun; nicht gegen Syphilis. Und auch umgekehrt tritt keine Immunität ein, wenn syphilisimmune Affen mit Frambösie nachbehandelt werden; doch ist nach Levaditi eine wenn auch geringgradige Unempfänglichkeit in diesem Falle vorhanden.

Die **Behandlung** mit Salvarsan hat Strong bei 25 Fällen mit gutem Erfolg angewendet, ebenso Alston, Castellani sah es in zwei schweren Fällen versagen.

3. Andere Treponemen.

Treponema balanitidis Hoffmann u. Prowazek. Neben der gewöhnlichen eiterigen Entzündung des Praeputiums gibt es eine ulceröse Form (Balanitis erosiva circinata), die durch direkte Überimpfung übertragbar ist (C. Simon). Hoffmann und Prowazek haben hierbei ein *Treponema* beschrieben. Der Körper dieses Parasiten ist bandförmig, einhalb bis dreiviertel Mikron breit und in etwa 6—10 rundlichen Windungen gedreht. Diese Autoren beschreiben eine undulierende Membran als dichtere, stärker lichtbrechende Kontur des bandförmigen Körpers. An beiden Enden finden sich die schon mehrfach erwähnten Endfäden.

Treponema refringens Schaudinn (s. Abb. 273). Gelegentlich seiner Syphilisforschungen entdeckte Schaudinn im Abstrich von Primäraffekten und nässenden Papeln ein Treponema, das sehr häufig mit *Treponema pallidum* vergesellschaftet ist, aber bisher niemals ausschließlich bei syphilitischen Produkten und vor allem nie in der Tiefe oder bei experimentell beim Tier erzeugten Schankern gefunden wurde. Dieses Treponema ist sehr lebhaft beweglich im frischen Präparat, deutlich stärker lichtbrechend als *Treponema pallidum*. Seine Windungen sind viel weiter und flacher als die jener; ihre Zahl ist nie höher als zehn. Der Körper wird von Schaudinn als bandartig bezeichnet, auch dieses Treponema

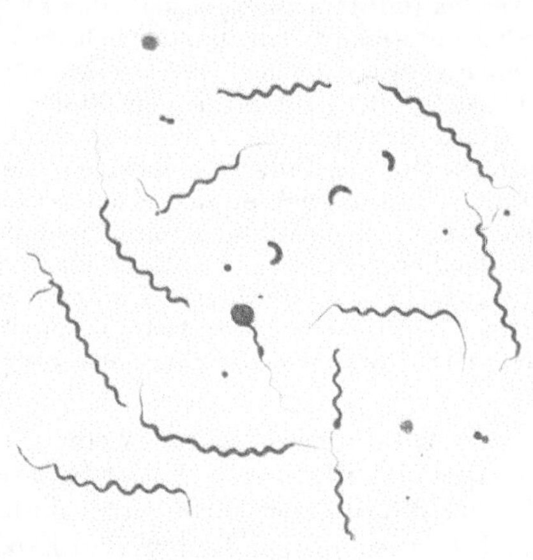

Abb. 275. *Treponema balanitidis*, mit Endfäden; Geißelfärbung nach Löffler. Vergr. ca. 1300. Orig. nach Präp. von Prowazek.

besitzt an beiden Enden lange Plasmafortsätze. Charakteristisch ist, daß dieser Parasit sich leicht mit den bekannten Methoden färben läßt und die Farbe stets kräftiger aufnimmt aɪs *Treponema pallidum*. Levaditi konnte diese Form zum Wachstum bringen, wenn er sie in menschliches Serum impfte und zusammen mit anderen Bakterien in Kollodiumsäckchen in die Bauchhöhle von Kaninchen brachte. Es gelangen ihm sieben Passagen.

In welchem Verhältnis die *Spirochaeta aboriginalis*, die Cleland und Bosanquet bei *Granuloma pudendae* beschrieben, zu den eben erwähnten Formen steht, ist noch nicht genauer ermittelt.

In der Mundhöhle des Menschen und einiger Affen kommen zum mindesten drei Typen spirochätenartiger Parasiten vor.

Treponema buccale Cohn ist 12—20 μ lang und weist nur wenige flache, meist unregelmäßige Windungen auf. Es verändert seine Gestalt in recht mannigfaltiger Weise: Dehnungen, Einrollungen, schlängelnde Bewegungen. Auch hier hat Schaudinn eine undulierende Membran dargestellt; seine wie Hartmann u. Mühlens' Bilder lassen aber auch die Deutung zu, daß infolge der (nicht näher beschriebenen) Vorbehandlung der Periplast durch Quellung vom Körper abgehoben wurde und so eine undulierende Membran vortäuschte. Endfäden sind auch hier zu sehen; sie sind etwas deutlicher gegen den Körper abgesetzt. Prowazek betont

Abb. 276. *Treponema buccale* und *dentium*. Vergr. ca. 1300. Orig.

ausdrücklich, daß bei diesem Treponema der Periplast ganz bestimmt keine fibrilläre Struktur habe.

Das *Treponema* hält sich in vom Sauerstoff der Luft abgeschlossenen Präparaten tagelang beweglich.

Treponema dentium Koch (4—10 Mikra lang), ist von allen verwandten Organismen dem *Treponema pallidum* am ähnlichsten, aber kleiner als dieses. Es ist ein sehr zarter Organismus, dessen Windungen, 20 und mehr an der Zahl, sehr dicht und steil angeordnet sind. Seine Gestalt verändert es im Leben nicht merklich. Auch dieses Treponema nimmt die Giemsa-Färbung nur schwach an, ist dagegen mit Löfflerscher Geißelfärbung gut darstellbar. Auch hier sind Endfäden vorhanden, die aber zarter sind als die des *Treponema pallidum*. Hartmann und Mühlens bilden Formen ab, die sehr für das Vorkommen von Längsteilung sprechen. Mühlens hat sie im Serumagar gezüchtet.

Treponema medium v. Prowazek. Eine dritte Art der Mundtreponemen stellt eine Mittelform zwischen *Treponema buccalis* und *dentium* dar: Auf einige steile, scharfe Windungen des Körpers folgen einige flache und lange Wellen.

Treponemen sind außerdem noch verschiedentlich beschrieben worden, so z. B. von Teissier und Richet im Stuhl von Dysenteriekranken. Auch Werner beschreibt zwei „Spirochäten" aus dem Menschendarm, *Spir. eurogyrata* (ca. 6 μ lang) und *Spir. stenogyrata* (5 μ lang). Auch bei Carcinoma ventriculi sind Spirochäten beobachtet worden. Vielleicht handelt es sich hierbei um gelegentliche Verschleppung einer oder mehrerer Arten der Mundtreponemen in den Darm.

Treponema schaudini v. Prow. v. Prowazek beschreibt eine „Spirochäte", die er im Sekret von *Ulcus tropicum*, dem jedem Tropenarzte bekannten Beingeschwür, fand. Das Treponema ist lebhaft beweglich, flach gewellt; daneben kommen auch kurze, plumpe Formen mit wenigen Windungen vor. Es ist dem *Treponema balanitidis* sehr ähnlich; der Körper ist gleichfalls bandförmig, er hat eine heller lichtbrechende Längsleiste an einer Seite. Nur an einem Ende des Körpers findet sich manchmal ein Endfaden. Längsteilung hat v. Prowazek mehrfach beobachtet; außerdem Aufrollungsformen, die er als Ruhestadien auffaßt.

Spirochätoideen, deren Stellung im System noch nicht näher bestimmbar ist, sind von verschiedenen Tieren beschrieben.

Spirillum (?) pitheci von *Cercopithecus patas*, beschrieben von Thiroux und Dufouguère. Es scheint für diese Affenart pathogen zu sein, ebenso für Mäuse, weniger für Ratten.

Spirochaeta gadi im Blute des Fisches *Gadus minutus* (Neumann).

Spirochaeta pelamidis im Blute des Fisches *Pelamys sarda* (Neumann).

Spirochaeta muris bei der Maus und Ratte, von Wenyon gefunden.

Spirochaeta culicis, im Darm und den Malpighischen Drüsen von *Culex pipiens* (Jaffé).

Nachtrag bei der Korrektur.

Spirosoma (?) ictero-haemorrhagiae (Inado u. Ido), Weilsche Krankheit.

Im Januar 1915 haben Inado und Ido in Japan als Erreger der sog. Weilschen Krankheit oder infektiösen Gelbsucht eine Spirochätoidee festgestellt, der sie den Namen *Spirochaeta ictero-haemorrhagiae* gaben. Unabhängig von den japanischen Forschern und voneinander haben im Herbst 1915 Hübener und Reiter sowie Uhlenhuth und Fromme in Europa die Krankheit auf Meerschweinchen übertragen und dabei Spirochäten in der Leber gefunden, die aber die ersten Autoren zunächst nicht als solche erkannt hatten.

Der **Parasit** gehört nach Inado, Ido und ihren Mitarbeitern wahrscheinlich zur Gruppe der Blutspirochäten (Spirosomen). Die Länge beträgt im Menschenblut das ein- oder anderthalbfache des Durchmessers der Erythrocyten, im Meerschweinchenblut 6—9 μ, während in der Leber die Größe zwischen 4 u. 20 μ schwankt. Die Spirochäten weisen bald 2—3 große unregelmäßige oder 4—5 feine Windungen auf und zeigen im gefärbten Präparat abwechselnd dunklere und hellere Stellen, die im Leben bei Dunkelfeldbeleuchtung als stärker und schwächer lichtbrechende Partien hervortreten und der Form ein charakteristisches rosenkranzförmiges Aussehen verleihen sollen.

Den japanischen Forschern ist auch die Kultur nach dem etwas abgeänderten Verfahren von Noguchi gelungen.

Die Spirochäte vermag aktiv durch die Haut zu dringen und die Japaner nehmen an, da sie eine Ausscheidung der Parasiten im Harn (spärlicher auch in Fäces und Galle) nachweisen konnten, daß die Spirochäten in stagnierendem Wasser und feuchter Erde leben und die Infektion direkt vor sich gehe. Doch erscheint ein blutsaugendes Tier als Überträger durchaus nicht ausgeschlossen.

Die Übertragung auf Tiere gelingt durch Einimpfung von Blut in die Peritonealhöhle beim Meerschweinchen. 6—12 Tage nach Impfung tritt Ikterus, hohes Fieber und Hyperämie der Conjunktiva ein und die Tiere sterben 24—36 Stunden später unter Kollapstemperatur. Die Leber enthält reichlich Spirochäten.

Das Überstehen der Krankheit bedingt eine Immunität, die sehr lange (bis zu 5 Jahren bisher beobachtet) anzuhalten scheint. Prophylaktische und therapeutische Versuche mit Immunseris versprechen nach den bisherigen Erfahrungen Erfolge.

V. Pathogene Myxosporidien.

1. Allgemeines.

Die Myxosporidien sind meist große, vielkernige (1 Familie klein, nur zweikernig) amöbenartige Protozoen, die im Innern von Körperhöhlen, wie Harn- und Gallenblase, oder intercellulär in verschiedenen Organen von Fischen, seltener Amphibien und Reptilien schmarotzen. Im Gegensatz zu Rhizopoden nehmen sie keine feste Nahrung auf, sondern ernähren sich rein osmotisch und sind vor allem durch die Entwicklung und den Bau ihrer Sporen (Cysten) sog. Cnido-sporen mit 1, 2 oder 4 Polkapseln ausgezeichnet. Die meisten Formen sind ziemlich harmlose Parasiten, einige verursachen jedoch gefährliche Krankheiten unserer Nutzfische.

Die vegetativen Formen sind in ihrer äußeren Erscheinung verschieden, je nachdem es sich um Bewohner der Körperhöhlen oder der Gewebe handelt. Erstere sind die ursprünglicheren und erscheinen als amöboide Körper von flach scheibenförmiger, kugeliger, seltener keulenförmiger Gestalt, die vielfach weitgehender Körperveränderung und Pseudopodienbildung fähig sind. Die Form der letzteren ist wie bei den Rhizopoden bei den verschiedenen Arten

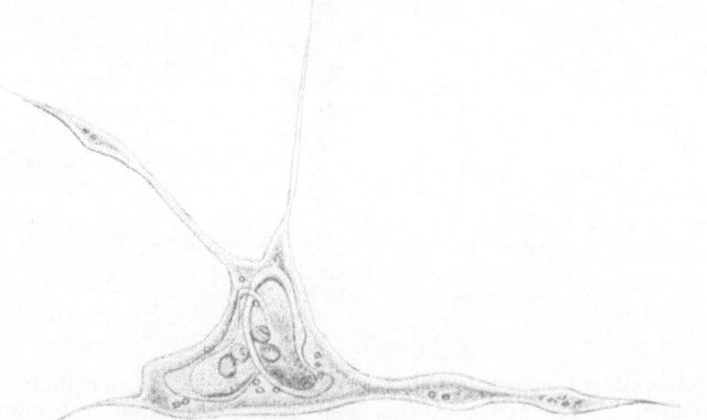

Abb. 277. *Ceratomyxa appendiculata* Thélohan. Vergr. ca. 750.
Nach Thélohan 1895.

verschieden (lappig, spitz usw.) (Abb. 277), doch kann auch die gleiche Art verschiedene Sorten von Pseudopodien bilden (Abb. 278). Der Körper weist in der Regel eine scharfe Differenzierung in ein homogenes, klares Ectoplasma und ein sehr körnchenreiches und mit Fettröpfchen und anderen Reservestoffen erfülltes Entoplasma auf. Manchmal ist das letztere auch mit großen Vakuolen durchsetzt (s. Abb. 279). Im Entoplasma sind auch die bläschenförmigen Kerne, Centronuclei, die sich mitotisch teilen, eingelagert sowie die Entwicklungsstadien der Sporen.

Die Myxosporidien, die in den Geweben leben, zeigen meist eine weniger scharfe Differenzierung von Entoplasma und Ectoplasma. Ersteres weist häufig eine radiäre Streifung auf und fehlt oft ganz (Abb. 280). Die Oberfläche kann zu einer membranartigen Haut (Pellicula) differenziert sein. Sehr häufig finden sich, besonders die älteren Myxosporidienplasmodien oder Herde solcher von festen, konzentrisch geschichteten Cysten umschlossen, die Bindegewebsbildungen des Wirtes darstellen (Abb. 281). Schließlich wird noch eine besondere Art des Vorkommens der Parasiten

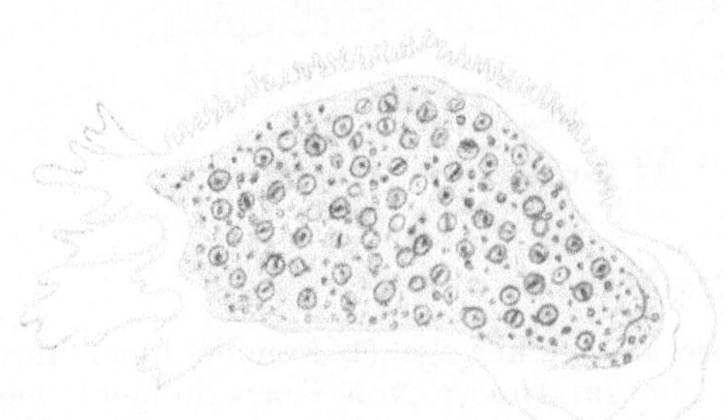

Abb. 278. *Myxidium lieberkühni* Bütschli. Ec Ectoplasma, En Entoplasma, F Fett, K Kerne, Ps Pseudopodien. Nach Schröder 1912.

im Gewebe als diffuse Infiltration bezeichnet, indem kleinere Parasitenkörper oder häufig nur vereinzelte Sporen im Wirtsgewebe zerstreut nebeneinander liegen. Meist handelt es sich wohl nur um Zerfall aussporulierter

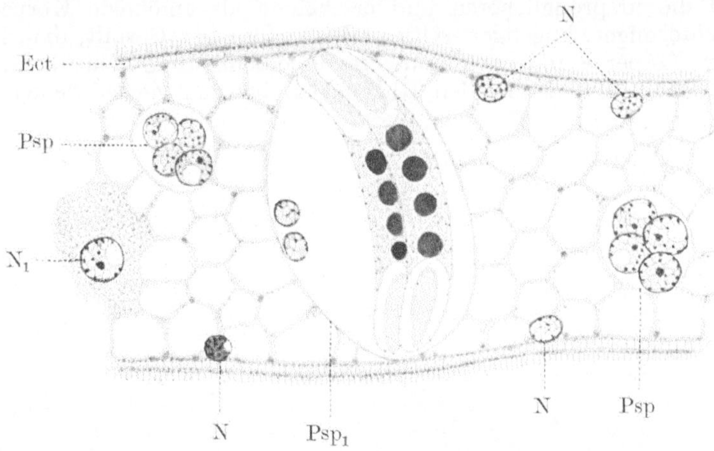

Abb. 279. *Sphaeromyxa sabrazesi* Caullery und Mesnil. Querschnitt. Ect Ectoplasma mit Bürstenbesatz, N vegetative Kerne, Psp Pansporoblasten auf dem 4. Zellstadium, Psp₂ Pansporoblast mit fertigen Sporen. Vergr. ca. 1500. Nach O. Schröder 1907.

Myxosporidienkörper, zwischen denen sich nachträglich das Wirtsgewebe eingeschoben hat.

Die charakteristischen Sporen (Abb. 282) besitzen stets 2 Schalenklappen, die umgewandelte Zellen sind (s. unten). Oft weisen die Schalen besondere Skulpturen, Fortsätze usw. auf, die für die Artunterscheidung mit die besten Merkmale liefern. Die Schalen umschließen den sog. Amöboidkeim, der, wie wir noch sehen werden, eine Zygote mit häufig noch verschmolzenen Gametenkernen darstellt. Außerdem enthält die Spore noch meist 2, seltener 4 oder gar nur 1 Polkapsel (p), das sind ebenfalls umgewandelte Zellen, in denen ähnlich wie in den Nesselkapseln der Cölenteraten, ein hohler Faden aufgerollt ist, der unter der Einwirkung der Darmsäfte eines neuen Wirtes zum Ausschnellen gebracht wird

Die Entwicklung ist bisher für keine Art vollständig bekannt, läßt sich aber nach den an verschiedenen Objekten gewonnenen Erfahrungen immerhin in den wichtigsten Zügen feststellen. Zunächst kriecht im Darmkanal eines neuen Wirtes der Amöboidkeim der Spore aus und es vollzieht sich jetzt die Caryogamie, falls dieselbe nicht schon früher stattgefunden hat (von Auerbach bei *Myxidium bergense* (Abb. 283) und Erdmann bei *Myxidium lieberkühni* beobachtet). Diese wandern nun bei *Myxidium* durch den Gallengang

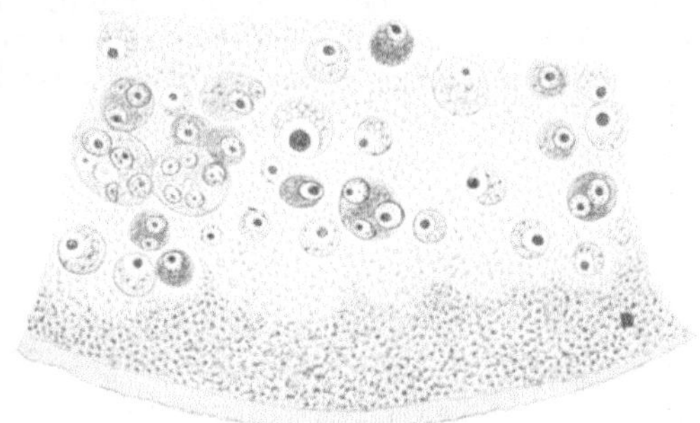

Abb. 280. *Myxobolus pfeifferi* Thélohan. Teil eines großen Myxosporids mit radiär gestreiftem Ectoplasma mit vegetativen Kernen und Stadien der Sporenbildung. Vergr. ca. 975. Nach Keysselitz 1908.

in die Gallenblase und dringen dort in Epithelzellen ein (Auerbach, Erdmann), verlassen dieselben jedoch wieder und die inzwischen vielkernig gewordenen Plasmodien vermehren sich durch rasch aufeinanderfolgende plasmotomische Teilungen (s. Abb. 76, S 60). Auerbach hat ferner merkwürdige Verschmelzungsvorgänge (?) und Reduktionsteilungen (?) für solche junge Plasmodien beschrieben; doch fehlt jeglicher Beweis für seine Deutungen, ja teilweise erscheint es fraglich, ob die von ihm abgebildeten Zellen überhaupt Myxosporidien sind; sie erinnern vielmehr an pathologisch veränderte Wirtszellen. Der plasmotische Vermehrungsprozeß erklärt zur Genüge das oft massenhafte Auftreten der Parasiten. Nach demselben wachsen die Plasmodien zu ihrer definitiven Größe heran und erlangen ihre spezifische Gestalt und Struktur. Auch im erwachsenen Zustande sollen noch plasmotomische Teilungen vorkommen.

Über die frühen Entwicklungs- und Vermehrungsvorgänge der Gewebsparasiten ist zurzeit noch nichts Sicheres bekannt.

Die interessanten Vorgänge bei der Sporenbildung, die mit einer paedogamen resp. autogamen Befruchtung verbunden sind, verlaufen offenbar bei allen Familien in den Hauptpunkten gleich und lassen sich trotz einiger Widersprüche in den Angaben verschiedener Autoren auf

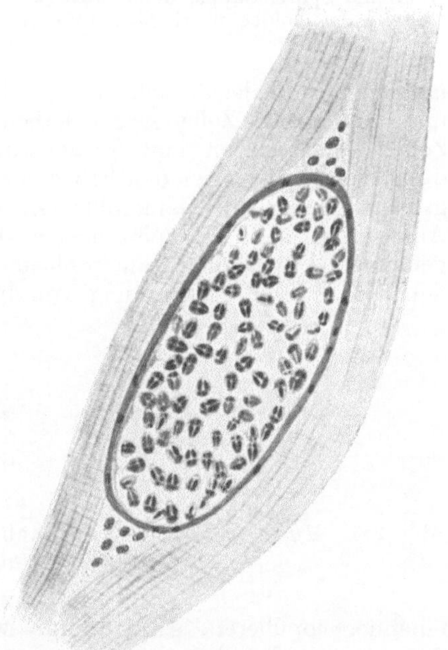

Abb. 281. *Myxobolus pfeifferi* Thélohan. Cyste zwischen den Muskelfasern einer Barbe (*Barbus barbus* L.). Nach Doflein 1898.

Grund der tatsächlichen Befunde in einheitlicher Weise darstellen, wobei nur einige Punkte noch offen bleiben. Bei *Myxobolus pfeifferi*, dem Erreger der Barbenseuche vollziehen sich die Vorgänge nach Keysselitz 1908 folgendermaßen (Abb. 284). Zunächst entstehen durch Plasmaverdichtung um einzelne Kerne auf endogene Weise Propagationszellen, die sich durch Teilung ver-

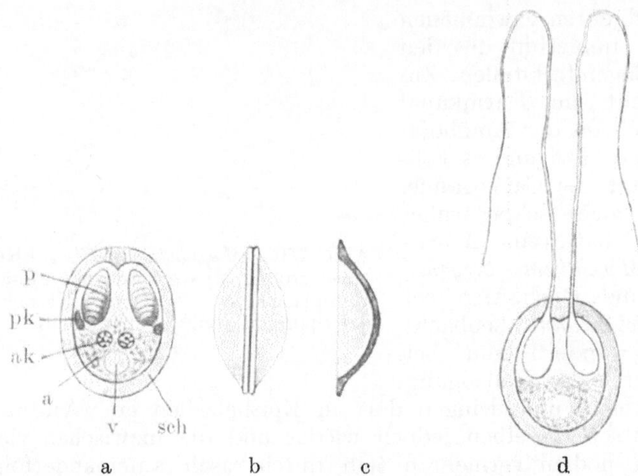

Abb. 282. Spore einer *Myxobolus*-Art. Schematisch. a von der Fläche, b von der Kante, c einzelne Sporenklappe, d mit ausgeschnellten Polfäden, p Polkapsel, pk Polkapselkern, a Amöboidkeim, ak Gametenkerne, sch Schale. Nach O. Schröder 1912.

mehren. Dann legen sich zwei solcher Zellen, nachdem sie sich in eine kleine und eine große Zelle geteilt haben (Abb. 285 a) aneinander. Die kleinen Zellen verschmelzen und werden unter Zurückbleiben ihrer Kerne zur Bildung einer erst später deutlicher werdenden Cyste verwandt, die die beiden größeren Zellen, die Gametoblasten, umschließt (Abb. 285 b). So entsteht die Anlage des sog. Pansporoblastes der früheren Autoren, besser Sporocyste genannt. Die beiden Gametoblasten teilen sich nun in je 6 Zellen auf, von denen je 2 nach Abtrennung von Reduktionskernen (rdk) als Gameten mit-

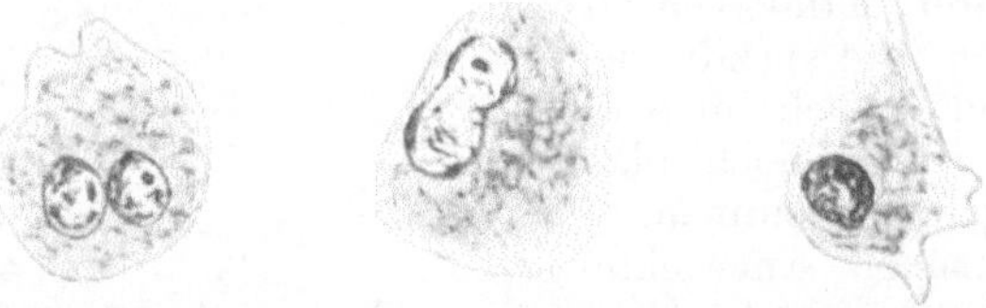

Abb. 283. *Myxidium bergense* Auerbach. Caryogamie im freien Amöboidkeim, aus dem Darm von *Gadus virens* L. Nach Auerbach 1910.

einander copulieren, so daß nun wieder ein 10-Zellstadium vorliegt (Abb. 285 e). Die 10 Zellen werden dann auf 2 Gruppen verteilt, wovon jede 4 einfache Zellen und eine Zygote enthält (Abb. 285 i) und aus jeder Zellgruppe geht eine Spore hervor, wobei 2 Zellen die beiden andern und die Zygote umwachsen und zur Schale werden, während die 2 umschlossenen einfachen Zellen die Polkapselzellen darstellen, in denen sich eine Vakuole und ihr aufgerollt der Polfaden bildet. Nach fertiger Ausbildung derselben sind schließlich nur noch

Reste der Polkapselkerne dieser ursprünglichen Zellen, die Polkapseln und die Zygote zu sehen. Erst in der fertig ausgebildeten Spore, meist sogar erst nach Entleerung der Sporen ins Wasser oder im Darm eines neuen Wirtes kommt der 2. Akt der Befruchtung, die Caryogamie zustande (Abb. 285i). Der Befruchtungsvorgang erweist sich somit als eine isogame Pädogamie.

Bei *Sphaeromyxa sabrazesi*, einem in der Harnblase lebenden amöboiden Myxosporid, verlaufen die Vorgänge nach Schröder (1907 und 1910) in ganz

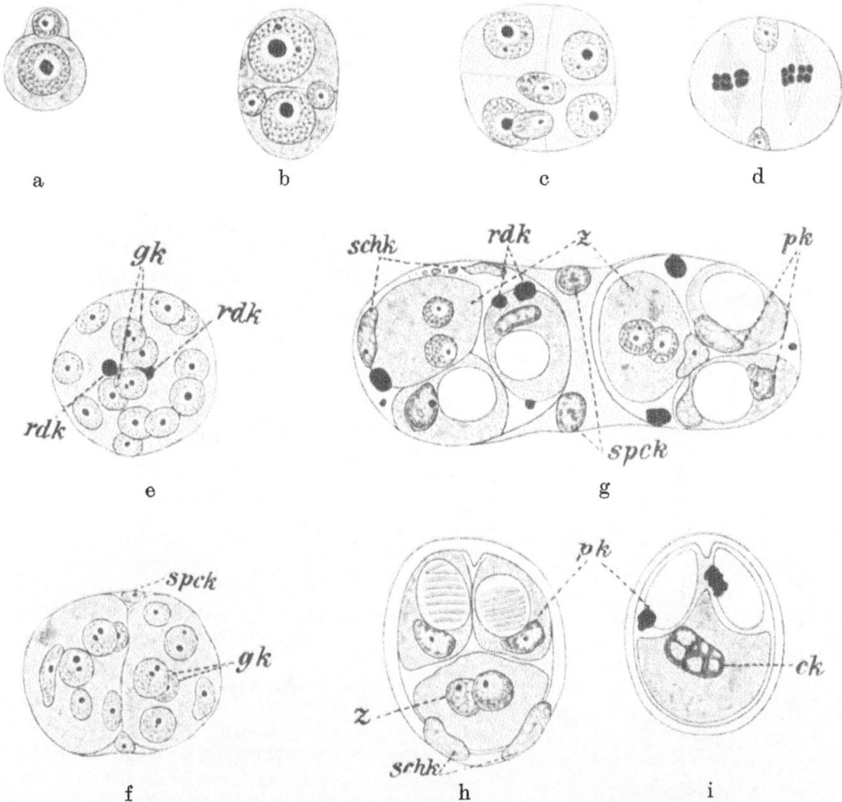

Abb. 284. *Myxobolus pfeifferi* Thélohan. Sporenbildung und Befruchtung. a Gametoblast mit kleiner Sporocystenzelle, b Aneinanderlagerung zweier solcher zweizelliger Gametoblasten, die kleinen Zellen bilden eine Hülle um dieselben, c 1 Teilung der Gametoblasten, d 6 zelliges Stadium, e 14 zelliges Stadium, f Anlage der beiden Sporoblasten, g Ausbildung der beiden Sporen, h Spore mit den beiden unverschmolzenen Gametenkernen, i Spore mit Syncaryon. — ck Copulationskern, gk Gametenkerne, pk Polkapselkerne, rdk Reduktionskerne, schk Schalenkerne, spck Sporocystenkern, z Zygote. Nach Keysselitz 1908.

ähnlicher Weise, nur mit dem Unterschiede; daß die Differenzierung in einzelne gesonderte Zellen in der Sporenentwicklung nicht mehr deutlich wird, so daß in der Sporocyste nicht 2 Gruppen von 6 gesonderten Zellen, sondern 2 sechskernige Plasmamassen (Abb. 286e) zur Beobachtung gelangen. Der Befruchtungsvorgang erlangt dadurch den Charakter einer Autogamie. Außerdem sind die Gametoblasten vor ihrer Aneinanderlagerung noch keine abgekugelten Zellen, sondern unregelmäßig gestaltet (Abb. 9a); auch scheint zunächst keine kleine Zelle, sondern nur ein kleiner Kern gebildet zu werden. Erst nach der

Aneinanderlagerung erfolgt Plasmaverdichtung, Abkugelung, sowie Absonderung und das Umwachsen der beiden kleinen Sporocystenzellen.

Von einigen andern Autoren (Mercier, Awerinzeff, Parisi) wird die Befruchtung und erste Anlage des sog. Pansporoblasten in anderer Weise dargestellt. Danach soll das Stadium der Abb. 8a mit einer großen und einer kleinen Zelle keine Teilung, sondern eine Copulation von Macro- und Microgameten,

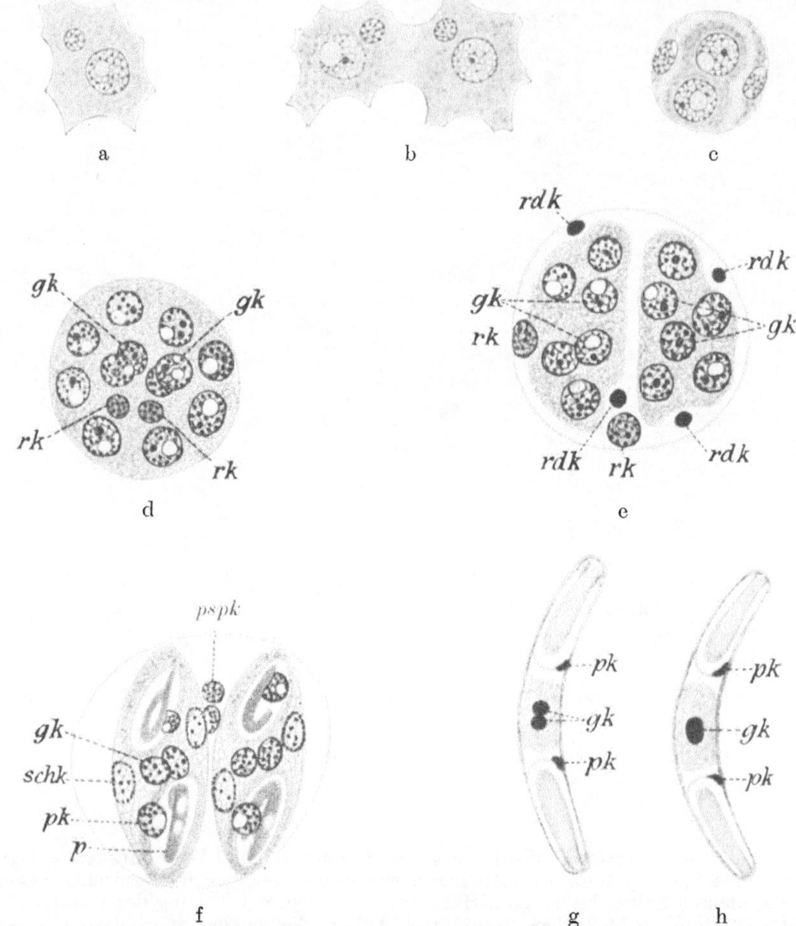

Abb. 285. *Sphaeromyxa sabrazesi* Caull. und Mesnil. Sporenbildung und Befruchtung. a unregelmäßiger noch nicht abgekugelter Gametoblast mit kleinem Sporocystenkern, b Aneinanderlagerung zweier solcher 2 kerniger Gametoblasten, c Abkugelung der Gametoblasten und Umwachsen der Sporocystenzellen, d 14 -kerniges Stadium, e Anlage der beiden Sporoblasten, f Ausbildung der beiden Sporen, g Spore mit unverschmolzenen Gametenkernen, h Spore mit Syncaryon. — gk Gametenkerne, p Polkapsel, pk Polkapselkerne, rdk Reduktionskerne, spk Sporencystenkerne, schk Schalenkerne, sk Syncaryon. Vergr. ca. 1500. Nach O. Schröder 1907 u. 1910.

also vorher gesonderter Zellen vorstellen, der auch sogleich die Caryogamie folgen soll. Nach Mercier soll eine, nach den andern Autoren 2 derartige Zygoten dem Pansporoblasten resp. den 2 Sporen den Ursprung geben. Die Zweikernigkeit des Amöboidkeimes soll durch eine abermalige Kernteilung hervor-

gerufen sein, oder wird nicht näher erklärt. Die Caryogamie der Amöboid-
keimkerne ist nun aber auch noch durch andere Autoren nach der Keimung
im neuen Wirt (s. oben) vollkommen sichergestellt, so daß 2 Befruchtungsvorgänge in der Entwicklung einer Art vorhanden wären. Das ist aber nach
allem, was wir wissen, unmöglich. Zum mindesten muß also die frühe Caryogamie vor der Pansporoblastenbildung nicht zutreffend sein. Sie ist auch
durch die Abbildungen der betreffenden Autoren in keiner Weise bewiesen.
Höchstens ließe sich die Frage diskutieren, ob die Pansporoblastenbildung
durch 2 anisogame Gametenverschmelzungen eingeleitet würde, während die
Caryogamie nach sog. conjugierten Kernteilungen erst in der Spore stattfinde. Aber auch dem widersprechen die klaren Abbildungen von Keysselitz und Schröder, wonach auf dem charakteristischen 4 Zellstadium mit
2 großen und 2 kleinen Kernen, das alle Autoren übereinstimmend angeben,
nur die 2 großen Zellen in weitere Teilungen eintreten (s. Abb. 284c). Die
tatsächlichen Befunde von Mercier, Awerinzeff und Parisi lassen sich
dagegen leicht durch andere Seriierung der Abbildungen mit der obigen Darstellung in Einklang bringen.

Die Sporenbildung setzt bei den großen vielkernigen Myxosporidien meist
nicht mit einem Schlage ein, so daß alle Stadien nebeneinander sich finden,
neben fertigen Sporen noch vegetative, sich teilende Kerne. Auch werden
oft nicht alle Kerne zur Sporenbildung verwendet, sondern ein Teil kann zurückbleiben und degeneriert allmählich. Andrerseits gibt es auch Formen, die nicht
mehr bei der Sporenbildung weiterwachsen, wodurch die Sporenbildung ziemlich
gleichzeitig zu Ende kommt. Neben Formen, die viele Sporen liefern (Poly-
sporea), gibt es auch solche, die nur 2 (Disporea) oder gar nur 1 (Monosporea)
bilden. Man hat darauf eine Einteilung der Myxosporidien in Unterordnungen
resp. Legionen gegründet. Neuerdings hat sich jedoch gezeigt, daß die gleiche
Art 1, 2 oder mehr Sporen auszubilden vermag; es handelt sich hierbei also
um ein Merkmal von sehr untergeordneter Bedeutung, auf das keine höheren
Gruppen basiert werden können. Eine solche Unterscheidung von Unterordnungen
erscheint überhaupt bei den Myxosporidien völlig überflüssig; mit der Einteilung
in 4 (ev. 5) ziemlich wohl begründete Familien kommt man völlig aus (Näheres
s. syst. Übersicht S. 124).

2. Myxobolus pfeifferi (Thélohan); die Barbenseuche.

Seit dem Jahre 1870 wurde in der Mosel, in den 80er und 90er Jahren
auch im Rhein und Neckar, sowie in der Marne, Aisne und Seine bei den Barben
eine epidemisch auftretende Krankheit beobachtet, der manchmal viele Zehn-
tausende von Fischen in kurzer Zeit erlagen. Als Erreger derselben wurde von
Télohan der *Myxobolus pfeifferi* erkannt und genauer untersucht. Neuerdings
ist die Entwicklung besonders von Keysselitz klargestellt worden.

Der Parasit ist eine typische *Myxobolus*-Art, deren Sporen eine jodophile
Vakuole aufweist. Die Sporen sind eiförmig von ca. 12 μ Länge und 10 μ Breite
(s. oben Abb. 285). Zwischen den 5—6 μ langen Polkapseln findet sich am
vorderen Innenrande der Spore ein zahnartiger Fortsatz. Die Sporenbildung
und Befruchtung wurde oben S. 366 schon genauer geschildert.

Die Infektion geschieht vom Darmkanal aus, die jungen Stadien sind jedoch
noch nicht bekannt. Die vegetativen Formen kommen in der Muskulatur,
die sie vorwiegend befallen, sowohl als freie Parasiten (Abb. 286), wie als Cysten
(Abb. 280) oder in diffuser Infiltration vor.

Das Muskelgewebe wird eingeschmolzen, es bilden sich wahrscheinlich durch reichliche plasmotome Vermehrung der Plasmodien, die jedoch noch nicht nachgewiesen ist, große Herde von Parasiten und das Gewebe reagiert durch entzündliche Wucherungen des Bindegewebes, die oft zur Abkapselung, Cystenbildung des Herdes führen. Schließlich entstehen sehr große tumorartige Herde (Abb. 287), die vermutlich aus mehreren ursprünglich getrennten Parasitenherden sich zusammensetzen.

Diese Geschwülste welben die Oberfläche des Fisches hervor, es entstehen Beulen, die das charakteristische Merkmal der Erkrankung ausmachen. Sie sind meist $^1/_2$—2 cm groß, können aber die Größe von Hühnereiern erreichen. Häufig platzen sie nach außen auf und werden sekundär von Bakterien infiziert. Die erkrankten Fische zeigen, auch wenn die Beulen äußerlich noch nicht zu erkennen sind, eine Abnahme des Glanzes der Haut, kommen an die Oberfläche und vollführen taumelnde Bewegungen.

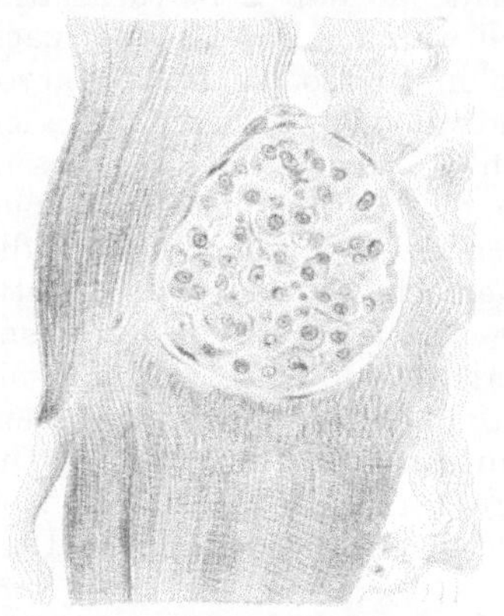

Abb. 286. *Myxobolus pfeifferi var. musculi* Keysselitz. Jugendstadium zwischen 2 teilweise eingeschmolzenen Muskelfasern einer ca. 2 Monate alten Barbe. Nach Keysselitz 1908.

Um einer Verbreitung der Seuche vorzubeugen, empfiehlt es sich, tote und erkrankte Tiere herauszufischen und durch Vergraben oder Verbrennen die Tausende von Keimen unschädlich zu machen.

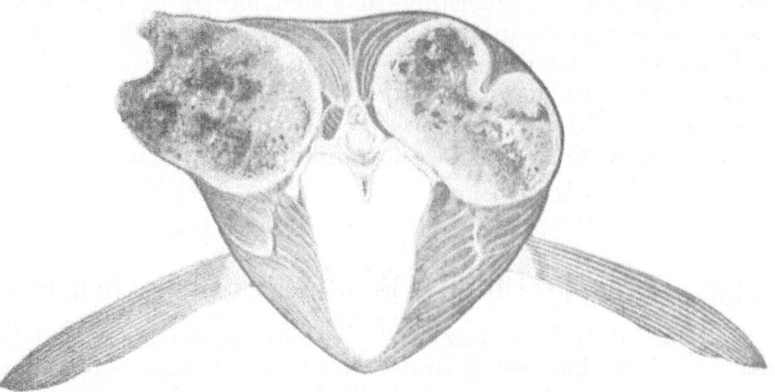

Abb. 287. Querschnitt durch eine Barbe mit 2 großen Herden von *Myxobolus pfeifferi* Thélohan. Nach Keysselitz 1908.

3. Andere pathogene Myxosporidien.

Myxobolus neurobius Schuberg und Schröder.

Unter diesem Namen haben Schuberg und Schröder eine Myxobolusart bei Forellen beschrieben, die wahrscheinlich eine starke pathogene Wirkung auszuüben vermag und besonders durch ihren Sitz als extremer Nervenparasit von Interesse ist. Die Form ist in Forellen aus dem Schwarzwald und in Äschen aus der Ilm (Thür.) bekannt.

Die eiförmigen Sporen sind 10—12 μ lang und 8 μ breit; die Polkapseln sind 6—7 μ lang.

Die Cysten fanden sich in fast allen Zweigen des Nervensystems und im Rückenmark, oft in großer Zahl, nicht dagegen im Gehirn. Innerhalb der Nervenfasern liegen sie zwischen der Schwannschen und der Markscheide (Abb. 288).

Lentospora cerebralis Hofer.

Drehkrankheit der Salmoniden.

Den Fischzüchtern war schon länger bei Salmoniden unter dem Namen „Drehkrankheit" eine epidemische Krankheit bekannt, bei der Hofer 1909 ein *Myxobolus* ähnliches Myxosporid fand, das Mar. Plehn genauer untersuchte. Die Form ist durch ihren Sitz im Knorpelgewebe von besonderem Interesse. Für den Parasiten wurde die Gattung *Lentospora* Plehn 1904 aufgegestellt, die sich von *Myxobolus* durch das Fehlen der jodophilen Vakuole unterscheidet.

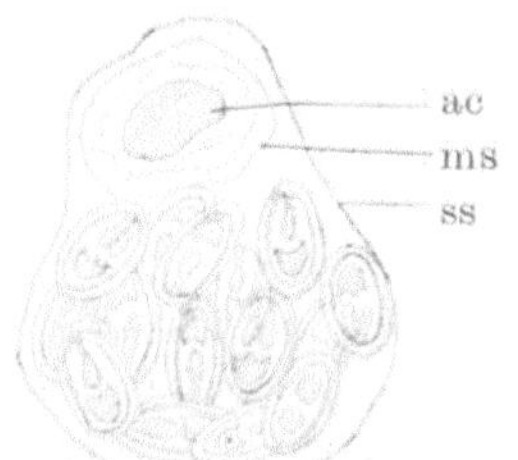

Abb. 288. *Myxobolus neurobius* Schub. u. Schröd. Querschnitt durch eine Nervenfaser einer Forelle mit mehreren Sporen des Parasiten. ac Achsencylinder, ms Markscheide, ss Schwannsche Scheide. Vergr. ca. 520. Nach Schuberg u. Schröder 1905.

Das Myxosporid besitzt linsenförmige Sporen von fast kreisförmigem Umriß; sie sind 7—9 μ groß (Abb. 289).

Die Art befällt die knorpeligen Teile und das Perichondrium des Skelettes junger Salmoniden, wo sie typische Granulosebildungen herbeiführt. Besonders Kopf-, Schwanz- und Flossenskelett findet sich infiziert; Knochen bleiben jedoch stets frei. Daher kommt es, daß vorwiegend junge Fische mit stark knorpeligem Skelett befallen werden. Als Folge der Granulosebildungen treten allerhand Deformierungen auf (schiefer Kopf, gespreizte Kiemenbogen usw.); infolge der häufigen Infektion der Schwanzwirbel ist das Hinterende vielfach gekrümmt und dunkel, fast schwarz verfärbt. Die auffallendsten und charakteristischsten Symptome treten auf, wenn das Gehörorgan, spez. die halbbogenförmigen Kanäle befallen sind. Die Fische taumeln dann und führen häufig schnelle, kreisende Bewegungen aus („Drehkrankheit").

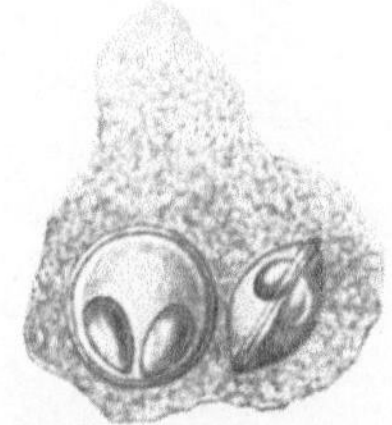

Abb. 289. *Lentospora cerebralis* Hofer. Kleines Individuum mit 2 Sporen, frisch. Vergr. ca. 1200. Nach M. Plehn 1905.

Der Parasit ist auch im knorpelreichen Skelett von Schellfscharten nachgewiesen. Durch Verfütterung ungekochter Schellfische in Züchtereien dürfte der Hauptsache nach die Verbreitung der Krankheit erfolgen.

VI. Pathogene Microsporidien.

1. Allgemeines.

Die Microsporidien sind kleine, meist intracelluläre Cnidosporidien, die in den verschiedensten Organen von Würmern, Bryozoen, vor allem aber Arthropoden, seltener von Fischen und Amphibien schmarotzen. Neuerdings sind sie sogar als Parasiten von anderen parasitischen Protozoen und zwar von Gregarinen bekannt geworden. Eine Art ist als Erreger der Pébrine der Seidenraupen wirtschaftlich von großer Bedeutung; einige andere Arten bieten als Erreger merkwürdiger tumorartiger Bildungen bei Fischen medizinisches Interesse.

Am charakteristischsten für die Gruppe ist der Bau der Sporen. Dieselben sind sehr klein und ellipsoid, birnförmig, eiförmig, seltener bohnenförmig gestaltet. Übereinstimmend wird das Vorhandensein eines einzigen Polfadens angegeben, der im ausgeschnellten Zustand außerordentlich lang ist (Abb. 290 a). Ferner steht fest, daß sowohl 1 wie 2 Kerne in dem meist ringförmig angeordneten Amöboidkeim vorkommen können (Abb. 290 b und c, näheres darüber s. unten). Dagegen herrscht über den sonstigen Bau der Spore keine Übereinstimmung. Während manche Autoren (Mercier, Stempell, Schröder u. a.) nach Art der Myxosporidienspore die Schale als zweiklappig mit 2 Schalenkernen betrachten und eine besondere Polkapsel mit Polkapselkern annehmen, wird neuerdings von Schuberg, Weißenberg, Ohmori, Débaissieux ein solch komplizierter Bau entschieden in Abrede gestellt und die sog. Schalen- und Polkapselkerne wohl mit Recht als zufällige metachromatische Körner erklärt.

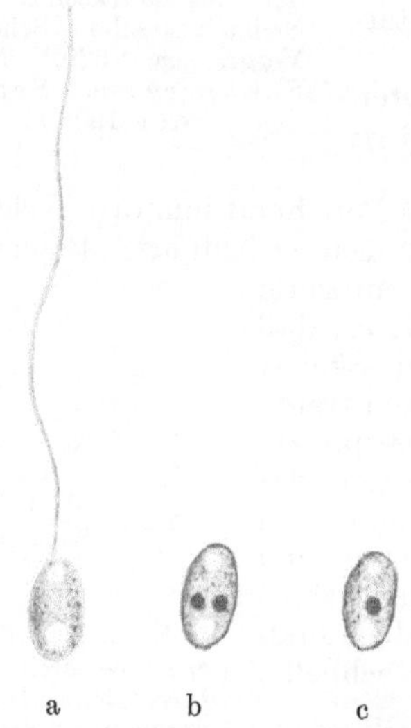

Abb. 290. *Nosema apis* Zander. a Spore mit ausgeschnelltem Polfaden, ungefärbt, b zweikernige, c einkernige Spore, fixiert und gefärbt. Vergr. ca. 1500. Nach Fantham u. Porter 1912.

Die vegetativen Formen sind kleine, vielfach einkernige, kurze, ovale, Zellen ohne besonderes Ectoplasma und oft ohne Bewegung. Sie vermehren sich vorwiegend durch einfache Zweiteilung (Abb. 291). Die Kernteilung wird meist als amitotisch angegeben, einzelne Bilder weisen jedoch darauf hin, daß es sich hierbei wohl nur um die Endstadien einer Mitose oder Promitose handeln wird. Durch rasch aufeinanderfolgende Kernteilungen vor völliger Zelldurchschnürung entstehen häufig lange rosenkranzförmige Ketten, die stark an niedere Pilze erinnern. Auch kommt ein direkt mycelartiges Längswachstum unter Kernvermehrung und nachträgliche Aufteilung vor (Abb. 292a, b). Die gleiche Art kann schließlich auch größere mehrkernige, kugelige, vegetative Vermehrungsstadien (Schizonten) aufweisen, die sich durch Zerfallsteilungen vermehren (Schizogonien) (Abb. 291 und 292c). Die verschiedenen vegetativen Formen und ihre Vermehrung gehen nebeneinander her und sind wohl nur Modifikationen ohne besondere Bedeutung. Diese vegetativen Formen können durch ihre Vermehrung das Plasma der befallenen Zelle völlig aufbrauchen und finden sich dann in der Zellhaut oft wie in einer Cyste.

Manche Microsporidienarten, die sog. *Glugea*-Arten treten nun wenigstens scheinbar nicht in dieser einfachen Form auf, sondern bilden große, oft riesige Cysten, die sogar große vegetative, sich vermehrende Kerne enthalten. Nach der Auffassung mancher Autoren (bes. Stempell) soll der ganze Inhalt dieser Cysten zum Microsporid gehören (also wie bei den Myxosporidien) und in ihm nicht nur die Sporen sondern auch die Schizonten (Sekundärschläuche) auf endogene Weise entstehen. Eine Reihe von anderen Arten und zwar nicht nur Cysten bildender wie *Nosema* (*Glugea*) *lophii*, sondern auch Formen, wie die Gattung *Myxöcystis*, die in freien, großen, amöboiden Zellen parasitieren, welche oft Ectoplasma und amöboide Beweglichkeit aufweisen und in der Tat außerordentlich den in Hohlräumen lebenden Myxosporidien ähneln (Abb. 293), waren früher ebenfalls in dem Stempellschen Sinne gedeutet worden. Jetzt ist aber nachgewiesen, daß es sich bei *Myxocystis* um veränderte Körperzellen (Lymphocyten usw.) handelt, deren Kerne infolge der Infektion stark hypertrophisch geworden sind und sich anormal amitotisch vermehren (Mrazek) (Abb. 293). Auch für andere Microsporidieninfektionen ist eine starke Hypertrophie der befallenen Wirtszelle, sowie mitotische als auch ganz anormale amitotische Vermehrung der Wirtszellkerne beobachtet (Schröder, Mercier, Schuberg). Die Cyste von *Glugea* (*Nosema*) *lophii* aber ist, wie Weißenberg gezeigt hat, nur der, unter Einwirkung des sich stark vermehrenden (einen Herd bildenden) sehr kleinen Microsporids veränderte Teil der infizierten, enorm vergrößerten Ganglienzelle (Abb. 294).

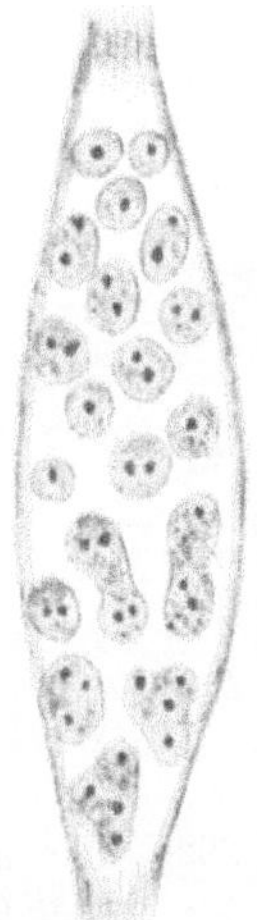

Abb. 291. *Thélohania chaetogastris* Schröder. Zahlreiche Schizonten in einer Muskelfaser eines Oligochäten (*Chaetogaster diaphanus* Cruith.). Vergr. ca. 1000. Nach Schröder 1909.

Diese Befunde machen es in hohem Grade wahrscheinlich, daß auch bei den übrigen derartigen Formen das Cystenplasma und die somatischen Kerne veränderte Wirtszellen sind, somit die ganze Gruppe der sog. Polysporeen nicht existiert. Weißenberg hält zwar auf Grund eines verhältnismäßig jungen Cystenstadiums für *Glugea anomalum* an der alten Auffassung fest, nur läßt er im Gegensatz zu Stempell die vegetativen Kerne aus ursprünglich gleichen Primärkernen abstammen. Uns erscheint aber auch hier dieser Nachweis nicht erbracht, da das jüngste von ihm beobachtete Cystenstadium schon fertige vegetative Kerne besaß. Dazu kommt noch, daß gerade Weißenberg bei diesem Objekt die volle Übereinstimmung der weiteren Vermehrungs- und Entwicklungsvorgänge an den sog. endogen entstandenen Zellen mit den übrigen Microsporidien gezeigt hat, so daß sich eine große Gleichförmigkeit für die ganze Ordnung ergibt (s. Abb. 292).

Dies angenommen, erscheint auch die Sporenbildung der Microsporidien in höchst einfacher und einheitlicher Weise. Eine aus einer Schizogonie her-

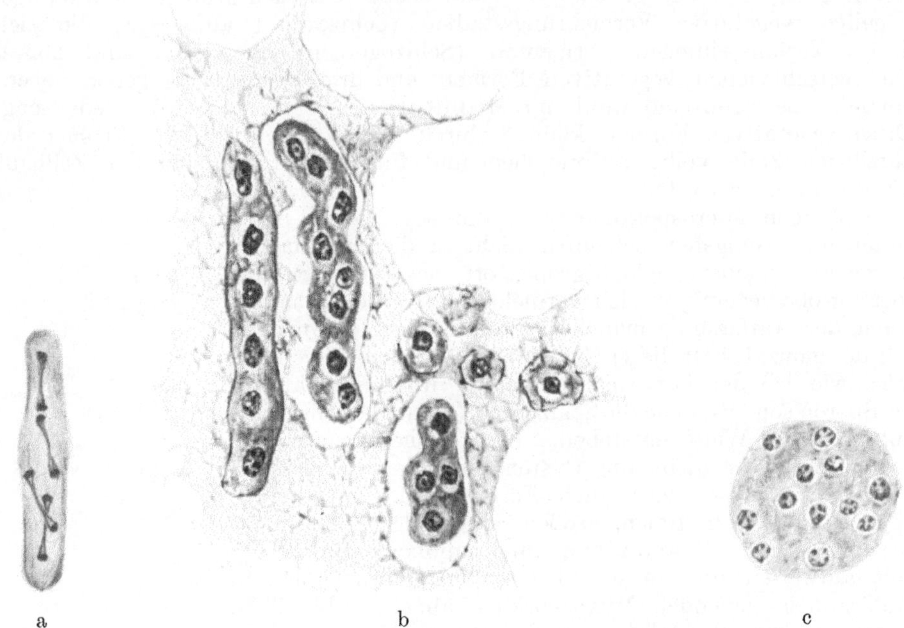

a   b   c

Abb. 292. *Nosema (Glugea) anomalum* Moniez. Mycelartige (a, b) und kugelige (c) Schizonten. Vergr. ca. 2500. Nach Weißenberg 1913.

vorgegangene Zelle wird vermutlich nach vorausgegangener isogamer, pädogamer oder autogamer Befruchtung zum Sporonten, der entweder direkt

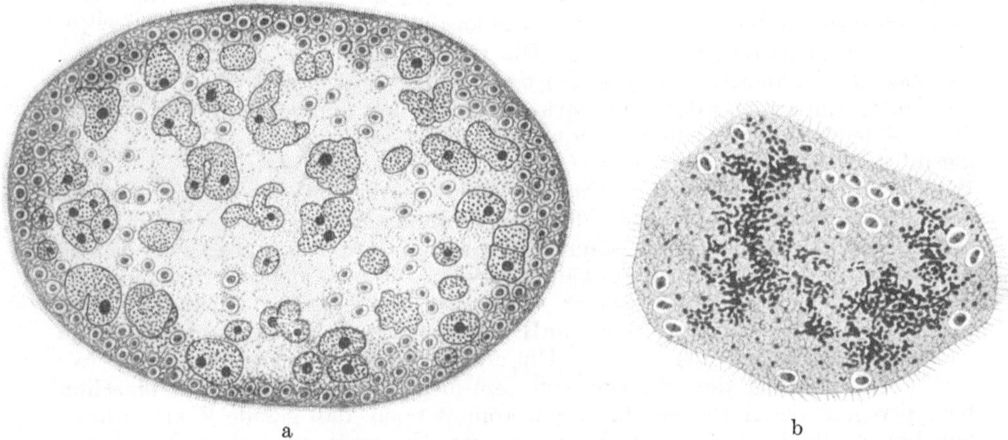

a   b

Abb. 293. a *Myxocystitis ciliata*, sog. freies Individuum (Wirtszelle mit vielen großen Kernen und eingelagerten kleinen Parasiten); b mit *Myxocystis* infizierte Lymphocyten von *Limnodrilus* mit vollständigem Zerfall des Kernes der Wirtszelle. Nach Mrazek 1910.

sich zur Spore umwandelt, also zugleich Sporoblast ist (*Nosema*) oder
4 (*Gurleya*), 8 (*Thelohania*) (Abb. 295) oder viele (*Plistophora*) Sporen liefert.
Daß die Angaben über einen Polkapselkern und Schalenkern höchst unsicher
sind, wurde schon oben erwähnt, auch das Vorhandensein von 4 Kernen im

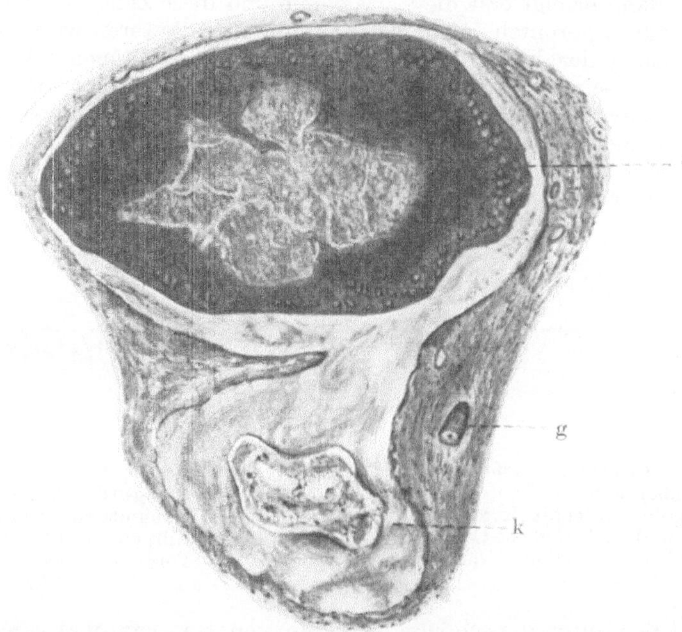

Abb. 294. *Nosema lophii* Doflein. Sog. Cyste (c) in einer enorm hypertrophierten Ganglienzelle von *Lophius piscatorius*. g normale Ganglienzelle, k Kern der von Parasiten
befallenen hypertrophischen Ganglienzelle. Vergr. ca. 50. Nach Weißenberg 1911.

Amöboidkeim, das angegeben wird, dürfte auf dieselbe Verwechslung mit
metachromatischen Körnern (Volutin) zurückzuführen sein. Dagegen ist mit
Sicherheit bei *Nosema*-Arten das Vorkommen von 1 wie von 2 Kernen im

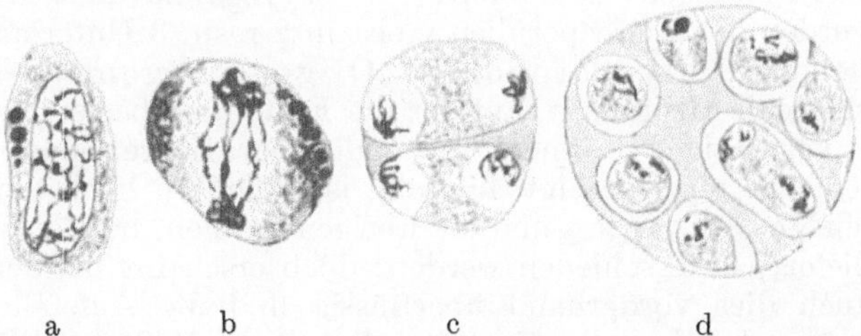

a   b   c   d

Abb. 295. *Thélohania varians* Léger. Sporenbildung. a Sporont (Zygote) kurz nach der
Caryogamie, b 1 Kernteilung, c Telophase der 2. Kernteilung, d Sporont mit 8 Sporoblasten.
Vergr. ca. 3000. Nach Débaisieux 1913.

Keim festgestellt (s. Abb. 290 u. 296), fraglich ist nur, ob das Zweikern-
stadium aus dem einkernigen durch Teilung hervorgeht, oder umgekehrt
das einkernige aus Verschmelzung zweier schon im Sporoblasten vor-
handener Kerne. Es hängt dies mit der Frage nach einem Befruchtungs-

vorgang vor oder bei der Sporenbildung zusammen. Von Mercier ist für *Thélohania giardi* eine isogame Copulation mit gleich erfolgender Caryogamie vor der Sporenbildung angegeben, während Débaissieux bei *Thélohania varians* die autogame Bildung eines Diplocaryons nachwies. Die Zygote mit den Diplocaryon kann sich noch einigemal mit conjugierten Kernteilungen teilen (Abb. 296a, b), dann erfolgt erst die Caryogamie und diese Zelle mit dem Syncaryon wird erst zum Sporonten (Abb. 295). Von andern Autoren wird eine autogame Verschmelzung der beiden Kerne in der Spore angenommen. Alle 3 Angaben mögen richtig sein und sind sehr gut miteinander vereinbar, da es sich hierbei nur um 3 unwesentliche Modifikationen des gleichen Vorganges handelt und eine verspätete Caryogamie auch bei den verwandten Gruppen, den Myxosporidien und vor allem Haplosporidien verbreitet ist. Speziell die Darstellung und noch mehr die Bilder Débaissieux' zeigen weitgehende Übereinstim-

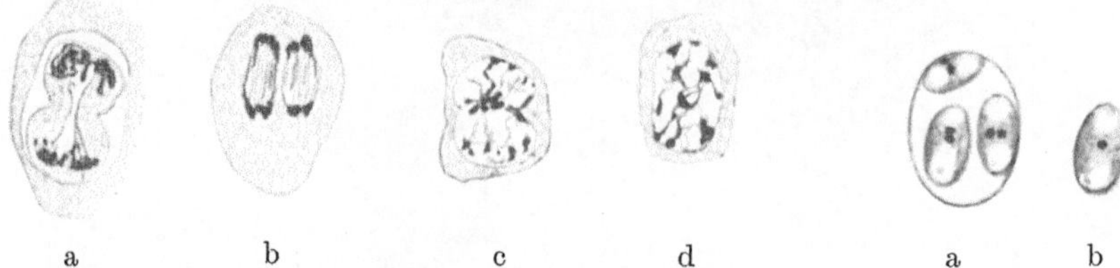

<table>
<tr><td>a</td><td>b</td><td>c</td><td>d</td><td>a</td><td>b</td></tr>
</table>

Abb. 296. *Thélohania varians* Léger. (2. Typ des Microsporids.) a u. b Teilung der autogam entstandenen Zygote mit conjugierten Kernteilungen (Diplocaryon), c u. d nachträgliche Caryogamie der Gametenkerne. Vergr. ca. 3000. Nach Débaisieux 1913.

Abb. 297. *Nosema bombycis* Naegeli. a Reife Sporen in quergeschnittener Muskelfaser, mit 2 Kernen, b Spore mit 1 Kern. Vergr. ca. 2000. Nach Ohmori 1912.

mung mit den durch die schönen Arbeiten von Swarczewsky und Granata neuerdings so gut klargestellten Verhältnissen der Haplosporidien (s. Allg. T. S. 78, Abb. 95 und folg. Kapitel). Es ist zu erwarten, daß die z. T. widersprechenden Angaben, besonders auch über die Entstehung der 2 Kerne in der Spore durch erneute Untersuchungen in diesem Sinne klargestellt werden; schon jetzt lassen sich viele in der Literatur vorliegenden sichergestellten Angaben und Abbildungen trotz vielfach anderer Deutungen der Autoren als Stadien einer pädogamen oder autogamen Befruchtung mit meist folgenden conjugierten Kernteilungen und verspäteter Caryogamie deuten.

Bisher wurden die Microsporidien meist in 2 resp. 3 Unterordnungen oder Legionen eingeteilt (Polysporogonea, Oligosporogonea, Monosporogonea). Da die reale Grundlage, auf der die Einteilung basiert wurde, die Annahme großer vegetativer Formen mit endogener Sporenbildung sowie von Pansporoblasten, wie oben gezeigt, hinfällig ist, könnten höchstens 2 Familien (die monosporen Nosematiden und die übrigen Formen, bei denen der Sporont mehr Sporen liefert) unterschieden werden; doch erscheint bei der Einfachheit der Gruppe auch dies vorderhand überflüssig und die Aufstellung einzelner Gattungen genügend. Nur die Gattung *Nosema* enthält praktisch wichtige pathogene Arten.

2. Nosema bombycis (Naegeli); Pébrine der Seidenraupen.

Im Jahre 1845 trat zuerst in Frankreich die unter dem Namen Pébrine oder Gattine bekannte Erkrankung der Seidenraupen epidemisch auf, die sich in den nächsten Jahren erheblich ausdehnte und 1854 auch auf Italien übergriff, wo sich die Seuche gleichfalls in kurzer Zeit überall verbreitete Bis zum Jahre 1867 hatte die französische Seidenzucht einen Verlust von über 1 Milliarde zu verzeichnen. Der Erreger, das *Nosema bomycis* ist besonders von Balbiani und Pasteur genauer studiert worden, welch letzterer die wirksamen prophylaktischen Maßnahmen angab. Neuerdings ist die Entwicklung eingehend von Stempell und Ohmori untersucht und klargestellt worden.

Die eiförmigen Sporen sind 2—4 μ lang und 1—2 μ breit; sie besitzen eine vordere kleinere und eine hintere größere Vakuole, in der der 30 μ lange Polfaden aufgerollt liegt. Das ringförmig angeordnete Plasma des Keimes enthält nach Ohmori stets nur 2 oder 1 Kern (Abb. 297).

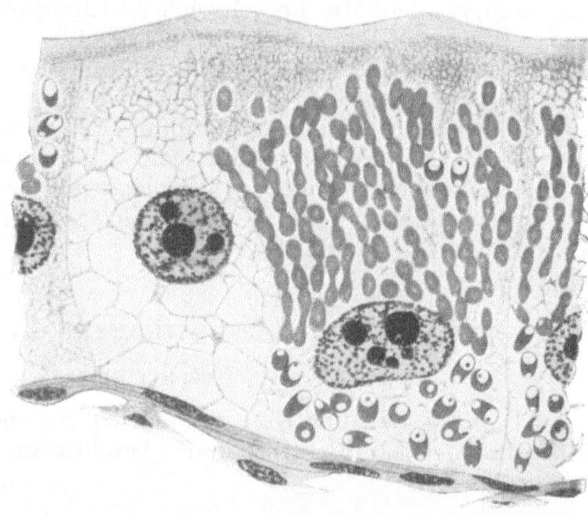

Abb. 298. *Nosema bombycis* Naegeli. Rosenkranzförmige Kettenstadien. Sporen im Darmepithel des Seidenspinners. Vergr. 1100. Nach Stempell 1909 aus Doflein u. Köhler.

Die Neuinfektion geschieht durch Aufnahme der Sporen in den Darm; der Amöboidkeim wird frei und vermehrt sich durch Teilung und Knospung. Dann wandern diese kleinen vegetativen Formen intercellulär zwischen den Epithelzellen des Darmes hindurch und werden mit dem Blutstrom in die verschiedensten Organe verschleppt. Vom 2. Tage an dringen sie in Gewebszellen irgend eines Organes ein und vermehren sich nun durch Zweiteilung, Kettenbildungen und Schizogonie (Abb. 298 u. 299 a, b). Die Schizonten enthalten höchstens 8 Kerne. Schließlich werden wahrscheinlich 2kernige Stadien zu Sporonten oder Sporoblasten, die sich direkt zur Spore umwandeln (Abb. 299). Schon 4 Tage nach der Infektion können neue Sporen auftreten. Die Sporen erfüllen oft den ganzen aufgezehrten Hohlraum der Wirtszelle und werden nur von der Zellwand derselben zusammengehalten.

Praktisch von großer Bedeutung ist die von Pasteur entdeckte Tatsache, daß die Parasiten auch in die Eier eindringen und auf diese Weise eine germinale Infektion zustande kommt. In den Eiern finden sich die Schizonten meist im Zentrum, wo sie die Embryonalentwickelung am wenigsten stören, und wachsen später direkt in die embryonalen Zellen.

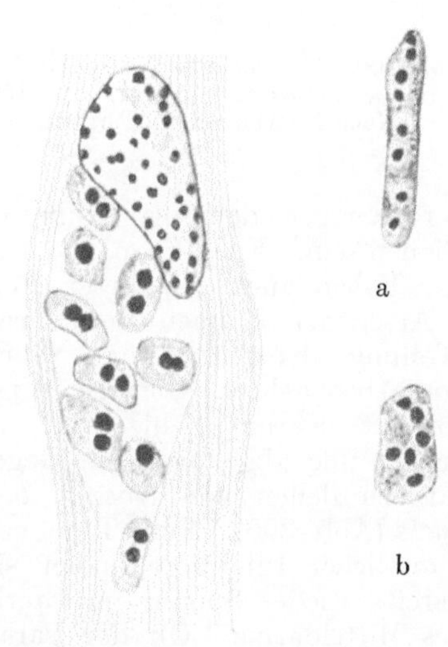

Abb. 299. *Nosema bombycis* Naegeli. a u. b Schizonten mit paarig angeordneten Kernen aus einer längsgeschnittenen Muskelfaser des Darmes, c vermutlich aus einer Schizogonie hervorgegangene zwei und einkernige Sporonten (?) in einer längsgeschnittenen Muskelfaser des Darmes. Vergr. ca. 1300. Nach Ohmori 1912.

Infolge der allgemeinen Infektion durch den Parasiten sterben die Raupen, die sich hauptsächlich durch Fressen der mit Kot beschmutzten Maulbeerblätter infizieren, massenhaft. Bei schwächerer Infektion können sie sich zwar verpuppen und selbst zu Schmetterlingen entwickeln. Gerade letztere sind aber wegen der germinalen Infektion der aus ihren Eiern sich entwickelnden Räupchen eine weitere Quelle der Verbreitung.

Als einzig wirksame Bekämpfung der Seuche kommt nur die von Pasteur angegebene Prophylaxe in Betracht, die darin besteht, die Gelege resp. die isolierten Weibchen nach der Eiablage mikroskopisch auf Vorhandensein von Sporen zu untersuchen und nur Gelege von uninfizierten Weibchen zur Weiterzucht zu benützen.

3. Andere pathogene Nosema-Arten.

Nosema apis Zander.

Diese in Bau und Entwicklung der *Nosema bombycis* sehr ähnliche Form ist neuerdings bei Bienen genauer beschrieben worden und soll nach Zander

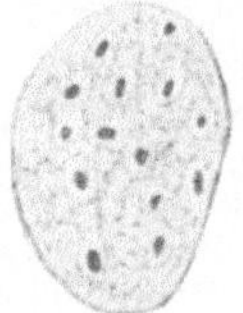

Abb. 300. *Nosema apis* Naegeli. Vielkerniger Schizont. Vergr. ca. 1500. Nach Fantham u. Porter.

der Erreger der sog. Ruhr der Bienen sein. Fantham und Porter haben auch bei dieser Form 3 Arten der agamen Vermehrung (Teilung, Kettenbildung, Schizogonie) beobachtet. Die vielkernigen (bis 16 Kerne) Schizonten sind größer und abgekugelt im Gegensatz zu denen von *Nosema bombycis* (Abb. 300). Fünf Tage nach künstlicher Infektion finden sich bereits wieder Sporen im Epithel des Mitteldarms. Ob der Parasit in der Tat der Erreger der Bienenruhr ist, erscheint sehr zweifelhaft. Nach Hein und anderen Autoren ist *Nosema apis* ein ganz allgemein bei Bienen verbreiteter Parasit, der die Bienen kaum schädigt; die „Ruhr" sei auf einen unbekannten Erreger zurückzuführen. Eine pathogene Bedeutung wird jedoch der *N. apis* kaum abzusprechen

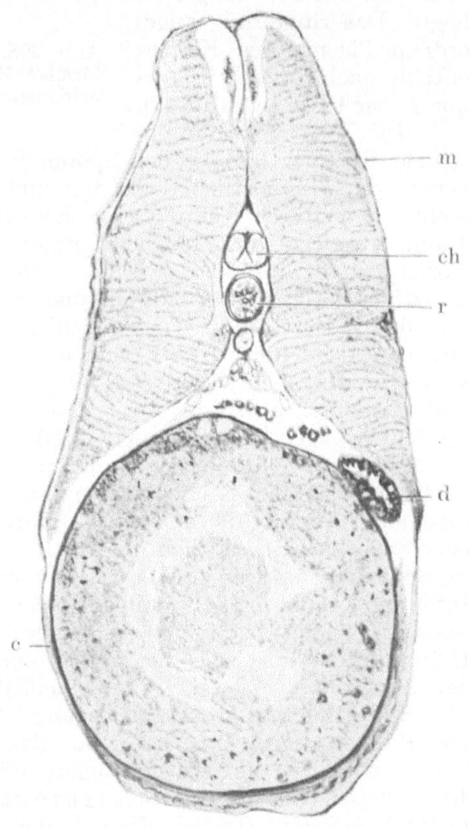

Abb. 301. *Nosema (Glugea) anomalum* Moniez. Große Cyste in der Leibeshöhle eines jungen 4 cm langen Stichlings. Querschnitt. c Cyste, d Darm, ch Chorda, r Rückenmark, m Muskeln. Vergr. ca. 15. Nach Weißenberg 1913.

sein. Die Ätiologie der sog. „Ruhr" (vermutlich ein Sammelname für eine Anzahl verschiedener Krankheiten) bedarf noch weiterer Aufklärung.

Nosema (Glugea) lophii Doflein.

In *Lophius piscatorius*, einem Fisch des Mittelmeeres, findet sich sehr häufig ein Microsporid, das durch seinen Sitz in Ganglienzellen des Zentralnervensystems und die Hervorrufung großer Tumoren an demselben auffällt. Der Parasit findet sich intracellulär in Ganglienzellen und bildet hier durch reichliche Vermehrung große Herde, wobei die Ganglienzelle unter gleichzeitiger Hypertrophie des Kernes enorm vergrößert wird (s. Abb. 294, S. 375). Der befallene Teil der Ganglienzelle bildet sich zu einer Art Cyste um. Indem die Zelle schließlich ganz aufgebraucht wird, können diese „Cysten" schließlich auch intercellulär zu liegen kommen. Durch Verschmelzung mehrere benachbarter Cysten entstehen kugelige und traubenförmige Tumoren an den Nerven.

Nosema (Glugea) anomalum Moniez.

Diese Art tritt bei Stichlingen oft epidemisch auf und ruft große beulenartige Cysten hervor (Abb. 301). Die Entstehung derselben ist noch nicht aufgeklärt und wird von einigen Autoren (Stempell, Weißenberg) noch als zum Parasiten gehörig betrachtet. Die Schizogonie des Microsporids (s. Abb. 292) sowie die Sporenbildung stimmt vollkommen mit der der typischen *Nosema*-Arten überein.

VII. Pathogene Haplosporidien.

1. Allgemeines.

Die Haplosporidien sind teils intra-, teils intercelluläre oder in Körperhöhlen schmarotzende Amöbosporidien, die nach den neueren Untersuchungen besonders in ihrer Sporenbildung mit den Microsporidien weitgehend übereinstimmen und sich nur dadurch von ihnen unterscheiden, daß die Sporen keinen Polfaden enthalten. Die bisher in dieser Ordnung vereinigten Formen bilden allerdings wohl keine einheitliche systematische Gruppe. Wie bei den Microsporidien erinnert manches in ihrer Organisation an niedere Pilze. Für einige früher hierher gestellte Formen ist jetzt direkt ihre Pilznatur festgestellt; sie wurden auf Pilznährböden gezüchtet und wuchsen dort zu typischen Pilzmycelien aus. So dürfte in Zukunft wohl noch manche Form aus der Ordnung ausscheiden und bei den Pilzen (Phycomyceten) einzureihen sein. Immerhin wird nach einer solchen Reinigung eine systematisch einheitliche Protozoenordnung bestehen bleiben, als deren typische Vertreter die Gattungen *Haplosporidium*, *Ichthyosporidium*, *Coelosporidium* usw. zu betrachten sind. Die typischen Haplosporidien schmarotzen in Anneliden, Rotatorien, Crustaceen und Fischen. Auch beim Menschen sind hierher gestellte Formen bekannt; die eine gehört zu den vorläufig noch zweifelhaften Formen, die andere hat sich als echter Pilz erwiesen und wird daher hier nicht besprochen.

Die **vegetativen Formen** der typischen Arten sind meist erheblich größere Parasiten als die Microsporidien; sie sind vielkernig und erscheinen teils als nackte Plasmodien, teils in Cysten von verschiedener Gestalt (kugelig, schlauchförmig, keulenförmig) eingeschlossen. Sie wachsen aus einkernigen meist intracellulären Amöboiden unter mitotischer Kernteilung heran und vermehren sich entweder durch Schizogonie oder durch Plasmotomie (s. Allg. T., Abb. 77, S. 60). Die agame Vermehrungsperiode schließt ab mit einer multiplen Teilung, die eine Gametenbildung darstellt (Swarczewsky, Granata). Bei *Ichthyosporidium* und *Haplosporidium* vollzieht sich diese Gametogonie innerhalb von Cysten. Die Befruchtung ist entweder eine isogame Pädogamie (*Ichthyosporidium hertwigi* und *Haplosporidium limnodrili*) oder aber eine Autogamie (*Ichthyosporidium giganteum*), indem erst nach Verschmelzung der Gametenkerne (die Caryosome bleiben dabei unverschmolzen) das Elterplasma in einzelne Zellen zerteilt wird, die direkt schon Zygoten sind (Näheres u. Abb. s. Allg. T., S. 78, Abb. 95). Die Zygote stellt bei *Haplosporidium limnodrili* nach Granata den Sporont resp. Sporoblasten dar und wird direkt zur Spore, bei der Gattung *Ichthyosporidium* teilt sie sich erst unter conjugierten Kernteilungen der nur scheinbar verschmolzenen Gametenkerne, also eines sog. Diplocaryons in 2 Zellen, die nun erst zu Sporoblasten werden (Abb. 302 a—e). Ganz die gleichen Verhältnisse haben wir auch bei den Microsporidien (*Thélohania varians* s. oben Abb. 296, ähnliches auch von

Weißenberg für *Nosema anomalum* festgetsellt) kennen gelernt. Im Sporoblasten von *Ichthyosporidium giganteum* findet eine nochmalige conjugierte Teilung des Diplocaryons statt, wobei das eine Kernpaar degeneriert, während

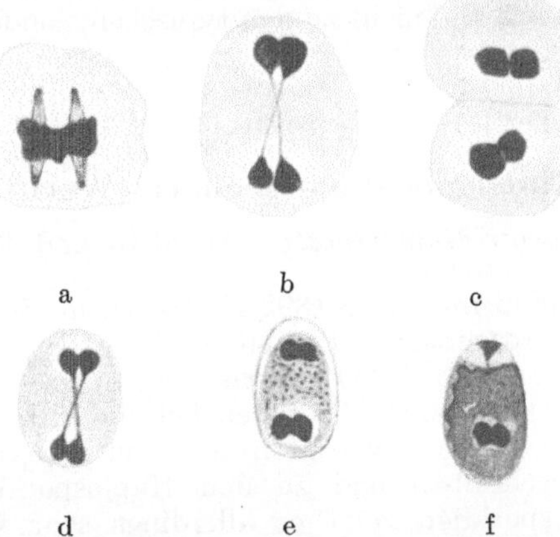

Abb. 302. *Ichthyosporidium giganteum* Thélohan. Sporenbildung. a—c Teilung der Zygote mit conjugierten Kernteilungen des Dicaryons, Bildung der 2 Sporoblasten; d—f 2. Kernteilung und Ausbildung der Sporenhülle. Vergr. ca. 2250. Nach Swarczewsky 1914.

die beiden anderen Kerne verhältnismäßig spät (vielleicht erst beim Keimen) endgültig ganz verschmelzen (Abb. 302 d—f). Bei dem früher zu den Microsporidien gerechneten *Coelosporidium* (*Plistophora*) *periplanetae* wird die pädo-

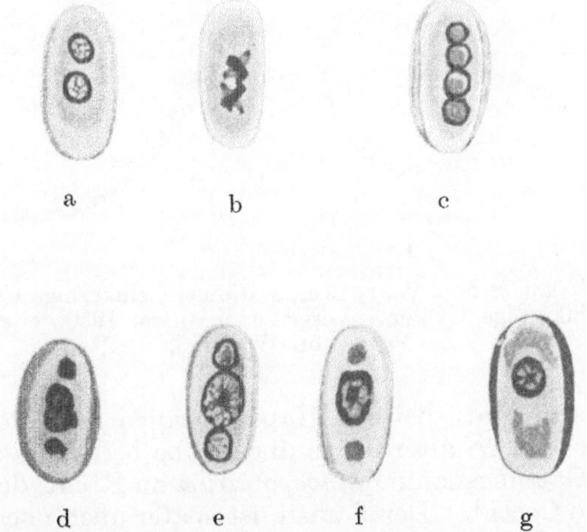

Abb. 303. *Coelosporidium periplanetae* Lutz und Splendore. a Junge Spore (Zygote) mit den 2 Gametenkernen, b Kernteilung der Gametenkerne, c—f von den 4 Kernen gehen 2 zugrunde, 2 verschmelzen (Caryogamie), g reife Spore. Vergr. ca. 3000. Nach Swarczewsky 1914.

gam entstandene Zygote direkt zum Sporoblasten. Die unverschmolzenen Gametenkerne teilen sich gleichzeitig und bilden 4 Kerne, die beiden äußeren Kerne degenerieren (Reduktion?) und dann erfolgt die Caryogamie, wodurch die Spore einkernig wird (Abb. 303).

Man hat die Haplosporidien in 2 Unterordnungen und mehrere Familien eingeteilt. Wir sehen hier von einem Eingehen auf diese systematischen Versuche, die bei dem gegenwärtigen Stand der Kenntnisse doch nur einen provisorischen Charakter besitzen, ab und beschränken uns auf die Beschreibung der beim Menschen gefundenen Art, die nicht zu den typischen, sondern den zweifelhaften (pilzartigen) Formen gehört.

2. Rhinosporidium seeberi (Wernike).

Syn. *Rhinosporidium kinealyi* Minchin und Fantham.

In Argentinien fand im Jahre 1892 Malbran in einem gestielten Nasenpolypen eigenartige sporozoenartige Parasiten, die später Seeber (1900) genauer beschrieb und die Wernike (1900) *Coccidium seeberi* nannte. In Kalkutta hat O'Kinealy (1894) denselben Protisten bei einem Eingeborenen gefunden und nach diesem Falle wurde er von Minchin und Fantham 1900 als *Rhinosporidium kinealyi* beschrieben und zu den Haplosporidien eingereiht. Mit den typischen Haplosporidien zeigt er allerdings sehr wenig Gemeinsames: er erinnert vielmehr an Formen, deren Pilznatur entweder sicher erwiesen oder wahrscheinlich ist. Weil er jedoch derzeit an anderer Stelle noch nicht eingereiht

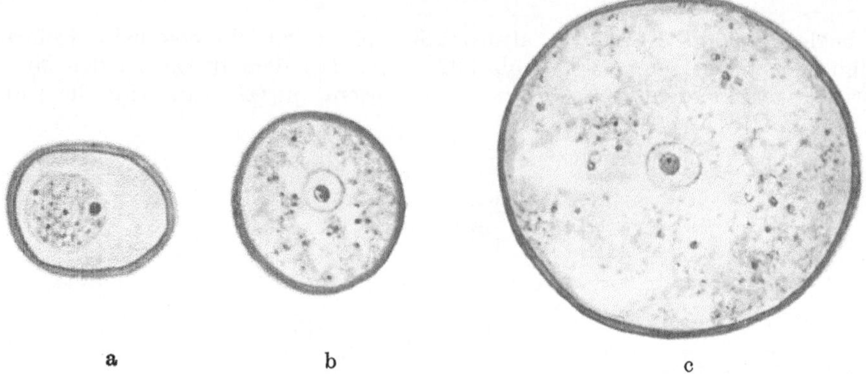

a   b   c

Abb. 304. *Rhinosporidium seeberi* Wernike. a Jüngste einkernige Cyste mit Caryomkern (μ), b u. c ältere einkernige Cysten. Vergr. a u. b ca. 1950, c ca. 950. Orig. nach Präp. von W. Frei.

werden kann, ist sein Platz bei den Haplosporidien noch der einzig mögliche. Da der Speciesname *seeberi* älter ist, muß derselbe beibehalten werden; dagegen besteht der letzte Gattungsname *Rhinosporidium* zu Recht, denn es handelt sich keineswegs um ein Coccid. Der Parasit ist später auch noch aus Cochinchina, Ceylon und Madras bekannt geworden, Theiler fand ihn in Südafrika bei Pferden.

Die Entwicklung des Parasiten stellt sich, soweit bekannt folgendermaßen dar[1]). Die jüngsten Stadien sollen nach Seeber kleine teils amöboide, teils

---

[1]) Bei dieser Schilderung der Entwicklung des Parasiten sind unveröffentlichte Untersuchungen von Prof. Frei (Zürich) mit verwertet, die derselbe an dem Theilerschen Material im Jahre 1911 im Protozoenlaboratorium des Instituts „Robert Koch" (Berlin) ausgeführt hatte.

bereits von einer Membran umhüllte, 1,5—2 μ große Zellchen (Sporozoiten?) sein, die meist intercellulär im Bindegewebe liegen, aber auch phagocytiert in Zellen sich finden. Wir fanden nur intercelluläre etwas größere, stets von einer deutlichen kugeligen doppelt konturierten Cystenhülle umgebene Formen, die entweder verschieden große färbbare Körner (Volutin?) oder schon einen deutlichen Caryosomkern enthielten (Abb. 304 a u. b, 306 d, e). Die Cysten wachsen beträchtlich heran und können makroscopisch sichtbar werden. Die Cystenhülle wird sehr dick und besitzt im erwachsenen Zustand, was schon Neumann und Mayer angegeben haben, eine nabelartig, wulstartig verdickte Öffnung. Durch dieselbe erfolgt, wie Abb. 305 zeigt, die Entleerung der Sporen in das umgebende Bindegewebe. Erst am Ende des Wachstums entstehen im Plasma auf bisher unbekannte Weise eine große An-

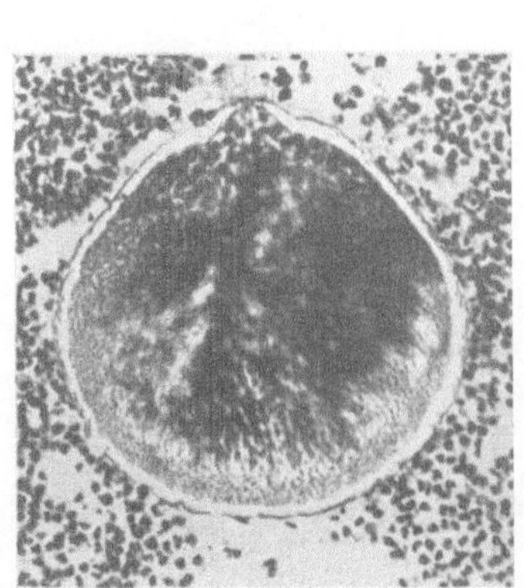
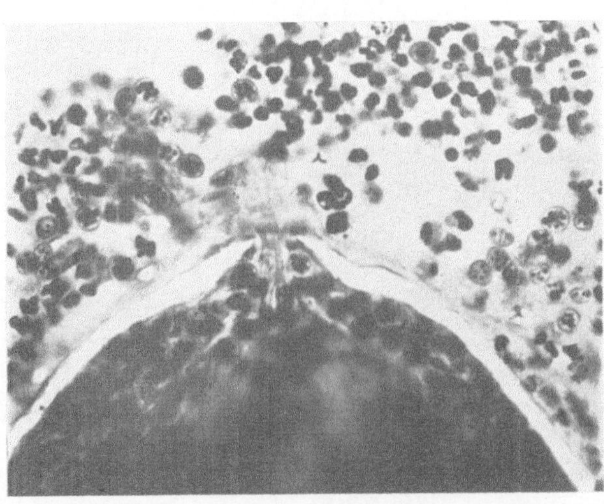

a   b

Abb. 305. *Rhinosporidium seeberi* Wernicke. a Cyste mit Öffnung (Micropyle), durch die die Sporen entleert werden; b oberer Teil mit der Öffnung stärker vergrößert. Vergr. a 190; b ca. 475. Phot. von Zettnow nach Präparat von W. Frei.

zahl kleinster Kerne, die besonders an der Peripherie dicht gelagert sind. Um diese kleinen Kerne sondern sich kleine Zellchen ab, Sporoblasten, die aber weiter heranwachsen, wobei dieser Wachstumsvorgang von der Cystenmitte gegen die Peripherie fortschreitet (Abb. 305 a, 306 a). Während des Wachsens treten in den Sporoblasten mehrere (4—16) kernartige, stark färbbare Körner von verschiedener Größe auf (Abb. 306 a—c), Bilder, die den Anschein einer Sporozoitenbildung hervorrufen (Abb. 306) und bisher auch so gedeutet wurden. Es scheint sich jedoch nur um Bildung von Reservestoffkörnern zu handeln. Die Sporoblasten werden nämlich direkt zu Sporen und in diesem Zustand in das umgebende Gewebe entleert, und weder die früheren Untersucher noch wir konnten ein Freiwerden der scheinbaren Sporozoiten beobachten. Vielmehr scheinen nach unseren Beobachtungen die körnerhaltigen Sporen durch Auflösung der Reservestoffkörner direkt (ohne Wachstum) zu den jüngsten einkernigen Cysten zu werden (vgl. Abb. 304 a, b u. 306 d, e).

Die Parasiten finden sich im Bindegewebe unter dem gewucherten Epithel

des Nasenseptums. Das Bindegwebe ist oft von Epithelzellen durchsetzt. In-
gram fand die Parasiten auch in kleinen Geschwüren der Conjunctiva und des

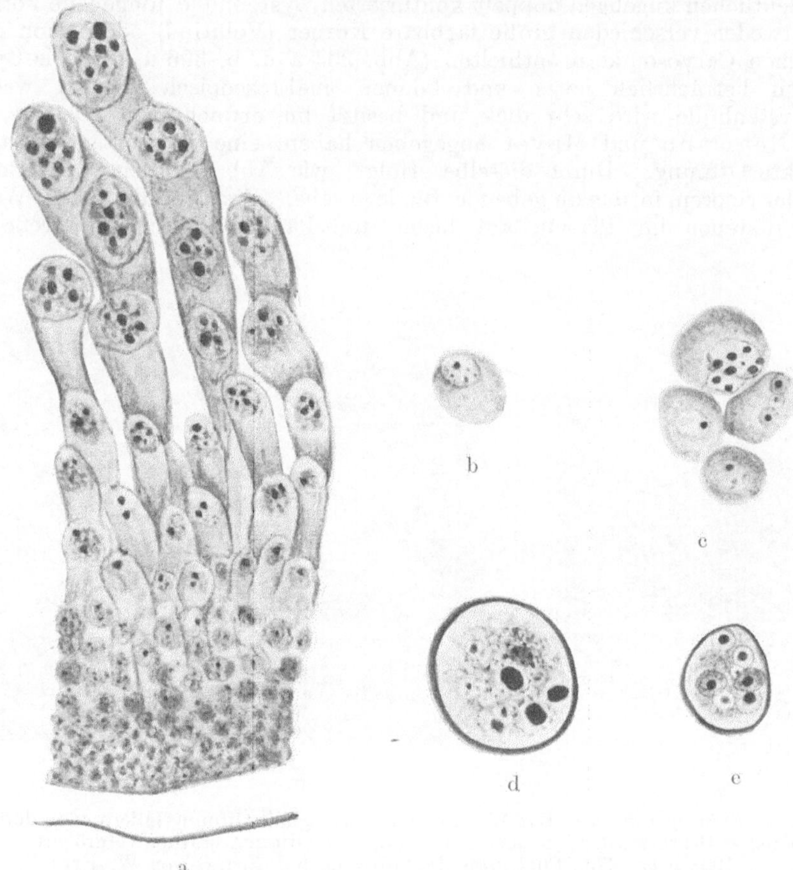

Abb. 306. *Rhinosporidium seeberi* Wernicke. a Ausschnitt aus dem hinteren Teil einer
Cyste, die von der Mitte nach der Peripherie fortschreitende Sporepbildung zeigend;
b u. c Sporoblasten, Beginn der Körnerbildung; d u. e Sporen mit „Körnern" aus derselben Cyste. Vergr. ca. 1950. Orig. nach Präp. von W. Frei.

Penis. Die beweglichen Polypen sind nicht sehr schmerzhaft, neigen aber stark
zu Blutungen. Die Erkrankung ist hartnäckig; auch kommen Recidive vor.

VIII. Sarcosporidien.

Die Sarcosporidien sind eine Gruppe von parasitischen Protozoen, deren systematische Stellung noch umstritten ist. Doch weist das, was man von Bau und Entwicklung kennt, immer noch die meiste Übereinstimmung mit den Verhältnissen der Micro- und Haplosporidien auf, speziell die Sporenbildung. Die Sporen sind durch ihre sichelförmige Gestalt für die Gruppe sehr charakteristisch und können gelegentlich einen hinfälligen, vermutlich aus Schleim bestehenden Faden (v. Wasielewski, Erdmann) austreten

Abb. 307. *Sarcocystis tenella* Railliet. Schläuche in der Ösophaguswand eines Schafes. Nach Schneidemühl.

Abb. 308. *Sarcocystis tenella* Railliet. Zahlreiche spindelförmige Schläuche in der Muskulatur einer künstlich infizierten Maus. Nach dem Leben. Orig. nach einem Präparat von Rh. Erdmann.

lassen. Es sind durchweg, wie ihr Name besagt, Schmarotzer der Muskulatur, und zwar der quergestreiften Muskulatur verschiedener Wirbeltiere, vor allem von Säugetieren. Sie scheinen ohne besondere pathogene Bedeutung zu sein, verdienen aber wegen ihrer weiten Verbreitung eine kurze Besprechung.

Die Sarcosporidien kommen meist nur als ausgebildete große Schläuche in der Muskulatur zur Beobachtung; es sind das je nach der Art, resp. dem Wirt langgestreckte, spindelförmige (Abb. 308), ovale (Abb. 307) oder kugelige in Cysten eingeschlossene Parasitenherde, die oft bedeutende Größe |(mehrere cm) erreichen. Durch ihre weißliche Farbe heben sich die Cysten gut von der roten Muskulatur

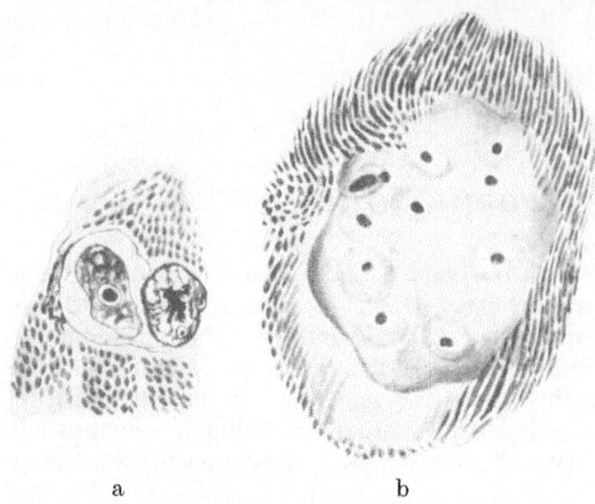

ab (Abb. 308). Die „Cystenmembran" ist doppelt; sie besteht aus einer äußeren, oft radiär gestreiften und einer inneren dünneren homogenen Hülle; doch kann auch diese wieder zusammengesetzt sein. Durch neuere Untersuchungen (Fiebiger und Moroff, Alexeieff, Erdmann) ist erwiesen, daß diese Hüllen Gebilde des Wirtsgewebes und zwar umgewandelte Muskelsubstanz sind; oft sind noch Muskelkerne darin eingeschlossen. Größere Schläuche sind gewöhnlich durch Scheidewände in polygonale oder abgerundete Kammern geteilt; auch diese Scheidewände bestehen aus derselben Substanz wie die innere Hülle, sind also auch Wirtsgewebe. Im Innern

Abb. 309. *Sarcocystis muris* Blanch. a Junges, einzelliges, amöboides Stadium kurz nach dem Eindringen in die Muskulatur, 30 Tage nach der Infektion. b Junger Schlauch, 33 Tage nach der Infektion, sog. Primärzellenstadium. Vergr. ca. 1900. Nach Rh. Erdmann 1910.

der Schläuche finden sich meist nur Sporoblasten oder fertige Sporen, ja in den mittleren Teilen sind die Sporen oft schon in Degeneration begriffen oder schon ganz leer resp. nur noch mit Detritus erfüllt. Ein richtiges Verständnis vom Bau der Sporoblasten und Sporen, über die sehr widersprechende An-

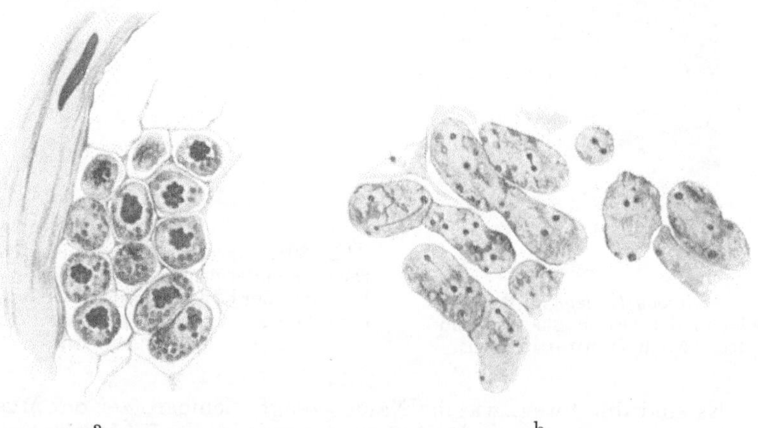

Abb. 310. *Sarcocystis tenella* Railliet. a Randpartie eines Schlauches mit Sporoblastmutterzellen, b Sporoblasten in Teilung aus dem mittleren Teil desselben Schlauches. Künstliche Infektion einer Maus. Vergr. ca. 1900. Nach Rh. Erdmann 1914.

gaben in der Literatur sich finden, kann nur die Entwicklungsgeschichte liefern.

Die Entwicklung der Sarcosporidien ist, soweit sie sich im Muskel abspielt, dank der zuerst von Smith gefundenen Möglichkeit einer künstlichen

Infektion durch Verfütterung der Sporen, durch die Arbeiten von Smith, Negri und vor allem Erdmann in den Hauptzügen ziemlich klargestellt. Ganz unklar ist dagegen die erste Phase der Entwicklung von der in dem Darm eingeführten Spore bis zu den ersten Stadien im Muskel, die frühestens 21—30 Tage nach der Infektion gefunden wurden (Erdmann). Von den unter Vorbehalt als Schizogoniestadien in der Darmwand angesprochenen Formen (Erdmann), ist die Zugehörigkeit zu den Sarcosporidien noch fraglich.

Die jüngsten Stadien in der Muskulatur sind kleine einkernige oder zweikernige amöboide Zellen mit deutlichem Caryosomkern innerhalb eines verflüssigten Hohlraumes der Muskelzelle (Abb. 309 a). Dieselben vermehren sich durch fortgesetzte Teilungen und bilden eine Anzahl ovaler, oder kugeliger Zellen mit gleichem Kernbau(Primärzellen, Abb.309b). Zwischen den einzelnen Zellen findet sich ein Gerinnsel, wohl der beim Fixieren entstandene Niederschlag einer serösen Flüssigkeit. Durch weitere Zellteilungen entstehen Haufen von Zellen, die meist dicht gelagert sind, ja polygonal gegeneinander abgeplattet sein können und deren Kern infolge reichlichen Auftretens von Chromatinkörnern im Außenkern ein anderes Aussehen gewinnt (sog. Sporoblastenmutterzellen, Abb. 310 a). Diese Zellen finden sich noch bis zum 45. Tage nach der Infektion. Während und nach dieser Periode bildet sich auch die „Cysten"hülle aus. Aus diesen Prosporoblasten gehen durch weitere Teilungen die Sporoblasten hervor, längsovale Zellen von kleinerem Durchmesser und meist wieder schwächer chromatischem Kern; die Umbildung der Sporoblastmutterzellen in Sporoblasten beginnt in der Mitte des sog. Schlauches und schreitet nach außen fort. Die Sporoblasten vermögen sich

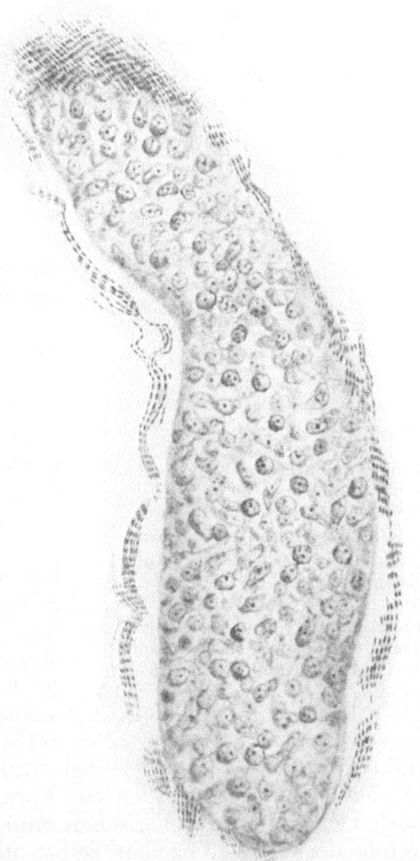

Abb. 311. *Sarcocystis tenella* Railliet. Längsschnitt eines jungen Schlauches aus der Beinmuskulatur einer Maus, beginnende Sporoblastenbildung. Vergr. ca. 650. Nach Hartmann 1911.

noch lebhaft durch Teilung zu vermehren. Schließlich wandeln sie sich gleichfalls von der Mitte beginnend direkt in die Sporen um, während nach außen die Sporoblasten sich noch weiter lebhaft vermehren (Abb. 310 b). Schon in den Sporoblasten treten meist sog. metachromatische Körner auf, die den auch hier vorhandenen kleinen bläschenförmigen Caryosomkern verdecken können. Die Spore (Sporozoit) selbst zeigt die schon erwähnte sichelförmige Gestalt und ist beim Hammelsarcosporid an dem einen Pole leicht zugespitzt, am andern abgerundet (Abb. 312). An letzterem bildet sich oft sehr

spät eine abgegrenzte Körneransammlung, die sich nach Giemsa rot färben
und die von Erdmann als Fadenanlage für die Bildung der oben erwähnten
Schleimfäden gedeutet wird, während sie von anderen Autoren für den Kern der
Spore gehalten wird (Alexeieff u. a.). Ihr anliegend, mehr in der Mitte der
Spore findet sich ein kleiner Caryosomkern wie in den früheren Entwicklungsstadien. Durch die große Anzahl metachromatischer Körner ist er oft fast ganz
verdeckt. Er wird von den Vertretern der Kernnatur des Körnerhaufens als
ausgestoßenes Caryosom angesprochen. Der andere verjüngte Pol weist ein
dichtes klares Plasma auf, das saure Farben stark speichert; im Leben ist an
diesem Pol gelegentlich eine Streifung zu beobachten (Abb. 312 b).

Wie schon erwähnt, kann man mit den Sporen durch Verfütterung eine
Neuinfektion vollziehen. Darling gibt an, eine solche auch durch Einspritzen
einer Sporozoitenaufschwemmung in die Musku-
latur erzielt zu haben. Über den natürlichen
Infektionsweg ist jedoch noch nichts bekannt.
Da die meisten Sarcosporidien Parasiten von
Pflanzenfressern sind, kann der direkte Weg
durch den Darm schwerlich die natürliche
Infektionsart sein.

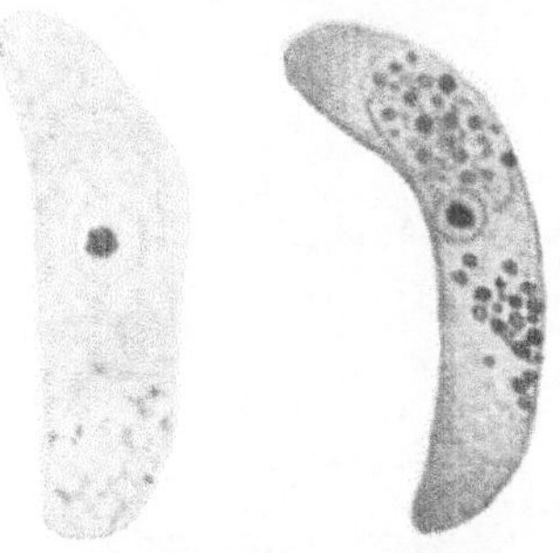

a   b

Abb. 312. *Sarcocystis tenella* Rail-
liet. Sporen. a Frühstadium
(Sporoblast) mit deutlichem Ca-
ryosomkern ohne metachroma-
tische Körner und Fadenanlage,
Eisenhämatoxylin; b fertige
Spore, abgegrenzter Körnerhaufen
(Fadenanlage ?) rot, anliegend der
kleine Caryosomkern, metachro-
matische Körner blau, feucht
Giemsa. Vergr. ca. 2600. Nach
Hartmann 1915.

Systematisch werden alle Sarcospori-
dien in die eine Gattung *Sarcocystis* gestellt und
die bei den verschiedenen Wirtstieren gefundenen Formen als besondere Arten bezeichnet.
Diese Arten zeigen besonders in der Form und
Größe der ganzen Schläuche, sowie der Ausbildung der Cystenwand meist beträchtliche Unterschiede, doch sind auch Verschiedenheiten in
der Größe und Form der Sporen zu beobachten.
Die neuen Infektionsversuche, bei denen es z. B.
gelungen ist, das Hammelsarcosporid auf Mäuse
und Meerschweinchen, Mäusesarcosporid auf
Meerschweinchen zu übertragen, haben nun gezeigt, daß gerade die auffallenderen Verschiedenheiten in Form, Größe und Hülle des
Schlauches in erster Linie vom Wirte abhängig

sind; so weisen z. B. die sonst ovalen Schläuche des Hammelsarcosporids in
der Maus die längsgestreckte Form des Mäusesarcosporids auf (Abb. 308).
Doch bleiben die cytologischen und entwicklungsgeschichtlichen Verschiedenheiten der Parasitenzellen selbst und ihrer Sporen auch im anderen Wirt
ziemlich erhalten. Da die neuen Untersuchungen ja gezeigt haben, daß nicht
der ganze Schlauch ein Parasit ist, sondern eine Reaktion des Wirtsgewebes,
die die Herde der einzelligen Parasiten umschließt, so ist die geschilderte
Umwandlung des sog. „Schlauches" in einem andern Wirt ja ohne weiteres
verständlich.

Sarcosporidieninfektionen sind auch in einigen Fällen beim Menschen
beobachtet (eine kritische Zusammenstellung findet sich bei Braun, sowie bei
Teichmann); sie werden meist auf das Hammelsarcosporid, *Sarcocystis
tenella* zurückgeführt. Über das Sarcosporidiengift s. Allg. Teil S. 105.

Anhangsweise sei hier noch eine Protozoenform von unsicherer systematischer Stellung erwähnt, die sog. Gilruthcyste, *Gastrocystis gilruthi* Chatton.
Dieselbe scheint nach den neuesten Angaben bei Schafen, Ziegen und Rindern
(Nöller uned.) weit verbreitet und findet sich besonders in der Ösophaguswand, Labmagen und Dünndarm, wo sie häufig mit Coccidien verwechselt wird.

IX. Die pathogenen Coccidien.

1. Allgemeines.

Die Coccidien sind, mit Ausnahme einiger weniger Arten, Zellschmarotzer, von Wirbellosen und Wirbeltieren (teilweise sogar Kernschmarotzer), und zwar vorwiegend des Darmepithels. Außer dem Darm werden aber auch noch vielfach dessen Anhangsorgane, Gallengänge, Leber, bei Insekten Malpighische Schläuche, befallen, ja manche Arten werden in Nieren und Hoden aufgefunden. Nur ganz wenige Formen leben extracellulär, so das *Cryptosporidium parvum* auf dem Darmepithel der Maus. Wie schon früher erwähnt, haben sich neuerdings, hauptsächlich durch die Untersuchungen von Reichenow, auch die Hämogregarinen, deren Entwicklung sich zeitweilig in roten oder weißen Blutzellen von Wirbeltieren abspielt, als echte Coccidien erwiesen.

Die Darmcoccidien entbehren einer festen formbestimmenden Pellicula und weisen daher meist runde oder ovale Gestalt auf. Nur die freien Jugendformen und die Microgameten sind langgestreckt; erstere ähneln im Aussehen den würmchenartigen Gregarinen und ihre Bewegung geschieht in der, für jene charakteristischen, passiv gleitenden Art und Weise (s. Allg. Teil, S. 39, Abb. 50). Daneben kommen auch hier aktive peristaltische Kontraktions- sowie Knickbewegungen vor, mittels deren sie vor allem in die Wirtszellen einzudringen vermögen. Die Hämogregarinen haben dauernd eine stärker ausgebildete Pellicula und bewahren infolgedessen teilweise die gregarinenartige Gestalt auch während des Wachstums in der Blutzelle bei, wobei oftmals der beschränkte Raum sie zum Umklappen eines Körperendes zwingt, ja sie direkt zweischenklig werden läßt. Das Plasma der Coccidien ist meist sehr klar und durchsichtig, an Reservestoffen enthält es häufig Volutin, auch glykogenartige Substanzen und Fette. Die Kerne weisen meist einen wohl entwickelten Außenkern und einen deutlichen chromatischen Binnenkörper auf, der aber häufig bei der Kernteilung, die in Form einer primitiven Promitose verläuft (s. Allg. Teil, Abb. 8, S. 13) eliminiert wird. Es handelt sich also meist um Pseudo caryosomkerne, seltener um echte Caryosomkerne.

Die Entwicklung erweist sich als ein dreifacher komplizierter Generationswechsel: 1. die agame der Autoinfektion dienende, sich mehrfach wiederholende Schizogonie, die eigentlich vegetative Periode; 2. die extrem sexuell differenzierte Geschlechtsgeneration, deren Reifung und Befruchtung und 3. eine einmalige agame Vermehrung nach der Befruchtung innerhalb einer Cyste (Sporocyste), die Sporogonie. Vielfach kann man sogar eine 4. besondere Generation unterscheiden, indem auch die letzte Schizogonie vor der Befruchtung in besonderer Weise ausgebildet ist. Bei den Darmcoccidien sind die Sporocysten Dauerformen und dienen direkt der Neuinfektion, während bei den Blutcoccidien durch Wirtswechsel die Verhältnisse noch eine weitere

Komplikation erfahren. An der Hand des klassischen Beispieles *Eimeria schubergi*, einem Darmparasiten des gew. Tausendfußes, *Lithobius forficatus*, sei der ganze Entwicklungskreis eines Darmcoccids genauer dargelegt (Abb. 313).

Die durch Platzen der Oocyste (*XX*) im Darme eines neuen Wirtes frei-

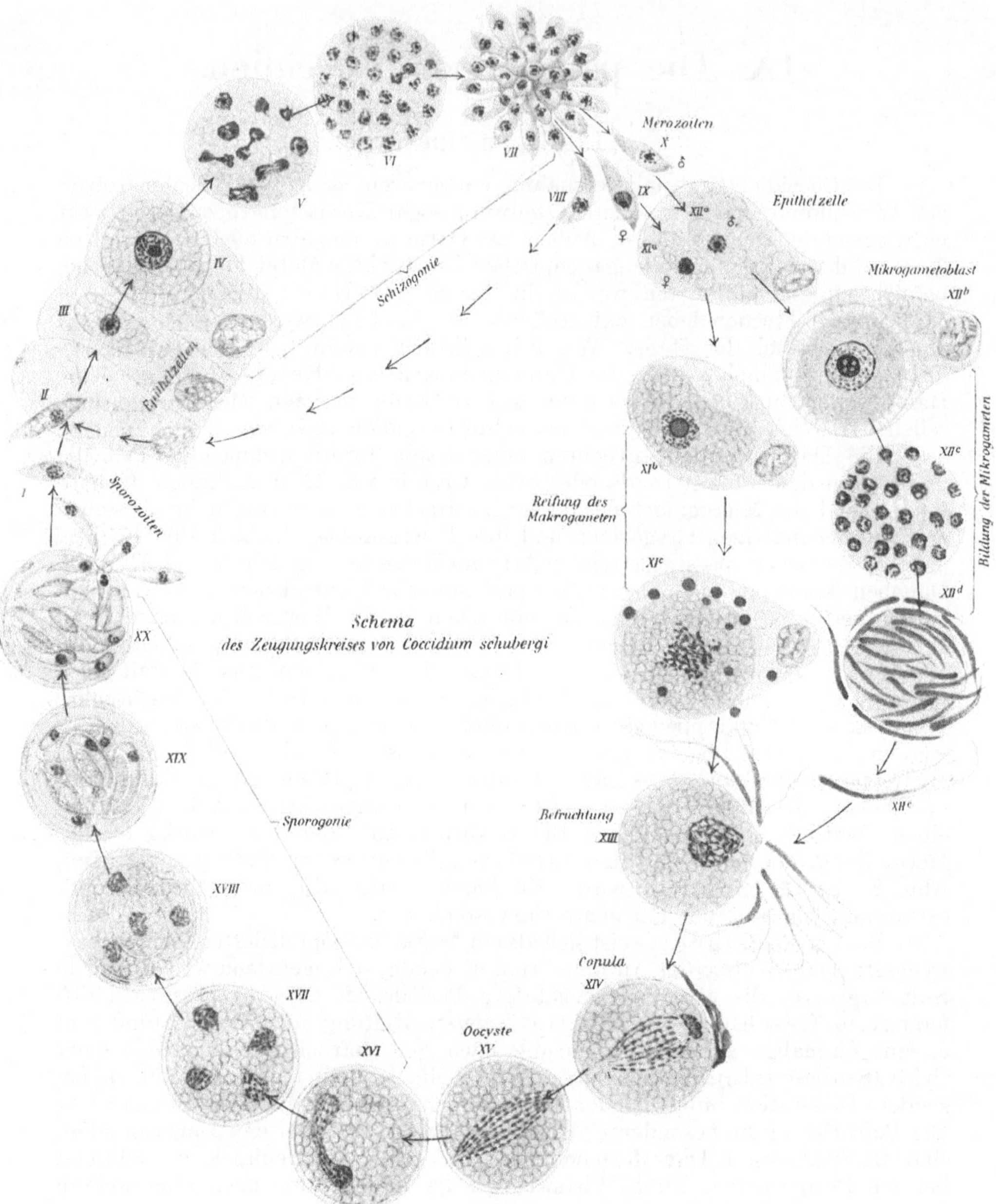

Abb. 313.   Entwicklungskreis von *Eimeria* (*Coccidium*) *schubergi* Schaudinn.   Nähere Erklärung im Text.   Nach Schaudinn 1900.

gewordenen Sporozoiten (*I*) dringen mit Hilfe ihres zugespitzten Vorderendes in die Darmepithelzellen ein (*II*) und werden hier zu dem ovalen später kugeligen, jungen Schizonten (*III, IV*). Dabei bildet sich im Kern aus zerstreuten Chromatinkörnern und aus Plastinsubstanz ein großer Binnenkörper (Caryosom). Am Schlusse des Wachstums teilt sich der Kern des Schizonten durch fortgesetzte Promitosen in eine Anzahl Tochterkerne (*V, VI*). Letztere rücken an die Oberfläche und an jedem Kern wölbt sich ein Buckel von flüssigem Protoplasma hervor, während sich im Zentrum dichteres Protoplasma ansammelt. Um diese Zeit fällt gewöhnlich der Schizont aus der Epithelzelle heraus in das Darmlumen. Er zerschnürt sich hierauf in so viele Teilstücke, als Kerne gebildet wurden; das zentrale dichtere Protoplasma bleibt als Restkörper zurück (*VII*).

Die hierdurch entstandenen Tochterindividuen, die Merozoiten (*VIII*), sind den Sporozoiten äußerst ähnlich, unterscheiden sich aber von ihnen hauptsächlich durch den Besitz eines Caryosoms. Sie dringen wie sie in neue Epithelzellen ein und wachsen dort wieder zu Schizonten heran.

Durch diese fortgesetzte Schizogonie wird die Zahl der Parasiten in dem einmal infizierten Wirt ungeheuer vermehrt; aber schließlich findet der Fortpflanzungsprozeß ein Ende und die Merozoiten werden nicht mehr zu Schizonten, sondern entwickeln sich zu weiblichen, resp. männlichen Gametocyten (*IX, X*). Dieselben unterscheiden sich ähnlich wie die Geschlechtsformen bei den Blutparasiten, indem die Macrogametocyten ein grobgranuliertes, dichtes, reservestoffreiches Protoplasma, die Microgametocyten ein klares, feinwabiges aufweisen (*XIb* u. *XIIb*).

Auch die Weiterentwicklung der Geschlechtsgeneration und die Befruchtung verhält sich ganz ähnlich wie bei den Blutparasiten, jedoch mit dem Unterschied, daß diese Vorgänge im Darm desselben Wirtes sich abspielen, also ohne Wirtswechsel. Die Reifung des Macrogametocyten vollzieht sich unter gleichzeitiger kugeliger Abrundung der vorher meist ovalen Zelle, wodurch ein einziger Macrogamet entsteht (*XIc*), während der Microgametocyt in eine größere Anzahl von Microgameten zerfällt (*XIIc, d*). Diese besitzen zwei Geißeln, von denen eine teilweise mit dem Körper verklebt und als Schleppgeißel nach rückwärts gerichtet ist, und bestehen fast ausschließlich aus Kernsubstanz mit einer geringen Protoplasmamenge; sie sind außerordentlich beweglich (*XIIe*).

Sobald die weibliche Geschlechtszelle durch Ausstoßung des zerplatzten Binnenkörpers ihre Reife erlangt hat (es ist das kein richtiger Reife- oder Reduktionsvorgang, der bei dieser Art nicht bekannt ist, sondern nur eine Chromatindiminuition (s. Allg. Teil, S. 84)), wird sie von Microgameten, auf die sie eine Anziehungskraft ausübt, umschwärmt In einen kleinen vorgewölbten Höcker, den sogenannten Empfängnishügel (*XIII*), dringt ein Microgamet ein, und sobald dies geschehen ist, wird eine Membran an der Oberfläche ausgeschieden und der Macrogamet wird dadurch zur Oocyste. Die hierauf folgende Kernverschmelzung oder Caryogamie vollzieht sich unter dem Bilde der Copulationsspindel (*XIV*).

Innerhalb der Oocyste folgt dann die zweite Art der agamen Fortpflanzung, die Sporogonie (*XVI—XX*). Der wieder zur Ruhe gekommene Copulationskern teilt sich zweimal hintereinander in 4 Tochterkerne (*XVI, XVII*) und das Protoplasma zerfällt unter Zurückbleiben eines Restkörpers entsprechend in 4 Tochterzellen, die Sporoblasten. Durch Ausscheidung doppelter Hüllen werden diese 4 Sporoblasten zu Sporocysten (*XVIII*), innerhalb welcher durch eine weitere Teilung je 2 Sporozoiten und ein Restkörper entstehen (*XIX*). Die Oocysten werden mit den Fäkalien entleert und dienen in der anfangs beschriebenen Weise der Neuinfektion. Damit ist der Zeugungskreis geschlossen.

Von der hier geschilderten Entwicklung kommen nun verschiedene Abweichungen und Modifikationen vor, und zwar in den drei Generationen. Die größten Verschiedenheiten finden sich in der Sporogonie, da sowohl die Zahl der Sporocysten wie der Sporozoiten eine verschiedene sein kann (1, 2, 4 oder viele). Die verschiedenen Kombinationen in der Zahl der Sporocysten und Sporozoiten geben die Hauptgrundlage ab für die systematische Unterscheidung der Gattungen resp. Familien.

Bezüglich der Schizogonie weist das mit unserm Beispiele sonst übereinstimmende Kaninchencoccid, *Eimeria stiedae*, wie Reich neuerdings beschrieben hat, die Eigentümlichkeit auf, daß bei der letzten Schizogonie nur 4 Merozoiten gebildet werden und daß dieselben vor allem eine lange feine Geißel besitzen, die nach Protomonadinenart von einem Basalkorn ausgeht, das seinerseits wieder durch einen Rhizoplasten mit dem Kern in Verbindung steht (Abb. 314). Beim Eindringen in die Epithelzellen geht diese Geißel bis auf einen Stummel verloren, mit Hilfe dessen sich der Parasit einbohrt (Abb. 314 c). Bei der Gattung *Caryotropha* und Verwandten — nach unveröffentlichten Beobachtungen auch bei der Wirbeltierhämogregarine *Hepatozoon jaculi* (Abb. 315) — bildet der Schizont nicht direkt Merozoiten, sondern teilt sich zunächst in größere kugelige Agametoblasten, die erst sekundär die Merozoiten liefern. Die gleiche Erscheinung findet sich auch in der Microgametenbildung von *Caryotropha*, indem ein Microgametoblastenstadium eingeschaltet ist. Die Schizogonie von *Cyclospora caryolytica* schließlich ist dadurch ausgezeichnet, daß hier schon bei der

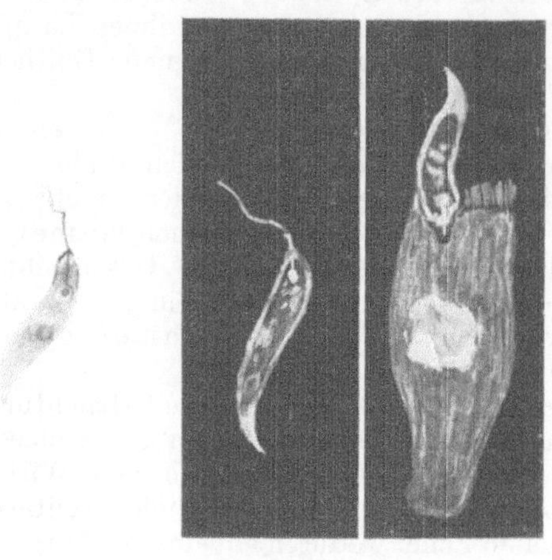

a   b   c

Abb. 314. Geißeltragende Merozoiten von *Eimeria* (*Coccidium*) *stiedae* Lind, bei b in eine Epithelzelle eindringend. a nach fixiertem und gefärbten Präparat, b u. c nach dem Leben. Vergr. ca. 1560. Nach Reich 1913.

ungeschlechtlichen Vermehrung eine Verschiedenheit in männliche und weibliche Schizogonien vorhanden ist, die im allgemeinen Teil schon besprochen wurde (s. Abb. 97, S. 82).

Hinsichtlich der Geschlechtsgeneration finden sich bei den Coccidien 2 Hauptgruppen. Die eine zeigt den oben geschilderten *Eimeria*-Typ, die zweite vollzieht sich nach dem *Adelea*-Typus. Letzterer findet sich bei der Familie der Adeleiden unter den Darmcoccidien, sowie wahrscheinlich bei allen Blutcoccidien. Da die Blutcoccidien infolge der großen Verbreitung bei Kaltblütern und Säugetieren häufig zur Beobachtung gelangen und sie wegen ihrer Lebensweise im Wirt wie wegen des Wirtswechsel allerlei interessante Besonderheiten aufweisen, deren Kenntnis theoretisch und praktisch von Wichtigkeit erscheint, so soll deren Entwicklung noch genauer besprochen werden, wobei wir dann zugleich den *Adelea*-Typus der Geschlechtsgeneration kennen lernen werden.

Die Sporozoiten der Kaltblüterhämogregarinen *Haemogregarina* und *Caryolysus* dringen in Erythrocyten und wachsen dort heran. Die der Säugetierhämogregarinen (*Hepatozoon*) scheinen dagegen direkt aus der Blutbahn in Leberzellen sowie die anderer Organe (Milz usw.) zu wandern, wo sie ihre

Schizogonie durchmachen (Abb. 315). Erstere behalten, wie oben schon gesagt,
vielfach ihre langgestreckte Würmchengestalt und das eine zugespitzte Ende
wird umgeschlagen (Abb. 316 a). Die eigentliche Schizogonie vollzieht sich vorwiegend in den Capillaren der Lunge, Leber, Milz und anderer innerer Organe,

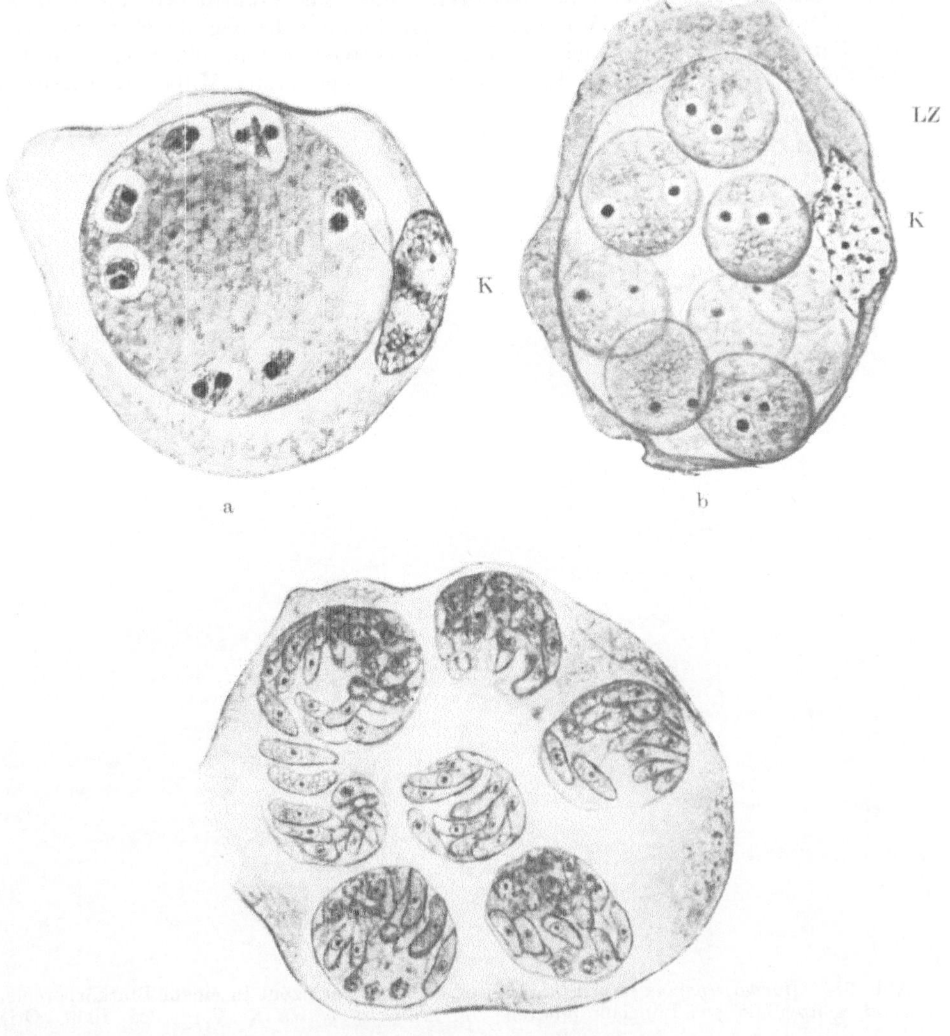

Abb. 315. Schizogonie von *Hepatozoon jaculi* (?). a Schizont mit Kernteilungen, b Bildung der Agametoblasten, c Bildung der Merozoiten. LZ Leberzelle, K deren Kern.
Vergr. ca. 1950. Orig. nach einem Präp. von Balfour.

und zwar entweder noch innerhalb des Erythrocyten (*Haemogregarina stepanowi*)
oder sie treten aus dem Blutkörper aus, wachsen rasch zu 3—4 facher Größe
heran, und schreiten innerhalb einer selbstgebildeten Membran zur Schizogonie,
die zur Ausbildung von 16—32 u. mehr Merozoiten führt (Schlangenhämogregarinen, Abb. 316). Nach wochen- ja monatelanger Wiederholung dieser

agamen Vermehrung tritt schließlich nach Reichenow eine besondere Schizo-
gonie auf, deren Merozoiten zu Gametocyten werden. Dieselben sind (bei
Haemogregarina stepanowi) durch reichlicheres Volutin ausgezeichnet und liefern
viel kleinere Merozoiten, die ihrerseits wieder in Blutkörperchen zu Micro- und
Macrogametocyten heranwachsen. Bei ersteren schwindet das Volutin und der
Kern wird chromatinreich, bei letzteren bleibt das Volutin erhalten und der
Kern klein. Die weiteren Vorgänge der Ausbildung der Geschlechtsgeneration
und Befruchtung spielen sich in dem Überträger, einem blutsaugenden Tier
(bei Schildkröten: Egel, bei Eidechsen und Säugetieren: Milben und Zecken)

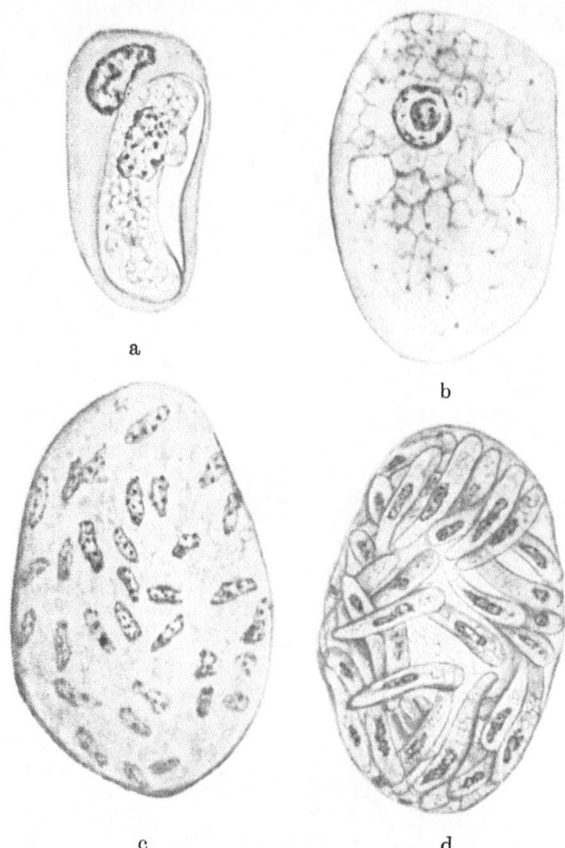

Abb. 316. *Haemogregarina serpentinum* Lutz. a junger Schizont in einem Blutkörperchen,
b—d Schizogonie aus Lungenkapillaren von *Eunectes murinus*. Vergr. ca. 1950. Orig.

ab. Sie seien an dem Beispiel *Caryolysus lacertarum* nach den schönen, neuen
Untersuchungen von Reichenow erläutert (Abb. 317).

In dem übertragenden Insekt, der Milbe *Liponyssus saurarum*, vollzieht sich
die Weiterentwicklung nur in dem geschlechtsreifen, befruchteten Weibchen,
während in den gleichfalls blutsaugenden Nymphen nicht nur die aufgenommenen
ungeschlechtlichen, sondern auch die Geschlechtsformen von *Caryolysus* aufgelöst werden. In den ersteren vereinigen sich jedoch die Geschlechtsformen
paarweise, indem sie sich der Länge nach aneinanderlegen (Abb. 317a). Diese
sehr charakteristische Copula, die man ungefähr vom zweiten bis zum vierten

Tage nach dem Saugen im Milbendarm findet, bleibt längere Zeit frei beweglich und dringt dann in eine Darmepithelzelle ein. Hier runden sich die beiden Parasiten innerhalb einer gemeinsamen Hülle ab und die weibliche Zelle, der Macrogamet, wächst stark heran (b, c). Der Kern des Microgametocyten teilt sich (d) und die beiden Tochterkerne werden zu Microgameten, während der ungeteilt bleibende Binnenkörper des ursprünglichen Kernes allein in dem Restkörper des Microgametocyten zurückbleibt. Die Bildung von nur zwei Microgameten ist eine sehr auffallende Abweichung von den übrigen Coccidien des Adelea-Typus, da bei allen übrigen, soweit bekannt,

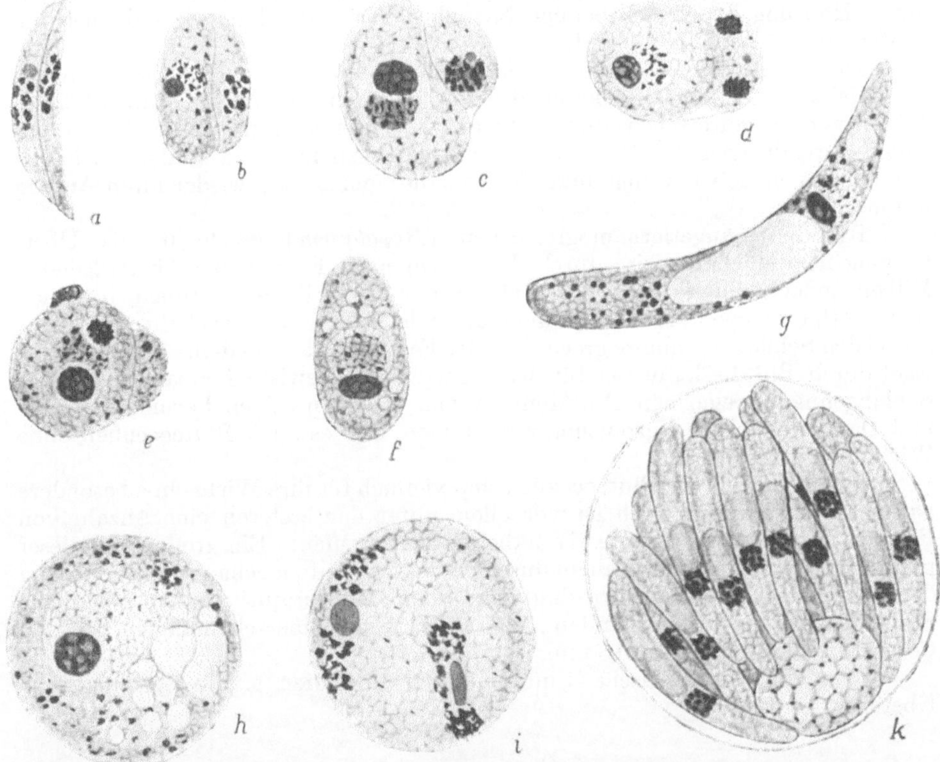

Abb. 317. *Caryolysus lacertarum* D a n. Befruchtung und Sporogonie in der Milbe. a Aneinanderlegen der Geschlechtszellen. b, c Abrundung der Geschlechtsformen und Heranwachsen des Macrogameten, d Bildung der beiden Microgametocyten, e Befruchtung, f Umwandlung des befruchteten Macrogameten zum Ookineten. g Ookinet, h Oocyste. Kernteilungen in der Oocyste. R Reife Sporogonie. Vergr. ca. 1500. Nach R e i c h e n o w 1912.

vier Microgameten gebildet werden. Einer der beiden Microgameten dringt in den Macrogameten ein (e).

Der befruchtete Macrogamet tritt nun nicht, wie sonst bei den Coccidien, sofort in das Stadium der Sporogonie ein, sondern wird zu einem beweglichen Ookineten (f, g), auch bleibt der Binnenkörper, der sonst bei den Coccidien vor oder bei der Befruchtung verschwindet, hier erhalten. Der Ookinet gelangt in die Leibeshöhle und dringt von hier aus in die Eier ein. In der Leibeshöhle und in dem Dotter des Eies wächst er stark heran, indem er eine oder mehrere sehr große, von einem homogenen Reservestoff erfüllte Vakuolen bildet. Außer-

dem speichert er im Plasma eine große Menge Volutin auf (g). In den frisch
abgelegten Milbeneiern findet man zunächst nur diese großen Ookineten. Während
der Entwicklung des Embryos kommen die Ookineten zur Ruhe, kugeln sich ab
und umgeben sich mit einer Membran: sie werden zu Oocysten (h). An deren
Kern fällt der große Binnenkörper auf. Die junge Milbenlarve, die bereits wenige
Tage nach der Eiablage ausschlüpft, enthält in der Leibeshöhle nur noch Oocysten,
in denen die Sporogonie bereits begonnen haben kann. Bei den Kernteilungen
der Sporogonie bleibt der Binnenkörper des Kerns erhalten und teilt sich mit (i).
Unter Zurücklassung eines Restkörpers werden in der Cyste 20—30 Sporozoiten
gebildet (k). Wenn sich die Larve, die noch kein Blut saugt, nach etwa 24 Stunden
durch Häutung in die achtbeinige Nymphe verwandelt hat, so sind auch die
Cysten in der Leibeshöhle reif.

Die Cysten öffnen sich nur, wenn sie in den Darm einer Eidechse gelangen;
die Infektion der Eidechse kann also nur dadurch stattfinden, daß infizierte
Milben von ihr gefressen werden. Die im Eidechsendarm freiwerdenden Sporozoiten durchdringen das Darmepithel und gelangen mit dem Blutstrom in die
Capillaren von Leber, Lunge und Milz, wo die Schizogonie wieder ihren Anfang
nimmt.

Bei den Säugetierhämogregarinen (*Hepatozoon*) geschieht die Übertragung in ähnlicher Weise durch den Darm nach Fressen der übertragenden
Milben, jedoch sind es in diesem Falle direkt die weiblichen Milben, in denen
sich die Sporogonie abspielt und die germinale Infektion unterbleibt. Dasselbe
ist bei den Schildkrötenhämogregarinen der Fall, die aber von dem übertragenden
Egel durch Biß direkt in die Blutbahn gelangen. Gewisse Beobachtungen bei
Schlangenhämogregarinen (Vorkommen von oocystenartigen Formen in Leber
und Darm) lassen die Vermutung aufkommen, daß es auch Blutcoccidien ohne
Wirtswechsel gibt.

Sowohl Darm- wie Blutcoccidien sind vielfach für ihre Wirte ohne besondere
pathogene Bedeutung, doch ist vor allem unter den ersteren eine Anzahl von
Formen bekannt, die schwere Krankheiten hervorrufen. Ein großer Teil dieser
pathogenen Wirkung dürfte allein durch die ausgedehnte mechanische Zerstörung
der befallenen Epithelzellen bedingt sein, doch sind vermutlich auch schädliche
Stoffwechselprodukte vorhanden, da auch Allgemeinerscheinungen bei den
Coccidienerkrankungen auftreten.

Über die systematische Einteilung der Coccidien s. die Systematische
Übersicht S. 126.

2. Eimeria stiedae (Lind); Kaninchencoccidiose.

Geschichtliches und Verbreitung. Der erste Untersucher der Coccidienknoten in der Leber der Kaninchen, Hacke (1839) sprach sie für Car-
cinome an und hielt die Erreger für eine Art Eiterkörperchen; auch für veränderte
Epithelzellen und Wurmeier wurden sie später angesehen. Remak erkannte
wohl zuerst ihre Protozoennatur und er und Lieberkühn stellten sie in die
Nähe der Psorospermien (Myxosporidien), bis Leukart ihre selbständige
Stellung begründete und zugleich die ganze Gruppe Coccidien benannte. Von
der an Irrtümern reichen Geschichte der Coccidienliteratur sei nur noch erwähnt,
daß die beim Kaninchen vorkommenden Formen bis in die neuere Zeit für
2 Arten betrachtet wurden, *Coccidium oviforme* in der Leber und *Coccidium
perforans* im Darm, die sich nun aber als identisch erwiesen haben, und daß
R. Pfeiffer zuerst feststellte, daß neben der „exogenen Sporulation" (Sporogonie, *Coccidium*-form) bei dergleichen Art eine endogene Sporulation (= Schizogonie, *Eimeria*-form) vorhanden. Der Gattungsname *Coccidium* mußte daher

leider infolge Erkennung dieser Zusammengehörigkeit dem älteren Namen *Eimeria* weichen.

Das Kaninchencoccid ist sehr weit verbreitet, so daß es an manchen Orten kaum möglich ist uninfizierte Kaninchen zu erhalten. Auch beim Hasen ist

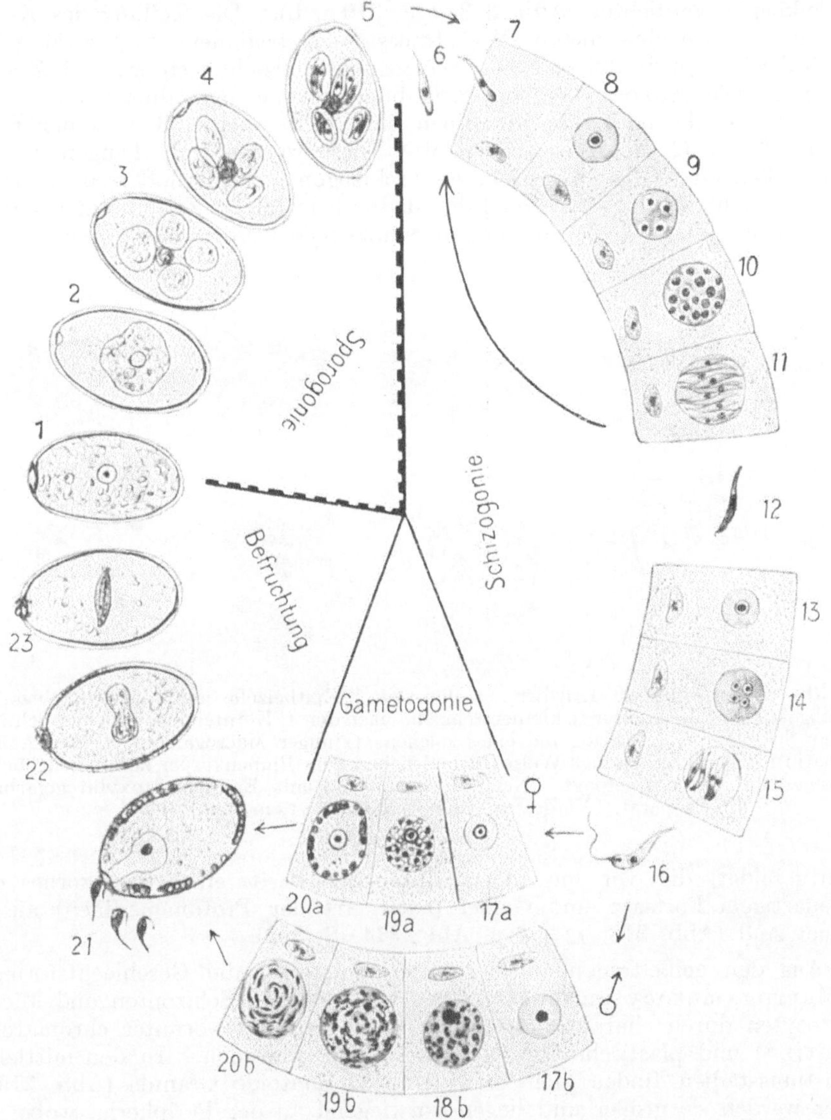

Abb. 318. Schema des Entwicklungskreises von *Eimeria stiedae*. Nach Reich 1913.

es beobachtet und die wenigen sicheren Fälle von Coccidiose beim Menschen sind wohl durch diese Form verursacht.

Der Parasit. Bei einer frischen Erkrankung finden sich nur Schizonten im Darm, die natürlich nur nach Sektion festgestellt werden können. Sie sind an ihrer starken Lichtbrechung in vivo leicht von den sie beherbergenden Epithel-

zellen des Wirtstieres zu unterscheiden. Die Schizogonieformen sind zu Beginn
der Infektion größer und werden später kleiner. Die Merozoiten sind ziemlich
schlank und bewegen sich gregarinenartig (Abb. 318 u. 319a). Sie dringen in die
Epithelzellen des Dünndarms und der Gallengänge und kugeln sich dort ab,
wobei das vorher im Kernbläschen zerstreute Chromatin sich zu einem großen
Binnenkörper verdichtet (Abb. 318, *8* u. 319 a, b). Die Teilung des Kernes
kann in den verschiedensten Wachstumsstadien beginnen, und zwar schon
sehr frühzeitig (Abb. 320 c). Die Schizogonie vollzieht sich wie bei *Eimeria
schubergi*. Die Merozoiten sind meist bündelförmig angeordnet (Abb. 318, *11*
u. 319 e). Zahl und Größe derselben sind sehr wechselnd. In der Regel
werden 16 bis 32 Merozoiten gebildet. Diese werden frei, dringen in neue
Epithelzellen ein. Diese Entwicklung (Schizogonie) wiederholt sich mehrmals
(s. Schema Abb. 318, *6—11*) und führt dadurch in kurzer Zeit zu einer starken
Infektion des Wirtes. Bei der letzten Schizogonie werden meist nur 4 Mero-

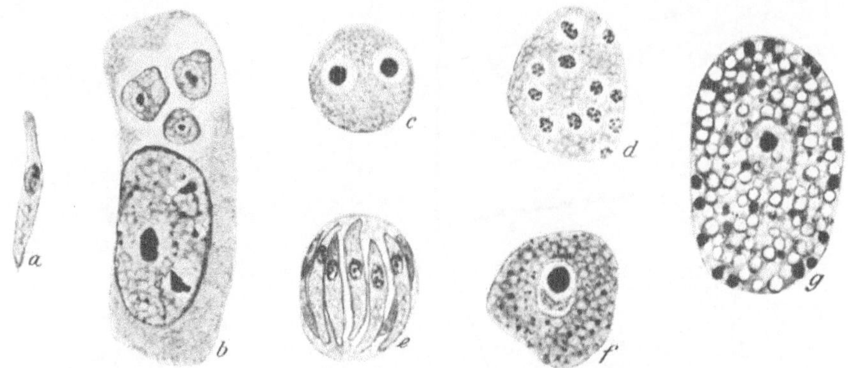

Abb. 319. *Eimeria stiedae.* Lindem. a Merozoit, b Epithelzelle mit 3 jungen Schizonten
resp. abgekugelten Merozoiten, c kleiner Schizont nach der 1. Kernteilung, d kleiner Schizont
vor der Schizogonie, e Schizogonie eines solchen, f junger Macrogametocyt (das Außenchromatin in charakteristischer Weise (Sichel) neben dem Binnenkörper zusammengeballt),
g erwachsener Macrogametocyt. Nach fixiertem und mit Eisenhämatoxylin gefärbtem
Präparat. Vergr. ca. 1900. Nach Hartmann 1911.

zoiten gebildet, die vor den andern durch den Besitz eines Basalkornes mit
borstenartigem Fortsatz und Geißel (nach Art der Protomonadinen) ausgezeichnet sind (Abb. 318, *12—16* u. Abb. 314, S. 392).

Aus den geißeltragenden Merozoiten entstehen die Geschlechtsformen.
Die Macrogametocyten unterscheiden sich von den Schizonten und Micro-
gametocyten durch charakteristische Granulationen, worunter chromatoide
(Volutin?) und plastische Granula unterschieden werden. In den mittleren
Wachstumsstadien finden sich nur kleine chromatoide Granula (Abb. 319f).
Später werden sie größer und liegen vorwiegend an der Peripherie, wobei sie
infolge ihrer starken Färbbarkeit und Größe leicht Kerne vortäuschen können
(Abb. 319g). Der Nachweis eines großen zentralen Kernes schützt vor Verwechslung mit vielkernigen Microgametocyten. Die chromatischen Granulationen sind vermutlich Volutin und entstehen ev. aus Chromidien, die plasti-
schen, die sich nicht mit Kernfarbstoff färben, stellen unbekannte Reserve-
nahrungsstoffe dar und scheinen durch Umwandlung aus den ersteren hervorzugehen (Abb. 319g).

Die Microgametocyten erreichen eine ganz bedeutende Größe im Verhältnis zu den Schizonten und Macrogametocyten (Abb. 320). Sehr früh beginnt dabei die Kernvermehrung durch fortgesetzte Caryosomknospungen und schließliche Zerfallteilung desselben (Abb. 318 *18* b—*20* b). Durch gleichzeitige reichliche Chromidien(Volutin?)bildung ist es manchmal schwer, in späteren Stadien die Kerne als gesonderte Gebilde zu erkennen (Abb. 320 a). Zum Schluß teilen sich die kleinen Kerne nochmals durch eine deutliche Zweiteilung, die wohl als Reduktionsteilung zu deuten ist. Die Zahl der Microgameten, die um einen ansehnlichen Restkörper angeordnet sind, ist wechselnd, aber stets sehr groß. Ihre Größe beträgt etwa die Hälfte von der der Microgameten von *Eimeria schubergi*. Die 2 Geißeln entspringen beide am Vorderende, doch ist die eine als Schleppgeißel mit dem Körper teilweise verklebt.

Die ausgebildeten Microgameten sind im Leben in lebhafter Bewegung noch innerhalb der Membran des Microgametocyten resp. der infizierten Epithel-

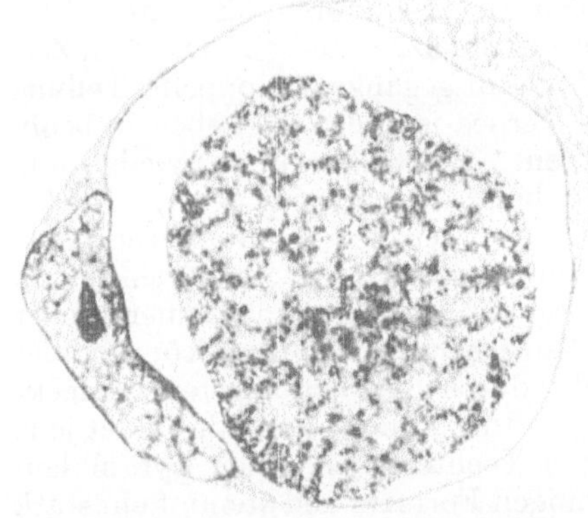 

Abb. 320. *Eimeria stiedae* Lindem. a Microgametocyt mit undeutlichen Kernen und Chromidien in einer Epithelzelle, b ausgebildete Microgameten im Innern des Restes der Epithelzelle um den Restkörper schwärmend. Nach fixiertem und gefärbtem Präparat. Vergr. ca. 1900. Nach Hartmann 1911.

zellen zu beobachten, wobei sie lebhaft um den Restkörper herumwirbeln (Abb. 320 b).

Der reife ovale Macrogamet scheidet eine zunächst noch vor der Befruchtung einfache Cystenhülle aus, die an einem Pole eine Öffnung, eine Micropyle, besitzt. Im Epithel oder wohl gewöhnlich nach Verlassen der Wirtszelle im Darmlumen dringt ein Microgamet durch die Micropyle ein und verschmilzt mit dem entgegengewanderten Macrogametenkern (Abb. 321a). Sowie ein Microgamet eingedrungen ist, bildet sich ein Plasmapfropf und verschließt die Micropylenöffnung. Die verschmelzenden Gametenkerne weisen zuerst eine hantelförmige Gestalt auf, rücken in diesem Zustand in die Mitte und stellen sich quer zur Längsachse (1½—2 Stunden nach Eindringen (Abb. 321b u. c)). Nun bildet sich scheinbar aus den chromatoiden Granula die zweite innere Cystenhülle (3 Stunden nach Eindringen Abb. 321 d). Die copulierenden Kerne bilden dann eine sog. Befruchtungsspindel (Abb. 321 e). Innerhalb ca. 12 Stunden und mehr kugelt sich dieselbe dann langsam ab und die Bildung der Oocyste ist fertig (Abb. 321 f—i).

Die Membran der Oocyste wird von einer schleimigen Hülle umgeben, die an der Micropyle verdickt erscheint (Abb. 322 a). Später geht diese Hülle verloren. Der Inhalt der Oocyste, der anfangs diese ganz ausfüllte, zieht sich

bald darauf zu einer Kugel zusammen, die nur im Äquator die Cyste berührt
(Abb. 322a). Der übrige Teil derselben ist alsdann durch eine gallertige Substanz
erfüllt, die sich später verflüssigt. Die Copula oder der Sporont erscheint
im Leben als stark granulierte grünliche Zelle. Im Zentrum ist ein heller Fleck
in zartrosa Ton zu beobachten, der Kern.

Die Oocysten besitzen meist eiförmige Gestalt, doch kommen auch fast
kugelige vor. Auch ihre Größe ist beträchtlichen Schwankungen unterworfen
(Länge 22—50 μ, Breite 13—18 μ).

Die Weiterentwicklung vollzieht sich nur außerhalb des Wirtes bei Sauer-
stoffzutritt und ist wegen der schweren Färbbarkeit der Cysten nur im Leben
zu beobachten. Nach etwa 30 Stunden zeigt der kugelige Sporont 4 buckelartige
Auftreibungen, um sich dann weiterhin innerhalb ca. 40 Minuten in 4 kugelige
Zellen zu zerschnüren, die Sporobla-sten (Abb. 322 b und c). Die dem Zerfall vorausgegangene doppelte Teilung des Kernes ist nicht im Leben zu beobachten. Der Kern verschwindet und erst beim Erscheinen der 4 Buckel
können später die 4 Tochterkerne wahr-genommen werden. Zwischen den Sporoblasten findet sich ein kleinerer oder größerer granulierter Restkörper, der
meist durch die Sporoblasten verdeckt wird. Im weiteren Verlaufe bildet jede
der 4 Tochterzellen einen pyramiden-förmigen Fortsatz und stemmt ein stark
lichtbrechendes Spitzenkörperchen aus, dessen Bedeutung unbekannt ist. Nach
Ausstoßung derselben wird die Pyra-mide wieder rückgebildet und der
frühere Zustand kurze Zeit wieder er-reicht. Die Sporoblasten nehmen hierauf eine ovale, dann birnförmige Gestalt an und scheiden an der Oberfläche eine
Membran ab. Dadurch werden sie zu Sporocysten. Der spitze Pol ist durch
ein nach innen vorspringendes Körper-chen, die Micropyle, gekennzeichnet.

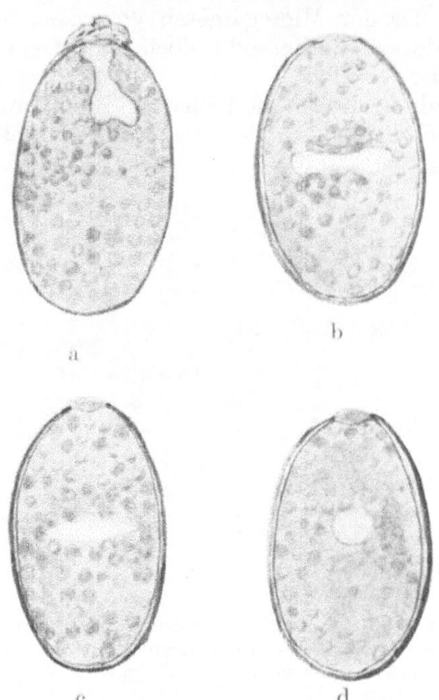

Abb. 321. *Eimeria stiedae* Lindem. Befruchtung nach dem Leben. a Microgamet
kurz nach Eindringen, mit den entgegengewanderten Macrogameten verschmelzend,
b u. c Befruchtungsspindeln, d Syncaryon.
Vergr. ca. 1000. Nach Reich 1913.

Der Zellinhalt der Sporocysten zerfällt
dann in 2 Tochterzellen, die Sporozoiten, zwischen denen gleichfalls ein
Restkörper übrig bleibt. An den Sporozoiten ist das eine Ende stark verdickt und enthält eine eiförmige, glänzende, homogene Masse. Das vordere
zugespitzte Ende ist innerhalb der Sporocyste weniger gut zu erkennen. In
letzterem liegt auch der Kern. Dieses Stadium wird nach etwa 70 Stunden
erreicht (Abb. 322d).

Durch die Oocysten mit den fertigen Sporozoiten läßt sich die Neuinfektion vollziehen. Die Oocysten passieren den Magen und erst im Darm durch
die Einwirkung des Pankreassaftes werden die Sporozoiten aus der Sporocyste
und Oocyste frei. Man kann dies künstlich herbeiführen und dabei ev. das Ausschlüpfen der Sporozoiten durch die Micropyle beobachten, wenn man reifes
Oocystenmaterial einige Stunden im Thermostat in ein Röhrchen mit Duodenal-

saft eines Kaninchens oder mit einem Pankreaspräparat (am besten Pancreat. depurat. von Dr. Grübler, Leipzig) bringt und Präparate davon anfertigt. Der Sporozoit schlüpft zunächst aktiv durch die Micropyle der Sporocyste, darauf durch die Oocyste (Abb. 322e). Der freie Sporozoit zeigt die gleichen Bewegungsarten wie die Merozoiten, im Verdauungssaft wird er bald aufgelöst. Im Darm sucht er sofort eine Epithelzelle zu erreichen und dringt durch Körperkontraktionen in ähnlicher Weise wie die Merozoiten in sie ein.

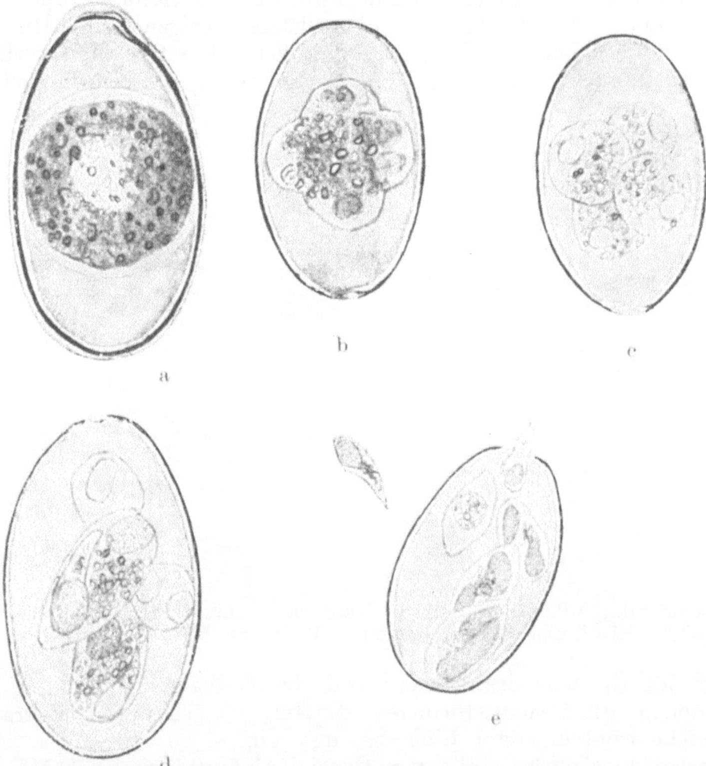

Abb. 322. *Eimeria stiedae* Lindem. Sporogonie. a—c Bildung der Sporoblasten, d reife Oocyste mit ausgebildeten Sporozoiten, e Freiwerden der Sporozoiten unter Einwirkung von Pankreassaft. Vergr. ca. 1300. Nach Metzner 1903.

Pathologie. *Eimeria stiedae* ist ein Parasit des Dünndarmes und der Leber der Kaninchen. Die durch ihn hervorgerufenen Krankheitserscheinungen sind besonders bei schwachen Infektionen vorwiegend lokaler Natur; doch treten vielfach auch allgemeine Krankheitserscheinungen zutage. Die Symptome sind Durchfall, allgemeine Abmagerung, ferner trübes Aussehen der Augen und schleimiger Ausfluß aus Nase und Mund. Diese letzten allgemeineren Erscheinungen fehlen vielfach bei leichteren Fällen.

Jüngere Tiere erkranken schwerer als ältere. Während bei letzteren oft nur schwache Infektionen mit geringen Diarrhöen zur Beobachtung gelangen, die ohne ernstliche Schädigungen verlaufen, trifft man in jungen Beständen oft schwere Epidemien, der ganze Zuchten zum Opfer fallen.

Bei der Sektion der erkankten Tiere findet man die Coccidien im ganzen Darmtraktus (Abb. 323) und in der Leber, wo besonders bei älteren Tieren die charakteristischen „Coccidienknoten" auffallen, die die ganze Leber durchsetzen können. Der Darm zeigt makroskopisch häufig eine starke Rötung, auch finden sich gelegentlich Geschwülste im Dünndarm, Blinddarm und Wurmfortsatz. Im Darm befallen die Parasiten zwar vorzugsweise nur die Epithelzellen, doch sind bei starker Infektion häufig auch Einwanderungen in die submucösen Gewebe festgestellt worden. Die Leberknoten entstehen vom infizierten Epithel der Gallengänge aus, das stark wuchert. Diese Herde werden später meist zu mehreren von einer weißlichen Bindegewebsschicht umhüllt. Im Innern der Knötchen finden sich schließlich in einer käsig-eiterigen Masse Hunderte, ja Tausende von Coccidien geradezu in Reinkultur. Die Oocysten verlieren allmählich ihre Entwicklungsfähigkeit und degenerieren. Durch die weitgehende

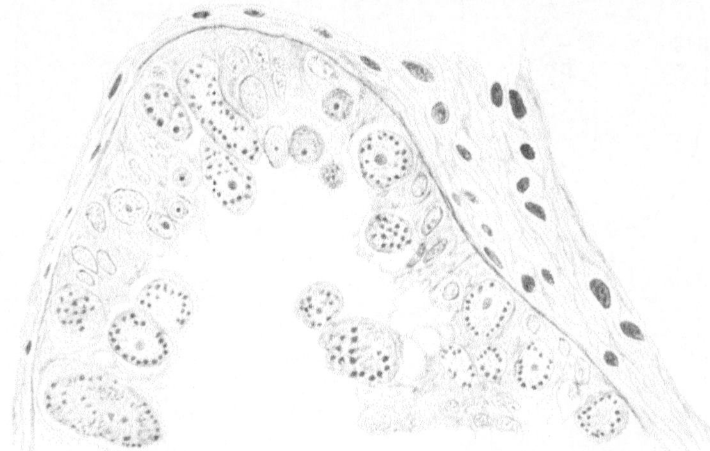

Abb. 323. Schnitt durch den Dünndarm des Kaninchens, mit starker Infektion von *Eimeria stiedae* Lind. (meist Gametocyten). Vergr. ca. 650. Nach Jollos.

Zerstörung des Epithels des Darmes und der Gallengänge und die dadurch hervorgerufenen Ernährungsstörungen dürften die schweren Erkrankungen und Todesfälle wohl in erster Linie bedingt sein.

Die wenigen sicheren Fälle von Coccidieninfektionen beim Menschen — sie sind bei Leukart und Braun nach kritischer Sichtung zusammengestellt — werden alle auf das Kaninchencoccid zurückgeführt[1]). Vielleicht kommt in einigen, jedoch nicht ganz sichergestellten Fällen auch das bei Katzen und Hunden verbreitete *Isospora bigemina* (s. unten) in Frage. In einigen genauer beschriebenen, tödlich verlaufenden Fällen von menschlicher Coccidiose bestanden schwere Verdauungsstörungen, Fieber und starke Leberschwellung. In einem Fall ist auch ein Coccidienherd in der Milz festgestellt worden.

3. Eimeria zürni (Rivolta); die „rote Ruhr" der Rinder.
Syn. *Eimeria bovis* Züblin.

Geschichtliches und Verbreitung. Bis vor kurzem wurde mit dem Kaninchencoccid auch der Erreger der sog. „roten Ruhr" der Rinder identifiziert. Nach neueren Untersuchungen von Züblin handelt es sich jedoch

---

[1]) Von Wenyon 1915 ist neuerdings ein sicherer Fall von menschlicher Coccidiose bekannt geworden, der durch eine *Eimeria*-Art verursacht war, die der *Eimeria falciformis* Eim. nahesteht.

hierbei ziemlich sicher um eine besondere Art, die den Namen *Eimeria bovis* Züblin erhielt.

Die Krankheit ist besonders in der Schweiz auf höher gelegenen Alpenweiden verbreitet, sowie aus Dänemark und Schweden bei Weidetieren seit längerer Zeit bekannt. In den letzten Jahren ist ihr Vorkommen auch in Schleswig-Holstein festgestellt worden (Bugge, Warringholz u. Sieg.).

Der Parasit. *Eimeria bovis* unterscheidet sich vom Kaninchencoccid nach Züblin besonders durch die geringere Größe (12—15 μ) und die meist kugelige nicht ovoide Gestalt der Oocysten; sie sollen außerdem auch keine Abflachung an der Micropyle besitzen. In den Oo- wie Sporocysten soll schließlich ein Restkörper fehlen. Die Entwicklung stimmt sonst, soweit bekannt, mit der von *Eimeria stiedae* ganz überein. Doch wäre eine eingehende cytologisch-entwicklungsgeschichtliche Untersuchung sehr erwünscht.

Die Selbständigkeit der Art ergibt sich auch aus dem negativen Ausfall der Versuche Züblins, Kaninchen mit den Cysten von *Eimeria bovis* zu infizieren. Die sehr wünschenswerten Versuche, Rinder mit Cysten von *Eimeria stiedae* wie *Eimeria bovis* zu infizieren, sind bisher leider noch nicht ausgeführt worden.

Pathologie. Im Gegensatz zum Kaninchencoccid ist *Eimeria bovis* auf den Darm beschränkt, dringt also nicht in die Leber, ja in der Regel finden sich die Parasiten nur im Dickdarm. Die Krankheitserscheinungen treten nach einer Inkubation von ca. 3 Wochen auf und bestehen wie der Name schon besagt in schweren Durchfällen; „„Ruhr" sagt man, weil Durchfall besteht; „rote Ruhr", weil den Fäkalien Blut beigemischt ist" (Züblin). Meist stellt sich mehr oder minder hohes Fieber ein, und bei starker Infektion tritt bald Schwächung der Herztätigkeit und Abmagerung ein. In 2—5% der Fälle führt die Krankheit zum Tode, der schon am 2. Tage eintreten kann. Meist genesen die Tiere nach 1—3 Wochen. Es finden sich auch leichte Fälle, besonders bei erwachsenen Tieren, die unter geringen Durchfällen in einigen Tagen verlaufen. Gelegentlich kommen auch Recidive vor, deren Entstehung nicht aufgeklärt ist.

Die Krankheit findet sich vorwiegend bei jüngeren Weidetieren im Sommer und Frühherbst bei nassem Wetter. Auch Stallinfektionen kommen vor, sind aber selten, höchstens 5% aller Fälle. Diese epidemiologischen Verhältnisse erklären sich vor allem wohl daraus, daß die Cysten des Erregers, wie Guillebeau gefunden hat, im Miste bald ihre Entwicklungsfähigkeit verlieren, während sie sich auf feuchter Weide und im Wasser lange erhalten.

Zur **Behandlung** der Krankheit werden Klistiere mit $^1/_2$% Tanninlösung empfohlen, die sich gut bewährt haben sollen. Der Verbreitung der Infektion kann durch frühzeitige Diagnose und darauffolgende Isolierung der erkrankten Tiere und Vernichtung ihres Kotes vorgebeugt werden. Diese Maßnahmen sind natürlich auch nach Genesung der Tiere solange durchzuführen, bis keine Oocysten mehr im Kot sich finden.

4. Eimeria faurei (Moussu und Marotel) und arlongi (Marotel); die Coccidiose der Schafe und Ziegen.

Unter dem Namen *Eimeria faurei* sind von Moussu und Marotel bei den Schafen, als *Eimeria arloigi* von Marotel bei Ziegen Coccidien beschrieben worden, die bei diesen Tieren ähnliche Erkrankungen hervorrufen. Leider sind diese Coccidien noch zu wenig untersucht, so daß es vorderhand zweifelhaft bleiben muß, ob es sich tatsächlich um besondere Arten handelt.

Für das Coccid der Schafe wird angegeben, daß es auffallend große Schizonten mit sehr zahlreichen kleinen Merozoiten besitzen soll; doch scheint hierbei eine Verwechselung mit *Gastrocystis*stadien (s. S. 388) vorzuliegen.

Auch die Coccidiose der Rinder und Kaninchen findet sich vorwiegend bei jungen Tieren und tritt manchmal epidemisch auf.

5. Eimeria avium (Silvestrini und Rivolta); Geflügelcoccidiose.

Syn. *Coccidium tenellum* Railliet et Lucet.

Schon länger war als Erreger einer schweren Darmerkrankung unseres Hausgeflügels (Huhn, Taube, Ente, Truthahn usw.) ein Coccid, die *Eimeria avium* Silvestrini und Rivolta bekannt. In neuerer Zeit haben Fantham in England, Hadley in Amerika das Coccid, seine Entwicklung und Pathogenität genauer untersucht.

Das Coccid stimmt in seiner Entwicklung fast vollständig mit dem Kaninchencoccid überein, der Hauptunterschied besteht morphologisch in der erheblich geringeren Größe der Oocysten, die nur eine Länge von 20—30 μ bei einer Breite von 12—20 μ aufweisen (Abb. 324). Auch ist die Cystenmembran dünner als bei *Eimeria stiedae*. Von Fantham war noch als weitere Verschiedenheit angegeben worden, daß die Cystenmembran noch vor der Befruchtung gebildet wird und ein Microgamet durch die Micropyle eindringt; wie oben geschildert ist aber inzwischen von Reich für das Kaninchencoccid das gleiche Verhalten nachgewiesen.

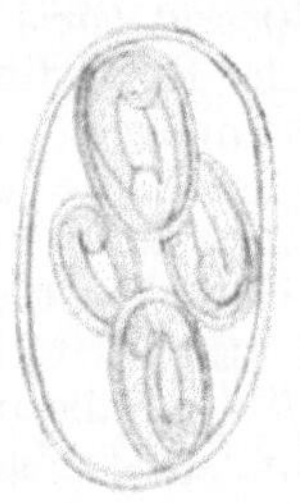

Abb. 324. *Eimeria (Coccidium) avium* Silvestrini und Rivolta. Reife Oocyste. Vergr. ca. 1000. Nach Fantham 1910.

Die Selbständigkeit der Art ergibt sich noch daraus, daß es nicht möglich ist, Vögel mit reifen Cysten von *Eimeria stiedae* zu infizieren.

Wie die Kaninchencoccidiose, so tritt auch die Geflügelcoccidiose oft epidemisch auf und, da häufig die Hälfte, ja bis zu 90⁰ der befallenen Tiere der Krankheit erliegen, kann dieselbe eine nicht unbedeutende wirtschaftliche Bedeutung erlangen. Auch hier erkranken junge Tiere schwerer als ältere. Die Krankheitserscheinungen sind von ähnlicher Art wie bei der Kaninchencoccidiose, dem gleichen Sitz und der gleichen Wirkung der Parasiten entsprechend. Als besonderes klinisches Merkmal wird häufig eine graue bis schwärzliche Verfärbung von Kamm und Kehllappen angegeben, Symptome, die jedoch auch bei schwerer Coccidiose fehlen, andrerseits bei ähnlichen klinischen Krankheitsbildern von anderer, unbekannter Ätiologie (Bakterien) vorhanden sind. Die in Amerika unter dem Namen „white diarrhea" und „black head" bekannten Geflügelseuchen stellen daher fraglos keine einheitliche (Coccidiose), sondern mehrere Krankheiten dar. Einer dieser anderen Erreger ist sicher der von Smith als *Amoeba meleagridis* beschriebene Parasit, der irrtümlicherweise von Hadley dem Coccid zugerechnet wurde[1]).

Das pathologische Bild der Geflügelcoccidiose ist ziemlich dasselbe wie das der Kaninchencoccidiose, doch ist die Infektion außer beim Truthahn, der meist ausgedehnte Leberinfektion aufweist, in der Regel auf den Darm beschränkt.

---

[1]) Dieser Parasit ist allerdings, nach einer Besichtigung eines Präparates von Herrn Prof. Smith zu urteilen, keine Amöbe, sondern scheint eher ein Haplosporid oder Phycomycet zu sein. (S. auch S. 157.)

Der Umstand, daß auch wild lebende Vögel, wie z. B. Sperlinge, Moorhühner usw. häufig von der Krankheit befallen sind, begünstigt die Verbreitung der Krankheit außerordentlich und erschwert prophylaktische Maßnahmen zur Bekämpfung der Seuche in hohem Maße.

6. Andere pathogene Darmcoccidien.

Bei Säugetieren, wie Vögeln sind noch einige andere pathogene Coccidien bekannt geworden, die praktisch von geringer Bedeutung sind, die aber doch eine kurze Erwähnung verdienen. Sie gehören den Gattungen *Isospora* Aimé Schneider und *Cyclospora* Schaudinn an, die beide (im Gegensatz zur Gattung *Eimeria*) in der reifen Oocyste nur 2 Sporocysten (Sporen) aufweisen. Bei der letzteren enthält jede Spore wie bei *Eimeria* nur 2 Sporozoiten, bei *Isospora* dagegen 4.

Isospora bigemina Stiles.

Diese Art findet sich bei Hunden und Katzen, wo sie ähnlich wie das Kaninchencoccid im Darmepithel, sowie im submucösen Gewebe vorkommt. Sie ist aus Deutschland, Amerika und Sumatra bekannt.

Die mit einer dicken doppelten Hülle umgebenen Oocysten sind 22—40 μ lang und 19—39 μ breit und enthalten im ausgereiften Zustand in jeder der beiden Sporocysten neben den 4, ca. 18 μ großen Sporozoiten einen großen Restkörper (Abb. 325).

Swellengrebel hat neuerdings die Entwicklung dieser Form beschrieben, die im großen und ganzen mit Ausnahme der schon länger bekannten Sporogonie mit der von *Eimeriae stiedae* übereinstimmt. Eine in der Coccidienentwicklung bisher nicht bekannte Merkwürdigkeit ist die von ihm angegebene Schizogonie der jungen weiblichen Macrogametocyten (Parthenogenese). Welche biologische Bedeutung derselben zukommt, ist noch ganz unklar.

Einige allerdings unsichere Fälle von menschlicher Coccidiose sind auf diesen Parasiten zurückgeführt worden[1]).

Eine andere Art dieser Gattung, die

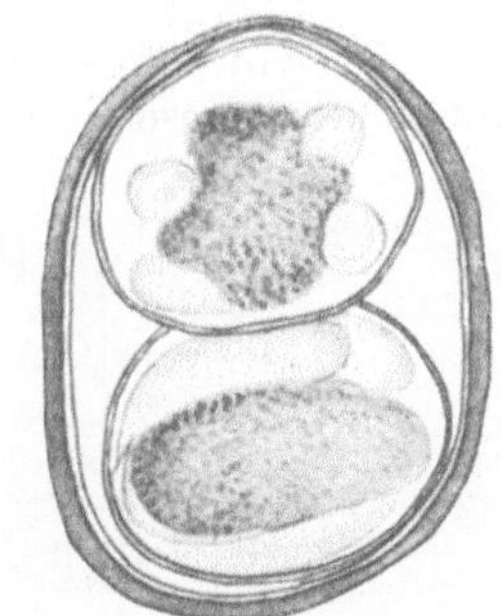

Abb. 325. *Isosospora bigeminum* Stiles. Reife Oocyste. Vergr. ca. 1000. Nach Swellengrebel 1914.

Isospora lacacei Labbé

ist bei Sperlingsvögeln (Sperling, Lerche, Distelfink usw.) sehr verbreitet, wo sie ebenfalls schwere Darmerkrankungen verursacht.

Cyclospora caryolytica Schaudinn.

Diese beim Maulwurf eine schwere Darmerkrankung erzeugende, manchmal epidemisch auftretende Art ist entwicklungsgeschichtlich eine der interessantesten und best bekannten Coccidien. Die durch ihren sexuellen Dimorphismus wichtige Schizogonie haben wir bereits im Allg. T. S. 82 kennen gelernt, desgl. die Geschlechtsgeneration und Befruchtung S. 71, Abb. 86,

---

[1]) Von Wenyon 1915 ist neuerdings ein sicherer Fund von *Isospora* beim Menschen mitgeteilt worden.

weshalb auf die dortige Darstellung verwiesen sei. Die reife Oocyste enthält
2 Sporocysten mit je 2 Sporozoiten (Abb. 325a). Die Sporocystenhülle besteht
aus 2 Schalen, die beim Freiwerden der Sporozoiten aufklappen; letztere verlassen dagegen die Oocyste durch die Micropyle (Abb. 325b).

Biologisch von Interesse ist der Sitz der Parasiten, die stets in die Zellkerne eindringen und dort ihr Wachstum durchlaufen (S. Abb. 110, S. 101). Die Geschlechtsgeneration tritt ziemlich plötzlich 4—5 Tage nach der Infektion auf. Infolge des fast gleichzeitigen Auftretens derselben und des damit in Zusammenhang stehenden Aufhörens der Vermehrung setzt auch die Heilung nach 5—6 Tagen ein, so daß Tiere, die nicht schon vorher der Krankheit erlegen sind und diese Krisis überstanden haben, gerettet sind.

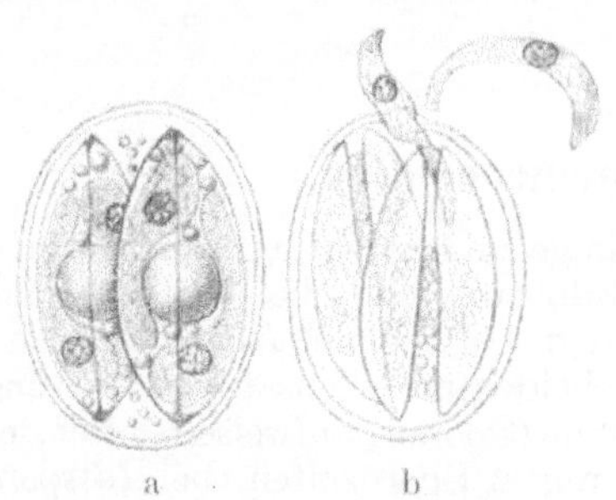

Abb. 326. *Cyclospora caryolytica* Schaudinn. a Reife Oocyste, b Freiwerdende Sporozoiten. Vergr. ca. 1600. Nach Schaudinn.

7. Hepatozoon perniciosum (Miller).

Die von Miller in weißen Ratten in Washington gefundene und sehr gut entwicklungsgeschichtlich und experimentell untersuchte Säugetierhämo-

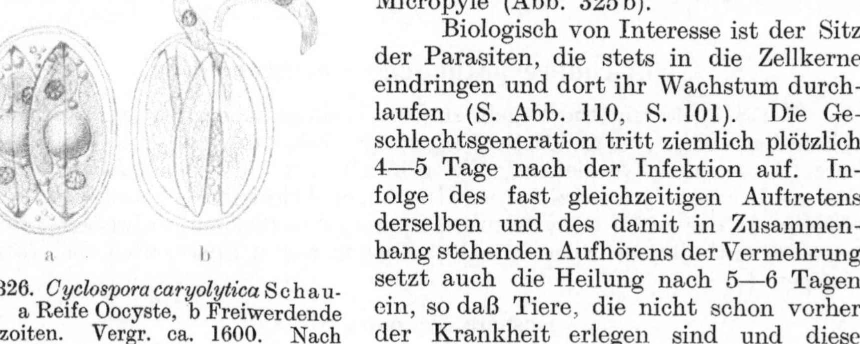

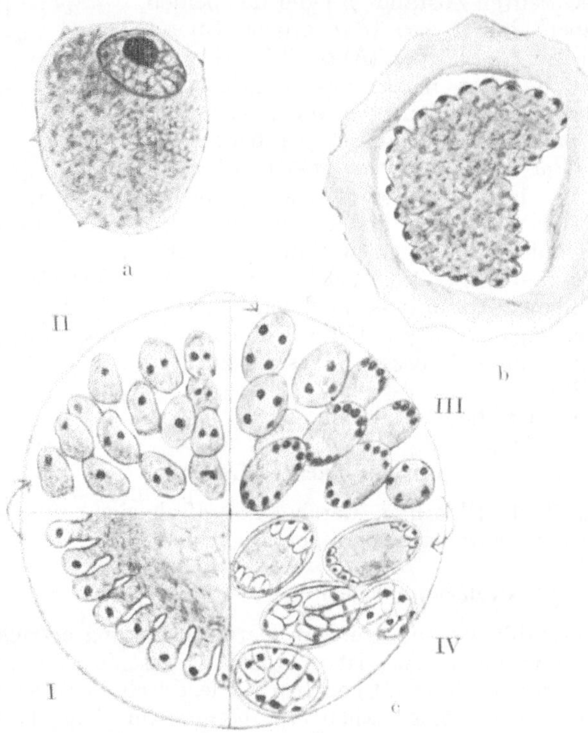

Abb. 327. *Hepatozoon perniciosum* Miller. Sporogonie. a Sporont, b beginnende Sporoblastenbildung in der Oocyste, c Bildung der Sporoblasten (I u. II), Sporocysten und Sporozoiten (III u. IV) in der Oocyste, schematisiert. Nach Miller 1909.

gregarine, *Hepatozoon perniciosum*, ist das einzige Blutcoccid, von dem bisher eine erhebliche pathogene Wirkung bekannt geworden ist. Ob die aus Indien (Adie) Karthum (Balfour) und Australien (Cleland) beschriebenen Ratten-hämogregarinen mit der Millerschen Form identisch sind, steht nicht fest, ist aber nicht unwahrscheinlich. Sollte das zutreffen, dann müßte die Art aus Prioritätsgründen den Namen *Hepatozoon ratti* Adie heißen.

Die durch den Darm (s. unten) in den Körper gelangenden Sporozoiten dringen sogleich in die Leber, und in diesem Organ vollzieht sich die Schizogonie, bei der 30—50, durchschnittlich 16 Merozoiten gebildet werden, die in Bündeln an beiden Polen angeordnet sind. Im kreisenden Blut scheinen nur die Geschlechtsformen vorzukommen, und zwar vorwiegend in Leucocyten, aber auch in roten Blutkörperchen. Die Weiterentwicklung der Geschlechtsgeneration, die Befruchtung und Sporogonie vollzieht sich in der zu den Gamasiden gehörigen Milbe, *Lelaps echidnium*. Wenn auch der Befruchtungsvorgang selbst von Miller in etwas anderer Weise gedeutet wurde, so dürfte er nach den jetzt vorliegenden, oben berichteten genaueren Untersuchungen von Reichenow ganz wie bei *Caryolysus* verlaufen. Der aus derselben hervorgehende Ookinet dringt nun durch die Darmwand der Milbe in die Leibeshöhle und wird zur Oocyste (Abb. 327 a). In derselben entstehen nach reichlicher Kernvermehrung durch multiple Knospung 50—100 Sporoblasten (Abb. 327 c I, II). Letztere werden zu Sporocysten und bilden 16 Sporozoiten aus (Abb. 327 c, III, IV). Die Neuinfektion der Ratten erfolgt vom Darmkanal aus durch Fressen der infizierten Milben.

Die Ratten erkranken unter den Symptomen einer schweren Anämie. Bei starker Infektion sind die Tiere apathisch, freßunlustig und schlafen viel. Vor dem Tode treten häufig Durchfälle mit Blutbeimengungen auf. Die Temperatur ist unternormal. Junge Tiere erkranken wie bei den Darmcoccidiosen schwerer als alte. Bei künstlichen Infektionen erlag die Hälfte der Versuchstiere der Krankheit.

X. Pathogene Infusoria-Ciliata.

1. Allgemeines.

Die Infusorien sind die höchst organisierten Zellen unter den Protozoen. Es sind meist formbeständige Protozoen von sehr mannigfaltiger Gestalt, die vor allem durch 2 Eigentümlichkeiten gekennzeichnet sind, nämlich das Vorhandensein von 2 funktionell differenzierten Kernen oder Kernsorten, somatischer Macronuclei und generativer Micronuclei (eine Ausnahme machen nur einige wenige Arten) und die Bewegung durch Cilien. Fast alle Arten besitzen eine Pellicula und eine Differenzierung in Ento- und Ectoplasma (Corticalplasma). Die statischen und Bewegungsorganellen und ihre Funktion sind schon im Allg. Teil geschildert, desgl. die Stoffwechselvorgänge und die in ihrem Dienst stehenden Organellen (Zellmund, Zellafter, pulsierende Vakuolen), worauf hier verwiesen sei. Auch die Vermehrung durch Querteilung und den für die Infusorien charakteristischen Befruchtungsvorgang durch Conjugation haben wir schon im Allg. Teil kennen gelernt (s. S. 54, Abb. 69 und S. 75, Abb. 90).

Sehr verbreitet ist die Möglichkeit der Cystenbildung, sowohl bei den freilebenden Formen als Schutzmittel gegen Eintrocknen, Änderung des Mediums usw., als bei parasitischen Formen, bei denen die Cysten die Übertragung auf einen neuen Wirt ermöglichen. Bei manchen Arten erfolgt innerhalb der Cyste zugleich eine Vermehrung.

Über die systematische Einteilung der Ciliaten siehe die systematische Übersicht. Das dort gegebene System ist das in einzelnen Teilen von Bütschli und anderen verbesserte, an sich ziemlich künstliche System von Stein, das fast allgemein angenommen ist und auch große praktische Vorzüge aufweist.

Als Parasiten spielen die Infusorien für den Menschen und seine Nutztiere keine sehr große Rolle. Von den wenigen beim Menschen gefundenen ciliaten Darmparasiten, kommt nur einer häufiger vor, der allerdings als Krankheitserreger eine gewisse Rolle spielt. Außerdem sind nur noch 3 als Ectoparasiten auf der Haut von Fischen vorkommende Arten von praktischer Bedeutung.

2. Die Darminfusorien des Menschen.

Die bisher als Parasiten im Darm des Menschen bekannt gewordenen ciliaten Infusorien gehören alle zur Familie der Bursaridae in der Ordnung der Heterotrichen.

Die Heterotricha besitzen neben der gleichmäßigen Bewimperung eine mit besonders großen Cilien oder Membranellen ausgestattete adorale Zone, die gewöhnlich einen von rechts nach links gewundenen Verlauf nimmt und zur

Bildung eines mehr oder minder umschriebenen Peristomfeldes führt Die
Seite, auf der sich Mund und Peristom finden, wird Bauchseite genannt. Man
kann sonach an diesen Formen eine ventrale und dorsale, rechte und linke Seite
unterscheiden.

Die adorale Wimperspirale verläuft bei den Bursariden nur auf der
linken Seite und zieht direkt zum Schlunde hin. Die im menschlichen Darm
vorkommenden Arten dieser Familie gehören den, ausschließlich parasitische
Formen enthaltenden Gattungen *Balantidium* und *Nyctotherus* an. Die Angehörigen der 1. Gattung besitzen ein median gelegenes, vorn erweitertes, spalt-
förmiges Peristom; ein besonderer Schlund ist rückgebildet oder fehlt ganz.
Bei der Gattung *Nyctotherus* zieht das gleichfalls spaltförmige Peristom an der
rechten Körperseite bis etwa zur Körpermitte und setzt sich in einen knieartig
nach innen eingesenkten Schlund fort.

a) Balantidium coli (Malmsten). Infusoriendysenterie.

Geschichtliches und Verbreitung. Das wahrscheinlich schon von Leuwen-
hoeck im eigenen Stuhl zuerst beobachtete *Balantidium coli*, das einzige Darm-
infusor, das häufiger gefunden wird und dem allem Anschein nach eine pathogene
Bedeutung zukommt, wurde 1857 von Malmsten zuerst genauer beschrieben,
der es im Stuhl, dann im Dickdarm von Kranken fand, die an schwerer chroni-

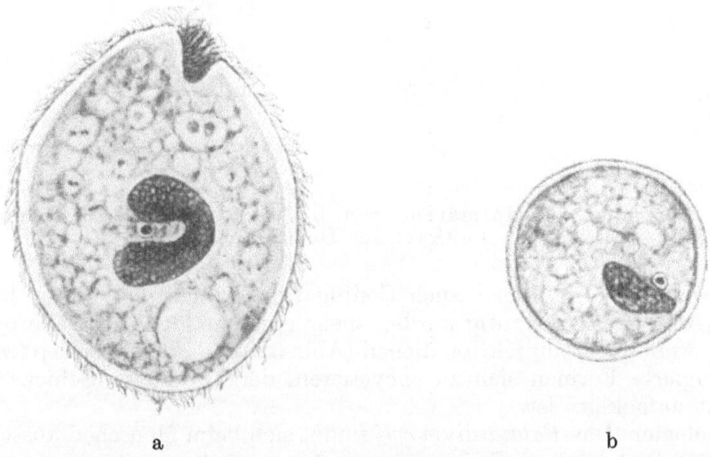

a   b

Abb. 328. *Balantidium coli* Malmsten. a vegetative Form, b Cyste, Vergr. ca. 650. Nach
Hartmann 1911.

scher Diarrhöe litten. In der Folgezeit wurde der Parasit in etwa 200 Fällen
in verschiedenen Ländern Europas (Schweden, Rußland, Finnland (142 Fälle
von Sievers beschrieben), Deutschland (spez. Ostpreußen), Österreich, Italien)
in Nord- und Südamerika, Afrika, Asien, Philippinen, Sundainseln, Marianen
festgestellt. R. Leukart hatte schon seine weite Verbreitung beim Schwein
aufgezeigt und auch bei Affen ist er neuerdings nachgewiesen.

Der **Parasit** (Abb. 328a) weist eine sehr verschiedene Größe auf; von den
verschiedenen Autoren wird die Länge auf 25—100 μ (ja 200 μ), die Breite auf
25—70 μ angegeben. Die Gestalt ist eiförmig mit etwas verjüngtem und leicht
schief nach links abgestutztem Vorderende. Das Peristom ist ein kurzer drei-
eckiger Spalt, der etwas seitlich und median vom Vorderende beginnt. Der
Körper ist von einer derben Pellicula bedeckt, die aber eine Metabolie zuläßt.

Sie erscheint deutlich längsgestreift infolge der Basalkörperchenreihen, von denen die allseitigen, gleichmäßigen Wimpern entspringen. Unter der Pellicula findet sich eine ectoplasmatische Alveolarschicht, dann erst folgt das mit allerhand Nahrungskörpern und Stoffwechselprodukten (Schleim, Fetttropfen) erfüllte Entoplasma. Unter den Nahrungsbestandtcilen fallen besonders rote Blutkörperchen, sowie häufig Leukocyten auf. Etwa in der Mitte des Körpers liegt der meist bohnen- ja sogar hufeisenförmige Macronucleus mit fein alveolär verteiltem Chromatin. In der Ausbuchtung liegt der kleine bläschenförmige Micronucleus. Gegen das Hinterende zu finden sich 2 pulsierende Vakuolen. Am Hinterende befindet sich die Afteröffnung.

Die Vermehrung geschieht durch Querteilung (Abb. 329 a u. b) wie bei den übrigen Ciliaten. Umgeben von einem Wall von Polynucleären und Lymphocyten vermögen sich manche Individuen innerhalb einer Schleimhülle mehrmals rasch hintereinander zu teilen, wodurch eine Schizogonie vorgetäuscht werden

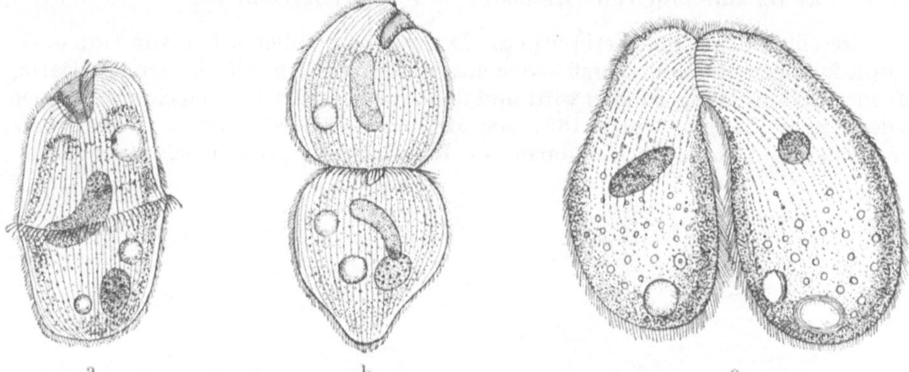

Abb. 329. *Balantidium coli* Malmsten. a u. b Teilungsstadien, c Conjugation. Nach Leukart aus Doflein.

kann. Leukart u. a. haben auch Conjugationsstadien bei dieser Form beobachtet (Abb. 329 c). Häufig werden meist einfache kugelige Dauercysten gebildet, die wohl der Neuinfektion dienen (Abb. 328 b). Nach Brumpt vermögen auch conjugierte Formen sich zu encystieren, deren weiteres Schicksal jedoch noch nicht aufgeklärt ist.

Pathologie. Das *Balantidium coli* findet sich beim Menschen ausschließlich im Mast- und Dickdarm sowie im Cöcum. Nur ausnahmsweise wird es auch im unteren Teile des Dünndarmes angetroffen.

Obwohl das *Balantidium coli* beim Menschen (und auch bei Affen) meist nur bei schweren chronischen Darmerkrankungen angetroffen wird, sah man es bis in die neuere Zeit in der Regel als einen harmlosen Darmparasiten an und glaubte höchstens, daß es eine anders verursachte Darmerkrankung zu verschlimmern vermöchte. Diese Ansicht stützte sich einmal auf Angaben, wonach das Ciliat auch bei ganz gesunden Menschen angetroffen wurde (s. besonders Sievers), dann auf die weite Verbreitung einer Balantidiumart, die für identisch mit *Balantidium coli* angesehen wird, bei unserem Hausschwein, bei dem keine Krankheitserscheinungen beobachtet werden. Pathologisch anatomische Untersuchungen in den letzten 10—15 Jahren (Solowjew, Askenasy, Strong und Musgrave, Rheindorf u. a.) haben jedoch gezeigt, daß das *Balantidium coli* in ähnlicher Weise wie die Dysenterieamöbe tief in die gesunde Darmwand bis in die Submucosa und Muscularis eindringt und (oft ohne Begleitbakterien) ähnliche Geschwürbildungen erzeugt (Abb. 330). Auch in Blutgefäßen und Lymphbahnen, sowie Lymph- und Mesenterialdrüsen wurde es beobachtet. „Nach den gesamten pathologischen Befunden muß man den Balantidien eine primär pathogene Bedeutung, die allerdings gelegentlich sekundär durch eine bakterielle Infektion kompliziert werden kann, zuschreiben." (Prowazek.)

Auch positive Übertragungsversuche, die früher meist zu keinem klaren, eindeutigen Resultat geführt hatten, liegen jetzt vor (Brumpt, Walker); letzterer konnte Affen mit dem *Balantidium* des Menschen wie des Schweines mit Erfolg infizieren und die primär ätiologische Rolle der Ciliaten feststellen. Nach den Versuchen dieses Autors ist auch das *Balantidium coli hominis* und *Balantidium coli suis* der Philippinen identisch. Die Menschen und Schweine, die *Balantidium coli* beherbergen ohne Krankheitserscheinungen, würden dann als Parasitenträger anzusprechen sein, die ja auch bei anderen pathogenen Mikroorganismen (Dysenterieamöben, Malariaparasiten) bekannt sind. Immerhin scheint es fraglich, ob dieser Schluß für alle Gegenden gilt. Viele Erfahrungen sprechen doch dafür, daß es ähnlich wie bei den Amöben auch harmlose Balantidienarten gibt. Dadurch würde das vielfach beobachtete Vorkommen von *Balantidium coli* bei gesunden Menschen und auch die Harmlosigkeit beim Schwein noch ungezwungener seine Erklärung finden. Ehe nicht weitere gründliche cytolytische und experimentelle Untersuchungen vorliegen, muß mit der Möglichkeit des Vorkommens einer nichtpathogenen *Balantidium* - Art immer noch gerechnet werden.

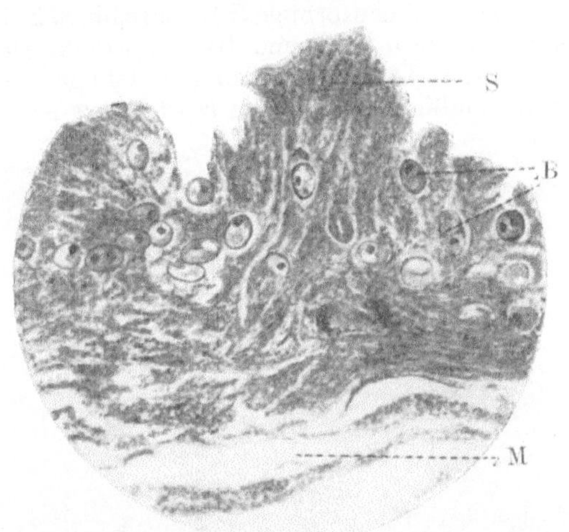

Abb. 330. Schnitt durch die Darmwand des Menschen bei Balantidieninfektion. S Serosa, B Balantidien, M Muscularis. Nach Solowjew aus Doflein.

Die klinischen Erscheinungen der Balantidiencolitis bestehen neben häufigen Durchfällen (6—15) vorwiegend in Kopfschmerzen, Appetitlosigkeit, Durstgefühl. Sie neigt noch mehr wie die Amöbendysenterie zu chronischem Verluaf (bis 20 Jahre) und es zeigen sich dann kachektische und anämische Ershceinungen. Die Diagnose kann in Anbetracht des wechselvollen klinischen Bildes nur durch den mikroskopischen Nachweis der Balantidien im Stuhl gestellt werden.

„Die therapeutischen Versuche sind mit Ausnahme einiger Vorversuche nicht aus dem Stadium der rohen Empirie herausgetreten". Am meisten werden Chininklysmen sowie innerlich Verabreichung von Chinin empfohlen. Nach neuen Versuchen von Walker sollen Metallsalze (Silber- und Merkursalze) noch wirksamer sein.

b) Andere Darmciliaten des Menschen.

Balantidium minutum Schaudinn.

Unter diesem Namen beschrieb Schaudinn 1898 eine 2. Balantidiumart beim Menschen, die bei 2 Patienten in Berlin sich fand.

Die Art (Abb. 331) ist kleiner als *Balantidium coli* (20—32 μ lang und 14—20 μ breit), von kurzer birnförmiger Gestalt. Das Peristom ist länger und erstreckt sich bis zur Körpermitte; der linke Rand ist nach hinten lamellenartig verbreitert und schlägt über den rechten Rand hinüber. Es weist nur e in e pulsierende Vakuole auf. Der Macronucleus ist stets kugelig und der kleine Micronucleus liegt ihm an. Die Cysten sind oval.

Diese Art scheint für gewöhnlich nicht im Mastdarm, sondern weiter oben im Dünndarm oder gar Duodenum zu leben und harmloser Natur zu sein.

Nyctotherus faba Schaudinn.

Zusammen mit *Balantidium minutum* in einem der obigen Fälle wurde diese *Nyctotherus*-Art beim Menschen gefunden.

Das bohnenförmige Infusor (Abb. 332) ist dorsoventral abgeplattet, 26—28 μ lang, 16—18 μ breit und 10—12 μ dick. Das Peristom hat die für die Gattung (s. oben) typische Gestaltung und Lage; der wohlausgebildete Schlund ist verhältnismäßig kurz für eine *Nyctotherus*-Art. Es findet sich nur e in e pulsierende

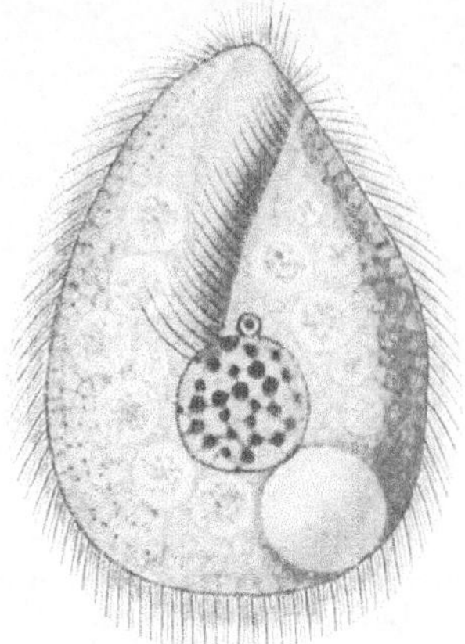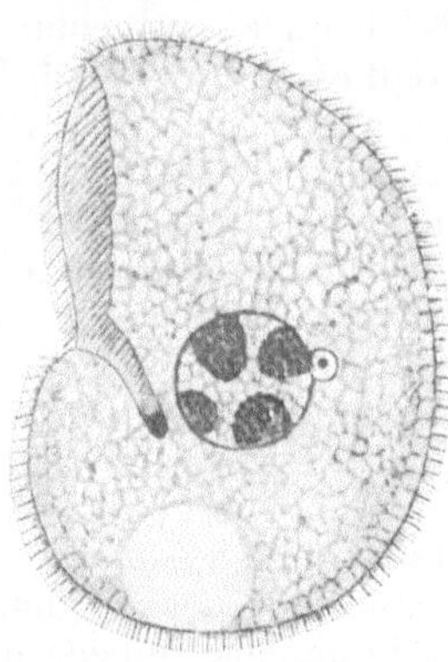

Abb. 331. *Balantidium minutum* Schaudinn. Nach Schaudinn 1898.

Abb. 332. *Nyctotherus faba* Schaudinn.
Nach Schaudinn 1898.

Vakuole am Hinterende, die ihren Inhalt durch die wohl ausgebildete Afterröhre entleert. Der Macronucleus ist kugelig und enthält in sehr charakteristischer Weise 4—5 große Chromatinklumpen an der Kernmembran. Auch hier sind die Cysten oval. Wie die vorige Art scheint das Infusor im Dünndarm zu leben und nicht pathogen zu sein.

Nyctotherus giganteus Krause.

Aus dem Stuhl eines Typhuskranken in Breslau fand Krause 1906 ein Infusor, das er *Balantidium giganteum* nannte, das jedoch nach Braun wahrscheinlich zur Gattung *Nyctotherus* gehört.

Es ist bedeutend größer als die vorige Art (90—300 μ lang, 60—90 μ breit). Der Großkern ist oval bis bohnenförmig mit gleichmäßiger Chromatinverteilung. Die Cysten sind annähernd kugelig.

Bemerkenswert ist, daß die Parasiten sich im Thermostaten bei 37° in alkalischem Medium bis 5 Wochen am Leben hielten.

Nyctotherus (?) africanus Castellani.

Unter diesem Namen beschrieb Castellani 1905 aus dem Darm eines kranken Eingeborenen von Baganda ein Infusor von 40—50 μ Länge und 35—40 μ Breite, dessen systematische Stellung mangels einer genaueren Beschreibung ganz unsicher ist.

Uronema caudatum Martini.

Bei Dysenteriekranken in Tsingtau (China) fand Martini 1910 in 4 Fällen Infusorien, die zu der meist freilebenden holotrichen Gattung *Uronema* gehören. Martini sprach das Infusor, das sich in physiologischer Kochsalzlösung wochenlang am Leben erhielt, als Ursache der dysenterieähnlichen Erkrankung an. Vermutlich handelte es sich wie bei manchen *Prowazekia*-Arten und *Chlamydophrys* nur um ein gelegentliches parasitäres Vorkommen einer für gewöhnlich freilebenden Art.

3. Hautinfusorien der Süßwasserfische.

Bei unsern heimischen Süßwasserfischen sind 3 Infusorienarten als Hautparasiten bekannt geworden, von denen besonders eine oft seuchenartig auftritt. Es sind das *Ichthyophthirius multifiliis* Fouquet, *Chilodon cyprini* Moroff und *Cyclochaete domergueii* Wallengren. Die erste Art ist ein holotriches Infusor und gehört zu den wenigen Infusorienarten, die nicht das dauernde Vorhandensein zweier funktionell verschiedener Kerne aufweisen. Die zweite Art ist ein Angehöriger der Familie der Chlamydodontidae, die meist in die Unterordnung der Gymnostomata der Ordnung der Holotricha eingereiht, von einigen Autoren jedoch zu den Hypotrichen gezählt werden. Die 3. Art endlich ist ein typisches peritriches Infusor, das zur Familie der Vorticelliniden, Unterfamilie Urceolarinae gehört.

a) Ichthyophthirius multifiliis (Fouquet).

Dieses von Hilgendorf und Paulicki 1869 entdeckte, von Fouquet 1876 zuerst genauer beschriebene Ciliat ist der gefährlichste und verbreitetste Hautparasit unter den Infusorien. Neresheimer hat neuerdings (1907/08) die merkwürdige Entwicklung der Form festgestellt, die von Busckkiel (1911) bestätigt wurde.

Die Größe des erwachsenen Parasiten wird meist auf 500—800 μ angegeben; die Gestalt ist ovoid mit etwas verjüngtem Vorderende (Abb. 333). Terminal liegt die nahezu runde, manchmal aber auch spalt- und grubenförmig erscheinende Mundöffnung, die von kürzeren, stärkeren Wimpern umgeben ist, die nach innen schlagen; sie führt in einen kurzen Schlund. Die Oberfläche ist zart längsgestreift, offenbar der Ausdruck von Basalkörperchenreihen, auf denen die feinen Wimpern aufsitzen. Unter der Pellicula findet sich ein Alveolarsaum und ein gut ausgebildetes Cortikalplasma, in dem kleine pulsierende Vakuolen liegen. Im Entoplasma beobachtet man in Nahrungsvakuolen Pigment von der Fischhaut und zuweilen verdaute Blutkörperchen. Etwa in der Körpermitte liegt der große hufeisenförmige, feinkörnige Kern. Ein besonderer Micronucleus fehlt bei erwachsenen Tieren. Die Parasiten sitzen in einer pustelartigen Höhlung in der Oberhaut der Fische, manchmal zu zweien in einem Hohlraum. Eine Vermehrung in der Haut durch Teilung soll zwar gelegentlich vorkommen, scheint aber nicht sicher.

Fortpflanzung wie Befruchtung vollziehen sich normalerweise nur innerhalb von schleimigen Vermehrungscysten, die die von den Fischen abgewanderten Tiere bald ausscheiden. Durch rasch aufeinanderfolgende Teilungen entstehen in der Cyste meist mehrere Hundert (100—800) kleine bewimperte

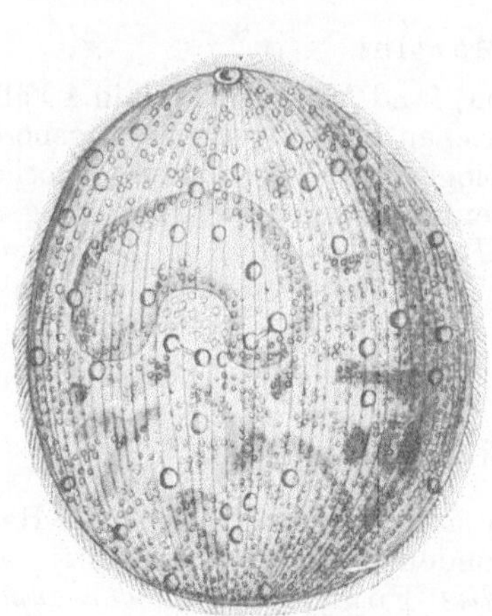

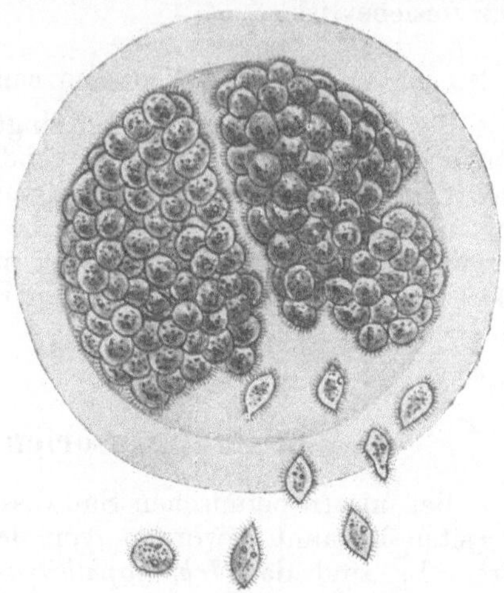

Abb. 333. *Ichthyophthirius multifiliis* Fouquet. Nach Lieberkühn aus Bütschli 1889.

Abb. 334. *Ichthyophthirius multifiliis* Fouquet. Vermehrungscyste. Nach Fouquet aus Prowazek 1914.

Sprößlinge von 30—46 µ Länge, die einen Micronucleus neben dem nun kugeligen Macronucleus aufweisen (Abb. 334 und 335a). Der Micronucleus entsteht schon nach wenigen Teilungen durch eine Art Knospung aus dem einheitlichen Kern. Der Vorgang kann sich bei demselben Tier wiederholen. Bei ,

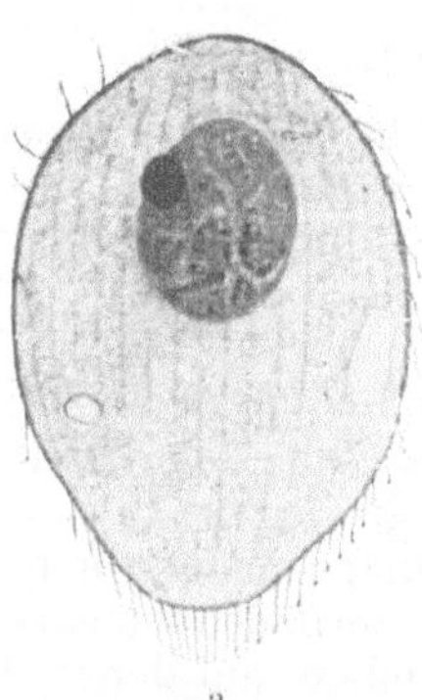

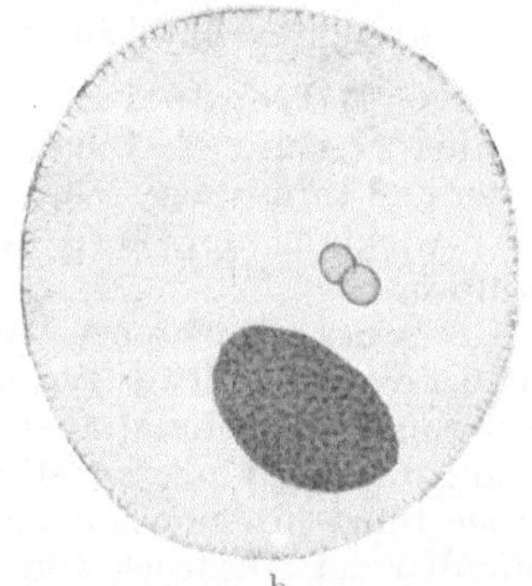

a

b

Abb. 335. *Ichthyophthirius multifiliis* Fouquet. a Teilsprößling aus der Cyste mit Micronucleus, b autogame Caryogamie der Micronucleen. Vergr. ca. 1000. Nach v. Prowazek 1914.

den weiteren Teilungen teilt sich der Micronucleus mitotisch. Zuletzt spielt sich in den Sprößlingen entweder noch innerhalb der Cyste oder nach deren Verlassen ein autogamer Befruchtungsvorgang ab (Neresheimer, Buschkiel), indem 2 Micronuclei nach vorausgegangener Bildung von 2 Reduktionskernen (welch letzteres jedoch noch nicht ganz sichergestellt ist) zu einem

Syncaryon verschmelzen (Abb. 335 b). Später wandert der Micronucleus (Syncaryon) wieder in den erhaltenen Macronucleus ein.

Die aus der Cyste ausgeschlüpften Sprößlinge wandern in die Epidermis neuer Fische ein, indem sie sich durch rotierende Bewegungen unter Zerstörung einiger Epithelzellen tief einbohren. Falls sie nach 60 Stunden keinen Wirt gefunden haben, gehen sie zugrunde.

Pathologie. Die Ichthyophthirien rufen unter den Fischen eine charakteristische Erkrankung hervor, die oft in Aquarien, Winterteichen, Fischzuchtanstalten verheerend wirken kann. Als Krankheitserscheinungen treten auf der Haut der Fische makroscopisch sichtbare, milchweiße Pusteln und Pustelchen auf, die sich bei stärkerer Infektion zu Flecken verbreitern (Pustel- oder Fleckenkrankheit). Nach Entleeren der Pusteln sieht die Haut siebartig durchlöchert aus. Auch die Kiemen können von den Parasiten befallen werden, was als wesentliche Todesursache betrachtet wird.

Die Hauptbekämpfung der Seuche muß sich auf die Vernichtung der freiwerdenden Infusorien und der zu Boden gefallenen Cysten richten. Man empfiehlt zu diesem Zwecke, die Hälter und Teiche nach Ablassen des Wassers mit ca. 1% Kalilauge oder 10—20% Kochsalzlösung zu behandeln.

b) Chilodon cyprini (Moroff).

Beim Karpfen und karpfenartigen Fischen, besonders häufig beim Goldfisch, tritt in weiter Verbreitung in Aquarien und Hältern eine Hautkrankheit auf, die durch das von Moroff 1902 beschriebene Ciliat *Chilodon cyprini* Moroff hervorgerufen wird.

Der Parasit ist 50—70 μ lang und 30—40 μ breit, hat eine blatt- oder herzförmige Gestalt und ist dorsoventral abgeplattet. Während die dorsale, gewölbte Seite nackt ohne Streifung und Wimpern ist, zeigt die flache Bauchseite eine feine parallele Streifung und mäßig lange Wimpern (Abb. 336). Die ventral liegende Mundöffnung wird von einem sog. Reusenapparat umfaßt, der aus ca. 16 Borsten gebildet wird. Der ovale Macronucleus weist ein Pseudocaryosom auf, daneben findet sich ein kleiner Micronucleus. Das Entoplasma enthält außerdem noch 2 pulsierende Vakuolen und Fettröpfchen. Die Vermehrung erfolgt durch Zweiteilung; auch ist Conjugation beobachtet (vgl. Allg. T. S. 75, Abb. 90).

Die Krankheitserscheinungen sind ähnlich wie bei der früher geschilderten *Costia*-Krankheit. Auch die Bekämpfung ist die gleiche (s. S. 172).

Bemerkt sei noch, daß auch freilebende Chilodonarten gelegentlich als „Pseudoparasiten" beim Menschen beschrieben wurden.

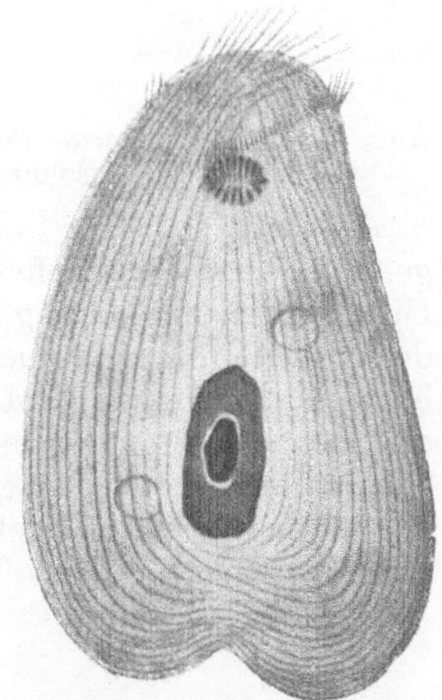

Abb. 336. *Chilodon cyprini* Moroff. Von der Bauchseite. Nach Moroff 1902.

c) Cyclochaeta domergueii (Wallengren).

Dieses bereits von Ehrenberg und Stein beobachtete, aber erst von Wallengren richtig erkannte und beschriebene Infusor ruft auf der Haut verschiedener Salmoniden, zahlreicher Cypriniden und von Aalbrut in Aquarien eine ähnliche Erkrankung wie die Costiasis und Chilodonkrankheit hervor.

Das etwa glockenförmige oder flach zylindrische Tier (Abb. 337) hat einen Durchmesser von etwa 50 μ. Das Infusor sitzt mit seiner zu einem saugnapfartigen Haftapparat umgewandelten Basalfläche festgeheftet auf der Haut der Fische. Den Rand dieses Organells bildet das sog. Velum, das von einem Cirrenkranz umgeben ist. Nach innen folgt dann ein Membranellenkranz und ein geripptes Ringband, in dem noch ein besonderes Haftorgan liegt. Das der Basalfläche gegenüberliegende Peristomfeld ist von einem Peristomsaum um-

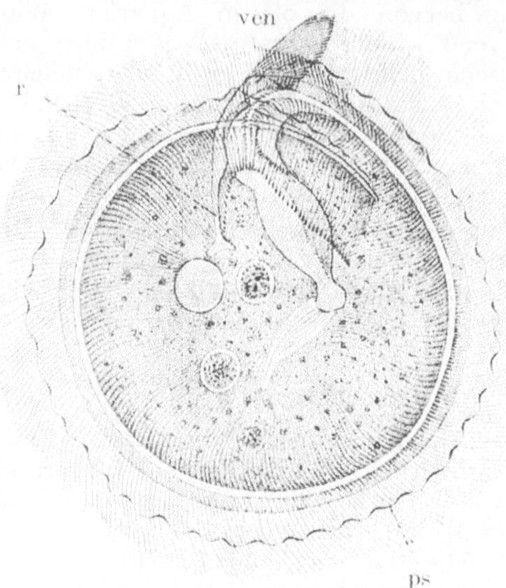

Abb. 337. *Cyclochaeta domergueii* Wallengren. Peristomansicht. ven Ventralseite, r Reservoir, ps Peristomsaum. Nach Wallengren 1897.

geben, der in eine tiefe Peristomrinne und ein Vestibulum ausläuft, an dessen Grund die Mundöffnung liegt (Abb. 337). Auf die komplizierten Bauverhältnisse des Vestibulum soll hier nicht weiter eingegangen werden. Im Entoplasma liegt der bandförmige Macronucleus und 1 Micronucleus. Bezüglich des infolge des komplizierten Baues sehr verwickelten Verlaufes der Teilung sei auf die Originalarbeit Wallengrens verwiesen.

Für die Krankheitserscheinungen, Heilung und Bekämpfung gilt das anläßlich der Costiasis Mitgeteilte (s. S. 172).

Literatur.

Die folgende Literaturliste gibt natürlich nur eine geringe Auswahl der vorliegenden, in den letzten Jahren teilweise ungeheuer angeschwollenen Literatur. Sie enthält einerseits Arbeiten, die der Darstellung zugrunde liegen resp. die im Text (manchmal mehr zufällig) als Beispiele angeführt oder aus denen Abbildungen entnommen sind. Dann sind vor allem Arbeiten angeführt, die über einzelne Fragen zusammenfassend berichten und dadurch geeignet sind weiter in die Literatur einzuführen.

Lehr- und Handbücher.

Blochmann, F., 1895. Die mikroskopische Tierwelt des Süßwassers. Abt. I. Protozoa. 2. Aufl. Hamburg.

Braun, M., 1915. Die tierischen Parasiten des Menschen. 5. Aufl. Würzburg.

Bütschli, O., 1880—1889. Protozoen. In: Bronn's, Klassen und Ordnungen des Tierreichs. 1 1.—3. Abt.

Calkins, G. N., 1901. The Protozoa. New York.

Doflein, F., 1911. Lehrbuch der Protozoenkunde. 3. Aufl. Jena.

Hartmann, M., 1915. Praktikum der Protozoologie. 3. Aufl. Jena.

Hofer, B., 1904. Handbuch der Fischkrankheiten. München.

Lang-Lühe, 1913/14. Protozoen. 1. u. 2. Lief. In: Lang, Handbuch der Morphologie. 1. Jena.

Jochmann, 1914. Lehrbuch der Infektionskrankheiten. Berlin.

Kolle-Wassermann, 1912. Handbuch der pathogenen Mikroorganismen. 2. Aufl. 7. Jena.

Mense, Handbuch der Tropenkrankheiten. 2. Aufl. Leipzig.

Minchin, 1912. Introduction to the Study of the Protozoa. London.

Neumann, R. O. und M. Mayer, 1914. Atlas und Lehrbuch wichtiger tierischer Parasiten etc. Lehmann's mediz. Atlanten. München.

Oltmans, F., 1904. Morphologie und Biologie der Algen. 1. Spezieller Teil. Jena 1904.
— 1905. 2. Allgemeiner Teil. Jena 1905.

Prowazek, S. v., 1910. Physiologie der Einzelligen. Leipzig.
— 1911/14. Handbuch der pathogenen Protozoen. Lief. 1—6. Leipzig.

I. Allgemeiner Teil.

A. Allgemeine Morphologie und Physiologie.

I. Einleitung.

Dobell, 1911. Principles of Protistology. Arch. Protistk. 23.

Hartmann, M., 1911. Die Konstitution der Protistenkerne und ihre Bedeutung für die Zellenlehre. Jena.

Lidfors, 1915. Protoplasma, Zellulärer Bau. In: Kultur d. Gegenw., Allg. Biologie. Leipzig u. Berlin.

Sachs, 1892. Beiträge zur Zelltheorie. Allg. bot. Zeitg.

Schröder, O., 1907. Beiträge zur Entwicklungsgeschichte der Myxosporidien. Sphaeromyxa sabrazesi. Arch. Protisk. 9.

II. Die Grundsubstanz der Protozoenzelle.

A. Protoplasma.

Bütschli, O., 1892. Untersuchungen über mikroskopische Schäume im Protoplasma. Leipzig.

— 1901. Meine Ansichten über die Struktur des Plasmas und einige ihrer Gegner. Arch. Entwicklmech. **11**, 499.

Gurwitsch, 1913. Allgemeine Histologie. Jena.

Lidfors, 1915. Protoplasma. In: Kultur d. Gegenw. Allg. Biologie. Leipzig u. Berlin.

Rhumbler, L., 1902. Der Aggregatzustand und die physikalischen Besonderheiten des lebenden Zellinhalts. Zeitschr. allg. Phys. **1**, 279 u. **2**, 183.

B. Kern und Kernteilung.

Alexeieff, 1913. Systématisation de la mitose dite „primitive" etc. Arch. Prot. **29.**

Chatton, E., 1910. Essai sur le noyau et la mitose chez les amoebiens. Faits et théories. Arch. Zool. exp. gén. **45.**

Dobell, Cl., 1914. Cytological studies of three species of Amoeba etc. Arch. Prot. **34.**

Fiebiger, 1913. Studien über die Schwimmblasencoccidien der Gadusarten (Eimeria gadi n. sp.). Arch. Prot. **31.**

Foà, 1904. Ricerche sulla riproduzione dei Flagellati. II. Processo di divisione delle Triconimfe. Rendic. Atti Acad. Lincei, Ser. 5, **13**, Fasc. 12.

— 1905. Due nuovi Flagellati parassiti. Rendic. Atti Acad. Lincei, Ser. 5, **14**, Fasc. 10.

Hartmann, M., 1909. Polyenergide Kerne. Studien über multiple Kernteilungen und generative Chromidien bei Protozoen. Biol. Zentralbl. **29.**

— 1910. Untersuchungen über Bau und Entwicklung der Trichonymphiden. Festschr. R. Hertwig. **1.**

— 1911. Die Konstitution der Protistenkerne und ihre Bedeutung für die Zellenlehre. Jena.

— 1913. Morphologie und Systematik der Amöben. In: Kolle-Wassermann, Handb. d. pathogenen Mikroorganismen. 2. Aufl. **7.**

— und Chagas, 1910. Flagellatenstudien. Mem. Inst. Oswaldo Cruz. **1.**

— — Vorläufige Mitteilung über Untersuchungen an Schlangenhämogregarinen. Arch. Prot. **20.**

— und v. Prowazek, S., 1907. Caryosom, Blepharoplast und Centrosom. Arch. Prot. **10.**

Hertwig, R., 1898. Über Kernteilung, Richtungskörperbildung und Befruchtung von Actinosphaerium Eichhorni. Abh. bayr. Akad. Wiss. **19.**

— 1902. Die Protozoen und die Zelltheorie. Arch. Prot. **1.**

— 1907. Über den Chromidialapparat und den Dualismus der Kernsubstanzen. Sitzungsber. Ges. Morph. Phys. München 1907.

v. Janicki, C., 1912. Bemerkungen zum Kernteilungsvorgang bei Flagellaten, namentlich bei parasitischen Formen. Verh. naturforsch. Ges. Basel. **23.**

Keysselitz, 1908, Studien über Protozoen. Arch. Prot. **11.**

Nägler, K., 1909. Entwicklungsgeschichtliche Studien über Amöben. Arch. Prot. **15.**

Moroff, Th., 1906. Untersuchungen über Coccidien. I. Adelea zonula n. sp. Arch. Prot. **8.**

Prowazek, S. v., 1908. Einfluß von Säurelösung niedrigster Konzentration auf die Zell- und Kernteilung. Arch. Entwicklungsmech. **25.**

Rosenbusch, T., 1909, Trypanosomenstudien. Arch. Prot. **15.**

Schaudinn, F., 1896. Über das Zentralkorn der Heliozoen, ein Beitrag zur Centrosomenfrage. Verh. Deutsch. Zool. Ges. 1896.

— 1904., Generations- und Wirtswechsel bei Trypanosoma und Spirochaete. Arb. Kais. Gesundheitsamt. **20.**

Siedlecki, 1905. Über die Bedeutung des Karyosoms. Bull. Acad. Scienc. Krakau. 1905.

Wasielewski, Th. v. und A. Kühn, 1914. Untersuchungen über Bau und Teilung des Amöbenkernes. Zool. Jahrb. Abt. Anat. **38.**

Zuelzer, M., 1909. Bau und Entwicklung von Wagnerella borealis. Arch. Prot. **17.**

III. Statik und Dynamik.

Braune, 1913. Untersuchungen über die im Wiederkäuermagen vorkommenden Protozoen. Arch. Prot. **33**.

Bütschli, O., 1892. Untersuchungen über mikroskopische Schäume und das Protoplasma. Leipzig.

Crawley, H., 1905. The movements of Gregarines. Proc. Acad. Nat. Sci. Philadelphia **57**. S. 89.

Eberlein, R., 1895. Über die im Wiederkäuermagen vorkommenden ciliaten Infusorien. Zeitschr. wiss. Zool. **59**.

Entz, G. jun., 1909. Studien über Organisation und Biologie der Tintinniden. Arch. Prot. **15**.

Hamburger, Cl., 1911. Studien über Euglena ehrenbergii, insbesondere über die Körperhülle. Sitzber. Heidelberg Akad. Wiss. Math.-nat. Kl. 4. Abh.

Hartmann und Chagas, 1910, Flagellatenstudien. Mem. Inst. Oswaldo Cruz. **2**.

Jennings, H. S., 1910. Das Verhalten der niederen Organismen. Übersetzt von Mangold. Leipzig.

Jensen, P., 1902. Die Protoplasmabewegung. Ergebn. Phys. **1**.

— 1912. Allgemeine Physiologie der Bewegung. Handwörterb. Naturwiss. **1**, 1055.

Koltzoff, N., 1906. Studien über die Gestalt der Zelle. I. Arch. mikr. Anat. **67**.

— 1911. Studien über die Gestalt der Zelle. Teil III. Untersuchungen über die Kontraktilität des Stieles von Zoothamnium alternans. Arch. Zellf. **7**.

Kuczinsky, M., 1914. Untersuchungen an Trichomonaden. Arch. Prot. **33**.

Maier, N., 1902. Über den Wimperapparat der Infusorien. Arch. Prot. **2**.

Plenge, 1896. Über die Verbindungen zwischen Geißel und Kern etc. Verh. naturh. Ver. Heidelberg. N. F. **6**.

Prowazek, S., 1903. Flagellatenstudien. Arch. Prot. **2**.

Rhumbler, L., 1898. Physikalische Analyse von Lebenserscheinungen der Zelle. I. Bewegung, Nahrungsaufnahme usw. bei lobosen Rhizopoden. Arch. Entwicklungsmech. **7**.

Schaudinn, Fr., 1904. Generations- und Wirtswechsel bei Trypanosoma und Spirochaete. Arb. Kais. Gesundheitsamt. **20**.

— 1900. Untersuchungen über den Generationswechsel bei Coccidien. Zool. Jahrb. Abt. Anat. **13**.

Schewiakoff, W., 1894. Über die Ursache der fortschreitenden Bewegung der Gregarinen. Zeitschr. wiss. Zool. **58**.

Schröder, O., 1906. Beiträge zur Kenntnis von Campanella umbellaria. Arch. Prot. **7**.

Schuberg, A., 1905. Über Cilien und Trichocysten einiger Infusorien. Arch. Prot. **6**.

Sokolow, B., 1912. Studien über Physiologie der Gregarinen. Arch. Prot. **27**.

Ulehla, V., 1911. Ultramikroskopische Studien über Geißelbewegung. Biol. Zentralbl. **31**.

Verworn, M., 1892. Die Bewegung der lebendigen Substanz. Jena.

IV. Stoffwechsel.

Biedermann, W., 1911. Die Aufnahme, Verarbeitung und Assimilation der Nahrung. (Besonders II. Teil. Die Ernährung der Einzelligen.) In: Winterstein, Handb. der vergleichenden Physiologie. **2**, 1. Hälfte. Jena.

Bütschli, O., 1906. Beiträge zur Kenntnis des Paramylons. Arch. Prot. **7**.

Enriques, P., 1912. Die Nahrung und die Struktur des Macronucleus. Arch. Prot. **26**.

Glaeßner, K., 1908. Über Balantidienenteritis. Zentralbl. f. Bakt. 1. Abt. Orig. **47**.

Große-Allermann, W., 1909. Studien über Amoeba terricola Greeff. Arch. Prot. **17**, 203—257.

v. Janicki, C., 1911. Zur Kenntnis des Parabasalapparats bei parasitischen Flagellaten. Biol. Zentralbl. **31**.

Kainsky, A., 1911. Zur Morphologie und Physiologie einiger Infusorien (Paramaecium caudatum) auf Grund einer neuen histologischen Methode. Arch. Prot. **21**.

Koltzoff, N. K., 1914. Über die Wirkung von H-Ionen auf die Phagozytose von Carchesium lachmani. Int. Zeitschr. phys.-chem. Biol. **1**.

Metalnikoff, S., 1912. Contribution à l'étude de la digestion intracellulaire chez les Protozoaires. Arch. Zool. exp. **9**.

Mouton, H., 1902. Recherches sur la digestion chez les amibes et sur leur diastase intra-cellulaire. Thèse. Fac. Science. Paris.

Meyer, Arth., 1904. Orientierende Untersuchungen über Verbreitung, Morphologie und Chemie des Volutins. Bot. Zeit. 62.

Nirenstein, E., 1905. Beiträge zur Ernährungsphysiologie der Protisten. Zeitschr. allg. Phys. 5.

Reichenow, E., 1909. Untersuchungen an Haematococcus pluvialis nebst Bemerkungen über andere Flagellaten. Arb. Kais. Gesundheitsamt. 33.

Rhumbler, L., 1910. Die verschiedenartigen Nahrungsaufnahmen bei Amöben als Folge verschiedener Kolloidzustände ihrer Oberfläche. Arch. Entw. Mech. 30.

Siedliecki, 1905. Über die Bedeutung des Caryosoms. Bull. Ac. Sc. Krakau.

Whitmore, E., 1911. Prowazekia asiatica. Arch. Prot. 22.

V. Formwechsel.

A. Fortpflanzung.

Aragâo, Henr. de Beaurepaire, 1910. Untersuchungen über Polytomella agilis n. g. n. sp. Mem. Inst. Oswaldo Cruz. 2.

Braune, 1913. Untersuchungen über die im Wiederkäuermagen vorkommenden Protozoen. Arch. Prot. 33.

Erdmann, Rh., 1913. Experimentelle Untersuchungen über die Beziehungen zwischen Fortpflanzung und Befruchtung bei Protozoen, besonders bei Amoeba diploidea. Arch. Prot. 29.

Doflein, Fr., 1898. Studien zur Naturgeschichte der Protozoen. III. Über Myxosporidien. Zool. Jahrb. Anat. 11.

— 1909. Lehrbuch der Protozoenkunde. 2. Aufl. S. 137. Jena.

Hartmann, M., 1904. Die Fortpflanzungsweisen der Organismen. Biol. Zentralbl. 24.

— 1906. Tod und Fortpflanzung. München.

— 1915. Mikrobiologie, Allg. Biologie der Protisten. Kultur d. Gegenw. Allg. Biol. Leipzig u. Berlin.

— 1910. Über die Kernteilung von Amoeba hyalina Dang. Mem. Inst. Osw. Cruz. Rio de Janeiro 2.

— und Chagas, 1910. Flagellatenstudien. Ibid.

Hertwig, R., 1902. Über das Wechselverhältnis von Kern und Protoplasma. Sitzber. Ges. Morph. u. Phys. München.

— 1903. Über Korrelation von Zell- und Kerngröße und ihre Bedeutung für die geschlechtliche Differenzierung und die Teilung der Zelle. Biol. Zentralbl. 23.

Jollos, V., 1913. Experimentelle Untersuchungen an Infusorien. Biol. Zentralbl. 33.

Klebs, G., 1896. Die Bedingungen der Fortpflanzung bei einigen Algen und Pilzen. Jena. 543 S.

— 1899. Generationswechsel der Thallophyten. Biol. Zentralbl. 19, S. 209—226.

Léger, L. und O. Duboscq, 1908. L'évolution schizogonique de Aggregata (Eucoccidium) eberthi (Labbé). Arch. Prot. 12.

Kuczynski, M., 1914. Untersuchungen an Trichomonaden. Arch. Prot. 33.

Parisi, Br., 1913. Sulla Sphaerospora caudata Par. Atti Soc. Ital. Scienz. Nat. 51.

v. Prowazek, 1910. Physiologie der Einzelligen. Leipzig.

Rosenbusch, F., 1909. Trypanosomenstudien. Arch. Prot. 15.

Schaudinn, F., 1902. Studien über krankheitserregende Protozoen. II. Plasmodium vivax. Arb. Kais. Gesundheitsamt. 19.

— 1911. Nachtrag zu den Untersuchungen über die Fortpflanzung einiger Rhizopoden. F. Schaudinns Arbeiten. Hamburg.

Schröder, O., 1907. Beiträge zur Entwicklungsgeschichte der Myxosporidien. Sphaeromyxa sabrazesi. Arch. Prot. 9.

Swarczewsky, B., 1914. Über den Lebenscyklus einiger Haplosporidien. Arch. Prot. 33.

B. Befruchtung.

Blakeslee, 1904. Sexual reproduction in the Mucorineae. Proc. Am. Acad. 40.

— 1906. Zygospores-germinations in the Mucorineae. Ann. Mycol.

Brasil, L., 1905. Recherches sur la réproduction des grégarines monocystidées. Arch. Zool. expér. gén. Sér. 4. **3**.

Bütschli, O., 1888—1889. Protozoen. **3**. Infusoria. S. 1642. Bronns Klass. Ordn.

Calkins und Chull, 1908. The Conjugation of Paramaecium aurelia. Arch. Prot. **10**.

Caullery, M. und F. Mesnil, 1905. Recherches sur les actinomyxidies. Arch. Prot. **6**.

Dobell, C. C., 1908 The Structure and Life-History of Copromonas subtilis n. g. n. sp. Quart. Journ. micr. Science. **52**.

Enriques, P., 1907. La coniugazione ed il differenziamento sessuale negli infusori. Arch. Prot. **9**.

— 1908. Konjugation und Geschlechtsdifferenzierung bei Infusorien II. Ibid. **12**.

Hartmann, M., 1909. Autogamie bei Protisten und ihre Bedeutung für das Befruchtungsproblem. Jena. 72 S..

— 1914. Der Generationswechsel der Protisten und sein Zusammenhang mit dem Reduktions- und Befruchtungsproblem. Verh. deutsch. zool. Ges. 1914.

— und Nägler, K., 1908. Kopulation bei Amoeba diploidea mit Selbständigbleiben der Gametenkerne während des ganzen Lebenszyklus. Sitzber. Ges. naturf. Freunde Berlin 1908.

Hertwig, R., 1902. Über Wesen und Bedeutung der Befruchtung. Sitzber. Akad. Wiss. München. **32**. S. auch unter Hertwig bei Kap. Fortpflanzung.

Jennings, H. S., 1913. The Effect of Conjugation in Paramaecium. Journ. exp. Zool. **14**.

— und K. S. Lashley, 1913. Biparental Inheritance and the Question of Sexuality in Paramaecium. Journ. exp. Zool. **14**.

Jollos, V., 1909. Multiple Teilung und Reduktion bei Adelea ovata Ai. Schneider. Arch. Prot. **15**.

Léger, L., 1904. La reproduction sexuée chez les Stylorhynchus. Arch. Prot. **3**.

Lühe, M., 1902. Über Befruchtungsvorgänge bei Protozoen. Schrift. phys. ökon. Ges. Königsberg. Jahrg. **43**.

Maupas, E., 1888. Recherches expérimentales sur la multiplication des Infusoires ciliés. Arch. Zool. expér. gén. Sér. 2. **6**.

— 1888. Sur le rajeunissement karyogamique des ciliés. Ibid. Sér. 2. **7**.

Mercier, L., 1910. Contribution à l'étude de l'amibe de la blatte (Entamoeba blattae Bütschli). Arch. Prot. **20**.

Metcalf, 1909. Opalina. Arch. Prot. **13**, 195—357.

Mulsow, K., 1911. Über Fortpflanzungserscheinungen bei Monocystis rostrata n. sp. Arch. Prot. **22**, 20.

Popoff, M., 1907. Die Gametenbildung und die Konjugation von Carchesium polypinum L. Zeitschr. wiss. Zool. **89**.

Prowazek, S. v., 1907. Die Sexualität bei den Protisten. Arch. Prot. **9**.

— 1904. Untersuchungen über einige parasitische Flagellaten. Arb. Kais. Gesundheitsamt. **21**.

— 1910. Physiologie der Einzelligen. Leipzig.

Prandtl, H., 1906. Die Konjugation von Didinium nasutum. O. F. M. Arch. Prot. **7**, 229—258.

Schaudinn, Fr., 1900. Untersuchungen über den Generationswechsel bei Coccidien. Zool. Jahrb. Abt. Anat. **13**.

— 1902. Studien über krankheitserregende Protozoen. I. Cyclospora caryolytica, II. Plasmodium vivax. Arb. Kais. Gesundheitsamt. **18** u. **19**.

— 1905. Neuere Forschungen über die Befruchtung bei Protozoen. Verh. deutsch. zool. Ges. 1905.

— 1911. Nachtrag zu dem Generations- und Wirtswechsel von Trypanosoma und Spirochaeta. F. Schaudinns Arbeiten. Hamburg.

Schellack, C., 1907. Über die Entwicklung und Fortpflanzung von Echinomera hispida. (A. Schn.). Arch. Prot. **9**. 297—345.

Swarczewsky, B., 1912. Über den Lebenscyklus einiger Haplosporid'en. Arch. Prot. **33**.

Woodruff, 1914. So-called conjugating and non-conjugating races of Paramaecium. Journ. Exp. Zool. **16**.

Zweibaum, Jules, 1912. La conjugaison et la différentiation sexuelle chez les Infusoires (Enriques u. Zweibaum). V. Les conditions nécessaires et suffisantes pour la conjugaison du Paramaecium caudatum. Arch. Prot. **26**.

C. Entwicklung, Polymorphismus und Generationswechsel.

Aragâo, H. de Beaurepaire, 1908. Über den Entwicklungsgang und die Übertragung von Haemoproteus columbae. Arch. Protistk. **12**.

Doflein, Fr., 1911. Lehrbuch der Protozoenkunde. 3. Aufl. S. 233 f. Jena.

Hartmann, M., 1914. Der Generationswechsel der Protisten und sein Zusammenhang mit dem Reduktions- und Befruchtungsproblem. Verh. deutsch. zool. Ges. 1914.

Léger und Dubosq, 1902. Les grégarines et l'épithélium intestinal chez les trachéates. Arch. Parasit. **6**.

Mercier, 1909. Le cycle évolutif d'Amoeba blattae. Arch. Prot. **16**.

Nöller, W., 1913. Die Blutprotozoen des Wasserfrosches und ihre Übertragung. I. Teil. Arch. Prot. **31**.

Reich, 1912. Das Kaninchencoccid, Eimeria stiedae Lind. Arch. Prot. **28**.

Schaudinn, Fr., 1899. Untersuchungen über den Generationswechsel von Trichosphaerium sieboldi. Abh. Akad. Wiss. Berlin 1899. 1.

Wasielewski, Th. v. und L. Hirschfeld, 1910. Untersuchungen über Kulturamöben. Abh. Heidelberg. Akad. Wiss. Abhandl. 1.

Whitmore, E., 1911. Studien über Kulturamöben. Arch. Prot. **23**.

D. Variabilität und Vererbung.

Baur, E., 1914. Einführung in die experimentelle Vererbungslehre. 2. Aufl. Berlin.

Goldschmidt, R., 1913. Einführung in die Vererbungswissenschaft. 2. Aufl. Leipzig.

Gonder, R., 1911. Untersuchungen über arzneifeste Mikroorganismen. I. Trypanosoma lewisi. Zentralbl. Bakt. I. Abt. Orig. **61**.

Jennings, H. S., 1908 u. 1909. Heredity, variation and evolution in Protozoa. I. Journ. exp. Zool. **6**. II. Proc. Am. Phil. Soc. **47**.

— 1909. Heredity and Variation in the simplest Organisms. Am. Nat. **43**.

Johannsen, W., 1915. Experimentelle Grundlagen der Deszendenzlehre; Variabilität, Vererbung, Kreuzung, Mutation. Kultur d. Gegenw. Allg. Biol. Leipzig u. Berlin.

Jollos, V., 1914. Variabilität und Vererbung bei den Mikroorganismen. Zeitschr. indukt. Abstamm.- u. Vererbungslehre. **12**.

B. Ökologie (allgemeine Pathogenese).

Braun, H. und Teichmann, E., 1912. Über Trypanosomenimmunisierung. Deutsche med. Wochenschr. S. 107.

— — 1912. Spezifität der Immunitätsreaktionen bei verschiedenen Trypanosomenarten. Arch. f. Schiffs- u. Tropenhyg. **16**, Beiheft 4. S. 141—147.

Hartmann, M., 1911. Über die willkürliche Hervorrufung von Rezidiven bei Protozoenkrankheiten durch künstliche Parthenogenese. Folia serologica. **7**, 585—592.

Jollos, V., 1913. Experimentelle Untersuchungen an Infusorien. Biol. Zentralbl. **33**.

Nöller, 1913. Blutprotozoen des Wasserfrosches und ihre Übertragung. Arch. f. Protistenk. **31**, 169.

Lange, 1911. Makroskopische Agglutination bei Trypanosomen. Zentralbl. f. Bakt. 1. Abt. Orig.-Bd. **50**.

Landsteiner, Müller und Poetzel, 1907. Über Komplementbindungsreaktionen mit dem Serum von Dourinetieren. Wien. klin. Wochenschr. Nr. 46 u. 50.

Laveran, A. et Mesnil, F., 1899. De la sarcocystine, toxine des sarcosporidies. Compt. rend. Soc. Biol. **51**, 311.

Marzinowsky, E. J., 1909. Cultures de Leishmania tropica parasite du bouton d'Orient. Bull. Soc. Path. exot **2**, 591—599.

Mayer, M., 1905. Experimentelle Beiträge zur Trypanosomeninfektion. Zeitschr. f. exp. Therap. u. Pathol. **1**.

Pfeiffer, L., 1890. Über einige neue Formen von Miescherschen Schläuchen. Arch. f. pathol. Anat. **122**, 552.

Schaudinn, F., 1902. Studien über krankheitserregende Protozoen. II. Cyclospora caryolytica. Arbeit. Kais. Gesundheitsamt. **18**.

Schellack, 1907. Über die Entwicklung und Fortpflanzung von Echinomera hispida A. Schn. Arch. Protistk. 9.

Schilling, C., 1913. Immunität bei Protozoeninfektionen. Kolle-Wassermann, Handb. 2. Aufl. 7, 565—606.

Teichmann, E. und Braun, H., 1911. Über ein Protozoentoxin (Sarkosporidiotoxin). Arch. f. Protistenk. 22, 351—365.

Werner, 1911. Über Orientbeule aus Rio de Janeiro mit ungewöhnlicher Beteiligung des Lymphsystems. Arch. f. Schiffs- u. Tropenhyg. 15, 581—585.

C. Systematische Übersicht.

Caullery und Mesnil, 1905. Recherches sur les actinomyxydies. I. Arch. Prot. 6, 272—388.

Doflein, Fr., 1911. Lehrbuch der Protozoenkunde. 3. Aufl. Jena.

— und Köhler, 1912. Überblick über den Stamm der Protozoen. In Kolle-Wassermann, Handb. path. Mikroorganismen. 2. Aufl. 7. Jena.

Filipjev, J., 1911. Zur Organisation von Tocophrya quadripartita Cl. L. Arch. Prot. 21.

Hartmann, M., 1911. Das System der Protozoen. In: Prowazek, Handb. path. Protozoen. Lief. 1. S. 41. Leipzig.

— 1913. Rhizopoda. In: Handwörterb. Naturwiss. 8, 422. Jena.

— und Chagas, C., 1910. Flagellatenstudien. Mem. Inst. Oswaldo Cruz. 2.

— und Schüßler, H., 1913. Flagellata. In: Handwörterb. d. Naturwiss. 3, 1179, Jena.

Hamburger, Cl., 1914. Infusoria. Handwörterb. d. Naturwiss. 5, 435. Jena.

Lang-Lühe, Protozoen 1 Li. In: Lang, Handb. d. Morph. 1. Jena.

Léger, L., 1911. Caryospora simplex, Coccidie monosporée, et la classification des Coccidies. Arch. Prot. 22.

— und Dubosq, 1910. Selenococcidium intermedium Lég. u. Dub. et la systèmatique des Sporozoaires. Arch. zool. exp. gén. Sér. 5. 5, 187.

Reichenow, 1912. Hämogregarinen. In: Prowazek, Handb. d. path. Protozoen. Lief. 5. S. 602. Leipzig.

Pascher und Lemmermann, 1913, 1914. Flagellatae I. und II. In: Pascher, Süßwasserflora Deutschlands, Österreichs und der Schweiz. Jena.

Poche, Fr., 1913. Das System der Protozoen. Arch. Prot. 30.

D. Technik der Protozoenuntersuchung.

Behrens-Küster, 1908. Tabellen zum Gebrauch bei mikroskopischen Arbeiten. 4. Aufl. Leipzig.

Doflein, Fr., 1911. Lehrbuch der Protozoenkunde. 3. Aufl. Jena.

Giemsa, G., 1911. Fixierung und Färbung der Protozoen. In: Prowazek, Handb. d. path. Protozoen. 1. Lief. S. 6. Leipzig.

Hartmann, M., 1915. Praktikum der Protozoologie. 3. Aufl. Jena.

Küster, E., 1913. Anleitung zur Kultur der Mikroorganismen. 2. Aufl. Leipzig und Berlin.

Prowazek, S. v., 1909. Taschenbuch der mikroskopischen Technik der Protistenuntersuchung. 2. Aufl. Leipzig.

Spezieller Teil.

I. Entamöben.

Akashi, 1913. Morphologie und Entwicklung der Entamoeba coli Lösch em. Schaudinn in Japan. Arch. f. Schiffs- u. Tropenhyg. 17. Beiheft 8. S. 5.

— 1913 b. Studien über die Ruhramöben in Japan und Nordchina. Arch. f. Schiffs- u. Tropenhyg. 17. S. 19.

Casagrandi und Barbagallo, 1897. Entamoeba hominis s. Entamoeba coli (Loesch). Ann. d' Igiene sper. 7. Fasc. 1.

Castellani, A., 1908. Note on a liver abscess of amoebic origin in a monkej. Parasitology. 1.

Chatton, E., 1913. Entamoebe et myxomycète d'un singe. Bull. Soc. Path. Exot. 5.

— und Lalung-Bonnaire, 1912. Amibe limax (Vahlkampfia n. g.) dans l'intestin humain. Bull. Soc. Path. Exot. 5.

Craig, 1913. The Identity of Entamoeba histolytica and Entamoeba tetragena. Journ. Amer. Med. Assoc. 3. V. S. 1353. Journ. of inf. Dis. 13, 30.

Darling, 1913. The rectal inoculations of kittens as an aid in determining the identity of pathogenic entamoebae. Bull. Soc. Path. exot. 6, 149.

— 1913. Observations on the Cysts of Entamoeba tetragena. Arch. of Int. Med. 11, 1.

Dobell, Cl., 1914. Cytological studies on three species of Amoeba etc. Arch. Prot. 34.

Elmassian, M., 1909. Sur une nouvelle espéce amibienne chez l'homme, Entamoeba minuta, n. sp. Zentralbl. f. Bakt. etc. I. Abt. Orig. 52.

Gläser, 1912. Untersuchungen über die Teilung einiger Amöben etc. Arch. Prot. 25.

Harris, H. F., Experimentell bei Hunden erzeugte Dysenterie. Arch. path. Anat. 166, 67.

Hartmann, M., 1908. Eine neue Dysenterieamöbe, Entamoeba tetragena (Viereck) syn. Entamoeba africana (Hartmann). Arch. Schiffs- u. Tropenhyg. 12, Beih. 5.

— 1909. Untersuchungen über parasitische Amöben. I. Entamoeba histolytica Schaudinn. Arch. Prot. 18.

— 1911. Die Dysenterie-Amöben. Prowazek, Handb. d. path. Protozoen 1. Lief. S. 50. Leipzig.

— 1912. Untersuchungen über parasitische Amöben. II. Entamoeba tetragena Vier. Arch. Prot. 24.

— 1913. Morphologie und Systematîk der Amöben. (Zusammenfassung, Literatur, auch ältere.) Kolle und Wassermann, Handb. path. Mikroorgan. 2. Aufl. 7, 607.

— und E. Whitmore, 1912. Untersuchung über parasitische Amöben. III. Entamoeba coli Lösch. em. Schaud. Arch. Prot. 24.

Huber, 1906. Diskussion. Berl. klin. Wochenschr. 43, 1609.

— 1909. Untersuchungen über Amöbendysenterie. Zeitschr. f. klin. Med. 67.

Jürgens, 1902. Zur Kenntnis der Darmamöben und der Amöbenenteritis. Veröff. a. d. Geb. d. Militärsanitätswesens. Heft 20.

Kartulis, 1886. Zur Ätiologie der Dysenterie aus Ägypten. Virchows Arch. path. Anat. 105.

— 1913. Amöbendysenterie. In: Kolle-Wassermann, Handb. path. Mikroorganismen. 2. Aufl. 7. (Zusammenfassung, Literatur.)

Kruse und Pasquale, 1894. Untersuchungen über Dysenterie und Leberabszesse. Zeitschr. Hyg. 16.

Kuenen, W. A., Die pathologische Anatomie der Amöbiasis verglichen mit anderen Formen von Dysenterie. Arch. Schiffs- u. Tropenhyg. 13, Beih. 7.

Kuenen und Swellengrebel, 1913. Die Entamöben des Menschen und ihre praktische Bedeutung. Zentralbl. f. Bakt. 1. Abt. 41, 378.

v. Leyden und Löwenthal, 1905. Entamoeba buccalis Prow. bei einem Fall von Karzinom des Mundbodens. Charité Ann. 29.

Liebetanz, Erwin, 1910. Die parasitischen Protozoen des Wiederkäuermagens. Arch. Prot. 19, 19—80.

Lösch, F., 1875. Massenhafte Entwicklung von Amöben im Dickdarm. Arch. path. Anat. 65.

Mayer, 1914. Emetinbehandlung der Ruhr; Wirkung des Emetins bei der Lamblienruhr. Münch. med. Wochenschr. 61, 241.

Mercier, L., 1900. Contribution à l'étude de l'amibe de la blatte (Entamoeba blattae Bütschli). Arch. Prot. 20.

Nägler, Kurt, 1909. Entwicklungsgeschichtliche Studien über Amöben. Arch. Prot. 15, 1—52.

Ornstein, 1913. Zur Ätiologie der Amöbenruhr. Arch. Prot. 29, 78.

Popoff, M., 1911. Über den Entwicklungszyklus von Amoeba minuta n. sp. Anhang: Über die Teilung von Amoeba spec. Arch. Prot. 22.

Prowazek, S. v., 1904. Entamoeba buccalis n. sp. Arb. Kais. Gesundheitsamt. 21.

— 1911. Beitrag zur Entamoeba-Frage. Arch. Prot. 22.

Prowazek, S. v., 1912. Entamoeba. Arch. Prot. **25.**

Schaudinn, F., 1903. Untersuchungen über die Fortpflanzung einiger Rhizopoden. Arb. Kais. Gesundheitsamt. **19.**

— und v. Leyden, 1896. Leydenia gemmipara Schaudinn, ein neuer in der Aszitesflüssigkeit des lebenden Menschen gefundener amöbenähnlicher Rhizopode. Sitzber. Akad. Wiss. Berlin. **39,** 951.

Schuberg, A., 1893. Die parasitischen Amöben des menschlichen Darmes. Zentralbl. f. Bakt. etc. **13.**

Smith, T., 1895. An infectious disease among turkeys caused by Protozoa. N. S. Dep. Agr. Bur. Anim. Industry. Bull. **8.**

— 1910. Intestinal amoebiasis in the domestic pig. Journ. med. Res. **23.**

Vahlkampf, 1904. Beiträge zur Biologie und Entwicklungsgeschichte von Amoeba limax etc. Arch. Prot. **2.**

Viereck, H., 1907. Studien über die in den Tropen erworbene Dysenterie. Arch. Schiffs- u. Tropenhyg. **11,** Beih. **1.**

Walker, Ernest Linwood und Sellards, Andreas Watson, 1913. Experimental Entamoebic Dysentery. Philipp. Journ. of Science. Abt. B. 8, Nr. 4.

Wenyon, C. M., 1907. Observations on the Protozoa in the Intestine of Mice. Arch. Prot. Suppl. **1.**

— 1912. Experimental amoebic dysentery and liver-abscess in cats. Journ. London School Trop. Med. **2.**

Whitmore, E. R., 1911. Studien über Kulturamöben. Arch. Prot. **23.**

— 1911. Parasitäre und freilebende Amöben aus Manila und Saigon und ihre Beziehungen zur Dysenterie. Arch. f. Prot. **23.**

Williams et Calkins, 1913. Cultural Amoebae. Journ. of med. Research. **29,** S. 43.

II. Flagellaten (mit Ausnahme der Blutflagellaten).

Alexeieff, 1913. Sur quelques noms des genres des Flagellés, qui doivent disparaître etc. Zool. Anz. **39.**

Barrois, Th., 1894—1895. Quelques observ. au sujet du Bodo urinarius. Rev. biol. nord. France. **7,** 165.

Bensen, W., 1908. Bau und Arten der Gattung Lamblia. Zeitschr. f. Hyg. u. Infektionskrankh. **61.**

— 1910. Untersuchungen über Trichomonas intestinalis und vaginalis des Menschen. Arch. Prot. **18,** 115—127.

Braun, M., 1915. Die tierischen Parasiten des Menschen. 5. Aufl. Würzburg. (Literatur.)

Bohne, A. und S. v. Prowazek, 1908, Zur Frage der Flagellatendysenterie. Arch. Prot. **12.**

Brumpt, E., 1912. Colite à Tetramitus mesnili et côlite à Trichomonas intestinalis. Bull. soc. path. exot. 1912.

Castellani und Chalmers, 1910. Note on an intestinal flagellate in man. Phil. Journ. Science. **5.**

Cohnheim, 1903. Über Infusorien im Magen- und Darmkanal des Menschen und ihre klinische Bedeutung. Deutsche med. Wochenschr. 1903.

— 1909. Infusorien bei gut- und bösartigen Magenleiden. Ibid. 1909.

Davaine, 1854. Sur les anim. infus. trouv. dans les selles des malad. atteints du choléra et d'autres maladies. C. r. Soc. biol. **1.**

Gäbel, 1914. Zur Pathogenität der Flagellaten. Ein Fall von Tetramitidendiarrhoe. Arch. Prot. **34.**

Gonder, R., 1911. Lamblia sanguinis n. sp. Arch. Prot. **21.**

Grassi, B. und Schewiakoff, W., 1888. Beitr. zur Kenntnis des Megast. enter. Zeitschr. wiss. Zool. **46,** 143.

Hartmann und Chagas, 1910. Flagellatenstudien. Mem. Inst. Oswaldo Cruz. **2.**

Hofer, B., 1904. Lehrbuch der Fischkrankheiten. München.

Jollos, V., 1913. Darmflagellaten des Menschen. Kolle-Wassermann, Handb. path. Mikroorganismen. **7.** Jena.

Kofoid, Ch. A. and Eliz. Christiansen, 1915. On the life history of Giardia. Proc. Nat. Acad. Scienc. **1,** 547.

Kofoid, Ch. A. und O. Swezy, 1915. Mitosis and multiple fission in Trichomonad flagellats. Proc. Am. Acad. Arts. Sc. **61**, 283—378.

Kuczynski, 1914. Untersuchungen an Trichomonaden. Arch. Prot. **33**.

Leuckart, R., 1879—1886. Die Parasiten des Menschen. 2. Aufl.

Martini, 1910. Über Prowazekia cruzi und ihre Beziehungen zur Ätiologie von ansteckenden Darmkrankheiten zu Tsingtau. Zeitschr. Hyg. Inf. **67**.

Mathis und Leger, 1910. Sur un flagellé Prowazekia weinbergi n. sp. etc. Bull. Soc. méd. chir. Indochina.

Moroff, Theodor, 1904. Beitrag zur Kenntnis einiger Flagellaten. Arch. Prot. **3**, 69 bis 106.

Nattan-Larrier 1912. Infection humaine due à Tetramitus mesnili. Bull. Soc. path. exoth. 1912.

Prowazek, v., 1911. Zur Kenntnis der Flagellaten des Darmtraktus. Arch. Prot. **23**.

— und Werner, 1914. Zur Kenntnis der sog. Flagellaten. Arch. Schiffs- u. Tropenkrankh. **18**. Beih. 5. S. 155.

Rodenwaldt, 1911. Flagellaten. Prowazek, Handb. path. Protozoen. Lief. 1. S. 78. Leizpig.

Senn, 1900. Flagellaten. In: Engler u. Prandtl, Natürl. Pflanzenfamilien. I. 1a.

Sinton, J. A., 1912. Some observ. on the morph. and biol. of Prowazekia urininaria. Ann. trop. med. and paras. **6**, 245.

Wenyon, C., 1910. Some observations on a flagellate of the genus Cercomonas. Quart. Journ. Micr. Sc. **55**.

— 1910. A new flagellate from the human intestine with some remarks on the supposed cysts of „Trichomonas". Parasitology. **3**.

— 1913. Observations on Herpetomonas muscae-domesticae and some allied flagellates. Arch. Prot. **31**.

Whitmore, 1911. Prowazekia asiatica. Arch. Prot. **22**.

III. Binucleaten.

A. Allgemeine Morphologie und Entwicklung der Binucleaten.

Aragâo, H. de Beaurepaire, 1808. Über den Entwickelungsgang und die Übertragung von Hämoproteus columbae. Arch. Prot. **12**, 154—167.

Baldrey, F. S. H., 1909. Versuche und Beobachtungen über die Entwicklung von Trypanosoma lewisi in der Rattenlaus Haematopinus spinulosus. Arch. Prot. **15**, 326—332.

Behrenberg-Goßler, Herbert, v., 1909. Beiträge zur Naturgeschichte der Malariaplasmodien. Arch. Prot. **16**, 245—280.

Berliner, Ernst, 1909. Flagellaten-Studien. Arch. Prot. **15**, 297—325.

Breinl, A. and E. Hindle, 1908. Contrib. to the morph. of Piroplasma canis. Ann. trop. med. and paras. **2**, 233.

Chagas, C., 1909. Über eine neue Trypanomiasis des Menschen. Mem. Inst. Osw. Cruz. **1**, 159.

Fantham, H. B., 1910. Schizog. in an avian Leucocytozoon. Ann. trop. med. and hyg. **4**, 255.

Gonder, R., 1911. Die Entwicklung von Theileria parva, dem Erreger des Küstenfiebers der Rinder in Afrika. I u. II. Arch. Prot. **21** u. **22**.

Hartmann, M., 1910. Notiz über eine weitere Art der Schizogonie bei Schizotrypanum cruzi (Chagas). Arch. Prot. **20**, 361—363.

— und Jollos Victor, 1910. Die Flagellatenordnung „Binucleata". Arch. Prot. **19**, 81—106.

Kinoshita, K., 1907. Untersuchungen über Babesia canis. Arch. Prot. **8**, 294—320.

Léger, L., 1903. Sur quelques Cercomonadines nouvelles ou peu connues parasites de l'intestin des insectes. Arch. Prot. **2**, 180—189.

Lühe, 1906. Die im Blute schmarotzenden Protozoen etc. In: Mense, Handb. d. Tropenkrankh. **3**. Leipzig.

Mayer, M., 1911. Über ein Halteridium und ein Leukocytozoon des Waldkauzes und deren Weiterentwicklung in Stechmücken. Arch. Prot. **21**.

— und H. da Rocha-Lima, 1911. Zur Entwicklung von Schizotrypanum cruzi. Arch. Schiffs- u. Tropenhyg. **16**. Beih. 4.

Mesnil und Brimont, 1908. Hématozoaire nouveau, Endotrypanum schaudinni. C. rend. Soc. biol. **65**, 581.

Prowazek, S. v., 1904. Die Entwicklung von Herpetomonas. Arb. Kais. Gesundheitsamt. **20**, 440.

— 1905. Studien über Säugetiertrypanosomen. Arb. Kais. Gesundheitsamt. **22**. S. 351—395.

— 1912. Halteridium und Hämoproteus der Vögel. In: Prowazek, Handb. d. path. Prot. 5. Lief. S. 568. Leipzig.

Reichenow, E., 1910. Haemogregarina stepanowi. Arch. Prot. **20**.

— 1912. Die Haemogregarinen. In: Prowazek, Handb. d. path. Prot. 5. Lief. S. 602. Leipzig.

Rosenbusch, F., 1909. Trypanosomenstudien. Arch. Prot. **15**, 263—296.

Schaudinn, F., 1904. Generations- und Wirtswechsel bei Trypanosoma und Spirochaete. Arb. Kais. Gesundheitsamt. 1904. **20**. 387—438.

Vianna, G., 1911. Beitr. zum Studium der pathologischen Anatomie der Krankheit von C. Chagas Mem. Inst. Osw. Cruz. **3**, 276.

Wenyon, C. M., 1913. Observations on Herpetomonas muscae domesticae and some allied flagellates. Arch. Prot. **31**.

Woodcock, A. M., 1910. Stud. on avian haemoprot. I. Quart. Journ. micr. Sc. (2). **55**. S. 641.

B. Trypanosomen und Trypanosen.

Austen, 1911. A. Handbook of the Tsetse flies. London Brit. Mus.

Baldrey, 1909. Über die Entwicklung von Tr. lewisi. Arch. f. Protistenk. **15**, 326.

— 1911. The evolution of Tryp. evansi. Jl. of Trop. Vet. Sc. **6**, 271.

Beck, 1910. Experimenteller Beitrag zur Infektion mit Trypanosoma gambiense. Arb. a. d. Kais. Ges.-Amt **34**, 318.

Becker, 1910. Ältester geschichtlicher Beleg für die afrikanische Schlafkrankheit. Der Islam. **1**, 197.

Behn, 1910. Infektion eines Kalbes mit Tr. theileri. Berl. tierärztl. Wochenschr. Nr. 50.

— P., 1912. Gehen die bei Rindern kulturell nachweisbaren Flagellaten aus Trypanosomen hervor? Zeitschr. f. Hyg. u. Infektionskr. **70**, 371—408.

Behrens, 1914. An Attenuated Culture of Trypanosoma Brucei. Journ. of inf. Dis. **15**, 24.

Bevan, 1911. Human Trypanosome of Rhodesia. Veterinary Journ. Jan.

Blacklock and Yorke, 1913. The Probable Identity of Trypanosoma congolense (Broden) and T. namun (Laveran). Ann. Trop. Med. and Parasitol. **7**, 603.

Blanchard, R., 1903. Expériences et observations sur la marmotte en hibernation. V. Réceptivité à l'égard des Trypanosomes. Compt. rend. Soc. biol. **55**, 1122 bis 1124.

Bonger, C., 1913. Über die Morphologie und das Verhalten der von C. Behn in deutschen Rindern nachgewiesenen Trypanosomen bei künstlicher Infektion. Zeitschr. f. Hyg. u. Infektionskrankh. **75**, 101.

Bouet et Rouband, 1910. Transmission des trypanosomes par les glossines. Ann. Inst. Pasteur. **24**, 658.

Bouffard, 1910. Gloss. palpalis et Tryp. cazalboui. Ann. Inst. Pasteur. **24**, 276.

Boyce, Ross and Sherrington, 1903. The history of the discovery of trypanosomes in man. Lancet. **164**, 509—513.

Breinl und Nierenstein, 1909. Atoxylwirkung. Zeitschr. f. Immunitätsforsch. **1**, 620.

Brieger und Krause, 1914. Tryposafrol und Novotryposafrol. Berl. klin. Wochenschr. **51**, 101.

Broden, A., 1904. Trypanosoma congolense. Bull. Soc. d'études coloniales Brüssel.

Broden et Rodhain, 1910. Traitement de la trypanosomiase humaine (Arsacetin). Arch. f. Schiffs- u. Tropenhyg. **14**. 493.

— 1904. Les infections à trypanosomes au Congo. Bull. Soc. d'études colon. Brüssel.

Bruce, D., 1896. Preliminary Report on the Tsetse-Fly disease or Nagana in Zululand. 1895. Durban, Bennet and Davis. Zentralbl. f. Bakt. Orig.-Bd. **19**, 955—956.

— 1897. Further report on the Tsetse-Fly disease or Nagana. London, Harrison et Sons.

Bruce, Hamerton, Batemann and Mackie, 1909. The developm. of Tryp. gamb. in Glossina palpalis. Proc. Roy. Soc. B. 81, 405.
— — 1909. Glossina palpalis as a Carrier of Trypanosoma vivax. Roy. Proc. Soc. B. 82, 63—66.
— — 1911. Further researches on the developm. of Tryp. gamb. Proc. Roy. Soc. B. Nr. 567. S. 513.
— — 1910—1911. Tryp. diseases of domestic animals in Uganda. I—V. Proc. Roy. Soc. 89, 468.
— — 1913. Reports of the Sleep. 1911. Sickness Commission. I—XI. Proc. Roy. Soc.
Brumpt, 1905. Maladie du sommeil. Distribution géographique, étiologie, prophylaxe. Arch. de Parasitolegie. 9, Nr. 2. S. 205.
Castellani, 1903. Presence of trypanosoma in sleeping sickness. Rep. of the Sleeping sickness Comm. Nr. 1. S. 1.
Castellani and Chalmers, 1910. Mannal of tropical diseases. London, Baillière Tyndall and Co.
Ciuca, 1914. Action des abscès de fixation sur la Trypanosomiase expérimentale du Cobaye et sur son traitement par l'Atoxyl. Ann. Inst. Pasteur. 28, 6.
Delanoë, 1911. Sur la réceptivité de la souris au Tr. lewisi. Compt. rend. Soc. biol. 70, 649.
— 1914. Des variations du pouvoir infectieux et de la virulence du Trypan. dimorphon, a' partir d'infections naturelles présentées par les boeufs et les moutons. Bull. Soc. Path. Exot. 7, 58.
Duke, 1914. Wild Game as a Trypanosome Reservoir in the Uganda Protectorate. Arch. f. Protistenk. 32, 393.
Dutton, 1902. On a trypanosoma occuring in the blood of man. Brit. Med. Journ. 2, 881.
Dutton, J. E. and Todd, J. L., 1902. First Report of the Trypanosomiasis Expedition to Senegambia. Liverpool School of Tropical Medicine, Mem. XI. S. 1—57.
Edington, A., 1902. Report on cattle diseases in Mauritius. 8. Aug..
— 1907. A note on a recent epidemic of Trypanosomiasis at Mauritius. Lancet S. 952 bis 955.
Ehrlich, P. und Gonder, R., 1914. Experimentelle Chemotherapie. In Prowazeks Handb. d. pathog. Protozoen. 2, 752—779.
Ehrlich, P. und Shiga, 1904. Farbentherapeutische Versuche bei Trypanosomenerkrankung. Berl. klin. Wochenschr. Jahrg. 41. S. 329 u. 362.
Elmassian et Migone, 1903. Sur le mal de Caderas. Ann. Inst. Pasteur. 17, 241.
Evans, 1881. On a horse disease in India known as „Surra" probably due to a Haematozoon. Veter. Journ. Juli. 13, 1—10.
Fantham, 1911. The life-history of Tryp. gamb. and rhodesiense. Ann. of trop. med. and parasit. 4, 465.
Fischer, 1911. Beiträge zur Kenntnis der Trypanosomen. Zeitschr. f. Hyg. 70, 93.
Forde, 1902. Some clinical notes on a European patient in whose blood a trypanosoma was observed. Journ. of Trop. Med. 1. Sept. S. 261.
França, C., 1906. Lésions histologiques dans la maladie du sommeil. Arch. de Hyg. e Pathol. Exoticas. Lisboa. S. 215—217.
Frank, 1909. Über den Befund von Trypanosomen... Zeitschr. f. Hyg. u. Infektionskrankh. d. Haustiere. 5, 303.
Frosch, P., 1909. Ätiologische Ermittelungen über das Trypanosoma Frank. Zeitschr. f. Infektionskrankh. d. Haustiere. 5, 316—329.
Gallagher, 1914. Transmission of Trypanosoma Brucei of Nigeria by Glossina tachinoides with Some Notes on Trypanosoma nigeriense. Jl. Trop. Med. and Hyg. 17, 372.
Gonder, 1911. Untersuchungen über arzneifeste Mikroorganismen. I. Tryp. Lewisi. Zentralbl. f. Bakt. 61, 112.
Gray and Tulloch, 1905. The multiplication of Tryp. gamb. in the alimentary canal of Glossina palpalis. Rep. on the Sleeping Sickness Com. of the Roy. Soc. Nr. 6. London. Aug.
— — 1907. Continuation Report on Sleeping Sickness in Uganda. Rep. of the Sleep. Sickn Com. of the Roy. Soc. S. 5—80.

Greig and Gray, 1904. Note on the lymphatic glands in Sleeping Sickness. Brit. Med. Journ. 1, 1252 und Lancet 1, 1570.

Gruby, D., 1843. Recherches et observations sur une nouvelle espèce d'hématozoaires, Trypanosoma sanguinis. Compt. rend. de l'Acad. d. Sc. S. 1134—1136.

Grünberg, H. 1907. Die blutsaugenden Dipteren. G. Fischer, Jena.

Günther und Weber, 1904. Ein Fall von Trypanosomenkrankheit beim Menschen. Münch. med. Wochenschr. S. 1044.

Kérandel, 1910. Trypanosomiase chez un médecin (auto-observation). Bull. soc. path. exot. S. 642.

Hindle, 1909. Trypanosoma dimorphon. Univ. of California Public. in Zoology 6, 127.

Holmes, J. D. E., 1908—1910. Treatment of surra. The Journ. of Tropical Veterinary Science. 3, 157, 434; 4, 286; 5, 1.

Kinghorn and Yorke, 1912. On the transmission of human tryp. by Glossina morsitans. Ann. of trop. med. and paras. 6, 1.

Kleine, 1909. Infektionsversuche mit Tryp. Brucei. Deutsche med. Wochenschr. 35. 469.

Kleine, F. K. und Eckard, B., 1913. Über die Bedeutung der Speicheldrüseninfektion bei der Schlafkrankheitsfliege (Glossina palpalis). Zeitschr. f. Hyg. u. Infektionskrankh. 74.

—— — 1913. Zur Epidemiologie der Schlafkrankheit. Arch. f. Schiffs- u. Tropenhyg. 17.

Kleine, H. F. und Fischer, W., 1911. Die Rolle der Säugetiere bei der Verbreitung der Schlafkrankheit. Zeitschr. f. Hyg. u. Infektionskrankh. 70.

Kleine, F. K., Fischer, W. und Eckard, B., 1914. Über die Bedeutung der Speicheldrüseninfektion bei der Schlafkrankheitsfliege (Glossina palpalis). II. Mitt. Zeitschr. f. Hyg. u. Infektionskrankh. 77, 495—500.

Kleine und Taute, 1911. Trypanosomenstudien. Arb. Kais. Ges.-Amt 31, Heft 2. (auch Buchausgabe Berlin).

Knuth und Rauchbaar, 1910. Weitere Nachforschungen nach Trypanosomen beim Rinde. Zeitschr. f. Infektionskr. der Haustiere 8, 140—154.

Koch, R., 1898. Reiseberichte. Berlin, Springer.

— — 1901. Versuch zur Immunisierung von Rindern gegen Tsetsekrankheit. Beibl. d. D. Biol. Bl. vom 15. Dezbr.

Koch, R., Beck, M. und Kleine, F. H., 1909. Bericht über die Tätigkeit der zur Erforschung der Schlafkrankheit im Jahre 1906/07 nach Ostafrika entsandten Expedition. Arb. a. d. Kais. Ges.-Amt. 31, 1—320.

Kolle, Hartoch und Schürmann, 1913. Chemotherapeutische Experimentalstudien bei Trypanosomeninfektionen. Zeitschr. f. Immunitätsforsch. 20. Heft 5.

Kopke, 1907. Traitement de la maladie du sommeil. Berichte des Kongr. f. Hyg. 3, 720.

— 1914. Sur la maladie du sommeil et sa médication. Bull. office intern. d'hyg. publ. 6, 1722.

Laveran et Mesnil, 1912. Trypanosomes et trypanosomiases. 2. Aufl. Paris. (Hier vollständige Literatur bis 1911).

Laveran et Roudsky, 1914. A l'étude de la virulence du Trypanosoma Lewisi et du Tr. Duttoni pour quelques espèces animales. Bull. Soc. Path. Exot. 7, 528.

Leber, 1908. Über Trypanosomentoxine. Deutsche med. Wochenschr. 34, 1850.

Lewis, 1878 u. 1879. Flagellated organisms in the blood of healthy rats. Appendix 14 to the Ann. Rep. of San. Comm. Gov. of India 1878. Il. of Micr. Sc. 19, 109. 1879.

— 1884. Further observations on flagellated organisms in the blood of animals. Quart. Il. of Micr. Sc. 24, 1884.

Ligniéres, 1902. A l'étude du mal de Caderas. Rev. de la soc. med. argent. 10, 481.

— 1903. Bull. et Mem. Soc. centr. méd. et vét. Ser. 8. 10.

Lingard, 1893 u. 1899. Report on horse surra. Bombay.

— 1907. Different species of trypanosomata. Journ. of Trop. Veter. sc. 2, 4.

Loeffler und Rühs, 1908. Die Heilung der experimentellen Nagana. Deutsche med. Wochenschr. 34. 5.

Lurz, 1914. Trixidin bei Schlafkrankheit. Arch. f. Schiffs- u. Tropenhyg. 18, Heft 212.

Macfie, 1913. On the Morphology of the Trypanosome from a Case of Sleeping Sickness from Eket, Southern Nigeria. Ann. Trop. Med. and Parasit. 7, 339.

Manteufel, 1909. Trypanosomiasis der Ratten-Immunität. Arb. a. d. Kais. Ges.-Amt. 33, 46.

Manteufel und Woithe, 1908. Komplementbindungsreaktion bei Trypanosomeninfektionen. Arb. a. d. Kais. Ges.-Amt. **29**, 452.

Martin, L. et Leboeuf, 1908. Période d'incubation dans la maladie du sommeil. Bull. Soc. pathol. exot. **1**, 402—405.

Martin, G., Leboeuf et Rouband, 1909. Rapport de la mission d'études de la maladie du sommeil au Congo francais (1906—1908). Paris, Masson.

Martin und Ringenbach, Pénétration de Tryp. gamb. à travers les téguments. Bull. soc. path. exot. **3**, 430.

Martin et Darré, 1914. Documents sur la Trypanosomiase humaine. Bull. Soc. path. exot. **7**, 711.

Martini, 1905. Untersuchungen über die Tsetsekrankheit zwecks Immunisierung von Haustieren. Zeitschr. f. Hyg. u. Infektionskrankh. **50**, 1.

— 1909. The developm. of a piropl. and tryp. of cattle. Philipp. Journ. of sc. **4**, 147.

Mayer, 1905. Experimentelle Beiträge zur Trypanosomeninfektion. Zeitschr. f. exp. Path. u. Ther. **1**, 539.

— 1912. Pathogene Trypanosomen. In Prowazeks Handb. der pathog. Protozoen. S. 249 bis 323 (Literatur).

— 1913. Trypanosomen als Krankheitserreger. Kolle-Wassermann, Handb. 2. Aufl. **7**, 321—418 (Literatur).

Mesnil, 1910. Sur l'identification de quelques Tryp. pathogènes. Bull. Soc. path. exot. **3**, 380.

Minchin, E. A., 1908. Investigations on the development of trypanosomes in the tsetseflies and other diptera. Quart. Journ. Micr. Science. **52**, 159.

— 1905. Report on the Anatomy of the Tsetsefly. Proc. Roy. Soc. B. **76**, 531.

— 1909. Structure of Tryps. Lewisi etc. Quart. Journ. of microsc. Sci. **53**, 755.

Minchin and Thomson, 1910. Transmission of Tryp. Lewisi by the Rat-flea. Proc. Roy. Soc. Ser. B. **82**, 273.

— — 1911. On the occurence of an intracellul. stage in the developm. of Tryp. Lew. in the rat flea. Brit. med. journ. **2**, 19. Aug.

Mitzmann, 1913. Transmission of Surra by Tabanus striatus Fabricius. Philippine Il. of Science. Sec. B., Trop. Med. **8**, 223.

Mohler and Thompson, 1909. A Study of Surra found in a Importation of cattle. Bur. of animal Industry. **26**. 81.

Moore, S. and A. Breinl, 1907. The cytology of the trypanosomes. Ann. of Trop. Med. and Paras. **1**, 441.

— — 1908. History of Trypanosoma equiperdum. Proc. of the Roy. Soc. S. 288.

Moore, B., Nierenstein, M. and Todd, J. L., 1907. On the treatment of Trypanosomiasis by atoxyl, .. followed by a mercuric salt. Biochem. Journ. **2**, 300—324.

Mott, 1906. Histol. observations on sleep. sickness. Rep. Sleep. Sickness Com. Roy. Soc. Nr. 7.

Neal and Novy, 1903. Cultivation of Trypanosoma Lewisi. Med. Res. to V. C. Vaughan. Juni.

Newstead, 1911. A revision of the tsetse flies, based on a study of the male genital armature. Bull. of Entomol. Res. **2**, 9.

Nocard, 1901. Sur les rapports qui existent entre la dourine et le surra ou le nagana. Compt. rend. Soc. biol. **53**, 464—466.

Nöller, W., 1912. Die Übertragungsweise der Rattentrypanosomen durch Flöhe. Arch. f. Protistenk. **25**.

— 1914. Die Übertragungsweise der Rattentrypanosomen. 2. Teil. Arch. f. Protistenk. **34**, 295—335. Buchausgabe. G. Fischer, Jena.

— 1916. Die Übertragung des Trypanosoma theileri Laveran 1902. Berl. tierärztl. Wochenschr. **22**, 457—460.

Novy and Mc Neal, 1904. On the cultivation of Tryp. Brucei. Journ. of inf. diseases. **1**, 1.

Ochmann, 1905. Trypanosomiasis beim Schweine. Berl. tierärztl. Wochenschr. **11**, 337.

Oehler, R., 1914. Dimorphismus von Trypanosoma Brucei. Zeitschr. f. Hyg. **77**, 356 u. **78**, 188.

Pettit, A., 1911. Sur la transformation lymphoïde du foie au cours des trypanosomiases. Compt. rend. Soc. biol. **70**, 165.

Plimmer and Bradford, 1899. Morphology and Distribution of the Organism found in the Tsetse-Fly Disease. Proc. of the Roy. Soc. **65**, 274—281.

Prowazek, S. v., 1905. Studien über Säugetiertrypanosomen. Arb. a. d. Kais. Ges.-Amte. **22**, 351.

— 1913. Über reine Trypanosomenstämme. Zentralbl. f. Bakt. **68**, 499.

Rabinowitsch, L. und Kempner, W., 1899. Rattentrypanosomen. Zeitschr. f. Hyg. u. Infektionskrankh. **30**, 251—294.

Raven, v., 1910. Bericht über die Tätigkeit der Schlafkrankheitskommission, 1. Oktbr. bis 1. Dezbr. 1909. Amtsbl. f. d. Schutzgeb. Togo. Nr. 33. S. 242.

Ritz, 1914, 1916. Rezidiv bei experimenteller Trypanosomiasis. Arch. f. Schiffs- u. Tropenhyg. **18**, 267 und **20**, 397.

Robertson, M., 1913. Notes on the life-history of Trypanosoma gambiense. Philos. Transact. Roy. Soc. London. **203**.

Rosenbusch, 1909. Trypanosomenstudien. Arch. f. Protistenk. **15**, 263.

Rouband, 1909. Rapp. Mission. Maladie du sommeil. Paris.

— 1913. Evolution camparée des Tryp. pathogènes chez les Glossines. Bull. Soc. path. exot. **6**, 435.

— 1913. Relations bio-géographiques des glossines et des tryps. Bull. de la soc. d. path. exot. **6**, 28. Nr. 1.

Roudsky, 1910. Inoculations des cultures de Tryp. Lewisi à la souris blanche. Compt. rend. Soc. biol. **68**, 421 u. 458.

Rouget, 1896. A l'étude du Trypanosome des mammifères. Ann. de l'inst. Pasteur. **10**, 716.

Sander, 1905. Die Tsetsen (Glossinae Wiedemann). Arch. f. Schiffs- u. Tropenhyg. **9**, 193—218, 254—275, 309—322, 355—371.

Schat, 1909. Trypanosoma evansi und Bekämpfung der Surra. Dissert. Bern.

Senn, 1902. Der gegenwärtige Stand unserer Kenntnisse von den flagellaten Blutparasiten. Zusammenfassende Übersicht. Arch. f. Protistenk. **1**, 344—345.

Schuberg und Kuhn, 1911 u. 1912. Übertragung von Krankheiten durch einheimische Stechfliegen. Arb. a. d. Kais. Ges.-Amt. **31**, **40**.

Schilling, 1912. Immunisierung von Rindern gegen die Surrakrankheit. Deutsch. Kolonialbl. 15. Juli. S. 315.

— 1902. Über Surrakrankheit der Pferde. Zentralbl. f. Bakt. **31**, 452.

— 1904. Über die Tsetsekrankheit oder Nagana. Arb. a. d. Kais. Ges.-Amte. **21**, 476 bis 536.

— 1914. Immunisierung gegen Trypanosomainfektionen. Arch. f. Schiffs- u. Tropenhyg. Beiheft.

Schilling, C. und Naumann, 1912. Über die Verteilung des Arsens im tierischen Organismus. Arch. f. Schiffs- u. Tropenhyg. **16**, 101—109.

Schneider et Bouffard, 1900. La Dourine et son parasite. Recueil de Méd. véter. 8. Sér. **7**, 81—105, 157—169, 220—234.

— — 1902. Parasitisme latent et immunisation dans la Dourine. Rec. de méd. vét.

Schuberg und Böing, 1913. Über den Weg der Infektion bei Tryp. und Spirochäten-erkrankungen. Deutsche med. Wochenschr. **39**, 377.

— — 1914. Übertragung von Krankheiten durch einheimische stechende Insekten. Arb. a. d. Kais. Ges.-Amte. **47**, 491.

Spielmeyer, 1908. Die Trypanosomenkrankheiten und ihre Beziehungen zu den syphilogenen Nervenkrankheiten. Gustav Fischer, Jena.

Steel, 1885. Report on his investigations into an obscure and fatale disease among transport mules in Brit. Burma.

Stephens and Fantham, 1911. On the peculiar morphol. on a tryp. Ann. of Trop. Med. and Parasit. **4**, 343.

Strong, R. P. and Teague, O., 1910. The treatment of trypanosomiasis (surra). Philipp. Journ. of Science. B. **5**, 21—53.

Stuhlmann, 1907. Beitrag zur Kenntnis der Tsetsefliege. Arb. a. d. Kais. Ges.-Amt. **26**.

Taute, 1911. Experimentelle Studien über die Beziehungen der Glossina morsitans zur Schlafkrankheit. Zeitschr. f. Hyg. u. Infektionskrankh. **69**, 553.

— 1913. Bedeutung des Großwilds und der Haustiere für die Verbreitung der Schlafkrankheit im Nyanaland. Arb. a. d. Kais. Ges.-Amt. **45**, 102—112.

Taute, 1913. Zur Morphologie der Erreger der Schlafkrankheit am Rovumafluß. Zeitschr. f. Hyg. u. Infektionskrankh. **73**, 556. Heft 3.

Theiler, 1903. A new trypanosoma and the disease caused by it. Journ. of Compar. Path. and Therap. S. 193—216.

— 1909. Sur l'existence de Trypanosoma dimorphon ou d'une espèce voisine au Mozambique et au Zoulouland. Bull. de la soc. de path. Exot. S. 39—40.

Thimm, G. A., 1909. Bibliography of Trypanosomes (bis April 1909). London. Sleeping Sickness Bureau.

Thiroux, A., 1909. De la cause des attaques epileptoïdes .. chez les malades du sommeil. . . Intoxication d'émétique. Bull. Soc. pathol. exot. **2**, 314, 317.

Thiroux, A. et Teppaz, L., 1908—1910. Traitement des trypanosomiases. Ann. de l'Inst. Pasteur. **22, 23, 24.**

Thomas, W., 1905. Some experiments in the treatment of Trypanosomiasis. Brit. Med. Journ. S. 1140.

Todd, 1908. Gland palpation in the diagnosis of sleeping sickness. Journ. trop. med. 1. Aug.

Tropical Diseases Bulletin (Fortsetzung der Sleeping Sickness Bulletin). London. S. 1912ff. (Vollständige Literatur.)

Tropical Veterinary Bulletin. London. (Literatur.)

Uhlenhuth, Hübner und Woithe, 1908. Experimentelle Untersuchung über Dourine mit besonderer Berücksichtigung der Atoxylbehandlung. Arb. a. d. Kais. Ges.-Amt. **27**, 256—300.

Valentin, 1841. Über ein Entozoon im Blute von Salmo fario. Arch. f. Anat. Phys. u. wissensch. Med. Berlin. S. 435—436.

Voges, 1901. Das Mal de Caderas der Pferde in Südamerika. Berl. tierärztl. Wochenschr. 3. Oktbr. S. 597.

Warrington-Yorke, 1911. On the pathogenity of a tryp. Ann. of Trop. Med. and Parasit. **4**, 351.

Wasielewski und Senn, 1900. Beiträge zur Kenntnis der Flagellaten des Rattenblutes. Zeitschr. f. Hyg. u. Infektionskrankh. **33**, 444—472.

Weber et Nocard, 1900. L'étude expérimentale de la dourine du cheval. Bull. Acad. méd. **64**, 154—163. 3. Serie. Ref. in Zentralbl. f. Bakt. 1. A. Ref. **31**, 188.

Werner, 1914. Tryposafrol und Trixidin bei menschlicher Trypanosomiasis. Arch. f. Schiffs- u. Tropenhyg. **18**, 246.

Wendelstadt und Fellmer, 1910. Einwirkung von Kaltblüterpassagen auf Nagana- und Lewisi-Trypanosomen. Zeitschr. f. Immunitätsforsch. **5**, 337.

Yakimoff und Kohl, N., 1908. Zur Infektionsmöglichkeit der Hühner mit Dourine- trypanosomen. Zentralbl. f. Bakt. 1. Abt. Orig.-Bd. **47**, 483.

Yorke and Blacklock, 1914. Identity of T. rhodesiense with the Trypanosome of the same Appearence found in Game. Brit. Med. S. 1234.

Ziemann, 1905. Beitrag zur Trypanosomenfrage. Zentralbl. f. Bakt. **38**.

Zwick und Fischer, 1911. Beschälseuche. Arb. a. d. Kais. Ges.-Amt. **36**, 1.

C. Schizotrypanum cruzi; Chagassche Krankheit.

Blacklock, 1914. On the Multiplication and Infectivity of T. cruzi in Cimex lectularius. Brit. Med. S. 912.

Brumpt, E., 1912. Le Trypanosoma cruzi évolue chez Conorhinus megistus, Cimex lectularius... Bull. soc. pathol. exot. **5**, 360.

Brumpt, 1914. Importance du Cannibalisme et de la Coprophagie chez les Réduvidés Hématophages pour la conservation des Trypanosomes pathogènes en dehors de l'Hôte Vertébré. Bull. Soc. path. exot. **7**, 702.

Brumpt et Gonzalez-Lugo, 1913. Réduviide du Venezuela, Rhodnius prolixus chez lequel évolue Trypanosoma cruzi. Bull. Soc. Path. Exot. **6**, 382.

Brumpt et Gomes, 1914. Description d'une nouvelle espèce de Triatoma, Hôte primitif du Trypanosoma cruzi Chagas. Ann. Paulistes de méd. e chirurg. **3**, 5.

Chagas, 1909. Neue Trypanosomiasis des Menschen. Mem. Inst. Osw. Cruz. **1**, 159.

— 1911. Ein neuentdeckter Krankheitsprozeß des Menschen. Mem. do Inst. Osw. Cruz. **2**, 219—275.

Chagas, 1911. Le cycle évolutif du Schizotrypanum Cruzi. Bull. Soc. path. exot. 4, 467.

Hartmann, 1910. Schizogonie bei Schizotrypanum Cruzi. Arch. f. Protistenk. 20, 361.

Mayer, Mart., 1911. Entwicklung von Schizotrypanum Cruzi. Arch. f. Schiffs- u. Tropen-hyg. 15, Beiheft 4.

Mayer und Rocha-Lima, 1912 u. 1914. Zur Entwicklung von Schizotrypanum Cruzi etc. Arch. f. Schiffs- u. Tropenhyg. 16, Beiheft 4 und 18, 101 Beihefte.

Nägler, 1913. Experimentelle Studien über die Passage von Schizotrypanum Cruzi durch einheimische Tiere. Zentralbl. f. Bakt. I. Orig.-Bd. 71, 202.

Neiva, 1911. Beitr. zur Biologie des Conorhinus megistus. Mem. do Inst. Osw. Cruz. 2, 206.

— 1913. Transmissao do Trypanosoma Cruzi pelo Rhipicephalus sanguineus. Brazil Med. 27, 498.

— 1914. Reduvidas hematofagos da Bahia. Mem. do Inst. Osw. Cruz. 6, 35.

— 1913. Biologie der Triatoma infestans Klug, vulgo Vinchuca. Mem. Inst. Osw. Cruz. 5, Heft 25.

Tones, 1913. Molestia de „Carlos Chagas". Transmissao do T. Cruzi pela picada do T. megista. Brazil Med. 27. 15. Aug. 1913.

Vianna, 1911. Pathologische Anatomie der Krankheit von Chagas. Mem. Inst. Osw. Cruz. 3, 276.

D. Leishmanien und Leishmaniosen.

Alvares, 1910. Kala azar infantil em Lisboa. Med. contemp. S. 90.

Balfour, 1908. Third report of the Wellcome research Laboratory. Baillière, Tindall and Cox. London. Kala-Azar. S. 100.

Balfour, A., 1908. Herpetomonas parasite of Pulex cleopatrae (Crithidia pulicis). Third Rep. of the Wellcome Research Laboratories. Karthoum. S. 35.

Basile, 1910—1911. Sulla Leishmaniosi et sul suo modo di trasmissione. Rendiconti Accad. dei Lincei.

— 1913. Trasmissione sperim. delle Leishmaniose per pulci. Atti reale acad. dei Lincei. 6. April.

Cardamatis, 1911. Leishmaniose canine en Grèce. Bull. Soc. path. exot. 4. 178. 178.

Cunningham, 1884. Peculiar bodies in Delhi Boil. Scientif. Mem. Army of India. PS. I.

Donovan, 1904. Human piroplasmosis. Lancet. 2, 613, 744.

— 1909. Kala-Azar in Madras with the dog and the bug (Conorhinus). Lancet, 20. Nov. S. 1495—1496.

Dschunkowsky et Luhs, 1909. Leishmania beim Hunde in Transkaukasien. Congrès intern. Méd. vétér. La Haye, Sept.

Flu, 1911. Die Ätiologie der in Surinam vorkommenden sog. „Boschyaws", einer der Aleppobeule analogen Krankheit. Zentralbl. f. Bakt. 1. Abt. Orig.-Bd. 60, 624.

Franchini, G., 1911. La Leishmania Donovani può vivere e svilupparsi nell tubo digerente dell'Anopheles. Nota preventiva. Pathologia. 3, 611—613.

— 1911. Histologische Veränderungen und parasitärer Befund bei einem an Infektion durch Leishmania Donovani verwendeten Meerschweinchen. Münch. med. Wochenschr. Jahrg. 58, S. 2067.

— 1911. Infezione sperimentale nella cavia da Leishmania Donovani. Studi intorno alle malattie tropicali dell'Italia meridionale e delle colonie. Heft 2.

Fulci e Basile, 1911. Un caso di „Kala-Azar" a Roma. Rendicenticonti d. R. Accad. d. Lincei. 20, 132—136. Jan.

Gabbi, 1911. Le pulci canina ed umana non propagano il Kala-Azar. Malaria e mal. d. paesi caldi. 2, 285.

— 1914. Kala-Azar Indiano e mediterraneo sono identici. Pathologia. 6, 69.

— 1913. Leishmaniosi umana in Italia. Società ital. fra i cultori delle malattie exotiche. Messina, Guerriera.

Gonder, 1913. Experimentelle Übertragung von Orientbeule auf Mäuse. Arch. f. Schiffs-u. Tropenhyg. 17, 397. Nr. 12.

James, 1905. Oriental or Delhi sore. Scientif. Mem. off. Govt. of India. N. S. Nr. 13.

Kala-Azar-Bulletin, Sleeping Sickness Bureau London (Tropical Diseases Bureau).

Kohl-Yakimoff, N., Yakimoff, W. et Schokker, 1913. Leishmaniose canine à
    Taschkent. Bull. Soc. path. exot. 6, 432.
Leishman, W. B., 1903. On the possibility of occurrence of trypanosomiasis in India.
    Brit. med. journ. S. 1252 u. 1376.
— 1906. Kala-Azar. In Mense, Handb. d. Tropenkrankh. 1. Aufl. 3.
Makkas et Papassotiriou, 1911. Nouveau procédé diagnostic du „Ponos“. Athen,
    Chiotis.
Marchand und Ledingham, 1904. Über Infektion mit Leishman'schen Körperchen.
    Zeitschr. f. Hyg. u. Infektionskrankh. 47, 1—40.
Marzinowsky, 1907. Orientbeulen und ihre Ätiologie. Zeitschr. f. Hyg. 58, 327.
Mathis, 1911. Cultures de Leishmania infantum et L. tropica sur milieux au sang chauffés.
    Compt. rend. Soc. biol. 71, 538.
Mayer, M., 1913. Leishmanien. Kolle-Wassermann, Handb. 2. Aufl. 7, 419—466.
Mayer und Werner, 1914. Kultur des Kala-Azar-Erregers (Leishmania Donovani) aus
    dem peripherischen Blut des Menschen. Deutsche med. Wochenschr. 40, 67.
Nattan-Larrier, 1912. La espundia. Bull. de la soc. de path. exot. 5, 176. Nr. 3.
Nattan-Larrier, Touin, Heckenroth, 1909. Ulcère à Leishmania de la Guyane.
    Bull. Soc. path. exot. 2, 587. 8. Dec.
Neligan, R. A., 1913. Discovery of Leishmania in Cutaneous Lesions of Dogs in Teheran,
    Persia. Journ. of trop. med. 16, 156.
Neumann, 1909. Leishmania tropica im peripheren Blute bei der Dehlibeule. Zentralbl.
    f. Bakt. 52, 469.
Nicolle, 1908. Infection splenique infantile en Tunisie. Arch. de l'Inst. Pasteur de Tunis.
    S. 3.
— 1908. Culture du parasite du bouton d'Orient. Compt. rend. Acad. sci. 146, Nr. 15.
— 1908. Reproduction expér. du Kala-Azar chez le chien. Bull. de la soc. de pathol.
    exot. 1, 188.
Nicolle et Manceaux, 1910. Reproduction du bouton d'Orient chez le chien. Compt.
    rend. Acad. sciences. 150, 889.
Nicolle, 1909. Kala-Azar infantile. Bull. soc. pathol. exot. 2, 457.
Nicolle et Siere, 1908. Faible virulence des cultures de Leishmania tropica pour le singe.
    Compt. rend. Soc. biol. 2, 143.
Nöller, W., 1912, 1914. Die Übertragungsweise der Rattentrypanosomen. 1. u. 2. Teil.
    Arch. f. Protistenk. 25 u. 34. Buchausgabe. G. Fischer, Jena.
Novy, F. G., 1908. Successful canine infection with cultures of Leishmania infantum.
    Journ. Amer. Med. Assoc. 27. Okt.
Patton, 1915. The behaviour of the parasite of Indian Kala-Azar in the dog flea, canine
    KalaAzar and its relation to the human disease. Ind. Journ. of med. Res. 2, 399.
— 1908. Development of the Leishman-D.-parasite in Cimex rotundatus. Scientif. mem.-
    governt. of India. No. 30.
— 1913. Is Kala-Azar in Madras of animal origin? The Indian Journ. of med. research.
    1, Nr. 1.
Pianese, G., 1905. Sull'anemia splenica infantile. Gazetta internat. di medicina. Nr. 5.
Pringault, 1914. Existence de la Leishmaniose canine à Marseille. Bull. Soc. path.
    exot. 7, 41.
Prowazek, S. v., 1914. Leishmania. In Prowazek, Handb. d. pathogenen Protozoen.
    S. 633—670.
Rogers, 1904. Development of Flagellated Organisms of Kala-Azar. Quarterly Journ.
    of Microscopical Science. S. 367—377.
Row, 1914. Generalised Leishmaniasis induced in a mouse with the culture of Leishmania
    tropica of Oriental sore. Bull. Soc. path. exot. 7, 272.
— 1914. Experimental Leishmaniosis in the monkey and the mouse. Indian Journ. med.
    research. 1, 617. Heft 4. April.
Sergent, Lemaire et Senevet, 1914. Insecte transmetteur et réservoir de virus du
    clou de Biskra. Bull. Soc. path. exot. 7, 577.
Sergent, Ed. et Et. Lombard et Quilichini, 1912. La Leishmaniose à Alger. Bull.
    Soc. pathol. exot. 5, 93.
Pereira da Silva, 1913. Sur le Kala-Azar. Arq. do Inst. Bact. Camara Pestana. 4, 147.

Thomsen and Marshall, 1911. Kala-Azar in the Eastern Sudan. Vol. A. Med. S. 127 bis 141, 143—172. 4. Report of the Wellcome Res. Lab. Kartoum.

Wenyon, 1911. Oriental sore in Bagdad. Parasitol. 4, Nr. 3.

— 1911. Expedition to Bagdad on the subject of Oriental sore. Journ. of Trop. med. 14, 103—109. April.

— 1914. Culture of Leishmania. Journ. Tr. med. Hyg. 16. Febr.

Werner, H., 1911. Über Orientbeule aus Rio de Janeiro mit ungewöhnlicher Beteiligung des Lymphgefäßsystems. Arch. f. Schiffs- u. Tropenhyg. 15, 581.

Wright, J. H., 1903. Protozoa in a case of tropical ulcer (Delhi sore). Journ. med. research. 10, 472.

Yakimoff et Schokhor, 1914. Repartition de la Leishmaniose canine au Turkestan. Bull. Soc. path. exot. 7, 185.

E. Piroplasmen und Piroplasmosen.

Barrat und Yorke, 1910. Mechanismus der Entstehung der Hämoglobinurie bei Piroplasma canis. Zeitschr. f. Immunitätsforsch. 4, 313.

Bumann, 1910. Behandlung der Hundepiroplasmose mit Trypanblau. Zeitschr. f. Hyg. 67, 201.

Babes, 1892. Carceag. Compt. rend. Acad. Sciences. 22. Aug.

— 1895. Parasit. d. Carceag der Schafe etc. Virch. Arch. 139.

Banks, 1908. A revision of the Ixodoidea, or Ticks of the United States. U. S. Dept. of Agric., Bur. of Entomology, Technical Series Nr. 15. Washington.

Bielitzer, 1909. Piroplasmose im Rjäsanschen Gouvernement 1908. Arch. f. Veterin.-Wissensch. Heft 1. S. 1.

Bonome, 1895. Parasitäre Ikterohämaturie der Schafe. Virch. Arch. 139.

Breinl and Hindle, 1908—1909. Morphology and life history of piroplasma canis. Ann. trop. med. and paras. 2, ||33.

Breinl and Annett, 1909. Mechanisme of haemolysis in Piroplasma canis. Ann. trop. med. and paras. 2, 383.

Carpano, M., 1914. Piprolasmosis equina. Zentralbl. f. Bakt. 1. Abt. Orig.-Bd. 73, 13 u. 42.

Christophers, S. R., 1906. The Anatomy and Histology of Ticks. Scient. Memoirs Med. and San. Dept. of Govt of India, Calcutta. Nr. 23. S. 55.

— 1907. Piroplasma canis and its life cycle in the tick. Scientif. memoires, Government of India, new series, Nr. 29, Calcutta.

Collaud, 1906. Beiträge zur pathologischen Histologie der Niere (Küstenfieber). Inaug.-Diss. Zürich.

Dias, E. C. und Aragao, H. de B., 1914. Untersuchungen über die Natur der Anaplasmen. Memorias do Inst. Osw. Cruz. 6, 232.

Dodd, 1910. Treatment of cattle (redwater) with trypanblue. Veter. journ. S. 394.

Dönitz, W., 1907. Die wirtschaftlich wichtigen Zecken mit besonderer Berücksichtigung Afrikas. Leipzig, J. A. Barth.

Dshunkowsky und Luhs, Piroplasmen der Rinder. Zentralbl. f. Bakt. 35, 486.

— — 1913. Nuttallia und Piroplasma bei der Piroplasmose der Einhufer in Transkaukasien. Parasitology. 5, 289.

Frosch und Nevermann, 1908. Piroplasmose der Schafe. Berl. tierärztl. Wochenschr. 12. Novbr.

França, 1909. Classification des Piroplasmes. Arch. Inst. Cam. Pestana, Lissabon. 3, 11.

Galli-Valerio, 1904. Piroplasmose des Hundes. Zentralbl. f Bakt. 34, 367. Referate.

Gonder, 1910. Die Entwicklung der Theileria parva, des Erregers des Küstenfiebers der Rinder in Afrika. Arch. f. Protistenk. 21 u. 22.

Graffunder, 1909. Schutzimpfungen gegen Hämoglobinurie 1908. Berl. tierärztl. Wochenschr. S. 153.

Guglielmi, 1899. Paludisme chez le cheval. Clin. véter.

Hartmann, M., 1909. Neuere Forschungen über pathogene Protozoen (Morgensternformen bei Proteosoma und Piroplasma). 2. Tagung der Freien Vereinigung f. Mikrobiologie. Zentralbl. f. Bakt. 1. Abt. Ref. 42, 76. Beiheft.

Holterbach, 1908. Piroplasmosis canina. Deutsche tierärztl. Wochenschr. S. 361.

Inchiostri, 1912. Piroplasma ovis in Dalmatien (Österreich). Wochenschr. f. Tierheilk. 37.

Jowett, 1910. Drug treatment of biliary fever of the dog. Journ. trop. veter. sci. 5, 257.

Kinoshita, 1907. Untersuchungen über Babesia canis. Arch. f. Protistenk. 8, 294—320.

Kleine, 1906. Kultivierungsversuch der Hundepiroplasmen. Zeitschr. f. Hyg. 54.

Kleine, F. H. und Möllers, B., 1906. Über ererbte Immunität. Zeitschr. f. Hyg. u.
Infektionskrankh. 55, 179—186.

Knuth, 1905. Experimentelle Studien über das Texasfieber. Berlin, Schoetz.

— 1912. Die Milzruptur bzw. perakute Form der Hämoglobinurie des Rindes. Zentralbl.
f. Bakt. 1. Abt. 61, 557.

Knuth und Richters, 1913. Über die Vermehrung von Piropl. canis auf künstliche
Nährböden. Zeitschr. f. Infektionskrankh. d. Haustiere. 14, 136.

Koch, R., 1904. Bericht über das Rhodesian Redwater. Arch. f. Tierheilk. 30, 280.

— 1906. Entwicklungsgeschichte der Piroplasmen. Zeitschr. f. Hyg. 54.

Kossel, Schütz, Weber und Miessner, Hämoglobinurie der Rinder in Deutschland.
Arb. Kais. Gesundh -Amt 20, 1.

Kossel und Weber, 1900. Hämoglobinurie der Rinder in Finnland. Arb. Kais. Gesundh.-
Amt. 17, 460.

Kossel, 1903. Hämoglobinurie der Rinder. Kolle-Wassermanns Handb. 1, 841.

Laveran, A., 1901. Contribution à l'étude de Piroplasma equi. Comp. rend. soc. biol.
53, 385.

Levaditi et Nattan-Larrier, 1909. Réaction des lipoïdes dans la piroplasmose canine.
Compt. rend. Soc. biol. 66, 157.

Lichtenheld, 1908. Ergebnisse (Küstenfieber). Zeitschr. f. Hyg. 61.

— 1910. Beiträge zur Diagnose der durch kleine Piroplasmen verursachten Krankheiten.
Zeitschr. f. Hyg. 65, 305.

Lounsbury, 1901. Transmission of malignant jaundice of the dog. Journ. comp. path.
and therap. 17, 113.

— 1904. Transmission of African Coast fever. Agricult. journ.

Marchoux, 1900. Piroplasma canis au Senegal. Compt. rend. Soc. biol. 52, 97.

Marzinowsky, 1909. Züchtung von Piroplasma equi. Zeitschr. f. Hyg. 62, 417.

Marzinowsky und Bielitzer, 1909. Piroplasmose des Pferdes in Rußland. Zeitschr.
f. Hyg. 63, 17.

Mayer, Martin, 1910. Ostafrikanisches Küstenfieber der Rinder. Arch. f. Schiffs- u.
Tropenhyg. 14, Beihefte S. 301.

Mesnil, F. et Brimont, E., 1908. Sur un hématozoaire nouveau (Endotrypanum n. g.)
d'un Édenté de Guyane. Compt. rend. Soc. biol. 65, 581.

Meyer, 1909. Zur Übertragung von Küstenfieber. Zeitschr. f. Infektionskrankh. d.
Haustiere. 6, 374.

Motas, 1902. La piroplasmose ovine. Compt. rend. Soc. Biol. 54, 1522.

— 1903. Rôle des tiques etc. Compt. rend. Soc. biol. 55, 501.

Nicolle, C., 1907. Sur une piroplasmose nouvelle d'un rongeur. Compt. rend. Soc. biol.
63, 213.

Nocard et Motas, 1902. Piroplasmose canine. Ann. de l'Inst. Pasteur. 16, 257.

Nuttall and Hadwen, 1909. Successful treatment of canine piroplasmosis. Parasitology.
2, 215 u. 236.

Nuttall and Graham Smith, 1904—1907. Canine piroplasmosis. Journ. of Hyg. 4,
5 u. 7.

— — 1909. Attempts to infect the fox and the jackal with Piropl. canis. Parasitology.
2, 211.

Nuttall und Strickland, 1910. Die Parasiten der Pferdepiroplasmose. Zentralbl. f.
Bakt. 1. Abt. Orig.-Bd. 56, 524.

Nuttall, 1910. Multiplication of Piroplasma bovis. Parasitology. 2, 341.

Ollwig, 1909. Diskussionsbemerkung zum „Küstenfieber". Zentralbl. f. Bakt. Ref.
Beiheft zu 1909. (44.)

Ollwig, H. und Manteufel, P., 1912. Die Babesien. Prowazek, Handb. der pathogenen
Protozoen. S. 517.

Patton, 1910. A new piroplasma „Piroplasma Gibsoni". Bull. Soc. pathol. exot. 3, 274.

Piana et Galli-Valerio, 1895. Infezioni del cane con parasiti endoglobulari. Moderno Zooiatro. Nr. 9.

Salmon, D. E. and Stiles, C. W. 1900. The cattle ticks (Ixodoidae) of the United States. 17. Annal Report of the Bureau of Animal Industry. U. S. Dep't of Agric., Washington. S. 380—488.

Schein, 1908. Piroplasmose des bovidés d'Indochine. Ann. Inst. Pasteur. 22, 1005.

Schilling, C., 1907. Piroplasmosen. Kolle-Wassermanns Handb. 1. Aufl. 1. Ergänz.-Bd. S. 75.

Schilling, C. und Meyer, K. F., 1913. Pirosomosen. In Kolle-Wassermann, Handb. 2. Aufl. 7, 481—564.

Schilling-Torgau, V., 1912. Über die Bedeutung neuerer hämatologischer Befunde und Methoden für die Tropenkrankheiten. Arch. f. Schiffs- u. Tropenhyg. 16, 87. Beihefte.

Schuberg und Reichenow, 1912. Über Bau und Vermehrung von Babesia canis im Blute des Hundes. Arb. a. d. Kais. Gesundh.-Amt. 38, 415.

Sergent et L'Heritier, 1913. Infection piroplasmique sans symptome. Bull. Soc. path. exot. 6, 622.

Smith, 1889. Preliminary observations on the microorganism of Texas fever. Med. News. 4.

— 1893. Ätiologie der Texasfieberseuche des Rindes. Zentralbl. f. Bakt. 13, 511.

Smith and Kilborne 1893. Texas or Southern Cattle fever. 8. and 9. ann. Rep. Bureau of animal Industry. S. 177.

Starcovici, 1893. Die von Babes entdeckten Blutparasiten etc. (Babesia). Zentralbl. f. Bakt. Orig., 14, 1.

Stockman, 1908. Redwater in England an its carriers. Veterin. record. S. 391.

Symons and Patton, 1912. Canine piroplasmosis. Treatment with salvarsan. Ann. trop. med. and parasit. 6, 361—370.

Tartakowsky, 1905. Vortrag auf dem 8. internat. veterinärmed. Kongreß Budapest. 3, 290.

Theiler, 1903. Piroplasmose des Maultiers und Esels. Zeitschr. f. Tierme d. 8, 383.

— 1906, 1907. Further notes on Piroplasma mutans. Rep. Govt. veter. bact. Pretoria.

— 1907, 1908. Further experiments with biliary fever in equines. Rep. Govt. veter. bact. Pretoria.

— 1910. Anaplasma marginale. Bull. Soc. pathol. exot. 3, 135.

— 1908. Transmission of East-coast fever by means of ticks. Rep. Govt. veter. bact. Pretoria.

— 1909. Further notes on Piroplasma mutans. Journ of comp. pathol. and therap. 22, 115.

— 1909. Transmission du piroplasma bigeminum par des tiques. Bull. soc. path. exot. 2, 384.

— 1913. Immunisation of cattle against East-coast-fever. II. Rep. Dir. veter. research. Cape town. Govts Printer.

— 1913. Übertragung von Küstenfieber durch Zecken. Zeitschr. f. Infektionskrankh. d. Haustiere. 13, 26.

Thomson and Fantham, 1913. The culture of Babesia canis in vitro. Ann. of trop. Med. a. Parasit. 7, 621.

Witt, 1908. Die Malaria des Rindes. Berl. tierärztl. Wochenschr. S. 623.

Ziemann, 1914. Züchtung der Malariaparasiten und der Piroplasmen (Piroplasma canis) in vitro. Schiffs- u. Tropenhyg. 18, 77.

F. Plasmodiden und Malaria.

Atti de la società per le studie della malaria. 1—8.

Baccelli, 1890. Injezioni intravenosi dei sali di chinina. Rif. med. 6.

Bass, C. C., 1911. On the cultivation of malarial parasites in vitro by preventing the development of complement in the human blood employed. Journ. Trop. Med. a. Hyg. 14, 341.

— 1912. Neue Gesichtspunkte in der Immunitätslehre, ihre Anwendung bei der Kultur von Protozoen. Arch. f. Schiffs- u. Tropenhyg. 16, 117.

Bignami, A., 1898. The inoculation theory of malarial infection. Lancet, 3. u. 10. Dez. S. 1461, 1541.

Bignami e Bastianelli, 1899. Sulla struttura dei parassiti malarici ed in specie dei gameti dei parassiti estivo-autunnali. Società per gli studi della malaria. 1.

Blanchard et Langeron, 1913. Paludisme des macaques. Arch. de parasitol. Nr. 4.

De Blasi, 1903. Emoglobinuria dei malarici. Gaz. d. osped. Nr. 50.

Brown, 1902. Acute lymphenia with estivo-autumnal malaria. Boston med. and surg. journ. März.

Celli, 1898—1908. Malaria. Heft 1.

Christophers and Bentley, 1908. Blackwater-fever. Scientif. mem. by -— the Government of India. No. 35. Calcutta.

Dempwolff, 1904. Malariaexpedition nach Deutsch Neu-Guinea. Zeitschr. f. Hyg. u. Infektionskrankh. 47, 81.

Dönitz, 1902, 1993. Beiträge zur Kenntnis der Anopheles. Zeitschr. f. Hyg. 41 u. 43.

Eysell, 1913. Arthropoden. Menses Handb. d. Tropenkrankh. 2. Aufl. 1.

Frosch, 1903. Die Malariabekämpfung in Brioni. Zeitschr. f. Hyg. 43.

Gerhardt, 1884. Über Intermittensimpfungen. Zeitschr. f. klin. Med. 7, 372.

Giemsa und Schaumann, 1907. Pharmakologische etc. Studien über Chinin. Arch. f. Schiffs- u. Tropenhyg. 11, Beiheft 3.

Giemsa, 1908. Chinin im menschlichen Organismus. Arch. f. Schiffs- u. Tropenhyg. 12, Beiheft 178

Gilchrist, 1911. Quinine and its salts: their solubility and absorbability. Scientific mem. by off. of the med. and san. dep. Calcutta. No. 41.

Golgi, 1886. Incontro al preteso Bacillus malariae di Klebs. Giornale de r. acc. de Med. Torino. 1885. S. 734 u. Arch. per le sci. mediche. 10. Turin.

Gonder und v. Berenberg-Goßler, 1908. Untersuchungen über Malariaplasmodien der Affen. Malaria. 1, 47.

Gorgas, 1906—1909. Reports to the isthmian canal-commission.

— 1907. Sanitary work on the isthmus of Panama. Med. Rec. 18. Mai.

Grassi, B., 1901. Die Malaria. Studien eines Zoologen. G. Fischer, Jena.

Halberstädter und v. Prowazek, 1907. Untersuchungen über die Malariaparasiten der Affen. Arb. a. d. Kais. Gesundh.-Amt. 26, 37.

Hartmann, M., 1907. Das System der Protozoen. Zugl. vorl. Mitteil. über Proteosoma (Labbé). Arch. f. Protistenk. 10

Katz, 1911. Ausscheidung des Chinins beim Hunde. 2. Methode der quantitativen Chininbestimmung. Biochem. Zeitschr. Nr. 36. S. 144.

Koch, R., 1899 u. 1900. Berichte über die Tätigkeit der Malaria-Expedition. Deutsche med. Wochenschr. S. 601; S. 88, 281, 296, 397, 541, 733, 781 u. 801.

— 1899. Über die Entwicklung der Malariaparasiten. Zeitschr. f. Hyg. 32, 1—24.

Kossel, 1899. Über einen malariaähnlichen Blutparasiten bei Affen. Zeitschr. f. Hyg. 32, 25.

Külz, 1909. Behandlung der Malaria mit fraktionierten Chinindosen. Arch. f. Schiffs- u. Tropenhyg. 13, 35.

Laveran, A., 1880. Entdeckung des Malariaparasiten. Acad. de méd. 23. Nov.

— 1898. Traité du paludisme. Paris.

Lenz, 1904. Malaria-Assanierung in Pola. Wien. klin. Wochenschr. Nr. 52.

Lutz, 1903. Waldmoskitos und Waldmalaria. Zentralbl. f. Bakt. Orig.-Bd. 33, 282.

Mannaberg, 1893. Die Malariaparasiten.

Manson, Th., 1901. Experimental malaria. Brit. med. Journ. 2, 77.

Di Mattei, 1895. Beitrag zum Studium der experimentellen malarischen Infektionen an Menschen und Tieren. Arch. f. Hyg. 22, 191.

Maurer, G., 1900, 1902. a) Tüpfelung der Wirtszelle; b) Die Malaria perniciosa. Zentralbl. f. Bakt. 1. Abt. Orig.-Bd. 28, 114; 32, 695.

Moldovan, J., 1912. Über die Immunitätsverhältnisse bei der Vogelmalaria. Zentralbl. f. Bakt. 1. Abt. Orig.-Bd. 66, 105.

Neiva, A., 1910. Über die Bildung einer chininresistenten Rasse des Malariaparasiten. Memor. do Inst. Oswaldo Cruz. 2, 131.

Nocht, B., 1906., Über Chinintherapie bei Malaria. Verh. des 2. deutschen Kolonialkongresses. Ref. in Arch. f. Schiffs- u. Tropenhyg. 10, 29.

Nocht und Werner, 1910. Beobachtungen über relative Chininresistenz bei Malaria aus Brasilien. Deutsche med. Wochenschr. 25. Aug.

Olpp, C., 1910. Beiträge zur Medizin in China. Arch. f. Schiffs- u. Tropenhyg. 14, 117 bis 260. Beihefte.

Ollwig, 1903. Malariaexpedition nach Ostafrika. Zeitschr. f. Hyg. 45.

Panse, 1902. Die Malaria unter den Eigeborenen in Tanga. Arch. f. Schiffs- u. Tropenhyg.

Plehn, A., 1902. Die Malaria der afrikanischen Negerbevölkerung. Jena.

— 1909. Schicksale des Chinins im Organismus. Arch. f. Schiffs- u. Tropenhyg. 13, 145. Beiheft 6.

Prowazek, S. v., 1912. Die Malaria der Vögel (Proteosoma). In Prowazek, Handb. der pathog. Protozoen. S. 589—601.

da Rocha-Lima und Werner, 1913. Über die Züchtung von Malariaparasiten nach der Methode von Baß. Arch. f. Schiffs- u. Tropenhyg. 17, Heft 16.

Rosenau, Parker, Francis and Beyer, 1905. Experimental studies in yellow fever and malaria. Report of Working Party Nr. 2, Yellow Fever Institute Bulletin Nr. 14. U. S. Public Health and Marine Hospit. Service, Washington.

Roß, E. H., 1907. Measures against Mosquitos in Port Said. Journ. of tropic. med. 15. März.

Roß, R., 1897. On some peculiar pigmented cells found in two moskitoes fed on malarial blood. Brit. med. Journ. 26. Dez. 1897 u. 26. Febr. 1899.

— 1902. Masquito brigades. London.

— 1905. Untersuchungen über Malaria. (Deutsche Übersetzung von Schilling.) G. Fischer, Jena.

Roß, R. and Thomson, D., 1911. Relapse in malarial fever. Ann. of Trop. Med. and Parasit. 5, 409 u. 539.

Ruge, 1908. Malariakrankheiten. Jena, Fischer.

— 1913. Malariaparasiten. In Kolle-Wassermann, Handb. 2. Aufl. 7, 167—320. Jena.

Schaudinn, F., 1902. Studien über krankheitserregende Protozoen. II. Plasmodium vivax. Arb. a. d. Kais. Gesundh.-Amt. 19, 169.

— 1904. Die Malaria in dem Dorfe „St. Michaele di Leme" in Istrien und ein Versuch zu ihrer Bekämpfung. Arb. a. d. Kais. Gesundh.-Amt. 21, 403.

Schüffner, W., 1899. Beitrag zur Kenntnis der Malaria. Deutsch. Arch. f. klin. Med. 64, 428.

— 1902. Über Malariaparasiten im Anopheles an der Ostküste von Sumatra. Zeitschr. f. Hyg. u. Infektionskrankh. 41, 80 u. 89.

Stephens and Christophers, 1905. Practical study of Malaria. London.

Theobald, 1901. Monograph on Culicidae. London. 4.

Ufer, L., 1905. Über fraktionierte Dosierung des Chinins bei der Behandlung der Malaria. Diss. München.

Werner, H., 1912. Weitere Beobachtungen über die Wirkung von Salvarsan bei Malaria. Arch. f. Schiffs- u. Tropenhyg. 16, 18. Beihefte.

Zupitza, 1907. Mechanischer Malariaschutz in den Tropen. Arch. f. Schiffs- u. Tropenhyg. 11, 179.

Ziemann, H., 1906. Malaria. Mense, Handb. d. Tropenkrankh. 1. Aufl. 3, 269—554.

IV. Spirochäten und Spirochätosen.

Balfour, A., 1908. Spirochaetosis of Sudanese fowls. Third Report of the Wellcome Research Laboratories. Karthoum. S. 38—57.

Bertarelli, 1906. Transmission der Syphilis auf Kaninchen. Zentralbl. f. Bakt. 41, 320.

Borrel and Marchoux, 1905. Argas et spirilles. Compt. rend. Soc. biol. 58, 362—364.

Borne, v. d., 1906. Frambösie-Spirochate. Geneesk. Tijdschr. f. neederl. Indie. 46.

Borrel, 1906. Cils et divisions transversale chez les spirilles de la poule. Compt. rend. Soc. biol. S. 60.

Breinl, 1907. Spirochaeta Duttoni etc. Ann. of tropic. Med. 1, 435.

Brumpt, Bourroul et Guinaraes, 1914. Fibre recurrente no Brasil. Ann. paulistas de Med. e Cir. 2, 95.

Carter, 1907.. Spirochaeta Duttoni in the ova of Ornithodorus. Ann. trop. med. 1.

Cleland, 1909. Spirochaeta aboriginalis bei Granuloma pudendae. Journ. of trop. med. S. 143.

Dobell, C., 1912. Researches on the Spirochaets and allied organisms. Arch. f. Protistenk. **26**, 117—234.

Dutton and Todd, 1905. The nature of human tick-fever in the eastern part of the Congo free state. Brit. med. journ. **2**, 1259—1216. 11. Nov.

Ehrlich, P., 1911. Abhandlungen über Salvarsan. München, J. F. Lehmann.

Ehrlich, P. und Hata, S., 1910. Die experimentelle Chemotherapie der Spirillosen. Berlin, Springer.

Finger und Landsteiner, 1906. Syphilis an Affen. Arch. f. Dermatol. u. Syph. **81**, 147.

Fränkel, 1907. Spirillen des Zeckenfiebers und der amerikanischen Rekurrens. Hyg. Rundschau.

Fülleborn und Mayer, 1908. Über die Möglichkeit der Übertragung pathogener Spirochäten durch versch. Zeckenarten. Arch. f. Schiffs- u. Tropenhyg. **12**, 31.

Gabritschewsky, 1896. Les bases de la sérothérapie de la fièvre récurrente. Annales de l'Inst. Pasteur. **10**, 630.

Galli-Valerio, 1914. Sur la spirochétiase des poules de Tunisie et sur son agent de transmission: Argas persicus Fischer. 3. Mémoire, Zentralbl. f. Bakt. I. Orig.-Bd. **72**, 526.

Gonder Immunität bei Spirochaeta gallinarum. Arch. f. Schiffs- u. Tropenkrankh. Beiheft.

— 1914. Spironema gallinarum und Spironema recurrentis. Zeitschr. f. Immunitätsforsch. **21**, 309.

— 1914. Spironemaceae (Spirochäten). In Prowazek, Handb. d. pathog. Protozoen. 6. Lief. S. 671—751.

Groß J., 1910. Cristispira nov. gen. Ein Beitrag zur Spirochätenfrage. Mitteil. d. Zool. Stat. Neapel. **20**, 41.

— 1911. Zur Nomenklatur der Spirochaeta pallida Schaud. und Hoffm. Arch. f. Protistenk. Nr. 2. S. 109.

Halberstädter, 1907. Frambösia bei Affen. Arb. a. d. Kais. Gesundh.-Amt. **26**, 47.

Harford, C. F., 1908. African tick fever, with special reference to its clinical manifestations. Journ. of trop. med. **11**, 206.

Hata, 1913. A contribution to our knowledge of the cultivation of Spirochaeta recurrens. Zentralbl. f. Bakt. I. Orig.-Bd. **72**, 108.

Hindle, E., 1911. The transmission of Spirochaeta Duttoni. Parasitology. **4**, 133.

Hödlmoser, 1906. Das Rückfallfieber. Würzburger Abhandl. **6**, Heft 5.

Hoffmann, 1911. Übertragung der Syphilis auf Kaninchen mittels reingezüchteter Spirochäten vom Menschen. Deutsche med. Wochenschr. S. 1546.

— 1906. Die Ätiologie der Syphilis. Berlin, Julius Springer.

— 1908. Atlas der ätiologischen und experimentellen Syphilisforschung. Berlin, Springer.

Hoffmann und Prowazek, 1906. Balanitis- und Mundspirochäte. Zentralbl. f. Bakt. Orig.-Bd. 41.

Hölling, 1907. Spirillum gigant. und Spirochaete Balbiani. Zentralbl. f. Bakt. **44**, 665.

Inada und Ido, 1916. Kurze Mitteil. über die Entdeckung des Erregers (Spirochaeta icterohaemorrhagiae) der sog. Weilschen Krankheit in Japan. Korrespondenzbl. d. Schweiz. Ärzte. Nr. 32.

Jaffe, 1907. Spiroch. culicis. Arch. f. Protistenk. **9**, 100.

Keysselitz, 1907. Undulierende Membran der Typanosomen und Spirochäten. Arch. f. Protistenk. **10**.

Kleine und Eckard, 1913. Lokalisation der Spirochäten in der Rückfallfieberzecke. Zeitschr. f. Hyg. u. Infektionskrankh. **74**, 389.

Koch, R, 1905. Vorläufige Mitteilungen über die Ergebnisse einer Forschungsreise nach Ostafrika. Deutsche med. Wochenschr. Jahrg. **31**, 1866. 23. Nov.

— 1906. Über afrikanischen Rekurrens. Berl. klin. Wochenschr. Jahrg. **43**, 185—194.

Krysztalowicz et Siedlecki, 1905. Structure et cycle évolutif de Spiroch. pallida. Bull. Acad. Cracovie. Nov.

Laveran, A., 1903. Compt. rend. Acad. Sci. **136**, 939.

Leishman, W. B., 1910. The mechanism of infection in tick-fever and on the hereditary transmission of Spirochaeta Duttoni in the tick. Lancet. **2**, 11—14.

Levaditi, 1904. Spirillose des poules. Ann. Pasteur. **18**.

— 1909. Morphol. et culture de Spiroch. refringens. Compt. rend. Soc. biol. **67**, 182.

Lingard, A., 1907. Some forms of spirochaetosis met with in animals in India. Journ. of tropic. veter. Science. 2.

Löwenthal, W., 1906. Zur Kenntnis der Mundspirochäten. Med. Klinik. 2,278—282.

— 1906. Beitrag zur Kenntnis der Spirochäten. Berl. klin. Wochenschr. Jahrg. 43, S. 283.

Mackie, 1907. Pediculus corporis, transmission of relapsing fever. Brit. med. Journ. 2, 1706.

Manteufel, 1908. Epidemiologie des europäischen Rückfallfiebers. Arb. a. d. Kais. Gesundh.-Amt. 29, 55.

— 1908. Rückfallfieber. Arb. a. d. Kais. Gesundh.-Amt. 29, 337.

— 1907. Rekurrensspirochäten und ihre Immunsera. Arb. a. d. Kais. Gesundh.-Amt 27.

Marchoux, E. and Salimbeni, A., La Spirillose des Poules. Ann. d. l'Inst. Pasteur. 17, 569—580.

Marchoux et Couvy, 1913. Argas et Spirochètes. Le Virus chez l'Acarien. Ann. Inst. Pasteur. 27, 450 u. 620.

Martin, G., 1906. Spirillose du cheval en Gunince francaise. Compt. rend. Soc. biol. 58, 124.

Martoglio et Carpano, 1904. Spirillosi ovina. Ann. d'igiene sperim. 14, 577.

Metschnikoff, E. et Roux, E., 1903, 1904. Etudes expérimentales sur la syphilis. Ann. de l'Inst. Pasteur. 17, 18.

Metz, K., 1911. Argas reflexus, die Taubenzecke. Monatsh. f. prakt. Tierheilk. 22, 481.

Möllers, B., 1908. Experimentelle Studien über die Übertragung des Rückfallfiebers durch Zecken. Zeitschr. f. Hyg. u. Infektionskrankh. 58, 277—286.

Mühlens, P., 1912. Treponema pallidum; Treponema pertenue. Prowazek, Handb. d. pathogenen Protozoen. S. 361—486.

— 1913. Treponema pertenue. Rückfallfieberspirochäten; andere Spirochäten. Kolle-Wassermann, Handb. 2. Aufl. 7, 853—950.

— 1907. Spirochaeta pallida. Zentralbl. f. Bakt. 43.

— 1907. Vergleichende Spirochätenstudien. Zeitschr. f. Hyg. 57.

Mühlens und Hartmann, 1906. Bacillus fusiformis und Spirochaeta dentium. Zeitschr. f. Hyg. 35, 81.

Neisser, 1911. Bericht über die im Jahre 1905—1909 in Batavia und Breslau ausgeführten Arbeiten zur Erforschung der Syphilis. Arb. a. d. Kais. Gesundh.-Amt. 37.

Neufeld und v. Prowazek, 1907. Immunitätserscheinungen bei der Spirochätenseptikämie der Hühner. Arb. a. d. Kais. Gesundh.-Amt. 25, 494.

Nattan-Larrier, 1911. Spirilloses héréditaires. Compt. rend. Soc. biol. 70, 266, 335 u. 359.

Newstead, R., 1905. On the External Anatomy of Ornithodorus moubata. Liverpool School of Trop. Med. 17, 21—26.

Nicolle et Blaizot, 1911. Réceptivité des animaux de laboratoire au spirochète du Nord de l'Afrique. Bull. de la soc. de path exot. Nr. 10. S. 658.

Nicolle, Blaizot et Conseil, 1913. Etiologie de la fièvre récurrente. Son mode de transmission par les poux. Ann. Pasteur. 27, 204. Heft 3.

Nicolle et Blanc, 1914. Les Spirilles de la fièvre récurrente sont-ils virulents aux phases successives de leur évolution chez le pou? Demonstration de leur virulence à un stade invisible. Compt. rend. Acad. Sci. 158, 1815.

Noguchi, 1912. Direct Cultivation of Treponema pallidum Pathogenic for the Monkey. Journ. of Exper. Med. Nr. 1. S. 90.

— 1913. Paralysie générale et syphilis. Presse méd. Nr. 81. 4. Oct.

Noguchi, 1913. Reinzüchtung der Spirochäten. Münch. med. Wochenschr. 60, 2483.

Novy und Knapp, 1906. Spirochaeta Obermeieri. Journ. of infect. diseases.

Obermeier, 1873. Vorkommen feinster Fäden im Blute von Rekurrenskranken. Berl. klin. Wochenschr.

Prowazek, 1906. Hühnerspirochäten. Arb. a. d. Kais. Gesundh.-Amt. 23.

— 1907. Vergleichende Spirochätenuntersuchungen. Arb. a. d. Kais. Gesundh.-Amt. 24, 23.

— 1908. Bemerkungen zu Spirochäten -und Vakzinefrage. Zentralbl. f. Bakt. 46.

Robledo, 1909. Fièvre recurrente de Colombie. Bull. Soc. path. exot. S. 117.

Robinson and Davidson, 1913. The anatomy of Argas persicus. Parasitolog. **6**, 217.

Sacharoff, 1891. Spirochaeta anserina et la septicémie des oies. Ann. de l'Institut Pasteur. **5**, 564.

Schaudinn, F., 1904. Generations- und Wirtswechsel bei Trypanosoma und Spirochäte. Arb. a. d. Kais. Gesundh.-Amt. **20**, 387.

— 1905. Spirochaeta pallida. Deutsche med. Wochenschr. Nr. 42.

— 1907. Spirochaeta pallida und andere Spirochäten. Arb. a. d. Kais. Gesundh.-Amt. **26**.

Schaudinn und Hoffmann, 1905. Spirochaeta pallida und die Unterschiede etc. Berl. klin. Wochenschr.

Schein, H., 1910. Spirillose des bovidés dans le Sud-Annam. Bull. Soc. Pathol. exot. **3**, 73.

Schellack, C., 1908. Übertragungsversuche der Spirochaeta gallinarum durch Argas reflexus Faber. Zentralbl. f. Bakt. **46**, 486—488.

Schellack, 1907. Rekurrensspirochäten. Arb. a. d. Kais. Gesundh.-Amt. **27**.

Schereschewsky, J., 1909, 1911. Züchtung der Spirochaeta pallida Schaudinn. Deutsche med. Wochenschr Nr. 19 u. 29; Nr. 20 u. 39.

— 1913. Syphilisimmunitätsversuche mit Spirochätenkulturen. Deutsche med. Wochenschr. Nr. 35.

Schilling, 1906. Rückfallfieber. Menses Handb. d. Tropenkrankh. **3**, 668.

Schuberg, A. und Mulzer, P., 1909. Sauger zur Entnahme von Saugserum. Arb. a. d. Kais. Gesundh.-Amt. **33**, Heft 1.

Sergent et Foley, Fièvre recurrente et Pediculus vestimenti. Bull. Soc. path. exot. **1**.

Sobernheim, G., 1913. Syphilisspirochäte; Geflügelspirochäte. Kolle-Wassermann, Handb. 2. Aufl. **7**, 745—852.

Sobernheim, G. und Löwenthal, W., 1913. Spirochätenkrankheiten. Kolle-Wassermann, Handb. 2. Aufl. **7**, 723—744.

— 1906. Spirillosen. Kolle-Wassermanns Handb. 1. Aufl. 1. Ergänz.-Bd. Heft 2.

Swellengrebel, 1907. Cytologie des spirochaetes et spirilles. Ann. Inst. Pasteur. **21**.

Theiler, A., 1903. Spirillosis of cattle. Journ. of comp. Pathol. and Therap.

— 1905. Transmission and inoculability of Spirillum theileri Laveran. Proc. Roy. Soc. B, **76**, 504.

Truffi, 1909. Übertragung eines syphilitischen Primäraffektes auf das Kaninchen. Zentralbl. f. Bakt. **48**, 596.

Uhlenhuth, 1911. Experimentelle Grundlagen der Chemotherapie der Spirochätenkrankheiten. Berlin, Urban u. Schwarzenberg.

Tictin, J., 1894, 1897. Bedeutung der Milz bei Rekurrens. Zur Lehre vom Rückfalltyphus. Zentralbl. f. Bakt. **15**, 840; **21**, 179.

Uhlenhuth und Händel, 1907. Vergleichende Untersuchungen über Rekurrens. Arb. a. d. Kais. Gesundh.-Amt. **26**, 1.

Uhlenhuth und Mulzer, 1911. Über die experimentelle Impfsyphilis der Kaninchen. Berl. klin. Wochenschr. Nr. 15. S. 653.

— — 1913. Beiträge zur experimentellen Pathologie und Therapie mit besonderer Berücksichtigung der Impfsyphilis der Kaninchen. Arb. a. d. Kais. Gesundh.-Amt. **44**, 307 bis 530.

— — 1914. Atlas der experimentellen Kaninchensyphilis. Berlin, Julius Springer.

Wittrock, 1913. Zur Biologie der Spirochäten des Rückfallfiebers. Zeitschr. f. Hyg. u. Infektionskrankh. **74**, 55.

Zülzer, M., 1911. Über Spirochaeta plicatilis Ehrbg. und deren Verwandschaftsbeziehungen Arch. f. Protistenk. **24**, 1.

V. Myxosporidien.

Auerbach, 1910. Cnidosporidien. Leipzig. (Zusammenfassende Darstellung. Literatur.)

Awerinzew, S., 1908. Studien über parasitische Protozoen. 1. Die Sporenbildung bei Ceratomyxa drepanopsettae. Arch. Prot. **14**.

Doflein, F., 1898. Studien zur Naturgeschichte der Protozoen. III. Über Myxosporidien. Zool. Jahrb. Abt. Morph. **11**.

Erdmann, Rh., 1911. Zur Lebensgeschichte des Chloromyxum Leydigi, einer mictosporen Myxosporidie. 1. Teil. Arch. Prot. **24**.

Erdmann, Rh., 1916. Dasselbe, 2. Teil. Arch. Protistk. **37.** (Im Druck.)

Keysselitz, G., 1908. Die Entwicklung von Myxobolus Pfeifferi Th. I. Teil. Arch. Prot. **11**, 252—275.

— Die Entwicklung von Myxobolus Pfeifferi Th. II. Teil. Ibid. S. 276—308.

Mercier, L., 1909. Contribution à l'étude de la sexualité chez les Myxosporidies et chez les Microsporidies. Mém. publ. de la Classe Scienc. Acad. Belgique. 2. Sér. Coll. in 8⁰. **2.**

Parisi, Br., 1913. Sulla Sphaerospora caudata Par. Atti Soc. Ital. Scienz. Nat. **51.**

Plehn, Marianne, 1905. Über die Drehkrankheit der Salmoniden. Arch. Prot. **5**, S. 145—166.

— 1910. Die pathogene Bedeutung der Myxoboliden für die Fische. Sitzber. Ges. Morph. Phys. München.

— 1910. Über Geschwülste bei niederen Wirbeltieren. Deux. Conf. intern. pour l'étude du cancer. Paris.

Schröder, Olaw, 1907. Beiträge zur Entwicklungsgeschichte der Myxosporidien. Sphaeromyxa sabrazesi (Laveran u. Mesnil.) Arch. Prot. **9**, 359—380.

— 1910. Über die Anlage der Sporocyste (Pansporoplast) bei Sphaeromyxa sabrazesi Laveran et Mesnil. Arch. Prot. **19**, 1—5.

— 1912. Cnidosporidien (Myxosporidien und Mikrosporidien). In: Prowazek, Handb. path. Prot. Lief. 3. S. 324. Leipzig.

Schuberg, A. und O. Schröder, 1906. Myxosporidien aus dem Nervensystem und der Haut der Bachforelle. Arch. Prot. **7**, 47—60.

Thélohan, P., 1895. Recherches sur les Myxosporidies. Bull. scient. France et Belg. **26.**

VI. Microsporidien.

Auerbach, M., 1910. Die Cnidosporidien. Leipzig. (Zusammenfassung. Literatur.)

Balbiani, E. G., 1884. Leçons sur les sporozoaires. Paris.

Debaissieux, P., 1913. Microsporidies parasites des larves de Simulium, Thelohania varians. La Cellule. **30.**

Fantham, H. B. and A. Porter, 1912. The Morphology and Life History of Nosema apis and the significance of its various stages in the so-called, Isle of Wight Disease in Bees (Microsporidiosis). Ann. Trop. Med. Paras. **6.**

Hein, W., 1911. Bienenruhr und Nosemaseuche. Münch. Bienenztg. **33.**

Mercier, L., 1908. Néoplasie du tissu adipeux chez des Blattes (Periplaneta orientalis L.) parasitées par une Microsporidie. Arch. Prot. **11**, 372—381.

— 1909. Contribution à l'étude de la sexualité chez les Myxosporidies et chez les Microsporidies. Mém. publ. de la classe scienc. acad. Belgique. 2. Sér. Coll. in 8⁰. **2.**

Mrazek, M., 1910. Sporozoenstudien. Zur Auffassung der Myxocystiden. Arch. Prot. **18.**

Ohmori, J., 1912. Zur Kenntnis des Pébrine-Erregers, Nosema bombycis Näg. Arb. Kais. Gesundheitsamt. **40.**

Pasteur, L., 1870. Études sur la maladie des vers à soie. **2.** Paris, Gauthier-Villars.

Schröder, O., 1909. Thelohania chaetogastris, eine neue in Chaetogaster diaplanus Gruith. schmarotzende Microsporidienart. Arch. Prot. **14.**

— 1912. Cnidosporidien (Myxo- und Mikrosporidien). In: v. Prowazek, Handb. path. Prot. 3. Lief. S. 336. Leipzig.

Schuberg, A., 1910. Über Mikrosporidien aus dem Hoden der Barbe und durch sie verursachte Hypertrophie der Kerne. Arb. Kais. Gesundheitsamt. **33.**

Stempell, W., 1904. Über Nosema anomalum Monz. Arch. Prot. **4**, 1—42.

— 1909. Über Nosema bombycis Nägeli. Arch. Prot. **16**, 281—358.

— 1910. Zur Morphologie der Mikrosporidien. Zool. Anz. **35.**

Weißenberg, 1911. Über Mikrosporidien aus dem Nervensystem von Fischen (Glugea lophii Dofl.) und die Hypertrophie der befallenen Ganglienzellen. Arch. mikr. Anat. **78.**

— 1913. Beiträge zur Kenntnis des Zeugungskreises der Mikrosporidien Glugea anomala Mon. und herwigi Weiß. Arch. mikr. Anat. **82.** Abt. II.

Zander, E., 1911. Handbuch der Bienenkunde in Einzeldarstellungen. II. Krankheiten und Schädlinge der erwachsenen Bienen. Stuttgart.

VII. Haplosporidien.

Caullery und Mesnil, 1905. Recherches sur les Haplosporidies. Arch. zool. exp. gen. **4** (IV).

Granata, L., 1914. Ricerche sul ciclo evolutivo di Haplosporidium limnodrili Granata. Arch. f. Protkd. **35**.

Minchin und Fantham, 1905. Rhinosporidium kinealyi n. g. n. sp. a new Sporozoon from the mucous membrana of the Septum Nasi of Man. Quart. Journ. micr. Sc. **49**.

Neumann, R. O. und M. Mayer, 1914. Atlas und Lehrbuch wichtiger tierischer Parasiten etc. Lehmann's mediz. Atlanten. München.

Prowazek, v., 1914. Rhinosporidium. In: Prowazek, Handb. d. path. Protozoen. Lief. 6, S. 875. Leipzig. (Zusammenfassung, vollständige Literatur.)

Seeber, G., 1900. Un nuova esporazoaria. Parásito del Homber dos casos encontrados en Polipos nasales. Thes. Buenos-Aires. 1900.

— 1912. Rhinosporidium seeberi, une question de priorité. La Cienca Medica. 1912. Buenos Aires.

Swarczewsky, 1914. Über den Lebenscyklus einiger Haplosporidien. Arch. Prot. **33**.

VIII. Sarcosporidien.

Alexeieff, A., 1913. Recherches sur les Sarcosporidies. I. Etude morph. Arch. Zool. exp. gén. **51**.

Braun, M., 1915. Die tierischen Parasiten des Menschen. 5. Aufl. Würzburg.

Darling, 1910. Experimental Sarcosporidiosis in the Guinea pig and its relation to a case of Sarcosporidiosis in man. Journ. of exp. Med. **12**. Nr. 1.

Erdmann, Rh., 1910. Die Entwicklung der Sarcocystis muris in der Muskulatur. Sitz.-Ber. Ges. Naturfreunde Berlin Nr. 8.

— 1910. Kern und metachromatische Körper bei Sarkosporidien. Arch. Prot. **20**, 239 bis 250.

— 1914. Zu einigen strittigen Punkten der Sarkosporidienforschung. Arch. Zool. expér. et gén. **53**, Fasc. 9.

Fiebiger, J., 1910. Über Sarcosporidien. Verh. zool. bot. Ges. Wien. **60**.

Hartmann, M., 1911. Praktikum der Protozoologie. 2. Aufl. Jena.

Negri, 1908, 1910. Beobachtungen über Sarkosporidien. I bis III. Zentralbl. f. Bakt. 1. Abt., Orig., I. Mitteil. **47**, 56—61. II. Mitteil. **47**, S. 612—622. III. Mitteil. **55**, S. 373—382.

Smith, F. T., 1901. The production of Sarcosporidiosis in the Mouse by feeding infected muscular tissue. Journ. of exper. med. **6**.

Teichmann, E., 1912. Sarcosporidia. In: Prowazek, Handb. path. Protozoen. Lief. **3**. S. 345. Leipzig. (Zusammenfassung, Literatur.)

v. Wasielewski, Th., 1896. Sporozoenkunde. S. 119f. Jena.

IX. Coccidien.

Braun, M., 1915. Die tierischen Parasiten des Menschen. 5. Aufl. Würzburg. (Literatur über Coccidien beim Menschen.)

Bugge, G., Warringsholz und Sieg, Vorkommen der ersten roten Ruhr des Rindes in der Provinz Schleswig-Holstein. Deutsche Tierärztl. Wochenschr. Jahrg. 17.

Fantham, H. B., 1910. The morphology and life-history of Eimeria (Coccidium) avium etc. Proc. Zool. Soc. London. S. 672.

— Experimental studies on avian Coccidiosis, especially in relation to young grouse, fowls and pigeons. Ibid. S. 708.

Guillebeau, A., 1893. Über das Vorkommen von Coccidium oviforme bei der roten Ruhr des Rindes. Mitt. naturf. Ges. Bern.

Hadley, Ph., 1909. Studies on avian coccidiosis. I. White diarrhea of chicks. II. Roup in fowls. Zentralbl. f. Bakt. 1. Abt. **50**.

— 1911. Eimeria avium, a morph. study. Arch. f. Prot. **23**.

Hartmann, M., 1911. Praktikum der Protozoologie. 2. Aufl. Jena.
— und C. Chagas, 1910. Vorläufige Mitteilungen über Untersuchungen an Schlangen-hämogregarinen. Arch. Prot. **20**.
Jollos, V., 1913. Coccidiosen. In: Kolle-Wassermann, Handb. path. Mikroorganismen. 2. Aufl. 7. S. 711. Jena.
— Grundzüge der Protozoenforschung in ihren Beziehungen zur Medizin. (Im Druck.) Realenzyklop. d. ges. Medizin. Berlin u. Wien.
Leukart, R., 1879—1886. Die Parasiten des Menschen. 2. Aufl. 1, 1. Abt.
Marotel, 1906. Coccidiose et coccidies chez la chèvre. Bull. de la soc. centr. de méd. vétér. Paris.
Metzner, R., 1903. Untersuchungen an Coccidium cuniculi. Arch. Prot. **2**.
Miller, W. W., 1908. Hepatozoon perniciosum, a Haemogregarine pathogenic for white rats etc. Treasury Depart. Public Health and Marine Hospital Service U. S., Hyg. Lab. Bull. Nr. 46. Washington.
Moussu, G. et G. Marotel, 1902. La coccidiose du mouton et son parasite. Arch. Paras. **6**.
Pfeiffer, R., 1892. Beiträge zur Protozoenforschung. I. Die Coccidienkrankheit der Kaninchen. Berlin, A. Hirschwald.
Reich, F., 1913. Das Kaninchencocccid, Eimeria stiedae. Arch. Prot. **28**.
Reichenow, E., 1910. Haemogregarina stepanowi. Die Entwicklungsgeschichte einer Hämogregarine. Arch. Prot. **20**.
— 1912. Der Zeugungskreis von Karyolysus lacertae. Sitzungsber. Ges. f. Naturf. Freunde, Berlin, Nr. 9.
— 1912. Die Hämogregarinen. In: Prowazek, Handb. d. path. Prot. S. 602. Leipzig.
— 1913. Karyolysus lacertae, ein wirtswechselndes Coccidium der Eidechse Lacerta muralis in der Milbe Liponyssus saurarum. Arb. Kais. Gesundheitsamt. **45**.
Schaudinn, F., 1900. Untersuchungen über den Generationswechsel bei Coccidien. Zool. Jahrb., Abt. f. Anat. **13**.
— 1902. Studien über krankheiterregende Protozoen. I. Cyclospora karyolytica, der Erreger der perniziösen Enteritis des Maulwurfs. Arb. Kais. Gesundheitsamt. **18**.
— und Siedlecki, 1897. Beiträge zur Kenntnis der Coccidien. Verh. Deutsch. Zool. Ges.
Siedlecki, M., 1902. Cycle évolutif de la Caryotropha mesnili. Bull. Acad. Sci. Cracovie.
Stiles, Ch. W., 1891. Notes on parasit. Nr. 11. Journ. comp. med. and vet. arch. 13, 1892. Bull. soc. zool. France. 1891. **16**.
Swellengrebel, N. H., 1914. Zur Kenntnis der Entwicklungsgeschichte von Isospora bigemina (Stiles). Arch. Prot. **32**.
Wasielewski, Th. v., 1904. Studien und Mikrophotogramme zur Kenntnis der pathogenen Protozoen. I. Studien über den Bau, die Entwicklung und über die pathogene Bedeutung der Coccidien. Leipzig.
Wenyon, C. M., 1915. Lancet. 1915, **2**, 1294 u. 1405.
Züblin, E., 1908. Beitrag zur Kenntnis der roten Ruhr des Rindes. Schweiz. Arch. f. Tierheilk.

X. Infusoria-Ciliata.

Askanasy, M., 1903. Die pathogene Bedeutung des Balantidium coli. Wien. med. Wochenschr. **53**.
Brumpt, E., 1909. Demonstration du rôle pathogène du Balantidium coli. Compt. rend. de la soc. de Biol. **67**.
Braun, M., 1915. Die tierischen Parasiten des Menschen. 5. Aufl. Würzburg.
Buschkiel, O., 1911. Beiträge zur Kenntnis des Ichthyophthirius multifiliis Fouqu. Arch. Prot. **21**.
Castellani, A., 1905. Observation on some protozoa found in human faeces. Zentralbl. f. Bakt. 1. Abt. **38**.
Fouquet, 1876. Ichthyophthirius multifiliis. Arch. Zool. exp. gén. **5**.
Glaeßner, K., 1908. Über Balantidienenteritis. Zentralbl. Bakt. I. Abt. **47**.
Hofer, Br., 1904. Handbuch der Fischkrankheiten. München.
Jakoby, M., und F. Schaudinn, 1899. Über zwei neue Infusorien im Darme des Menschen. Zentralbl. f. Bakt. 1. Abt. **25**.

Jollos, V., 1913. Darminfusorien des Menschen. Kolle-Wassermann, Handb. path.
    Mikroorganismen. 2. Aufl. 7. Jena.
Krause, P., 1906. Über Infusorien im Typhusstuhle. Deutsch. Arch. f. klin. Med. 86.
Leuckart, R., 1879—1886. Die Parasiten des Menschen. 2. Aufl.
Martini, E., 1910., Über einen bei amöbenruhrähnlichen. Dysenterien vorkommenden
    Ciliaten. Zeitschr. f. Hyg. u. Infektionskr. 67.
Moroff, 1902. Chilodon cyprini n. sp. Zool. Anz.
Neresheimer, E., 1907/08. Der Zeugungskreis von Ichthyophthirius. Ber. bayr. biol.
    Versuchsstation. München. 1.
Prowazek, S. v., 1913. Zur Kenntnis der Balantidiosis. Zusammenfassende Darstellung.
    Beih. Arch. Schiffs- u. Trop.-Hyg. 17. (Lit.).
— 1914. Infusoria-Ciliata. Prowazek, Handb. d. path. Protozoen. Lief. 6. S. 842. Leipzig.
    (Zusammenfassung, Literatur.)
Rheindorf, 1907. Ciliatendysenterie. Berl. klin. Wochenschr.
Schaudinn, siehe unter Jacoby.
Sievers, R., 1900. Über Balantidium coli im menschlichen Darm und dessen Vorkommen
    in Schweden und Finnland. Arch. f. Verdauungskrankh. 5.
— 1905. Zur Kenntnis der Verbreitung von Darmparasiten in Finnland. Festschr. f.
    Palmén, Helsingfors.
Solowjew, N., 1901. Das Balantidium coli als Erreger chronischer Durchfälle. Centralbl.
    Bakt. 1. Abt. 29.
Strong, R. und Musgrave, W., 1905. The clinic. and path. signific. of Balantidium
    coli. Dep. of inter. bureau Gov. labor. Biol. Manila. Nr. 26.
Walker, E. R., 1913. Quantitative determination of the balantidicidal activity of certain
    drugs and chemicals as a basis for treatment of infections with Balantidium coli.
    The Philippine Journ. of Science. B. Trop. Med. Manila. 8. Nr. 1.
— 1914. Experimental Balantidiosis. Philippine Journ. Sc. Sect. B. Trop. Med. Nr. 5.
    S. 333.
Wallengren, H., 1897. Bidrag till Kännedomen om fam. Urceolarina St. Acta Univ.
    Lund. 33.

Autorenregister.

Bei Autoren, die häufiger erwähnt sind, sind die Zahlen derjenigen Seiten **fett gedruckt**, an denen besonders wichtige oder ausführliche Zitate sich finden. Die Zahlen der Seiten, an denen sich Abbildungen nach den betreffenden Autoren finden, sind mit einem Sternchen versehen.

Sachregister.

Die Zahlen der Seiten, an denen sich eine ausführliche Beschreibung einer Protozoenform findet, sind **fett gedruckt**; ein Sternchen bei einer Zahl bedeutet, daß sich auf der Seite eine Abbildung von der betreffenden Protozoenform befindet.